Multivariate Statistik

Lehr- und Handbuch der angewandten Statistik

von

o. Prof. Dr. Joachim Hartung

Fachbereich Statistik der Universität Dortmund

und

Dr. Bärbel Elpelt

7., unveränderte Auflage

R. Oldenbourg Verlag München Wien

Bibliografische Information der Deutschen Nationalbibliothek

Die Deutsche Nationalbibliothek verzeichnet diese Publikation in der Deutschen Nationalbibliografie; detaillierte bibliografische Daten sind im Internet über <http://dnb.d-nb.de> abrufbar.

Rosenheimer Straße 145, D-81671 München
Telefon: (089) 45051-0
oldenbourg.de

Lektorat: Wirtschafts- und Sozialwissenschaften, wiso@oldenbourg.de
Herstellung: Anna Grosser
Satz: DTP-Vorlagen des Autors
Coverentwurf: Kochan & Partner, München
Coverausführung: Gerbert-Satz, Grasbrunn
Gedruckt auf säure- und chlorfreiem Papier
Gesamtherstellung: Druckhaus „Thomas Müntzer" GmbH, Bad Langensalza

ISBN 3-486-58234-8
ISBN 978-3-486-58234-5

Kapitelverzeichnis

Inhaltsverzeichnis

Vorwort zur 6. Auflage

Nachdem auch die 5. Auflage dieses Buches recht schnell vergriffen war, liegt hier nun bereits die 6. Auflage vor. Da der Text in den Vorauflagen überarbeitet wurde, konnte er hier weitgehend unverändert bleiben. Auch weiterhin sind wir für Anregungen der Leser dankbar.

Joachim Hartung
Bärbel Elpelt

Aus dem Vorwort zur 1. Auflage

Die Statistik und insbesondere die Multivariate Statistik wird überall dort eingesetzt, wo es gilt, komplexes Datenmaterial auszuwerten. In allen Bereichen der Wissenschaft aber auch in Wirtschaft, Handel, Technik und Administration werden im Zuge der fortschreitenden Technisierung vielfältige Informationen erhoben, gemessen, beobachtet und registriert, aus denen es gilt, relevante Schlüsse zu ziehen.

Dieses Buch, in dem die wohl wichtigsten Verfahren der Multivariaten Statistik dargestellt werden, wendet sich sowohl an den im Beruf stehenden Praktiker als auch an Wissenschaftler und Studenten aller Fachrichtungen. Es ist somit nicht nur ein Lehrbuch sondern vornehmlich auch ein praktisches Handbuch und Nachschlagewerk für jeden, der mit der Auswertung umfangreicher Daten konfrontiert wird.

Um diesem Anspruch gerecht werden zu können, werden die einzelnen Verfahren bzw. die mit ihnen beantwortbaren Fragestellungen anhand von Beispielen aus den verschiedensten Anwendungsgebieten erläutert. An die Darstellung der Methoden respektive ihrer Voraussetzungen und ihrer Durchführung schließt sich stets ein konkretes, nachvollziehbares Zahlenbeispiel an; bis auf ganz wenige Ausnahmen wurden die zahlreichen Beispiele ausschließlich mit Taschenrechnern (TI 51III und HP 15C) durchgerechnet und alle Zwischenschritte aufgeführt, so daß man einen tieferen Einblick in die Wirkungsweisen der Verfahren erlangt.

Man kann sich fragen, wozu eine solche Darstellung im Zeitalter der Fertigprogramme überhaupt notwendig ist. Wir sind der Meinung, daß eine Anwendung von Fertigprogrammen nur dann sinnvoll erfolgen kann, wenn die implementierten Verfahren zumindest in ihren Grundzügen dem Benutzer bekannt sind.

Insbesondere ist nur dann eine sachgerechte Interpretation der Ergebnisse möglich.

Das Buch ist so weit wie möglich derart gehalten, daß es eigenständig und ohne große mathematische Vorkenntnisse gelesen und verstanden werden kann. Die unbedingt benötigten Grundlagen aus Statistik, Wahrscheinlichkeitsrechnung und Matrizenrechnung sind daher im ersten Kapitel des Buches noch einmal kurz dargestellt. Abgesehen von der erforderlichen Kenntnis der dort eingeführten Grundbegriffe können die einzelnen Kapitel weitgehend unabhängig voneinander gelesen und erarbeitet werden, was den Handbuchcharakter unterstreicht.

An dieser Stelle möchten wir nachstehenden Personen für ihre Unterstützung bei der Erstellung des Buches unseren Dank aussprechen. Frau Dipl.-Stat. *Barbara Heine* erstellte das gesamte Typoskript einschließlich der Tuschezeichnungen und war uns durch ihr sorgfältiges Mitlesen sowie das Nachrechnen einiger Beispiele sehr behilflich.

Das Programm zur Erstellung der Flury-Riedwyl-Faces in Kapitel IX wurde uns dankenswerter Weise von Herrn Dr. Bernhard Flury und Herrn Prof. Dr. Hans Riedwyl, Universität Bern, zur Verfügung gestellt und konnte unter Verwendung des Graphiksystems Disspla des Hochschulrechenzentrums der Universität Dortmund angewandt werden. In diesem Zusammenhang möchten wir auch die Herren cand. stat. Manfred Jutzi und cand. stat. Thomas Nawrath erwähnen, die sich bei der Implementierung und der Erstellung einiger Computer-Abbildungen, von denen 15 im Text aufgenommen wurden, einsetzten.

Mit Herrn Prof. Dr. Rolf E. Bargmann, University of Georgia, haben wir während seiner von der Deutschen Forschungsgemeinschaft unterstützten Gastprofessur im Sommersemester 1980 an der Universität Dortmund aufschlußreiche Gespräche geführt. Herr Priv.-Doz. Dr. Peter Pflaumer, z.Zt. Universität Dortmund, hat durch anregende Diskussionen während der Entstehungszeit des Buches dessen Ausrichtung beeinflußt.

Joachim Hartung
Bärbel Elpelt

Einleitung und Überblick

In vielen Bereichen der *Wissenschaft*, z.B. in den Wirtschafts- und Sozialwissenschaften, den Ingenieurwissenschaften, der Psychologie, der Pädagogik, der Umweltforschung, den Agrarwissenschaften, der Biologie, der Medizin, der Chemie, der Archäologie, der Astronomie, der Physik, der Geographie, der Geodäsie, der Geologie oder der Informatik, spielen Auswertung und Interpretation großer Datenmengen eine entscheidende Rolle; in zunehmenden Maße der Fall ist dies aber auch in *Wirtschaft*, *Handel*, *Administration* und *Technik*.

Die Statistik und insbesondere die *Multivariate Statistik* stellt Methoden und Verfahren zur Verfügung, die der *Aufbereitung*, tabellarischen und graphischen Repräsentation und *Auswertung* komplexer Datensituationen dienen. Zum Beispiel ermöglichen *graphische Repräsentationsformen* wie die in Abb.1 abgebildeten Flury - Riedwyl - Faces, Kleiner - Hartigan - Trees und Biplot - Suns

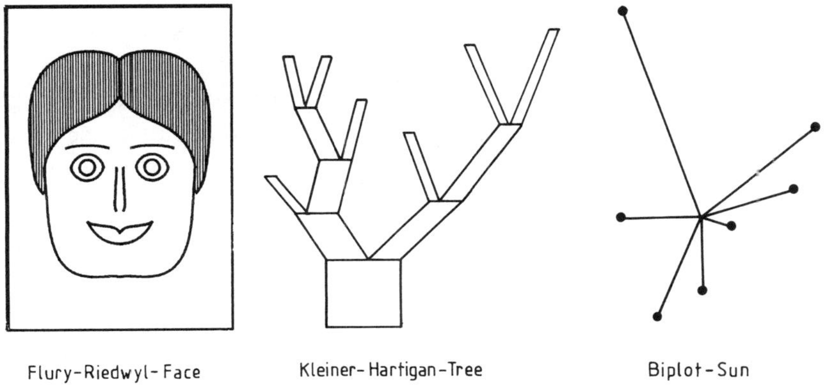

Abb.1: Drei Beispiele zur Graphischen Repräsentation komplexer Datensituationen

nicht nur einen schnellen und klaren Überblick über komplexe Strukturen sondern erlauben auch eine direkte Analyse und Interpretation der Daten;

da graphsiche Repräsentationen von Datenmengen oftmals erst Ergebnis anderer multivariater Verfahren sind bzw. andere Verfahren benutzt werden, um graphische Darstellungen zu gewinnen, werden wir uns erst im neunten Kapitel ausführlich mit ihnen beschäftigen.

Die *Gewinnung von Daten*, die der statistischen Analyse natürlich stets voraus geht, erfolgt in einem *Experiment* oder einer *Erhebung* durch *Beobachtungen* und *Messungen*, die an *Objekten*, *Untersuchungseinheiten* vorgenommen werden. Objekte können in diesem Zusammenhang etwa Firmen, Werkstücke, Personen, Tiere, Länder etc. sein. Beobachtet bzw. gemessen werden dann an den Objekten die *Ausprägungen* verschiedener interessierender *Merkmale*. Bei Personen können etwa die Ausprägungen von Merkmalen wie Größe, Gewicht, Familienstand, Alter, Blutdruck, Beruf, Parteizugehörigkeit interessieren; bei Firmen sind z.B. Bilanzkennzahlen wie Kapitalumschlag, Eigenkapitalanteil, dynamischer Verschuldungsgrad und Liquidität wichtig für die Beurteilung ihrer Kreditwürdigkeit; bei PKW's sind Hubraum, Leistung, Höchstgeschwindigkeit, Preis, Reparaturanfälligkeit, Kraftstoffverbrauch wesentlich zum Vergleich verschiedener Typen; Länder lassen sich bzgl. ihrer Einwohnerdichte, ihrer Fertilitätsrate, ihrem Altersaufbau, ihrem Industrialisierungsgrad, ihrem Prokopfeinkommen, ihrer landwirtschaftlichen Nutzfläche usw. untersuchen.

In einem Experiment oder einer Erhebung können nun oftmals nicht alle Objekte aus einer interessierenden *Grundgesamtheit* sondern nur einige stichprobenartig, zufällig ausgewählte Objekte berücksichtigt werden. Beispielsweise können nicht alle Werkstücke aus einer Produktion überprüft werden (insbesondere bei zerstörenden Prüfungen) und in einer Meinungsumfrage zur nächsten Wahl können nicht alle Wähler befragt werden. Man begnügt sich dann mit einer möglichst repräsentativen *Stichprobe* von Objekten aus der Grundgesamtheit, analysiert diese Stichprobe und möchte dann auch ausgehend von dieser Stichprobe "gültige" Rückschlüsse auf die interessierenden Merkmale in der Gesamtheit aller Objekte ziehen.

Bzgl. der Grundlagen von "vernünftigen" Experimenten und Erhebungen sowie der geschichtlichen und philosophischen Begründung des Einsatzes statistischer Analyseverfahren sei hier auf die ausführliche Einleitung in Hartung et al. (1982) hingewiesen.

Multivariate statistische Verfahren sind nun dadurch ausgezeichnet, daß sie die gemeinsame, gleichzeitige Analyse mehrerer Merkmale bzw. deren Ausprägungen erlaubt. Werden an Objekten (aus einer Grundgesamtheit) also die

Ausprägungen von mehreren Merkmalen beobachtet, so können alle Beobachtungsdaten mit Hilfe der Multivariaten Statistik gemeinsam ausgewertet werden. Der Vorteil gegenüber einzelnen, univariaten Analysen für jedes Merkmal besteht darin, daß auf diese Art die Abhängigkeiten zwischen den beobachteten Merkmalen berücksichtigt werden.

Wir werden uns in den Kapiteln I bis X dieses Buches mit den verschiedenen multivariaten Verfahren beschäftigen, wobei insbesondere auch ihre konkrete Anwendung auf Beobachtungsdaten im Vordergrund steht, und die benötigten Grundlagen aus Statistik und Mathematik bereitstellen. Hier soll zunächst ein kurzer Überblick über die behandelten Methoden gegeben werden, wobei die jeweils zu beantwortenden Fragestellungen - also das inhaltliche Ziel der Verfahren - im Vordergrund stehen sollen. Der detaillierter an den Voraussetzungen und Möglichkeiten multivariater statistischer Verfahren interessierte Leser sei auf die ausführlichen *Einleitungen der einzelnen Kapitel* bzw. *Abschnitte* hingewiesen, die auch *zahlreiche Beispiele* aus den *verschiedenen Anwendungsgebieten* enthalten.

Im Kapitel I werden wir zunächst in knapper Form die wesentlichen Grundlagen der Multivariaten Statistik behandeln. Wir beschäftigen uns mit der Beschreibung von Datenmaterial durch Kenngrößen (deskriptive Statistik), mit Elementen der Wahrscheinlichkeitsrechnung, als da sind Wahrscheinlichkeiten, bedingte Wahrscheinlichkeiten, Zufallsvariablen, Verteilungen, Verteilungsfunktionen, Dichten und Kenngrößen von Verteilungen,und mit der induktiven, schließenden Statistik, d.h. mit den Prinzipien von Punkt- und Bereichsschätzungen für unbekannte Parameter einer Verteilung und mit statistischen Tests über solche Parameter; dabei werden insbesondere die Normal- und die Binomialverteilung berücksichtigt. Weiterhin werden wir uns mit der Vektor- und Matrizenrechnung auseinandersetzen, die ein wesentliches Hilfsmittel der Multivariaten Statistik ist. Sodann werden mehrdimensionale und multivariate Normalverteilungen eingeführt, die bei vielen statistischen Verfahren eine große Rolle spielen. Abschließend beschäftigen wir uns noch mit der Gewinnung von Daten- und Distanzmatrix; Datenmatrizen enthalten die an Objekten beobachteten Ausprägungen mehrerer Merkmale und Distanzmatrizen beschreiben die Ähnlichkeiten von Objekten.

Das Kapitel II ist der *Regressionsanalyse* gewidmet; die dort beschriebenen Vorgehensweisen sind zwar selbst nicht im eigentlichen Sinne multivariat, jedoch ist ihre Bedeutung in den Anwendungen und für andere multivariate Verfahren so groß, daß wir sie nicht vernachlässigen wollten. Die Regressionsanalyse untersucht den *funktionalen Zusammenhang* zwischen einem einzelnen Merkmal, das an Objekten beobachtet wird, und einer Reiher weiterer von den Objekten getragener Merkmale. Wir beschäftigen uns mit der Spezifikation der funktionalen Beziehung und mit Untersuchungen über die *Einflüsse der Merkmale*: Welche der Merkmale sind wesentlich zur Erklärung des beobachteten Merkmals, welche der Merkmale können bei Berücksichtigung der übrigen vernachlässigt werden? Ein weiteres Ziel der Regressionsanalyse ist natürlich die *Prognose* zukünftiger Werte.

Beispiel: Bei der Angebotserstellung für Produkte ist die Kalkulation der Produktionskosten von entscheidender Bedeutung. Diese Kosten hängen von verschiedenen Einflußgrößen wie etwa den Rohmaterialkosten, der zur Produktion benötigten Arbeitszeit, der zu produzierenden Menge etc. ab. Bestimmt man aufgrund der bekannten Produktionskosten früherer Waren mittels Regressionsanalyse den funktionalen Zusammenhang zwischen Produktionskosten und solchen Einflußgrößen, so lassen sich die die Produktionskosten wesentlich bestimmenden Einflußgrößen ermitteln und die Produktionskosten für ein neues Produkt prognostizieren.

Bei der Regressionsanalyse werden nun verschiedene Fälle unterschieden. Ist wie im obigen Beispiel das interessierende Merkmal quantitativ, d.h. kann es beliebige Werte in einem Bereich annehmen, so spricht man von *quantitativer Regressionsanalyse*. Werden dann die Einflüsse der übrigen Merkmale durch feste Parameter beschrieben, so lassen sich die Methoden der *multiplen Regressionsanalyse* anwenden; sind hingegen zumindest einige der Einflüsse als zufällig anzunehmen, so kommt man zu *Gemischten Linearen Modellen*. Im Falle eines qualitativen, beobachteten Merkmals, d.h. eines diskreten Merkmals mit nur einigen möglichen Ausprägungen, kommt die *diskrete Regressionsanalyse* (*Lineares Wahrscheinlichkeitsmodell*, *Logit-*, *Probitanalyse*) zur Anwendung.

Wird in der Regressionsanalyse ein funktionaler Zusammenhang zwischen verschiedenen Merkmalen hergestellt, so dient die in Kapitel III dargestellte *Korrelationsanalyse* der Bestimmung einer Maßzahl für die *Stärke eines Zusammenhangs*. Hier werden solche Korrelationsmaße für verschiedene Merkmalstypen vorgestellt. Dabei kann der Zusammenhang zwischen zwei Merkmalen (*einfache Korrelation*), der zwischen einem Merkmal und einer Gruppe anderer Merkmale (*multiple Korrelation*) oder auch der zwischen zwei Gruppen von Merkmalen (*kanonische Korrelation*) von Interesse sein. Mitunter ist eine Korrelation z.B. zwischen zwei Merkmalen nur dadurch bedingt, daß beide Merkmale mit weiteren, noch gar nicht berücksichtigten Merkmalen korreliert sind; der Ausschaltung solcher Einflüsse dienen die *partielle und bi-par-*

tielle Korrelationsanalyse. Neben Maßen für die Stärke eines Zusammenhangs werden in diesem Kapitel z.B. auch statistische Tests angegeben, mit denen sich etwa überprüfen läßt, ob solche Zusammenhänge auch signifikant vorhanden sind.

Beispiel: Um die Eignung eines Bewerbers für eine bestimmte Position zu prüfen, werden oftmals Eignungstests durchgeführt. Solche Tests müssen natürlich so gestaltet sein, daß sie die tatsächliche Eignung eines Bewerbers möglichst gut widerspiegeln. Aufgrund der Testergebnisse früherer, bereits im Betrieb arbeitender Personen, deren tatsächliche Eignung sich inzwischen erwiesen hat, läßt sich mit Hilfe der Korrelationsanalyse die Stärke des Zusammenhangs zwischen Test und tatsächlicher Eignung ermitteln.

Werden an jeweils einer Reihe von Objekten aus r verschiedenen, vergleichbaren Grundgesamtheiten (Bewohner verschiedener Länder, Betriebe aus verschiedenen Branchen oder Regionen, Tiere oder Pflanzen gleicher Gattung aber verschiedener Art, Produkte aus verschiedenen Produktionslosen usw.) p Merkmale beobachtet, so spricht man vom *multivariaten* (p - variaten) *r - Stichprobenproblem*. Im Kapitel IV beschäftigen wir uns zunächst mit *multivariaten Ein- und Zweistichprobenproblemen* im Falle gemeinsam in der jeweiligen Grundgesamtheit normalverteilter Merkmale. Von Interesse sind dann die *Schätzung der Parameter* in den ein bzw. zwei Grundgesamtheiten sowie *Tests über diese Parameter*. Im Einstichprobenfall überprüft man, ob die Parameter signifikant von vorgegebenen Werten verschieden sind,und im Falle zweier Stichproben testet man die Gleichheit der Parameter in beiden Grundgesamtheiten. Für den Fall von *r > 2 Stichproben* behandeln wir im Kapitel IV zudem den Vergleich der Streuungsmatrizen in den r zugrundeliegenden Grundgesamtheiten sowie die Zuordnung "neuer" Objekte zu einer der Grundgesamtheiten; der Mittelwertvergleich im r - Stichprobenproblem wird im Zusammenhang mit der multivariaten Varianzanalyse erst im Kapitel X behandelt. Die Zuordnung "neuer" Objekte, an denen die p Merkmale beobachtet werden, zu einer von r Grundgesamtheiten nennt man auch *Diskrimination* oder *Identifikation*. Wir werden uns im Rahmen der Diskriminanzanalyse nicht nur mit *Zuordnungsvorschriften für "neue" Objekte* sondern vielmehr auch mit der *Auswahl wesentlicher Merkmale* für die Diskrimination beschäftigen.

Beispiel: In einem metallverarbeitenden Betrieb werden Werkstücke aus verschiedenen Legierungen gefertigt. Beobachtet man an einigen Werkstücken, von denen man weiß, zu welchem von zwei unterschiedlichen Gefügen sie gehören, nun Merkmale wie Festigkeit, spezifisches Gewicht usw., so kann aufgrund der Verfahren für multivariate Zweistichprobenprobleme überprüft werden, ob Unterschiede bzgl. Mittelwert und Streuung der Merkmale zwischen den Gefügen bestehen. Basierend auf den Zuordnungsvorschriften der Diskriminanzanalyse kann aufgrund der Beobachtungen der Merkmale an weiteren Werkstücken überprüft werden, welchem der Gefüge diese Werkstücke zuzuordnen sind. Außerdem können die für Unterschiede zwischen den Gefügen wesentlich verantwortlichen Merkmale bestimmt werden. Die nicht oder kaum zwischen den Gefügen trennenden Merkmale werden bei der Zuordnung "neuer" Werkstücke dann oft gar nicht mehr berücksichtigt.

Viele (multivariate) statistische Verfahren lassen sich nur anwenden, wenn die an einer Reihe von Objekten beobachteten Merkmale quantitativer Natur sind. Sind die Ausprägungen der interessierenden Merkmale (z.T.) qualitativer Art (z.B. Farben, Bewertungen, Nationalitäten, Berufe usw.) so müssen entweder qualitative Verfahren angewandt werden oder die Daten müssen für die statistische Analyse zunächst aufbereitet werden. Ein universelles Instrumentarium stellt hier die *Skalierung qualitativer Merkmalsausprägungen* dar, die im Kapitel V ausführlich behandelt wird; der Vorteil einer derartigen *Datenaufbereitung* gegenüber direkten Verfahren für qualitative Merkmale liegt insbesondere auch darin, daß die Anforderungen an die Datenbasis sehr viel geringer sind. Skalierungsverfahren ordnen den qualitativen, kategoriellen Merkmalsausprägungen Zahlen derart zu, daß die skalierten Daten dem vorgesehenen Auswertungsverfahren möglichst gut angepaßt sind. Wir beschäftigen uns zunächst mit der *Skalierung eines einzelnen Merkmals*, dessen qualitative Ausprägungen einer natürlichen Rangfolge unterliegen (*marginale Normalisierung*), und dann mit der *Skalierung zweier qualitativer Merkmale*, wobei die Ausprägungen des einen Merkmals derart skaliert werden, daß sie das andere Merkmal möglichst gut erklären, und umgekehrt, d.h. die Korrelation der skalierten Merkmale wird maximiert. Ausgehend von diesen Skalierungsverfahren werden einige spezielle statistische Verfahren wie z.B. die Güteprüfung solcher Skalierungen, die Diskrimination neuer Objekte zu den Ausprägungen eines der beiden Merkmale usw. behandelt. Werden *mehr als zwei qualitative Merkmale* beobachtet, so empfiehlt es sich, sie alle gemeinsam zu skalieren; ähnlich wie im Fall zweier Merkmale kann die gemeinsame Skalierung derart erfolgen, daß der Gesamtzusammenhang zwischen allen skalierten Merkmalen möglichst groß ist. Oftmals ist es nun so, daß eines oder mehrere der beobachteten Merkmale eine Sonderstellung einnehmen: Wie bei der Regressionsanalyse möchte man diese ausgezeichneten Merkmale, die auch *Kriteriumsvariablen* genannt werden, möglichst gut durch die übrigen Merkmale erklären. In diesem Fall kann eine Skalierung nach dem Kriterium der maximalen multiplen bzw. kanonischen Korrelation erfolgen. Schließlich werden wir im Kapitel V noch Skalierungsverfahren behandeln, die gemeinsam mit den qualitativen Merkmalen beobachtete, quantitative Merkmale (*gemischte Datentypen*) berücksichtigen.

Beispiel:

(a) Im Abschnitt 3 des Kapitels V werden wir uns ausführlich mit einem Problem der Produktforschung beschäftigen. Von der "Consumers Union of the United States" wurde eine Befragung von 391 Autobesitzern über die Reparaturanfälligkeit verschiedener Teile ihrer PKW's durchgeführt, um Unterschiede zwischen den verschiedenen PKW - Herstellern aufzudecken. Wir berücksichtigen bei der Skalierung der insgesamt 14 Reparaturanfälligkeitsmerkmale (z.B. Bremsen, Automatikgetriebe, innere und äußere Karosserie, Heizungs- und Belüftungssystem) die Kriteriumsvariable "Hersteller" auf 5 Stufen (American Motors, Chrysler, Ford, General Motors, (bzgl. des US - Marktes) ausländische Hersteller), überprüfen die Güte der Skalierung, bestimmen die sieben für die Unterschiede zwischen den Herstellern wesentlich verantwortlichen Merkmale usw. Ausgehend von den sieben wesentlichen Merkmalen wird dann eine Datenmatrix und eine Distanzmatrix für die fünf Hersteller erstellt; die Datenmatrix enthält mittlere Skalenwerte der sieben Reparaturanfälligkeitsmerkmale bei jedem Hersteller und die Distanzmatrix beschreibt basierend auf diesen mittleren Skalenwerten die Ähnlichkeiten der Hersteller zueinander.

(b) Um zu einem optimalen Einsatz von Werbung zu gelangen, werden bei 10 Produkten die Werbekosten, die Art der Werbung (aggressiv, einschmeichelnd, erlebnisweckend) sowie der daraufhin zu verzeichnende Gewinn und der Geschäftstyp mit relativ höchstem Absatz (Kaufhaus, Supermarkt, Kleingeschäft) erhoben. Skaliert man bei diesen gemischt qualitativen und quantitativen Beobachtungsdaten die Merkmale Werbeart und Geschäftstyp mit relativ höchstem Absatz, so lassen sich hierzu die Methoden des Multivariaten Linearen Modells, das wir in Kapitel X behandeln, einsetzen. Natürlich wird man bei der Skalierung so vorgehen wollen, daß aufgrund der Merkmale Werbeetat und Werbeart dann möglichst gut Gewinn und Geschäftstyp mit relativ höchstem Absatz für "neue" Produkte prognostiziert werden können.

Einen gänzlich anderen Zweck als die in Kapitel V dargestellte Skalierung von Ausprägungen qualitativer Merkmale verfolgt die sogenannte *Multidimensionale Skalierung* (*MDS*), die wir im Kapitel VI behandeln. Ausgehend von Ähnlichkeitsinformationen über eine Reihe interessierender Objekte wird bei der Multidimensionalen Skalierung eine (q - dimensionale) Skala bestimmt, auf der die Objekte darstellbar sind; d.h. zu jedem der Objekte wird ein q - dimensionaler Datenvektor derart bestimmt, daß die Distanzen zwischen den Objekten durch die Abstände zwischen den Datenvektoren möglichst gut approximiert werden. Ist die gewählte Dimension q des Repräsentationsraumes kleiner als vier, so lassen sich die Objekte als Ergebnis der Multidimensionalen Skalierung auch graphisch darstellen. Bei der *metrischen multidimensionalen Skalierung* wird ausgehend von einer Distanzmatrix für die interessierenden Objekte eine q - dimensionale Konfiguration so bestimmt, daß die ursprünglichen Distanzen zwischen je zwei Objekten möglichst gut durch die Distanzen der Skalenvektoren (zahlenmäßig) approximiert werden. Beim klassischen Verfahren, der *Haupt - Koordinaten - Methode* geschieht dies auf rein algebraische Art und Weise, wohingegen das *Nonlinear - Mapping - Verfahren*, dessen Zielsetzung die Erhaltung lokaler Strukturen in den Distanzen ist, iterativ arbeitet. Bei der *nichtmetrischen multidimensionalen Skalierung* werden konkrete Zahlenangaben für den Grad der Ähnlichkeit bzw. Verschiedenheit der interessierenden Objekte nicht benötigt. Das *Verfahren von Kruskal* geht von der Rangfolge der Ähnlichkeiten von je zwei Objekten aus und konstruiert eine Skala derart, daß diese Rangfolge möglichst exakt beibehalten wird. Die *Unfolding - Technik* hingegen benötigt sogenannte I - Skalen für jedes der Objekte; die I - Skala für ein Objekt gibt dabei die Rangfolge der Ähnlichkeiten der übrigen Objekte zu diesem Objekt an. Davon ausgehend wird dann eine (eindimensionale) Skala bestimmt, die möglichst gut die I - Skala wiedergibt.

Will man sich die *Ähnlichkeiten der* an Objekten beobachteten *Merkmale* veranschaulichen, so kann z.B. basierend auf den Korrelationen der Merkmale auch hierzu ein Verfahren der Multidimenionalen Skalierung verwandt werden.

Beispiel: Wir kommen hier noch einmal auf das Beispiel (a) zu Kapitel V zurück. Dort wurden Reparaturanfälligkeitsmerkmale von PKW's gegen die Kriteriumsvariable Hersteller skaliert und aufgrund der sieben wesentlichen Merkmale konnten eine Daten- und eine Distanzmatrix für die fünf betrachteten Hersteller bestimmt werden. Ausgehend von einer Distanzmatrix für die fünf Hersteller, die ja Informationen über die Ähnlichkeiten bzgl. der Reparaturanfälligkeitsmerkmale enthält, ist in Abb.2 eine dreidimensionale Konfiguration für die Hersteller graphisch dargestellt, die mittels eines MDS - Verfahrens gewonnen wurde. Umgekehrt können basierend auf den Korrelationen der Reparaturanfälligkeitsmerkmale auch diese repräsentiert werden.

Im Kapitel VII beschäftigen wir uns dann mit der *Clusteranalyse*, d.h. der *Klassifikation von Objekten* (*Taxonomie*, *pattern recognition*). Ausgehend von einer Datenmatrix oder einer Distanzmatrix werden bei der Clusteranalyse die interessierenden Objekte in Klassen, Gruppen eingeteilt, und zwar derart, daß die Objekte, die zur selben Klasse gehören, einander möglichst

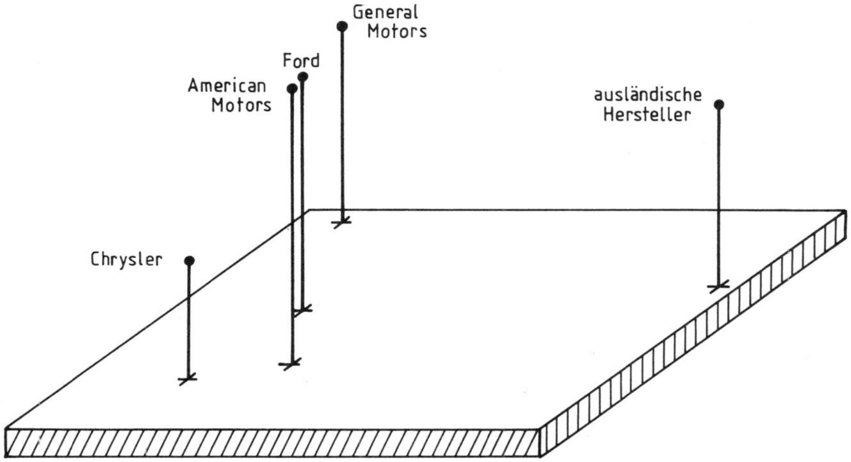

Abb.2: Dreidimensionale MDS - Konfiguration für fünf Autohersteller basierend auf Reparaturanfälligkeiten verschiedener PKW - Teile

ähnlich sind und Objekte aus verschiedenen Klassen sich möglichst stark unterscheiden, d.h. die Klassen sollen in sich homogen und untereinander heterogen sein. Wir werden Verfahren zur Konstruktion von vier verschiedenen *Klassifikationstypen* behandeln. Die Klassen einer *Überdeckung* können sich überschneiden, jedoch darf keine Klasse von Objekten vollständig in einer anderen Klasse enthalten sein. Eine *Partition* ist ein Spezialfall des Klassifikationstyps Überdeckung;hier werden die Objekte in disjunkte Klassen von Objekten, also Klassen, die sich auch nicht teilweise überschneiden, eingeteilt. *Quasihierarchien* und *Hierarchien* sind Verfeinerungen der beiden vorgenannten Klassifikationstypen. Eine Quasihierachie wird gebildet durch eine Folge von Überdeckungen; ausgehend von einer feinsten Überdeckung (Überdeckung mit den meisten Klassen) werden auf jeder Stufe der Quasihierarchie Vergröberungen vorgenommen, indem einander ähnliche Klassen von Objekten zu einer einzigen Klasse zusammengefaßt werden. Ebenso wird eine Hierarchie durch eine Folge von immer gröber werdenden Partitionen gebildet. Quasihierarchien und Hierarchien lassen sich in Form von "*Stammbäumen*", Hierarchien auch durch sogenannte *Dendrogramme* veranschaulichen. Möchte man auch *Partitionen oder Überdeckungen graphisch darstellen*, so kann man mittels Multidimensionaler Skalierung, vgl. Kapitel VI, zunächst eine etwa zweidimensionale Konfiguration für die interessierenden Objekte bestimmen und in diese dann die Klassen der Partitionen bzw. Überdeckungen einzeichnen. Wie schon bei der Multidimensionalen Skalierung sind auch die Verfahren der Clusteranalyse auf an Objekten beobachtete Merkmale anwendbar, wenn man etwa von den Korrelationen der Merkmale ausgeht. Betrachtet man die mittels Clusteranalyse klassifizierten Objekte als Lernstichprobe aus einer größeren Gesamtheit, so können mittels spezieller auf Klassifikation zugeschnittener Diskriminationsverfahren auch weitere, "neue" Objekte den Klassen der Klassifikation zugeordnet werden.

Beispiel: Aufgrund der Evolution, d.h. der stammesgeschichtlichen Entwicklung von Lebenwesen, sind heute existierende Tier- und Pflanzenarten mehr oder weniger verwandt. Basierend auf einer hierarchischen Clusteranalyse kann man versuchen,diese Entwicklung zu rekonstruieren ("*Evolutions - Bäume*"). Jede Stufe der Hierarchie entspricht dann einer Evolutionsphase und die Klassen der feinsten Partition werden gerade durch die heute existierenden, interessierenden Arten gebildet. Je gröber die Partition wird, desto weiter bewegt man sich in die Vergangenheit der Stammesgeschichte.

Die an Objekten beobachteten Merkmale sind in der Regel miteinander korreliert und lassen sich auf *latente*, "*künstliche*" *Merkmale* (*Faktoren*), die selbst nicht beobachtet werden können, zurückführen. Beispielsweise dienen Eignungstests für Bewerber zur Feststellung der charakterlichen Eignung, der Führungsqualitäten usw. Solche Eigenschaften sind nicht direkt meßbar oder beobachtbar und werden daher basierend auf speziellen Frage- bzw. Aufgabenstellungen überprüft. Die *Faktorenanalyse*, mit der wir uns im Kapitel VIII beschäftigen wollen, dient nun der Reduktion einer Vielzahl beobachteter Merkmale auf wenige latente, sie beschreibende Merkmale. Zunächst werden orthogonale, unkorrelierte Faktoren derart bestimmt, daß durch sie ein möglichst großer Teil der Korrelationen der Merkmale erklärt wird. Hier gibt es die verschiedensten Verfahren, die zu diesem Zwecke eine *Ladungsmatrix* konstruieren, welche die Korrelationen der beobachteten Merkmale mit den latenten Faktoren enthält; bei höchstens drei extrahierten Faktoren lassen sich, basierend auf einer solchen Ladungsmatrix, die beobachteten *Merkmale* auch *graphisch im Raum der Faktoren darstellen*. Es gibt unendlich viele in obigem Sinne optimale Ladungsmatrizen; daher stellen die verschiedenen *Konstruktionsverfahren*, von denen wir die Maximum - Likelihood - Methode, die kanonische Faktorenanalyse, die Hauptfaktorenanalyse, die Zentroidmethode und das Jöreskog - Verfahren vorstellen wollen, stets zusätzliche Bedingungen. Sie liefern keine im Sinne bestmöglicher Interpretierbarkeit der latenten Faktoren in Bezug auf die Merkmale optimale Lösung. Daher werden im Anschluß an die Konstruktion von Ladungsmatrizen zumeist noch *Faktorrotationen* durchgeführt, deren aller Ziel das Erreichen einer möglichst guten Interpretierbarkeit der Faktoren im Sinne des von Thurstone geprägten Begriffes der *Einfachstruktur* ist. Man unterscheidet bei den Rotationsverfahren zwischen orthogonalen und schiefwinkligen Rotationen. Bei einer *Orthogonalrotation* wie z.B. der Variamx- und der Quartimax - Rotation bleibt die Orthogonalität der latenten Faktoren erhalten, wohingegen *schiefwinklige Rotationsverfahren*, von denen wir die Methode der Primärfaktoren behandeln, auf korrelierte, schiefwinklige Faktoren führen. Schließlich wird im Rahmen der Faktorenanalyse noch das *Schätzen von* sogenannten *Faktorenwerten* behandelt. Das Ziel hierbei ist, einem Objekt, an dem die zugrundegelegten Merkmale beobachtet wurden, einen niederdimensionalen Datenvektor bzgl. der Faktoren zuzuordnen. Natürlich lassen sich bei weniger als vier Faktoren dann die Objekte aufgrund dieser Datenvektoren im Koordinatensystem der Faktoren auch graphisch veranschaulichen. Grundvoraussetzung der Faktorenanalyse ist, daß die Zahl der betrachteten Objekte größer ist als die Zahl der an ihnen beobachteten Merkmale. Ist dies nicht der Fall, so wird die *Faktorenanalyse* oft auch *auf die Objekte* anstelle der Merkmale *angewandt*, was zwar im strengen Sinne nicht erlaubt ist, häufig jedoch zu gut interpretierbaren Ergebnissen führt, vgl. auch die Einleitung des Kapitels VIII.

Beispiel: An verschiedenen Klimastationen in Europa werden Merkmale wie mittlere Monatstemperatur, mittlere Jahrestemperatur, Temperaturschwankung, Zahl von Frost- und Sonnentagen, relative Luftfeuchtigkeit, Niederschlagsmenge, Zahl der Regen-, Gewitter-, Schneefalltage usw. erhoben. Führt man nun eine Faktorenanalyse durch, so läßt sich feststellen, daß alle diese Merkmale im wesentlichen durch vier latente Faktoren beschrieben werden können: die thermischen Verhältnisse, die Humidität, die thermische und hygrische Kontinentalität bzw. Ozeanität. Schätzt man nun die zugehörigen Faktorenwerte für die einzelnen Klimastationen, so ist es möglich, festzustellen, welche Regionen bzgl. dieser Faktoren einander ähnlich sind, also eine Klimaregion bilden. ┘

Wie bereits eingangs dieser Einleitung erwähnt, dienen *graphische Verfahren* der Veranschaulichung komplexer Datensituationen bzw. der Darstellung von Ergebnissen (multivariater) statistischer Analysen; solche Verfahren werden im Kapitel IX ausführlich behandelt. Zunächst werden zwei spezielle Verfahren zur übersichtlichen Darstellung *eindimensionaler Daten*, "*Stem and Leaves*" und "*Box - Plot*", sowie eine Möglichkeit zur Repräsentation *zweidimensionaler Daten* am Beispiel eines *Produkt - Markt - Portfolios* vorgestellt. *Q - Q - Plots* dienen der *Überprüfung von Verteilungsannahmen* für mehrere Merkmale sowie dem *Erkennen von Ausreißern* in multivariaten Daten. In den übrigen Kapiteln des Buches werden immer wieder graphische Verfahren zur Repräsentation von Objekten oder den an ihnen beobachteten Merkmalen als Ergebnis einer multivariaten statistischen Analyse angegeben; im *Bi - Plot* lassen sich nun Merkmale und Objekte gleichzeitig zweidimensional veranschaulichen, und zwar werden die Objekte basierend auf ihren Ähnlichkeiten und den konkret an ihnen beobachteten Merkmalswerten, die Merkmale basierend auf ihren Korrelationen und Streuungen repräsentiert. Bei den bisher angesprochenen Verfahren werden alle interessierenden Objekte und/oder an ihnen beobachtete Merkmale gleichzeitig in einem Bild dargestellt. Andere graphische Repräsentationsformen stellen *jedes Objekt in einem separaten Bild* dar, natürlich ausgehend von den an ihm beobachteten Merkmalsausprägungen. Die einfachsten Darstellungsformen sind die, bei denen nur die Ausprägungen jedes Merkmals durch Streckungen oder Winkel dargestellt werden: *Profile*, *Polygonzüge*, *Glyphs*, *Sterne*, *Sonnen*, *Diamanten*. Bei den *Flury - Riedwyl - Faces*, vgl. auch Abb.1, wird jedes Objekt durch ein Gesicht repräsentiert. Die *Form von Gesichtsteilen* wie Gesichtslinie, Mund, Nase, Augenbraue, Auge, Pupille, Haarschraffur usw. hängt dabei von den beobachteten Merkmalswerten ab. *Andrews - Plots* und *Blumen* dienen der Repräsentation von Objekten durch *trigonometrische Funktionen*, deren Koeffizienten durch die beobachteten Merkmalsausprägungen bestimmt sind. Bei den bisher angesprochenen graphischen Verfahren ist die Merkmalsanordnung beliebig. Dagegen erfolgt bei *Quadern*, *Bäumen* und *Burgen*, vgl. z.B. den in Abb.1 dargestellten *Kleiner - Hartigan - Tree*, die *Anordnung der Merkmale* im Bild *gemäß ihrer Ähnlichkeiten*. Für alle Objekte wird zunächst ausgehend von diesen Ähnlichkeiten eine gemeinsame Struktur bestimmt, die dann je nach beobachteten Merkmalsausprägungen für jedes Objekt variiert. Bei den *Facetten* erfolgt die *Merkmalsanordnung nach der Wichtigkeit* für die Diskrimination zwischen den Objekten. Die Wichtigkeit der Merkmale wird durch für alle Objekte gleiche Winkel, die konkreten Ausprägungen durch Strecken beschrieben. Schließlich werden bei den *Bi - Plot - Sonnen* die Korrelationen der Merkmale mit dargestellt. Ausgehend von der Bi - Plot - Darstellung der Merkmale werden die an den Objekten beobachteten Merkmalswerte durch Strecken repräsentiert, vgl. auch die Abb.1.

Beispiel: Die wirtschaftliche Entwicklung eines Betriebes oder einer Branche läßt sich anhand der Beobachtung von Bilanzkennzahlen über mehrere Jahre hinweg beurteilen. Im letzten Abschnitt des Kapitels IX wird mittels graphischer Verfahren die Entwicklung der chemischen Industrie der Bundesrepublik Deutschland in den Jahren 1965 bis 1980 dargestellt. Basierend auf Anlagenintensität, Eigenkapitalanteil, Eigenkapitalrendite (Return on Investment), Umsatzrendite, Liquidität, dynamischem Verschuldungsgrad und Kapitalumschlag werden die Jahre, die hier die Rolle der Objekte übernehmen, durch Flury - Riedwyl - Faces, Andrews - Plots, Burgen, Bäume und Facetten repräsentiert.

Im abschließenden Kapitel X beschäftigen wir uns schließlich noch mit dem *Multivariaten Linearen Modell*. Hier wird der Zusammenhang von m Einflußvariablen und p beobachteten Merkmalen untersucht. Grundsätzlich wird dabei zwischen *Modellen mit festen Effekten* und *Modellen mit zufälligen Effekten* unterschieden; bei ersteren werden die Einflußgrößen als fest, bei letzteren als zufällig angenommen. Wir beschäftigen uns zunächst mit den *allgemeinen Vorgehensweisen* bei festen Einflußvariablen, wie Parameterschätzungen, Vertrauensintervallen für die Parameter und für zukünftige Beobachtungen (*Prognosen*), Tests über die Parameter und entsprechende Testverfahren, usw. Sodann werden zwei spezielle Modellklassen behandelt. Bei der *multivariaten Regressionsanalyse* sind alle Einflußvariablen quantitativer Art, bei der *multivariaten Kovarianzanalyse* sind einige Einflußfaktoren quantitativ (Kovariablen), andere qualitativer Art (Faktoren auf endlich vielen Stufen, die mit 0 und 1 kodiert werden, je nachdem ob die entsprechende Stufe eines Faktors vorliegt oder nicht).

Beispiel: Wir haben im Beispiel (b) zum Kapitel V die Skalierung der Merkmale Gewinn und Geschäftstyp mit relativ höchstem Absatz gegen die Einflußvariablen Werbeetat und Werbeart angesprochen. Verwendet man die Skalenwerte für die Werbeart, so läßt sich der Einfluß der Werbung auf die beiden interessierenden Merkmale in einem multivariaten Regressionsmodell untersuchen. Betrachtet man hingegen die Werbeart als qualitativen Faktor auf den drei Stufen aggressiv, einschmeichelnd und erlebnisweckend, so wird die Analyse in einem Kovarianzanalysemodell mit der Kovariablen Werbeetat durchgeführt.

Weiterhin beschäftigen wir uns mit Modellen der *multivariaten Varianzanalyse* sowie der *Profilanalyse*, bei denen alle Einflußfaktoren qualitativer Art sind. Im Zusammenhang mit der multivariaten Varianzanalyse werden das Modell mit nur einem Einflußfaktor, dessen Wirkung auf die p interessierenden Merkmale untersucht wird, sowie verschiedene zweifaktorielle Versuchsanlagen (einfaches multivariates Blockexperiment, zweifache Kreuzklassifikation mit Wechselwirkungen, zweifach hierarchische Klassifikation) behandelt. Bei der Profilanalyse steht nicht der generelle Einfluß des qualitativen Faktors auf p Merkmale im Vordergrund sondern vielmehr die Untersuchung eines zeitlichen Verlaufs (*Verlaufskurven*); dazu wird nur ein einzelnes Merkmal, dieses aber zu p verschiedenen Zeitpunkten beobachtet und mit den Stufen eines qualitativen Einflußfaktors in Verbindung gebracht.

Beispiel: Um den Einfluß des Faktors "Region" auf den SO_2-Gehalt in der Luft zu untersuchen, werden in m Gebieten (Stufen des Faktors "Region") an verschiedenen Stellen (Wiederholungen) die SO_2 - Gehaltswerte gemessen und zwar am selben Tag jeweils alle zwei Stunden ($p = 12$). Mittels einfaktorieller multivariater Varianzanalyse kann nun untersucht werden, ob der Faktor "Region" eine generellen Einfluß auf die SO_2 - Gehaltswerte zu verschiedenen Tageszeiten hat. Die Profilanalyse ermöglicht zudem die Untersuchung von Fragestellungen wie z.B.: Sind die Verläufe der Gehaltswerte in den Regionen wesentlich verschieden oder verlaufen sie weitgehend gleichläufig, nur auf unterschiedlichem Niveau; sind die Tagesmittelwerte des SO_2 - Gehalts in den Regionen als gleich anzusehen, d.h. sind die durchschnittlichen Umweltbelastungen durch SO_2 in den Regionen praktisch gleich?

Schließlich behandeln wir im Kapitel X dann spezielle Modelle mit zufälligen Effekten, wobei hier die Untersuchung des Einflußes qualitativer Variablen im Vordergrund steht. Erstrecken sich in Modellen mit festen Effekten die Aussagen nur auf die konkret im Experiment betrachteten Stufen qualitativer Einflußvariablen, so geht man nun davon aus, daß die konkreten Stufen nur eine Auswahl aus allen möglichen Faktorstufen darstellen, eine Aussage sich aber auf sämtliche Stufen beziehen soll. Die Beantwortung solcher Fragestellungen ermöglichen *multivariate Varianzkomponentenmodelle*, in denen die auf die Einflußfaktoren zurückzuführenden Streuungsanteile der p beobachteten Merkmale geschätzt werden. Ein hoher Streuungsanteil ist dann mit einem starken Einfluß des Faktors gleichzusetzen. Wir behandeln hier Modelle der einfach, zweifach und dreifach hierarchischen Klassifikation (ein, zwei bzw. drei hierarchisch angeordnete Faktoren) sowie Modelle der zweifachen Kreuzklassifikation (zwei Einflußfaktoren, deren Stufen kreuzweise kombiniert betrachtet werden). Außerdem beschäftigen wir uns noch mit einem speziellen *Meßmodell* zur *Präzisionsbestimmung von Meß- und Analyseverfahren bei zerstörenden Prüfungen bzw. Produktvariabilität*.

Beispiel: In einem Erzlager werden aus einigen Bohrlöchern Bodenproben entnommen und bzgl. ihres Gehalts an Metall und an taubem Gestein analysiert. Betrachtet man hier ein Modell mit festen Effekten, so kann sich eine Aussage nur über die speziellen Bohrlöcher erstrecken. Möchte man aber die Streuung von Metallgehalt und Gehalt an taubem Gestein im gesamten Erzlager beurteilen, so kommt man zu einem Modell mit zufälligen Effekten und betrachtet dann die konkreten Bohrlöcher als zufällig ausgewählt aus der Gesamtheit aller möglichen Bohrlöcher im Erzlager.

Am Ende dieser Einleitung wollen wir noch kurz auf zwei Unterscheidungsmerkmale hinweisen, die häufig zur Klassifikation (multivariater) statistischer Verfahren verwandt werden. Zunächst einmal unterscheidet man zwischen sogenannten *dependenten* und *interdependenten Methoden* und dann noch zwischen *R - Techniken* und *Q - Techniken*.

Dependente Verfahren sind dadurch ausgezeichnet, daß der Einfluß einer Gruppe von Variablen auf eine Reihe interessierender, beobachteter Merkmale untersucht wird, wie dies bei der Regressions-, Varianz-, Kovarianzanalyse und der Profilanalyse der Fall ist, oder daß der Zusammenhang zwischen zwei Merkmalsgruppen im Vordergrund des Interesses steht, was bei den Verfahren der Korrelationsanalyse zutrifft. Bei den *interdependenten* (intra - dependenten) statistischen Verfahren hingegen sind alle an Objekten beobachteten bzw. erhobenen Merkmale gleichberechtigt in dem Sinne, daß sich Aussagen und Analyseergebnisse stets auf alle diese Merkmale in gleicher Art und Weise erstrecken; solche interdependenten Verfahren sind etwa die Multidimensionale Skalierung, die Clusteranalyse, die Faktorenanalyse und die meisten graphischen Methoden.

Die Aufteilung in R - und Q - Techniken bezieht sich nicht auf eine Unterscheidung in den Merkmalen. Vielmehr spricht man von *R - Techniken*, wenn Aussagen über die in einem Experiment beobachteten Merkmale getroffen werden, und von *Q - Techniken*, wenn sich Analyseergebnisse direkt auf die im Experiment berücksichtigten Objekte beziehen. Hier ist eine starre Einteilung der verschiedenen multivariaten statistischen Verfahren kaum möglich, da viele Methoden wahlweise als R - oder Q - Technik angewandt werden können. So ist z.B. die Clusteranalyse an und für sich eine Q - Technik für die Objekte; sie kann jedoch auch als R - Technik für die Merkmale eingesetzt werden, was z.B. bei den im Kapitel IX beschriebenen graphischen Verfahren teilweise der Fall ist (Burgen, Bäume, Quader). Die Faktorenanalyse ist eine R - Technik für die Merkmale, so lange das Interesse in der Bestimmung latenter Faktoren, welche die Merkmale beschreiben, liegt. Das sich anschließende Schätzen von Faktorenwerten hingegen ist eine Q - Technik, denn hier wird den Objekten je ein Datenvektor bzgl. der latenten Faktoren zugeordnet. Zudem wird - wie bereits erwähnt - die Faktorenanalyse häufig mit durchaus gut interpretierbaren Ergebnissen als Q - Technik angesetzt, wenn die Zahl der Objekte geringer ist als die Zahl der an ihnen beobachteten Merkmale.

Kapitel I: Einführung und Grundlagen

In diesem ersten Kapitel werden die für die multivariate Statistik unerläßlichen Grundlagen aus der Wahrscheinlichkeitsrechnung, Statistik und Matrizenrechnung kurz zusammengestellt, um es dem Leser zu ermöglichen, dieses Buch selbständig zu lesen.

Im Abschnitt 1 werden zunächst einige grundlegende Begriffe im Zusammenhang mit Datenmaterial und die wesentlichen Elemente der deskriptiven (beschreibenden) Statistik, wie Häufigkeiten, empirische Kenngrößen und empirische Verteilungsfunktion, dargestellt.

Der zweite Abschnitt ist der Wahrscheinlichkeitsrechnung gewidmet. Hier werden Wahrscheinlichkeiten, bedingte Wahrscheinlichkeiten, Zufallsvariablen, Verteilungen, Verteilungsfunktionen, Dichten und Kenngrößen von Verteilungen behandelt.

Im dritten Abschnitt beschäftigen wir uns dann mit den Prinzipien der induktiven (schließenden) Statistik. Die Begriffe Punktschätzer und Konfidenzintervallschätzung sowie statistischer Test werden eingeführt und Konstruktionsprinzipien für Punkt- und Intervallschätzer sowie statistische Tests werden erläutert.

Der vierte Abschnitt dieses Kapitels beschäftigt sich mit der Vektor- und Matrizenrechnung. Elemente dieser Gebiete, die für das Verständnis multivariater Verfahren unerläßlich sind, werden in einem kurzen Abriß behandelt.

Im fünften Abschnitt werden dann die Grundlagen der Wahrscheinlichkeitsrechnung für mehrdimensionale Zufallsvariablen (Zufallsvektoren, Zufallsmatrizen) bereitgestellt. Insbesondere werden die mehrdimensionale und die multivariate Normalverteilung sowie die Wishartverteilung betrachtet.

Schließlich werden wir uns im sechsten Abschnitt mit einigen elementaren Begriffen im Zusammenhang mit Daten- und Distanzmatrizen für mehrdimensionale Beobachtungsvektoren auseinandersetzen. Es werden Distanzmaße für beliebig skalierte Merkmale untersucht.

1 GRUNDLEGENDE BEGRIFFE UND ELEMENTARE DATENBESCHREIBUNG

Die Statistik beschäftigt sich mit der Beschreibung und Analyse umfangreicher Datenmengen, die z.B. durch Befragungen oder Messungen gewonnen werden. Die *Objekte*, an denen Messungen vorgenommen werden, bzw. die Personen, die befragt werden, nennt man auch *Untersuchungseinheiten*. Die Größen, die gemessen bzw. nach denen gefragt wird, heißen *Merkmale*, und die an den Untersuchungseinheiten festgestellten Werte der Merkmale heißen *Merkmalswerte* oder *Merkmalsausprägungen*.

Beispiel: Um die Altersstruktur in einer Gemeinde zu erfassen, werden alle Einwohner (Objekte, Untersuchungseinheiten) nach ihrem Alter (Merkmal) befragt. Die Altersangaben der Personen sind dann die Merkmalsausprägungen.

Oft kann man nicht alle interessierenden Objekte untersuchen, sondern muß sich mit einem Teil (z.B. n Objekten) von ihnen begnügen. Man spricht dann von einer *Stichprobe* von n Objekten aus der *Grundgesamtheit* der interessierenden Objekte. Wie man Stichprobenuntersuchungen anlegt, damit sie ein möglichst genaues Bild der Grundgesamtheit widerspiegeln, wird ausführlich in Hartung et al. (1982, Kap.V) dargestellt.

Beispiel: In einem Land ohne Meldepflicht ist es kaum möglich alle Einwohner (Grundgesamtheit) nach ihrem Alter zu befragen. Man muß sich mit einer Stichprobe von Einwohnern begnügen.

1.1 MERKMALSTYPEN UND KLASSENBILDUNG

Merkmale werden nach der Art ihrer Ausprägungen klassifiziert. Zum einen unterscheidet man quantitative und qualitative Merkmale und zum anderen stetige und diskrete Merkmale.

Die Ausprägungen *quantitativer Merkmale* (z.B. Alter und Gewicht von Personen, Lebensdauern von Bauelementen) unterscheiden sich in ihrer Größe und die Ausprägungen *qualitativer Merkmale* (z.B. Farbe, Rasse, Fabrikat, Beruf) in ihrer Art.

Geht man von der Zahl der möglichen Ausprägungen eines Merkmals aus, so gelangt man zur Aufteilung in diskrete und stetige Merkmale. *Diskrete Merkmale* (z.B. Geschlecht, Anzahlen) können nur abzählbar viele Werte annehmen, *stetige Merkmale* (z.B. Längenmessungen, Lebensdauern) können beliebige Werte in einem bestimmten Bereich annehmen.

Eine weitere Unterscheidung von Merkmalstypen erhält man dadurch, daß man die zugrundeliegende Meß - Skala betrachtet. Die Werte einer *Nominalskala* unterliegen keiner Reihenfolge und sind nicht vergleichbar, die einer *Ordinalskala* unterscheiden sich in ihrer Intensität und unterliegen einer Rangfolge und die einer *metrischen Skala* sind derart, daß sich zudem Abstände zwischen den Werten interpretieren lassen. *Nominale Merkmale* sind also z.B. Beruf oder Rasse, *ordinale Merkmale* haben z.B. Ausprägungen wie gut, mittel, schlecht (etwa Zensuren) und *metrische Merkmale* sind z.B. Größe oder Gewicht.

Mitunter werden auch, wenn ein Merkmal viele Ausprägungen besitzt, mehrere Merkmalsausprägungen in Klassen zusammengefaßt. Dadurch erreicht man etwa bei der graphischen Darstellung von Datenmaterial, daß die Darstellung übersichtlich ist. Durch eine solche *Klassenbildung* gelangt man dann z.B. zur Diskretisierung eines stetigen Merkmals (z.B. Gewichtsklassen bei Hühnereiern).

In den folgenden Teilen des Abschnitts 1 werden einige wesentliche Möglichkeiten der Beschreibung von Datenmaterial dargestellt. Der stärker an Methoden der beschreibenden (deskriptiven) Statistik interessierte Leser sei auf Hartung et al. (1982, Kap.I) hingewiesen.

1.2 HÄUFIGKEITEN, SUMMENHÄUFIGKEITEN UND EMPIRISCHE VERTEILUNGSFUNKTION

Bezeichnet man die möglichen Ausprägungen eines Merkmals X mit $a_1,\ldots,a_k$ und beobachtet das Merkmal X dann an n Untersuchungseinheiten, so bezeichnet man mit

$$H_n(a_j) = \text{"Anzahl der Fälle, in denen } a_j \text{ auftritt"}$$

für j=1,...,k die *absolute Häufigkeit* des Auftretens der Ausprägung a_j und mit

$$h_n(a_j) = \frac{1}{n} H_n(a_j)$$

für j=1,...,k die *relative Häufigkeit* der Ausprägung a_j. Die relative Häufigkeit von a_j ist also der prozentuale Anteil der Untersuchungseinheiten, die die Ausprägung a_j tragen. Daher nimmt $h_n(a_j)$ unabhängig von n stets Werte zwischen 0 und 1 an und es gilt:

$$\sum_{j=1}^{k} h_n(a_j) = h_n(a_1) + \ldots + h_n(a_k) = 1 \quad ;$$

natürlich ist

$$\sum_{j=1}^{k} H_n(a_j) = H_n(a_1) + \ldots + H_n(a_k) = n \quad .$$

Bei ordinalen und metrischen Merkmalen lassen sich die Ausprägungen der Größe nach ordnen: $a_1 < a_2 < \ldots < a_k$, und man betrachtet dann oft sogenannte Summenhäufigkeiten. Die *absolute Summenhäufigkeit* der Ausprägung a_j ist

$$\sum_{i=1}^{j} H_n(a_i) = H_n(a_1) + \ldots + H_n(a_j) \quad ,$$

also die Anzahl der Untersuchungseinheiten, an denen eine der Ausprägungen $a_1, a_2, \ldots, a_j$ beobachtet wurde. Entsprechend ist

$$\sum_{i=1}^{j} h_n(a_i) = h_n(a_1) + \ldots + h_n(a_j)$$

die *relative Summenhäufigkeit* der Ausprägung a_j.

Durch die Folge der relativen Summenhäufigkeiten wird nun die *empirische Verteilungsfunktion* (*Summenhäufigkeitsfunktion*) $S_n(x)$ des Merkmals X bestimmt. Und zwar ist für alle Zahlen x mit $a_j \leq x < a_{j+1}$

$$S_n(x) = \sum_{i=1}^{j} h_n(a_i) = \frac{1}{n} \sum_{i=1}^{j} H_n(a_i) \quad .$$

Die empirische Verteilungsfunktion ist also eine sogenannte Treppenfunktion mit

$$S_n(x) = 0 \quad \text{für } x < a_1 \quad , \qquad S_n(x) = 1 \quad \text{für } x \geq a_k \quad ,$$

und Sprungstellen bei $a_1, a_2, \ldots, a_k$. Die Höhe der Sprungstellen ist für $i=1,\ldots,k$ gerade $h_n(a_i)$, also die relative Häufigkeit der Ausprägung a_i.

Beispiel: In einer Klausur mit 54 Teilnehmern wurde 3 mal die Note 1, 6 mal die Note 2, 18 mal die Note 3, 18 mal die Note 4 und 9 mal die Note 5 erreicht. In der Tab.1 sind nun absolute und relative Häufigkeiten bzw. Summenhäufigkeiten der Ausprägungen (Noten) $a_1 = 1$, $a_2 = 2$, $a_3 = 3$, $a_4 = 4$ und $a_5 = 5$ des Merkmals X = Klausurnote angegeben. Aus den relativen Häufigkeiten bzw. Summenhäufigkeiten ergibt sich die in Abb.1 dargestellte empirische Verteilungsfunktion $S_n(x)$ der Klausurnoten.

Tab.1: Klausurnoten von n = 54 Teilnehmern

Ausprägung (Klausurnote) a_j	absolute Häufigkeit $H_n(a_j)$	relative Häufigkeit $h_n(a_j)$	absolute Summenhäufigkeit $\sum_{i=1}^{j} H_n(a_i)$	relative Summenhäufigkeit $\sum_{i=1}^{j} h_n(a_i)$
$a_1 = 1$	3	3/54 = 1/18	3	3/54 = 1/18
$a_2 = 2$	6	6/54 = 1/9	3+6 = 9	9/54 = 1/6
$a_3 = 3$	18	18/54 = 1/3	3+6+18 = 27	27/54 = 1/2
$a_4 = 4$	18	18/54 = 1/3	3+6+18+18 = 45	45/54 = 5/6
$a_5 = 5$	9	9/54 = 1/6	3+6+18+18+9 = 54	54/54 = 1

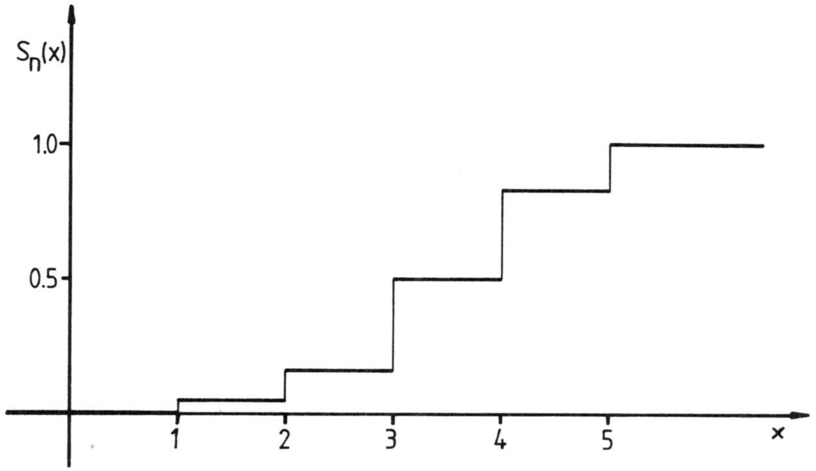

Abb.1: Empirische Verteilungsfunktion $S_n(x)$ der Klausurnoten von 54 Teilnehmern

1.3 EMPIRISCHE LAGEMAßE

Empirische Lagemaße geben ein "Zentrum" von n beobachteten Merkmalswerten $x_1,\dots,x_n$ eines Merkmals X mit Ausprägungen $a_1,\dots,a_k$ an.

Das wohl wichtigste Lagemaß ist das *arithmetische Mittel* (*durchschnittlicher Wert*, *Mittelwert*)

$$\bar{x} = \frac{1}{n} \sum_{i=1}^{n} x_i = \frac{1}{n} \sum_{j=1}^{k} a_j H_n(a_j) \quad ;$$

es ist insbesondere sinnvoll bei metrisch skalierten Größen.

Auch bei ordinal skalierten Merkamlen läßt sich der *Median* oder *Zentralwert* als Lagemaß verwenden, der dadurch charakterisiert ist, daß mindestens 50% der Beobachtungswerte $x_1,\dots,x_n$ größer oder gleich und 50% kleiner oder gleich dem Median sind. Sind $x_{(1)} \leq \dots \leq x_{(n)}$ die der Größe nach geordneten Beobachtungswerte (bei Gleichheit mehrerer Werte spielt deren Reihenfolge keine Rolle), so ist

$$\tilde{x}_{0.5} = \begin{cases} x_{((n+1)/2)} & \text{, falls n ungerade} \\ \frac{1}{2}(x_{(n/2)} + x_{((n+2)/2)}) & \text{, falls n gerade} \end{cases}$$

ein Median der Beobachtungsreihe.

Der *Modalwert* ist der häufigste Wert in einer Beobachtungsreihe. Damit gilt für den Modalwert x_{mod}, der sich auch noch bei nominalen Merkmalen als Lagemaß verwenden läßt,

$$h_n(x_{mod}) \geq h_n(a_j)$$

für alle Merkmalsausprägungen a_j , $j=1,\dots,k$. Ist diese Bedingung für mehrere Ausprägungen erfüllt, so ist es nicht sinnvoll, den Modalwert als Lagemaß zu verwenden.

Beispiel: Bei $n = 35$ Glühbirnen wurden die in Tab.2 angegebenen Lebensdauern gemessen. Die beobachteten Werte $x_1,\dots,x_{35}$ sind der Größe nach geordnet und stimmen somit direkt mit den Größen $x_{(1)},\dots,x_{(35)}$ überein.

Tab.2: Lebensdauern x_i (in Stunden) von $n = 35$ Glühbirnen

i	x_i	i	x_i	i	x_i	i	x_i	i	x_i
1	430	8	611	15	647	22	705	29	798
2	580	9	612	16	647	23	730	30	815
3	581	10	617	17	648	24	732	31	832
4	582	11	617	18	683	25	743	32	832
5	595	12	628	19	696	26	789	33	856
6	596	13	629	20	703	27	789	34	857
7	608	14	631	21	705	28	789	35	938

Für diese Beobachtungswerte ergeben sich das arithmetische Mittel zu

$$\bar{x} = \frac{1}{35}(430 + 580 + \ldots + 938) = \frac{1}{35} \cdot 24251 = 692.886 \quad ,$$

der Median, da $n = 35$ ungerade ist, zu

$$\tilde{x}_{0.5} = x_{((n+1)/2)} = x_{(36/2)} = x_{18} = 683$$

und der Modalwert (der hier bei so vielen und dünn besetzten Klassen jedoch wenig Information enthält) zu

$$x_{mod} = 789 \quad .$$

Weitere empirische Lagemaße findet man bei Hartung et al. (1982, Kap.I, Abschnitt 4).

1.4 EMPIRISCHE STREUUNGSMASSE

Beschreiben Lagemaße ein Zentrum einer Beobachtungsreihe, so geben Streuungsmaße Aufschluß darüber, wieweit ein Beobachtungswert von einem solchen Zentrum abweichen kann.

Das wohl wichtigste Streuungsmaß ist die (empirische) *Varianz* s^2 einer Beobachtungsreihe $x_1,\ldots,x_n$ für $n \geq 2$:

$$s^2 = \frac{1}{n-1} \sum_{i=1}^{n} (x_i - \bar{x})^2 = \frac{1}{n-1} \left(\sum_{i=1}^{n} x_i^2 - n\bar{x}^2 \right) \quad .$$

(Mitunter wird bei der empirischen Varianz statt des Faktors $\frac{1}{n-1}$ auch der Faktor $\frac{1}{n}$ verwandt.) Die *Standardabweichung* s ist gerade die Wurzel aus der Varianz, also

$$s = \sqrt{s^2} = \sqrt{\frac{1}{n-1} \sum_{i=1}^{n} (x_i - \bar{x})^2} \quad ,$$

und hat gegenüber der Varianz den Vorteil, daß bei ihr die gleiche Maßeinheit zugrundeliegt, wie bei den Beobachtungswerten.

Der *Variationskoeffizient* v ist zudem vom arithmetischen Mittel $\bar{x}$ bereinigt, d.h. ohne Nennung von $\bar{x}$ interpretierbar:

$$v = \frac{s}{\bar{x}} \quad , \text{ definiert für positive Meßwerte } x_1,\ldots,x_n .$$

Allen bisher erwähnten Maßen ist gemeinsam, daß als Bezugsgröße das arithmetische Mittel $\bar{x}$ verwandt wird. Dies ist durch die Minimumeigenschaft des arithmetischen Mittels begründet:

$$\sum_{i=1}^{n} (x_i - \bar{x})^2 \leq \sum_{i=1}^{n} (x_i - c)^2 \qquad \text{für jede beliebige Zahl } c.$$

Dagegen wird bei der *mittleren absoluten (betragsmäßigen) Abweichung* (vom Median)

$$d = \frac{1}{n} \sum_{i=1}^{n} |x_i - \tilde{x}_{0.5}|$$

aufgrund der Minimumeigenschaft des Medians

$$\sum_{i=1}^{n} |x_i - \tilde{x}_{0.5}| \leq \sum_{i=1}^{n} |x_i - c| \qquad \text{für jede beliebige Zahl } c$$

der Median $\tilde{x}_{0.5}$ als Bezugsgröße des Streuungsmaßes verwandt.

Ein grober Anhaltspunkt für die Lage der Beobachtungswerte ist der sogenannte *Streubereich* $[x_{(1)}, x_{(n)}]$, also das Intervall, dessen Grenzen durch kleinsten und größten Beobachtungswert gegeben sind. Das zugehörige Streuungsmaß ist die *Spannweite* (*range*) der Beobachtungswerte:

$$R = x_{(n)} - x_{(1)} \quad .$$

Beispiel: Alle angegebenen Streuungsmaße sollen nun für die Daten aus Tab.2 im Abschnitt 1.3, wo auch schon die empirischen Lagemaße angegeben sind, berechnet werden. Es ergibt sich für die Varianz

$$s^2 = \frac{1}{35-1} \sum_{i=1}^{35} (x_i - 692.886)^2 = \frac{1}{34} \cdot 387875.54 = 11408.104 \quad ,$$

für die Standardabweichung

$$s = \sqrt{11408.104} = 106.809 \quad ,$$

für den Variationskoeffizienten

$$v = \frac{106.809}{692.886} = 0.154 \quad ,$$

für die mittlere absolute Abweichung vom Median

$$d = \frac{1}{35} \sum_{i=1}^{35} |x_i - 683| = \frac{1}{35} \cdot 3050 = 87.143 \quad ;$$

der Streubereich ist das Intervall

$$[x_{(1)}\,;\,x_{(35)}] = [430\,;\,938] \quad ,$$

und somit ergibt sich die Spannweite der Beobachtungswerte zu

$$R = 938 - 430 = 508 \quad .$$

Weitere Streuungsmaße sowie nähere Erläuterungen zu den hier erwähnten findet man bei Hartung et al. (1982, Kap.I, Abschnitt 5).

2 GRUNDLAGEN DER WAHRSCHEINLICHKEITSRECHNUNG

Sind Vorgänge zufälliger Natur oder derart komplex, daß sie nicht quantitativ erfaßt werden können, so spricht man von *zufälligen Ereignissen*. Mit der Untersuchung solcher Ereignisse beschäftigt sich die Wahrscheinlichkeitsrechnung und Statistik.

Ein *Zufallsexperiment* ist die Ausführung eines Vorgangs, der (beliebig oft) wiederholt werden kann und dessen Ausgang zufällig ist. Die Menge der möglichen Ausgänge eines Zufallsexperimentes nennt man auch *Grundraum* oder *Ereignisraum* und bezeichnet sie mit Ω. Die zufälligen Ereignisse sind dann Teilmengen dieses Grundraums, wobei einelementige Ereignisse auch *Elementarereignisse* genannt werden.

Beispiel: Durch die zufällige Auswahl eines Fernsehgerätes aus einem Produktionslos ist ein Zufallsexperiment gegeben. Da als Lebensdauer des Fernsehgerätes jede Zahl $x \geq 0$ in Frage kommt, ist der Grundraum durch diese Zahlen gegeben. Das Ereignis "das Fernsehgerät hat eine Lebensdauer von mindestens 300 Tagen und höchstens 800 Tagen" ist das Intervall $[300\,;\,800]$.

Das zu einem Ereignis A *komplementäre Ereignis* $\bar{A}$, ist das Ereignis "A tritt nicht ein". Das Ereignis $A \cup B$ (Vereinigung) ist das Ereignis, daß A oder B oder beide Ereignisse eintreten. $A \cap B$ (Durchschnitt) ist das Ereignis, daß sowohl A als auch B eintreten. Ist der Durchschnitt $A \cap B$ zweier Ereignisse A und B leer, so heißen A und B *disjunkte Ereignisse*. Die leere Menge $\emptyset$ heißt *unmögliches Ereignis* und der Grundraum Ω heißt *sicheres Ereignis*.

2.1 WAHRSCHEINLICHKEITEN UND BEDINGTE WAHRSCHEINLICHKEITEN

Bei einem Zufallsexperiment ist das Eintreten bestimmter Ereignisse zwar nicht vorhersehbar, jedoch mehr oder weniger wahrscheinlich. Zum Beispiel ist die Wahrscheinlichkeit dafür, daß beim Würfeln eine bestimmte Zahl fällt, nicht sehr groß. Man weiß aber, daß beim Würfeln jede Zahl zwischen 1 und 6 die gleiche Chance hat. Führt man das Zufallsexperiment "Würfeln" nun immer wieder durch, so wird die relative Häufigkeit des Werfens z.B. einer 4 sich etwa bei 1/6 stabilisieren. Dieser Wert 1/6 wird als *Wahrscheinlichkeit* des Ereignisses "Werfen einer 4" interpretiert und man schreibt kurz

$$P(\text{Werfen einer } 4) = \frac{1}{6} \quad ,$$

dabei steht P für *Probability* (Wahrscheinlichkeit).

Allgemein lassen sich Wahrscheinlichkeiten durch die drei Eigenschaften

$P(A) \geq 0$ für jedes Ereignis A (Positivität)

$P(\Omega) = 1$ (Normiertheit)

$P(\bigcup_{i=1}^{\infty} A_i) = \sum_{i=1}^{\infty} P(A_i)$ für jede Folge paarweise disjunkter Ereignisse $A_i \subset \Omega$ (σ-Additivität) ,

die auch *Kolmogoroffsche Axiome* genannt werden, vollständig charakterisieren. Aus diesen Eigenschaften lassen sich alle *Rechenregeln für Wahrscheinlichkeiten* folgern, wie z.B.

$P(A \cup B) = P(A) + P(B) - P(A \cap B)$ für beliebige Ereignisse A und B ,

$P(\overline{A}) = 1 - P(A)$,

$P(A - B) = P(A) - P(B)$, falls $B \subset A$.

Vielfach ist man auch daran interessiert, die Wahrscheinlichkeit zu kennen, mit der ein Ereignis A eintritt, falls ein anderes Ereignis B bereits eingetreten ist. Wie groß ist etwa die Wahrscheinlichkeit, daß ein Fernsehgerät 7 Jahre hält (Ereignis A), wenn es bereits 5 Jahre (Ereignis B) überlebt hat. Eine solche Wahrscheinlichkeit $P(A \mid B)$ nennt man eine *bedingte Wahrscheinlichkeit* des Ereignisses A unter der Bedingung B und legt sie fest als

$$P(A \mid B) = \frac{P(A \cap B)}{P(B)} \quad \text{für } P(B) > 0 \quad .$$

Mit B und $\overline{B}$ als komplementäre Ereignisse sind auch $A \cap B$ und $A \cap \overline{B}$ disjunkt, und es gilt natürlich

$$\begin{aligned} P(A) &= P(A \cap B) \cup P(A \cap \overline{B}) = P(A \cap B) + P(A \cap \overline{B}) \\ &= \frac{P(A \cap B)}{P(B)} \cdot P(B) + \frac{P(A \cap \overline{B})}{P(\overline{B})} \cdot P(\overline{B}) \\ &= P(A \mid B) \cdot P(B) + P(A \mid \overline{B}) \cdot P(\overline{B}) \quad . \end{aligned}$$

Diese Beziehung ist ein Spezialfall des *Satzes von der totalen Wahrscheinlichkeit*: Sind $B_1, \ldots, B_k$ paarweise disjunkte Ereignisse mit $\bigcup_{i=1}^{k} B_i = \Omega$, so gilt für ein beliebiges Ereignis A

$$P(A) = \sum_{i=1}^{k} P(A \mid B_i) P(B_i) \quad .$$

Die Berechnung solcher bedingter Wahrscheinlichkeiten vereinfacht sich bei "unabhängigen" Ereignissen, wie z.B. den einzelnen Ereignissen beim mehrmaligen Würfeln. Wir sagen zwei Ereignisse A und B sind (*stochastisch*) *unabhängig*, wenn gilt

$$P(A \cap B) = P(A) \cdot P(B) \quad ,$$

was gleichbedeutend ist mit

$$P(A \mid B) = P(A) \qquad \text{bzw.} \qquad P(B \mid A) = P(B) \quad .$$

Aus der Definition der bedingten Wahrscheinlichkeit und dem Satz von der totalen Wahrscheinlichkeit ergibt sich die sogenannte *Bayessche Formel*, die sehr nützlich bei der Berechnung bedingter Wahrscheinlichkeiten ist: Für paarweise disjunkte Ereignisse $B_1, \ldots, B_k$ mit $\bigcup_{i=1}^{k} B_i = \Omega$ und ein beliebiges Ereignis A gilt

$$P(B_i \mid A) = \frac{P(A \mid B_i) \cdot P(B_i)}{\sum_{j=1}^{k} P(A \mid B_j) \cdot P(B_j)} \quad .$$

Beispiel: Durch einen zu spät erkannten Fabrikationsfehler sind in einer Automobilproduktion genau zwanzig defekte Lenkgetriebe eingebaut worden. In einer Rückrufaktion werden alle 200000 Wagen dieser Serie überprüft und ein als fehlerhaft eingestuftes Lenkgetriebe durch ein neues ersetzt. Dabei wird mit 99% Sicherheit die Überprüfung zu einem korrekten Ergebnis führen. Wie groß ist die Wahrscheinlichkeit, daß ein ausgewechseltes Lenkgetriebe auch defekt ist? Bezeichnet nun B das Ereignis eines defekten Lenkgetriebes und A das eines ausgewechselten, so lassen sich die gegebenen Informationen schreiben als

$$P(B) = \frac{20}{200000} = 0.0001 \;,\; P(A \mid B) = 0.99 \quad \text{und} \quad P(A \mid \overline{B}) = 1 - 0.99 = 0.01 \;.$$

Gesucht ist $P(B \mid A)$, und es ergibt sich mit der Bayesschen Formel ($B = B_1$, $\overline{B} = B_2$)

$$P(B \mid A) = \frac{P(A \mid B) \cdot P(B)}{P(A \mid B) \cdot P(B) + P(A \mid \overline{B}) \cdot P(\overline{B})} = \frac{0.99 \cdot 0.0001}{0.99 \cdot 0.0001 + 0.01 \cdot 0.9999}$$
$$= 0.01 \;.$$

Fast alle ausgewechselten Lenkgetriebe waren demnach nicht defekt. □

2.2 ZUFALLSVARIABLE UND VERTEILUNGEN

Würfelt man zweimal hintereinander, so kann man sich etwa für die Summe $X(i,j)$, kurz X, der beiden Augenzahlen i und j interessieren. Mögliche Ereignisse sind dann zum Beispiel $X = 4$ oder $10 \leq X \leq 12$. Eine solche Funktion X, die den Ergebnissen eines Zufallsexperiments reelle Zahlen so zuordnet, daß für die mit Hilfe von X beschriebenen Ereignisse Wahrscheinlichkeiten angebbar sind, heißt *Zufallsvariable*. Eine *Realisation* x von X ist dann der Wert, den die Zufallsvariable X bei Durchführung des Zufallsexperimentes annimmt.

Jedes Zufallsexperiment kann durch eine (oder mehrere) Zufallsvariable X beschrieben werden und jedes Ereignis kann als $X \in B$, wobei B eine Teilmenge des Wertebereichs von X ist, angegeben werden.

Gibt man zu einer Zufallsvariablen X die Wahrscheinlichkeiten der Ereignisse $X \leq x$ an, so lassen sich daraus die Wahrscheinlichkeiten aller weiteren Ereignisse bestimmen, d.h. man kennt die *Wahrscheinlichkeitsverteilung von X*. Die Funktion

$$F_X(x) = P(X \leq x)$$

heißt dann auch die *Verteilungsfunktion der Zufallsvariablen X*.

Beispiel:

(a) Eine Zufallsvariable X mit der Verteilungsfunktion

$$F_X(x) = P(X \leq x) = \int_{-\infty}^{x} \frac{1}{\sqrt{2\pi}\,\sigma} \cdot e^{-\frac{(\xi - \mu)^2}{2\sigma^2}} \, d\xi \quad , \text{ vgl. Abb.2} \quad ,$$

heißt *normalverteilt mit Parametern* μ *und* σ^2 (kurz: $X \sim N(\mu;\sigma^2)$).

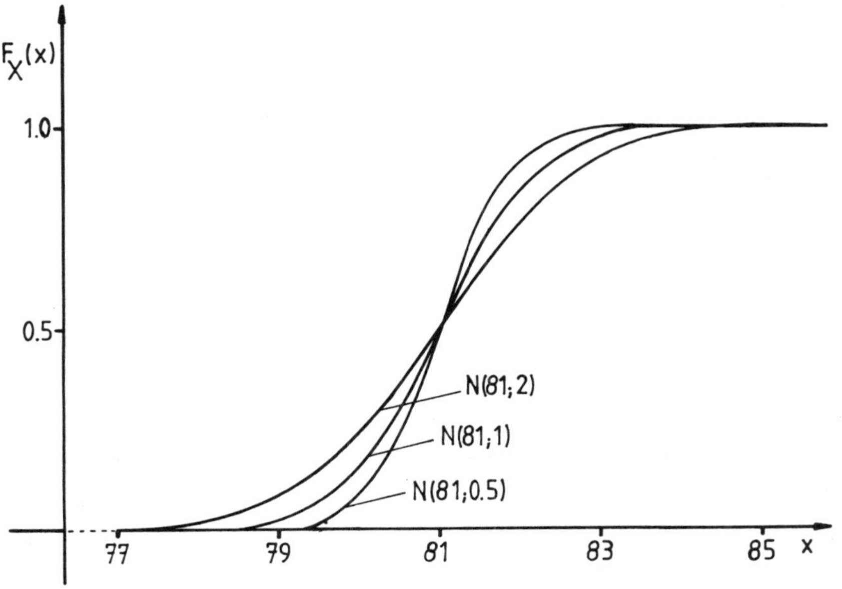

Abb.2: Verteilungsfunktion der N(81;0.5) - , N(81;1) - und N(81;2) - Verteilung

Speziell nennt man eine N(0;1) - *Verteilung* auch *Standardnormalverteilung* und bezeichnet die zugehörige Verteilungsfunktion mit

$$\Phi(x) = F_X(x) = \int_{-\infty}^{x} \frac{1}{\sqrt{2\pi}} \cdot e^{-\frac{\xi^2}{2}} \, d\xi \qquad \text{für} \quad X \sim N(0;1) \quad .$$

(b) Eine Zufallsvariable X, deren Realisationen nur die Zahlen 0,1,2,...,n sein können und für die gilt:

$$P(X = k) = \binom{n}{k} p^k (1 - p)^{n-k} \quad ,$$

heißt *binomialverteilt mit Parametern* n *und* p (kurz: $X \sim B(n,p)$). Die Verteilungsfunktion einer B(n,p) - verteilten Zufallsvariablen ist somit

$$F_X(x) = P(X \leq x) = \sum_{i=0}^{k} \binom{n}{i} p^i (1 - p)^{n-i} \qquad \text{für} \quad k \leq x < k+1,$$

vgl. Abb.3 .

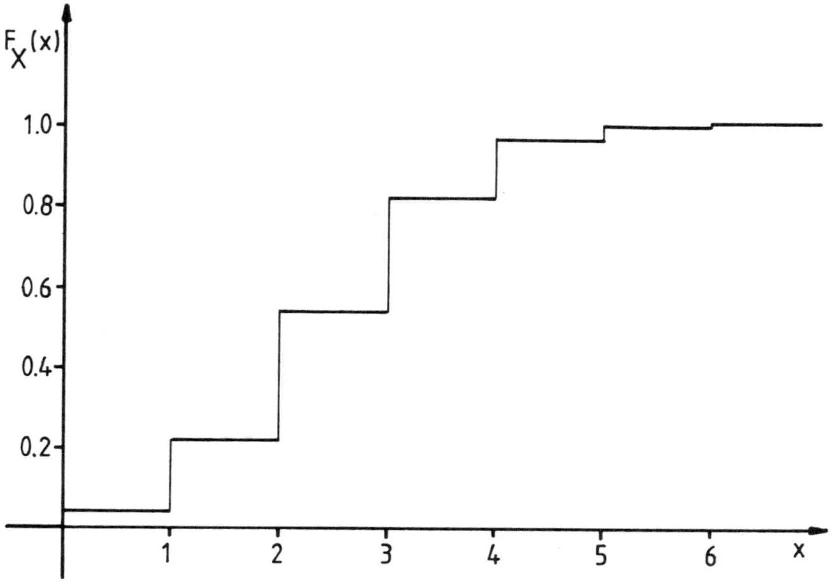

Abb.3: Verteilungsfunktion einer B(6,0.4) - Verteilung

Allgemein wird die Verteilungsfunktion einer Zufallsvariablen X durch die folgenden drei Eigenschaften charakterisiert:

F_X ist monoton nicht fallend, d.h. $F_X(x_1) \leq F_X(x_2)$ für $x_1 < x_2$,

F_X ist rechtsseitig stetig, d.h. $\lim\limits_{\substack{h \to 0 \\ h>0}} F_X(x+h) = F_X(x)$,

$\lim\limits_{x \to \infty} F_X(x) = 1$ und $\lim\limits_{x \to -\infty} F_X(x) = 0$.

Wie bereits im obigen Beispiel sichtbar, gibt es zwei verschiedene Arten von Verteilungsfunktionen. Im Beispiel (b) kann X lediglich die Werte 0,1,2,...,n annehmen, und die Verteilungsfunktion wird durch die Angabe der Wahrscheinlichkeiten dieser n + 1 Ereignisse vollständig beschrieben. Eine Zufallsvariable X mit endlich oder abzählbar unendlich vielen möglichen Realisationen $x_1, x_2, \ldots$ heißt auch *diskret verteilt*; die Gesamtheit der Werte $x_1, x_2, \ldots$ heißt dann die *Trägermenge von X*. Eine normalverteilte Zufallsvariable kann dagegen unendlich viele Werte annehmen und jede Realisation x von X hat dabei die Wahrscheinlichkeit 0, denn

$$P(X = x) = P(X \leq x) - P(X < x) = F_X(x) - \lim_{\substack{h \to 0 \\ h>0}} P(X \leq x + h)$$

$$= F_X(x) - \lim_{\substack{h \to 0 \\ h>0}} F_X(x+h) = 0$$

Die Verteilungsfunktion einer solchen Zufallsvariablen X kann oft in der Form

$$F_X(x) = \int_{-\infty}^{x} f_X(\xi)\, d\xi$$

angegeben werden, wobei die nichtnegative Funktion f_X *Dichtefunktion* oder *Dichte* genannt wird. Die Dichte der $N(\mu;\sigma^2)$ - Verteilung ist z.B.

$$f_X(x) = \frac{1}{\sqrt{2\pi}\,\sigma} \cdot e^{-\frac{(x-\mu)^2}{2\sigma^2}} \quad \text{, vgl. Abb.4} \quad .$$

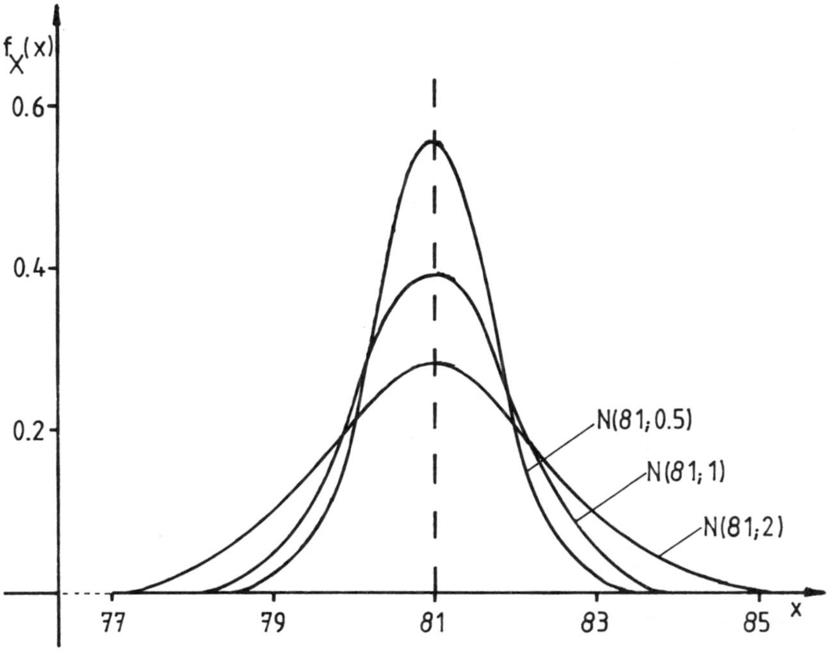

Abb.4: Dichte der N(81;0.5) - , N(81;1) - und N(81;2) - Verteilung

Jede Wahrscheinlichkeitsverteilung einer Zufallsvariablen X, für die eine Dichte existiert, heißt eine *stetige Verteilung*. Der Zusammenhang zwischen Dichte und Verteilungsfunktion läßt sich folglich so beschreiben: Der Wert $F_X(x)$ gibt die Fläche oberhalb der x - Achse und unterhalb der Dichte

f_X zwischen $-\infty$ und x an. Die Gesamtfläche unterhalb von f_X (und oberhalb der x - Achse) ist natürlich Eins.

In diesem Zusammenhang sei noch erwähnt, daß n Zufallsvariablen $X_1,\ldots,X_n$ (*stochastisch*) *unabhängig* heißen, falls für alle Zahlen $x_1,\ldots,x_n$ gilt:

$$P(X_1 \leq x_1,\ldots,X_n \leq x_n) = P(X_1 \leq x_1)\cdot\ldots\cdot P(X_x \leq x_n) \quad .$$

Bei diskret verteilten Zufallsvariablen $X_1,\ldots,X_n$ läßt sich natürlich schon aus

$$P(X_1 = x_1,\ldots,X_n = x_n) = P(X_1 = x_1)\cdot\ldots\cdot P(X_n = x_n)$$

auf die Unabhängigkeit von $X_1,\ldots,X_n$ schließen.

2.3 KENNGRÖßEN VON ZUFALLSVARIABLEN

So wie im Abschnitt 1 Kenngrößen empirischer Verteilungen betrachtet wurden, werden hier Kenngrößen zur Charakterisierung der Wahrscheinlichkeitsverteilung von Zufallsvariablen eingeführt.

Der wichtigste Lageparameter ist der *Erwartungswert* oder *Mittelwert* einer Zufallsvariablen bzw. ihrer Verteilung. Für eine stetige Zufallsvariable X mit der Dichte f_X ergibt er sich im Falle seiner Existenz zu

$$E(X) = \int_{-\infty}^{\infty} x\, f_X(x)\, dx$$

und für eine diskrete Zufallsvariable X mit Trägermenge $x_1, x_2, \ldots$ (das sind die Werte, die mit positiver Wahrscheinlichkeit angenommen werden) ist

$$E(X) = \sum_{i=1}^{\infty} x_i P(X = x_i) \quad .$$

Für die Berechnung von Erwartungswerten sind folgende Regeln nützlich. Ist $Y = \alpha E(X) + \beta$, α und β feste Zahlen, so gilt

$$E(Y) = \alpha E(X) + \beta \quad .$$

Sind $X_1,\ldots,X_n$ Zufallsvariablen, so ist

$$E(X_1 + \ldots + X_n) = E(X_1) + \ldots + E(X_n) \quad .$$

Beispiel:

(a) Für die Standardnormalverteilung N(0;1) ergibt sich mit $c = \sqrt{2\pi}$

$$E(X) = \frac{1}{c}\int_{-\infty}^{\infty} x \cdot e^{-\frac{1}{2}x^2}\,dx = \frac{1}{c}\int_{0}^{\infty} |x| \cdot e^{-\frac{1}{2}x^2}\,dx - \frac{1}{c}\int_{-\infty}^{0} |x| \cdot e^{-\frac{1}{2}x^2}\,dx = 0 \quad .$$

(b) Der Erwartungswert einer B(n,p) - verteilten Zufallsvariablen X ergibt sich zu

$$E(X) = \sum_{i=0}^{n} i \binom{n}{i} p^i (1-p)^{n-i} = \sum_{i=1}^{n} i \binom{n}{i} p^i (1-p)^{n-i}$$

$$= \sum_{i=1}^{n} i \cdot \frac{n!}{i!(n-i)!} p^i (1-p)^{n-i} = np \cdot \sum_{i=1}^{n} \frac{(n-1)!}{(i-1)!(n-i)!} p^{i-1} (1-p)^{n-i}$$

$$= np \cdot \sum_{i=0}^{n-1} \frac{(n-1)!}{i!(n-1-i)!} p^i (1-p)^{n-1-i} = np \cdot \sum_{i=0}^{n-1} \binom{n-1}{i} p^i (1-p)^{n-1-i}$$

$$= np \quad .$$

Ein anderes Lagemaß ist der *Median* $\xi_{0.5}$, für den gilt

$$P(X \le \xi_{0.5}) \ge \frac{1}{2} \quad \text{und} \quad P(X \ge \xi_{0.5}) \ge \frac{1}{2} \quad .$$

Der Median läßt sich mit Hilfe der *verallgemeinerten inversen Verteilungsfunktion*

$$F_X^{-1}(y) = \inf\{x \mid F_X(x) \ge y\} \quad ,$$

die mit der gewöhnlichen Inversen übereinstimmt, falls es sie gibt, auch schreiben als

$$\xi_{0.5} = F_X^{-1}(0.5) \quad .$$

Der Median ist ein spezielles α - *Quantil* $\xi_\alpha = F_X^{-1}(\alpha)$, nämlich gerade das 0.5 - Quantil. Besitzt nun X eine stetige Verteilung, so gilt für das α - Quantil ξ_α

$$F_X(\xi_\alpha) = \int_{-\infty}^{\xi_\alpha} f_X(x)\,dx = \alpha \quad ;$$

besitzt X eine diskrete Verteilung, so ist

$$F_X(\xi_\alpha) \ge \alpha \quad \text{und} \quad F_X(x) < \alpha \quad \text{für jedes } x < \xi_\alpha \quad .$$

Es sei noch erwähnt, daß das α - Quantil gelegentlich $(1-\alpha)$ - *Fraktil* genannt wird.

Beispiel:

(a) Wie bei jeder symmetrischen Verteilung, stimmt bei der Standardnormalverteilung der Median mit dem Erwartungswert überein, denn

$$F_X(0) = \int_{-\infty}^{0} \frac{1}{\sqrt{2\pi}} \cdot e^{-\frac{1}{2}x^2} dx = 0.5 \quad .$$

Die *Quantile der Standardnormalverteilung* werden mit u_α bezeichnet. Aus der Tabelle im Anhang ergibt sich z.B. $u_{0.95} = 1.6449$ und wegen der Symmetrie der Dichte der Standardnormalverteilung ergibt sich $u_\alpha = -u_{1-\alpha}$, also $u_{0.05} = -1.6449$. vgl. Abb.5.

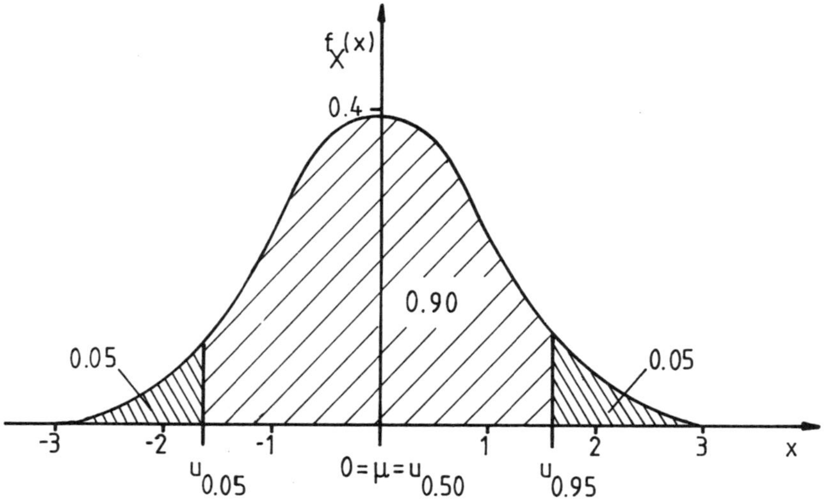

Abb.5: Dichte der N(0;1) - Verteilung mit einigen Quantilen

(b) Für eine B(4,0.2) - verteilte Zufallsvariable X gilt

$$F_X(0) = \binom{4}{0} 0.2^0(1-0.2)^{4-0} = 0.4096 \quad ,$$

$$F_X(1) = F_X(0) + \binom{4}{1} 0.2^1(1-0.2)^{4-1} = 0.4096 + 0.4096 = 0.8192 \quad ,$$

$$F_X(2) = F_X(1) + \binom{4}{2} 0.2^2(1-0.2)^{4-2} = 0.8192 + 0.1536 = 0.9728 \quad ,$$

$$F_X(3) = F_X(2) + \binom{4}{3}\, 0.2^3(1-0.2)^{4-3} = 0.9728 + 0.0256 = 0.9984 \quad ,$$

$$F_X(4) = F_X(3) + \binom{4}{4}\, 0.2^4(1-0.2)^{4-4} = 0.9984 + 0.0016 = 1 \quad ,$$

so daß sich z.B. der Median zu 1 und das 0.99 - Quantil zu 3 ergeben, vgl. Abb.6.

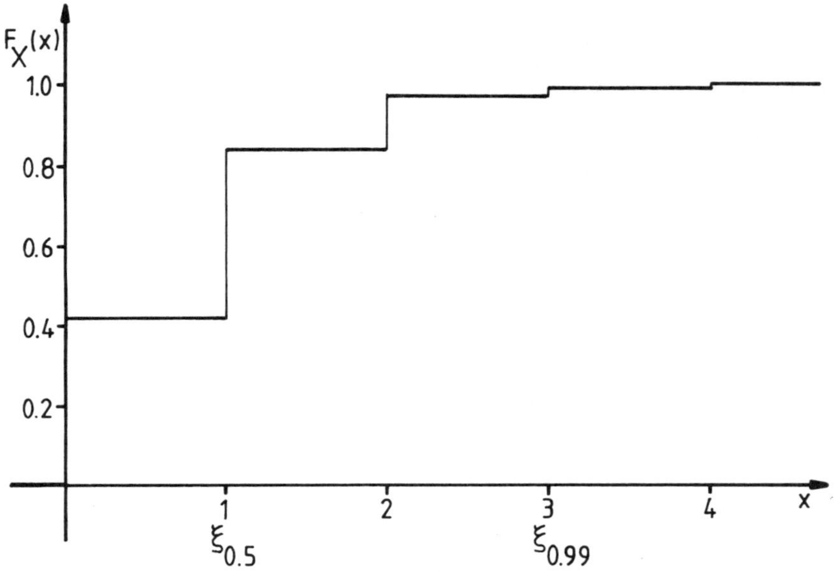

Abb.6: Verteilungsfunktion der B(4,0.2) - Verteilung mit einigen Quantilen

Der *Modalwert* oder *Modus* ist ein weiteres Lagemaß. Bei stetigen Verteilungen ist er der Wert, an dem die Dichte maximal ist, bei diskreten Verteilungen der Wert mit der größten Wahrscheinlichkeit.

Wir wollen nun noch einige Streuungsmaße betrachten, von denen Varianz und Standardabweichung die wichtigsten sind.

Die *Varianz* einer Zufallsvariablen X ist - ihre Existenz vorausgesetzt -

$$\mathrm{Var}(X) = E(X - E(X))^2 \qquad (\text{Symbol: } \sigma^2)$$

und die Quadratwurzel aus der Varianz $\sqrt{\mathrm{Var}(X)}$ ist die *Standardabweichung* von X. Die Bedeutung dieser Größen wird durch die *Tschebyscheffsche Ungleichung* deutlich. Für jede positive Zahl c gilt nämlich mit $\sigma^2 = \mathrm{Var}(X)$

$$P(|X - E(X)| \geq c) \leq \frac{Var(X)}{c^2} = \frac{\sigma^2}{c^2} \quad ;$$

wählt man speziell $c = k\sigma$, so ergibt sich, daß eine Zufallsvariable X höchstens mit Wahrscheinlichkeit $1/k^2$ Werte annehmen kann, die weiter als $k\sigma$ von E(X) entfernt sind; speziell für $k = 3$ (*3σ - Regel*, s. auch weiter unten) ergibt sich $1/9 = 0.111 = 11.1\%$. Bei der Berechnung der Varianz sind noch der *Satz von Steiner* (*Verschiebungssatz*)

$$Var(X) = E(X^2) - (E(X))^2$$

und die folgende Rechenregel von Nutzen:

$$Var(\alpha X + \beta) = \alpha^2 Var(X) \quad .$$

Ist allgemein X eine Zufallsvariable mit Erwartungswert μ und Varianz σ^2, so gilt für die *standardisierte Zufallsvariable* $Z = (X - \mu)/\sigma$:

$$E(Z) = 0 \quad \text{und} \quad Var(Z) = 1 \quad .$$

Varianz bzw. Standardabweichung sind Maße für die absolute Größe der Streuung um den Erwartungswert. Dagegen mißt der *Variationskoeffizient* VK (für positive Zufallsvariablen) die Streuung relativ zum Erwartungswert:

$$VK = \sqrt{Var(X)}/E(X) \quad .$$

Beispiel:

(a) Die Varianz der Standardnormalverteilung, $Z \sim N(0;1)$, ergibt sich mit Hilfe des Satzes von Steiner wegen $E(Z) = 0$ und

$$E(Z^2) = \int_{-\infty}^{\infty} z^2 \cdot \frac{1}{\sqrt{2\pi}} \cdot e^{-\frac{1}{2}z^2} dz = \frac{2}{\sqrt{2\pi}} \int_{0}^{\infty} z^2 \cdot e^{-\frac{1}{2}z^2} dz = 1$$

zu 1. Bei der $N(\mu;\sigma^2)$ - Verteilung sind μ der Erwartungswert und σ^2 die Varianz der Verteilung und nach der *3σ - Regel* für $X \sim N(\mu;\sigma^2)$ ist, vgl. Hartung et al. (1982),

$$P(\mu - 3\sigma \leq X \leq \mu + 3\sigma) = 0.9973 = 99.73\% \quad .$$

(b) Bei einer B(n,p) - verteilten Zufallsvariablen X ergibt sich zunächst

$$E(X^2) = \sum_{i=0}^{n} i^2 \binom{n}{i} p^i (1-p)^{n-i} = \sum_{i=0}^{n} (i(i-1)+i) \binom{n}{i} p^i (1-p)^{n-i}$$

$$= \sum_{i=0}^{n} i(i-1)\binom{n}{i} p^i(1-p)^{n-i} + \sum_{i=0}^{n} i\binom{n}{i} p^i(1-p)^{n-i}$$

$$= \sum_{i=2}^{n} i(i-1)\binom{n}{i} p^i(1-p)^{n-i} + E(X)$$

$$= \sum_{i=2}^{n} i(i-1)\frac{n!}{i!(n-i)!} p^i(1-p)^{n-i} + np$$

$$= n(n-1)p^2\cdot\sum_{i=2}^{n} \frac{(n-2)!}{(i-2)!(n-i)!} p^{i-2}(1-p)^{n-i} + np$$

$$= n(n-1)p^2\cdot\sum_{i=0}^{n-2} \frac{(n-2)!}{i!(n-i-2)!} p^{i}(1-p)^{n-i-2} + np$$

$$= n(n-1)p^2\cdot\sum_{i=0}^{n-2} \binom{n-2}{i} p^{i}(1-p)^{n-2-i} + np$$

$$= n(n-1)p^2 + np$$

und somit nach dem Satz von Steiner

$$\text{Var}(X) = E(X^2) - (E(X))^2 = n(n-1)p^2 + np - n^2p^2 = n^2p^2 - np^2 + np - n^2p^2$$
$$= np - np^2 = np(1-p) \quad .$$

Es sei hier noch erwähnt, daß die Größen $E(X^k)$ *k-te Momente* und die Grössen $E(X - E(X))^k$ *k-te zentrale Momente* der Zufallsvariablen X genannt werden, die im folgenden bei Verwendung auch existieren mögen.

Abschließend seien hier noch zwei Größen eingeführt, die den Zusammenhang zwischen 2 Zufallsvariablen X und Y kennzeichnen. Die *Kovarianz* von X und Y ist

$$\text{Cov}(X,Y) = E(X - E(X))(Y - E(Y)) \quad ;$$

sie ändert sich durch eine lineare Transformation in folgender Weise

$$\text{Cov}(\alpha X + \beta, \gamma Y + \delta) = \alpha\cdot\gamma\, \text{Cov}(X,Y) \quad .$$

Ein Zusammenhangsmaß, das zu keiner derartigen Änderung führt, ist die *Korrelation* von X und Y

$$\rho = \rho_{XY} = \frac{\text{Cov}(X,Y)}{\sqrt{\text{Var}(X)}\cdot\sqrt{\text{Var}(Y)}} \quad .$$

Diese normierte Größe nimmt stets Werte zwischen -1 und +1 an.

Ist die Korrelation ρ zwischen X und Y Null, so sagt man auch "die Zufallsvariablen X und Y sind unkorreliert". Das heißt jedoch nicht, daß es keinen

Zusammenhang zwischen X und Y gibt, denn ρ mißt nur die Stärke des linearen Zusammenhangs zwischen zwei Zufallsvariablen. Ist $\rho = 1$ bzw. $\rho = -1$, so besteht zwischen den Zufallsvariablen X und Y ein direkter positiver bzw. negativer linearer Zusammenhang:

$$X = aY + b \quad ,$$

wobei b eine beliebige Zahl und a im Falle $\rho = 1$ ($\rho = -1$) eine beliebige positive (negative) Zahl ist.

Sind X und Y stochastisch unabhängige Zufallsvariablen, so sind sie auch unkorreliert. Die Umkehrung gilt im allgemeinen nicht. Jedoch beinhaltet die Unkorreliertheit normalverteilter Zufallsvariablen auch deren stochastische Unabhängigkeit.

Schließlich sei noch bemerkt, daß für die Varianz der Summe von n beliebigen Zufallsvariablen $X_1,\ldots,X_n$ gilt:

$$\mathrm{Var}\left(\sum_{i=1}^{n} X_i\right) = \sum_{i=1}^{n} \mathrm{Var}(X_i) + 2 \sum_{i=1}^{n-1} \sum_{j=i+1}^{n} \mathrm{Cov}(X_i, X_j) \quad .$$

Das heißt natürlich für stochastisch unabhängige Zufallsvariablen $X_1,\ldots,X_n$

$$\mathrm{Var}\left(\sum_{i=1}^{n} X_i\right) = \sum_{i=1}^{n} \mathrm{Var}(X_i) \qquad (\textit{Gleichung von Bienaymé}) \quad .$$

3. PRINZIPIEN DES SCHÄTZENS UND TESTENS; t-, χ^2-UND F-VERTEILUNG

Wie wir in Abschnitt 2 gesehen haben, lassen sich Zufallsexperimente mit Hilfe von Zufallsvariablen und zugehörigen Wahrscheinlichkeitsverteilungen beschreiben. Dabei ergeben sich die Zufallsvariablen meist in kanonischer Weise aus der Beschreibung des Experiments und der Angabe der interessierenden Ereignisse. Dagegen ist die Bestimmung der Wahrscheinlichkeitsverteilung oft mit Schwierigkeiten verbunden. Läßt sich der Typ einer Verteilung, z.B. X ist binomialverteilt, meist noch recht einfach festlegen, so ist man bei der Bestimmung der Parameter dieser Verteilung auf mehr oder weniger exakte Schätzungen angewiesen, die sich mittels mehrmaliger Durchführung des betreffenden Experiments bestimmen lassen.

Wir wollen nun einige Verfahren zur hier angesprochenen *statistischen Schätzung* von Parametern einer Verteilung behandeln. Aufgrund der Realisationen $x_1,\ldots,x_n$ von n unabhängigen, identisch verteilten Zufallsvariablen $X_1,\ldots,X_n$, sollen dabei die Parameter der Verteilung der X_i möglichst "gut" geschätzt werden. Wir suchen also eine *Schätzfunktion* $\hat{\theta}_n(x_1,\ldots,x_n)$ die der *Zufallsstichprobe* $x_1,\ldots,x_n$ einen Wert zuordnet, der möglichst nahe dem wahren Parameter θ, für den wir uns interessieren, ist.

Eine Schätzfunktion, die wenigstens im Mittel den richtigen Wert liefert, d.h.

$$E(\hat{\theta}_n(X_1,\ldots,X_n)) = \theta \quad ,$$

nennt man eine *erwartungstreue* Schätzfunktion.

Beispiel: Sind $x_1,\ldots,x_n$ Realisationen von unabhängigen, identisch $N(\mu;\sigma^2)$-verteilten Zufallsvariablen $X_1,\ldots,X_n$, so sind

$$\bar{x} = \frac{1}{n}\sum_{i=1}^{n} x_i \qquad \text{bzw.} \qquad s^2 = \frac{1}{n-1}\sum_{i=1}^{n}(x_i - \bar{x})^2$$

erwartungstreue Schätzungen für den Erwartungswert μ bzw. die Varianz σ^2, denn

$$E(\bar{X}) = E\left(\frac{1}{n}\sum_{i=1}^{n} X_i\right) = \frac{1}{n}\sum_{i=1}^{n} E(X_i) = \frac{1}{n}\sum_{i=1}^{n}\mu = \frac{1}{n}\cdot n\cdot\mu = \mu$$

und

$$\begin{aligned}
E(S^2) &= E\left(\frac{1}{n-1}\sum_{i=1}^{n}(X_i - \bar{X})^2\right) = E\left(\frac{1}{n-1}\left(\sum_{i=1}^{n} X_i^2 - n\bar{X}^2\right)\right) \\
&= \frac{1}{n-1}\left(\sum_{i=1}^{n} E(X_i^2) - nE(\bar{X}^2)\right) \\
&= \frac{1}{n-1}\left(\sum_{i=1}^{n}[\mathrm{Var}(X_i) + (E(X_i))^2] - n[\mathrm{Var}(\bar{X}) + (E(\bar{X}))^2]\right) \\
&= \frac{1}{n-1}\left(\sum_{i=1}^{n}[\sigma^2 + \mu^2] - n[\mathrm{Var}(\frac{1}{n}\sum_{i=1}^{n} X_i) + \mu^2]\right) \\
&= \frac{1}{n-1}\left(n[\sigma^2 + \mu^2] - n\mu^2 - \frac{n}{n^2}\sum_{i=1}^{n}\mathrm{Var}(X_i)\right) \\
&= \frac{1}{n-1}(n\sigma^2 - \frac{1}{n}\cdot n\sigma^2) = \frac{1}{n-1}(n-1)\sigma^2 \\
&= \sigma^2 \quad .
\end{aligned}$$

Eine andere wünschenswerte Eigenschaft einer Schätzfunktion ist, daß mit wachsendem *Stichprobenumfang* n die Schätzung genauer wird:

$$P(|\hat{\theta}_n(X_1,\ldots,X_n) - \theta| > \varepsilon) \xrightarrow[n\to\infty]{} 0 \qquad \text{für jedes } \varepsilon > 0$$

Eine solche Schätzfunktion, die *asymptotisch* richtige Werte liefert, heißt *konsistent*.

Ein Kriterium für die Güte eines Schätzers $\hat{\theta}$ für θ ist der sogenannte *mittlere quadratische Fehler* (*mean squared error, MSE*):

$$MSE(\theta,\hat{\theta}) = E(\hat{\theta} - \theta)^2 = Var(\hat{\theta}) + (E(\hat{\theta}) - \theta)^2 \quad .$$

Die Größe $E(\hat{\theta}) - \theta$ nennt man auch *Bias* oder *Verzerrung* des Schätzers $\hat{\theta}$. Bei einem erwartungstreuen Schätzer $\hat{\theta}$ für θ ist der MSE natürlich gerade die Varianz des Schätzers. Bei konkreten Schätzungen ist man dann natürlich bemüht, den MSE möglichst klein zu halten.

Kommen wir nun zu den Schätzverfahren. Eine einfache Vorgehensweise ist die sogenannte *Momentenmethode*. Dabei wird der zu schätzende Parameter θ durch die Momente der Verteilung ausgedrückt. Diese werden dann durch die entsprechenden empirischen Momente geschätzt: Das *k-te empirische Moment* der Stichprobe $x_1,\ldots,x_n$ ist gegeben durch

$$m_k = \frac{1}{n}\sum_{i=1}^{n} x_i^k$$

Beispiel: Ein Schätzer für die Varianz σ^2 der $N(\mu;\sigma^2)$ - Verteilung nach der Momentenmethode ist

$$m_2 - m_1^2 = \frac{1}{n}\sum_{i=1}^{n} x_i^2 - \left(\frac{1}{n}\sum_{i=1}^{n} x_i\right)^2 = \frac{1}{n}\sum_{i=1}^{n} x_i^2 - \bar{x}^2 = \frac{1}{n}\sum_{i=1}^{n} (x_i - \bar{x})^2 \quad .$$

Sind $x_1,\ldots,x_n$ Realisationen von n unabhängig identisch verteilten Zufallsvariablen $X_1,\ldots,X_n$, so ist der Schätzer für den Parameter θ der Verteilung nach der *Maximum - Likelihood - Methode* gerade derjenige Wert $\hat{\theta}$, der die *Likelihood*

$$L(x_1,\ldots,x_n) = \begin{cases} P(X_1 = x_1)\cdot\ldots\cdot P(X_n = x_n) & \text{, bei diskreten Verteilungen} \\ f_{X_1}(x_1)\cdot\ldots\cdot f_{X_n}(x_n) & \text{, bei stetigen Verteilungen} \end{cases}$$

in Abhängigkeit von θ maximiert.

Beispiel: Seien $X_1,\ldots,X_n$ unabhängig identisch $N(\mu;1)$ - verteilt. Dann ist

$$L(x_1,\ldots,x_n) = f_{X_1}(x_1)\cdot\ldots\cdot f_{X_n}(x_n) = \prod_{i=1}^{n} \frac{1}{\sqrt{2\pi}}\cdot e^{-\frac{1}{2}(x_i-\mu)^2} \quad .$$

Diese Likelihood wird maximal, wenn es die zugehörige *log - Likelihood* wird:

$$\ln L(x_1,\ldots,x_n) = \ln\left(\prod_{i=1}^{n}\frac{1}{\sqrt{2\pi}}\, e^{-\frac{1}{2}(x_i-\mu)^2}\right)$$

$$= \sum_{i=1}^{n} \ln\left(\frac{1}{\sqrt{2\pi}}\, e^{-\frac{1}{2}(x_i-\mu)^2}\right)$$

$$= \sum_{i=1}^{n}\left(\ln\frac{1}{\sqrt{2\pi}} - \frac{1}{2}(x_i-\mu)^2\right) \quad ,$$

d.h. wenn $-\sum_{i=1}^{n}(x_i-\mu)^2$ maximal bzw. $\sum_{i=1}^{n}(x_i-\mu)^2$ minimal in Abhängigkeit von μ wird. Wegen der Minimumeigenschaft des arithmetischen Mittels $\overline{x}$, vgl. Abschnitt 1, ergibt sich $\overline{x}$ als Maximum - Likelihood - Schätzer für den Parameter μ. □

Allgemein ist die Likelihood als die Wahrscheinlichkeit für das Vorliegen der Stichprobe bzw. im stetigen Fall als der Wert der gemeinsamen Dichte für die vorliegende Stichprobe definiert, vgl. Abschnitt 5.

Als letztes Schätzverfahren wollen wir hier die *Methode der kleinsten Quadrate* vorstellen. Dabei geht man davon aus, daß der Erwartungswert der zu beobachtenden unabhängig identisch verteilten Zufallsvariablen $X_1,\ldots,X_n$ in bekannter Weise vom interessierenden Parameter θ abhängt:

$$E(X_i) = g(\theta) \quad ,$$

und bestimmt die Schätzung $\hat{\theta} = \hat{\theta}(x_1,\ldots,x_n)$ für θ so, daß gilt:

$$\sum_{i=1}^{n}(x_i - g(\hat{\theta}))^2 \leq \sum_{i=1}^{n}(x_i - g(\theta))^2$$

für alle möglichen Parameterwerte θ. Dieses Verfahren läßt sich auch auf beliebige Zufallsvariablen $X_1,\ldots,X_n$ übertragen, vgl. Hartung et al. (1982, Kap.III).

Beispiel: Aufgrund der Minimumeigenschaft des arithmetischen Mittels $\overline{x}$, vgl. Abschnitt 1, ist $\overline{x}$ ein Schätzer für den Parameter μ einer $N(\mu;\sigma^2)$ - Verteilung nach der Methode der kleinsten Quadrate.

Sind $x_1,\dots,x_n$ Realisationen aus einer $N(\mu;\sigma^2)$ - Verteilung, so werden die Parameter μ und σ^2 in der Regel vermittels des arithmetischen Mittels

$$\bar{x} = \frac{1}{n}(x_1 + \dots + x_n)$$

bzw. der empirischen Varianz (für $n \geq 2$)

$$s^2 = \frac{1}{n-1} \sum_{i=1}^{n} (x_i - \bar{x})^2$$

geschätzt. (Diese Schätzer für erste und zweite Momente einer Zufallsvariablen werden zumeist auch dann benutzt, wenn nichts über den Verteilungstyp bekannt ist.) Wie wir gesehen haben ist

$$\frac{n-1}{n} s^2 = \frac{1}{n} \sum_{i=1}^{n} (x_i - \bar{x})^2$$

ein Schätzer für σ^2 nach der Momentenmethode; der gleiche Schätzer ergibt sich auch nach der Maximum - Likelihood - Methode. Weitere Schätzer für σ^2 findet man in Hartung et al. (1982, Kap.IV, Abschnitt 1.3).

Sind $x_1,\dots,x_n$ und $y_1,\dots,y_n$ Realsiationen aus Normalverteilungen $N(\mu_X;\sigma_X^2)$ bzw. $N(\mu_Y;\sigma_Y^2)$, so wird deren Kovarianz σ_{XY} (für $n \geq 2$) durch

$$s_{XY} = \frac{1}{n-1} \sum_{i=1}^{n} (x_i - \bar{x})(y_i - \bar{y})$$

geschätzt, und deren Korrelation $\rho = \rho_{XY}$ durch

$$r_{XY} = \frac{\sum_{i=1}^{n} (x_i - \bar{x})(y_i - \bar{y})}{\sqrt{\sum_{i=1}^{n} (x_i - \bar{x})^2 \cdot \sum_{i=1}^{n} (y_i - \bar{y})^2}}$$

geschätzt.

Fehlen in Fällen anderer stetiger Verteilungen weitere Informationen, so werden diese Schätzer häufig ebenfalls verwandt, vgl. jedoch für Korrelationsschätzer auch Abschnitt 2 in Kap.III.

Anstatt den Parameter θ möglichst "gut" durch einen einzigen Wert $\hat{\theta}_n = \hat{\theta}_n(x_1,\dots,x_n)$ zu schätzen, möchte man oft einen "kleinen" Bereich angeben, in dem θ liegt. Da man Informationen über θ aus einem Zufallsexperiment gewinnt, ist dies i.a. nicht möglich. Wohl aber gibt es Methoden, die nur mit geringer Wahrscheinlichkeit Bereiche liefern, die den Parameter θ nicht enthalten. Ist diese *Irrtumswahrscheinlichkeit* höchstens α, so ergibt sich ein Bereich, der θ mit Wahrscheinlichkeit $1-\alpha$ enthält; ein solcher Bereich heißt auch *Vertrauens* - oder *Konfidenzbereich zum Niveau $1-\alpha$*. Handelt es sich hierbei um ein Intervall auf der Zahlengerade, so spricht man auch von einem *Konfidenzintervall zum Niveau $1-\alpha$* oder kurz *$(1-\alpha)$ - Konfidenzintervall*.

Bei der Konstruktion von Konfidenzintervallen geht man häufig so vor, daß man sich zunächst einen Punktschätzer $\hat{\theta}_n$ für den interessierenden Parameter θ beschafft und dessen Erwartungswert $\mu(\theta)$ und Varianz $\sigma^2(\theta)$, die meist vom Parameter θ abhängen, bestimmt. Dann bildet man die standardisierte Zufallsvariable

$$\frac{\hat{\theta}_n - \mu(\theta)}{\sigma(\theta)} \quad .$$

Hängt deren Verteilung nicht mehr von θ ab, so bestimmt man Zahlen u_1 und u_2 derart, daß gilt

$$P\left(u_1 \le \frac{\hat{\theta}_n - \mu(\theta)}{\sigma(\theta)} \le u_2\right) \ge 1 - \alpha \qquad \text{für alle } \theta.$$

Dabei sollten u_1 und u_2 so gewählt werden, daß die Wahrscheinlichkeit möglichst nahe bei $1-\alpha$ liegt. Diejenigen Werte θ, für die gilt

$$u_1 \le \frac{\hat{\theta}_n - \mu(\theta)}{\sigma(\theta)} \le u_2 \quad ,$$

bilden dann das $(1-\alpha)$ - Konfidenzintervall für θ. Ist die Verteilung der standardisierten Zufallsvariablen abhängig von θ, so kann man - zunächst für große Stichprobenumfänge n - die Verteilung der Größe

$$\sqrt{n} \cdot \frac{\hat{\theta}_n - \mu(\theta)}{\sigma} \qquad \text{mit } \sigma(\theta) = \frac{\sigma}{\sqrt{n}}$$

im Falle

$$P\left(\sqrt{n} \cdot \frac{\hat{\theta}_n - \mu(\theta)}{\sigma} \le z\right) \xrightarrow[n\to\infty]{} \Phi(z)$$

durch die Standardnormalverteilung approximieren und erhält mit

$$[\hat{\theta}_n - \frac{\sigma}{\sqrt{n}} u_{1-\alpha/2} \,;\, \hat{\theta}_n + \frac{\sigma}{\sqrt{n}} u_{1-\alpha/2}]$$

ein *asymptotisches Konfidenzintervall zum Niveau $1-\alpha$*. Hier konvergiert mit wachsendem n die Wahrscheinlichkeit, daß man ein Intervall erhält, in dem der Parameter θ liegt, gegen $1-\alpha$.

Beispiel: Sind $x_1,\dots,x_n$ Realisationen von n unabhängigen $N(\mu;\sigma^2)$ - verteilten Zufallsvariablen mit bekannter Varianz σ^2, so hat die Schätzfunktion $\overline{X} = \frac{1}{n}(X_1 + \dots + X_n)$ den Erwartungswert μ und die Varianz $\frac{1}{n}\sigma^2$. Damit ist

$$\sqrt{n}\cdot\frac{\overline{X}-\mu}{\sigma}$$

N(0;1) - verteilt und es ist

$$P\left(-u_{1-\alpha/2} \leq \sqrt{n}\ \frac{\overline{X}-\mu}{\sigma} \leq u_{1-\alpha/2}\right) = 1-\alpha \quad ,$$

wobei u_α das α - Quantil der N(0;1) - Verteilung bezeichnet. Das Konfidenzintervall zum Niveau $1-\alpha$ für den Parameter θ ergibt sich somit zu

$$[\overline{x} - \frac{\sigma}{\sqrt{n}}\ u_{1-\alpha/2}\ ;\ \overline{x} + \frac{\sigma}{\sqrt{n}}\ u_{1-\alpha/2}] \quad .$$

Bevor wir einige weitere Konfidenzintervalle für die Parameter einer $N(\mu;\sigma^2)$ - Verteilung angeben, wollen wir noch einige sogenannte *Prüfverteilungen* einführen.

Sind $X_1,\dots,X_n$ unabhängige N(0;1) - verteilte Zufallsvariablen, so heißt die Verteilung von $\sum_{i=1}^{n} X_i^2$ eine (*zentrale*) χ^2 - *Verteilung mit n Freiheitsgraden*, in Zeichen

$$\sum_{i=1}^{n} X_i^2 \sim \chi_n^2 \quad .$$

Die Quantile $\chi^2_{n;\alpha}$ der χ^2 - Verteilung sind für einige n und α im Anhang vertafelt.

Sind $X_0, X_1,\dots,X_n$ unabhängige N(0;1) - verteilte Zufallsvariablen, so ist die Zufallsvariable

$$t = \frac{X_0}{\sqrt{\sum_{i=1}^{n} X_i^2}}$$

(*zentral*) *t - verteilt mit n Freiheitsgraden*, kurz

$$t \sim t_n \quad .$$

Die Quantile $t_{n;\alpha}$ der t - Verteilung sind ebenfalls für einige n und α im Anhang vertafelt.

Schließlich heißt eine Zufallsvariable

$$F = \left(\frac{1}{m}\sum_{i=1}^{m} X_i^2\right) \Big/ \left(\frac{1}{n}\sum_{i=1}^{n} Y_i^2\right)$$

(*zentral*) *F - verteilt mit m und n Freiheitsgraden*, kurz

$$F \sim F_{m,n} \quad ,$$

falls $X_1,\dots,X_m$, $Y_1,\dots,Y_n$ unabhängig standardnormalverteilte Zufallsvariablen sind. Auch die Quantile $F_{m,n;\alpha}$ der F - Verteilung sind für einige Kombinationen von m, n und α im Anhang vertafelt.

Nun noch einige weitere Konfidenzintervalle für die Parameter μ und σ^2 einer $N(\mu;\sigma^2)$ - Verteilung. Bei unbekannter Varianz σ^2 ist

$$[\bar{x} - t_{n-1;1-\alpha/2}\cdot\frac{s}{\sqrt{n}} \; ; \; \bar{x} + t_{n-1;1-\alpha/2}\cdot\frac{s}{\sqrt{n}}]$$

ein $(1-\alpha)$ - Konfidenzintervall für den Erwartungswert μ. Ist der Erwartungswert μ einer $N(\mu;\sigma^2)$ - Verteilung bekannt, so ist

$$\left[\frac{\sum_{i=1}^{n}(x_i-\mu)^2}{\chi^2_{n;1-\alpha/2}} \; ; \; \frac{\sum_{i=1}^{n}(x_i-\mu)^2}{\chi^2_{n;\alpha/2}}\right]$$

ein $(1-\alpha)$ - Konfidenzintervall für die Varianz σ^2. Ein solches Intervall ist bei unbekanntem μ gegeben durch

$$\left[\frac{(n-1)s^2}{\chi^2_{n-1;1-\alpha/2}} \; ; \; \frac{(n-1)s^2}{\chi^2_{n-1;\alpha/2}}\right] \quad .$$

Abschließend wollen wir uns nun mit *statistischen Tests* beschäftigen. Das sind Verfahren, die die Richtigkeit von Aussagen über statistische Verteilungen überprüfen: Ist ein Parameter größer oder kleiner als ein bestimmter Wert? Liegt er in einem bestimmten Intervall? Ist eine Zufallsvariable normalverteilt? Mit Fragestellungen wie den beiden ersten wollen wir uns hier beschäftigen (*Parameter - Tests*). Die dritte Fragestellung kann mit Hilfe sogenannter *Anpassungstests* beantwortet werden, man vgl. hierzu Hartung et al. (1982, Kap.IV).

Solche *Testverfahren* oder *Prüfverfahren* können, da sie auf der Grundlage zufälliger Experimente basieren, natürlich nicht immer richtige Entscheidungen liefern. Prüft man z.B., ob der Parameter μ der $N(\mu;\sigma^2)$ - Verteilung größer oder kleiner als ein vorgegebener Wert μ_0 ist, so könnte etwa $\mu \leq \mu_0$

die sogenannte *(Null)hypothese* H_0 und $\mu > \mu_0$ die *Alternativhypothese* H_1 sein. Man beobachtet nun eine Stichprobe $x_1,\ldots,x_n$ aus dieser Verteilung und will sich aufgrund dessen für H_0 oder H_1 entscheiden. Dabei kann man zwei Fehler machen: Die Nullhypothese trifft zu, und man entscheidet sich fälschlicherweise für die Alternativhypothese, oder die Alternativhypothese trifft zu, und man entscheidet sich für die Nullhypothese. Im ersten Fall spricht man vom *Fehler 1. Art*, im zweiten vom *Fehler 2. Art*. Bei einem statistischen Testverfahren geht man nun so vor, daß man den Fehler 1. Art beschränkt, er soll höchstens mit einer Wahrscheinlichkeit α auftreten (*Irrtumswahrscheinlichkeit*, *Signifikanzniveau*). Einen solchen Test nennt man *Test zum Niveau* α oder auch *Niveau -* α *- Test*, egal mit welcher Wahrscheinlichkeit β der Fehler 2. Art auftritt. Natürlich wird man bei der Konstruktion von Tests bemüht sein, diesen möglichst gering zu halten.

Bei der Bestimmung eines solchen Tests geht man wie folgt vor. Nehmen wir an, daß getestet werden soll

$$H_0\colon\ \theta \le \theta_0 \qquad \text{gegen} \qquad H_1\colon\ \theta > \theta_0 \quad ,$$

d.h. man will wissen, ob der Parameter θ einer Verteilung kleiner oder größer als ein vorgegebener Wert θ_0 ist. Man ordnet dann mit Hilfe einer *Teststatistik* oder *Prüfgröße* T der Stichprobe $x_1,\ldots,x_n$ eine Zahl $T(x_1,\ldots,x_n)$ zu, bei der z.B. ein großer Wert eher für das Vorliegen von H_1, ein kleiner Wert eher für das Vorliegen von H_0 spricht. Dann sucht man eine Zahl $c_{1-\alpha}$ derart, daß gilt

$$P_\theta(T > c_{1-\alpha}) \le \alpha \qquad \text{für alle } \theta \in H_0 \quad ;$$

der Index θ soll hierbei andeuten, daß die Wahrscheinlichkeit bei Vorliegen von θ gemeint ist. Entscheidet man sich nun für H_1, falls $T > c_{1-\alpha}$, und für H_0, falls $T \le c_{1-\alpha}$, so handelt es sich bei dieser *Entscheidungsregel* um einen Test zum Niveau α. Die Größe $c_{1-\alpha}$ heißt *kritischer Wert*, der Bereich $T \le c_{1-\alpha}$ *Annahmebereich* und der Bereich $T > c_{1-\alpha}$ *Ablehnungsbereich* des Tests. Entscheidet man sich nun konkret für H_0, so sagt man "H_0 kann nicht verworfen werden" oder "H_0 wird angenommen", entscheidet man sich für H_1, so sagt man "H_1 ist signifikant (zum Niveau α)" oder auch "H_1 ist zum Niveau α statistisch gesichert".

Ein Hypothesenpaar der obigen Form

$$H_0\colon\ \theta \le \theta_0 \qquad \text{gegen} \qquad H_1\colon\ \theta > \theta_0$$

nennt man auch *einseitige Hypothese*, den entsprechenden Test auch *einseitigen Test*. Von einer *zweiseitigen Hypothese* bzw. einem *zweiseitigen Test* spricht man bei Hypothesenpaaren der Gestalt

$$H_0:\ \theta = \theta_0 \qquad \text{gegen} \qquad H_1:\ \theta \neq \theta_0 \quad .$$

Beispiel: Eine Maschine produziert Schrauben, deren tatsächliche Länge als $N(\mu;\sigma^2)$ - verteilt angenommen werden kann. Die Standardabweichung σ der Maschine möge vom Hersteller mit 0.3 mm angegeben sein. Aufgrund der in Tab.3 angegebenen Längen $x_1,\ldots,x_{14}$ einer Stichprobe vom Umfang $n = 14$ aus der Produktion möchte man zum Niveau $\alpha = 0.05$ testen, ob die mittlere Schraubenlänge μ der Produktion kleiner oder größer als $\mu_0 = 30$ mm ist.

Tab.3: Längen x_i von $n = 14$ Schrauben in mm

i	1	2	3	4	5	6	7	8	9	10	11	12	13	14
x_i	30.6	30.9	29.8	30.1	29.5	29.7	30.6	30.5	29.4	29.9	30.0	30.2	29.7	30.1

Das Testproblem hier ist

$$H_0:\ \mu \leq 30 \qquad \text{gegen} \qquad H_1:\ \mu > 30 \quad .$$

Da ein kleiner Mittelwert $\overline{x}$ eher für H_0, ein großer eher für H_1 spricht, verwenden wir die im Falle $\mu = \mu_0$ standardnormalverteilte Größe

$$T = \sqrt{n}\ \frac{\overline{X} - \mu_0}{\sigma}$$

als Teststatistik. Falls $\mu = \mu_0$ ist, gilt also

$$P_\mu(T > u_{1-\alpha}) = \alpha \quad ,$$

und falls $\mu < \mu_0$ ist, gilt

$$P_\mu(T > u_{1-\alpha}) < \alpha \quad .$$

Entscheidet man sich nun im Falle $T(x_1,\ldots,x_n) \leq u_{1-\alpha}$ für H_0 und im Falle $T(x_1,\ldots,x_n) > u_{1-\alpha}$ für H_1, so hat man einen Niveau - α - Test vorliegen. Dieser Test heißt auch (einseitiger) *Einstichprobengaußtest*.

In unserem Beispiel ergibt sich aus Tab.3 $\overline{x} = 30.071$, und es ist $u_{1-\alpha} = u_{1-0.05} = u_{0.95} = 1.6449$, so daß gilt:

$$T(x_1,\ldots,x_n) = \sqrt{14}\ \frac{30.071 - 30}{0.3} = 0.886 < 1.6449 = u_{0.95} \quad .$$

Wir können die Hypothese H_0 also nicht verwerfen, d.h. es kann nicht zum 5% Niveau gesichert werden, daß μ größer als 30 ist, obwohl die mittlere

Schraubenlänge in der Stichprobe dies ist. ┘

An dieser Stelle sei noch etwas zur *Notation von Zufallsvariablen* in den weiteren Kapiteln bemerkt. Wir werden aus Notationsgründen in der Bezeichnungsweise nicht immer streng zwischen Zufallsvariablen und ihren Realisationen unterscheiden. Ist von Wahrscheinlichkeiten, Verteilungen, Erwartungswerten etc. die Rede, so ist klar, daß sich dies auf die den Realisationen zugrundeliegenden Zufallsvariablen bezieht.

4. VEKTOR- UND MATRIZENRECHNUNG

In der multivariaten Statistik ist die Verwendung von Vektoren und Matrizen unumgänglich. Daher werden in diesem Abschnitt die Begriffe Vektor und Matrix eingeführt und wichtige Rechenregeln sowie Funktionen von Matrizen betrachtet.

Ein *n - dimensionaler Vektor* a ist ein als Spalte geschriebenes n - Tupel von Zahlen

$$a = \begin{pmatrix} a_1 \\ a_2 \\ \vdots \\ a_n \end{pmatrix} .$$

Der zugehörige *transponierte Vektor* $a^T = (a_1, a_2, \ldots, a_n)$ ist der zum *Spaltenvektor* a gehörige *Zeilenvektor*. Für zwei n - dimensionale Vektoren a und b ist eine *Addition*

$$a + b = \begin{pmatrix} a_1 + b_1 \\ a_2 + b_2 \\ \vdots \\ a_n + b_n \end{pmatrix}$$

und eine *Multiplikation*

$$a^T \cdot b = a_1 b_1 + a_2 b_2 + \ldots + a_n b_n$$

erklärt. Weiterhin läßt sich ein Vektor a mit einer Zahl z multiplizieren (*skalare Multiplikation*):

$$z \cdot a = \begin{pmatrix} za_1 \\ za_2 \\ \vdots \\ za_n \end{pmatrix} .$$

Von einem n - dimensionalen *Vektor a der Länge q*, spricht man, wenn gilt

$$a^T a = q^2 .$$

Möchte man einen beliebigen n - dimensionalen Vektor $b = (b_1,\ldots,b_n)^T$ so normieren, daß der normierte Vektor eine vorgegebene Länge q besitzt, so kann man wie folgt vorgehen. Man berechnet für i=1,...,n

$$\tilde{b}_i = b_i \Big/ \sqrt{\sum_{i=1}^{n} b_i^2}$$

(dann hat der Vektor $\tilde{b} = (\tilde{b}_1,\ldots,\tilde{b}_n)^T$ die Länge 1) und multipliziert die Größen $\tilde{b}_i$ mit q:

$$a_i = q \cdot \tilde{b}_i \qquad \text{für } i=1,\ldots,n .$$

Mit $a = (a_1,\ldots,a_n)^T$ ist dann der normierte Vektor der Länge q gefunden.

Multipliziert man zwei n - dimensionale Vektoren a und b in der Form ab^T, so ergibt sich ein quadratisches Zahlenschema:

$$a \cdot b^T = \begin{pmatrix} a_1b_1 & a_1b_2 & \cdots & a_1b_n \\ a_2b_1 & a_2b_2 & \cdots & a_2b_n \\ \vdots & \vdots & & \vdots \\ a_nb_1 & a_nb_2 & \cdots & a_nb_n \end{pmatrix} .$$

Ein solches Zahlenschema nennen wir eine *n×n - Matrix*. Bevor wir auf allgemeine Matrizen eingehen zunächst ein Beispiel.

Beispiel: Es seien a und b 4 - dimensionale Vektoren, nämlich $a^T = (4,3,7,10)$ und $b^T = (3,6,1,0)$, und es sei $z = 5$. Dann ist

$$a + b = \begin{pmatrix} 4+3 \\ 3+6 \\ 7+1 \\ 10+0 \end{pmatrix} = \begin{pmatrix} 7 \\ 9 \\ 8 \\ 10 \end{pmatrix} ,$$

$$a^T b = 4\cdot 3 + 3\cdot 6 + 7\cdot 1 + 10\cdot 0 = 37 ,$$

$$z \cdot a = 5a = \begin{pmatrix} 20 \\ 15 \\ 35 \\ 50 \end{pmatrix} \quad \text{und}$$

$$ab^T = \begin{pmatrix} 4\cdot3 & 4\cdot6 & 4\cdot1 & 4\cdot0 \\ 3\cdot3 & 3\cdot6 & 3\cdot1 & 3\cdot0 \\ 7\cdot3 & 7\cdot6 & 7\cdot1 & 7\cdot0 \\ 10\cdot3 & 10\cdot6 & 10\cdot1 & 10\cdot0 \end{pmatrix} = \begin{pmatrix} 12 & 24 & 4 & 0 \\ 9 & 18 & 3 & 0 \\ 21 & 42 & 7 & 0 \\ 30 & 60 & 10 & 0 \end{pmatrix} .$$

Allgemein ist eine $n{\times}m$ - Matrix A ein Zahlenschema bestehend aus n Zeilen und m Spalten:

$$A = \begin{pmatrix} a_{11} & a_{12} & \cdots & a_{1m} \\ a_{21} & a_{22} & \cdots & a_{2m} \\ \vdots & \vdots & & \vdots \\ a_{n1} & a_{n2} & & a_{nm} \end{pmatrix} .$$

Die *Transponierte* A^T von A entsteht durch Spiegelung von A und ist eine $m{\times}n$ - Matrix:

$$A^T = \begin{pmatrix} a_{11} & a_{21} & \cdots & a_{n1} \\ a_{12} & a_{22} & \cdots & a_{n2} \\ \vdots & \vdots & & \vdots \\ a_{1m} & a_{2m} & & a_{nm} \end{pmatrix} .$$

Eine $n{\times}m$ - Matrix A kann mit einer Zahl z elementweise multipliziert werden (*skalare Multiplikation*)

$$z \cdot A = \begin{pmatrix} za_{11} & \cdots & za_{1m} \\ \vdots & & \vdots \\ za_{n1} & \cdots & za_{nm} \end{pmatrix} ,$$

und für 2 $n{\times}m$ - Matrizen A und B wird in folgender Weise eine *Addition* erklärt:

$$A + B = \begin{pmatrix} a_{11} & \cdots & a_{1m} \\ \vdots & & \vdots \\ a_{n1} & \cdots & a_{nm} \end{pmatrix} + \begin{pmatrix} b_{11} & \cdots & b_{1m} \\ \vdots & & \vdots \\ b_{n1} & \cdots & b_{nm} \end{pmatrix} = \begin{pmatrix} a_{11}+b_{11} & \cdots & a_{1m}+b_{1m} \\ \vdots & & \\ a_{n1}+b_{n1} & \cdots & a_{nm}+b_{nm} \end{pmatrix} .$$

Weiterhin gilt natürlich für 2 $n{\times}m$ - Matrizen A und B und eine Zahl z

$$(A+B)^T = A^T + B^T \quad , \quad (zA)^T = zA^T \quad .$$

Falls gilt $n = m$, so heißt eine $n{\times}m = n{\times}n$ - Matrix A *quadratisch* und falls zusätzlich $A = A^T$ gilt, so heißt A *symmetrisch*.

Für einige symmetrische Matrizen gibt es spezielle Bezeichnungen. So ist I_n die $n{\times}n$ - dimensionale *Einheitsmatrix*

$$I_n = \begin{pmatrix} 1 & 0 & 0 & \dots & 0 \\ 0 & 1 & 0 & \dots & 0 \\ \vdots & \vdots & \vdots & & \vdots \\ 0 & 0 & 0 & \dots & 1 \end{pmatrix}$$

und J_n die n×n - dimensionale *Einsermatrix*

$$J_n = \begin{pmatrix} 1 & 1 & \dots & 1 \\ 1 & 1 & \dots & 1 \\ \vdots & \vdots & & \vdots \\ 1 & 1 & \dots & 1 \end{pmatrix} \quad .$$

Beispiel: Es seien

$$A = \begin{pmatrix} 2 & 4 & 7 \\ 3 & 0 & 1 \end{pmatrix} \quad \text{und} \quad B = \begin{pmatrix} 1 & 6 & 9 \\ 8 & 3 & 2 \end{pmatrix}$$

2×3 - Matrizen und es sei z = 4. Dann ist z.B.

$$A^T = \begin{pmatrix} 2 & 3 \\ 4 & 0 \\ 7 & 1 \end{pmatrix}$$

eine 3×2 - Matrix,

$$zA = 4 \begin{pmatrix} 2 & 4 & 7 \\ 3 & 0 & 1 \end{pmatrix} = \begin{pmatrix} 8 & 16 & 28 \\ 12 & 0 & 4 \end{pmatrix}$$

und

$$A + B = \begin{pmatrix} 2 & 4 & 7 \\ 3 & 0 & 1 \end{pmatrix} + \begin{pmatrix} 1 & 6 & 9 \\ 8 & 3 & 2 \end{pmatrix} = \begin{pmatrix} 3 & 10 & 16 \\ 11 & 3 & 3 \end{pmatrix} \quad .$$

Kommen wir nun noch zur *Multiplikation von Matrizen*. Soll das Produkt A • B zweier Matrizen A und B bestimmt werden, so muß folgende Dimensionsbedingung erfüllt sein: Die Anzahl der Spalten von A muß mit der Anzahl der Zeilen von B übereinstimmen. Ist also z.B. A eine n×m - Matrix, so muß B eine m×k - Matrix sein, und es ist dann

$$A \cdot B = \begin{pmatrix} a_{11} & a_{12} & \dots & a_{1m} \\ \vdots & & & \\ a_{n1} & a_{n2} & \dots & a_{nm} \end{pmatrix} \cdot \begin{pmatrix} b_{11} & b_{12} & \dots & b_{1k} \\ \vdots & \vdots & & \vdots \\ b_{m1} & b_{m2} & \dots & b_{mk} \end{pmatrix}$$

$$= \begin{pmatrix} \sum_{i=1}^{m} a_{1i} b_{i1} & \sum_{i=1}^{m} a_{1i} b_{i2} & \dots & \sum_{i=1}^{m} a_{1i} b_{ik} \\ \vdots & \vdots & & \vdots \\ \sum_{i=1}^{m} a_{ni} b_{i1} & \sum_{i=1}^{m} a_{ni} b_{i2} & \dots & \sum_{i=1}^{m} a_{ni} b_{ik} \end{pmatrix}$$

eine n×k - Matrix.

Beispiel: Es seien

$$A = \begin{pmatrix} 3 & 7 & 10 \\ 4 & 1 & 6 \\ 5 & 2 & 3 \\ 0 & 6 & 9 \end{pmatrix} \quad \text{und} \quad B = \begin{pmatrix} 4 & 3 \\ 5 & 7 \\ 1 & 6 \end{pmatrix}$$

4×3 - bzw. 3×2 - Matrizen. Dann ist

$$A \cdot B = \begin{pmatrix} 3\cdot4+7\cdot5+10\cdot1 & 3\cdot3+7\cdot7+10\cdot6 \\ 4\cdot4+1\cdot5+6\cdot1 & 4\cdot3+1\cdot7+6\cdot6 \\ 5\cdot4+2\cdot5+3\cdot1 & 5\cdot3+2\cdot7+3\cdot6 \\ 0\cdot4+6\cdot5+9\cdot1 & 0\cdot3+6\cdot7+9\cdot6 \end{pmatrix} = \begin{pmatrix} 57 & 118 \\ 27 & 55 \\ 33 & 47 \\ 39 & 96 \end{pmatrix}$$

eine 4×2 - Matrix. ┘

Im Zusammenhang mit der Multiplikation von Matrizen gelten die folgenden *Rechenregeln*:

$(A+B)\cdot C = A\cdot C + B\cdot C$, falls A,B,C n×m -, n×m - bzw. m×k - Matrizen,

$A\cdot(B+C) = A\cdot B + A\cdot C$, falls A,B,C n×m -, m×k - bzw. m×k - Matrizen,

$(A\cdot B)\cdot C = A\cdot(B\cdot C)$, falls A,B,C n×m -, m×k - bzw. k×q - Matrizen,

$(A\cdot B)^T = B^T\cdot A^T$, falls A,B n×m - bzw. m×k - Matrizen sind.

Ein anderes häufig verwandtes Matrizenprodukt ist das sogenannte *Kroneckerprodukt* "⊗". Ist A eine n×m - Matrix und B eine k×q - Matrix, so ist das Kroneckerprodukt von A und B eine nk×mq - Matrix, nämlich

$$A \otimes B = \begin{pmatrix} a_{11} & \cdots & a_{1m} \\ \vdots & & \vdots \\ a_{n1} & \cdots & a_{nm} \end{pmatrix} \cdot B = \begin{pmatrix} a_{11}B & \cdots & a_{1m}B \\ \vdots & & \vdots \\ a_{n1}B & \cdots & a_{nm}B \end{pmatrix} .$$

Beispiel: Das Kroneckerprodukt der Matrizen

$$A = \begin{pmatrix} 3 & 2 \\ 7 & 4 \end{pmatrix} \quad \text{und} \quad B = \begin{pmatrix} 3 & 7 & 6 & 5 \\ 2 & 9 & 8 & 1 \\ 3 & 0 & 4 & 4 \end{pmatrix}$$

ist gegeben als

$$A \otimes B = \begin{pmatrix} 3\,B & 2\,B \\ 7\,B & 4\,B \end{pmatrix} = \left(\begin{array}{cccc|cccc} 9 & 21 & 18 & 15 & 6 & 14 & 12 & 10 \\ 6 & 27 & 24 & 3 & 4 & 18 & 16 & 2 \\ 9 & 0 & 12 & 12 & 9 & 0 & 8 & 8 \\ \hline 21 & 49 & 42 & 35 & 12 & 28 & 24 & 20 \\ 14 & 63 & 56 & 7 & 8 & 36 & 32 & 4 \\ 21 & 0 & 28 & 28 & 12 & 0 & 16 & 16 \end{array}\right) .$$

┘

Für das Kroneckerprodukt gelten die folgenden *Rechenregeln*:

$(A+B)\otimes C = (A\otimes C) + (B\otimes C)$, falls A,B,C n×m -, n×m - bzw. k×q - Matrizen,

$A \otimes (B + C) = (A \otimes B) + (A \otimes C)$, falls A,B,C $n \times m$-, $k \times q$-bzw. $k \times q$-Matrizen,

$z_1 A \otimes z_2 B = z_1 z_2 A \otimes B$, falls A,B $n \times m$-bzw. $k \times q$-Matrizen und z_1, z_2 Zahlen,

$A \cdot B \otimes C \cdot D = (A \otimes C) \cdot (B \otimes D)$, falls A,B,C,D $n \times m$-, $m \times k$-, $p \times q$-bzw. $q \times \ell$-Matrizen,

$(A \otimes B)^T = A^T \otimes B^T$, falls A,B $n \times m$-bzw. $k \times q$-Matrizen sind.

Rechentechnisch ist es oft günstiger mit Vektoren als mit Matrizen zu arbeiten. Daher führen wir hier den *Operator* "*vec*" ein, der einer beliebigen $n \times m$-Matrix A einen nm-dimensionalen Spaltenvektor zuordnet:

$$\operatorname{vec} A = \operatorname{vec} \begin{pmatrix} a_{11} & a_{12} & \cdots & a_{1m} \\ \vdots & & & \\ a_{n1} & a_{n2} & \cdots & a_{nm} \end{pmatrix} = \begin{pmatrix} a_{11} \\ a_{12} \\ \vdots \\ a_{1m} \\ a_{21} \\ \vdots \\ a_{n1} \\ \vdots \\ a_{nm} \end{pmatrix} \quad ;$$

vec A entsteht also aus A, indem man die Zeilen von A transponiert und untereinander schreibt.

Beispiel: Es sei

$$A = \begin{pmatrix} 3 & 4 & 1 & 2 \\ 7 & 6 & 5 & 3 \\ 2 & 4 & 1 & 0 \end{pmatrix} \quad .$$

Dann ist

$$\operatorname{vec} A = (3,4,1,2,7,6,5,3,2,4,1,0)^T$$

Wir werden uns nun mit einigen Funktionen quadratischer Matrizen beschäftigen. Hier sei zunächst die *Spur* (*trace*) einer $n \times n$-Matrix

$$A = \begin{pmatrix} a_{11} & \cdots & a_{1n} \\ \vdots & \ddots & \vdots \\ a_{n1} & \cdots & a_{nn} \end{pmatrix} \longleftarrow \text{Hauptdiagonale}$$

erwähnt. Die Spur tr A von A ist die Summe der Elemente von A, die auf der Hauptdiagonale liegen, also

$$\operatorname{tr} A = a_{11} + a_{22} + \ldots + a_{nn} = \sum_{i=1}^{n} a_{ii} \quad .$$

Die *Determinante* det A einer n×n - Matrix gibt das "Spaltenvolumen" von A an. Für eine 2×2 - Matrix A ist

$$\det A = \det\begin{pmatrix} a_{11} & a_{12} \\ a_{21} & a_{22} \end{pmatrix} = a_{11}a_{22} - a_{21}a_{12} \quad ,$$

für eine 3×3 - Matrix A ist

$$\det A = \det\begin{pmatrix} a_{11} & a_{12} & a_{13} \\ a_{21} & a_{22} & a_{23} \\ a_{31} & a_{32} & a_{33} \end{pmatrix}$$

$$= a_{11}a_{22}a_{33}+a_{12}a_{23}a_{31}+a_{21}a_{32}a_{13}-a_{31}a_{22}a_{13}-a_{32}a_{23}a_{11}-a_{21}a_{12}a_{33} .$$

Für höherdimensionale Matrizen nimmt man Entwicklungen nach einer Spalte oder Zeile gemäß dem *Laplaceschen Entwicklungssatz* vor und reduziert dadurch die Dimension der Matrizen, deren Determinanten berechnet werden müssen, bis auf 3×3 - Matrizen oder auch 2×2 - Matrizen. Bezeichnet A_{ij} die Matrix, die dadurch entsteht, daß man in einer Matrix A die i-te Zeile und die j-te Spalte streicht, so ergibt sich für die Entwicklung nach der i-ten Zeile (i=1,...,n)

$$\det A = \det\begin{pmatrix} a_{11} & \cdots & a_{1n} \\ \vdots & & \\ a_{n1} & \cdots & a_{nn} \end{pmatrix} = \sum_{j=1}^{n} (-1)^{i+j} a_{ij} \det A_{ij}$$

und für die Entwicklung nach der j-ten Spalte (j=1,...,n)

$$\det A = \det\begin{pmatrix} a_{11} & \cdots & a_{1n} \\ \vdots & & \vdots \\ a_{n1} & \cdots & a_{nn} \end{pmatrix} = \sum_{i=1}^{n} (-1)^{i+j} a_{ij} \det A_{ij} \quad .$$

Natürlich wird man bei einer Matrix, in der einige Elemente a_{ij} den Wert Null haben, nach derjenigen Spalte oder Zeile entwickeln, die möglichst viele Nullen enthält.

Beispiel: Wir wollen die Determinante der 4×4 - Matrix

$$A = \begin{pmatrix} 7 & -1 & 3 & 2 \\ 4 & 0 & 9 & 8 \\ 7 & 6 & 3 & 10 \\ 6 & 4 & 1 & 5 \end{pmatrix}$$

durch Entwicklung nach der 2. Spalte (j=2) berechnen. Es ergibt sich

$$\det A = (-1)^{1+2} a_{12} \det A_{12} + (-1)^{2+2} a_{22} \det A_{22} + (-1)^{3+2} a_{32} \det A_{32}$$
$$+ (-1)^{4+2} a_{42} \det A_{42}$$

$$= (-1)^3 \cdot (-1) \cdot \det \begin{pmatrix} 4 & 9 & 8 \\ 7 & 3 & 10 \\ 6 & 1 & 5 \end{pmatrix} + (-1)^4 \cdot 0 \cdot \det \begin{pmatrix} 7 & 3 & 2 \\ 7 & 3 & 10 \\ 6 & 1 & 5 \end{pmatrix}$$

$$+ (-1)^5 \cdot 6 \cdot \det \begin{pmatrix} 7 & 3 & 2 \\ 4 & 9 & 8 \\ 6 & 1 & 5 \end{pmatrix} + (-1)^6 \cdot 4 \cdot \det \begin{pmatrix} 7 & 3 & 2 \\ 4 & 9 & 8 \\ 7 & 3 & 10 \end{pmatrix}$$

$$= 1(4\cdot3\cdot5 + 9\cdot10\cdot6 + 7\cdot1\cdot8 - 6\cdot3\cdot8 - 1\cdot10\cdot4 - 7\cdot9\cdot5) + 0$$
$$- 6(7\cdot9\cdot5 + 3\cdot8\cdot6 + 4\cdot1\cdot2 - 6\cdot9\cdot2 - 1\cdot8\cdot7 - 4\cdot3\cdot5)$$
$$+ 4(7\cdot9\cdot10 + 3\cdot8\cdot7 + 4\cdot3\cdot2 - 7\cdot9\cdot2 - 3\cdot8\cdot7 - 4\cdot3\cdot10)$$

$$= 1\cdot157 + 0 - 6\cdot243 + 4\cdot408$$

$$= 331 \quad .$$

Eine n×n - Matrix, für die $\det A \neq 0$ gilt, heißt *reguläre Matrix*.

Für eine n×n - Matrix D, die auf der Hauptdiagonale Elemente $d_1,\ldots,d_n$ und sonst nur Nullen hat, schreibt man häufig

$$D = \mathrm{diag}(d_1,\ldots,d_n) = \begin{pmatrix} d_1 & 0 & \ldots & 0 \\ 0 & d_2 & \ldots & 0 \\ \vdots & \vdots & & \vdots \\ 0 & 0 & & d_n \end{pmatrix} \quad .$$

Ein wichtiges Hilfsmittel und gleichzeitig Anwendungsgebiet der Matrizenrechnung ist das Lösen von *linearen Gleichungssystemen*. Betrachten wir etwa das Gleichungssystem

$$2x_1 + 5x_2 = 4$$
$$-6x_1 + 10x_2 = -2 \quad ,$$

dessen Lösung durch $x_1 = 1$ und $x_2 = 2/5$ gegeben ist. In Matrizenschreibweise $Ax = b$ mit $x = (x_1,x_2)^T$ läßt sich dieses System auch schreiben als

$$\begin{pmatrix} 2 & 5 \\ -6 & 10 \end{pmatrix} \begin{pmatrix} x_1 \\ x_2 \end{pmatrix} = \begin{pmatrix} 4 \\ -2 \end{pmatrix} \quad .$$

Natürlich ist ein solches Gleichungssystem nicht immer lösbar. Eine Lösung existiert nur dann, wenn der *Rang* rg A der Matrix A, d.h. die Anzahl der *linear unabhängigen* Zeilen (oder Spalten) von A gleich dem Rang der Matrix (A,b) ist. Eine Zeile (oder Spalte) einer Matrix heißt linear unabhängig von den übrigen Zeilen (oder Spalten), wenn man sie nicht als Summe von Vielfachen (Linearkombinationen) der übrigen Zeilen (oder Spalten) darstellen kann. Den Rang einer Matrix bestimmt man, indem man sie durch Multiplikation von Zeilen mit Zahlen und Addition von Zeilen auf *obere Dreiecks-*

gestalt, d.h. unterhalb der vom oberen Eckelement ausgehenden Diagonalen sollen nur noch Nullen stehen, bringt. (Ferner gilt: $\text{rg}\,A = \text{tr}\,AA^+$; s. unten.)

Beispiel: Wir betrachten

$$A = \begin{pmatrix} 3 & 7 & 6 & 5 \\ 1 & 0 & 7 & 2 \\ 6 & 7 & 27 & 11 \end{pmatrix} .$$

Multipliziert man die zweite Zeile von A mit (-3) und addiert sie zur ersten, so ergibt sich die Matrix

$$\begin{pmatrix} 3 & 7 & 6 & 5 \\ 0 & 7 & -15 & -1 \\ 6 & 7 & 27 & 11 \end{pmatrix} .$$

Addiert man dann die dritte Zeile zum (-2)-fachen der ersten, so erhält man die Matrix

$$\begin{pmatrix} 3 & 7 & 6 & 5 \\ 0 & 7 & -15 & -1 \\ 0 & -7 & 15 & 1 \end{pmatrix} ,$$

und man sieht, daß die dritte Zeile gerade das (-1)-fache der zweiten ist, d.h. es ergibt sich die Matrix

$$\begin{pmatrix} 3 & 7 & 6 & 5 \\ 0 & 7 & -15 & -1 \\ 0 & 0 & 0 & 0 \end{pmatrix} .$$

Wir sehen also, daß gilt $\text{rg}\,A = 2$, denn A hat nur zwei linear unabhängige Zeilen. ┘

Weiterhin ist es möglich, daß ein Gleichungssystem mehrere Lösungen besitzt. Dies ist zum Beispiel für das System

$$\begin{aligned} 6x_1 - x_2 - x_3 &= 0 \\ 8x_1 - x_2 \quad\; &= 6 \quad , \end{aligned}$$

das in Matrixschreibweise die Gestalt

$$\begin{pmatrix} 6 & -1 & -1 \\ 8 & -1 & 0 \end{pmatrix} \begin{pmatrix} x_1 \\ x_2 \\ x_3 \end{pmatrix} = \begin{pmatrix} 0 \\ 6 \end{pmatrix}$$

besitzt, der Fall. Für jede Zahl x_1 ist $(x_1,x_2,x_3) = (x_1,8x_1 - 6,-2x_1 + 6)$ eine Lösung des Systems; z.B. $(x_1,x_2,x_3) = (4,26,-2)$.

Ein Verfahren zur Lösung linearer Gleichungssysteme ist das *Gauß'sche Eliminationsverfahren*. Dabei macht man sich zunutzen, daß die Multiplikation einer beliebigen Zeile eines Gleichungssystems das System nicht inhaltlich verändert und daß sich auch durch Addition zweier beliebiger Zeilen das System nicht ändert. Bei diesem Verfahren bringt man die *Koeffizientenmatrix* A des Gleichungssystems auf obere Dreiecksgestalt und führt die dabei verwandten Multiplikationen und Additionen parallel beim *Lösungsvektor* b durch.

Beispiel: Mittels des Gauß'schen Eliminationsverfahrens wollen wir die Lösungen des Gleichungssystems

$$\begin{pmatrix} 3 & 4 & 2 & 0 \\ 2 & 1 & 4 & 2 \\ 1 & 0 & 6 & 1 \end{pmatrix} \begin{pmatrix} x_1 \\ x_2 \\ x_3 \\ x_4 \end{pmatrix} = \begin{pmatrix} 2 \\ 1 \\ 3 \end{pmatrix}$$

berechnen. Dabei benutzen wir das Schema aus **Tab.4**, in dem rechts die ausgeführten Multiplikationen und Additionen angegeben sind.

Tab.4: Gauß'sches Eliminationsverfahren im Beispiel

x_1	x_2	x_3	x_4		
3	4	2	0	2	· 2
2	1	4	2	1	· (-3)]+]+
1	0	6	1	3	· (-3)
3	4	2	0	2	
0	5	- 8	-6	1	· 4
0	4	-16	-3	-7	· (-5)]+
3	4	2	0	2	
0	5	-8	-6	1	
0	0	48	-9	39	

Es ergibt sich

$$48x_3 - 9x_4 = 39 \quad , \text{ d.h. } \quad x_4 = \frac{48x_3 - 39}{9} = \frac{16}{3}x_3 - \frac{13}{3}$$

und somit

$$5x_2 - 8x_3 - 6x_4 = 5x_2 - 8x_3 - 48x_3 + 39 = 1 \quad ,$$

$$\text{d.h. } \quad x_2 = \frac{56x_3 - 38}{5} = \frac{56}{5}x_3 - \frac{38}{5}$$

und schließlich

$$3x_1 + 4x_2 + 2x_3 = 3x_1 + \frac{224}{5}x_3 - \frac{152}{5} + 2x_3 = 3x_1 + \frac{234}{5}x_3 - \frac{152}{5} = 2$$

$$\text{d.h.}\quad x_1 = \frac{-234x_3 + 162}{15} = -\frac{78}{5}x_3 + \frac{54}{5} \quad .$$

Für jede Wahl von x_3 ist also

$$(x_1,x_2,x_3,x_4) = \left(-\frac{78}{5}x_3 + \frac{54}{5}, \frac{56}{5}x_3 - \frac{38}{5}, x_3, \frac{16}{3}x_3 - \frac{13}{3}\right)$$

eine Lösung unseres Gleichungssystems.

Ein wichtiger Teil der Matrizenrechnung ist die Berechnung von Eigenwerten und Eigenvektoren. Die *Eigenwerte* einer quadratischen $n \times n$ - Matrix A werden bestimmt als die Nullstellen des *charakteristischen Polynoms* $\det(A - \lambda I_n)$, d.h. die n Eigenwerte $\lambda_1,\dots,\lambda_n$ von A sind die Lösungen der Gleichung

$$\det(A - \lambda I_n) = 0 \quad .$$

Die zum Eigenwert λ_i gehörigen *Eigenvektoren* x sind dann die Lösungen des Gleichungssystems $(x \neq 0)$

$$Ax = \lambda_i x \quad .$$

Es gilt $\lambda_1 + \dots + \lambda_n = \operatorname{tr} A$ und für symmetrisches A auch $\lambda_1 \cdot \dots \cdot \lambda_n = \det A$.

Beispiel: Wir wollen die Eigenwerte und die zugehörigen Eigenvektoren der Matrix

$$A = \begin{pmatrix} 7 & 3 \\ 1 & 5 \end{pmatrix}$$

berechnen. Das charakteristische Polynom von A ergibt sich zu

$$\begin{aligned} \det(A - \lambda I_2) &= \det\left(\begin{pmatrix} 7 & 3 \\ 1 & 5 \end{pmatrix} - \lambda\begin{pmatrix} 1 & 0 \\ 0 & 1 \end{pmatrix}\right) = \det\begin{pmatrix} 7-\lambda & 3 \\ 1 & 5-\lambda \end{pmatrix} \\ &= (7-\lambda)(5-\lambda) - 1\cdot 3 = 35 - 7\lambda - 5\lambda + \lambda^2 - 3 \\ &= \lambda^2 - 12\lambda + 32 = \lambda^2 - 12\lambda + 36 - 36 + 32 \\ &= (\lambda - 6)^2 - 4 = (\lambda - 6 - 2)(\lambda - 6 + 2) \\ &= (\lambda - 8)(\lambda - 4) \quad . \end{aligned}$$

Da für $\lambda = 8$ oder $\lambda = 4$ gilt

$$(\lambda - 8)(\lambda - 4) = 0$$

sind $\lambda_1 = 8$ und $\lambda_2 = 4$ die Eigenwerte von A. Die zu $\lambda_1 = 8$ gehörigen Eigenvektoren sind die Lösungen des Systems

$$Ax = 8x \quad , \text{ d.h.} \quad \begin{aligned} 7x_1 + 3x_2 &= 8x_1 \\ x_1 + 5x_2 &= 8x_2 \end{aligned} \quad .$$

Damit ergeben sich die Eigenvektoren zum Eigenwert $\lambda_1 = 8$ zu

$(x_1,x_2)^T = (3x_2,x_2)^T$, und genauso erhalten wir als Eigenvektoren zum Eigenwert $\lambda_2 = 4$ die Vektoren $(x_1,x_2)^T = (-x_2,x_2)^T$ mit $x_2 \neq 0$ jeweils beliebig.

Ein weiteres wichtiges Element der Matrizenrechnung ist die Bestimmung von inversen Matrizen. Für eine quadratische $n \times n$ - Matrix A mit rg A = n (äquivalent dazu ist $\det A \neq 0$; A *reguläre Matrix*) ist die zu A *inverse Matrix* A^{-1} bestimmt durch

$$AA^{-1} = I_n \quad .$$

Ist A eine reguläre Matrix, so ist jedes Gleichungssystem der Art $Ax = b$ lösbar, und zwar eindeutig. Die Lösung läßt sich angeben als $x = A^{-1}b$.

Im folgenden werden wir bei der *Verwendung einer Inversen* immer implizit unterstellen, daß eine solche auch *existiert*, ohne dies in den Voraussetzungen immer explizit zu erwähnen.

Bei der Bestimmung von inversen Matrizen kann man sich wiederum das Gauß'sche Eliminationsverfahren zunutze machen. Man notiert die reguläre Matrix A und daneben die n - dimensionale Einheitsmatrix I_n und multipliziert dann einzelne Zeilen mit Zahlen und addiert Zeilen von A solange bis man A in eine Einheitsmatrix verwandelt hat. Parallel dazu führt man die gleichen Multiplikationen und Additionen ausgehend von I_n durch. Ist A dann in eine Einheitsmatrix verwandelt, so ist I_n in die inverse Matrix A^{-1} verwandelt.

Beispiel: Wir wollen die zur regulären 3×3 - Matrix

$$A = \begin{pmatrix} 4 & 7 & -3 \\ 2 & 6 & 1 \\ 1 & 5 & 9 \end{pmatrix}$$

inverse Matrix A^{-1} bestimmen. Dazu verwenden wir das Schema aus Tab.5, in dem rechts die durchgeführten Multiplikationen und Additionen angegeben sind. Die zu A inverse Matrix ergibt sich also zu

$$A^{-1} = \frac{1}{65}\begin{pmatrix} 49 & -78 & 25 \\ -17 & 39 & -10 \\ 4 & -13 & 10 \end{pmatrix} \quad .$$

Dieses Ergebnis kann dadurch kontrolliert werden, daß man AA^{-1} ausrechnet. Hat man korrekt gerechnet, so muß gelten

$$AA^{-1} = I_3 \quad .$$

Hier ergibt sich

$$AA^{-1} = \frac{1}{65}\begin{pmatrix} 4 & 7 & -3 \\ 2 & 6 & 1 \\ 1 & 5 & 9 \end{pmatrix}\begin{pmatrix} 49 & -78 & 25 \\ -17 & 39 & -10 \\ 4 & -13 & 10 \end{pmatrix} = \frac{1}{65}\begin{pmatrix} 65 & 0 & 0 \\ 0 & 65 & 0 \\ 0 & 0 & 65 \end{pmatrix} = I_3 \quad ;$$

wir haben also richtig gerechnet.

Tab.5: Berechnung einer inversen Matrix

	4	7	-3	1	0	0	
A =	2	6	1	0	1	0	·(-2)]+]+
	1	5	9	0	0	1	(-4)
	4	7	-3	1	0	0	
	0	-5	-5	1	-2	0	·13
	0	-13	-39	1	0	-4	·(-5)]+
	4	7	-3	1	0	0	·130
	0	-5	-5	1	-2	0	·26]+]+
	0	0	130	8	-26	20	·3
	520	910	0	154	-78	60	
	0	-130	0	34	-78	20	·7]+
	0	0	130	8	-26	20	
	520	0	0	392	-624	200	·1/520
	0	-130	0	34	-78	20	·(-1/130)
	0	0	130	8	-26	20	·1/130
	1	0	0	49/65	-78/65	25/65	
	0	1	0	-17/65	39/65	-10/65	$= A^{-1}$
	0	0	1	4/65	-13/65	10/65	

Ist eine Matrix A nicht regulär, so läßt sich keine Inverse bestimmen. Stattdessen muß man sich mit sogenannten generalisierten Inversen von A begnügen. A^- heißt eine *generalisierte Inverse* zur $n \times m$ - Matrix A, falls gilt

$$AA^-A = A \quad .$$

Hat man ein lösbares Gleichungssystem $Ax = b$ gegeben, so ist eine Lösung angebbar als $x = A^-b$. Die $n \times m$ - Matrix A^- ist allerdings i.a. nicht eindeutig. Um Eindeutigkeit zu erreichen, wird daher häufig die sogenannte *Pseudoinverse* oder *Moore-Penrose-Inverse* A^+ von A verwandt. A^+ ist durch die folgenden 4 Bedingungen bestimmt:

$$AA^+A = A$$

$$A^+AA^+ = A^+$$

$$(A^+A) = (A^+A)^T$$

$$(AA^+) = (AA^+)^T \quad .$$

Da die erste Bedingung gerade der für generalisierte Inverse entspricht, ist A^+ eine spezielle generalisierte Inverse, die in Fällen regulärer Matrizen A mit A^{-1} übereinstimmt. Zur Berechnung von A^+ gibt es viele Verfahren, vgl. z.B. Albert (1972), Ben-Israel/Greville (1980); ein spezielles wollen wir hier angeben. (Dies eignet sich im Falle der Existenz auch zur Berechnung einer Inversen.) Wir bezeichnen die Spaltenvektoren einer $n \times m$-Matrix A mit $a_1,\dots,a_m$ und die Matrix der ersten k Spalten von A mit A_k, d.h. $A = (a_1,\dots,a_m)$ und $A_k = (a_1,\dots,a_k)$ für $k=1,\dots,m$. Für $k=2,\dots,m$ definieren wir weiter

$$d_k = A_{k-1}^+ a_k \quad , \quad c_k = a_k - A_{k-1} d_k \quad .$$

Dann gilt für $k=2,\dots,m$

$$A_k^+ = \begin{pmatrix} A_{k-1}^+ - d_k b_k^T \\ b_k^T \end{pmatrix}$$

mit

$$b_k^T = \begin{cases} c_k^+ & , \text{ falls } c_k \neq 0 \\ (1 + d_k^T d_k)^{-1} d_k^T A_{k-1}^+ & , \text{ falls } c_k = 0 \end{cases} \quad .$$

Benutzt man, daß die *Pseudoinverse eines Vektors* x durch

$$x^+ = \frac{1}{x^T x} x^T \quad , \text{ falls } x \neq 0 \text{ , und } \quad x^+ = 0 \quad , \text{ falls } x = 0 \quad ,$$

gegeben ist, so kann man ausgehend von

$$A_1^+ = a_1^+$$

sukzessive $A_2^+, A_3^+, \dots, A_m^+ = A^+$ bestimmen.

Ist A eine $n \times m$-Matrix mit $n < m$, so wird man den Grevilleschen Algorithmus nicht auf A sondern auf A^T anwenden, da dann die Schrittzahl geringer ist. Ist dann $(A^T)^+$ die Pseudoinverse von A^T, so ergibt sich die Pseudoinverse von A zu

$$A^+ = \left((A^T)^+ \right)^T \quad ,$$

denn es gilt stets

$$(A^+)^T = (A^T)^+ \quad .$$

Beispiel: Wir wollen die Pseudoinverse A^+ zur 4×3 - Matrix

$$A = \begin{pmatrix} 3 & 2 & 7 \\ -5 & 4 & 1 \\ 9 & 3 & -2 \\ 8 & 6 & 10 \end{pmatrix}$$

bestimmen. Es ist zunächst

$$A_1^+ = \begin{pmatrix} 3 \\ -5 \\ 9 \\ 8 \end{pmatrix}^+ = \frac{1}{3^2 + (-5)^2 + 9^2 + 8^2} (3,-5,9,8) = \frac{1}{179} (3,-5,9,8) \quad ,$$

und somit ergibt sich für $k = 2$

$$d_2 = A_1^+ a_2 = \frac{1}{179} (3,-5,9,8) \begin{pmatrix} 2 \\ 4 \\ 3 \\ 6 \end{pmatrix} = \frac{1}{179} (3 \cdot 2 - 5 \cdot 4 + 9 \cdot 3 + 8 \cdot 6) = \frac{61}{179} \quad ,$$

$$c_2 = a_2 - A_1 d_2 = a_2 - a_1 d_2 = \begin{pmatrix} 2 \\ 4 \\ 3 \\ 6 \end{pmatrix} - \begin{pmatrix} 3 \\ -5 \\ 9 \\ 8 \end{pmatrix} \cdot \frac{61}{179} = \frac{1}{179} \begin{pmatrix} 358 - 183 \\ 716 + 305 \\ 537 - 549 \\ 1074 - 488 \end{pmatrix} = \frac{1}{179} \begin{pmatrix} 175 \\ 1021 \\ -12 \\ 586 \end{pmatrix} ,$$

d.h. es ist

$$b_2^T = c_2^+ = \frac{1}{c_2^T c_2} c_2^T = \frac{179^2}{1416606} \cdot \frac{1}{179} (175,1021,-12,586)$$

$$= \frac{1}{7914} (175,1021,-12,586) \quad .$$

Damit ergibt sich dann

$$A_2^+ = \begin{pmatrix} A_1^+ - d_2 b_2^T \\ \\ b_2^T \end{pmatrix} = \begin{pmatrix} \frac{1}{179} (3,-5,9,8) - \frac{61}{179} \frac{1}{7914} (175,1021,-12,586) \\ \\ \frac{1}{7914} (175,1021,-12,586) \end{pmatrix}$$

$$= \frac{1}{7914} \begin{pmatrix} 73 & -569 & 402 & 154 \\ 175 & 1021 & -12 & 586 \end{pmatrix} \quad .$$

Für $k = 3$ erhalten wir nun

$$d_3 = A_2^+ a_3 = \frac{1}{7914} \begin{pmatrix} 73 & -569 & 402 & 154 \\ 175 & 1021 & -12 & 586 \end{pmatrix} \begin{pmatrix} 7 \\ 1 \\ -2 \\ 10 \end{pmatrix} = \frac{1}{7914} \begin{pmatrix} 678 \\ 8130 \end{pmatrix} \quad ,$$

$$c_3 = a_3 - A_2 d_3 = \begin{pmatrix} 7 \\ 1 \\ -2 \\ 10 \end{pmatrix} - \begin{pmatrix} 3 & 2 \\ -5 & 4 \\ 9 & 3 \\ 8 & 6 \end{pmatrix} \cdot \frac{1}{7914} \begin{pmatrix} 678 \\ 8130 \end{pmatrix} = \frac{1}{7914} \left(\begin{pmatrix} 55398 \\ 7914 \\ -15828 \\ 79140 \end{pmatrix} - \begin{pmatrix} 18294 \\ 29130 \\ 30492 \\ 54204 \end{pmatrix} \right)$$

$$= \frac{1}{7914}\begin{pmatrix} 37104 \\ -21216 \\ -46320 \\ 24936 \end{pmatrix}$$

und daraus dann

$$b_3^T = c_3^+ = \frac{1}{c_3^T c_3} c_3^T = \frac{7914^2}{4594171968} \cdot \frac{1}{7914} (37104,-21216,-46320,24936)$$

$$= \frac{1}{580512} (37104,-21216,-46320,24936) \quad ,$$

so daß sich

$$A_3^+ = A^+ = \begin{pmatrix} A_2^+ - d_3 b_3^T \\ \\ b_3^T \end{pmatrix}$$

$$= \frac{1}{580512}\begin{pmatrix} 2176 & -39920 & 33456 & 9160 \\ -25280 & 96688 & 46704 & 17368 \\ 37104 & -21216 & -46320 & 24936 \end{pmatrix}$$

$$= \frac{1}{72564}\begin{pmatrix} 272 & -4990 & 4182 & 1145 \\ -3160 & 12086 & 5838 & 2171 \\ 4638 & -2652 & -5790 & 3117 \end{pmatrix}$$

ergibt. ┘

Nützlich sind häufig auch die Beziehungen

$$A^+ = (A^TA)^+A^T \qquad \text{und} \qquad A^+ = A^T(AA^T)^+ \quad ,$$

womit man z.B. für den Fall, daß A^TA invertierbar ist, erhält: $A^+ = (A^TA)^{-1}A^T$.

[Betrachtet man das Gleichungssystem

$$Ax = b \quad ,$$

bzw., falls dies nicht lösbar ist, das allgemeine Problem

$$\text{minimiere} \quad (Ax - b)^T(Ax - b) \text{ bzgl. } x \quad ,$$

mit A $n{\times}m$ - Matrix, b n - dimensionaler Vektor, x m - dimensionaler (unbekannter) Vektor, so sind die Lösungen x darstellbar als

$$x = A^+b + (I_m - A^+A)w \quad ,$$

wobei w ein beliebiger n - dimensionaler Vektor ist. Auch im Falle eines lösbaren Gleichungssystems $Ax = b$ sind dessen Lösungen in dieser Form angebbar, und es gilt in diesem Falle insbesondere $Ax_0 = b$ für $x_0 = A^+b$ ($x = x_0$, $w = 0$).

Dabei haben die Vektoren $v = (I_m - A^+A)w$ die Eigenschaft, daß $Av = 0$ gilt, d.h. sie gehören zum *Kern* (*nullspace*) N(A) von A; das sind gerade alle Vektoren x, für die $Ax = 0$ ist, und jedes solche x läßt sich in der Form $x = (I_m - A^+A)w$, mit w m-dimensionaler Vektor, darstellen.

Die ausgezeichnete Lösung $x = x_0 = A^+b$ (w = 0) hat die Eigenschaft, daß sie unter allen Lösungen obiger Aufgabe den kleinsten Betrag bzw. die kleinste Norm $||x|| = (x^Tx)^{1/2}$ besitzt, und daß sie orthogonal zum Kern N(A) ist, d.h. für alle Vektoren v mit $Av = 0$ gilt: $v^TA^+b = 0$. Ferner gilt: $\text{rg}\, A = \text{tr}\, AA^+$.]

Allgemein nennt man zwei Vektoren x und y *orthogonale* Vektoren, wenn $x^Ty = 0$ gilt, und schreibt dann $x \perp y$. Sie heißen *orthonormale* Vektoren, wenn sie orthogonal und zudem noch normiert (auf Betrag 1) sind, d.h. $x^Ty = 0$ und $||x|| = ||y|| = 1$.

Verwenden wir das Zeichen $||.||$ ohne weitere Kennzeichnung, so verstehen wir darunter stets den *euklidischen Betrag* bzw. die *euklidische Norm*

$$||x|| = (x^Tx)^{1/2} = \sqrt{\sum_{i=1}^{n} x_i^2} \qquad \text{für } x = (x_1,\dots,x_n)^T \quad .$$

Zum Abschluß dieses Abschnitts über Matrizenrechnung wollen wir noch den Begriff der *Definitheit* einer symmetrischen n×n-Matrix A einführen. Dazu bezeichne x einen n-dimensionalen Vektor und A eine n×n-dimensionale Matrix. A heißt *positiv* (*negativ*) *definit*, falls für alle $x \neq 0$ gilt

$$x^TAx > 0 \quad (< 0) \qquad [\hat{=} \text{alle Eigenwerte von } A > 0 \ (< 0)] \quad ,$$

und A heißt *positiv* (*negativ*) *semidefinit*, falls für alle x gilt

$$x^TAx \geq 0 \quad (\leq 0) \qquad [\hat{=} \text{alle Eigenwerte von } A \geq 0 \ (\leq 0)] \quad .$$

In allen anderen Fällen heißt die Matrix A indefinit. Ist A semidefinit und invertierbar, so ist A definit.

5. MEHRDIMENSIONALE UND MULTIVARIATE VERTEILUNGEN

Im Abschnitt 3 haben wir uns mit Zufallsvariablen und ihren Verteilungen beschäftigt. Mitunter ist man aber gleichzeitig an mehreren Zufallsvariablen $X_1,\dots,X_n$, d.h. an einem *zufälligen Vektor* oder *Zufallsvektor* $(X_1,\dots,X_n)^T$, interessiert. Zum Beispiel kann man sich bei Menschen für ihre Größe X_1 und ihr Gewicht X_2 interessieren. Zur Beschreibung der *Wahrscheinlichkeits-*

verteilung eines Zufallsvektors $X = (X_1,\dots,X_n)^T$ genügt in der Regel nicht die Kenntnis der Verteilung der einzelnen Komponenten $X_1,\dots,X_n$; dies ist nur dann der Fall, wenn $X_1,\dots,X_n$ stochastisch unabhängige Zufallsvariablen sind. Vielmehr muß die *mehrdimensionale (gemeinsame) Verteilungsfunktion* zur *gemeinsamen Verteilung* des Zufallsvektors X

$$F_X(x_1,\dots,x_n) = P(X_1 \le x_1, X_2 \le x_2,\dots,X_n \le x_n)$$

bekannt sein. Die Verteilung einer einzelnen Zufallsvariablen X_i bezeichnet man als die *i-te Randverteilung* von X und ihre Verteilungsfunktion berechnet sich als

$$\begin{aligned} F_{X_i}(x_i) &= P(X_i \le x_i) = P(X_1 \le \infty,\dots,X_i \le x_i,\dots,X_n \le \infty) \\ &= \lim_{\substack{x_j \to \infty \\ j \ne i}} F_X(x_1,\dots,x_n) \quad . \end{aligned}$$

Wie im eindimensionalen spricht man von einem *diskret verteilten* Zufallsvektor X, wenn die Anzahl der möglichen Realisationen $(x_1,\dots,x_n)^T$ abzählbar ist, d.h. wenn die Verteilung von X durch die Angabe der Wahrscheinlichkeiten für ihre Realisationen eindeutig festgelegt werden kann. Dagegen spricht man von einem *stetig verteilten* Zufallsvektor X, wenn sich seine Verteilungsfunktion in der Form

$$F_X(x_1,\dots,x_n) = \int_{-\infty}^{x_1} \dots \int_{-\infty}^{x_n} f_X(\xi_1,\dots,\xi_n)\,d\xi_1 \dots d\xi_n$$

darstellen läßt; die nichtnegative Funktion $f_X(x_1,\dots,x_n)$ nennt man auch die *gemeinsame Dichte* der X_i. Sind die Zufallsvariablen X_i stochastisch unabhängig, so entspricht ihre gemeinsame Dichte gerade dem Produkt der Dichten der X_i:

$$f_X(x_1,\dots,x_n) = f_{X_1}(x_1)\cdot\ldots\cdot f_{X_n}(x_n) \quad .$$

Im folgenden werden wir uns mit der mehr- und multidimensionalen Normalverteilung beschäftigen. Dabei nennen wir einen n-dimensionalen Zufallsvektor X *mehrdimensional normalverteilt*, wenn er sich darstellen läßt als

$$X = AY + b \quad ,$$

wobei A eine n×p-Matrix, b ein n-dimensionaler Vektor und $Y = (Y_1,\dots,Y_p)$ ein zufälliger Vektor aus unabhängigen N(0;1)-verteilten Zufallsvariablen $Y_1,\dots,Y_p$ ist. Der Erwartungswert des Zufallsvektors X ist dann wegen $E(Y_i) = 0$ für $i=1,\dots,p$ gerade

$$E(X) = E\begin{pmatrix} X_1 \\ \vdots \\ X_n \end{pmatrix} = \begin{pmatrix} E(X_1) \\ \vdots \\ E(X_n) \end{pmatrix} = b$$

und die *Kovarianzmatrix* von X ist gegeben durch

$$\mathrm{Cov}(X) = \Sigma_X = \begin{pmatrix} \sigma_1^2 & \sigma_{12} & \cdots & \sigma_{1n} \\ \sigma_{21} & \sigma_2^2 & \cdots & \sigma_{2n} \\ \vdots & \vdots & & \vdots \\ \sigma_{n1} & \sigma_{n2} & \cdots & \sigma_n^2 \end{pmatrix} = AA^T \quad .$$

Man schreibt auch kurz X ist $N(b;\Sigma_X)$ - verteilt oder $X \sim N(b;\Sigma_X)$, denn die mehrdimensionale Normalverteilung ist durch Erwartungswert und Kovarianzmatrix eindeutig charakterisiert. [Entsprechend läßt sich E(X) und Σ_X auch bei nichtnormalverteiltem X bzw. Y_i für $i=1,\ldots,p$ definieren.]
Aus der Kovarianzmatrix Σ_X von X läßt sich direkt die zugehörige *Korrelationsmatrix* Corr(X) bestimmen. Es ist

$$\mathrm{Corr}(X) = \begin{pmatrix} 1 & \frac{\sigma_{12}}{\sigma_1\sigma_2} & \cdots & \frac{\sigma_{1n}}{\sigma_1\sigma_n} \\ \frac{\sigma_{21}}{\sigma_2\sigma_1} & 1 & \cdots & \frac{\sigma_{2n}}{\sigma_2\sigma_n} \\ \vdots & \vdots & & \vdots \\ \frac{\sigma_{n1}}{\sigma_n\sigma_1} & \frac{\sigma_{n2}}{\sigma_n\sigma_2} & \cdots & 1 \end{pmatrix} = \begin{pmatrix} 1 & \rho_{12} & \cdots & \rho_{1n} \\ \rho_{21} & 1 & \cdots & \rho_{2n} \\ \vdots & \vdots & & \vdots \\ \rho_{n1} & \rho_{n2} & \cdots & 1 \end{pmatrix} \quad .$$

Natürlich sind Kovarianz- und Korrelationsmatrix von X stets symmetrische $n\times n$ - Matrizen, d.h. $\sigma_{ij} = \sigma_{ji}$ und $\rho_{ij} = \rho_{ji}$ und positiv semidefinit bzw., falls sie invertierbar sind, sogar positiv definit.
Sind $x_1 = (x_{11},\ldots,x_{1n})^T,\ldots,x_l = (x_{l1},\ldots,x_{ln})^T$ Realisationen aus einer n - dimensionalen $N(b;\Sigma_X)$ - Verteilung, so wird b vermittels

$$\bar{x} = \begin{pmatrix} \bar{x}_{.1} \\ \vdots \\ \bar{x}_{.n} \end{pmatrix} = \frac{1}{l}\begin{pmatrix} \sum_{i=1}^{l} x_{i1} \\ \vdots \\ \sum_{i=1}^{l} x_{in} \end{pmatrix}$$

und Σ_X im Falle $l \geq 2$ vermittels

$$S = \frac{1}{l-1} \sum_{i=1}^{l} (x_i - \bar{x})(x_i - \bar{x})^T$$

$$= \begin{pmatrix} \frac{1}{l-1}\sum_{i=1}^{l}(x_{i1}-\bar{x}_{.1})^2 & \cdots & \frac{1}{l-1}\sum_{i=1}^{l}(x_{i1}-\bar{x}_{.1})(x_{il}-\bar{x}_{.l}) \\ \vdots & & \vdots \\ \frac{1}{l-1}\sum_{i=1}^{l}(x_{il}-\bar{x}_{.l})(x_{i1}-\bar{x}_{.1}) & \cdots & \frac{1}{l-1}\sum_{i=1}^{l}(x_{il}-\bar{x}_{.l})^2 \end{pmatrix}$$

$$= \begin{pmatrix} s_1^2 & s_{12} & \cdots & s_{1l} \\ s_{21} & s_2^2 & \cdots & s_{2l} \\ \vdots & \vdots & & \vdots \\ s_{l1} & s_{l2} & \cdots & s_l^2 \end{pmatrix}$$

geschätzt. Ein Schätzer für Corr(X) ist dann

$$R = \begin{pmatrix} 1 & r_{12} & \cdots & r_{1l} \\ r_{21} & 1 & \cdots & r_{2l} \\ \vdots & \vdots & & \vdots \\ r_{l1} & r_{l2} & \cdots & 1 \end{pmatrix} \quad \text{mit}$$

$$r_{jk} = \frac{s_{jk}}{s_j \cdot s_k} = \frac{\sum_{i=1}^{l}(x_{ij}-\bar{x}_{.j})(x_{ik}-\bar{x}_{.k})}{\sqrt{\sum_{i=1}^{l}(x_{ij}-\bar{x}_{.j})^2 \cdot \sum_{i=1}^{l}(x_{ik}-\bar{x}_{.k})^2}} .$$

Ist $\ddagger_X$ regulär, d.h. $\ddagger_X^{-1}$ existiert, so besitzt die Verteilung von X eine Dichte; diese hat mit $x = (x_1,\ldots,x_n)^T$ die Gestalt

$$f_X(x_1,\ldots,x_n) = \frac{1}{\sqrt{(2\pi)^n \cdot \det \ddagger_X}} \cdot e^{-\frac{1}{2}(x-b)^T \ddagger_X^{-1}(x-b)} ,$$

vgl. Abb.7 - 10, wo die Dichten einiger bivariater Normalverteilungen dargestellt sind; natürlich haben diese Dichten eigentlich eine glatte Oberfläche, was sich aus technischen Gründen in den Abbildungen jedoch nicht realisieren ließ. Die Verteilungsfunktion von X ist dann natürlich

$$F_X(x_1,\ldots,x_n) = \int_{-\infty}^{x_1} \cdots \int_{-\infty}^{x_n} f_X(\xi_1,\ldots,\xi_n)\,d\xi_1 \ldots d\xi_n .$$

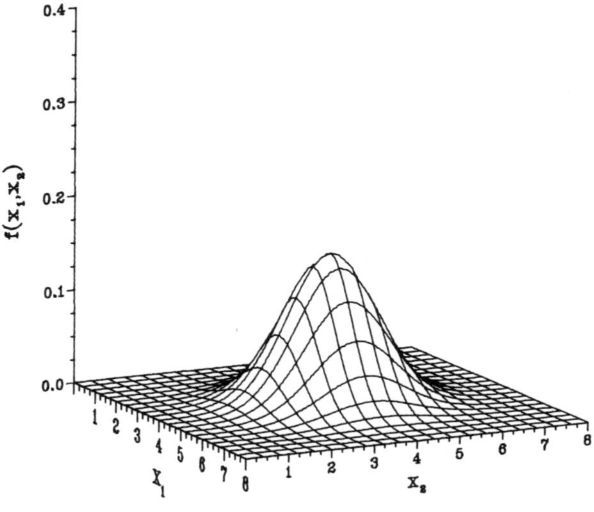

Abb.7: Dichte der bivariaten Normalverteilung $N\left(\begin{pmatrix}4\\4\end{pmatrix};\begin{pmatrix}1 & 0\\0 & 1\end{pmatrix}\right)$

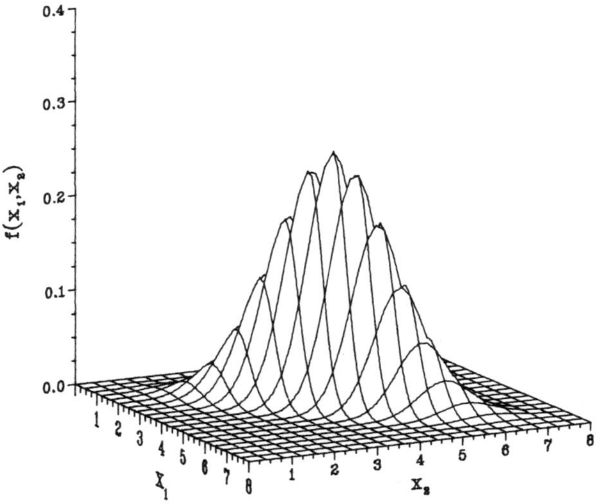

Abb.8: Dichte der bivariaten Normalverteilung $N\left(\begin{pmatrix}4\\4\end{pmatrix};\begin{pmatrix}1 & 0.8\\0.8 & 1\end{pmatrix}\right)$

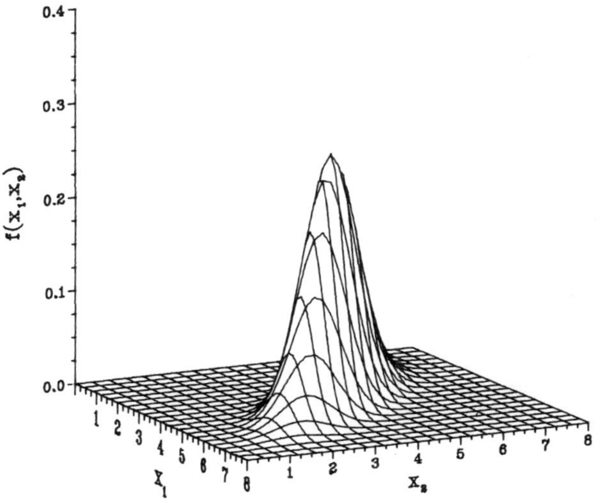

Abb.9: Dichte der bivariaten Normalverteilung N $\left(\begin{pmatrix}4\\4\end{pmatrix};\begin{pmatrix}1 & -0.8\\-0.8 & 1\end{pmatrix}\right)$

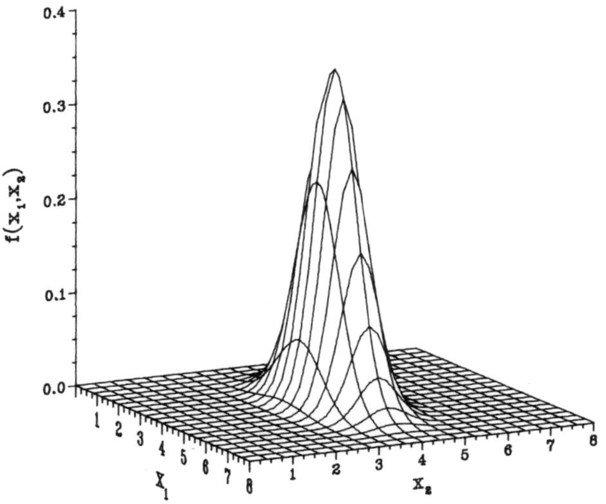

Abb.10: Dichte der bivariaten Normalverteilung N $\left(\begin{pmatrix}4\\4\end{pmatrix};\begin{pmatrix}1 & 0\\0 & 0.2\end{pmatrix}\right)$

Die mehrdimensionale Normalverteilung hat einige schöne *Eigenschaften*. Gilt für einen n-dimensionalen Zufallsvektor X, daß $X \sim N(b;\ddagger_X)$, und ist B eine m×n-Matrix, c ein m-dimensionaler Vektor, so ist

$$Z = BX + c \sim N(Bb + c; B\ddagger_X B^T) \quad .$$

Insbesondere heißt dies, daß alle Randverteilungen einer mehrdimensionalen Normalverteilung wieder Normalverteilungen sind. Weiterhin weiß man, daß die Komponenten von X stochastisch unabhängig sind, wenn sie paarweise unkorreliert, d.h. $Corr(X) = I_n$, sind.

Es sei an dieser Stelle noch bemerkt, daß man auf einen normalverteilten n-dimensionalen Zufallsvektor X schließen kann, wenn für alle n-dimensionalen Vektoren d die Zufallsvariable d^TX normalverteilt ist. Bei konkret vorliegenden mehrdimensionalen Daten (Beobachtungsvektoren) läßt sich mittels eines sogenannten Q-Q-Plots, vgl. Kap.IX, überprüfen, ob diese einer mehrdimensionalen Normalverteilung entstammen.

Kommen wir nun zur *multivariaten Normalverteilung*. Eine *zufällige n×p-Matrix* Y heißt multivariat normalverteilt mit n×p-Erwartungswertmatrix A und np×np-Kovarianzmatrix $\ddagger$, kurz $Y \sim N(A;\ddagger)$, falls mit dem im Abschnitt 4 eingeführten vec-Operator gilt:

$$\text{vec}\, Y \sim N(\text{vec}\, A;\ddagger) \quad ,$$

d.h. vec A ist der Erwartungswert und $\ddagger$ die Kovarianzmatrix von vec Y.

Eine in engem Zusammenhang zur mehrdimensionalen Normalverteilung stehende Verteilung ist die *Wishartverteilung*; sie ist eine Verallgemeinerung der in Abschnitt 3 eingeführten χ^2-Verteilung.

Sind $X_1,\ldots,X_m$ m unabhängige n-dimensionale $N(0;\ddagger)$-verteilte Zufallsvektoren, so besitzt, falls $\ddagger$ positiv definit ist,

$$Y = X_1X_1^T + \ldots + X_mX_m^T$$

eine (zentrale) Wishartverteilung $W_m(\ddagger)$ mit m Freiheitsgraden und Parameter $\ddagger$. Der Erwartungswert von Y ist gerade $E(Y) = m\ddagger$.

6. DATENMATRIX UND DISTANZMATRIX

Multivariate statistische Verfahren werden ausgehend von einer Datenmatrix Y oder einer Distanzmatrix D verwandt. Daher wollen wir uns zunächst mit diesen Matrizen beschäftigen.

Werden an n Objekten aus einer Grundgesamtheit je p verschiedene Merkmale beobachtet, die sowohl quantitativ als auch qualitativ sein können, so stellt man die Beobachtungen übersichtlich in Form einer *n×p - Datenmatrix*

$$Y = \begin{pmatrix} y_{11} & y_{12} & \cdots & y_{1p} \\ \vdots & \vdots & & \vdots \\ y_{n1} & y_{n2} & \cdots & y_{np} \end{pmatrix} = \begin{pmatrix} y_1^T \\ \vdots \\ y_n^T \end{pmatrix}$$

dar. Die i-te Zeile (i=1,...,n) der Datenmatrix enthält die beobachteten Ausprägungen von p Merkmalen am i-ten Objekt. Sind alle p Merkmale quantitativ (qualitativ), so heißt Y eine *quantitative (qualitative) Datenmatrix*; sind einige Merkmale quantitativ, andere qualitativ, so spricht man von einer *gemischten Datenmatrix*.

Beispiel: Die Datenmatrix Y aus Tab.6 ist eine gemischte Datenmatrix. Beobachtet wurde bei n = 15 Abiturienten die Größe, das Gewicht, das Geschlecht, der Beruf des Vaters, die Durchschnittsnote und der Berufswunsch (p = 6).

Tab.6: Gemischte Datenmatrix Y für n = 15 Abiturienten

i \ j	1 (Größe in m)	2 (Gewicht in kg)	3 (Geschlecht)	4 (Beruf Vater)	5 (Durchschnittsnote)	6 (Berufswunsch)
1	1.75	72	männlich	Schlosser	3.1	Ingenieur
2	1.63	52	weiblich	Lehrer	2.8	Lehrer
3	1.84	91	männlich	Kaufmann	3.4	Mathematiker
4	1.87	85	männlich	Arzt	2.6	Arzt
5	1.69	55	weiblich	Polizist	2.0	Lehrer
6	1.82	80	männlich	Lehrer	2.7	Arzt
7	1.72	58	weiblich	Jurist	3.1	Jurist
8	1.78	83	männlich	Landwirt	2.1	Statistiker
9	1.70	52	weiblich	Tischler	2.8	Buchhändler
10	1.65	54	weiblich	Ingenieur	3.3	Bibliothekar
11	1.62	50	weiblich	Landwirt	2.9	Statistiker
12	1.85	95	männlich	Maurer	2.5	Bankkaufmann
13	1.88	76	männlich	Ingenieur	3.7	Ingenieur
14	1.71	77	männlich	Chemiker	3.0	Apotheker
15	1.77	63	weiblich	Anstreicher	2.9	Agronom

Der Wert y_{84} ist hier z.B. "Landwirt" und die Größe y_{32} ist "91". ┘

Aus jeder beliebigen Datenmatrix Y läßt sich eine *Distanzmatrix*

$$D = \begin{pmatrix} d(1,1) & d(1,2) & \dots & d(1,n) \\ d(2,1) & d(2,2) & \dots & d(2,n) \\ \vdots & \vdots & & \vdots \\ d(n,1) & d(n,2) & \dots & d(n,n) \end{pmatrix}$$

gewinnen, die *Distanzindizes* oder *Distanzmaße* d(i,j) enthält. Ein Distanzindex d(i,j) ist dabei ein Maß für die Ähnlichkeit zweier Objekte i und j. Je ähnlicher zwei Objekte sind, desto kleiner soll der zugehörige Distanzindex sein, d.h. sind i', j' verschiedener als i und j, so ist

$$d(i,j) < d(i',j') \quad ;$$

ferner wollen wir verlangen, daß gilt

$$d(i,j) = d(j,i) \qquad \text{für } i,j=1,\dots,n \quad \text{und}$$

$$d(i,i) = 0 \qquad \text{für } i=1,\dots,n \quad .$$

Eine Distanzmatrix D für n Objekte ist also eine symmetrische $n \times n$ - Matrix, deren Hauptdiagonale aus Nullen besteht:

$$D = \begin{pmatrix} 0 & d(1,2) & d(1,3) & \dots & d(1,n) \\ d(1,2) & 0 & d(2,3) & \dots & d(2,n) \\ \vdots & \vdots & \vdots & & \vdots \\ d(1,n) & d(2,n) & d(3,n) & \dots & 0 \end{pmatrix}$$

Liegt eine *quantitative Datenmatrix* Y für n Objekte vor, so verwendet man als Distanzindex häufig sogenannte L_r - *Metriken* ($r \geq 1$)

$$d(i,j) = \sqrt[r]{\sum_{k=1}^{p} |y_{ik} - y_{jk}|^r} = \| y_i - y_j \|_r \quad .$$

Im Fall $r = 2$ ergibt sich hierbei gerade der *euklidische Abstand* (*euklidische Metrik*)

$$d(i,j) = \sqrt{\sum_{k=1}^{p} (y_{ik} - y_{jk})^2} = \| y_i - y_j \|_2$$

und für $r = 1$ die sogenannte *City - Block - Metrik*

$$d(i,j) = \sum_{k=1}^{p} |y_{ik} - y_{jk}| = \| y_i - y_j \|_1 \quad .$$

Für $r = \infty$ definiert man den sogenannten *Tschebyscheffschen Abstand* als

$$d(i,j) = \max\{|y_{i1}-y_{j1}|,\dots,|y_{ip}-y_{jp}|\} = \max_{k\in\{1,\dots,p\}} \{|y_{ik} - y_{jk}|\}$$

$$= \| y_i - y_j \|_\infty \quad .$$

Beispiel: In **Abb.11** sind diese speziellen Abstände für die Vektoren $y_i = (2,1)^T$ und $y_j = (6,4)^T$ graphisch angegeben. Es ergibt sich:

$$\| y_i - y_j \|_2 = \sqrt{(2-6)^2 + (1-4)^2} = 5 \quad ,$$

$$\| y_i - y_j \|_1 = |2-6| + |1-4| = 7 \qquad \text{und}$$

$$\| y_i - y_j \|_\infty = \max\{|2-6|, |1-4|\} = 4 \quad .$$

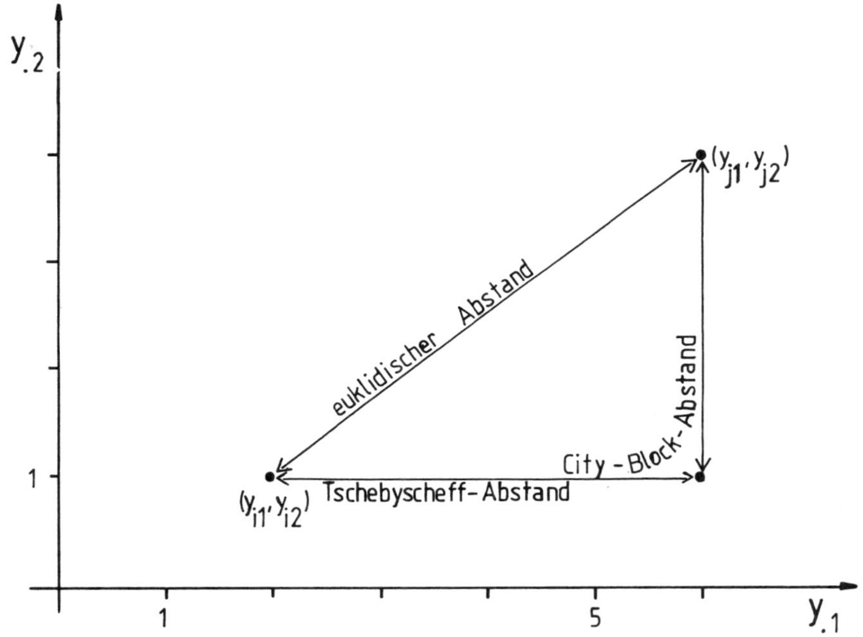

Abb.11: Euklidischer Abstand, City-Block-Abstand und Tschebyscheffscher Abstand im zweidimensionalen Raum

Ein weiterer häufig benutzter Distanzindex im Falle quantitativer Datenmatrizen ist die (*empirische*) *Mahalanobisdistanz*

$$d(i,j) = \sqrt{(y_i - y_j)^T S^{-1} (y_i - y_j)} = \| y_i - y_j \|_M \quad .$$

Hierbei bezeichnet S^{-1} die Inverse der *empirischen Kovarianzmatrix* der p beobachteten Merkmale

$$S = \begin{pmatrix} s_1^2 & s_{12} & & s_{1p} \\ s_{12} & s_2^2 & \cdots & s_{2p} \\ \vdots & \vdots & & \vdots \\ s_{1p} & s_{2p} & \cdots & s_p^2 \end{pmatrix} .$$

Für k=1,...,p ist dabei

$$s_k^2 = \frac{1}{n-1} \sum_{i=1}^{n} (y_{ik} - \bar{y}_{.k})^2 \qquad \text{mit} \quad \bar{y}_{.k} = \frac{1}{n} \sum_{i=1}^{n} y_{ik}$$

die *empirische Varianz* des k-ten beobachteten Merkmals und für $k,\ell=1,\ldots,p$ ist

$$s_{k\ell} = \frac{1}{n-1} \sum_{i=1}^{n} (y_{ik} - \bar{y}_{.k})(y_{i\ell} - \bar{y}_{.\ell})$$

die *empirische Kovarianz* zwischen dem k-ten und ℓ-ten beobachteten Merkmal. Für $n > p$ ist die Existenz von S^{-1} theoretisch mit Wahrscheinlichkeit 1 gesichert.

Bei den L_r - Metriken hängt ein Distanzindex also lediglich von den Beobachtungsvektoren y_i und y_j ab, wohingegen die empirische Mahalanobisdistanz, die ein gewichteter euklidischer Abstand ist, auch die Kovarianzen (d.h. Abhängigkeiten) der p beobachteten Merkmale berücksichtigt.

Ist Y eine *qualitative Datenmatrix*, so wird überprüft, ob die Merkmalsausprägungen jedes der p beobachteten Merkmale strukturiert werden können. Wird durch eine Struktur dann z.B. ein *Distanzindex* $\tilde{d}_k$ *auf der Menge der Merkmalsausprägungen des k-ten Merkmals* erzeugt, so kann dieser Distanzindex für die Ausprägungen des k-ten Merkmals am i-ten und j-ten Objekt als Distanzindex $d_k(i,j)$ der beiden Objekte bzgl. des k-ten Merkmals

$$d_k(i,j) = \tilde{d}_k(y_{ik}, y_{jk}) \quad , \qquad i,j=1,\ldots,n \quad ,$$

betrachtet werden. Aus den p verschiedenen Distanzindizes (bzgl. der einzelnen Merkmale) der Objekte i und j läßt sich dann ein einziger Distanzindex z.B. durch

$$d(i,j) = \min_{k=1,\ldots,p} d_k(i,j)$$

oder

$$d(i,j) = \frac{1}{p} \sum_{k=1}^{p} d_k(i,j)$$

kombinieren. Eine andere Möglichkeit besteht hier darin, die qualitative Datenmatrix vermittels *Skalierung in Kontingenztafeln*, vgl. Kap.V, zu quantifizieren, und dann diese quantitative Datenmatrix zur Bestimmung der Distanzindizes heranzuziehen.

Ist Y eine *gemischte Datenmatrix*, so kann man zunächst getrennt für quantitativen und qualitativen Teil von Y Distanzindizes bestimmen. Diese beiden Teilindizes werden dann zu einem einzigen Distanzindex kombiniert. Beispielsweise kann als Distanzindex das Maximum, das Minimum oder der Mittelwert der beiden Teilindizes gewählt werden; vgl. aber auch Kap.V,5.

Ist es zu aufwendig oder zu schwierig p Merkmale zu finden, welche die Objekte einer Grundgesamtheit charakterisieren, so kann man Distanzindizes für je zwei Objekte i und j aus der Grundgesamtheit auch durch *Paarvergleich* bestimmen. Dazu sucht man eine *Verschiedenheitsrelation* V in der Menge aller Paare aus n Objekten. Die Beziehung

$$\{i,j\}\, V\, \{k,\ell\}$$

bedeutet dann gerade, daß sich die Objekte k und ℓ mindestens so stark unterscheiden wie die Objekte i und j.

Bei der Festlegung einer solchen Verschiedenheitsrelation V muß man darauf achten, daß alle Objektpaare miteinander verglichen werden und daß die Verschiedenheitsrelation widerspruchsfrei ist, d.h. ist $\{i,j\}\, V\, \{k,\ell\}$ und $\{k,\ell\}\, V\, \{k',\ell'\}$, so ist $\{i,j\}\, V\, \{k',\ell'\}$. Eine Relation mit dieser Eigenschaft heißt auch eine *vollständige Präordnung*.

Hat man eine solche Verschiedenheitsrelation für eine Menge von n Objekten bestimmt, so legt man eine Funktion f fest, welche jedem Objektpaar (i,j) eine positive Zahl zuordnet, die um so größer ist, je verschiedener i und j sind, und setzt dann

$$d(i,j) = \begin{cases} 0 & , \text{ falls } i = j \\ f((i,j)) & , \text{ sonst} \end{cases} \quad .$$

Mittels *multidimensionaler Skalierung* (*MDS*), vgl. Kap.VI, läßt sich dann aus der so entstandenen Distanzmatrix eine quantitative Datenmatrix für die n interessierenden Objekte aus einer Grundgesamtheit konstruieren.

Aus den obigen Ausführungen ergibt sich, daß es möglich ist, aus jeder beliebigen Datenmatrix eine Distanzmatrix und aus jeder, wie auch immer gewonnenen Distanzmatrix eine quantitative Datenmatrix zu gewinnen.

Kapitel II: Die Regressionsanalyse

Die *Regressionsanalyse* ist ein Instrumentarium zur Spezifikation eines *funktionalen Zusammenhangs* zwischen einem Merkmal $\mathfrak{y}$, das auch *Regressand* oder *endogene Variable* genannt wird, und Merkmalen $\mathfrak{x}_1,\ldots,\mathfrak{x}_h$, den sogenannten *Regressoren* oder *exogenen Variablen*. *Ziele* der Regressionsanalyse können z.B. der Nachweis einer bekannten Beziehung, das Schätzen der Parameter einer bekannten funktionalen Beziehung, das Erkennen eines funktionalen Zusammenhangs oder die Prognose "zukünftiger" Ausprägungen des Regressanden $\mathfrak{y}$ bei vorgegebenen Ausprägungen der Regressoren sein.

Der Name Regression ist historisch bedingt durch das von Galton (1889) geprägte "*Gesetz der universalen Regression*":

> Each pecularity in a man is shared by his kinsman but on the average in a less degree,

d.h. jede vom "Normalen" abweichende Eigenschaft eines Menschen wird von der nachfolgenden Generation zwar übernommen, aber durchschnittlich in einem geringeren Maße; bzgl. der Eigenschaft tritt also ein Rückschritt, eine Regression ein.

Um dieses Gesetz empirisch zu überprüfen, hat Galtons Freund Karl Pearson, vgl. Pearson/Lee (1903), in 1078 Familien die Größe von Vater und Sohn untersucht. Dabei stellte er fest, daß - obwohl große Väter dazu neigen, große Söhne zu haben - die durchschnittliche Größe von Söhnen großer Väter geringer ist als die ihrer Väter: ist ein Vater um 1 cm größer als ein anderer, so ist sein Sohn um durchschnittlich 0.516 cm größer als der Sohn des anderen; umgekehrt läßt sich diese Aussage auf die Größe der Söhne kleiner Väter übertragen, vgl. z.B. auch Hartung et al. (1982, Kap.X). Es ist also eine Regression in Bezug auf die Besonderheiten in der Größe bei den Söhnen zu erkennen.

Will man eine *Regression von* $\mathfrak{y}$ mit Ausprägungsvariable y *auf* $\mathfrak{x}_1,\ldots,\mathfrak{x}_h$ mit Ausprägungsvariablen $x_1,\ldots,x_h$ konkret durchführen, so beschafft man sich aus der interessierenden Grundgesamtheit, die die Merkmale $\mathfrak{y}$,

$\mathfrak{x}_1,\ldots,\mathfrak{x}_h$ trägt, eine Stichprobe von n Objekten und beobachtet für $i=1,\ldots,n$ am i-ten Objekt die Ausprägungen $y_i, x_{i1},\ldots,x_{ih}$ der Merkmale; streng genommen beobachtet man zu vorgegebenen Werten $x_{i1},\ldots,x_{ih}$ der Regressoren $\mathfrak{x}_1,\ldots,\mathfrak{x}_h$ die Ausprägung y_i des Regressanden $\mathfrak{y}$. Aufgrund dieser Daten kann dann der funktionale Zusammenhang zwischen endogener Variable und den exogenen Variablen geschätzt werden.

Im Abschnitt 1 wird zunächst die *multiple Regressionsanalyse* dargestellt, wobei eine lineare Regressionsfunktion

$$\mathfrak{y} = \beta_0 + \beta_1 x_1 + \ldots + \beta_h x_h$$

zwischen einem quantitativen Merkmal $\mathfrak{y}$ (Regressand) und h Einflußgrößen $\mathfrak{x}_1,\ldots,\mathfrak{x}_h$ (Regressoren) mit festen aber unbekannten Parametern $\beta_0,\beta_1,\ldots,\beta_h$ zugrundegelegt wird; die Regressoren können hier quantitative Merkmale oder Stufen qualitativer Merkmale, die mit 0 und 1 kodiert sind, darstellen. Es gilt dann aufgrund von Beobachtungen an n Objekten, die Parameter der Regressionsfunktion zu schätzen, Konfidenzintervalle sowie Tests für sie anzugeben und zukünftige Werte oder fehlende Zwischenwerte des Regressanden zu prognostizieren bzw. zu schätzen. Außerdem werden wir uns mit der Reduktion der Anzahl der Regressoren (Multikollinearität), der Modellüberprüfung mittels Residualanalyse und der Behandlung numerisch instabiler Probleme z.B. mittels Ridge - Regression beschäftigen.

Beispiel:

(a) Die einfachste Form einer Regressionsfunktion ist die *Regressionsgerade*

$$\mathfrak{y} = \beta_0 + \beta_1 x_1 \quad ;$$

die gesamtwirtschaftliche Konsumfunktion für die Bundesrepublik Deutschland ist eine solche Gerade, die die Regression von privatem Konsum $\mathfrak{y}$ auf das verfügbare private Einkommen $\mathfrak{x}_1$ beschreibt. Die Daten für die Jahre 1960 bis 1970 (Quelle: Statistisches Bundesamt) ergeben folgende Schätzung für die Regressionsgerade (in Millionen DM):

$$\mathfrak{y} = 18784.341 + 0.8227039 x_1 \quad .$$

An der Steigung der Geraden läßt sich ablesen, daß der private Konsum in geringerem Maße steigt als das verfügbare private Einkommen: Steigt das verfügbare private Einkommen um 1 Million DM, so steigt der private Konsum lediglich um 0.8227039 Millionen DM.

(b) Um den Einfluß verschiedener Beimischungen $\mathfrak{x}_1,\ldots,\mathfrak{x}_h$ auf die Festigkeit von Eisen $\mathfrak{y}$ zu untersuchen, wird eine multiple Regressionsanalyse durchgeführt. Dazu werden n Eisenproben, welche die einzelnen Beimischungen in unterschiedlichen Mengen enthalten, analysiert. Von Interesse ist dann insbesondere auch die Frage, welche der Beimischungen die Festigkeit des Eisens wesentlich beeinflußen und welche (bei Berücksichtigung der anderen) vernachlässigt werden können.

(c) *Polynomiale Regressionsfunktionen*

$$y = \beta_0 + \beta_1 x + \beta_2 x^2 + \ldots + \beta_h x^h$$

können durch einfache Umbenennungen $x = x_1,\ x^2 = x_2,\ \ldots\ ,\ x^h = x_h$ in die multiple Regressionsanalyse eingebettet werden; andere *nichtlineare Regressionsfunktionen* können häufig durch Transformationen in lineare Regressionsfunktionen überführt werden. Ein Beispiel hierfür ist die *Cobb - Douglas - Produktionsfunktion* der Art

$$\tilde{y} = e^{\beta_0} \cdot \tilde{x}_1^{\beta_1} \cdot \tilde{x}_2^{\beta_2} \cdot \ldots \cdot \tilde{x}_h^{\beta_h} \quad ,$$

die durch die logarithmische Transformation

$$\ln \tilde{y} = \beta_0 + \beta_1 \cdot \ln \tilde{x}_1 + \ldots + \beta_h \cdot \ln \tilde{x}_h$$

und die Umbenennung $y = \ln \tilde{y},\ x_1 = \ln \tilde{x}_1,\ \ldots\ ,\ x_h = \ln \tilde{x}_h$ in eine bzgl. der β_j lineare multiple Regressionsfunktion verwandelt werden kann.

Für die österreichische Landwirtschaft schätzte Tintner (1960) anhand des Wirtschaftsjahres 1954/55 mittels Regressionsanalyse eine Cobb - Douglas - Produktionsfunktion

$$\tilde{y} = e^{\beta_0} \cdot A^{\beta_1} \cdot B^{\beta_2} \cdot K^{\beta_3}$$

mit den *Produktionsfaktoren* A = Arbeit (Mill. Arbeitstage), B = Boden (reduzierte landwirtschaftliche Nutzfläche in 1000 ha) und K = Kapital (Aufwand, in Mill. öS) und der zu erklärenden Größe $\tilde{y}$ = Ertrag (Rohertrag, in Mill öS) zu

$$\hat{\tilde{y}} = e^{1.84589} \cdot A^{0.28801} \cdot B^{0.13985} \cdot K^{0.59717}$$
$$= 6.33373 \cdot A^{0.28801} \cdot B^{0.13985} \cdot K^{0.59717} \quad ,$$

so daß sich für die Summe ε der *Produktionselastizitäten* $\beta_1, \beta_2, \beta_3$ die Schätzung

$$\hat{\varepsilon} = 0.28801 + 0.13985 + 0.59717 = 1.02503$$

ergab.

Die Größe ε, die man auch *Skalenelastizität* oder *Ergiebigkeitsgrad der Produktion* nennt, wird dann zur Bewertung des Einsatzes der Produktionsfaktoren herangezogen. Aufgrund der Überlegung, daß eine prozentuale Erhöhung der Produktionsfaktoren um a% die Produktion von $\tilde{y}$ auf $\tilde{y}(1+a/100)^{\varepsilon}$ erhöht, schließt man im Falle $\varepsilon > 1$ auf einen unteroptimalen Einsatz der Produktionsfaktoren, da hier eine überproportionale Steigerung der Produktion möglich ist (nach der Produktionsfunktion), im Falle $\varepsilon = 1$ auf einen optimalen und im Falle $\varepsilon < 1$ auf einen 'überoptimalen' Einsatz (unterproportionale Produktionssteigerung) der Produktionsfaktoren, vgl. z.B. Krelle (1969).

Natürlich muß in der Regel ε empirisch bestimmt werden, so daß dann z.B. erst anhand eines Konfidenzintervalls Aussagen mit einer präzisierten Sicherheit gewonnen werden können.

Bei der multiplen Regressionsanalyse, wie sie im Abschnitt 1 behandelt wird (man vgl. aber auch insbesondere im Falle mehrerer Regressanden $y_1,\dots,y_p$ die Ausführungen in Kap.X), werden alle unbekannten Größen $\beta_0,\dots,\beta_h$ der Regressionsfunktion als feste Parameter angesetzt. Ist dies nicht der Fall, d.h. sind einige dieser *Regressionskoeffizienten Zufallsvariablen*, so kommt man zu den im Abschnitt 2 behandelten *Gemischten Linearen Modellen*. Hier möchte man dann die festen Parameter und die Realisationen der Zufallsvariablen oder auch Linearkombinationen derselben, die z.B. in der Tier- und Pflanzenzüchtung sowie in der Ökonometrie von entscheidender Bedeutung sind, schätzen bzw. prognostizieren; außerdem werden Konfidenz- und Prognoseintervalle für solche Linearkombinationen angegeben.

In den Abschnitten 1 und 2 sind wir davon ausgegangen, daß der Regressand y ein quantitatives Merkmal ist; bei qualitativen insbesondere bei nominalen Merkmalen y sind diese Verfahren nicht mehr anwendbar, es sei denn, man *skaliert* y zunächst mittels der in Kap.V dargestellten Methoden.

Die in Abschnitt 3 abgehandelte *diskrete Regressionsanalyse* bietet Möglichkeiten zur Behandlung von Problemen mit *qualitativen Regressanden*, ohne Skalierungsverfahren zu verwenden. Hier gibt es unterschiedliche Ansätze, von denen wir das *Probit-* oder *Normit-Modell*, das *Logit-Modell* und das *Lineare Wahrscheinlichkeitsmodell* ansprechen wollen, die alle dazu dienen, die *Wahrscheinlichkeiten zu schätzen*, mit denen bei vorgegebenen Werten der Regressoren die einzelnen qualitativen Ausprägungen des Regressanden y auftreten.

1 MULTIPLE REGRESSIONSANALYSE FÜR QUANTITATIVE DATEN

Die *multiple Regressionsanalyse* ist ein Instrumentarium zur Untersuchung des *funktionalen Zusammenhangs* zwischen einem quantitativen Merkmal $\mathfrak{y}$ mit Ausprägungsvariable y und Merkmalen $\mathfrak{x}_1,\ldots,\mathfrak{x}_h$ mit Ausprägungsvariablen $x_1,\ldots,x_h$; x_j steht dabei für $j=1,\ldots,h$ für ein quantitatives Merkmal $\mathfrak{x}_j$ oder auch für eine Stufe eines qualitativen Merkmals. (Seine Ausprägung wird dann meist mit 1 oder 0 kodiert, je nachdem ob diese Stufe vorliegt oder nicht; vgl. auch die Beispiele im Abschnitt 2 und in den Abschnitten 1.3, 1.4 des Kap.X.) Natürlich kann im Falle eines qualitativen Merkmals $\mathfrak{y}$ dieses auch zunächst mit den Methoden aus Kap.V skaliert werden.

Der multiplen Regression liegt nun eine *Regressionsfunktion*

$$\mathfrak{y} = \beta_0 + \beta_1 x_1 + \ldots + \beta_h x_h$$

zwischen dem sogenannten *Regressanden (endogene Variable)* $\mathfrak{y}$ und den *Regressoren (exogene Variablen)* $\mathfrak{x}_1,\ldots,\mathfrak{x}_h$ zugrunde. Allerdings sind die *Regressionskoeffizienten* $\beta_0,\beta_1,\ldots,\beta_h$ dieser Funktion unbekannt und müssen daher geschätzt werden.

Man beschafft sich dazu nun jeweils n Beobachtungen ($n > h+1$) der Merkmale $\mathfrak{y},\mathfrak{x}_1,\ldots,\mathfrak{x}_h$

$$y_i,x_{i1},\ldots,x_{ih} \qquad \text{für } i=1,\ldots,n \quad ;$$

streng genommen beobachtet man zu den fest vorgegebenen Ausprägungen $x_{i1},\ldots,x_{ih}$ von $\mathfrak{x}_1,\ldots,\mathfrak{x}_h$ ($i=1,\ldots,n$) die Zufallsvariable y_i bzw. deren Ausprägungen, die wir hier ebenfalls mit y_i bezeichnen wollen.

Ausgehend von diesen Beobachtungen legt man dann ein *Modell* der Form

$$y_i = \beta_0 + \beta_1 x_{i1} + \ldots + \beta_h x_{ih} + e_i \qquad \text{für } i=1,\ldots\ldots,n$$

zugrunde, wobei die Zufallsvariablen $e_1,\ldots,e_n$ voneinander unabhängig sind mit Erwartungswert 0 und (in der Regel unbekannter) Varianz σ^2, d.h.

$$E(y_i) = \beta_0 + \beta_1 x_{i1} + \ldots + \beta_h x_{ih} \quad \text{und} \quad Var(y_i) = \sigma^2 \quad \text{für } i=1,\ldots,n \ ,$$

und bestimmt nach der *Gauß'schen Methode der kleinsten Quadrate* Schätzer $\hat{\beta}_j$ für β_j so, daß mit der *geschätzten Regressionsfunktion*

$$\hat{\mathfrak{y}} = \hat{\beta}_0 + \hat{\beta}_1 x_1 + \ldots + \hat{\beta}_h x_h$$

die *Residual-* oder *Fehler - Quadratsumme*

$$SSE = \sum_{i=1}^{n} (y_i - \hat{y}_i)^2 = \sum_{i=1}^{n} (y_i - \hat{\beta}_o - \hat{\beta}_1 x_{i1} - \ldots - \hat{\beta}_h x_{ih})^2$$

minimal (bzgl. $\beta_o,\ldots,\beta_h$) wird; die Größen

$$\hat{e}_i = y_i - \hat{y}_i = y_i - \hat{\beta}_o - \hat{\beta}_1 x_{i1} - \ldots - \hat{\beta}_h x_{ih}$$

nennt man dann auch *Residuen*.

Dieses Vorgehen führt zunächst auf die folgenden Bestimmungsgleichungen, die auch *Normalengleichungen* genannt werden, für $\hat{\beta}_1,\ldots,\hat{\beta}_h$:

$$\begin{array}{llll}
\hat{\beta}_1 SQ_{\mathfrak{x}_1} & + \hat{\beta}_2 SP_{\mathfrak{x}_1\mathfrak{x}_2} & + \ldots + \hat{\beta}_h SP_{\mathfrak{x}_1\mathfrak{x}_h} & = SP_{\mathfrak{x}_1\mathfrak{y}} \\
\hat{\beta}_1 SP_{\mathfrak{x}_1\mathfrak{x}_2} & + \hat{\beta}_2 SQ_{\mathfrak{x}_2} & + \ldots + \hat{\beta}_h SP_{\mathfrak{x}_2\mathfrak{x}_h} & = SP_{\mathfrak{x}_2\mathfrak{y}} \\
\vdots & \vdots & \vdots & \vdots \\
\hat{\beta}_1 SP_{\mathfrak{x}_1\mathfrak{x}_h} & + \hat{\beta}_2 SP_{\mathfrak{x}_2\mathfrak{x}_h} & + \ldots + \hat{\beta}_h SQ_{\mathfrak{x}_h} & = SP_{\mathfrak{x}_h\mathfrak{y}} \quad ,
\end{array}$$

wobei mit

$$\overline{y} = \frac{1}{n} \sum_{i=1}^{n} y_i \quad , \quad \overline{x}_j = \frac{1}{n} \sum_{i=1}^{n} x_{ij} \qquad \text{für } j=1,\ldots,h$$

gilt

$$SQ_{\mathfrak{x}_j} = \sum_{i=1}^{n} (x_{ij} - \overline{x}_j)^2 \quad ,$$

$$SP_{\mathfrak{x}_j\mathfrak{x}_{j'}} = SP_{\mathfrak{x}_{j'}\mathfrak{x}_j} = \sum_{i=1}^{n} (x_{ij} - \overline{x}_j)(x_{ij'} - \overline{x}_{j'}) \qquad \text{und}$$

$$SP_{\mathfrak{x}_j\mathfrak{y}} = \sum_{i=1}^{n} (x_{ij} - \overline{x}_j)(y_i - \overline{y}) \qquad \text{für } j,j'=1,\ldots,h \quad .$$

Hieraus ergibt sich dann als Schätzer für das Absolutglied β_o gerade

$$\hat{\beta}_o = \overline{y} - \hat{\beta}_1 \overline{x}_1 - \ldots - \hat{\beta}_h \overline{x}_h \quad ,$$

und die Varianz σ^2 der Zufallsvariablen $y_1,\ldots,y_n$ wird geschätzt durch

$$s^2 = \frac{1}{n-h-1} \sum_{i=1}^{n} (y_i - \hat{y}_i)^2 = \frac{1}{n-h-1} \sum_{i=1}^{n} \hat{e}_i^2 \quad .$$

Zur Beurteilung der Güte der Anpassung wird häufig das *multiple Bestimmtheitsmaß*

$$B = B_{\mathfrak{y},(1,\ldots,h)} = B_{\mathfrak{y},(\mathfrak{x}_1,\ldots,\mathfrak{x}_h)} = s_{\hat{y}}^2 / s_y^2$$

$$= 1 - \sum_{i=1}^{n} (y_i - \hat{\beta}_0 - \hat{\beta}_1 x_{i1} - \dots - \hat{\beta}_h x_{ih})^2 \Big/ \sum_{i=1}^{n} (y_i - \bar{y})^2$$

$$= 1 - \sum_{i=1}^{n} (y_i - \hat{y}_i)^2 \Big/ \sum_{i=1}^{n} (y_i - \bar{y})^2 = 1 - \sum_{i=1}^{n} \hat{e}_i^2 \Big/ \sum_{i=1}^{n} (y_i - \bar{y})^2$$

verwandt, das angibt, welcher Teil der Varianz des Merkmals $\mathfrak{y}$ durch die Regressoren $\mathfrak{x}_1,\dots,\mathfrak{x}_h$ erklärt wird; die Größe $U = 1 - B$ nennt man auch *Unbestimmtheitsmaß*. Werden die Regresionskoeffizienten $\beta_0,\beta_1,\dots,\beta_h$ wie hier nach der Methode der kleinsten Quadrate geschätzt, so stimmt das multiple Bestimmtheitsmaß mit dem Quadrat des *empirischen multiplen Korrelationskoeffizienten*, vgl. Abschnitt 1.3 in Kap.III, überein, d.h. es gilt dann

$$B = r^2_{\mathfrak{y},\mathfrak{x}_1,\dots,\mathfrak{x}_h} \quad .$$

Wir wollen im folgenden das multiple Regressionsmodell in Matrixschreibweise darstellen und dann auch Tests, Konfidenz- und Prognoseintervalle angeben, wobei wir allerdings dann verlangen müssen, daß die Fehler $e_1,\dots,e_n$ *normalverteilt* sind.

Setzt man

$$y = \begin{pmatrix} y_1 \\ \vdots \\ y_n \end{pmatrix}, \quad X = \begin{pmatrix} 1 & x_{11} & \cdots & x_{1h} \\ \vdots & \vdots & & \vdots \\ 1 & x_{n1} & \cdots & x_{nh} \end{pmatrix}, \quad e = \begin{pmatrix} e_1 \\ \vdots \\ e_n \end{pmatrix}, \quad \beta = \begin{pmatrix} \beta_0 \\ \beta_1 \\ \vdots \\ \beta_h \end{pmatrix}, \quad \hat{\beta} = \begin{pmatrix} \hat{\beta}_0 \\ \hat{\beta}_1 \\ \vdots \\ \hat{\beta}_h \end{pmatrix}$$

so erhält man die *Matrixschreibweise des multiplen Regressionsmodells*:

$$y = X\beta + e \qquad \text{mit}$$

$$E(y) = X\beta \ , \quad E(e) = 0 \ , \quad Cov(y) = Cov(e) = \sigma^2 I_n \quad ,$$

wobei I_n die $n\times n$ - dimensionale Einheitsmatrix, vgl. Abschnitt 4 in Kap.I, bezeichnet.

Weiterhin wollen wir hier annehmen, daß X^TX invertierbar ist; allgemeinere Modelle werden im folgenden Abschnitt 2 und im Kap.X (man setze dort lediglich $p = 1$) betrachtet.

Das *Normalengleichungssystem* für den Kleinste - Quadrate - Schätzer $\hat{\beta}$ des Parametervektors β lautet *in Matrixschreibweise*

$$X^TX\hat{\beta} = X^Ty \quad ;$$

es liefert

$$\hat{\beta} = (X^T X)^{-1} X^T y$$

und der *Schätzer für die Varianz* σ^2 kann auch geschrieben werden als

$$s^2 = \frac{1}{n-h-1} \cdot y^T (I_n - X(X^T X)^{-1} X^T) y \quad .$$

Setzt man nun

$$C = (X^T X)^{-1} = \begin{pmatrix} c_{oo} & c_{o1} & \cdots & c_{oh} \\ c_{o1} & c_{11} & \cdots & c_{1h} \\ \vdots & \vdots & & \vdots \\ c_{oh} & c_{1h} & \cdots & c_{hh} \end{pmatrix} ,$$

so lassen sich die *Varianzen, Kovarianzen und Korrelationen der Kleinste-Quadrate-Schätzer* $\hat{\beta}_o, \hat{\beta}_1, \ldots, \hat{\beta}_h$ für $\beta_o, \beta_1, \ldots, \beta_h$, die natürlich für $j=0,1,\ldots,h$ den Erwartungswert $E(\hat{\beta}_j) = \beta_j$ besitzen, wie folgt angeben. Für $j,j'=0,1,\ldots,h$, $j \neq j'$, ist

$$\text{Var}(\hat{\beta}_j) = \sigma^2 c_{jj} , \quad \text{Cov}(\hat{\beta}_j, \hat{\beta}_{j'}) = \sigma^2 c_{jj'} \quad \text{und}$$

$$\text{Corr}(\hat{\beta}_j, \hat{\beta}_{j'}) = \frac{c_{jj'}}{\sqrt{c_{jj} \cdot c_{j'j'}}} \quad .$$

Neben den bisher behandelten Punktschätzern für die Parameter $\beta_o, \beta_1, \ldots, \beta_h$ des multiplen Regressionsmodells können auch *Konfidenzintervalle für diese Parameter* bestimmt werden.

Zunächst erhält man als *individuelles Konfidenzintervall* zum Niveau $1-\gamma$ für den Parameter β_j $(j=0,1,\ldots,h)$ ein Intervall mit den Grenzen

$$\hat{\beta}_j \pm t_{n-h-1;1-\gamma/2} \cdot \sqrt{s^2 c_{jj}} \quad ,$$

wobei $t_{\nu;\alpha}$ das α-Quantil der t-Verteilung mit ν Freiheitsgraden bezeichnet; diese Quantile sind im Anhang vertafelt. Ein solches Konfidenzintervall für $\hat{\beta}_j$ überdeckt den wahren Parameter β_j mit Wahrscheinlichkeit $1-\gamma$; man sagt auch kurz: Mit Wahrscheinlichkeit $1-\gamma$ liegt β_j in diesem Intervall.

Möchte man für alle Parameter $\beta_o, \ldots, \beta_h$ gleichzeitig Intervalle angeben, die die Parameter mit einer Wahrscheinlichkeit von insgesamt $1-\gamma$ überdekken, so kommt man zu den *simultanen* $(1-\gamma)$-*Konfidenzintervallen*, deren Grenzen für $j=0,1,\ldots,h$ nach Scheffé gegeben sind als

$$\hat{\beta}_j \pm \sqrt{(h+1)s^2 c_{jj} \cdot F_{h+1,n-h-1;1-\gamma}} \quad ,$$

wobei $F_{\nu_1,\nu_2;\alpha}$ das α - Quantil der F - Verteilung mit ν_1 und ν_2 Freiheitsgraden bezeichnet; auch diese Quantile sind im Anhang vertafelt.

Allgemein erhält man mit einer $(h+1)\times a$ - dimensionalen Matrix $L = (\ell_1,\ldots,\ell_a)$, deren Spalten $\ell_\nu = (\ell_{\nu o},\ldots,\ell_{\nu h})^T$ für $\nu=1,\ldots,a$ die interessierenden Linearkombinationen

$$\ell_\nu^T\beta = \sum_{j=0}^{h} \ell_{\nu j}\beta_j$$

der Parameter $\beta_o,\ldots,\beta_h$ kennzeichnen, als Grenzen simultaner Konfidenzintervalle zum Niveau $1-\gamma$ für $\ell_\nu^T\beta$ $(\nu=1,\ldots,a)$

$$\ell_\nu^T\hat{\beta} \pm \sqrt{ds^2\ell_\nu^T C\ell_\nu \cdot F_{d,n-h-1;1-\gamma}} \quad ;$$

hier bezeichnet $d = \text{rg}\,L$ den Rang (Anzahl linear unabhängiger Spalten bzw. Zeilen, vgl. Abschnitt 4 in Kap.I) der Matrix L. Soll sich eine Aussage simultan auf alle möglichen Linearkombinationen $\ell^T\beta$ der Parameter beziehen, so ist in obiger Formel $d = h+1$ und natürlich $\ell_\nu = \ell$ zu setzen; es ist allerdings darauf zu achten, daß man mit ℓ nur solche Werte durchläuft, die in "vertretbarem" Abstand zu bereits beobachteten Werten der Regressoren liegen.

Ein [(h+1) - dimensionales] *Konfidenzellipsoid* $\mathfrak{E}_{1-\gamma}$ zum Niveau $1-\gamma$ für den Parametervektor β, das gerade den Parametervektor β mit Wahrscheinlichkeit $1-\gamma$ überdeckt, schließlich ist gegeben durch alle (h+1) - dimensionalen Vektoren b, welche die Ungleichung

$$(b-\hat{\beta})^T(X^TX)(b-\hat{\beta}) \leq (h+1)s^2 \cdot F_{h+1,n-h-1;1-\gamma}$$

erfüllen, d.h. das Ellipsoid

$$\mathfrak{E}_{1-\gamma} = \{b \mid (b-\hat{\beta})^T(X^TX)(b-\hat{\beta}) \leq (h+1)s^2 \cdot F_{h+1,n-h-1;1-\gamma}\}$$

überdeckt β mit Wahrscheinlichkeit $1-\gamma$. Ein Konfidenzellipsoid $\mathfrak{E}_{1-\gamma}(L)$ zum Niveau $1-\gamma$ für den Vektor $L^T\beta$, wobei L eine $(h+1)\times d$ - dimensionale Matrix mit $\text{rg}\,L = d$ ist, ergibt sich weiterhin zu

$$\mathfrak{E}_{1-\gamma}(L) = \{b \mid (b-\hat{\beta})^T L[L^T(X^TX)^{-1}L]^{-1}L^T(b-\hat{\beta}) \leq ds^2F_{d,n-h-1;1-\gamma}\} \quad .$$

Wir wollen uns nun mit der *Prognose des Regressanden* bei vorgegebenem Wert der Regressoren beschäftigen. Hat man zu vorgegebenen Werten $x_{1*},\dots,x_{h*}$ der Regressoren den zugehörigen Wert des Regressanden

$$y_* = x_*^T\beta + \varepsilon_* \qquad \text{mit } x_* = (1, x_{1*},\dots,x_{h*})^T \quad ,$$

wobei ε_* die gleiche Verteilung wie $e_1,\dots,e_n$ besitze und von $e_1,\dots,e_n$ unabhängig sei, noch nicht beobachtet, so wird er durch den *Prognosewert*

$$\hat{y}_* = x_*^T\hat{\beta} \qquad \text{mit } E(\hat{y}_*) = E(y_*) = x_*^T\beta$$

geschätzt, und als *Konfidenzintervall* zum Niveau $1-\gamma$ *für den Erwartungswert* von y_* ergibt sich das Intervall mit den Grenzen

$$x_*^T\hat{\beta} \pm t_{n-h-1;1-\gamma/2}\cdot\sqrt{s^2 x_*^T C x_*} \quad ;$$

simultane $(1-\gamma)$ - *Konfidenzintervalle* für mehrere bzw. "alle" Regressorenwerte ergeben sich analog zu den oben angegebenen $(1-\gamma)$ - Konfidenzintervallen für beliebige Linearkombinationen der Parameter $\beta_0,\dots,\beta_h$.

Als *Prognoseintervall* zum Niveau $1-\gamma$ *für die zukünftige Beobachtung* y_* selbst erhält man das Intervall mit den Grenzen

$$x_*^T\hat{\beta} \pm t_{n-h-1;1-\gamma/2}\cdot\sqrt{s^2(x_*^T C x_* + 1)} \quad ;$$

der zukünftige Wert y_* selbst wird mit Wahrscheinlichkeit $1-\gamma$ in dieses Intervall fallen. Schließlich ergeben sich vollkommen analog *simultane* $(1-\gamma)$ - *Prognoseintervalle*. Für *alle* möglichen zukünftigen Beobachtungen y_* zu Regressorenvektoren x_* erhält man z.B. als Grenzen der $(1-\gamma)$ - Prognoseintervalle

$$x_*^T\hat{\beta} \pm \sqrt{(h+1)s^2(x_*^T C x_* + 1)\cdot F_{h+1,n-h-1;1-\gamma}} \quad .$$

Kommen wir an dieser Stelle zu *Niveau - γ - Tests* im multiplen Regressionsmodell. Zunächst interessieren natürlich Hypothesen über den Parametervektor β. Für $j=0,1,\dots,h$ ist für eine vorgegebene Konstante β_j^0 die Hypothese

$$H_0:\ \beta_j = \beta_j^0 \quad \text{zugunsten der Alternativhypothese} \quad H_1:\ \beta_j \neq \beta_j^0$$

bei vorgegebenem Niveau γ zu verwerfen, falls gilt

$$|\hat{\beta}_j - \beta_j^0| \Big/ \sqrt{s^2 c_{jj}} > t_{n-h-1;1-\gamma/2} \quad .$$

Allgemeiner ist eine Hypothese

$$H_0:\ L^T\beta = g \quad ,$$

wobei L eine $(h+1)\times d$ - dimensionale Matrix mit $\text{rg}\,L = d$ und g einen d - dimensionalen Vektor bezeichnet, zum Niveau γ zu verwerfen, falls der Vektor g nicht im $(1-\gamma)$ - Konfidenzellipsoid $\mathfrak{E}_{1-\gamma}(L)$ für $L^T\beta$ liegt.

Ein darin speziell enthaltenes Testverfahren im multiplen Regressionsmodell dient der *Modellreduktion*. Man will dabei feststellen, ob es notwendig ist, alle Regressoren $\mathfrak{x}_1,\ldots,\mathfrak{x}_h$ zu betrachten, oder ob vielleicht q bestimmte Regressoren zur Erklärung des Regressanden $\mathfrak{y}$ überflüssig sind; in der Regel möchte man natürlich die Zahl der Regressoren so gering wie möglich halten. Will man testen, ob anstelle der Regressoren $\mathfrak{x}_1,\ldots,\mathfrak{x}_h$ eine Auswahl $\mathfrak{x}_{(1)},\ldots,\mathfrak{x}_{(h-q)}$ ausreicht, so berechnet man die beiden *Reduktions - Quadratsummen*

$$SSR_h = B_{\mathfrak{y},(1,\ldots,h)} \cdot \sum_{i=1}^{n} (y_i - \bar{y})^2 \quad \text{und}$$

$$SSR^*_{h-q} = B_{\mathfrak{y},((1),\ldots,(h-q))} \cdot \sum_{i=1}^{n} (y_i - \bar{y})^2$$

und verwirft diese *Reduktions - Hypothese* zum Niveau γ, falls

$$\frac{SSR_h - SSR^*_{h-q}}{s^2 q} > F_{q,n-h-1;1-\gamma} \quad .$$

Hat man zwei sich durchaus überschneidende Sätze von Regressoren zur Erklärung des Regressanden $\mathfrak{y}$ ausgewählt, so kann man sich beim Vergleich der beiden Regressionsmodelle des *adjustierten Bestimmtheitsmaßes* bedienen:

$$\bar{B} = 1 - \frac{n}{n-\nu-1}(1 - B) \quad ,$$

wobei ν die Anzahl der berücksichtigten Regressoren bezeichnet; man wählt dann das Modell mit höherem Wert $\bar{B}$ aus, vgl. Ezekiel (1930) und auch Seber (1977, §12) für weitere Kriterien zum Modellvergleich und zur Modellauswahl.

Der Sinn der adjustierten Bestimmtheitsmaße wird an folgender Überlegung deutlich. Ist der eine Satz von Regressoren vollständig im anderen enthalten, so ergibt sich stets für ersteren Satz ein geringeres Bestimmtheitsmaß B. Jedoch ist nicht unbedingt die Regression "schlechter" etwa in dem Sinne, daß die Prognosequalität (Kürze von Prognoseintervallen) verringert wird, denn die Länge eines Prognoseintervalls für einen zukünftigen Wert y_* hängt von der Anzahl der berücksichtigten Regressoren ab, was beim adjustierten Bestimmtheitsmaß berücksichtigt wird.

An dieser Stelle wollen wir noch kurz auf die Problematik der *Multikollinearität* der Regressoren eingehen; allgemein läßt sich sagen, daß eine hohe Korrelation zwischen den Schätzern $\hat{\beta}_j$ und $\hat{\beta}_\nu$ für die Parameter β_j und β_ν ($j,\nu=1,\dots,h$) auf eine 'Korrelation' zwischen den Regressoren $\mathfrak{x}_j$ und $\mathfrak{x}_\nu$ schließen läßt.

Man spricht von Multikollinearität der Regressoren, wenn die Spalten der Matrix X "fast" linear abhängig sind bzw. wenn X^TX in der "Nähe" der Singularität liegt (det (X^TX) "klein"); in diesem Fall überlagern sich die Einflüsse der Regressoren (Spalten von X) oder - wie man auch sagt - die Einflußfaktoren sind "vermengt".

Eine *Interpretation der einzelnen Schätzer* ist dann problematisch, z.B. läßt sich eine Aussage wie: "Erhöht sich der Wert des j-ten Regressors um eine Einheit x_j auf x_j+1, so erhöht sich der erwartete Wert des Regressanden um $\hat{\beta}_j$ Einheiten." nur dann aufrecht erhalten, wenn $\hat{\beta}_j$ praktisch unkorreliert mit den anderen Parameterschätzern sind.

Lehnt man beim oben angegebenen *Reduktionstest* die Hypothese nicht ab und "schließt", daß die Einflußvariablen $\mathfrak{x}_{(1)},\dots,\mathfrak{x}_{(h-q)}$ zur Erklärung des Regressanden ausreichen, so sei davor *gewarnt*, gleichzeitig zu folgern, daß die restlichen, eliminierten q Regressoren $\mathfrak{x}_{(h-q+1)},\dots,\mathfrak{x}_{(h)}$ keinen Einfluß auf $\mathfrak{y}$ haben. Aufgrund der in der Regel hohen 'Korrelationen' (bzw. Multikollinearität) zwischen den Regressoren ist vielmehr nur der folgende Schluß erlaubt: Die eliminierten Regressoren bringen bei gleichzeitiger Berücksichtigung von $\mathfrak{x}_{(1)},\dots,\mathfrak{x}_{(h-q)}$ *keinen zusätzlichen Beitrag* zur Erklärung des Regressanden $\mathfrak{y}$. Der Beitrag der restlichen Regressoren wird von den mit ihnen hoch 'korrelierten' Regressoren z.T. übernommen. Dies wird auch deutlich bei einem Vergleich der 'alten' Schätzungen für die Regressionskoeffizienten mit den 'neuen' (unter der Reduktions - Hypothese gewonnenen) Schätzungen im reduzierten Modell. Der 'Grad der Veränderung' der Schätzungen für die verbliebenen Regressionskoeffizienten gibt einen Hinweis auf die *Stärke der Abhängigkeit der verbliebenen Merkmale zu den eliminierten*. Deutlicher tritt dies zutage, wenn hoch 'korrelierte' Merkmale wechselseitig eliminiert werden, und dies umso mehr, je höher die 'Korrelation' mit dem Regressanden ist.

Natürlich haben vorgenannte Ergebnisse in der Regressionsanalyse nur unter der Bedingung ihre Gültigkeit, daß die x_{ij} für $i=1,\dots,n$ und $j=1,\dots,h$ die wirklichen Verhältnisse in der interessierenden Grundgesamtheit von Objekten ohne größere Fehler widerspiegeln, d.h. die Ergebnisse sind *bedingt* durch die x_{ij}.

Ist generell die Bestimmung der Schätzer $\hat{\beta}_0,\dots,\hat{\beta}_h$ *instabil*, d.h. geringe Änderungen in X^TX bewirken größere Veränderungen von $\hat{\beta}$ (man sagt X^TX ist schlecht konditioniert) und insbesondere auch schnelle *Vorzeichenwechsel* bei den Komponenten von $\hat{\beta}$, so bedient man sich mitunter der sogenannten *Ridge - Regression*, vgl. Hoerl/Kennard (1970). Man berechnet hierbei für einige Zahlen $k \geq 0$ den Schätzer

$$\hat{\beta}(k) = (X^TX + k\cdot I_{h+1})^{-1}X^Ty$$

für β und beobachtet die Veränderung in $\hat{\beta}(k)$; natürlich ist $\hat{\beta}(0) = \hat{\beta}$ gerade der gewöhnliche Kleinste - Quadrate - Schätzer für β. Mittels der sogenannten *Ridge - Trace* kann man sich die Veränderungen graphisch veranschaulichen, vgl. auch nachfolgendes Beispiel; hier werden neben den Veränderungen in $\hat{\beta}(k)$ für $k \in [0,\omega]$ zweckmäßigerweise auch noch die Kenngrößen

$$SSE(k) = \sum_{i=1}^{n} (y_i - \hat{\beta}_0(k) - \hat{\beta}_1(k)x_{i1} - \dots - \hat{\beta}_h(k)x_{ih})^2 \quad \text{und}$$

$$Q(k) = \frac{SSE(k)}{SSE} \qquad \text{mit} \quad SSE = SSE(0)$$

abgetragen; für die zugehörigen Bestimmtheitsmaße $B(k)$ erhält man

$$B(k) = 1 - Q(k)(1 - B) = 1 - Q(k)\cdot U \qquad \text{mit} \quad B(0) = B \quad ,$$

so daß $Q(k)$ auch den Quotienten der Unbestimmtheitsmaße angibt

$$Q(k) = \frac{1 - B(k)}{1 - B} = \frac{U(k)}{U} \quad .$$

Eine grobe Faustregel ist, daß sich die $\hat{\beta}(k)$ als Schätzer für β verwenden lassen (unter Angabe der zugehörigen Bestimmtheitsmaße), solange $Q(k) \leq 1.1$ gilt, d.h. solange die zugehörige Fehlerquadratsumme $SSE(k)$ bzw. die entsprechende Unbestimmtheit $U(k)$ um höchstens 10% größer ist als SSE bzw. U. Diese Faustregel schließt individuelle Vorgehensweisen natürlich nicht aus.

Zur *Überprüfung eines Regressionsmodells*, insbesondere der Modellannahmen wie z.B. Normalverteilung der Fehler $e_1,\dots,e_n$, wird häufig die *Residualanalyse (Residual - Plots)* verwandt; man vgl. hierzu die Ausführungen in Abschnitt 1.3 des Kap.X, Hartung et al..(1982, Kap.X) oder auch Seber (1977, §6.6) und dortige Referenzen. Bzgl. der Ausführungen in Kap. X sei hier erwähnt, daß im univariaten Fall ($p = 1$), wie er hier bei der mutiplen Regressionsanalyse vorliegt, anstelle der Mahalanobisdistanzen die direkten Grössen y_i, $\hat{y}_i$ und $\hat{e}_i = y_i - \hat{y}_i$ bei der Residualanalyse zugrundegelegt werden. Man trägt z.B. in einem Koordinatensystem y_i gegen $\hat{y}_i$ ab; die n Punkte

$(\hat{y}_i, y_i)$ sollten dann "zufällig" um die Winkelhalbierende (Gerade durch den Punkt (0,0) mit Steigung 1) schwanken. Eine weitere Möglichkeit besteht darin, die normierten Residuen

$$\hat{e}_i^{\text{norm}} = \hat{e}_i / s$$

gegen $\hat{y}_i$ abzutragen. Die Punkte $(\hat{y}_i, \hat{e}_i^{\text{norm}})$ sollten dann "zufällig" um die waagerechte Nullachse schwanken, und nach der 3σ - bzw. 3s - Regel kann man ein y_i (bzw. das i-te Objekt, an dem y_i beobachtet wurde) als *Ausreißer* eliminieren, wenn $\hat{e}_i^{\text{norm}} > 3$ ist (Faustregel). Schließlich kann überprüft werden, ob einer gestellten Normalverteilungsannahme offensichtlich etwas entgegenspricht. Hier lassen sich auf die $\hat{e}_i^{\text{norm}}$ $(i=1,\ldots,n)$, die unter Gültigkeit der Normalverteilungsannahme als approximativ N(0;1) - verteilt angesehen werden können und deren Korrelationen in der Regel wenig Einfluß haben, vgl. Seber (1977), Verfahren zur Prüfung auf Standardnormalverteilung anwenden, z.B. der Kolmogoroff - Smirnov - , der χ^2 - Anpassungstest oder das Einzeichnen in Wahrscheinlichkeitspapier, vgl. Hartung et al. (1982, Kap.IV). Alternativ zum *Wahrscheinlichkeitspapier* läßt sich der *Q - Q - Plot*, vgl. Kap.IX und X, anwenden; allerdings trägt man hier im univariaten Fall in einem Koordinatensystem direkt die geordneten normierten Residuen

$$\hat{e}_{(1)}^{\text{norm}} \leq \hat{e}_{(2)}^{\text{norm}} \leq \ldots \leq \hat{e}_{(n)}^{\text{norm}}$$

gegen die i/(n+1) - Quantile $u_{i/(n+1)}$ der Standardnormalverteilung ab, die im Anhang vertafelt sind. Die Punkte $(u_{i/(n+1)}, \hat{e}_{(i)}^{\text{norm}})$ sollten dann praktisch auf der Geraden durch den Punkt (0,0) mit Steigung 1 (Winkelhalbierende) liegen. Größere Abweichungen von dieser Geraden deuten auf eine *Verletzung der Normalverteilungsannahme* hin, allerdings kann eine in etwa konstante Drehung der Punkte - 'Geraden' nach rechts auch dadurch entstehen, daß n - h - 1 zu klein ist; s^2 sollte dann durch SSE/(n-1) oder SSE/n ersetzt werden. Liegt ein Punkt im Q - Q - Plot sehr weit weg von den übrigen, so deutet dies zusätzlich noch auf einen *Ausreißer* oder eine "*zweifelhafte*" *Beobachtung* hin.

Natürlich bietet die Residualanalyse noch viele weitere Möglichkeiten; man kann etwa die Residuen auch gegen einen *Drittfaktor* oder einen der Regressoren abtragen. Sind die Daten z.B. nicht gleichzeitig sondern zeitabhängig erhoben worden, so kann als Drittfaktor die Zeit gewählt werden und am Residualplot läßt sich ablesen, ob systematische Abhängigkeiten von der Zeit vorhanden sind; ist dies der Fall, so ist vielleicht eher ein Modell mit *korrelierten Fehlern* angebracht.

Beispiel: Ausgehend von $n = 10$ Beobachtungen $y_1, \dots, y_{10}$ soll in einem multiplen Regressionsmodell der Einfluß dreier Regressoren $\mathfrak{x}_1, \mathfrak{x}_2, \mathfrak{x}_3$ (z.B. $h = 3$ Gifte) auf einen Regressanden $\mathfrak{y}$ (z.B. Lebensdauer nach Giftgabe) untersucht werden. D.h. wir betrachten die Regressionsfunktion

$$\mathfrak{y} = \beta_0 + \beta_1 \mathfrak{x}_1 + \beta_2 \mathfrak{x}_2 + \beta_3 \mathfrak{x}_3$$

und das zugehörige Modell

$$y_i = \beta_0 + \beta_1 x_{i1} + \beta_2 x_{i2} + \beta_3 x_{i3} + e_i \qquad \text{für } i=1,\dots,10 \quad ,$$

wobei die Beobachtungsfehler $e_1, \dots, e_{10}$ als voneinander unabhängig mit Erwartungswert 0 und Varianz σ^2 sowie (im Falle von Tests, Konfidenz- und Prognoseintervallen) normalverteilt angenommen werden.

In der Tab.1 sind für $i=1,\dots,10$ die Beobachtungswerte y_i, die zugehörigen Werte x_{i1}, x_{i2}, x_{i3} der Regressoren sowie einige erst später bestimmte Größen angegeben.

Tab.1: Beobachtete Werte y_i, Werte der Regressoren x_{i1}, x_{i2}, x_{i3}, Modellprognosen $\hat{y}_i$, Residuen $\hat{e}_i$ und normierte Residuen $\hat{e}_i^{\text{norm}}$ für $i=1,\dots,10$ im Beispiel zur multiplen Regression

i	y_i	x_{i1}	x_{i2}	x_{i3}	$\hat{y}_i$	$\hat{e}_i = y_i - \hat{y}_i$	$\hat{e}_i^{\text{norm}}$
1	24	31	4	29	22.17467	1.82533	0.76189
2	28	3	6	2	29.14899	-1.14899	-0.47959
3	25	7	5	6	23.34740	1.65260	0.68979
4	13	29	3	30	15.35956	-2.35956	-0.98487
5	27	27	5	26	28.11520	-1.11520	-0.46548
6	14	18	3	19	12.73727	1.26273	0.52706
7	15	28	3	25	14.56541	0.43459	0.18140
8	32	17	6	20	33.04221	-1.04221	-0.43502
9	14	8	4	6	16.69170	-2.69170	-1.12351
10	28	12	5	13	24.81723	3.18277	1.32848

Aus der Tab.1 ergibt sich dann zunächst unser Modell in Matrixschreibweise $y = X\beta + e$ mit $y = (y_1, \dots, y_{10})^T$, $e = (e_1, \dots, e_n)^T$,

$$X = \begin{pmatrix} 1 & 31 & 4 & 29 \\ 1 & 3 & 6 & 2 \\ 1 & 7 & 5 & 6 \\ 1 & 29 & 3 & 30 \\ 1 & 27 & 5 & 26 \\ 1 & 18 & 3 & 19 \\ 1 & 28 & 3 & 25 \\ 1 & 17 & 6 & 20 \\ 1 & 8 & 4 & 6 \\ 1 & 12 & 5 & 13 \end{pmatrix} \quad \text{und} \quad \beta = \begin{pmatrix} \beta_0 \\ \beta_1 \\ \beta_2 \\ \beta_3 \end{pmatrix} \quad .$$

Wir wollen nun zunächst die Parameter β und σ^2 des Modells *schätzen*; hier erhalten wir wegen

$$X^TX = \begin{pmatrix} 10 & 180 & 44 & 176 \\ 180 & 4194 & 731 & 4105 \\ 44 & 731 & 206 & 719 \\ 176 & 4105 & 719 & 4048 \end{pmatrix} , \quad X^Ty = \begin{pmatrix} 220 \\ 3773 \\ 1038 \\ 3723 \end{pmatrix} \quad \text{und}$$

$$C = \begin{pmatrix} c_{oo} & c_{o1} & c_{o2} & c_{o3} \\ c_{o1} & c_{11} & c_{12} & c_{13} \\ c_{o2} & c_{12} & c_{22} & c_{23} \\ c_{o3} & c_{13} & c_{23} & c_{33} \end{pmatrix} = (X^TX)^{-1}$$

$$= \frac{1}{2246148} \cdot \begin{pmatrix} 9873050 & -385552 & -1597232 & 245416 \\ -385552 & 87158 & 60646 & -82394 \\ -1597232 & 60646 & 287126 & -43054 \\ 245416 & -82394 & -43054 & 81086 \end{pmatrix}$$

zunächst

$$\hat{\beta} = (\hat{\beta}_o, \hat{\beta}_1, \hat{\beta}_2, \hat{\beta}_3)^T = (X^TX)^{-1}X^Ty = \begin{pmatrix} -11.95814 \\ 0.09945 \\ 6.75515 \\ 0.13894 \end{pmatrix}$$

als Schätzung für β. Die resultierenden Modell - Prognosen

$$\hat{y}_i = -11.95814 + 0.09945x_{i1} + 6.75515x_{i2} + 0.13894x_{i4}$$

sowie die Residuen

$$\hat{e}_i = y_i - \hat{y}_i$$

sind für $i=1,\ldots,10$ bereits in der Tab.1 angegeben, so daß wir nun den Schätzer für σ^2 berechnen können:

$$s^2 = \frac{1}{n-h-1} \sum_{i=1}^{n} (y_i - \hat{y}_i)^2 = \frac{1}{10-3-1} \sum_{i=1}^{10} \hat{e}_i^2 = \frac{1}{6} \cdot 34.43912 = 5.73985 \quad .$$

Hierzu erhalten wir nun sofort das Bestimmtheitsmaß B, das Unbestimmtheitsmaß U und das adjustierte Bestimmtheitsmaß $\overline{B}$ der Regression. Mit

$$\overline{y} = \frac{1}{n} \sum_{i=1}^{n} y_i = \frac{1}{10} \cdot 220 = 22 \quad , \quad \text{d.h.} \quad \sum_{i=1}^{10} (y_i - \overline{y})^2 = 468$$

ergibt sich

$$B = 1 - \sum_{i=1}^{10} \hat{e}_i^2 \Big/ \sum_{i=1}^{10} (y_i - \overline{y})^2 = 1 - \frac{34.43912}{468} = 0.92641 \quad , \quad U = 1-B = 0.07359 ,$$

$$\overline{B} = 1 - \frac{10}{10-3-1}(1-B) = 1 - \frac{10}{6} \cdot U = 1 - \frac{10}{6} \cdot 0.07359 = 0.87735 \quad ;$$

das (adjustierte) Bestimmtheitsmaß der Regression von $\mathfrak{y}$ auf $\mathfrak{x}_1, \mathfrak{x}_2, \mathfrak{x}_3$ ist hier also sehr hoch.

Bevor wir uns mit der Prognose zukünftiger Beobachtungen, mit Bereichsschätzungen und Tests beschäftigen, wollen wir unser Regressionsmodell mittels Residualanalyse überprüfen. Dazu sind in den **Abb.1 - 3** die *Residualplots* der beobachteten Werte y_i gegen die bereits geschätzten Werte $\hat{y}_i$ und der normierten Residuen $\hat{e}_i^{norm} = \hat{e}_i/s$, die bereits in Tab.1 mitangegeben sind, gegen $\hat{y}_i$ sowie der Q - Q - Plot der geordneten, normierten Residuen $\hat{e}_{(i)}^{norm}$ gegen die Quantile $u_{i/(n+1)} = u_{i/11}$ der Standardnormalverteilung, vgl. auch **Tab.2**, dargestellt.

Tab.2: Geordnete, normierte Residuen $\hat{e}_{(i)}^{norm}$, vgl. auch Tab.1, und Quantile $u_{i/11}$ der Standardnormalverteilung für i=1,...,10

i	$\hat{e}_{(i)}^{norm}$	$u_{i/11}$	i	$\hat{e}_{(i)}^{norm}$	$u_{i/11}$
1	-1.12351	-1.34	6	0.18140	0.115
2	-0.98487	-0.91	7	0.52706	0.35
3	-0.47959	-0.605	8	0.68979	0.605
4	-0.46548	-0.35	9	0.76189	0.91
5	-0.43502	-0.115	10	1.32848	1.34

Keine der drei Abbildungen gibt Anlaß zu starken Bedenken gegen die Modellannahmen.

Wir gehen nun auf die *Prognose* zukünftiger Werte des Regressanden ein und wollen hier einmal die folgenden Werte der Regressoren betrachten: $x_{1*} = 25$, $x_{2*} = 4.5$, $x_{3*} = 23$, d.h. $x_* = (1,25,4.5,23)^T$. Es ergibt sich dann zunächst als Prognosewert für die zukünftige Beobachtung $y_* = x_*^T\beta + \varepsilon_*$

$$\hat{y}_* = x_*^T\hat{\beta} = -11.95814 + 25\cdot 0.09945 + 4.5\cdot 6.75515 + 23\cdot 0.13894 = 24.122 \quad .$$

Nun sollen noch (individuelle und simultane) Konfidenz- und Prognoseintervalle zum 95% Niveau für y_* bestimmt werden. Mit

$$x_*^T C x_* = 0.29923$$

ergibt sich zunächst das individuelle Konfidenzintervall für $E(y_*)$ mit den Grenzen

$$\begin{aligned} & x_*^T\hat{\beta} \pm t_{n-h-1;1-\gamma/2}\cdot\sqrt{s^2 x_*^T C x_*} \\ &= 24.122 \pm t_{10-3-1;1-0.05/2}\cdot\sqrt{5.73985\cdot 0.29923} \\ &= 24.122 \pm t_{6;0.975}\cdot\sqrt{1.7175} = 24.122 \pm 2.447\cdot\sqrt{1.7175} \\ &= 24.122 \pm 3.207 \quad , \end{aligned}$$

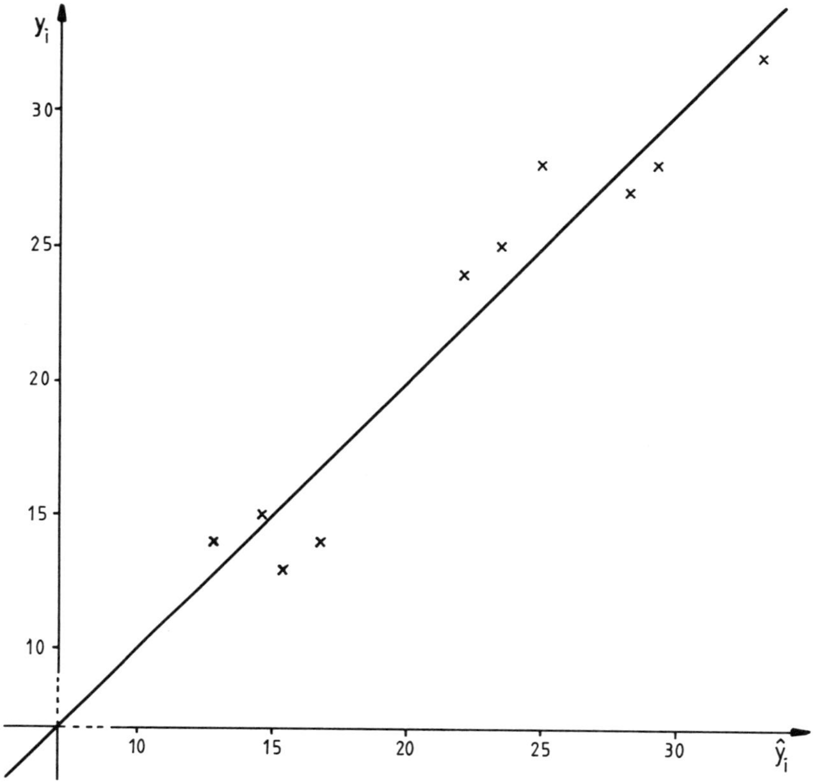

Abb.1: Residualplot von y_i gegen $\hat{y}_i$ für i=1,...,10 im Beispiel

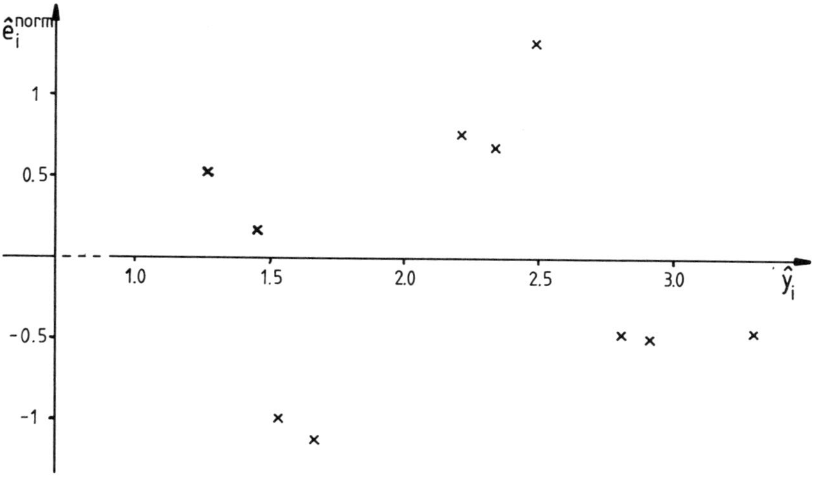

Abb.2: Residualplot von $\hat{e}_i^{norm}$ gegen $\hat{y}_i$ für i=1,...,10 im Beispiel

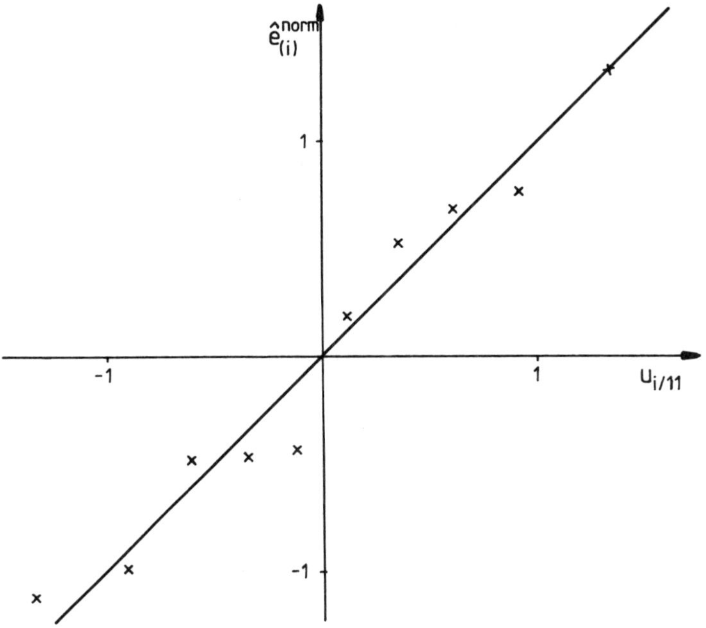

Abb.3: Q - Q - Plot von $\hat{e}^{norm}_{(i)}$ gegen $u_{i/11}$ für i=1,...,10 im Beispiel

d.h. das individuelle 95% Konfidenzintervall für den Erwartungswert von y_* ist [20.915,27.329], und das individuelle 95% Prognoseintervall für y_* selbst besitzt die Grenzen

$$x_*^T\hat{\beta} \pm t_{n-h-1;1-\gamma/2}\cdot\sqrt{s^2(x_*^T C x_* + 1)}$$

$$= 24.122 \pm 2.447\cdot\sqrt{5.73985\cdot 1.29923} = 24.122 \pm 6.682 \quad ,$$

d.h. es ist gegeben als [17.44,30.804]. Ist man nicht nur am speziellen y_* interessiert, sondern an allen möglichen zukünftigen Beobachtungen gleichzeitig, so bestimmt man simultane Intervalle zum Niveau 95%. Für unser spezielles y_* ergibt sich das simultane 95% Konfidenzintervall für $E(y_*)$ zu [18.541,29.703], denn

$$x_*^T\hat{\beta} \pm \sqrt{(h+1)s^2 x_*^T C x_*\cdot F_{h+1,n-h-1;1-\gamma}} = x_*^T\hat{\beta} \pm \sqrt{4s^2 x_*^T C x_*\cdot F_{4,6;0.95}}$$

$$= 24.122 \pm \sqrt{4\cdot 5.73985\cdot 0.29923\cdot 4.534} = 24.122 \pm 5.581 \quad ,$$

und das simultane 95% Prognoseintervall für y_* selbst zu [12.492,35.752], denn

$$x_*^T\hat{\beta} \pm \sqrt{(h+1)s^2(x_*^T C x_* + 1)\cdot F_{h+1,n-h-1;1-\gamma}}$$

$$= 24.122 \pm \sqrt{4\cdot 5.73985\cdot 1.29923\cdot 4.534} = 24.122 \pm 11.630 \quad .$$

Die Konfidenz- und Prognoseintervalle sind hier recht breit, was zum einen bedingt ist durch die im Verhältnis zur Parameteranzahl geringe Beobachtungsanzahl und zum anderen am relativ hoch gewählten Niveau von 95% der Intervalle liegt; insbesondere bei den Prognoseintervallen ist man oft schon mit sehr viel geringeren Niveaus zufrieden.

Betrachten wir nun *Konfidenzbereiche* (zum 95% Niveau) für die *Parameter* β_j (j=0,1,2,3) unseres Regressionsmodells. Wir können hier zunächst einmal die individuellen 95% Konfidenzintervalle mit den Grenzen (für j=0,...,3)

$$\hat{\beta}_j \pm t_{n-h-1;1-\gamma/2}\cdot\sqrt{s^2 c_{jj}} = \hat{\beta}_j \pm t_{6;0.975}\cdot\sqrt{s^2 c_{jj}}$$

$$= \hat{\beta}_j \pm 2.447\cdot\sqrt{5.73985 c_{jj}} \quad ,$$

simultane 95% Konfidenzintervalle für $\beta_0,\ldots,\beta_3$ mit den Grenzen (für j=0,...,3)

$$\hat{\beta}_j \pm \sqrt{(h+1)s^2 c_{jj}\cdot F_{h+1,n-h-1;1-\gamma}} = \hat{\beta}_j \pm \sqrt{4s^2 c_{jj}\cdot F_{4,6;0.95}}$$

$$= \hat{\beta}_j \pm \sqrt{2\cdot 5.73985 c_{jj}\cdot 4.534}$$

oder z.B. auch simultane 95% Konfidenzintervalle für je zwei der Parameter $\beta_0,\ldots,\beta_3$ bestimmen; für das Paar β_0,β_2 setzt man z.B. $L = (\ell_1,\ell_2)$ mit $\ell_1 = (1,0,0,0)^T$, $\ell_2 = (0,0,1,0)^T$ und als Rang der Matrix L ergibt sich der Wert $d = 2$. Die Grenzen dieser Konfidenzintervalle ergeben sich dann für j=0,...,3 zu

$$\hat{\beta}_j \pm \sqrt{ds^2 c_{jj}\cdot F_{d,n-h-1;1-\gamma}} = \hat{\beta}_j \pm \sqrt{2s^2 c_{jj}\cdot F_{2,6;0.95}}$$

$$= \hat{\beta}_j \pm \sqrt{2\cdot 5.73985 c_{jj}\cdot 5.143} \quad .$$

Zu all diesen Konfidenzintervallen vgl. man die Tab.3, aus der sich etwa ablesen läßt, daß das individuelle Konfidenzintervall für β_3 folgende Gestalt besitzt

$$[\hat{\beta}_3 - 1.11388\ ,\ \hat{\beta}_3 + 1.11388] = [-0.97494, 1.25282] \quad .$$

Man sieht, daß die individuellen Konfidenzintervalle am schmalsten und die simultanen Konfidenzintervalle (für alle 4 Parameter gleichzeitig) am breitesten sind.

Tab.3: Individuelle Konfidenzintervalle für $\beta_0,\dots,\beta_3$, simultane Konfidenzintervalle für $\beta_0,\dots,\beta_3$ und simultane Konfidenzintervalle für je zwei der Parameter $\beta_0,\dots,\beta_3$ (simultane Paare) zum 95% Niveau

Parameter β_j	β_0	β_1	β_2	β_3
Schätzung $\hat{\beta}_j$	-11.95814	0.09945	6.75515	0.13894
$2246148\cdot c_{jj}$	9873050	87158	287126	81086
indiv. Konf.-Int. $\pm t_{6;0.975}\cdot\sqrt{s^2 c_{jj}}$	±12.29110	±1.15483	±2.09605	±1.11388
simult. Konf.-Int. $\pm\sqrt{4s^2 c_{jj}\cdot F_{4,6;0.95}}$	±21.39082	±2.00981	±3.64786	±1.93854
simultane Paare $\pm\sqrt{2s^2 c_{jj}\cdot F_{2,6;0.95}}$	±16.10942	±1.51359	±2.74720	±1.45991

Wir wollen nun noch die zweidimensionalen Konfidenzellipsen zum 95% Niveau für alle sechs Paare von je zwei Parametern sowie das 95% Konfidenzellipsoid für die Parameter β_1, β_2 und β_3 bestimmen. Für den Vektor $L^T\beta=(\beta_1,\beta_2)^T$ mit

$$L=\begin{pmatrix}0&1&0&0\\0&0&1&0\end{pmatrix}\text{, d.h.}$$

$$(L^T(X^TX)^{-1}L)^{-1}=\begin{pmatrix}c_{00}&c_{01}\\c_{01}&c_{11}\end{pmatrix}^{-1}=\begin{pmatrix}30.21107&-6.38110\\-6.38110&9.17067\end{pmatrix}$$

ergibt sich z.B. wegen $d=\operatorname{rg}L=2$

$$\mathfrak{E}_{0.95}(L)=\left\{\begin{pmatrix}b_1\\b_2\end{pmatrix}\middle|\begin{pmatrix}b_1-\hat{\beta}_1\\b_2-\hat{\beta}_2\end{pmatrix}^T\begin{pmatrix}30.21107&-6.38110\\-6.38110&9.17067\end{pmatrix}\begin{pmatrix}b_1-\hat{\beta}_1\\b_2-\hat{\beta}_2\end{pmatrix}\le 2s^2F_{2,6;0.95}\right\}$$

$$=\left\{\begin{pmatrix}b_1\\b_2\end{pmatrix}\middle|\ 30.21107\cdot(b_1-\hat{\beta}_1)^2-2\cdot 6.38110\,(b_1-\hat{\beta}_1)(b_2-\hat{\beta}_2)+9.17067\cdot(b_2-\hat{\beta}_2)^2\le 59.04010\right\}\ .$$

Ebenso geht man für alle übrigen Paare von Parametern vor und erhält für $(\beta_j,\beta_{j'})^T$, $j,j'=0,\dots,3$, $j<j'$, die 95% Ellipsen

$$\mathfrak{E}_{0.95}(L)=\left\{\begin{pmatrix}b_j\\b_{j'}\end{pmatrix}\middle|\begin{pmatrix}b_j-\hat{\beta}_j\\b_{j'}-\hat{\beta}_{j'}\end{pmatrix}^T\begin{pmatrix}c_{jj}&c_{jj'}\\c_{jj'}&c_{j'j'}\end{pmatrix}^{-1}\begin{pmatrix}b_j-\hat{\beta}_j\\b_{j'}-\hat{\beta}_{j'}\end{pmatrix}\le 59.04010\right\}$$

mit den Matrizen

$$L\ ,\ \mathrm{rg}\, L = 2 = d\ ,\ \text{und}\quad (L^T(X^TX)^{-1}L)^{-1} = \begin{pmatrix} c_{jj} & c_{jj'} \\ c_{jj'} & c_{j'j'} \end{pmatrix}^{-1} = A = \begin{pmatrix} a_{jj} & a_{jj'} \\ a_{jj'} & a_{j'j'} \end{pmatrix}$$

gemäß Tab.4.

Tab.4: Matrizen L und $A = (L^T(X^TX)^{-1}L)^{-1}$ zur Bestimmung der 95% Konfidenzellipsen für $(\beta_j, \beta_{j'})^T$ mit $j,j'=0,\dots,3,\ j<j'$

(j,j')	(0,1)	(0,2)	(0,3)
L	$\begin{pmatrix} 1 & 0 & 0 & 0 \\ 0 & 1 & 0 & 0 \end{pmatrix}$	$\begin{pmatrix} 1 & 0 & 0 & 0 \\ 0 & 0 & 1 & 0 \end{pmatrix}$	$\begin{pmatrix} 1 & 0 & 0 & 0 \\ 0 & 0 & 0 & 1 \end{pmatrix}$
A	$\begin{pmatrix} 0.27501 & 1.21653 \\ 1.21653 & 31.15244 \end{pmatrix}$	$\begin{pmatrix} 2.27360 & 12.64764 \\ 12.64764 & 78.17946 \end{pmatrix}$	$\begin{pmatrix} 0.24601 & -0.74458 \\ -0.74458 & 29.95437 \end{pmatrix}$
(j,j')	(1,2)	(1,3)	(2,3)
L	$\begin{pmatrix} 0 & 1 & 0 & 0 \\ 0 & 0 & 1 & 0 \end{pmatrix}$	$\begin{pmatrix} 0 & 1 & 0 & 0 \\ 0 & 0 & 0 & 1 \end{pmatrix}$	$\begin{pmatrix} 0 & 0 & 1 & 0 \\ 0 & 0 & 0 & 1 \end{pmatrix}$
A	$\begin{pmatrix} 30.21107 & -6.38110 \\ -6.38110 & 9.17067 \end{pmatrix}$	$\begin{pmatrix} 653.91935 & 664.46774 \\ 664.46774 & 702.88710 \end{pmatrix}$	$\begin{pmatrix} 8.49958 & 4.51300 \\ 4.51300 & 30.09706 \end{pmatrix}$

Möchte man diese Ellipsen graphisch darstellen, so kann man sich bei ihrer Konstruktion zunutze machen, daß sich b_j und $b_{j'}$ nur innerhalb der Grenzen der simultanen 95% Konfidenzintervalle (für je zwei Parameter), vgl. Tab.3, für β_j und $\beta_{j'}$ bewegen. Außerdem ergeben sich die Randpunkte der Ellipse für $b_j = \hat{\beta}_j$ bzw. $b_{j'} = \hat{\beta}_{j'}$ gerade zu

$$b_{j'} = \pm\sqrt{59.04010/a_{j'j'}} + \hat{\beta}_{j'} \quad \text{bzw.} \quad b_j = \pm\sqrt{59.04010/a_{jj}} + \hat{\beta}_j\ ,$$

für

$$b_j = \pm\sqrt{\frac{59.04010\cdot a_{j'j'}}{\det A}} + \hat{\beta}_j\ :\ b_{j'} = -\frac{(b_j - \hat{\beta}_j)a_{jj'}}{a_{j'j'}} + \hat{\beta}_{j'}\ ,$$

und für

$$b_{j'} = \pm\sqrt{\frac{59.04010\cdot a_{jj}}{\det A}} + \hat{\beta}_{j'}\ :\ b_j = -\frac{(b_{j'} - \hat{\beta}_{j'})a_{jj'}}{a_{jj}} + \hat{\beta}_j\ .$$

Die übrigen Randpunkte $(b_j, b_{j'})$ lassen sich für vorgegebenes b_j mit $\xi = b_j - \hat{\beta}_j$ berechnen aus

$$b_{j'} = -\xi a_{jj'}/a_{j'j'} \pm \sqrt{(\xi a_{jj'}/a_{j'j'})^2 + (59.04010 - \xi^2 a_{jj})/a_{j'j'}} + \hat{\beta}_{j'}$$

und für vorgegebenes $b_{j'}$ mit $\zeta = b_{j'} - \hat{\beta}_{j'}$ aus

$$b_j = -\zeta a_{jj'}/a_{jj} \pm \sqrt{(\zeta a_{jj'}/a_{jj})^2 + (59.04010 - \zeta^2 a_{j'j'})/a_{jj}} + \hat{\beta}_j \quad .$$

Die sechs zweidimensionalen Ellipsen unseres Beispiels, vgl. auch Tab.4, sind in den Abb.4 - 9 graphisch dargestellt; außerdem sind in diesen Abbildungen die paarweisen simultanen Konfidenzintervalle durch Rechtecke, die individuellen und simultanen Konfidenzintervalle (vgl. hierzu Tab.3) durch Achsenmarkierungen (runde bzw. eckige Klammern) veranschaulicht.

In den Abbildungen werden die Abhängigkeiten zwischen den Schätzern für die Regressionskoeffizienten deutlich. Die Stärke der Abhängigkeit der Schätzer (vgl. auch ihre in Tab.7 angegebenen Korrelationen) bzw., wie man auch kurz sagt, der zugehörigen Regressoren, bestimmt den 'Grad', mit dem die eine Komponente sich verändern muß, wenn die andere Komponente variiert wird, um sicherzustellen, daß die durch beide Komponenten gebildeten Punkte noch in der Ellipse liegen. Entsprechendes gilt für die Variation der Komponenten im *dreidimensionalen* 95% *Konfidenzellipsoid* für $\beta_1, \beta_2, \beta_3$. Dieses Ellipsoid ist mit

$$L = \begin{pmatrix} 0 & 1 & 0 & 0 \\ 0 & 0 & 1 & 0 \\ 0 & 0 & 0 & 1 \end{pmatrix} \quad , \quad \text{rg}\, L = 3 = d$$

durch folgende Menge bestimmt:

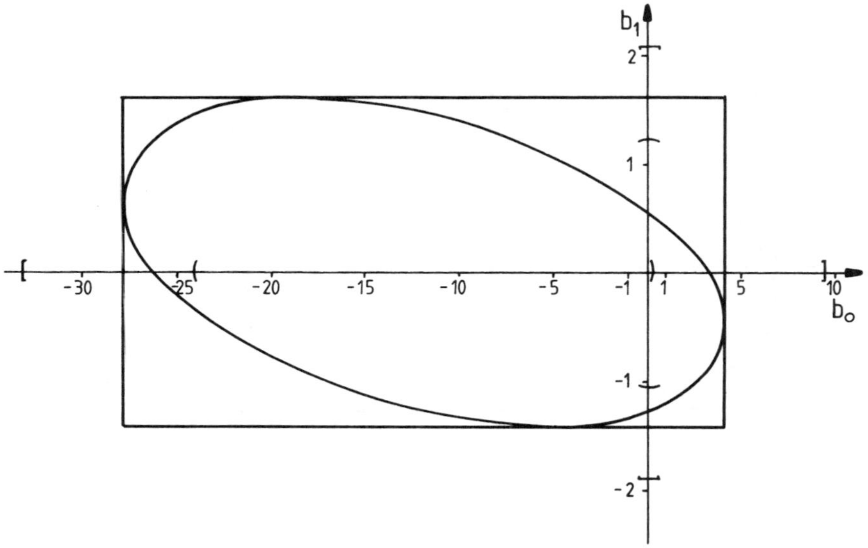

Abb.4: 95% Konfidenzellipse, individuelle (runde Klammern), simultane (eckige Klammern) und paarweise simultane (Rechteck) 95% Konfidenzintervalle für β_0, β_1

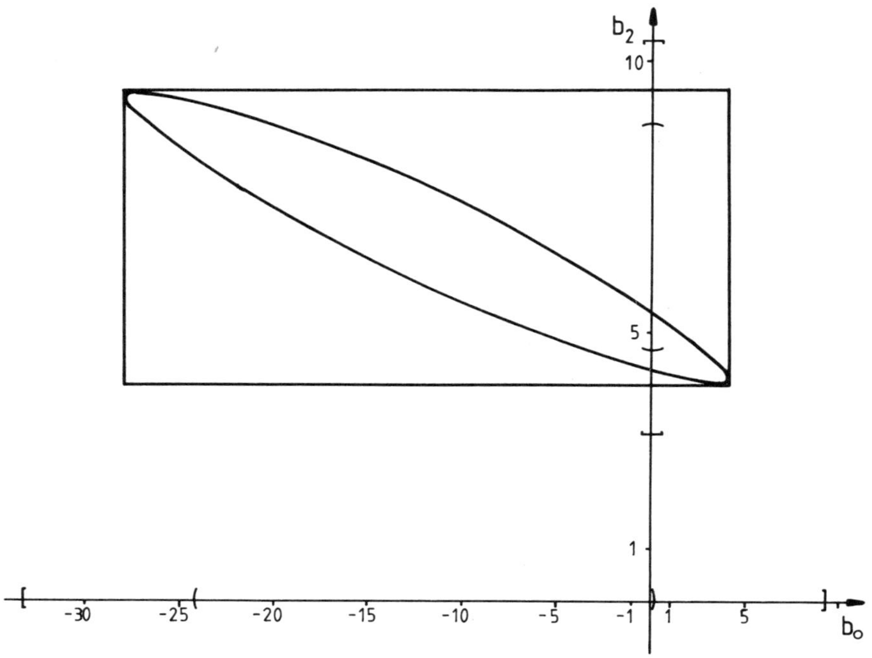

Abb.5: 95% Konfidenzellipse, individuelle (runde Klammern), simultane (eckige Klammern) und paarweise simultane (Rechteck) 95% Konfidenzintervalle für β_0, β_2

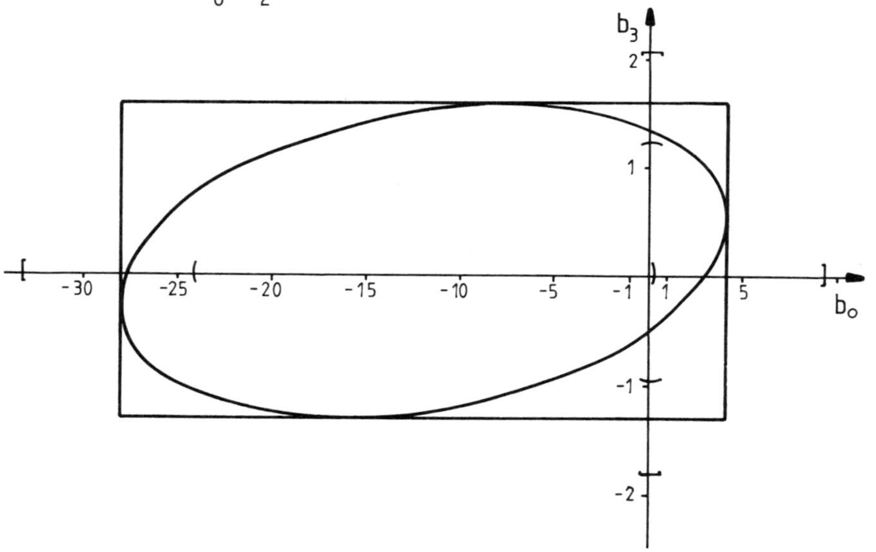

Abb.6: 95% Konfidenzellipse, individuelle (runde Klammern), simultane (eckige Klammern) und paarweise simultane (Rechteck) 95% Konfidenzintervalle für β_0, β_3

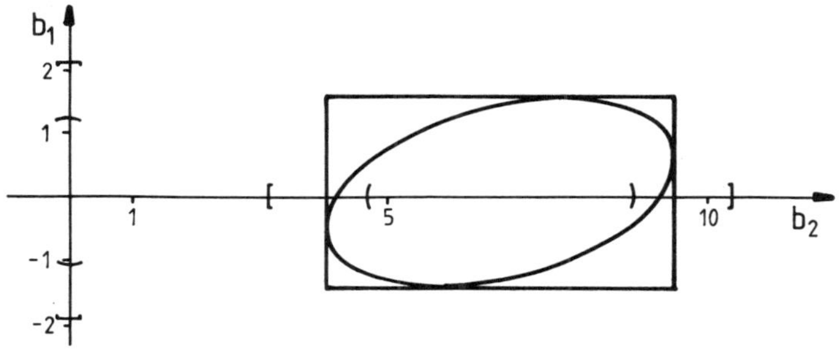

Abb.7: 95% Konfidenzellipse, individuelle (runde Klammern), simultane (eckige Klammern) und paarweise simultane (Rechteck) 95% Konfidenzintervalle für β_1, β_2

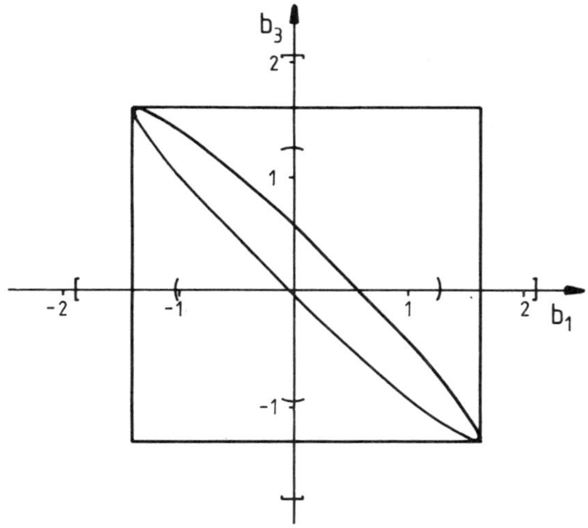

Abb.8: 95% Konfidenzellipse, individuelle (runde Klammern), simultane (eckige Klammern) und paarweise simultane (Rechteck) 95% Konfidenzintervalle für β_1, β_3

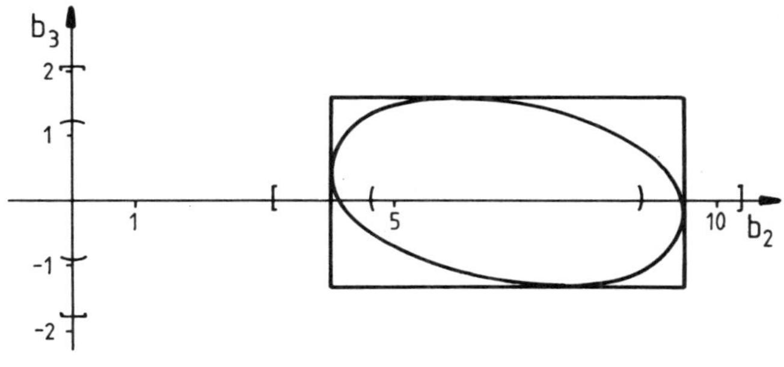

Abb.9: 95% Konfidenzellipse, individuelle (runde Klammern), simultane (eckige Klammern) und paarweise simultane (Rechteck) 95% Konfidenzintervalle für β_2, β_3

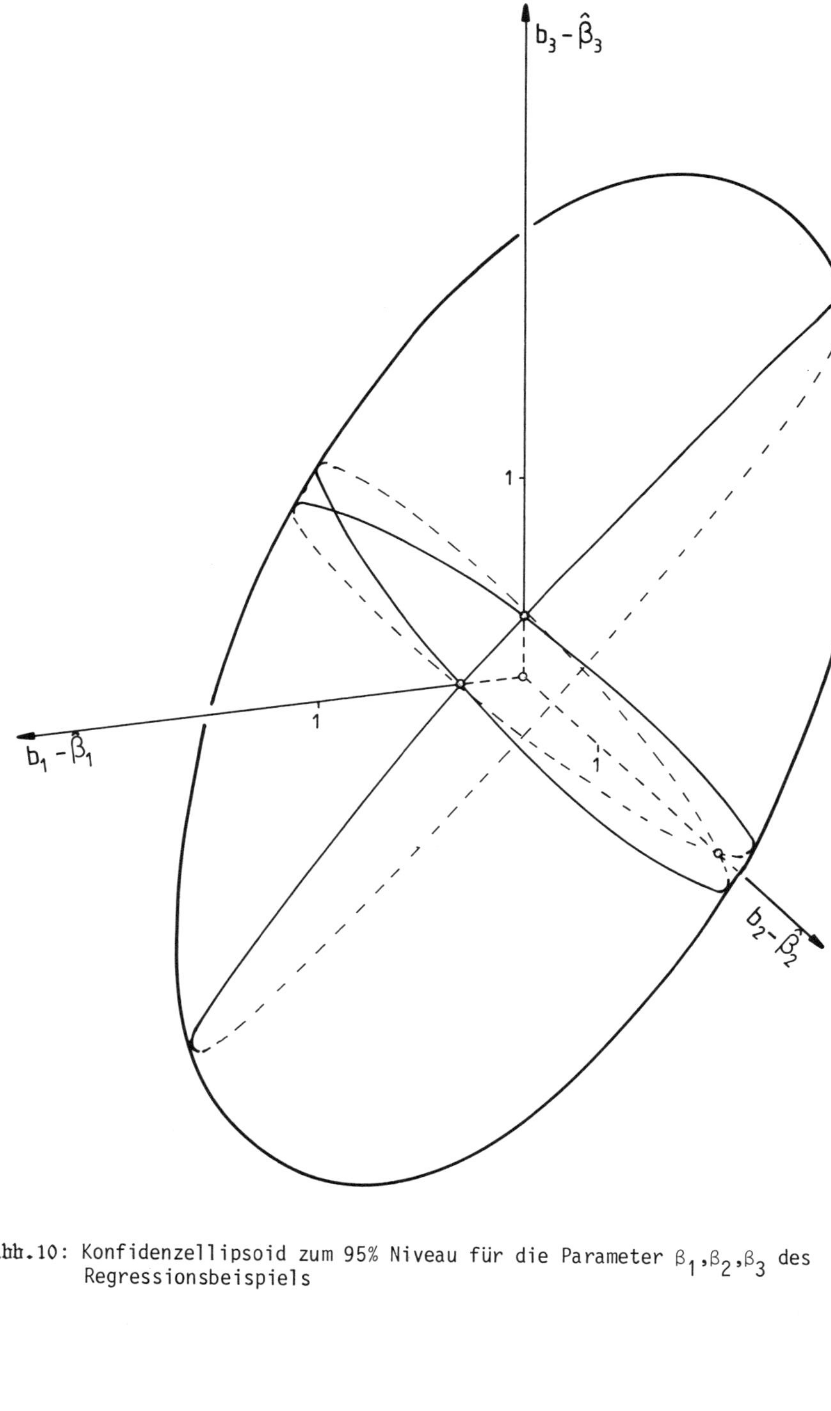

Abb.10: Konfidenzellipsoid zum 95% Niveau für die Parameter $\beta_1, \beta_2, \beta_3$ des Regressionsbeispiels

$$\mathfrak{E}_{0.95}(L) = \left\{ \begin{pmatrix} b_1 \\ b_2 \\ b_3 \end{pmatrix} \middle| \begin{pmatrix} b_1-\hat\beta_1 \\ b_2-\hat\beta_2 \\ b_3-\hat\beta_3 \end{pmatrix}^T \begin{pmatrix} 954.0 & -61.0 & 937.0 \\ -61.0 & 12.4 & -55.4 \\ 937.0 & -55.4 & 950.4 \end{pmatrix} \begin{pmatrix} b_1-\hat\beta_1 \\ b_2-\hat\beta_2 \\ b_3-\hat\beta_3 \end{pmatrix} \le 3s^2F_{3,6;0.95} \right\},$$

wobei $3s^2F_{3,6;0.95} = 3 \cdot 5.73985 \cdot 4.757 = 81.91340$ ist, vgl. Abb.10.

Wir wollen nun noch für j=1,2,3 die *Hypothese*

$$H_{0j}: \beta_j = 0 \quad \text{gegen} \quad H_{1j}: \beta_j \neq 0$$

zum 5% Niveau testen. Eine Entscheidung zugunsten der Hypothese H_{0j} bedeutet hier, daß bei Berücksichtigung der übrigen Regressoren der Einfluß des Regressors $\mathfrak{x}_j$ nicht signifikant ist, d.h. $\mathfrak{x}_j$ liefert keinen zusätzlichen, signifikanten Beitrag zur Erklärung des Regressanden $\mathfrak{y}$. Die Hypothese H_{0j} wird für j=1,2,3 zum 5% Niveau verworfen, falls

$$|\hat\beta_j| \Big/ \sqrt{s^2c_{jj}} = |\hat\beta_j| \Big/ \sqrt{5.73985 \cdot c_{jj}} > 2.447 = t_{6;0.975} = t_{n-h-1;1-\gamma/2},$$

d.h. mit

$$|\hat\beta_1| \Big/ \sqrt{s^2c_{11}} = 0.09945/\sqrt{5.73985 \cdot 87158/2246148} = 0.21073 \ ,$$

$$|\hat\beta_2| \Big/ \sqrt{s^2c_{22}} = 7.88620 \quad \text{und} \quad |\hat\beta_3| \Big/ \sqrt{s^2c_{33}} = 0.30523 \ ,$$

daß wir lediglich die Hypothese H_{02} verwerfen können; bei Berücksichtigung von $\mathfrak{x}_2$ und $\mathfrak{x}_3$ bzw. $\mathfrak{x}_1$ und $\mathfrak{x}_2$ liefert $\mathfrak{x}_1$ bzw. $\mathfrak{x}_3$ also keinen zusätzlichen zum 5% Niveau signfikanten Erklärungsbeitrag für $\mathfrak{y}$, was man auch aus den individuellen 95% Konfidenzintervallen (vgl. Tab.3) ablesen kann: Die Hypothese $H_{0j}: \beta_j = 0$ wird zum Niveau γ verworfen, falls das individuelle $(1-\gamma)$ - Konfidenzintervall für β_j die Null enthält.

Die oben durchgeführten Tests sind spezielle *Modell - Reduktionstests*, denn die Hypothese H_{0j} entspricht gerade der Reduktionshypothese, daß $\mathfrak{x}_1,\ldots,\mathfrak{x}_{j-1},\mathfrak{x}_{j+1},\ldots,\mathfrak{x}_h$ zur Erklärung des Regressanden ausreichen. Wir wollen nun zusätzlich noch mittels der Reduktionstests zum 5% Niveau prüfen, ob die Regressoren $\mathfrak{x}_1,\mathfrak{x}_2,\mathfrak{x}_3$ einzeln zur Erklärung des Regressanden $\mathfrak{y}$ ausreichen. Dazu benötigen wir die Bestimmtheitsmaße $B_{\mathfrak{y},\mathfrak{x}_j}$ der Regressionen von $\mathfrak{y}$ auf $\mathfrak{x}_j$ für j=1,2,3. Für j=2 müssen wir z.B.

$$B_{\mathfrak{y},\mathfrak{x}_2} = r^2_{\mathfrak{y},\mathfrak{x}_2} = \left[\sum_{i=1}^{10}(y_i-\bar y)(x_{2i}-\bar x_2) \Big/ \sqrt{\left(\sum_{i=1}^{10}(y_i-\bar y)^2\right) \cdot \left(\sum_{i=1}^{10}(x_{2i}-\bar x_2)^2\right)} \right]^2$$

berechnen. Eine andere Möglichkeit dieses Bestimmtheitsmaß zu gewinnen, besteht darin, das Regressionsmodell

$$y_i = \beta_o + \beta_2 x_{2i} + e_i$$

zu betrachten und zunächst die Schätzer für β_o, β_2 in diesem Modell zu berechnen. Aus der Tab.1 ergibt sich mit der Designmatrix

$$X_2 = \begin{pmatrix} 1 & \cdots & 1 \\ x_{21} & \cdots & x_{2\,10} \end{pmatrix}^T :$$

$$X_2^T X_2 = \begin{pmatrix} 10 & 44 \\ 44 & 206 \end{pmatrix}, \quad C_2 = \begin{pmatrix} c_{oo}^2 & c_{o2}^2 \\ c_{o2}^2 & c_{22}^2 \end{pmatrix} = (X_2^T X_2)^{-1} = \frac{1}{124}\begin{pmatrix} 206 & -44 \\ -44 & 10 \end{pmatrix}, \quad X_2^T y = \begin{pmatrix} 220 \\ 1038 \end{pmatrix}$$

und somit

$$\begin{pmatrix} \hat{\beta}_o \\ \hat{\beta}_2 \end{pmatrix} = (X_2^T X_2)^{-1} X_2^T y = \begin{pmatrix} -2.83871 \\ 5.64516 \end{pmatrix} ,$$

so daß dann die Größen

$$\hat{y}_i = -2.83871 + 5.64516 x_{2i} , \quad \hat{e}_i = y_i - \hat{y}_i \quad \text{für } i=1,\ldots,10$$

in diesem Modell berechnet werden können. Es ergibt sich hier dann

$$\sum_{i=1}^{10} \hat{e}_i^2 = 72.83871 ,$$

so daß wir in diesem Modell mit $h = 1$ das Bestimmtheitsmaß

$$B_{\mathfrak{y},\mathfrak{x}_2} = 1 - \sum_{i=1}^{10} \hat{e}_i^2 \Big/ \sum_{i=1}^{10} (y_i - \bar{y})^2 = 1 - \frac{72.83871}{468} = 0.84436$$

bzw. das adjustierte Bestimmtheitsmaß

$$\overline{B}_{\mathfrak{y},\mathfrak{x}_2} = 1 - \frac{n}{n-h-1} \cdot (1 - B) = 1 - \frac{10}{8} \cdot 0.15564 = 0.80545$$

erhalten. Die Hypothese "$\mathfrak{x}_2$ reicht zur Erklärung von $\mathfrak{y}$ aus" des Reduktionstests, die äquivalent zur Hypothese

$$H_o: \begin{pmatrix} 0 & 1 & 0 & 0 \\ 0 & 0 & 0 & 1 \end{pmatrix} \beta = (\beta_1, \beta_3)^T = 0 \quad \text{bzw.} \quad H_o: \beta_1 = \beta_3 = 0$$

ist, kann zum 5% Niveau nicht verworfen werden, denn mit $B_{\mathfrak{y},(1,2,3)} = 0.92641$ und $q = 2$ ist

$$\begin{aligned} &(B_{\mathfrak{y},(1,2,3)} - B_{\mathfrak{y},2}) \cdot \sum_{i=1}^{10} (y_i - \bar{y})^2 / s^2 q \\ &= (0.92641 - 0.84436) \cdot 468/(5.73985 \cdot 2) \\ &= 3.34498 \not> 5.141 = F_{2,6;0.95} = F_{q,n-h-1;1-\gamma} , \end{aligned}$$

d.h. bei Berücksichtigung des Regressors $\mathfrak{x}_2$ ist der Beitrag von $\mathfrak{x}_1$ und $\mathfrak{x}_3$ zur Erklärung von $\mathfrak{y}$ zum 5% Niveau nicht signifikant. Dieses Ergebnis wird auch am 95% Konfidenzintervall für β_1 und β_3 deutlich, vgl. Abb.8: die Ellipse enthält den Punkt (0,0) und natürlich enthalten auch die beiden Konfidenzintervalle den Wert Null. Als Schätzung für die Fehlervarianz σ^2 erhält man in diesem Modell schließlich

$$s^2 = \sum_{i=1}^{10} \hat{e}_i^2/(n-h-1) = \frac{72.83871}{8} = 9.10484 \quad .$$

In der Tab.5 sind für alle Regressionsmodelle, in denen ein, zwei oder drei der Regressoren $\mathfrak{x}_1, \mathfrak{x}_2, \mathfrak{x}_3$ berücksichtigt werden, die Kleinste - Quadrate - Schätzer für die Regressionskoeffizienten, sowie die Modell - Prognosen $\hat{y}_1, \ldots, \hat{y}_{10}$ angegeben. In der Tab.6 findet man dann zu diesen Modellen die Bestimmtheitsmaße B, die multiplen Korrelationskoeffizienten zwischen Regressand und Regressoren $\sqrt{B}$, die adjustierten Bestimmtheitsmaße $\overline{B}$, die Prüfgrößen der 5% - Niveau - Reduktionstests zur Hypothese "die im Modell nicht berücksichtigten Regressoren liefern keinen signifikanten, zusätzlichen Erklärungsbeitrag" sowie die zugehörigen kritischen Werte $F_{q,6;0.95}$ und die Schätzungen für die Fehlervarianz σ^2.

Wir stellen fest, daß bei allen Regressionsmodellen, in denen der Regressor $\mathfrak{x}_2$ berücksichtigt wird, der zusätzliche Beitrag der vernachlässigten Regressoren nicht signifikant zum 5% Niveau ist; bereits die Betrachtung der Regressionsgerade

$$\mathfrak{y} = \beta_0 + \beta_2 x_2$$

ist also signifikant ausreichend (zum 5% Niveau) um den Regressanden $\mathfrak{y}$ zu erklären.

Auffällig ist, daß sich die Regressionskoeffizientenschätzer von Modell zu Modell stark verändern; mit Ausnahme des Koeffizienten β_2 finden sogar *Vorzeichenwechsel* statt. Dieses unterstreicht die Tatsache, daß man die Parameterschätzungen nicht einzeln sondern nur im Modell - Zusammenhang *interpretieren* kann. Betrachten wir hierzu einmal die *Korrelationen der Parameterschätzungen* im Ausgangsmodell, die sich - man vgl. auch die Tab.7 - zu

$$\mathrm{Corr}(\hat{\beta}_j, \hat{\beta}_{j'}) = c_{jj'} / \sqrt{c_{jj} \cdot c_{j'j'}} \qquad \text{für } j,j'=0,\ldots,3,\ j<j',$$

berechnen, sowie die Varianzen

$$\mathrm{Var}(\hat{\beta}_j) = \sigma^2 \cdot c_{jj} \qquad \text{für } j=0,\ldots,3$$

Tab.5: Parameterschätzungen $\hat{\beta}_j$ und Modell - Prognosen $\hat{y}_i$ für j=0,...,3, i=1,...,10 in den verschiedenen Regressionsmodellen

Modell	Schätzung für				Modell - Prognosen (gerundet)									
	β_0	β_1	β_2	β_3	$\hat{y}_1$	$\hat{y}_2$	$\hat{y}_3$	$\hat{y}_4$	$\hat{y}_5$	$\hat{y}_6$	$\hat{y}_7$	$\hat{y}_8$	$\hat{y}_9$	$\hat{y}_{10}$
$y=\beta_0+\beta_1x_1+\beta_2x_2+\beta_3x_3$	-11.95814	0.09945	6.75515	0.13894	22.17	29.15	23.35	15.36	28.12	12.74	14.57	33.04	16.69	24.82
$y=\beta_0+\beta_1x_1+\beta_2x_2$	-12.37866	0.24063	6.82892	-	22.40	29.32	23.45	15.09	28.26	12.44	14.85	32.69	16.86	24.65
$y=\beta_0+\beta_1x_1+\beta_3x_3$	25.61958	-1.32735	-	1.15186	17.88	23.94	23.24	21.68	19.73	23.61	17.25	26.09	21.91	24.67
$y=\beta_0+\beta_2x_2+\beta_3x_3$	-11.51821	-	6.68595	0.23296	21.98	29.06	23.31	15.53	27.97	12.97	14.36	33.26	16.62	24.94
$y=\beta_0+\beta_1x_1$	25.52830	-0.19602	-	-	19.45	24.94	24.16	19.84	20.24	22.00	20.04	22.20	23.96	23.18
$y=\beta_0+\beta_2x_2$	-2.83871	-	5.64516	-	19.74	31.03	25.39	14.10	25.39	14.10	14.10	31.03	19.74	25.39
$y=\beta_0+\beta_3x_3$	24.75926	-	-	-0.15678	20.21	24.45	23.82	20.06	20.68	21.78	20.84	21.62	23.82	22.72
beobachteter Wert					y_1=24	y_2=28	y_3=25	y_4=13	y_5=27	y_6=14	y_7=15	y_8=32	y_9=14	y_{10}=28

Tab.6: Bestimmtheitsmaße B, multiple Korrelationskoeffizienten $\sqrt{B}$, adjustierte Bestimmtheitsmaße $\bar{B}$, Prüfgrößen und kritische Werte der Reduktionstests zum 5% Niveau sowie Schätzungen für σ^2 in den verschiedenen Regressionsmodellen

Modell	B	$\sqrt{B}$	$\bar{B}$	Prüfgröße	kritischer Wert	Schätzung für σ^2
$y=\beta_0+\beta_1x_1+\beta_2x_2+\beta_3x_3$	0.92641	0.96250	0.87735	-	-	5.73985
$y=\beta_0+\beta_1x_1+\beta_2x_2$	0.92527	0.96191	0.89324	0.09295	5.987	4.99627
$y=\beta_0+\beta_1x_1+\beta_3x_3$	0.16365	0.40454	-0.19479	62.19181	5.987	55.91605
$y=\beta_0+\beta_2x_2+\beta_3x_3$	0.92587	0.96222	0.89410	0.04403	5.987	4.95629
$y=\beta_0+\beta_1x_1$	0.07832	0.27986	-0.15210	34.57461	5.143	53.91811
$y=\beta_0+\beta_2x_2$	0.84436	0.91889	0.80545	3.34498	5.143	9.10484
$y=\beta_0+\beta_3x_3$	0.04991	0.22341	-0.18761	35.73275	5.143	55.58005

der Schätzungen im Ausgangsmodell, so zeigt sich, daß der 'Grad' der Veränderungen der Schätzungen in den verschiedenen Modellen sehr stark von diesen Größen abhängig ist.

Tab.7: Korrelationen und Varianzen der Parameterschätzungen im Ausgangsmodell

$Corr(\hat{\beta}_j,\hat{\beta}_{j'})$ — j \ j'	1	2	3	$Var(\hat{\beta}_j)/\sigma^2$
0	-0.41563	-0.94865	0.27429	4.39555
1		0.38336	-0.98010	0.03880
2			-0.28217	0.12783
3				0.03610

Die Varianz der Schätzungen im Ausgangsmodell bestimmt die Stärke der Veränderungen in den Schätzungen, d.h. ist die Varianz von $\hat{\beta}_j$ im Ausgangsmodell "groß", so sind die Veränderungen der Schätzungen für β_j in den Reduktionsmodellen "groß" (s. $\hat{\beta}_0$), ist sie "klein", so sind nur "geringe" Veränderungen möglich. Ist die Korrelation zweier Schätzungen $\hat{\beta}_j,\hat{\beta}_{j'}$ im Ausgangsmodell "hoch", so verändert sich die Schätzung in einem Reduktionsmodell (bei einer wechselseitigen Elimination) für mindestens einen dieser Parameter sehr stark (im Rahmen, der durch die Varianz der jeweiligen Schätzung vorgegeben ist), wenn der jeweils andere Parameter bzw. der zugehörige Regressor eliminiert wird, und dies umso mehr, je stärker die "Korrelationen" zum Regressanden sind. Ist dagegen die Korrelation "gering", so beeinflußt die Elimination des einen Regressors die Schätzung für den anderen Parameter kaum. Eine entsprechende Aussage läßt sich auch anhand der "Korrelationen" der Regressoren untereinander bzw. zwischen Regressoren und Regressand ableiten, vgl. Tab.8, wo diese "Korrelationen" für unser Beispiel zu finden sind; es ergibt sich z.B. dort

$$r_{\mathfrak{y},\mathfrak{x}_2} = Corr(\mathfrak{y},\mathfrak{x}_2) = \sum_{i=1}^{10}(y_i-\bar{y})(x_{2i}-\bar{x}_2) \Big/ \sqrt{\left(\sum_{i=1}^{10}(y_i-\bar{y})^2\right)\left(\sum_{i=1}^{10}(x_{2i}-\bar{x}_2)^2\right)}$$

$$= 0.91889 \quad .$$

Tab.8: "Korrelationen" zwischen Regressoren und Regressand anhand der Daten aus Tab.1

$r_{\mathfrak{y},\mathfrak{x}_1}$	$r_{\mathfrak{y},\mathfrak{x}_2}$	$r_{\mathfrak{y},\mathfrak{x}_3}$	$r_{\mathfrak{x}_1,\mathfrak{x}_2}$	$r_{\mathfrak{x}_1,\mathfrak{x}_3}$	$r_{\mathfrak{x}_2,\mathfrak{x}_3}$
-0.27986	0.91889	-0.22341	-0.56085	0.98404	-0.51032

Diese Tabelle liefert zusätzlich eine Erklärung dafür, daß bei Berücksichtigung des Regressors $\mathfrak{x}_2$, der Beitrag von $\mathfrak{x}_1$ und $\mathfrak{x}_3$ zur Erklärung des Regressanden $\mathfrak{y}$ zum 5% Niveau vernachlässigbar ist: Die "Korrelation" zwischen $\mathfrak{y}$ und $\mathfrak{x}_2$ ist sehr hoch, wohingegen die beiden anderen Regressoren, die zudem sehr stark miteinander "korrelieren", nur schwach mit dem Regressanden "korreliert" sind.

Es sei hier noch auf eine weitere Auffälligkeit hingewiesen. Betrachtet man in der Tab.6 die Bestimmtheitsmaße genauer, so fällt auf, daß die Summe einzelner Bestimmtheitsmaße stets kleiner ist als das Bestimmtheitsmaß des Modells, in dem die betreffenden Regressoren gemeinsam betrachtet werden. Beispielsweise ist $B_{\mathfrak{y},1} + B_{\mathfrak{y},3} = 0.07832 + 0.04991 = 0.12823$ kleiner als $B_{\mathfrak{y},(1,3)} = 0.16365$; dies ist umso erstaunlicher, weil die Regressoren $\mathfrak{x}_1$ und $\mathfrak{x}_3$ sehr stark positiv korreliert sind ($r_{\mathfrak{x}_1,\mathfrak{x}_3} = 0.98404$, vgl. Tab.8).

Wir wollen nun noch einmal auf die *Regressionsgerade*

$$\mathfrak{y} = \beta_0 + \beta_2 x_2$$

zurückkommen. Als Schätzung für sie hatten wir anhand der Daten aus Tab.1

$$\hat{\mathfrak{y}} = -2.83871 + 5.64516 x_2$$

bestimmt, d.h. der Prognosewert für eine zukünftige Beobachtung y_* berechnet sich an einer Stelle x_{2*} zu

$$\hat{y}_* = -2.83871 + 5.64516 x_{2*} \quad .$$

Stellt man nun für beliebige Werte x_{2*}, was natürlich nur für solche Werte x_{2*} sinnvoll ist, die im durch die Beobachtungen vertretbaren Bereich liegen, die zugehörigen Prognosen $\hat{y}_*$ graphisch dar, so ergibt sich eine Gerade mit Achsenabschnitt -2.83871 und Steigung 5.64516. Diese Regressionsgerade ist in der Abb.11, in der auch die 10 konkreten Beobachtungen eingetragen sind, zu finden. Berechnet man zudem an jeder Stelle x_{2*} individuelle sowie simultane Konfidenz- und Prognoseintervalle für den Erwartungswert von y_* bzw. für y_* selbst, so ergeben sich *Konfidenz- und Prognosestreifen für die Regressionsgerade*. Die vier verschiedenen Streifen (zum 95% Niveau) sind ebenfalls in der Abb.11 eingetragen. Die Grenzen dieser Streifen berechnen sich unter Verwendung der Prognosewerte $\hat{y}_* = \hat{y}_*(x_{2*})$ zu x_{2*} wie folgt. An jeder Stelle x_{2*} ergeben sich mit der Schätzung $s^2 = 9.10484$ für σ^2 (vgl. auch Tab.6), der Matrix

$$C_2 = (X_2^T X_2)^{-1} = \frac{1}{124} \cdot \begin{pmatrix} 206 & -44 \\ -44 & 10 \end{pmatrix}$$

und mit $x_* = (1, x_{2*})^T$, d.h.

$$x_*^T C_2 x_* = \frac{1}{124}\cdot(206 - 88x_{2*} + 10x_{2*}^2)$$

die Grenzen des individuellen 95% Konfidenzintervalls für $E(\hat{y}_*) = E(\hat{y}_*(x_{2*}))$ zu

$$\hat{y}_*(x_{2*}) \pm g_1(x_{2*}) = \hat{y}_*(x_{2*}) \pm t_{n-h-1:1-\gamma/2}\cdot\sqrt{s^2 x_*^T C_2 x_*}$$
$$= \hat{y}_*(x_{2*}) \pm t_{8;0.975}\cdot\sqrt{s^2 x_*^T C_2 x_*}$$
$$= \hat{y}_*(x_{2*}) \pm 2.306\cdot\sqrt{9.10484\cdot(206 - 88x_{2*} + 10x_{2*}^2)/124} \quad ,$$

die Grenzen des simultanen 95% Konfidenzintervalls zu

$$\hat{y}_*(x_{2*}) \pm g_2(x_{2*}) = \hat{y}_*(x_{2*}) \pm \sqrt{2s^2 x_*^T C_2 x_* \cdot F_{2,8;0.95}}$$
$$= \hat{y}_*(x_{2*}) \pm \sqrt{2\cdot 9.10484\cdot(206 - 88x_{2*} + 10x_{2*}^2)\cdot 4.459/124} \quad ,$$

die Grenzen des individuellen 95% Prognoseintervalls für y_* selbst zu

$$\hat{y}_*(x_{2*}) \pm g_3(x_{2*}) = \hat{y}_*(x_{2*}) \pm t_{8;0.975}\cdot\sqrt{s^2(x_*^T C_2 x_* + 1)}$$
$$= \hat{y}_*(x_{2*}) \pm 2.306\cdot\sqrt{9.10484\cdot(206 - 88x_{2*} + 10x_{2*}^2 + 124)/124}$$

und die Grenzen des simultanen 95% Prognoseintervalls zu

$$\hat{y}_*(x_{2*}) \pm g_4(x_{2*}) = \hat{y}_*(x_{2*}) \pm \sqrt{2s^2(x_*^T C_2 x_* + 1)\cdot F_{2,8;0.95}}$$
$$= \hat{y}_*(x_{2*}) \pm \sqrt{2\cdot 9.10484\cdot(206 - 88x_{2*} + 10x_{2*}^2 + 124)\cdot 4.459/124} \quad ;$$

für einige Werte x_{2*} sind diese Intervalle in Tab.9 zusammengestellt.

Aus Tab.9 und Abb.11 entnimmt man, daß der individuelle Konfidenzstreifen stets am schmalsten und der simultane Prognosestreifen stets am breitesten ist. Der individuelle Prognosestreifen ist im Zentralbereich (in der Nähe von $(\bar{x}_2,\bar{y}) = (4.40,22.00)$ etwas breiter als der simultane Konfidenzstreifen und sonst etwas schmaler. Alle vier Streifen sind an der Stelle $(\bar{x}_2,\bar{y})$ am schmalsten und werden, je weiter man sich von diesem Punkt entfernt, breiter.

Wir kommen nun noch einmal auf unser *Ausgangsmodell*

$$\mathfrak{y} = \beta_0 + \beta_1 x_1 + \beta_2 x_2 + \beta_3 x_3$$

zurück und wollen dort einmal eine *Ridge - Regression* durchführen, d.h. wir wollen die Parameter β_j für j=0,...,3 als

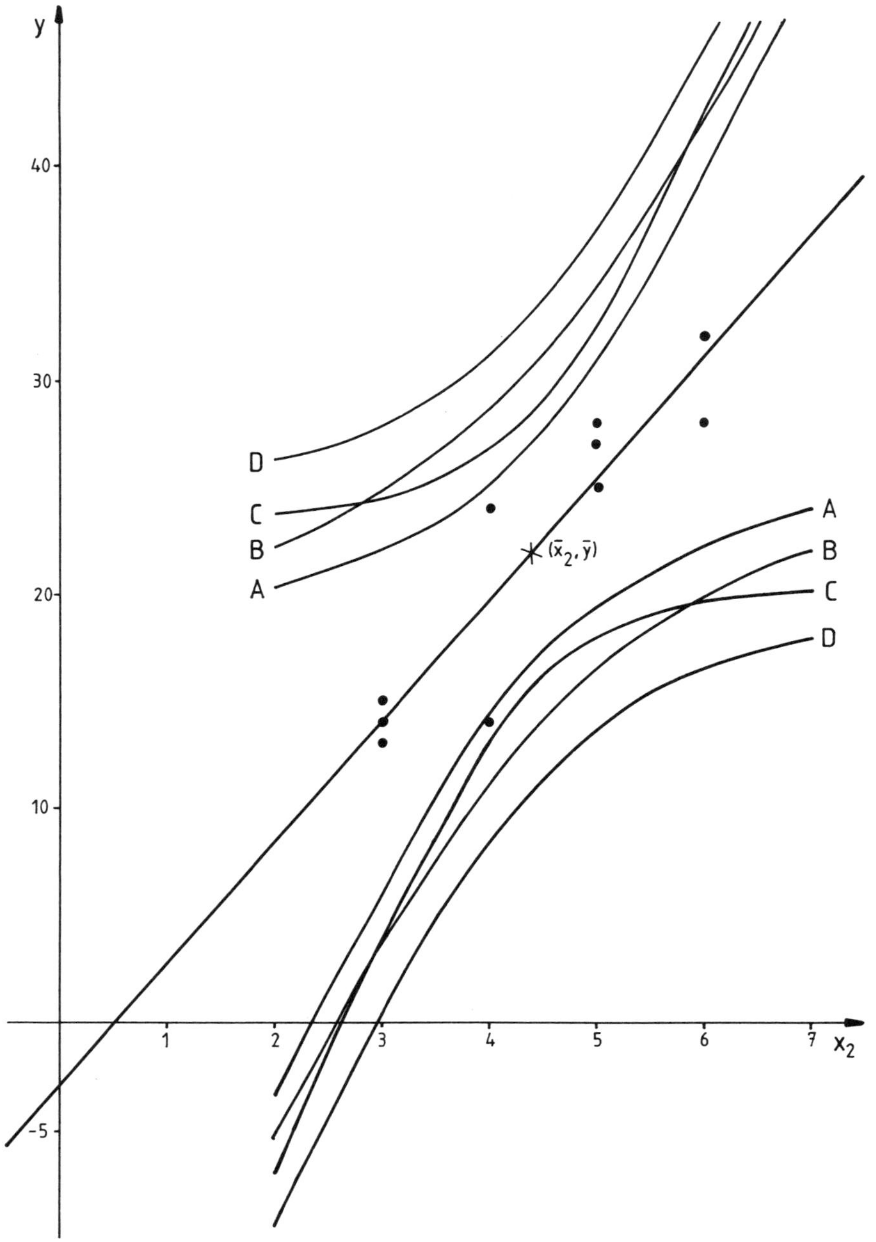

Abb. 11: Beobachtete Werte $y_1, \ldots, y_{10}$, Regressionsgerade $\hat{y}=-2.83871+5.64516x_2$, individueller 95% Konfidenzstreifen (Grenzen A), individueller 95% Prognosestreifen (Grenzen B), simultaner 95% Konfidenzstreifen (Grenzen C) und simultaner 95% Prognosestreifen (Grenzen D) für die Regressionsgerade

Tab.9: Prognosewerte $\hat{y}_*(x_{2*})$ und Grenzen der individuellen und simultanen Konfidenz- und Prognoseintervalle zum 95% Niveau an einigen Stellen x_{2*}

x_{2*}	$\hat{y}_*(x_{2*})$	Konfidenzintervall		Prognoseintervall	
		individuell $g_1(x_{2*})$	simultan $g_2(x_{2*})$	individuell $g_3(x_{2*})$	simultan $g_4(x_{2*})$
2.00	8.45161	11.88335	15.38910	13.77063	17.83315
2.25	9.86290	10.87505	14.08334	12.91057	16.71937
2.50	11.27419	9.89147	12.80959	12.09369	15.66150
2.75	12.68548	8.94076	11.57841	11.32932	14.67162
3.00	14.09677	8.03461	10.40493	10.62879	13.76443
3.25	15.50806	7.18988	9.31100	10.00553	12.95730
3.75	18.33064	5.79123	7.49972	9.05287	11.72360
4.00	19.74193	5.31440	6.88222	8.75551	11.33851
4.25	21.15322	5.04668	6.53552	8.59565	11.13148
4.40	22.00000	5.00150	6.47702	8.56920	11.09724
4.50	22.56451	5.02163	6.50308	8.58097	11.11247
4.75	23.97580	5.24274	6.78942	8.71220	12.28246
5.00	25.38709	5.68133	7.35740	8.98297	11.63307
5.25	26.79838	6.29209	8.14834	9.38118	12.14876
5.50	28.20967	7.03028	9.10432	9.89147	12.80959
5.75	29.62096	7.86010	10.17893	10.49749	13.59440
6.00	31.03225	8.75551	11.33851	11.18370	14.48305
6.25	32.44354	9.69838	12.55954	11.93628	15.45765
6.50	33.85483	10.67613	13.82574	12.74347	16.50297
6.75	35.26612	11.68002	15.12578	13.59555	17.60643
7.00	36.67741	12.70383	16.45164	14.48460	18.75776

$$\hat{\beta}(k) = (X^T X + k \cdot I_4)^{-1} X^T y$$

schätzen, wobei $k \geq 0$ ist. Betrachten wir einmal den Fall $k = 0.1$ genauer. Hier ergibt sich

$$\hat{\beta}(0.1) = \begin{pmatrix} 10.1 & 180.0 & 44.0 & 176.0 \\ 180.0 & 4194.1 & 731.0 & 4105.0 \\ 44.0 & 731.0 & 206.1 & 719.0 \\ 176.0 & 4105.0 & 719.0 & 4048.1 \end{pmatrix}^{-1} \begin{pmatrix} 220 \\ 3773 \\ 1038 \\ 3723 \end{pmatrix}$$

$$= \frac{1}{3286893.6} \begin{pmatrix} 9950416.00 & -386661.40 & -1607685.20 & 245027.80 \\ -386661.40 & 119856.14 & 59940.39 & -115376.15 \\ -1607685.20 & 59940.39 & 301741.60 & -44478.89 \\ 245027.80 & -115376.15 & -44478.89 & 115056.80 \end{pmatrix} \begin{pmatrix} 220 \\ 3773 \\ 1038 \\ 3723 \end{pmatrix}$$

$$= (-8.00777, -0.05342, 6.10827, 0.23709)^T \quad ,$$

so daß wir

$$SSE(0.1) = \sum_{i=1}^{10} (y_i - \hat{\beta}_0(0.1) - \hat{\beta}_1(0.1)x_{1i} - \hat{\beta}_2(0.1)x_{2i} - \hat{\beta}_3(0.1)x_{3i})^2$$
$$= 37.99418$$

und mit SSE = SSE(0) = 34.43912 weiterhin

$$Q(0.1) = SSE(0.1)/SSE = 1.10323$$

erhalten. Damit ist dann das Bestimmtheitsmaß an der Stelle k = 0.1 wegen B = B(0) = 0.92641

$$B(0.1) = 1 - Q(0.1)(1 - B) = 0.91881 \quad .$$

Das Unbestimmtheitsmaß U(0.1) = 1 - B(0.1) = 0.08119 ist also um 10.323% höher als U = U(0) = 0.07359.

In der **Tab.10** sind für einige Werte des Quotienten Q(k) der Wert k sowie die zugehörigen Schätzer $\hat{\beta}_0(k),\ldots,\hat{\beta}_3(k)$, die Bestimmtheitsmaße B(k) und die Fehler-Quadratsummen SSE(k) angegeben; in der **Abb.12** ist die *Ridge-Trace* für den Bereich zwischen k = 0 und k = 1 auch graphisch dargestellt. Man sieht, daß mit wachsendem k die Schätzung für $\beta_0(k)$ ansteigt, die für $\beta_1(k)$ und $\beta_3(k)$ nahezu konstant bleibt (bei der Schätzung für $\beta_1(k)$ tritt dabei allerdings ein Vorzeichenwechsel auf, vgl. Tab.10) und die Schätzung für $\beta_2(k)$ leicht fällt.

Tab.10: Werte k, zugehörige Schätzungen $\hat{\beta}_j(k)$, j=0,...,3, Bestimmtheitsmaße B(k) und Quadratsummen SSE(k) für einige Quotienten Q(k) im Beispiel zur Ridge-Regression

Q(k)	1.000	1.025	1.050	1.100	1.150	1.200
k	0.000	0.040	0.061	0.098	0.133	0.169
$\hat{\beta}_0(k)$	-11.958	-11.733	-9.215	-8.062	-7.193	-6.462
$\hat{\beta}_1(k)$	0.099	0.091	-0.007	-0.051	-0.085	-0.112
$\hat{\beta}_2(k)$	6.755	6.718	6.307	6.117	5.974	5.854
$\hat{\beta}_3(k)$	0.139	0.145	0.207	0.236	0.257	0.275
B(k)	0.926	0.926	0.923	0.919	0.915	0.912
SSE(k)	34.439	35.300	36.161	37.883	39.605	41.327

Insgesamt läßt sich sagen, daß in unserem Beispiel die Bestimmung der Parameterschätzungen recht stabil ist. Daß eine Ridge-Trace auch ein ganz anderes Aussehen haben kann, zeigt sich im folgenden *modifizierten Beispiel*, wenn man von den bisherigen Regressoren $\mathfrak{x}_1,\ldots,\mathfrak{x}_3$ zu den logarithmierten Größen übergeht und das Modell

$$\mathfrak{z} = \beta_0' + \beta_1'\cdot\ln x_1 + \beta_2'\cdot\ln x_2 + \beta_3'\cdot\ln x_3$$

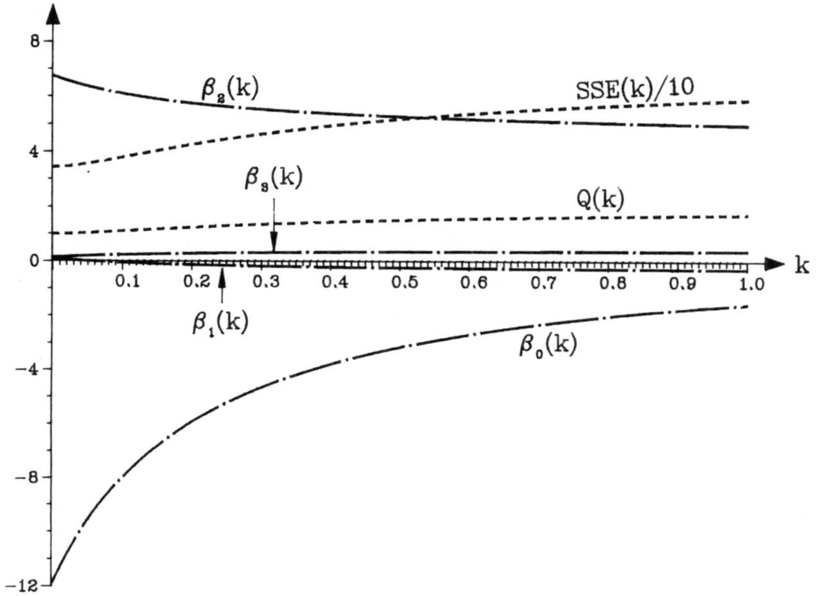

Abb.12: Ridge - Trace für das Regressionsbeispiel (Daten aus Tab.1)

betrachtet. Mit den Werten x_{ij} (i=1,...,10, j=1,2,3) aus Tab.1 und den (neuen) Beobachtungswerten

$$z_1 = 4.30407,\ z_2 = 4.41884,\ z_3 = 4.33073,\ z_4 = 3.66356,\ z_5 = 4.39445,$$
$$z_6 = 3.76120,\ z_7 = 3.80666,\ z_8 = 4.56435,\ z_9 = 3.73767,\ z_{10} = 4.45435$$

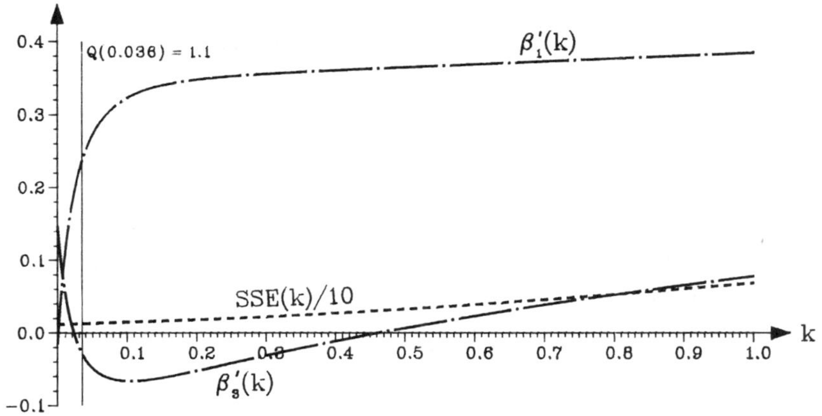

Abb.13: Ridge - Trace für das modifizierte Regressionsbeispiel

für den Regressanden $\mathfrak{z}$ ergibt sich die in Abb.13 dargestellte Ridge-Trace, wobei allerdings nur die Schätzungen für $\beta_1'(k)$ und $\beta_3'(k)$ sowie die Fehlerquadratsummen SSE(k) abgetragen sind. Die Schätzung für $\beta_1'(k)$ ist für $k = 0$ schwach negativ und steigt dann recht schnell an, wohingegen die Schätzung für $\beta_3'(k)$ zunächst recht stark positiv ist, dann negativ wird, um schließlich wieder anzusteigen.

Es sei hier noch erwähnt, daß sich nichtlineare (in den Parametern) Regressionsfunktionen häufig durch eine *Transformation in lineare Regressionsfunktionen* überführen lassen. Betrachtet man etwa eine *Cobb - Douglas - Produktionsfunktion* der Art

$$\tilde{\mathfrak{y}} = e^{\beta_0} \cdot \tilde{x}_1^{\beta_1} \cdot \ldots \cdot \tilde{x}_h^{\beta_h} \quad ,$$

so gelangt man vermittels der Transformation

$$\mathfrak{y} = \ln \tilde{\mathfrak{y}} = \beta_0 + \beta_1 \cdot \ln \tilde{x}_1 + \ldots + \beta_h \cdot \ln \tilde{x}_h = \beta_0 + \beta_1 x_1 + \ldots + \beta_h x_h$$

mit $x_j = \ln \tilde{x}_j$ für $j=1,\ldots,h$ zu einer linearen Regressionsfunktion, die sich mit den hier dargestellten Methoden behandeln läßt. Als Linearform der sogenannten *Produktionselastizitäten* β_j interessiert hier insbesondere die *Skalenelastizität*

$$\varepsilon = \beta_1 + \ldots + \beta_h \quad ,$$

die auch *Ergiebigkeitsgrad der Produktion* genannt wird; im Vordergrund steht hierbei häufig die Frage, ob eine geschätzte Skalenelastizität $\hat{\varepsilon} = \hat{\beta}_1 + \ldots + \hat{\beta}_h$ signifikant verschieden von 1 ist, d.h. ob auf einen nicht-optimalen Einsatz der Produktionsfaktoren $\tilde{x}_1,\ldots,\tilde{x}_h$ geschlossen werden kann. Dies führt zu einem Test der Hypothese H_0: $\varepsilon = 1$ gegen H_1: $\varepsilon \neq 1$ bzw. man überprüft, was äquivalent zum Test ist, ob das mittels $\hat{\varepsilon}$ konstruierte Konfidenzintervall für ε die 1 enthält oder nicht; vgl. auch die Einleitung zu diesem Kapitel.

Bei einer *polynomialen Regression* der Gestalt

$$\mathfrak{y} = \beta_0 + \beta_1 x + \beta_2 x^2 + \ldots + \beta_h x^h$$

gelangt man durch einfache Umbenennung zu einer Regressionsfunktion in der hier betrachteten Form

$$x = x_1 \ , \quad x^2 = x_2 \ , \quad \ldots \quad , \quad x^h = x_h \quad .$$

Die Auswertung einer multiplen Regressionsanalyse, wie wir sie hier betrachtet haben, wird natürlich umso *komplexer* je größer die Anzahl h der berücksichtigten Regressoren ist. Um diese *Anzahl zu reduzieren* kann man den oben angegebenen Reduktionstest verwenden; eine andere Möglichkeit besteht darin, mittels *Faktoren- oder Hauptkomponentenanalyse*, vgl. Kap.VIII, die Regressoren auf wenige sie beschreibende ('künstliche') Faktoren zurückzuführen und als Designmatrix des Regressionsmodells dann die entsprechende Matrix der Faktoren- bzw. Hauptkomponentenwerte zu verwenden; man vgl. hierzu auch Massy (1965), Daling/Tamura (1970), Hawkins (1973).

An dieser Stelle kommen wir noch einmal auf das Problem der *Instabilitäten* (z.B. schlechte Konditionierung von X^TX) im Regressionsmodell zurück. Solche Instabilitäten entstehen mitunter auch dadurch, daß die Werte des Regressanden und der Regressoren in sehr unterschiedlichen Größenordnungen und Schwankungsbereichen liegen; hier empfiehlt es sich mitunter alle Variablen zu *zentrieren*, wie dies zu Beginn des Abschnitts (Schätzen ohne Matrixschreibweise) geschehen ist, oder zu *standardisieren*, d.h. man geht für $j=1,\dots,h$ von x_{ij} über zu $x_{ij}^{st} = (x_{ij} - \bar{x}_j)/s_j$ und von y_i über zu $y_i^{st} = (y_i - \bar{y})/s_y$, wobei

$$s_j^2 = \frac{1}{n-1}\sum_{i=1}^{n}(x_{ij} - \bar{x}_j)^2\,, \qquad \bar{x}_j = \frac{1}{n}\sum_{i=1}^{n} x_{ij} \qquad \text{für } j=1,\dots,h \text{ und}$$

$$s_y^2 = \frac{1}{n-1}\sum_{i=1}^{n}(y_i - \bar{y})^2\,, \qquad \bar{y} = \frac{1}{n}\sum_{i=1}^{n} y_i \quad .$$

Man erhält dann natürlich eine Regressionsbeziehung zwischen den standardisierten Merkmalen, wobei in der zugehörigen Regressionsfunktion das Absolutglied β_0 entfällt, d.h. in der (standardisierten) Designmatrix ist die erste Spalte zu streichen:

$$X \to X^{st} = \begin{pmatrix} x_{11}^{st} & \cdots & x_{1h}^{st} \\ \vdots & & \vdots \\ x_{n1}^{st} & \cdots & x_{nh}^{st} \end{pmatrix} \quad .$$

In den angegebenen Formeln für Konfidenz- und Prognoseintervalle sowie Tests ist dann h+1 durch h zu ersetzen; die Verteilungsannahmen sind dann allerdings verletzt, was jedoch in der Regel zu keinen wesentlich verfälschten Aussagen führt. Möchte man sich ausgehend von der Regression für die standardisierten Merkmale wieder auf die ursprünglichen Merkmale beziehen, so ist jeweils zurückzurechnen, d.h. die Transformation rückgängig zu machen; vgl. hierzu auch die Beispiele im Abschnitt 1.3 des Kap.X.

Bzgl. der hier behandelten und weiterer Aspekte der Regressionsanalyse, z.B. Regression bei Fehlern in den Regressoren, sei etwa verwiesen auf

Draper/Smith (1981), Schönfeld (1969,1971,1978), Drygas (1970), Schneeweiß (1971,1976), Bamberg/Rauhut (1972), Horst (1975), Chatterjee/Price (1977), Hartung (1977b,1978a,1978b), Humak (1977), Seber (1977), Krafft (1978), Bamberg/Schittko (1979), Schach/Schäfer (1978), Trenkler (1981), Werner (1981,1983), Hartung et al. (1982), Cremers/Fieger (1983a,1983b), Hartung/Werner (1983,1984), Trenkler/Trenkler (1984). Für Methoden der sogenannten *robusten Regression* sei hier speziell verwiesen auf Andrews et al. (1972), Huber (1973,1981), Heiler (1980), Ketellapper/Ronner (1984), und für die Verfahren der *Zeitreihenanalyse*, auf die wir aus Platzgründen hier auch nicht eingehen können, weisen wir auf Hannan (1970), Chatfield (1975), Box - Jenkins (1976), Heiler (1981) sowie Kap.XII in der 4. Auflage (1986) von Hartung et al. (1982) hin.

Wir wollen hier nur noch den Fall einer ganz *speziellen Designmatrix* X betrachten, nämlich den, daß X gerade die (passend dimensionierte) *Einheitsmatrix* ist. Für eine q - dimensionale Zufallsvariable y mit $E(y) = \mu = (\mu_1,\dots,\mu_q)^T$ betrachtet man dann etwa das Regressionsmodell

$$y = I_q\mu + e = \mu + e \quad \text{mit}$$
$$E(e) = 0 \text{ und } Cov(e) = Cov(y) = \Sigma \quad \text{sowie} \quad y \sim N(\mu;\Sigma) \quad .$$

Sind hier μ und Σ unbekannt, so können sie nur dann geschätzt werden, wenn mehrere, sagen wir ν Realisationen von y vorliegen, $\nu > q$. Bezeichnen wir die i-te unabhängige Realisation (Wiederholung) von y mit $y_i = (y_{i1},\dots,y_{iq})^T$ für $i=1,\dots,\nu$, so wird μ *geschätzt* durch

$$\hat{\mu} = (\hat{\mu}_1,\dots,\hat{\mu}_q)^T = \left(\frac{1}{\nu}\sum_{i=1}^{\nu} y_{i1},\dots,\frac{1}{\nu}\sum_{i=1}^{\nu} y_{iq}\right)^T = (\bar{y}_1,\dots,\bar{y}_q)^T = \bar{y} \quad ,$$

und eine *Schätzung* für Σ ist gegeben durch, vgl. auch Kap.I, Abschnitt 5.6,

$$S = \frac{1}{\nu-1}\sum_{i=1}^{\nu} (y_i - \bar{y})(y_i - \bar{y})^T \quad .$$

Als individuelles $(1-\gamma)$ - *Konfidenzintervall* für eine Mittelwertkomponente μ_j ergibt sich weiter das Intervall mit den Grenzen

$$\hat{\mu}_j \pm t_{\nu-1;1-\gamma/2}\cdot\sqrt{s_{jj}/\nu} \quad ,$$

wobei s_{jj} das j-te Diagonalelement von S bezeichnet. Verwendet man hier für $j=1,\dots,q$ als t - Quantil $t_{\nu-1;1-\gamma/(2q)}$, so erhält man nach dem *Bonferroni - Prinzip simultane Konfidenzintervalle* zum Niveau $1-\gamma$ für alle Komponenten $\mu_1,\dots,\mu_q$; nach dem sogenannten *Union - Intersection - Prinzip* ergeben sich schließlich *simultane Konfidenzintervalle* zum Niveau $1-\gamma$ für alle Linearkombinationen $\ell^T\mu$ (ℓ ein beliebiger q - dimensionaler Vektor) aus den

Grenzen

$$\ell^T\hat{\mu} \pm \sqrt{\frac{(\nu-1)q}{\nu(\nu-q)}\cdot \ell^T S \ell \cdot F_{q,\nu-q;1-\gamma}} \quad .$$

Wählt man speziell die Komponenten von ℓ gleich 0 bis auf die j-te Komponente (gleich 1), so erhält man auch hieraus simultane $(1-\gamma)$ - Konfidenzintervalle für die Komponenten μ_j $(j=1,\ldots,q)$.

Wir sind hier zwangsläufig auf ein *multivariates Modell* gestoßen, mit dem wir uns in den folgenden Kapiteln weiter beschäftigen werden; beispielsweise werden wir im Kap.IV Tests in diesem *multivariaten Einstichprobenproblem* behandeln.

Beispiel: An $\nu = 8$ zufällig aus einem Produktionslos ausgewählten Werkstükken wird deren Länge und Breite gemessen. Die Länge y_{i1} und die Breite y_{i2} $(q=2)$ des i-ten Werkstücks ist für i=1,...,8 in Tab.11 angegeben.

Tab.11: Länge y_{i1} und Breite y_{i2} von $\nu = 8$ Werkstücken aus einem Produktionslos

i	1	2	3	4	5	6	7	8
Länge y_{i1}	17.2	18.0	18.5	17.8	17.6	18.0	18.3	17.4
Breite y_{i2}	3.8	3.6	4.2	3.7	3.9	4.1	3.4	3.7

Als Schätzer für den Mittelwertvektor $\mu = (\mu_1,\mu_2)^T$, d.h. für die mittlere Länge μ_1 und die mittlere Breite μ_2 der Werkstücke des Produktionsloses ergibt sich hier

$$\hat{\mu} = \left(\frac{1}{8}\sum_{i=1}^{8} y_{i1}, \frac{1}{8}\sum_{i=1}^{8} y_{i2}\right)^T = \left(\frac{1}{8}\cdot 142.8\, , \frac{1}{8}\cdot 30.4\right)^T = (17.85, 3.80)^T = \overline{y}$$

und die Schätzung für die Kovarianzmatrix Σ von Länge und Breite der Werkstücke im Produktionslos ist mit $y_i = (y_{i1}, y_{i2})^T$ für i=1,...,8 gerade

$$S = \frac{1}{7}\sum_{i=1}^{8}(y_i - \overline{y})(y_i - \overline{y})^T = \frac{1}{7}\cdot\begin{pmatrix}1.36 & 0.12\\ 0.12 & 0.48\end{pmatrix} \quad .$$

Wir wollen nun noch individuelle und simultane Konfidenzintervalle zum 95% Niveau für μ_1 und μ_2 bestimmen. Die Grenzen der individuellen Konfidenzintervalle ergeben sich zu

$$\hat{\mu}_1 \pm t_{7;0.975}\cdot\sqrt{1.36/(7\cdot 8)} = 17.85 \pm 2.365\cdot\sqrt{1.36/56} = 15.85 \pm 0.37$$

$$\hat{\mu}_2 \pm t_{7;0.975} \cdot \sqrt{0.12/(7 \cdot 8)} = 3.80 \pm 2.365 \cdot \sqrt{0.48/56} = 3.80 \pm 0.22 \quad ,$$

d.h. [17.48,18.22] ist ein individuelles 95% Konfidenzintervall für die mittlere Länge der Werkstücke im Produktionslos und [3.58,4.02] ist ein ebensolches für die Breite. Als simultane 95% Konfidenzintervalle für μ_1 und μ_2 ergeben sich aus den Grenzen

$$\hat{\mu}_1 \pm \sqrt{\frac{7 \cdot 2}{8 \cdot 6} \cdot 1.36 \cdot F_{2,6;0.95}} = 17.85 \pm \sqrt{\frac{14}{336} \cdot 1.36 \cdot 5.143} = 17.85 \pm 0.54 ,$$

$$\hat{\mu}_2 \pm \sqrt{\frac{7 \cdot 2}{8 \cdot 6} \cdot 0.48 \cdot F_{2,6;0.95}} = 3.80 \pm \sqrt{\frac{14}{336} \cdot 0.48 \cdot 5.143} = 3.80 \pm 0.32$$

die Intervalle [17.31,18.39] für μ_1 bzw. [3.48,4.12] für μ_2.

2 DAS GEMISCHTE LINEARE MODELL

Im Abschnitt 1 haben wir Regressionsmodelle betrachtet, in denen nur feste, d.h. nicht zufällige Regressions - Parameter (Lineare Modelle mit festen Effekten) auftreten; bei den *Gemischten Linearen Modellen* werden nun zusätzlich *zufällige Regressionskoeffizienten* bzw. *zufällige Effekte* berücksichtigt, d.h. wir betrachten ein Modell

$$y = X\beta + Za + e \quad ,$$

wobei y einen n - dimensionalen Beobachtungsvektor (bzw. die zugehörige Zufallsvariable), X die bekannte Designmatrix des unbekannten festen Regressionskoeffizienten - Vektors β, Z die bekannte Designmatrix der zufälligen Einflüße, die in einem Vektor a zusammengefaßt sind, und e einen zufälligen Restfehlervektor bei der Beobachtung von y bezeichnet. Der Vektor a ist also hier eine nicht (direkt) beobachtbare Zufallsvariable, von der wir annehmen, daß sie normalverteilt ist mit Erwartungswert 0 und Kovarianzmatrix Σ_a, und e ist ein von a unabhängiger, normalverteilter Zufallsvektor mit Erwartungswert 0 und Kovarianzmatrix Σ_e. Wir gehen hier davon aus, daß $\Sigma_a = \sigma^2 V_a$ und $\Sigma_e = \sigma^2 V_e$ bis auf den Faktor $\sigma^2 > 0$ bekannte Matrizen sind, so daß auch die Kovarianzmatrix von y

$$\mathrm{Cov}(y) = \Sigma = \sigma^2 V = \sigma^2 (Z V_a Z^T + V_e)$$

bis auf den Faktor σ^2 bekannt ist.

In solchen Gemischten Linearen Modellen interessiert man sich dann zunächst für die *Schätzung* von β und σ^2 (feste Parameter) und die *Prognose* der Realisationen der Zufallsvektoren a und e.

Sind die Matrizen V und X^TX invertierbar (*regulärer Fall*), so ergibt sich, vgl. auch Henderson (1963,1975), Harville (1979) der *gewichtete Kleinste-Quadrate-Schätzer* (*weighted Least-Squares-Estimator*) für β zu

$$\hat{\beta} = (X^T V^{-1} X)^{-1} X^T V^{-1} y \quad ;$$

dieser Schätzer $\hat{\beta}$, der auch *Aitken-Schätzer* heißt, ist der erwartungstreue Schätzer mit kleinster Varianz für β. Der Vektor a der zufälligen Effekte bzw. seine Realisation wird prognostiziert bzw. geschätzt durch den erwartungstreuen Schätzer (mit minimaler Varianz für jede Linearform in den Prognosedifferenzen der Art $\ell^T(\hat{a} - a)$)

$$\hat{a} = V_a Z^T V^{-1}(y - X\hat{\beta}) \quad ,$$

und ein entsprechender Schätzer für den Restfehler ist

$$\hat{e} = V_e V^{-1}(y - X\hat{\beta}) \quad .$$

Hat V_e eine einfache Gestalt (häufig ist V_e die Einheitsmatrix), so ist hier die *Formel von Woodbury* bei der Inversion der n×n-Matrix V nützlich; falls V_a und V_e invertierbar sind, gilt

$$V^{-1} = V_e^{-1} - V_e^{-1} Z (V_a^{-1} + Z^T V_e Z)^{-1} Z^T V_e^{-1} \quad .$$

Im *nicht-regulären Fall* ist obiges Verfahren nicht mehr anwendbar. Eine Erweiterung eines Verfahrens (für den regulären Fall) von Henderson et al. (1959), die von Harville (1976) vorgenommen wurde - wir wollen sie hier aus Platzgründen nicht betrachten - , erlaubt für beliebige Matrizen V und X die Schätzung bzw. Prognose von β bzw. a (unter Verwendung einer speziellen generalisierten Inversen, die i.a. nicht die Pseudoinverse ist). Vielmehr wollen wir hier zwei andere Verfahren vorstellen, die für β, a und e bei beliebigen V und X Schätzungen bzw. Prognosen liefern.

Zunächst betrachten wir '*explizite*' *Schätzungen* (bei Verwendung der Pseudoinversen), vgl. Elpelt/Hartung (1983a); man berechnet hier zunächst die Matrix

$$Q = I_n - XX^+ \quad ,$$

(die gerade die Projektion auf das orthogonale Komplement vom Wertebereich von X ist), wobei X^+ die Pseudoinverse der Designmatrix X bezeichnet, vgl. Abschnitt 4 in Kap.I. Dann sind die zu obigen Schätzern im regulären Fall analogen Schätzer bzw. Prognosen für β, a und e gegeben durch

$$\hat{\beta} = X^+y - X^+V(QVQ)^+y \quad ,$$

$$\hat{a} = V_a Z^T(QVQ)^+y \quad ,$$

$$\hat{e} = V_e(QVQ)^+y \quad ;$$

hier sind $\hat{a}$ und $\hat{e}$ unverzerrte Schätzer (mit minimaler Varianz in den Prognosedifferenzen) und $\hat{\beta}$ ist ein 'minimalverzerrter Schätzer kleinster Varianz bzw. ein sogenannter *Gauß - Markov - Schätzer (kleinster Norm)*.

Im regulären Fall müssten Inverse von Matrizen, die die Dimension n der Daten besitzen, und im Fall obiger 'expliziter' Schätzungen Pseudoinverse solcher Matrizen bestimmt werden, was leicht zu numerischen Instabilitäten führt; dies läßt sich bei Ausnutzung des folgenden *inversionsfreien* Verfahrens, vgl. Elpelt/Hartung (1983a,1984),vermeiden. Ist $(b_0,\zeta_0)^T$ eine Lösung des Gleichungssystems

$$\begin{pmatrix} X & V \\ 0 & X^T \end{pmatrix} \begin{pmatrix} b \\ \zeta \end{pmatrix} = \begin{pmatrix} y \\ 0 \end{pmatrix} \quad ,$$

so ist $\hat{\beta}_0 = b_0$ ein (minimalverzerrter Minimum - Varianz -) Schätzer für β, und die Schätzungen für a und e lassen sich wie folgt bestimmen:

$$\hat{a} = V_a Z^T \zeta_0 \quad , \quad \hat{e} = V_e \zeta_0 \quad .$$

Es sei noch bemerkt, daß - falls b_0 eine Lösungskomponente obigen Systems (das theoretisch mit Wahrscheinlichkeit 1 und bei regulärem V stets lösbar ist) ist - auch $\hat{\beta}$ dies ist.

Wir betrachten nun die *Schätzung des unbekannten Varianzfaktors* σ^2. Ausgehend von der "Fehlerquadratsumme"

$$SSE = (y - X\hat{\beta})^T V^+ (y - X\hat{\beta}) \quad ,$$

für die obiges Gleichungssystem zum inversionsfreien Verfahren die einfachere Darstellung und Berechnung

$$SSE = \zeta_0^T y$$

erlaubt, wird σ^2 erwartungstreu geschätzt durch

$$s^2 = SSE/n_e = \zeta_0^T y/n_e$$

mit

$$n_e = rg(X \,\vdots\, V) - rg(X) = tr([QVQ]^+[QVQ]) \quad ,$$

wobei rg(A) den Rang (Anzahl der linear unabhängigen Spalten bzw. Zeilen von A) und tr(A) die Spur (Summe der Hauptdiagonalelemente von A) einer Matrix A bezeichnen, vgl. auch Abschnitt 4 in Kap.I. Ist die Matrix V invertierbar, so ergibt sich natürlich stets $rg(X \mid V) = n$, und falls X^TX regulär ist, so gilt $rg(X) =$ Spaltenzahl von X.

Häufig ist man in dem hier betrachteten Gemischten Linearen Modell an *Linearformen*

$$\varphi = x_*^T\beta + z_*^Ta + w^Te$$

interessiert. φ wird *geschätzt* durch

$$\hat{\varphi} = x_*^T\hat{\beta} + z_*^T\hat{a} + w^T\hat{e} \quad ,$$

wobei man anstelle von $\hat{\beta}$ natürlich auch $\hat{\beta}_0$ verwenden kann, und es ist dann mit

$$c = (X^+)^Tx_* - [QVQ]^+[V(X^+)^Tx_* - ZV_az_* - V_ew]$$

die Varianz bzw. der Erwartungswert von $\varphi - \hat{\varphi}$ gegeben als

$$Var(\varphi - \hat{\varphi}) = \sigma^2([Z^Tc - z_*]^TV_a[Z^Tc - z_*] + [c - w]^TV_e[c - w]) = \sigma^2 v_* \quad ,$$

$$E(\varphi - \hat{\varphi}) = x_*^T(I - X^+X)\beta \quad ,$$

so daß $\hat{\varphi}$ eine *unverzerrte Schätzung* für φ ist, falls

$$x_*^T(I - X^+X)\beta = 0 \quad ,$$

was wir im folgenden auch annehmen. Wir kommen nun zu Konfidenz- und Prognoseintervallen für solche Linearformen φ. Ein *Konfidenz- Prognose - Intervall* (Konfidenzintervall bzgl. der festen, Prognoseintervall bzgl. der zufälligen Koeffizienten) zum Niveau $1-\gamma$ ergibt sich aus den Grenzen

$$\hat{\varphi} \pm t_{n_e;1-\gamma/2} \cdot \sqrt{s^2 v_*} \quad .$$

Betrachtet man eine zukünftige Beobachtung

$$\varphi_* = x_*^T\beta + z_*^Ta + \varepsilon_* \quad ,$$

wobei ε_* als unabhängig von a und e und als normalverteilt mit Erwartungswert 0 und Varianz σ^2 angenommen wird, so ist

$$\hat{\varphi}_* = x_*^T\hat{\beta} + z_*^T\hat{a}$$

ein *Prognosewert* für φ_* und unter obiger Bedingung an x_* ist $E(\varphi_* - \hat{\varphi}_*) = 0$. Weiter ist mit

$$c_* = (X^+)^Tx_* - [QVQ]^+[V(X^+)^Tx_* - ZV_az_*]$$

die Varianz von $\varphi_* - \hat{\varphi}_*$ gerade

$$\mathrm{Var}(\varphi_* - \hat{\varphi}_*) = \sigma^2([Z^T c_* - z_*]^T V_a [Z^T c_* - z_*] + c_*^T V_e c_* + 1) = \sigma^2 v_{**} \quad ,$$

so daß ein *Prognoseintervall* zum Niveau $1-\gamma$, in das eine zukünftige Beobachtung φ_* mit Wahrscheinlichkeit $1-\gamma$ fällt, gegeben ist durch die Grenzen

$$\hat{\varphi}_* \pm t_{n_e;1-\gamma/2} \sqrt{s^2 v_{**}} \quad .$$

Eine Linearform obiger Gestalt zu schätzen bzw. zu prognostizieren ist oftmals das Hauptanliegen bei der Analyse Gemischter Linearer Modelle. Z.B. dient eine solche Linearform in der *Züchtung* als *Selektionsindex*, der über Leben und Tod entscheidet; die Koeffizienten x_* und z_* sind dabei sogenannte *Wirtschaftlichkeitskoeffizienten*, die vom Züchter bzw. von Zuchtorganisationen festgelegt werden. In der *Ökonometrie* etwa ist bei Verwendung einer erweiterten *Cobb - Douglas - Produktionsfunktion* die Summe der Regressionskoeffizienten (*Skalenelastizität*) von Interesse für die Bewertung des Einsatzes der Produktionsfaktoren, vgl. auch Abschnitt 1 und die Einleitung zu diesem Kapitel.

Bzgl. *Tests* für die festen Parameter bei $\ddagger_y \neq \sigma^2 I$ sei hier verwiesen auf Hartung/Werner (1984).

Beispiel: Wir betrachten hier das folgende illustrative Beispiel. Aus zwei verschiedenen Bullenherden wird zufällig je ein Bulle ausgewählt und mit Kühen aus zwei Mutterherden gepaart; an den Töchtern wird dann ein Merkmal gemessen, z.B. die Milchmengenleistung (in 100ℓ) in einer bestimmten Zeitspanne; man vgl. die **Abb.14**, die auch die beobachteten Versuchsergebnisse enthält.

In diesem Beispiel ist es klar, daß man die dem j-ten Bullen (j=1,2) zugeordnete Zufallsvariable a_j,die sogenannte *genotypische Leistung* des Bullen j bezogen auf die Milchmengenleistung (seiner weiblichen Nachkommen), nicht direkt beobachten kann, sondern nur die sogenannte *phänotypische Leistung* y_{ijk} seiner k-ten Tochter bei der i-ten Mutter. Wir gehen hier davon aus, daß die Varianz in der Bullenherde 1 gerade $2\sigma^2$, die in der Bullenherde 2 gerade $3\sigma^2$ ist und daß die Kovarianz der Bullenherden (bedingt z.B. durch Verwandtschaft) $1\sigma^2$ ist, d.h. mit $a = (a_1, a_2)^T$ ist

$$\mathrm{Cov}(a) = \ddagger_a = \sigma^2 V_a = \sigma^2 \begin{pmatrix} 2 & 1 \\ 1 & 3 \end{pmatrix} \quad .$$

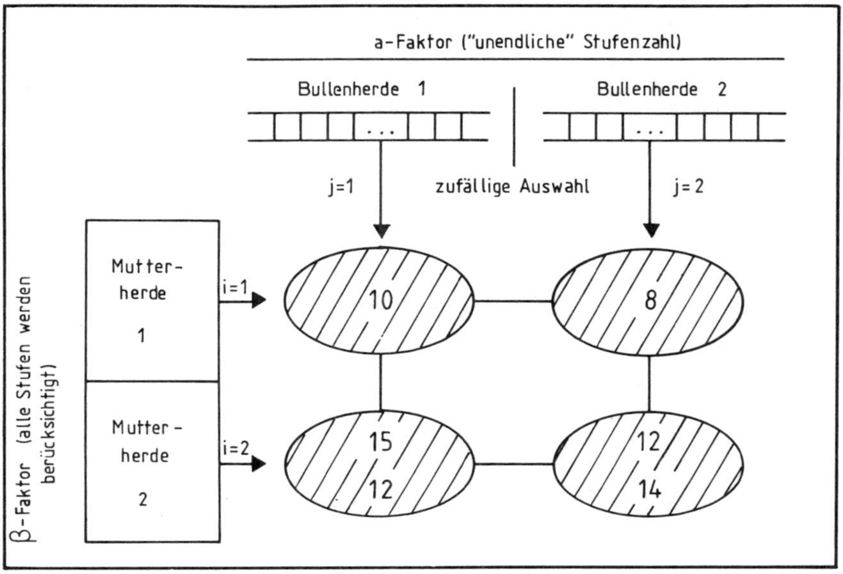

Abb.14: Versuchsplan und Versuchsergebnisse im Beispiel der Milchmengenleistung von Tochterkühen

Den Mutterherden ordnen wir hier feste Effekte β_1', β_2' zu, d.h. wir unterdrücken eine spezielle Variation innerhalb der Mutterherden. Für jede der Töchter ijk (k-te Tochter des j-ten Bullen und einer Mutter aus Herde i) lassen wir lediglich noch voneinander und von a unabhängige Zufallsfehler e_{ijk} zu, von denen man auch sagt, daß sie die "Umwelteinflüsse" wiedergeben.

Wir gehen also vom folgenden Gemischten Linearen Modell aus:

$$y_{ijk} = \mu + \beta_i' + a_j + e_{ijk} \quad ,$$

wobei die β_i' differentielle Effekte (verursacht durch die i-te Mutterherde) zum Gesamtmittel μ darstellen, d.h. wir fordern $\beta_1' + \beta_2' = 0$; ebenso stellen die a_j "zufällige" Abweichungen (verursacht durch den j-ten Bullen) vom Gesamtmittel dar: $E(a_j) = 0$ für j=1,2.

Wir setzen nun zur einfacheren Berechnung

$$\beta_i = \mu + \beta_i' \quad \text{für } i=1,2 \quad ,$$

so daß wir das Modell

$$y_{ijk} = \beta_i + a_j + e_{ijk} \quad , \; i=1,2,\; j=1,2,\; k=1,\dots,\nu_{ij}$$

erhalten, vgl. auch Abb.14; ist dann $\hat{\beta}$ eine Schätzung für $\beta = (\beta_1, \beta_2)^T$, so werden μ und β_i' geschätzt durch

$$\hat{\mu} = (\hat{\beta}_1 + \hat{\beta}_2)/2 \ , \quad \hat{\beta}_i' = \hat{\beta}_i - \hat{\mu} \qquad \text{für } i=1,2 \quad .$$

Unser Modell läßt sich auch schreiben als

$$y = \begin{pmatrix} y_1 \\ y_2 \\ y_3 \\ y_4 \\ y_5 \\ y_6 \end{pmatrix} = \begin{pmatrix} y_{111} \\ y_{121} \\ y_{211} \\ y_{212} \\ y_{221} \\ y_{222} \end{pmatrix} = \begin{pmatrix} \beta_1 + a_1 + e_{111} \\ \beta_1 + a_2 + e_{121} \\ \beta_2 + a_1 + e_{211} \\ \beta_2 + a_1 + e_{212} \\ \beta_2 + a_2 + e_{221} \\ \beta_2 + a_2 + e_{222} \end{pmatrix}$$

mit der Realisation (die wie stets auch mit y bezeichnet ist)

$$y = (10,8,15,12,12,14)^T \quad .$$

Mit den Designmatrizen

$$X = \begin{pmatrix} 1 & 0 \\ 1 & 0 \\ 0 & 1 \\ 0 & 1 \\ 0 & 1 \\ 0 & 1 \end{pmatrix} \ , \quad Z = \begin{pmatrix} 1 & 0 \\ 0 & 1 \\ 1 & 0 \\ 1 & 0 \\ 0 & 1 \\ 0 & 1 \end{pmatrix}$$

und den Vektoren

$$\beta = \begin{pmatrix} \beta_1 \\ \beta_2 \end{pmatrix} \ , \quad a = \begin{pmatrix} a_1 \\ a_2 \end{pmatrix} \ , \quad e = (e_{111}, e_{121}, e_{211}, e_{212}, e_{221}, e_{222})^T$$

ergibt sich das Modell in Matrixschreibweise zu

$$y = X\beta + Za + e \quad , \text{wobei}$$

$$a \sim N(0;\sigma^2 V_a), \ V_a = \begin{pmatrix} 2 & 1 \\ 1 & 3 \end{pmatrix}, \ e \sim N(0;\sigma^2 V_e), \ V_e = I_6$$

sowie a und e unabhängig angenommen wird. Es ist dann $y \sim N(X\beta;\sigma^2 V)$ mit

$$V = ZV_aZ^T + V_e = \begin{pmatrix} 3 & 1 & 2 & 2 & 1 & 1 \\ 1 & 4 & 1 & 1 & 3 & 3 \\ 2 & 1 & 3 & 2 & 1 & 1 \\ 2 & 1 & 2 & 3 & 1 & 1 \\ 1 & 3 & 1 & 1 & 4 & 3 \\ 1 & 3 & 1 & 1 & 3 & 4 \end{pmatrix} \quad .$$

Wir wollen nun einmal, obwohl alle vorgestellten Schätzverfahren anwendbar sind, die zweite dargestellte Methode benutzen, um β, a und e zu schätzen bzw. zu prognostizieren. Die Pseudoinverse der Designmatrix X ergibt sich zunächst zu

$$X^+ = \frac{1}{4} \cdot \begin{pmatrix} 2 & 2 & 0 & 0 & 0 & 0 \\ 0 & 0 & 1 & 1 & 1 & 1 \end{pmatrix} \quad ,$$

so daß sich

$$Q = I_6 - XX^+ = \frac{1}{4}\begin{pmatrix} 2 & -2 & 0 & 0 & 0 & 0 \\ -2 & 2 & 0 & 0 & 0 & 0 \\ 0 & 0 & 3 & -1 & -1 & -1 \\ 0 & 0 & -1 & 3 & -1 & -1 \\ 0 & 0 & -1 & -1 & 3 & -1 \\ 0 & 0 & -1 & -1 & -1 & 3 \end{pmatrix}$$

und damit

$$QVQ = \frac{1}{4}\begin{pmatrix} 5 & -5 & 3 & 3 & -3 & -3 \\ -5 & 5 & -3 & -3 & 3 & 3 \\ 3 & -3 & 6 & 2 & -4 & -4 \\ 3 & -3 & 2 & 6 & -4 & -4 \\ -3 & 3 & -4 & -4 & 6 & 2 \\ -3 & 3 & -4 & -4 & 2 & 6 \end{pmatrix} \quad , \text{d.h.}$$

$$(QVQ)^+ = \frac{1}{44}\begin{pmatrix} 16 & -16 & -6 & -6 & 6 & 6 \\ -16 & 16 & 6 & 6 & -6 & -6 \\ -6 & 6 & 27 & -17 & -5 & -5 \\ -6 & 6 & -17 & 27 & -5 & -5 \\ 6 & -6 & -5 & -5 & 27 & -17 \\ 6 & -6 & -5 & -5 & -17 & 27 \end{pmatrix}$$

ergibt. Wir erhalten somit als Schätzung für β, a und e

$$\hat{\beta} = X^+y - X^+V(QVQ)^+y = \frac{1}{4}\left(\begin{pmatrix}36\\53\end{pmatrix} - \frac{1}{11}\begin{pmatrix}6\\6\end{pmatrix}\right) = \frac{1}{44}\begin{pmatrix}402\\589\end{pmatrix} \quad ,$$

$$\hat{a} = V_a Z^T(QVQ)^+y = \frac{1}{44}\begin{pmatrix}6\\-12\end{pmatrix} \quad ,$$

$$\hat{e} = V_e(QVQ)^+y = \frac{1}{44}(26,-26,59,-73,-37,51)^T \quad .$$

Als Schätzung für den Varianzfaktor σ^2 schließlich erhalten wir mit

$$V^+ = V^{-1} = \frac{1}{61}\begin{pmatrix} 44 & -1 & -17 & -17 & -1 & -1 \\ -1 & 43 & -1 & -1 & -18 & -18 \\ -17 & -1 & 44 & -17 & -1 & -1 \\ -17 & -1 & -17 & 44 & -1 & -1 \\ -1 & -18 & -1 & -1 & 43 & -18 \\ -1 & -18 & -1 & -1 & -18 & 43 \end{pmatrix}$$

gerade

$$s^2 = (y - X\hat{\beta})^T V^+ (y - X\hat{\beta}) = \frac{331}{44} \quad .$$

Betrachten wir nun einmal die Linearform

$$\varphi = (1,0)\beta + (0,2)a \quad ,$$

d.h. $x_* = (1,0)^T$, $z_* = (0,2)^T$ und $w = 0$, so wird diese geschätzt durch

$$\hat{\varphi} = (1,0)\hat{\beta} + (0,2)\hat{a} = \frac{1}{44}\cdot 402 + \frac{2}{44}\cdot(-12) = \frac{1}{44}\cdot(402 - 24) = \frac{1}{44}\cdot 378 = 8.591 \quad .$$

Wir können nun auch ein 95% Konfidenz - Prognose - Intervall für φ bestimmen, da mit

$$x_*^T(I_2 - X^+X)\beta = (1,0)(I_2 - I_2)\beta = 0$$

$\hat{\varphi}$ unverzerrt ist. Hier ergibt sich mit $n_e = n - 2 = 6 - 2 = 4$ und

$$c = (X^+)^T x_* - [QVQ]^+[V(X^+)^T x_* - ZV_a z_* - V_e w]$$

$$= \frac{1}{4}\begin{pmatrix}2\\2\\0\\0\\0\\0\end{pmatrix} - [QVQ]^+\left(V\begin{pmatrix}2\\2\\0\\0\\0\\0\end{pmatrix} - Z\begin{pmatrix}2\\6\end{pmatrix}\right) = \frac{1}{44}\begin{pmatrix}14\\30\\-18\\-18\\8\\8\end{pmatrix} \text{, d.h.}$$

$$v_* = (Z^Tc - z_*)^T V_a (Z^Tc - z_*) + (c - w)^T V_e (c - w) = \frac{1}{1936}\cdot 8108 + \frac{1}{1936}\cdot 1872$$

$$= 9980/1936 = 2495/484 = 5.155$$

das Intervall mit den Grenzen

$$\hat{\varphi} \pm t_{4;0.975}\cdot\sqrt{s^2 v_*} = 8.591 \pm 2.776\cdot\sqrt{331\cdot 5.155/44} = 8.591 \pm 17.287 \ .$$

Ein Prognoseintervall zum 95% Niveau für die zukünftige Beobachtung

$$\varphi_* = (1,0)\beta + (0,2)a + \varepsilon_*$$

schließlich ergibt sich mit

$$\hat{\varphi}_* = \hat{\varphi} = 8.591 \ , \quad c_* = c = \frac{1}{44}\cdot(14,30,-18,-18,8,8)^T \ , \quad v_{**} = v_* + 1 = 6.155$$

aus den Grenzen

$$\hat{\varphi}_* \pm t_{4;0.975}\cdot\sqrt{s^2 v_{**}} = 8.591 \pm 2.776\cdot\sqrt{331\cdot 6.155/44} = 8.591 \pm 18.890.$$

Zu bedenken ist hierbei natürlich, daß $2a_2$ schon eine (geschätzte) Varianz von $4\cdot 3s^2 \simeq 90$ hat. ┘

Auch ein Modell mit *nicht - zentrierten zufälligen Effekten* bzw. ein sogenannter *Bayes - Ansatz im Regressionsmodell* (*zufällige Regressionskoeffizienten, random coefficient regression models, RCR - Modelle*) läßt sich in ein Modell obiger Gestalt überführen. Sei β ein fester Parametervektor und $\tilde{a}$ ein zufälliger Vektor, dessen Komponenten auch zufällige Regressionskoeffizienten genannt werden, mit bekanntem Erwartungswert $E(\tilde{a}) = \alpha_0$ und Kovarianzmatrix $Cov(\tilde{a}) = \sigma^2 V_a$; mit den Designmatrizen X und Z erhalten wir dann aus dem folgenden Modell, das auch *Bayes - Modell* genannt wird,

$$\tilde{y} = X\beta + Z\tilde{a} + e$$

mittels der Transformation $\tilde{a} = \alpha_0 + a$ (mit $E(a) = 0$ und $Cov(a) = \$_a = \sigma^2 V_a$) und $y = \tilde{y} - Z\alpha_0$ wieder ein Modell der oben betrachteten Gestalt

$$y = X\beta + Za + e \quad ;$$

$\tilde{a}$ wird dann natürlich geschätzt durch $\hat{\tilde{a}} = \alpha_o + \hat{a}$. Man vgl. hierzu auch z.B. Hildreth/Houck (1968), Swamy (1971), Singh et al. (1976), Hartung (1978a).

Hier wird natürlich angenommen, daß V_a und die Kovarianzmatrix V_e des von a unabhängigen Fehlervektors e bekannt bzw. aus früheren Untersuchungen (gut) geschätzt sind. Ist etwa der (feste) Parameter α bei einer früheren Untersuchung in einem Linearen Modell der Art

$$y^* = X_*\alpha + e^*$$

mit $E(y^*) = X_*\alpha$, $E(e^*) = 0$, $Cov(y^*) = Cov(e^*) = \sigma_*^2 V_*$ geschätzt worden durch

$$\hat{\alpha} = X_*^+[I - V_*(Q_*V_*Q_*)^+]y^* \quad , \quad \text{wobei } Q_* = I - X_*X_*^+ \quad ,$$

mit

$$Cov(\hat{\alpha}) = \sigma_*^2 X_*^+[V_* - V_*(Q_*V_*Q_*)^+V_*](X_*^+)^T = \sigma_*^2 V_\alpha \quad ,$$

so wird mit

$$\alpha_o = \hat{\alpha} \quad , \quad V_a = V_\alpha$$

dann in einem 'neuen' Bayes - Modell der Form

$$\tilde{y}_* = Z\tilde{a} + e \quad ,$$

wobei $\tilde{a} \sim N(\alpha_o;\sigma^2 V_a)$ und $\tilde{a} = \alpha_o + a$, diese *Vorinformation* ausgenutzt, d.h. man arbeitet in diesem 'neuen' Modell nicht mehr mit dem festen Parameter α. Hierbei muß natürlich sichergestellt sein, daß die 'alten' Schätzungen sehr verläßlich sind und daß die Verhältnisse für das 'neue' Modell sich nicht wesentlich verändert haben, vgl. auch Hartung (1978a).

Häufig sind die Kovarianzmatrizen $\ddagger_a$ und $\ddagger_e$ jedoch derart strukturiert, daß sie bis auf einen gemeinsamen multiplikativen Faktor σ^2 nur von wenigen Parametern (z.B. Varianzkomponenten) abhängen, s. z.B. nächsten Abschnitt, die natürlich zuvor geschätzt werden müssen, vgl. z.B. Harville (1979), Hartung (1981), Elpelt (1983) sowie die Ausführungen im Abschnitt 2 des Kap.X. Auch ein mehrstufiges bzw. iteratives Vorgehen ist möglich, vgl. z.B. Kakwani (1967), Oberhofer/Kmenta (1974), Magnus (1978), Don/Magnus (1980), Jöckel (1982), Voet (1985).

Es sei noch darauf hingewiesen, daß man etwa auch bei der Schätzung von "Faktorenwerten" ("Persönlichkeitsprofile") im Rahmen der *Faktorenanalyse*, vgl. Abschnitt 3 in Kap.VIII, auf ein Modell mit zufälligen Regressionskoeffizienten stößt.

3 DISKRETE REGRESSIONSANALYSE FÜR QULITATIVE DATEN; LINEARES WAHRSCHEINLICHKEITSMODELL, PROBIT - , LOGITANALYSE

Ist die zu erklärende Variable, der *Regressand* $\mathfrak{y}$ *diskret* (*qualitative Ausprägungen*) und möchte man eine Beziehung von $\mathfrak{y}$ zu h Regressoren $\mathfrak{x}_1,\dots,\mathfrak{x}_h$ die quantitativ oder qualitativ sein können, herleiten, so kommt man zu einem Problem der sogenannten *diskreten* oder *qualitativen Regression*.

Beispiel:

(a) Es könnte etwa der Einfluß der Variablen Preis und Verpackung auf den qualitativen Regressanden $\mathfrak{y}$ = "Kaufverhalten" mit den Ausprägungen "kaufen" und "nichtkaufen" interessieren. Man möchte dann aufgrund einer Stichprobe möglicher Käufer die Wahrscheinlichkeit prognostizieren mit der ein Produkt bei bestimmtem Preis und bestimmter Verpackung gekauft wird.

(b) Möchte man die Wahrscheinlichkeiten schätzen, mit denen ein neuer PKW-Typ in den verschiedenen Farbtönen geordert wird (in Abhängigkeit von Preis, Leistung, Ausstattung usw.), um die Produktion entsprechend zu planen, so kann dies aufgrund einer diskreten Regressionsanalyse anhand der bekannten Daten bereits auf dem Markt befindlicher Typen geschehen.

(c) Eine Bank möchte anhand von Bilanzkennzahlen bei einem Kunden auf "kreditwürdig" bzw. "nicht kreditwürdig" schließen. Mittels historischer Daten anderer Kunden, deren Kreditwürdigkeit sich so oder so erwiesen hat, läßt sich vermittels diskreter Regressionsanalyse eine Funktion herleiten, die dann zu Prognosezwecken bzgl. der Kreditwürdigkeit des neuen Kunden verwandt werden kann.

(d) Mittels diskreter Regressionsanalyse läßt sich z.B. in umfangreichen Tierversuchen die Menge an Zahnpasta abschätzen, die ein Kleinkind (versehentlich) verzehren muß, um mit einer Wahrscheinlichkeit von 5% zu sterben.

(e) Entsprechend läßt sich z.B. eine Belastungsgrenze ermitteln, der eine Baukonstruktion mit 95% Sicherheit standhält, was wiederum Rückschlüsse auf Konstruktionsweisen mit höheren Belastungsgrenzen erlaubt. ┘

Skaliert man aufgrund von Beobachtungen an n Objekten zunächst vermittels der in Kap.V beschriebenen Verfahren die Ausprägungen des qualitativen Regressanden $\mathfrak{y}$, so kann man - für eine Vielzahl von Fragestellungen - wieder die in Abschnitt 1 dargestellten Methoden der multiplen Regressionsanalyse anwenden (zumindest approximativ). Wir wollen hier jedoch Verfahren beschreiben, die direkt mit dem diskreten Regressanden arbeiten.

Beschäftigen wir uns zunächst mit dem einfachsten Fall der diskreten Regression, nämlich dem, daß der Regressand $\mathfrak{y}$ nur zwei Zustände (Ausprägungen),kodiert mit 1 und 0, annehmen kann; auf diesen Fall lassen sich viele diskrete Problemstellungen zurückführen.

Wir betrachten hierzu einmal folgendes einfache *Beispiel*, bei dem nur ein Regressor $\mathfrak{x} = \mathfrak{x}_1$ berücksichtigt wird. In der Tab.12 sind n = 12 Beobachtungen y_k für den Regressanden $\mathfrak{y}$ bei vorgegebenen Werten x_k' des Regressors $\mathfrak{x}$ (k=1,...,12) angegeben, die in der Abb.15 auch veranschaulicht sind; außerdem sind in der Tab.12 noch Größen x_i und $\hat{p}_i$ für i=1,2,3 angegeben, auf die wir später noch eingehen werden.

Tab.12: Beobachtungen y_k (kodiert mit 1, 0) zu vorgegebenen Werten x_k' des Regressors für k=1,...,12; gruppierte "Regressorenwerte" x_i und zugehörige relative Häufigkeiten $\hat{p}_i$ der Ausprägung "1" des Regressanden $\mathfrak{y}$ für i=1,2,3

k	1	2	3	4	5	6	7	8	9	10	11	12
x_k'	0.5	0.7	1.0	1.3	1.5	2.0	2.2	2.3	2.7	3.0	3.2	3.4
y_k	0	0	1	0	0	1	1	0	1	0	1	1
i	1				2				3			
x_i	1				2				3			
$\hat{p}_i$	1/4				2/4				3/4			

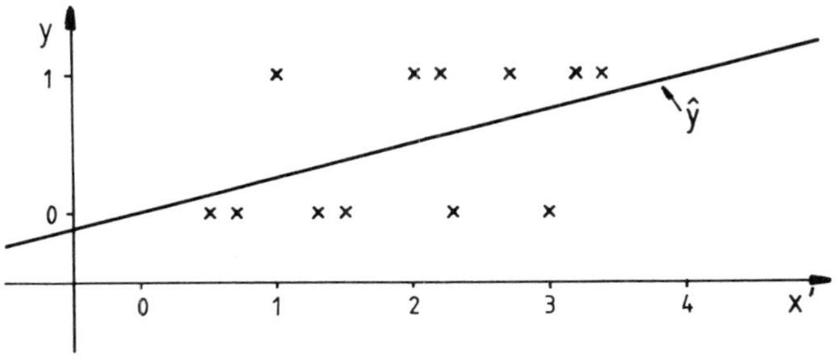

Abb.15: Daten aus Tab.12 mit eingezeichneter Regressionsgerade

Legt man hier für die jeweiligen Ausprägungsvariablen x von $\mathfrak{x}$ und y von $\mathfrak{y}$ eine Regressionsbeziehung der Art

$$y = \alpha_0 + \alpha_1 x$$

(Regressionsgerade) zugrunde, die anhand der Daten $y_1,\dots,y_{12}$ und $x_1',\dots,x_{12}'$ aus Tab.12 durch

$$\hat{y} = 0.0179183 + 0.2430664x$$

geschätzt wird (diese Regressionsgerade ist in Abb.15 eingezeichnet), so ist natürlich zu klären, was eine solche Funktion - für ein nur 1 - 0 - wertiges y - zu bedeuten hat; wir kommen am Ende dieses Abschnitts darauf zurück.

Faßt man hingegen die Beobachtungen zu Gruppen an "Meßpunkten" x_i $(i=1,\dots,m)$ zusammen, oder hat man von vornherein an den Meßpunkten x_i mehrere, nämlich n_i Beobachtungen gemacht und dabei $n_i(1)$ - mal das Ereignis $y = 1$ beobachtet, so lassen sich an den Stellen x_i die relativen Häufigkeiten

$$\hat{p}_i = n_i(1)/n_i \qquad \text{für } i=1,\dots,m$$

angeben; $\hat{p}_i$ ist dann ein Schätzer für die Wahrscheinlichkeit des Auftretens von $y = 1$ am Meßpunkt x_i: $p_i = P(y=1|x=x_i)$.

Konzentriert man in unserem Beispiel der Reihe nach jeweils vier Beobachtungen y_k, wie in Tab.1 bereits angedeutet, auf die Punkte $x_1 = 1$, $x_2 = 2$ und $x_3 = 3$, so erhalten wir die ebenfalls in Tab.1 angegebenen relativen Häufigkeiten $\hat{p}_1 = 1/4$, $\hat{p}_2 = 2/4 = 1/2$, $\hat{p}_3 = 3/4$.

Eine Regression von p, also der Wahrscheinlichkeit $p = p(x) = P(y=1|x=x)$, auf x

$$p = \gamma_0 + \gamma_1 x$$

erklärt also die Wahrscheinlichkeit linear; man spricht auch vom *Linearen Wahrscheinlichkeitsmodell*. In unserem Beispiel ergibt sich

$$\hat{p} = \frac{1}{4}\cdot x \quad ,$$

d.h. p wird z.B. an der Stelle $x = 4$ durch $\hat{p}(4) = 1$ prognostiziert. In der Abb.16 sind diese Regresionsgerade sowie die Datenpunkte $(x_i, \hat{p}_i)$, vgl. auch Tab.12, eingezeichnet. Man erkennt hier auch direkt die Grenzen dieses Modells; für $x > 4$ wird der Schätzer für die Wahrscheinlichkeit größer als 1 bzw. für $x < 0$ negativ. Deshalb werden zumeist *Transformationen* angewandt, die stets zulässige Werte liefern.

Im sogenannten *Probit* - oder *Normit - Modell* wird eine Regression von $\Phi^{-1}(p)$ auf x durchgeführt, wobei Φ die Verteilungsfunktion der Standardnormalverteilung bezeichnet, vgl. Abschnitt 2 und 3 in Kap.I:

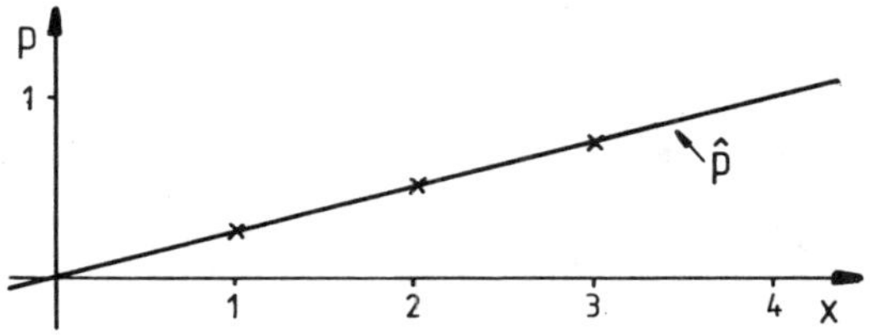

Abb.16: Meßpunkte x_i, relative Häufigkeiten $\hat{p}_i$ für i=1,2,3 gemäß Tab.12 und zugehörige Regressionsgerade $\hat{p} = 1/4\ x$

$$\Phi^{-1}(p) = \nu_0 + \nu_1 x \quad \text{bzw.} \quad p = \Phi(\nu_0 + \nu_1 x) \quad .$$

Hierzu berechnet man, vgl. Tabelle im Anhang, die sogenannten *Probits* oder *Normits*

$$g_i^{prob} = \Phi^{-1}(\hat{p}_i) \qquad \text{für } i=1,\dots,m$$

und damit dann die Schätzer für ν_0 und ν_1. In unserem Beispiel, vgl. Tab.12, ergibt sich

$$g_1^{prob} = \Phi^{-1}(1/4) = \Phi^{-1}(0.25) = -0.675 \quad ,$$

$$g_2^{prob} = \Phi^{-1}(0.5) = 0 \quad \text{und} \quad g_3^{prob} = \Phi^{-1}(0.75) = 0.675 \quad ,$$

so daß sich die Schätzer für ν_0 und ν_1 zu

$$\hat{\nu}_0 = -1.350 \ , \quad \hat{\nu}_1 = 0.675$$

ergeben. In der Abb.17 ist neben den Punkten (x_i, g_i^{prob}) für i=1,2,3 auch die Regressionsgerade

$$\hat{g}^{prob} = \Phi^{-1}(\hat{p}) = -1.350 + 0.675x$$

eingezeichnet. Mit dieser Regressionsbeziehung ergibt sich z.B. an der Stelle $x = 4$ als Schätzer für die Wahrscheinlichkeit p der Wert

$$\hat{p} = \hat{p}(4) = \Phi(-1.350 + 0.675 \cdot 4) = 0.9115 \quad .$$

Die klassische Anwendung des Probit-Modells liegt im Bereich der *Dosis-Wirkungs-Analyse* (*Bioassay*), vgl. etwa Finney (1971). Dort wird z.B. für Gifte oder Medikamente die allgemeine Kenngröße ED 50 bzw. LD 50 (effektive Dosis 50% bzw. letale Dosis 50%) bestimmt; das ist diejenige Dosis, bei der 50% einer Population, die das Gift oder Medikament erhält, nicht überlebt. Hierzu werden Versuche mit verschieden starken Dosen x_i z.B. an jeweils 100 Fliegen durchgeführt; mittels der beobachteten Häufigkeiten an

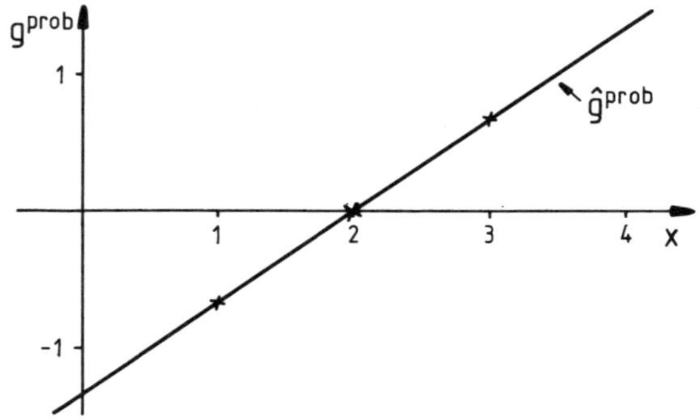

Abb.17: Daten (x_i, g_i^{prob}) für i=1,2,3 und zugehörige Regressionsgerade $\hat{g}^{prob} = -1.350 + 0.675x$

Überlebenden wird dann die Wahrscheinlichkeitsfunktion p in Abhängigkeit von der Dosis x geschätzt. Zur geschätzten Wahrscheinlichkeit $\hat{p} = 0.5$ wird dann das zugehörige $x_* = \text{ED}\,50$ (und ebenso die oft interessierenden Größen ED 5 und ED 95) bestimmt. Meistens geht man jedoch nicht von den Dosen x_i sondern von den logarithmierten Dosen $\ln x_i$ aus, d.h. man arbeitet mit der linkssteilen - rechtsschiefen Lognormalverteilung, vgl. z.B. Hartung et al. (1982, Kap.IV).

Im sogenannten *Logit - Modell* wird anstelle der Verteilungsfunktion Φ der Standardnormalverteilung die *Logistische Verteilungsfunktion* verwandt, d.h. die Wahrscheinlichkeit p wird angesetzt als

$$p = \frac{1}{1 + e^{-(\lambda_o + \lambda_1 x)}}$$

und somit wird eine Regression

$$\ln(p/(1-p)) = \lambda_o + \lambda_1 x$$

von $\ln(p/(1-p))$ auf x durchgeführt. Um die Koeffizienten λ_o, λ_1 zu schätzen berechnet man also zunächst die *Logits*

$$g_i^{lgt} = \ln \frac{\hat{p}_i}{1 - \hat{p}_i} \qquad \text{für } i=1,\dots,m \quad ;$$

in unserem Beispiel, vgl. Tab.12, ergibt sich

$$g_1^{lgt} = \ln \frac{1/4}{1 - 1/4} = \ln \frac{0.25}{0.75} = \ln \frac{1}{3} = -1.0986 \quad ,$$

$$g_2^{lgt} = \ln 1 = 0 \ , \quad g_3^{lgt} = \ln 3 = -\ln \frac{1}{3} = 1.0986 \quad ,$$

so daß wir für λ_o und λ_1 die Werte

$$\hat{\lambda}_o = -2.1972 \quad \text{und} \quad \hat{\lambda}_1 = 1.0986$$

erhalten. In der Abb.18 sind diese Regressionsgerade

$$\hat{g}^{lgt} = \ln\left(\frac{\hat{p}}{1-\hat{p}}\right) = -2.1972 + 1.0986x \quad ,$$

die z.B. an der Stelle $x = 4$ die Wahrscheinlichkeit p des Auftretens von $y = 1$ prognostiziert zu

$$\hat{p} = \hat{p}(4) = \frac{1}{1 + e^{2.1972-1.0986\cdot 4}} = 0.8999 \quad ,$$

sowie die Punkte (x_i, g_i^{lgt}) für i=1,2,3 eingezeichnet.

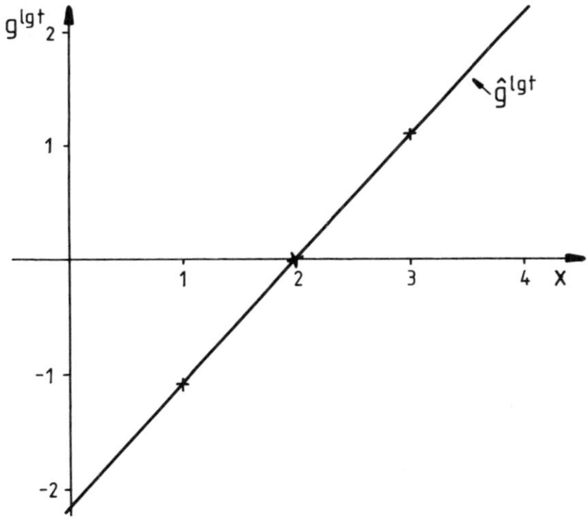

Abb.18: Daten (x_i, g_i^{lgt}) für i=1,2,3 und zugehörige Regressionsgerade $\hat{g}^{lgt} = -2.1972 + 1.0986x$

Um die bisher betrachteten Modelle zur Schätzung von p *vergleichen* zu können, sind in Tab.13 für verschiedene Werte $x \in [-1.00, 5.00]$ die Schätzer $\hat{p}$ ausgehend von unserem Beispiel aus Tab.12 im Linearen Wahrscheinlichkeitsmodell ($\hat{p}_{linear}$), im Probit-(Normit-)Modell ($\hat{p}_{probit}$) und im Logit-Modell ($\hat{p}_{logit}$) angegeben. Man erkennt sehr deutlich, daß alle Modelle im Zentralbereich (x etwa zwischen 0.75 und 3.25) praktisch gleiche Schätzungen liefern, und nur in den Randbereichen stärkere Abweichungen auftreten.

Bei der Bestimmung der Regressionsgeraden im obigen Beispiel (gruppierte

Tab. 13: Schätzungen $\hat{p}_{linear} = \hat{p} = 1/4 \cdot x$, $\hat{p}_{probit} = \Phi(\hat{g}^{prob}) = \Phi(-1.350+0.675x)$, $\hat{p}_{logit} = 1/\left(1+e^{-\hat{g}^{lgt}}\right) = 1/(1+e^{2.1972-1.0986x})$ für die Wahrscheinlichkeit $p = P(\mathfrak{y}=1|\mathfrak{x}=x)$ an verschiedenen Stellen x in den drei Modellen

x	$\hat{p}_{linear}$	$\hat{p}_{probit}$	$\hat{p}_{logit}$
-1.00	-0.250	0.0214	0.0357
-0.70	-0.175	0.0342	0.0490
-0.40	-0.100	0.0526	0.0668
-0.10	-0.025	0.0782	0.0905
0.00	0.000	0.0885	0.1000
0.20	0.050	0.1122	0.1216
0.50	0.125	0.1556	0.1614
0.80	0.200	0.2090	0.2111
1.00	0.250	0.2500	0.2500
1.10	0.275	0.2718	0.2712
1.40	0.350	0.3427	0.3409
1.70	0.425	0.4198	0.4183
2.00	0.500	0.5000	0.5000
2.30	0.575	0.5802	0.5817
2.60	0.650	0.6573	0.6591
2.90	0.725	0.7282	0.7288
3.00	0.750	0.7500	0.7500
3.20	0.800	0.7910	0.7889
3.50	0.875	0.8444	0.8386
3.80	0.950	0.8878	0.8784
4.00	1.000	0.9115	0.9000
4.10	1.025	0.9218	0.9095
4.40	1.100	0.9474	0.9332
4.70	1.175	0.9658	0.9510
5.00	2.250	0.9786	0.9643

Daten) ist es so, daß keine Residuen auftreten, d.h. die Geraden gehen exakt durch die vorgegebenen Punkte, vgl. Abb. 16 - 18; dies ist natürlich selten der Fall. Beim *allgemeinen Fall* wollen wir nun auch gleich die Berücksichtigung mehrerer Regressoren $\mathfrak{x}_1,\ldots,\mathfrak{x}_h$, die auf den Regressanden $\mathfrak{y}$ Einfluß nehmen, einbeziehen.

Bezeichnen wir die Ausprägungsvariablen von $\mathfrak{x}_1,\ldots,\mathfrak{x}_h$ mit $x_1,\ldots,x_h$ und die von $\mathfrak{y}$ mit y, so möchten wir nun also eine Beziehung der Art

$$\mathfrak{p} = G\left(\beta_0 + \sum_{j=1}^{h} \beta_j x_j\right)$$

mit zu spezifizierender Funktion G und unbekannten Parametern $\beta_0,\beta_1,\ldots,\beta_h$ durch

$$\hat{\mathfrak{p}} = G\left(\hat{\beta}_0 + \sum_{j=1}^{h} \hat{\beta}_j x_j\right)$$

schätzen, wobei $\hat{\beta}_j$ eine Schätzung für β_j (j=0,...,h) derart ist, daß $\hat{\mathfrak{p}}$ eine Schätzung für die Wahrscheinlichkeit $\mathfrak{p}$ des Eintretens von $\mathfrak{y} = 1$ unter der Bedingung $x_1,\dots,x_h$ ist:

$$\mathfrak{p} = P(\mathfrak{y}=1|x_1,\dots,x_h) \quad ;$$

d.h. für einen Ausprägungsvektor $x_o = (x_{o1},\dots,x_{oh})^T$ der h Merkmale $\mathfrak{x}_1,\dots,\mathfrak{x}_h$ ist mit $y_o = \mathfrak{y}(x_o)$

$$p_o = \mathfrak{p}(x_o) = P(y_o = 1)$$

die Wahrscheinlichkeit dafür, daß bei einer Merkmalskombination x_o das Ereignis $\mathfrak{y} = 1$ eintritt.

Um die Regressionskoeffizienten $\beta_o,\dots,\beta_h$ zu schätzen, verschaffen wir uns nun m Merkmalskombinationen

$$x_i = (x_{i1},\dots,x_{ih})^T \qquad \text{für } i=1,\dots,m \quad ,$$

die zusammen unter Berücksichtigung eines Absolutglieds eine Designmatrix

$$X = \begin{pmatrix} 1 & x_{11} & x_{12} & \cdots & x_{1h} \\ 1 & x_{21} & x_{22} & \cdots & x_{2h} \\ \vdots & \vdots & \vdots & & \vdots \\ 1 & x_{m1} & x_{m2} & \cdots & x_{mh} \end{pmatrix} = \begin{pmatrix} 1 & x_1^T \\ 1 & x_2^T \\ \vdots & \vdots \\ 1 & x_m^T \end{pmatrix}$$

ergeben, je $n_i > 1$ (Faustregel: n_i sollte mindestens 5 betragen bei nicht zu kleinem m) unabhängige Beobachtungen des Regressanden $\mathfrak{y}$; dabei wollen wir hier voraussetzen, daß X^TX invertierbar ist. Bezeichnet mit $y_i = \mathfrak{y}(x_i)$ nun $p_i = P(y_i = 1)$ für i=1,...,m die Wahrscheinlichkeit für das Eintreten von $\mathfrak{y} = 1$ an der Kombination x_i und $n_i(1)$ die Häufigkeit mit der $y_i = 1$ an der Stelle x_i beobachtet wird, so ist mit der relativen Häufigkeit

$$\hat{p}_i = \frac{n_i(1)}{n_i} \qquad \text{für } y_i = 1 \text{ an der Stelle } x_i \quad ,$$

wobei $0 < \hat{p}_i < 1$ gelten soll,ein Schätzer für p_i, i=1,...,m, gegeben, der Erwartungswert bzw. Varianz

$$E(\hat{p}_i) = p_i \quad , \quad Var(\hat{p}_i) = p_i(1 - p_i)/n_i$$

besitzt, und weiterhin bezeichne s_i^2 eine Schätzung für $Var(\hat{p}_i)$, z.B.

$$s_i^2 = \hat{p}_i(1 - \hat{p}_i)/n_i \qquad \text{für } i=1,\dots,m \quad .$$

Hat die Funktion G eine Umkehrfunktion G^{-1}, so läßt sich die oben angegebene Regressionsbeziehung für $\mathfrak{p}$ auch schreiben als

$$\mathfrak{g} = G^{-1}(\mathfrak{p}) = \beta_0 + \sum_{j=1}^{h} \beta_j x_j$$

und wir führen eine Regression von $\mathfrak{g}$ auf $x_1,\ldots,x_h$ durch. Setzen wir nun $g_i = G^{-1}(p_i)$, $\hat{g}_i = G^{-1}(\hat{p}_i)$ und $g = (g_1,\ldots,g_m)^T$, $\hat{g} = (\hat{g}_1,\ldots,\hat{g}_m)^T$, so stellen wir mit $\beta = (\beta_0,\beta_1,\ldots,\beta_h)^T$ also folgendes Regressionsmodell auf:

$$\hat{g} = X\beta + e \quad ,$$

wobei approximativ $E(\hat{g}) \simeq X\beta = g$ und e ein m-dimensionaler Fehlervektor mit unabhängigen Komponenten $e_1,\ldots,e_m$ ist. Allerdings haben die e_i nicht identische Varianz, so daß wir die gewichtete Methode der Kleinsten Quadrate zur Schätzung von β anwenden müssen (Aitken-Schätzer), vgl. auch den vorausgegangenen Abschnitt 2; dabei verwenden wir natürlich eine Schätzung $\hat{\mathfrak{F}}_G$ der approximativen Kovarianzmatrix $\mathfrak{F}_G$ von $\hat{g}$ bzw. e. Wir erhalten dann für β den Schätzer

$$\hat{\beta} = (X^T\hat{\mathfrak{F}}_G^{-1}X)^{-1}X^T\hat{\mathfrak{F}}_G^{-1}\hat{g} = (\hat{\beta}_0,\hat{\beta}_1,\ldots,\hat{\beta}_h)^T \quad ,$$

der natürlich abhängig von der speziell gewählten Funktion G ist; daher werden wir $\hat{\beta}$ bzw. die Komponenten von $\hat{\beta}$ zur Unterscheidung jeweils passend indizieren. Es sei noch erwähnt, daß das hier betrachtete Modell ein Beispiel für ein sogenanntes *Verallgemeinertes Lineares Modell* (*Generalized Linear Model*) ist, vgl. z.B. McCullagh/Nelder (1983), Fahrmeir/Hamerle (1984).

Im *Linearen Wahrscheinlichkeitsmodell* ist nun einfach G = id die identische Abbildung (obige Beziehungen sind dann natürlich exakt), d.h. es ist $\hat{g} = \hat{p} = (\hat{p}_1,\ldots,\hat{p}_m)^T$ und

$$\hat{\mathfrak{F}}_G = \text{diag}(s_1^2,\ldots,s_m^2)$$

also

$$\hat{\mathfrak{g}} = \hat{\mathfrak{p}} = \hat{\beta}_0^{\text{linear}} + \sum_{j=1}^{h} \hat{\beta}_j^{\text{linear}} x_j \quad .$$

Im *Probit*- oder *Normit-Modell* ist $G = \Phi$, also G die Verteilungsfunktion der Standardnormalverteilung, und

$$\hat{\mathfrak{F}}_G = \text{diag}(s_1^2/\varphi(\hat{p}_1)^2,\ldots,s_m^2/\varphi(\hat{p}_m)^2) \quad ,$$

wobei φ die Dichte der Standardnormalverteilung bezeichnet. Damit ergibt sich also

$$\hat{\mathfrak{g}} = \Phi^{-1}(\hat{\mathfrak{p}}) = \hat{\beta}_0^{\text{probit}} + \sum_{j=1}^{h} \hat{\beta}_j^{\text{probit}} \mathbf{x}_j$$

bzw.

$$\hat{\mathfrak{p}} = \Phi\left(\hat{\beta}_0^{\text{probit}} + \sum_{j=1}^{h} \hat{\beta}_j^{\text{probit}} \mathbf{x}_j\right) \quad ;$$

die zur Bestimmung von $\hat{\mathfrak{g}}$ bzw. $\hat{\mathfrak{p}}$ benötigten Größen $\hat{g}_i = \Phi^{-1}(\hat{p}_i)$ für $i=1,\ldots,m$ sind dann die sogenannten *Probits* oder *Normits*.

Im *Logit-Modell* schließlich ist G die Logistische Verteilungsfunktion und

$$\hat{\Sigma}_G = \text{diag}(1/(n_1^2 s_1^2),\ldots,1/(n_m^2 s_m^2)) \quad ,$$

so daß sich unter Verwendung der sogenannten *Logits* $\hat{g}_i = \ln(\hat{p}_i/(1-\hat{p}_i))$ für $i=1,\ldots,m$

$$\hat{\mathfrak{g}} = \ln \frac{\hat{\mathfrak{p}}}{1-\hat{\mathfrak{p}}} = \hat{\beta}_0^{\text{logit}} + \sum_{j=1}^{h} \hat{\beta}_j^{\text{logit}} \mathbf{x}_j$$

bzw.

$$\hat{\mathfrak{p}} = 1 \Big/ \left(1 + e^{-\left[\hat{\beta}_0^{\text{logit}} + \sum_{j=1}^{h} \hat{\beta}_j^{\text{logit}} \mathbf{x}_j\right]}\right)$$

ergibt.

Ein anderer Zugang zur diskreten Regression, der bei Zulassen von nur relativ wenigen zu schätzenden Parametern (man steckt dann von vornherein natürlich schon viel "Vorwissen" in das Modell hinein) mit geringeren Anforderungen an die Zahl der Meßwiederholungen an den einzelnen Merkmalskombinationen $x_i = (x_{i1},\ldots,x_{ih})^T$, $i=1,\ldots,m$, der Regressoren $\mathfrak{x}_1,\ldots,\mathfrak{x}_h$ auskommt, ergibt sich über die *Maximierung der Likelihoodfunktion*. Hierzu betrachten wir gleich ein *allgemeineres Modell*, in dem der Regressand $\mathfrak{y}$ nicht nur zwei sondern *q mögliche Ausprägungen* $\nu=1,\ldots,q$ haben kann. Sei $y = (y_1,\ldots,y_q)^T$ ein q-dimensionaler binärer Zufallsvektor mit $y_\nu = 0$ oder 1, jenachdem ob die Ausprägung ν von $\mathfrak{y}$ vorliegt oder nicht ($\nu=1,\ldots,q$), wobei gelte $\sum_{\nu=1}^{q} y_\nu = 1$, d.h. die Realisation von y ist der ν-te Einheitsvektor, falls die Ausprägung ν von $\mathfrak{y}$ vorliegt. Weiterhin sei

$$p_{i\nu} = P(y_\nu = 1 | \mathfrak{x} = x_i) \quad \text{mit} \quad \sum_{\nu=1}^{q} p_{i\nu} = 1 \quad \text{für } i=1,\ldots,m$$

die Wahrscheinlichkeit für das Eintreten der Ausprägung ν von $\mathfrak{y}$ bei Vorliegen der Merkmalskombination $x_i = (x_{i1},\dots,x_{ih})^T$ von $\mathfrak{x}_1,\dots,\mathfrak{x}_h$, und $n_i(\nu)$ gebe die Anzahl der Beobachtungen $y_\nu = 1$ an der Stelle x_i bei n_i unabhängigen Meßwiederholungen (an dieser Stelle) an. Unser Stichprobenergebnis ist dann

$$n_1(1),\dots,n_1(q),n_2(1),\dots,n_m(1),\dots,n_m(q)$$

und die Likelihoodfunktion der zugehörigen Multinomialverteilung (vgl. z.B. Hartung et al. (1982, Kap.IV)) ist

$$L = \prod_{i=1}^{m} \frac{n_i!}{n_i(1)!\cdot n_i(2)!\cdot\ldots\cdot n_i(q)!}\cdot p_{i1}^{n_i(1)}\cdot\ldots\cdot p_{iq}^{n_i(q)} \quad .$$

Setzt man in dieser Likelihoodfunktion etwa

$$p_{i1} = 1\Big/\left(1 + \sum_{k=2}^{q} e^{(1,x_i^T)\beta_k}\right) \quad \text{und}$$

$$p_{i\nu} = e^{(1,x_i^T)\beta_\nu}\Big/\left(1 + \sum_{k=2}^{q} e^{(1,x_i^T)\beta_k}\right) \qquad \text{für } \nu=2,\dots,q \quad ,$$

d.h. hier wird für jeden Zustand $\nu=2,\dots,q$ ein anderer Parametervektor $\beta_\nu = (\beta_{\nu o},\beta_{\nu 1},\dots,\beta_{\nu h})^T$ zugelassen, so erhält man einen der möglichen Ansätze in der sogenannten *bedingten Logit - Analyse* (*conditional logit analysis*). Die Likelihood L ist dann bzgl. der unbekannten Parametervektoren $\beta_2,\dots,\beta_q$ zu maximieren und als Schätzer $\hat\beta_2,\dots,\hat\beta_q$ werden dann diejenigen Werte genommen, bei denen L maximal ist.

Als *Beispiel*, in dem die Maximierung der Likelihood auf eine explizite Angabe der Schätzer führt, wollen wir hierzu noch ein Problem betrachten, bei dem alle beteiligten Merkmale qualitativ sind. Untersucht wird der Einfluß zweier erklärender Variablen (Regressoren) $\mathfrak{x}_1$ = "Operationstechnik" mit zwei Ausprägungen i=1,2 und $\mathfrak{x}_2$ = "Klinik" mit drei Ausprägungen j=1,2,3 auf die zu erklärende Variable (Regressand) $\mathfrak{y}$ = "Ausgang der Operation" mit den Ausprägungen k = 1 für "Erfolg" (y = 1) und k = 2 für "Mißerfolg" (y = 0). Die erhobenen Daten sind in der in Tab.14 dargestellten Kontingenztafel angegeben, vgl. auch Hartung et al. (1982, Kap.VII), wobei hier n_{ij1} die Anzahl der Erfolge in der j-ten Klinik bei Anwendung der i-ten Operationstechnik und n_{ij2} die entsprechende Anzahl der Mißerfolge bezeichnet.

Für die *Logits* der Erfolgswahrscheinlichkeiten p_{ij1} bzw. der Schätzung $\hat p_{ij1}$ bei der i-ten Operationstechnik in der j-ten Klinik (i=1,2, j=1,2,3) machen wir dann einen Ansatz wie in der Varianzanalyse, vgl. Kap.X (insbesondere Abschnitt 1.4):

Tab.14: Dreidimensionale Kontingenztafel zur Untersuchung des Einflußes zweier Operationstechniken und dreier Kliniken auf Erfolg ($y = 1$) bzw. Mißerfolg ($y = 0$) einer Operation

n_{ijk}	Erfolg (k=1); y = 1			Mißerfolg (k=2); y = 0		
Oper.-Technik i \ Klinik j	1	2	3	1	2	3
1	37	128	97	12	15	8
2	21	82	157	3	9	17

$$\ln \frac{\hat{p}_{ij1}}{1 - \hat{p}_{ij1}} = \ln \frac{n_{ij1}}{n_{ij2}} = \mu + \alpha_i + \beta_j + (\alpha\beta)_{ij}$$

mit den Nebenbedingungen

$$\alpha_1 + \alpha_2 = 0 \,, \quad \beta_1 + \beta_2 + \beta_3 = 0 \,, \quad \sum_{i=1}^{2} (\alpha\beta)_{ij} = \sum_{j=1}^{3} (\alpha\beta)_{ij} = 0$$

und erhalten

$$\mu = \frac{1}{2\cdot 3} \sum_{i=1}^{2} \sum_{j=1}^{3} \ln \frac{n_{ij1}}{n_{ij2}} \quad ,$$

$$\alpha_i = \frac{1}{3} \sum_{j=1}^{3} \ln \frac{n_{ij1}}{n_{ij2}} - \mu \qquad \text{für } i=1,2 \quad ,$$

$$\beta_j = \frac{1}{2} \sum_{i=1}^{2} \ln \frac{n_{ij1}}{n_{ij2}} - \mu \qquad \text{für } j=1,2,3 \text{ und}$$

$$(\alpha\beta)_{ij} = \ln \frac{n_{ij1}}{n_{ij2}} - \alpha_i - \beta_j - \mu \qquad \text{für } i=1,2,\ j=1,2,3 \quad .$$

Diese Größen μ, α_i, β_j und $(\alpha\beta)_{ij}$ sind für unser Beispiel, vgl. Tab.14, in Tab.15 angegeben; man sieht hier sehr schön, wie sich die Einflüße aufteilen lassen.

Tab.15: $\mu, \alpha_i, \beta_j, (\alpha\beta)_{ij}$ für $i=1,2$ und $j=1,2,3$ für unser Beispiel mit den Daten aus Tab.14

$(\alpha\beta)_{ij}$ i \ j	1	2	3	α_i
1	-0.308	0.070	0.238	-0.102
2	0.308	-0.070	-0.238	0.102
β_j	-0.488	0.153	0.335	μ=2.024

Wir haben in diesem Beispiel ein vollständig erklärendes (saturiertes) Modell verwandt; bei weniger Parameterspezifizierung läuft die Maximum - Likelihood - Methode auch hier auf ein iteratives Verfahren hinaus.

Es sei an dieser Stelle noch erwähnt, daß eine transformierte Kontingenztafel mit den Eintragungen n_{ij1}/n_{ij2} wie im *Loglinearen Modell* behandelt werden kann, d.h. man kann mit den diesbezüglichen Methoden z.B. prüfen, ob die Wechselwirkungen signifikant sind (Hypothese H: $(\alpha\beta)_{ij} = 0$) oder ob die Faktoren Operationstechnik und Klinik überhaupt signifikante Einflüsse auf den Ausgang einer Operation haben (Hypothese H: $\alpha_i = 0$ bzw. H: $\beta_j = 0$); bzgl. einer ausführlicheren Darstellung der Methoden des Loglinearen Modells sei z.B. verwiesen auf Hartung et al. (1982, Kap.VII).

Wir beschäftigen uns nicht weiter mit der angesprochenen Thematik in dieser Richtung und verweisen auf z.B. Zellner/Lee (1965), Cox (1970), McFadden (1974,1976), Fienberg (1977), Habermann (1978), Judge et al. (1980), Amemiya (1981), Maddala (1983).

Wir wollen hier nur noch kurz auf das eingangs dieses Abschnitts erwähnte Problem der *Interpretation einer geschätzten Regressionsbeziehung* der Art

$$\hat{y} = \hat{\beta}_0 + \hat{\beta}_1 x$$

zwischen einem Regressor x und einem binären (0-1 - wertigen) Regressanden y zurückkommen. In den oben behandelten Modellen der diskreten Regression (Lineares Wahrscheinlichkeitsmodell, Probit - bzw. Normit - Modell, Logit - Modell) wird eine Wahrscheinlichkeit erklärt, was vornehmlich ausgehend von einer inhaltlichen Fragestellung von Interesse ist. Meistens ist es jedoch so, daß man eine Regressionsbeziehung hauptsächlich dazu benutzen will, einem "neuen" Objekt mit bekannten bzw. beobachteten Ausprägungen der Regressoren eine (zur Zeit unbekannte) Ausprägung des Regressanden y zuzuordnen, d.h. man möchte die Ausprägung von y prognostizieren bzw. das Objekt bzgl. y diskriminieren, und überprüfen, welche Variablen (Regressoren) hierbei einen wesentlichen Einfluß haben. Hat man in einem der weiter oben behandelten Modelle eine Wahrscheinlichkeit geschätzt, so kann man selbstverständlich ebenfalls in diesem Sinne prognostizieren, und zwar wird man die Zuordnung zu derjenigen Ausprägung von y vornehmen, für die sich die höchste Schätzung für die Wahrscheinlichkeit ergibt. Den selben Zweck erfüllt allerdings auch schon eine 'normale' Regressionsbeziehung, wenn man z.B. bei einem binären Regressanden y einen *Diskriminationspunkt* d festlegt und bei Vorliegen von $x = x_*$ etwa

$$\hat{\mathfrak{y}} = \begin{cases} 1 \;, & \text{falls } \hat{\beta}_0 + \hat{\beta}_1 x_* > d \\ 0 \;, & \text{falls } \hat{\beta}_0 + \hat{\beta}_1 x_* < d \end{cases}$$

prognostiziert; der Diskriminationspunkt d kann dabei etwa so festgelegt werden, daß die Fehlzuordnungen bei den bereits bekannten Objekten gemäß dieser Regressionsfunktion minimal werden. In diesem Sinne ist also eine Interpretation diskreter Regressionen möglich.

Betrachten wir nun noch einmal das *Beispiel* vom Anfang dieses Abschnitts, vgl. etwa Tab.12. Dort hatten wir bei der Regression von $\mathfrak{y}$ auf $\mathfrak{x}$ unter Verwendung der Größen y_k und x_k' für k=1,...,12 die Regressionsgerade

$$\hat{\mathfrak{y}} = 0.0179183 + 0.2430664x \;,$$

vgl. Abb.15, bestimmt, für die sich der Diskriminationspunkt $d = 1/2$ ergibt. Berechnet man dagegen die Regressionsgerade unter Verwendung der gruppierten Größen (Meßpunkte) x_1, x_2, x_3, d.h. verwendet man anstelle von x_k' für k=1,...,12 nun $x_k = x_1 = 1$ für k=1,...,4, $x_k = x_2 = 2$ für k=5,...,8 und $x_k = x_3 = 3$ für k=9,...,12, so ergibt sich, ebenfalls mit Diskriminationspunkt $d = 1/2$,

$$\hat{\mathfrak{y}}^{\text{gruppiert}} = 1/4 \cdot x \;;$$

man sieht, daß diese Gerade identisch ist mit derjenigen, die sich aus dem Linearen Wahrscheinlichkeitsmodell ergibt, vgl. Abb.16.

Folgt man einem Vorschlag von Fisher (1936) und kodiert die Zustände von $\mathfrak{y}$ nicht mit 1 und 0 sondern (bei gleichen Gruppengrößen, wie im Beispiel der Fall) mit 1/2 und -1/2, so ergeben sich die gleichen Regressionsgeraden wie oben, lediglich um 1/2 nach unten verschoben, d.h.

$$\hat{\mathfrak{y}}_{\text{Fisher}} = -0.4820817 + 0.2430664x \quad \text{bzw.} \quad \hat{\mathfrak{y}}^{\text{gruppiert}}_{\text{Fisher}} = -1/2 + 1/4x \;;$$

natürlich verschiebt sich hier in beiden Fällen auch der Diskriminationspunkt um 1/2 nach unten, also $d_{\text{Fisher}} = 0$

Bei diskreten Variablen mit mehreren möglichen Zuständen kann man entsprechend vorgehen, indem man die *Ausprägungen "günstig" kodiert* (man sagt auch, die Variablen werden *skaliert*) und dann den gesamten Apparat der 'normalen' (metrischen) Regressionsanalyse zur Verfügung hat. Bei derartigem Vorgehen sind die *Anforderungen an die Datenbasis* bzw. deren Umfang wesentlich *geringer*, insbesondere natürlich bei höherdimensionalen Problemen. Zum Beispiel treten bei mehrdimensionalen Kontingenztafeln häufig aus Mangel an Untersuchungseinheiten viele sogenannte *"leere Zellen"* auf, auch "*zufällige Nullen*" genannt, die ein Arbeiten im Loglinearen Modell bzw. Logit - Modell erheblich erschweren bzw. unmöglich machen.

Wir werden uns in den nachfolgenden Kapiteln noch ausführlich mit dem Auswerten diskreter Daten beschäftigen; es sei an dieser Stelle insbesondere auf den Abschnitt 4 in Kap.IV (Diskriminanzanalyse), das Kap.V (Skalierungsverfahren) und den Abschnitt 1.3 in Kap.X (multivariate Regressions- und Kovarianzanalyse für diskrete (skalierte) Daten) hingewiesen.

Kapitel III: Die Korrelationsanalyse

Bei der Analyse statistischen Datenmaterials ist man oft hauptsächlich daran interessiert, Abhängigkeiten und Zusammenhänge mehrerer Merkmale zu quantifizieren, wie dies z.B. mittels der in Kap.II (bzw. Kap.X) dargestellten Regressionsanalyse geschieht, und qualitative Aussagen über das Vorhandensein und die Stärke von Abhängigkeiten zu gewinnen. Hier stellt die *Korrelationsanalyse* ein geeignetes Instrumentarium bereit.

Die *Korrelation* oder *Assoziation von Merkmalen* gibt vornehmlich den Grad des linearen Zusammenhangs wieder. Neben Maßen für Korrelation bzw. Assoziation werden hier Tests auf Signifikanz eines Zusammenhangs und Vergleiche von Korrelationen betrachtet.

Dabei beschäftigen wir uns zunächst ausführlich mit der Korrelation normalverteilter Merkmale; in diesem Zusammenhang werden auch einige besonders hervorzuhebende Phänomene bei der Berechnung von Korrelationen dargestellt. Anschließend werden Korrelationen zwischen beliebigen stetigen Merkmalen, zwischen ordinalen Merkmalen, zwischen gemischt stetigen und ordinalen Merkmalen und schließlich zwischen nominalen Merkmalen betrachtet. Im letzteren Fall nominaler Merkmale spricht man anstelle von Korrelationsmaßen dann von Assoziationsmaßen.

Bei der Berechnung von Korrelationen muß man darauf achten, daß die Merkmale, deren Korrelation man bestimmt, in einem sachlogischen Zusammenhang stehen, da sonst "*Nonsens - Korrelationen*", wie z.B. die Korrelation zwischen der Anzahl der Störche und der Geburtenzahl, berechnet werden. Weiterhin sollte man sich vor *Scheinkorrelationen* hüten, die lediglich durch die Abhängigkeiten von weiteren Merkmalen entstehen. In solchen Fällen bedient man sich partieller bzw. bi - partieller Korrelationen, die solche Einflüsse weitgehend ausschalten.

1 DIE KORRELATION NORMALVERTEILTER MERKMALE

In diesem Abschnitt beschäftigen wir uns zunächst mit dem Schätzen der *Korrelation zweier normalverteilter Merkmale* X und Y. Für solche Korrelationsmaße werden auch Tests auf Signifikanz, Tests zum Vergleich mehrerer Zusammenhänge und Konfidenzintervalle angegeben. Weiterhin werden globale und simultane *Tests auf Unabhängigkeit von p Merkmalen bzw. p Meßreihen* und eindimensionale *Maße für die Stärke des Gesamtzusammenhangs* von p Merkmalen angegeben.

Weiterhin betrachten wir *multiple* und *kanonische Korrelationen*. Die multiple Korrelation ist gerade ein Maß für den Zusammenhang zwischen einem Merkmal X und p Merkmalen $Y_1,\ldots,Y_p$, und die kanonische Korrelation mißt den Zusammenhang zwischen zwei Merkmalsgruppen $X_1,\ldots,X_p$ und $Y_1,\ldots,Y_q$.

Für einfache, multiple und kanonische Korrelationen werden dann noch Maße betrachtet, die den Einfluß weiterer Merkmale eliminieren. Bei den *partiellen Korrelationen* werden Einflüsse einer Variablengruppe eliminiert, die mit allen interessierenden Merkmalen korreliert ist, und bei den *bi-partiellen Korrelationen* werden Einflüsse zweier Variablengruppen ausgeschaltet, die jeweils mit einem Teil der interessierenden Merkmale und untereinander stark korreliert sind.

Einige Teile der Ausführungen in diesem Kapitel findet man auch bei Hartung et al. (1982, Kap.I und IX).

1.1 DIE KORRELATION ZWEIER NORMALVERTEILTER MERKMALE

In Kapitel I, Abschnitt 3 haben wir als Kenngröße von Zufallsvariablen die Kovarianz Cov(X,Y) zwischen den Zufallsvariablen X und Y kennengelernt. Diese Größe haben wir, um sie besser interpretieren zu können, so normiert, daß der Wert der normierten Größe, die *Korrelation der Zufallsvariablen X und Y*

$$\rho = \rho_{XY} = \frac{\mathrm{Cov}(X,Y)}{\sqrt{\mathrm{Var}(X)\cdot\mathrm{Var}(Y)}} \quad ,$$

stets zwischen -1 und +1 liegt. Wir haben dort gesehen, daß die Korrelation von zwei unabhängigen Zufallsvariablen X und Y stets Null ist, d.h. zwei unabhängige Zufallsvariable sind stets *unkorreliert*. Umgekehrt können wir aber i.a. nicht aus der Unkorreliertheit von X und Y deren Unabhängigkeit folgern. Wir haben aber gesehen, daß speziell zwei unkorrelierte normalverteilte Zufallsvariablen X und Y auch unabhängig sind. Daher ist im Normalverteilungsfall die Korrelation ρ ein eindeutiges Maß für die Stärke der Abhängigkeit zweier Zufallsvariablen.

Wir wollen nun die Korrelation zwischen zwei in einer Grundgesamtheit normalverteilten Merkmalen X und Y, die ebenso wie die zugehörigen Zufallsvariablen bezeichnet seien, anhand je einer Stichprobe (bzw. Beobachtungsreihe) vom Umfang n aus dieser Grundgesamtheit schätzen, um so ein Maß für die Abhängigkeit zwischen den Merkmalen zu erhalten. Als *Schätzer für die Korrelation* ρ zweier normalverteilter Merkmale bzw. Zufallsvariablen X und Y können wir natürlich die *Stichprobenkorrelation*

$$r_{XY} = \frac{s_{XY}}{s_X \cdot s_Y} = \frac{\sum_{i=1}^{n} (x_i - \bar{x})(y_i - \bar{y})}{\sqrt{\sum_{i=1}^{n} (x_i - \bar{x})^2 \cdot \sum_{i=1}^{n} (y_i - \bar{y})^2}}$$

$$= \frac{\sum_{i=1}^{n} x_i y_i - n\overline{xy}}{\sqrt{\left(\sum_{i=1}^{n} x_i^2 - n\bar{x}^2\right)\left(\sum_{i=1}^{n} y_i^2 - n\bar{y}^2\right)}}$$

verwenden, die auch als *Pearsonscher Korrelationskoeffizient* oder *Produktmomentkorrelation* bezeichnet wird, wobei die $x_1,\ldots,x_n$ Realisationen von X und die $y_1,\ldots,y_n$ Realisationen von Y sind und paarweise in der Form $(x_1,y_1),\ldots,(x_n,y_n)$ erhoben werden.

Die Größe

$$B_{X,Y} = r_{XY}^2$$

nennt man auch *Bestimmtheitsmaß*. Es gibt an, welcher Varianzanteil des Merkmals X durch Y erklärt wird und umgekehrt, vgl. auch Kap.II.

Beispiel: Aus den Daten der Tab.1 wollen wir die empirische Korrelation zwischen der Anzahl der Studienanfänger X und der Gesamtzahl von Studenten Y an einer Universität bestimmen. Es ergibt sich

$$r_{XY} = \frac{\sum_{i=1}^{n} (x_i - \bar{x})(y_i - \bar{y})^2}{\sqrt{\sum_{i=1}^{n} (x_i - \bar{x})^2 \cdot \sum_{i=1}^{n} (y_i - \bar{y})^2}}$$

$$= \frac{\sum_{i=1}^{10} (x_i - 2651)(y_i - 17086.3)}{\sqrt{\sum_{i=1}^{10} (x_i - 2651)^2 \cdot \sum_{i=1}^{10} (y_i - 17086.3)^2}}$$

$$= \frac{133195081}{\sqrt{20173924 \cdot 920380528}} = \frac{133195081}{136263300} = 0.9775 \quad .$$

Es besteht also ein starker (linearer) Zusammenhang zwischen der Anzahl der Studienanfänger und der Anzahl aller Studenten an einer Universität. Das Bestimmtheitsmaß ist hier

$$B_{X,Y} = r_{XY}^2 = 0.9775^2 = 0.9555 \quad .$$

Tab.1: Studienanfänger im Jahr 1977 und Studenten insgesamt im Jahr 1977 an 10 Universitäten der Bundesrepublik Deutschland (vgl. Grund- und Strukturdaten 1979; der Bundesminister für Bildung und Wissenschaft)

	Univ. Bochum	Univ. Bremen	Univ. Claus-thal	Univ. Dort-mund	Univ. Frank-furt	Univ. Frei-burg	Univ. Ham-burg	Univ. Heidel-berg	Univ. Kiel	Univ. Mün-ster
Studien-anfänger	3970	732	499	1300	3463	2643	3630	3294	1931	5048
Studenten insgesamt	24273	5883	2847	5358	23442	17076	28360	19812	12379	31433

Um zu erkennen, wie sich der Pearsonsche Korrelationskoeffizient r_{XY} bei verschiedenen Konstellationen von Ausprägungen der Merkmale X und Y verhält, werden im folgenden Beispiel jeweils für gleichbleibende Ausprägungen von X die Ausprägungen von Y so variiert, daß die Standardabweichung s_Y von Y konstant bleibt.

Beispiel: In **Tab.2** sind für je 8 Untersuchungseinheiten die Beobachtungsdaten (x_i, y_i) der Merkmale X und Y, wobei die Ausprägungen von X gleichbleiben und die von Y variieren, die Korrelationskoeffizienten nach Pearson berechnet.

Um eine Vorstellung von der Größe des Korrelationskoeffizienten r_{XY} zu bekommen, haben wir in den **Abb.1** bis 8 diese Kombinationen von Merkmalsausprägungen graphisch dargestellt.

Tab.2: Korrelationskoeffizient bei verschiedenen Konstellationen von Ausprägungen

x_i	y_i	y_i	y_i	y_i	y_i	y_i	y_i	y_i
2	1	2	4	1	2	3	8	8
4	2	1	3	8	7	8	6	7
6	3	4	2	2	5	5	4	6
8	4	3	1	7	3	2	2	5
10	5	6	8	3	8	7	7	4
12	6	5	7	6	4	4	3	3
14	7	8	6	4	1	1	5	2
16	8	7	5	5	6	6	1	1
r_{XY} =	1.000	0.905	0.524	0.190	0.000	-0.143	-0.619	-1.000

Man sieht am Beispiel, daß r_{XY} nahe 1 liegt, wenn der Zusammenhang zwischen X und Y annähernd positiv linear ist und nahe -1 liegt, wenn eine annähernd negativ lineare Abhängigkeit zu erkennen ist. Je "verstreuter" die Ausprägungen (x_i,y_i) in der Ebene liegen, desto näher liegt r_{XY} bei Null.

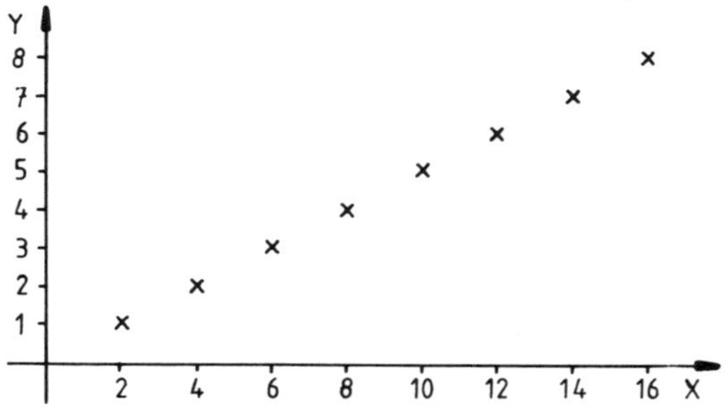

Abb.1: $r_{XY} = 1.000$

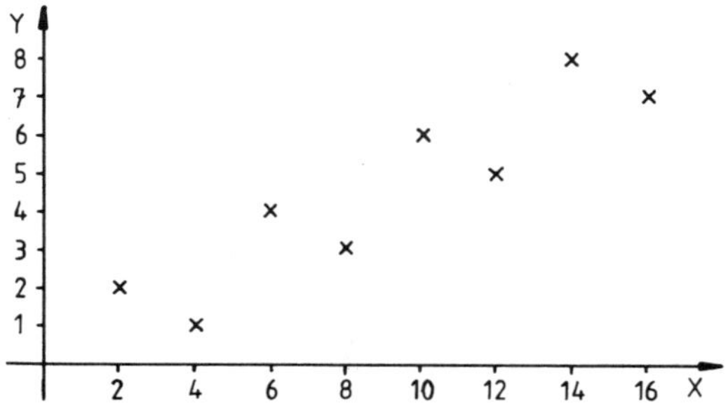

Abb.2: $r_{XY} = 0.905$

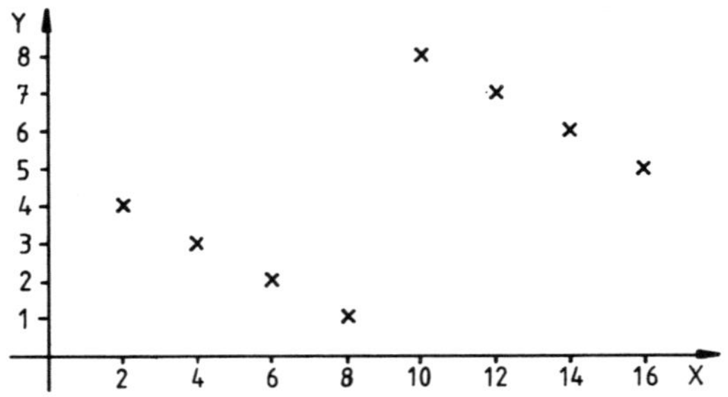

Abb.3: $r_{XY} = 0.524$

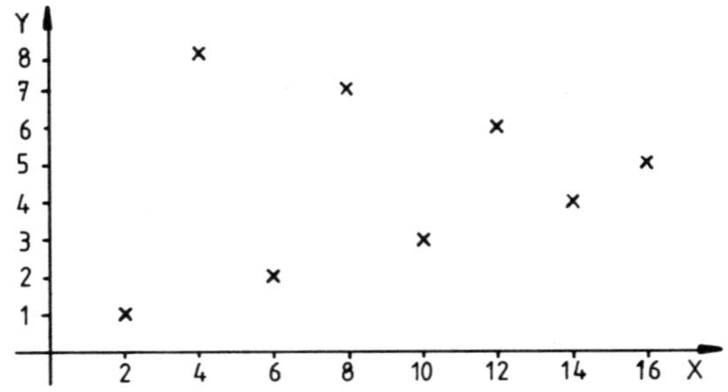

Abb.4: $r_{XY} = 0.190$

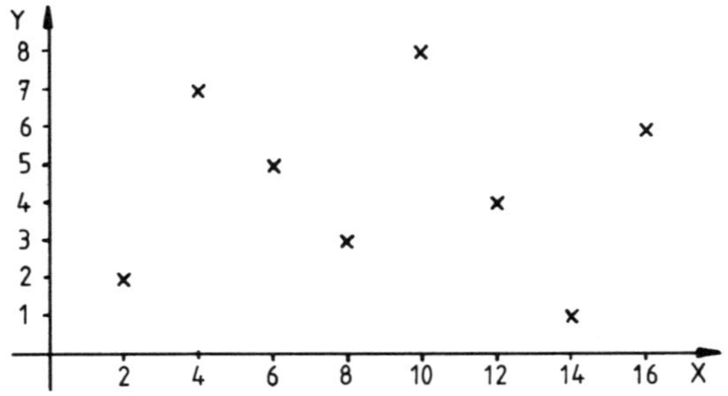

Abb.5: $r_{XY} = 0.000$

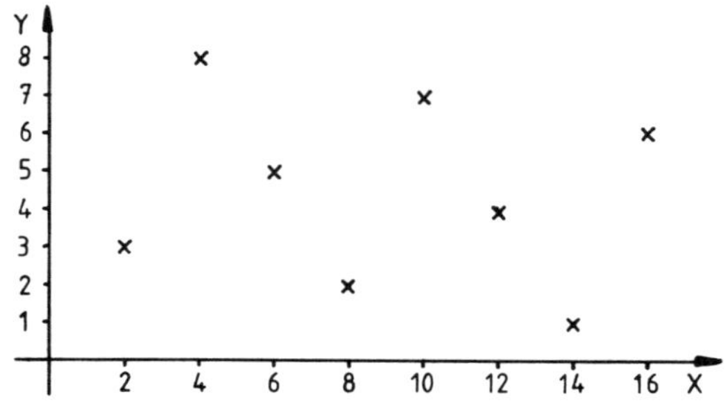

Abb.6: $r_{XY} = -0.143$

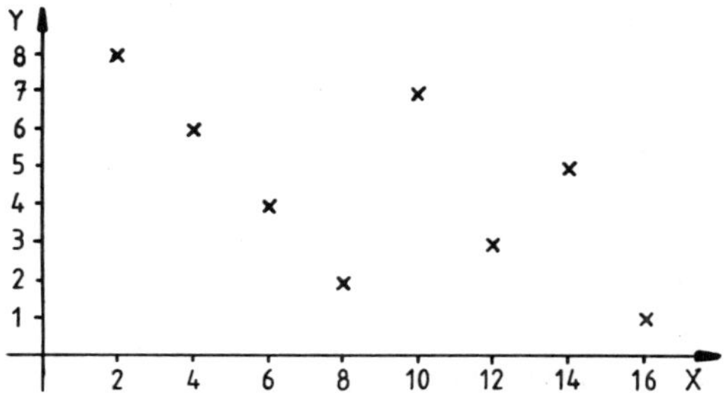

Abb.7: $r_{XY} = -0.619$

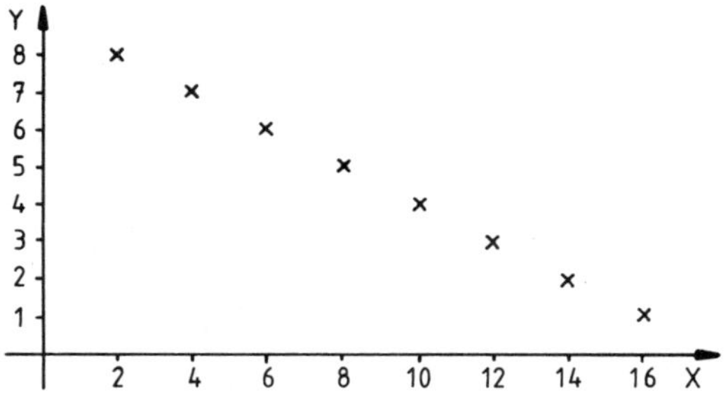

Abb.8: $r_{XY} = -1.000$

Daß r_{XY} wirklich nur den linearen Zusammenhang zwischen X und Y mißt, sieht man auch an der folgenden Abb.9. Die Koordinaten (x_i, y_i) hierzu sind in Tab.3 angegeben.

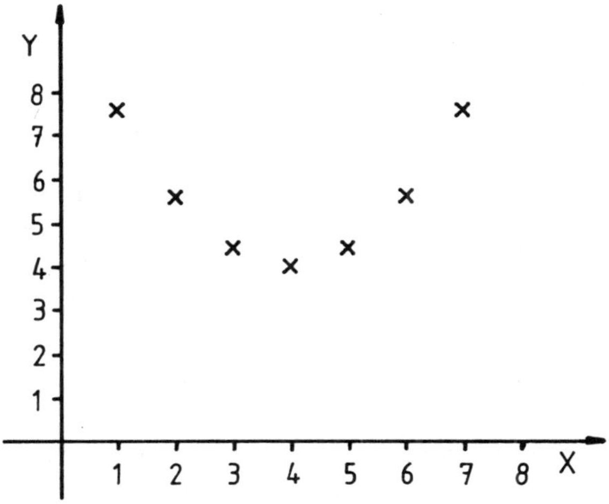

Abb.9: Nichtlinearer Zusammenhang mit $r_{XY} = 0$

Tab.3: Daten (x_i, y_i), i=1,...,7, zu Abb.9

i	1	2	3	4	5	6	7
x_i	1	2	3	4	5	6	7
y_i	7.6	5.6	4.4	4	4.4	5.6	7.6

Die Daten aus Tab.3 stehen in quadratischem Zusammenhang:

$$y_i = 0.4(x_i - 4)^2 + 4 \quad .$$

Trotzdem ist die Korrelation $r_{XY} = 0$, denn es besteht im ersten Teil (i=1,...,4) ein starker negativer linearer Zusammenhang

$$r_{XY} = \frac{48 - 4 \cdot 2.5 \cdot 5.4}{\sqrt{(30 - 4 \cdot 2.5^2)(124.48 - 4 \cdot 5.4^2)}} = \frac{-6}{\sqrt{39.2}} = -0.9583 \qquad (i=1,\dots,4)$$

und im zweiten Teil (i=5,6,7) ein starker positiver linearer Zusammenhang

$$r_{XY} = \frac{108.8 - 3 \cdot 6 \cdot 5.867}{\sqrt{(110 - 3 \cdot 6^2)(108.48 - 3 \cdot 5.867^2)}} = \frac{3.194}{\sqrt{10.430}} = 0.9890 \qquad (i=5,6,7),$$

so daß sich insgesamt der Zusammenhang ausmittelt:

$$r_{XY} = \frac{156.8 - 7 \cdot 4 \cdot 5.6}{\sqrt{(140 - 7 \cdot 4^2)(232.96 - 7 \cdot 5.6^2)}} = \frac{0}{\sqrt{376.32}} = 0 \qquad (i=1,\dots,7) \quad .$$

Im ersten Teil ist Y gegenläufig zu X und im zweiten Teil gleichläufig, so daß also über beide Teile gesehen der Korrelationskoeffizient r_{XY} keine Beziehung zwischen X und Y zu erkennen vermag.

Ein weiteres Phänomen bei der Korrelationsanalyse wird im folgenden Beispiel klar, vgl. hierzu auch ein ähnliches Beispiel in Pfanzagl (1974).

Beispiel: Bei der Messung von Hämoglobingehalt im Blut (X) und mittlerer Oberfläche der Erythrozyten (Y) bei n = 16 Personen ergaben sich die Daten der Tab.4, die in Abb.10 auch graphisch dargestellt sind. Aufgrund dieser Daten wird die Korrelation zwischen X und Y mit

$$r_{XY} = \frac{23309.79 - 16 \cdot 14.9375 \cdot 96.9875}{\sqrt{(3605.4 - 16 \cdot 14.9375^2)(151250.64 - 16 \cdot 96.9875^2)}} = 0.7996$$

geschätzt. Wir wollen nun berücksichtigen, daß es sich bei den Personen i=1,...,8 um Frauen und bei den Personen i=9,...,16 um Männer gehandelt hat, und die beiden nach Geschlecht getrennten Korrelationen berechnen. Bei den Frauen ergibt sich

$$r_{XY}\,(\text{Frauen}) = \frac{9955.15 - 8\cdot 13.675\cdot 90.95}{\sqrt{(1500.06 - 8\cdot 13.675^2)(66274.14 - 8\cdot 90.95^2)}} = 0.2619 \;,$$

und bei den Männern erhalten wir

$$r_{XY}(\text{Männer}) = \frac{13354.64 - 8\cdot 16.2\cdot 103.025}{\sqrt{(2105.34 - 8\cdot 16.2^2)(84976 - 8\cdot 103.025^2)}} = 0.1355 \;.$$

Tab.4: Hämoglobingehalt und mittlere Oberfläche der Erythrozyten bei n = 16 Personen

	Person i	Hämoglobin-gehalt x_i	mittl. Oberfläche der Erythrozythen y_i
Frauen	1	13.1	85.2
	2	12.9	92.4
	3	13.7	94.2
	4	14.5	90.8
	5	14.1	97.5
	6	12.7	88.6
	7	14.8	89.1
	8	13.6	89.8
Männer	9	16.5	103.1
	10	15.7	106.3
	11	17.0	99.8
	12	14.9	101.4
	13	15.8	98.8
	14	17.5	103.4
	15	15.3	103.8
	16	16.9	107.6

Die hohe Gesamtkorrelation zwischen X und Y von 0.7996 ist also nur dadurch bedingt, daß Männer und Frauen gleichzeitig berücksichtigt werden, denn die geschätzten geschlechtsspezifischen Korrelationen sind sehr gering. Eine sinnvolle Berechnung der Gesamtkorrelation zwischen Hämoglobingehalt und mittlerer Oberfläche der Erythrozyten ist also nur möglich, wenn der Geschlechtseinfluß ausgeschaltet wird. Dazu dient der in Abschnitt 1.4 dargestellte partielle Korrelationskoeffizient. Die Schwierigkeit besteht hier aber darin, daß das zu partialisierende Merkmal Geschlecht nur zwei Ausprägungen besitzt; man hilft sich hier dann, indem man zur Schätzung der Korrelation von Geschlecht und einem der anderen Merkmale einen biserialen Korrelationskoeffizienten verwendet, vgl. Abschnitt 2.3.

Es sei hier noch ein Zusammenhang zwischen dem Pearsonschen Korrelationskoeffizienten r_{XY} und dem Kleinste-Quadrate-Schätzer $\hat{\beta}$ für den Regressionskoeffizienten (Steigungsparameter) β der linearen Regression vom Merk-

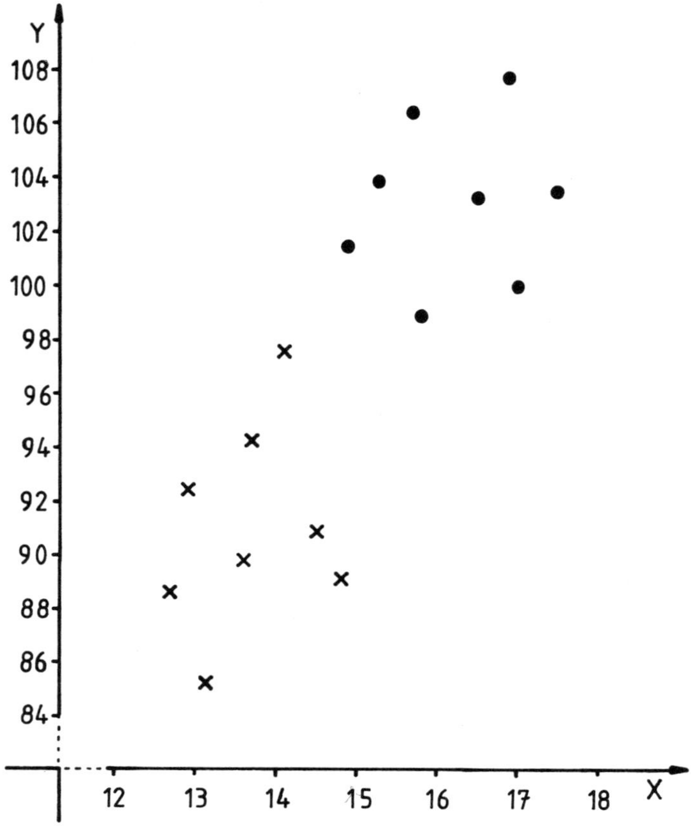

Abb.10: Graphische Darstellung des Hämoglobingehalts und der mittleren Oberfläche der Erythrozyten bei n = 16 Personen, vgl. Tab.4; die Daten der Frauen sind mit "x", die der Männer mit "•" gekennzeichnet

mal Y auf das Merkmal X, vgl. hierzu Kap.II, erwähnt:

$$\hat{\beta} = \sum_{i=1}^{n} (x_i - \bar{x})(y_i - \bar{y}) \Big/ \sum_{i=1}^{n} (x_i - \bar{x})^2$$

$$= \frac{\left(\sum_{i=1}^{n} (x_i - \bar{x})(y_i - \bar{y})\right) \cdot \sqrt{\sum_{i=1}^{n} (y_i - \bar{y})^2}}{\sqrt{\sum_{i=1}^{n} (x_i - \bar{x})^2 \cdot \sum_{i=1}^{n} (y_i - \bar{y})^2 \cdot \sum_{i=1}^{n} (x_i - \bar{x})^2}}$$

$$= r_{XY} \sqrt{\sum_{i=1}^{n} (y_i - \bar{y})^2} \Big/ \sqrt{\sum_{i=1}^{n} (x_i - \bar{x})^2}$$

$$= r_{XY} \cdot s_Y / s_X \quad ,$$

d.h. der Schätzer $\hat{\beta}$ für β ist gleich dem Pearsonschen Korrelationskoeffizienten multipliziert mit dem Quotienten der empirischen Standardabweichung des Merkmals Y und der empirischen Standardabweichung des Merkmals X.

1.1.1 TESTS UND KONFIDENZINTERVALLE FÜR ρ

Sind die Zufallsvariablen X und Y normalverteilt, so können wir aufgrund von n Realisationen $x_1,\dots,x_n$ von X und $y_1,\dots,y_n$ von Y mit Hilfe der Korrelation *testen*, ob X und Y unabhängig sind: Hat der unbekannte Korrelationskoeffizient ρ den Wert Null, so ist

$$t = \frac{r_{XY} \cdot \sqrt{n-2}}{\sqrt{1 - r_{XY}^2}}$$

die Realisation einer t-verteilten Zufallsvariablen mit n-2 Freiheitsgraden. Dabei bezeichnet r_{XY} die Pearsonsche Schätzung für ρ. Wollen wir also die Hypothese

$$H_o:\ \rho = 0$$

gegen die Alternative

$$H_1:\ \rho \neq 0$$

zum Niveau α testen, so müssen wir die Hypothese H_o verwerfen, falls gilt

$$|t| > t_{n-2;1-\alpha/2}\quad .$$

In den einseitigen Testproblemen

$$H_o':\ \rho \geq 0 \quad \text{gegen} \quad H_1':\ \rho < 0 \qquad \text{bzw.}$$

$$H_o'':\ \rho \leq 0 \quad \text{gegen} \quad H_1'':\ \rho > 0$$

verwerfen wir die Nullhypothese zum Niveau α, falls gilt

$$t < t_{n-2;\alpha} \qquad \text{bzw.}$$

$$t > t_{n-2;1-\alpha} \quad .$$

Wollen wir aber für festes $\rho_o \neq 0$ die Hypothese

$$H_o:\ \rho = \rho_o$$

gegen die Alternative

$$H_1:\ \rho \neq \rho_o$$

zum Niveau α exakt testen, so müssen wir die Prüfgröße r_{XY} verwenden. Die

Verteilung von r_{XY} für verschiedene Werte ρ_0 ist z.B. bei David (1954) vertafelt.

Einen approximativen Test erhält man, wenn man zunächst die *Fishersche z-Transformation*

$$z = \text{arc tanh}\, r_{XY} = \frac{1}{2} \ln \frac{1 + r_{XY}}{1 - r_{XY}} \quad , \text{ d.h. } r_{XY} = \frac{e^{2z} - 1}{e^{2z} + 1} \quad ,$$

durchführt. Zur Umrechnung von r_{XY} in z und umgekehrt verwende man **Tab.5**.

Tab.5: Die Fishersche - z - Transformation

$r_{XY} \to z$										
r_{XY}	0	1	2	3	4	5	6	7	8	9
0.0	0.000	0.010	0.020	0.030	0.040	0.050	0.060	0.070	0.080	0.090
0.1	0.100	0.110	0.121	0.131	0.141	0.151	0.161	0.172	0.182	0.192
0.2	0.203	0.213	0.224	0.234	0.245	0.255	0.266	0.277	0.288	0.299
0.3	0.310	0.321	0.332	0.343	0.354	0.365	0.377	0.388	0.400	0.412
0.4	0.424	0.436	0.448	0.460	0.472	0.485	0.497	0.510	0.523	0.536
0.5	0.549	0.563	0.576	0.590	0.604	0.618	0.633	0.648	0.662	0.678
0.6	0.693	0.709	0.725	0.741	0.758	0.775	0.793	0.811	0.829	0.848
0.7	0.867	0.887	0.908	0.929	0.950	0.973	0.996	1.020	1.045	1.071
0.8	1.099	1.127	1.157	1.188	1.221	1.256	1.293	1.333	1.376	1.422
0.9	1.472	1.528	1.589	1.658	1.738	1.832	1.946	2.092	2.298	2.647

$z \to r_{XY}$										
z	0	1	2	3	4	5	6	7	8	9
0.0	0.000	0.010	0.020	0.030	0.040	0.050	0.060	0.070	0.080	0.090
0.1	0.100	0.110	0.119	0.129	0.139	0.149	0.159	0.168	0.178	0.188
0.2	0.197	0.207	0.217	0.226	0.235	0.245	0.254	0.264	0.273	0.282
0.3	0.291	0.300	0.310	0.319	0.327	0.336	0.345	0.354	0.363	0.371
0.4	0.380	0.388	0.397	0.405	0.414	0.422	0.430	0.438	0.446	0.454
0.5	0.462	0.470	0.478	0.485	0.493	0.501	0.508	0.515	0.523	0.530
0.6	0.537	0.544	0.551	0.558	0.565	0.572	0.578	0.585	0.592	0.598
0.7	0.604	0.611	0.617	0.623	0.629	0.635	0.641	0.647	0.653	0.658
0.8	0.664	0.670	0.675	0.680	0.686	0.691	0.696	0.701	0.706	0.711
0.9	0.716	0.721	0.726	0.731	0.735	0.740	0.744	0.749	0.753	0.757
1.0	0.762	0.800	0.834	0.862	0.885	0.905	0.922	0.935	0.947	0.956
2.0	0.964	0.970	0.976	0.980	0.984	0.987	0.989	0.991	0.993	0.994

Ist etwa $r_{XY} = 0.43$, so gilt $z = 0.46$; ist $r_{XY} = 0.61$, so gilt $z = 0.709$. Ist $z = 0.25$, so ist $r_{XY} = 0.245$; ist $z = 1.3$, so ist $r_{XY} = 0.862$.

Die Größe z (eigentlich die z zugrundeliegende Zufallsvariable) ist auch für kleine n recht gut approximativ normalverteilt mit

$$E(z) = \frac{1}{2}\ln\frac{1+\rho}{1-\rho} + \frac{\rho}{2(n-1)} = \zeta \quad \text{und} \quad Var(z) = \frac{1}{n-3} \quad .$$

Daher ist

$$(z-\zeta)\cdot\sqrt{n-3}$$

standardnormalverteilt (approximativ), so daß wir den Einstichproben - Gaußtest, vgl. Kap.I, Abschnitt 3, verwenden können. Wir müssen also z.B. die Hypothese

$$H_o\colon \rho = \rho_o$$

im Test zum Niveau α gegen die Alternative

$$H_1\colon \rho \neq \rho_o$$

verwerfen, falls mit dem $(1-\alpha/2)$ - Quantil $u_{1-\alpha/2}$ der Standardnormalverteilung gilt:

$$|(z-\zeta_o)\cdot\sqrt{n-3}| > u_{1-\alpha/2} \quad .$$

Dabei ist

$$\zeta_o = \frac{1}{2}\ln\frac{1+\rho_o}{1-\rho_o} + \frac{\rho_o}{2(n-1)} \quad .$$

Analog verfährt man bei den einseitigen Hypothesen H_o' und H_o'' für $\rho_o \neq 0$; vgl. nachstehendes Beispiel.

Beispiel: Bei Vorliegen der Beobachtungen aus Tab.1 wollen wir die Hypothese, daß die Zahl der Studienanfänger und die Gesamtstudentenzahl an Universitäten unkorreliert sind, zum Niveau $\alpha = 0.1$ testen.

Da sich als Schätzer für die Korrelation $r_{XY} = 0.9775$ ergab, müssen wir beim Testen von

$$H_o\colon \rho = 0 \quad \text{gegen} \quad H_1\colon \rho \neq 0$$

die Hypothese H_o verwerfen, da

$$t = \frac{0.9775\cdot\sqrt{10-2}}{\sqrt{1-0.9775^2}} = 62.139 > 1.86 = t_{10-2;0.95} = t_{8;0.95}$$

gilt. D.h. es besteht eine signifikante Korrelation zwischen den beiden interessierenden Merkmalen.

Mit Hilfe des approximativen Tests wollen wir nun noch zum Niveau $\alpha = 0.05$

$$H_o''\colon \rho \leq 0.8 \quad \text{gegen} \quad H_1''\colon \rho > 0.8$$

testen. Mit $r_{XY} = 0.9775$ ergibt sich $z = 2.238$ und es ist

$$\zeta_0 = \frac{1}{2}\ln\frac{1.80}{0.20} + \frac{0.80}{2\cdot 9} = 1.143 \quad .$$

Da

$$(z - \zeta_0)\sqrt{n-3} = 2.897 > 1.645 = u_{0.95}$$

ist, wird H_0'' verworfen, d.h. die Korrelation ist zum 5% Niveau signifikant größer als 0.8.

Die Fishersche z-Transformation kann auch zur Bestimmung eines *1-α - Konfidenzintervalls für* ρ benutzt werden. Ein Konfidenzintervall für ζ zum Niveau $1-\alpha$ ist

$$[z_1, z_2] = \left[\frac{1}{2}\ln\frac{1+r_{XY}}{1-r_{XY}} - \frac{u_{1-\alpha/2}}{\sqrt{n-3}}\ ,\ \frac{1}{2}\ln\frac{1+r_{XY}}{1-r_{XY}} + \frac{u_{1-\alpha/2}}{\sqrt{n-3}}\right] \quad .$$

Ein Konfidenzintervall $[r_1, r_2]$ für ρ ergibt sich hieraus, indem man z_1 und z_2 in die Intervallgrenzen r_1 und r_2 umrechnet. Dabei macht man sich zunutze, daß für $i=1,2$ gilt:

$$f(r_i) = \frac{1}{2}\ln\frac{1+r_i}{1-r_i} + \frac{r_i}{2(n-1)} - z_i = 0 \quad ,$$

und verwendet ein iteratives Verfahren zur Berechnung von r_i. Ein recht einfaches Verfahren zur Bestimmung von r_1 und r_2 ist die "regula falsi", vgl. etwa Stoer (1979).

Für $i=1,2$ sucht man zu einem Startwert r_i^0, den man beispielsweise durch die Fishersche z-Transformation (für z_i) aus Tab.5 erhält, ein v_i^0, so daß gilt

$$f(r_i^0)\cdot f(v_i^0) < 0 \quad .$$

Beginnend mit $j = 0$ berechnet man dann im j-ten Schritt

$$\eta_i^j = r_i^j - f(r_i^j)\,\frac{r_i^j - v_i^j}{f(r_i^j) - f(v_i^j)} \quad .$$

Ist dann $f(\eta_i^j) = 0$, so ist $\eta_i^j = r_i$ die gesuchte Nullstelle der Funktion f, und ist $f(\eta_i^j) \neq 0$, so setzt man

$$(r_i^{j+1}, v_i^{j+1}) = \begin{cases} (\eta_i^j, v_i^j) & , \quad \text{für } f(\eta_i^j)\cdot f(r_i^j) > 0 \\ (\eta_i^j, r_i^j) & , \quad \text{für } f(\eta_i^j)\cdot f(r_i^j) < 0 \end{cases} \quad .$$

Approximative r_i erhält man natürlich durch direkte Umrechnung der z_i mit Tab.5.

Beispiel: Wir wollen ein Konfidenzintervall zum Niveau 5% für die Korrelation zwischen der Zahl der Studienanfänger und der Gesamtstudentenzahl an Universitäten, vgl. auch Tab.1, bestimmen. Ein Konfidenzintervall zum 5% Niveau für ζ ergibt sich zunächst wegen $r_{XY} = 0.9775$ zu

$$[z_1, z_2] = \left[\frac{1}{2}\ln\frac{1.9775}{0.0225} - \frac{1.96}{\sqrt{7}} \,,\; \frac{1}{2}\ln\frac{1.9775}{0.0225} + \frac{1.96}{\sqrt{7}}\right]$$

$$= [2.238 - 0.741 \,,\; 2.238 + 0.741]$$

$$= [1.497, 2.979] \quad .$$

Vermittels der "regula falsi" bestimmen wir nun die Grenzen r_1 und r_2 des 5% - Konfidenzintervalls für die Korrelation ρ. Als Startwert wählen wir dabei

$$r_1^o = 0.900 \quad \text{und} \quad r_2^o = 0.999 \quad .$$

Für die Grenze r_1 ergibt sich mittels "regula falsi" zunächst mit $v_1^o = 0.890$

$$f(r_1^o) = \frac{1}{2}\ln\frac{1 + 0.900}{1 - 0.900} + \frac{0.900}{2(10-1)} - 1.497 = 0.025219490$$

und

$$f(v_1^o) = -0.025629685 :$$

$$\eta_1^o = 0.900 - 0.025219490 \cdot \frac{0.900 - 0.890}{0.025219490 + 0.025629685} = 0.895040335$$

und damit dann

$$f(\eta_1^o) = -0.000565905 \quad .$$

Wegen $f(\eta_1^o) \cdot f(r_1^o) < 0$ wird im nächsten Schritt

$$r_1^1 = \eta_1^o \quad \text{und} \quad v_1^1 = r_1^o$$

gesetzt, und es ergibt sich

$$\eta_1^1 = 0.895149183 \quad ,$$

d.h.

$$f(\eta_1^1) = -0.000012343 \quad .$$

Nun ist $f(\eta_1^1)$ fast Null, so daß wir das Verfahren hier abbrechen und die untere Intervallgrenze mit

$$r_1 \simeq 0.895$$

festsetzen. Für die obere Grenze r_2 ergibt sich mit

$$r_2^o = 0.999 \qquad \text{und} \qquad v_2^o = 0.994$$

zunächst

$$f(r_2^o) = 0.876701168 \qquad \text{und} \qquad f(v_2^o) = -0.020708537$$

und damit dann

$$\eta_2^o = 0.994115380 \qquad \text{und} \qquad f(\eta_2^o) = -0.010964588 \quad .$$

Im nächsten Schritt ist dann

$$r_2^1 = \eta_2^0 \qquad \text{und} \qquad v_2^1 = r_2^o \quad ,$$

so daß sich

$$\eta_2^1 = 0.994175715 \qquad \text{und} \qquad f(\eta_2^1) = -0.005793095$$

und somit

$$r_2^2 = \eta_2^1 \quad , \quad v_2^2 = v_2^1$$

ergibt. Damit ist dann

$$\eta_2^2 = 0.994207384 \qquad \text{und} \qquad f(\eta_2^2) = -0.003057291 \quad ,$$

d.h. es ist

$$r_2^3 = \eta_2^2 \qquad \text{und} \qquad v_2^3 = v_2^2$$

und somit

$$\eta_2^3 = 0.994224039 \qquad \text{und} \qquad f(\eta_2^3) = -0.001612505 \quad .$$

Da $f(\eta_2^3)$ hier recht klein ist, wollen wir den Algorithmus abbrechen und die obere Intervallgrenze mit

$$r_2 \simeq 0.994$$

festsetzen. Das approximative Konfidenzintervall für ρ ergibt sich also zu

$$[r_1, r_2] = [0.895, 0.994] \quad .$$

1.1.2 VERGLEICH VON KORRELATIONEN MEHRERER MERKMALSPAARE

Möchte man überprüfen, ob die Korrelationen ρ_1 und ρ_2 von je zwei Merkmalen zum Signifikanzniveau α identisch sind, so bestimmt man zunächst die transformierten Werte (z - Transformation, vgl. Tab.5)

$$z_1 = \operatorname{arc\,tanh} r_1 \quad \text{und} \quad z_2 = \operatorname{arc\,tanh} r_2 \quad ,$$

wobei r_1 die aufgrund einer paarigen Stichprobe vom Umfang n_1 geschätzte Korrelation ρ_1 und r_2 die aufgrund einer paarigen Stichprobe vom Umfang n_2 geschätzte Korrelation ρ_2 ist.

Es ist dann

$$T = \frac{z_1 - z_2}{\sqrt{1/(n_1-3) + 1/(n_2-3)}}$$

im Falle der Gültigkeit von $\rho_1 = \rho_2$ die Realisation einer approximativ standardnormalverteilten Zufallsvariablen,d.h. im Testproblem

$$H_0\colon \rho_1 = \rho_2 \quad \text{gegen} \quad H_1\colon \rho_1 \neq \rho_2$$

muß man die Nullhypothese zum Niveau α verwerfen, falls gilt

$$|T| > u_{1-\alpha/2} \quad .$$

Natürlich kann man auch die einseitigen Testprobleme zum Niveau α

$$H_0'\colon \rho_1 \geq \rho_2 \quad \text{gegen} \quad H_1'\colon \rho_1 < \rho_2 \qquad \text{und}$$

$$H_0''\colon \rho_1 \leq \rho_2 \quad \text{gegen} \quad H_1''\colon \rho_1 > \rho_2$$

betrachten. Man muß H_0' verwerfen, wenn gilt

$$T < u_\alpha \quad ,$$

bzw. H_0'' verwerfen, falls gilt

$$T > u_{1-\alpha} \quad .$$

Wird die Hypothese H_0 der Gleichheit der Korrelationen ρ_1 und ρ_2 zum Niveau α nicht verworfen, so kann man einen neuen gemeinsamen Schätzer für ρ_1 und ρ_2 bestimmen. Der gemeinsame Schätzer für ζ ist

$$\tilde{z} = \frac{(n_1-3)z_1 + (n_2-3)z_2}{n_1 + n_2} \quad .$$

In Tab.5 sucht man dann den zu $\tilde{z}$ gehörigen Wert $\tilde{r}$ und hat damit einen gemeinsamen Schätzer für ρ_1 und ρ_2 gefunden.

Beispiel: Aufgrund einer Stichprobe vom Umfang $n_1 = 17$ hat sich als Schätzer der Korrelation ρ_1

$$r_1 = 0.72$$

und aufgrund einer Stichprobe vom Umfang $n_2 = 26$ hat sich als Schätzer für ρ_2

$$r_2 = 0.58$$

ergeben. Wir wollen zum Niveau $\alpha = 0.10$ die Nullhypothese

$$H_0: \rho_1 = \rho_2 \quad \text{gegen} \quad H_1: \rho_1 \neq \rho_2$$

testen. Aus Tab.5 ergibt sich

$$\text{für } r_1 = 0.72: \quad z_1 = 0.908 \qquad \text{und}$$

$$\text{für } r_2 = 0.58: \quad z_2 = 0.662 \quad .$$

Somit ist

$$|T| = \left| \frac{0.908 - 0.662}{\sqrt{1/(17-3) + 1/(26-3)}} \right| = \frac{0.246}{0.339} = 0.726 < 1.645 = u_{0.95} \quad ,$$

so daß wir die Hypothese der Gleichheit von ρ_1 und ρ_2 zum Niveau 0.10 nicht verwerfen können. Nun wollen wir noch den gemeinsamen Schätzer $\tilde{r}$ für ρ_1 und ρ_2 bestimmen. Es ist

$$\tilde{z} = \frac{(17-3)\cdot 0.908 + (26-3)\cdot 0.662}{17+26} = \frac{27.938}{43} = 0.650$$

und somit nach Tab.5

$$\tilde{r} = 0.572 \quad .$$

Will man nicht nur die Gleichheit von zwei Korrelationen ρ_1, ρ_2 überprüfen, sondern vielmehr die Homogenität, d.h. die Gleichheit, von k Korrelationen $\rho_1, \ldots, \rho_k$ von je zwei Merkmalen, so bestimmt man zunächst aufgrund von paarigen Stichproben der Umfänge $n_1, \ldots, n_k$ Schätzer $r_1, \ldots, r_k$ für diese unbekannten Korrelationen, die man dann mit Hilfe von Tab.5 in Größen $z_1, \ldots, z_k$ transformiert. Im Test zum Niveau α von

$$H_0: \rho_1 = \rho_2 = \ldots = \rho_k \quad \text{gegen} \quad H_1: \text{es gibt ein Paar } (i,j) \text{ mit } \rho_i \neq \rho_j$$

verwirft man die Nullhypothese H_0, falls

$$T = \sum_{i=1}^{k} z_i^2(n_i - 3) - \frac{\left(\sum_{i=1}^{k} z_i(n_i - 3)\right)^2}{\sum_{i=1}^{k} n_i} > \chi^2_{k-1;1-\alpha}$$

gilt, mit dem (1-α) - Quantil der χ^2 - Verteilung mit k-1 Freiheitsgraden. Wird H_0 zum Niveau α nicht verworfen, so kann man, wie schon beim Test auf Gleichheit von zwei Korrelationen, einen gemeinsamen Schätzer $\tilde{r}$ für $\rho_1,\ldots,\rho_k$ bestimmen, indem man mit Hilfe der Tab.5 den Wert

$$\tilde{z} = \frac{\sum_{i=1}^{k} z_i(n_i - 3)}{\sum_{i=1}^{k} n_i}$$

in den Wert $\tilde{r}$ transformiert.

Beispiel: Bei Stichprobenumfängen $n_1 = 11$, $n_2 = 15$, $n_3 = 7$ und $n_4 = 22$ ergaben sich als Schätzer für ρ_1, ρ_2, ρ_3 und ρ_4 die Werte $r_1 = 0.37$, $r_2 = 0.26$, $r_3 = 0.19$ und $r_4 = 0.32$. Wir wollen nun zum Niveau $\alpha = 0.10$ die Hypothese

$$H_0 : \rho_1 = \rho_2 = \rho_3 = \rho_4$$

testen. Es ergibt sich aus Tab.5 für

$$r_1 = 0.37: \quad z_1 = 0.388 \quad ,$$

$$r_2 = 0.26: \quad z_2 = 0.266 \quad ,$$

$$r_3 = 0.19: \quad z_3 = 0.192 \quad ,$$

$$r_4 = 0.32: \quad z_4 = 0.332 \quad .$$

Es ist

$$\sum_{i=1}^{4} n_i = 11 + 15 + 7 + 22 = 55 \quad ,$$

$$\sum_{i=1}^{4} z_i(n_i - 3) = 0.388 \cdot 8 + 0.266 \cdot 12 + 0.192 \cdot 4 + 0.332 \cdot 19 = 13.372 \quad ,$$

$$\sum_{i=1}^{4} z_i^2(n_i - 3) = 0.388^2 \cdot 8 + 0.266^2 \cdot 12 + 0.192^2 \cdot 4 + 0.332^2 \cdot 19 = 4.295 \quad .$$

Damit können wir wegen

$$T = 4.295 - \frac{13.372^2}{55} = 1.0439 < 6.251 = \chi^2_{3;0.90} = \chi^2_{k-1;1-\alpha}$$

die Hypothese der Homogenität der 4 Korrelationen ρ_1, ρ_2, ρ_3 und ρ_4 nicht verwerfen. Der gemeinsame Schätzer $\tilde{r}$ ergibt sich nun wegen

$$\tilde{z} = \frac{13.372}{55} = 0.24 \quad \text{zu} \quad \tilde{r} = 0.235 \quad .$$

1.2 ZUSAMMENHANGSANALYSE MEHRERER MERKMALE

Sind $X_1,\ldots,X_p$ normalverteilte Zufallsvariablen mit Korrelationen $\rho_{X_iX_j} = \rho_{ij}$ für $i,j=1,\ldots,p$, so faßt man die aufgrund von Messungen $x_{11},\ldots,x_{1n},x_{21},\ldots,x_{2n},\ldots,x_{p1},\ldots,x_{pn}$ geschätzten Korrelationen $(n > p)$ $r_{X_iX_j} = r_{ij}$ für $i,j=1,\ldots,p$ zwischen je zwei Merkmalen in der *geschätzten Korrelationsmatrix* R, die auch mit R_X oder R_{XX} bezeichnet wird, zusammen.

$$R = \begin{pmatrix} 1 & r_{12} & r_{13} & \cdots & r_{1p} \\ r_{12} & 1 & r_{23} & \cdots & r_{2p} \\ \vdots & \vdots & \vdots & & \vdots \\ r_{1p} & r_{2p} & r_{3p} & \cdots & 1 \end{pmatrix} \quad .$$

Davon ausgehend lassen sich *eindimensionale Maße für die Stärke des (paarweisen) Zusammenhangs der p Merkmale* berechnen. Solche Maße sind zum Beispiel die Determinante $\det R$ von R, vgl. Kap.I, Abschnitt 4, oder die maximale Exzentrizität $\operatorname{maex} R$ von R, die sich aus dem größten und dem kleinsten Eigenwert λ_G und λ_K von R bestimmt:

$$\operatorname{maex} R = \frac{\lambda_G - \lambda_K}{\lambda_G + \lambda_K} \quad .$$

Dabei liegen $\det R$ und $\operatorname{maex} R$ zwischen 0 und 1. Die Stärke des Zusammenhangs ist umso größer, je näher $\det R$ zu Null bzw. $\operatorname{maex} R$ zu Eins liegt, und umgekehrt ist sie umso kleiner, je näher $\det R$ zu Eins und $\operatorname{maex} R$ zu Null liegt.

Will man ausgehend von der geschätzten Korrelationsmatrix für p Zufallsvariablen Tests über deren (paarweise) Unabhängigkeit zum Niveau α durchführen, so können zwei verschiedene Arten von Hypothesen interessieren. Zum einen interessiert man sich dafür, ob alle Zufallsvariablen paarweise unkorreliert sind, d.h. für

$$H_0\colon \rho_{ij} = 0 \text{ für alle Paare } (i,j) \text{ mit } i \neq j$$

gegen

H_1: es gibt ein Paar (i,j), $i \neq j$ mit $\rho_{ij} \neq 0$,

zum anderen möchte man simultan testen, welche Korrelationen ρ_{ij} mit $i \neq j$ signifikant von Null verschieden sind, d.h.

$$H_0(i,j): \rho_{ij} = 0 \quad \text{gegen} \quad H_1(i,j): \rho_{ij} \neq 0 \quad \text{für } 1 \leq i < j \leq p \quad .$$

Im ersten Fall spricht man von *Globaltests*, im zweiten von *multiplen Vergleichen*. Diese Tests kann man natürlich auch zur *Prüfung der (paarweisen) Unabhängigkeit von p Meßreihen* der Länge n aus normalverteilten Grundgesamtheiten benutzen.

Wir nehmen hier an, daß $x_{i1},\ldots,x_{in}$ für $i=1,\ldots,p$ einer $N(\mu_i;\sigma_i^2)$ - Verteilung entstammen und daß die zugrundeliegenden Zufallsvariablen $X_1,\ldots,X_p$ die Korrelationen ρ_{ij} für $i,j=1,\ldots,p$, $i \neq j$, besitzen. Ausgehend von den Pearsonschen Korrelationskoeffizienten

$$r_{ij} = \frac{\sum_{k=1}^{n} (x_{ik} - \bar{x}_i)(x_{jk} - \bar{x}_j)}{\sqrt{\sum_{k=1}^{n} (x_{ik} - \bar{x}_i)^2 \cdot \sum_{k=1}^{n} (x_{jk} - \bar{x}_j)^2}}$$

können folgende *Globaltests* verwandt werden.

Zum einen kann als Teststatistik (vgl. Nagao (1973))

$$N = (n-1) \sum_{i=1}^{p-1} \sum_{j=i+1}^{p} r_{ij}^2$$

verwandt werden. Die Hypothese

$$H_0: \rho_{ij} = 0 \text{ für alle Paare } (i,j) \text{ mit } i \neq j$$

wird dann zum Niveau α verworfen, falls gilt

$$1 - \alpha < P_f + \frac{p}{24(n-1)} \Big(2(p^2 - 3p + 2)P_{f+6} - 3(2p^2 - 3p + 1)P_{f+4} + 6(p^2 - 1)P_{f+2} - (2p^2 + 3p - 5)P_f \Big)$$

mit

$f = \frac{p(p-1)}{2}$, und $P_\nu = P\{\chi^2 \leq N\}$ ist für $\nu = f, f+2, f+4, f+6$ so zu bestimmen, daß gilt $N = \chi^2_{\nu;P_\nu}$.

Zum anderen kann als Teststatistik (vgl. Wilks (1935))

$$W = -m \cdot \ln(\det R)$$

verwandt werden, dabei ist

$$c = n - p - \frac{2p+5}{6} \quad .$$

Unter der Hypothese H_0 ist diese Prüfgröße W (approximativ) verteilt nach

$$\chi^2_f + \frac{p(p-1)}{288c^2}(2p^2 - 2p - 13)(\chi^2_{f+4} - \chi^2_f) \quad \text{mit} \quad f = \frac{p(p-1)}{2} \quad ,$$

d.h., da $\frac{p(p-1)}{288c^2}$ ziemlich klein ist, daß W approximativ χ^2_f - verteilt ist.
Die Hypothese H_0 wird also zum Niveau α verworfen, falls gilt

$$W > \chi^2_{f;1-\alpha} \qquad \text{mit } f = \frac{p(p-1)}{2} \quad .$$

Beim zweiten Hypothesentyp

$$H_0(i,j): \rho_{ij} = 0 \quad \text{gegen} \quad H_1(i,j): \rho_{ij} \neq 0 \quad \text{für } 1 \leq i < j \leq p$$

werden aus den $\frac{p(p-1)}{2}$ Pearsonschen Korrelationskoeffizienten r_{ij} die Prüfgrößen

$$K_{ij} = |r_{ij}| \cdot \sqrt{\frac{n-2}{1-r_{ij}^2}}$$

bestimmt und nach absteigender Größe geordnet:

$$K_{i_1j_1} \geq K_{i_2j_2} \geq \ldots \geq K_{i_{p(p-1)/2}\,j_{p(p-1)/2}} \quad .$$

Dann überprüft man sukzessive für m=1,2,...,p(p-1)/2, ob

$$K_{i_mj_m} < t_{n-2;1-\alpha/(p(p-1)+2-2m)}$$

gilt. Ist dies für ein m das erste Mal der Fall, so sind die Korrelationen $\rho_{i_1j_1},\ldots,\rho_{i_{m-1}j_{m-1}}$ als signifikant verschieden von Null zum Niveau α zu betrachten. Alle übrigen Korrelationen $\rho_{i_mj_m},\ldots,\rho_{i_{p(p-1)/2}\,j_{p(p-1)/2}}$ sind nicht signifikant von Null verschieden. Dieses Testproblem kann man *multiple Vergleiche nach Holm* nennen, vgl. Holm (1979).

Beispiel: Zum Schleifen optischer Linsen stehen p = 5 Maschinen zur Auswahl und an jeder Maschine werden n = 10 Linsen geschliffen. Die Meßergebnisse x_{ik}, i=1,...,5, k=1,...,10 (Abweichungen vom Sollwert) sind in Tab.6 angegeben.

Die drei vorgestellten Testverfahren sollen nun zum 5% Niveau durchgeführt werden. Dazu sind in Tab.7 die Korrelationen r_{ij} sowie die Prüfgrößen K_{ij}

für die multiplen Vergleiche nach Holm angegeben.

Tab.6: Versuchsergebnisse für das Schleifen optischer Linsen

Linse k	Maschine i				
	1	2	3	4	5
1	5	2	7	3	-2
2	4	0	5	4	1
3	7	-1	-9	-2	3
4	-2	1	-3	5	-3
5	0	0	0	-4	2
6	3	1	-6	-1	-5
7	6	-3	5	3	0
8	1	4	3	7	4
9	1	2	-1	-4	-2
10	-5	0	0	-3	1

Tab.7: Geschätzte Korrelationen r_{ij} und Prüfgrößen K_{ij} für multiple Vergleiche nach Holm

i	j	r_{ij}	K_{ij}
1	2	-0.3130	0.9321
1	3	0.0581	0.1646
1	4	0.1760	0.5057
1	5	0.0522	0.1478
2	3	0.0963	0.2736
2	4	0.2632	0.7716
2	5	-0.0494	0.1399
3	4	0.4790	1.5434
3	5	0.1307	0.3729
4	5	0.0752	0.2133

Beim Globaltest von Nagao ergibt sich

$$N = 9 \sum_{i=1}^{4} \sum_{j=i+1}^{5} r_{ij}^2 = 9((-0.3130)^2 + \ldots + 0.0752^2) = 9 \cdot 0.4682 = 4.2138,$$

so daß sich mit $f = \frac{p(p-1)}{2} = 10$ und

$$P_{10} = P\{\chi^2_{10} \leq N\} = 0.063 \quad ,$$

$$P_{12} = P\{\chi^2_{12} \leq N\} = 0.021 \quad ,$$

$$P_{14} = P\{\chi^2_{14} \leq N\} = 0.006 \quad ,$$

$$P_{16} = P\{\chi^2_{16} \leq N\} = 0.002$$

ergibt:

$$0.063 + \frac{5}{24\cdot 9}(2\cdot 12\cdot 0.002 - 3\cdot 36\cdot 0.006 + 6\cdot 24\cdot 0.021 - 60\cdot 0.063$$

$$= 0.063 + \frac{5}{216}(-1.356) = 0.0316 < 0.95 = 1 - \alpha \quad .$$

Nach diesem Globaltest sind die 5 Meßreihen also nicht als zum 5% Niveau signifikant abhängig anzusehen.

Beim zweiten Globaltest von Wilks ergibt sich

$$c = 10 - 5 - \frac{2\cdot 5 + 5}{6} = 2.5$$

und nach dem Laplaceschen Entwicklungssatz, vgl. Kap.I, Abschnitt 4, ergibt sich bei jeweiliger *Entwicklung nach der ersten Zeile*

$$\begin{aligned}\det R = {} & 0.7572373 - 0.0963\cdot(-0.0230533) + 0.2632\cdot(-0.2141449) \\ & + 0.0494\cdot(0.0504981) \\ & - (-0.3130)\cdot\{(-0.3130)\cdot 0.7572373 - 0.0963\cdot(-0.029745) \\ & \quad + 0.2632\cdot(-0.1450772) - (0.0494)\cdot 0.0325057)\} \\ & + 0.0581\cdot\{(-0.3130)\cdot(-0.0230533) - (-0.029745) \\ & \quad + 0.2632\cdot(-0.0039951) - (-0.0494)\cdot(-0.0029732)\} \\ & - 0.1760\cdot\{(-0.3130)\cdot(-0.2141449) - (-0.1450772) \\ & \quad + 0.0963\cdot(-0.0039951) - (-0.0494)\cdot(-0.0188673)\} \\ & + 0.0522\cdot\{(-0.3130)\cdot(-0.0504981) - 0.0325057 \\ & \quad + 0.0963\cdot(-0.0029732) - 0.2632\cdot(-0.0188673)\} \\ = {} & 0.7005998 + 0.3130\cdot(-0.2707294) + 0.0581\cdot 0.0357623 \\ & - 0.1760\cdot 0.2107878 + 0.0522\cdot(-0.0120202) \\ = {} & 0.5802132 \quad .\end{aligned}$$

Damit ist

$$W = -2.5\cdot \ln 0.5802132 = 1.3608991 < 18.3 = \chi^2_{5\cdot 4/2;0.95} = \chi^2_{10;0.95}$$

und auch hier wird die Nullhypothese der Unkorreliertheit der Meßreihen zum 5% Niveau nicht verworfen.

Bei den multiplen Vergleichen nach Holm ist für $m = 1$

$$K_{i_1 j_1} = K_{34} = 1.5434 < 3.8325 = t_{8;1-0.05/20} = t_{8;0.9975} \quad ;$$

somit kann keine der Korrelationen ρ_{ij} signifikant verschieden von Null sein, d.h. kein Meßreihenpaar ist signifikant abhängig zum 5% Niveau.

Mit keinem der Tests kann also eine zum 5% Niveau signifikante Abhängigkeit zwischen einigen der Meßreihen nachgewiesen werden.

1.3 DIE MULTIPLE KORRELATION

Die *multiple Korrelation* ist ein Maß für die Abhängigkeit eines Merkmals X von p anderen Merkmalen $Y_1,\ldots,Y_p$; dabei wird vorausgesetzt, daß alle interessierenden Merkmale in der jeweiligen Grundgesamtheit normalverteilt sind. Sie ist definiert als die betragsmäßig größte einfache Korrelation zwischen dem Merkmal X und einer Linearkombination

$$a_1Y_1 + a_2Y_2 + \ldots + a_pY_p$$

der Merkmale $Y_1,\ldots,Y_p$ mit beliebigen Gewichten $a_1,\ldots,a_p$. Will man die multiple Korrelation $\rho_{X,(Y_1,\ldots,Y_p)}$ zwischen X und $Y_1,\ldots,Y_p$ aufgrund einer Stichprobe vom Umfang n aus der interessierenden Grundgesamtheit schätzen, so mißt man die Ausprägungen von $X,Y_1,\ldots,Y_p$ an jedem der n Objekte aus der Stichprobe und schätzt dann zunächst alle möglichen einfachen Korrelationen ρ_{XY_i} und $\rho_{Y_iY_j}$ mittels des Pearsonschen Korrelationskoeffizienten, vgl. auch Abschnitt 1.1. Der *Schätzwert für die multiple Korrelation* bestimmt sich dann als $(n > p)$

$$r_{X,(Y_1,\ldots,Y_p)} = \sqrt{r_{XY}^T \cdot R_{YY}^{-1} \cdot r_{XY}}$$

$$= \left\{ (r_{XY_1},\ldots,r_{XY_p}) \begin{pmatrix} 1 & r_{Y_1Y_2} & \cdots & r_{Y_1Y_p} \\ r_{Y_1Y_2} & 1 & \cdots & r_{Y_2Y_p} \\ \vdots & \vdots & & \vdots \\ r_{Y_1Y_p} & r_{Y_2Y_p} & \cdots & 1 \end{pmatrix}^{-1} \begin{pmatrix} r_{XY_1} \\ r_{XY_2} \\ \vdots \\ r_{XY_p} \end{pmatrix} \right\}^{1/2} .$$

Speziell für $p = 1$ entspricht dies gerade der betraglichen einfachen Korrelation von X und Y_1, denn

$$r_{X,(Y_1)} = \sqrt{r_{XY_1} \cdot 1 \cdot r_{XY_1}} = |r_{XY_1}| \quad ,$$

für $p = 2$ ergibt sich

$$r_{X,(Y_1,Y_2)} = \sqrt{(r_{XY_1}, r_{XY_2}) \begin{pmatrix} 1 & r_{Y_1Y_2} \\ r_{Y_1Y_2} & 1 \end{pmatrix}^{-1} \begin{pmatrix} r_{XY_1} \\ r_{XY_2} \end{pmatrix}}$$

$$= \sqrt{\frac{1}{1-r^2_{Y_1Y_2}}(r_{XY_1}, r_{XY_2})\begin{pmatrix} 1 & -r_{Y_1Y_2} \\ -r_{Y_1Y_2} & 1 \end{pmatrix}\begin{pmatrix} r_{XY_1} \\ r_{XY_2} \end{pmatrix}}$$

$$= \sqrt{\frac{r^2_{XY_1} + r^2_{XY_2} - 2r_{XY_1}r_{XY_2}r_{Y_1Y_2}}{1-r^2_{Y_1Y_2}}}$$

und für $p = 3$ ist

$$r_{X,(Y_1,Y_2,Y_3)} = \sqrt{\frac{a+b+c-d}{1+2r_{Y_1Y_2}r_{Y_1Y_3}r_{Y_2Y_3} - r^2_{Y_1Y_2} - r^2_{Y_1Y_3} - r^2_{Y_2Y_3}}}$$

mit

$$a = r^2_{XY_1}(1-r^2_{Y_2Y_3}) + r^2_{XY_2}(1-r^2_{Y_1Y_3}) + r^2_{XY_3}(1-r^2_{Y_1Y_2}) \quad ,$$

$$b = 2r_{XY_1}r_{XY_2}(r_{Y_1Y_2} - r_{Y_1Y_3}r_{Y_2Y_3}) \quad ,$$

$$c = 2r_{XY_2}r_{XY_3}(r_{Y_2Y_3} - r_{Y_1Y_2}r_{Y_1Y_3}) \quad \text{und}$$

$$d = 2r_{XY_1}r_{XY_3}(r_{Y_1Y_3} - r_{Y_1Y_2}r_{Y_2Y_3}) \quad .$$

Die Größe

$$B_{X,(Y_1,\ldots,Y_p)} = r^2_{X,(Y_1,\ldots,Y_p)}$$

nennt man auch das *multiple Bestimmtheitsmaß*. Es gibt an, wie gut das Merkmal X durch die Merkmale $Y_1,\ldots,Y_p$ erklärt wird, vgl. auch Kap.II. In der Literatur wird das Bestimmtheitsmaß häufig auch mit R^2 bezeichnet.

Beispiel: (a) Man hat bei $n = 21$ Personen Körpergröße, Gewicht und Alter festgestellt und möchte nun die Abhängigkeit von Körpergröße und Alter bei Menschen aufgrund dieser Stichprobe schätzen. Die Ergebnisse der Untersuchung sind in Tab.8 zu finden.

Gehen wir davon aus, daß Gewicht, Körpergröße und Alter normalverteilte Zufallsvariablen sind, so können wir die gesuchte Abhängigkeit durch Schätzung der multiplen Korrelation zwischen X = "Gewicht" und (Y_1,Y_2) = ("Körpergröße","Alter") schätzen.

Tab.8: Gewicht, Körpergröße und Alter bei n = 21 Personen

Person i	Gewicht x_i	Körpergröße y_{1i}	Alter y_{2i}
1	76	1.77	25
2	72	1.65	43
3	74	1.83	63
4	59	1.69	56
5	52	1.57	24
6	63	1.72	21
7	80	1.75	47
8	85	1.84	44
9	71	1.69	29
10	68	1.73	51
11	73	1.75	31
12	75	1.71	63
13	61	1.64	57
14	87	1.86	42
15	85	1.93	47
16	63	1.75	38
17	59	1.62	51
18	91	1.87	56
19	51	1.58	36
20	62	1.63	42
21	68	1.67	28

Aus den Untersuchungsergebnissen in Tab.8 schätzen wir zunächst die einfache Korrelation zwischen Gewicht und Körpergröße

$$r_{XY_1} = \frac{\sum_{i=1}^{21} x_i y_{1i} - 21\bar{x}\bar{y}_1}{\sqrt{\left(\sum_{i=1}^{21} x_i^2 - 21\bar{x}^2\right)\left(\sum_{i=1}^{21} y_{1i}^2 - 21\bar{y}_1^2\right)}}$$

$$= \frac{2565.59 - 2546.21}{\sqrt{(106149 - 103606.81)(62.768 - 62.561)}} = \frac{19.38}{\sqrt{526.23}}$$

$$= 0.845 \quad ,$$

zwischen Gewicht und Alter

$$r_{XY_2} = \frac{\sum_{i=1}^{21} x_i y_{2i} - 21\bar{x}\bar{y}_2}{\sqrt{\left(\sum_{i=1}^{21} x_i^2 - 21\bar{x}^2\right)\left(\sum_{i=1}^{21} y_{2i}^2 - 21\bar{y}_2^2\right)}}$$

$$= \frac{63517 - 62792.45}{\sqrt{(106149 - 103606.81)(41360 - 38056.30)}}$$

$$= 0.250 \quad ,$$

sowie zwischen Körpergröße und Alter

$$r_{Y_1Y_2} = \frac{\sum\limits_{i=1}^{21} y_{1i}y_{2i} - \bar{y}_1\bar{y}_2}{\sqrt{\left(\sum\limits_{i=1}^{21} y_{1i}^2 - 21\bar{y}_1^2\right)\left(\sum\limits_{i=1}^{21} y_{2i}^2 - 21\bar{y}_2^2\right)}}$$

$$= \frac{1549.61 - 1542.99}{\sqrt{(62.768 - 62.561)(41360 - 38056.3)}}$$

$$= 0.010 \quad .$$

Nun können wir r als Schätzer für die multiple Korrelation zwischen Gewicht und Körpergröße, Alter berechnen:

$$r_{X,(Y_1,Y_2)} = \sqrt{\frac{r_{XY_1}^2 + r_{XY_2}^2 - 2r_{XY_1}r_{XY_2}r_{Y_1Y_2}}{1 - r_{Y_1Y_2}^2}}$$

$$= \sqrt{\frac{0.845^2 + 0.250^2 - 2\cdot 0.845\cdot 0.250\cdot 0.010}{1 - 0.010^2}} = \sqrt{\frac{0.7723}{0.9999}}$$

$$= 0.879 \quad .$$

(b) Ausgehend von einer Stichprobe kastrierter männlicher Schweine werden Korrelationen zwischen den Merkmalen X Fleisch - Fettverhältnis im Schlachtkörper, Y_1 Rückenspeckdicke und Y_2 Karréefläche (musc. long. dorsi) geschätzt, vgl. Haiger (1978). Es ergab sich $r_{XY_1} = -0.52$, $r_{XY_2} = 0.47$ und $r_{Y_1Y_2} = -0.07$. Hieraus ersieht man, daß Schweine mit gutem Fleisch - Fettverhältnis im Durchschnitt eine geringe Rückenspeckdicke und eine große Karréefläche haben. Rückenspeckdicke und Karréefläche sind dagegen praktisch unkorreliert.

Die multiple Korrelation zwischen Fleisch - Fettverhältnis im Schlachtkörper und den Merkmalen Rückenspeckdicke und Karréefläche ergibt sich nun zu

$$r_{X,(Y_1,Y_2)} = \sqrt{\frac{r_{XY_1}^2 + r_{XY_2}^2 - 2r_{XY_1}r_{XY_2}r_{Y_1Y_2}}{1 - r_{Y_1Y_2}^2}}$$

$$= \sqrt{\frac{(-0.52)^2 + 0.47^2 - 2(-0.52)(-0.07)\cdot 0.47}{1 - (-0.07)^2}} = \sqrt{\frac{0.4571}{0.9951}}$$

$$= 0.68 \quad .$$

Berechnet man nun die Bestimmtheitsmaße

$$B_{X,Y_1} = r^2_{XY_1} = (-0.52)^2 = 0.27 \quad ,$$
$$B_{X,Y_2} = r^2_{XY_2} = 0.47^2 = 0.22$$

und das multiple Bestimmtheitsmaß

$$B_{X,(Y_1,Y_2)} = r^2_{X,(Y_1,Y_2)} = 0.68^2 = 0.46 \quad ,$$

so läßt sich sagen, daß 27% der Schwankungen im Fleisch - Fettverhältnis von kastrierten männlichen Schweinen durch Unterschiede in der Rückenspeckdicke und 22% der Schwankung durch Unterschiede in der Karréefläche erklärbar sind. Insgesamt werden durch Rückenspeckdicke und Karréefläche sogar 46% der Varianz des Fleisch - Fettverhältnisses erklärt.

Die multiple Korrelation zwischen einem Merkmal X und den p Merkmalen $Y_1,\ldots,Y_p$ ist gerade dann Null, wenn alle einfachen Korrelationen $\rho_{XY_1},\ldots,\rho_{XY_p}$ gleich Null sind.

Will man die Hypothese

$$H_0: \rho_{X,(Y_1,\ldots,Y_p)} \quad (= \rho_{XY_1} = \ldots = \rho_{XY_p}) = 0$$

zum Niveau α gegen die Alternative

$$H_1: \text{es gibt ein } \rho_{XY_i} \neq 0$$

testen, so verwendet man als Prüfgröße

$$F = \frac{r^2_{X,(Y_1,\ldots,Y_p)}(n-1-p)}{p(1-r^2_{X,(Y_1,\ldots,Y_p)})} \quad ,$$

wobei n die Anzahl der Objekte in der Stichprobe bezeichnet. Die Hypothese H_0 wird zum Niveau α verworfen, falls

$$F > F_{p,n-1-p;1-\alpha}$$

gilt, wobei $F_{p,\nu;\gamma}$ das γ - Quantil der $F_{p,\nu}$ - Verteilung bezeichnet. Diese Quantile sind im Anhang vertafelt.

Beispiel: Aufgrund der Daten aus Tab.8 wollen wir testen, ob die multiple Korrelation zwischen den Merkmalen Gewicht (X) und Körpergröße (Y_1), Alter (Y_2) Null ist. Wir testen also

$$H_0: \rho_{X,(Y_1,Y_2)} \; (= \rho_{XY_1} = \rho_{XY_2}) = 0$$

gegen

$$H_1: \rho_{XY_1} \neq 0 \quad \text{oder} \quad \rho_{XY_2} \neq 0 \quad .$$

Als Niveau wählen wir $\alpha = 0.05$. In diesem Beispiel ist $n = 21$, $p = 2$ und wie schon berechnet $r_{X,(Y_1,Y_2)} = 0.879$. Wegen

$$F = \frac{0.879^2(21 - 1 - 2)}{2(1 - 0.879^2)} = \frac{13.91}{0.456} = 30.585 > 3.555 = F_{2,18;0.95}$$

müssen wir die Unabhängigkeitshypothese verwerfen. ┘

Will man testen, ob $\rho_{X,(Y_1,\ldots,Y_p)}$ gleich einem Wert $\rho_0 \neq 0$ ist, so muß man eine Tafel der Quantile der nichtzentralen F - Verteilung oder eine spezielle Tafel der Verteilung des multiplen Korrelationskoeffizienten verwenden. Eine solche findet man etwa bei Graybill (1976).

1.4 DIE KANONISCHE KORRELATION

Die *kanonische Korrelation* bezeichnet die Korrelation zwischen zwei Gruppen von Merkmalen. Die Merkmale bzw. die zugehörigen Zufallsvariablen (die gleich bezeichnet seien) $X_1,\ldots,X_p$ der ersten Gruppe und $Y_1,\ldots,Y_q$ der zweiten Gruppe werden als in der interessierenden Grundgesamtheit normalverteilt vorausgesetzt. Ohne Einschränkung sei hier davon ausgegangen, daß $p \leq q < n$ gilt.

Die kanonische Korrelation entspricht der betragsmäßig maximalen Korrelation zwischen allen Linearkombinationen

$$\alpha_1 X_1 + \alpha_2 X_2 + \ldots + \alpha_p X_p \quad \text{und} \quad \beta_1 Y_1 + \beta_2 Y_2 + \ldots \beta_q Y_q \quad ;$$

d.h. die Gewichte $\alpha_1,\ldots,\alpha_p,\beta_1,\ldots,\beta_q$ werden hierfür so bestimmt, daß die einfache Korrelation zwischen den Linearkombinationen ihr betragliches Maximum annimmt. Den Vektor $(\alpha_1,\ldots,\alpha_p)$ nennt man dann auch Vektor der "regressionsähnlichen Parameter", den Vektor $(\beta_1,\ldots,\beta_q)$ auch Vektor des "besten Vorhersagekriteriums".

Die kanonische Korrelation läßt sich auch durch die Quadratwurzel $\sqrt{\lambda_G^*}$ aus dem größten Eigenwert des Matrizenproduktes

$$\Sigma_X^{-1} \cdot \Sigma_{XY} \cdot \Sigma_Y^{-1} \cdot \Sigma_{XY}^T$$

ausdrücken. Dabei ist

$$\Sigma_X = \mathrm{Cov}(X_1,\ldots,X_p) = \begin{pmatrix} \sigma_{X_1}^2 & \sigma_{X_1X_2} & \sigma_{X_1X_3} & \cdots & \sigma_{X_1X_p} \\ \sigma_{X_1X_2} & \sigma_{X_2}^2 & \sigma_{X_2X_3} & \cdots & \sigma_{X_2X_p} \\ \vdots & \vdots & \vdots & & \vdots \\ \sigma_{X_1X_p} & \sigma_{X_2X_p} & \sigma_{X_3X_p} & \cdots & \sigma_{X_p}^2 \end{pmatrix} ,$$

$$\Sigma_Y = \mathrm{Cov}(Y_1,\ldots,Y_q)$$

und

$$\Sigma_{XY} = \begin{pmatrix} \sigma_{X_1Y_1} & \sigma_{X_1Y_2} & \cdots & \sigma_{X_1Y_q} \\ \sigma_{X_2Y_1} & \sigma_{X_2Y_2} & \cdots & \sigma_{X_2Y_q} \\ \vdots & \vdots & & \vdots \\ \sigma_{X_pY_1} & \sigma_{X_pY_2} & \cdots & \sigma_{X_pY_q} \end{pmatrix} .$$

Hierbei bezeichnet $\sigma_{X_i}^2$ die unbekannte Varianz innerhalb des Merkmals X_i, $\sigma_{X_iX_j}$ die Kovarianz zwischen den Merkmalen X_i und X_j und $\sigma_{X_iY_j}$ die Kovarianz zwischen den Merkmalen X_i und Y_j.

Mitunter ist man nicht nur an der kanonischen Korrelation $\sqrt{\lambda_G^*}$ interessiert, sondern auch an der Quadratwurzel der übrigen Eigenwerte von $\Sigma_X^{-1} \cdot \Sigma_{XY} \cdot \Sigma_Y^{-1} \cdot \Sigma_{XY}^T$. Man nennt dann auch diese Größen kanonische Korrelationen und $\sqrt{\lambda_G^*}$ ist die maximale kanonische Korrelation. Diese insgesamt p Eigenwerte entsprechen, ausgedrückt als betragliche Korrelationen von Linearkombinationen der Merkmale, folgenden Größen: Die maximale kanonische Korrelation ist, wie erwähnt, die betragsmäßig größte Korrelation aller Linearkombinationen, die zweitgrößte kanonische Korrelation die betragsmäßig größte Korrelation aller auf der ersten Linearkombination senkrecht stehenden Linearkombinationen usw. Man interessiert sich dann z.B. für die Schätzung der Dimensionalität (dimensionality), d.h. die Schätzung der Anzahl signifikant von Null verschiedener kanonischer Korrelationen; man vergleiche etwa, auch für weitere Aspekte der kanonischen Korrelationsanalyse, Fujicoshi (1974), Glyn/Muirhead (1978), Yohai/Garcia (1980), Tso (1981) sowie die weiter unten angegebene Literatur, aber auch Abschnitt 6 in Kap.V.

Die kanonische Korrelation $\rho_{(X_1,\dots,X_p),(Y_1,\dots,Y_q)}$ kann aufgrund einer Stichprobe von n Objekten aus der interessierenden Grundgesamtheit geschätzt werden, indem zunächst die Ausprägungen $x_{1i},\dots,x_{pi},y_{1i},\dots,y_{qi}$ der Merkmale $X_1,\dots,X_p,Y_1,\dots,Y_q$ bei jedem der n Objekte gemessen werden. Man schätzt dann die Matrizen Σ_X, Σ_Y und Σ_{XY} durch S_X, S_Y bzw. S_{XY}, indem man für i=1,...,p die Varianzen $\sigma^2_{X_i}$ durch

$$s^2_{X_i} = \frac{1}{n-1}\sum_{k=1}^{n}(x_{ik}-\bar{x}_i)^2 \quad , \text{ mit } \bar{x}_i = \frac{1}{n}\sum_{k=1}^{n} x_{ik} \quad ,$$

die Varianzen $\sigma^2_{Y_i}$ (i=1,...,q) durch

$$s^2_{Y_i} = \frac{1}{n-1}\sum_{k=1}^{n}(y_{ik}-\bar{y}_i)^2 \quad , \text{ mit } \bar{y}_i = \frac{1}{n}\sum_{k=1}^{n} y_{ik} \quad ,$$

und die Kovarianzen $\sigma_{X_iX_j}$, $\sigma_{X_iY_j}$ und $\sigma_{Y_iY_j}$ zwischen je zwei Merkmalen entsprechend schätzt; so ist etwa

$$s_{X_iY_j} = \frac{1}{n-1}\sum_{k=1}^{n}(x_{ik}-\bar{x}_i)(y_{jk}-\bar{y}_j)$$

der Schätzer für $\sigma_{X_iY_j}$. Aus den so entstehenden Schätzmatrizen berechnet man dann

$$Q = S_X^{-1}\cdot S_{XY}\cdot S_Y^{-1}\cdot S_{XY}^T$$

und erhält als *Schätzwert für die kanonische Korrelation* die Größe

$$r_{(X_1,\dots,X_p),(Y_1,\dots,Y_q)} = \sqrt{\lambda_G} \quad ,$$

wobei λ_G den größten Eigenwert der Matrix Q bezeichnet. Die Matrix Q kann wahlweise auch als Produkt der empirischen Korrelationsmatrizen bestimmt werden:

$$Q = S_X^{-1}\cdot S_{XY}\cdot S_Y^{-1}\cdot S_{XY}^T = R_X^{-1}\cdot R_{XY}\cdot R_Y^{-1}\cdot R_{XY}^T \quad .$$

Den Vektor der "regressionsähnlichen Parameter" $\alpha = (\alpha_1,\dots,\alpha_p)$ kann man dann durch einen beliebigen zu λ_G gehörigen Eigenvektor $\hat{\alpha} = (\hat{\alpha}_1,\dots,\hat{\alpha}_p)$ der Matrix Q schätzen. Den Vektor $\beta = (\beta_1,\dots,\beta_q)$ des "besten Vorhersagekriteriums" schätzt man dann mittels $\hat{\beta} = (\hat{\beta}_1,\dots,\hat{\beta}_q)$ gemäß der Gleichung

$$S_Y^{-1}\cdot S_{XY}^T\cdot\hat{\alpha} = \hat{\beta} \quad .$$

Möchte man nun aufgrund von Beobachtungen $y_1,\dots,y_q$ für die Merkmale $Y_1,\dots,Y_q$ die (unbekannte) Realisation der Linearkombination

$$\varphi = \hat{\alpha}_1(X_1 - E(X_1)) + \ldots + \hat{\alpha}_p(X_p - E(X_p)$$

prognostizieren, so kann man direkt den Schätzer $\hat{\beta}$ für das "beste Vorhersagekriterium" verwenden, d.h. φ wird prognostiziert bzw. geschätzt durch

$$\hat{\varphi} = \hat{\beta}_1(y_1 - E(Y_1)) + \ldots + \hat{\beta}_q(y_q - E(Y_q)) \quad .$$

Hierbei bezeichnen $E(X_i)$ und $E(Y_j)$ die Erwartungswerte der Zufallsvariablen X_i und Y_j, die im konkreten Fall durch Schätzungen ersetzt werden. Man verwendet dazu die arithmetischen Mittel $\bar{x}_i$ bzw. $\bar{y}_j$ aus einer bereits vorliegenden Stichprobe.

Zur Prüfung der Hypothese

$$H_0: \rho_{(X_1,\ldots,X_p),(Y_1,\ldots,Y_q)} = 0$$

gegen

$$H_1: \rho_{(X_1,\ldots,X_p),(Y_1,\ldots,Y_q)} \neq 0$$

stehen verschiedene *Tests* zur Verfügung, von denen keiner dem anderen generell vorgezogen werden kann. Vier dieser Tests sollen hier vorgestellt werden. Alle Tests verwenden als Prüfgröße Funktionen der Eigenwerte

$$\lambda_G = \lambda_1 \geq \lambda_2 \geq \ldots \geq \lambda_p$$

der Matrix Q. Die kritischen Werte für diese Tests zum Niveau α erfordern eine recht intensive Vertafelung. Die benötigten Tafeln findet man etwa bei Kres (1975). Sofern bekannt, werden hier jedoch Approximationen angegeben, die auf Quantile der χ^2 - bzw. der F - Verteilung zurückgreifen, die im Anhang vertafelt sind. Die für den Roy - Test benötigten sogenannten Heck - Charts sind ebenfalls im Anhang zu finden.

Der *Wilks - Test* verwirft die Hypothese H_0 zum Niveau α, falls

$$\Lambda_W = \prod_{i=1}^{p} (1 - \lambda_i) < c_{W;\alpha}(p,n-q-1,q) \quad .$$

Die kritischen Werte $c_{W;\alpha}(p,n-q-1,q)$ sind bei Kres (1975 , Tafel 1) zu finden; stehen keine kritischen Werte zur Verfügung, so kann eine der folgenden Approximationen verwandt werden. Verwerfe die Hypothese H_0, falls gilt

$$-\delta \cdot \ln \Lambda_W > \chi^2_{pq;1-\alpha}$$

oder

$$\frac{1-\Lambda_W^{1/\eta}}{\Lambda_W^{1/\eta}} > \frac{pq}{\delta\eta - pq/2+1}\cdot F_{pq,\delta\eta-pq/2+1;1-\alpha}$$

wobei

$$\delta = n-1-\frac{p+q+1}{2} \qquad \text{und} \qquad \eta = \sqrt{\frac{p^2q^2-4}{p^2+q^2-5}}$$

Die zweite Approximation liefert genauere Werte, falls $n-q-1$ klein im Vergleich zu q und p ist.

Der *Hotelling - Lawley - Test* verwirft die Hypothese H_0 zum Niveau α, falls

$$\Lambda_{HL} = \sum_{i=1}^{p} \frac{\lambda_i}{1-\lambda_i} > c_{HL;1-\alpha}(p,n-q-1,q) \quad .$$

Die kritischen Werte dieses Tests findet man bei Kres (1975, Tafel 6). Sie können aber auch durch

$$\frac{\theta^2(2u+\theta+1)}{2(\theta v+1)}\cdot F_{\theta(2u+\theta+1),2(\theta v+1);1-\alpha}$$

approximiert werden; dabei ist

$$\theta = \min(p,q) \ , \quad u=\tfrac{1}{2}(|p-q|-1) \text{ und } \quad v=\tfrac{1}{2}(n-p-q-2)$$

zu setzen. Ist $n-q \geq p+3$, so kann als Approximation auch

$$\frac{g_2-2}{g_2}\cdot\frac{pq}{n-p-q-2}\cdot F_{g_1,g_2;1-\alpha}$$

verwandt werden. Dabei sind dann g_1 und g_2 wie folgt zu wählen: Ist $n-pq-2>0$, so ist

$$g_1 = \frac{pq(n-p-q-1)}{n-pq-2} \qquad \text{und} \qquad g_2 = n-p-q$$

und ist $n-pq-2 \leq 0$, so wählt man

$$g_1 = \infty \quad \text{und} \quad g_2 = n-p-q-\frac{(n-p-q-2)(n-p-q-4)(n-pq-2)}{(n-q-2)(n-p-2)} \quad .$$

Beim *Pillai - Bartlett - Test* wird die Hypothese H_0 zum Niveau α verworfen, falls gilt

$$\Lambda_{PB} = \sum_{i=1}^{p} \lambda_i > c_{PB;1-\alpha}(p,n-q-1,q) \quad .$$

Stehen kritische Werte, die man etwa bei Kres (1975, Tafel 7) finden kann, nicht zur Verfügung, so kann auch der folgende approximative Test verwandt werden: Verwerfe die Hypothese H_0 zum Niveau α, falls gilt

$$\frac{\Lambda_{PB}}{\theta - \Lambda_{PB}} > \frac{2u+\theta+1}{2v+\theta+1} \cdot F_{\theta(2u+\theta+1),\theta(2v+\theta+1);1-\alpha} \quad ,$$

wobei, wie beim Hotelling - Lawley Test,

$$\theta = \min(p,q) \ , \quad u = \tfrac{1}{2}(|p-q|-1) \quad \text{und} \quad v = \tfrac{1}{2}(n-p-q-2)$$

gilt.

Der *Roy - Test* schließlich verwendet als Prüfgröße den größten Eigenwert λ_1 von Q und wird daher mitunter auch *Maximalwurzel - Kriterium* genannt. Die Hypothese H_0 wird zum Niveau α verworfen, falls

$$\Lambda_R = \lambda_1 > c_{R;1-\alpha}(p,n-q-1,q) \quad .$$

Kritische Werte zu diesem Test findet man z.B. in den Tafeln 3,4 und 5 bei Kres (1975) oder in den Nomogrammen von Heck (1960). Diese Nomogramme sind auch im Anhang zu finden.

Obige vier Tests basieren alle auf dem sogenannten Invarianzprinzip, und z.B. der Wilks - Test auf dem Likelihood - Quotienten - Testprinzip, der Roy - Test auf dem Union - Intersection - Prinzip; vgl. Roy (1957), Anderson (1958) Kshirsagar (1972), Morrison (1976), Srivastava/Khatri (1979), Ahrens/Läuter (1981), Muirhead (1982).

Beispiel: Aufgrund einer Stichprobe vom Umfang n = 15 Frauen soll die kanonische Korrelation zwischen den Merkmalsgruppen (X_1,X_2) = (Hämoglobingehalt im Blut, mittlere Oberfläche der Erythrozyten) und (Y_1,Y_2) = (Blutdruck, Alter) geschätzt werden. Die Versuchsergebnisse sind in Tab.9 angegeben. Es ist hier p = 2 und q = 2. Zunächst werden die Matrizen $\hat{\Sigma}_X$, $\hat{\Sigma}_Y$ und $\hat{\Sigma}_{XY}$ aufgrund der Daten aus Tab.9 geschätzt. Mit

$$s_{X_1}^2 = \frac{1}{14} \sum_{i=1}^{15} (x_{1i} - \bar{x}_1)^2 = \frac{1}{14}\left(\sum_{i=1}^{15} x_{1i}^2 - 15\bar{x}_1^2\right) = 1.701 \quad ,$$

$$s_{X_2}^2 = \frac{1}{14} \sum_{i=1}^{15} (x_{2i} - \bar{x}_2)^2 = 45.886 \quad ,$$

$$s_{X_1X_2} = \frac{1}{14} \sum_{i=1}^{15} (x_{1i} - \bar{x}_1)(x_{2i} - \bar{x}_2) = 6.764 \quad ,$$

$$s_{Y_1}^2 = \frac{1}{14} \sum_{i=1}^{15} (y_{1i} - \bar{y}_1)^2 = 80.952 \quad ,$$

$$s_{Y_2}^2 = \frac{1}{14} \sum_{i=1}^{15} (y_{2i} - \bar{y}_2)^2 = 154.410 \quad ,$$

$$s_{Y_1Y_2} = \frac{1}{14} \sum_{i=1}^{15} (y_{1i} - \bar{y}_1)(y_{2i} - \bar{y}_2) = 108.975 \quad ,$$

$$s_{X_1Y_1} = \frac{1}{14} \sum_{i=1}^{15} (x_{1i} - \bar{x}_1)(y_{1i} - \bar{y}_1) = 3.590$$

$$s_{X_1Y_2} = \frac{1}{14} \sum_{i=1}^{15} (x_{1i} - \bar{x}_1)(y_{2i} - \bar{y}_2) = 5.488 \quad ,$$

$$s_{X_2Y_1} = \frac{1}{14} \sum_{i=1}^{15} (x_{2i} - \bar{x}_2)(y_{1i} - \bar{y}_1) = 14.139 \quad \text{und}$$

$$s_{X_2Y_2} = \frac{1}{14} \sum_{i=1}^{15} (x_{2i} - \bar{x}_2)(y_{2i} - \bar{y}_2) = 19.386$$

Tab.9: Hämoglobingehalt, mittlere Oberfläche der Erythrozyten, Blutdruck und Alter von n = 15 Frauen

Person i	Hb - Gehalt x_{1i}	Oberfläche x_{2i}	Blutdruck y_{1i}	Alter y_{2i}
1	13.6	92	123	36
2	15.4	103	137	57
3	17.2	104	139	61
4	12.7	95	127	42
5	13.9	87	125	46
6	14.5	95	120	31
7	17.6	108	132	49
8	15.2	105	118	27
9	13.8	84	125	35
10	15.0	102	140	58
11	14.7	97	142	63
12	15.5	96	126	44
13	13.9	93	131	47
14	14.2	95	118	32
15	15.3	102	112	25

ergibt sich also

$$S_X = \begin{pmatrix} s_{X_1}^2 & s_{X_1X_2} \\ s_{X_1X_2} & s_{X_2}^2 \end{pmatrix} = \begin{pmatrix} 1.701 & 6.764 \\ 6.764 & 45.886 \end{pmatrix} \quad ,$$

$$S_Y = \begin{pmatrix} s_{Y_1}^2 & s_{Y_1Y_2} \\ s_{Y_1Y_2} & s_{Y_2}^2 \end{pmatrix} = \begin{pmatrix} 80.952 & 108.975 \\ 108.975 & 154.410 \end{pmatrix}$$

und

$$S_{XY} = \begin{pmatrix} s_{X_1Y_1} & s_{X_1Y_2} \\ s_{X_2Y_1} & s_{X_2Y_2} \end{pmatrix} = \begin{pmatrix} 3.590 & 5.488 \\ 14.139 & 19.386 \end{pmatrix} .$$

Als zu S_X und S_Y inverse Matrizen ergeben sich

$$S_X^{-1} = \begin{pmatrix} 1.421 & -0.209 \\ -0.209 & 0.053 \end{pmatrix} , \quad S_Y^{-1} = \begin{pmatrix} 0.247 & -0.175 \\ -0.175 & 0.130 \end{pmatrix} ,$$

und somit ist

$$Q = S_X^{-1} \cdot S_{XY} \cdot S_Y^{-1} \cdot S_{XY}^T = \begin{pmatrix} 0.162 & 0.390 \\ -0.007 & 0.006 \end{pmatrix} .$$

Aus dem charakteristischen Polynom von Q, vgl. Kap.I, Abschnitt 4,

$$\begin{aligned} \det(Q - \lambda I) &= (0.162 - \lambda)(0.006 - \lambda) + 0.390 \cdot 0.007 \\ &= \lambda^2 - 0.168\lambda + 0.004 \end{aligned}$$

ergeben sich die Nullstellen (= Eigenwerte)

$$\lambda_1 = 0.139 \quad \text{und} \quad \lambda_2 = 0.029 \quad .$$

Der größte Eigenwert von Q ist also

$$\lambda_G = \lambda_1 = 0.139$$

und somit ist

$$r_{(X_1,X_2),(Y_1,Y_2)} = \sqrt{\lambda_G} = \sqrt{0.139} = 0.373$$

der gesuchte Schätzer für die kanonische Korrelation zwischen (Hämoglobingehalt, mittlere Oberfläche der Erythrozyten) und (Blutdruck, Alter) bei Frauen.

Zum Niveau $\alpha = 0.05$ soll nun die Hypothese

$$H_0: \ \Sigma_{XY} = 0$$

getestet werden. Zur Demonstration sollen hier alle angegebenen Tests, auch die approximativen, durchgeführt werden. Dazu werden folgende Größen benötigt:

$$p = 2, \ q = 2, \ n = 15, \ \delta = 15 - 1 - \frac{1}{2}(2 + 2 + 1) = 11.5,$$

$$\eta = \sqrt{\frac{2^2 \cdot 2^2 - 4}{2^2 + 2^2 - 5}} = \sqrt{\frac{12}{3}} = 2 \ , \quad \theta = \min(2,2) = 2 \ , \quad u = \frac{|2 - 2| - 1}{2} = -\frac{1}{2} \text{ und}$$

$$v = \frac{15 - 2 - 2 - 2}{2} = 4.5 \quad .$$

Beim Wilks - Test wird wegen

$$\Lambda_W = 0.861 \cdot 0.971 = 0.836 > 0.44 = c_{W;0.05}(2,12,2)$$

die Hypothese H_0 nicht verworfen. Auch die beiden Approximationen des Wilks - Tests verwerfen die Hypothese H_0 nicht, denn

$$-\delta \cdot \ln \Lambda_W = -11.5 \cdot \ln 0.836 = 2.060 < 9.49 = \chi^2_{4;0.95}$$

und

$$\frac{1 - \Lambda_W^{1/2}}{\Lambda_W^{1/2}} = \frac{1 - \sqrt{0.836}}{\sqrt{0.836}} = 0.094 < 0.515 = \frac{2}{11} \cdot 2.83 = \frac{4}{23-2+1} \cdot F_{4,23-2+1;0.95} .$$

Weiter ist

$$\Lambda_{HL} = \frac{0.139}{0.861} + \frac{0.029}{0.971} = 0.191$$

die Prüfgröße des Hotelling - Lawley - Tests. Da der kritische Wert $c_{HL;0.95}(2,12,2)$ nicht vertafelt ist, bedienen wir uns hier direkt der ersten Approximation

$$c_{HL;0.95}(2,12,2) \simeq \frac{4(-1+2+1)}{2(9+1)} \cdot F_{2(-1+2+1),2(9+1);0.95} = \frac{2}{5} \cdot F_{4,20;0.95}$$

$$= \frac{2}{5} \cdot 2.87 = 1.148 \quad .$$

Da nun gilt

$$\Lambda_{HL} = 0.191 < 1.148$$

kann auch bei diesem Test die Hypothese H_0 nicht verworfen werden.
Bei der zweiten Approximation ergibt sich wegen $n - pq - 2 = 15 - 2 \cdot 2 - 2 = 9 > 0$ dann

$$g_1 = \frac{2 \cdot 2(15 - 2 - 2 - 1)}{15 - 2 \cdot 2 - 2} = \frac{40}{9} = 4.44 \ , \quad g_2 = 15 - 2 - 2 = 11$$

und somit

$$c_{HL;0.95}(2,12,2) \simeq \frac{11-2}{11} \cdot \frac{2 \cdot 2}{15-2-2-2} \cdot F_{4.44,11;0.95} = \frac{4}{11} \cdot 3.281 = 1.193 \quad .$$

Die Hypothese H_0 kann also auch bei diesem approximativen Vorgehen nicht verworfen werden, denn es ist

$$\Lambda_{HL} = 0.191 < 1.193 \quad .$$

Auch der Pillai - Bartlett - Test gestattet zum 5% Niveau kein Verwerfen der Hypothese H_0, denn

$$\Lambda_{PB} = 0.139 + 0.029 = 0.168 < 0.57 = c_{PB;0.95}(2,12,2) \quad .$$

Das gleiche Ergebnis liefert der approximative Test wegen

$$\frac{\Lambda_{PB}}{\theta - \Lambda_{PB}} = \frac{0.168}{2 - 0.168} = 0.092 < 0.467 = \frac{1}{6}\cdot 2.80$$
$$= \frac{-1+2+1}{9+2+1}\cdot F_{2(-1+2+1),2(9+2+1);0.95} \quad .$$

Auch der Roy - Test verwirft die Hypothese H_0 zum 5% Niveau nicht, denn

$$\Lambda_R = \lambda_1 = 0.139 < 0.53 = c_{R;0.95}(2,12,2) \quad .$$

Insgesamt läßt sich also zum 5% Niveau keine signifikante Korrelation zwischen den Merkmalsgruppen (Hämoglobingehalt, mittlere Oberfläche der Erythrozyten) und (Blutdruck, Alter) nachweisen. ┘

1.5 DIE PARTIELLE KORRELATION

Oft ist eine Korrelation zwischen zwei Merkmalen X und Y nur deshalb vorhanden, weil beide Merkmale mit einem dritten Merkmal U korreliert sind, vgl. auch Abb.10 in Abschnitt 1.1. Die Korrelation von X und Y ist dann eine reine Scheinkorrelation.

Beispiel: Die Anzahl der Störche in einer Region Norddeutschlands und die Anzahl der Geburten sind korreliert. Berücksichtigt man jedoch als drittes Merkmal die Größe der Sumpfflächen in der Region als einen Zivilisationsindex, der mit beiden Merkmalen einzeln korreliert ist, so verschwindet diese Scheinkorrelation zwischen Anzahl der Störche und der Kinder. ┘

Daher ist es vielmals von Interesse, eine *Korrelation zwischen X und Y unter Partialisierung eines Merkmals U*, d.h. die Korrelation von X und Y, die ohne den Einfluß von U vorhanden ist, zu bestimmen. Eine solche Korrelation $\rho_{(X,Y)|U}$ heißt auch kurz *partielle Korrelation von X und Y unter U*. Sie ist gegeben als

$$\rho_{(X,Y)|U} = \frac{\rho_{XY} - \rho_{XU}\cdot\rho_{YU}}{\sqrt{(1-\rho_{XU}^2)(1-\rho_{YU}^2)}} \quad .$$

Sind die Merkmale X, Y und U in einer interessierenden Grundgesamtheit normalverteilt, so kann man $\rho_{(X,Y)|U}$ aufgrund von je n Realisationen $x_1,\dots,x_n,y_1,\dots,y_n$ und $u_1,\dots,u_n$ schätzen, indem man die einfachen Korrelationen ρ_{XY}, ρ_{XU} und ρ_{YU} mittels des Pearsonschen Korrelationskoeffizienten schätzt, vgl. speziell auch die Abschnitte 2.2 und 2.3, wobei in letzterem auch für das Beispiel in Abb.10 ein geeigneter Schätzer der partiellen Korrelation angegeben wird. Der *Schätzer* für die Korrelation zwischen den Merkmalen X und Y bei Partialisierung des Merkmals U ist dann

$$r_{(X,Y)|U} = \frac{r_{XY} - r_{XU} \cdot r_{YU}}{\sqrt{(1 - r_{XU}^2)(1 - r_{YU}^2)}} \quad .$$

Ausgehend von diesem Schätzwert für die partielle Korrelation kann auch ein *Test zum Niveau* α *auf partielle Unkorreliertheit* bzw. Unabhängigkeit von X und Y unter U durchgeführt werden. Die Hypothese

$$H_0\colon \rho_{(X,Y)|U} = 0$$

wird im Test gegen die Alternative

$$H_1\colon \rho_{(X,Y)|U} \neq 0$$

zum Niveau α verworfen, falls

$$\left| \frac{r_{(X,Y)|U} \cdot \sqrt{n-3}}{\sqrt{1 - r_{(X,Y)|U}^2}} \right| > t_{n-3;1-\alpha/2}$$

gilt. Die Quantile $t_{\nu;\gamma}$ der t - Verteilung mit ν Freiheitsgraden sind im Anhang vertafelt.

Beispiel: Bei der Untersuchung von n = 142 Frauen wurden 3 Merkmale beobachtet: der Blutdruck (X), die Cholesterin - Konzentration im Blut (Y) und das Alter (U). Dieser Versuch, der aus "Swanson et al. (1955): Blood Values of Women: Cholesterol, Journal Gerontology 10, 41" entnommen ist, ergab für die einzelnen Korrelationen folgende Schätzwerte:

$$r_{XY} = 0.2495 \; , \quad r_{XU} = 0.3332 \text{ und } r_{YU} = 0.5029 \quad .$$

Wie man sieht, ist sowohl der Blutdruck als auch die Cholesterin - Konzentration mit dem Alter der Versuchspersonen korreliert. Daher muß man, um die eigentliche Korrelation zwischen Blutdruck und Cholesterin - Konzentration, die hier hauptsächlich von Interesse ist, zu schätzen, das Merkmal Alter partialisieren.

$$r_{(X,Y)|U} = \frac{r_{XY} - r_{XU} \cdot r_{YU}}{\sqrt{(1 - r_{XU}^2)(1 - r_{YU}^2)}} = \frac{0.2495 - 0.3332 \cdot 0.5029}{\sqrt{(1 - 0.3332^2)(1 - 0.5029^2)}} = \frac{0.0819}{0.8150}$$

$$= 0.1005 \quad .$$

Die wirkliche Korrelation zwischen Blutdruck und Cholesterin - Konzentration wird unter "Eliminierung" bzw. "Konstanthaltung" des Einflusses des Merkmals Alter also viel geringer geschätzt als vorher.

Zum Niveau $\alpha = 0.05$ soll nun die Hypothese

$$H_0: \rho_{(X,Y)|U} = 0 \quad \text{gegen} \quad H_1: \rho_{(X,Y)|U} \neq 0$$

getestet werden. Es ist

$$\left| \frac{0.1005 \cdot \sqrt{139}}{\sqrt{1 - 0.1005^2}} \right| = \left| \frac{1.1849}{0.9949} \right| = 1.191 < 1.97 = t_{139;0.975} \quad ,$$

so daß die Hypothese, Blutdruck und Cholesterin - Konzentration unter Partialisierung des Alters sind unkorreliert, nicht verworfen werden kann.

Dagegen ist die Korrelation zwischen Blutdruck und Alter signifikant zum 5% Niveau, denn vgl. Abschnitt 1.1.1,

$$\left| \frac{r_{XY} \cdot \sqrt{n-2}}{\sqrt{1 - r_{XY}^2}} \right| = \left| \frac{0.2495 \cdot \sqrt{140}}{\sqrt{1 - 0.2495^2}} \right| = 3.048 > 1.97 = t_{140;0.975} \quad .$$

Diese signifikante Korrelation ist also dadurch bedingt, daß das Alter der Versuchspersonen unterschiedlich ist. ┘

Allgemein kann man die *Korrelation zwischen zwei Merkmalsgruppen* $X_1, \ldots, X_p$ *und* $Y_1, \ldots, Y_q$ *unter Partialisierung der Merkmalsgruppe* $U_1, \ldots, U_k$ aus einer Beobachtungsreihe schätzen. Dazu bestimmt man zunächst die Matrizen

$$R_{XX} = \begin{pmatrix} 1 & r_{X_1X_2} & \cdots & r_{X_1X_p} \\ r_{X_1X_2} & 1 & \cdots & r_{X_2X_p} \\ \vdots & \vdots & & \vdots \\ r_{X_1X_p} & r_{X_2X_p} & \cdots & 1 \end{pmatrix} \quad ,$$

$$R_{XY} = \begin{pmatrix} r_{X_1Y_1} & r_{X_1Y_2} & \cdots & r_{X_1Y_q} \\ r_{X_2Y_1} & r_{X_2Y_2} & \cdots & r_{X_2Y_q} \\ \vdots & \vdots & & \vdots \\ r_{X_pY_1} & r_{X_pY_2} & \cdots & r_{X_pY_q} \end{pmatrix}$$

und analog R_{YY}, R_{UU}, R_{XU} und R_{YU}. Dann berechnet man $(p,q,k < n)$

$$R_{11} = R_{XX} - R_{XU} \cdot R_{UU}^{-1} \cdot R_{XU}^T \quad ,$$

$$R_{22} = R_{YY} - R_{YU} \cdot R_{UU}^{-1} \cdot R_{YU}^T \quad ,$$

$$R_{12} = R_{XY} - R_{XU} \cdot R_{UU}^{-1} \cdot R_{YU}^T \quad .$$

Ist $p = 1$, d.h. ist $(X_1,\ldots,X_p) = X_1 = X$ nur eine Zufallsvariable, so läßt sich die (*multiple*) *partielle Korrelation* $\rho_{(X,(Y_1,\ldots,Y_q))|(U_1,\ldots,U_k)}$ schätzen durch

$$r_{(X,(Y_1,\ldots,Y_q))|(U_1,\ldots,U_k)} = \sqrt{R_{12} \cdot R_{22}^{-1} \cdot R_{12}^T} \Big/ \sqrt{R_{11}} \quad ;$$

denn R_{11} ist eine Zahl und R_{12} ist ein Vektor.

Die Hypothese

$$H_o\colon \rho_{(X,Y_1)|(U_1,\ldots,U_k)} = \ldots = \rho_{(X,Y_q)|(U_1,\ldots,U_k)} = 0$$

$$(\Rightarrow \rho_{(X,(Y_1,\ldots,Y_q))|(U_1,\ldots,U_k)} = 0)$$

kann dann zum Niveau α getestet werden gegen

$$H_1\colon \text{es gibt ein } \rho_{(X,Y_i)|(U_1,\ldots,U_k)} \neq 0 \quad .$$

Die Hypothese H_o muß verworfen werden, falls

$$F > F_{q,n-k-q-1;1-\alpha}$$

ist, mit

$$F = \frac{r^2_{(X,(Y_1,\ldots,Y_q))|(U_1,\ldots,U_k)} \cdot (n-k-q-1)}{q(1 - r^2_{(X,(Y_1,\ldots,Y_q))|(U_1,\ldots,U_k)})} \quad .$$

Ist nicht nur $p = 1$ sondern auch $q = 1$, so wird der partielle Korrelationskoeffizient zwischen X und Y unter Konstanthaltung des Einflusses der Merkmale $U_1,\ldots,U_k$ auch vorzeichenbehaftet geschätzt durch

$$r_{(X,Y)|(U_1,\ldots,U_k)} = \frac{R_{12}}{\sqrt{R_{11}R_{22}}} = \frac{r_{XY} - R_{XU}\cdot R_{UU}^{-1}\cdot R_{YU}^T}{\sqrt{(1 - R_{XU}\cdot R_{UU}^{-1}\cdot R_{XU}^T)(1 - R_{YU}\cdot R_{UU}^{-1}\cdot R_{YU}^T)}} .$$

Zum Prüfen auf signifikante Verschiedenheit von Null kann natürlich vorstehender Test mit $q = 1$ herangezogen werden.

Ist speziell $k = 2$, so berechnet sich die Korrelation zwischen zwei Merkmalen X und Y unter Partialisierung zweier Merkmale U_1 und U_2 zu

$$r_{(X,Y)|(U_1,U_2)} = \frac{r_{(X,Y)|U_2} - r_{(X,U_1)|U_2}\cdot r_{(Y,U_1)|U_2}}{\sqrt{(1 - r^2_{(X,U_1)|U_2})(1 - r^2_{(Y,U_1)|U_2})}} .$$

Beispiel: Aufgrund einer Stichprobe ergeben sich zwischen vier interessierenden Merkmalen X, Y, U_1 und U_2 folgenden einfache Korrelationen:

$$r_{XY} = -0.51 , \quad r_{XU_1} = 0.92 , \quad r_{YU_1} = -0.22 , \quad r_{XU_2} = -0.56 ,$$

$$r_{YU_2} = 0.99 \text{ und } r_{U_1U_2} = -0.28 .$$

Man ist nun z.B. daran interessiert die Korrelation zwischen den Merkmalen X und Y unter Konstanthaltung der Merkmale U_1 und U_2 zu schätzen. Dazu berechnet man zunächst

$$r_{(X,Y)|U_2} = \frac{r_{XY} - r_{XU_2}\cdot r_{YU_2}}{\sqrt{(1 - r^2_{XU_2})(1 - r^2_{YU_2})}} = \frac{-0.51 - (-0.56)\cdot 0.99}{\sqrt{(1 - (-0.56)^2)(1 - 0.99^2)}}$$

$$= \frac{0.0444}{\sqrt{0.0137}} = 0.379 ,$$

$$r_{(X,U_1)|U_2} = 0.905 \quad \text{und}$$

$$r_{(Y,U_1)|U_2} = 0.422 .$$

Damit ergibt sich die Korrelation zwischen X und Y unter Partialisierung von U_1 und U_2 zu

$$r_{(X,Y)|(U_1,U_2)} = \frac{0.379 - 0.905\cdot 0.422}{\sqrt{(1 - 0.905^2)(1 - 0.422^2)}} = \frac{-0.00291}{\sqrt{0.14875}} = -0.0075 .$$

Man sieht hier, daß die doch recht hohe Korrelation $r_{XY} = -0.51$ zwischen den Merkmalen X und Y beinahe vollständig auf den Einfluß der Merkmale

U_1, U_2 zurückzuführen ist, denn schaltet man diese Einflüsse aus, so ist die Korrelation zwischen X und Y nahezu Null.

Ist $q \geq p > 1$, so kann man die *kanonische partielle Korrelation*

$$\rho_{((X_1,\ldots,X_p),(Y_1,\ldots,Y_q))|(U_1,\ldots,U_k)}$$

schätzen durch

$$r_{((X_1,\ldots,X_p),(Y_1,\ldots,Y_q))|(U_1,\ldots,U_k)} = \sqrt{\lambda_1} \quad ,$$

wobei λ_1 der größte Eigenwert der Matrix

$$Q = R_{11}^{-1} \cdot R_{12} \cdot R_{22}^{-1} \cdot R_{12}^T$$

ist. Wahlweise können zur Berechnung von Q natürlich wieder Kovarianzmatrizen verwandt werden:

$$Q = S_{11}^{-1} \cdot S_{12} \cdot S_{22}^{-1} \cdot S_{12}^T \quad .$$

Zur Überprüfung, ob die kanonische partielle Korrelation zwischen zwei Merkmalsgruppen zum Niveau α signifikant von Null verschieden ist, kann, ausgehend von den Eigenwerten $\lambda_1 \geq \ldots \geq \lambda_p$ der Matrix Q, einer der in Abschnitt 1.4 vorgestellten Tests verwandt werden. Es muß dort lediglich n durch n - k ersetzt werden.

1.6 DIE BI-PARTIELLE KORRELATION

Ist ein Merkmal X mit einem Merkmal U, ein Merkmal Y mit einem Merkmal V korreliert und sind ferner die Merkmale U und V korreliert, so wird die Korrelation zwischen den Merkmalen X und Y von U und V stark beeinflußt.

Beispiel: Eine Untersuchung ergab, daß in einer Gruppe von Schülern die Korrelation zwischen räumlichem Denkvermögen X und sprachlich - analytischer Begabung Y auf eine Korrelation der Leistungen in Mathematik U und Latein V zurückzuführen war, wohingegen die Korrelation zwischen X und V bzw. Y und U schwächer war.

Will man dann aufgrund einer Stichprobe von n Objekten die eigentliche Korrelation zwischen X und Y schätzen, so empfiehlt es sich, zunächst das Merkmal X von U und das Merkmal Y von V zu partialisieren.

Diese Korrelation

$$\rho_{X|U,Y|V} = \frac{\rho_{XY} - \rho_{XU}\cdot\rho_{YU} - \rho_{XV}\cdot\rho_{YV} + \rho_{XU}\cdot\rho_{UV}\cdot\rho_{YV}}{\sqrt{(1-\rho_{XU}^2)(1-\rho_{YV}^2)}}$$

heißt *bi - partielle Korrelation von X unter Partialisierung von U und Y unter Partialisierung von V.*

Sind die Merkmale X, Y, U und V in der interessierenden Grundgesamtheit normalverteilt (siehe spätere Abschnitte für andere Fälle), so kann man die bi - partielle Korrelation $\rho_{X|U,Y|V}$ aufgrund von je n Realisationen $x_1,\dots,x_n, y_1,\dots,y_n, u_1,\dots,u_n$ und $v_1,\dots,v_n$ mittels Pearsonscher Korrelationskoeffizienten *schätzen*:

$$r_{X|U,Y|V} = \frac{r_{XY} - r_{XU}\cdot r_{YU} - r_{XV}\cdot r_{YV} + r_{XU}\cdot r_{UV}\cdot r_{YV}}{\sqrt{(1-r_{XU}^2)(1-r_{YV}^2)}} \quad .$$

Zum Niveau α läßt sich dann auch die Hypothese

$$H_0:\ \rho_{X|U,Y|V} = 0 \quad ,$$

daß X und Y bi - partiell unabhängig sind, gegen die Alternative

$$H_1:\ \rho_{X|U,Y|V} \neq 0$$

testen. Bei diesem nur approximativen Test wird die Nullhypothese H_0 zum Niveau α verworfen, falls

$$\left| \frac{r_{X|U,Y|V}\cdot\sqrt{n-3}}{\sqrt{1-r_{X|U,Y|V}^2}} \right| > t_{n-3;1-\alpha/2} \quad .$$

Beispiel: Der Kürze halber sei hier noch einmal auf das Beispiel zur kanonischen Korrelation, vgl. Tab.9, verwiesen. Hier nun soll die bi - partielle Korrelation zwischen Hämoglobingehalt im Blut (X) bei Partialisierung des Blutdrucks (U) und Oberfläche der Erythrozyten (Y) bei Partialisierung des Alters (V) geschätzt werden. Man bestimmt zunächst die Schätzer für die einfachen Korrelationen

$$r_{XY}\ (= r_{X_1X_2}) = \frac{6.764}{\sqrt{1.701\cdot 45.886}} = 0.7656 \quad ,$$

$$r_{XU}\ (= r_{X_1Y_1}) = \frac{3.590}{\sqrt{1.701\cdot 80.952}} = 0.3059 \quad ,$$

$$r_{XV}\ (=r_{X_1Y_2}) = \frac{5.488}{\sqrt{1.701 \cdot 154.410}} = 0.3386$$

$$r_{YU}\ (=r_{X_2Y_1}) = \frac{14.139}{\sqrt{45.886 \cdot 80.952}} = 0.2320$$

$$r_{YV}\ (=r_{X_2Y_2}) = \frac{19.386}{\sqrt{45.886 \cdot 154.410}} = 0.2303$$

und

$$r_{UV}\ (=r_{Y_1Y_2}) = \frac{108.975}{\sqrt{80.952 \cdot 154.410}} = 0.9747 \quad .$$

Damit ergibt sich der Schätzer für $\rho_{X|U,Y|V}$ zu

$$r_{X|U,Y|V} = \frac{0.7656 - 0.3059 \cdot 0.2320 - 0.3386 \cdot 0.2303 + 0.3059 \cdot 0.9747 \cdot 0.2303}{\sqrt{(1-0.3059^2)(1-0.2303^2)}}$$

$$= \frac{0.6853}{0.9265} = 0.7397 \quad .$$

Wie man sieht, ist in diesem Beispiel die Betrachtung einer bi - partiellen Korrelation nicht notwendig, da die Partialisierung von U und V die Korrelation zwischen X und Y kaum verändert.

Es soll nun noch der approximative Test von

$$H_0\colon \rho_{X|U,Y|V} = 0 \quad \text{gegen} \quad H_1\colon \rho_{X|U,Y|V} \neq 0$$

zum Niveau $\alpha = 0.05$ durchgeführt werden. Da

$$\left| \frac{0.7397\sqrt{15-3}}{\sqrt{1-0.7397^2}} \right| = \left| \frac{2.5624}{0.6729} \right| = 3.808 > 2.179 = t_{15-3;0.975}$$

ist, muß die Nullhypothese verworfen werden. Die bi - partielle Korrelation zwischen Hämoglobingehalt im Blut und mittlerer Oberfläche der Erythrozyten ist also zum Niveau $\alpha = 0.05$ signifikant von Null verschieden.

In diesem Beispiel zahlte sich die Berechnung der bi - partiellen Korrelation zwischen X und Y nicht aus. Anders verhält es sich, wenn man etwa

$$r_{XY} = -0.73 \ , \quad r_{XU} = 0.89 \ , \quad r_{YU} = -0.17 \ , \quad r_{XV} = -0.31 \ ,$$

$$r_{YV} = 0.92 \text{ und } r_{UV} = 0.42$$

erhält. Hier ergibt sich die geschätzte bi - partielle Korrelation zwischen X und Y unter Konstanthaltung der Einflüsse von U bzw. V zu

$$r_{X|U,Y|V} = \frac{r_{XY} - r_{XU} \cdot r_{YU} - r_{XV} \cdot r_{YV} + r_{XU} \cdot r_{UV} \cdot r_{YV}}{\sqrt{(1 - r_{XU}^2)(1 - r_{YV}^2)}}$$

$$= \frac{-0.73 - 0.89 \cdot (-0.17) - (-0.31) \cdot 0.92 + 0.89 \cdot 0.42 \cdot 0.92}{\sqrt{(1 - 0.89^2)(1 - 0.92^2)}}$$

$$= \frac{0.0504}{\sqrt{0.0319}} = 0.2822 \quad .$$

Auch die bi - partielle Korrelation kann man natürlich viel allgemeiner betrachten. Will man die *bi - partielle Korrelation zwischen den Merkmalen* $(X_1, \ldots, X_p)$ *bei Partialisierung von* $(U_1, \ldots, U_k)$ *und den Merkmalen* $(Y_1, \ldots, Y_q)$ *bei Partialisierung von* $(V_1, \ldots, V_\ell)$

$$\rho_{(X_1,\ldots,X_p)|(U_1,\ldots,U_k),(Y_1,\ldots,Y_q)|(V_1,\ldots,V_\ell)}$$

schätzen, so bestimmt man zunächst aus einer Stichprobe vom Umfang n die Matrizen $(n > p,q,k,\ell)$

$$R_{XX} = \begin{pmatrix} 1 & r_{X_1X_2} & \cdots & r_{X_1X_p} \\ \vdots & \vdots & & \vdots \\ r_{X_1X_p} & r_{X_2X_p} & \cdots & 1 \end{pmatrix} \text{, } R_{YY}\text{, } R_{UU} \text{ und } R_{VV} \text{ analog, sowie}$$

$$R_{XY} = \begin{pmatrix} r_{X_1Y_1} & r_{X_1Y_2} & \cdots & r_{X_1Y_q} \\ \vdots & \vdots & & \vdots \\ r_{X_pY_1} & r_{X_pY_2} & \cdots & r_{X_pY_q} \end{pmatrix} \text{, } R_{XU}\text{, } R_{XV}\text{, } R_{YU}\text{, } R_{YV} \text{ und } R_{UV} \text{ analog,}$$

und berechnet dann

$$R_{11} = R_{XX} - R_{XU} \cdot R_{UU}^{-1} \cdot R_{XU}^T \quad ,$$

$$R_{22} = R_{YY} - R_{YV} \cdot R_{VV}^{-1} \cdot R_{YV}^T \quad \text{und}$$

$$R_{12} = R_{XY} - R_{XU} \cdot R_{UU}^{-1} \cdot R_{YU}^T - R_{XV} \cdot R_{VV}^{-1} \cdot R_{YV}^T + R_{XU} \cdot R_{UU}^{-1} \cdot R_{UV} \cdot R_{VV}^{-1} \cdot R_{YV}^T \quad .$$

Weiter setzt man

$$b = \max(k, \ell) \quad .$$

Die bi - partielle Korrelation im Fall $p = 1$ (d.h. $(X_1, \ldots, X_p) = X_1$) kann man dann als *multiple bi - partielle Korrelation* schätzen durch

$$r = r_{X_1|(U_1,\ldots,U_k),(Y_1,\ldots,Y_q)|(V_1,\ldots,V_\ell)} = \sqrt{R_{12} \cdot R_{22}^{-1} \cdot R_{12}^T} \bigg/ \sqrt{R_{11}}$$

und die Hypothese

$$H_o: \rho_{X_1|(U_1,\dots,U_k),Y_1|(V_1,\dots,V_\ell)} = \dots$$

$$\dots = \rho_{X_1|(U_1,\dots,U_k),Y_p|(V_1,\dots,V_\ell)} = 0$$

$$(\Rightarrow \rho_{X_1|(U_1,\dots,U_k),(Y_1,\dots,Y_q)|(V_1,\dots,V_\ell)} = 0)$$

zum Niveau α gegen die Alternative

$$H_1: \text{es gibt ein } \rho_{X_1|(U_1,\dots,U_k),Y_i|(V_1,\dots,V_\ell)} \neq 0$$

testen, denn unter H_o ist

$$F = \frac{r^2(n-b-q-1)}{q(1-r^2)}$$

approximativ $F_{q,n-b-q-1}$ - verteilt. Die Hypothese H_o wird verworfen, falls gilt

$$F > F_{q,n-b-q-1;1-\alpha} \quad .$$

Ist $q \geq p > 1$, so kann man $\rho_{(X_1,\dots,X_p)|(U_1,\dots,U_k),(Y_1,\dots,Y_q)|(V_1,\dots,V_\ell)}$ als *kanonische bi - partielle Korrelation* schätzen durch

$$r_{(X_1,\dots,X_p)|(U_1,\dots,U_k),(Y_1,\dots,Y_q)|(V_1,\dots,V_\ell)} = \sqrt{\lambda_1} \quad ,$$

wobei λ_1 den größten Eigenwert der Matrix

$$Q = R_{11}^{-1} \cdot R_{12} \cdot R_{22}^{-1} \cdot R_{12}^T \quad \text{bzw.} \quad Q = S_{11}^{-1} \cdot S_{12} \cdot S_{22}^{-1} \cdot S_{12}^T$$

darstellt.

Um zu testen, ob zwei Merkmalsgruppen kanonisch bi - partiell signifikant zum Niveau α korreliert sind, kann ausgehend von den Eigenwerten $\lambda_1 \geq \dots \geq \lambda_p$ der Matrix Q einer der in Abschnitt 1.4 angegebenen Tests verwandt werden. Es ist dort lediglich n durch n - b zu ersetzen.

2 DIE KORRELATION VON NICHT - NORMALVERTEILTEN ZUFALLSVARIABLEN

In diesem Abschnitt beschäftigen wir uns mit der Korrelationsanalyse beliebiger stetiger und ordinaler Merkmale; für nominale Nerkmale sei auf den nächsten Abschnitt verwiesen, der wegen der Möglichkeit einer Senkung des Skalenniveaus (durch Klassenbildung) natürlich auch für alle anderen Datensituationen nützlich ist.

Zunächst werden der Spearmansche und der Kendallsche Korrelationskoeffizient für stetige Merkmale sowie zugehörige Tests vorgestellt.

Sodann werden Korrelationskoeffizienten für ein stetiges normalverteiltes und ein ordinales Merkmal vorgestellt; man spricht dann von serialen und punktserialen Korrelationen.

Daran schließt sich eine kurze Darstellung der chorischen Korrelation, also der Korrelation zweier ordinaler Merkmale an. In diesem Zusammenhang wird auch ein Test auf Unkorreliertheit für zumindest ordinale Merkmale vorgestellt.

2.1 DER SPEARMANSCHE RANGKORRELATIONSKOEFFIZIENT

Sind X und Y stetig verteilte Zufallsvariablen, so kann deren Korrelation ρ mittels des *Spearmanschen Rangkorrelationskoeffizienten* r^S aufgrund von je n Realisationen $x_1,\ldots,x_n$ bzw. $y_1,\ldots,y_n$ von X und Y geschätzt werden. Wie der Name schon sagt, werden bei diesem Verfahren nur Ranginformationen zur Schätzung von ρ verwandt (z.B. ob eine Realisation x_i größer oder kleiner als eine andere x_j ist).

Vergeben wir die Rangzahlen $R(x_i)$ bzw. $R(y_j)$ für die je n Realisationen der Zufallsvariablen X und Y so, daß in jeder der beiden Reihen die kleinste ("schlechteste") Realisation den Rang 1,...,die größte ("beste") Realisation den Rang n erhält, oder in beiden Reihen genau umgekehrt, so ergibt sich der Spearmansche Korrelationskoeffizient r^S durch Einsetzen der Rangzahlen - anstelle der Realisationen - in die Formel zur Berechnung von r_{XY}:

$$r^S = \frac{\sum_{i=1}^{n} (R(x_i) - \overline{R(x)})(R(y_i) - \overline{R(y)})}{\sqrt{\sum_{i=1}^{n} (R(x_i) - \overline{R(x)})^2 \sum_{i=1}^{n} (R(y_i) - \overline{R(y)})^2}}$$

$$= 1 - \frac{6\sum_{i=1}^{n} (R(x_i) - R(y_i))^2}{n(n^2-1)}$$

$$= 1 - \frac{6\sum_{i=1}^{n} d_i^2}{n(n^2-1)} \quad , \text{ mit } d_i = R(x_i) - R(y_i) \quad .$$

Treten Bindungen auf, d.h. sind mehrere Realisationen einer Zufallsvariablen gleich, so nehmen wir jeweils als Rang das arithmetische Mittel der in Frage stehenden Ränge ("midranks"), vgl. z.B. Hartung et al. (1982, Kap.III, Abschnitt 7), und berechnen den Spearmanschen Korrelationskoeffizienten zu

$$r^S = \frac{n(n^2-1) - 6\sum_{i=1}^{n} d_i^2 - \frac{1}{2}(D_1 + D_2)}{\sqrt{(n(n^2-1) - D_1)(n(n^2-1) - D_2)}} ,$$

wobei

$$D_j = \sum_{k=1}^{p_j} (d_{jk}^3 - d_{jk}) \quad \text{für } j=1,2 \ , \quad d_i = R(x_i) - R(y_i) \quad \text{für } i=1,\dots,n,$$

ist, p_j, j=1,2, die Anzahl verschiedener Werte unter $x_1,\dots,x_n$ bzw. $y_1,\dots,y_n$ bezeichnet und d_{jk}, j=1,2, die Häufigkeit des k-ten Wertes in der ersten Reihe $x_1,\dots,x_n$ bzw. in der zweiten Reihe $y_1,\dots,y_n$ ist.

Häufig findet der Spearmansche Rangkorrelationskoeffizient in der *Qualitätskontrolle* und auch in der *Psychologie* Verwendung. Im Rahmen der Qualitätskontrolle ist man oft darauf angewiesen, Produkte zu beurteilen bzw. deren Lebensdauer zu bestimmen, die sehr haltbar sind. Man kann dann nicht abwarten, bis ein Produkt defekt ist, um seine Lebensdauer zu schätzen, sondern muß einen kurzzeitig durchführbaren Versuch konstruieren, der eine gute Aussage über die Lebensdauer macht, vgl. nachstehendes Beispiel.

In der Psychologie tritt beispielsweise bei der Konstruktion von Eignungstests das Problem auf, den Eignungstest so festzulegen, daß er die wirkliche Eignung (die sich ja erst viel später herausstellt) einer Person etwa für eine bestimmte Arbeit möglichst gut widerspiegelt.

Beispiel: (vgl. R.C. Stoll: "An improved multipurpose abrasion tester and its application for the wear resistance of textiles", Text. Res. Journal, 19, 1949, S.394 - 419) Um einen technologischen Kurzzeitversuch zur Prüfung der Haltbarkeit von Textilien so zu entwickeln, daß dieser die wirkliche Haltbarkeit möglichst gut widerspiegelt, wurden an 7 verschiedenen Textilien Trageversuche und verschiedene Kurzzeitversuche durchgeführt. Die Kurzzeitversuche waren hier Scheuerversuche wie z.B. Biegescheuerung in Kett - und Schußrichtung. Bei den Scheuerversuchen wurde die Anzahl der Scheuertouren bis zum Bruch der Gewebe gezählt. Bei den Trageversuchen konnte man lediglich eine Rangfolge in der Haltbarkeit der Textilien festlegen. Um die Korrelation zwischen Trage - und Scheuerversuchen schätzen zu können, wurden auch die Ergebnisse der Scheuerversuche in Rangzahlen umgewandelt, vgl. Tab.10.

Tab.10: Ergebnisse der Trage- und Scheuerversuche bei 7 Textilien

Gewebeart i	Rangzahl R_i im Trageversuch	Scheuertouren bis zum Gewebebruch in Kettrichtung	Rangzahl R_i' im Scheuerversuch/ Kettrichtung	Scheuertouren bis zum Gewebebruch in Schußrichtung	Rangzahl R_i'' im Scheuerversuch/ Schußrichtung
1	6	72	7	115	2
2	5	85	4	78	6
3	7	78	6	91	5
4	4	82	5	102	4
5	3	91	3	67	7
6	2	138	2	111	3
7	1	154	1	136	1

Wir wollen nun die Spearmansche Rangkorrelation r_1^S zwischen Trageversuch und Scheuerversuch in Kettrichtung, r_2^S zwischen Trageversuch und Scheuerversuch in Schußrichtung sowie r_3^S zwischen Scheuerversuch in Kettrichtung und Scheuerversuch in Schußrichtung berechnen. Es ist

$$r_1^S = 1 - \frac{6\sum_{i=1}^{7}(R_i - R_i')^2}{7(7^2-1)} = 1 - \frac{6(1+1+1+1+0+0+0)}{7 \cdot 48} = 1 - \frac{24}{336} = 0.9286 \ ,$$

$$r_2^S = 1 - \frac{6\sum_{i=1}^{7}(R_i - R_i'')^2}{7(7^2-1)} = 1 - \frac{6(16+1+4+0+16+1+0)}{336} = 1 - \frac{228}{336} = 0.3214$$

und

$$r_3^S = 1 - \frac{6\sum_{i=1}^{7}(R_i' - R_i'')^2}{7(7^2-1)} = 1 - \frac{6(25+4+1+1+16+1+0)}{336} = 1 - \frac{288}{336} = 0.1429 .$$

Die Rangkorrelation r_3^S zwischen den beiden Arten von Scheuerversuchen ist sehr gering, und die Korrelationen r_1^S und r_2^S sind recht unterschiedlich. Wir sehen, daß der Scheuerversuch in Kettrichtung nun die Haltbarkeit im Trageversuch recht gut widerspiegelt, so daß man diesen wohl als Kurzzeitversuch wählen kann. ┘

Basierend auf dem Spearmanschen Rangkorrelationskoeffizienten r^S kann auch die Hypothese der Unabhängigkeit zweier Meßreihen $x_1,\ldots,x_n,y_1,\ldots,y_n$ zum Niveau α getestet werden.

Man verwendet anstelle von r^s die sogenannte *Hotelling - Pabst - Statistik*

$$D = \sum_{i=1}^{n} d_i^2 = \sum_{i=1}^{n} (R(x_i) - R(y_i))^2$$

als Prüfgröße. Die Hypothese

H_0: die Meßreihen sind unkorreliert

muß im Test gegen die Alternative

H_1: die Meßreihen sind nicht unkorreliert

zum Niveau α verworfen werden, falls

$$D < h_{n;\alpha/2} \qquad \text{oder} \qquad D > h_{n;1-\alpha/2}$$

ist. Für $n \leq 30$ sind kritische Werte $h_{n;\alpha}$ in Hartung et al. (1982) zu finden. Stehen keine kritischen Werte $h_{n;\alpha}$ zur Verfügung, so macht man sich die Tatsache zunutze, daß unter H_0 gilt

$$E(D) = \frac{1}{6}(n^3 - n) - \frac{1}{12}(D_1 + D_2) \quad ,$$

$$Var(D) = \frac{(n-1)(n+1)^2 n^2}{36} \left(1 - \frac{D_1}{n^3 - n}\right)\left(1 - \frac{D_2}{n^3 - n}\right) \quad .$$

Man weiß dann, daß unter H_0

$$T = \frac{D - E(D)}{\sqrt{Var(D)}}$$

approximativ standardnormalverteilt ist, d.h. man muß die Hypothese H_0 verwerfen, falls gilt

$$|T| > u_{1-\alpha/2} \quad .$$

Kann man die Hypothese H_0 der Unabhängigkeit nicht verwerfen, so sollte man sich jedoch davor hüten, direkt zu folgern, daß die Meßreihen wirklich unabhängig sind, denn der Fehler 2.Art (Nichtverwerfen von H_0, obwohl H_1 richtig ist) kann auch hier sehr hoch sein.

Beispiel: (aus: Karelitz, Fisichelli, Costa, Rosenfeld: "Relation of crying activity in early infancy to speech and intellectual development at age three years", Child Development, 35 (1964), S.769 - 777) Um zu untersuchen, ob ein Zusammenhang zwischen Schreiintensität und späterem Intelligenzquotienten besteht, wurde die Anzahl der Schreie von 22 fünf Tage alten Säuglingen mit ihrem IQ (Stanford - Binet - IQ) im Alter von 3 Jahren verglichen. In Tab.11 sind die Versuchsergebnisse und die zugehörigen Rangzahlen zusammengestellt.

Tab.11: Anzahl von Schreien und Intelligenzquotienten von 22 Kindern

i	Schreie x_{1i}	IQ x_{2i}	$R(x_{1i})$	$R(x_{2i})$	$(R(x_{1i}) - R(x_{2i}))^2$
1	19	103	14	4.5	90.25
2	12	119	1	15	196.00
3	18	124	11.5	17	30.25
4	16	133	6.5	19	156.25
5	26	155	21	21	0.00
6	15	112	4	10.5	42.25
7	27	108	22	7	225.00
8	23	103	19.5	4.5	225.00
9	20	90	16	1	225.00
10	21	114	17.5	13	20.25
11	19	120	14	16	4.00
12	15	100	4	3	1.00
13	17	109	9	8.5	0.25
14	15	112	4	10.5	42.25
15	21	157	17.5	22	20.25
16	16	118	6.5	14	56.25
17	23	113	19.5	12	56.25
18	17	94	9	2	49.00
19	14	106	2	6	16.00
20	18	109	11.5	8.5	9.00
21	17	141	9	20	121.00
22	19	132	14	18	16.00

Aus dieser Tabelle ergibt sich dann zunächst

$$D = \sum_{i=1}^{n} (R(x_{1i}) - R(x_{2i}))^2 = 1601.50 \quad .$$

Da in der ersten Meßreihe $x_1,\dots,x_n$ (Anzahl der Schreie) 12 verschiedene Werte auftreten, ist $p_1 = 12$, und da in der zweiten Meßreihe $y_1,\dots,y_n$ (IQ) 19 verschiedene Werte auftreten, ist $p_2 = 19$. Die Werte $d_{1,1},\dots,d_{1,12}$ und $d_{2,1},\dots,d_{2,19}$ sind in Tab.12 zusammengestellt, so daß wir nun E(D) und Var(D) berechnen können. Es ist

$$D_1 = \sum_{j=1}^{12} (d_{1j}^3 - d_{1j}) = 3\cdot(27 - 3) + 4\cdot(8 - 2) = 3\cdot 24 + 4\cdot 6 = 72 + 24 = 96 \quad ,$$

$$D_2 = \sum_{k=1}^{19} (d_{2k}^2 - d_{2k}) = (8 - 2) + (8 - 2) + (8 - 2) = 3\cdot 6 = 18$$

und somit

$$E(D) = \frac{1}{6}(22^3 - 22) - \frac{1}{12}\cdot 96 - \frac{1}{12}\cdot 18 = 1771 - 8 - 1.5 = 1761.5 \quad ,$$

$$\mathrm{Var}(D) = \frac{(22-1)(22+1)^2 22^2}{36}\left(1 - \frac{96}{22^3 - 22}\right)\left(1 - \frac{18}{22^3 - 22}\right) = 147754.28$$

Tab.12: Anzahl der Bindungen bei verschiedenen Werten der Meßreihen aus Tab.11

Anzahl der Schreie	12	14	15	16	17	18	19	20	21	23	26	27
d_{1j}	1	1	3	2	3	2	3	1	2	2	1	1
IQ	90	94	100	103	106	108	109	112	113	114	118	119
d_{2k}	1	1	1	2	1	1	2	2	1	1	1	1
IQ	120	124	132	133	141	155	157					
d_{2k}	1	1	1	1	1	1	1					

Daraus ergibt sich

$$|T| = \left|\frac{D - E(D)}{\sqrt{\mathrm{Var}(D)}}\right| = \left|\frac{1601.50 - 1761.50}{\sqrt{147754.28}}\right| = \left|\frac{-160}{384.388}\right| = 0.416 \quad .$$

Da

$$|T| = 0.416 < 1.96 = u_{0.975} = u_{1-\alpha/2}$$

ist, können wir die Hypothese H_0: "Schreiintensität und IQ sind unkorreliert" zum 5% Niveau nicht verwerfen. □

Liegen je n Realisationen $x_{i1},\ldots,x_{in}$, $i=1,\ldots,p$, von p Zufallsvariablen $X_1,\ldots,X_p$ mit Korrelationen ρ_{ij} $(i,j=1,\ldots,p,\ i \neq j)$ vor, so kann mit Hilfe der Spearmanschen Korrelationskoeffizienten auch die Hypothese (simultane Vergleiche)

$$H_0\colon \rho_{ij} = 0 \quad \text{gegen} \quad H_1\colon \rho_{ij} \neq 0 \qquad \text{für } 1 \leq i < j \leq p$$

zum Niveau α getestet werden.

Dazu ordnet man zunächst jeder Meßreihe $x_{i1},\ldots,x_{in}$ die Rangzahlen $R(x_{i1}),\ldots,R(x_{in})$ zu und berechnet für $1 \leq i < j \leq p$ die Spearmanschen Rangkorrelationskoeffizienten r^S_{ij} sowie die Prüfgrößen

$$G^s_{ij} = \begin{cases} \frac{n(n^2-1)}{6}(1 - r^s_{ij}) & \text{, falls } 2 \le n \le 11 \\ r^s_{ij} \cdot \sqrt{\frac{n-2}{1-(r^s_{ij})^2}} & \text{, falls } 12 \le n \le 20 \\ r^s_{ij} \cdot \sqrt{n-1} & \text{, falls } n > 20 \end{cases} .$$

Diese p(p - 1)/2 Prüfgrößen ordnet man dann in absteigender Folge der Größe nach

$$G^s_{i_1 j_1} \ge G^s_{i_2 j_2} \ge \ldots \ge G^s_{i_{p(p-1)/2}\, j_{p(p-1)/2}}$$

und prüft für m=1,2,...,p(p-1)/2 sukzessive, ob gilt

$$G^s_{i_m j_m} < g_{m,n;\alpha} \quad .$$

Ist dies für ein m zum ersten Mal der Fall, so sind die Korrelationen $\rho_{i_1 j_1},\ldots,\rho_{i_{m-1} j_{m-1}}$ zum Niveau α als signifikant verschieden von Null zu betrachten, die zugehörigen Meßreihen sind somit zum Niveau α paarweise korreliert. Dagegen sind die Korrelationen $\rho_{i_m j_m},\ldots, \rho_{i_{p(p-1)/2}\, j_{p(p-1)/2}}$ zum Niveau α nicht von Null verschieden, d.h. die zugehörigen Meßreihen sind zum Niveau α paarweise nicht korreliert.

Die kritischen Werte $g_{m,n;\alpha}$ sind für m=1,...,p(p-1)/2 gegeben als

$$g_{m,n;\alpha} = \begin{cases} s(\frac{\alpha}{p(p-1)+2-2m};n) & \text{, falls } 2 \le n \le 11 \\ t_{n-2;1-\frac{\alpha}{p(p-1)+2-2m}} & \text{, falls } 12 \le n \le 20 \\ u_{1-\frac{\alpha}{p(p-1)+2-2m}} & \text{, falls } n > 20 \end{cases}$$

Einige Quantile $t_{\nu;\gamma}$ und u_γ sind im Anhang und die kritischen Werte $s(\gamma;n)$ sind z.B. bei Owen (1962, S.401ff) vertafelt.

Beispiel: Dreißig zufällig ausgewählte Versuchspersonen werden zufällig in p = 3 Gruppen à 10 Personen aufgeteilt. Die erste Gruppe erhält ein Placebo, die Gruppen 2 und 3 dagegen ein vermutlich anregendes bzw. beruhigendes Medikament. Eine Stunde vor und eine Stunde nach der Verabreichung wird ein Reaktionstest bei allen 30 Personen durchgeführt. Die Differenzen in den Reaktionszeiten jeder Person sind in Tab.13 angegeben. Zum 5% Niveau soll getestet werden, ob die drei Meßreihen unkorreliert sind. Auch die

Rangzahlen sind in dieser Tabelle schon angegeben.

Tab.13: Versuchsdaten und zugehörige Rangzahlen

Person j	Gruppe i					
	1		2		3	
	x_{1j}	$R(x_{1j})$	x_{2j}	$R(x_{2j})$	x_{3j}	$R(x_{3j})$
1	1	7.5	9	3	-22	4
2	1	7.5	22	5.5	4	8
3	-2	3	30	8	-16	6
4	-1	4	15	4	-55	1
5	0	5.5	38	10	11	10
6	3	10	22	5.5	-25	3
7	2	9	35	9	-13	7
8	0	5.5	-7	1	-19	5
9	-4	2	24	7	-49	2
10	-5	1	7	2	8	9

Da hier Bindungen auftreten, sollen sie bei der Berechnung der Spearmanschen Rangkorrelationskoeffizienten entsprechend berücksichtigt werden, obwohl dies die Ergebnisse kaum ändert. Es ist

$$p_1 = 8 : \quad d_{11} = d_{12} = 2 \;, \quad d_{13} = \ldots = d_{18} = 1 \quad ,$$

$$\text{d.h.} \quad D_1 = 2(2^3 - 2) + 6(1^3 - 1) = 12 \quad ,$$

$$p_2 = 9 : \quad d_{21} = 2 \;, \; d_{22} = \ldots = d_{29} = 1 \quad ,$$

$$\text{d.h.} \quad D_2 = 1(2^3 - 2) + 8(1^3 - 1) = 6$$

und in der dritten Gruppe treten keine Bindungen auf, d.h. $D_3 = 0$. Damit ergibt sich

$$r_{12}^S = \frac{10(10^2 - 1) - 6 \cdot 136 - \frac{1}{2} \cdot (12 + 6)}{\sqrt{10(10^2 - 1) - 12} \cdot \sqrt{10(10^2 - 1) - 6}} = \frac{10.99 - 6 \cdot 136 - 9}{\sqrt{10.99 - 12} \cdot \sqrt{10.99 - 6}}$$

$$= \frac{165}{980.995} = 0.1682 \quad ,$$

$$r_{13}^S = \frac{990 - 6 \cdot 168 - \frac{1}{2} \cdot (12 - 0)}{\sqrt{990 - 12} \cdot \sqrt{990}} = \frac{-24}{983.982} = -0.0244 \quad \text{und}$$

$$r_{23}^S = \frac{990 - 6 \cdot 120.5 - \frac{1}{2} \cdot (6 - 0)}{\sqrt{990 - 6} \cdot \sqrt{990}} = \frac{264}{986.995} = 0.2675 \quad .$$

Da $n = 10$ ist, erhält man weiter

$$G_{12}^{s} = \frac{n(n^2 - 1)}{6}(1 - r_{12}^{s}) = \frac{990}{6}(1 - 0.1682) = 165 \cdot 0.8318 = 137.247 \quad ,$$

$$G_{13}^{s} = 165(1 + 0.0244) = 169.026 \quad \text{und}$$

$$G_{23}^{s} = 165(1 - 0.2675) = 120.8625 \quad .$$

Nun ist für $m = 1$

$$g_{m,10;0.05} = g_{1,10;0.05} = s(1 - \frac{0.05}{6+2-2};10) = s(1 - \frac{0.05}{6};10) = s(0.992;10)$$

$$= 288 > G_{i_m j_m}^{s} = G_{13}^{s} = 169.026 \quad ,$$

so daß keiner der drei Korrelationskoeffizienten signifikant von Null verschieden sein kann. Die paarweise Korreliertheit der drei Meßreihen ist also nicht signifikant.

2.2 DER KENDALLSCHE KORRELATIONSKOEFFIZIENT

Der Kendallsche Rangkorrelationskoeffizient, der ebenfalls für beliebige, stetig verteilte Zufallsvariablen geeignet ist, wird basierend auf Rangzahlen, die genau wie bei Spearmans r^s vergeben werden, berechnet. Die n Realisationen der Zufallsvariablen X und Y bilden n natürliche Beobachtungspaare $(x_1,y_1),\ldots,(x_n,y_n)$. Haben wir nun die Rangzahlen $R(x_i)$ und $R(y_i)$ vergeben, so ordnen wir zur Berechnung von *Kendalls* τ die Beobachtungspaare so an, daß im 1.Paar der Rang der Realisation von X gerade 1 ist, im 2. Paar der Rang der Realisation von X gerade 2 ist,..., im n-ten Paar der Rang der Realisation von X gerade n ist. Dadurch haben wir, wie wir im Beispiel noch sehen werden, auch eine Reihenfolge der Rangzahlen der Realisationen $y_1,\ldots,y_n$ der Zufallsvariablen Y festgelegt. In dieser Reihenfolge bestimmen wir nun für jede Rangzahl $R(y_i)$ die Anzahl q_i der Rangzahlen $R(y_j)$, die kleiner oder gleich $R(y_i)$ und in der Reihenfolge hinter $R(y_i)$ stehen. Das Kendallsche τ ergibt sich dann zu

$$\tau = 1 - \frac{4\sum_{i=1}^{n} q_i}{n(n-1)} \quad .$$

Beispiel: Im ersten Beispiel zum Spearmanschen Rangkorrelationskoeffizienten, vgl. Tab.10, wollen wir Kendalls τ für die Korrelation zwischen Trageversuch X und Scheuerversuch in Schußrichtung Y berechnen. Dazu stellen wir zunächst die Tab.14 auf.

Tab.14: Arbeitstabelle zur Berechnung von Kendalls τ, vgl. auch Tab.10

i	$R_i(X)$	$R_i''(Y)$	q_i
7	1	1	0
6	2	3	1
5	3	7	4
4	4	4	1
2	5	6	2
1	6	2	0
3	7	5	0

Es ergibt sich hier

$$\tau = 1 - \frac{4(1+4+1+2)}{7(7-1)} = 1 - \frac{32}{42} = 0.2381 \quad .$$

Ein Test auf Unkorreliertheit zweier Meßreihen $x_1,\ldots,x_n,y_1,\ldots,y_n$ läßt sich auch basierend auf Kendalls τ durchführen, denn

$$K = \frac{1}{2}n(n-1) - 2\sum q_i = \frac{n(n-1)}{2}\cdot\tau$$

ist gerade die Kendallsche K-Statistik, deren kritische Werte $K_{n;1-\alpha}$ z.B. bei Hartung et al. (1982) vertafelt sind.

Wir verwerfen die Hypothese

$$H_0\text{: die Meßreihen sind unkorreliert}$$

im Test zum Niveau α gegen die Alternative

$$H_1\text{: die Meßreihen sind nicht unkorreliert} \quad ,$$

falls gilt:

$$|K| > K_{n;1-\alpha/2} \quad .$$

Stehen keine kritischen Werte $K_{n;1-\alpha}$ zur Verfügung, so verwendet man die unter H_0 approximativ standardnormalverteilte Prüfgröße

$$K^* = \frac{K}{\sqrt{n(n-1)(2n+5)/18}}$$

und verwirft die Nullhypothese H_0, falls gilt

$$|K^*| > u_{1-\alpha/2} \quad .$$

Beispiel: Wir wollen zum 5% Niveau testen, ob Trageversuch und Scheuerversuch in Schußrichtung, vgl. auch Tab.10, unkorreliert sind. Dazu verwenden wir hier einmal das approximative Vorgehen und erhalten wegen

$$K = \frac{7(7-1)}{2} \cdot 0.2381 = 5.0001$$

dann

$$K^* = \frac{5.0001}{\sqrt{7(7-1)(2 \cdot 7 + 5)/18}} = \frac{5.0001}{\sqrt{44.3333}} = 0.751 \quad .$$

Somit kann die Hypothese der Unkorreliertheit zum 5% Niveau nicht verworfen werden, denn es ist

$$|K^*| = K^* = 0.751 < 1.96 = u_{0.975} \quad .$$

Sind X, Y und U beliebige stetige Zufallsvariablen, so läßt sich die partielle Korrelation $\rho_{(X,Y)|U}$ mittels des *partiellen Kendallschen Rangkorrelationskoeffizienten* $\tau_{(X,Y)|U}$ schätzen. Den je n Beobachtungswerten $x_1,\ldots,x_n, y_1,\ldots,y_n$ und $u_1,\ldots,u_n$ werden Rangzahlen zugeordnet: Der jeweils kleinste ("schlechteste") Wert erhält den Rang 1,...,der jeweils größte ("beste") Beobachtungswert erhält den Rang n. Man berechnet dann für die drei Merkmalspaare (X,Y), (X,U) und (Y,U) Kendalls τ.

Diese Schätzwerte seien hier mit τ_{XY}, τ_{XU} und τ_{YU} bezeichnet. Es ist dann

$$\tau_{(X,Y)|U} = \frac{\tau_{XY} - \tau_{XU} \cdot \tau_{YU}}{\sqrt{(1 - \tau_{XU}^2)(1 - \tau_{YU}^2)}}$$

der gesuchte Schätzer für die partielle Korrelation $\rho_{(X,Y)|U}$ zwischen den Merkmalen X und Y unter U, vgl. Abschnitt 1.5.

Entsprechend läßt sich natürlich auch der Spearmansche Rangkorrelationskoeffizient zum Schätzen der partiellen Korrelation stetiger, nicht notwendig normalverteilter Merkmale verwenden.

2.3 KORRELATIONSKOEFFIZIENTEN BEI ORDINALEN MERKMALEN

Ist X ein normalverteiltes Merkmal und Y ein ordinales Merkmal, so läßt sich die Korrelation ρ zwischen X und Y mittels *serialer Korrelationskoeffizienten* schätzen.

Wir betrachten hier zunächst den Fall, daß Y nur zwei Ausprägungen "1" und "0" besitzt. Die jeweils n Beobachtungen von X und Y lassen sich dann in folgender Art und Weise notieren:

Y \ X	x_1	x_2	...	x_s	
1	n_{11}	n_{12}	...	n_{1s}	$n_{1.}$
0	n_{o1}	n_{o2}	...	n_{os}	$n_{o.}$
	$n_{.1}$	$n_{.2}$	...	$n_{.s}$	n

Dabei bezeichnet $s \leq n$ die Anzahl verschiedener Realisationen x_j von X, n_{ij} die Häufigkeit des Beobachtungspaares (i,x_j), $n_{i.}$ die Häufigkeit der Realisation "i" beim Merkmal Y und $n_{.j}$ die Häufigkeit der Realisation x_j von X.

Hier wird der sogenannte *punktbiseriale Korrelationskoeffizient*

$$r_{pbis} = \frac{\sum_{j=1}^{s} n_{1j}x_j - \frac{1}{n} n_{1.} \sum_{j=1}^{s} n_{.j}x_j}{\sqrt{\left(n_{1.} - \frac{n_{1.}^2}{n}\right)\left(\sum_{j=1}^{s} n_{.j}x_j^2 - \frac{1}{n}\left(\sum_{j=1}^{s} n_{.j}x_j\right)^2\right)}}$$

$$= \frac{\frac{1}{n}\sqrt{n_{1.}n_{o.}}\left(\frac{1}{n_{1.}}\sum_{j=1}^{s} n_{1j}x_j - \frac{1}{n_{o.}}\sum_{j=1}^{s} n_{oj}x_j\right)}{\sqrt{\frac{1}{n}\left(\sum_{j=1}^{s} n_{.j}x_j^2 - \frac{1}{n}\left(\sum_{j=1}^{s} n_{.j}x_j\right)^2\right)}} ,$$

der dem Pearsonschen Korrelationskoeffizienten beim Rechnen mit 1 und 0 für die Ausprägungen von Y entspricht, als Schätzer für die Korrelation ρ zwischen X und Y verwandt.

Unterstellt man, daß hinter dem nur ordinal meßbaren Merkmal Y eine standardnormalverteilte Zufallsvariable η liegt, so wird anstelle von r_{pbis} der *echte biseriale Korrelationskoeffizient*

$$r_{bis} = r_{pbis} \cdot \frac{\sqrt{n_{1.}n_{o.}}}{n \cdot u_\alpha}$$

zur Schätzung von ρ verwandt; dabei ist u_α mit $\alpha = n_{1.}n_{o.}/n^2$ das u_α-Quantil der Standardnormalverteilung.

Bei beiden biserialen Korrelationskoeffizienten ist das Vorzeichen nicht interpretierbar; es hängt davon ab, welche Ausprägung von Y man "1" und welche man "0" nennt.

Beispiel: Um den Zusammenhang zwischen Hämoglobingehalt im Blut (X) und mittlerer Oberfläche der Erythrozyten(Y), vgl. Tab.4 und Abb.10 in Abschnitt 1.1, unabhängig vom Geschlecht (U) zu schätzen, verwenden wir den partiellen Korrelationskoeffizienten

$$\rho_{(X,Y)|U} = \frac{\rho_{XY} - \rho_{XU}\cdot\rho_{YU}}{\sqrt{(1-\rho_{XU}^2)(1-\rho_{YU}^2)}} \quad ,$$

vgl. Abschnitt 1.5, und schätzen dabei die Korrelationen ρ_{XU} und ρ_{YU} vermittels des punktbiserialen Korrelationskoeffizienten. Es ergibt sich mit $n = 16$, $n_{1.} = n_{0.} = 8$ und $n_{.1} = \ldots = n_{.16} = 1$, wenn man weiblich mit "0" und männlich mit "1" bezeichnet

$$\hat{\rho}_{XU} = r_{pbis}(X,U) = \frac{129.6 - \frac{8}{16}\cdot 239.0}{\sqrt{(8-\frac{8^2}{16})(3605.4 - \frac{1}{16}\cdot 239.0^2)}} = 0.8495$$

und

$$\hat{\rho}_{YU} = r_{pbis}(Y,U) = \frac{824.2 - \frac{8}{16}\cdot 1551.8}{\sqrt{(8-\frac{8^2}{16})(151250.64 - \frac{1}{16}\cdot 1551.8^2)}} = 0.8845 \quad .$$

Da die Gesamtkorrelation ρ_{XY} mit $r_{XY} = 0.7996$ geschätzt wurden, vgl. Abschnitt 1.1, berechnet sich die partielle Korrelation zwischen Hämoglobingehalt und mittlerer Oberfläche der Erythrozyten (unter Ausschaltung des Geschlechtseinflusses) zu

$$r_{(X,Y)|U} = \frac{0.7996 - 0.8495\cdot 0.8845}{\sqrt{(1-0.8495^2)(1-0.8845^2)}} = 0.1959 \quad .$$

Im Falle, daß das ordinale Merkmal Y mehr als zwei Ausprägungen besitzt, spricht man von *punktpolyserialen* bzw. *polyserialen Korrelationskoeffizienten*, auf die wir hier nicht eingehen wollen; man vgl. hierzu etwa Pearson (1909), Cox (1974) und Olsson et al. (1982). Analoge Tests für die Korrelation zwischen einem normalverteilten und einem diskreten Merkmal findet man etwa bei Olkin/Tate (1961), Afifi/Elashoff (1969).

Sind X und Y beide ordinalskalierte (nur ordinal meßbare) Merkmale, denen jedoch gemeinsam normalverteilte Zufallsvariablen η und ξ mit Korrelation ρ zugrundeliegen, so lassen sich die *chorischen Korrelationskoeffizienten* zur Schätzung der Korrelation ρ heranziehen. Im Falle, daß X und Y nur jeweils 2 Ausprägungen besitzen, spricht man vom *tetrachorischen Korrelationskoeffizienten*, vgl. z.B. Pearson (1901), Hamdan (1970), und sonst vom *polychorischen Korrelationskoeffizienten*, vgl. Lancaster/Hamdan (1964), Olsson (1979). Es sei aber auch auf den nächsten Abschnitt und Kap.V verwiesen, wo weitere Möglichkeiten der Abhängigkeitsanalyse aufgezeigt werden.

Will man testen, ob zwei zumindest ordinalskalierte Merkmale X und Y unkorreliert sind, so läßt sich der *Bell - Doksum - Test* verwenden. Dazu wird man zunächst n Objekte aus der interessierenden Grundgesamtheit, die die Merkmale trägt, zufällig auswählen und die Merkmalsausprägungen $x_1,\dots,x_n$ und $y_1,\dots,y_n$ messen. Den $x_1,\dots,x_n$ sowie den $y_1,\dots,y_n$ werden dann zunächst Rangzahlen $R(x_i)$, $R(y_i)$ von $1,\dots,n$ zugeordnet. Der kleinste Wert der x_i und der kleinste Wert der y_i erhalten den Rang $1,\dots,$die größten den Rang n.

Bei Vorliegen von Bindungen werden mittlere Rangzahlen vergeben. Sodann werden zwei Gruppen vom Umfang n von Zufallszahlen aus einer Standardnormalverteilung bestimmt; dies ist mit Hilfe von Simulation oder speziellen Tafeln möglich. Diese Zufallszahlen werden dann innerhalb jeder Gruppe der Größe nach geordnet (vom kleinsten zum größten Wert). Die i-größte Zufallszahl der ersten Gruppe sei mit A(i), die i-größte der zweiten Gruppe mit B(i) bezeichnet.

Sodann wird folgende Zuordnung der Zufallszahlen zu den Rangzahlen vorgenommen: Der i-größten Rangzahl $R(x_i)$ wird der Wert A(i), bezeichnet mit $A(R(x_i))$, der i-größten Rangzahl $R(y_i)$ wird der Wert B(i), bezeichnet mit $B(R(y_i))$, zugewiesen. Liegen Bindungen vor, d.h tauchen gleiche Rangzahlen $R(x_i)$ bzw. $R(y_i)$ auf, so werden die zugehörigen Zufallszahlen gemittelt.

Will man die Hypothese

$$H_0\text{: X und Y sind unkorreliert}$$

zum Niveau α gegen die Alternative

$$H_1\text{: X und Y sind korreliert}$$

testen, so kann man

$$\sqrt{n}\cdot r^{BD} \qquad \text{mit} \quad r^{BD} = \frac{1}{n}\sum_{i=1}^{n} A(R(x_i))\cdot B(R(y_i))$$

als Teststatistik verwenden. Die Hypothese H_0 wird zum Niveau α verworfen, falls

$$|\sqrt{n}\cdot r^{BD}| > u_{1-\alpha/2} \quad .$$

Die Quantile u_γ der Standardnormalverteilung sind im Anhang vertafelt.

Beispiel: Zehn weibliche Personen werden zufällig aus einer interessierenden Grundgesamtheit ausgewählt und ihre Körpergröße (X) sowie ihr Gewicht (Y) werden gemessen. Zum 10% Niveau soll getestet werden, ob Körpergröße und Gewicht unkorreliert sind. Die ermittelten Körpergrößen x_i, Gewichte y_i sowie die zugehörigen Rangzahlen sind in Tab.16 zusammengestellt. In Tab.15 findet man 2 Gruppen à 10 simulierten Zufallszahlen aus einer Standardnormalverteilung (vgl. z.B. Hartung et al.(1982)). In Tab.15 sind dann die zu den Körpergrößen und Gewichten gehörigen Größen $A(R(x_i))$ und $B(R(y_i))$ mit angegeben.

Tab.15: 2×10 simulierte Zufallszahlen aus einer Standardnormalverteilung

Gruppe 1	Gruppe 2	i	A(i)	B(i)
0.76	1.64	1	-2.50	-2.08
0.21	1.28	2	-1.37	-1.25
1.61	0.42	3	-1.02	-0.65
-1.02	-2.08	4	-0.73	-0.19
-2.50	0.64	5	0.21	0.07
-0.73	-0.65	6	0.52	0.42
0.52	0.93	7	0.53	0.64
-1.37	-0.19	8	0.76	0.93
1.64	-1.25	9	1.61	1.28
0.53	0.07	10	1.64	1.64

Aus der Tab.16 ergibt sich nun

$$r^{BD} = \frac{1}{10}\sum_{i=1}^{10} A(R(x_i))\cdot B(R(y_i))$$

$$= \frac{1}{10}(0.645\cdot 0.93+(-0.26)\cdot 0.53+1.64\cdot 0.53+\ldots+(-1.02)\cdot(-1.25))$$

$$= \frac{1}{10}\cdot 12.0973 = 1.20973 \quad .$$

Die Hypothese

H_0: Körpergröße und Gewicht von Frauen sind unkorreliert

wird zum 10% Niveau verworfen, denn

$$|\sqrt{10}\cdot 1.20973| = 3.8255 > 1.645 = u_{0.95} \quad .$$

Tab.16: Versuchsergebnisse und Arbeitstabelle zum Bell - Doksum - Test, vgl. auch Tab.15

Person i	Körpergröße x_i	$R(x_i)$	$A(R(x_i))$	Gewicht y_i	$R(y_i)$	$B(R(y_i))$
1	167	7.5	$\frac{1}{2}(0.53+0.76)=0.645$	66	8	0.93
2	162	4.5	$\frac{1}{2}(-0.73+0.21)=-0.26$	63	6.5	$\frac{1}{2}(0.42+0.64)=0.53$
3	172	10	1.64	63	6.5	$\frac{1}{2}(0.42+0.64)=0.53$
4	170	9	1.61	75	10	1.64
5	167	7.5	$\frac{1}{2}(0.53+0.76)=0.645$	61	5	0.07
6	165	6	0.52	69	9	1.28
7	154	1	-2.50	52	1	-2.08
8	162	4.5	$\frac{1}{2}(-0.73+0.21)=-0.26$	60	4	-0.19
9	157	2	-1.37	58	3	-0.65
10	160	3	-1.02	56	2	-1.25

3 ASSOZIATIONSMAẞE UND LOGLINEARES MODELL FÜR KONTINGENZTAFELN

In diesem Abschnitt beschäftigen wir uns mit der Analyse von Abhängigkeiten im Falle nominaler Merkmale. Da sich alle anderen Merkmalstypen durch Senkung des Skalenniveaus (z.B. mittels Klassenbildung) in nominale Merkmale überführen lassen, sind die hier vorgestellten Methoden natürlich insbesondere auch für ordinale oder gemischte Merkmalstypen nützlich.

Zunächst werden wir uns mit Maßen für die Abhängigkeit (*Assoziationsmaße*) zweier nominaler Merkmale mit je zwei Ausprägungen beschäftigen. Die insgesamt n Beobachtungspaare zu den Merkmalen X und Y lassen sich in Form einer *Vierfeldertafel* darstellen. Bezeichnet man die je zwei Ausprägungen von X und Y mit "1" und "2", so enthält die Vierfeldertafel, vgl. Tab.17, gerade die beobachteten Häufigkeiten n_{ij} des Ausprägungspaares (i,j) für i,j=1,2 sowie die Randhäufigkeiten

$$n_{i.} = n_{i1} + n_{i2} \quad , \quad n_{.j} = n_{1j} + n_{2j} \quad \text{für } i,j=1,2 \quad .$$

Tab.17: Vierfeldertafel

X \ Y	1	2	Σ
1	n_{11}	n_{12}	$n_{1.}$
2	n_{21}	n_{22}	$n_{2.}$
Σ	$n_{.1}$	$n_{.2}$	n

Ein Maß für die Abhängigkeit (d.h. die *Assoziation*) von X und Y ist dann z.B. der *Q-Koeffizient von Yule*, der vermittels

$$Q = \frac{n_{11}n_{22} - n_{12}n_{21}}{n_{11}n_{22} + n_{12}n_{21}}$$

geschätzt wird. Q liegt stets zwischen -1 und +1; es nimmt den Wert 0 bei Unabhängigkeit an. Das Vorzeichen von Q kann wegen der Willkür der Anordnung der Merkmalsausprägungen jedoch nicht im Sinne einer positiven oder negativen Abhängigkeit interpretiert werden. Ein *approximatives Konfidenzintervall* zum Niveau $1-\alpha$ für den Q-Koeffizienten ist

$$\left[Q - u_{1-\alpha/2}\cdot\frac{1}{2}(1-Q^2)\cdot\sqrt{\frac{1}{n_{11}}+\frac{1}{n_{12}}+\frac{1}{n_{21}}+\frac{1}{n_{22}}}\right.,$$

$$\left.Q + u_{1-\alpha/2}\cdot\frac{1}{2}(1-Q^2)\cdot\sqrt{\frac{1}{n_{11}}+\frac{1}{n_{12}}+\frac{1}{n_{21}}+\frac{1}{n_{22}}}\right] \quad ,$$

wobei u_γ das γ-Quantil der Standardnormalverteilung bezeichnet.

Beispiel: Um die Wirksamkeit einer Werbekampagne für ein Waschmittel zu untersuchen, wird vor und nach der Kampagne eine Umfage über den Bekanntheitsgrad durchgeführt, deren Ergebnisse in **Tab.18** angegeben sind.

Der Einfluß der Werbekampagne kann durch den Q-Koeffizienten geschätzt werden:

$$Q = \frac{138\cdot348 - 685\cdot728}{138\cdot348 + 685\cdot728} = \frac{-450656}{546704} = -0.8243 \quad .$$

Ein 95%-Konfidenzintervall ergibt sich hier zu

$$\left[-0.8243 - 1.960(1 - (-0.8243)^2)\cdot\sqrt{\frac{1}{138}+\frac{1}{685}+\frac{1}{728}+\frac{1}{348}}\right.,$$

$$\left.-0.8243 + 1.960(1 - (-0.8243)^2)\cdot\sqrt{\frac{1}{138}+\frac{1}{685}+\frac{1}{728}+\frac{1}{348}}\right]$$

$$= [-0.8243 - 1.960\cdot 0.0365\ ,\ -0.8243 + 1.960\cdot 0.0365]$$

$$= [-0.8958, -0.7528]\quad .$$

Tab.18: Wirksamkeit einer Werbekampagne

Zeitpunkt \ Bekanntheitsgrad	bekannt	unbekannt	$\sum$
vorher	138	658	823
nachher	728	348	1076
$\sum$	866	1033	1899

Haben die Merkmale X und Y mehr als zwei Ausprägungen, nämlich r bzw. s Stück, so kommt man zu einer allgemeinen *r×s - Kontingenztafel*, vgl. **Tab.19**.

Tab.19: Allgemeine r×s - Kontingenztafel

X \ Y	1	2	3	...	s	$\sum$
1	n_{11}	n_{12}	n_{13}	...	n_{1s}	$n_{1.}$
2	n_{21}	n_{22}	n_{23}	...	n_{2s}	$n_{2.}$
3	n_{31}	n_{32}	n_{33}	...	n_{3s}	$n_{3.}$
⋮	⋮	⋮	⋮		⋮	⋮
r	n_{r1}	n_{r2}	n_{r3}	...	n_{rs}	$n_{r.}$
$\sum$	$n_{.1}$	$n_{.2}$	$n_{.3}$	...	$n_{.s}$	n

Hier bezeichnen n_{ij} für i=1,...,r, j=1,...,s die beobachteten Häufigkeiten des Ausprägungspaares (i,j),

$$n_{i.} = \sum_{j=1}^{s} n_{ij} \quad \text{und} \quad n_{.j} = \sum_{i=1}^{r} n_{ij} \quad \text{für } i=1,\dots,r \text{ bzw. } j=1,\dots,s$$

die Summenhäufigkeiten der Auprägung i des Merkmals X bzw. j des Merkmals Y und n die Gesamtzahl der Beobachtungen (Objekte).

Ein Assoziationsmaß für X und Y (das auch für die Vierfeldertafel verwandt werden kann) ist hier z.B. der *Pearsonsche Kontingenzkoeffizient*

$$C = \sqrt{\frac{\chi^2}{\chi^2 + n}} \quad \text{mit} \quad \chi^2 = n \cdot \left(\sum_{i=1}^{r} \sum_{j=1}^{s} \frac{n_{ij}^2}{n_{i.} \cdot n_{.j}} - 1 \right) ,$$

der stets Werte zwischen 0 und 1 annimmt. Der maximale Wert von C ist aber nicht 1 sondern

$$\sqrt{\frac{\min(r,s) - 1}{\min(r,s)}}$$

Daher verwendet man oft auch den *korrigierten* (normierten) *Pearsonschen Kontingenzkoeffizienten*

$$C_{corr} = C \cdot \sqrt{\frac{\min(r,s)}{\min(r,s) - 1}}$$

als Assoziationsmaß.

Approximative Konfidenzintervalle zum Niveau 1-α für diese Koeffizienten sind (falls gilt $\chi^2 \neq 0$)

$$\left[C - u_{1-\alpha/2} \cdot \sqrt{\frac{n^6}{4\chi^2 (n + \chi^2)^3} \cdot \hat{\sigma}^2_{\chi^2}} \; , \; C + u_{1-\alpha/2} \cdot \sqrt{\frac{n^6}{4\chi^2 (n + \chi^2)^3} \cdot \hat{\sigma}^2_{\chi^2}} \right]$$

für den Pearsonschen Kontingenzkoeffizienten bzw.

$$\left[C_{corr} - u_{1-\alpha/2} \sqrt{\frac{n^6 \cdot \min(r,s)}{4\chi^2 (n + \chi^2)^3 (\min(r,s) - 1)} \hat{\sigma}^2_{\chi^2}} , \right.$$

$$\left. C_{corr} + u_{1-\alpha/2} \cdot \sqrt{\frac{n^6 \cdot \min(r,s)}{4\chi^2 (n + \chi^2)^3 (\min(r,s) - 1)} \cdot \hat{\sigma}^2_{\chi^2}} \right]$$

für den korrigierten Pearsonschen Kontingenzkoeffizienten. Dabei bezeichnet

$$\hat{\sigma}^2_{\chi^2} = \frac{1}{n^2} \left\{ 4 \sum_{i=1}^{r} \sum_{j=1}^{s} \frac{n_{ij}^3}{n_{i.}^2 \cdot n_{.j}^2} - 3 \sum_{i=1}^{r} \frac{1}{n_{i.}} \left(\sum_{j=1}^{s} \frac{n_{ij}^2}{n_{i.} \cdot n_{.j}} \right)^2 \right.$$

$$- 3 \sum_{j=1}^{s} \frac{1}{n_{.j}} \left(\sum_{i=1}^{r} \frac{n_{ij}^2}{n_{i.} \cdot n_{.j}} \right)$$

$$\left. + 2 \sum_{i=1}^{r} \sum_{j=1}^{s} \frac{n_{ij}}{n_{i.} \cdot n_{.j}} \left(\sum_{k=1}^{r} \frac{n_{kj}^2}{n_{k.} \cdot n_{.j}} \right) \left(\sum_{\ell=1}^{s} \frac{n_{i\ell}^2}{n_{i.} \cdot n_{.\ell}} \right) \right\}$$

einen Schätzer für die Varianz der Größe χ^2.

Beispiel: Um den Zusammenhang zwischen Rauchgewohnheiten und Alter zu untersuchen, wurden bei n = 1000 Frauen beide Merkmale erhoben. Die Rauchgewohnheit wurde durch die Ausprägungen Nichtraucher, mäßiger Raucher, starker Raucher beschrieben, und das Alter wurde in 4 Klassen (I: 15 - 20, II: 21 - 35, III: 36 - 55 und IV: über 55) eingeteilt. Dabei ergab sich die 3×4 - Kontingenztafel aus Tab.20.

Tab.20: Rauchgewohnheit und Alter von n = 1000 Frauen

Rauchgewohnheit \ Alter	I	II	III	IV	∑
Nichtraucher	55	147	298	187	687
mäßiger Raucher	62	27	71	52	212
starker Raucher	17	44	38	2	101
∑	134	218	407	241	1000

Es ergibt sich hier für die Assoziationsmaße der Merkmale Rauchgewohnheit und Alter bei Frauen wegen

$$\chi^2 = 1000(1.09407 - 1) = 94.07$$

zunächst

$$C = \sqrt{\frac{94.07}{94.07 + 1000}} = 0.2932$$

und

$$C_{corr} = 0.2932 \cdot \sqrt{\frac{3}{3-1}} = 0.3591 \quad ,$$

so daß 95% - Konfidenzintervalle mit

$$\hat{\sigma}^2_{\chi^2} = \frac{1}{1000^2}(4 \cdot 0.00135 - 3 \cdot 0.00118 - 3 \cdot 0.00122 + 2 \cdot 0.00117) = 5.4 \cdot 10^{-10}$$

gegeben sind durch

$$\left[0.2932 - 1.96 \cdot \sqrt{2029334.1 \cdot 5.4 \cdot 10^{-10}} \right. ,$$

$$\left. 0.2932 + 1.96 \cdot \sqrt{2029334.1 \cdot 5.4 \cdot 10^{-10}}\right]$$

$$= [0.2932 - 0.0649 \ , \ 0.2932 + 0.0649]$$

$$= [0.2283, 0.3581]$$

bzw.

$$\left[0.3591 - 1.96 \cdot \sqrt{\tfrac{3}{2} \cdot 2029334.1 \cdot 5.4 \cdot 10^{-10}}\right. ,$$

$$\left. 0.3591 + 1.96 \cdot \sqrt{\tfrac{3}{2} \cdot 2029334.1 \cdot 5.4 \cdot 10^{-10}}\right]$$

$$= [0.3591 - 0.0795\ ,\ 0.3591 + 0.0795]$$

$$= [0.2796, 0.4386] \quad .$$

Zum Testen von Hypothesen über die Abhängigkeitsstruktur in Kontingenztafeln bedient man sich sogenannter *Loglinearer Modelle*. In der $r \times s$ - Kontingenztafel lassen sich die erwarteten Zellenhäufigkeiten m_{ij} $(i=1,\ldots,r,\ j=1,\ldots,s)$ in der Form

$$m_{ij} = e^{u + u_{X(i)} + u_{Y(j)} + u_{XY(ij)}}$$

bzw.

$$\ln m_{ij} = u + u_{X(i)} + u_{Y(j)} + u_{XY(ij)}$$

darstellen. Die Parameter u, $u_{X(i)}$, $u_{Y(j)}$ und $u_{XY(i,j)}$ eines solchen Loglinearen Modells werden dann für $i=1,\ldots,r$ und $j=1,\ldots,s$ geschätzt. Mit Hilfe der Schätzungen lassen sich auch Hypothesen über diese Parameter testen. Zur Interpretation der Parameter läßt sich sagen, daß $u_{XY(ij)}$ den Einfluß der Wechselbeziehung zwischen den Merkmalen X und Y, $u_{X(i)}$ den Einfluß von X, $u_{Y(j)}$ den Einfluß von Y und u einen allgemeinen mittleren Wert beschreibt, vgl. auch die Ausführungen zur Logit - Analyse im Abschnitt 3 des Kapitels II.

Auf weitere Ausführungen zu Loglinearen Modellen wollen wir hier verzichten; es sei - auch für Verallgemeinerungen auf höherdimensionale Kontingenztafeln - auf Hartung et al. (1982) verwiesen, wo sich auch viele weitere Assoziationsmaße für Kontingenztafeln finden. Assoziationsmaße für höherdimensionale Tafeln lassen sich vermittels Skalierungsverfahren in Kontingenztafeln, vgl. Kap.V, gewinnen; in Gray/Williams (1975) findet man zudem partielle und multiple Assoziationsmaße für höherdimensionale Kontingenztafeln. Es sei noch erwähnt, daß sich die Teststatistiken im Loglinearen Modell (χ^2 und G) auch für höherdimensionale Tafeln als Maße für die Stärke der Abhängigkeit der Merkmale interpretieren lassen, vgl. Hartung et al. (1982).

Bzgl. weiterer Zusammenhangsanalysen, insbesondere bei höherdimensionalen Kontingenztafeln (die ja häufig sehr dünn besetzt sind), sei auf Kap.V verwiesen.

4 EIN ZUSAMMENFASSENDES BEISPIEL

In diesem letzten Abschnitt werden die vorgestellten Kenngrößen und statistischen Verfahren der Korrelationsanalyse noch einmal an einem Beispiel zusammenhängend demonstriert.

Anhand einer Stichprobe von $n = 13$ PKW-Typen sollen die Zusammenhänge zwischen den Merkmalen Hubraum in ccm (X_1), Leistung in PS (X_2), Verbrauch in ℓ/100 km (X_3) und Höchstgeschwindigkeit in km/h (X_4) geschätzt und analysiert werden, vgl. die Daten in Tab.21, wo auch die Mittelwerte $\bar{x}_j$ und die empirische Standardabweichung s_j der Merkmale X_j für $j=1,\ldots,4$ angegeben sind.

Tab.21: Hubraum (X_1), Leistung (X_2), Verbrauch (X_3) und Höchstgeschwindigkeit (X_4) von $n = 13$ PKW-Typen

PKW-Typ i	Hubraum x_{1i}	Leistung x_{2i}	Verbrauch x_{3i}	Höchstgeschwindigkeit x_{4i}
1	1696	80	11.4	155
2	1573	85	11.5	168
3	1985	78	11.0	158
4	2496	130	16.0	175
5	843	37	8.0	124
6	598	30	7.0	116
7	2753	125	13.0	158
8	1618	74	10.5	143
9	1470	55	9.5	143
10	1285	40	9.5	120
11	1780	96	14.5	169
12	1078	55	9.5	136
13	1582	90	12.5	185
$\bar{x}_j$	1596.692	75	11.038	150
s_j	597.842	31.385	2.514	21.821

Da sich aus Tab.21 die empirischen Kovarianzen s_{ij} $(i,j=1,\ldots 4,\ i<j)$ je zweier Merkmale zu

$$s_{12} = \frac{1}{12}\sum_{i=1}^{13}(x_{1i}-\bar{x}_1)(x_{2i}-\bar{x}_2) = 17475.692 \quad ,$$

$$s_{13} = 1258.940 \ , \quad s_{14} = 9065.050 \ , \quad s_{23} = 73.621 \ , \quad s_{24} = 576.917$$

und $s_{34} = 46.992$

ergeben, sind die Pearsonschen Korrelationskoeffizienten der Merkmale gerade

$$r_{X_1X_2} = \frac{s_{12}}{s_1 \cdot s_2} = \frac{17475.692}{597.842 \cdot 31.385} = 0.9314 \quad ,$$

$$r_{X_1X_3} = 0.8375 \;,\quad r_{X_1X_4} = 0.6949 \;,\quad r_{X_2X_3} = 0.9329 \;,\quad r_{X_2X_4} = 0.8424 \;,$$

und $r_{X_3X_4} = 0.8565$.

Testen wir zum 5% Niveau die Hypothese

$$H_0\colon \rho_{X_1X_4} = 0 \quad \text{gegen} \quad H_1\colon \rho_{X_1X_4} \neq 0 \quad ,$$

so muß diese verworfen werden, denn

$$|t| = \left| r_{X_1X_4} \cdot \sqrt{n-2} \Big/ \sqrt{1 - r^2_{X_1X_4}} \right| = 0.6949 \cdot \sqrt{11} \Big/ \sqrt{1 - 0.6949^2}$$

$$= 3.2050 > 2.201 = t_{11;0.975} = t_{n-2;1-\alpha/2} \quad .$$

Da von allen empirischen Korrelationen der 4 Merkmale die zwischen X_1 und X_4 (Hubraum und Höchstgeschwindigkeit) die geringste ist, sind somit sämtliche Korrelationen $\rho_{X_iX_j}$ zum 5% Niveau signifikant von Null verschieden.

Auch die Hypothese

$$H_0\colon \rho_{X_1X_2} = 0.99 \quad \text{gegen} \quad H_1\colon \rho_{X_1X_2} \neq 0.99$$

über die Korrelation zwischen Hubraum und Leistung muß zu diesem Niveau $\alpha = 0.05$ verworfen werden, denn unter Verwendung der Fisherschen z - Transformation, vgl. auch Tab.5, ergibt sich

$$z = \text{arc tanh}\, r_{X_1X_2} = \text{arc tanh}\, 0.9314 = 1.6689$$

sowie

$$\zeta_0 = \frac{1}{2} \ln \frac{1+\rho_0}{1-\rho_0} + \frac{\rho_0}{2(n-1)} = \frac{1}{2} \ln \frac{1.99}{0.01} + \frac{0.99}{24} = 2.6879 \quad ,$$

und die Prüfgröße

$$|(z - \zeta_0) \cdot \sqrt{n-3}| = |(1.6689 - 2.6879) \cdot \sqrt{10}| = 3.2224$$

muß mit dem $(1-\alpha/2)$ - Quantil

$$u_{1-\alpha/2} = u_{0.975} = 1.96$$

der Standardnormalverteilung verglichen werden. Diese Entscheidung zugunsten der Alternative wird auch anhand des entsprechenden 95% - Konfidenzintervalls für $\rho_{X_1X_2}$ klar: Das 95% - Konfidenzintervall für das entsprechende ζ (Fishersche z - Transformation) ergibt sich zu

$$[z_1,z_2] = [1.6689 - u_{0.975}/\sqrt{10}\ ,\ 1.6689 + u_{0.975}/\sqrt{10}]$$

$$= [1.0491,2.2887]$$

und durch Umrechnen dieser Grenzen z_1, z_2 vermittels der Fisherschen z - Transformation ergeben sich die Grenzen eines approximativen Konfidenzintervalls für $\rho_{X_1X_2}$ zu

$$[r_1,r_2] = [0.78,0.98] \quad ;$$

dieses Intervall überdeckt $\rho_0 = 0.99$ nicht, was in Einklang damit steht, daß die entsprechende Hypothese H_0 zum 5% Niveau verworfen werden mußte.

Faßt man die empirischen Korrelationen der vier Merkmale in der empirischen Korrelationsmatrix

$$R = \begin{pmatrix} 1.0000 & 0.9314 & 0.8375 & 0.6949 \\ 0.9314 & 1.0000 & 0.9329 & 0.8424 \\ 0.8375 & 0.9329 & 1.0000 & 0.8565 \\ 0.6949 & 0.8424 & 0.8565 & 1.0000 \end{pmatrix}$$

zusammen, so kann man z.B. auch die globale Hypothese der Unabhängigkeit der Merkmale $X_1,\ldots,X_4$ zum 5% Niveau testen. Hier ergibt sich etwa der Wert der Teststatistik von Wilks wegen

$$c = n - p - \frac{2p+5}{6} = 13 - 4 - \frac{8+5}{6} = 6.8333$$

zu

$$W = -c\cdot\ln(\det R) = -6.8333\cdot\ln 0.003396530 = 38.8473 \quad ,$$

und die Hypothese wird verworfen, da gilt:

$$W = 38.8473 > 12.59 = \chi^2_{6;0.95} = \chi^2_{p(p-1)/2;1-\alpha} = \chi^2_{f;1-\alpha}$$

Wir wollen nun die multiple Korrelation $\rho_{X_3,(X_1,X_2,X_4)}$ zwischen Verbrauch und den Merkmalen Hubraum, Leistung sowie Höchstgeschwindigkeit schätzen. Es ergibt sich

$$r_{X_3,(X_1,X_2,X_3)} = \left((r_{X_3X_1}, r_{X_3X_2}, r_{X_3X_4}) \begin{pmatrix} 1 & r_{X_1X_2} & r_{X_1X_4} \\ r_{X_1X_2} & 1 & r_{X_2X_4} \\ r_{X_1X_4} & r_{X_2X_4} & 1 \end{pmatrix}^{-1} \begin{pmatrix} r_{X_3X_1} \\ r_{X_3X_2} \\ r_{X_3X_4} \end{pmatrix} \right)^{1/2}$$

$$= \left((0.8375, 0.9329, 0.8565) \begin{pmatrix} 1.0000 & 0.9314 & 0.6949 \\ 0.9314 & 1.0000 & 0.8424 \\ 0.6949 & 0.8424 & 1.0000 \end{pmatrix}^{-1} \begin{pmatrix} 0.8375 \\ 0.9329 \\ 0.8565 \end{pmatrix} \right)^{1/2}$$

$$= \sqrt{0.88825} = 0.9425 \quad .$$

Das multiple Bestimmtheitsmaß ist hier gerade 0.88825, d.h. 88.825% (der Varianz) des Merkmals Verbrauch werden durch die übrigen Merkmale erklärt. Bedenkt man, wie an den einzelnen Bestimmtheitsmaßen

$$B_{X_3,X_1} = r^2_{X_3X_1} = 0.7014 \ , \quad B_{X_3,X_2} = 0.8703 \quad \text{und} \quad B_{X_3,X_4} = 0.7336$$

abzulesen ist, daß durch das Merkmal Hubraum alleine 70.14%, durch das Merkmal Leistung 87.03% und durch das Merkmal Höchstgeschwindigkeit 73.36% (der Varianz) des Merkmals Verbrauch erklärt werden, so zeigt sich, daß hier quasi die Leistung zur Erklärung des Verbrauchs ausreichend ist und die beiden übrigen Merkmale dann kaum noch etwas zusätzlich zur Erklärung des Verbrauchs beitragen.

Zur Illustration wollen wir an dieser Stelle die (maximale,1-te) kanonische Korrelation $\rho_{(X_1,X_2),(X_3,X_4)}$ der Merkmale Hubraum und Leistung mit den Merkmalen Verbrauch und Höchstgeschwindigkeit schätzen. Ein Schätzer für diese kanonische Korrelation ist gerade die Wurzel $\sqrt{\lambda_G}$ aus dem größten Eigenwert der Matrix

$$\begin{pmatrix} 1 & r_{X_1X_2} \\ r_{X_1X_2} & 1 \end{pmatrix}^{-1} \begin{pmatrix} r_{X_1X_3} & r_{X_1X_4} \\ r_{X_2X_3} & r_{X_2X_4} \end{pmatrix} \begin{pmatrix} 1 & r_{X_3X_4} \\ r_{X_3X_4} & 1 \end{pmatrix}^{-1} \begin{pmatrix} r_{X_1X_3} & r_{X_2X_3} \\ r_{X_1X_4} & r_{X_2X_4} \end{pmatrix}$$

$$= \begin{pmatrix} 1.0000 & 0.9314 \\ 0.9314 & 1.0000 \end{pmatrix}^{-1} \begin{pmatrix} 0.8375 & 0.6949 \\ 0.9329 & 0.8424 \end{pmatrix} \begin{pmatrix} 1.0000 & 0.8565 \\ 0.8565 & 1.0000 \end{pmatrix}^{-1} \begin{pmatrix} 0.8375 & 0.9329 \\ 0.6949 & 0.8424 \end{pmatrix}$$

$$= \begin{pmatrix} -0.1586 & -0.2983 \\ 0.9252 & 1.1550 \end{pmatrix} \quad .$$

Der größte Eigenwert λ_G ist dann die größte Nullstelle des charakteristischen Polynoms

$$\det \begin{pmatrix} -0.1586 - \lambda & -0.2983 \\ 0.9252 & 1.1550 - \lambda \end{pmatrix} = \lambda^2 - 0.9964\lambda + 0.0928$$

dieser Matrix, d.h.

$$\lambda_G = 0.8924 \quad ,$$

und $\rho_{(X_1,X_2),(X_3,X_4)}$ wird geschätzt durch

$$\sqrt{\lambda_G} = \sqrt{0.8924} = 0.9447 \quad .$$

Ein Schätzer für die Korrelation der Merkmale Hubraum und Verbrauch war gerade $r_{X_1X_3} = 0.8375$; partialisiert man den Einfluß der Leistung auf diese beiden Merkmale, d.h. schätzt man die partielle Korrelation $\rho_{(X_1,X_3)|X_2}$, so sieht man, daß die Restkorrelation der beiden Merkmale sehr gering und sogar negativ ist:

$$r_{(X_1,X_3)|X_2} = \frac{r_{X_1X_3} - r_{X_1X_2} \cdot r_{X_3X_2}}{\sqrt{(1 - r^2_{X_1X_2})(1 - r^2_{X_3X_2})}} = \frac{0.8375 - 0.9314 \cdot 0.9329}{\sqrt{(1 - 0.9314^2)(1 - 0.9329^2)}}$$

$$= \frac{-0.0314}{0.1311} = -0.2395$$

Diese partielle Korrelation ist zum 5% Niveau noch nicht einmal signifikant von Null verschieden, wie ein Test von

$$H_o: \rho_{(X_1,X_3)|X_2} = 0 \quad \text{gegen} \quad H_1: \rho_{(X_1,X_3)|X_2} \neq 0$$

zeigt, denn

$$\left| r_{(X_1,X_3)|X_2} \cdot \sqrt{n-3} / \sqrt{1 - r^2_{(X_1X_3)|X_2}} \right| = \left| -0.2395 \cdot \sqrt{10} / \sqrt{1 - 0.2395^2} \right|$$

$$= 0.7801 \not> 2.228 = t_{10;0.975} = t_{n-3;1-\alpha/2} \quad .$$

Obwohl alle einzelnen Korrelationen der vier Merkmale sehr hoch sind, soll hier die bi - partielle Korrelation $\rho_{X_2|X_1,X_4|X_3}$ von Leistung und Höchstgeschwindigkeit unter Partialisierung von Hubraum bzw. Verbrauch geschätzt werden:

$$r_{X_2|X_1,X_4|X_3} = \frac{r_{X_2X_4} - r_{X_2X_1} \cdot r_{X_4X_1} - r_{X_2X_3} \cdot r_{X_4X_3} + r_{X_2X_1} \cdot r_{X_1X_3} \cdot r_{X_4X_3}}{\sqrt{(1 - r^2_{X_2X_1})(1 - r^2_{X_4X_3})}}$$

$$= \frac{0.8424 - 0.9314 \cdot 0.6949 - 0.9329 \cdot 0.8565 + 0.9314 \cdot 0.8375 \cdot 0.8565}{\sqrt{(1 - 0.9314^2)(1 - 0.8565^2)}}$$

$$= 0.3420 \quad ;$$

man sieht, daß diese bi - partielle Korrelation sehr viel geringer geschätzt wird als die entsprechende einfache Korrelation der Merkmale Leistung und

Höchstgeschwindigkeit ($r_{X_2X_4} = 0.8424$).

Wir sind bisher stillschweigend davon ausgegangen, daß die vier Merkmale in der Grundgesamtheit der PKW - Typen normalverteilt sind, was insbesondere auf Verbrauch und Höchstgeschwindigkeit kaum zutreffen dürfte. Daher wollen wir hier auch noch den Spearmanschen Rangkorrelationskoeffizienten $r^s_{X_3X_4}$ und den Kendallschen Rangkorrelationskoeffizienten $\tau_{X_3X_4}$ berechnen.

Für beide Koeffizienten müssen zunächst Rangzahlen vergeben werden. Diese sind in Tab.22 zusammengestellt, wo auch die Hilfsgrößen $d_1,\ldots,d_{13}$ zur Berechnung von $r^s_{X_3X_4}$ angegeben sind.

Tab.22: Daten, Rangzahlen sowie Hilfsgrößen zur Berechnung des Spearmanschen Rangkorrelationskoeffizienten der Merkmale Verbrauch und Höchstgeschwindigkeit

PKW-Typ i	Verbrauch x_{3i}	$R(x_{3i})$	Höchstgeschwindigkeit x_{4i}	$R(x_{4i})$	$d_i=R(x_{3i})-R(x_{4i})$
1	11.0	7.5	155	7	0.5
2	11.5	9	168	10	-1.0
3	11.0	7.5	158	8.5	-1.0
4	16.0	13	175	12	1.0
5	8.0	2	124	3	-1.0
6	7.0	1	116	1	0.0
7	13.0	11	158	8.5	2.5
8	10.5	6	143	5.5	0.5
9	9.5	4	143	5.5	-1.5
10	9.5	4	120	2	2.0
11	14.5	12	169	11	1.0
12	9.5	4	136	4	0.0
13	12.5	10	185	13	-3.0

Zur Berechnung des Spearmanschen Koeffizienten benötigen wir weiterhin, da Bindungen auftreten, die Größen

$$D_1 = 1(3^3-3) + 1(2^3-2) + 8(1^3-1) = 24 + 6 + 0 = 30$$

und

$$D_2 = 2(2^3-2) + 9(1^3-1) = 2\cdot 6 + 0 = 12 \quad ,$$

so daß sich nun

$$r^s_{X_3X_4} = \frac{n(n^2-1) - 6\sum_{i=1}^{n} d_i^2 - \frac{1}{2}(D_1+D_2)}{\sqrt{(n(n^2-1)-D_1)(n(n^2-1)-D_2)}} = \frac{13\cdot 168-6\cdot 27-42/2}{\sqrt{(13\cdot 168-30)(13\cdot 168-12)}} = 0.9251$$

ergibt.

Um den Kendallschen Rangkorrelationskoeffizienten berechnen zu können, benötigen wir ausgehend von Tab.22 die Tab.23.

Tab.23: Arbeitstabelle zur Berechnung des Kendallschen Rangkorrelationskoeffizienten (Anordnung der Bindungsgruppen zufällig)

PKW-Typ i	$R(x_{3i})$	$R(x_{4i})$	q_i
6	1	1	0
5	2	3	1
10	4	2	0
9	4	5.5	2
12	4	4	0
8	6	5.5	0
3	7.5	8.5	2
1	7.5	7	0
2	9	10	1
13	10	13	3
7	11	8.5	0
11	12	11	1
4	13	12	0

Es ergibt sich dann

$$\tau_{X_3X_4} = 1 - \left(4 \sum_{i=1}^{n} q_i\right) \Big/ (n(n-1)) = 1 - 4 \cdot 10/(13 \cdot 12) = 0.7436 \quad .$$

Gehen wir noch einen Schritt weiter und unterteilen den Verbrauch in lediglich zwei Klassen, da die Verbrauchsangaben der Hersteller nicht allzu genau sind. Mit den Verbrauchsklassen "höchstens 11ℓ/100km" und "mehr als 11ℓ/100km" wollen wir nun den punktbiserialen Korrelationskoeffizienten zwischen Leistung und Verbrauch schätzen. Aus der "Beobachtungs - " Tab.24

Tab.24: Beobachtungsmaterial zur Bestimmung des punktbiserialen Korrelationskoeffizienten zwischen Leistung und Verbrauch (in zwei Klassen)

Verbrauch \ Leistung x_{2j}	30	37	40	55	74	78	80	85	90	96	125	130	
≤ 11ℓ/100km	1	1	1	2	1	1	1	0	0	0	0	0	$8 = n_{1.}$
> 11ℓ/100km	0	0	0	0	0	0	0	1	1	1	1	1	$5 = n_{0.}$
$n_{.j}$	1	1	1	2	1	1	1	1	1	1	1	1	$13 = n$

ergibt sich mit

$$\sum_{j=1}^{12} n_{1j}x_{2j} = 449 \;, \quad \sum_{j=1}^{12} n_{oj}x_{2j} = 526 \;, \quad \sum_{j=1}^{12} n_{.j}x_{2j}^2 = 84945 \text{ und}$$

$$\sum_{j=1}^{12} n_{.j}x_{2j} = 975$$

gerade

$$r_{pbis}(X_2,X_3) = \frac{\frac{1}{13}\sqrt{8\cdot 5}\left(\frac{1}{8}\cdot 449 - \frac{1}{5}\cdot 526\right)}{\sqrt{\frac{1}{13}\left(84945 - \frac{1}{13}\cdot 975^2\right)}} = \frac{-23.8752}{30.1535} = -0.7918 \quad .$$

Abschließend wollen wir nun nicht nur den Verbrauch in zwei Klassen sondern auch den Hubraum in zwei Klassen (≤ 1600 ccm, > 1600 ccm) einteilen. Aus der entsprechenden Kontingenztafel, vgl. Tab.25, sollen dann der Yulesche Q-Koeffizient Q, der Pearsonsche Kontingenzkoeffizient C und der korrigierte Pearsonsche Kontingenzkoeffizient C_{corr} für Verbrauch und Hubraum berechnet werden.

Tab.25: 2×3-Kontingenztafel für die Merkmale Verbrauch und Hubraum bei 13 PKW-Typen

Verbrauch \ Hubraum	1 (≤ 1600 ccm)	2 (> 1600 ccm)	Σ
1 (≤ 11ℓ/100km)	5	3	8
2 (> 11ℓ/100km)	2	3	5
Σ	7	6	13

Es ergibt sich hier für den Q-Koeffizienten

$$Q = \frac{5\cdot 3 - 2\cdot 3}{5\cdot 3 + 2\cdot 3} = \frac{9}{21} = 0.4286$$

und mit

$$\chi^2 = 13\left(\frac{5^2}{7\cdot 8} + \frac{3^2}{6\cdot 8} + \frac{2^2}{7\cdot 5} + \frac{3^2}{6\cdot 5} - 1\right) = 13\cdot 0.0482 = 0.6266$$

für den Pearsonschen Kontingenzkoeffizienten

$$C = \sqrt{0.6266/(0.6266 + 13)} = 0.2144$$

bzw. wegen $r = s = 2$ für den korrigierten Pearsonschen Kontingenzkoeffizienten

$$C_{corr} = C\cdot\sqrt{\frac{2}{2-1}} = 0.2144\cdot\sqrt{2} = 0.3033 \quad .$$

Kapitel IV: Multivariate Ein- und Zweistichprobenprobleme; Diskriminanzanalyse, Reduktion von Merkmalen

Werden an einem Objekt mehrere Merkmale beobachtet, so daß eine einzige Stichprobe aus einer Grundgesamtheit gleich mehrere Meßreihen liefert, und will man all diese Meßreihen gleichzeitig auswerten, um gemeinsame Aussagen zu den erhobenen Merkmalen zu machen, so kann man multivariate Verfahren verwenden.

In diesem Kapitel wird nun davon ausgegangen, daß die p an einem Objekt beobachteten Merkmale in der jeweils interessierenden Grundgesamtheit gemeinsam normalverteilt sind mit einem Mittelwertvektor μ und einer Kovarianzmatrix Σ. Ist also $(y_{i1},\ldots,y_{ip})^T = y_i$ der am i-ten Objekt beobachtete Merkmalsvektor für die p interessierenden Merkmale und wird eine Stichprobe von n Objekten betrachtet, so setzen wir voraus, daß $y_1,\ldots,y_n$ einer $N(\mu;\Sigma)$-verteilten Grundgesamtheit entstammen.

Im Abschnitt 1 wird nun auf die Auswertung der insgsamt $n \cdot p$ Beobachtungen einer Stichprobe (*multivariates Einstichprobenproblem*) eingegangen.

Beispiel: In jedem Monat wird die Absatzziffer eines Produkts in 20 zufällig ausgewählten, vergleichbaren Geschäften ermittelt. Es wird hier also eine Stichprobe vom Umfang $n = 20$ betrachtet und für jedes der 20 Geschäfte liegen am Ende des Jahres $p = 12$ Beobachtungswerte vor. Man könnte nun zum Beispiel den Mittelwertvektor μ der Absatzziffern in den 12 verschiedenen Monaten in der Grundgesamtheit der Geschäfte und die Kovarianzmatrix Σ der Absatzziffern in den 12 Monaten schätzen. Schließlich könnte man z.B. daran interessiert sein zu testen, ob die mittleren Absatzziffern in allen Monaten als im wesentlichen gleich, d.h. als saisonunabhängig anzusehen sind. ┘

Im zweiten Abschnitt werden dann *Zweistichprobenprobleme* behandelt. Zunächst wird der Vergleich zweier unabhängiger und dann der zweier abhängiger Stichproben behandelt; auf den (Mittelwert-) Vergleich von *mehr als zwei multivariaten Stichproben* wird in Kap.X, Abschnitt 1.4.1, eingegangen.

Beispiel: Bei 10 zufällig ausgewählten Männern und 12 zufällig ausgewählten Frauen einer Altersgruppe werden Blutdruck und Hämoglobingehalt im Blut gemessen. Sind die Mittelwertvektoren (mittlerer Blutdruck und mittlerer Hämoglobingehalt) in den Grundgesamtheiten der Frauen und der Männer signifikant verschieden?

In Abschnitt 3 werden verschiedene Tests zur Prüfung von *Hypothesen über Kovarianzmatrizen* Σ angegeben. Z.B. in Abschnitt 2 wird teilweise vorausgesetzt, daß die Kovarianzmatrizen Σ_1 und Σ_2 der beiden beobachteten Grundgesamtheiten als gleich betrachtet werden können. Signifikante Abweichungen von dieser Voraussetzung lassen sich mit den in Abschnitt 3 angegebenen Verfahren feststellen. Zudem wird ein Test über die Struktur einer Kovarianzmatrix angegeben, mit dem dann etwa überprüft werden kann, ob p Merkmale in einer Grundgesamtheit unkorreliert sind.

Im 4.Abschnitt wird auf die *Diskriminanzanalyse* (*Identifikation*) eingegangen. Ausgehend von Kenntnissen über p Merkmale verschiedener Grundgesamtheiten kann mittels der Diskrimanzanalyse ein Objekt einer der möglichen Grundgesamtheiten zugeordnet (identifiziert) werden.

Beispiel: Ausgehend von einer Reihe zufällig ausgewählter landwirtschaftlicher Betriebe wurde eine Klasseneinteilung vorgenommen. Dabei wurden Merkmale wie Viehbestand, landwirtschaftliche Nutzfläche usw. herangezogen. Aufgrund der Merkmalsausprägungen, die nun an einem neu hinzukommenden Betrieb erhoben werden, soll dieser Betrieb einer der Klassen zugeordnet werden.

Außerdem werden in Abschnitt 4 Verfahren zur Reduktion von Merkmalen angegeben. Dabei ist man bemüht, die Anzahl p der Merkmale zu reduzieren, so daß die q verbleibenden Merkmale noch möglichst gut zwischen den Populationen oder Grundgesamtheiten diskriminieren.

Beispiel: Um eine erfolgreiche Produktplanung durchführen zu können, werden mittels der Verfahren aus Abschnitt 4 diejenigen Merkmale bzw. Faktoren herausfiltriert, die den Erfolg eines Artikels bestimmen.

Im 5. Abschnitt werden dann schließlich die in diesem Kapitel behandelten Methoden zusammenhängend an einem Beispiel aus dem Gastronomiebereich demonstriert.

1 DAS MULTIVARIATE EINSTICHPROBENPROBLEM

Werden an n zufällig aus einer interessierenden Grundgesamtheit ausgewählten Objekten je p verschiedene Merkmale beobachtet, so können mittels der hier vorgestellten Verfahren Aussagen über diese Merkmale in der Grundgesamtheit getroffen werden.

Setzt man voraus, daß die p Merkmale in der interessierenden Grundgesamtheit gemeinsam normalverteilt sind mit unbekanntem Mittelwertvektor

$$\mu = (\mu_1, \ldots, \mu_p)^T$$

und unbekannter Kovarianzmatrix

$$\Sigma = \begin{pmatrix} \sigma_1^2 & \sigma_{12} & \cdots & \sigma_{1p} \\ \sigma_{12} & \sigma_2^2 & \cdots & \sigma_{2p} \\ \vdots & \vdots & & \vdots \\ \sigma_{1p} & \sigma_{2p} & & \sigma_p^2 \end{pmatrix} ,$$

und ferner, daß die Anzahl der betrachteten Objekte größer ist als die Anzahl der interessierenden Merkmale, d.h. $n > p$, so kann man den Mittelwertvektor μ und die Kovarianzmatrix Σ schätzen sowie Hypothesen testen; Konfidenzintervalle für μ wurden am Ende von Abschnitt 1 in Kap.II behandelt.

Im folgenden bezeichnet y_{ij} die Messung des j-ten Merkmals am i-ten Objekt. Der Vektor $y_i = (y_{i1}, \ldots, y_{ip})^T$ beschreibt dann die p Meßwerte am i-ten Objekt in der Stichprobe.

1.1 SCHÄTZEN DES MITTELWERTVEKTORS μ UND DER KOVARIANZMATRIX Σ

Bei der Schätzung von μ und Σ geht man analog zum univariaten Fall, vgl. Kap.I, Abschnitt 3, vor. Als Schätzer für den Mittelwert μ wurde dort der Mittelwert aller Beobachtungen $y_1, \ldots, y_n$

$$\bar{y} = \frac{1}{n} \sum_{i=1}^{n} y_i \quad ,$$

als Schätzer für die Varianz σ^2 u.a. die Größe

$$s^2 = \frac{1}{n-1} \sum_{i=1}^{n} (y_i - \bar{y})^2$$

verwandt.

Im multivariaten Einstichprobenproblem wird der Mittelwertvektor μ durch

$$\bar{y} = (\bar{y}_1,\ldots,\bar{y}_p)^T = \left(\frac{1}{n}\sum_{i=1}^{n} y_{i1},\ldots,\frac{1}{n}\sum_{i=1}^{n} y_{ip}\right)^T \quad ,$$

d.h. es wird komponentenweise über die beobachteten Werte gemittelt, geschätzt.

Als Verallgemeinerung der Quadratsumme zur Schätzung von σ^2 ergibt sich der Schätzer für die Kovarianzmatrix Σ zu

$$S = \frac{1}{n-1}\sum_{i=1}^{n} (y_i - \bar{y})(y_i - \bar{y})^T = \frac{1}{n-1}\sum_{i=1}^{n} \begin{pmatrix} y_{i1} - \bar{y}_1 \\ \vdots \\ y_{ip} - \bar{y}_p \end{pmatrix} \cdot (y_{i1} - \bar{y}_1,\ldots,y_{ip} - \bar{y}_p)$$

$$= \frac{1}{n-1}\sum_{i=1}^{n} \begin{pmatrix} (y_{i1}-\bar{y}_1)^2 & (y_{i1}-\bar{y}_1)(y_{i2}-\bar{y}_2) & \ldots & (y_{i1}-\bar{y}_1)(y_{ip}-\bar{y}_p) \\ (y_{i2}-\bar{y}_2)(y_{i1}-\bar{y}_1) & (y_{i2}-\bar{y}_2)^2 & \ldots & (y_{i2}-\bar{y}_2)(y_{ip}-\bar{y}_p) \\ \vdots & \vdots & & \vdots \\ (y_{ip}-\bar{y}_p)(y_{i1}-\bar{y}_1) & (y_{ip}-\bar{y}_p)(y_{i2}-\bar{y}_2) & \ldots & (y_{ip}-\bar{y}_p)^2 \end{pmatrix}$$

Die Hauptdiagonalelemente $s_{jj} = s_j^2$ der Matrix S, d.h. die Schätzer für die Varianz σ_j^2 des j-ten Merkmals, sind also

$$s_j^2 = \frac{1}{n-1}\sum_{i=1}^{n} (y_{ij} - \bar{y}_j)^2 \qquad \text{für } j=1,\ldots,p \quad ,$$

und die Schätzer s_{jk} für die Kovarianzen σ_{jk} des j-ten und k-ten Merkmals sind gerade

$$s_{jk} = \frac{1}{n-1}\sum_{i=1}^{n} (y_{ij} - \bar{y}_j)(y_{ik} - \bar{y}_k) \qquad \text{für } j,k=1,\ldots,p \quad .$$

Beispiel: (Vgl. Frets (1921): Heredity of head form in man, Genetica 3, S.193-384) Bei der Messung von Schädellängen und -breiten der erst- und zweitgeborenen Söhne von 25 Familien ergeben sich die Daten aus Tab.1. Betrachtet man die vier Messungen in jeder Familie als Messungen an einem einzigen Objekt (= "Familie"), so können die Mittelwerte der 4 Merkmale sowie deren Kovarianzmatrix in der interessierenden Gesamtheit von Familien geschätzt werden.

Tab.1: Schädellänge und -breite bei erst- und zweitgeborenen Söhnen aus 25 Familien

Familie i	erster Sohn		zweiter Sohn	
	Schädel-		Schädel-	
	länge y_{i1}	breite y_{i2}	länge y_{i3}	breite y_{i4}
1	191	155	179	145
2	195	149	201	152
3	181	148	185	149
4	183	153	188	149
5	176	144	171	142
6	208	157	192	152
7	189	150	190	149
8	197	159	189	152
9	188	152	197	159
10	192	150	187	151
11	179	158	186	148
12	183	147	174	147
13	174	150	185	152
14	190	159	195	157
15	188	151	187	158
16	163	137	161	130
17	195	155	183	158
18	186	153	173	148
19	181	145	182	146
20	175	140	165	137
21	192	154	185	152
22	174	143	178	147
23	176	139	176	143
24	197	167	200	158
25	190	163	187	150

Als Schätzwert für den Mittelwertvektor μ ergibt sich

$$\overline{y} = (185.72, 151.12, 183.84, 149.24)^T$$

und die Kovarianzmatrix Σ der 4 Merkmale wird geschätzt durch

$$S = \begin{pmatrix} 91.481 & 50.753 & 66.875 & 44.267 \\ 50.753 & 52.186 & 49.259 & 33.651 \\ 66.875 & 49.259 & 96.775 & 54.278 \\ 44.267 & 33.651 & 54.278 & 43.222 \end{pmatrix} .$$

1.2 TEST ÜBER DEN MITTELWERTVEKTOR μ BEI BEKANNTER KOVARIANZMATRIX Σ

Ist die Kovarianzmatrix von p interessierenden Merkmalen in einer Grundgesamtheit - z.B. aus früheren Experimenten - bekannt, so kann die Hypothese

$$H_0:\ \mu = \mu_* \qquad \text{gegen} \qquad H_1:\ \mu \neq \mu_*$$

zum Niveau α getestet werden; μ_* ist hierbei ein vorgegebener Vergleichsvektor, häufig der Nullvektor. Die Prüfgröße des Tests wird ähnlich wie die des entsprechenden univariaten (Einstichproben - Gauß -) Tests, vgl. Kap.I, Abschnitt 3, konstruiert. Und zwar ist sie gegeben durch

$$T^2 = n(\bar{y} - \mu_*)^T \cdot \ddagger^{-1} \cdot (\bar{y} - \mu_*) \quad .$$

Im Falle der Gültigkeit der Nullhypothese H_0 ist T^2 nach einer χ^2 - Verteilung mit p Freiheitsgraden verteilt, so daß die Hypothese H_0 zum Niveau α verworfen wird, falls mit dem im Anhang vertafelten $(1-\alpha)$ - Quantil $\chi^2_{p;1-\alpha}$ dieser Verteilung gilt:

$$T^2 > \chi^2_{p;1-\alpha} \quad .$$

Beispiel: Interessiert man sich im Beispiel aus Abschnitt 1.1, vgl. Tab.1, lediglich für die Schädellängen der beiden Söhne und möchte man zum Niveau $\alpha = 0.05$ die Hypothese

$$H_0:\ \begin{pmatrix} \mu_1 \\ \mu_3 \end{pmatrix} = \begin{pmatrix} 182 \\ 182 \end{pmatrix}$$

unter der Annahme einer bekannten Kovarianzmatrix (für diese beiden Merkmale)

$$\ddagger = \begin{pmatrix} 100 & 0 \\ 0 & 100 \end{pmatrix}$$

testen, so ergibt sich die Prüfgröße als

$$T^2 = 25 \cdot (3.72, 1.84) \cdot \begin{pmatrix} 1/100 & 0 \\ 0 & 1/100 \end{pmatrix} \begin{pmatrix} 3.72 \\ 1.84 \end{pmatrix} = 4.31 \quad .$$

Die Hypothese H_0, daß die mittleren Schädellängen der erst- und zweitgeborenen Söhne in den Familien der Grundgesamtheit gerade 182 sind, kann, unter obiger Annahme über $\ddagger$, zum 5% Niveau nicht verworfen werden, denn es gilt:

$$T^2 = 4.31 < 5.99 = \chi^2_{2;0.95} \quad .$$

1.3 TEST ÜBER DEN MITTELWERTVEKTOR μ BEI UNBEKANNTER KOVARIANZMATRIX Σ

Hat man vor einem Experiment keine Kenntnisse über die Kovarianzmatrix Σ von p interessierenden Merkmalen, so liegt es nahe, die unbekannte Kovarianzmatrix Σ durch ihre Schätzung S, vgl. Abschnitt 1.1, zu ersetzen. Die Prüfgröße

$$T^2 = n(\bar{y} - \mu_*)^T \cdot S^{-1} \cdot (\bar{y} - \mu_*)$$

für einen Test zum Niveau α von

$$H_0: \mu = \mu_* \qquad \text{gegen} \qquad H_1: \mu \neq \mu_*$$

bei unbekannter Kovarianzmatrix ist unter dem Namen *Hotellingsche* - T^2 - *Statistik* bekannt. Sie läßt sich auch schreiben als

$$T^2 = (n-1)\left(\frac{\det((n-1)S + n(\bar{y} - \mu_*)(\bar{y} - \mu_*)^T)}{\det((n-1)S)} - 1\right)$$

Bei der Berechnung von T^2 nach letzterer Formel, wobei det A die Determinante einer Matrix A bezeichnet (vgl. Kap.I), erspart man sich die Inversion der Matrix S. Die Hypothese H_0 wird zum Niveau α verworfen, falls gilt

$$T^2 > \frac{p(n-1)}{n-p} \cdot F_{p,n-p;1-\alpha} \quad ,$$

wobei $F_{p,n-p;\gamma}$ das γ - Quantil der $F_{p,n-p}$ - Verteilung bezeichnet. Diese Quantile sind im Anhang vertafelt.

Beispiel: Anhand der Daten aus Tab.1 soll die Hypothese

$$H_0: \begin{pmatrix} \mu_2 \\ \mu_4 \end{pmatrix} = \begin{pmatrix} 145 \\ 150 \end{pmatrix}$$

über die Schädelbreiten der erst- und zweitgeborenen Söhne von Familien in der interessierenden Grundgesamtheit zum 5% Niveau getestet werden. Dabei gehen wir davon aus, daß keine Kenntnisse über die Kovarianzmatrix der Schädelbreiten vorhanden sind.

Mittels der Schätzwerte (für diese beiden hier interessierenden Merkmale) aus Abschnitt 1.1 ergibt sich

$$T^2 = (6.12, -0.76) \begin{pmatrix} 52.186 & 33.651 \\ 33.651 & 43.222 \end{pmatrix}^{-1} \begin{pmatrix} 6.12 \\ -0.76 \end{pmatrix}$$

$$= (6.12, -0.76) \cdot \frac{1}{1123.1935} \cdot \begin{pmatrix} 43.222 & -33.651 \\ -33.651 & 52.186 \end{pmatrix} \begin{pmatrix} 6.12 \\ -0.76 \end{pmatrix}$$

$$= 1.745 < 7.179 = \frac{2\cdot 24}{23}\cdot 3.44 = \frac{p(n-1)}{n-p}\cdot F_{2,23;0.95} \quad ,$$

so daß die Hypothese H_0 nicht verworfen werden kann, d.h. die mittlere Schädelbreite von erst- und zweitgeborenen Söhnen ist zum 5% Niveau nicht signifikant von $(145,150)^T$ verschieden.

1.4 EIN SYMMETRIETEST

Oftmals ist man nicht primär an einem Vergleich des Mittelwertvektors μ mit einem festen Vektor μ_* interessiert, sondern vielmehr an Hypothesen über die Struktur von μ.

Beispiel: Drei verschiedene Treibstoffsorten ($p = 3$) werden an $n = 5$ Autos getestet. Gemessen wird an jedem Auto die Kilometerleistung mit 10 Litern jedes der 3 Treibstoffe. Man möchte etwa die Hypothese "Im Durchschnitt erzielt man mit jeder Treibstoffsorte die gleiche Kilometerzahl" testen.

Diese Fragestellung entspricht gerade der Hypothese

$$H_0 : \mu_1 = \mu_2 = \ldots = \mu_p \quad ;$$

ein Test dieser Hypothese heißt auch *Symmetrietest*.

Zum Testen dieser Hypothese kann als Prüfgröße Hotellings T^2 benutzt werden, wenn zunächst die n transformierten Beobachtungsvektoren

$$z_i = \begin{pmatrix} y_{i1} - y_{ip} \\ y_{i2} - y_{ip} \\ \vdots \\ y_{i\,p-1} - y_{ip} \end{pmatrix}$$

bestimmt werden und der Wert der T^2 Statistik dieser Vektoren für den Vergleichsvektor $\mu_*' = 0$ berechnet wird. Die Hypothese H_0 wird dann zum Niveau α verworfen, falls gilt

$$T^2 > \frac{(p-1)(n-1)}{n-p+1}\cdot F_{p-1,n-p+1;1-\alpha} \quad .$$

Man prüft also, ob die $(p-1)$-dimensionalen Vektoren z_i symmetrisch um Null verteilt sind.

Beispiel: Der Kürze halber wollen wir hier zum 10% Niveau testen, ob Schädellänge und Schädelbreite von erst- und zweitgeborenen Söhnen, vg. Tab.1, gleich sind, d.h. wir testen die Hypothese

$$H_o\colon\ \mu_1 = \mu_2 = \mu_3 = \mu_4 \quad ,$$

die äquivalent zur Hypothese

$$H_o'\colon\ \mu_1 - \mu_4 = \mu_2 - \mu_4 = \mu_3 - \mu_4 = 0$$

ist. Dazu berechnen wir zunächst die 25 transformierten 3-dimensionalen Beobachtungsvektoren $z_1,\dots,z_{25}$, die in Tab.2 angegeben sind.

Tab.2: Transformierte Beobachtungsvektoren zum Beispiel aus Tab.1

Familie i	$z_{i1} = y_{i1} - y_{i4}$	$z_{i2} = y_{i2} - y_{i4}$	$z_{i3} = y_{i3} - y_{i4}$
1	41	10	34
2	43	-3	49
3	32	-1	36
4	34	4	39
5	34	2	29
6	56	5	40
7	40	1	41
8	45	7	37
9	29	-7	38
10	41	-1	36
11	31	10	38
12	36	0	27
13	22	-2	33
14	33	2	38
15	30	-7	29
16	33	7	31
17	37	-3	25
18	38	5	25
19	35	-1	36
20	38	3	28
21	40	2	33
22	27	-4	31
23	33	-4	33
24	39	9	42
25	40	13	37

Aus den Daten der Tab.2 ergibt sich mit

$$\overline{z} = \frac{1}{25}\sum_{i=1}^{25} z_i = (36.28, 1.88, 34.60)^T$$

und

$$S = \frac{1}{25-1}\sum_{i=1}^{25}(z_i - \overline{z})(z_i - \overline{z})^T = \begin{pmatrix} 45.127 & 15.035 & 12.158 \\ 15.035 & 29.277 & 4.742 \\ 12.158 & 4.742 & 32.750 \end{pmatrix} \quad ,$$

d.h.

$$S^{-1} = \begin{pmatrix} 0.0290 & -0.0135 & -0.0088 \\ -0.0135 & 0.0412 & -0.0010 \\ -0.0088 & -0.0010 & 0.0340 \end{pmatrix} ,$$

dann

$$T^2 = 25\cdot\bar{z}^T\cdot S^{-1}\cdot\bar{z} = 1373.8808 > 7.6942 = \frac{72}{22}\cdot 2.351 = \frac{3\cdot 24}{25-4+1}\cdot F_{3,22;0.9} .$$

Die Hypothese H_0 muß also zum 10% Niveau verworfen werden.

Für diesen und die beiden folgenden Abschnitte vgl. etwa Anderson (1958), Srivastava/Khatri (1979), Muirhead (1982).

2 DAS MULTIVARIATE ZWEISTICHPROBENPROBLEM

Hat man p verschiedene Merkmale an n_1 bzw. n_2 Objekten aus zwei Grundgesamtheiten beobachtet, so kommt man zum multivariaten Zweistichprobenproblem. Setzt man voraus, daß die Beobachtungsvektoren y_{1i} an den n_1 Objekten der ersten Grundgesamtheit (stochastisch) unabhängig sind, daß die p Merkmale in der 1.Grundgesamtheit $N(\mu^{(1)};\Sigma_1)$ - verteilt sind und entsprechend daß die p Merkmale in der 2. Grundgesamtheit $N(\mu^{(2)};\Sigma_2)$ - verteilt sind, sowie daß die zugehörigen n_2 Beobachtungsvektoren y_{2i} (stochastisch) unabhängig sind, so können die Mittelwertvektoren $\mu^{(1)}$ und $\mu^{(2)}$ mittels statistischer Tests verglichen werden; es sei $n_1 + n_2 > p$.

2.1 MITTELWERTVERGLEICH BEI UNVERBUNDENEN STICHPROBEN

Sind die Stichproben aus der ersten und zweiten Grundgesamtheit voneinander unabhängig, so spricht man von unverbundenen Stichproben oder Meßreihen. Will man die Mittelwertvektoren $\mu^{(1)}$ und $\mu^{(2)}$ vergleichen, d.h. die Hypothese

$$H_0: \mu^{(1)} = \mu^{(2)} \qquad \text{gegen} \qquad H_1: \mu^{(1)} \neq \mu^{(2)}$$

zum Niveau α testen, so muß man zwei Fälle unterscheiden.

Sind die *Kovarianzmatrizen beider Grundgesamtheiten gleich*, d.h. ist

$$\Sigma_1 = \Sigma_2 = \Sigma \quad ,$$

so berechnet man zum Testen der Hypothese H_0 die Prüfgröße

$$T^2 = \frac{n_1\cdot n_2}{n_1 + n_2} (\bar{y}_1 - \bar{y}_2)^T\cdot S^{-1}\cdot(\bar{y}_1 - \bar{y}_2)$$

mit

$$\bar{y}_1 = \frac{1}{n_1}\sum_{i=1}^{n_1} y_{1i} \quad , \quad \bar{y}_2 = \frac{1}{n_2}\sum_{i=1}^{n_2} y_{2i} \quad \text{und}$$

$$S = \frac{1}{n_1+n_2-2}\left(\sum_{i=1}^{n_1}(y_{1i}-\bar{y}_1)(y_{1i}-\bar{y}_1)^T + \sum_{i=1}^{n_2}(y_{2i}-\bar{y}_2)(y_{2i}-\bar{y}_2)^T\right)$$

$$= \frac{1}{n_1+n_2-2}\left((n_1-1)S_1 + (n_2-1)S_2\right)$$

und die Hypothese H_0: $\mu^{(1)} = \mu^{(2)}$ wird zum Niveau α verworfen, falls gilt:

$$T^2 > p\cdot\frac{n_1+n_2-2}{n_1+n_2-p-1}\cdot F_{p,n_1+n_2-p-1;1-\alpha} \quad .$$

Sind die *Kovarianzmatrizen der beiden Grundgesamtheiten ungleich*, d.h. muß $\Sigma_1 \neq \Sigma_2$ angenommen werden, so wird zum Niveau α die Hypothese H_0: $\mu^{(1)} = \mu^{(2)}$ *im Falle* $n_1 = n_2 = n > p$ gleicher Stichprobenumfänge aus beiden Grundgesamtheiten mittels der Prüfgröße

$$T^2 = n(n-1)(\bar{y}_1-\bar{y}_2)^T\cdot\left(\sum_{i=1}^{n}(y_{1i}-y_{2i}-\bar{y}_1+\bar{y}_2)(y_{1i}-y_{2i}-\bar{y}_1+\bar{y}_2)^T\right)^{-1}\cdot(\bar{y}_1-\bar{y}_2)$$

getestet. Die Hypothese H_0 wird verworfen, wenn gilt:

$$T^2 > \frac{p(n-1)}{n-p}\cdot F_{p,n-p;1-\alpha} \quad .$$

Ist $n_1 \neq n_2$ (wir nehmen hier $n_1 < n_2$ an), so wird die Hypothese H_0 zum Niveau α verworfen, falls gilt:

$$T^2 > \frac{p(n_1-1)}{n_1-p}\cdot F_{p,n_1-p;1-\alpha} \quad ,$$

wobei $(n_1 > p)$

$$T^2 = n_1(n_1-1)(\bar{y}_1-\bar{y}_2)^T\cdot B^{-1}\cdot(\bar{y}_1-\bar{y}_2)$$

mit

$$B = \sum_{i=1}^{n_1}\left(y_{1i}-\bar{y}_1-\sqrt{\frac{n_1}{n_2}}\left(y_{2i}-\frac{1}{n_1}\sum_{j=1}^{n_1}y_{2j}\right)\right)\left(y_{1i}-\bar{y}_1-\sqrt{\frac{n_1}{n_2}}\left(y_{2i}-\frac{1}{n_1}\sum_{j=1}^{n_1}y_{2j}\right)\right)^T \quad .$$

Beispiel: (Vgl. Jolicoer/Mosimann (1960): Size and shape variation in the painted turtle: A principle component analysis, Growth 24, S.339-354) Bei je 24 männlichen und weiblichen Schildkröten wurden Panzerlänge, Panzerbreite und Panzerhöhe gemessen. Aus diesen 2·24 Beobachtungsvektoren ergaben sich als Schätzer für die Mittelwertvektoren $\mu^{(1)}$ und $\mu^{(2)}$ der weiblichen bzw. männlichen Tiere in der Grundgesamtheit

$$\bar{y}_1 = \begin{pmatrix} 113.38 \\ 88.29 \\ 40.71 \end{pmatrix} \quad \text{und} \quad \bar{y}_2 = \begin{pmatrix} 136.00 \\ 102.58 \\ 51.96 \end{pmatrix} ,$$

und die Schätzer für die Kovarianzmatrizen Σ_1 und Σ_2 berechnen sich zu

$$S_1 = \begin{pmatrix} 138.77 & 79.15 & 37.38 \\ 79.15 & 50.05 & 21.65 \\ 37.38 & 21.65 & 11.26 \end{pmatrix} \quad \text{und} \quad S_2 = \begin{pmatrix} 451.39 & 271.17 & 168.70 \\ 271.17 & 171.73 & 103.29 \\ 168.70 & 103.29 & 66.65 \end{pmatrix}$$

Zum 5% Niveau wollen wir die Hypothese

$$H_0:\ \mu^{(1)} = \mu^{(2)}$$

der Gleichheit der Mittelwertvektoren von männlichen und weiblichen Schildkröten testen. Gehen wir davon aus, daß $\Sigma_1 = \Sigma_2$ gilt, so ergibt sich mit $n_1 = n_2 = n = 24$

$$S = \frac{23}{46}(S_1 + S_2) = \begin{pmatrix} 295.08 & 175.16 & 103.04 \\ 175.16 & 110.89 & 62.47 \\ 103.04 & 62.47 & 38.955 \end{pmatrix}$$

und somit

$$T^2 = \frac{46\cdot 24\cdot 24}{48}\cdot(-22.62,-14.29,-11.25)(46\cdot S)^{-1}\begin{pmatrix} -22.62 \\ -14.29 \\ -11.25 \end{pmatrix}$$

$$= 66.734 > 8.876 = \frac{3\cdot 46}{44}\cdot F_{3,44;0.95} \quad ;$$

d.h. die Hypothese der Gleichheit von $\mu^{(1)}$ und $\mu^{(2)}$ muß verworfen werden. ┘

2.2 MITTELWERTVERGLEICH BEI VERBUNDENEN STICHPROBEN

Sind die Stichproben aus der ersten und zweiten Grundgesamtheit nicht voneinander unabhängig, so nennt man die Stichproben verbunden.

In solchen Fällen kann ein Test auf Gleichheit der Mittelwertvektoren $\mu^{(1)}$ und $\mu^{(2)}$ in beiden Grundgesamtheiten nur durchgeführt werden, wenn $p < n$, $n_1 = n_2 = n$ gilt und wenn die gemeinsame Verteilung der Beobachtungsvektoren am i-ten Individuum aus der 1. und 2. Stichprobe ($i=1,\ldots,n$) eine Normalverteilung ist.

Sind diese Annahmen in konkreten Situationen zu rechtfertigen, so kann man mittels einer Transformation der Beobachtungsdaten wiederum eine F - verteilte T^2 - Teststatistik bestimmen:

$$T^2 = n(n-1)(\bar{y}_1-\bar{y}_2)^T \cdot \left(\sum_{i=1}^{n} (y_{1i}-y_{2i}-\bar{y}_1+\bar{y}_2)(y_{1i}-y_{2i}-\bar{y}_1+\bar{y}_2)^T \right)^{-1} \cdot (\bar{y}_1-\bar{y}_2) .$$

Die Hypothese

$$H_0 : \mu^{(1)} = \mu^{(2)}$$

wird dann zum Niveau α verworfen, falls gilt:

$$T^2 > \frac{p(n-1)}{n-p} \cdot F_{p,n-p;1-\alpha} \quad .$$

Beispiel: Wir wollen hier einmal die Daten aus Tab.1 in Abschnitt 1.1 als zwei Stichproben auffassen. Die erste Stichprobe (Schädellänge und -breite bei erstgeborenen Söhnen) und die zweite Stichprobe (Schädellänge und -breite bei zweitgeborenen Söhnen) sind sicherlich abhängig, da ja Geschwister betrachtet werden, so daß wir die Hypothese der Gleichheit der Mittelwertvektoren in den Stichproben mittels des in diesem Abschnitt vorgestellten Tests prüfen müssen. Als Niveau des Tests wählen wir einmal 5%. Natürlich sind für i=1...,25

$$y_{1i} = (y_{i1}, y_{i2})^T \quad \text{und} \quad y_{2i} = (y_{i3}, y_{i4})^T \quad ,$$

so daß sich

$$\bar{y}_1 = (185.72, 151.12)^T \quad \text{und} \quad \bar{y}_2 = (183.84, 149.24)^T$$

ergibt. Damit ist

$$T^2 = 25 \cdot 24 (1.88, 1.88) \begin{pmatrix} 1362.64 & 287.64 \\ 287.64 & 702.64 \end{pmatrix}^{-1} \begin{pmatrix} 1.88 \\ 1.88 \end{pmatrix}$$

$$= 25 \cdot 24 (1.88, 1.88) \begin{pmatrix} 0.0008033 & -0.0003288 \\ -0.0003288 & 0.0015578 \end{pmatrix} \begin{pmatrix} 1.88 \\ 1.88 \end{pmatrix}$$

$$= 0.1505 \quad ,$$

und die Hypothese kann nicht verworfen werden, denn

$$T^2 = 3.612 < 7.1416 = \frac{48}{23} \cdot 3.422 = \frac{2(25-1)}{25-2} \cdot F_{2,23;0.95} \quad .$$

□

3 DIE PRÜFUNG VON KOVARIANZHYPOTHESEN

Die bisher behandelten Tests über Parameter in multivariaten Modellen betrafen stets Hypothesen über den Mittelwertvektor einer Normalverteilung. In vielen Fällen ist es jedoch sinnvoll, ausgehend von n zufällig aus einer Grundgesamtheit ausgewählten Objekten, Hypothesen über die Kovarianzmatrix Σ zu testen, denn häufig hat man Vorstellungen über die Art der Abhängigkeit von p beobachteten Merkmalen, oder man will prüfen, ob mehrere Kovarianzmatrizen als gleich anzusehen sind, was bei vielen der vorgestellten Verfahren eine Voraussetzung ist ($n > p$).

Im ersten Fall testet man Hypothesen über die Struktur einer Kovarianzmatrix Σ, im zweiten Fall testet man auf Gleichheit mehrerer Kovarianzmatrizen.

Schließlich wird in diesem Abschnitt noch ein Test für simultane Hypothesen über den Mittelwertvektor und die Kovarianzmatrix eines normalverteilten Merkmalsvektors vorgestellt.

3.1 EIN TEST ÜBER DIE STRUKTUR EINER KOVARIANZMATRIX Σ

Hat man eine Vorstellung von der Abhängigkeit von p gemeinsam normalverteilten Merkmalen, so kann man diese Vorstellung mittels eines Tests zum Niveau α der Hypothese

$$H_0\colon\ \Sigma = \Sigma_0 \qquad \text{gegen} \qquad H_1\colon\ \Sigma \neq \Sigma_0$$

über die Kovarianzmatrix überprüfen.

Zwei häufige spezielle Matrizen Σ_0 sind

$$\Sigma_0 = \begin{pmatrix} \sigma_1^2 & 0 & \dots & 0 \\ 0 & \sigma_2^2 & \dots & 0 \\ \vdots & \vdots & & \vdots \\ 0 & 0 & \dots & \sigma_p^2 \end{pmatrix} \qquad \text{und} \qquad \Sigma_0 = \sigma^2 \begin{pmatrix} 1 & \rho & \dots & \rho \\ \rho & 1 & \dots & \rho \\ \vdots & \vdots & & \vdots \\ \rho & \rho & \dots & 1 \end{pmatrix}$$

Im ersten Fall entspricht der Test von H_0 gegen H_1 einem Test auf Unabhängigkeit der p Merkmale (einige weitere Tests - die ohne Kenntnis von σ_j^2 auskommen - auf Unabhängigkeit von p Merkmalen (Meßreihen) findet man auch in Kap.III, Abschnitt 1.2), im zweiten Fall einem Test der Hypothese, daß alle Merkmalspaare die gleiche Kovarianz und somit die gleiche Korrelation haben.

Die Prüfgröße nach dem Maximum-Likelihood-Prinzip für den Test von

$$H_0:\ \Sigma = \Sigma_0 \qquad \text{gegen} \qquad H_1:\ \Sigma \neq \Sigma_0$$

ist für große Stichprobenumfänge n

$$L = (n-1)\left(\ln\det\Sigma_0 - \ln\det S + \operatorname{tr}(S\cdot\Sigma_0^{-1}) - p\right)$$

wobei tr A die Spur von A bezeichnet, vgl. auch Abschnitt 4 in Kap.I, und im Falle kleiner Stichprobenumfänge n wird folgende korrigierte Prüfgröße vorgeschlagen:

$$L' = \left(1 - \frac{1}{6(n-1)}\left(2p + 1 - \frac{2}{p+1}\right)\right)\cdot L \quad .$$

Die Matrix S bezeichnet hier den Stichprobenschätzer für die Kovarianzmatrix Σ:

$$S = \frac{1}{n-1}\sum_{i=1}^{n}(y_i - \bar{y}_.)(y_i - \bar{y}_.)^T \quad .$$

Die Prüfgröße L bzw. L' ist im Falle $\Sigma = \Sigma_0$ - also unter der Hypothese H_0 - approximativ χ^2-verteilt mit $p(p+1)/2$ Freiheitsgraden, so daß die Hypothese H_0 zum Niveau α verworfen werden muß, falls gilt

$$L \ (\text{bzw. } L') > \chi^2_{p(p+1)/2;1-\alpha} \quad .$$

Beispiel: Anhand der Daten aus Tab.1, vgl. Abschnitt 1.1, soll getestet werden, ob die Schädellänge des ersten und zweiten Sohnes von Familien einer Grundgesamtheit die gleiche Varianz $\sigma_1^2 = \sigma_2^2 = 100$ haben und unkorreliert sind. Getestet wird dazu zum Niveau $\alpha = 0.05$ die Hypothese

$$H_0:\ \Sigma = \begin{pmatrix} 100 & 0 \\ 0 & 100 \end{pmatrix} \quad .$$

Der Schätzer für die Kovarianzmatrix Σ der hier interessierenden Merkmale ist

$$S = \begin{pmatrix} 91.481 & 66.875 \\ 66.875 & 96.775 \end{pmatrix}$$

und es ergibt sich

$$L = 24\left(\ln 1000 - \ln(91.481\cdot 96.775 - 66.875^2) + \operatorname{tr}\begin{pmatrix} 0.91481 & 0.66875 \\ 0.66875 & 0.96775 \end{pmatrix} - 2\right)$$

$$= 24(9.21034 - 8.38499 + 0.91481 + 0.96775 - 2)$$
$$= 16.99$$

$$\left[\text{bzw. } L' = \left(1 - \frac{1}{6\cdot 24}\left(2\cdot 2 + 1 - \frac{2}{3}\right)\right)\cdot 16.99 = 16.48\right] \quad .$$

Da $L = 16.99$ (und auch $L' = 16.48$) größer als $\chi^2_{3;0.95} = 7.81$ ist, wird die Hypothese H_0 verworfen.

3.2 EIN TEST AUF GLEICHHEIT MEHRERER KOVARIANZMATRIZEN

Um die Annahme der Gleichheit der unbekannten Kovarianzmatrizen von k Stichproben zu rechtfertigen, prüft man häufig zum Niveau α die Hypothese

$$H_0\colon \ \Sigma_1 = \ldots = \Sigma_k$$

gegen die Alternative

H_1: die Kovarianzmatrizen der k Stichproben sind nicht identisch.

Die j-te Stichprobe, j=1,...,k, enthält n_j zufällig aus einer interessierenden Grundgesamtheit ausgewählte Objekte, an denen jeweils p Merkmale beobachtet werden. Somit liefert die j-te Stichprobe n_j Beobachtungsvektoren $(n_j > p)$

$$y_{ji} = (y_{ji1},\ldots,y_{jip})^T \quad \text{mit } i=1,\ldots,n_j \quad .$$

Berechnet man zunächst die Stichprobenkovarianzmatrix

$$S_j = \frac{1}{n_j-1}\sum_{i=1}^{n_j}(y_{ji}-\bar{y}_j)(y_{ji}-\bar{y}_j)^T$$

der j-ten Stichprobe, j=1,...,k, und daraus die gemeinsame Stichprobenkovarianzmatrix

$$S = \sum_{j=1}^{k}(n_j-1)S_j \Big/ \left(\sum_{j=1}^{k} n_j - k\right)$$

der k Stichproben, so ist

$$\chi^2 = c\left[\left(\sum_{j=1}^{k} n_j - k\right)\cdot \ln\det S - \sum_{j=1}^{k}(n_j-1)\cdot \ln\det S_j\right]$$

mit

$$c = 1 - \frac{2p^2+3p-1}{6(p+1)(k-1)}\left(\sum_{j=1}^{k}\frac{1}{n_j-1} - 1 \;/\; \left(\sum_{j=1}^{k}(n_j-1)\right)\right)$$

eine geeignete Prüfgröße für den Test zum Niveau α von H_0 gegen H_1, denn im Fall der Gültigkeit der Hypothese H_0 ist sie approximativ χ^2 - verteilt mit $p(p+1)(k-1)/2$ Freiheitsgraden. Die Hypothese wird somit zum Niveau α verworfen, d.h. mit einer Fehlerwahrscheinlichkeit α bestehen signifikante Unterschiede zwischen den Kovarianzmatrizen der k Stichproben, falls gilt

$$\chi^2 > \chi^2_{p(p+1)(k-1)/2;1-\alpha} \quad .$$

Die Quantile $\chi^2_{\nu;\gamma}$ der χ^2_ν - Verteilung sind im Anhang vertafelt.

Beispiel: Wir wollen hier noch einmal auf das Beispiel aus Abschnitt 2.1 (Panzerlänge, Panzerbreite und Panzerhöhe von 24 männlichen und weiblichen Schildkröten) zurückkommen und überprüfen, ob die Kovarianzmatrizen zwischen den $p = 3$ beobachteten Merkmalen bei männlichen und weiblichen Schildkröten gleich sind. Die Stichprobenumfänge $n_1 = 24$ und $n_2 = 24$ in beiden Gruppen sind identisch. Die zur Berechnung der Prüfgröße χ^2 benötigten Stichprobenkovarianzmatrizen S_1 und S_2 sowie die gemeinsame Stichprobenkovarianzmatrix S sind in Abschnitt 2.1 schon berechnet worden, so daß wir hier nur noch deren Determinanten bestimmen müssen:

$$\begin{aligned}\det S_1 &= 138.77\cdot 50.05\cdot 11.26 + 2\cdot 79.15\cdot 21.65\cdot 37.38 - 50.05\cdot 37.38^2\\ &\quad - 138.77\cdot 21.65^2 - 11.26\cdot 79.15^2\\ &= 794.05 \quad ,\end{aligned}$$

$$\begin{aligned}\det S_2 &= 451.39\cdot 171.73\cdot 66.65 + 2\cdot 271.17\cdot 103.29\cdot 168.70 - 171.73\cdot 168.70^2\\ &\quad - 451.39\cdot 103.29^2 - 66.65\cdot 271.17^2\\ &= 12639.885 \quad ,\end{aligned}$$

$$\begin{aligned}\det S &= 295.08\cdot 110.89\cdot 38.955 + 2\cdot 175.16\cdot 62.47\cdot 103.04 - 110.89\cdot 103.04^2\\ &\quad - 295.08\cdot 62.47^2 - 38.955\cdot 175.16^2\\ &= 5565.6448 \quad .\end{aligned}$$

Weiter ist

$$c = 1 - \frac{2\cdot 9+9-1}{6\cdot 4\cdot 1}\cdot\left(\frac{2}{23} - \frac{1}{46}\right) = 1 - \frac{13}{12}\cdot\frac{3}{46} = 0.9293 \quad ,$$

und damit ergibt sich der Wert der Prüfgröße des Tests, der hier zum 5% Niveau durchgeführt werden soll, zu

$$\begin{aligned}\chi^2 &= 0.9293\left((24+24-2)\ln 5565.6448 - 23\cdot\ln 794.05 - 23\cdot\ln 12639.885\right)\\ &= 0.9293(46\cdot 8.6244 - 23\cdot 6.6771 - 23\cdot 9.4446)\\ &= 24.091 \quad .\end{aligned}$$

Da gilt

$$\chi^2 = 24.091 > 12.59 = \chi^2_{6;0.95} = \chi^2_{p(p+1)(k-1)/2;1-\alpha} ,$$

muß die Hypothese H_0 verworfen werden, d.h. es sind zum 5% Niveau signifikante Unterschiede der Kovarianzmatrizen von Panzerlänge, Panzerbreite und Panzerhöhe bei männlichen und weiblichen Schildkröten vorhanden.

3.3 EIN SIMULTANER TEST ÜBER MITTELWERTVEKTOR UND KOVARIANZMATRIX IM EINSTICHPROBENPROBLEM

Nachdem bisher einzelne Tests für die Modellparameter μ und Σ im Einstichprobenproblem angegeben wurden, soll hier die simultane Hypothese

$$H_0: \mu = \mu_* \quad \text{und} \quad \Sigma = \Sigma_*$$

zum Niveau α gegen die Alternative

$$H_1: \mu \neq \mu_* \quad \text{oder} \quad \Sigma \neq \Sigma_*$$

getestet werden.

Aufgrund einer Stichprobe von n Objekten aus einer Grundgesamtheit, an denen jeweils p Merkmale beobachtet wurden, berechnet man die Stichprobenschätzer $\bar{y}$ und S für den unbekannten Mittelwertvektor μ bzw. die unbekannte Kovarianzmatrix Σ, wie in Abschnitt 1.1 dieses Kapitels angegeben. Daraus kann man den Wert der unter der Nullhypothese approximativ χ^2 mit $p + p(p+1)/2$ Freiheitsgraden verteilten Prüfgröße

$$\chi^2 = \ln n - 1 - n \cdot \ln \det (S \cdot \Sigma_*^{-1}) + \mathrm{tr}(S \cdot \Sigma_*^{-1}) - 2n(\bar{y} - \mu_*)^T \cdot \Sigma_*^{-1} \cdot (\bar{y} - \mu_*)$$

berechnen, und man verwirft die simultane Hypothese H_0 zum Niveau α, falls gilt

$$\chi^2 > \chi^2_{p+p(p+1)/2;1-\alpha} .$$

Ein wichtiger Spezialfall der Hypothese H_0 ist der Test auf eine multivariate Standardnormalverteilung der p Merkmale in der interessierenden Grundgesamtheit:

$$H_0: \mu = 0 \quad \text{und} \quad \Sigma = I_p \quad \left(= \begin{pmatrix} 1 & 0 & \dots & 0 \\ 0 & 1 & \dots & 0 \\ \vdots & \vdots & & \vdots \\ 0 & 0 & \dots & 1 \end{pmatrix} \right) .$$

Beispiel: Wir kommen noch einmal auf das Beispiel aus Abschnitt 1.1 (Schädellänge und Schädelbreite von erst- und zweitgeborenen Söhnen aus 25 Familien, vgl. Tab.1) zurück. Aufgrund dieser Stichprobe vom Umfang $n = 25$ soll die Hypothese

$$H_0:\ \mu = \begin{pmatrix}185\\150\\185\\150\end{pmatrix} \quad \text{und} \quad \Sigma = \begin{pmatrix}100 & 0 & 0 & 0\\ 0 & 50 & 0 & 0\\ 0 & 0 & 100 & 0\\ 0 & 0 & 0 & 50\end{pmatrix}$$

über die $p = 4$ beobachteten Merkmale zum 5% Niveau getestet werden, d.h. es soll überprüft werden, ob bei erst- und zweitgeborenen Söhnen die Schädellängen nach N(185;100) und die Schädelbreiten nach N(150;50) verteilt sind.

Die Stichprobenschätzer $\overline{y}$ und S für den Mittelwertvektor μ und die Kovarianzmatrix Σ sind im Beispiel aus Abschnitt 1.1 bereits bestimmt worden, so daß zur Berechnung der Prüfgröße χ^2 nur noch

$$\Sigma_*^{-1} = \begin{pmatrix}100 & 0 & 0 & 0\\ 0 & 50 & 0 & 0\\ 0 & 0 & 100 & 0\\ 0 & 0 & 0 & 50\end{pmatrix}^{-1} = \begin{pmatrix}0.01 & 0 & 0 & 0\\ 0 & 0.02 & 0 & 0\\ 0 & 0 & 0.01 & 0\\ 0 & 0 & 0 & 0.02\end{pmatrix} ,$$

$$S\cdot\Sigma_*^{-1} = \begin{pmatrix}91.481 & 50.753 & 66.875 & 44.267\\ 50.753 & 52.186 & 49.259 & 33.651\\ 66.875 & 49.259 & 96.775 & 54.278\\ 44.267 & 33.651 & 54.278 & 43.222\end{pmatrix}\begin{pmatrix}0.01 & 0 & 0 & 0\\ 0 & 0.02 & 0 & 0\\ 0 & 0 & 0.01 & 0\\ 0 & 0 & 0 & 0.02\end{pmatrix}$$

$$= \begin{pmatrix}0.91481 & 1.01508 & 0.66875 & 0.88534\\ 0.50753 & 1.04372 & 0.49259 & 0.67302\\ 0.66875 & 0.98518 & 0.96775 & 1.08556\\ 0.44267 & 0.67302 & 0.54278 & 0.86444\end{pmatrix} ,$$

hierzu die Spur und die Determinante

$$tr(S\cdot\Sigma_*^{-1}) = 0.91481 + 1.04372 + 0.96775 + 0.86444 = 3.79072 \quad ,$$

$$\begin{aligned}det(S\cdot\Sigma_*^{-1}) &= 0.91481\cdot 0.1200794 - 1.01508\cdot 0.0334593\\ &\quad + 0.66875\cdot(-0.0309865) - 0.88534\cdot 0.0159848\\ &= 0.04101\end{aligned}$$

sowie

$$\overline{y} - \mu_* = \begin{pmatrix}185.72 - 185\\ 151.12 - 150\\ 183.84 - 185\\ 149.24 - 150\end{pmatrix} = \begin{pmatrix}0.72\\ 1.12\\ -1.16\\ -0.76\end{pmatrix}$$

bestimmt werden müssen. Es ergibt sich somit

$$\begin{aligned}\chi^2 &= \ln 25 - 1 - 25\cdot\ln 0.04101 + 3.79072\\ &\quad - 2\cdot 25(0.72, 1.12, -1.16, -0.76)\begin{pmatrix}0.01 & 0 & 0 & 0\\ 0 & 0.02 & 0 & 0\\ 0 & 0 & 0.01 & 0\\ 0 & 0 & 0 & 0.02\end{pmatrix}\begin{pmatrix}0.72\\ 1.12\\ -1.16\\ -0.76\end{pmatrix}\end{aligned}$$

$$= 3.2189 - 1 - 25(-3.1939) + 3.79072$$
$$- 50(0.72^2 \cdot 0.01 + 1.12^2 \cdot 0.02 + 1.16^2 \cdot 0.01 + 0.76^2 \cdot 0.02)$$
$$= 85.8571 - 50 \cdot 0.0553 = 83.0921$$
$$> 23.69 = \chi^2_{14;0.95} = \chi^2_{p+p(p+1)/2;1-\alpha} \quad ,$$

so daß die Hypothese H_0 verworfen werden muß.

4 DIE DISKRIMINANZANALYSE (IDENTIFIKATION VON OBJEKTEN)

Die Problemstellung der *Diskriminanzanalyse* (*Identifikation*) ist die *Zuordnung von Objekten* zu verschiedenen Kategorien (Klassen, Gruppen, Teilpopulationen) einer Gesamtheit.

Wir werden hier zunächst den *Zweigruppenfall* und dann den *Mehrgruppenfall* behandeln, wobei wir stets davon ausgehen, daß an Objekten der Gesamtheit p gemeinsam normalverteilte Merkmale $Y_1,\ldots,Y_p$ beobachtet werden, die in der i-ten Teilpopulation (Gruppe) den Erwartungswertvektor $\mu^{(i)}$ und die (in allen Gruppen gleiche) Kovarianzmatrix Σ besitzen.

Verfahren der Diskriminanzanalyse bei beliebigen Grundgesamtheiten (Verwendung von Distanzinformation) werden im Abschnitt 7 des Kapitels VII behandelt, und im Abschnitt 2 des Kapitels V beschäftigen wir uns mit der Identifikation von Objekten ausgehend von skalierten qualitativen Merkmalen.

Außerdem sei verwiesen auf z.B. Lachenbruch (1975), Goldstein/Dillon (1978), Krzanowski (1975,1980), Hand (1981) und Flury/Riedwyl (1983).

Wie das folgende Beispiel zeigt, können die behandelten Verfahren der Diskriminanzanalyse auch als Prognoseverfahren dienen und damit Fragestellungen der Regression mit diskret abhängigen Variablen beantworten, vgl. auch Kap.II (insbesondere Logit-Analyse). Dabei werden die Ausprägungen der diskret abhängigen Variablen als Gruppierungsmerkmal der Gesamtheit von Objekten verwandt.

Beispiel: Anhand von Bilanzkennzahlen von Betrieben (Objekten) wollen Banken entscheiden, ob Betriebe kreditwürdig sind oder nicht. Dabei geht man von einer Lernstichprobe von Betrieben aus, deren Bilanzkennzahlen man kennt und von denen man weiß, ob sie sich als kreditwürdig erwiesen haben oder nicht. Bei der Diskriminanzanalyse zerfällt die Gesamtheit der Betriebe dann in zwei Teilpopulationen, zum einen in kreditwürdige, zum anderen in nicht - kreditwürdige Unternehmen. Bei der Logit - Analyse würde die Kreditwürdigkeit als diskrete abhängige Variable aufgefaßt, und die verschiedenen Bilanzkennzahlen wären die unabhängigen stetigen Variablen. Mit diesen möchte man dann z.B. bei einem "neuen" Betrieb "kreditwürdig" oder "nicht - kreditwürdig" prognostizieren.

Natürlich können umgekehrt die Verfahren der Regression bei diskret abhängigen Variablen (z.B. Logit - Analyse) auch zur Diskrimination verwandt werden, vgl. Kap.II, Abschnitt 3.

Neben dem Zwei- und Mehrgruppenfall der Diskriminanzanalyse, vgl. Abschnitt 4.1 bis 4.3, werden in Abschnitt 4.4 *Trennmaße*, d.h Maße für die Güte der Diskrimination mittels p Merkmalen,sowie Verfahren zur *Reduktion von Merkmalen* behandelt. Hier sei aber auch verwiesen auf Ahrens/Läuter (1981), die einen sehr schönen Überblick über solche Methoden geben. Zunächst seien aber noch einige typische Anwendungsmöglichkeiten der Diskriminanzanalyse genannt.

Beispiel:

(a) Bei der Früherkennung von Krankheiten (z.B. Vergiftungen) kann die Diskriminanzanalyse eingesetzt werden, wenn man an einer Lernstichprobe von Patienten, deren Krankheiten bereits diagnostiziert wurden, bei Auftreten der Erkrankung verschiedene Merkmale, wie z.B. Körpertemperatur, Blutdruck etc., erhoben und mit den wesentlichen Merkmalen eine Diskriminanzfunktion bestimmt hat.

(b) Personalberater können ausgehend von Eignungstests mittels Diskriminanzanalyse prognostizieren, ob ein Bewerber im Beruf erfolgreich, mittelmäßig oder nicht erfolgreich sein wird. Dazu benötigt er die Ergebnisse der Eignungstests bei früheren Bewerbern, von denen man mittlerweile weiß, ob sie sich bewährt haben.

(c) Weinsorten können von Gutachtern (Weinschmeckern) in z.B. Güteklassen eingeteilt werden. Anhand einer Reihe von Merkmalen, die zum Teil auch schon vor der Weinlese erhoben werden können (etwa die chemische Zusammensetzung der Trauben), versucht man eine Diskriminanzfunktion zu bestimmen, die eine Prognose der zu erwartenden Güteklassen erlaubt; bei Kenntnis der wesentlichen Merkmale erlaubt dies mitunter eine Steuerung der Güte (z.B. Verschiebung des Lesetermins).

(d) Werkstücke aus Metallegierungen gehören unterschiedlichen Gefügen an. Ausgehend von einer Lernstichprobe von Werkstücken stellt man fest, welche Merkmale (z.B. Anteil bestimmter Metalle, Zug- und Druckfestigkeit, spezifische Dichte) zwischen den Gefügen trennen, und bestimmt dann eine Diskriminanzfunktion. Erhebt man die trennenden Merkmale an einem neuen Werkstück, so kann dieses anhand der Diskriminanzfunktion einem Gefüge zugeordnet werden.

(e) Aufgrund von Merkmalen wie Alter, Gehaltsvorstellungen, maximale akzeptable Entfernung zum Arbeitsplatz etc. kann man mittels Diskriminanzanalyse prognostizieren, ob ein Arbeitsloser innerhalb des nächsten halben Jahres einen neuen Arbeitsplatz zu erwarten hat oder nicht. An einer Lernstichprobe von Personen, bei denen man bereits weiß, ob ihre Vermittlung in einem solchen Zeitraum erfolgreich war, hat man diese Merkmale zuvor erhoben und dann eine Diskriminanzfunktion bestimmt.

Weitere Beispiele zur Diskriminanzanalyse findet man im nachfolgenden Text sowie in den Kap.V und VII.

4.1 DER ZWEIGRUPPENFALL

Im *Zweigruppenfall der Diskriminanzanalyse* zerfällt eine Gesamtheit von Objekten in $m = 2$ Teilpopulationen. Man möchte dann entscheiden, in welche Population ein Objekt der Gesamtheit einzustufen ist. In der Abb.1 ist das Entscheidungsproblem im Zweigruppenfall an einem einfachen *Beispiel* dargestellt.

An Objekten aus zwei verschiedenen Grundgesamtheiten wird ein Merkmal beobachtet, das in einer Population $N(2;1)$ - und in einer anderen Population $N(4;1)$ - verteilt ist. Ein Objekt, bei dem man die Merkmalsausprägung x beobachtet, wird der ersten Population zugeordnet, falls x näher an 2 als an 4 liegt,und sonst der zweiten Grundgesamtheit. Entstammt ein Objekt der Population 1 und wird ein $x > 3$ beobachtet, so wird es nach obiger Regel also falsch, nämlich in die zweite Population, klassifiziert; die Wahrscheinlichkeit für eine solche Fehlklassifikation liegt bei 15.86% (schraffierte Fläche); dasselbe gilt für ein Objekt aus Population 2, bei dem $x < 3$ beobachtet wird. Die Trennung zwischen zwei Populationen aufgrund eines Merkmals wird (bei gleichbleibender Varianz) natürlich umso besser (geringere Anzahl zu erwartender Fehlklassifikationen), je weiter die Erwartungswerte in den Populationen voneinander entfernt sind. Bei unterschiedlichen Varianzen in den Populationen müssen diese natürlich bei der Aufstellung einer Entscheidungsregel berücksichtigt werden.

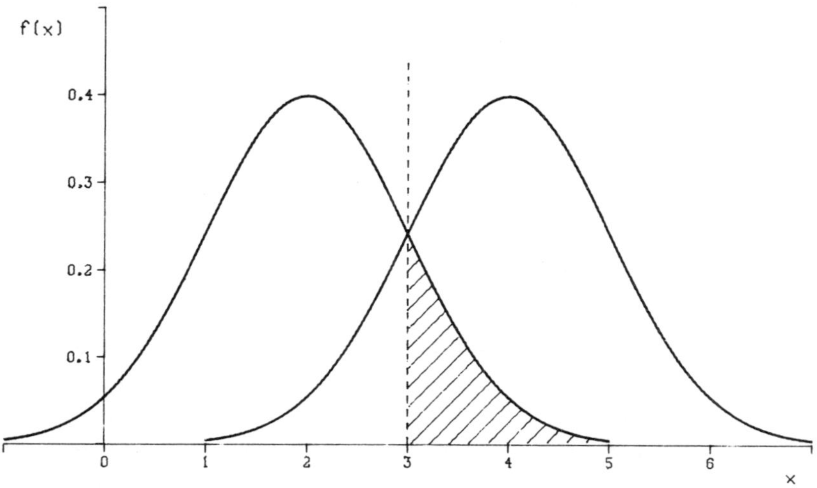

Abb.1: Veranschaulichung der Diskrimination zwischen zwei Populationen aufgrund eines N(2;1) - bzw. N(4;1) - verteilten Merkmals; die schraffierte Fläche entspricht der Wahrscheinlichkeit dafür, daß ein Objekt aus der ersten Population falsch klassifiziert wird

Werden mehrere Merkmale zur Diskrimination zwischen den Gruppen herangezogen, so überträgt sich die oben geschilderte Problematik der Fehlklassifikation natürlich entsprechend.

Wir gehen jetzt davon aus, daß zur Diskrimination zwischen den beiden Populationen 1 und 2 p Merkmale $Y_1,\ldots,Y_p$ bzw. zugehörige Zufallsvariablen, die auch mit $Y_1,\ldots,Y_p$ bezeichnet seien, verwandt werden. Diese p Merkmale seien in den beiden Teilpopulationen gemeinsam normalverteilt mit Erwartungswert $\mu^{(1)}$ bzw. $\mu^{(2)}$ und gleicher Kovarianzmatrix Σ.

Sind die Mittelwertvektoren $\mu^{(1)}$ *und* $\mu^{(2)}$ *sowie* die Kovarianzmatrix Σ *bekannt*, so wird ein Objekt der Gesamtheit, an dem der Ausprägungsvektor y für die p Merkmale beobachtet wurde, der Population 1 zugeordnet, falls gilt:

$$\tilde{h}_{12}(y) = (\mu^{(1)} - \mu^{(2)})^T \cdot \Sigma^{-1} \cdot y - \frac{1}{2}(\mu^{(1)} - \mu^{(2)})^T \cdot \Sigma^{-1}(\mu^{(1)} + \mu^{(2)}) > 0 \quad ,$$

und der Population 2 zugeordnet, falls gilt

$$\tilde{h}_{12}(y) = -\tilde{h}_{21}(y) < 0 \quad .$$

Im Falle $\tilde{h}_{12}(y) = 0$ können wir keine Entscheidung treffen.

Äquivalent zu dieser *linearen Fisherschen Diskriminanzfunktion* ist im Zweigruppenfall die *generalisierte lineare Diskriminanzfunktion*, bei der ein Objekt mit Ausprägungsvektor y der i-ten Teilpopulation, i=1,2, zugeordnet wird, falls mit

$$\tilde{\alpha} = \Sigma^{-1}(\mu^{(1)} - \mu^{(2)})$$

gilt:

$$|\tilde{\alpha}^T \cdot (\mu^{(i)} - y)| = \min_{j=1,2} |\tilde{\alpha}^T \cdot (\mu^{(j)} - y)| \quad .$$

Ist $|\tilde{\alpha}^T \cdot (\mu^{(1)} - y)| = |\tilde{\alpha}^T \cdot (\mu^{(2)} - y)|$, so wird keine Entscheidung getroffen.

Sind $\mu^{(1)}$, $\mu^{(2)}$ *und* Σ *unbekannt*, so müssen sie zunächst aus sogenannten Lernstichproben geschätzt werden. Der Vektor der p Merkmalswerte wird an n_1 Objekten der ersten und n_2 Objekten der zweiten Population beobachtet; diese Beobachtungsvektoren seien hier mit y_{1k} für $k=1,\ldots,n_1$ und y_{2k} für $k=1,\ldots,n_2$ bezeichnet. Dann sind

$$\bar{y}_1 = \frac{1}{n_1}\sum_{k=1}^{n_1} y_{1k} \qquad \text{und} \qquad \bar{y}_2 = \frac{1}{n_2}\sum_{k=1}^{n_2} y_{2k}$$

Schätzer für $\mu^{(1)}$ bzw. $\mu^{(2)}$, und der Schätzer für die Kovarianzmatrix Σ ergibt sich, wie in Abschnitt 2.1, aus den $n_1 + n_2 = n$ Beobachtungsvektoren zu $(n > p)$

$$S = \frac{1}{n-2}\sum_{i=1}^{2}\sum_{k=1}^{n_i}(y_{ik} - \bar{y}_i)(y_{ik} - \bar{y}_i)^T \quad .$$

Wird dann an einem neu hinzukommenden Objekt der Beobachtungsvektor y gemessen, so klassifiziert man es vermittels der *linearen Fisherschen Diskriminanzfunktion*

$$h_{12}(y) = (\bar{y}_1 - \bar{y}_2)^T \cdot S^{-1} \cdot y - \frac{1}{2}(\bar{y}_1 - \bar{y}_2)^T \cdot S^{-1} \cdot (\bar{y}_1 + \bar{y}_2)$$

in Population 1 im Falle

$$h_{12}(y) > 0$$

und in Population 2 im Falle

$$h_{12}(y) < 0 \quad .$$

Ansonsten kann keine Entscheidung getroffen werden.

Bei dem äquivalenten Entscheidungsverfahren vermittels der *generalisierten linearen Diskriminanzfunktion* wird mit

$$\alpha = S^{-1}(\bar{y}_1 - \bar{y}_2)$$

das neue Objekt mit Beobachtungsvektor y in die i-te Population (i=1,2) klassifiziert, falls

$$|\alpha^T \cdot (\bar{y}_i - y)| = \min_{j=1,2} |\alpha^T \cdot (\bar{y}_j - y)|$$

gilt. Falls gilt $|\alpha^T \cdot (\bar{y}_1 - y)| = |\alpha^T \cdot (\bar{y}_2 - y)|$, so wird hier keine Entscheidung getroffen.

Die *Güte der Diskrimination* läßt sich natürlich dadurch überprüfen, daß man die Objekte der Lernstichprobe klassifiziert. Da man die wahre Gruppenzugehörigkeit dieser Objekte kennt, kann man den Prozentsatz richtig klassifizierter Objekte bestimmen. Ist dieser "hoch", so erreicht man durch die betrachteten Merkmale eine gute Diskrimination zwischen den Gruppen, vgl. hierzu das Beispiel in Abschnitt 5. Es sei aber auch auf Abschnitt 4.4 hingewiesen.

Für ein neu hinzukommendes Objekt ist die *Wahrscheinlichkeit der richtigen Zuordnung* natürlich umso größer je näher der Beobachtungsvektor y am Mittelwertvektor $\mu^{(i)}$ bzw. $\bar{y}_i$ der i-ten Population, der es zugeordnet wurde, liegt und je weiter es vom anderen Mittelwertvektor entfernt liegt.

4.2 DER MEHRGRUPPENFALL

Erfolgt die Diskrimination nicht nach zwei Populationen sondern nach $n > 2$ Populationen, so spricht man vom *Mehrgruppenfall der Diskriminanzanalyse*

Wir gehen hier wiederum davon aus, daß die Diskrimination von Objekten aus einer Grundgesamtheit, die in m Teilpopulationen zerfällt, aufgrund von p Merkmalen $Y_1,\dots,Y_p$ bzw. zugehörigen, gleichbezeichneten Zufallsvariablen durchgeführt wird. Diese p Merkmale seien in der i-ten Teilpopulation (i=1,...,m) gemeinsam normalverteilt mit Mittelwertvektor $\mu^{(i)}$ und in allen Populationen gleicher Kovarianzmatrix Σ.

Wir behandeln zunächst den Fall, daß $\mu^{(1)},\dots,\mu^{(m)}$ *sowie* Σ *bekannt* sind. Zur Diskrimination eines Objekts an der der Vektor y der Ausprägungen von p Merkmalen beobachtet wurde, kann dann die *lineare Fishersche Diskrimi-*

nanzfunktion verwandt werden. Ein Objekt mit Beobachtungsvektor y wird in die i-te Teilpopulation klassifiziert, falls für alle $j \neq i$ gilt:

$$\tilde{h}_{ij}(y) = (\mu^{(i)} - \mu^{(j)})^T \cdot \Sigma^{-1} \cdot y - \frac{1}{2}(\mu^{(i)} - \mu^{(j)})^T \cdot \Sigma^{-1} \cdot (\mu^{(i)} + \mu^{(j)}) > 0 \ .$$

Sind $\mu^{(1)},\dots,\mu^{(m)}$ *und* Σ *unbekannt*, so werden zunächst Lernstichproben vom Umfang n_i (i=1,...,m) aus den m Teilpopulationen zur Schätzung der unbekannten Parameter betrachtet. Bezeichnet man mit y_{ik} den Beobachtungsvektor am k-ten Versuchsobjekt aus der i-ten Teilpopulation, so wird der Mittelwertvektor $\mu^{(i)}$ durch

$$\bar{y}_i = \frac{1}{n_i} \sum_{k=1}^{n_i} y_{ik} \qquad \text{für } i=1,\dots,m$$

geschätzt. Dabei ist selbstverständlich darauf zu achten, daß zur Schätzung von $\mu^{(i)}$ nur Versuchsobjekte aus der i-ten Teilpopulation herangezogen werden. Die Kovarianmatrix Σ kann mit $n_1 + n_2 + \dots + n_m = n > p$ geschätzt werden durch

$$S = \frac{1}{n-m} \sum_{i=1}^{m} \sum_{k=1}^{n_i} (y_{ik} - \bar{y}_i)(y_{ik} - \bar{y}_i)^T = \frac{1}{n-m} \sum_{i=1}^{m} (n_i - 1)S_i \quad ,$$

wobei für i=1,...,m

$$S_i = \frac{1}{n_i - 1} \sum_{k=1}^{n_i} (y_{ik} - \bar{y}_i)(y_{ik} - \bar{y}_i)^T$$

ein Schätzer für Σ basierend auf den Beobachtungen in der i-ten Teilpopulation ist.

Die Matrix

$$S_e = (n-m)S$$

nennt man auch *Fehlermatrix* und die Matrix

$$S_h = \sum_{i=1}^{m} n_i(\bar{y}_i - \bar{y})(\bar{y}_i - \bar{y})^T \quad \text{mit} \quad \bar{y} = \frac{1}{n} \sum_{i=1}^{m} \sum_{k=1}^{n_i} y_{ik}$$

auch *Hypothesenmatrix* (zur Hypothese, daß die beobachteten Merkmale nicht zwischen den Gruppen trennen; vgl. auch Abschnitt 4.4 und die "einfache Varianzanalyse" in Kap.X, Abschnitt 1.4.1).

Bei Verwendung der *linearen Fisherschen Diskriminanzfunktion* wird dann ein neues, zu identifizierendes Objekt mit Beobachtungsvektor y der i-ten Teilpopulation zugeordnet, falls für alle $j \neq i$ gilt:

$$h_{ij}(y) = (\bar{y}_i - \bar{y}_j)^T \cdot S^{-1} \cdot y - \frac{1}{2}(\bar{y}_i - \bar{y}_j)^T \cdot S^{-1} \cdot (\bar{y}_i + \bar{y}_j) > 0 \quad .$$

Bei der konkreten Berechnung kann man sich hier zunutze machen, daß gilt

$$h_{ij}(y) = -h_{ji}(y) \quad .$$

Man kann hier auch eine *generalisierte lineare Diskriminanzfunktion* verwenden. Bezeichnet α einen beliebigen Eigenvektor zum größten Eigenwert λ_G der Matrix $S_e^{-1} \cdot S_h$, d.h.

$$S_e^{-1} \cdot S_h \cdot \alpha = \lambda_G \cdot \alpha \quad ,$$

so wird ein neues Objekt mit Beobachtungsvektor y in die i-te Teilpopulation eingeordnet, falls für alle $j \neq i$ gilt:

$$|\alpha^T \cdot (\bar{y}_i - y)| < |\alpha^T \cdot (\bar{y}_j - y)| \quad .$$

Wie im Zweigruppenfall läßt sich die *Güte der Diskrimination* durch den Prozentsatz richtig klassifizierter (mittels der jeweiligen Diskriminanzfunktion) Objekte aus der Lernstichprobe messen; vgl. auch Abschnitt 4.4 und 5.

4.3 EIN BEISPIEL

Tab.3 enthält die $p = 4$ Messungen von Länge und Breite der Kelch- und Blütenblätter von je $n = n_i = 50$ Pflanzen der $m = 3$ Irisarten setosa, versicolor und virginica;vgl. R.A. Fisher (1936): The use of multiple measurements in taxonomic problems, Ann. Eugen. 7, S.179-188.

Betrachtet man die Daten aus Tab.3 als Lernstichprobe, so kann mittels der Diskriminanzanalyse eine beliebige Irispflanze einer der drei Arten zugeordnet werden. Als Kriterium für die Diskrimination sollen hier nur *Länge und Breite des Kelchblattes* herangezogen werden.

Kommen für die Klassifizierung nur die Arten iris setosa und versicolor in Frage (*Zweigruppenfall*), so werden die Mittelwertvektoren durch

$$\bar{y}_1 = (5.006, 3.428)^T \quad \text{bzw.} \quad \bar{y}_2 = (5.936, 2.770)^T$$

geschätzt. Der Schätzer für die gemeinsame Kovarianzmatrix der Populationen setosa und versicolor ist

Tab.3: Länge (L) und Breite (B) der Kelch- und Blütenblätter von je 50 Pflanzen dreier Irisarten

k	Iris setosa y_{1k}^T				Iris versicolor y_{2k}^T				Iris virginica y_{3k}^T			
	Kelch		Blüte		Kelch		Blüte		Kelch		Blüte	
	L	B	L	B	L	B	L	B	L	B	L	B
1	5.1	3.5	1.4	0.2	7.0	3.2	4.7	1.4	6.3	3.3	6.0	2.5
2	4.9	3.0	1.4	0.2	6.4	3.2	4.5	1.5	5.8	2.7	5.1	1.9
3	4.7	3.2	1.3	0.2	6.9	3.1	4.9	1.5	7.1	3.0	5.9	2.1
4	4.6	3.1	1.5	0.2	5.5	2.3	4.0	1.3	6.3	2.9	5.6	1.8
5	5.0	3.6	1.4	0.2	6.5	2.8	4.6	1.5	6.5	3.0	5.8	2.2
6	5.4	3.9	1.7	0.4	5.7	2.8	4.5	1.3	7.6	3.0	6.6	2.1
7	4.6	3.4	1.4	0.3	6.3	3.3	4.7	1.6	4.9	2.5	4.5	1.7
8	5.0	3.3	1.5	0.2	4.9	2.4	3.3	1.0	7.3	2.9	6.3	1.8
9	4.4	2.9	1.4	0.2	6.6	2.9	4.6	1.3	6.7	2.5	5.8	1.8
10	4.9	3.1	1.5	0.1	5.2	2.7	3.9	1.4	7.2	3.6	6.1	2.5
11	5.4	3.7	1.5	0.2	5.0	2.0	3.5	1.0	6.5	3.2	5.1	2.0
12	4.8	3.4	1.6	0.2	5.9	3.0	4.2	1.5	6.4	2.7	5.3	2.1
13	4.8	3.0	1.4	0.1	6.0	2.2	4.0	1.0	6.8	3.0	5.5	2.1
14	4.3	3.0	1.1	0.1	6.1	2.9	4.1	1.4	5.7	2.5	5.0	2.0
15	5.8	4.0	1.2	0.2	5.6	2.9	3.6	1.3	5.8	2.8	5.1	2.4
16	5.7	4.4	1.5	0.4	6.7	3.1	4.4	1.4	6.4	3.2	5.3	2.3
17	5.4	3.9	1.3	0.4	5.6	3.0	4.5	1.5	6.5	3.0	5.5	1.8
18	5.1	3.5	1.4	0.3	5.8	2.7	4.1	1.0	7.7	3.8	6.7	2.2
19	5.7	3.8	1.7	0.3	6.2	2.2	4.5	1.5	7.7	2.6	6.9	2.3
20	5.1	3.8	1.5	0.3	5.6	2.5	3.9	1.1	6.0	2.2	5.0	1.5
21	5.4	3.4	1.7	0.2	5.9	3.2	4.8	1.8	6.9	3.2	5.7	2.3
22	5.1	3.7	1.3	0.4	6.1	2.8	4.0	1.3	5.6	2.8	4.9	2.0
23	4.6	3.6	1.0	0.2	6.3	2.5	4.9	1.5	7.7	2.8	6.7	2.0
24	5.1	3.3	1.7	0.5	6.1	2.8	4.7	1.2	6.3	2.7	4.9	1.8
25	4.8	3.4	1.9	0.2	6.4	2.9	4.3	1.3	6.7	3.3	5.7	2.1
26	5.0	3.0	1.6	0.2	6.6	3.0	4.4	1.4	7.2	3.2	6.0	1.8
27	5.0	3.4	1.6	0.4	6.8	2.8	4.8	1.4	6.2	2.8	4.8	1.8
28	5.2	3.5	1.5	0.2	6.7	3.0	5.0	1.7	6.1	3.0	4.9	1.8
29	5.2	3.4	1.4	0.2	6.0	2.9	4.5	1.5	6.4	2.8	5.6	1.6
30	4.7	3.2	1.6	0.2	5.7	2.6	3.5	1.0	7.2	3.0	5.8	1.6
31	4.8	3.1	1.6	0.2	5.5	2.4	3.8	1.1	7.4	2.8	6.1	1.9
32	5.4	3.4	1.5	0.4	5.5	2.4	3.7	1.0	7.9	3.8	6.4	2.0
33	5.2	4.1	1.5	0.1	5.8	2.7	3.9	1.2	6.4	2.8	5.6	2.2
34	5.5	4.2	1.4	0.2	6.0	2.7	5.1	1.6	6.3	2.8	5.1	1.5
35	4.9	3.1	1.5	0.2	5.4	3.0	4.3	1.5	6.1	2.6	5.6	1.4
36	5.0	3.2	1.2	0.2	6.0	3.4	4.5	1.6	7.7	3.0	6.1	2.3
37	5.5	3.5	1.3	0.2	6.7	3.1	4.7	1.5	6.3	3.4	5.6	2.4
38	4.9	3.6	1.4	0.1	6.3	2.3	4.4	1.3	6.4	3.1	5.5	1.8
39	4.4	3.0	1.3	0.2	5.6	3.0	4.1	1.3	6.0	3.0	4.8	1.8
40	5.1	3.4	1.5	0.2	5.5	2.5	4.0	1.3	6.9	3.1	5.4	2.1
41	5.0	3.5	1.3	0.3	5.5	2.6	4.4	1.2	6.7	3.1	5.6	2.4
42	4.5	2.3	1.3	0.3	6.1	3.0	4.6	1.4	6.9	3.1	5.1	2.3
43	4.4	3.2	1.3	0.2	5.8	2.6	4.0	1.2	5.8	2.7	5.1	1.9
44	5.0	3.5	1.6	0.6	5.0	2.3	3.3	1.0	6.8	3.2	5.9	2.3
45	5.1	3.8	1.9	0.4	5.6	2.7	4.2	1.3	6.7	3.3	5.7	2.5
46	4.8	3.0	1.4	0.3	5.7	3.0	4.2	1.2	6.7	3.0	5.2	2.3
47	5.1	3.8	1.6	0.2	5.7	2.9	4.2	1.3	6.3	2.5	5.0	1.9
48	4.6	3.2	1.4	0.2	6.2	2.9	4.3	1.3	6.5	3.0	5.2	2.0
49	5.3	3.7	1.5	0.2	5.1	2.5	3.0	1.1	6.2	3.4	5.4	2.3
50	5.0	3.3	1.4	0.2	5.7	2.8	4.1	1.3	5.9	3.0	5.1	1.8

$$S = \frac{1}{100-2}((n_1-1)S_1 + (n_2-1)S_2)$$

$$= \frac{1}{98}\left(\begin{pmatrix} 5.9682 & 4.7628 \\ 4.7628 & 6.8992 \end{pmatrix} + \begin{pmatrix} 12.7939 & 4.0915 \\ 4.0915 & 4.7285 \end{pmatrix}\right)$$

$$= \frac{1}{98}\begin{pmatrix} 18.7621 & 8.8543 \\ 8.8543 & 11.6277 \end{pmatrix} \quad .$$

Mittels dieser Schätzer ergibt sich wegen

$$S^{-1} = \begin{pmatrix} 8.153 & -6.209 \\ -6.209 & 13.156 \end{pmatrix} \quad ,$$

daß eine neue Irispflanze mit Länge y_1 und Breite y_2 des Kelchblattes in die Population iris setosa eingeordnet wird, falls gilt:

$$-11.673y_1 + 14.431y_2 + 19.141 > 0 \quad ,$$

und in die Art iris versicolor klassifiziert wird, falls gilt:

$$-11.673y_1 + 14.431y_2 + 19.141 < 0 \quad .$$

Die gleiche Entscheidungsregel würde hier natürlich die generalisierte lineare Diskriminanzfunktion liefern.

Kann eine neu hinzukommende Irispflanze auch noch der Art iris virginica angehören (*Dreigruppenfall*), so muß auch die Lernstichprobe für iris virginica aus Tab.3 zur Schätzung der Parameter herangezogen werden. Mit

$$\overline{y}_3 = \begin{pmatrix} 6.588 \\ 2.974 \end{pmatrix} \quad \text{und} \quad S_3 = \begin{pmatrix} 0.3963 & 0.0919 \\ 0.0919 & 0.1019 \end{pmatrix}$$

ergibt sich der Schätzer für die gemeinsame Kovarianzmatrix Σ von Länge und Breite der Kelchblätter der drei Irisarten zu

$$S = \frac{1}{147}(50\,S_1 + 50\,S_2 + 50\,S_3) = \begin{pmatrix} 0.2650 & 0.0927 \\ 0.0927 & 0.1154 \end{pmatrix} \quad .$$

Weiterhin ergibt sich

$$\overline{y} = \frac{1}{150}\sum_{i=1}^{3}\sum_{k=1}^{50} y_{ik} = \begin{pmatrix} 5.843 \\ 3.057 \end{pmatrix} \quad .$$

Wegen

$$S^{-1} = \begin{pmatrix} 5.248 & -4.216 \\ -4.216 & 12.052 \end{pmatrix}$$

wird bei der Verwendung der linearen Fisherschen Diskriminanzfunktion eine neue Irispflanze mit Länge y_1 und Breite y_2 des Kelchblattes dann wie folgt diskriminiert. Mit

$$h_{12}(y) = -\ 7.655y_1 + 11.851y_2 + \ 5.154 \quad ,$$

$$h_{13}(y) = -10.216y_1 + 12.141y_2 + 20.359 \quad ,$$

$$h_{23}(y) = -\ 2.562y_1 + \ 0.290y_2 + 15.210$$

gehört sie zur Art

iris setosa , falls $h_{12}(y) > 0$ und $h_{13}(y) > 0$,

iris versicolor, falls $h_{12}(y) < 0$ und $h_{23}(y) > 0$,

iris virginica , falls $h_{13}(y) < 0$ und $h_{23}(y) < 0$.

Möchte man die generalisierte lineare Diskriminanzfunktion zur Diskrimination zwischen den drei Irisarten verwenden, so benötigt man die Matrizen

$$S_e = (n-m)S = 147\,S = \begin{pmatrix} 38.96 & 13.63 \\ 13.63 & 16.96 \end{pmatrix}$$

und

$$S_h = \sum_{i=1}^{3} n(\bar{y}_i - \bar{y})(\bar{y}_i - \bar{y})^T = \begin{pmatrix} 63.21 & -19.95 \\ -19.95 & 11.35 \end{pmatrix} \quad .$$

Mit

$$S_e^{-1} = 0.01 \cdot \begin{pmatrix} 3.5706 & -2.8696 \\ -2.8696 & 8.2024 \end{pmatrix}$$

ergibt sich dann α als Eigenvektor zum größten Eigenwert

$$\lambda_G = 4.171$$

der Matrix

$$S_e^{-1} \cdot S_h = \begin{pmatrix} 2.829 & -1.038 \\ -3.450 & 1.503 \end{pmatrix} \quad .$$

Wir können also z.B.

$$\alpha = (1, -1.293)^T$$

wählen. Für eine neue Irispflanze mit Beobachtungsvektor $y = (y_1, y_2)^T$ ergibt sich somit

$$|\alpha^T \cdot (\bar{y}_1 - y)| = |0.5736 - \alpha^T \cdot y| \quad ,$$
$$|\alpha^T \cdot (\bar{y}_2 - y)| = |2.3544 - \alpha^T \cdot y| \quad ,$$
$$|\alpha^T \cdot (\bar{y}_3 - y)| = |2.7426 - \alpha^T \cdot y| \quad ,$$

d.h. sie wird, falls

$$-\infty < \alpha^T \cdot y < 1.4640 \quad , \quad \text{der Art iris setosa}$$
$$1.4640 < \alpha^T \cdot y < 2.5485 \quad , \quad \text{der Art iris versicolor}$$
$$2.5485 < \alpha^T \cdot y < \infty \quad , \quad \text{der Art iris virginica}$$

zugeordnet.

Daß die beiden Diskriminanzfunktionen unterschiedliche Entscheidungen liefern können, zeigt sich, wenn man z.B. eine Pflanze mit Beobachtungsvektor $y = (4,2)^T$ betrachtet. Bei Verwendung der linearen Fisherschen Diskriminanzfunktion wird sie der Art iris versicolor und bei Verwendung der generalisierten linearen Diskriminanzfunktion der Art iris setosa zugeordnet.

4.4 EIN TRENNMASS UND DIE REDUKTION VON MERKMALEN

Wir werden hier zunächst ein sogenanntes *Trennmaß* kennenlernen, das die Güte der Trennung (Diskrimination) zwischen m Teilpopulationen basierend auf p Merkmalen mißt; es kann auch als Prüfgröße für einen Test über die Signifikanz der Trennung verwandt werden.

Außerdem werden wir zwei *Methoden zur Reduktion von Merkmalen* kennenlernen. Im Beispiel aus Abschnitt 4.3 haben wir, um den Rechenaufwand gering zu halten, nur $q = 2$ von $p = 4$ erhobenen Merkmalen Y_1, Y_2, Y_3, Y_4 - nämlich Y_1 und Y_2 - zur Diskrimination zwischen verschiedenen Irisarten verwandt. Wie bestimmt man nun aber die $q < p$ Merkmale, die man wählen muß, um noch eine möglichst gute Diskrimination zwischen den Teilpopulationen einer Grundgesamtheit zu erreichen? Zunächst werden wir die *Methode der Unentbehrlichkeit* und dann noch die *Methode der Korrelationen mit der generalisierten Diskriminanzfunktion* behandeln.

Wir gehen hier wiederum davon aus, daß für i=1,...,m p in der i-ten Teilpopulation $N(\mu^{(i)};\Sigma)$ - verteilte Zufallsvariablen $Y_1,\dots,Y_p$ an Lernstichproben von jeweils n_i Objekten in der i-ten Population beobachtet wurden

($n = n_1 + \ldots + n_m$), und verwenden dieselben Bezeichnungen wie in Abschnitt 4.1 und 4.2.

Als *Maß für die Güte der Diskrimination* kann die Größe

$$T^2(Y_1,\ldots,Y_p) = \mathrm{tr}(S_h \cdot S_e^{-1})$$

verwandt werden. Gilt für dieses *Trennmaß* $T^2(Y_1,\ldots,Y_p) = 0$, so vermögen die p beobachteten Merkmale überhaupt nicht zwischen den Gruppen zu diskriminieren; je größer das Trennmaß ist, desto besser ist die Diskrimination.

Die Güte der Diskrimination wird als signifikant zum Niveau α bezeichnet, falls

$$T^2(Y_1,\ldots,Y_p) > c_{HL;1-\alpha}(p,n-m,m-1)$$

gilt, wobei $c_{HL;1-\alpha}(p,n-m,m-1)$ das $(1-\alpha)$ - Quantil der Hotelling - Lawley - Statistik ist, vgl. Abschnitt 1.4 in Kap.III oder Abschnitt 1.2 in Kap.X.

Im Fall $m = 2$ (Zweigruppenfall der Diskriminanzanalyse) läßt sich das Trennmaß gerade darstellen als

$$T^2(Y_1,\ldots,Y_p) = \mathrm{tr}(S_h \cdot S_e^{-1}) = \frac{n_1 \cdot n_2}{n(n-2)} (\bar{y}_1 - \bar{y}_2)^T \cdot S^{-1} \cdot (\bar{y}_1 - \bar{y}_2) \quad ,$$

und die exakte Verteilung von $T^2(Y_1,\ldots,Y_p)$ unter der Hypothese ist

$$\frac{n-p-1}{p} \cdot T^2(Y_1,\ldots,Y_p) \sim F_{p,n-p-1} \quad .$$

Hier wird also auf eine zum Niveau α signifikante Trennung zwischen zwei Gruppen mittels der Merkmale $Y_1,\ldots,Y_p$ geschlossen, wenn gilt

$$T^2(Y_1,\ldots,Y_p) > \frac{p}{n-p-1} \cdot F_{p,n-p-1;1-\alpha} \quad ;$$

man vgl. hierzu auch Abschnitt 2.1.

Möchte man nun die *Zahl der Merkmale reduzieren*, so wird man eine möglichst geringe Verschlechterung des Trennmaßes in Kauf nehmen wollen. Hat man die Zahl q der Merkmale, die man berücksichtigen möchte, im Vorhinein festgelegt, so kann man das Trennmaß T^2 für jede Auswahl von q aus p Merkmalen berechnen und dann die Gruppe von q Merkmalen zur Diskrimination verwenden, für die das Trennmaß maximal ist. Da S_h und S_e^{-1} aber jedes Mal neu berechnet werden müssen, ist dies Verfahren sehr aufwendig, besonders wenn p groß ist.

Eine andere Möglichkeit besteht darin, die *schrittweise Methode der Unent-*

behrlichkeit anzuwenden, die auch dann geeignet ist, wenn die Anzahl q zu berücksichtigender Merkmale nicht im Vorhinein festgelegt ist. Man berechnet zunächst aus der Lernstichprobe den Schätzer

$$S = \frac{1}{m-n}\cdot S_e = (s_{j\ell})_{j,\ell=1,\dots,p}$$

für die Kovarianzmatrix der p beobachteten Merkmale und deren Inverse

$$S^{-1} = (t_{j\ell})_{j,\ell=1,\dots,p} \quad ,$$

sowie die Matrix

$$A = (\bar{y}_1 - \bar{y}, \bar{y}_2 - \bar{y}, \dots, \bar{y}_m - \bar{y})$$

Daraus ergibt sich dann die Matrix

$$B = S^{-1}\cdot A = (b_{ji})_{j=1,\dots,p,\,i=1,\dots,m} \quad .$$

Nun wird für jedes der p Merkmale die Unentbehrlichkeit U_j für $j=1,\dots,p$ berechnet:

$$U_j = \frac{1}{(n-m)t_{jj}} \sum_{i=1}^{m} n_i b_{ji}^2 \quad .$$

Das Merkmal ℓ mit der kleinsten Unentbehrlichkeit wird dann eliminiert und das Trennmaß für die verbleibenden p-1 Merkmale ist

$$T^2(Y_1,\dots,Y_{\ell-1},Y_{\ell+1},\dots,Y_p) = T^2(Y_1,\dots,Y_p) - U_\ell \quad .$$

Möchte man noch ein Merkmal eliminieren, so bestimmt man den Schätzer für die Kovarianzmatrix der verbleibenden Merkmale $S_{(1,\dots,\ell-1,\ell+1,\dots,p)}$ durch Streichen der ℓ-ten Spalte und ℓ-ten Zeile in der Matrix S und berechnet die dazu inverse Matrix $S^{-1}_{(1,\dots,\ell-1,\ell+1,\dots,p)}$. Streicht man nun noch die ℓ-te Zeile der Matrix A, so erhält man eine Matrix $A_{(1,\dots,\ell-1,\ell+1,\dots,p)}$ und daraus dann

$$B_{(1,\dots,\ell-1,\ell+1,\dots,p)} = S^{-1}_{(1,\dots,\ell-1,\ell+1,\dots,p)}\cdot A_{(1,\dots,\ell-1,\ell+1,\dots,p)} \quad .$$

Die Unentbehrlichkeit U_j, $j=1,\dots,\ell-1,\ell+1,\dots,p$ der verbleibenden p-1 Merkmale bestimmt man dann analog wie vorher aus diesen Matrizen, eliminiert das Merkmal mit minimaler Unentbehrlichkeit, erhält ein neues Trennmaß T^2 und wiederholt die Prozedur, wenn man noch ein Merkmal eliminieren möchte, usw.

Beispiel: Im Beispiel der drei Irisarten, vgl. Tab.3, wollen wir zunächst das Trennmaß für alle $p=4$ Merkmale bestimmen. Man erhält hier mit

$n_1 = n_2 = n_3 = 50$, d.h. $n = 150$, und

$$\overline{y}_1 = \begin{pmatrix} 5.006 \\ 3.428 \\ 1.462 \\ 0.246 \end{pmatrix}, \quad \overline{y}_2 = \begin{pmatrix} 5.936 \\ 2.770 \\ 4.260 \\ 1.326 \end{pmatrix}, \quad \overline{y}_3 = \begin{pmatrix} 6.588 \\ 2.974 \\ 5.552 \\ 2.026 \end{pmatrix} \quad \text{und} \quad \overline{y} = \begin{pmatrix} 5.843 \\ 3.057 \\ 3.758 \\ 1.199 \end{pmatrix}$$

zunächst

$$S_h = 50 \sum_{i=1}^{3} (\overline{y}_i - \overline{y})(\overline{y}_i - \overline{y})^T = \begin{pmatrix} 63.21 & -19.95 & 165.26 & 71.28 \\ -19.95 & 11.35 & -57.24 & -22.93 \\ 165.26 & -57.24 & 437.10 & 186.78 \\ 71.28 & -22.93 & 186.78 & 80.41 \end{pmatrix}$$

sowie

$$S_e = \sum_{i=1}^{3} \sum_{k=1}^{50} (y_{ik} - \overline{y}_i)(y_{ik} - \overline{y}_i)^T = \begin{pmatrix} 38.96 & 13.63 & 24.62 & 5.64 \\ 13.63 & 16.96 & 8.12 & 4.81 \\ 24.26 & 8.12 & 27.22 & 6.27 \\ 5.64 & 4.81 & 6.27 & 6.16 \end{pmatrix}$$

und wegen

$$S_e^{-1} = 0.01 \cdot \begin{pmatrix} 7.3732 & -3.6590 & -6.1140 & 2.3295 \\ -3.6590 & 9.6865 & 1.8163 & -6.0623 \\ -6.1140 & 1.8163 & 10.0572 & -6.0571 \\ 2.3295 & -6.0623 & -6.0571 & 25.0000 \end{pmatrix}$$

dann

$$S_h \cdot S_e^{-1} = \begin{pmatrix} -3.053 & -5.565 & 8.076 & 10.492 \\ 1.079 & 2.180 & -2.942 & -3.418 \\ -8.094 & -14.976 & 21.503 & 27.539 \\ -3.452 & -6.311 & 9.140 & 11.840 \end{pmatrix} ,$$

$$T^2(Y_1,\ldots,Y_4) = \mathrm{tr}(S_h \cdot S_e^{-1}) = -3.053 + 2.180 + 21.503 + 11.840$$
$$= 32.470 \quad ,$$

und mit, vgl. Abschnitt 1.3 in Kap.III, $\theta = \min(p,m-1) = 2$, $u = \frac{1}{2}(|p-m+1|-1) = \frac{1}{2}$ und $v = \frac{1}{2}(n-m-p-1) = 71$, ergibt sich das Trennmaß als signifikant zum 5% Niveau:

$$T^2(Y_1,\ldots,Y_4) = 32.470 > 0.146 = 0.056 \cdot 2.60$$
$$= \frac{\theta^2(2u+\theta+1)}{2(\theta v+1)} \cdot F_{\theta(2u+\theta+1),2(\theta v+1);0.95}$$
$$\simeq c_{HL;0.95}(p,n-m,m-1) \quad .$$

Nun wollen wir zwei entbehrliche Merkmale eliminieren. Es ist

$$S = \frac{1}{n-m} \cdot S_e = \frac{1}{147} \cdot S_e = \begin{pmatrix} 0.265 & 0.093 & 0.167 & 0.038 \\ 0.093 & 0.115 & 0.055 & 0.033 \\ 0.167 & 0.055 & 0.185 & 0.043 \\ 0.038 & 0.033 & 0.043 & 0.042 \end{pmatrix}$$

und $S^{-1} = 147\, S_e^{-1}$.

Weiter ist

$$A = (\bar{y}_1 - \bar{y}, \bar{y}_2 - \bar{y}, \bar{y}_3 - \bar{y}) = \begin{pmatrix} -0.837 & 0.093 & 0.745 \\ 0.371 & -0.287 & -0.083 \\ -2.296 & 0.502 & 1.794 \\ -0.953 & 0.127 & 0.827 \end{pmatrix}$$

und somit

$$B = S^{-1} \cdot A = \begin{pmatrix} 6.305 & -1.525 & -4.771 \\ 12.147 & -4.378 & -7.769 \\ -16.946 & 4.689 & 12.242 \\ -20.752 & 3.074 & 17.709 \end{pmatrix} \quad .$$

Hieraus ergeben sich nun die Unentbehrlichkeiten der 4 Merkmale Länge und Breite von Kelch- und Blütenblättern zu

$$U_1 = \frac{50}{147 \cdot 10.839}(6.305^2 + 1.525^2 + 4.771^2) = 2.035 \quad ,$$

$$U_2 = 5.424 \;,\; U_3 = 10.561 \text{ und } U_4 = 6.976 \quad .$$

Damit ist das erste zu eliminierende Merkmal das Merkmal 1 (Länge des Kelchblattes).

Das Trennmaß der 3 verbleibenden Merkmale ist

$$T^2(Y_2, Y_3, Y_4) = T^2(Y_1, Y_2, Y_3, Y_4) - U_1 = 32.470 - 2.035 = 30.435 \quad .$$

Wegen

$$c_{HL;0.95}(3,147,2) \simeq \frac{\theta^2(2u+\theta+1)}{2(\theta\, v+1)} \cdot F_{\theta(2u+\theta+1),2(\theta v+1);0.95}$$
$$= 0.0417 \cdot 2.10 = 0.088$$

(mit $\theta = 2$, $u = 0$ und $v = 71.5$) ist das Trennmaß auch für die Merkmale 2, 3 und 4 signifikant zum 5% Niveau.

Nun müssen wir das zweite zu eliminierende Merkmal bestimmen. Mit

$$S_{(2,3,4)} = \begin{pmatrix} 0.115 & 0.055 & 0.033 \\ 0.055 & 0.185 & 0.043 \\ 0.033 & 0.043 & 0.042 \end{pmatrix}$$

wird

$$S^{-1}_{(2,3,4)} = \begin{pmatrix} 11.644 & -1.752 & -7.355 \\ -1.752 & 7.357 & -6.156 \\ -7.355 & -6.156 & 35.891 \end{pmatrix} \quad ;$$

weiter ist

$$A_{(2,3,4)} = \begin{pmatrix} 0.371 & -0.287 & -0.083 \\ -2.296 & 0.502 & 1.794 \\ -0.953 & 0.127 & 0.827 \end{pmatrix}$$

und somit

$$B_{(2,3,4)} = S^{-1}_{(2,3,4)} \cdot A_{(2,3,4)} = \begin{pmatrix} 15.352 & -5.152 & -10.192 \\ -11.675 & 3.414 & 8.253 \\ -22.799 & 3.579 & 19.248 \end{pmatrix} \quad .$$

Die Unentbehrlichkeiten der 3 verbleibenden Merkmale ergeben sich nun zu

$$U_2 = \frac{50}{147 \cdot 11.644}(15.352^2 + 5.152^2 + 10.192^2) = 10.694 \quad ,$$

$$U_3 = 9.990 \text{ und } U_4 = 8.559 \quad ,$$

so daß das Merkmal 4 (Breite des Blütenblattes) eliminiert wird. Wir haben nun die beiden Merkmale, aufgrund derer wir diskriminieren wollen, gefunden. Das Trennmaß dieser Diskrimination ist wegen

$$\begin{aligned} T^2(Y_2,Y_3) &= T^2(Y_2,Y_3,Y_4) - U_4 = 30.435 - 8.559 = 21.876 \\ &> 0.0828 = 0.0276 \cdot 3.0 = \frac{\theta^2(2u+\theta+1)}{2(\theta v+1)} \cdot F_{\theta(2u+\theta+1),2(\theta v+1);0.95} \\ &\simeq c_{HL;0.95}(2,147,2) \end{aligned}$$

(mit $\theta = 2$, $u = -\frac{1}{2}$, $v = 72$) zum 5% Niveau auch noch signifikant.

Im Beispiel aus Abschnitt 4.3 haben wir aufgrund der Merkmale Y_1 und Y_2 diskriminiert, was, wie sich hier herausstellt, nicht optimal war. Das dort erreichte Trennmaß war lediglich

$$T^2(Y_1,Y_2) = 4.363 \quad .$$

Für die verbleibenden Merkmale wollen wir nun einmal die lineare Fishersche Diskriminanzfunktion bestimmen. Es ist

$$S_{(2,3)} \;(=S) = \begin{pmatrix} 0.115 & 0.055 \\ 0.055 & 0.185 \end{pmatrix}$$

und somit

$$S^{-1}_{(2,3)} \;(=S^{-1}) = \begin{pmatrix} 10.137 & -3.014 \\ -3.014 & 6.301 \end{pmatrix} \quad .$$

Weiter ergibt sich (für die Merkmale 2 und 3)

$$(\bar{y}_1 - \bar{y}_2) = \begin{pmatrix} 0.658 \\ -2.798 \end{pmatrix} \quad , \quad (\bar{y}_1 - \bar{y}_2)^T \cdot S^{-1} = (15.103, -19.613) \quad ,$$

$$(\bar{y}_1 - \bar{y}_3) = \begin{pmatrix} 0.454 \\ -4.090 \end{pmatrix} \quad , \quad (\bar{y}_1 - \bar{y}_3)^T \cdot S^{-1} = (16.929, -27139) \quad ,$$

$$(\bar{y}_2 - \bar{y}_3) = \begin{pmatrix} -0.204 \\ -1.292 \end{pmatrix} \quad , \quad (\bar{y}_2 - \bar{y}_3)^T \cdot S^{-1} = (1.826, -7.526) \quad ,$$

so daß

$$h_{12}(y) = 15.103 y_2 - 19.613 y_3 + 9.309 \quad ,$$

$$h_{13}(y) = 16.929 y_2 - 27.139 y_3 + 40.987 \quad \text{und}$$

$$h_{23}(y) = 1.826 y_2 - 7.526 y_3 + 31.678$$

ist. Bezeichnet also $y = (y_2, y_3)^T$ den Beobachtungsvektor für die Breite des Kelchblattes und die Länge des Blütenblattes einer neuen Irispflanze unbekannter Art, so wird sie der Art

setosa zugeordnet, falls $h_{12}(y) > 0$ und $h_{13}(y) > 0$,

versicolor zugeordnet, falls $h_{12}(y) < 0$ und $h_{23}(y) > 0$ und

virginica zugeordnet, falls $h_{13}(y) < 0$ und $h_{23}(y) < 0$.

Beobachtet man also zum Beispiel eine Irispflanze mit

$$y = (3.271, 4.765)^T \quad ,$$

so ergibt sich

$$h_{12}(y) = 15.103 \cdot 3.271 - 19.613 \cdot 4.765 + 9.309 = -34.745$$

$$h_{13}(y) = -32.956 \quad \text{und}$$

$$h_{23}(y) = 1.789 \quad ,$$

d.h. die Pflanze wird der Art Iris versicolor zugeordnet. □

Ausgehend von der *generalisierten linearen Diskriminanzfunktion* kann auch die *Methode der Korrelation* mit dieser Funktion als Anhaltspunkt für die Reduktion von Merkmalen verwandt werden. Möchte man die Anzahl p von Merkmalen $Y_1, \ldots, Y_p$ auf die q wichtigsten reduzieren, so schätzt man für $\ell = 1, \ldots, p$ die Korrelation $\rho_{Y_\ell Z}$ des Merkmals Y_ℓ mit $Z = \alpha_1 Y_1 + \ldots + \alpha_p Y_p$ und eliminiert die $p - q$ Merkmale mit der betragsmäßig geringsten Korrelation. Ausgehend von einer Lernstichprobe von Objekten kann dabei $\rho_{Y_\ell Z}$ geschätzt werden durch

$$r_{Y_\ell Z} = u_\ell \,/\, \sqrt{w \cdot s_{e(\ell,\ell)}} \qquad \text{für } \ell = 1, \ldots, p \quad .$$

Ist α ein Eigenvektor zum größten Eigenwert der Matrix $S_e^{-1} \cdot S_h$, so ist hierbei

$$u = (u_1, \dots, u_p)^T = S_e \cdot \alpha \quad , \quad w = \alpha^T \cdot u \quad ,$$

und für $\ell = 1, \dots, p$ bezeichnet $s_{e(\ell,\ell)}$ das ℓ-te Hauptdiagonalelement der Matrix S_e.

Beispiele zu dieser Methode werden wir im nachfolgenden Abschnitt 5 und im Abschnitt 2.1 des Kap.V kennenlernen. Diese Vorgehensweise läßt sich natürlich ebenfalls schrittweise durchführen. Nach Elimination eines Merkmals gemäß obigen Kriteriums wird die gesamte Prozedur mit den verbleibenden Merkmalen wiederholt und dann das nächste Merkmal eliminiert, usw.

5 EIN ZUSAMMENFASSENDES BEISPIEL

Über ein Jahr hinweg wurden in $n = 15$ Gaststätten der vierteljährliche Pils - Absatz (in hl) ermittelt; die je vier Quartalsabsätze wollen wir hier als die interessierenden Merkmale interpretieren. Die entsprechenden Daten, die in Tab.4 zusammengestellt sind, verdanken wir der Privatbrauerei Thier, Dortmund.

Tab.4: Pils - Absatz (in hl) von $n = 15$ Gaststätten in $p = 4$ Quartalen

Gaststätte i	Quartal 1 y_{i1}	Quartal 2 y_{i2}	Quartal 3 y_{i3}	Quartal 4 y_{i4}
1	75.30	68.00	51.50	72.80
2	57.00	58.00	51.00	50.00
3	16.50	21.60	12.80	16.00
4	61.20	67.20	43.30	65.50
5	71.00	80.75	60.00	89.00
6	11.25	15.50	19.25	6.00
7	79.00	53.00	41.30	87.00
8	97.60	85.70	80.10	102.40
9	89.50	84.00	68.90	96.30
10	57.00	54.00	44.00	63.50
11	113.50	101.20	143.90	119.40
12	78.00	68.00	84.00	79.00
13	151.00	149.00	161.00	159.00
14	111.00	142.00	143.10	160.10
15	55.30	61.00	38.00	63.00

Wir schätzen nun zunächst Erwartungswert μ und Kovarianzmatrix Σ der vier Merkmale in der Grundgesamtheit der Gaststätten aus den Daten der Tab.4. Hier ergeben sich die Schätzer

$$\overline{y} = \begin{pmatrix} 74.943 \\ 73.930 \\ 69.477 \\ 81.933 \end{pmatrix} \quad \text{und} \quad S = \begin{pmatrix} 1287.850 & 1233.346 & 1496.901 & 1497.847 \\ 1233.346 & 1344.534 & 1561.575 & 1546.151 \\ 1496.901 & 1561.575 & 2090.534 & 1811.010 \\ 1497.847 & 1546.151 & 1811.010 & 1881.994 \end{pmatrix} ,$$

so daß die Hypothese

$$H_0\colon \mu = \begin{pmatrix} 80 \\ 80 \\ 80 \\ 80 \end{pmatrix} \quad \text{gegen} \quad H_1\colon \mu \neq \begin{pmatrix} 80 \\ 80 \\ 80 \\ 80 \end{pmatrix}$$

über den Erwartungswertvektor μ bei Annahme einer unbekannten Kovarianzmatrix $\$$ zum 5% Niveau verworfen werden muß, denn für die Hotellingsche T^2-Statistik ergibt sich mit

$$S^{-1} = 10^{-3} \begin{pmatrix} 11.697 & 1.792 & -2.248 & -8.618 \\ 1.792 & 17.321 & -3.958 & -11.847 \\ -2.248 & -3.958 & 4.073 & 1.122 \\ -8.618 & -11.847 & 1.122 & 16.045 \end{pmatrix}$$

dann

$$\begin{aligned} T^2 &= n(\overline{y} - \mu_*)^T \cdot S^{-1} \cdot (\overline{y} - \mu_*) \\ &= 15(-5.057,-6.070,-10.523,1.933) \cdot S^{-1} \cdot \begin{pmatrix} -5.057 \\ -6.070 \\ -10.523 \\ 1.933 \end{pmatrix} \\ &= 18.214 \\ &> 17.090 = \frac{56}{11} \cdot 3.357 = \frac{4 \cdot 14}{15-4} \cdot F_{4,11;0.95} = \frac{p(n-1)}{n-p} \cdot F_{p,n-p;1-\alpha} \ . \end{aligned}$$

Damit ist also der Erwartungswertvektor μ in der Grundgesamtheit der Gaststätten zum 5% Niveau signifikant von $\mu_* = (80,80,80,80)^T$ verschieden.

Testen wir weiterhin die Hypothese

$$H_0\colon \$ = 2000 \cdot I_4 \qquad \text{gegen} \qquad H_1\colon \$ \neq 2000 \cdot I_4 \quad ,$$

daß die Merkmale in der Grundgesamtheit unkorreliert mit Varianz 2000 sind, zum 5% Niveau, so zeigt sich, daß auch hier eine signifikante Abweichung von der Hypothese vorhanden ist. Es ist nämlich

$$\begin{aligned} L &= (n-1)\left(\ln \det \$_0 - \ln \det S + tr(S \cdot \$_0^{-1}) - p\right) \\ &= 14\left(\ln 2000^4 - \ln 3.28291891 \cdot 10^9 + 3.302456 - 4\right) \\ &= 14 \cdot 7.794067060 = 109.117 \end{aligned}$$

und somit

$$L' = \left(1 - \frac{1}{6(n-1)}(2p + 1 - \frac{2}{p+1})\right) \cdot L = \left(1 - \frac{1}{6 \cdot 14}(2 \cdot 4 + 1 - \frac{2}{4+1})\right) \cdot 109.117$$

$$= 97.945$$

$$> 18.31 = \chi^2_{10;0.95} = \chi^2_{4\cdot 5/2;0.95} = \chi^2_{p(p+1)/2;1-\alpha} \quad .$$

Auch die diesen beiden Einzelhypothesen über μ und Σ entsprechende simultane Hypothese

$$H_0:\ \mu = \begin{pmatrix}80\\80\\80\\80\end{pmatrix} \text{ und } \Sigma = 2000\cdot I_4 \quad \text{gegen} \quad H_1:\ \mu \neq \begin{pmatrix}80\\80\\80\\80\end{pmatrix} \text{ oder } \Sigma \neq 2000\cdot I_4$$

muß dann natürlich zum 5% Niveau verworfen werden, denn es ist

$$\chi^2 = \ln n - 1 - n\cdot\ln\det(S\cdot\Sigma_*^{-1}) + \mathrm{tr}(S\cdot\Sigma_*)^{-1} - 2n(\bar{y}-\mu_*)^T\cdot\Sigma_*^{-1}\cdot(\bar{y}-\mu_*)$$

$$= \ln 15 - 1 - 15\cdot\ln \frac{1}{2000^4}\cdot 3.28291891\cdot 10^9 + 3.302456 - 2\cdot 1.327$$

$$= 129.731$$

$$> 23.68 = \chi^2_{14;0.95} = \chi^2_{4+4\cdot 5/2;0.95} = \chi^2_{p+p(p+1)/2;1-\alpha} \quad .$$

Bisher haben wir über den Erwartungswert μ in der Grundgesamtheit getestet, ob die Erwartungswerte $\mu_1,\ldots,\mu_4$ in den Quartalen alle gleich und alle gleich 80 sind. Will man nun lediglich die Gleichheit von $\mu_1,\ldots,\mu_4$ testen, so muß der *Symmetrietest* verwandt werden. Um zum 5% Niveau die Hypothese

$$H_0:\ \mu_1 = \mu_2 = \mu_3 = \mu_4$$

testen zu können, müssen wir zunächst die transformierten Beobachtungsgrössen

$$z_{ij} = y_{ij} - y_{ip} \qquad \text{für } i=1,\ldots,n \text{ und } j=1,\ldots,p-1$$

bestimmen, vgl. Tab.5.

Aus der Tab.5 berechnen sich dann der Mittelwertvektor $\bar{z}$ und die Kovarianzmatrix S dieser transformierten Daten zu

$$\bar{z} = \begin{pmatrix}-6.990\\-8.003\\-12.457\end{pmatrix} \quad \text{und} \quad S = \begin{pmatrix}174.149 & 71.342 & 70.030\\ 71.342 & 134.226 & 86.399\\ 70.030 & 86.399 & 350.480\end{pmatrix} \quad ,$$

so daß sich wegen

$$S^{-1} = 10^{-3}\cdot\begin{pmatrix}7.448 & -3.567 & -0.609\\ -3.567 & 10.563 & -1.891\\ -0.609 & -1.891 & 3.441\end{pmatrix}$$

die hier adäquate Hotellingsche T^2 - Statistik zu

Tab.5: Transformierte Beobachtungen z_{ij} für den Symmetrietest

Gaststätte i	z_{i1}	z_{i2}	z_{i3}
1	2.50	-4.80	-21.30
2	7.00	8.00	1.00
3	0.50	5.60	-3.20
4	-4.30	1.70	-22.20
5	-18.00	-8.25	-29.00
6	5.25	9.50	13.25
7	-8.00	-34.00	-45.70
8	-4.80	-16.70	-22.30
9	-6.80	-12.30	-27.40
10	-6.50	-9.50	-19.50
11	-5.90	-18.20	24.50
12	-1.00	-11.00	5.00
13	-8.00	-10.00	2.00
14	-49.10	-18.10	-17.00
15	-7.70	-2.00	-25.00

$$T^2 = n \cdot \bar{z}^T \cdot S^{-1} \cdot \bar{z} = 15 \cdot 0.6922 = 10.383$$

ergibt. Da nun gilt

$$T^2 = 10.383 \not> 12.212 = \frac{42}{12} \cdot 3.490 = \frac{42}{12} \cdot F_{3,12;0.95}$$
$$= \frac{(p-1)(n-1)}{n-p+1} \cdot F_{p-1,n-p+1;1-\alpha} \quad ,$$

kann die Hypothese H_0 zum 5% Niveau nicht verworfen werden, d.h. die erwarteten Absätze in 4 Quartalen sind in der Grundgesamtheit der Gaststätten zu diesem Niveau nicht signifikant verschieden.

Zum Problem zweier *verbundener Stichproben* gelangt man in unserem Beispiel, wenn man die Quartalsabsätze im 1. und 2. Halbjahr vergleichen will. Man faßt dann die Beobachtungen im 1. und 2. Quartal als eine und die Beobachtungen im 3. und 4. Quartal als die andere Stichprobe auf; in diesem Fall ist die Anzahl p der Merkmale natürlich nur noch zwei statt vier. Zum Testen von

$$H_0: \mu^{(1)} = \begin{pmatrix} \mu_1 \\ \mu_2 \end{pmatrix} = \begin{pmatrix} \mu_3 \\ \mu_4 \end{pmatrix} = \mu^{(2)} \qquad \text{gegen} \qquad H_1: \mu^{(1)} \neq \mu^{(2)}$$

muß man zunächst Mittelwertvektor und Kovarianzmatrix der Beobachtungsreihen

$$y_i^{(1)} = y_{i1} - y_{i3} \qquad \text{und} \qquad y_i^{(2)} = y_{i2} - y_{i4} \qquad , \; i=1,\ldots,15$$

bestimmen. Es ergibt sich hier aus den Daten der Tab.4

$$\bar{y}^{(1)} = 5.467 \quad , \quad \bar{y}^{(2)} = -8.003$$

und als empirische Kovarianzmatrix der beiden Reihen

$$S = \begin{pmatrix} 384.570 & -15.057 \\ -15.057 & 134.226 \end{pmatrix} \quad ,$$

d.h.

$$S^{-1} = 10^{-4} \cdot \begin{pmatrix} 26.118 & 2.930 \\ 2.930 & 74.830 \end{pmatrix} \quad .$$

Damit ist der Wert der Hotellingschen T^2 - Statistik gegeben als

$$T^2 = n(\bar{y}^{(1)}, \bar{y}^{(2)}) \cdot S^{-1} \cdot \begin{pmatrix} \bar{y}^{(1)} \\ \bar{y}^{(2)} \end{pmatrix} = 7.979$$

und die Hypothese H_0 kann zum 5% Niveau nicht verworfen werden, da gilt

$$T^2 = 7.979 \not> 8.198 = \frac{28}{13} \cdot 3.806 = \frac{28}{13} \cdot F_{2,13;0.95} = \frac{p(n-1)}{n-p} \cdot F_{p,n-p;1-\alpha} \quad .$$

Wir wissen, daß die 15 Gaststätten in unserer Stichprobe zwei verschiedenen Gastronomie - Typen (z.B. Fast - Food - Gastronomie, Bier - Gastronomie, Speise - Gastronomie) angehören; und zwar gehören die Gaststätten *1 bis 6 zum Typ I*, die Gaststätten *7 bis 15 zum Typ II*. Dies wollen wir im folgenden insofern berücksichtigen, als daß wir zum Problem zweier *unverbundener Stichproben* mit $n_1 = 6$ und $n_2 = 9$ übergehen.

Als Schätzer für die Erwartungswerte $\mu^{(1)}$ und $\mu^{(2)}$ des Absatzes in den 4 Quartalen und für die entsprechenden Kovarianzmatrizen Σ_1 und Σ_2 in den beiden Grundgesamtheiten (Gastronomietypen I und II) ergeben sich zunächst für den Typ I

$$\bar{y}_1 = \begin{pmatrix} 48.708 \\ 51.842 \\ 39.642 \\ 49.883 \end{pmatrix} \quad , \quad S_1 = \begin{pmatrix} 773.905 & 730.469 & 507.475 & 882.547 \\ 730.469 & 721.131 & 491.778 & 872.229 \\ 507.475 & 491.778 & 366.723 & 586.176 \\ 882.547 & 872.229 & 586.176 & 1074.642 \end{pmatrix}$$

und für den Typ II

$$\bar{y}_2 = \begin{pmatrix} 92.433 \\ 88.656 \\ 89.367 \\ 103.300 \end{pmatrix} \quad , \quad S_2 = \begin{pmatrix} 909.702 & 977.395 & 1324.003 & 1018.566 \\ 977.395 & 1292.244 & 1601.583 & 1275.610 \\ 1324.003 & 1601.583 & 2316.573 & 1607.610 \\ 1018.566 & 1275.610 & 1607.610 & 1337.758 \end{pmatrix} \quad .$$

Unter der Annahme gleicher Kovarianzmatrizen $\Sigma_1 = \Sigma_2 = \Sigma$ in den beiden Grundgesamtheiten wollen wir nun zunächst zum 5% Niveau die Hypothese der Gleichheit der Erwartungswerte in den beiden Grundgesamtheiten testen:

$$H_0:\ \mu^{(1)} = \mu^{(2)} \qquad \text{gegen} \qquad H_1:\ \mu^{(1)} \neq \mu^{(2)} \quad .$$

Dazu berechnen wir zunächst die gemeinsame Stichprobenkovarianzmatrix

$$S = (5\,S_1 + 8\,S_2)/13 \quad ,$$

deren Inverse durch

$$S^{-1} = 10^{-3} \cdot \begin{pmatrix} 10.877 & 1.315 & -2.031 & -7.697 \\ 1.315 & 23.613 & -4.897 & -17.613 \\ -2.031 & -4.897 & 3.980 & 2.114 \\ -7.697 & -17.613 & 2.114 & 20.706 \end{pmatrix}$$

gegeben ist. Da nun gilt

$$T^2 = \frac{n_1 \cdot n_2}{n_1 + n_2} (\overline{y}_1 - \overline{y}_2)^T \cdot S^{-1} \cdot (\overline{y}_1 - \overline{y}_2) = \frac{6 \cdot 9}{6+9} \cdot 5.197 = 18.709$$

$$> 18.086 = \frac{52}{10} \cdot 3.478 = \frac{52}{10} \cdot F_{4,10;0.95} = p \cdot \frac{n_1+n_2-2}{n_1+n_2-p-1} \cdot F_{p,n_1+n_2-p-1;1-\alpha} \quad ,$$

muß die Hypothese zu diesem Niveau verworfen werden, d.h. die Unterschiede in den mittleren Absätzen sind bei den Gastronomie - Typen I und II zum 5% Niveau signifikant.

Daß die Annahme gleicher Kovarianzmatrizen Σ_1 und Σ_2 bei den Typen I und II im obigen Test nicht ganz unrealistisch war, zeigt sich beim Testen der Hypothese

$$H_0:\ \Sigma_1 = \Sigma_2 \qquad \text{gegen} \qquad H_1:\ \Sigma_1 \neq \Sigma_2 \quad .$$

Diese Hypothese kann zum 5% Niveau nicht verworfen werden, denn mit

$$c = 1 - \frac{2p^2 + 3p - 1}{6(p+1)(k-1)} \left(\frac{1}{n_1-1} + \frac{1}{n_2-1} - \frac{1}{n_1-1+n_2-1} \right)$$

$$= 1 - \frac{2 \cdot 16 + 3 \cdot 4 - 1}{6(4+1)(2-1)} \left(\frac{1}{6-1} + \frac{1}{9-1} - \frac{1}{6+9-2} \right)$$

$$= 1 - \frac{43}{30} \cdot 0.248 = 0.645$$

ergibt sich

$$\chi^2 = c\left((n_1+n_2-2) \cdot \ln \det S - (n_1-1) \cdot \ln \det S_1 - (n_2-1) \cdot \ln \det S_2\right)$$

$$= 0.645\left((6+9-2) \cdot \ln 1.80939964 \cdot 10^9 - 5 \cdot \ln 1.212757200 \cdot 10^7 - 8 \cdot \ln 3.472711980 \cdot 10^9\right)$$

$$= 12.778$$

$$\not> 18.31 = \chi^2_{10;0.95} = \chi^2_{p(p+1)(k-1)/2;1-\alpha} \quad ;$$

die Kovarianzmatrizen können also nicht als signifikant (zum 5% Niveau) verschieden nachgewiesen werden.

Im Abschnitt 4 dieses Kapitels wurde schließlich noch das Problem der Diskriminanzanalyse angesprochen. Daher wollen wir hier ausgehend von den Daten aus Tab.4 noch eine *Diskriminanzfunktion* bestimmen, die es erlaubt zwischen den beiden Typen I und II von Gaststätten zu diskriminieren, d.h. eine Gaststätte einem dieser Typen zuzuordnen.

Benutzen wir - wie beim Problem zweier unverbundener Stichproben - , daß die Gaststätten 1 bis 6 in Tab.4 zum Typ I und die Gaststätten 7 bis 15 zum Typ II gehören, so läßt sich die Diskriminanzfunktion für diesen Zweigruppenfall unter Verwendung der Mittelwertvektoren $\bar{y}_1$ und $\bar{y}_2$ für die beiden Typen sowie der gemeinsamen Kovarianzmatrix S der beiden Stichproben bestimmen.

Diese Größen sowie die Inverse S^{-1} der Kovarianzmatrix haben wir schon im Zusammenhang mit dem Zweistichprobenproblem (unverbundene) bestimmt, so daß sich mit

$$\bar{y}_1 - \bar{y}_2 = \begin{pmatrix} -43.725 \\ -36.814 \\ -49.725 \\ -53.417 \end{pmatrix} \quad \text{und} \quad \bar{y}_1 + \bar{y}_2 = \begin{pmatrix} 141.141 \\ 140.498 \\ 129.009 \\ 153.183 \end{pmatrix} \quad ,$$

d.h.

$$(\bar{y}_1 - \bar{y}_2)^T \cdot S^{-1} = (-0.0119, 0.2575, -0.0417, -0.2262)$$

und

$$(\bar{y}_1 - \bar{y}_2)^T \cdot S^{-1} \cdot (\bar{y}_1 + \bar{y}_2) = -5.5310$$

nun ausgehend von der linearen Fisherschen Diskriminanzfunktion folgende Entscheidungsregel ergibt: Ist für eine Gaststätte der Beobachtungsvektor der vier Quartalsabstände als y gegeben, so wird die Gaststätte dem Typ I zugeordnet, falls gilt

$$(\bar{y}_1 - \bar{y}_2)^T \cdot S^{-1} \cdot y - \frac{1}{2}(\bar{y}_1 - \bar{y}_2)^T \cdot S^{-1} \cdot (\bar{y}_1 + \bar{y}_2)$$
$$= (-0.0119, 0.2575. -0.0417, -0.2262) y + 2.7655 > 0 \quad ,$$

und sie wird in allen anderen Fällen dem Gaststätten - Typ II zugeordnet, bzw. im Falle, daß die Diskriminanzfunktion den Wert 0 annimmt, ist die Zuordnung willkürlich und kann daher auch unterbleiben.

Um die Güte dieser Diskriminanzfunktion zu überprüfen, wollen wir hier einmal den Prozentsatz mit ihr richtig klassifizierter Gaststätten aus der Lernstichprobe überprüfen, d.h. wir bestimmen den Wert der Diskriminanzfunktion für die n = 15 Beobachtungsvektoren

$$y = y_i = (y_{i1}, y_{i2}, y_{i3}, y_{i4})^T$$

aus Tab.4 und vergleichen die Zuordnung mit der wahren Typ - Zugehörigkeit vgl. Tab.6.

Tab.6: Zuordnung und wahre Zugehörigkeit der 15 Gaststätten, vgl. Tab.4, zu den Gaststätten - Typen I und II

Gaststätte i	$(-0.0119, 0.2575, -0.0417, -0.2262)y_i + 2.7655$	Zuordnung	wahre Zugehörigkeit
1	0.7654	I	I
2	3.5855	I	I
3	3.9782	I	I
4	2.7195	I	I
5	0.0799	I	I
6	4.4630	I	I
7	-5.9287	II	II
8	-2.8312	II	II
9	-1.3257	II	II
10	-0.2063	II	II
11	-5.5351	II	II
12	-2.0253	II	II
13	-3.3434	II	II
14	-4.1723	II	II
15	1.9797	I	II

Wir sehen, daß nur die Gaststätte 15 fälschlicherweise dem Typ I zugeordnet wurde; alle übrigen Gaststätten wurden richtig diskriminiert. Damit ist der Prozentsatz richtig klassifizierter Gaststätten hier mit

$$\frac{14}{15} = 0.9333 = 93.33\%$$

sehr hoch.

Wir wollen nun noch eine "neue" Gaststätte, deren Typ - Zugehörigkeit wir nicht kennen, diskriminieren. Dazu verwenden wir die Pils - Absätze in den vier Quartalen eines Jahres, die im Beobachtungsvektor

$$y = (63.25, 57.00, 75.50, 77.20)^T$$

zusammengefaßt sind. Setzt man diesen Vektor y in die Diskriminanzfunktion ein, so ergibt sich

$$(-0.0119, 0.2575, -0.0417, -0.2262)y + 2.7655 = -6.6862 + 2.7655 = -3.9207 < 0 \quad ,$$

d.h. diese neue Gaststätte wird dem Typ II zugeordnet.

Die gleichen Diskriminationsergebnisse ergeben sich unter Verwendung der generalisierten linearen Diskriminanzfunktion, bei der in diesem Beispiel der Vektor α natürlich gegeben ist durch

$$\alpha = S^{-1}(\bar{y}_1 - \bar{y}_2) = (-0.0119, 0.2575, -0.0417, -0.2262)^T \quad .$$

Wir wollen nun zunächst mit Hilfe der Methode der Unentbehrlichkeit aus Abschnitt 4.3 noch das beste Quartalspaar eines Jahres zur Diskrimination zwischen den Gaststättentypen I und II bestimmen.

In diesem Zweigruppenfall ergibt sich das *Trennmaß* für $p = 4$ Quartalswerte zunächst zu

$$T^2(Y_1, \ldots, Y_4) = \frac{6 \cdot 9}{15 \cdot 13}(\bar{y}_1 - \bar{y}_2)^T \cdot S^{-1}(\bar{y}_1 - \bar{y}_2) = \frac{54}{195} \cdot 5.197 = 1.4392 \quad ;$$

es ist signifikant zum 5% Niveau, denn

$$T^2(Y_1, \ldots, Y_4) = 1.4392 > 1.3912 = \frac{4}{10} \cdot 3.478 = \frac{4}{10} \cdot F_{4,10;0.95} \quad .$$

Um ein erstes Merkmal eliminieren zu können, benötigen wir die Matrix $B = S^{-1} \cdot A$, wobei

$$A = (\bar{y}_1 - \bar{y}, \bar{y}_2 - \bar{y}) = \begin{pmatrix} -26.235 & 17.490 \\ -22.088 & 14.726 \\ -29.835 & 19.890 \\ -32.050 & 21.367 \end{pmatrix} \quad .$$

Es ergibt sich wegen

$$B = S^{-1} \cdot A = 10^{-3} \cdot \begin{pmatrix} -7.120 & 4.745 \\ 154.536 & -103.014 \\ -25.049 & 16.697 \\ -135.732 & 90.483 \end{pmatrix}$$

für die *Unentbehrlichkeiten* der vier Merkmale

$$U_1 = \frac{1}{13 \cdot 10^{-3} \cdot 10.877}\left(6(-7.120 \cdot 10^{-3})^2 + 9(4.745 \cdot 10^{-3})^2\right) = 0.036 \quad ,$$

$$U_2 = 0.7779 \; , \; U_3 = 0.1213 \text{ und } U_4 = 0.6844 \quad ,$$

so daß zunächst das Merkmal Y_1 eliminiert wird.

Um das zweite Merkmal eliminieren zu können, benötigen wir die Inverse der Matrix

$$S_{(2,3,4)} = \begin{pmatrix} 1072.585 & 1174.735 & 1120.463 \\ 1174.735 & 1566.631 & 1214.751 \\ 1120.463 & 1214.751 & 1236.560 \end{pmatrix} .$$

Hier ergibt sich

$$S^{-1}_{(2,3,4)} = 10^{-3} \cdot \begin{pmatrix} 23.454 & -4.651 & -16.683 \\ -4.651 & 3.601 & -0.677 \\ -16.683 & -0.677 & 15.260 \end{pmatrix} ,$$

und weiter ist

$$A_{(2,3,4)} = \begin{pmatrix} -22.088 & 14.726 \\ -29.835 & 19.890 \\ -32.050 & 21.367 \end{pmatrix} .$$

Somit erhalten wir aus

$$B_{(2,3,4)} = S^{-1}_{(2,3,4)} \cdot A_{(2,3,4)} = \begin{pmatrix} 155.401 & -103.590 \\ 16.993 & -11.332 \\ -100.391 & 66.921 \end{pmatrix}$$

die Unentbehrlichkeiten

$$U_2 = 0.7920 \ , \quad U_3 = 0.0617 \text{ und } \ U_4 = 0.5080 \quad .$$

Als zweites Merkmal wird also Y_3 eliminiert, d.h. das zweite und vierte Quartal eines Jahres bilden das Paar, welches optimal diskriminiert. Die Diskrimination zwischen den Gaststättentypen I und II ist sogar noch signifikant zum 5% Niveau, denn

$$\begin{aligned} T^2(Y_2,Y_4) &= T^2(Y_2,Y_3,Y_4) - U_3 = T^2(Y_2,Y_3,Y_4) - 0.0617 \\ &= T^2(Y_1,Y_2,Y_3,Y_4) - U_1 - 0.0617 = 1.4392 - 0.0036 - 0.0617 \\ &= 1.3739 \\ &> 0.6475 = \frac{2}{12} \cdot 3.885 = \frac{2}{12} \cdot F_{2,12;0.95} \quad . \end{aligned}$$

Zur Elimination zweier Merkmale kann auch die *Methode der Korrelation mit der generalisierten linearen Diskriminanzfunktion* verwandt werden. Hierbei müssen zunächst die Korrelationen der 4 Quartalsabsätze $Y_1,\ldots,Y_4$ mit

$$Z = \sum_{\ell=1}^{n} \alpha_\ell Y_\ell = -0.0119Y_1 + 0.2575Y_2 - 0.0417Y_3 - 0.2262Y_4$$

geschätzt werden. Es ergibt sich mit

$$u = S_e \cdot \alpha = 13 \cdot S \cdot \alpha = 13 \cdot S \cdot S^{-1} \cdot (\overline{y}_1 - \overline{y}_2) = 13(\overline{y}_1 - \overline{y}_2)$$
$$= (-568.425, -478.582, -646.425, -694.421)^T \quad ,$$

$$w = \alpha^T \cdot u = 67.563 \quad ,$$

$$s_{e(1,1)} = 13 \cdot 857.472 = 11147.136 \quad ,$$

$$s_{e(2,2)} = 13 \cdot 1072.585 = 13943.605 \quad ,$$

$$s_{e(3,3)} = 13 \cdot 1566.631 = 20366.203$$

und

$$s_{e(4,4)} = 13 \cdot 1236.560 = 16075.280$$

dann

$$r_{Y_1 Z} = u_1 \;/\; \sqrt{w \cdot s_{e(1,1)}} = -568.425/\sqrt{67.563 \cdot 11147.136} = -0.655 \quad ,$$

$$r_{Y_2 Z} = -0.493 \;,\; r_{Y_3 Z} = -0.551 \text{ sowie } r_{Y_4 Z} = -0.666 \quad .$$

Nach dieser Methode würden also die Merkmale Y_2 und Y_3 eliminiert, d.h. die Diskrimination würde aufgrund der Absätze im ersten und letzten Quartal eines Jahres durchgeführt.

Kapitel V: Aufbereitung und Auswertung qualitativer und gemischter Daten - Skalierung kategorieller Merkmale (Skalierung in Kontingenztafeln)

Die weitaus meisten Verfahren der multivariaten Statistik, die in den übrigen Kapiteln behandelt werden, benötigen quantitative Datenmatrizen oder Distanzmatrizen, wobei letztere natürlich häufig erst aus quantitativen Datenmatrizen gewonnen werden.

Beobachtet man *Merkmale mit qualitativen Merkmalsausprägungen*, d.h. stehen nur qualitative oder gemischte Datenmatrizen zur Verfügung, so sind die meisten Verfahren der multivariaten Statistik nicht direkt einsetzbar. In diesem Kapitel werden nun *Verfahren zur Skalierung qualitativer Merkmale* vorgestellt, die den qualitativen Ausprägungen reelle Zahlen zuordnen und somit die Gewinnung einer quantitativen Datenmatrix aus einer qualitativen oder gemischten Datenmatrix ermöglichen.

Beispiel: Bei 20 Personen werden die Merkmale $\mathfrak{y}_1$ "Haarfarbe", $\mathfrak{y}_2$ "Geschlecht", $\mathfrak{y}_3$ "Nationalität", $\mathfrak{y}_4$ "Gewicht in kg" und $\mathfrak{y}_5$ "Größe in cm" erhoben, wobei sich die gemischte 20×5 - Datenmatrix

Y =

blond	weiblich	Däne	57.5	166
braun	weiblich	Niederländer	63.4	168
braun	weiblich	Deutscher	62.8	170
schwarz	männlich	Deutscher	85.6	183
blond	männlich	Schweizer	83.2	185
braun	weiblich	Deutscher	73.5	162
rot	männlich	Deutscher	68.7	183
blond	weiblich	Franzose	55.2	155
schwarz	weiblich	Franzose	63.8	159
schwarz	männlich	Deutscher	78.5	183
braun	weiblich	Belgier	65.2	170
rot	weiblich	Belgier	53.0	163
braun	männlich	Niederländer	74.2	178
braun	männlich	Schweizer	90.7	192
braun	männlich	Deutscher	80.6	187
blond	weiblich	Däne	65.8	169
schwarz	männlich	Franzose	73.4	175
blond	weiblich	Deutscher	52.1	160
braun	weiblich	Schweizer	59.0	169
braun	männlich	Däne	87.6	185

ergibt. Das Merkmal $\mathfrak{y}_1$ mit den Ausprägungen blond, braun, schwarz, rot, das Merkmal $\mathfrak{y}_2$ mit den Ausprägungen weiblich, männlich und das Merkmal $\mathfrak{y}_3$ mit den Ausprägungen Deutscher, Schweizer, Franzose, Belgier, Däne sowie Niederländer sind hier qualitativ und die Merkmale $\mathfrak{y}_4$ und $\mathfrak{y}_5$ sind quantitativ, so daß viele Verfahren der multivariaten Statistik hier nicht direkt angewandt werden können.

Im Abschnitt 1 werden nun zwei einfache Skalierungsverfahren für kategorielle Merkmale behandelt. Und zwar beschäftigen wir uns zunächst in Abschnitt 1.1 mit der *marginalen Normalisierung eines ordinalen Merkmals* (mit geordneten Ausprägungen), die auf Fechner (1860) zurückgeht. Sind die Ausprägungen eines Merkmals nur nominal, so läßt sich dieses Verfahren nicht mehr anwenden, da die Ausprägungen in beliebiger Reihenfolge angeordnet werden können, wie dies etwa für die Merkmale $\mathfrak{y}_1$, $\mathfrak{y}_2$ und $\mathfrak{y}_3$ in unserem Beispiel zutrifft. In diesem Fall wird nicht nur ein Merkmal einzeln sondern stets gegen ein weiteres Merkmal skaliert. In Abschnitt 1.2 wird ein Verfahren zur *Skalierung eines kategoriellen Merkmals gegen ein anderes kategorielles Merkmal* vorgestellt, das sich auf unterschiedliche Ansätze zurückführen läßt.

Hirschfeld (1935) ordnete den kategoriellen Merkmalsausprägungen derart reelle Zahlen zu, daß sich der Zusammenhang zwischen den beiden kategoriellen Merkmalen $\mathfrak{x}$ und $\mathfrak{y}$ möglichst gut durch eine lineare Regressionsfunktion beschreiben läßt. Fisher (1940) ging von folgender Fragestellung in einer Kontingenztafel aus: Welche Skalenwerte müssen die Ausprägungen des Spaltenmerkmals haben, so daß eine Linearkombination dieser Werte möglichst gut zwischen den Ausprägungen des Zeilenmerkmals diskriminiert? Er gab zur Lösung des Problems ein iteratives Verfahren an, das dann abbrach, wenn die Korrelation zwischen den Skalenwerten für Zeilen- und Spaltenmerkmal ihr Maximum erreichte. Ausgehend von einer Stichprobe von Personen, bei denen er Haar- und Augenfarbe feststellte und die Ergebnisse in einer Kontingenztafel anordnete, war für ihn konkret von Interesse: Welche Skalenwerte müssen den verschiedenen Ausprägungen des Merkmals Haarfarbe zugeordnet werden, so daß von der Haarfarbe einer Person möglichst gut auf deren Augenfarbe geschlossen werden kann und umgekehrt? Der Fishersche Ansatz wurde dann von Maung (1941) weiterverfolgt. Dieser erkannte, daß die maximale Korrelation des Fisherschen Ansatzes eine kanonische Korrelation im Sinne von Hotelling (1936) war. Maung skalierte, ausgehend von 6 Stichproben in 6 Ländern, jeweils Haarfarbe gegen Augenfarbe der Personen in der Stichprobe. Sein eigentliches Ziel war es, Haar- und Augenfarbe so zu skalieren, daß eine neue Person aufgrund ihrer Haar- und Augenfarbe einem der 6 Länder zugeordnet werden konnte. Dieses Ziel erreichte er so natürlich nicht. Vielmehr hätte er zwei Kontingenztafeln bilden müssen, in denen das Zeilenmerkmal jeweils das Merkmal "Land" in 6 Ausprägungen und das Spaltenmerkmal einmal die Haarfarbe und einmal die Augenfarbe war. Genau genommen heißt dies, daß, wenn aufgrund einer Skalierung zwischen den Ausprägungen eines Merkmals diskriminiert werden soll, ein Merkmal einer Kontingenztafel stets eine Kriteriumsvariable sein muß. Dieses ist das Merkmal bzgl. dessen Ausprägungen diskriminiert werden soll. Lancaster (1957) ging von einer gänzlich anderen Fragestellung aus. Wie müssen Zeilen- und Spaltenmerkmale in einer Kontingenztafel skaliert werden, so daß sich in ihr möglichst gut eine bivariate Normalverteilung widerspiegelt? Er zeigte, daß dieses Ziel gerade dann erreicht wird, wenn die empirische Korrelation der skalierten Merkmale ihr Maximum erreicht. Tatsächlich ist es so, daß der Lancaster-Ansatz die gleichen Skalenwerte liefert wie die Ansätze von Hirschfeld und Fisher; Lancaster selbst erkannte diese Tatsache wohl nicht. Konkret heißt dies, daß die Skalenwerte für das Zeilenmerkmal, durch die eine maximale empirische Korrelation erreicht wird, eine optimale Diskriminanzfunktion für das Spaltenmerkmal liefern und umgekehrt. Weiterhin läßt sich die *Guttmansche Skalierung* , vgl. Guttman (1941), die *Korrespondenzanalyse*, vgl. z.B. Hill (1974), sowie das dummy bzw. dual scaling diesen Ansätzen unterordnen; man vgl. hierzu auch Abschnitt 6 sowie Nishisato (1975).

Für den Fall, daß ein *kategorielles Merkmal gegen ein stetiges Merkmal skaliert* werden soll, sei hier auf die Ausführungen in Abschnitt 5 hingewiesen.

Im Abschnitt 2 werden verschiedene *Verfahren im Zusammenhang mit der Skalierung kategorieller Merkmale* vorgestellt. Und zwar gehen wir davon aus, daß von p kategoriellen Merkmalen eines eine ausgezeichnete Stellung einnimmt, eine sogenannte *Kriteriumsvariable* ist, gegen die die übrigen p-1 Merkmale mittels des Verfahrens aus Abschnitt 1.2 skaliert werden. Hierdurch wird erreicht, daß jedes Merkmal einzeln bestmöglichst zwischen den Stufen (Ausprägungen) der Kriteriumsvariablen diskriminiert. Wir behandeln hier die *Güteprüfung der Skalierung*, d.h. die Frage, wie gut die p-1 Merkmale zusammen zwischen den Stufen der Kriteriumsvariablen zu unterscheiden vermögen, vgl. Abschnitt 2.1, die *Zuordnung neuer Objekte*, bei denen nur die p-1 Merkmale beobachtet wurden, zu den Stufen der Kriteriumsvariablen, vgl. Abschnitt 2.2, sowie das *Auffinden bester Diskriminatoren* zwischen den Stufen der Kriteriumsvariablen, d.h. die Frage, welche der p-1 Merkmale hinreichen, um die Kriteriumsvariable zu erklären, vgl. Abschnitt 2.3. Schließlich wird in Abschnitt 2.4 noch eine Möglichkeit aufgezeigt, eine *Daten- und Distanzmatrix für die Stufen der Kriteriumsvariablen* zu bestimmen. Dabei wird jeder Ausprägung der Kriteriumsvariablen *ein* "Beobachtungsvektor" reeller Zahlen für die übrigen p-1 Merkmale zugeordnet.

Die Verfahren aus Abschnitt 1.2 und Abschnitt 2 werden dann im Abschnitt 3 an einem realen Beispiel aus der Produktforschung noch einmal verdeutlicht.

Bislang haben wir nur Möglichkeiten kennengelernt, zwei kategorielle Merkmale gegeneinander zu skalieren und diese Skalierungsergebnisse auszuwerten. In unserem Beispiel vom Anfang dieser Einleitung wurden insgesamt fünf Merkmale beobachtet, von denen drei Merkmale kategoriell sind. Die kategoriellen Merkmale können nun mittels des Verfahrens aus Abschnitt 1.2 paarweise gegeneinander und, wie in Abschnitt 5 beschrieben, jeweils gegen jedes der stetigen Merkmale skaliert werden. Dadurch ergeben sich für die Ausprägungen der kategoriellen Merkmale jeweils vier Skalenwerte, die nur im Falle des Merkmals Geschlecht übereinstimmen, da dieses lediglich zwei Ausprägungen besitzt und in diesem Fall die Skalenwerte eindeutig sind. Die der gemischten Datenmatrix Y derart zugeordnete skalierte Datenmatrix ist also nicht eindeutig festgelegt. Daher wollen wir in den Abschnitten 4 und 5 *Verfahren zur gemeinsamen Skalierung von mehreren Merkmalen* vorstellen. Dabei wird in Abschnitt 4 der Fall behandelt, daß alle interessierenden Merkmale kategoriell sind (*qualitative Datenmatrix*), und in Abschnitt 5 gehen wir davon aus, daß sowohl stetige als auch kategorielle Merkmale beobachtet werden (*gemischte Datenmatrix*). Wurde bei der Skalierung zweier Merkmale gegeneinander gefordert, daß sie sich gegenseitig maximal erklären, so muß bei der Wahl des Skalierungskriteriums für mehr als zwei Merkmale stets die Fragestellung, die mittels eines multivariaten Verfahrens, das auf die skalierten Daten angewandt wird, beantwortet werden soll, berücksichtigt werden.

Hat keines der interessierenden p Merkmale eine ausgezeichnete Stellung als Kriteriumsvariable, d.h. sind *alle Merkmale gleichberechtigt*, wie dies bei Teilen der Korrelationsanalyse in Kap.III, der multidimensionalen Skalierung (MDS) in Kap.VI, der Clusteranalyse in Kap.VII, der Faktoren- bzw. Hauptkomponentenanalyse in Kap.VIII und den meisten graphischen Verfahren in Kap.IX der Fall ist, so werden die Merkmale derart skaliert, daß sie sich insgesamt möglichst gut erklären. In unserem Beispiel könnten dann etwa mittels Faktorenanalyse wenige latente Faktoren, die die Merkmale erklären, ermittelt werden, mittels Clusteranalyse könnten die Personen in Gruppen eingeteilt werden und mittels MDS ließen sie sich z.B. in einem zweidimensionalen Repräsentationsraum graphisch darstellen. Als Skalierungskriterien eignen sich direkte Funktionen der Korrelationsmatrix der p Merkmale. Bargmann/Chang (1972) schlagen vor, die *Determinante der Korrelationsmatrix* der p Merkmale zu *minimieren* und Bargmann/Schünemeyer (1978) verwenden als Skalierungskriterium die *Maximum - Exzentrizität des Korrelationsellipsoids* zur Korrelationsmatrix der p Merkmale, die natürlich *maximiert* werden soll; vgl. hierzu Abschnitt 4.2 und Abschnitt 5.

Die Kriterien zur Skalierung von gleichberechtigten Merkmalen sind natürlich für den Fall, daß eines oder mehrere Merkmale eine ausgezeichnete Stellung als Kriteriumsvariable einnehmen, nicht mehr optimal geeignet.

Für den Fall *einer* einzelnen *Kriteriumsvariablen* schlagen wir daher in Abschnitt 4.3 bzw. 5 vor, die *multiple Korrelation zwischen der Kriteriumsvariablen und den übrigen Merkmalen zu maximieren*;dadurch werden die Stufen der Kriteriumsvariablen maximal durch die übrigen Merkmale erklärt. In unserem Beispiel könnte etwa die Haarfarbe einer Person als Kriteriumsvariable aufgefaßt werden. Die Verwendung dieses Skalierungskriteriums ist etwa dann adäquat, wenn Verfahren der multiplen Regression, der Varianzanalyse oder der Kovarianzanalyse, vgl. auch Kap.II und Kap.X, sowie die Verfahren der multiplen Korrelationsanalyse im Abschnitt 1.3 des Kap.III und der Diskriminanzanalyse aus Abschnitt 4 in Kap.IV auf die skalierten Daten angewandt werden sollen. Will man die Verfahren der univariaten Varianz- oder Kovarianzanalyse verwenden, um festzustellen, ob und welche der übrigen Merkmale einen signifikanten Einfluß auf die Kriteriumsvariable besitzen, so reicht es natürlich aus, die Skalenwerte für die Stufen der Kriteriumsvariablen zu bestimmen und die übrigen kategoriellen Merkmale als Klassifikationsfaktoren auf verschiedenen Stufen zu betrachten. Im Beispiel würde man etwa untersuchen, ob der Einfluß der Faktoren Geschlecht und Nationalität sowie der Einfluß der Kovariablen Größe und Gewicht auf die Haarfarbe einer Person signifikant ist. Umgekehrt kann die multivariate Varianzanalyse oder die Diskriminanzanalyse eingesetzt werden, wenn man nur die Kriteriumsvariable als Faktor auf verschiedenen Stufen betrachtet und für die übrigen Merkmale Skalenwerte verwendet; in diesem Fall kann überprüft werden, ob die Kriteriumsvariable einen signifikanten Einfluß auf die übrigen Merkmale besitzt, und mittels Diskriminanzanalyse kann ein neues Objekt, bei dem die Kriteriumsvariable nicht beobachtet wurde, einer Stufe der Kriteriumsvariablen (Gruppe) zugeordnet werden.Im Beispiel würde dies bedeuten, daß untersucht wird, ob der Einfluß der Haarfarbe auf die Merkmale Geschlecht, Nationalität, Gewicht und Größe signifikant ist. Verwendet man die Skalenwerte für alle kategoriellen Merkmale, so kann beispielsweise mittels multipler Regressionsanalyse ein funktionaler Zusammenhang zwischen der Kriteriumsvariablen und den übrigen Merkmalen hergestellt werden. Im

Beispiel würde sich dann eine funktionale Beziehung zwischen der Haarfarbe und den Merkmalen Geschlecht, Nationalität, Gewicht, Größe einer Person ergeben.

Als Erweiterung des Kriteriums der maximalen multiplen Korrelation bietet sich im Falle *mehrerer Kriteriumsvariablen* die Skalierung nach dem *Kriterium der maximalen kanonischen Korrelation zwischen den Kriteriumsvariablen und den übrigen Merkmalen* an, vgl. Abschnitt 4.4 und Abschnitt 5. In unserem Beispiel vom Anfang dieser Einleitung könnten etwa neben der Haarfarbe noch das Geschlecht oder auch die Größe als Kriteriumsvariablen verwandt werden. Verfahren, die in dieser Situation auf die skalierten Daten angewandt werden können, sind dann etwa die multivariate Varianz-, Kovarianz- und Regressionsanalyse aus Kap.X oder die kanonische Korrelationsanalyse aus Abschnitt 1.4 in Kap.III, vgl. auch Abschnitt 6 dieses Kapitels. Verwendet man hier nur die Skalenwerte für die Kriteriumsvariablen, so läßt sich mittels multivariater Varianz- bzw. Kovarianzanalyse feststellen, ob und welche der übrigen Merkmale einen signifikanten Einfluß auf die Kriteriumsvariablen besitzen. Im Beispiel läßt sich etwa überprüfen, ob der Einfluß von Größe, Gewicht und Nationalität auf das Geschlecht und die Haarfarbe einer Person signifikant ist. Man kann natürlich auch nur die Skalenwerte für die übrigen Merkmale verwenden und den Einfluß der Kriteriumsvariablen auf diese Merkmale analysieren. Verwendet man alle Merkmale in skalierter Form, so läßt sich mittels Regressionsanalyse ein multivariater funktionaler Zusammenhang zwischen Kriteriumsvariablen und übrigen Merkmalen spezifizieren, der dann weiter untersucht werden kann.

Bei jedem statistischen Verfahren, das auf skalierte Daten angewandt wird, ist es natürlich so, daß - sobald Verteilungsannahmen gemacht werden - nur noch approximative Aussagen zu erreichen sind; wendet man etwa einen Test über Parameter eines Modells an, so kann die zugehörige Prüfgröße nur als Anhaltspunkt für die Signifikanz einer Gegenhypothese dienen (bzw. das Signifikanzniveau eines Tests wird nicht exakt eingehalten).

Im Falle einer oder mehrerer Kriteriumsvariablen lassen sich basierend auf den skalierten Daten die üblichen Verfahren der *diskreten Regression* (z.B. Logit-Analyse, vgl. Kap.II) durch die gewöhnlichen Regressions- bzw. Diskriminanzanalyseverfahren ersetzen, ja sogar erweitern, denn bei der üblichen diskreten Regression muß jede Kombination von Ausprägungen aller stetigen und diskreten Merkmale zumindest einmal, möglichst jedoch mehrfach beobachtet werden. In unserem Beispiel etwa ist dies nicht der Fall, denn allein um alle Ausprägungskombinationen der drei kategoriellen Merkmale mindestens einmal zu beobachten, benötigt man zumindest 4·2·6 = 48 Personen. Bei den Skalierungsverfahren muß lediglich jede Ausprägung der kategoriellen Merkmale zumindest einmal beobachtet werden. Dies ist natürlich auch der Grund dafür, daß die Skalierungsverfahren im Falle nur kategorieller Merkmale den üblichen Analyseverfahren für *multidimensionale Kontingenztafeln* überlegen sind, bei denen ebenfalls jede Kombination von Merkmalsausprägungen zumindest einmal beobachtet werden muß; ist dies jedoch der Fall, so sei auch auf die Methoden des Loglinearen Modells hingewiesen, man vgl. Kap.VII in Hartung et al. (1982).

Im Abschnitt 6 dieses Kapitels werden wir noch kurz auf die *Korrespondenzanalyse* (*analyse des correspondances*), die *Guttmansche Skalierung* sowie auf die *ALS-Verfahren* (*alternating least squares*) eingehen.

Bevor wir nun konkret auf die einzelnen Skalierungsverfahren eingehen, seien hier noch einige typische Situationen aufgezeigt, in denen diese zur Anwendung kommen können. Weitere Beispiele findet man (durchgerechnet) im nachfolgenden Text sowie (verbal) insbesondere am Anfang des Abschnitts 2.

Beispiel:
(a) In einer Untersuchung soll festgestellt werden, worin sich Weinsorten verschiedener Anbaugebiete hauptsächlich unterscheiden und zwischen welchen Anbaugebieten die Unterschiede besonders groß sind. Einige Personen werden zu diesem Zweck gebeten, Weinsorten verschiedener Anbaugebiete z.B. nach Geschmack, Trockenheit, Süffigkeit zu beurteilen.

(b) Man ist daran interessiert, zu erkennen, aufgrund welcher Symptome sich verschiedene Gelbsuchtarten unterscheiden. Bei der Einlieferung eines Gelbsuchtpatienten ist die Gelbsuchtart, an der er erkrankt ist, nämlich nicht eindeutig zu erkennen; die verschiedenen Arten erfordern aber unterschiedliche Behandlungsformen. Daher werden zunächst bei Gelbsuchtpatienten verschiedene Merkmale gemessen; ferner befragt man diese Patienten nach der Art der Beschwerden und z.B. ihrem allgemeinen Befinden. Zu einem späteren Zeitpunkt, wenn die Gelbsuchtarten der Patienten ermittelt werden konnten, versucht man dann aufgrund der Befragungen und Erhebungen herauszufinden, bzgl. welcher Merkmale sich die Gelbsuchtarten unterscheiden. Dadurch ist es dann bei anderen Patienten möglich, die Art der Gelbsucht schon bei Krankheitsausbruch relativ sicher zu erkennen.

(c) In unterschiedlich stark industrialisierten Gebieten werden jeweils dort lebende Personen nach ihrem Lebensstandard, ihrer Zufriedenheit, den Mängeln ihres Lebensraumes usw. befragt. Aufgrund dieser Befragung möchte man zum einen herausfinden, welche Merkmale in den verschiedenen Gebieten zu einer unterschiedlichen Bewertung führen, und zum anderen erkennen, welche Maßnahmen wohl am ehesten geeignet sind, die Lebensqualität in stark industrialisierten Gebieten zu erhöhen.

(d) Will man die Arbeitssituation von Fließbandarbeitern verbessern, so kann man eine Reihe von Arbeitern befragen, was ihnen an ihrem Arbeitsplatz mißfällt, welche Verbesserungsvorschläge sie haben, wie die Kollegialität unter den Arbeitern ist usw., um so herauszufinden, welche Faktoren die Arbeitssituation besonders belasten; so können dann Maßnahmen gezielt ergriffen werden.

(e) Bei der Produktplanung eines Betriebes ist die Beobachtung der Marktsituation bereits vorhandener Produkte von entscheidender Bedeutung. Zur Beurteilung der Marktsituation werden über mehrere Jahre hinweg qualitative Merkmale wie z.B. die Verkaufsform oder die Werbeart und quantitative Merkmale wie etwa relativer Marktanteil, Marktwachstum oder auch Produktionskostenentwicklung bei den Produkten erhoben.

(f) Um ein optimales Material für Autoreifen zu entwickeln, werden verschiedene Gummiarten daraufhin untersucht, wie sie verschiedenen Witterungsbedingungen (z.B. Eignung bei Schnee, Regen) und verschiedenen Straßensituationen (z.B. Asphalt, Schotter) angepaßt sind. Weiterhin sind natürlich quantitative Merkmale wie mögliche Kilometerleistung oder Abnutzung durch Bremsvorgänge hier wesentlich.

(g) Mittels Varianzanalyse soll der Einfluß qualitativer Faktoren wie etwa Boden, Düngung und Bearbeitung auf den Ertrag und die Wuchshöhe von Weizen untersucht werden. Weiterhin ist der Einfluß dieser Faktoren auf qualitative Merkmale wie z.B. die Art und den Grad des Schädlingsbefalls sowie die Wuchsdichte (weit, mittel, eng) von Interesse, die natürlich zunächst skaliert werden müssen, so daß dann die üblichen Verfahren (für quantitative, beobachtete Merkmale) der multivariaten Varianzanalyse angewandt werden können; vgl. Kap.X. ┘

1 SKALIERUNG ORDINALER UND NOMINALER MERKMALSAUSPRÄGUNGEN

Wir beschäftigen uns hier zunächst mit der Skalierung qualitativer (kategorieller) Merkmalsausprägungen, wobei danach unterschieden wird, ob diese Ausprägungen ordinal oder nominal sind.

Bei *ordinalen Merkmalen* sind die Ausprägungen eindeutig geordnet, so daß hier recht einfache Skalierungsmethoden verwandt werden können. Im Abschnitt 1.1 wird insbesondere das Verfahren der *marginalen Normalisierung*, das auf

Fechner (1860) zurückgeht, vorgestellt.

Die Ausprägungen *nominaler Merkmale* unterliegen keiner Ordnung, was zur Folge hat, daß solche Ausprägungen nicht für einzelne Merkmale skaliert werden. Vielmehr werden stets mehrere nominale Merkmale gegeneinander skaliert. Im Abschnitt 1.2 wird die *Skalierung zweier nominaler Merkmale in Kontingenztafeln* (*kategorielle Skalierung*, *Lancaster - Skalierung*) betrachtet.

1.1 SKALIERUNG ORDINALER MERKMALSAUSPRÄGUNGEN

Ein sehr einfaches Verfahren zur Skalierung ordinaler Merkmale ist die *Zuordnung von Rangzahlen* zu den Ausprägungen, wie wir sie etwa im Kap.III, Abschnitt 2 im Zusammenhang mit den Korrelationskoeffizienten von Spearman und Kendall vorgenommen haben.

Hier soll nun das *Verfahren der marginalen Normalisierung* von Fechner (1860) dargestellt werden, bei dem den ordinalen Merkmalsausprägungen derart Werte zugeordnet werden, daß eine möglichst gute Anpassung des skalierten Merkmals bzw. der zugehörigen Zufallsvariablen an eine Standardnormalverteilung, vgl. Abschnitt 3 in Kap.I, erreicht wird.

Hat man die k geordneten Ausprägungen 1,...,k eines ordinalen Merkmals $\mathfrak{X}$ in einer Stichprobe vom Umfang n jeweils $n_1, n_2, \ldots, n_k$ mal beobachtet ($n_1 + \ldots + n_k = n$), so geht man bei der marginalen Normalisierung anschaulich wie folgt vor. Die Fläche unterhalb der Dichtefunktion $\varphi(x)$ der Standardnormalverteilung wird in k Teilstücke zerlegt, deren Größen den relativen Häufigkeiten der k Ausprägungen entsprechen. Dem ordinalen Merkmal wird dann eine Zufallsvariable X zugeordnet, deren mögliche Realisationen $x_1, \ldots, x_k$ gerade die Skalenwerte für die ordinalen Ausprägungen 1,...,k sind, und zwar entspricht x_i für i=1,...,k gerade dem Erwartungswert unter dem i-ten Teilstück; man vgl. auch die Abb.1.

Konkret bestimmt man zunächst die relative Häufigkeit

$$h_i = n_i/n \qquad \text{für } i=1,\ldots,k$$

der k ordinalen Merkmalsausprägungen in der Stichprobe vom Umfang n sowie die relativen Summenhäufikeiten

$$\alpha_i = \sum_{j=1}^{i} h_j \qquad \text{für } i=,\ldots,k \quad ,$$

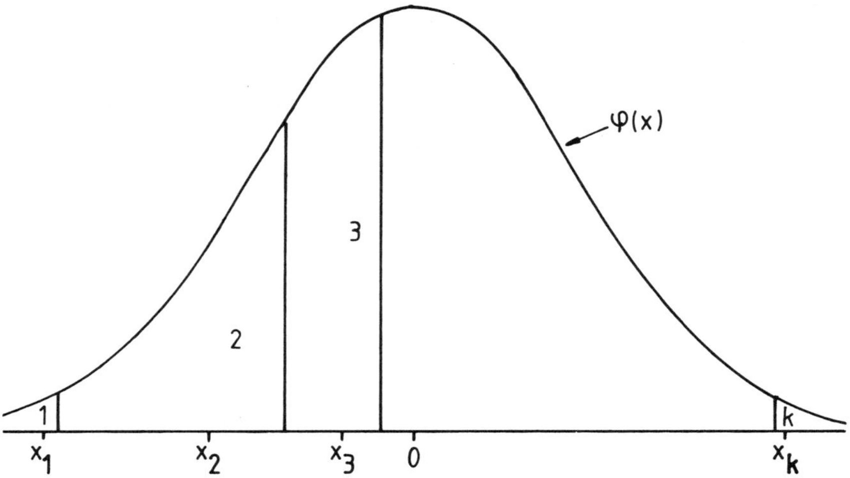

Abb.1: Prinzip der marginalen Normalisierung

wobei natürlich $\alpha_k = 1$ ist. Für i=1,...,k-1 werden dann die α_i - Quantile

$$u_{\alpha_i} = \Phi^{-1}(\alpha_i)$$

der Standardnormalverteilung bestimmt und die Werte der Dichtefunktion der Standardnormalverteilung

$$z_i = \varphi(u_{\alpha_i}) = \frac{1}{\sqrt{2\pi}} \cdot e^{-u_{\alpha_i}^2/2}$$

berechnet. Die gesuchten Skalierungspunkte $x_1,\dots,x_k$ für die ordinalen Merkmalsausprägungen 1,...,k sind dann

$$x_1 = -z_1/h_1 \ , \quad x_k = z_{k-1}/h_k \quad \text{und}$$

$$x_i = (z_{i-1} - z_i)/h_i \qquad \text{für } i=2,\dots,k-1 \quad .$$

Beispiel: Bei n = 136 Schülern wird die Note in Physik ermittelt: $n_1 = 11$ der 136 Schüler haben in Physik eine 1, $n_2 = 26$ eine 2, $n_3 = 48$ eine 3, $n_4 = 41$ eine 4 und $n_5 = 10$ Schüler haben eine 5 in Physik. Die Ausprägungen (Noten im Physikunterricht) sollen nun mittels marginaler Normalisierung skaliert werden. Es ist

$$h_1 = \frac{11}{136} = 0.0809 \ , \quad h_2 = \frac{26}{136} = 0.1912 \ , \quad h_3 = \frac{48}{136} = 0.3529 \ ,$$

$$h_4 = \frac{41}{136} = 0.3015 \text{ und } h_5 = \frac{10}{136} = 0.0735 \quad ,$$

so daß sich mit

$$\alpha_1 = h_1 = 0.0809 \;,\quad \alpha_2 = h_1 + h_2 = 0.2721 \;,\quad \alpha_3 = h_1 + h_2 + h_3 = 0.6250$$

$$\text{und}\quad \alpha_4 = h_1 + h_2 + h_3 + h_4 = 0.9265$$

aus der Tabelle der Standardnormalverteilung

$$u_{\alpha_1} = u_{0.0809} = -1.40,\; u_{\alpha_2} = u_{0.2721} = -0.61,\; u_{\alpha_3} = 0.32 \text{ und } u_{\alpha_4} = 1.45$$

ergibt. Somit ist nun

$$z_1 = \frac{1}{\sqrt{2\pi}}\cdot e^{-u_{\alpha_1}^2/2} = \frac{1}{\sqrt{2\pi}}\cdot e^{-(1.40)^2/2} = 0.150 \;,$$

$$z_2 = 0.331 \;,\quad z_3 = 0.379 \text{ und } z_4 = 0.139 \quad .$$

Die gesuchten Skalenwerte für das Merkmal "Note im Physikunterrricht" sind dann

$$x_1 = -\frac{z_1}{h_1} = -\frac{0.150}{0.0809} = -1.854 \;,\quad x_2 = \frac{z_1 - z_2}{h_2} = -0.947$$

$$x_3 = \frac{z_2 - z_3}{h_3} = -0.136 \;,\quad x_4 = \frac{z_3 - z_4}{h_4} = 0.796 \text{ und } x_5 = \frac{z_4}{h_5} = 1.891 \quad .$$

Beobachten wir an n Objekten je *zwei ordinal skalierte Merkmale* $\mathfrak{X}$ und $\mathfrak{Y}$, so können wir alle Beobachtungen in einer zweidimensionalen $k\times l$ - Kontingenztafel anordnen. Bezeichnen wir etwa mit n_{ij} die absolute Häufigkeit einer Beobachtung mit Ausprägung i des Merkmals $\mathfrak{X}$ und Ausprägung j des Merkmals $\mathfrak{Y}$, mit $n_{i.}$ die Häufigkeit der i-ten Ausprägung des Merkmals $\mathfrak{X}$ und mit $n_{.j}$ die Häufigkeit der j-ten Ausprägung des Merkmals $\mathfrak{Y}$, so erhalten wir die Kontingenztafel aus Tab.1.

Tab.1: Kontingenztafel für zwei Merkmale $\mathfrak{X}$ und $\mathfrak{Y}$

$\mathfrak{X}$ \ $\mathfrak{Y}$	1	2	...	ℓ	$\sum$
1	n_{11}	n_{12}	...	$n_{1\ell}$	$n_{1.}$
2	n_{21}	n_{22}	...	$n_{2\ell}$	$n_{2.}$
⋮	⋮				⋮
k	n_{k1}	n_{k2}	...	$n_{k\ell}$	$n_{k.}$
$\sum$	$n_{.1}$	$n_{.2}$	...	$n_{.\ell}$	n

Skalieren wir dann die Merkmale $\mathfrak{X}$ und $\mathfrak{Y}$ mittels marginaler Normalisierung d.h. bestimmen wir Skalenwerte $x_1,\dots,x_k$ und $y_1,\dots,y_\ell$ mittels des oben angegebenen Verfahrens, so ist der empirische Korrelationskoeffizient r_{XY}, vgl. Abschnitt 1.1 in Kap.III, ein geeignetes Maß für die *Korrelation der Merkmale* $\mathfrak{X}$ und $\mathfrak{Y}$. Er berechnet sich zu

$$r_{XY} = \frac{s_{XY}}{s_X \cdot s_Y} = \frac{\sum_{i=1}^{k} \sum_{j=1}^{\ell} (x_i - \bar{x})(y_j - \bar{y}) n_{ij}}{\sqrt{\left(\sum_{i=1}^{k} (x_i - \bar{x})^2 n_{i.}\right)\left(\sum_{j=1}^{\ell} (y_j - \bar{y})^2 n_{.j}\right)}} ,$$

wobei die Mittelwerte $\bar{x}$ und $\bar{y}$ bestimmt sind durch

$$\bar{x} = \frac{1}{n} \sum_{i=1}^{k} x_i \cdot n_{i.} \quad \text{bzw.} \quad \bar{y} = \sum_{j=1}^{\ell} y_j \cdot n_{.j} \quad \text{mit} \quad n = \sum_{i=1}^{k} \sum_{j=1}^{\ell} n_{ij} \quad .$$

Beispiel: In einer Klassenstufe eines Gymnasiums möchte man feststellen, ob ein Zusammenhang zwischen den Noten im Mathematikunterricht (Merkmal $\mathfrak{X}$ mit Ausprägungen 1,...,6) und denen im Physikunterricht (Merkmal $\mathfrak{Y}$ mit Ausprägungen 1,...,5) besteht. Die Häufigkeiten der Notenkombinationen sind in Tab.2 zusammengefaßt.

Tab.2: Kontingenztafel der Noten im Mathematik- und Physikunterricht

Mathematik \ Physik	1	2	3	4	5	Σ
1	2	3	5	3	2	15
2	1	6	16	8	0	31
3	4	9	11	13	1	38
4	3	7	15	12	4	41
5	0	1	1	3	2	7
6	1	0	0	2	1	4
Σ	11	26	48	41	10	136=n

Die Merkmalsausprägungen (Noten) sind natürlich ordinal, trotzdem möchte man die empirische Korrelation nicht nur basierend auf Rangzahlen zwischen den Noten in Mathematik und Physik bestimmen. Dies wäre hier auch nur wenig sinnvoll, denn in den vorhandenen Daten treten zu viele Bindungen auf. Daher bestimmt man zunächst nach dem Prinzip der marginalen Normalisierung die Skalenwerte $x_1,\dots,x_6$ für das Merkmal $\mathfrak{X}$ (Mathematiknoten) und $y_1,\dots,y_5$ für das Merkmal $\mathfrak{Y}$ (Physiknoten).

Für das *Merkmal* $\mathfrak{X}$ ergibt sich mit $n_i = n_{i.}$

$$h_1 = \frac{n_{1.}}{n} = \frac{15}{136} = 0.1103 \;, \quad h_2 = \frac{31}{136} = 0.2279 \;, \quad h_3 = \frac{38}{136} = 0.2794 \;,$$

$$h_4 = \frac{41}{136} = 0.3015 \;, \quad h_5 = \frac{7}{136} = 0.0515 \text{ und } h_6 = \frac{4}{136} = 0.0294 \;,$$

und somit

$$\alpha_1 = h_1 = 0.1103 \;, \quad \alpha_2 = h_1 + h_2 = 0.3382 \;, \quad \alpha_3 = 0.6176 \;,$$

$$\alpha_4 = 0.9191 \;, \quad \alpha_5 = 0.9706 \text{ und } \alpha_6 = 1.0000 \;.$$

Aus der Tafel der Standardnormalverteilung im Anhang können wir dann die zugehörigen Quantile $u_{\alpha_1},\ldots,u_{\alpha_5}$ bestimmen:

$$u_{\alpha_1} = \Phi^{-1}(\alpha_1) = u_{0.1103} = -1.23 \;, \quad u_{\alpha_2} = u_{0.3382} = -0.42 \;,$$

$$u_{\alpha_3} = u_{0.6167} = 0.30 \;, \quad u_{\alpha_4} = u_{0.9196} = 1.41 \text{ und } u_{\alpha_5} = u_{0.9706} = 1.88 \;.$$

Damit ist

$$z_1 = \varphi(u_{\alpha_1}) = \frac{1}{\sqrt{2\pi}} \cdot e^{-(-1.23)^2} = 0.187 \;,$$

$$z_2 = 0.365 \;, \quad z_3 = 0.381 \;, \quad z_4 = 0.148 \text{ und } z_5 = 0.068 \;.$$

Die gesuchten Skalenwerte für das Merkmal $\mathfrak{X}$ sind also

$$x_1 = -\frac{z_1}{h_1} = -\frac{0.187}{0.1103} = -1.695 \;, \quad x_2 = \frac{0.187 - 0.365}{0.2279} = -0.781 \;,$$

$$x_3 = \frac{0.365 - 0.381}{0.2794} = -0.057 \;, \quad x_4 = \frac{0.381 - 0.148}{0.3015} = 0.773 \;,$$

$$x_5 = \frac{0.148 - 0.068}{0.0515} = 1.553 \text{ und } x_6 = \frac{0.068}{0.0294} = 2.313 \;.$$

Genauso skalieren wir dann die Ausprägungen des Merkmals $\mathfrak{Y}$. Die sich dabei ergebenden Skalenwerte

$$y_1 = -1.854 \;, \quad y_2 = -0.947 \;, \quad y_3 = -0.136 \;, \quad y_4 = 0.796 \text{ und } y_5 = 1.891$$

haben wir im Beispiel am Anfang dieses Abschnitts schon berechnet. Es ist dort lediglich $n_i = n_{.j}$ und $i = j$ zu setzen.

Die empirische Korrelation zwischen den Noten im Mathematik- und Physikunterricht ist dann

$$r_{XY} = \frac{\sum_{i=1}^{6}\sum_{j=1}^{5}(x_i-\bar{x})(y_j-\bar{y})n_{ij}}{\sqrt{\left(\sum_{i=1}^{6}(x_i-\bar{x})^2 n_{i.}\right)\left(\sum_{j=1}^{5}(y_j-\bar{y})^2 n_{.j}\right)}} = \frac{\sum_{i=1}^{6}\sum_{j=1}^{5} n_{ij}x_i y_j}{\sqrt{\left(\sum_{i=1}^{6} x_i^2 n_{i.}\right)\left(\sum_{j=1}^{5} y_j^2 n_{.j}\right)}}$$

$$= \frac{18.601}{\sqrt{124.909 \cdot 123.75238}} = \frac{18.601}{\sqrt{15457.786}} = 0.1496 \;,$$

da hier

$$\bar{x} = \frac{1}{n} \sum_{i=1}^{6} x_i n_{i.} = 0.0001029 \simeq 0 \quad , \quad \bar{y} = \frac{1}{n} \sum_{j=1}^{5} y_j n_{.j} = 0.0000147 \simeq 0 \quad .$$

Das Prinzip der marginalen Normalisierung läßt sich natürlich auch auf n Merkmale $\mathfrak{X}_1,\ldots,\mathfrak{X}_n$, die man beobachtet, verallgemeinern. Man kann dann die Korrelation $r_{X_iX_j}$ von je zwei Merkmalen berechnen und in der *Korrelationsmatrix* R zusammenfassen, vgl. Abschnitt 1 in Kap.III.

Ein anderes Skalierungsverfahren für ordinale Merkmalsausprägungen ist das *Prozentrangverfahren*, das z.B. dem *Intelligenzquotienten nach Wechsler* zugrundeliegt; man vgl. hierzu etwa Kap.V, Abschnitt 7 in Hartung et al. (1982).

1.2 SKALIERUNG NOMINALER MERKMALSAUSPRÄGUNGEN IN ZWEIDIMENSIONALEN KONTINGENZTAFELN - KATEGORIELLE SKALIERUNG, LANCASTER-SKALIERUNG

Bei ordinal skalierten Merkmalen konnten wir durch marginale Normalisierung eindeutige Skalenwerte für jede Merkmalsausprägung bestimmen, da die Reihenfolge der Ausprägungen festgelegt ist.

Bei einem *nominalen Merkmal* mit ℓ Ausprägungen gibt es keine Rangfolge der Ausprägungen, d.h. sie können in beliebiger Reihenfolge angeordnet werden. Die Skalenwerte, die man durch marginale Normalisierung erhält, sind daher nicht eindeutig, sondern abhängig von der Anordnung der Ausprägungen. Will man z.B. mittels marginaler Normalisierung die Korrelation zweier nominaler Merkmale $\mathfrak{X}$ und $\mathfrak{Y}$ schätzen, so ergeben sich je nach Reihenfolge der Ausprägungen von $\mathfrak{X}$ und $\mathfrak{Y}$ sehr unterschiedliche Schätzungen.

Beispiel: Bei n = 100 Personen werden die Merkmale $\mathfrak{X}$ Haarfarbe (blond, nicht blond) und $\mathfrak{Y}$ Augenfarbe (blau, braun, nicht blau und nicht braun) gemäß Tab.3 beobachtet.

Wir wollen nun die Korrelation zwischen Haar- und Augenfarbe (mit diesen 2 bzw. 3 Ausprägungen) mittels des Pearsonschen Korrelationskoeffizienten, der sich durch marginale Normalisierung ergibt, schätzen.

Für das Merkmal $\mathfrak{X}$ (Haarfarbe) ergeben sich zwei mögliche Skalierungen, je nachdem ob die Ausprägungen in der Reihenfolge "blond", "nicht blond" oder

Tab.3: Haarfarbe und Augenfarbe von 100 Personen

Haarfarbe \ Augenfarbe	blau	braun	nicht blau, nicht braun	$\sum$
blond	23	4	9	36
nicht blond	17	25	22	64
$\sum$	40	29	31	100

"nicht blond", "blond" angeordnet werden. Im ersten Fall (1) ergibt sich z.B. mit

$$h_1 = 36/100 = 0.36 \;, \quad h_2 = 64/100 = 0.64$$

zunächst

$$\alpha_1 = 0.36 \;, \quad u_{\alpha_1} = u_{0.36} = -0.36 \;, \quad z_1 = \varphi(-0.36) = 0.374$$

und somit der Skalenwert

$$x_1 = -z_1/h_1 = -1.039 \quad \text{für "blond"}$$

und der Skalenwert

$$x_2 = z_1/h_2 = 0.584 \quad \text{für "nicht blond"} \quad .$$

Im zweiten Fall (2) hingegen erhalten wir die Skalenwerte

$$x_1 = -0.584 \quad \text{für "nicht blond"}$$

und

$$x_2 = 1.039 \quad \text{für "blond"} \quad .$$

Für das Merkmal $\mathfrak{Y}$ (Augenfarbe) ergeben sich für die drei Ausprägungen sechs mögliche Anordnungen und somit sechs Tripel von Skalenwerten.

In der Tab.4 sind die Skalenwerte für alle Anordnungen der Ausprägungen von $\mathfrak{Y}$ sowie die zugehörigen Pearsonschen Korrelationskoeffizienten r_{XY} für beide Anordnungen (1) und (2) der Ausprägungen des Merkmals $\mathfrak{X}$ angegeben. ⌋

Wie wir am Beispiel sehen, können wir das Prinzip der marginalen Normalisierung ordinaler Merkmale nicht einfach auf nominale Merkmale übertragen, da die empirische Korrelation zwischen zwei marginal normalisierten, nominalen Merkmalen abhängig von der Reihenfolge der Anordnung der Merkmalsausprägungen ist. Daher müssen wir eine andere Form der Skalierung nominaler Merkmale finden.

Tab.4: Skalenwerte für die Ausprägungen des Merkmals $\mathfrak{Y}$ bei den sechs möglichen Ausprägungsanordnungen sowie empirische Korrelationskoeffizienten r_{XY} für jeweils beide Anordnungen (1),(2) der Ausprägungen des Merkmals $\mathfrak{X}$

Ausprägung	blau	braun	nicht blau, nicht braun	r_{XY}	
				(1)	(2)
Anordnung 1 Skalenwerte y_i	1 -0.968	2 -0.121	3 1.135	0.237	-0.237
Anordnung 2 Skalenwerte y_i	1 -0.968	3 1.183	2 -0.142	0.369	-0.369
Anordnung 3 Skalenwerte y_i	2 0.023	1 -1.183	3 1.135	-0.125	0.125
Anordnung 4 Skalenwerte y_i	3 0.968	1 -1.183	2 0.142	-0.369	0.369
Anordnung 5 Skalenwerte y_i	2 -0.023	3 1.183	1 -1.135	0.125	-0.125
Anordnung 6 Skalenwerte y_i	3 0.968	2 0.121	1 -1.135	-0.237	0.237

Wie schon in der Einleitung des Kapitels erwähnt, gibt es hier verschiedene Ansätze, nämlich den von Hirschfeld (1935) und Fisher (1940) sowie den von Lancaster (1957). Beim iterativen Verfahren von Hirschfeld und Fisher werden die Skalenwerte für ein Merkmal $\mathfrak{X}$ derart bestimmt, daß sie zwischen den Ausprägungen eines Merkmals $\mathfrak{Y}$ möglichst gut diskriminieren und umgekehrt. Lancaster bestimmt die Skalenwerte für zwei Merkmale $\mathfrak{X}$ und $\mathfrak{Y}$ mittels kanonischer Analyse so, daß eine möglichst gute Anpassung an eine normierte bivariate Standardnormalverteilung erreicht wird, d.h. an eine bivariate Normalverteilung mit Erwartungswert 0 und Kovarianzmatrix

$$\mathfrak{\Sigma} = \begin{pmatrix} 1 & \rho \\ \rho & 1 \end{pmatrix} \quad .$$

Wir wollen hier zunächst ein Verfahren vorstellen, daß diese Skalenwerte für die Merkmale $\mathfrak{X}$ und $\mathfrak{Y}$ liefert; man vgl. hierzu auch Bargmann/Kundert (1972).

Werden an einer Stichprobe von n Objekten aus einer Grundgesamtheit die nominalen Merkmale $\mathfrak{X}$ mit ℓ Ausprägungen und $\mathfrak{Y}$ mit c Ausprägungen beobachtet, so können die n zweidimensionalen Beobachtungen in Form einer $\ell{\times}c$ - Kontingenztafel, vgl. z.B. Tab.1, angegeben werden.

Den nominalen Merkmalsausprägungen sollen nun Skalenwerte $x_1,\dots,x_\ell$ bzw. $y_1,\dots,y_c$ derart zugeordnet werden, daß der Mittelwert der n Beobachtungen jeweils 0 und die empirische Varianz 1 ist:

$$\overline{x} = \sum_{i=1}^{\ell} n_{i.} x_i = \sum_{j=1}^{c} n_{.j} y_j = \overline{y} = 0 \quad ,$$

$$s_X^2 = \frac{1}{n} \sum_{i=1}^{\ell} n_{i.} x_i^2 = \frac{1}{n} \sum_{j=1}^{c} n_{.j} y_j^2 = s_Y^2 = 1 \quad ;$$

klassischerweise dividiert man hier bei der Varianz durch n statt durch n-1, was jedoch nicht unbedingt nötig ist. Den Merkmalen $\mathfrak{X}$ und $\mathfrak{Y}$ werden also "standardisierte" Zufallsvariablen X und Y zugeordnet.

Dazu werden zunächst ℓ- bzw. c-dimensionale *Scheinvariable (Dummys)* $U = (U_1,\dots,U_\ell)^T$ und $V = (V_1,\dots,V_c)^T$ definiert, deren Realisationen u, v stets Einheitsvektoren sind, und zwar ist

$$u = e_{\ell i} = (0,\dots,0,1,0,\dots,0)^T \quad ,$$

wobei die Eins an der i-ten ($i=1,\dots,\ell$) Stelle steht, falls die i-te Ausprägung des Merkmals $\mathfrak{X}$ beobachtet wird, und

$$v = e_{cj} = (0,\dots,0,1,0,\dots,0)^T \quad ,$$

wobei die Eins an der j-ten ($j=1,\dots,c$) Stelle steht, falls die j-te Ausprägung des Merkmals $\mathfrak{Y}$ beobachtet wird.

Nun sucht man in Abhängigkeit von Gewichtsvektoren $\alpha = (\alpha_1,\dots,\alpha_\ell)^T$, $\beta = (\beta_1,\dots,\beta_c)^T$ Zufallsvariablen

$$X^* = \alpha^T \cdot U \quad \text{und} \quad Y^* = \beta^T \cdot V$$

mit maximaler Korrelation r_{XY} in der Stichprobe, d.h. man bestimmt die *Gewichtsvektoren* α *und* β *der ersten empirischen kanonischen Korrelation*, vgl. Abschnitt 1.4 in Kap.III, *zwischen den Dummys* U *und* V.

Jede Beobachtung aus der $\ell\times c$ - Kontingenztafel läßt sich dann darstellen als

$$(x_i^*, y_j^*) = (\alpha_i, \beta_j)$$

und die *gesuchten Skalenwerte* (bzw. Realisationen der standardisierten Zufallsvariablen X und Y) $x_1,\dots,x_\ell$, $y_1,\dots,y_c$ für die Ausprägungen der nominalen Merkmale $\mathfrak{X}$ und $\mathfrak{Y}$ ergeben sich durch Normierung der α_i und β_j.

Konkret ergeben sich die Gewichtsvektoren α und β aus der Matrix

$$Q = \begin{pmatrix} q_{11} & q_{12} & \cdots & q_{1\ell} \\ q_{21} & q_{22} & \cdots & q_{2\ell} \\ \vdots & \vdots & & \vdots \\ q_{\ell 1} & q_{\ell 2} & \cdots & q_{\ell\ell} \end{pmatrix}$$

mit

$$q_{ik} = q_{ki} = \left(\sum_{j=1}^{c} n_{ij} n_{kj}/n_{.j} - n_{i.} n_{k.}/n\right) \Big/ \sqrt{n_{i.} n_{k.}} \qquad \text{für } i,k=1,\ldots,\ell \ ,$$

denn $r_{U,V}$ bzw. r_{XY} ist gerade die Wurzel aus dem größten Eigenwert λ_G der Matrix Q

$$r_{XY} = r_{U,V} = \sqrt{\lambda_G} \quad .$$

Zum Eigenwert λ_G bestimmt man dann einen beliebigen Eigenvektor $f = (f_1,\ldots,f_\ell)^T$, aus dem sich die Gewichte $\alpha_1,\ldots,\alpha_\ell$ ergeben:

$$\alpha_i = f_i/\sqrt{n_{i.}} \qquad \text{für } i=1,\ldots,\ell \quad .$$

Die gesuchten Skalenwerte $x_1,\ldots,x_\ell$ für das Merkmal $\mathfrak{X}$ ergeben sich dann durch Normierung der Länge des Vektors $\alpha = (\alpha_1,\ldots,\alpha_\ell)^T$:

$$x_i = \alpha_i \sqrt{n} \Big/ \sqrt{\sum_{i=1}^{\ell} n_{i.} \alpha_i^2} \qquad \text{für } i=1,\ldots,\ell \quad .$$

Die Gewichte $\beta_1,\ldots,\beta_c$ bzw. die Skalenwerte $y_1,\ldots,y_c$ für das Merkmal $\mathfrak{Y}$ ergeben sich dann zu

$$\beta_j = \frac{1}{n_{.j}} \sum_{i=1}^{\ell} n_{ij} \alpha_i \qquad \text{für } j=1,\ldots,c$$

bzw.

$$y_j = \beta_j \sqrt{n} \Big/ \sqrt{\sum_{j=1}^{c} n_{.j} \beta_j^2} \qquad \text{für } j=1,\ldots,c \quad .$$

Durch die *kategorielle Skalierung* (*Lancaster - Skalierung*) hat man, wie bereits erwähnt, erreicht, daß einerseits das der Kontingenztafel für (X,Y) zugrundeliegende Modell so gut wie möglich an eine standardisierte bivariate Normalverteilung

$$N\left(\begin{pmatrix} 0 \\ 0 \end{pmatrix}; \begin{pmatrix} 1 & \sigma_{XY} \\ \sigma_{XY} & 1 \end{pmatrix}\right)$$

angepaßt ist und daß andererseits das Merkmal $\mathfrak{X}$ bestmöglich zwischen den Ausprägungen des Merkmals $\mathfrak{Y}$ diskriminiert und umgekehrt.

Beispiel: Wir betrachten noch einmal das Beispiel vom Anfang dieses Abschnitts, vgl. auch Tab.3, wo wir die Verschiedenheit der Ergebnisse marginaler Normalisierung bei Nominalskalen demonstriert hatten. Hier wollen wir nun zunächst die Lancaster - Skalierung durchführen. Dazu berechnen wir zunächst die vier Elemente der Matrix Q:

$$q_{11} = \frac{\sum_{j=1}^{3} \frac{n_{1j}n_{1j}}{n_{.j}} - \frac{n_{1.}n_{1.}}{n}}{\sqrt{n_{1.}n_{1.}}} = \frac{13.225 + 0.552 + 2.613 - 12.960}{36} \simeq 0.0953 \quad ,$$

$$q_{22} = \frac{\sum_{j=1}^{3} \frac{n_{2j}n_{2j}}{n_{.j}} - \frac{n_{2.}n_{2.}}{n}}{\sqrt{n_{2.}n_{2.}}} = \frac{7.225 + 21.552 + 15.613 - 40.960}{64} \simeq 0.0536 \quad ,$$

$$q_{12} = q_{21} = \frac{\sum_{j=1}^{3} \frac{n_{1j}n_{2j}}{n_{.j}} - \frac{n_{1.}n_{2.}}{n}}{\sqrt{n_{1.}n_{2.}}} = \frac{9.775 + 3.448 + 6.387 - 23.040}{48} \simeq -0.0715 .$$

Die Matrix Q ist also

$$Q = \begin{pmatrix} 0.0953 & -0.0715 \\ -0.0715 & 0.0536 \end{pmatrix}$$

und die Eigenwerte von Q ergeben sich als Nullstellen des charakteristischen Polynoms

$$\det(Q - \lambda I) = \det\begin{pmatrix} 0.0953 - \lambda & -0.0715 \\ -0.0715 & 0.0536 - \lambda \end{pmatrix}$$

$$= (0.0953 - \lambda)(0.0536 - \lambda) - (0.0715)^2$$

$$= \lambda^2 - 0.1489\lambda - 0.0000 \quad .$$

Die Nullstellen des charakteristischen Polynoms von Q sind also

$$\lambda_1 \simeq 0 \quad \text{und} \quad \lambda_2 = 0.1489 \quad ,$$

und somit ist

$$\lambda_G = \lambda_2 = 0.1489 \quad ,$$

d.h.

$$r_{XY} = \sqrt{\lambda_G} = \sqrt{0.1489} = 0.386 \quad ;$$

(die größtmögliche Korrelation bei marginaler Normalisierung war $r_{XY} = 0.369$). Durch Lösen des Gleichungssystems

$$Q \cdot f = \lambda_G \cdot f$$

erhält man nun die zu λ_G gehörigen Eigenvektoren f, von denen wir dann einen speziellen Eigenvektor auswählen:

$$f = (f_1, f_2)^T = (f_1, -0.75 f_1)^T$$

mit $f_1 \neq 0$ beliebig. Wir wählen einmal

$$f_1 = 1 \quad , \quad f_2 = -0.75$$

und berechnen nun die Gewichte α_1 und α_2:

$$\alpha_1 = \frac{f_1}{\sqrt{n_{1.}}} = \frac{1}{\sqrt{36}} = \frac{1}{6} = 0.167 \quad , \quad \alpha_2 = \frac{f_2}{\sqrt{n_{2.}}} = \frac{-0.75}{\sqrt{64}} = -\frac{3}{32} = -0.094 \quad ,$$

und hieraus die gesuchten Skalenwerte für das Merkmal $\mathfrak{X}$ (Haarfarbe):

$$x_1 = \frac{\sqrt{100}}{\sqrt{36 \cdot 1/36 + 64 \cdot 9/1024}} \cdot \frac{1}{6} = \frac{10}{\sqrt{1.5625}} \cdot \frac{1}{6} = \frac{1}{1.25 \cdot 6} = 1.333 \qquad \text{für "blond"},$$

$$x_2 = \frac{\sqrt{100}}{\sqrt{36/36 + 64 \cdot 9/1024}} \left(-\frac{3}{32}\right) = \frac{-30}{1.25 \cdot 32} = -0.75 \qquad \text{für "nichtblond"} \quad .$$

Weiter ergibt sich

$$\beta_1 = \frac{1}{40}\left(\frac{23}{6} - \frac{17 \cdot 3}{32}\right) = 0.056 \quad , \quad \beta_2 = \frac{1}{29}\left(\frac{4}{6} - \frac{25 \cdot 3}{32}\right) = -0.058 \quad ,$$

$$\beta_3 = \frac{1}{31}\left(\frac{9}{6} - \frac{22 \cdot 3}{32}\right) = -0.018$$

und somit sind die Skalenwerte für das Merkmal $\mathfrak{Y}$ (Augenfarbe)

$$y_1 = \frac{\sqrt{100}}{\sqrt{40 \cdot 0.056^2 + 29 \cdot 0.058^2 + 31 \cdot 0.018^2}} \cdot 0.056 = \frac{0.56}{\sqrt{0.233}} = 1.160 \quad \text{für "blau"},$$

$$y_2 = \frac{-0.58}{\sqrt{0.233}} = -1.201 \qquad \text{für "braun"} \quad ,$$

$$y_3 = \frac{-0.18}{\sqrt{0.233}} = -0.373 \qquad \text{für "nicht blau, nicht braun"} \quad .$$

Um Kontigenztafelmethoden anwenden zu können, benötigt man zumeist vollbesetzte Tafeln, d.h. $n_{ij} > 0$ für alle $i,j \in \{1,\ldots,\ell\} \times \{1,\ldots,c\}$. Bei der Skalierung in Kontingenztafeln hingegen wird *lediglich* verlangt, daß *alle Randsummen* $n_{i.}$ und $n_{.j}$ *größer als Null* sind, wie das folgende Beispiel zeigt, so daß durchaus sogenannte *leere Zellen* zugelassen sind.

Beispiel: Für die 2×3 - Kontingenztafel aus Tab.5 ergibt sich die Matrix

$$Q = \begin{pmatrix} 0.232323232 & -0.254497350 \\ -0.254497350 & 0.278787879 \end{pmatrix}$$

mit dem größten Eigenwert

$\lambda_G = 0.511111111$.

Tab.5: Beispiel einer *Kontingenztafel mit leeren Zellen*

$\mathfrak{X}$ \ $\mathfrak{Y}$	1	2	3	$\sum$
1	4	2	<u>0</u>	6
2	2	<u>0</u>	3	5
$\sum$	6	2	3	11

Ein Eigenvektor zum Eigenwert λ_G ist

$$f = (-0.912870929, 1)^T ,$$

so daß die Skalenwerte für das Merkmal $\mathfrak{X}$ gerade

$$x_1 = -0.912870929 , \quad x_2 = 1.095445115$$

sind, und sich für das Merkmal $\mathfrak{Y}$ ergeben zu

$$y_1 = -0.34052612 , \quad y_2 = -1.276884795 , \quad y_3 = 1.532261756 .$$

Ist in jeder Spalte (oder Zeile) nur genau ein Wert n_{ij} von Null verschieden, so ist klar, daß die Skalenwerte für die Merkmale beliebig gewählt werden können, denn es ergibt sich dann stets

$$r_{XY} = 1 .$$

Bislang haben wir jeder Merkmalsausprägung eines nominalen Merkmals einen einzelnen Skalenwert zugewiesen. Berücksichtigt man nun nicht nur die erste kanonische Korrelation zwischen den Dummys U und V sondern noch weitere kanonische Korrelationen, vgl. Abschnitt 1.4 in Kap.III, so kann der einzelnen Merkmalsausprägung auch jeweils ein *Vektor von Skalenwerten* zugeordnet werden.

Will man etwa p-dimensionale Skalenwertvektoren bestimmen ($p \leq \ell-1$), so verwendet man die p größten Eigenwerte der Matrix Q. Die zugehörigen p Eigenvektoren werden in gleicher Art und Weise normiert, wie wir es beim Eigenvektor zum größten Eigenwert λ_G von Q getan haben, und dann als Skalenwerte verwandt. Dadurch erhält man für jede Ausprägung des Merkmals $\mathfrak{X}$ einen Skalenwertvektor

$$x_i = (x_{i1}, \ldots, x_{ip})^T \qquad \text{für } i=1,\ldots,\ell$$

und kann dann die Vektoren

$$y_j = (y_{j1},\dots,y_{jp})^T \qquad \text{für } j=1,\dots,c$$

der Skalenwerte zu den Ausprägungen des Merkmals $\mathfrak{Y}$ bestimmen; man vgl. hierzu auch die Ausführungen im Abschnitt 6 dieses Kapitels.

Abschließend sei hier noch bemerkt, daß natürlich auch *ordinale Merkmale mittels Lancaster-Skalierung skaliert* werden können. Dabei muß man allerdings in Kauf nehmen, daß bei den Skalenwerten die Reihenfolge der ordinalen Ausprägungen nicht immer eingehalten wird; man vgl. hierzu auch die Ausführungen in Abschnitt 3. Abhilfe kann man hier schaffen, indem man die gewünschte Reihenfolge der Skalenwerte als Nebenbedingung bei der Skalierung benutzt oder, falls Vertauschungen aufgetreten sind, die entsprechenden Ausprägungen der ordinalen Merkmale zu Gruppen zusammenfaßt und dann neu skaliert.

2 MULTIVARIATE ANALYSEVERFAHREN IN SKALIERTEN KONTINGENZTAFELN MIT EINER KRITERIUMSVARIABLEN (CALIBRATION PATTERNS)

Erinnern wir uns noch einmal an den diskriminanzanalytischen Ansatz von Hirschfeld (1935) und Fisher (1940), der eingangs des Abschnitts 1.2 beschrieben wurde. Sie betrachteten eine zweidimensionale Kontingenztafel, in der ein Merkmal (die *Spaltenvariable*) gegen ein anderes Merkmal (die *Zeilenvariable*) so skaliert werden sollte, daß die Spaltenvariable bestmöglichst zwischen den Ausprägungen der Zeilenvariablen diskriminierte (unterschied). Faßt man die Zeilenvariable nicht als Merkmal mit unterschiedlichen Ausprägungen sondern als *Kriteriumsvariable* auf, die einen Faktor auf verschiedenen Stufen repräsentiert, so hat man keine Kontingenztafel im engeren Sinne mehr vor sich. Eine solche Tafel wollen wir daher *Calibration Pattern* (*Eich-Tafel*) nennen.

Beobachtet man nun p verschiedene Merkmale $\mathfrak{Y}_1,\dots,\mathfrak{Y}_p$ bei insgesamt n Objekten (Versuchseinheiten), von denen $n_{i.}$ Objekte zur i-ten Stufe ($i=1,\dots,\ell$) der interessierenden Kriteriumsvariable $\mathfrak{X}$ gehören, so kann man die Versuchsergebnisse in einer $n\times p$-*Datenmatrix* $\tilde{Y}$ zusammenfassen, $n > p$. Dabei bezeichnet $\tilde{y}_{ijk}$ die Merkmalsausprägung des j-ten Merkmals am k-ten Objekt auf der i-ten Stufe der Kriteriumsvariablen:

$$\tilde{Y} = \begin{pmatrix} \tilde{y}_{111} & \tilde{y}_{121} & \cdots & \tilde{y}_{1p1} \\ \vdots & \vdots & & \vdots \\ \tilde{y}_{11n_{1.}} & \tilde{y}_{12n_{1.}} & \cdots & \tilde{y}_{1pn_{1.}} \\ \vdots & \vdots & & \vdots \\ \tilde{y}_{\ell 11} & \tilde{y}_{\ell 21} & \cdots & \tilde{y}_{\ell p1} \\ \vdots & \vdots & & \vdots \\ \tilde{y}_{\ell 1n_{\ell.}} & \tilde{y}_{\ell 2n_{\ell.}} & \cdots & \tilde{y}_{\ell pn_{\ell.}} \end{pmatrix} = \begin{pmatrix} \tilde{y}_{11}^T \\ \vdots \\ \tilde{y}_{1n_{1.}}^T \\ \vdots \\ \tilde{y}_{\ell 1}^T \\ \vdots \\ \tilde{y}_{\ell n_{\ell.}}^T \end{pmatrix} .$$

Sind die Ausprägungen des Merkmals $\mathfrak{y}_j$ nominal oder ordinal skaliert mit endlich vielen, nämlich c_j $(j=1,..,p)$ möglichen Ausprägungen, so lassen sich aus der Datenmatrix $\tilde{Y}$ dann p Calibration Patterns bestimmen. In jedem Pattern ist die interessierende Kriteriumsvariable die Zeilenvariable und die Spaltenvariable im j-ten Calibration Pattern für $j=1,...,p$ ist das Merkmal $\mathfrak{y}_j$. Im j-ten $\ell \times c_j$ - Calibration Pattern werden dann die beobachteten Häufigkeiten der Merkmalsausprägungen des Merkmals $\mathfrak{y}_j$ auf jeder Stufe der Kriteriumsvariablen $\mathfrak{x}$ eingetragen.

Zunächst seien einige typische Fragestellungen aufgezählt, zu deren Behandlung die hier aufgeführten Methoden dienlich sind.

Beispiel:

(a) Hausfrauen, die verschiedene Vollwaschmittel benutzen, sollen ihr Waschmittel auf einer Skala von 1,...,7 bzgl. 10 verschiedener Merkmale beurteilen. Bestehen Unterschiede zwischen den Waschmitteln, welcher Art sind diese und gibt es vielleicht bei den auf dem Markt befindlichen Produkten eine Marktlücke?

(b) n Personen verschiedener Nationalitäten werden nach Schulbildung, Einkommen, Haarfarbe, Augenfarbe usw. befragt. Welche Merkmale diskriminieren am besten zwischen den Nationalitäten? Welche Nationen sind sich besonders ähnlich und welche sind sehr unterschiedlich? Eine Person unbekannter Nationalität wird nach eben diesen Merkmalen befragt. Welcher Nationaltät gehört diese Person an?

(c) Einige Schüler aus Sonder-, Haupt-, Realschulen und Gymnasien werden bzgl. ihrer orthographischen und mathematischen Fähigkeiten untersucht. Weiterhin wird nach ihrem sozialen Herkommen, ihrer Lieblingsbeschäftigung, ihrem Berufswunsch und ihren Vorstellungen von der Höhe ihres Einkommens gefragt. Bestehen Unterschiede zwischen den Schülern verschiedener Schultypen? Bzgl. welcher Merkmale sind diese Unterschiede besonders groß?

(d) Verschiedene Personen, deren politische Einstellung man kennt, werden z.B. nach ihrer Einstellung zum Nationalsozialismus, zur Politik der Vereinigten Staaten und zur Außenpolitik Deutschlands befragt. Gibt es bzgl. dieser Merkmale Unterschiede zwischen den verschiedenen politischen Richtungen? Kann man aufgrund dieser Fragen feststellen, welcher Partei oder politischen Richtung eine Person zuzurechnen ist?

(e) Die Besitzer von Wagen verschiedener Fabrikate werden nach den Reparaturanfälligkeiten der Bremsen, des Motors usw. befragt, vgl. auch Abschnitt 3. Gibt es Unterschiede zwischen den Fabrikaten? Wenn man sich einen Gebrauchtwagen zulegen möchte, welches Fabrikat wählt man dann gemessen an den Reparaturanfälligkeiten am besten?

(f) Verhaltensgestörte, geistig behinderte, körperlich behinderte, sprachgeschädigte und "normale" Kinder werden auf ihr Konzentrationvermögen, ihre Anpassungsfähigkeit usw. psychologisch untersucht. Bestehen Unterschiede zwischen den Gruppen von Kindern? Sind sich vielleicht verhaltensgeschädigte und sprachgeschädigte Kinder besonders ähnlich? Kann aufgrund der Untersuchung dieser Merkmale festgestellt werden, ob ein Kind vielleicht geistig behindert ist?

Mittels der in Abschnitt 1.2 beschriebenen Lancaster - Skalierung werden dann die Merkmale $\mathfrak{Y}_1,\dots,\mathfrak{Y}_p$ jeweils gegen die Kriteriumsvariable skaliert.

Bezeichnet man mit y_j^ν ($j=1,\dots,p$ und $\nu=1,\dots,c_j$) den Skalenwert für die ν-te Ausprägung des j-ten Merkmals, so kann man in der Datenmatrix $\tilde{Y}$ die Beobachtungen $\tilde{y}_{ijk}$ durch die jeweiligen Skalenwerte ersetzen und erhält eine neue *skalierte Datenmatrix*

$$Y = \begin{pmatrix} y_{111} & \cdots & y_{1p1} \\ \vdots & & \vdots \\ y_{11n_{1.}} & \cdots & y_{1pn_{1.}} \\ \vdots & & \vdots \\ y_{\ell 1n_{\ell.}} & \cdots & y_{\ell pn_{\ell.}} \end{pmatrix} = \begin{pmatrix} y_{11}^T \\ \vdots \\ y_{1n_{1.}}^T \\ \vdots \\ y_{\ell n_{\ell.}}^T \end{pmatrix} ,$$

die nun die Beobachtungsvektoren aller n Objekte in skalierter Form enthält.

Ausgehend von einer solchen skalierten Datenmatrix und den zugehörigen Calibration Patterns können die Beobachtungsdaten dann analysiert werden.

Natürlich können die im folgenden dargestellten Methoden auch dann angewandt werden, wenn direkt eine Datenmatrix mit metrischen (etwa normalverteilten) Merkmalen oder eine gemischte Datenmatrix beobachtet wird. Bei einer gemischten Datenmatrix werden dann entweder nur die kategoriellen Variablen skaliert, oder es müssen Skalierungsverfahren für gemischte Merkmalstypen, vgl. Abschnitt 5, verwandt werden bzw. die metrischen Merkmale werden zunächst kategorisiert (Senkung des Skalenniveaus) und dann mitskaliert. Da die skalierten (ursprünglich kategoriellen) Merkmale bzw. die zugehörigen Zufallsvariablen standardisiert (Mittelwert 0 und Varianz 1) sind, sollten auch die eventuell direkt metrischen Merkmale standardisiert werden, d.h. ist $\mathfrak{y}$ ein stetiges Merkmal mit zugehöriger Zufallsvariable Y^*, so geht man über zur standardisierten Zufallsvariablen

$$Y = (Y^* - E(Y^*))/\sqrt{Var(Y^*)} \quad .$$

Die zum Teil recht rechenaufwendigen Verfahren, die in diesem Abschnitt vorgestellt werden, sollen zunächst an einem einfachen Beispiel illustriert werden. Im Abschnitt 3 wird dann ausführlich ein reales Problem aus der Marktforschung beschrieben, das die Möglichkeiten der hier vorgestellten Verfahren erst voll deutlich macht.

Beispiel: Insgesamt $n = 12$ Personen werden nach ihrem Alter, ihrem Familienstand und nach ihrer politischen Einstellung befragt. Als Kriteriumsvariable $\mathfrak{x}$ mit $\ell = 2$ Stufen wird das Einkommen der Person gewählt, und zwar gehören 5 Personen der Stufe 1 (Einkommen von mehr als 3000 DM) und 7 Personen der Stufe 2 (Einkommen von weniger als 3000 DM) an. Das Merkmal "Alter" $\mathfrak{y}_1$ wird in $c_1 = 3$ Ausprägungen ($1 \hat{=}$ unter 30 Jahre, $2 \hat{=} 30 - 50$ Jahre, $3 \hat{=}$ über 50 Jahre), das Merkmal "Familienstand" $\mathfrak{y}_2$ in $c_2 = 3$ Ausprägungen ($1 \hat{=}$ ledig, $2 \hat{=}$ verheiratet, $3 \hat{=}$ geschieden) und das Merkmal "politische Einstellung" $\mathfrak{y}_3$ in $c_3 = 3$ Ausprägungen betrachtet. Die politische Einstellung wird an der Antwort auf die Frage: "Welche Partei sähen Sie am liebsten in der Bundesrepublik Deutschland regieren?" gemessen. Die Ausprägungen 1 und 2 entsprechen den Antworten SPD und CDU (zufällig den Zahlen zugeordnet) und 3 entspricht der Antwort "keine von beiden". Mit diesen Ausprägungsbezeichnungen ergab sich die Datenmatrix $\tilde{Y}$ aus Tab.6

Die Beobachtungsdaten lassen sich dann in Form von 3 Calibration Patterns anordnen, vgl. Tab.7, 8 und 9.

Die Ausprägungen der drei Merkmale $\mathfrak{y}_1$, $\mathfrak{y}_2$ und $\mathfrak{y}_3$ sollen nun mittels Lancaster-Skalierung, vgl. Abschnitt 1.2, jeweils gegen die Kriteriumsvariable Einkommen skaliert werden.

Tab.6: Datenmatrix $\tilde{Y}$ zur Befragung von 12 Personen

Merkmal	$\mathfrak{y}_1$	$\mathfrak{y}_2$	$\mathfrak{y}_3$	
	2	2	1	Stufe 1 der Kriteriumsvariablen $\mathfrak{X}$
	3	1	3	
	1	1	2	
	3	2	1	
	3	3	1	
$\tilde{Y}$ =	1	2	1	Stufe 2 der Kriteriumsvariablen $\mathfrak{X}$
	2	1	2	
	1	1	2	
	3	2	3	
	1	1	3	
	3	2	2	
	1	3	2	

Tab.7: Calibration Pattern für das Merkmal "Alter" $\mathfrak{y}_1$

$\mathfrak{X}$ Stufe i \ $\mathfrak{y}_1$	1	2	3	Σ
1	1	1	3	5
2	4	1	2	7
Σ	5	2	5	12

Tab.8: Calibration Pattern für das Merkmal "Familienstand" $\mathfrak{y}_2$

$\mathfrak{X}$ Stufe i \ $\mathfrak{y}_2$	1	2	3	Σ
1	2	2	1	5
2	3	3	1	7
Σ	5	5	2	12

Tab.9: Calibration Pattern für das Merkmal "politische Einstellung" $\mathfrak{y}_3$

$\mathfrak{X}$ Stufe i \ $\mathfrak{y}_3$	1	2	3	Σ
1	3	1	1	5
2	1	4	2	7
Σ	4	5	3	12

Für das Merkmal $\mathfrak{y}_1$ ergibt sich mit den dortigen Bezeichnungen wegen

$$Q_1 = \begin{pmatrix} 0.0833333 & -0.0704295 \\ -0.0704295 & 0.0595238 \end{pmatrix}$$

als größter Eigenwert λ_{1G} von Q_1

$$\lambda_{1G} = 0.1428571$$

und als zugehöriger Eigenvektor etwa

$$f_1 = (1,-0.8451543)^T$$

Die Skalenwerte für das Merkmal $\mathfrak{y}_1$ erhält man, indem man die Länge des Vektors $(\beta_1^1,\beta_1^2,\beta_1^3)^T$ mit

$$\beta_1^\nu = \frac{1}{n^1_{.\nu}} \sum_{i=1,2} n^1_{i\nu} \cdot f_{1i} / \sqrt{n^1_{i.}} \qquad \text{für } \nu=1,2,3$$

normiert, und zwar ist

$$y_1^\nu = \beta_1^\nu \cdot \sqrt{n \Big/ \left(\sum_{k=1}^{3} n^1_{.k} \cdot (\beta_1^k)^2 \right)} \qquad \text{für } \nu=1,2,3$$

der Skalenwert für die ν-te Ausprägung des Merkmals $\mathfrak{y}_1$. Konkret ergibt sich

$$y_1^1 = -1.1627554 \;,\quad y_1^2 = 0.4472135 \quad \text{und} \quad y_1^3 = 0.9838698 \quad .$$

Entsprechend ergeben sich mit

$$Q_2 = \begin{pmatrix} 0.0033333 & -0.0028172 \\ -0.0028172 & 0.0023810 \end{pmatrix} \quad \text{und} \quad \lambda_{2G} = 0.0057143$$

als Skalenwerte für das Merkmal $\mathfrak{y}_2$

$$y_2^1 = y_2^2 = -0.4472136 \quad \text{und} \quad y_2^3 = 2.2360680 \quad ,$$

und mit

$$Q_3 = \begin{pmatrix} 0.1400000 & -0.1183216 \\ -0.1183216 & 0.1000000 \end{pmatrix} \;, \quad \lambda_{3G} = 0.24$$

ergeben sich die Skalenwerte für die Ausprägungen des Merkmals $\mathfrak{y}_3$ zu

$$y_3^1 = 1.3801311 \;,\quad y_3^2 = -0.8970852 \quad \text{und} \quad y_3^3 = -0.3450330 \quad .$$

Mittels dieser Skalenwerte für die Merkmale $\mathfrak{y}_1$, $\mathfrak{y}_2$ und $\mathfrak{y}_3$ läßt sich nun die Datenmatrix $\tilde{Y}$ aus Tab.6 in die skalierte Datenmatrix Y, die in Tab.10 angegeben ist, überführen.

Tab.10: Skalierte Datenmatrix Y im Beispiel

	y_1	y_2	y_3	Einkommen x
Y =	0.4472135	-0.4472136	1.3801311	1
	0.9838698	-0.4472136	-0.3450330	
	-1.1627554	-0.4472136	-0.8970852	
	0.9838698	-0.4472136	1.3801311	
	0.9838698	2.2360680	1.3801311	
	-1.1627554	-0.4472136	1.3801311	2
	0.4472135	-0.4472136	-0.8970852	
	-1.1627554	-0.4472136	-0.8970852	
	0.9838698	-0.4472136	-0.3450330	
	-1.1627554	-0.4472136	-0.3450330	
	0.9838698	-0.4472136	-0.8970852	
	-1.1627554	2.2360680	-0.8970852	

Zu bemerken ist, daß die zu Tab.6 gehörige vierdimensionale Kontingenztafel hochgradig *unterbesetzt* ist, d.h. viele *leere Zellen* aufweist. Um eine vollbesetzte vierdimensionale Kontingenztafel zu erhalten, hätten wir mindestens $2 \times 3 \times 3 \times 3 = 54$ Personen befragen müssen.

2.1 BESTE DISKRIMINATOREN ZWISCHEN DEN STUFEN DER KRITERIUMSVARIABLEN

Hat man sehr viele Merkmale beobachtet, so ist man oft daran interessiert herauszufinden *bzgl. welcher der beobachteten Merkmale* $y_1,\ldots,y_p$ *Unterschiede zwischen den Stufen einer Kriteriumsvariablen* x *bestehen* und *bzgl. welcher Merkmale diese Unterschiede besonders groß sind.*

Dient etwa die betrachtete Stichprobe als *Lernstichprobe*, aufgrund derer man zukünftige Objekte den Stufen der Kriteriumsvariablen zuordnen will, so möchte man nur möglichst wenige Merkmale an neu hinzukommenden Objekten beobachten müssen, denn dies ist zeit- und kostensparend und mitunter auch fehlermindernd. Um festzustellen, bzgl. welcher Merkmale sich die ℓ Stufen einer Kriteriumsvariablen besonders stark unterscheiden, *welche Merkmale* also *am besten* zwischen den Stufen *diskriminieren*, können verschiedene Größen als Anhaltspunkt dienen.

Als Nebenprodukt der Skalierung in den Calibration Patterns erhält man die *maximalen Korrelationen* r_{Y_j} zwischen dem Merkmal y_j für j=1,...,p und der Kriteriumsvariablen x:

$$r_{Y_j} = \sqrt{\lambda_{jG}} \quad ,$$

also die Quadratwurzel aus dem größten Eigenwert der Matrix Q_j, vgl. auch Abschnitt 1.1.

Ausgehend von dieser Korrelation kann für jedes Merkmal $\mathfrak{Y}_j$, j=1,...,p, ein *Test auf signifikante Unterschiede* zwischen den Stufen der Kriteriumsvariablen durchgeführt werden. Allerdings kann der sonst übliche F-Test hier nicht mehr benutzt werden, denn die Skalierung erfolgte ja bereits so, daß maximale Unterschiede zwischen den Stufen der Kriteriumsvariablen bzgl. des Merkmals $\mathfrak{Y}_j$ erreicht wurden. Vielmehr müssen wir hier etwa den multivariaten Roy-Test zum Testen der Hypothese

H_{oj}: zwischen den Stufen der Kriteriumsvariablen bestehen keine Unterschiede bzgl. des Merkmals $\mathfrak{Y}_j$

für j=1,...,p verwenden, vgl. auch Abschnitt 1.4 in Kap.III. Die Hypothese H_{oj} wird zum Niveau α verworfen, d.h. es wird auf zum Niveau α signifikante Unterschiede geschlossen, falls gilt

$$r^2_{Y_j} > c_{R;1-\alpha}(c_j-1, n-\ell, \ell-1) \quad .$$

Die kritischen Werte des Roy-Tests sind in den Nomogrammen im Anhang zu finden; einige sind auch z.B. bei Kres (1975) vertafelt.

Gute Diskriminatoren zwischen den Stufen der Kriteriumsvariablen sind dann solche Merkmale $\mathfrak{Y}_j$, bzgl. derer die Unterschiede zwischen den Stufen zu einem kleinen Niveau noch signifikant sind.

Wählt man diese Korrelationen zur Bestimmung der besten Diskriminatoren und berücksichtigt Merkmale mit geringer Korrelation mit der Kriteriumsvariablen in nachfolgenden Analysen nicht weiter, so kann es jedoch passieren, daß wichtige Informationen über die Kriteriumsvariable verloren gehen, denn es ist möglich, daß zwei Merkmale einzeln gesehen keine guten Diskriminatoren sind, beide zusammen jedoch die Unterschiede in den Stufen der Kriteriumsvariablen gut erklären. Daher sollten die Korrelationen r_{Y_j} nur als ein Anhaltspunkt bei der Bestimmung der besten Diskriminatoren dienen.

Der *Pearsonsche Kontingenzkoeffizient*

$$C_j = \sqrt{\chi_j^2/(n+\chi_j^2)} \quad , \text{ mit } \quad \chi_j^2 = n\cdot\left(\sum_{i=1}^{\ell}\sum_{k=1}^{c_j}\frac{(n_{ik}^j)^2}{n_{i.}n_{.k}^j} - 1\right) \quad ,$$

vgl. Abschnitt 3 in Kap.III, ist wie die Korrelation r_{Y_j} ein Maß für die Abhängigkeit der Kriteriumsvariablen und des Merkmals $\mathfrak{y}_j$ für j=1,...,p. Daher kann auch er zur Bestimmung bester Diskriminatoren und zur Elimination unwesentlicher Merkmale verwandt werden. Aus den gleichen Gründen wie die Korrelation kann er jedoch nur ein Anhaltspunkt sein: Ist C_j groß, so ist das Merkmal $\mathfrak{y}_j$ sicherlich ein guter Diskriminator zwischen den Stufen der Kriteriumsvariablen.

Ein echter Indikator für gut zwischen den Stufen der Kriteriumsvariablen diskriminierende Merkmale $\mathfrak{y}_j$, der die Nachteile der Korrelation und des Pearsonschen Kontingenzkoeffizienten nicht besitzt, ist die *empirische Korrelation* r_{ZY_j} *zwischen den Merkmalen* $\mathfrak{y}_j$ (j=1,...,p) *und der generalisierten linearen Diskriminanzfunktion*, vgl. Abschnitt 4 in Kap.IV, für die Stufen der Kriteriumsvariablen.

Merkmale $\mathfrak{y}_j$ mit betraglich sehr kleiner Korrelation r_{ZY_j} zur generalisierten linearen Diskriminanzfunktion sind also unwesentlich, d.h. sie tragen wenig zur Unterscheidung der Stufen der Kriteriumsvariablen bei, und können in nachfolgenden Analysen vernachlässigt werden. Die um unwesentliche p-q Merkmale (Spalten) *reduzierte* n×q - *Datenmatrix* wollen wir im folgenden mit Y* bezeichnen.

Beispiel: Wir kommen hier auf das Beispiel am Anfang von Abschnitt 2 zurück. Dort war bereits die skalierte Datenmatrix Y berechnet worden; hier soll nun untersucht werden, ob es wirklich notwendig ist, alle 3 Merkmale (Alter, Familienstand, politische Einstellung) zu betrachten, oder ob vielleicht ein oder zwei Merkmale kaum etwas zur Diskrimination zwischen den Stufen der Kriteriumsvariablen (Einkommen) beitragen.

Als erste Anhaltspunkte berechnen wir zunächst in jedem der drei Calibration Patterns, vgl. Tab.7 bis 9, die Pearsonschen Kontingenzkoeffizienten C_j und die Korrelationen r_{Y_j} des Merkmals $\mathfrak{y}_j$ mit der Kriteriumsvariablen Einkommen. Mit

$$\chi_1^2 = 12\cdot\left(\sum_{i=1}^{2}\sum_{k=1}^{3}\frac{(n_{ik}^1)^2}{n_{i.}n_{.k}^1} - 1\right) = 12\cdot\left(\frac{1^2}{5\cdot5}+\frac{1^2}{5\cdot2}+\frac{3^2}{5\cdot5}+\frac{4^2}{7\cdot5}+\frac{1^2}{7\cdot2}+\frac{2^2}{7\cdot5} - 1\right)$$

$$= 12\cdot\left(\frac{1}{25}+\frac{1}{10}+\frac{9}{25}+\frac{16}{25}+\frac{1}{14}+\frac{4}{35} - 1\right) = 1.7142857 \quad ,$$

$$\chi_2^2 = 12\cdot\left(\sum_{i=1}^{2}\sum_{k=1}^{3}\frac{(n_{ik}^2)^2}{n_{i.}\,n_{.k}^2} - 1\right) = 0.0685714 \quad \text{und}$$

$$\chi_3^2 = 12\cdot\left(\sum_{i=1}^{2}\sum_{k=1}^{3}\frac{(n_{ik}^3)^2}{n_{i.}\,n_{.k}^3} - 1\right) = 2.88$$

ergibt sich

$$C_1 = \sqrt{\chi_1^2/(12+\chi_1^2)} = \sqrt{1.7142857/(12+1.7142857)} = 0.3535534 \quad ,$$

$$C_2 = 0.0753778 \quad \text{und} \quad C_3 = 0.4399413 \quad .$$

Die Pearsonschen Kontingenzkoeffizienten C_1, C_2, C_3 liefern somit einen Anhaltspunkt dafür, daß das Merkmal Familienstand ($\mathfrak{Y}_2$) kaum etwas zur Diskrimination zwischen den Stufen des Einkommens beiträgt.

Die Korrelationen r_{Y_j} sind für j=1,2,3 gerade die Quadratwurzeln aus den größten Eigenwerten λ_{jG} der Matrizen Q_j, die wir schon bestimmt hatten:

$$r_{Y_1} = \sqrt{0.1428571} = 0.3779645 \;, \quad r_{Y_2} = \sqrt{0.0057143} = 0.0755929 \text{ und}$$

$$r_{Y_3} = \sqrt{0.24} = 0.4898979 \quad .$$

Die kanonischen Korrelationen bestätigen also den aus den Pearsonschen Kontingenzkoeffizienten gewonnenen Anhaltspunkt, daß $\mathfrak{Y}_2$ im Gegensatz zu $\mathfrak{Y}_1$ und $\mathfrak{Y}_3$ kaum etwas zur Unterscheidbarkeit der Einkommensstufen beiträgt.

Die Roy - Tests auf signifikante Unterschiede zwischen den Einkommensstufen bzgl. des Merkmals $\mathfrak{Y}_j$ für j=1,2,3 liefern zum 5% Niveau keine signifikanten Unterschiede bzgl. aller drei Merkmale, denn für j=1,2,3 ist, vgl. Anhang,

$$c_{R;0.95}(2,10,1) = \tfrac{2}{9}\cdot F_{2,9;0.95} \,/\, (1 + \tfrac{2}{9}\cdot F_{2,9;0.95}) = 0.486 > r_{Y_j}^2$$

Um nun endgültig festzulegen, welche der drei Merkmale in die weiteren Analysen einbezogen werden sollen, wollen wir die Korrelationen zwischen der generalisierten linearen Diskriminanzfunktion

$$Z = \gamma_1 Y_1 + \gamma_2 Y_2 + \gamma_3 Y_3$$

und jedem der drei Merkmale schätzen. Dazu müssen zunächst die Gewichte γ_1, γ_2 und γ_3 berechnet werden, vgl. Abschnitt 4 in Kap.IV. Aus der skalierten Datenmatrix Y, vgl. Tab.10, ergibt sich

$$S_e = \sum_{i=1}^{2} \sum_{k=1}^{n_i} (y_{ik} - \bar{y}_i)(y_{ik} - \bar{y}_i)^T = \begin{pmatrix} 10.285714 & 0.137143 & 1.073951 \\ 0.137143 & 11.931429 & 0.851755 \\ 1.073951 & 0.851755 & 9.120000 \end{pmatrix},$$

d.h.

$$S_e^{-1} = \begin{pmatrix} 0.0984336 & -0.0003060 & -0.0115627 \\ -0.0003060 & 0.0843758 & -0.0078442 \\ -0.0115627 & -0.0078442 & 0.1117433 \end{pmatrix} ,$$

und mit

$$\bar{y}_1 = \begin{pmatrix} 0.4472135 \\ 0.0894427 \\ 0.5796550 \end{pmatrix} , \quad \bar{y}_2 = \begin{pmatrix} -0.3194384 \\ -0.0638877 \\ -0.4140394 \end{pmatrix}$$

ergibt sich wegen $r = 2$

$$\gamma = \begin{pmatrix} \gamma_1 \\ \gamma_2 \\ \gamma_3 \end{pmatrix} = S_e^{-1}(\bar{y}_1 - \bar{y}_2) = \begin{pmatrix} 0.0639276 \\ 0.0049080 \\ 0.1009714 \end{pmatrix} .$$

Bestimmt man nun den Vektor

$$u = S_e \cdot \gamma = S_e \cdot S_e^{-1}(\bar{y}_1 - \bar{y}_2) = \bar{y}_1 - \bar{y}_2 = \begin{pmatrix} 0.7666519 \\ 0.1533304 \\ 0.9936944 \end{pmatrix} ,$$

so erhält man

$$w = \gamma^T \cdot u = 0.1500975 ,$$

und es ergibt sich

$$r_{ZY_1} = 0.7666519/\sqrt{0.1500975 \cdot 10.285714} = 0.6170129 ,$$

$$r_{ZY_2} = 0.114576436 , \quad r_{ZY_3} = 0.8493148 .$$

Das Merkmal $\mathfrak{y}_3$ trägt somit am meisten, das Merkmal $\mathfrak{y}_1$ auch noch recht viel und das Merkmal $\mathfrak{y}_2$ kaum etwas zur Diskrimination zwischen den Stufen der Kriteriumsvariablen bei. Insgesamt werden hier die Ergebnisse aufgrund der Pearsonschen Kontingenzkoeffizienten C_j und der Korrelationen r_{Y_j} bestätigt. Da das Merkmal $\mathfrak{y}_2$ kaum einen Beitrag leistet, wollen wir es in den Ausführungen der Beispiele zu den folgenden Abschnitten eliminieren und gehen daher von der reduzierten Datenmatrix Y* in Tab.11, in der nur die $q = 2$ Merkmale $\mathfrak{y}_1$ und $\mathfrak{y}_3$ (Alter, politische Einstellung) berücksichtigt worden sind, aus. ┘

2.2 METHODEN DER GÜTEPRÜFUNG EINER SKALIERUNG

Es ist möglich, daß die Skalierung von Merkmalen $\mathfrak{y}_1,\ldots,\mathfrak{y}_p$ gegen eine Kriteriumsvariable $\mathfrak{x}$ auf ℓ Stufen, die ja so erfolgte, daß eine möglichst gute Diskrimination zwischen den ℓ Stufen möglich ist, nicht ausreichend ist, um

Tab.11: Skalierte auf die Merkmale $\mathfrak{y}_1$ und $\mathfrak{y}_3$ reduzierte Datenmatrix Y*

Merkmal	$\mathfrak{y}_1^* = \mathfrak{y}_1$	$\mathfrak{y}_2^* = \mathfrak{y}_3$	$\mathfrak{x}$
	0.4472135	1.3801311	
	0.9838698	-0.3450330	
	-1.1627554	-0.8970852	1
	0.9838698	1.3801311	
	0.9838698	1.3801311	
	-1.1627554	1.3801311	
Y* =	0.4472135	-0.8970852	
	-1.1627554	-0.8970852	
	0.9838698	-0.3450330	2
	-1.1627554	-0.3450330	
	0.9838698	-0.8970852	
	-1.1627554	-0.8970852	

eine Kriteriumsvariable hinreichend zu beschreiben. Das kann zum einen daran liegen, daß die Lernstichprobe, aufgrund derer die Skalierung der Merkmale $\mathfrak{y}_1,\ldots,\mathfrak{y}_p$ vorgenommen wurde, zu klein ist, zum anderen auch daran, daß die Merkmale $\mathfrak{y}_1,\ldots,\mathfrak{y}_p$ nicht ausreichen, um die Kriteriumsvariable zu erklären. Im ersten Fall wird man das Skalierungsverfahren mit einer grösseren Lernstichprobe wiederholen, man wird also die Anzahl n der Objekte erhöhen; im zweiten Fall ist zu überlegen, welche zusätzlichen Merkmale an den Objekten der Lernstichprobe beobachtet werden müssen.

Für die *Güteprüfung* einer skalierten Datenmatrix Y oder einer reduzierten skalierten Datenmatrix Y* stehen verschiedene Verfahren zur Auswahl, die entweder von Diskriminanzfunktionen, vgl. Abschnitt 4 in Kap.IV, oder von Mahalanobisdistanzen, vgl. Abschnitt 6 in Kap.I, ausgehen. Eine weitere Möglichkeit besteht darin, ausgehend von der skalierten Datenmatrix Y für n Objekte (bzw. einer zugehörigen Distanzmatrix D, vgl. Abschnitt 6 in Kap.1) ein Verfahren der Clusteranalyse zur Güteprüfung zu verwenden.

Hat man auch für die ℓ Stufen der Kriteriumsvariablen Skalenwerte bestimmt, so kann die Güteprüfung (und die Klassifikation neuer Objetke, vgl. Abschnitt 2.3) einer Skalierung auch mittels Regressionsfunktionen erfolgen; man vgl. hierzu auch Abschnitt 4.3.

2.2.1 DIE GÜTEPRÜFUNG MITTELS DISKRIMINANZFUNKTIONEN

Unter Verwendung der skalierten (reduzierten) Datenmatrix Y bzw. Y* für die n Objekte der Lernstichprobe lassen sich z.B. die *Fishersche Lineare Diskriminanzfunktion* oder die *Generalisierte Lineare Diskriminanzfunktion* vgl. Abschnitt 4 in Kap.IV, für die Stufen der Kriteriumsvariablen $\mathfrak{X}$ bestimmen.

Berechnet man dann die Werte einer Diskriminanzfunktion für jedes der n Objekte der Lernstichprobe, deren Stufenzugehörigkeiten man ja bereits kennt, so kann man den prozentualen Anteil der mittels Diskriminanzfunktion richtig klassifizierter Objekte auf jeder Stufe der Kriteriumsvariablen bestimmen. Sind diese Anteile "groß", so kann man auf eine recht hohe Güte der Skalierung schließen.

Beispiel: Wir kehren hier zurück zur reduzierten skalierten Datenmatrix Y* aus dem Beispiel in Abschnitt 2.1, Tab.11. Diese Datenmatrix berücksichtigt für die Diskrimination zwischen zwei Einkommensstufen die Merkmale

$$\mathfrak{y}_1^* = \mathfrak{y}_1 \quad \text{(Alter)} \quad \text{und} \quad \mathfrak{y}_2^* = \mathfrak{y}_3 \quad \text{(politische Einstellung)} \quad .$$

Wir wollen nun die Güte dieser skalierten Datenmatrix Y* anhand der generalisierten Diskriminanzfunktion

$$Z = \gamma_1^* Y_1^* + \gamma_2^* Y_2^*$$

überprüfen, wobei Y_1^* und Y_2^* die den Merkmalen $\mathfrak{y}_1^*$ bzw. $\mathfrak{y}_2^*$ zugeordneten Zufallsvariablen bezeichnen. Dazu müssen zunächst die Gewichte γ_1^* und γ_2^* bestimmt werden. Die Mittelwertvektoren in den zwei Einkommensstufen sind

$$\bar{\mathfrak{y}}_1^* = \begin{pmatrix} 0.4472135 \\ 0.5796550 \end{pmatrix} , \quad \bar{\mathfrak{y}}_2^* = \begin{pmatrix} -0.3194384 \\ -0.4140394 \end{pmatrix} ,$$

und die zur reduzierten Datenmatrix Y* gehörige Matrix $S_e = S_e^*$ ist

$$S_e^* = \begin{pmatrix} 10.285714 & 1.073951 \\ 1.073951 & 9.120000 \end{pmatrix} .$$

Die zu S_e^* inverse Matrix berechnet sich dann zu

$$S_e^{*-1} = \begin{pmatrix} 0.0984325 & -0.0115912 \\ -0.0115912 & 0.1110141 \end{pmatrix} ,$$

so daß

$$\gamma^* = \begin{pmatrix} \gamma_1^* \\ \gamma_2^* \end{pmatrix} = S_e^{*-1}(\bar{y}_1^* - \bar{y}_2^*) = \begin{pmatrix} 0.0639454 \\ 0.1014277 \end{pmatrix}$$

ein Gewichtsvektor der generalisierten Diskriminanzfunktion ist.

In Tab.12 sind die Werte

$$z_{ik} = (0.0639454, 0.1014277)y^*_{ik} \qquad \text{für } i=1,2,\ k=1,\dots,n_i$$

für jede Person aus der Lernstichprobe angegeben. Berechnet man nun

$$\bar{z}_1 = \frac{1}{5}\sum_{k=1}^{5} z_{1k} = 0.0873903 \ ,$$

$$\bar{z}_2 = \frac{1}{7}\sum_{k=1}^{7} z_{2k} = -0.0624216 \ ,$$

so können die $n = 12$ Personen klassifiziert werden.

Ist dann

$$z_{ik} > 0.01248435 \ ,$$

so wird die betreffende Person der Stufe 1 der Kriteriumsvariablen zugeordnet, und ist

$$z_{ik} < 0.01248435 \ ,$$

so wird die Person der Stufe 2 der Kriteriumsvariablen zugeordnet. Diese Zuordnungen sowie die wahren Zugehörigkeiten sind ebenfalls in der Tab.12 angegeben.

Tab.12: Klassifikationsergebnisse im Beispiel der Kriteriumsvariablen Einkommen

Person ik	z_{ik}	Zuordnungsstufe	wahre Stufenzugehörigkeit
11	0.1685808	1	1
12	0.0279180	1	1
13	-0.1653421	2 *	1
14	0.2028975	1	1
15	0.2028975	1	1
21	0.0656307	1 *	2
22	-0.0623920	2	2
23	-0.1653421	2	2
24	0.0279180	1 *	2
25	-0.1093488	2	2
26	-0.0280753	2	2
27	-0.1653421	2	2

Mittels Klassifikation durch die generalisierte Diskriminanzfunktion sind also vier der fünf Personen mit einem Einkommen von mehr als 3000 DM (Stufe 1 der Kriteriumsvariablen) und fünf der sieben Personen mit weniger als 3000 DM (Stufe 2) richtig zugeordnet worden, d.h. der prozentuale Anteil richtig klassifizierter Objekte ist

$4/5 = 0.8 = 80\%$ in der Stufe 1 und

$5/7 = 0.714 = 71.4\%$ in der Stufe 2.

Diese Anteile sind recht hoch, so daß man wohl von einer guten Skalierung sprechen kann.

2.2.2 DIE GÜTEPRÜFUNG MITTELS MAHALANOBISDISTANZEN

Zur *Güteprüfung einer Skalierung mittels Mahalanobisdistanzen*, vgl. Abschnitt 6 in Kap.I, müssen zunächst ausgehend von der skalierten (reduzierten) Datenmatrix Y bzw. Y* die Mittelwerte der Beobachtungsvektoren der Lernstichprobe auf jeder der ℓ Stufen der Kriteriumsvariablen

$$\bar{y}_i = (\bar{y}_{i1},\dots,\bar{y}_{ip})^T \quad \text{mit} \quad \bar{y}_{ij} = \frac{1}{n_{i.}}\sum_{k=1}^{n_{i.}} y_{ijk} \quad \text{für } i=1,\dots,\ell,\ j=1,\dots,p$$

bzw.

$$y_i^* = (\bar{y}_{i1}^*,\dots,\bar{y}_{iq}^*)^T \quad \text{mit} \quad \bar{y}_{ij}^* = \frac{1}{n_{i.}}\sum_{k=1}^{n_{i.}} y_{ijk}^* \quad \text{für } i=1,\dots,\ell,\ j=1,\dots,q$$

sowie die Matrix

$$S_e = \sum_{i=1}^{\ell}\sum_{k=1}^{n_{i.}} (y_{ik} - \bar{y}_i)(y_{ik} - \bar{y}_i)^T$$

bzw.

$$S_e^* = \sum_{i=1}^{\ell}\sum_{k=1}^{n_{i.}} (y_{ik}^* - \bar{y}_i^*)(y_{ik}^* - \bar{y}_i^*)^T$$

bestimmt werden.

Bezeichnet nun $y_{\nu k}$ bzw. $y_{\nu k}^*$ den skalierten Beobachtungsvektor eines Objektes in der Lernstichprobe, so berechnet man ausgehend von der Datenmatrix Y für jedes Objekt νk, $\nu=1,\dots,\ell$, $k=1,\dots,n_\nu$, die Mahalanobisdistanzen

$$d_i(\nu k) = \sqrt{(n-\ell)(y_{\nu k} - \bar{y}_i)^T \cdot S_e^{-1} \cdot (y_{\nu k} - \bar{y}_i)} \qquad \text{für } i=1,\dots,\ell,$$

m.a.W. also die Distanzen des Objektes zu jedem Stufenmittelwert oder ausgehend von der Datenmatrix Y* entsprechend für $i=1,\dots,\ell$ und für jedes Objekt

$$d_i^*(\nu k) = \sqrt{(n-\ell)(y_{\nu k}^* - \bar{y}_i^*)^T \cdot S_e^{*-1} \cdot (y_{\nu k}^* - \bar{y}_i^*)} \quad .$$

Dabei ist zu beachten, daß sich die Matrizen S_e^{-1} und S_e^{*-1} in beiden Fällen unterscheiden; sie beziehen sich ja auf verschiedene Datenmatrizen. Jedes Objekt der Lernstichprobe wird dann in die Stufe der Kriteriumsvariablen klassifiziert, zu deren Mittelwert es die geringste Distanz hat.

Zur *Bewertung der Güte einer Skalierung* können dann verschiedene Kriterien herangezogen werden:

(a) der prozentuale Anteil richtig klassifizierter Objekte auf jeder der Stufen; die Skalierung ist natürlich umso besser, je höher diese Anteile sind;

(b) die mittlere Distanz der Objekte, die zur Stufe i ($i=1,\dots,\ell$) gehören, zur eigenen Klasse und zur nächstgelegenen fremden Klasse; sind diese mittleren Distanzen unterschiedlich (klein zur eigenen und groß zur fremden Klasse), so kann die Skalierung als gut bezeichnet werden;

(c) die mittlere quadratische Distanz der Objekte, die zur Stufe i (für $i=1,\dots,\ell$) gehören, zum Mittelwert dieser Stufe i; liegen diese ℓ mittleren quadratischen Distanzen alle nahe p (falls man von Y ausgegangen ist) oder nahe q (falls man von Y* ausgegangen ist), so ist die Skalierung als gut zu bezeichnen.

Beispiel: Ausgehend von der reduzierten skalierten Datenmatrix Y*, vgl. Tab.11, des in diesem Abschnitt behandelten Beispiels, wollen wir die Skalierungsgüte mittels der Mahalanobisdistanzen überprüfen. Die Mittelwertvektoren

$$\bar{y}_1^* = \begin{pmatrix} 0.4472135 \\ 0.5796550 \end{pmatrix}, \quad \bar{y}_2^* = \begin{pmatrix} -0.3194384 \\ -0.4140394 \end{pmatrix}$$

sowie die Matrix

$$S_e^{*-1} = \begin{pmatrix} 0.0983425 & -0.0115912 \\ -0.0115912 & 0.1110141 \end{pmatrix}$$

haben wir in Abschnitt 2.2.1 bereits bestimmt. Für jede der zwölf Personen aus unserer Stichprobe berechnen wir nun die Mahalanobisdistanzen zum Mittelwert $\bar{y}_1^*$ und $\bar{y}_2^*$. Die Ergebnisse sind in Tab.13 eingetragen, wo auch die wahren Stufenzugehörigkeiten und die Stufen, die sich bei der Klassifikation mittels Mahalanobisdistanzen ergeben, bereits angegeben sind. Es berechnet sich dort beispielsweise die Distanz der 3. Person auf der 1. Stufe zum Mittelwert $\bar{y}_2^*$ der zweiten Einkommmensstufe mit

$$y_{13}^* - \bar{y}_2^* = \begin{pmatrix} -1.1627554 - (-0.3194384) \\ -0.8970852 - (-0.4140394) \end{pmatrix} = \begin{pmatrix} -0.8433170 \\ -0.4830458 \end{pmatrix}$$

zu

$$d_2^*(13) = \sqrt{(12-2)\begin{pmatrix} -0.8433170 \\ -0.4830458 \end{pmatrix}^T \begin{pmatrix} 0.0984325 & -0.0115912 \\ -0.0115912 & 0.1110141 \end{pmatrix} \begin{pmatrix} -0.8433170 \\ -0.4830458 \end{pmatrix}}$$

$$= \sqrt{10 \cdot 0.086463257} = 0.9298562 \quad .$$

Tab.13: Mahalanobisdistanzen $d_1^*(\nu k)$, $d_2^*(\nu k)$ der 12 Personen zu den Mittelwerten auf beiden Einkommensstufen

Person νk	$d_1^*(\nu k)$	$d_2^*(\nu k)$	Zuordnungsstufe	wahre Stufe
11	0.8434075	2.7577538	1	1
12	1.1609262	1.2870211	1	1
13	2.1026555	0.9298562	2 *	1
14	0.9461684	2.1687545	1	1
15	0.9461684	2.1687545	1	1
21	1.8871851	2.1504407	1 *	2
22	1.5559412	0.9609505	2	2
23	2.1026555	0.9298562	2	2
24	1.1609262	1.2870211	1 *	2
25	1.7763652	0.8478284	2	2
26	1.6994586	1.4411682	2	2
27	2.1026555	0.9298562	2	2

Aus der Tab.13 ergibt sich, daß der prozentuale Anteil richtig klassifizierter Personen der Einkommensstufe 1 $4/5 = 0.8 = 80\%$ und der richtig klassifizierten Personen der Einkommensstufe 2 $5/7 = 0.714 = 71.4\%$ beträgt. Ausgehend von diesem Kriterium ist die Skalierung in der Datenmatrix Y* also recht gut.

Die mittlere Distanz einer Person der Einkommensstufe 1 zum Mittelwert dieser Einkommensstufe ist

$$\frac{1}{5}(0.8434075+1.1609262+2.1026555+0.9461684+0.9461684) = 1.1998652$$

und damit wesentlich geringer als die mittlere Distanz dieser Personen zur nächsten fremden Stufe, hier natürlich zur Einkommensstufe 2, denn diese Distanz ist 1.8624280. Die mittlere Distanz der Personen der Einkommensstufe 2 zur eigenen Stufe ist 1.2210173 und somit auch geringer als die zur Einkommensstufe 1, denn diese ergibt sich zu 1.7550267. Auch dieses Kriterium der mittleren Distanzen läßt also den Schluß auf eine recht gute Skalierung zu.

Die mittlere quadratische Distanz der Personen mit Einkommensstufe 1 zum Mittelwert dieser Stufe ist 1.6541431 und schließlich ist die mittlere quadratische Distanz der Personen mit Einkommensstufe 2 zum Mittelwert dieser Einkommensssstufe 1.6756126. Beide mittleren quadratischen Distanzen liegen relativ nahe bei $q = 2$ (der Anzahl der beobachteten Merkmale in der reduzierten Datenmatrix Y*), so daß auch hier kein Grund vorhanden ist, von einer schlechten Skalierung zu sprechen. ┘

2.2.3 DIE GÜTEPRÜFUNG MITTELS CLUSTERANALYSE

Ausgehend von der skalierten Datenmatrix Y bzw. einer zugehörigen Distanzmatrix D kann die *Güte einer Skalierung auch mit Verfahren der Clusteranalyse* überprüft werden, vgl. Kap.VII.

Dazu bestimmt man entweder eine Partition der n Objekte in ℓ Klassen mit Hilfe der Verfahren aus Abschnitt 4 in Kap.VI oder eine Hierarchie für die Objekte unter Verwendung der Verfahren aus Abschnitt 6 in Kap.VII.

Hat man eine Partition bestimmt, so kann direkt überprüft werden, wie gut die Klassen der Partition die Stufen der Kriteriumsvariablen widerspiegeln. Im Falle einer Hierarchie prüft man, wie gut die Stufe der Hierarchie, die gerade ℓ Klassen besitzt, die Zugehörigkeit der Objekte zu den Stufen der Kriteriumsvariablen repräsentiert.

2.3 DIE KLASSIFIZIERUNG NEUER OBJEKTE

Ausgehend von einer Lernstichprobe, wie wir sie bisher betrachtet haben, ist es auch möglich, beliebige *andere Objekte* aus der interessierenden Grundgesamtheit zu *klassifizieren* (*identifizieren*). Dazu beobachtet man zunächst die Ausprägungen der Merkmale $\mathfrak{y}_1,\ldots,\mathfrak{y}_p$ bzw. $\mathfrak{y}_1^*,\ldots,\mathfrak{y}_q^*$ an einem neuen Objekt und ersetzt die Ausprägungen durch die aufgrund der Lernstichprobe ermittelten skalierten Ausprägungswerte. Dann ist es möglich, das neue Objekt zu klassifizieren, d.h. ihm eine Stufe der Kriteriumsvariablen, gegen die die interessierenden Merkmale skaliert wurden, zuzuordnen. Diese Zuordnung erfolgt entweder durch eine *Diskriminanzfunktion* oder durch *Mahalanobisdistanzen*, vgl. Abschnitt 2.2 und Abschnitt 4 in Kap.IV.

Verwendet man etwa die *generalisierte lineare Diskriminanzfunktion* zur Datenmatrix Y bzw. Y* zur Klassifikation eines neuen Objekts mit skaliertem Beobachtungsvektor $y=(y_1,\ldots,y_p)^T$ bzw. $y^*=(y_1^*,\ldots,y_q^*)^T$, so wird es der Stufe i der Kriteriumsvariablen zugeordnet, deren Mittelwert $\bar{z}_i$ bzw. $\bar{z}_i^*$, vgl. Abschnitt 2.2.1 und Abschnitt 4 in Kap.IV, der generalisierten linearen Diskriminanzfunktion dem Wert $z=\gamma^T\cdot y$ bzw. $z^*=\gamma^{*T}\cdot y^*$ des neuen Objekts am nächsten ist.

Beispiel: In der Tab.11 in Abschnitt 2.1 ist die reduzierte skalierte Datenmatrix Y* für unser Beispiel angegeben. Die betrachteten Merkmale sind dort Alter ($\mathfrak{y}_1^*$) und politische Einstellung ($\mathfrak{y}_2^*$) einer Person, die Kriteriumsvariable ist das Einkommen der Person. Die Gewichte der generalisierten Diskriminanzfunktion

$$\gamma_1^* = 0.0639454 \quad \text{und} \quad \gamma_2^* = 0.1014277$$

haben wir schon berechnet, vgl. Abschnitt 2.2.2.

Eine Person, die ihr Alter mit 41 Jahren und ihre politische Einstellung mit "keine von beiden Parteien SPD und CDU" angibt, soll nun in eine der Einkommensstufen 1 (mehr als 3000 DM) oder 2 (weniger als 3000 DM) klassifiziert werden.

Zum Alter 41 Jahre gehört die Merkmalsausprägung 2 und der Skalenwert $y_1^* = 0.4472135$, zur geäußerten politischen Einstellung gehört die Merkmalsausprägung 3 und der Skalenwert $y_2^* = -0.3450330$. Damit ist

$$z = \gamma_1^* y_1^* + \gamma_2^* y_2^* = -0.0063987$$

der Wert der generalisierten Diskriminanzfunktion für diese Person. Da z näher an

$$\bar{z}_2 = -0.0624216 \quad \text{als an} \quad \bar{z}_1 = 0.0873903$$

liegt, schließt man, daß diese neue Person zur Einkommensstufe 2 gehört, also ein Einkommen von weniger als 3000 DM hat. □

Bestimmt man aus einer Lernstichprobe, d.h. ausgehend von einer skalierten Datenmatrix Y bzw. Y*, zunächst die skalierten mittleren Beobachtungsvektoren $\bar{y}_i$ und $\bar{y}_i^*$ für jede der $i=1,\ldots,\ell$ Stufen der Kriteriumsvariablen und die Matrix S_e^{-1} bzw. S_e^{*-1}, vgl. Abschnitt 2.1, so kann man ein neu hinzukommendes Objekt aus der zugrundeliegenden Grundgesamtheit auch *mittels Mahalanobisdistanzen* zu einer der Stufen der Kriteriumsvariablen zuordnen, wenn man an diesem Objekt die Merkmale $\mathfrak{Y}_1,\ldots,\mathfrak{Y}_p$ bzw. $\mathfrak{Y}_1^*,\ldots,\mathfrak{Y}_q^*$ beobachtet.

Dazu wird zunächst der skalierte Beobachtungsvektor $y = (y_1,\ldots,y_p)^T$ bzw. $y^* = (y_1^*,\ldots,y_q^*)^T$ des neuen Objekts bestimmt. Man berechnet die Mahalanobisdistanzen des Objekts

$$d_i = \sqrt{(n-\ell)(y-\bar{y}_i)^T \cdot S_e^{-1} \cdot (y-\bar{y}_i)} \quad \text{bzw.}$$

$$d_i^* = \sqrt{(n-\ell)(y^*-\bar{y}_i^*)^T \cdot S_e^{*-1} \cdot (y^*-\bar{y}_i^*)}$$

zu jedem Stufenmittelwert $\bar{y}_i$ bzw. $\bar{y}_i^*$ für $i=1,\ldots,\ell$. Das Objekt wird dann in die Stufe i klassifiziert, für die gilt

$$d_i = \min(d_1,\ldots,d_\ell) \quad \text{bzw.} \quad d_i^* = \min(d_1^*,\ldots,d_\ell^*) \quad .$$

Beispiel: Ausgehend von der reduzierten Datenmatrix Y*, die nur Alter und politische Einstellung einer Person berücksichtigt, haben wir zuvor eine neu hinzukommende Person von 41 Jahren, die weder SPD noch CDU regieren sehen möchte, aufgrund ihres Wertes z der generalisierten Diskriminanzfunktion in die Einkommensstufe 2 klassifiziert.

Wir wollen nun überprüfen, ob diese Zuordnung durch Klassifikation mittels Mahalanobisdistanzen bestätigt wird. Wegen

$$\bar{y}_1^* = \begin{pmatrix} 0.4472135 \\ 0.5796550 \end{pmatrix} , \quad \bar{y}_2^* = \begin{pmatrix} -0.3194384 \\ -0.4140394 \end{pmatrix} \quad \text{und}$$

$$S_e^{*-1} = \begin{pmatrix} 0.0984325 & -0.0115912 \\ -0.0115912 & 0.1110141 \end{pmatrix} ,$$

vgl. Abschnitt 2.2.1,ergibt sich mit

$$y^* = \begin{pmatrix} 0.4472135 \\ -0.3450330 \end{pmatrix}$$

dann

$$d_1^* = \sqrt{10(y^* - \bar{y}_1^*)^T \cdot S_e^{*-1} \cdot (y^* - \bar{y}_1^*)} = 0.9742811 \quad \text{und}$$

$$d_2^* = \sqrt{10(y^* - \bar{y}_2^*)^T \cdot S_e^{*-1} \cdot (y^* - \bar{y}_2^*)} = 0.7560185 \quad .$$

Daher ist

$$d_2^* = \min(d_1^*, d_2^*) \quad ,$$

und die Person wird in Einkommensstufe 2 klassifiziert. Das Klassifikationsergebnis bei Verwendung der generalisierten linearen Diskriminanzfunktion wird hier also bestätigt. ┘

2.4 GEWINNUNG EINER DATEN- UND DISTANZMATRIX ZUR WEITEREN MULTIVARIATEN ANALYSE

Verschiedene multivariate Analyseverfahren, wie z.B. die Clusteranalyse oder die Multidimensionale Skalierung, vgl. Kap.VI, VII, lassen sich auch im Anschluß an die hier besprochenen Methoden anwenden. Man könnte etwa daran interessiert sein, die verschiedenen Stufen einer Kriteriumsvariablen graphisch darzustellen.

Beispiel: Verschiedene Produkte (Stufen der Kriteriumsvariablen) wurden von jeweils mehreren Personen bzgl. p verschiedener nominaler oder ordinaler Merkmale beurteilt. Die entstandene Datenmatrix wurde anschließend skaliert und mit den in diesem Kapitel vorgestellten Methoden weiter analysiert. Nun ist man etwa daran interessiert, die Produkte im zweidimensionalen Raum graphisch darzustellen, um so eventuelle "Marktlücken" zu entdecken. Außerdem möchte man eine Clusteranalyse durchführen, um zu sehen, welche Klassen von ungefähr gleichartigen Produkten es gibt. Zur Anwendung solcher multivariater Verfahren auf die Stufen einer Kriteriumsvariablen muß entweder eine Datenmatrix A, die einen Beobachtungsvektor pro Stufe enthält, oder eine Distanzmatrix D, die die Abstände zwischen den Stufen der Kriteriumsvariablen wiedergibt, vorhanden sein. ┘

In diesem Abschnitt soll das Problem behandelt werden, wie man - ausgehend von einer skalierten Datenmatrix für eine Lernstichprobe von Objekten - eine *Datenmatrix* und eine *Distanzmatrix für die Stufen der betrachteten Kriteriumsvariablen* konstruieren kann.

Eine *Datenmatrix* A für die ℓ Stufen einer Kriteriumsvariablen ist eine Matrix mit ℓ Zeilen und p bzw. q Spalten, je nachdem ob man von der skalierten Datenmatrix Y oder der reduzierten skalierten Datenmatrix Y* einer Lernstichprobe ausgeht. Die Zahl der Spalten von A ist also identisch mit der Zahl der Spalten von Y bzw. Y*. Eine sofort ins Auge springende Möglichkeit zur Bestimmung von A ist die, daß man zu jeder Stufe der Kriteriumsvariablen aus der Datenmatrix Y bzw. Y* den Mittelwertvektor der Stufe bestimmt, vgl. auch die vorausgehenden Abschnitte.

Der Mittelwertvektor für die i-te Stufe der Kriteriumsvariablen ist

$$\bar{y}_i = (\bar{y}_{i1},\ldots,\bar{y}_{ip})^T \quad \text{mit} \quad \bar{y}_{ij} = \frac{1}{n_{i.}} \sum_{k=1}^{n_{i.}} y_{ijk} \quad \text{für } i=1,\ldots,\ell,\ j=1,\ldots,p$$

bzw.

$$\bar{y}^*_i = (\bar{y}^*_{i1},\ldots,\bar{y}^*_{iq})^T \quad \text{mit} \quad \bar{y}^*_{ij} = \frac{1}{n_{i.}} \sum_{k=1}^{n_{i.}} y^*_{ijk} \quad \text{für } i=1,\ldots,\ell,\ j=1,\ldots,q$$

und als Datenmatrix für die ℓ Stufen der Kriteriumsvariablen ergibt sich ausgehend von der Datenmatrix Y

$$A = \begin{pmatrix} \bar{y}_1^T \\ \vdots \\ \bar{y}_\ell^T \end{pmatrix} = \begin{pmatrix} \bar{y}_{11} & \bar{y}_{12} & \cdots & \bar{y}_{1p} \\ \vdots & \vdots & & \vdots \\ \bar{y}_{\ell 1} & \bar{y}_{\ell 2} & \cdots & \bar{y}_{\ell p} \end{pmatrix}$$

bzw. von der reduzierten Datenmatrix Y*

$$A = \begin{pmatrix} y_1^{*T} \\ \vdots \\ y_\ell^{*T} \end{pmatrix} = \begin{pmatrix} y_{11}^* & \dots & y_{1q}^* \\ \vdots & & \vdots \\ y_{\ell 1}^* & \dots & y_{\ell q}^* \end{pmatrix} .$$

Beispiel: Obwohl wahrscheinlich niemand auf den Gedanken kommen würde, zwei Einkommensstufen einer weiteren miltivariaten Analyse zu unterziehen, wollen wir doch an unserem Beispiel die Gewinnung einer Datenmatrix A für die Stufen einer Kriteriumsvariablen verdeutlichen. Dabei gehen wir von der reduzierten Datenmatrix Y* aus Tab.11, Abschnitt 2.1 aus und berechnen zunächst $\bar{y}_1^*$ und $\bar{y}_2^*$, die skalierten Mittelwertvektoren der interessierenden Merkmale Alter und politische Einstellung einer Person in beiden Einkommensstufen. Es ist

$$\bar{y}_1^* = \begin{pmatrix} 0.4472135 \\ 0.5796550 \end{pmatrix} \quad \text{und} \quad \bar{y}_2^* = \begin{pmatrix} -0.3194384 \\ -0.4140394 \end{pmatrix} ,$$

so daß sich die gesuchte Datenmatrix A für die beiden Einkommensstufen zu

$$A = \begin{pmatrix} \bar{y}_1^{*T} \\ \bar{y}_2^{*T} \end{pmatrix} = \begin{pmatrix} 0.4472135 & 0.5796550 \\ -0.3194384 & -0.4140394 \end{pmatrix}$$

ergibt. Die erste Zeile dieser Matrix ist dann der "*Beobachtungsvektor*" für die Einkommensstufe 1, die zweite Zeile der für die Einkommensstufe 2.

Eine *Distanzmatrix* D beschreibt die Abstände verschiedener Objekte zueinander, vgl. Abschnitt 6 in Kap.I. In unserem speziellen Fall soll D die Abstände der ℓ Stufen der Kriteriumsvariablen beschreiben. Da der Abstand von der Stufe i zu einer Stufe i' der gleiche ist wie der von i' zu i, ist die Distanzmatrix D natürlich symmetrisch zur Hauptdiagonalen. Die Hauptdiagonale selbst enthält nur Nullen, da der Abstand einer Stufe zu sich selbst natürlich Null ist. Insgesamt ist die Distanzmatrix D für die Stufen einer Kriteriumsvariablen natürlich eine $\ell\times\ell$ - Matrix. Bezeichnet d(i,i') den Abstand der Stufe i zur Stufe i', so hat die Distanzmatrix also die Gestalt

$$D = \begin{pmatrix} 0 & d(1,2) & d(1,3) & \dots & d(1,\ell) \\ d(1,2) & 0 & d(2,3) & \dots & d(2,\ell) \\ \vdots & \vdots & \vdots & & \vdots \\ d(1,\ell) & d(2,\ell) & d(3,\ell) & \dots & 0 \end{pmatrix} .$$

Wie bestimmt man nun aber die Distanz d(i,i') zwischen zwei Stufen i und i' einer Kriteriumsvariablen? Prinzipiell kann hier jeder der im Abschnitt 6 des Kapitels I angegebenen Distanzindizes verwandt werden.

Speziell kann man z.B. ausgehend von einer skalierten Datenmatrix Y bzw. Y* für eine Lernstichprobe vom Umfang n zunächst die Mittelwertvektoren $\bar{y}_i$ bzw. $\bar{y}_i^*$ $(i=1,\dots,\ell)$ der $n_{i.}$ Objekte, die zur Stufe i der Kriteriumsvariablen gehören, sowie die Matrix S_e^{-1} bzw. S_e^{*-1} aus Abschnitt 2.2.1 zu Y bzw. Y* bestimmen, und dann für $1 \le i < i' \le \ell$ die Mahalanobisdistanzen

$$d(i,i') = \sqrt{(n-\ell)(\bar{y}_i - \bar{y}_{i'})^T \cdot S_e^{-1} \cdot (\bar{y}_i - \bar{y}_{i'})} \qquad \text{bzw.}$$

$$d(i,i') = \sqrt{(n-\ell)(\bar{y}_i^* - \bar{y}_{i'}^*)^T \cdot S_e^{*-1} \cdot (\bar{y}_i^* - \bar{y}_{i'}^*)}$$

berechnen. Aus diesen Distanzen d(i,i') läßt sich dann die Distanzmatrix D für die ℓ Stufen der Kriteriumsvariablen bilden.

Beispiel: Für das einfache Beispiel dieses Abschnitts wollen wir eine Distanzmatrix D für die beiden Einkommensstufen unter Verwendung von Mahalanobisdistanzen bestimmen. Aus der Datenmatrix Y*, vgl. Tab.11, ergab sich

$$\bar{y}_1^* = \begin{pmatrix} 0.4472135 \\ 0.5796550 \end{pmatrix}, \quad \bar{y}_2^* = \begin{pmatrix} -0.3194384 \\ -0.4140392 \end{pmatrix} \quad \text{sowie}$$

$$S_e^{*-1} = \begin{pmatrix} 0.0984325 & -0.0115912 \\ -0.0115912 & 0.1110141 \end{pmatrix} .$$

Zur Bestimmung der Distanzmatrix D muß nun lediglich d(1,2) berechnet werden, da die Kriteriumsvariable Einkommen nur auf $\ell = 2$ Stufen vorliegt. Mit

$$\bar{y}_1^* - \bar{y}_2^* = \begin{pmatrix} 0.7666519 \\ 0.9936942 \end{pmatrix}$$

ergibt sich für die Mahalanobisdistanz

$$d(1,2) = \sqrt{(12-2)(\bar{y}_1^* - \bar{y}_2^*)^T \cdot S_e^{*-1} \cdot (\bar{y}_1^* - \bar{y}_2^*)} = \sqrt{10 \cdot 0.1498119} = 1.2239767,$$

so daß die gesuchte Distanzmatrix für die Stufen der Kriteriumsvariablen Einkommen gerade gegeben ist durch

$$D = \begin{pmatrix} 0 & 1.2239767 \\ 1.2239767 & 0 \end{pmatrix} .$$

3 EIN BEISPIEL AUS DER MARKTFORSCHUNG ZUR ANALYSE MULTIVARIATER KATEGORIELLER DATEN

In den USA werden alljährlich von der "Consumers Union of the United States" großangelegte Produktbefragungen durchgeführt. Unter anderem handelt es sich dabei um Befragungen zur Reparaturanfälligkeit von Personenkraftwagen. Speziell diese Umfrage kann als Hilfestellung beim Kauf von Neu- und Gebrauchtwagen aufgefaßt werden. Wir wollen hier ausgehend von den Befragungsergebnissen bei 391 Besitzern von Automatikwagen der Baujahre 1965 - 1970 untersuchen, ob sich die verschiedenen Fabrikate (zu dieser Zeit) unterscheiden und wie diese Unterschiede aussehen.

Die hier zugrundeliegenden Daten entstammen dem Bericht "Consumers Union (1971): Frequency of Repair 1965 - 1970, Consumer Reports, The Buying Guide Issue, Mount Vernon, New York, Consumers Union of the United States, Incl.". Die in diesem Abschnitt vorgenommene Auswertung der Daten erfolgt in enger Anlehung an Bargmann/Kundert (1972), vgl. auch Elpelt/Hartung (1982a).

42 der 391 Autobesitzer fahren Wagen des Herstellers American Motors, 85 Wagen des Herstellers Chrysler,78 Wagen des Herstellers Ford, 128 Wagen des Herstellers General Motors und 58 Autobesitzer fahren (bzgl. des amerikanischen Markts) ausländische Fabrikate. Diese 5 verschiedenen Hersteller bilden die Stufen unserer Kriteriumsvariablen "Hersteller" (HST).

Jeder Autobesitzer wurde nun gebeten, die Reparaturanfälligkeit von 14 Teilen seines Wagens zu bewerten. Diese 14 Reparaturanfälligkeiten sind die Merkmale $\mathfrak{y}_1,\ldots,\mathfrak{y}_{14}$,bzgl. derer die Kriteriumsvariable "Hersteller" untersucht werden soll. Im einzelnen sind diese Merkmale:

$\mathfrak{y}_1$: Heizungs- und Belüftungssystem ,
$\mathfrak{y}_2$: äußere Karosserie ,
$\mathfrak{y}_3$: innere Karosserie ,
$\mathfrak{y}_4$: Eisenteile der Karosserie ,
$\mathfrak{y}_5$: Bremsen ,
$\mathfrak{y}_6$: mechanische Teile des Motors ,
$\mathfrak{y}_7$: elektrische Teile des Motors ,
$\mathfrak{y}_8$: Elektronik ,
$\mathfrak{y}_9$: Automatikgetriebe ,
$\mathfrak{y}_{10}$: Lenkung ,
$\mathfrak{y}_{11}$: Kraftstoffsystem ,
$\mathfrak{y}_{12}$: Abgassystem ,
$\mathfrak{y}_{13}$: Stoßdämpfer und

$\mathfrak{y}_{14}$: Vorderradaufhängung.

Die Bewertung der Reparaturanfälligkeit erfolgte bei jedem Merkmal auf einer Fünfpunkteskala:

1 - sehr viel reparaturanfälliger als andere Teile ,
2 - reparaturanfälliger als andere Teile ,
3 - durchschnittliche Reparaturanfälligkeit ,
4 - geringere Reparaturanfälligkeit als andere Teile und
5 - sehr viel geringere Reparaturanfälligkeit als andere Teile.

Wollte man die Datenmatrix $\tilde{Y}$, vgl. Abschnitt 2.1, angeben, so müßte man eine Matrix mit 391 Zeilen und 14 Spalten aufschreiben, was natürlich hier viel zu platzaufwendig wäre. Daher sollen hier nur die 14 Calibration Patterns für die Kriteriumsvariable bei jedem Merkmal angegeben werden, vgl. Tab.14 - 27. Den folgenden Berechnungen liegt aber selbstverständlich die gesamte Datenmatrix zugrunde.

Tab.14: Calibration Pattern für $\mathfrak{y}_1$

HST \ $\mathfrak{y}_1$	1	2	3	4	5	$\sum$
1	5	5	23	5	4	42
2	10	8	25	16	26	85
3	31	4	25	10	8	78
4	24	16	59	18	11	128
5	3	3	37	7	8	58
$\sum$	73	36	169	56	57	391

Tab.15: Calibration Pattern für $\mathfrak{y}_2$

HST \ $\mathfrak{y}_2$	1	2	3	4	5	$\sum$
1	0	2	26	5	9	42
2	4	3	43	15	20	85
3	2	11	51	11	3	78
4	41	28	50	7	2	128
5	0	1	27	12	18	58
$\sum$	47	45	197	50	52	391

Tab.16: Calibration Pattern für $\mathfrak{y}_3$

HST \ $\mathfrak{y}_3$	1	2	3	4	5	$\sum$
1	10	7	23	2	0	42
2	22	14	36	12	1	85
3	3	9	46	16	4	78
4	18	36	59	12	3	128
5	0	0	18	8	32	58
$\sum$	53	66	182	50	40	391

Tab.17: Calibration Pattern für $\mathfrak{y}_4$

HST \ $\mathfrak{y}_4$	1	2	3	4	5	$\sum$
1	9	10	23	0	0	42
2	13	21	37	14	0	85
3	6	2	60	8	2	78
4	1	5	74	39	9	128
5	1	7	26	8	16	58
$\sum$	30	45	220	69	27	391

Tab.18: Calibration Pattern für y_5

HST \ y_5	1	2	3	4	5	$\sum$
1	2	0	34	4	2	42
2	16	16	51	2	0	85
3	7	9	47	12	3	78
4	3	2	37	31	55	128
5	5	12	35	4	2	58
$\sum$	33	39	204	53	62	391

Tab.19: Calibration Pattern für y_6

HST \ y_6	1	2	3	4	5	$\sum$
1	2	0	22	5	13	42
2	10	4	24	18	29	85
3	12	4	37	16	9	78
4	13	17	63	21	14	128
5	5	5	43	5	0	58
$\sum$	42	30	189	65	65	391

Tab.20: Calibration Pattern für y_7

HST \ y_7	1	2	3	4	5	$\sum$
1	0	1	29	10	2	42
2	9	6	46	16	8	85
3	3	14	51	7	3	78
4	8	6	82	23	9	128
5	5	8	39	2	4	58
$\sum$	25	35	247	58	26	391

Tab.21: Calibration Pattern für y_8

HST \ y_8	1	2	3	4	5	$\sum$
1	0	0	32	8	2	42
2	15	15	33	21	1	85
3	10	11	42	13	2	78
4	3	10	78	33	4	128
5	1	6	30	8	13	58
$\sum$	29	42	215	83	22	391

Tab.22: Calibration Pattern für y_9

HST \ y_9	1	2	3	4	5	$\sum$
1	8	4	26	3	1	42
2	0	0	42	23	20	85
3	7	14	51	5	1	78
4	14	8	58	13	35	128
5	12	14	31	1	0	58
$\sum$	41	40	208	45	57	391

Tab.23: Calibration Pattern für y_{10}

HST \ y_{10}	1	2	3	4	5	$\sum$
1	6	0	28	6	2	42
2	20	6	39	12	8	85
3	4	8	58	8	0	78
4	11	8	74	24	11	128
5	1	3	39	5	10	58
$\sum$	42	25	238	55	31	391

Tab.24: Calibration Pattern für y_{11}

HST \ y_{11}	1	2	3	4	5	$\sum$
1	6	8	28	0	0	42
2	16	8	29	26	6	85
3	3	12	38	19	6	78
4	24	17	57	19	11	128
5	3	3	40	8	4	58
$\sum$	52	48	192	72	27	391

Tab.25: Calibration Pattern für y_{12}

HST \ y_{12}	1	2	3	4	5	$\sum$
1	1	1	25	11	4	42
2	2	5	38	21	19	85
3	7	8	26	13	24	78
4	13	17	63	28	7	128
5	9	7	33	4	5	58
$\sum$	32	38	185	77	59	391

Tab.26: Calibration Pattern für $\mathfrak{y}_{13}$

HST \ $\mathfrak{y}_{13}$	1	2	3	4	5	Σ
1	0	0	22	14	6	42
2	12	12	54	6	1	85
3	7	11	51	8	1	78
4	18	27	70	11	2	128
5	0	1	17	12	28	58
Σ	37	51	214	51	38	391

Tab.27: Calibration Pattern für $\mathfrak{y}_{14}$

HST \ $\mathfrak{y}_{14}$	1	2	3	4	5	Σ
1	0	1	22	16	3	42
2	1	2	56	21	5	85
3	15	16	41	4	2	78
4	22	18	62	19	7	128
5	2	0	17	10	29	58
Σ	40	37	198	70	46	391

Ausgehend von den Calibration Patterns muß zunächst zur Gewinnung einer skalierten Datenmatrix Y jedes der 14 beobachteten Merkmale gegen die Kriteriumsvariable "Hersteller" skaliert werden. Als Skalierungsverfahren wählen wir hier die kategorielle Skalierung (Lancaster - Skalierung) aus Abschnitt 1.2. Für das Merkmal $\mathfrak{y}_5$ (Reparaturanfälligkeit der Bremsen) ergibt sich dabei z.B. die Matrix

$$Q_5 = \begin{pmatrix} 0.039 & 0.008 & 0.015 & -0.045 & 0.006 \\ 0.008 & 0.102 & 0.029 & -0.145 & 0.052 \\ 0.015 & 0.029 & 0.022 & -0.062 & 0.020 \\ -0.045 & -0.145 & -0.062 & 0.251 & -0.087 \\ 0.006 & 0.052 & 0.020 & -0.087 & 0.038 \end{pmatrix} .$$

Der größte Eigenwert dieser Matrix ist $\lambda_{5G} = 0.3897$ und ein Eigenvektor $f_5 = (f_{51},\dots,f_{55})^T$ zum Eigenwert λ_{5G} ergibt sich dann aus dem Gleichungssystem $Q_5 \cdot f_5 = \lambda_{5G} \cdot f_5$ zu

$$\begin{aligned} f_5 &= (f_{51}, f_{52}, f_{53}, f_{54}, f_{55})^T \\ &= (-0.126424, -0.47694, -0.193098, 0.800450, -0.280236)^T \quad . \end{aligned}$$

Nach dem Verfahren aus Abschnitt 1.2 erhält man dann

$$\begin{aligned} \beta_5^1 &= \frac{1}{n_{.1}^5} \sum_{i=1}^{5} n_{i1}^5 \cdot f_{5i}/\sqrt{n_{i.}} \\ &= \frac{1}{33}(2 \cdot f_{51}/\sqrt{42} + 16 \cdot f_{52}/\sqrt{85} + 7 \cdot f_{53}/\sqrt{78} + 3 \cdot f_{54}/\sqrt{128} + 5 \cdot f_{55}/\sqrt{58}) \\ &= \frac{1}{33}(-0.991487) = -0.0300454 \quad , \end{aligned}$$

$$\beta_5^2 = \frac{1}{n_{.2}^5} \sum_{i=1}^{5} n_{i2}^5 \cdot f_{5i}/\sqrt{n_{i.}} = \frac{1}{39}(-1.3245395) = -0.0339626 \quad ,$$

$$\beta_5^3 = \frac{1}{n_{.3}^5} \sum_{i=1}^{5} n_{i3}^5 \cdot f_{5i}/\sqrt{n_{i.}} = \frac{1}{204}(-2.9992926) = -0.0147024 \quad ,$$

$$\beta_5^4 = \frac{1}{n_{.4}^5} \sum_{i=1}^{5} n_{i4}^5 \cdot f_{5i}/\sqrt{n_{i.}} = \frac{1}{53} \cdot 1.6022150 = 0.0302305 \quad \text{und}$$

$$\beta_5^5 = \frac{1}{n_{.5}^5} \sum_{i=1}^{5} n_{i5}^5 \cdot f_{5i}/\sqrt{n_{i.}} = \frac{1}{62} \cdot 3.7130739 = 0.0598883 \quad .$$

Hiermit ergeben sich die gesuchten Skalierungspunkte y_5^ν für $\nu=1,\ldots,5$ für das Merkmal $\mathfrak{Y}_5$ zu

$$y_5^\nu = \sqrt{\frac{n}{\sum_{k=1}^{5} n_{.k}^5 \cdot (\beta_5^k)^2}} \cdot \beta_5^\nu = \sqrt{\frac{391}{0.3896769}} \cdot \beta_5^\nu = 31.676416 \cdot \beta_5^\nu \quad ,$$

d.h.

$$y_5^1 = 31.676416 \cdot (-0.0300454) = -0.952 \ ,$$

$$y_5^2 = -1.076, \ y_5^3 = -0.466, \ y_5^4 = 0.958 \text{ und } y_5^5 = 1.897 \quad .$$

In Tab.28 sind die Skalenwerte für alle 14 Merkmale $\mathfrak{Y}_1,\ldots,\mathfrak{Y}_{14}$, die sich bei kategorieller Skalierung gegen die Kriteriumsvariable "Hersteller" ergeben, zusammengestellt. Zudem enthält diese Tabelle die größten Eigenwerte λ_{jG} der Matrix Q_j für $j=1,\ldots,14$; diese sind gerade die Quadrate der maximalen Korrelationen

$$r_{Y_j} = \sqrt{\lambda_{jG}} \qquad \text{für } j=1,\ldots,14$$

des Merkmals $\mathfrak{Y}_j$ mit der Kriteriumsvariablen "Hersteller". Außerdem sind für jedes Calibration Pattern, d.h. für jedes der 14 Merkmale, die Pearsonschen Kontingenzkoeffizienten

$$C_j = \sqrt{\chi_j^2/(n+\chi_j^2)} \qquad \text{für } j=1,\ldots,14$$

angegeben. Für das zum Merkmal $\mathfrak{Y}_5$ gehörige Calibration Pattern etwa ergibt sich mit

$$\chi_5^2 = n \cdot \left(\sum_{i=1}^{5} \sum_{\nu=1}^{5} \frac{(n_{i\nu}^5)^2}{n_{i.} \cdot n_{.\nu}^5} - 1 \right)$$

$$= 391 \cdot \left(\frac{4}{42 \cdot 33} + \frac{0}{42 \cdot 39} + \frac{1156}{42 \cdot 204} + \ldots + \frac{4}{58 \cdot 62} - 1 \right) = 391 \cdot (1.45188 - 1)$$

$$= 176.68$$

der Pearsonsche Kontingenzkoeffizient zu

$$C_5 = \sqrt{176.68/(391+176.68)} = 0.558 \quad .$$

Letztlich sind in der Tab.28 noch die Korrelationen

r_{ZY_j} für j=1,...,14

der Merkmale mit der generalisierten Diskriminanzfunktion

$$Z = \gamma_1 Y_1 + \ldots + \gamma_{14} Y_{14}$$

für die 5 Stufen der Kriteriumsvariablen "Hersteller" angegeben. Die Grössen r_{Y_j}, C_j und r_{ZY_j} dienen natürlich dazu festzustellen, welche der 14 Merkmale besonders gut zwischen den verschiedenen Herstellern diskriminieren, d.h. bzgl. welcher Merkmale sich die Hersteller am meisten unterscheiden.

Tab.28: Skalenwerte, kanonische Korrelationen, Pearsonsche Kontingenzkoeffizienten und Korrelationen zur generalisierten linearen Diskriminanzfunktion der 14 Merkmale bei Verwendung der Kriteriumsvariablen "Hersteller"

Merkmal $\mathfrak{Y}_j$	Skalenwerte					r_{Y_j}	$r^2_{Y_j}$	C_j	r_{ZY_j}
	y^1_j	y^2_j	y^3_j	y^4_j	y^5_j				
$\mathfrak{Y}_1$	-2.026	0.290	0.402	0.209	1.015	0.299	0.089	0.381	0.098
$\mathfrak{Y}_2$	-1.979	-1.252	0.202	0.744	1.392	0.564	0.318	0.522	0.495
$\mathfrak{Y}_3$	-0.772	-0.690	-0.186	0.139	2.832	0.646	0.418	0.578	0.349
$\mathfrak{Y}_4$	-2.102	-1.434	0.073	0.786	2.127	0.448	0.200	0.509	-0.148
$\mathfrak{Y}_5$	-0.952	-1.076	-0.466	0.958	1.897	0.624	0.390	0.558	-0.540
$\mathfrak{Y}_6$	0.064	-0.978	-0.702	0.472	1.979	0.360	0.130	0.384	0.047
$\mathfrak{Y}_7$	-0.065	-2.477	-0.098	1.693	0.546	0.245	0.060	0.285	-0.070
$\mathfrak{Y}_8$	-2.315	-0.985	0.332	-0.278	2.736	0.363	0.131	0.418	0.036
$\mathfrak{Y}_9$	-1.101	-1.606	-0.207	1.366	1.596	0.483	0.233	0.477	-0.167
$\mathfrak{Y}_{10}$	2.638	-0.384	-0.578	0.436	0.403	0.259	0.067	0.334	0.012
$\mathfrak{Y}_{11}$	0.778	-0.320	-0.862	1.639	0.831	0.272	0.074	0.340	-0.049
$\mathfrak{Y}_{12}$	-1.118	-0.687	-0.479	0.272	2.197	0.292	0.085	0.350	0.064
$\mathfrak{Y}_{13}$	-0.898	-0.807	-0.311	0.743	2.710	0.619	0.383	0.554	0.391
$\mathfrak{Y}_{14}$	-1.023	-1.252	-0.250	0.362	2.421	0.530	0.281	0.545	0.321

Nach dem Roy - Test bestehen zum 1% Niveau signifikante Unterschiede zwischen den Herstellern bzgl. aller außer dem 7. Merkmal, denn für j=1,...,6,8,...,14 gilt

$$r^2_{Y_j} > 0.06 = c_{R;0.99}(4,386,4) = c_{R;1-\alpha}(c_j-1, n-\ell, \ell-1) \quad .$$

Sieht man sich jedoch die Größen r_{Y_j}, C_j und r_{ZY_j} aus Tab.28 etwas genauer an, so stellt man fest, daß zwischen den 7 besten Diskriminatoren und dem Rest ein ziemlicher Unterschied besteht. Daher wollen wir im folgenden von diesen 7 besten Diskriminatoren und der zugehörigen reduzierten skalierten Datenmatrix Y* ausgehen. Die dort eingehenden Merkmale, also die 7 besten Diskriminatoren zwischen den Herstellern, sind

$\mathfrak{y}_1^* = \mathfrak{y}_2$: äußere Karosserie ,
$\mathfrak{y}_2^* = \mathfrak{y}_3$: innere Karosserie ,
$\mathfrak{y}_3^* = \mathfrak{y}_4$: Eisenteile der Karosserie ,
$\mathfrak{y}_4^* = \mathfrak{y}_5$: Bremsen ,
$\mathfrak{y}_5^* = \mathfrak{y}_9$: Automatikgetriebe ,
$\mathfrak{y}_6^* = \mathfrak{y}_{13}$: Stoßdämpfer und
$\mathfrak{y}_7^* = \mathfrak{y}_{14}$: Vorderradaufhängung.

Hier fällt auf, daß drei der besten Diskriminatoren direkt die Karosserie eines Wagens betreffen und daß ein eigentlich recht unwichtiges Merkmal, nämlich die Reparaturanfälligkeit der Stoßdämpfer, zu den besten Diskriminatoren gehört. (Mit $r_{ZY_{13}} = 0.391$ ist es der zweitbeste Diskriminator nach der inneren Karosserie.)

An dieser Stelle sei noch auf ein besonderes Phänomen aufmerksam gemacht. Die Skala, auf der die Reparaturanfälligkeit jedes der 14 Teile gemessen wurde, ist eigentlich eine Ordinalskala, die wir hier aber kategoriell skaliert haben. Bei den guten Diskriminatoren treten nun kaum Umkehrungen in der Reihenfolge der Ausprägungen auf (die größenmäßige Ordnung bleibt bei der Skalierung erhalten), bei den schlechten Diskriminatoren sind die Umkehrungen in der Reihenfolge beträchtlich. Dieses Phänomen läßt sich verallgemeinern: Werden Merkmale mit ordinalen Ausprägungen kategoriell skaliert, so treten Umkehrungen der natürlichen Ordnung in großem Maße nur dann auf, wenn das Merkmal ein schlechter Diskriminator für die Stufen der Kriteriumsvariablen ist. Für gute Diskriminatoren hingegen spielt es kaum eine Rolle, ob eine ordinale oder eine kategorielle Skala zugrundegelegt wird, vgl. Bargmann/Kundert (1972).

Nun wollen wir die Daten aus der Befragung von 391 Autobesitzern weiter auswerten und zunächst die Güte der skalierten Datenmatrix Y* mittels Mahalanobisdistanzen überprüfen. Der prozentuale Anteil richtig klassifizierter Wagen ist
für den Hersteller 1: 61.9% ,
für den Hersteller 2: 65.9% ,
für den Hersteller 3: 69.2% ,
für den Hersteller 4: 76.6% ,
für den Hersteller 5: 55.2% .
Insgesamt wurden von den 391 Wagen der Lernstichprobe also 68% ihrem wirklichen Hersteller zugeordnet. Dieses Ergebnis kann noch als durchaus befriedigend bezeichnet werden. In Tab.29 sind die mittleren Distanzen der Wagen jedes Herstellers zum Mittelwert des Herstellers und zum Mittelwert

des nächstgelegenen fremden Herstellers angegeben.

Tab.29: Mittlere Mahalanobisdistanzen zum Mittelwert des wahren und des nächstgelegenen fremden Herstellers

Hersteller i	mittlerer Abstand der Wagen des Herstellers i zum Mittelwert	
	des Herstellers i	des nächsten anderen Herstellers
1	2.422	2.600
2	2.103	2.442
3	2.051	2.393
4	2.709	3.260
5	3.033	3.518

Man entnimmt der Tab.29, daß die Wagen dem Mittelwert ihres Herstellers im Mittel doch beträchtlich näher liegen als dem nächstgelegenen fremden Hersteller. Daraus läßt sich auf eine recht gute Skalierung schließen.

Auf die Vorführung der Klassifikation neuer Objekte wollen wir hier verzichten und uns direkt der Erstellung einer Datenmatrix A und einer Distanzmatrix D für die 5 Hersteller widmen. Dabei wollen wir wiederum lediglich die 7 besten Diskriminatoren zwischen den Herstellern berücksichtigen.

Die *Datenmatrix* A besteht aus je einem Mittelwertvektor für die 5 Hersteller. Diese Mittelwertvektoren

$$\bar{y}_i^* = (\bar{y}_{i1}^*, \ldots, \bar{y}_{i7}^*)^T \qquad \text{für } i=1,\ldots,5$$

bilden jeweils eine Zeile der in **Tab.30** angegebenen Datenmatrix A

Tab.30: Datenmatrix A für die 5 Hersteller basierend auf den 7 besten Diskriminatoren

Hersteller	Merkmal							
		y_1^*	y_2^*	y_3^*	y_4^*	y_5^*	y_6^*	y_7^*
1		0.452	-0.394	-0.752	-0.241	-0.355	0.472	0.150
2		0.424	-0.339	-0.515	-0.638	0.643	-0.354	0.026
3	A =	0.063	-0.045	-0.008	-0.270	-0.414	-0.289	-0.504
4		-0.766	-0.309	0.358	0.873	0.260	-0.360	-0.287
5		0.658	1.524	0.518	-0.454	-0.703	1.357	1.164

Diese Datenmatrix A und die Distanzmatrix D für die Hersteller, die im folgenden noch angegeben wird, lassen sich nun für die weitere multivariate Analyse der Hersteller verwenden.

Bevor wir nun die Matrix D angeben, wollen wir die Datenmatrix A noch etwas genauer betrachten. Es zeigt sich, daß die ausländischen Hersteller (5) allen amerikanischen Herstellern bzgl der Reparaturanfälligkeit der äußeren, der inneren und der Eisenteile der Karosserie überlegen sind. Weiter sind die ausländischen Hersteller bei der Reparaturanfälligkeit der Stoßdämpfer und der Vorderradaufhängung überlegen. Bei den Bremsen ist General Motors (4) allen anderen überlegen und beim Automatikgetriebe ist Chrysler (2) am besten. Es fällt auf, daß die ausländischen Hersteller, die bei 5 der besten Diskriminatoren allen anderen überlegen sind, bei den übrigen beiden Merkmalen (Bremsen, Automatikgetriebe) die nahezu größte Reparaturanfälligkeit zeigen. Das läßt sich für das Merkmal $\mathfrak{Y}_5^*$ (Automatikgetriebe) vielleicht dadurch erklären, daß in den USA überdurchschnittlich viele Automatikwagen (ca. 80% Marktanteil) betrieben werden, die amerikanischen Hersteller also (zum damaligen Zeitpunkt) sehr viel routinierter waren. Bei der Interpretation aller Ergebnisse sollte man jedoch niemals vergessen, daß die zugrundeliegende Datenmatrix Y* ausgehend von subjektiven Bewertungen durch Autobesitzer aufgestellt wurde.

Nun kommen wir schließlich noch zur *Bestimmung einer Distanzmatrix* D für die 5 Hersteller. Als Elemente dieser Matrix verwenden wir Mahalanobisdistanzen von je zwei Herstellermittelwerten für die 7 besten Diskriminatoren zwischen den Herstellern. Das bedeutet, in die Berechnung geht neben den Zeilen der Datenmatrix A die aus der Datenmatrix Y* geschätzte Kovarianzmatrix der 7 besten Diskriminatoren ein. In Tab.31 ist diese Matrix D angegeben.

Tab.31: Distanzmatrix D für die 5 Hersteller bei Verwendung von Mahalanobisdistanzen

Hersteller		Hersteller				
		1	2	3	4	5
1		0.00	1.70	1.86	3.05	2.70
2		1.70	0.00	1.97	2.98	3.31
3	D =	1.86	1.97	0.00	2.11	2.70
4		3.05	2.98	2.11	0.00	3.86
5		2.70	3.31	2.70	3.86	0.00

Wie man der Distanzmatrix D entnimmt, sind sich die Hersteller 1 (American Motors) und 2 (Chrysler) am ähnlichsten. Der größte Unterschied besteht zwischen Hersteller 4 (General Motors) und Hersteller 5 (ausländische Fabrikate). Außerdem fällt auf, daß American Motors (1) und Ford (3) gleichweit von den ausländischen Herstellern entfernt sind.

Die Datenmatrix aus Tab.30 sowie die Distanzmatrix aus Tab.31 werden wir in den folgenden Kapiteln VI, VII, VIII und IX häufig als Beispiel für andere multivariate statistische Verfahren verwenden.

4 SKALIERUNG KATEGORIELLER MERKMALSAUSPRÄGUNGEN VON P MERKMALEN

Im Abschnitt 1.2 haben wir uns mit der Skalierung zweier kategorieller Merkmale in Kontingenztafeln beschäftigt, und zwar haben wir Skalenwerte derart bestimmt, daß die Ausprägungen des einen Merkmals möglichst gut zwischen denen des anderen Merkmals diskriminieren und umgekehrt.

Hier wollen wir uns mit dem Problem der gleichzeitigen Skalierung von $p > 2$ Merkmalen $\mathfrak{Y}_1,\ldots,\mathfrak{Y}_p$ beschäftigen. Nach welchem Kriterium eine solche Skalierung erfolgt,ist dabei situationsabhängig.

Zum einen kann man so vorgehen, daß alle Merkmale sich gegenseitig möglichst gut erklären; die Merkmale werden in diesem Falle alle als gleichberechtigt angesehen. Bargmann/Chang (1972) schlagen in diesem Zusammenhang vor, den Merkmalen $\mathfrak{Y}_1,\ldots,\mathfrak{Y}_p$ derart standardisierte Zufallsvariablen $Y_1,\ldots,Y_p$ bzw. den Ausprägungen derart Skalenwerte zuzuordnen, daß die *Determinante der empirischen Korrelationsmatrix* zu $Y_1,\ldots,Y_p$, vgl. Abschnitt 1.2 in Kap.III, minimal wird. Bargmann/Schünemeyer (1978) skalieren die Merkmale so, daß der *Korrelationsellipsoid* zur empirischen Korrelationsmatrix für $Y_1,\ldots,Y_p$ eine *maximale Maximum - Exzentrizität* besitzt; die Maximum - Exzentrizität ist dabei gerade der Quotient von Differenz und Summe des größten und kleinsten Eigenwerts einer Korrelationsmatrix.

Wie wir an den Beispielen der Abschnitte 2 und 3 gesehen haben, kann man nicht immer davon ausgehen, daß alle Merkmale $\mathfrak{Y}_1,\ldots,\mathfrak{Y}_p$ gleichberechtigt sind. Dort wurde ein Merkmal $\mathfrak{Y}_1$ als Kriteriumsvariable, als Faktor auf endlich vielen Stufen aufgefaßt, und die übrigen Merkmale wurden einzeln gegen diese Kriteriumsvariable skaliert.

Um insgesamt eine möglichst gute Diskrimination zwischen den Stufen einer Kriteriumsvariablen zu erreichen, müßte man alle übrigen Merkmale gleichzeitig gegen sie skalieren. Als Skalierungskriterium schlagen wir in diesem Falle vor, die standardisierten Zufallsvariablen $Y_1,\ldots,Y_p$ so zu bestimmen, daß man eine *maximale (empirische) multiple Korrelation*, vgl. Abschnitt 1.3 in Kap.III, zwischen der Kriteriumsvariablen $\mathfrak{Y}_1$ und den übrigen Merkmalen $\mathfrak{Y}_2,\ldots,\mathfrak{Y}_p$ erhält. Die Merkmale $\mathfrak{Y}_2,\ldots,\mathfrak{Y}_p$ diskriminieren dann insgesamt maximal zwischen den Stufen der Kriteriumsvariablen $\mathfrak{y}_1$. Ein weiterer Vorteil dieser Skalierung besteht darin, daß man auch eindeutige Skalenwerte für die Stufen der Kriteriumsvariablen erhält, wohingegen bei den einzelnen Skalierungen jeweils andere Skalenwerte zugeordnet werden (es sei denn, die Kriteriumsvariable hat nur $\ell = 2$ Stufen). Dann sind Methoden der multiplen Regressionsanalyse anwendbar, vgl. Kap.II, die die Verfahren der diskreten Regression (z.B. Logit-Analyse) zumindest z.T. ersetzen, und auch noch dann anwendbar sind, wenn diese Methoden wegen geringer Stichprobenumfänge versagen; jede Kombination von Ausprägungen der Merkmale $\mathfrak{y}_1,\ldots,\mathfrak{y}_p$ muß dort (z.T. mehrfach) beobachtet werden, hier aber nicht.

Dieses Skalierungskriterium erweitern wir noch dahingehend, daß wir mehrere Kriteriumsvariablen $\mathfrak{y}_1,\ldots,\mathfrak{y}_q$ $(q < p)$ berücksichtigen. In diesem Fall werden die standardisierten Zufallsvariablen $Y_1,\ldots,Y_p$ so gewählt, daß die *(empirische) erste kanonische Korrelation*, vgl. Abschnitt 1.4 in Kap.III, zwischen den Kriteriumsvariablen $\mathfrak{y}_1,\ldots,\mathfrak{y}_q$ einerseits und den Merkmalen $\mathfrak{y}_{q+1},\ldots,\mathfrak{y}_p$ andererseits *maximal* wird.

Die unterschiedlichen, oben erwähnten Vorgehensweisen bei der Skalierung mehrerer kategorieller Merkmale $\mathfrak{y}_1,\ldots,\mathfrak{y}_p$ werden in den Abschnitten 4.2 bis 4.4 demonstriert. Zuvor wird jedoch im Abschnitt 4.1 die Bestimmung der empirischen Korrelationsmatrix für die Merkmale $\mathfrak{y}_1,\ldots,\mathfrak{y}_p$ in Abhängigkeit von Gewichtsvektoren $b_1,\ldots,b_p$ für die Merkmale demonstriert, was bei allen folgenden Skalierungskriterien benötigt wird.

4.1 BESTIMMUNG DER EMPIRISCHEN KORRELATIONSMATRIX FÜR p KATEGORIELLE MERKMALE

Werden an n Objekten jeweils p kategorielle Merkmale $\mathfrak{y}_1,\ldots,\mathfrak{y}_p$ beobachtet, so läßt sich vermittels kategorieller Skalierung eine empirische Korrelationsmatrix für diese Merkmale bestimmen. Dabei geht man wie folgt vor.

Die kategoriellen Merkmale $\mathfrak{y}_1,\ldots,\mathfrak{y}_p$ mit ℓ_i, $i=1,\ldots,p$, verschiedenen Ausprägungen werden an jedem der n Objekte beobachtet, d.h. für das j-te Objekt ergibt sich ein Beobachtungsvektor

$$\mathfrak{y}_j = (\mathfrak{y}_{1j},\ldots,\mathfrak{y}_{pj})^T \qquad \text{für } j=1,\ldots,n \quad .$$

Insgesamt wird die k-te Ausprägung $(k=1,\ldots,\ell_i)$ des Merkmals $\mathfrak{y}_i$ dann n_{ik}-mal beobachtet, und weiter bezeichne $n_{ik,\tau\eta}$ die Häufigkeit dafür, daß an einem Objekt das Ausprägungspaar (k,η) für die Merkmale $\mathfrak{Y}_i, \mathfrak{Y}_\tau$ beobachtet wird, wobei $i,\tau=1,\ldots,p$ und $i \neq \tau$; $n_{ik} > 0$.

Gesucht sind dann in verschiedenem Sinne "optimale" standardisierte Zufallsvariable $Y_1,\ldots,Y_p$ (bzw. zugehörige Realisationen), die den kategoriellen Merkmalen $\mathfrak{Y}_1,\ldots,\mathfrak{Y}_p$ zugeordnet sind; der Vektor

$$y_j = (y_{1j},\ldots,y_{pj})^T \qquad \text{für } j=1,\ldots,n$$

möge die Realisation von $(Y_1,\ldots,Y_p)^T$ am j-ten Objekt bezeichnen.

Setzt man analog zum Fall zweier kategorieller Merkmale nun für $i=1,\ldots,p$

$$Y_i = \alpha_i^T \cdot U_i \quad \text{mit } \alpha_i = (\alpha_{i1},\ldots,\alpha_{i\ell_i})^T,\ U_i = (U_{i1},\ldots,U_{i\ell_i})^T \quad ,$$

wobei U_i einen ℓ_i-dimensionalen $\{0,1\}$-wertigen Zufallsvektor bezeichnet, dessen Realisation der k-te ℓ_i-dimensionale Einheitsvektor $e_{\ell_i k}$ ist, falls die k-te Ausprägung des Merkmals $\mathfrak{Y}_i$ beobachtet wird, so läßt sich die Realisation y_{ij} der Zufallsvariablen Y_i am j-ten Objekt schreiben als

$$y_{ij} = \alpha_i^T \cdot e_{\ell_i k} = \alpha_{ik} \qquad \text{für } j=1,\ldots,n \quad .$$

Zu bestimmen sind dann in Abhängigkeit vom Skalierungskriterium, vgl. Abschnitt 4.2 bis 4.4, lediglich noch die Koeffizienten (Skalenwerte) α_{ik} für $i=1,\ldots,p$ und $k=1,\ldots,\ell_i$.

Gleich welches der Skalierungskriterien man wählt, werden hierzu zunächst die *Kovarianz- und Kreuzkovarianzmatrizen* $S_{U_iU_i}$ bzw. $S_{U_iU_\tau}$ der Zufallsvektoren $U_1,\ldots,U_p$ bestimmt. Hier ergibt sich mit

$$S^*_{U_iU_i} = n \cdot S_{U_iU_i} \qquad \text{für } i=1,\ldots,p \ ,$$

$$S^*_{U_iU_\tau} = n \cdot S_{U_iU_\tau} \qquad \text{für } i,\tau=1,\ldots,p,\ i \neq \tau$$

und mit $n_i = (n_{i1},\ldots,n_{i\ell_i})^T$ für $i=1,\ldots,p$ gerade

$$S^*_{U_iU_i} = \begin{pmatrix} n_{i1} & 0 & \cdots & 0 \\ 0 & n_{i2} & \cdots & 0 \\ \vdots & \vdots & & \vdots \\ 0 & 0 & \cdots & n_{i\ell_i} \end{pmatrix} - \frac{1}{n}\, n_i \cdot n_i^T$$

sowie für $i,\tau=1,\ldots,p$, $i \neq \tau$

$$S^*_{U_iU_\tau} = \begin{pmatrix} n_{i1,\tau 1} & n_{i1,\tau 2} & \cdots & n_{i1,\tau\ell_\tau} \\ \vdots & \vdots & & \vdots \\ n_{i\ell_i,\tau 1} & n_{i\ell_i,\tau 2} & \cdots & n_{i\ell_i,\tau\ell_\tau} \end{pmatrix} - \frac{1}{n} \cdot n_i \cdot n_\tau^T \quad .$$

Natürlich ist dabei

$$S^*_{U_i U_\tau} = (S^*_{U_\tau U_i})^T \quad .$$

Für die $\ell_i \times \ell_i$ - Matrizen $S^*_{U_i U_i}$ wird nun eine *Choleski - Zerlegung* durchgeführt:

$$S^*_{U_i U_i} = L_{U_i} \cdot L^T_{U_i} \qquad \text{für } i=1,\dots,p \quad ,$$

wobei L_{U_i} eine obere $\ell_i \times (\ell_i - 1)$ - dimensionale Dreiecksmatrix bezeichnet. Hierbei ergeben sich mit

$$S^*_{U_i U_i} = \begin{pmatrix} s^i_{11} & s^i_{12} & \dots & s^i_{1\ell_i} \\ s^i_{12} & s^i_{22} & \dots & s^i_{2\ell_i} \\ \vdots & \vdots & & \vdots \\ s^i_{1\ell_i} & s^i_{2\ell_i} & \dots & s^i_{\ell_i \ell_i} \end{pmatrix}$$

die Elemente der Matrix

$$L_{U_i} = \begin{pmatrix} L^i_{11} & L^i_{12} & \dots & L^i_{1\ell_i-1} \\ L^i_{21} & L^i_{22} & \dots & L^i_{2\ell_i-1} \\ 0 & & & \\ \vdots & & & \vdots \\ 0 & \dots & 0 & L_{\ell_i \ell_i -1} \end{pmatrix}$$

wie folgt:

$$L^i_{\ell_i \ell_i -1} = \sqrt{s^i_{\ell_i \ell_i}} \quad ,$$

$$L^i_{k\ell_i -1} = s^i_{k\ell_i} / L^i_{\ell_i \ell_i -1} \qquad \text{für } k=1,\dots,\ell_i-1 \quad ,$$

und für $j=2,\dots,\ell_i-1$ ist

$$L^i_{jj-1} = \sqrt{s^i_{jj} - \sum_{\nu=j}^{\ell_i-1} (L^i_{j\nu})^2} \quad ,$$

$$L^i_{kj-1} = \left(s^i_{kj} - \sum_{\nu=j}^{\ell_i-1} L^i_{k\nu} \, L^i_{j\nu} \right) \Big/ L^i_{jj-1} \qquad \text{für } k=1,\dots,j-1 \quad .$$

Ist dann $L^+_{U_i}$ die Pseudoinverse von L_{U_i}, vgl. Abschnitt 4 in Kap.I, so gilt

$$L^+_{U_i} \cdot S^*_{U_i U_i} \cdot (L^+_{U_i})^T = I_{\ell_i -1} \qquad \text{für } i=1,\dots,p \quad .$$

Unter Verwendung der Matrizen $L_{U_1},\dots,L_{U_p}$ läßt sich ein Schätzer für die *rangreduzierte Korrelationsmatrix* der Zufallsvektoren $U_1,\dots,U_p$ bestimmen: Mit

$$R^*_{U_iU_\tau} = L^+_{U_i}\cdot S^*_{U_iU_\tau}\cdot(L^+_{U_\tau})^T = (R^*_{U_\tau U_i})^T \qquad \text{für } i,\tau=1,\dots,p,\ i\neq\tau$$

ergibt sich dieser zu

$$R^*_U = \begin{pmatrix} I_{\ell_1-1} & R^*_{U_1U_2} & \cdots & R^*_{U_1U_p} \\ R^*_{U_2U_1} & I_{\ell_2-1} & \cdots & R^*_{U_2U_p} \\ \vdots & \vdots & & \vdots \\ R^*_{U_pU_1} & R^*_{U_pU_2} & \cdots & I_{\ell_p-1} \end{pmatrix} .$$

Hierzu lassen sich dann die Korrelationen der standardisierten Zufallsvariablen $Y_1,\dots,Y_p$ in Abhängigkeit von Gewichtsvektoren $b_1,\dots,b_p$ berechnen. Es ist

$$r_{i,\tau}(b_i,b_\tau) = \frac{1}{\sqrt{b_i^T\cdot b_i\cdot b_\tau^T\cdot b_\tau}}\, b_i^T\cdot R^*_{U_iU_\tau}\cdot b_\tau \qquad \text{für } i,\tau=1,\dots,p,\ i\neq\tau$$

die Korrelation von Y_i und Y_τ in Abhängigkeit von b_i und b_τ, so daß die empirische Korrelationsmatrix von $Y_1,\dots,Y_p$ in Abhängigkeit von den Gewichtsvektoren $b_1,\dots,b_p$ gerade gegeben ist durch

$$R_Y(b) = \begin{pmatrix} 1 & r_{1,2}(b_1,b_2) & r_{1,3}(b_1,b_3) & \cdots & r_{1,p}(b_1,b_p) \\ r_{1,2}(b_1,b_2) & 1 & r_{2,3}(b_2,b_3) & \cdots & r_{2,p}(b_2,b_p) \\ \vdots & \vdots & \vdots & & \vdots \\ r_{1,p}(b_1,b_p) & r_{2,p}(b_2,b_p) & r_{3,p}(b_3,b_p) & \cdots & 1 \end{pmatrix} .$$

Die Vorzeichen der Korrelationen in $R_Y(b)$ lassen sich allerdings nicht interpretieren.

Die Skalenwerte α_{ik}, $i=1,\dots,p$, $k=1,\dots,\ell_i$, die abhängig von den speziell gewählten Gewichtsvektoren $b_1,\dots,b_p$ sind, lassen sich dann wie folgt berechnen. Zunächst werden die Gewichtsvektoren auf die Länge Eins normiert

$$b_i^* = b_i/\sqrt{b_i^T\cdot b_i} \qquad \text{für } i=1,\dots,p$$

und mit $(L^+_{U_i})^T$ multipliziert:

$$\alpha_i^* = (\alpha^*_{i1},\dots,\alpha^*_{i\ell_i})^T = (L^+_{U_i})^T\cdot b_i^* \qquad \text{für } i=1,\dots,p \quad .$$

Normiert man nun die Größen α_i^* noch derart, daß sie den empirischen Mittelwert 0 und die empirische Varianz 1 haben, so ergeben sich die Skalenwerte α_{ik}. Man berechnet also zunächst

$$\tilde{\alpha}_{ik} = \alpha_{ik}^* - \frac{1}{n} \sum_{\nu=1}^{\ell_i} n_{i\nu} \cdot \alpha_{i\nu}^* \qquad \text{für } i=1,\dots,p \text{ und } k=1,\dots,\ell_i$$

und daraus dann die Skalenwerte

$$\alpha_{ik} = \tilde{\alpha}_{ik} \cdot \sqrt{n} \Big/ \sqrt{\sum_{\nu=1}^{\ell_i} n_{i\nu} \cdot \tilde{\alpha}_{i\nu}^2} \qquad \text{für } i=1,\dots,p \text{ und } k=1,\dots,\ell_i \quad .$$

Beispiel: Wir wollen die Vorgehensweise hier einmal an einem sehr einfachen Beispiel demonstrieren. Und zwar wollen wir die empirische Korrelationsmatrix dreier standardisierter Zufallsvariablen Y_1, Y_2, Y_3 bestimmen, die kategoriellen Merkmalen $\mathfrak{Y}_1, \mathfrak{Y}_2, \mathfrak{Y}_3$ mit je nur zwei Ausprägungen 1,2 zugeordnet sind.

Es wurden $n = 52$ Personen nach der Organisationsform ihres Urlaubs $\mathfrak{Y}_1$ sowie nach der Zufriedenheit mit Unterkunft $\mathfrak{Y}_2$ und Verpflegung $\mathfrak{Y}_3$ befragt. Beim Merkmal $\mathfrak{Y}_1$ wurde danach unterschieden, ob der Urlaub privat (1) oder durch einen Reiseveranstalter (2) organisiert wurde. Bei den Merkmalen $\mathfrak{Y}_2$ und $\mathfrak{Y}_3$ waren die Antworten "zufrieden" (1) und "nicht zufrieden" (2) zugelassen. Die Ergebnisse der Befragung lassen sich in Form einer dreidimensionalen Kontingenztafel darstellen, vgl. Tab.32 und Abb.2.

Tab.32: Kontingenztafel der Befragungsergebnisse von 52 Personen

$\mathfrak{Y}_3 = 1$				$\mathfrak{Y}_3 = 2$			
$\mathfrak{Y}_1 \backslash \mathfrak{Y}_2$	1	2	$\sum$	$\mathfrak{Y}_1 \backslash \mathfrak{Y}_2$	1	2	$\sum$
1	3	7	10	1	10	6	16
2	11	8	19	2	4	3	7
$\sum$	14	15	29	$\sum$	14	9	23

Aus der Tab.32 oder der Abb.2 läßt sich beispielsweise ablesen, daß

$$n_{12} = 19 + 7 = 26$$

Personen ihren Urlaub durch einen Reiseveranstalter organisiert haben oder daß

$$n_{31} = 29$$

Personen mit der Verpflegung zufrieden waren.

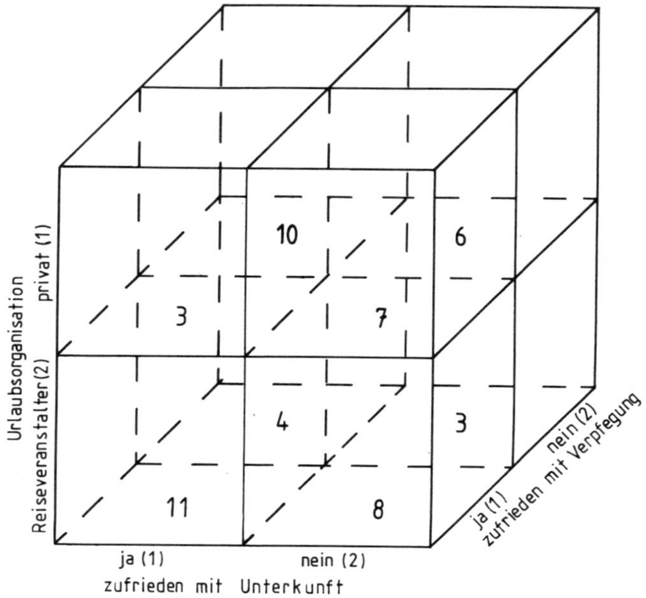

Abb.2: Graphische Darstellung der Kontingenztafel zur Befragung von 52 Personen

Aus Tab.32 bzw. Abb.2 ergibt sich dann zunächst

$$S^*_{U_1U_1} = \begin{pmatrix} 26 & 0 \\ 0 & 26 \end{pmatrix} - \frac{1}{52} \cdot \begin{pmatrix} 26 \\ 26 \end{pmatrix} \cdot (26,26) = \begin{pmatrix} 13 & -13 \\ -13 & 13 \end{pmatrix} ,$$

$$S^*_{U_2U_2} = \begin{pmatrix} 12.923 & -12.923 \\ -12.923 & 12.923 \end{pmatrix} , \quad S^*_{U_3U_3} = \begin{pmatrix} 12.827 & -12.827 \\ -12.827 & 12.827 \end{pmatrix} ,$$

$$S^*_{U_1U_2} = \begin{pmatrix} 13 & 13 \\ 15 & 11 \end{pmatrix} - \frac{1}{52} \cdot \begin{pmatrix} 26 \\ 26 \end{pmatrix} \cdot (28,24) = \begin{pmatrix} -1 & 1 \\ 1 & -1 \end{pmatrix} ,$$

$$S^*_{U_1U_3} = \begin{pmatrix} -4.5 & 4.5 \\ 4.5 & -4.5 \end{pmatrix} \text{ und } S^*_{U_2U_3} = \begin{pmatrix} -1.615 & 1.615 \\ 1.615 & -1.615 \end{pmatrix} .$$

Die Matrizen L_{U_i} für i=1,2,3 sind hier natürlich nur Vektoren, die sich aus

$$S^*_{U_iU_i} = L_{U_i} \cdot L^T_{U_i}$$

zu

$$L_{U_1} = \begin{pmatrix} \sqrt{13} \\ -\sqrt{13} \end{pmatrix} , \quad L_{U_2} = \begin{pmatrix} \sqrt{12.923} \\ -\sqrt{12.923} \end{pmatrix} \quad \text{bzw.} \quad L_{U_3} = \begin{pmatrix} \sqrt{12.827} \\ -\sqrt{12.827} \end{pmatrix}$$

ergeben und deren Pseudoinverse, vgl. Abschnitt 4 in Kap.I gerade gegeben sind als

$$L_{U_1}^{+} = (0.1387,-0.1387) \; , \quad L_{U_2}^{+} = (0.1391,-0.1391) \text{ und}$$

$$L_{U_3}^{+} = (0.1396,-0.1396) \quad .$$

Damit erhalten wir nun die rangreduzierten Korrelationsmatrizen, die in diesem Falle Zahlen sind:

$$R_{U_1U_2}^{*} = L_{U_1}^{+} \cdot S_{U_1U_2}^{*} \cdot (L_{U_2}^{+})^{T} = -0.0772 \; ,$$

$$R_{U_1U_3}^{*} = -0.3485 \quad \text{und} \quad R_{U_2U_3}^{*} = -0.1254 \quad ,$$

d.h. es ist

$$R_U^{*} = \begin{pmatrix} 1 & -0.0772 & -0.3485 \\ -0.0772 & 1 & -0.1254 \\ -0.3485 & -0.1254 & 1 \end{pmatrix} \quad .$$

Da auch die Gewichtsvektoren b_1,b_2,b_3 hier nur Zahlen sind, ist $R_Y(b)$ hier bis auf die ohnehin nicht interpretierbaren Vorzeichen der Elemente eindeutig. Wählt man b_1, b_2 und b_3 z.B. alle positiv oder alle negativ, so ist

$$R_Y(b) = R_U^{*} \quad .$$

Auch die Skalenwerte α_{ik} für i=1,2,3 und k=1,2 sind bis auf Vorzeichen eindeutig, denn die normierten Größen b_1^{*}, b_2^{*} und b_3^{*} sind je nach Vorzeichen von b_1,b_2,b_3 gleich 1 oder gleich -1. Wählt man etwa b_1,b_2,b_3 positiv, so ist

$$b_1^{*} = b_2^{*} = b_3^{*} = 1$$

und somit

$$\alpha_1^{*} = (L_{U_1}^{+})^{T} \cdot b_1^{*} = (L_{U_1}^{+})^{T} = (0.1387,-0.1387)^{T} \; ,$$

$$\alpha_2^{*} = (0.1391,-0.1391)^{T} \; , \quad \alpha_3^{*} = (0.1396,-0.1396)^{T} \; ,$$

d.h.

$$\tilde{\alpha}_{11} = \alpha_{11}^{*} - \frac{1}{n}(n_{11} \cdot \alpha_{11}^{*} + n_{12} \cdot \alpha_{12}^{*}) = 0.1387 \quad , \quad \tilde{\alpha}_{12} = -0.1387 \; ,$$

$$\tilde{\alpha}_{21} = 0.1284 \; , \quad \tilde{\alpha}_{22} = -0.1498 \; ,$$

$$\tilde{\alpha}_{31} = 0.1235 \; , \quad \tilde{\alpha}_{32} = -0.1557 \quad .$$

Somit ergeben sich die Skalenwerte zu

$$\alpha_{11} = \tilde{\alpha}_{11} \cdot \sqrt{n} \Big/ \sqrt{n_{11} \cdot \tilde{\alpha}_{11}^2 + n_{12} \cdot \tilde{\alpha}_{12}^2} = 1 \;, \quad \alpha_{12} = -1 \;,$$

$$\alpha_{21} = 0.926 \;, \quad \alpha_{22} = -1.080 \;,$$

$$\alpha_{31} = 0.891 \;, \quad \alpha_{32} = -1.123 \;.$$

Einer Person j,die den Urlaub privat organisiert hat, mit der Unterkunft zufrieden und mit der Verpflegung nicht zufrieden ist, wird somit z.B. der Vektor

$$y_j = (y_{1j}, y_{2j}, y_{3j})^T = (\alpha_{11}, \alpha_{21}, \alpha_{32})^T = (1, 0.926, -1.123)^T$$

zugeordnet. □

Natürlich hätten wir in diesem rein illustrativen Beispiel die Skalenwerte auch direkt (ohne das recht aufwendige Verfahren) bestimmen können, denn falls ein Merkmale $\mathfrak{y}$ nur zwei mögliche Ausprägungen besitzt, sind die Skalenwerte bis auf Vorzeichen eindeutig und können direkt aus den beobachteten Häufigkeiten n_1, n_2 der beiden Ausprägungen 1,2 bestimmt werden, wenn man sich zunutze macht, daß gelten soll

$$\frac{1}{n_1 + n_2}(n_1 \cdot \alpha_1 + n_2 \cdot \alpha_2) = 0 \;,$$

$$\frac{1}{n_1 + n_2}(n_1 \cdot \alpha_1^2 + n_2 \cdot \alpha_2^2) = 1 \;.$$

Je nach Ziel einer Skalierung von p kategoriellen Merkmalen $\mathfrak{y}_1, \ldots, \mathfrak{y}_p$, vgl. die Ausführungen in den nachfolgenden Abschnitten 4.2 bis 4.4, werden verschiedene Skalierungskriterien bei der Wahl der Gewichtsvektoren $b_1, \ldots, b_p$ herangezogen.

Allen Kriterien gemeinsam ist, daß eine Funktion der empirischen Korrelationsmatrix $R_Y(b)$ maximiert oder minimiert werden muß. Dazu können unter Verwendung der ersten partiellen Ableitungen dieser Funktionen nach den Komponenten b_{ik} $(i=1,\ldots,p,\; k=1,\ldots,\ell_i-1)$ der Gewichtsvektoren $b_1 = (b_{11}, \ldots, b_{1\ell_1-1})^T, \ldots, b_p = (b_{p1}, \ldots, b_{p\ell_p-1})^T$, die in den Abschnitten 4.2 bis 4.4 noch angegeben werden, Gradientenverfahren wie beispielsweise das von Polak/Ribière (vgl. Polak/Ribière (1969)) oder Davidon/Fletcher/Powell (vgl. Fletcher/Powell (1963)), vgl. auch z.B. Himmelblau (1972), Blum/Oettli (1975), Großmann/Kleinmichel (1976), verwandt werden, die in der Regel - bei Wahl günstiger Startvektoren $b_1^0, \ldots, b_p^0$ - sehr schnell konvergieren; die Wahl der Startvektoren wird in Abhängigkeit vom Skalierungskriterium in den Abschnitten 4.2 bis 4.4 behandelt.

Bei der Bestimmung dieser ersten partiellen Ableitungen benötigt man stets die partiellen Ableitungen der Elemente von $R_Y(b)$ nach den b_{ik} für $i=1,\dots,p$ und $k=1,\dots,\ell_i$; daher wollen wir diese bereits hier angeben. Es ergibt sich für $i,x,\tau=1,\dots,p$ und $k=1,\dots,\ell_i$ wegen

$$r_{x,\tau}(b_x,b_\tau) = \frac{1}{\sqrt{b_x^T\cdot b_x\cdot b_\tau^T\cdot b_\tau}}\, b_x^T\cdot R^*_{U_x U_\tau}\cdot b_\tau$$

gerade

$$\frac{\partial r_{x,\tau}(b_x,b_\tau)}{\partial b_{ik}} = 0 \quad , \text{ falls } i\neq x \text{ und } i\neq\tau \text{ oder } i=x=\tau \quad ,$$

und sonst

$$\frac{\partial r_{i,\tau}(b_i,b_\tau)}{\partial b_{ik}} = \frac{\partial r_{\tau,i}(b_\tau,b_i)}{\partial b_{ik}}$$

$$= \frac{1}{\sqrt{b_i^Tb_i\cdot b_\tau^Tb_\tau}}\left(\sum_{\nu=1}^{\ell_\tau-1} r_{k\nu}^{i\tau}\cdot b_{\tau\nu} - \sqrt{\frac{b_\tau^Tb_\tau}{b_i^Tb_i}}\cdot b_{ik}\cdot r_{i,\tau}(b_i,b_\tau)\right) ,$$

wobei

$$R^*_{U_iU_\tau} = \begin{pmatrix} r_{11}^{i\tau} & r_{12}^{i\tau} & \dots & r_{1\,\ell_\tau-1}^{i\tau} \\ \vdots & \vdots & & \vdots \\ r_{\ell_i-1\,1}^{i\tau} & r_{\ell_i-1\,2}^{i\tau} & \dots & r_{\ell_i-1\,\ell_\tau-1}^{i\tau} \end{pmatrix}$$

gesetzt wurde.

4.2 DAS KRITERIUM DER MAXIMALEN MAXIMUM-EXZENTRIZITÄT UND DER MINIMALEN DETERMINANTE

Wir wollen in diesem Abschnitt zwei Skalierungskriterien behandeln, die dann geeignet sind, wenn die p *kategoriellen Merkmale* $\mathfrak{Y}_1,\dots,\mathfrak{Y}_p$ *gleichberechtigt* nebeneinander stehen, wie dies zum Beispiel bei der Faktorenanalyse, vgl. Kap.VIII, der Fall ist.

Bargmann/Chang (1972) schlagen vor, die *Determinante* $\det R_Y(b)$ (bzw. deren Logarithmus $\ln(\det R_Y(b))$) *der* von Gewichtsvektoren $b_1,\dots,b_p$ abhängigen *Korrelationsmatrix* $R_Y(b)$, vgl. Abschnitt 4.1, zu *minimieren*. Im Falle $p=2$ entspricht dies gerade der Determinante $\det(I-Q)$, wobei Q diejenige Matrix ist, deren größter Eigenwert das Quadrat der (ersten) kanonischen Korrelation der zu $\mathfrak{Y}_1$ und $\mathfrak{Y}_2$ gehörigen Zufallsvektoren U_1 und U_2 ist, vgl. Abschnitt 1.2.

Eine direkte Verallgemeinerung der in Abschnitt 1.2 vorgestellten Skalierungsmethoden für $p = 2$ kategorielle Merkmale ist die *Maximierung der Maximum - Exzentrizität*

$$\mathrm{maex}(b) = \frac{\lambda_1(b) - \lambda_p(b)}{\lambda_1(b) + \lambda_p(b)}$$

(wobei $\lambda_1(b)$ den größten und $\lambda_p(b)$ den kleinsten Eigenwert der Korrelationsmatrix $R_Y(b)$ aus Abschnitt 4.1 bezeichnet) des Korrelationsellipsoids zur Korrelationsmatrix $R_Y(b)$, der durch die Vektoren ε bestimmt ist, für die gilt $\varepsilon^T \cdot R_Y(b) \cdot \varepsilon = 1$, denn die Maximum - Exzentrizität maex eines Korrelationsellipsoids ist eine Prüfgröße für den Test auf Unabhängigkeit von p Merkmalen nach dem *Union - Intersection - Prinzip* (*Vereinigungs - Durchschnitts-Prinzip*, *UN - Prinzip*), vgl. auch Bargmann/Schünemeyer (1978).

Bei der Minimierung von det $R_Y(b)$ bzw. der Maximierung von maex(b) bzgl. der Gewichtsvektoren $b_1 = (b_{11}, \dots, b_{1\ell_1 - 1})^T, \dots, b_p = (b_{p1}, \dots, b_{p\ell_p - 1})^T$ können die ersten partiellen Ableitungen dieser Funktionen nach b_{ik} für $i=1,\dots,p$ und $k=1,\dots,\ell_i - 1$ verwandt werden. Hier ergibt sich, vgl. Bargmann/Chang (1972) bzw. Bargmann/Schünemeyer (1978), wenn

$$R_Y^{-1}(b) = \begin{pmatrix} r^{11}(b_1,b_1) & \dots & r^{1p}(b_1,b_p) \\ r^{12}(b_1,b_2) & \dots & r^{2p}(b_2,b_p) \\ \vdots & & \vdots \\ r^{1p}(b_1,b_p) & \dots & r^{pp}(b_p,b_p) \end{pmatrix}$$

die Inverse von $R_Y(b)$ bezeichnet, für $i=1,\dots,p$ und $k=1,\dots,\ell_i$

$$\frac{\partial \ln(\det R_Y(b))}{\partial b_{ik}} = 2 \sum_{\substack{\nu=1 \\ \nu \neq i}}^{p} r^{i\nu}(b_i,b_\nu) \cdot \frac{\partial r_{i,\nu}(b_i,b_\nu)}{\partial b_{ik}}$$

$$= \frac{2}{\sqrt{b_i^T b_i}} \left[\sum_{\substack{\nu=1 \\ \nu \neq i}}^{p} \frac{r^{i\nu}(b_i,b_\nu)}{\sqrt{b_\nu^T b_\nu}} \sum_{\omega=1}^{\ell_\nu - 1} b_{\nu\omega} r_{k\omega}^{i\nu} + \frac{(r^{ii}(b_i,b_i)-1)}{\sqrt{b_i^T b_i}} \cdot b_{ik} \right]$$

und

$$\frac{\partial \mathrm{maex}(b)}{\partial b_{ik}} = \frac{1}{\lambda_1(b)+\lambda_p(b)} \left((1-\mathrm{maex}(b)) \cdot \frac{\partial \lambda_1(b)}{\partial b_{ik}} - (1+\mathrm{maex}(b)) \frac{\partial \lambda_p(b)}{\partial b_{ik}} \right) \quad ;$$

hier ist für $t=1,p$

$$\frac{\partial \lambda_t(b)}{\partial b_{ik}} = 2 f_{ti}(b) \sum_{\substack{\nu=1 \\ \nu \neq i}}^{p} f_{t\nu}(b) \cdot \frac{\partial r_{i,\nu}(b_i,b_\nu)}{\partial b_{ik}}$$

$$= \frac{2f_{ti}(b)}{\sqrt{b_i^T b_i}} \left[\sum_{\substack{\nu=1 \\ \nu \neq i}}^{p} \frac{f_{t\nu}(b)}{\sqrt{b_\nu^T b_\nu}} \sum_{\omega=1}^{\ell_\nu - 1} b_{\nu\omega} r_{k\omega}^{i\nu} - \frac{f_{ti}(b)}{\sqrt{b_i^T b_i}} \cdot b_{ik}(\lambda_t(b)-1) \right] \quad ,$$

wobei $f_t(b) = (f_{t1}(b),\ldots,f_{tp}(b))^T$ einen auf Länge Eins normierten Eigenvektor zum Eigenwert $\lambda_t(b)$ der Matrix $R_Y(b)$ bezeichnet.

Ein Beispiel zur Bestimmung dieser partiellen Ableitungen findet man im Abschnitt 4.3.

Will man die Maximum-Exzentrizität konkret mit Hilfe eines numerischen Verfahrens maximieren bzw. die Determinante minimieren, so benötigt man *Startwerte* $b_1^o,\ldots,b_p^o$ für die Gewichtsvektoren $b_1,\ldots,b_p$. Da insgesamt beide Kriterien daraus hinauslaufen, die einzelnen Korrelationen zwischen den Zufallsvariablen $Y_1,\ldots,Y_p$ möglichst groß (dem Betrage nach) zu machen, bietet es sich an, diese Startwerte aus der paarweisen Skalierung der Merkmale mittels des Verfahrens aus Abschnitt 1.2 zu bestimmen.

Bargmann/Chang (1972) schlagen vor, zunächst jedes Merkmal gegen jedes zu skalieren, und dann den Startvektor b_i^o zum Merkmale $\mathfrak{Y}_i$ für $i=1,\ldots,p$ durch Prämultiplikation des Vektors der Mittelwerte der p-1 so gewonnenen Skalenwerte mit der Matrix $L_{U_i}^T$ zu bestimmen.

Noch bessere Startwerte, vgl. Bargmann/Chang (1972), erhält man durch das folgende, allerdings rechenaufwendigere Vorgehen. Man bestimmt den Startvektor b_i^o zum Merkmal $\mathfrak{Y}_i$ für $i=1,\ldots,p$ als sogenannte kanonische multiple Korrelation des Zufallsvektors U_i und der übrigen Zufallsvektoren U_τ, $\tau=1,\ldots,p$, $\tau\neq i$; d.h. als Eigenvektor zum größten Eigenwert der Matrix

$$R_{\bar{U}_i}^* \cdot (R_i^*)^{-1} \cdot (R_{\bar{U}_i}^*)^T$$

mit

$$R_{\bar{U}_i}^* = (R_{\bar{U}_i U_1}^*,\ldots,R_{\bar{U}_i U_{i-1}}^*, R_{\bar{U}_i U_{i+1}}^*,\ldots,R_{\bar{U}_i U_p}^*) \quad ,$$

$$R_i^* = \begin{pmatrix} I_{\ell_1+1} & R_{\bar{U}_1 U_2}^* & \cdots & R_{\bar{U}_1 U_{i-1}}^* & R_{\bar{U}_1 U_{i+1}}^* & \cdots & R_{\bar{U}_1 U_p}^* \\ R_{\bar{U}_2 U_1}^* & I_{\ell_2+1} & \cdots & R_{\bar{U}_2 U_{i-1}}^* & R_{\bar{U}_2 U_{i+1}}^* & \cdots & R_{\bar{U}_2 U_p}^* \\ \vdots & \vdots & & \vdots & \vdots & & \vdots \\ R_{\bar{U}_{i-1} U_1}^* & R_{\bar{U}_{i-1} U_2}^* & \cdots & I_{\ell_{i-1}-1} & R_{\bar{U}_{i-1} U_{i+1}}^* & \cdots & R_{\bar{U}_{i-1} U_p}^* \\ R_{\bar{U}_{i+1} U_1}^* & R_{\bar{U}_{i+1} U_2}^* & \cdots & R^*_{U_{i+1} U_{i-1}} & I_{\ell_{i+1}-1} & \cdots & R_{\bar{U}_{i+1} U_p}^* \\ \vdots & \vdots & & \vdots & \vdots & & \vdots \\ R_{\bar{U}_p U_1}^* & R_{\bar{U}_p U_2}^* & \cdots & R_{\bar{U}_p U_{i-1}}^* & R_{\bar{U}_p U_{i+1}}^* & \cdots & I_{\ell_p-1} \end{pmatrix}$$

4.3 DAS KRITERIUM DER MAXIMALEN MULTIPLEN KORRELATION

Im Abschnitt 2 und 3 haben wir Beispiele dafür betrachtet, daß nicht alle Merkmale gleichberechtigt sind. Vielmehr wurden dort p-1 kategorielle Merkmale $\mathfrak{Y}_2,\dots,\mathfrak{Y}_p$ einzeln gegen *ein ausgezeichnetes kategorielles Merkmal* $\mathfrak{Y}_1$, die *Kriteriumsvariable*, skaliert. Natürlich wäre es dort wohl günstiger gewesen, alle Merkmale $\mathfrak{Y}_2,\dots,\mathfrak{Y}_p$ gleichzeitig gegen $\mathfrak{Y}_1$ zu skalieren, um zu erreichen, daß insgesamt bestmöglichst zwischen den Stufen der Kriteriumsvariablen diskriminiert wird.

Als Skalierungskriterium schlagen wir nun in solchen Fällen den *maximalen multiplen Korrelationskoeffizienten* bzw. dessen Quadrat, vgl. Abschnitt 1.3 in Kap.III, zwischen der Zufallsvariablen Y_1, die der Kriteriumsvariablen zugeordnet ist, und den Zufallsvariablen $Y_2,\dots,Y_p$, die den übrigen kategoriellen Merkmalen zugeordnet sind, vor; vgl. Elpelt/Hartung (1985). Man maximiert also das *multiple Bestimmtheitsmaß*

$$r^2(b) = \begin{pmatrix} r_{1,2}(b_1,b_2) \\ r_{1,3}(b_1,b_3) \\ \vdots \\ r_{1,p}(b_1,b_p) \end{pmatrix}^T \begin{pmatrix} 1 & r_{2,3}(b_2,b_3) & \dots & r_{2,p}(b_2,b_p) \\ r_{2,3}(b_2,b_3) & 1 & \dots & r_{3,p}(b_3,b_p) \\ \vdots & \vdots & & \vdots \\ r_{2,p}(b_2,b_p) & r_{3,p}(b_3,b_p) & \dots & 1 \end{pmatrix}^{-1} \begin{pmatrix} r_{1,2}(b_1,b_2) \\ r_{1,3}(b_1,b_3) \\ \vdots \\ r_{1,p}(b_1,b_p) \end{pmatrix}$$

der Regression von Y_1 auf $Y_2,\dots,Y_p$ bzgl. der Gewichtsvektoren $b_1,\dots,b_p$.

Gegenüber den Einzelskalierungen der Merkmale $\mathfrak{Y}_2,\dots,\mathfrak{Y}_p$ gegen $\mathfrak{Y}_1$ hat dies den zusätzlichen Vorteil, daß man eindeutige Skalenwerte $\alpha_{11},\dots,\alpha_{1\ell_1}$ für die Stufen der Kriteriumsvariablen erhält und so das Skalierungsergebnis zur Regression verwenden kann, vgl. auch das nachfolgende Beispiel. Dadurch werden die Verfahren der diskreten Regression (z.B. Logit-Analyse, vgl. Kap.II) nicht nur ersetzt, denn dort müssen auf allen Stufen des Merkmals $\mathfrak{Y}_1$ alle Ausprägungskombinationen der Merkmale $\mathfrak{Y}_2,\dots,\mathfrak{Y}_p$ mehrfach beobachtet werden, wohingegen es hier nur notwendig ist, daß alle Ausprägungen mindestens einmal beobachtet werden. Dies bedeutet, daß ein sehr viel geringerer Stichprobenumfang n von Objekten ausreicht als bei den üblichen Verfahren der diskreten Regression. Im Beispiel der Autohersteller aus Abschnitt 3 gibt es etwa pro Reparaturanfälligkeitsmerkmal 5 Ausprägungen und 5 Stufen der Kriteriumsvariablen, d.h. insgesamt $15 \cdot 5 = 75$ Merkmalsausprägungen und immerhin $5^{15} = 30517578125$, d.h. mehr als 30 Milliarden Ausprägungskombinationen zu beobachten.

Bei der Maximierung des multiplen Bestimmtheitsmaßes $r^2(b)$ können wir uns zunutze machen, daß die ersten partiellen Ableitungen dieser Funktion nach den Komponenten b_{ik} der Gewichtsvektoren ($i=1,\dots,p$, $k=1,\dots,\ell_i-1$) für $k=1,\dots,\ell_i-1$ wie folgt gegeben sind

$$\frac{\partial r^2(b)}{\partial b_{1k}} = 2\cdot \sum_{\nu_1=2}^{p}\sum_{\nu_2=2}^{p} r^{\nu_1\nu_2}(b_{\nu_1},b_{\nu_2})\cdot r_{1,\nu_2}(b_1,b_{\nu_2})\cdot\frac{\partial r_{1,\nu_1}(b_1,b_{\nu_1})}{\partial b_{1k}}$$

und für $i=2,\dots,p$

$$\frac{\partial r^2(b)}{\partial b_{ik}} = 2\cdot\left(\sum_{\nu_1=2}^{p} r^{i\nu_1}(b_i,b_{\nu_1})\cdot r_{1,\nu_1}(b_1,b_{\nu_1})\right)\left(\frac{\partial r_{1,i}(b_1,b_i)}{\partial b_{ik}}\right.$$

$$\left.-\sum_{\substack{\nu_2=2\\ \nu_2\neq i}}^{p}\left[\frac{\partial r_{i,\nu_2}(b_i,b_{\nu_2})}{\partial b_{ik}}\sum_{\nu_3=2}^{p} r^{\nu_2\nu_3}(b_{\nu_2},b_{\nu_3})\cdot r_{1,\nu_3}(b_1,b_{\nu_3})\right]\right),$$

wobei gesetzt wurde:

$$\begin{pmatrix} 1 & r_{2,3}(b_2,b_3) & r_{2,4}(b_2,b_4) & \dots & r_{2,p}(b_2,b_p)\\ r_{2,3}(b_2,b_3) & 1 & r_{3,4}(b_3,b_4) & \dots & r_{3,p}(b_3,b_p)\\ \vdots & \vdots & \vdots & & \vdots\\ r_{2,p}(b_2,b_p) & r_{3,p}(b_3,b_p) & r_{4,p}(b_4,b_p) & \dots & 1\end{pmatrix}^{-1}$$

$$= \begin{pmatrix} r^{22}(b_2,b_2) & r^{23}(b_2,b_3) & r^{24}(b_2,b_4) & \dots & r^{2p}(b_2,b_p)\\ r^{23}(b_2,b_3) & r^{33}(b_3,b_3) & r^{34}(b_3,b_4) & \dots & r^{3p}(b_3,b_p)\\ \vdots & \vdots & \vdots & & \vdots\\ r^{2p}(b_2,b_p) & r^{3p}(b_3,b_p) & r^{4p}(b_4,b_p) & \dots & r^{pp}(b_p,b_p)\end{pmatrix}$$

Die *Startwerte* $b_2^o,\dots,b_p^o$ für die Gewichtsvektoren wählt man hier als Skalenwertevektoren $y_i = (y_i^1,\dots,y_i^{\ell_i})^T$, $i=2,\dots,p$, der Einzelskalierungen gegen die Kriteriumsvariable $\mathfrak{y}_1$ prämultipliziert mit der Matrix $L_{U_i}^T$, d.h.

$$b_i^o = L_{U_i}^T\cdot y_i \qquad \text{für } i=2,\dots,p \quad ,$$

und als Startwert b_1^o für den Gewichtsvektor b_1 zur Kriteriumsvariablen kann man den Vektor der Mittelwerte der Skalenwerte α_{1k}, $k=1,\dots,\ell_1$, für $\mathfrak{y}_1$ der Einzelskalierungen gegen $\mathfrak{y}_2,\dots,\mathfrak{y}_p$ prämultipliziert mit $L_{U_1}^T$ verwenden.

Beispiel: Im Abschnitt 2 hatten wir drei Merkmale (Alter $\mathfrak{y}_2$, Familienstand $\mathfrak{y}_3$, politische Einstellung $\mathfrak{y}_4$) mit je drei Ausprägungen einzeln gegen die Kriteriumsvariable Einkommen $\mathfrak{y}_1$ auf zwei Stufen (weniger als 3000 DM, mehr als 3000 DM) skaliert. Um einen möglichst hohen Erklärungsgrad für die Stufen der Kriteriumsvariablen zu erreichen, ist es besser, alle Merkmale gemeinsam gegen die Kriteriumsvariable zu skalieren. Diese Skalierung mit dem Kriterium der maximalen multiplen Korrelation bzw. des maximalen Bestimmtheitsmaßes soll hier einmal durchgeführt werden. Dazu müssen wir zunächst die Korrelationsmatrix $R_Y(b)$ der Merkmale $\mathfrak{y}_1,\dots,\mathfrak{y}_4$ (in Abhängigkeit von den Gewichtsvektoren $b_1,\dots,b_4$) mit Hilfe des Verfahrens aus Abschnitt 4.1 bestimmen. Aus den Daten der Tab.6 in Abschnitt 2 ergibt sich zunächst mit $n = 12$

$$S^*_{U_1U_1} = \begin{pmatrix} 5 & 0 \\ 0 & 7 \end{pmatrix} - \frac{1}{12}\cdot\begin{pmatrix} 5 \\ 7 \end{pmatrix}(5,7) = \frac{35}{12}\cdot\begin{pmatrix} 1 & -1 \\ -1 & 1 \end{pmatrix} ,$$

$$S^*_{U_2U_2} = \begin{pmatrix} 5 & 0 & 0 \\ 0 & 2 & 0 \\ 0 & 0 & 5 \end{pmatrix} - \frac{1}{12}\cdot\begin{pmatrix} 5 \\ 2 \\ 5 \end{pmatrix}(5,2,5) = \frac{5}{12}\cdot\begin{pmatrix} 7 & -2 & -5 \\ -2 & 4 & -2 \\ -5 & -2 & 7 \end{pmatrix} ,$$

$$S^*_{U_3U_3} = \begin{pmatrix} 5 & 0 & 0 \\ 0 & 5 & 0 \\ 0 & 0 & 2 \end{pmatrix} - \frac{1}{12}\cdot\begin{pmatrix} 5 \\ 5 \\ 2 \end{pmatrix}(5,5,2) = \frac{5}{12}\cdot\begin{pmatrix} 7 & -5 & -2 \\ -5 & 7 & -2 \\ -2 & -2 & 4 \end{pmatrix} ,$$

$$S^*_{U_4U_4} = \begin{pmatrix} 4 & 0 & 0 \\ 0 & 5 & 0 \\ 0 & 0 & 3 \end{pmatrix} - \frac{1}{12}\cdot\begin{pmatrix} 4 \\ 5 \\ 3 \end{pmatrix}(4,5,3) = \frac{1}{12}\cdot\begin{pmatrix} 32 & -20 & -12 \\ -20 & 35 & -15 \\ -12 & -15 & 27 \end{pmatrix} ,$$

$$S^*_{U_1U_2} = \begin{pmatrix} 1 & 1 & 3 \\ 4 & 1 & 2 \end{pmatrix} - \frac{1}{12}\cdot\begin{pmatrix} 5 \\ 7 \end{pmatrix}(5,2,5) = \frac{1}{12}\cdot\begin{pmatrix} -13 & 2 & 11 \\ 13 & -2 & -11 \end{pmatrix} = (S^*_{U_2U_1})^T ,$$

$$S^*_{U_1U_3} = \begin{pmatrix} 2 & 2 & 1 \\ 3 & 3 & 1 \end{pmatrix} - \frac{1}{12}\cdot\begin{pmatrix} 5 \\ 7 \end{pmatrix}(5,5,2) = \frac{1}{12}\cdot\begin{pmatrix} -1 & -1 & 2 \\ 1 & 1 & -2 \end{pmatrix} = (S^*_{U_3U_1})^T ,$$

$$S^*_{U_1U_4} = \begin{pmatrix} 3 & 1 & 1 \\ 1 & 4 & 2 \end{pmatrix} - \frac{1}{12}\cdot\begin{pmatrix} 5 \\ 7 \end{pmatrix}(4,5,3) = \frac{1}{12}\cdot\begin{pmatrix} 16 & -13 & -3 \\ -16 & 13 & 3 \end{pmatrix} = (S^*_{U_4U_1})^T ,$$

$$S^*_{U_2U_3} = \begin{pmatrix} 3 & 1 & 1 \\ 1 & 1 & 0 \\ 1 & 3 & 1 \end{pmatrix} - \frac{1}{12}\cdot\begin{pmatrix} 5 \\ 2 \\ 5 \end{pmatrix}(5,5,2) = \frac{1}{12}\cdot\begin{pmatrix} 11 & -13 & 2 \\ 2 & 2 & -4 \\ -13 & 11 & 2 \end{pmatrix} = (S^*_{U_3U_2})^T ,$$

$$S^*_{U_2U_4} = \begin{pmatrix} 1 & 3 & 1 \\ 1 & 1 & 0 \\ 2 & 1 & 2 \end{pmatrix} - \frac{1}{12}\cdot\begin{pmatrix} 5 \\ 2 \\ 5 \end{pmatrix}(4,5,3) = \frac{1}{12}\cdot\begin{pmatrix} -8 & 11 & -3 \\ 4 & 2 & -6 \\ 4 & -13 & 9 \end{pmatrix} = (S^*_{U_4U_2})^T ,$$

$$S^*_{U_3U_4} = \begin{pmatrix} 0 & 3 & 2 \\ 3 & 1 & 1 \\ 1 & 1 & 0 \end{pmatrix} - \frac{1}{12}\cdot\begin{pmatrix} 5 \\ 5 \\ 2 \end{pmatrix}(4,5,3) = \frac{1}{12}\cdot\begin{pmatrix} -20 & 11 & 9 \\ 16 & -13 & -3 \\ 4 & 2 & -6 \end{pmatrix} = (S^*_{U_4U_3})^T .$$

Die Choleski - Zerlegungen der Matrizen $S^*_{U_iU_i}$ für $i=1,\dots,4$ liefern dann die folgenden oberen Dreiecksmatrizen und zugehörigen Pseudoinversen

$$L_{U_1} = \sqrt{\frac{35}{12}}\cdot\begin{pmatrix} 1 \\ -1 \end{pmatrix} , \quad L^+_{U_1} = \sqrt{\frac{3}{35}}\cdot(1,-1) ,$$

$$L_{U_2} = \sqrt{\frac{5}{84}}\cdot\begin{pmatrix} -\sqrt{24} & -5 \\ \sqrt{24} & -2 \\ 0 & 7 \end{pmatrix} , \quad L^+_{U_2} = \sqrt{\frac{1}{630}}\cdot\begin{pmatrix} \frac{-9}{-\sqrt{24}} & \frac{12}{-\sqrt{24}} & \frac{-3}{2\sqrt{24}} \end{pmatrix} ,$$

$$L_{U_3} = \sqrt{\frac{5}{12}}\cdot\begin{pmatrix} -\sqrt{6} & -1 \\ \sqrt{6} & -1 \\ 0 & 2 \end{pmatrix} , \quad L^+_{U_3} = \sqrt{\frac{1}{60}}\cdot\begin{pmatrix} -\sqrt{6} & \sqrt{6} & 0 \\ -2 & -2 & 4 \end{pmatrix} ,$$

$$L_{U_4} = \frac{1}{18}\cdot\begin{pmatrix} -\sqrt{720} & -12 \\ \sqrt{720} & -15 \\ 0 & 27 \end{pmatrix} \quad , \quad L^+_{U_4} = \frac{1}{9\sqrt{180}}\cdot\begin{pmatrix} \frac{-42}{-\sqrt{720}} & \frac{39}{-\sqrt{720}} & \frac{3}{2\sqrt{720}} \end{pmatrix} \quad ,$$

so daß wir

$$R^*_{U_1U_2} = L^+_{U_1}\cdot S^*_{U_1U_2}\cdot(L^+_{U_2})^T = (0.209956264, 0.314285714) = (R^*_{U_2U_1})^T \quad ,$$

$$R^*_{U_1U_3} = (0, 0.075592895) = (R^*_{U_3U_1})^T \quad ,$$

$$R^*_{U_1U_4} = (-0.480079359, -0.097590007) = (R^*_{U_4U_1})^T \quad ,$$

$$R^*_{U_2U_3} = \begin{pmatrix} 0.151185789 & -0.185164020 \\ 0.370328040 & 0.075592894 \end{pmatrix} = (R^*_{U_3U_2})^T \quad ,$$

$$R^*_{U_2U_4} = \begin{pmatrix} -0.169265453 & -0.159363815 \\ -0.261861468 & 0.292770022 \end{pmatrix} = (R^*_{U_4U_2})^T \quad ,$$

$$R^*_{U_3U_4} = \begin{pmatrix} -0.542115199 & -0.210818511 \\ -0.057735027 & -0.258198890 \end{pmatrix} = (R^*_{U_4U_3})^T$$

erhalten. Als Startwerte b_2^o, b_3^o, b_4^o für die Gewichtsvektoren b_2, b_3 und b_4 wählen wir, vgl. auch Abschnitt 2,

$$b_2^o = L^T_{U_2}\cdot(-1.1627554, 0.4472135, 0.9838698)^T$$
$$= (1.924280889, 2.880476072)^T \quad ,$$

$$b_3^o = L^T_{U_3}\cdot(-0.4472136, -0.4472136, 2.2360680)^T$$
$$= (0, 2.309401100)^T \quad ,$$

$$b_4^o = L^T_{U_4}\cdot(1.3801311, -0.8970852, -0.3450330)^T$$
$$= (-3.394673631, -0.690065900)^T$$

und als Startwert für b_1 verwenden wir

$$b_1^o = 1 \quad ,$$

da die Skalenwerte für die Kriteriumsvariable Einkommen ja ohnehin eindeutig sind, weil $\mathfrak{y}_1$ nur zwei Stufen besitzt. Hieraus ergibt sich als empirische Start - Korrelationsmatrix der Merkmale $\mathfrak{y}_1, \ldots, \mathfrak{y}_4$

$$R_Y(b^o) = \begin{pmatrix} 1 & 0.377964473 & 0.075592895 & 0.489897949 \\ 0.377964473 & 1 & -0.040000001 & 0.274659941 \\ 0.075592895 & -0.040000001 & 1 & 0.108012369 \\ 0.489897949 & 0.274659941 & 0.108012369 & 1 \end{pmatrix} \quad ,$$

und das empirische multiple Bestimmmtheitsmaß ist mit

$$\begin{pmatrix} 1 & -0.040000001 & 0.274659941 \\ -0.040000001 & 1 & 0.108012369 \\ 0.274659941 & 0.108012369 & 1 \end{pmatrix}^{-1}$$

$$= \begin{pmatrix} 1.087368800 & 0.076647588 & -0.306935538 \\ 0.076647588 & 1.017207205 & -0.130922982 \\ -0.306935538 & -0.130922982 & 1.098444198 \end{pmatrix}$$

gerade

$$r^2(b^o) = \begin{pmatrix} 0.377964473 \\ 0.075592895 \\ 0.489897949 \end{pmatrix}^T \begin{pmatrix} 1.087368800 & 0.076647588 & -0.306935538 \\ 0.076647588 & 1.017207205 & -0.130922982 \\ -0.306935538 & -0.130922982 & 1.098444198 \end{pmatrix} \begin{pmatrix} 0.377964473 \\ 0.075592895 \\ 0.489897949 \end{pmatrix}$$

$$= 0.305793756 \quad .$$

Ausgehend von dieser Startlösung wollen wir nun die weitere Vorgehensweise anhand eines sehr einfachen, sicherlich nicht optimalen Verfahrens demonstrieren. Ausgehend von $b_1^o,\ldots,b_4^o$ bestimmen wir im Schritt g (g=1,2,3,...) die ersten partiellen Ableitungen der Elemente von $R_Y(b^{g-1})$ nach b_{ik}^{g-1} für $i=1,\ldots,p$, $k=1,\ldots,\ell_i-1$

$$\frac{\partial r_{\mathcal{X}\tau}(b_{\mathcal{X}}^{g-1}, b_\tau^{g-1})}{\partial b_{ik}^{g-1}} \quad , \ \mathcal{X},\tau=1,\ldots,p$$

und daraus dann die partiellen Ableitungen von $r^2(b^{g-1})$ nach b_{ik}^{g-1} für $i=1,\ldots,p$ und $k=1,\ldots,\ell_i-1$. Sodann bestimmen wir neue Gewichtsvektoren $b_1^g,\ldots,b_p^g$ mit den Komponenten

$$b_{ik}^g = b_{ik}^{g-1} + 0.3\cdot\frac{\partial r^2(b^{g-1})}{\partial b_{ik}} \qquad \text{für } i=1,\ldots,p,\ k=1,\ldots,\ell_i-1 \quad .$$

und führen den (g+1)-ten Schritt aus. Das Verfahren soll hier einmal abgebrochen werden, wenn in einem Schritt g gilt

$$r^2(b^g) - r^2(b^{g-1}) < 10^{-4} \quad .$$

In unserem Beispiel ergeben sich zunächst die in Tab.33 angegebenen ersten partiellen Ableitungen der Elemente von $R_Y(b^o)$, vgl. auch die Ausführungen am Ende von Abschnitt 4.1, und daraus dann die partiellen Ableitungen des multiplen Bestimmtheitsmaßes $r^2(b^o)$, die in Tab.34 zusammengestellt sind.

Mit

$$b_{ik}^1 = b_{ik}^o + 0.3\cdot\frac{\partial r^2(b^o)}{\partial b_{ik}^o}$$

ergeben sich somit aus der Tab.34 die Gewichtvektoren $b_1^1,\ldots,b_4^1$ zu

$$b_1^1 = b_1^o = 1 \quad ,$$

$$b_2^1 = (1.923556694, 2.880959865)^T \quad ,$$

$$b_3^1 = (-0.004924656, 2.309401100)^T \quad ,$$

$$b_4^1 = (-3.393783965, -0.694442476)^T \quad ,$$

so daß wir

Tab.33: Partielle Ableitungen $\partial r_{\chi\tau}(b_\chi^o, b_\tau^o)/\partial b_{ik}^o = \partial r_{\chi\tau}/\partial b_{ik}^o$ der Elemente von $R_Y(b^o)$ nach den Komponenten der Gewichtsvektoren $b_1^o, \ldots, b_4^o$

i	k	$\frac{\partial r_{12}}{\partial b_{ik}^o}$	$\frac{\partial r_{13}}{\partial b_{ik}^o}$	$\frac{\partial r_{14}}{\partial b_{ik}^o}$	$\frac{\partial r_{23}}{\partial b_{ik}^o}$	$\frac{\partial r_{24}}{\partial b_{ik}^o}$	$\frac{\partial r_{34}}{\partial b_{ik}^o}$
1	1	0	0	0	0	0	0
2	1	0	0	0	-0.047037980	0.013004135	0
2	2	0	0	0	0.031423377	-0.008687317	0
3	1	0	0	0	0.169705626	0	0.248222852
3	2	0	0	0	0	0	0
4	1	0	0	0	0	-0.012301595	0.013888895
4	2	0	0	0	0	0.060515814	-0.068324295

Tab.34: Partielle Ableitungen des multiplen Bestimmtheitsmaßes $r^2(b^o)$ nach den Komponenten der Gewichtsvektoren $b_1^o, \ldots, b_4^o$

k	$\frac{\partial r^2(b^o)}{\partial b_{1k}^o}$	$\frac{\partial r^2(b^o)}{\partial b_{2k}^o}$	$\frac{\partial r^2(b^o)}{\partial b_{3k}^o}$	$\frac{\partial r^2(b^o)}{\partial b_{4k}^o}$
1	0	-0.001810488	-0.012311640	0.002224165
2	-	0.001209483	0	-0.010941439

$$R_Y(b^1) = \begin{pmatrix} 1 & 0.377964461 & 0.075592723 & 0.489897542 \\ 0.377964461 & 1 & -0.040786424 & 0.274370194 \\ 0.075592723 & -0.040786424 & 1 & 0.107100737 \\ 0.489897542 & 0.274370194 & 0.107100737 & 1 \end{pmatrix}$$

und damit als multiples Bestimmtheitsmaß erhalten:

$$r^2(b^1) = \begin{pmatrix} 0.377964461 \\ 0.075592723 \\ 0.489897542 \end{pmatrix}^T \begin{pmatrix} 1.087264034 & 0.077180441 & -0.306578926 \\ 0.077180441 & 1.017082393 & -0.130106286 \\ -0.306578926 & -0.130106286 & 1.098050598 \end{pmatrix} \begin{pmatrix} 0.377964461 \\ 0.075592723 \\ 0.489897542 \end{pmatrix}$$

$$= 0.305906257 \quad .$$

Da nun gilt

$$r^2(b^1) - r^2(b^o) = 1.12501 \cdot 10^{-4} > 10^{-4}$$

müssen wir den zweiten Schritt des Verfahrens durchführen.

Die ersten partiellen Ableitungen der Elemente von $R_Y(b^1)$ und von $r^2(b^1)$ nach den Komponenten der Gewichtsvektoren $b_1^1, \ldots, b_4^1$ sind in der Tab.35 bzw. Tab.36 angegeben.

Tab.35: Partielle Ableitungen $\partial r_{\chi\tau}(b_\chi^1, b_\tau^1)/\partial b_{ik}^1 = \partial r_{\chi\tau}/\partial b_{ik}^1$ der Elemente von $R_Y(b^1)$ nach den Komponenten der Gewichtsvektoren $b_1^1,\ldots,b_4^1$

i	k	$\frac{\partial r_{12}}{\partial b_{ik}^1}$	$\frac{\partial r_{13}}{\partial b_{ik}^1}$	$\frac{\partial r_{14}}{\partial b_{ik}^1}$	$\frac{\partial r_{23}}{\partial b_{ik}^1}$	$\frac{\partial r_{24}}{\partial b_{ik}^1}$	$\frac{\partial r_{34}}{\partial b_{ik}^1}$
1	1	0	0	0	0	0	0
2	1	0	0	0	-0.047007277	0.013112684	0
2	2	0	0	0	0.031385777	-0.008755062	0
3	1	0	0	0	0.169676283	0	0.248376020
3	2	0	0	0	0.000361824	0	0.000529646
4	1	0	0	0	0	-0.012404299	0.013956780
4	2	0	0	0	0	0.060620575	-0.068207661

Tab.36: Partielle Ableitungen des multiplen Bestimmtheitsmaßes $r^2(b^1)$ nach den Komponenten der Gewichtsvektoren $b_1^1,\ldots,b_4^1$

k	$\frac{\partial r^2(b^1)}{\partial b_{1k}^1}$	$\frac{\partial r^2(b^1)}{\partial b_{2k}^1}$	$\frac{\partial r^2(b^1)}{\partial b_{3k}^1}$	$\frac{\partial r^2(b^1)}{\partial b_{4k}^1}$
1	0	-0.001821408	-0.012493573	0.002239389
2	-	0.001216115	-0.000026642	-0.010944032

In diesem zweiten Schritt ergeben sich mit

$$b_{ik}^2 = b_{ik}^1 + 0.3\cdot\frac{\partial r^2(b^1)}{\partial b_{ik}^1}$$

dann die Gewichtsvektoren

$$b_1^2 = b_1^1 = 1 \quad ,$$
$$b_2^2 = (1.922828131, 2.881446311)^T \quad ,$$
$$b_3^2 = (-0.004997429, 2.309390443)^T \quad ,$$
$$b_4^2 = (-3.392888209, -0.698820089)^T \quad ,$$

aus denen man berechnet:

$$R_Y(b^2) = \begin{pmatrix} 1 & 0.377964425 & 0.075592718 & 0.489896319 \\ 0.377964425 & 1 & -0.040749260 & 0.274079566 \\ 0.075592718 & -0.040749260 & 1 & 0.107393651 \\ 0.489896319 & 0.274079566 & 0.107393651 & 1 \end{pmatrix}$$

und

$$r^2(b^2) = \begin{pmatrix} 0.377964425 \\ 0.075592718 \\ 0.489896319 \end{pmatrix}^T \begin{pmatrix} 1.087078025 & 0.077185329 & -0.306235088 \\ 0.077185329 & 1.017148324 & -0.130390194 \\ -0.306235088 & -0.130390194 & 1.097935859 \end{pmatrix} \begin{pmatrix} 0.377964425 \\ 0.075592718 \\ 0.489896319 \end{pmatrix}$$

$$= 0.305958081 \quad .$$

Da gilt

$$r^2(b^2) - r^2(b^1) = 5.1824 \cdot 10^{-5} < 10^{-4} \quad ,$$

brechen wir das Verfahren hier ab und bestimmen die Skalenwerte für die Merkmale $\mathfrak{y}_1,\ldots,\mathfrak{y}_4$ gemäß des in Abschnitt 4.1 angegebenen Verfahrens. Zunächst erhalten wir

$$b_1^* = b_1^2 \Big/ \sqrt{(b_1^2)^T \cdot b_1^2} = 1/\sqrt{1^2} = 1 \quad ,$$

$$b_2^* = (0.555072650, 0.831801872)^T \quad ,$$

$$b_3^* = (-0.002163955, 0.999997659)^T \quad ,$$

$$b_4^* = (-0.979440831, -0.201731648)^T$$

und daraus dann

$$\alpha_1^* = (L_{U_1}^+)^T \cdot b_1^* = (0.292770022, -0.292770022)^T \quad ,$$

$$\alpha_2^* = (-0.361382715, 0.103024383, 0.258358332)^T \quad ,$$

$$\alpha_3^* = (-0.257513983, -0.258882588, 0.516396571)^T \quad ,$$

$$\alpha_4^* = (0.385510899, -0.271517985, -0.113992913)^T \quad .$$

Damit ergibt sich

$$\tilde{\alpha}_1 = (0.341565026, -0.243975018)^T \quad ,$$

$$\tilde{\alpha}_2 = (-0.335626619, 0.128780479, 0.284114428)^T \quad ,$$

$$\tilde{\alpha}_3 = (-0.128414840, -0.129783445, 0.645495713)^T \quad ,$$

$$\tilde{\alpha}_4 = (0.398637988, -0.258390896, -0.100865824)^T \quad ,$$

und schließlich erhalten wir die folgenden Skalenwertevektoren:

$$\alpha_1 = (1.183215956, -0.845154255)^T \quad ,$$

$$\alpha_2 = (-1.162644713, 0.446108664, 0.984201248)^T \quad ,$$

$$\alpha_3 = (-0.444842054, -0.449583042, 2.236062742)^T \quad ,$$

$$\alpha_4 = (1.380922498, -0.895092320, -0.349409463)^T \quad .$$

Natürlich hat sich hier an den Skalenwerten für die beiden Stufen der Kriteriumsvariablen Einkommen $\mathfrak{y}_1$ nichts geändert, da diese ja eindeutig festgelegt sind.

Die Güte der Skalierung und die Zuordnung neuer Objekte kann nun genau wie bei den Einzelskalierungen in den Abschnitten 2.2 und 2.3 mittels Diskriminanzfunktionen oder Mahalanobisdistanzen erfolgen; zu diesem Zweck bestimmt man ausgehend von der Datenmatrix aus Tab.6 in Abschnitt 2 die skalierte Datenmatrix Y, die in Tab.37 angegeben ist. Hierbei wurden nun auch die Skalenwerte für die Stufen der Kriteriumsvariablen berücksichtigt, die die erste Spalte der skalierten Datenmatrix bestimmen.

Tab.37: Skalierte Datenmatrix Y nach dem Kriterium der maximalen multiplen Korrelation zu den Daten der Tab.6

1 y	$\mathfrak{y}_1$ y_{ij1}	$\mathfrak{y}_2$ y_{ij2}	$\mathfrak{y}_3$ y_{ij3}	$\mathfrak{y}_4$ y_{ij4}		i j
	1.183215956	0.446108664	-0.449583042	1.380922498	y_{11}^T	1 1
	1.183215956	0.984201248	-0.444842054	-0.349409463	y_{12}^T	1 2
	1.183215956	-1.162644713	-0.444842054	-0.895092320	y_{13}^T	1 3
	1.183215956	0.984201248	-0.449583042	1.380922498	y_{14}^T	1 4
	1.183215956	0.984201248	2.236062742	1.380922498	y_{15}^T	1 5
	-0.845154255	-1.162644713	-0.449583042	1.380922498	y_{21}^T	2 1
$Y=(y_1,y_2,y_3,y_4)=$	-0.845154255	0.446108664	-0.444842054	-0.895092320	y_{22}^T	2 2
	-0.845154255	-1.162644713	-0.444842054	-0.895092320	y_{23}^T	2 3
	-0.845154255	0.984201248	-0.449583042	-0.349409463	y_{24}^T	2 4
	-0.845154255	-1.162644713	-0.444842054	-0.349409463	y_{25}^T	2 5
	-0.845154255	0.984201248	-0.449583042	-0.895092320	y_{26}^T	2 6
	-0.845154255	-1.162644713	2.236062742	-0.895092320	y_{27}^T	2 7

Bevor Güteprüfung und Klassifikation durchgeführt werden, könnte man hier zunächst noch überprüfen, welche der Merkmale $\mathfrak{y}_2,\mathfrak{y}_3,\mathfrak{y}_4$ nichts zur Diskrimination zwischen den Stufen von $\mathfrak{y}_1$ beitragen, und diese unwesentlichen Merkmale eliminieren; man vgl. dazu auch die Ausführungen im Abschnitt 2.1. Darauf wollen wir hier verzichten und direkt die Güteprüfung anhand der Fisherschen linearen Diskriminanzfunktion, vgl. auch Abschnitt 4 in Kap.IV, durchführen.

Bei der Fisherschen Diskriminanzfunktion müssen zunächst die Kovarianzmatrizen S_1 und S_2 der Merkmale $\mathfrak{y}_2,\mathfrak{y}_3$ und $\mathfrak{y}_4$ und daraus dann die gemeinsame Kovarianzmatrix S sowie deren Inverse S^{-1} berechnet werden. Hier ergibt sich

$$S_1 = \frac{1}{5}\cdot\begin{pmatrix} 3.456712212 & 1.437072310 & 2.734894242 \\ 1.437072310 & 3.833724391 & 2.140529242 \\ 2.734894242 & 2.140529242 & 3.489383783 \end{pmatrix} ,$$

$$S_2 = \frac{1}{7}\cdot\begin{pmatrix} 6.829002516 & -2.268919720 & -1.667900019 \\ -2.268919720 & 6.171433386 & -1.296196561 \\ -1.667900019 & -1.296196561 & 4.155889920 \end{pmatrix} ,$$

$$S = \frac{1}{12}(5S_1 + 7S_2)$$

und somit

$$S^{-1} = 12\cdot\begin{pmatrix} 0.099543983 & 0.009537555 & -0.014945930 \\ 0.009537555 & 0.101802536 & -0.012574007 \\ -0.014945930 & -0.012574007 & 0.134274312 \end{pmatrix} .$$

Da die mittleren Skalenwerte der Merkmale $\mathfrak{Y}_2,\mathfrak{Y}_3,\mathfrak{Y}_4$ in den beiden Gruppen gerade

$$\bar{y}_1 = (0.447213539, 0.089442510, 0.579653142)^T ,$$

$$\bar{y}_2 = (-0.319438242, -0.063887507, -0.414037959)^T$$

sind, ergibt sich, daß eine Person, bei der ein Vektor y von Skalenwerten für die Merkmale $\mathfrak{Y}_2,\mathfrak{Y}_3,\mathfrak{Y}_4$ zutrifft, der ersten Stufe der Kriteriumsvariablen (Einkommen unter 3000 DM) zugeordnet wird, falls

$$(\bar{y}_1 - \bar{y}_2)^T\cdot S^{-1}\cdot y - \frac{1}{2}(\bar{y}_1 - \bar{y}_2)^T\cdot S^{-1}\cdot(\bar{y}_1 + \bar{y}_2)$$

$$= (0.755115932, 0.125120271, 1.440490708)y - \frac{1}{2}\cdot 0.338249744 > 0 ,$$

und der zweiten Stufe zugeordnet wird, falls dieser Term kleiner als Null ist.

Die Werte dieser Diskriminanzfunktion ergeben sich für die 12 befragten Personen, wenn man $y = (y_{ij2}, y_{ij3}, y_{ij4})^T$ nacheinander für alle i,j setzt, wie in Tab.38 angegeben.

In der ersten Gruppe haben wir somit, wie schon bei den Einzelskalierungen im Abschnitt 2, eine Fehlklassifikation und auf der zweiten Einkommensstufe zwei Fehlklassifikationen; das sind 20% bzw. 28.6% Fehlklassifikationen.

Zum gleichen Ergebnis gelangt man, wenn man die generalisierte lineare Diskriminanzfunktion verwendet.

Die Diskriminanzfunktionen bieten hier eine direkte Alternative zu den Methoden der diskreten Regression (z.B. Logit-Analyse, vgl. Kap.II). Eine andere Möglichkeit besteht aber auch darin, direkt ein Regressionsmodell zu verwenden. Allgemein bilden hier die Skalenwerte zu den kategoriellen

Tab.38: Werte der Fisherschen linearen Diskriminanzfunktion, wahre und zugeordnete Einkommensstufen für n = 12 Personen einer Befragung, vgl. auch Tab.6 und Tab.37

i	j	Wert	Zuordnung	wahre Zugehörigkeit
1	1	2.100692963	1	1
1	2	0.015081328	1	1
1	3	-2.392087346	2	1
1	4	2.507015246	1	1
1	5	2.843043974	1	1
2	1	0.885897657	1	2
2	2	-1.177292041	2	2
2	3	-2.392087346	2	2
2	4	0.014488134	1	2
2	5	-1.606036261	2	2
2	6	-0.771562951	2	2
2	7	-2.056651812	2	2

Merkmalen $\mathfrak{y}_2,\dots,\mathfrak{y}_p$ für n Objekte die Designmatrix X der multiplen Regression von $\mathfrak{y}_1$ auf $\mathfrak{y}_2,\dots,\mathfrak{y}_p$ und die Parameter $\beta_1,\dots,\beta_{p-1}$ der multiplen Regression werden dann unter Verwendung des Vektors der Skalenwerte der Kriteriumsvariablen $\mathfrak{y}_1$ für die n Objekte als Beobachtungsvektor y aus der Regressionsgleichung, vgl. Kap.II, geschätzt:

$$\begin{pmatrix}\hat{\beta}_1\\ \vdots \\ \hat{\beta}_{p-1}\end{pmatrix} = X^+\cdot y = (X^T\cdot X)^+\cdot X^T\cdot y \quad .$$

Dabei kann man sich hier zunutze machen, daß gilt

$$X^T\cdot X = n\cdot\begin{pmatrix} 1 & r_{2,3}(b_2,b_3) & \dots & r_{2,p}(b_2,b_p) \\ r_{2,3}(b_2,b_3) & 1 & \dots & r_{3,p}(b_3,b_p) \\ \vdots & \vdots & & \vdots \\ r_{2,p}(b_2,b_p) & r_{3,p}(b_3,b_p) & \dots & 1 \end{pmatrix} ,$$

$$X^T\cdot y = n\cdot(r_{1,2}(b_1,b_p),r_{1,3}(b_1,b_3),\dots,r_{1,p}(b_1,b_p))^T \quad ,$$

wenn $b_1,\dots,b_p$ die zur Bestimmung der Skalenwerte verwandten Gewichtsvektoren sind.

Sind dann $y_2,\dots,y_p$ die Skalenwerte zu den Merkmalsausprägungen von $\mathfrak{y}_2,\dots,\mathfrak{y}_p$, die an einem Objekt beobachtet wurden, so wird das Objekt derjenigen Stufe der Kriteriumsvariablen zugeordnet, deren Skalenwert der Größe

$$(y_2,\ldots,y_p)\begin{pmatrix}\hat{\beta}_1\\ \vdots\\ \hat{\beta}_{p-1}\end{pmatrix}$$

am nächsten kommt; vgl. auch Abschnitt 1.3 in Kap.X.

Die Güte einer Skalierung läßt sich überprüfen, indem man den Vektor

$$\hat{y} = X\cdot\begin{pmatrix}\hat{\beta}_1\\ \vdots\\ \hat{\beta}_{p-1}\end{pmatrix}$$

bestimmt und überprüft, wieviele Fehlklassifikationen bei Verwendung obiger Zuordnungsregel vorkommen.

Beispiel: Im Beispiel der Befragung von $n = 12$ Personen ergibt sich, vgl. auch Tab.37,

$$(X^TX)^+ = (X^TX)^{-1} = \frac{1}{12}\cdot\begin{pmatrix} 1.087078025 & 0.077185329 & -0.306235088\\ 0.077185329 & 1.017148324 & -0.130390194\\ -0.306235088 & -0.130390194 & 1.097935859\end{pmatrix}$$

$$X^Ty = 12\cdot(0.377964425, 0.075592718, 0.489896319)^T$$

und somit ist der Schätzer für die Parameter der multiplen Regression von $\mathfrak{y}_1$ auf $\mathfrak{y}_2, \mathfrak{y}_3, \mathfrak{y}_4$

$$\begin{pmatrix}\hat{\beta}_1\\ \hat{\beta}_2\\ \hat{\beta}_3\end{pmatrix} = (X^TX)^+X^Ty = (0.26668027, 0.042184638, 0.412272218) \quad .$$

Wir wollen nun die Güte der Skalierung überprüfen, indem wir

$$\hat{y} = X\cdot(\hat{\beta}_1, \hat{\beta}_2, \hat{\beta}_3)^T$$

berechnen. Da die Skalenwerte für die Stufen der Kriteriumsvariablen $\mathfrak{y}_1$ gerade

$$\alpha_{11} = 1.183215956 \quad \text{bzw.} \quad \alpha_{12} = -0.845154255$$

sind, wird eine Person der Einkommensstufe 1 zugeordnet, falls die zugehörige Komponente des Vektors $\hat{y}$ größer ist als 0.169030850, und der Stufe 2 zugeordnet, falls die entsprechende Komponente von $\hat{y}$ kleiner ist als dieser Wert, vgl. auch Tab.39.

Hier haben wir somit zwei oder 40% Fehlklassifikationen auf der Einkommensstufe 1 und eine oder 14.3% Fehlklassifikationen auf der Einkommensstufe 2, was angesichts des doch recht geringen Bestimmtheitsmaßes dieser Regression, das ja gerade gleich $r^2(b^2) = 0.305958081$ ist, als recht gutes Ergebnis bezeichnet werden kann.

Tab.39: Vektor $\hat{y}$ für n = 12 Personen, Zuordnung gemäß Regressionsfunktion und wahre Zugehörigkeit zu den Stufen der Kriteriumsvariablen Einkommen

i	j	$\hat{y}$	Zuordnung	wahre Zugehörigkeit
1	1	0.669322323	1	1
1	2	0.099657374	2	1
1	3	-0.697850622	2	1
1	4	0.812825172	1	1
1	5	0.926118167	1	1
2	1	0.240287059	1	2
2	2	-0.268815358	2	2
2	3	-0.697850622	2	2
2	4	0.099457377	2	2
2	5	-0.472880740	2	2
2	6	-0.125512505	2	2
2	7	-0.584757623	2	2

Wir wollen nun noch am Beispiel demonstrieren, wie wichtig die Wahl günstiger Startwerte für das Skalierungsergebnis ist.

Beispiel: Bei der Skalierung von vier Merkmalen $\mathfrak{y}_1,\ldots,\mathfrak{y}_4$ aufgrund der Befragungsergebnisse von n = 12 Personen nach dem Kriterium der maximalen multiplen Korrelation haben wir zuvor die Startwerte für die Gewichtsvektoren b_2, b_3 und b_4 aus den Skalenwerten der Einzelskalierungen der kategoriellen Merkmale $\mathfrak{y}_2,\mathfrak{y}_3,\mathfrak{y}_4$ gegen die Kriteriumsvariable $\mathfrak{y}_1$ im Abschnitt 2 gewonnen. Dadurch haben wir bereits nach zwei Schritten mit einem sehr einfachen Verfahren ein multiples Bestimmtheitsmaß von 0.305958081 erreicht.

Wählt man statt dieser Startwerte diejenigen, die sich aus den mittleren Skalenwerten aller paarweisen Skalierungen der Merkmale $\mathfrak{y}_1,\ldots,\mathfrak{y}_4$ ergeben:

$$b_1^o = 1\,,\quad b_2^o = (1.0510111, 3.1835919)^T\,,$$

$$b_3^o = (0.0463520, 0.8308228)^T\,,\quad b_4^o = (-0.8616811, 1.167489)^T\,,$$

so erreicht man bei einem Ausgangswert von 0.1453329 für das multiple Bestimmtheitsmaß erst nach vielen Iterationen eine wesentliche Verbesserung. ┘

Abschließend wollen wir nun noch anhand unseres Beispiels die Bestimmung der partiellen Ableitungen der Maximum - Exzentrizität des Korrelationsellipsoids, der durch alle Vektoren ε mit $\varepsilon^T \cdot R_Y(b) \cdot \varepsilon = 1$ bestimmt ist, und der Determinante von $R_Y(b)$ demonstrieren.

Beispiel: Ausgehend von den Startwerten $b_1^o,\dots,b_4^o$ für die Gewichtsvektoren $b_1,\dots,b_4$ zu den vier kategoriellen Merkmalen $\mathfrak{Y}_1,\dots,\mathfrak{Y}_4$ der Befragung von n = 12 Personen, die sich aus den Einzelskalierungen der Merkmale $\mathfrak{Y}_2,\mathfrak{Y}_3,\mathfrak{Y}_4$ gegen die Kriteriumsvariable $\mathfrak{Y}_1$ ergeben, vgl. auch das Beispiel zum Kriterium der maximalen multiplen Korrelation in diesem Abschnitt sowie Abschnitt 2, wollen wir hier einmal die Bestimmung der ersten partiellen Ableitungen von maex (b) und ln(det $R_Y(b)$), vgl. auch Abschnitt 4.2, illustrieren; diese Startwerte sind natürlich für eine konkrete Optimierung dieser Funktion recht ungünstig, sollen hier jedoch der Kürze halber einmal verwandt werden.

Die ersten partiellen Ableitungen der Elemente von $R_Y(b^o)$ nach den Komponenten der Gewichtsvektoren $b_1^o,\dots,b_4^o$, die auch hier wieder benötigt werden, sind in der Tab.33 bereits angegeben worden. Weiterhin benötigen wir noch die Inverse der Matrix $R_Y(b^o)$ sowie den größten und kleinsten Eigenwert $\lambda_1(b^o)$ bzw. $\lambda_4(b^o)$ mit zugehörigen auf Länge Eins normierten Eigenvektoren $f_1(b^o)$ und $f_4(b^o)$. Hier ergibt sich

$$(R_Y(b^o))^{-1} = \begin{pmatrix} 1.440493944 & -0.383767362 & -0.060104332 & -0.593797574 \\ -0.383767362 & 1.189609682 & 0.092660205 & -0.148739731 \\ -0.060104332 & 0.092660205 & 1.019715047 & -0.106146896 \\ -0.593797574 & -0.148739731 & -0.106146896 & 1.343218237 \end{pmatrix} ,$$

$$\lambda_1(b^o) = 1.779012062 \ , \ \lambda_4(b^o) = 0.491982725 \ ,$$

$$f_1(b^o) = (0.624122718, 0.503501829, 0.115973351, 0.624122718)^T \ ,$$

$$f_4(b^o) = (-0.760781729, 0.240416577, 0.003964510, 0.602822788)^T \ ,$$

so daß wir die partiellen Ableitungen von $\lambda_1(b^o)$, $\lambda_4(b^o)$ und daraus von maex(b^o) sowie von ln(det $R_Y(b^o)$) nach den Komponenten der Gewichtsvektoren $b_1^o,\dots,b_4^o$ gemäß Tab.40 erhalten. Die Größen maex(b^o) und det $R_Y(b^o)$ sind hier gerade

$$\text{maex}(b^o) = \frac{\lambda_1(b^o) - \lambda_4(b^o)}{\lambda_1(b^o) + \lambda_4(b^o)} = 0.566724919$$

bzw.

$$\det R_Y(b^o) = 0.630979266 \quad .$$

□

4.4 DAS KRITERIUM DER MAXIMALEN KANONISCHEN KORRELATION

Sind von p kategoriellen Merkmalen $\mathfrak{Y}_1,\dots,\mathfrak{Y}_p$ nicht nur eines, sondern vielmehr $q < p$ Merkmale ausgezeichnet, d.h. geht man von *q Kriteriumsvariablen*

Tab.40: Partielle Ableitungen des größten und kleinsten Eigenwerts $\lambda_1(b^o)$ bzw. $\lambda_2(b^o)$, der Maximum-Exzentrizität $\mathrm{maex}(b^o)$ und des Logarithmus der Determinante $\ln(\det R_Y(b^o))$ nach den Komponenten der Gewichtsvektoren $b_1^o,\dots,b_4^o$

i	k	$\frac{\partial\lambda_1(b^o)}{\partial b_{ik}^o}$	$\frac{\partial\lambda_4(b^o)}{\partial b_{ik}^o}$	$\frac{\partial \mathrm{maex}(b^o)}{\partial b_{ik}^o}$	$\frac{\partial \ln(\det R_Y(b^o))}{\partial b_{ik}^o}$
1	1	0	0	0	0
2	1	0.002679661	0.003679675	0.003049795	-0.012585561
2	2	-0.001790128	-0.002458180	-0.002037393	0.008407691
3	1	0.055752707	0.001509958	0.011678559	-0.021246254
3	2	0	0	0	0
4	1	-0.005720876	-0.003499320	-0.003505594	0.000710946
4	2	0.028142974	0.017214367	0.017245230	-0.003497388

$\mathfrak{Y}_1,\dots,\mathfrak{Y}_q$ und p-q weitere Merkmale $\mathfrak{Y}_{q+1},\dots,\mathfrak{Y}_p$ aus, wie dies etwa beim multivariaten linearen Modell, vgl. Kap.X, der Fall ist, so wird man die Merkmale $\mathfrak{Y}_{q+1},\dots,\mathfrak{Y}_p$ derart skalieren, daß sie bestmöglichst zwischen den Stufen aller Kriteriumsvariablen $\mathfrak{Y}_1,\dots,\mathfrak{Y}_q$ diskriminieren.

Ein geeignetes Skalierungsverfahren ist in diesem Fall die *kanonische Korrelation* bzw. deren Quadrat zwischen den Kriteriumsvariablen $\mathfrak{Y}_1,\dots,\mathfrak{Y}_q$ und den übrigen kategoriellen Merkmalen $\mathfrak{Y}_{q+1},\dots,\mathfrak{Y}_p$. Mit den Bezeichnungen

$$R_{Y(q)}(b) = \begin{pmatrix} 1 & r_{1,2}(b_1,b_2) & \cdots & r_{1,q}(b_1,b_q) \\ r_{1,2}(b_1,b_2) & 1 & \cdots & r_{2,q}(b_2,b_q) \\ \vdots & \vdots & & \vdots \\ r_{1,q}(b_1,b_q) & r_{2,q}(b_2,b_q) & \cdots & 1 \end{pmatrix},$$

$$R_{Y(p)}(b) = \begin{pmatrix} 1 & r_{q+1,q+2}(b_{q+1},b_{q+2}) & \cdots & r_{q+1,p}(b_{q+1},b_p) \\ r_{q+1,q+2}(b_{q+1},b_{q+2}) & 1 & \cdots & r_{q+2,p}(b_{q+2},b_p) \\ \vdots & \vdots & & \vdots \\ r_{q+1,p}(b_{q+1},b_p) & r_{q+2,p}(b_{q+2},b_p) & \cdots & 1 \end{pmatrix},$$

$$R_{Y(q,p)}(b) = (R_{Y(p,q)}(b)) = \begin{pmatrix} r_{1,q+1}(b_1,b_{q+1}) & r_{1,q+2}(b_1,b_{q+2}) & \cdots & r_{1,p}(b_1,b_p) \\ r_{2,q+1}(b_1,b_{q+1}) & r_{2,q+2}(b_2,b_{q+2}) & \cdots & r_{2,p}(b_2,b_p) \\ \vdots & \vdots & & \vdots \\ r_{q,q+1}(b_q,b_{q+1}) & r_{q,q+2}(b_q,b_{q+2}) & \cdots & r_{q,p}(b_q,b_p) \end{pmatrix}$$

wird also in diesem Falle der größte Eigenwert $\lambda_G(b)$ der Matrix

$$(R_{Y(q)}(b))^{-1}\cdot R_{Y(q,p)}(b)\cdot(R_{Y(p)}(b))^{-1}\cdot R_{Y(p,q)}(b) = A$$

in Abhängigkeit von den Gewichtsvektoren $b_1,\dots,b_p$ maximiert, vgl. auch Abschnitt 1.4 in Kap.III.

Dazu benötigt man die partiellen Ableitungen von $\lambda_G(b)$ nach den Komponenten von $b_1,\dots,b_p$. Hier ergibt sich, wenn man

$$(R_{Y(q)}(b))^{-1} = \begin{pmatrix} r^{11}(b_1,b_1) & r^{12}(b_1,b_2) & \dots & r^{1q}(b_1,b_q) \\ r^{12}(b_1,b_2) & r^{22}(b_2,b_2) & \dots & r^{2q}(b_2,b_q) \\ \vdots & \vdots & & \vdots \\ r^{1q}(b_1,b_q) & r^{2q}(b_2,b_q) & \dots & r^{qq}(b_q,b_q) \end{pmatrix}$$

$$(R_{Y(p)}(b))^{-1} = \begin{pmatrix} r^{q+1\ q+1}(b_{q+1},b_{q+1}) & r^{q+1\ q+2}(b_{q+1},b_{q+2}) & \dots & r^{q+1\ p}(b_{q+1},b_p) \\ r^{q+1\ q+2}(b_{q+1},b_{q+2}) & r^{q+2\ q+2}(b_{q+2},b_{q+2}) & \dots & r^{q+2\ p}(b_{q+2},b_p) \\ \vdots & \vdots & & \vdots \\ r^{q+1\ p}(b_{q+1},b_p) & r^{q+2\ p}(b_{q+2},b_p) & \dots & r^{pp}(b_p,b_p) \end{pmatrix}$$

setzt, und wenn man mit

$$f(b) = (f_1(b),\dots,f_q(b))^T,\ g(b) = (g_1(b),\dots,g_q(b))^T,\ g(b)^T f(b) = 1$$

Eigenvektoren zum Eigenwert $\lambda_G(b)$ der Matrix A bzw. A^T bezeichnet, für $i=1,\dots,q$ und $k=1,\dots,\ell_i-1$

$$\begin{aligned}
\frac{\partial\lambda_G(b)}{\partial b_{ik}} = & \sum_{\nu_1=1}^{q}\sum_{\nu_2=1}^{q}\sum_{\omega_1=q+1}^{p}\sum_{\omega_2=q+1}^{p} g_{\nu_1}(b)\cdot r^{\omega_1\omega_2}(b_{\omega_1},b_{\omega_2}) \\
& \cdot\Bigg\{f_{\nu_2}(b)\cdot r_{\nu_2,\omega_1}(b_{\nu_2},b_{\omega_1})\cdot\Bigg(r^{\nu_1 i}(b_{\nu_1},b_i)\cdot\Bigg[\frac{\partial r_{i,\omega_2}(b_i,b_{\omega_2})}{\partial b_{ik}} \\
& \qquad - \sum_{\nu_3=1}^{q}\sum_{\substack{\nu_4=1\\ \nu_4\neq i}}^{q} r_{\nu_3,\omega_2}(b_{\nu_3},b_{\omega_2})\cdot r^{\nu_3\nu_4}(b_{\nu_3},b_{\nu_4})\cdot\frac{\partial r_{i,\nu_4}(b_i,b_{\nu_4})}{\partial b_{ik}}\Bigg] \\
& \quad - \sum_{\nu_3=1}^{q}\sum_{\substack{\nu_4=1\\ \nu_4\neq i}}^{q} r_{\nu_3,\omega_1}(b_{\nu_3},b_{\omega_1})\cdot r^{i\nu_3}(b_i,b_{\nu_3})\, r^{\nu_1\nu_4}(b_{\nu_1},b_{\nu_4})\cdot\frac{\partial r_{i,\nu_4}(b_i,b_{\nu_4})}{\partial b_{ik}}\Bigg) \\
& \quad + f_i(b)\cdot r_{\nu_2,\omega_1}(b_{\nu_2},b_{\omega_1})\cdot r^{\nu_1\nu_2}(b_{\nu_1},b_{\nu_2})\cdot\frac{\partial r_{i,\omega_2}(b_i,b_{\omega_2})}{\partial b_{ik}}\Bigg\}
\end{aligned}$$

und für $i=q+1,\dots,p$, $k=1,\dots,\ell_i-1$

$$\frac{\partial\lambda_G(b)}{\partial b_{ik}} = \sum_{\nu_1=1}^{q}\sum_{\nu_2=1}^{q}\sum_{\nu_3=1}^{q}\sum_{\omega_1=q+1}^{p} g_{\nu_1}(b)\cdot f_{\nu_3}(b)\cdot r^{\nu_1\nu_2}(b_{\nu_1},b_{\nu_2})\cdot r^{\omega_1 i}(b_{\omega_1},b_i)$$

$$\Bigg[r_{\omega_1,\nu_3}(b_{\omega_1},b_{\nu_3})\cdot\Bigg(\frac{\partial r_{i,\nu_2}(b_i,b_{\nu_2})}{\partial b_{ik}}$$

$$-\sum_{\omega_2=q+1}^{p}\sum_{\substack{\omega_3=q+1\\ \omega_3\neq i}}^{p} r_{\nu_2,\omega_2}(b_{\nu_2},b_{\omega_2})\cdot r^{\omega_2\omega_3}(b_{\omega_2},b_{\omega_3})\cdot\frac{\partial r_{i,\omega_3}(b_i,b_{\omega_3})}{\partial b_{ik}}\Bigg)$$

$$+r_{\omega_1,\nu_2}(b_{\omega_1},b_{\nu_2})\cdot\Bigg(\frac{\partial r_{i,\nu_3}(b_i,b_{\nu_3})}{\partial b_{ik}}$$

$$-\sum_{\omega_2=q+1}^{p}\sum_{\substack{\omega_3=q+1\\ \omega_3\neq i}}^{p} r_{\nu_3,\omega_2}(b_{\nu_3},b_{\omega_2})\cdot r^{\omega_2\omega_3}(b_{\omega_2},b_{\omega_3})\cdot\frac{\partial r_{i,\omega_3}(b_i,b_{\omega_3})}{\partial b_{ik}}\Bigg)\Bigg]\ .$$

Startwerte $b_1^o,\ldots,b_p^o$ für die Gewichtsvektoren $b_1,\ldots,b_p$ gewinnt man hier am besten aus den paarweisen Skalierungen der Merkmale $\mathfrak{y}_{q+1},\ldots,\mathfrak{y}_p$ gegen die Kriteriumsvariablen $\mathfrak{y}_1,\ldots,\mathfrak{y}_q$. Und zwar bildet man für $\mathfrak{y}_1,\ldots,\mathfrak{y}_p$ die Vektoren der Mittelwerte der sich hieraus ergebenden Skalenwerte und prämultipliziert diese dann mit der entsprechenden Matrix $L_{U_i}^T$.

5 SKALIERUNG KATEGORIELLER MERKMALAUSPRÄGUNGEN BEI GEMISCHTEN DATENTYPEN

Beobachtet man nicht, wie im Abschnitt 4 angenommen, nur kategorielle Merkmale an n Objekten sondern zusätzlich noch stetige Merkmale, so schlagen wir eine Erweiterung der Skalierungsverfahren aus Abschnitt 4 dahingehend vor, daß diese stetigen Merkmale bei der Skalierung berücksichtigt werden können; für die weitere Auswertung der skalierten Daten empfiehlt es sich, zunächst die stetigen Merkmale zu standardisieren, da auch die skalierten, kategoriellen Merkmale dies sind. Werden insgesamt *p kategorielle Merkmale* $\mathfrak{y}_1,\ldots,\mathfrak{y}_p$ und *q metrische Merkmale* $\mathfrak{x}_1,\ldots,\mathfrak{x}_q$ an n Objekten beobachtet, so muß zunächst die *empirische Korrelationsmatrix dieser p+q Merkmale* in Abhängigkeit von Gewichtsvektoren $b_1,\ldots,b_p$ für die Merkmale $\mathfrak{y}_1,\ldots,\mathfrak{y}_p$ bestimmt werden. Wir gehen hier davon aus, daß das i-te kategorielle Merkmal $\mathfrak{y}_i$ für i=1,...,p gerade ℓ_i verschiedene Ausprägungen besitzt, d.h. b_i ist ein Vektor der Dimension ℓ_i-1.

Bezeichnen wir mit

$$(y_{1j},y_{2j},\ldots,y_{pj},x_{1j},\ldots,x_{qj})^T$$

den Beobachtungsvektor für die Ausprägungen der Merkmale $\mathfrak{y}_1,\dots,\mathfrak{y}_p$, $\mathfrak{x}_1,\dots,\mathfrak{x}_q$ am j-ten Objekt für j=1,...,n, so entsprechen die $x_{1j},\dots,x_{qj}$ gerade Realisationen von den Merkmalen $\mathfrak{x}_1,\dots,\mathfrak{x}_q$ zugeordneten Zufallsvariablen $X_1,\dots,X_q$, und die $\mathfrak{y}_{1j},\dots,\mathfrak{y}_{pj}$ den beobachteten Merkmalsausprägungen der Merkmale $\mathfrak{y}_1,\dots,\mathfrak{y}_p$, denen mittels Skalierung noch Zufallsvariablen $Y_1,\dots,Y_p$ zugeordnet werden müssen.

Es bezeichne n_{ik} für i=1,...,p, k=1,...,ℓ_i die Häufigkeit, mit der an den n Objekten die k-te Ausprägung des Merkmals $\mathfrak{y}_i$ beobachtet wurde, und $n_{ik,\tau\eta}$ sei die Häufigkeit, mit der an einem der n Objekte das Ausprägungspaar (k,η) für die Merkmale $\mathfrak{y}_i,\mathfrak{y}_\tau$ beobachtet wurde ($i,\tau=1,\dots,p$, $i\neq\tau$, $k=1,\dots,\ell_i$, $\eta=1,\dots,\ell_\tau$).

Gesucht sind dann in gewissem Sinne "optimale" standardisierte Zufallsvariablen $Y_1,\dots,Y_p$, die den kategoriellen Merkmalen $\mathfrak{y}_1,\dots,\mathfrak{y}_p$ zugeordnet sind. Setzt man wie in Abschnitt 4 für i=1,...,p

$$Y_i = \alpha_i^T \cdot U_i \quad \text{mit } \alpha_i = (\alpha_{i1},\dots,\alpha_{i\ell_i})^T \ , \quad U_i = (U_{i1},\dots,U_{i\ell_i})^T \quad ,$$

so läßt sich die Realisation y_{ij} der Zufallsvariablen Y_i am j-ten Objekt für i=1,...,p und j=1,...,n, falls y_{ij} gerade die k-te Ausprägung des Merkmals $\mathfrak{y}_i$ ist, schreiben als

$$y_{ij} = \alpha_i^T \cdot e_{\ell_i k} = \alpha_{ik} \quad ,$$

wobei $e_{\ell_i k}$ gerade der k-te Einheitsvektor der Dimension ℓ_i ist, wenn U_i für i=1,...,p einen ℓ_i-dimensionalen $\{0,1\}$-wertigen Zufallsvektor bezeichnet, dessen Realisation $e_{\ell_i k}$ ist,falls die k-te Ausprägung des Merkmals $\mathfrak{y}_i$ beobachtet wird.

Zur Bestimmung der empirischen Korrelationsmatrix der Merkmale $\mathfrak{y}_1,\dots,\mathfrak{y}_p$, $\mathfrak{x}_1,\dots,\mathfrak{x}_q$ müssen nun zunächst Kovarianz- und Kreuzkovarianzmatrizen der Zufallsvariablen $U_1,\dots,U_p,X_1,\dots,X_q$ bestimmt werden. Mit

$$\bar{x}_i = \frac{1}{n}\sum_{j=1}^{n} x_{ij} \qquad \text{für } i=1,\dots,q$$

ergibt sich

$$S^*_{X_iX_i} = \sum_{j=1}^{n} (x_{ij} - \bar{x}_i)^2 \qquad \text{für } i=1,\dots,q \quad ,$$

$$S^*_{X_iX_\tau} = \sum_{j=1}^{n} (x_{ij} - \bar{x}_i)(x_{\tau j} - \bar{x}_\tau) = S^*_{X_\tau X_i} \qquad \text{für } i,\tau=1,\dots,q,\ i\neq\tau \quad ,$$

$$S^*_{U_iU_i} = \begin{pmatrix} n_{i1} & 0 & \cdots & 0 \\ 0 & n_{i2} & \cdots & 0 \\ \vdots & \vdots & & \vdots \\ 0 & 0 & & n_{i\ell_i} \end{pmatrix} - \frac{1}{n} \cdot \begin{pmatrix} n_{i1} \\ n_{i2} \\ \vdots \\ n_{i\ell_i} \end{pmatrix} (n_{i1}, n_{i2}, \ldots, n_{i\ell_i}) \qquad \text{für } i=1,\ldots,p$$

$$S^*_{U_iU_\tau} = \begin{pmatrix} n_{i1,\tau1} & n_{i1,\tau2} & \cdots & n_{i1,\tau\ell_\tau} \\ n_{i2,\tau1} & n_{i2,\tau2} & \cdots & n_{i2,\tau\ell_\tau} \\ \vdots & \vdots & & \vdots \\ n_{i\ell_i,\tau1} & n_{i\ell_i,\tau2} & \cdots & n_{i\ell_i,\tau\ell_\tau} \end{pmatrix} - \frac{1}{n} \cdot \begin{pmatrix} n_{i1} \\ n_{i2} \\ \vdots \\ n_{i\ell_i} \end{pmatrix} (n_{\tau1}, n_{\tau2}, \ldots, n_{\tau\ell_\tau})$$

$$= (S^*_{U_\tau U_i})^T \qquad \text{für } i,\tau=1,\ldots,p,\ i\neq\tau \quad ,$$

$$S^*_{X_iU_\tau} = \left(\sum_{j:1} x_{ij} - \bar{x}_i n_{\tau1}, \sum_{j:2} x_{ij} - \bar{x}_i n_{\tau2}, \ \ldots\ , \sum_{j:\ell_\tau} x_{ij} - \bar{x}_i n_{\tau\ell_\tau} \right)$$

$$= (S^*_{U_\tau X_i})^T \qquad \text{für } i=1,\ldots,q,\ \tau=1,\ldots,p \quad ,$$

wobei die Summation von x_{ij} über j:k bedeutet, daß hier die Realisationen der Zufallsvariablen X_i derjenigen Objekte j addiert werden, bei denen die k-te Ausprägung, $k=1,\ldots,\ell_\tau$, des Merkmals $\mathfrak{Y}_\tau$ beobachtet wurde.

Nun werden mittels Choleski - Zerlegung, vgl. auch Abschnitt 4.1, obere Dreiecksmatrizen L_{U_i} für $i=1,\ldots,p$ derart bestimmt, daß gilt

$$S^*_{U_iU_i} = L_{U_i} \cdot L^T_{U_i} \qquad \text{für } i=1,\ldots,p \quad .$$

Weiterhin bestimmt man die Größen

$$L_{X_i} = \sqrt{S^*_{X_iX_i}} \qquad \text{für } i=1,\ldots,q$$

und berechnet die Pseudoinversen $L^+_{U_i}$ der Matrizen L_{U_i} für $i=1,\ldots,p$; die Pseudoinversen von L_{X_i} sind für $i=1,\ldots,q$ natürlich gerade $1/L_{X_i}$.

Unter Verwendung all dieser Größen läßt sich ein Schätzer für die rangreduzierte Korrelationsmatrix der zufälligen Größen $X_1,\ldots,X_q,U_1,\ldots,U_p$ bestimmen. Mit

$$r_{X_iX_\tau} = S^*_{X_iX_\tau}/(L_{X_i} \cdot L_{X_\tau}) = r_{X_\tau X_i} \qquad \text{für } i,\tau=1,\ldots,q,\ i\neq\tau \quad ,$$

$$R^*_{U_iU_\tau} = L^+_{U_i} \cdot S^*_{U_iU_\tau} \cdot (L^+_{U_\tau})^T = (R^*_{U_\tau U_i})^T \qquad \text{für } i=1,\ldots,p,\ i\neq\tau \quad ,$$

sowie

$$R^*_{X_iU_\tau} = S^*_{X_iU_\tau} \cdot (L^+_{U_\tau})^T / L_{X_i} \qquad \text{für } i=1,\ldots,q,\ \tau=1,\ldots,p$$

ergibt sich dieser zu

$$R^*_{XU} = \begin{pmatrix} 1 & r_{X_1X_2} & \cdots & r_{X_1X_q} & R^*_{X_1U_1} & R^*_{X_1U_2} & \cdots & R^*_{X_1U_p} \\ r_{X_1X_2} & 1 & \cdots & r_{X_2X_q} & R^*_{X_2U_1} & R^*_{X_2U_2} & \cdots & R^*_{X_2U_p} \\ \vdots & \vdots & & \vdots & \vdots & \vdots & & \vdots \\ r_{X_1X_q} & r_{X_2X_q} & \cdots & 1 & R^*_{X_qU_1} & R^*_{X_qU_2} & \cdots & R^*_{X_qU_p} \\ R^*_{U_1X_1} & R^*_{U_1X_2} & \cdots & R^*_{U_1X_q} & I_{\ell_1-1} & R^*_{U_1U_2} & \cdots & R^*_{U_1U_p} \\ R^*_{U_2X_1} & R^*_{U_2X_2} & \cdots & R^*_{U_2X_q} & R^*_{U_2U_1} & I_{\ell_2-1} & \cdots & R^*_{U_2U_p} \\ \vdots & \vdots & & \vdots & \vdots & \vdots & & \vdots \\ R^*_{U_pX_1} & R^*_{U_pX_2} & \cdots & R^*_{U_pX_q} & R^*_{U_pU_1} & R^*_{U_pU_2} & \cdots & I_{\ell_p-1} \end{pmatrix} .$$

Aus dieser $(q+\ell_1+\ell_2+\ldots+\ell_p-p)\times(q+\ell_1+\ell_2+\ldots+\ell_p-p)$ - Matrix R^*_{XU} lassen sich die Korrelationen der Zufallsvariablen $X_1,\ldots,X_q$ und $Y_1,\ldots,Y_p$ in Abhängigkeit von den zu $Y_1,\ldots,Y_p$ gehörigen Gewichtsvektoren $b_1,\ldots,b_p$ bestimmen. Diese sind natürlich für $i,\tau=1,\ldots,q$ und $i\neq\tau$ gerade die Elemente

$$r_{X_iX_\tau} = r_{i\tau}$$

der Matrix R^*_{XU}, und weiterhin ist

$$r_{Y_iY_\tau}(b_i,b_\tau) = r_{i\tau}(b_i,b_\tau) = \frac{1}{\sqrt{b_i^Tb_i \cdot b_\tau^Tb_\tau}} \cdot b_i^T \cdot R^*_{U_iU_\tau} \cdot b_\tau \qquad \text{für } i,\tau=1,\ldots,p,\ i\neq\tau \quad ,$$

$$r_{X_iY_\tau}(b_\tau) = r_{i\tau}(b_\tau) = \frac{1}{\sqrt{b_\tau^Tb_\tau}} \cdot R^*_{X_iU_\tau} \cdot b_\tau \qquad \text{für } i=1,\ldots,q,\ \tau=1,\ldots,p \quad ,$$

so daß sich insgesamt die folgende Korrelationsmatrix ergibt:

$$R_{XY}(b) = \begin{pmatrix} 1 & r_{12} & \cdots & r_{1q} & r_{11}(b_1) & r_{12}(b_2) & \cdots & r_{1p}(b_p) \\ r_{12} & 1 & & r_{2q} & r_{21}(b_1) & r_{22}(b_2) & \cdots & r_{2p}(b_p) \\ \vdots & \vdots & & \vdots & \vdots & \vdots & & \vdots \\ r_{1q} & r_{2q} & & 1 & r_{q1}(b_1) & r_{q2}(b_2) & \cdots & r_{qp}(b_p) \\ r_{11}(b_1) & r_{21}(b\ ) & \cdots & r_{q1}(b_1) & 1 & r_{12}(b_1,b_2) & \cdots & r_{1p}(b_1,b_p) \\ r_{12}(b_2) & r_{22}(b_2) & \cdots & r_{q2}(b_2) & r_{12}(b_1,b_2) & 1 & & r_{2p}(b_2,b_p) \\ \vdots & \vdots & & \vdots & \vdots & \vdots & & \vdots \\ r_{1p}(b_p) & r_{2p}(b_p) & \cdots & r_{qp}(b_p) & r_{1p}(b_1,b_p) & r_{2p}(b_2,b_p) & \cdots & 1 \end{pmatrix} .$$

Die zu den Gewichtsvektoren $b_1,\ldots,b_p$ gehörigen Skalenwerte für die Merkmale $\mathfrak{Y}_1,\ldots,\mathfrak{Y}_p$ ergeben sich stets in folgender Art und Weise.

Zunächst berechnet man

$$\tilde{b}_i^* = b_i / \sqrt{b_i^T b_i} \qquad \text{für } i=1,\dots,p$$

und sodann

$$\tilde{\alpha}_i^* = (L_{U_i}^+)^T \cdot \tilde{b}_i^* \qquad \text{für } i=1,\dots,p \quad .$$

Mit $\tilde{\alpha}_i^* = (\tilde{\alpha}_{i1}^*,\dots,\tilde{\alpha}_{i\ell_i}^*)^T$ ergibt sich dann zunächst

$$\tilde{\alpha}_{ik} = \tilde{\alpha}_{ik}^* - \frac{1}{n}\sum_{\nu=1}^{\ell_i} n_{i\nu}\tilde{\alpha}_{i\nu}^* \qquad \text{für } i=1,\dots,p,\ k=1,\dots,\ell_i \quad ,$$

und dann erhält man als *Skalenwert* für die k-te Ausprägung des Merkmals $\mathfrak{y}_i$ ($i=1,\dots,p$, $k=1,\dots,\ell_i$)

$$\alpha_{ik} = \tilde{\alpha}_{ik} \cdot \sqrt{n} \Big/ \sqrt{\sum_{\nu=1}^{\ell_i} n_{i\nu}\tilde{\alpha}_{i\nu}^2} \quad .$$

Je nachdem welches Skalierungskriterium nun gewählt wird, muß der Wert einer Funktion der Elemente von $R_{XY}(b)$ in Abhängigkeit von $b_1,\dots,b_p$ maximiert werden. Zu diesem Zwecke können Gradientenverfahren verwandt werden, die die ersten partiellen Ableitungen der jeweiligen Funktion nach den Komponenten b_{ik} für $i=1,\dots,p$ und $k=1,\dots,\ell_i-1$ benötigen. Diese Ableitungen werden für die verschiedenen Skalierungskriterien im folgenden noch angegeben. Sie benötigen alle die ersten Ableitungen der Elemente von $R_{XY}(b)$ nach den b_{ik}, die für $i=1,\dots,p$ und $k=1,\dots,\ell_i-1$ folgende Gestalt besitzen:

$$\frac{\partial r_{\nu\tau}}{\partial b_{ik}} = 0 \qquad \text{für } \nu,\tau=1,\dots,q \quad ,$$

$$\frac{\partial r_{\nu\tau}(b_\tau)}{\partial b_{ik}} = \frac{\partial r_{\tau\nu}(b_\tau)}{\partial b_{ik}} = 0 \qquad \text{für } \nu=1,\dots,q,\ \tau=1,\dots,p,\ \tau\neq i \quad ,$$

$$\frac{\partial r_{\nu\tau}(b_\nu,b_\tau)}{\partial b_{ik}} = 0 \qquad \text{für } \nu,\tau=1,\dots,p,\ \nu\neq i \text{ und } \tau\neq i \text{ oder } \nu=\tau=i \quad ,$$

$$\frac{\partial r_{\nu i}(b_i)}{\partial b_{ik}} = \frac{\partial r_{i\nu}(b_i)}{\partial b_{ik}} = \frac{1}{b_i^T b_i}\left(r_k^{\nu i}\cdot\sqrt{b_i^T b_i} - r_{\nu i}(b_i)\cdot b_{ik}\right) \qquad \text{für } \nu=1,\dots,q,$$

$$\text{wobei } R_{X_\nu U_i}^* = (r_1^{\nu i},\dots,r_{\ell_i-1}^{\nu i}) \quad ,$$

$$\frac{\partial r_{i\nu}(b_i,b_\nu)}{\partial b_{ik}} = \frac{1}{\sqrt{b_i^T b_i \cdot b_\nu^T b_\nu}}\left(\sum_{\omega=1}^{\ell_\nu-1} r_{k\omega}^{i\nu}\cdot b_{\nu\omega} - \sqrt{\frac{b_\nu^T b_\nu}{b_i^T b_i}}\cdot b_{ik}\cdot r_{i\nu}(b_i,b_\nu)\right)$$

$$= \frac{\partial r_{\nu i}(b_\nu, b_i)}{\partial b_{ik}} \qquad \text{für } \nu=1,\ldots,p,\ \nu\neq i\ ,$$

$$\text{wobei } R^*_{U_i U_\nu} = \begin{pmatrix} r^{i\nu}_{11} & \cdots & r^{i\nu}_{1\,\ell_\nu-1} \\ \vdots & & \vdots \\ r^{i\nu}_{\ell_i-1\,1} & \cdots & r^{i\nu}_{\ell_i-1\,\ell_\nu-1} \end{pmatrix} .$$

Bei den verschiedenen Skalierungskriterien sind nun, wie in Abschnitt 4 erläutert, entweder alle Merkmale gleichberechtigt oder eins bzw. mehrere haben eine ausgezeichnete Stellung als Kriteriumsvariable. Um hier eine einheitliche Notation zu ermöglichen, wollen wir stets davon ausgehen, daß $q_1 \leq q$ stetige Merkmale $\mathfrak{X}_1,\ldots,\mathfrak{X}_{q_1}$ und $p_1 \leq p$ diskrete Merkmale $\mathfrak{Y}_1,\ldots,\mathfrak{Y}_{p_1}$ Kriteriumsvariablen sind.

Im Falle der Skalierungskriterien "*minimale Determinante*" und "*maximale Maximum-Exzentrizität*", wo alle Merkmale gleichberechtigt sind, ist natürlich $q_1 = p_1 = 0$, beim Kriterium "*maximale multiple Korrelation*" ist entweder $q_1 = 1$ und $p_1 = 0$ oder $q_1 = 0$ und $p_1 = 1$, beim Kriterium "*maximale kanonische Korrelation*" schließlich ist $2 \leq p_1 + q_1 \leq p + q - 2$.

Die Merkmale $\mathfrak{Y}_1,\ldots,\mathfrak{Y}_p,\mathfrak{X}_1,\ldots,\mathfrak{X}_q$ ordnen wir nun in der Reihenfolge

$$\mathfrak{Z}_1 = \mathfrak{Y}_1,\ldots,\mathfrak{Z}_{p_1} = \mathfrak{Y}_{p_1},\ \mathfrak{Z}_{p_1+1} = \mathfrak{X}_1,\ldots,\mathfrak{Z}_{p_1+q_1} = \mathfrak{X}_{q_1},$$

$$\mathfrak{Z}_{p_1+q_1+1} = \mathfrak{Y}_{p_1+1},\ldots,\mathfrak{Z}_{p+q_1} = \mathfrak{Y}_p,\ \ \mathfrak{Z}_{p+q_1+1} = \mathfrak{X}_{q_1+1},\ldots,\mathfrak{Z}_{p+q} = \mathfrak{X}_q$$

an, so daß nun $\mathfrak{Z}_1,\ldots,\mathfrak{Z}_{p_1+q_1}$ die Kriteriumsvariablen und $\mathfrak{Z}_{p_1+q_1+1},\ldots,\mathfrak{Z}_{p+q}$ die übrigen Merkmale sind. In dieser Anordnung ergibt sich die Korrelationsmatrix der den Merkmalen zugeordneten Zufallsvariablen $Z_1,\ldots,Z_{p+q}$ in Abhängigkeit von $b_1 = b_1^*,\ldots,b_{p_1} = b_{p_1}^*, b_{p_1+1} = b_{p_1+q_1+1}^*,\ldots,b_p = b_{p+q_1}^*$ zu

$$R_Z(b) = \begin{pmatrix} R_{Y(p_1)}(b) & R_{YX(p_1,q_1)}(b) & R_{Y(p_1,p)}(b) & R_{YX(p_1,q)}(b) \\ R_{XY(q_1,p_1)}(b) & R_{X(q_1)}(b) & R_{XY(q_1,p)}(b) & R_{X(q_1,q)}(b) \\ R_{Y(p,p_1)}(b) & R_{YX(p,q_1)}(b) & R_{Y(p)}(b) & R_{YX(p,q)}(b) \\ R_{XY(q,p_1)}(b) & R_{X(q,q_1)}(b) & R_{XY(q,p)}(b) & R_{X(q)}(b) \end{pmatrix}$$

wobei gilt:

$$R_{Y(p_1)}(b) = \begin{pmatrix} 1 & r_{12}(b) & \cdots & r_{1p_1}(b) \\ r_{12}(b) & 1 & \cdots & r_{2p_1}(b) \\ \vdots & \vdots & & \vdots \\ r_{1p_1}(b) & r_{2p_1}(b) & \cdots & 1 \end{pmatrix}$$

$$= \begin{pmatrix} 1 & r_{12}(b_1,b_2) & \cdots & r_{1p_1}(b_1,b_{p_1}) \\ r_{12}(b_1,b_2) & 1 & \cdots & r_{2p_1}(b_2,b_{p_1}) \\ \vdots & \vdots & & \vdots \\ r_{1p_1}(b_1,b_{p_1}) & r_{2p_1}(b_2,b_{p_1}) & \cdots & 1 \end{pmatrix}$$

$$R_{X(q_1)}(b) = \begin{pmatrix} 1 & r_{p_1+1\ p_1+2}(b) & \cdots & r_{p_1+1\ p_1+q_1}(b) \\ r_{p_1+1\ p_1+2}(b) & 1 & \cdots & r_{p_1+2\ p_1+q_1}(b) \\ \vdots & \vdots & & \vdots \\ r_{p_1+1\ p_1+q_1}(b) & r_{p_1+2\ p_1+q_1}(b) & \cdots & 1 \end{pmatrix}$$

$$= \begin{pmatrix} 1 & r_{12} & \cdots & r_{1q_1} \\ r_{12} & 1 & \cdots & r_{2q_1} \\ \vdots & \vdots & & \vdots \\ r_{1q_1} & r_{2q_1} & \cdots & 1 \end{pmatrix}$$

$$R_{Y(p)}(b) = \begin{pmatrix} 1 & r_{p_1+q_1+1\ p_1+q_1+2}(b) & \cdots & r_{p_1+q_1+1\ p+q_1}(b) \\ r_{p_1+q_1+1\ p_1+q_1+2}(b) & 1 & \cdots & r_{p_1+q_1+2\ p+q_1}(b) \\ \vdots & \vdots & & \vdots \\ r_{p_1+q_1+1\ p+q_1}(b) & r_{p_1+q_1+2\ p+q_1}(b) & \cdots & 1 \end{pmatrix}$$

$$= \begin{pmatrix} 1 & r_{p_1+1\ p_1+2}(b_{p_1+1},b_{p_1+2}) & \cdots & r_{p_1+1\ p}(b_{p_1+1},b_p) \\ r_{p_1+1\ p_1+2}(b_{p_1+1},b_{p_1+2}) & 1 & \cdots & r_{p_1+2\ p}(b_{p_1+2},b_p) \\ \vdots & \vdots & & \vdots \\ r_{p_1+1\ p}(b_{p_1+1},b_p) & r_{p_1+2\ p}(b_{p_1+2},b_p) & \cdots & 1 \end{pmatrix}$$

$$R_{X(q)}(b) = \begin{pmatrix} 1 & r_{p+q_1+1\ p+q_1+2}(b) & \cdots & r_{p+q_1+1\ p+q}(b) \\ r_{p+q_1+1\ p+q_1+2}(b) & 1 & \cdots & r_{p+q_1+2\ p+q}(b) \\ \vdots & \vdots & & \vdots \\ r_{p+q_1+1\ p+q}(b) & r_{p+q_1+2\ p+q}(b) & \cdots & 1 \end{pmatrix}$$

$$= \begin{pmatrix} 1 & r_{q_1+1\ q_1+2} & \cdots & r_{q_1+1\ q} \\ r_{q_1+1\ q_1+2} & 1 & \cdots & r_{q_1+2\ q} \\ \vdots & \vdots & & \vdots \\ r_{q_1+1\ q} & r_{q_1+2\ q} & \cdots & 1 \end{pmatrix},$$

$$R_{YX(p_1,q_1)}(b) = (R_{XY(q_1,p_1)}(b))^T = \begin{pmatrix} r_{1\ p_1+1}(b) & \cdots & r_{1\ p_1+q_1}(b) \\ r_{2\ p_1+1}(b) & & r_{2\ p_1+q_1}(b) \\ \vdots & & \vdots \\ r_{p_1\ p_1+1}(b) & & r_{p_1\ p_1+q_1}(b) \end{pmatrix}$$

$$= \begin{pmatrix} r_{11}(b_1) & r_{12}(b_1) & \cdots & r_{1q_1}(b_1) \\ r_{21}(b_2) & r_{22}(b_2) & \cdots & r_{2q_1}(b_2) \\ \vdots & \vdots & & \vdots \\ r_{p_1 1}(b_{p_1}) & r_{p_1 2}(b_{p_1}) & \cdots & r_{p_1 q_1}(b_{p_1}) \end{pmatrix},$$

$$R_{Y(p_1,p)}(b) = (R_{Y(p,p_1)}(b))^T = \begin{pmatrix} r_{1\ p_1+q_1+1}(b) & \cdots & r_{1\ p+q_1}(b) \\ r_{2\ p_1+q_1+1}(b) & \cdots & r_{2\ p+q_1}(b) \\ \vdots & & \vdots \\ r_{p_1\ p_1+q_1+1}(b) & \cdots & r_{p_1\ p+q_1}(b) \end{pmatrix}$$

$$= \begin{pmatrix} r_{1\ p_1+1}(b_1,b_{p_1+1}) & \cdots & r_{1p}(b_1,b_p) \\ r_{2\ p_1+1}(b_2,b_{p_1+1}) & \cdots & r_{2p}(b_2,b_p) \\ \vdots & & \vdots \\ r_{p_1\ p_1+1}(b_{p_1},b_{p_1+1}) & \cdots & r_{p_1 p}(b_{p_1},b_p) \end{pmatrix},$$

$$R_{YX(p_1,q)}(b) = (R_{XY(q,p_1)}(b))^T = \begin{pmatrix} r_{1\ p+q_1+1}(b) & \cdots & r_{1\ p+q}(b) \\ \vdots & & \vdots \\ r_{p_1\ p+q_1+1}(b) & \cdots & r_{p_1\ p+q}(b) \end{pmatrix}$$

$$\begin{pmatrix} r_{1\ q_1+1}(b_1) & \cdots & r_{1q}(b_1) \\ \vdots & & \vdots \\ r_{p_1\ q_1+1}(b_{p_1}) & \cdots & r_{p_1 q}(b_{p_1}) \end{pmatrix},$$

$$R_{XY(q_1,p)}(b) = (R_{YX(p,q_1)}(b))^T = \begin{pmatrix} r_{p_1+1\ p_1+q_1+1}(b) & \cdots & r_{p_1+1\ p+q_1}(b) \\ \vdots & & \vdots \\ r_{p_1+q_1\ p_1+q_1+1}(b) & \cdots & r_{p_1+q_1\ p+q_1}(b) \end{pmatrix}$$

$$= \begin{pmatrix} r_{1\ p_1+1}(b_{p_1+1}) & \cdots & r_{1p}(b_p) \\ \vdots & & \vdots \\ r_{q_1\ p_1+1}(b_{p_1+1}) & \cdots & r_{q_1 p}(b_p) \end{pmatrix} ,$$

$$R_{X(q_1,q)}(b) = (R_{X(q,q_1)}(b))^T = \begin{pmatrix} r_{p_1+1\ p+q_1+1}(b) & \cdots & r_{p_1+1\ p+q}(b) \\ \vdots & & \vdots \\ r_{p_1+q_1\ p+q_1+1}(b) & \cdots & r_{p_1+q_1\ p+q}(b) \end{pmatrix}$$

$$= \begin{pmatrix} r_{1\ q_1+1} & \cdots & r_{1q} \\ \vdots & & \vdots \\ r_{q_1\ q_1+1} & \cdots & r_{q_1 q} \end{pmatrix} ,$$

$$R_{YX(p,q)}(b) = (R_{XY(q,p)}(b))^T = \begin{pmatrix} r_{p_1+q_1+1\ p+q_1+1}(b) & \cdots & r_{p_1+q_1+1\ p+q}(b) \\ \vdots & & \vdots \\ r_{p+q_1\ p+q_1+1}(b) & \cdots & r_{p+q_1\ p+q}(b) \end{pmatrix}$$

$$= \begin{pmatrix} r_{p_1+1\ q_1+1}(b_{p_1+1}) & \cdots & r_{p_1+1\ q}(b_{p_1+1}) \\ \vdots & & \vdots \\ r_{p\ q_1+1}(b_p) & \cdots & r_{pq}(b_p) \end{pmatrix} .$$

Sind alle $p+q$ Merkmale gleichberechtigt ($p_1 = q_1 = 0$), so eignen sich die Kriterien der minimalen Determinante und der maximalen Maximum-Exzentrizität, vgl. auch Abschnitt 4.2, zur Skalierung der p kategoriellen Merkmale, denn sie werden dann so skaliert, daß sich alle $p+q$ Merkmale gegenseitig möglichst gut erklären.

Beim *Kriterium der minimalen Determinante* wird $\ln(\det R_Z(b))$ bzgl. der Gewichtsvektoren $b_1,\ldots,b_p$ der kategoriellen Merkmale minimiert, wobei man sich zunutze machen kann, daß für die partiellen Ableitungen nach den b_{ik} für $i=1,\ldots,p$ und $k=1,\ldots,\ell_i-1$ gilt

$$\frac{\partial \ln(\det R_Z(b))}{\partial b_{ik}} = 2 \sum_{\substack{\nu=1 \\ \nu\neq i}}^{p+q} r^{i\nu}(b) \cdot \frac{\partial r_{i\nu}(b)}{\partial b_{ik}} ,$$

wobei mit

$$(R_Z(b))^{-1} = \begin{pmatrix} r^{11}(b) & r^{12}(b) & \dots & r^{1\ p+q}(b) \\ \vdots & \vdots & & \vdots \\ r^{1\ q+p}(b) & r^{2\ p+q}(b) & \dots & r^{p+q\ p+q}(b) \end{pmatrix}$$

die Inverse von $R_Z(b)$ bezeichnet sei.

Das *Kriterium der maximalen Maximum - Exzentrizität* führt zu einer direkten Erweiterung der Skalierung zweier Merkmale, vgl. Abschnitt 2. Hier wird die Maximum - Exzentrizität

$$\text{maex}(b) = \frac{\lambda_1(b) - \lambda_{p+q}(b)}{\lambda_1(b) + \lambda_{p+q}(b)} \quad ,$$

wobei $\lambda_1(b)$ den größten und $\lambda_{p+q}(b)$ den kleinsten Eigenwert von $R_Z(b)$ bezeichnet, des Korrelationsellipsoids zur Korrelationsmatrix $R_Z(b)$ bzgl. der Gewichtsvektoren $b_1,\dots,b_p$ maximiert. Bezeichnen $f_1(b)$ und $f_{p+q}(b)$ auf Länge Eins normierte Eigenvektoren zu den Eigenwerten $\lambda_1(b)$ bzw. $\lambda_{p+q}(b)$, so sind für $i=1,\dots,p$ und $k=1,\dots,\ell_i-1$ die partiellen Ableitungen von maex(b) gerade

$$\frac{\partial \text{maex}(b)}{\partial b_{ik}} = \frac{1}{\lambda_1(b)+\lambda_{p+q}(b)} \left((1-\text{maex}(b)) \cdot \frac{\partial \lambda_1(b)}{\partial b_{ik}} - (1+\text{maex}(b)) \cdot \frac{\partial \lambda_{p+q}(b)}{\partial b_{ik}} \right)$$

mit

$$\frac{\partial \lambda_t(b)}{\partial b_{ik}} = 2 \cdot f_{ti}(b) \sum_{\substack{\nu=1 \\ \nu \neq i}}^{p+q} f_{t\nu}(b) \cdot \frac{\partial r_{i\nu}(b)}{\partial b_{ik}} \qquad \text{für } t=1,p+q \ .$$

Ist eines der $p+q$ Merkmale als Kriteriumsvariable ausgezeichnet, so eignet sich die *maximale multiple Korrelation* zwischen diesem Merkmal und den übrigen $p+q-1$ Merkmalen als Skalierungskriterium. In diesem Falle wird also je nachdem, ob die Kriteriumsvariable stetig ($p_1 = 0$, $q_1 = 1$) oder kategoriell ($p_1 = 1$, $q_1 = 0$) ist, die Funktion

$$r^2(b) = \begin{pmatrix} R_{YX(p,1)}(b) \\ R_{X(q,1)}(b) \end{pmatrix}^T \begin{pmatrix} R_{Y(p)}(b) & R_{YX(p,q)}(b) \\ R_{XY(q,p)}(b) & R_{X(q)}(b) \end{pmatrix}^{-1} \begin{pmatrix} R_{YX(p,1)}(b) \\ R_{X(q,1)}(b) \end{pmatrix}$$

bzw.

$$r^2(b) = \begin{pmatrix} R_{Y(p,1)}(b) \\ R_{XY(q,1)}(b) \end{pmatrix}^T \begin{pmatrix} R_{Y(p)}(b) & R_{YX(p,q)}(b) \\ R_{XY(q,p)}(b) & R_{X(q)}(b) \end{pmatrix}^{-1} \begin{pmatrix} R_{Y(p,1)}(b) \\ R_{XY(q,1)}(b) \end{pmatrix}$$

maximiert. Mit

$$\begin{pmatrix} R_{Y(p)}(b) & R_{YX(p,q)}(b) \\ R_{XY(q,p)}(b) & R_{X(q)}(b) \end{pmatrix}^{-1} = \begin{pmatrix} r^{22}(b) & r^{23}(b) & \dots & r^{2\;p+q}(b) \\ \vdots & \vdots & & \vdots \\ r^{p+q\;2}(b) & r^{p+q\;3}(b) & \dots & r^{p+q\;p+q}(b) \end{pmatrix}$$

lassen sich die partiellen Ableitungen von $r^2(b)$ nach den Komponenten b_{ik} der Gewichtsvektoren $b_1,\dots,b_p$ wie folgt schreiben. Ist die Kriteriumsvariable kategoriell, so ist für $k=1,\dots,\ell_i-1$

$$\frac{\partial r^2(b)}{\partial b_{1k}} = 2 \sum_{\nu_1=2}^{p+q} \sum_{\nu_2=2}^{p+q} r^{\nu_1\nu_2}(b)\cdot r_{1\nu_1}(b)\cdot\frac{\partial r_{1\nu_2}(b)}{\partial b_{1k}} \quad ;$$

und weiter ist in diesem Falle für $i=2,\dots,p$ und $k=1,\dots,\ell_i-1$

$$\frac{\partial r^2(b)}{\partial b_{ik}} = 2 \left(\sum_{\nu_1=1}^{p+q} r^{i\nu_1}(b)\cdot r_{1\nu_1}(b)\right)\left(\frac{\partial r_{1i}(b)}{\partial b_{ik}} - \sum_{\substack{\nu_2=1\\ \nu_2\neq i}}^{p+q} \left[\frac{\partial r_{i\nu_2}(b)}{\partial b_{ik}} \sum_{\nu_3=1}^{p+q} r^{\nu_2\nu_3}(b)\cdot r_{1\nu_3}(b)\right]\right) \quad ;$$

diese letztere Form der partiellen Ableitungen gilt im Falle einer stetigen Kriteriumsvariablen für $i=1,\dots,p$ und $k=1,\dots,\ell_i$.

Sind schließlich mehrere der $p+q$ Merkmale, höchstens jedoch $p+q-2$, als Kriteriumsvariablen ausgezeichnet, so ist die *maximale erste kanonische Korrelation* ein geeignetes Skalierungskriterium. Sind p_1 kategorielle Merkmale $\mathfrak{Y}_1=\mathfrak{Z}_1,\dots,\mathfrak{Y}_{p_1}=\mathfrak{Z}_{p_1}$ und q_1 stetige Merkmale $\mathfrak{X}_1=\mathfrak{Z}_{p_1+1},\dots,\mathfrak{X}_{q_1}=\mathfrak{Z}_{p_1+q_1}$ ausgezeichnet, so wird die (erste) kanonische Korrelation zwischen $\mathfrak{Z}_1,\dots,\mathfrak{Z}_{p_1+q_1}$ und $\mathfrak{Z}_{p_1+q_1+1},\dots,\mathfrak{Z}_{p+q}$ in Abhängigkeit von den Gewichtsvektoren $b_1=b_1^*,\dots,b_{p_1}=b_{p_1}^*$, $b_{p_1+1}=b_{p_1+q_1+1}^*,\dots,b_p=b_{p+q_1}^*$ maximiert. Hierbei kann es natürlich sein, daß alle Kriteriumsvariablen kategoriell ($q_1=0$) oder stetig ($p_1=0$) sind, jedoch muß gelten $p_1+q_1\geq 2$. Die kanonische Korrelation ist gerade die Quadratwurzel aus dem größten Eigenwert $\lambda(b)$ der Matrix

$$A = \begin{pmatrix} R_{Y(p_1)}(b) & R_{YX(p_1,q_1)}(b) \\ R_{XY(q_1,p_1)}(b) & R_{X(q_1)}(b) \end{pmatrix}^{-1} \cdot \begin{pmatrix} R_{Y(p_1,p)}(b) & R_{YX(p_1,q)}(b) \\ R_{XY(q_1,p)}(b) & R_{X(q_1,q)}(b) \end{pmatrix}$$
$$\cdot \begin{pmatrix} R_{Y(p)}(b) & R_{YX(p,q)}(b) \\ R_{XY(q,p)}(b) & R_{X(q)}(b) \end{pmatrix}^{-1} \cdot \begin{pmatrix} R_{Y(p,p_1)}(b) & R_{YX(p,q_1)}(b) \\ R_{XY(q,p_1)}(b) & R_{X(q,q_1)}(b) \end{pmatrix} ,$$

so daß wir hier also $\lambda(b)$ bzgl. $b_1^*,\dots,b_{p_1}^*, b_{p_1+q_1+1}^*,\dots,b_{p+q_1}^*$ maximieren müssen. Bezeichnen $f(b)$ und $g(b)$, $g(b)^T f(b)=1$, Eigenvektoren zum Eigenwert $\lambda(b)$ der Matrix A bzw. A^T, und setzt man

$$\begin{pmatrix} R_{Y(p_1)}(b) & R_{YX(p_1,q_1)}(b) \\ R_{XY(q_1,p_1)}(b) & R_{X(q_1)}(b) \end{pmatrix}^{-1} = \begin{pmatrix} r^{11}(b) & r^{12}(b) & \dots & r^{1\ p_1+q_1}(b) \\ \vdots & \vdots & & \vdots \\ r^{p_1+q_1\ 1}(b) & r^{p_1+q_1\ 2}(b) & \dots & r^{p_1+q_1\ p_1+q_1}(b) \end{pmatrix},$$

$$\begin{pmatrix} R_{Y(p)}(b) & R_{YX(p,q)}(b) \\ R_{XY(q,p)}(b) & R_{X(q)}(b) \end{pmatrix}^{-1} = \begin{pmatrix} r^{p_1+q_1+1\ p_1+q_1+1}(b) & \dots & r^{p_1+q_1+1\ p+q}(b) \\ \vdots & & \vdots \\ r^{p_1+q_1+1\ p+q}(b) & \dots & r^{p+q\ p+q}(b) \end{pmatrix},$$

so ergeben sich die partiellen Ableitungen von $\lambda(b)$ nach den Komponenten b^*_{ik} der Gewichtsvektoren für $i=1,\dots,p_1$ und $k=1,\dots,\ell_i-1$ zu

$$\begin{aligned} \frac{\partial\lambda(b)}{\partial b^*_{ik}} = \sum_{\nu_1=1}^{p_1+q_1} \sum_{\nu_2=1}^{p_1+q_1} \sum_{\omega_1=p_1+q_1+1}^{p+q} \sum_{\omega_2=p_1+q_1+1}^{p+q} & g_{\nu_1}(b)\cdot r^{\omega_1\omega_2}(b)\cdot\Bigg\{ f_{\nu_2}(b)\cdot r_{\nu_2\omega_1}(b) \\ & \cdot\Bigg(r^{\nu_1 i}(b)\Bigg[\frac{\partial r_{i\omega_2}(b)}{\partial b^*_{ik}} - \sum_{\nu_3=1}^{p_1+q_1} \sum_{\substack{\nu_4=1\\ \nu_4\neq i}}^{p_1+q_1} r_{\nu_3\omega_2}(b)\cdot r^{\nu_3\nu_4}(b)\cdot\frac{\partial r_{i\nu_4}(b)}{\partial b^*_{ik}}\Bigg] \\ & - \sum_{\nu_3=1}^{p_1+q_1} \sum_{\substack{\nu_4=1\\ \nu_4\neq i}}^{p_1+q_1} r_{\nu_3\omega_1}(b)\cdot r^{i\nu_3}(b)\cdot r^{\nu_1\nu_4}(b)\cdot\frac{\partial r_{i\nu_4}(b)}{\partial b^*_{ik}}\Bigg) \\ & + f_i(b)\cdot r_{\nu_2\omega_1}(b)\cdot r^{\nu_1\nu_2}(b)\cdot\frac{\partial r_{i\omega_2}(b)}{\partial b^*_{ik}}\Bigg\}\ . \end{aligned}$$

Für $i=p_1+q_1+1,\dots,p+q_1$ und $k=1,\dots,\ell_i-1$ sind die ersten partiellen Ableitungen des Eigenwerts $\lambda(b)$ nach den Komponenten b^*_{ik} der Gewichtsvektoren $b_{p_1+1},\dots,b_p$ gerade

$$\begin{aligned} \frac{\partial\lambda(b)}{\partial b^*_{ik}} = \sum_{\nu_1=1}^{p_1+q_1} \sum_{\nu_2=1}^{p_1+q_1} \sum_{\nu_3=1}^{p_1+q_1} \sum_{\omega_1=p_1+q_1+1}^{p+q} & g_{\nu_1}(b)\cdot f_{\nu_3}(b)\cdot r^{\nu_1\nu_2}(b)\cdot r^{\omega_1 i}(b) \\ & \cdot\Bigg\{ r_{\omega_1\nu_3}(b)\Bigg(\frac{\partial r_{i\nu_2}(b)}{\partial b^*_{ik}} - \sum_{\omega_2=p_1+q_1+1}^{p+q} \sum_{\substack{\omega_3=p_1+q_1+1\\ \omega_3\neq i}}^{p+q} r_{\nu_2\omega_2}(b)\cdot r^{\omega_2\omega_3}(b)\cdot\frac{\partial r_{i\omega_3}(b)}{\partial b^*_{ik}}\Bigg) \\ & + r_{\omega_1\nu_2}(b)\Bigg(\frac{\partial r_{i\nu_3}(b)}{\partial b^*_{ik}} - \sum_{\omega_2=p_1+q_1+1}^{p+q} \sum_{\substack{\omega_3=p_1+q_1+1\\ \omega_3\neq i}}^{p+q} r_{\nu_3\omega_2}(b)\cdot r^{\omega_2\omega_3}(b)\cdot\frac{\partial r_{i\omega_3}(b)}{\partial b^*_{ik}}\Bigg)\Bigg\}. \end{aligned}$$

Unter Verwendung der partiellen Ableitungen der verschiedenen Skalierungsfunktionen, können nun *Gradientenverfahren*, wie z.B. die von Davidon/Fletcher/Powell (vgl. Fletcher/Powell (1963)) oder Polak/Ribière (vgl. Polak/Ribière (1969)) verwandt werden, um die Funktionen zu optimieren; man vgl. hierzu auch die Bücher von z.B. Himmelblau (1972), Blum/Oettli (1975), Großmann/Kleinmichel (1976). Dazu werden *Startwerte* $b_1^o, \ldots, b_p^o$ für die Gewichtsvektoren $b_1, \ldots, b_p$ benötigt, die man sich am besten, analog wie in Abschnitt 4 beschrieben, aus den paarweisen Skalierungen der kategoriellen Merkmale, vgl. Abschnitt 2, sowie den *Einzelskalierungen der kategoriellen Merkmale gegen die stetigen Merkmale* beschafft. Im letzteren Fall kann man bei der Skalierung von $\mathfrak{y}_i$ gegen $\mathfrak{x}_\nu$ die Korrelation $r_{X_\nu U_i}(b_i)$ maximieren, was auf

$$b_i = (R^*_{X_\nu U_i})^T \Big/ \sqrt{R^*_{X_\nu U_i}(R^*_{X_\nu U_i})^T}$$

führt, oder man faßt die beobachteten Realisationen $x_{1i} = x_{1i}, \ldots, x_{ni} = x_{ni}$ als Kategorien auf und bestimmt mit dem Verfahren aus Abschnitt 1.2 Skalenwerte für die Ausprägungen des kategoriellen Merkmals $\mathfrak{y}_i$, was wir im folgenden Beispiel vorführen werden. Bei der expliziten Maximierung ergeben sich die Skalenwerte natürlich aus b_i wie weiter vorne angegeben.

Beispiel: Um festzustellen, welchen Einfluß die Werbung auf den Verkauf von Produkten hat, werden bei zehn verschiedenen Artikeln einerseits die Art der Werbung $\mathfrak{y}_2$ (aggressiv, einschmeichelnd, erlebnisweckend) und die Werbeausgaben $\mathfrak{x}_2$ in 10000 DM sowie andererseits der Geschäftstyp mit relativ höchstem Absatz $\mathfrak{y}_1$ (Kaufhaus, Supermarkt, Kleingeschäft) und der Gewinn $\mathfrak{x}_1$ in 100000 DM erhoben; die Ausprägungen der kategoriellen Merkmale $\mathfrak{y}_1$ und $\mathfrak{y}_2$ sind in der Tab.41 jeweils mit 1, 2, 3 codiert.

Tab.41: Geschäftstyp mit relativ höchstem Absatz $\mathfrak{y}_1$, Gewinn $\mathfrak{x}_1$, Werbeart $\mathfrak{y}_2$ und Werbeausgaben $\mathfrak{y}_2$ bei n=10 Produkten

Produkt i	Geschäftstyp $\mathfrak{y}_1$	Gewinn $\mathfrak{x}_1$	Werbeart $\mathfrak{y}_2$	Werbeausgaben $\mathfrak{x}_2$
1	2	15	1	21
2	2	7	2	10
3	2	12	1	17
4	1	25	1	23
5	3	3	2	2
6	1	10	3	12
7	3	9	3	15
8	1	17	2	20
9	3	2	3	5
10	1	8	2	12

Skaliert man nun die Merkmale $\mathfrak{y}_1$ und $\mathfrak{y}_2$ nach dem Kriterium der kanonischen Korrelation, d.h. maximiert man die kanonische Korrelation zwischen $\mathfrak{y}_1,\mathfrak{x}_1$ und $\mathfrak{y}_2,\mathfrak{x}_2$, so läßt sich der Einfluß der Werbung auf den Verkauf mittels multivariater Regressionsanalyse, vgl. Kap.X, analysieren.

Zunächst ergibt sich aus Tab.41

$$S^*_{X_1X_1} = \sum_{j=1}^{10} (x_{1j} - \bar{x}_1)^2 = 424.1 \ , \quad S^*_{X_2X_2} = \sum_{j=1}^{10} (x_{2j} - \bar{x}_2)^2 = 423.6 \ ,$$

$$S^*_{X_1X_2} = \sum_{j=1}^{10} (x_{1j} - \bar{x}_1)(x_{2j} - \bar{x}_2) = 391.4 \ ,$$

$$S^*_{U_1U_1} = \begin{pmatrix} 4 & 0 & 0 \\ 0 & 3 & 0 \\ 0 & 0 & 3 \end{pmatrix} - \frac{1}{10}\cdot\begin{pmatrix} 16 & 12 & 12 \\ 12 & 9 & 9 \\ 12 & 9 & 9 \end{pmatrix} = \frac{1}{10}\cdot\begin{pmatrix} 24 & -12 & -12 \\ -12 & 21 & -9 \\ -12 & -9 & 21 \end{pmatrix} \ ,$$

$$S^*_{U_2U_2} = \begin{pmatrix} 3 & 0 & 0 \\ 0 & 4 & 0 \\ 0 & 0 & 3 \end{pmatrix} - \frac{1}{10}\cdot\begin{pmatrix} 9 & 12 & 9 \\ 12 & 16 & 12 \\ 9 & 12 & 9 \end{pmatrix} = \frac{1}{10}\cdot\begin{pmatrix} 21 & -12 & -9 \\ -12 & 24 & -12 \\ -9 & -12 & 21 \end{pmatrix} \ ,$$

$$S^*_{U_1U_2} = \begin{pmatrix} 1 & 2 & 1 \\ 2 & 1 & 0 \\ 0 & 1 & 2 \end{pmatrix} - \frac{1}{10}\cdot\begin{pmatrix} 12 & 16 & 12 \\ 9 & 12 & 9 \\ 9 & 12 & 9 \end{pmatrix} = \frac{1}{10}\cdot\begin{pmatrix} -2 & 4 & -2 \\ 11 & -2 & -9 \\ -9 & -2 & 11 \end{pmatrix} \ ,$$

$$S^*_{X_1U_1} = (16.8, 1.6, -18.4) \ , \quad S^*_{X_1U_2} = (19.6, -8.2, -11.4) \ ,$$

$$S^*_{X_2U_1} = (12.2, 6.9, -19.1) \ \text{und} \ S^*_{X_2U_2} = (19.9, -10.8, -9.1)$$

so daß mit

$$L_{X_1} = \sqrt{424.1} = 20.59369 \ , \quad L_{X_2} = \sqrt{423.6} = 20.58155 \ ,$$

$$L_{U_1} = \frac{1}{\sqrt{210}}\cdot\begin{pmatrix} -\sqrt{360} & -12 \\ \sqrt{360} & -9 \\ 0 & 21 \end{pmatrix} \ , \quad L^+_{U_1} = \frac{1}{63}\cdot\sqrt{\frac{7}{12}}\cdot\begin{pmatrix} -30 & 33 & -3 \\ -\sqrt{360} & -\sqrt{360} & 2\cdot\sqrt{360} \end{pmatrix} ,$$

$$L_{U_2} = \frac{1}{\sqrt{210}}\cdot\begin{pmatrix} -\sqrt{360} & -9 \\ \sqrt{360} & -12 \\ 0 & 21 \end{pmatrix} \ , \quad L^+_{U_2} = \frac{1}{63}\cdot\sqrt{\frac{7}{12}}\cdot\begin{pmatrix} -33 & 30 & 3 \\ -\sqrt{360} & -\sqrt{360} & 2\cdot\sqrt{360} \end{pmatrix}$$

dann für die Korrelationsmatrizen der stetigen und der Dummy - Variablen gilt:

$$R^*_{X_1X_2} = r_{12} = S^*_{X_1X_2}/(L_{X_1}L_{X_2}) = 0.92344 \ ,$$

$$R^*_{U_1U_2} = L^+_{U_1}\cdot S^*_{U_1U_2}\cdot(L^+_{U_2})^T = \begin{pmatrix} -0.30952 & -0.22588 \\ 0.22588 & 0.52381 \end{pmatrix} \ ,$$

$$R^*_{X_1U_1} = S^*_{X_1U_1}\cdot(L^+_{U_1})^T/L_{X_1} = (-0.23312, -0.61656) \ ,$$

$$R^*_{X_1U_2} = (-0.54571,-0.38222)\ ,\quad R^*_{X_2U_1} = (-0.04771,-0.64001)\ \text{ und}$$
$$R^*_{X_2U_2} = (-0.59375,-0.30511)\quad .$$

Damit ist die Korrelationsmatrix der vier Merkmale in Abhängigkeit von den Gewichtsvektoren b_1, b_2 zu den kategoriellen Merkmalen $\mathfrak{y}_1$, $\mathfrak{y}_2$ gerade

$$R_{XY}(b) = \begin{pmatrix} 1 & r_{12} & r_{11}(b_1) & r_{12}(b_2) \\ r_{12} & 1 & r_{21}(b_1) & r_{22}(b_2) \\ r_{11}(b_1) & r_{21}(b_1) & 1 & r_{12}(b_1,b_2) \\ r_{12}(b_2) & r_{22}(b_2) & r_{12}(b_1,b_2) & 1 \end{pmatrix}$$

$$= \begin{pmatrix} 1 & 0.92344 & R^*_{X_1U_1}b_1/\sqrt{b_1^Tb_1} & R^*_{X_1U_2}b_2/\sqrt{b_2^Tb_2} \\ 0.92344 & 1 & R^*_{X_2U_1}b_1/\sqrt{b_1^Tb_1} & R^*_{X_2U_2}b_2/\sqrt{b_2^Tb_2} \\ R^*_{X_1U_1}b_1/\sqrt{b_1^Tb_1} & R^*_{X_2U_1}b_1/\sqrt{b_1^Tb_1} & 1 & b_1^TR^*_{U_1U_2}b_2/\sqrt{b_1^Tb_1b_2^Tb_2} \\ R^*_{X_1U_2}b_2/\sqrt{b_2^Tb_2} & R^*_{X_2U_2}b_2/\sqrt{b_2^Tb_2} & b_1^TR^*_{U_1U_2}b_2/\sqrt{b_1^Tb_1b_2^Tb_2} & 1 \end{pmatrix}$$

bzw. mit $\mathfrak{y}_1 = \mathfrak{z}_1$, $\mathfrak{x}_1 = \mathfrak{z}_2$, $\mathfrak{y}_2 = \mathfrak{z}_3$, $\mathfrak{x}_2 = \mathfrak{z}_4$

$$R_Z(b) = \begin{pmatrix} 1 & r_{12}(b) & r_{13}(b) & r_{14}(b) \\ r_{12}(b) & 1 & r_{23}(b) & r_{24}(b) \\ r_{13}(b) & r_{23}(b) & 1 & r_{34}(b) \\ r_{14}(b) & r_{24}(b) & r_{34}(b) & 1 \end{pmatrix} = \begin{pmatrix} 1 & r_{11}(b_1) & r_{12}(b_1,b_2) & r_{21}(b_1) \\ r_{11}(b_1) & 1 & r_{12}(b_2) & r_{12} \\ r_{12}(b_1,b_2) & r_{12}(b_2) & 1 & r_{22}(b_2) \\ r_{21}(b_1) & r_{12} & r_{22}(b_2) & 1 \end{pmatrix} .$$

Nun müssen zunächst Startwerte $b_1^o = b_1^{*o}$, $b_2^o = b_3^{*o}$ für die Gewichtsvektoren $b_1 = b_1^*$ und $b_2 = b_3^*$ bestimmt werden. Dazu skalieren wir $\mathfrak{y}_1$ gegen $\mathfrak{y}_2$, $\mathfrak{y}_1$ gegen $\mathfrak{x}_2$ und $\mathfrak{y}_2$ gegen $\mathfrak{x}_1$ und mitteln dann die beiden resultierenden Werte für b_1 und b_2.

Bei der Skalierung von $\mathfrak{y}_1$ gegen $\mathfrak{y}_2$ ergibt sich, vgl. Abschnitt 1.2,

$$Q = \begin{pmatrix} 0.01667 & -0.00962 & -0.00962 \\ -0.00962 & 0.22778 & -0.21667 \\ -0.00962 & -0.21667 & 0.22778 \end{pmatrix}$$

mit

$$\lambda_G = 0.44444 \quad \text{und} \quad f = (0,-1,1)^T\quad ,$$

so daß sich wegen

$$\alpha_1 = 0\ ,\ \alpha_2 = -1/\sqrt{3} \text{ und } \alpha_3 = 1/\sqrt{3}$$

die Skalenwerte für das Merkmal $\mathfrak{y}_1$ zu

$$y_{11} = 0\ ,\quad y_{12} = -\sqrt{5/3}\ ,\quad y_{13} = \sqrt{5/3}$$

ergeben; weiterhin berechnet sich dann

$$\beta_1 = -2/\sqrt{27}\ ,\ \beta_2 = 0\ ,\ \beta_3 = 2/\sqrt{27}\ ,$$

und die Skalenwerte für das Merkmal $\mathfrak{Y}_2$ sind

$$y_{21} = -\sqrt{5/3}\ ,\ y_{22} = 0\ ,\ y_{23} = \sqrt{5/3}\ .$$

Nun wird das Merkmal $\mathfrak{Y}_2$ gegen $\mathfrak{X}_1$ skaliert. Dazu fassen wir die Ausprägungen von $\mathfrak{X}_1$ als Kategorien auf,d.h. wir bilden die Kontingenztafel aus Tab.42 aus der sich die Matrix

$$Q = \frac{1}{10}\cdot\begin{pmatrix} 7 & -\sqrt{12} & -3 \\ -\sqrt{12} & 6 & -\sqrt{12} \\ -3 & -\sqrt{12} & 7 \end{pmatrix}$$

ergibt, vgl. auch Abschnitt 1.2.

Tab.42: Kontingenztafel für die Skalierung von $\mathfrak{Y}_2$ gegen $\mathfrak{X}_1$

$\mathfrak{Y}_2$ \ $\mathfrak{X}_1$	2	3	7	8	9	10	12	15	17	25	Σ
1	0	0	0	0	0	0	1	1	0	1	3
2	0	1	1	1	0	0	0	0	1	0	4
3	1	0	0	0	1	1	0	0	0	0	3
Σ	1	1	1	1	1	1	1	1	1	1	10

Der größte Eigenwert der Matrix Q ist hier

$$\lambda_G = 1 \quad \text{mit} \quad f = (1,-\sqrt{3},1)^T\ ,$$

so daß sich

$$\alpha_1 = 1/\sqrt{3}\ ,\ \alpha_2 = -\sqrt{3/4}\ ,\ \alpha_3 = 1/\sqrt{3}$$

und somit

$$y_{21} = \sqrt{2/3}\ ,\ y_{22} = -\sqrt{3/2}\ ,\ y_{32} = \sqrt{2/3}$$

ergibt.

Bei Verwendung des anderen angegebenen Verfahrens zur Skalierung kategorieller gegen stetige Merkmale hätten sich hier mit

$$b_2' = (R^*_{X_1U_2})^T \Big/ \sqrt{R^*_{X_1U_2}(R^*_{X_1U_2})^T} = \frac{1}{0.66625}\begin{pmatrix}-0.54571\\-0.38222\end{pmatrix} = \begin{pmatrix}-0.81908\\-0.57369\end{pmatrix}$$

die Skalenwerte für das Merkmal $\mathfrak{Y}_2$ ergeben zu

$$y_{21}' = 1.50600,\ y_{22}' = -0.47226,\ y_{23}' = -0.87632\ .$$

Genauso skalieren wir nun noch ausgehend von Tab.43 das Merkmal $\mathfrak{y}_1$ gegen $\mathfrak{x}_2$.

Tab.43: Kontingenztafel für die Skalierung von $\mathfrak{y}_1$ gegen $\mathfrak{x}_2$

$\mathfrak{y}_1$ \ $\mathfrak{x}_2$	2	5	10	12	15	17	20	21	23	$\sum$
1	0	0	0	2	0	0	1	0	1	4
2	0	0	1	0	0	1	0	1	0	3
3	1	1	0	0	1	0	0	0	0	3
$\sum$	1	1	1	2	1	1	1	1	1	10

Hier ergibt sich

$$Q = \frac{1}{10}\begin{pmatrix} 6 & -\sqrt{12} & -\sqrt{12} \\ -\sqrt{12} & 7 & -3 \\ -\sqrt{12} & -3 & 7 \end{pmatrix}$$

mit

$$\lambda_G = 1 \quad \text{und} \quad f = (-\sqrt{3},1,1)^T \quad ,$$

d.h.

$$\alpha_1 = -\sqrt{3/4} \ , \quad \alpha_2 = 1/\sqrt{3} \ , \quad \alpha_3 = 1/\sqrt{3}$$

und somit

$$y_{11} = -\sqrt{3/2} \ , \quad y_{12} = \sqrt{2/3} \ , \quad y_{13} = \sqrt{2/3} \quad .$$

Als mittleren Skalenwertevektor erhalten wir aus diesen paarweisen Skalierungen

$$\bar{y}_1 = (\bar{y}_{11},\bar{y}_{12},\bar{y}_{13})^T = (-0.61237,-0.23725,1.05375)^T$$

bzw.

$$\bar{y}_2 = (\bar{y}_{21},\bar{y}_{22},\bar{y}_{23})^T = (-0.23725,-0.61237,1.05375)^T \quad ,$$

so daß wir als Startwerte für die Maximierung der kanonischen Korrelation zwischen $\mathfrak{y}_1,\mathfrak{x}_1$ und $\mathfrak{y}_2,\mathfrak{x}_2$ die Vektoren

$$b_1^o = b_1^{*o} = L_{U_1}^T \cdot \bar{y}_1 = (\ 0.49115,2.18147)^T \quad ,$$

$$b_2^o = b_3^{*o} = L_{U_2}^T \cdot \bar{y}_2 = (-0.49115,2.18147)^T$$

verwenden.

Die mittleren Skalenwertevektoren $\bar{y}_1$ und $\bar{y}_2$ können noch auf Varianz Eins normiert werden, bevor b_1^o und b_2^o berechnet werden. Hier würde sich

$$\bar{y}_1' = (-0.86602,-0.33552,1.49023)^T \quad ,$$

$$\bar{y}_2' = (-0.33552,-0.86602,1.49023)^T$$

und daraus dann

$$b_1'^{o} = (\ 0.69459,3.08506)^T \quad ,$$

$$b_2'^{o} = (-0.69459,3.08506)^T$$

ergeben. Da aber intern wegen der Division der Gewichtsvektoren durch ihre Norm diese auf Länge Eins normiert werden, hat die Normierung der mittleren Skalenwertevektoren keinen Einfluß auf die Skalierung und kann daher auch unterlassen werden.

Für diese Startwerte berechnet sich

$$R_Z(b^o) = \begin{pmatrix} 1 & -0.65271 & 0.41667 & -0.63486 \\ -0.65271 & 1 & -0.25302 & 0.92344 \\ 0.41667 & -0.25302 & 1 & -0.16724 \\ -0.63486 & 0.92344 & -0.16724 & 1 \end{pmatrix}$$

und somit ist die kanonische Korrelation von $\mathfrak{x}_1,\mathfrak{y}_1$ und $\mathfrak{x}_2,\mathfrak{y}_2$ gerade die Quadratwurzel aus dem größten Eigenwert

$$\lambda(b^o) = 0.86959$$

der Matrix

$$\begin{pmatrix} 1 & -0.65271 \\ -0.65271 & 1 \end{pmatrix}^{-1} \cdot \begin{pmatrix} 0.41667 & -0.63486 \\ -0.25302 & 0.92344 \end{pmatrix} \begin{pmatrix} 1 & -0.16724 \\ -0.16724 & 1 \end{pmatrix}^{-1}$$

$$\begin{pmatrix} 0.41667 & -0.25302 \\ -0.63486 & 0.92344 \end{pmatrix} = \begin{pmatrix} 0.17252 & -0.09517 \\ -0.50514 & 0.80062 \end{pmatrix} \quad ,$$

d.h. es ist

$$r(b^o) = \sqrt{0.86959} = 0.93252 \quad .$$

Wir benötigen nun im ersten Schritt Eigenvektoren $f(b^o)$, $g(b^o)$ mit $g(b^o)^T f(b^o) = 1$, z.B.

$$f(b^o) = (1.0000,-7.3240)^T, \ g(b^o) = (0.0900,-0.1242)^T$$

sowie die partiellen Ableitungen der Elemente von $R_{XY}(b^o)$ bzw. $R_Z(b^o)$ nach den Komponenten b_{11}^o, b_{12}^o von b_1^o und b_{21}^o, b_{22}^o von b_2^o. Hier ergibt sich

$$\frac{\partial r_{11}(b_1^o)}{\partial b_{11}^o} = -0.04014 \ , \quad \frac{\partial r_{11}(b_1^o)}{\partial b_{12}^o} = 0.00904 \quad ,$$

$$\frac{\partial r_{12}(b_1^o)}{\partial b_{11}^o} = 0.04103 \ , \quad \frac{\partial r_{12}(b_1^o)}{\partial b_{12}^o} = -0.00924 \quad ,$$

$$\frac{\partial r_{21}(b_2^o)}{\partial b_{21}^o} = -0.26890 \ , \quad \frac{\partial r_{21}(b_2^o)}{\partial b_{22}^o} = -0.06054 \ ,$$

$$\frac{\partial r_{22}(b_2^o)}{\partial b_{21}^o} = -0.28196 \ , \quad \frac{\partial r_{22}(b_2^o)}{\partial b_{22}^o} = -0.06348 \ ,$$

$$\frac{\partial r_{12}(b_1^o,b_2^o)}{\partial b_{11}^o} = -0.10907 \ , \quad \frac{\partial r_{12}(b_1^o,b_2^o)}{\partial b_{12}^o} = 0.02456 \ ,$$

$$\frac{\partial r_{12}(b_1^o,b_2^o)}{\partial b_{21}^o} = \ 0.10907 \ , \quad \frac{\partial r_{12}(b_1^o,b_2^o)}{\partial b_{22}^o} = 0.02456 \ ,$$

und alle übrigen partiellen Ableitungen haben den Wert Null, so daß sich die partiellen Ableitungen des größten Eigenwerts $\lambda(b^o)$ ergeben zu

$$\frac{\partial\lambda(b^o)}{\partial b_{11}^o} = -0.0208 \ , \quad \frac{\partial\lambda(b^o)}{\partial b_{12}^o} = 0.0047 \ ,$$

$$\frac{\partial\lambda(b^o)}{\partial b_{21}^o} = 0.0015 \quad \text{und} \quad \frac{\partial\lambda(b^o)}{\partial b_{22}^o} = 0.0003 \quad .$$

Bestimmt man nun die Vektoren b_1^1, b_2^1 im ersten Schritt mittels des einfachen Vorgehens

$$b_{ik}^1 = b_{ik}^o + \theta\cdot\frac{\partial\lambda(b^o)}{\partial b_{ik}^o} \qquad \text{für } i=1,2 \text{ und } k=1,2 \ ,$$

so erreicht man hier nur noch eine leichte Verbesserung der kanonischen Korrelation gegenüber dem Anfangswert 0.93252. Die Anfangswerte für b_1 und b_2 liefern also schon nahezu ein zumindest lokales Maximum, dem man sich mittels obigen Verfahrens nur noch wenig nähern kann. Hier müßten dann feinere Verfahren, z.B. das von Davidon/Fletcher/Powell, vgl. Fletcher/Powell (1963), welche die zweiten Ableitungen aus den ersten nachbilden und benutzen, eingesetzt werden. Um die Vorgehensweise an obigem einfachen Gradientenverfahren jedoch zu demonstrieren, setzen wir hier einmal $\theta = 0.4$, was eine geringfügige Vergrößerung der kanonischen Korrelation bewirkt.

Es ergibt sich dann mit $\theta = 0.4$

$$b_1^1 = b_1^{*1} = (0.48283, 2.18335)^T \ ,$$

$$b_2^1 = b_3^{*1} = (-0.49055, 2.18159)^T$$

und somit

$$R_Z(b^1) = \begin{pmatrix} 1 & -0.65235 & 0.41768 & -0.63521 \\ -0.65235 & 1 & -0.25319 & 0.92344 \\ 0.41768 & -0.25319 & 1 & -0.16742 \\ -0.63521 & 0.92344 & -0.16742 & 1 \end{pmatrix} .$$

Die kanonische Korrelation wird dann

$$r(b^1) = \sqrt{\lambda(b^1)} = \sqrt{0.86977} = 0.93261 \quad .$$

Wir wollen nun noch die Skalenwerte für $\mathfrak{y}_1$ und $\mathfrak{y}_2$ angeben, die aus b_1^1 und b_2^1 resultieren. Diese Skalenwerte können dann in die Datenmatrix aus Tab.41 eingesetzt werden, so daß dann die Verfahren für metrische Merkmale zur Analyse von Zusammenhängen zwischen $\mathfrak{x}_1, \mathfrak{y}_1$(Verkauf) und $\mathfrak{x}_2, \mathfrak{y}_2$ (Werbung) eingesetzt werden können. Der Vektor der Skalenwerte für das Merkmal $\mathfrak{y}_1$ ergibt sich aus b_1^1 zu

$$\alpha_1 = (-0.86271, -0.34121, 1.49149)^T ,$$

und der für $\mathfrak{y}_2$ ergibt sich zu

$$\alpha_2 = (-0.33593, -0.86579, 1.49031)^T \quad ;$$

eine *weitere Auswertung* dieses Beispiels erfolgt im Abschnitt 1.3 von Kap.X.

6 KORRESPONDENZANALYSE, GUTTMANSCHE SKALIERUNG UND DIE ALS-VERFAHREN

Im letzten Abschnitts dieses Kapitels wollen wir noch kurz einige weitere Skalierungsverfahren ansprechen, die zum Teil bei der Skalierung zweier kategorieller Merkmale mit den Verfahren aus Abschnitt 1.2 zusammenfallen.

Bei der *Korrespondenzanalyse* und auch bei der *Guttmanschen Skalierung* zweier kategorieller Merkmale $\mathfrak{x}$ und $\mathfrak{y}$ mit c bzw. ℓ Ausprägungen, vgl. z.B. Guttman (1941), Escofier-Cordier (1969), Hill (1974), Cailliez/Pages (1976), Bock (1980), wird jedem der Merkmale eine $\{0,1\}$-wertige c- bzw. ℓ-dimensionale Zufallsvariable U bzw. V zugeordnet. Die Realisation einer solchen Dummy-Variablen ist stets ein c- bzw. ℓ-dimensionaler Einheitsvektor, wobei die 1 an der k-ten Stelle steht, wenn für das Merkmal $\mathfrak{x}$ bzw. $\mathfrak{y}$ die k-te Ausprägung beobachtet wird. Werden die beiden Merkmale an n Objekten beobachtet, so entsteht durch Hintereinanderschreiben der Realisationen von U und V eine $n\times(c+\ell)$-dimensionale Datenmatrix A, deren Elemente nur Nullen und Einsen sind, und zwar stehen in jeder Zeile genau zwei

Einsen.

Berechnet man nun unter Verwendung dieser Datenmatrix die Kovarianzmatrizen

$$S_{UU} = \frac{1}{n} \cdot \begin{pmatrix} n_{1.} & 0 & \dots & 0 \\ 0 & n_{2.} & \dots & 0 \\ \vdots & \vdots & & \vdots \\ 0 & 0 & & n_{c.} \end{pmatrix} - \frac{1}{n^2} \cdot \begin{pmatrix} n_{1.} \\ n_{2.} \\ \vdots \\ n_{c.} \end{pmatrix} (n_{1.}, n_{2.}, \dots, n_{c.}) ,$$

$$S_{VV} = \frac{1}{n} \cdot \begin{pmatrix} n_{.1} & 0 & \dots & 0 \\ 0 & n_{.2} & \dots & 0 \\ \vdots & \vdots & & \vdots \\ 0 & 0 & & n_{.\ell} \end{pmatrix} - \frac{1}{n^2} \cdot \begin{pmatrix} n_{.1} \\ n_{.2} \\ \vdots \\ n_{.\ell} \end{pmatrix} (n_{.1}, n_{.2}, \dots, n_{.\ell})$$

für U und V, wobei $n_{1.}, \dots, n_{c.}$, $n_{.1}, \dots, n_{.\ell}$ die Spaltensummen der Datenmatrix bezeichnen, sowie die Kreuzkovarianzmatrix

$$S_{UV} = \frac{1}{n} \cdot \begin{pmatrix} n_{11} & \dots & n_{1\ell} \\ n_{21} & \dots & n_{2\ell} \\ \vdots & & \vdots \\ n_{c1} & \dots & n_{c\ell} \end{pmatrix} - \frac{1}{n^2} \cdot \begin{pmatrix} n_{1.} \\ n_{2.} \\ \vdots \\ n_{c.} \end{pmatrix} (n_{.1}, \dots, n_{.\ell}) ,$$

so werden bei der *Korrespondenzanalyse* die *Skalenwerte* für die c Ausprägungen des Merkmals $\mathfrak{X}$ als gewichtete, normierte Eigenvektoren zum größten Eigenwert λ_{1G} der Matrix

$$S_{UU}^{-} \cdot S_{UV} \cdot S_{VV}^{-} \cdot S_{UV}^{T}$$

und die Skalenwerte für die ℓ Ausprägungen des Merkmals $\mathfrak{Y}$ als gewichtete, normierte Eigenvektoren zum größten Eigenwert λ_{2G} der Matrix

$$S_{VV}^{-} \cdot S_{UV}^{T} \cdot S_{UU}^{-} \cdot S_{UV}$$

bestimmt, wobei S_{UU}^{-} und S_{VV}^{-} generalisierte Inverse von S_{UU} und S_{VV} bezeichnen, z.B.

$$S_{UU}^{-} = \begin{pmatrix} 1/n_{1.} & 0 & \dots & 0 \\ 0 & 1/n_{2.} & \dots & 0 \\ \vdots & \vdots & & \vdots \\ 0 & 0 & \dots & 1/n_{c.} \end{pmatrix} , \quad S_{VV}^{-} = \begin{pmatrix} 1/n_{.1} & 0 & \dots & 0 \\ 0 & 1/n_{.2} & \dots & 0 \\ \vdots & \vdots & & \vdots \\ 0 & 0 & \dots & 1/n_{.\ell} \end{pmatrix} .$$

Natürlich ist hier

$$\lambda_{1G} = \lambda_{2G} = r_{UV}^2$$

das Quadrat der kanonischen Korrelation von U und V, vgl. Abschnitt 1.4 in Kap.III. Da $S_{UU}^- \cdot S_{UV} \cdot S_{VV}^- \cdot S_{UV}^T$ gerade identisch mit der Matrix Q des Verfahrens aus Abschnitt 1.2 ist, erweist sich die Korrespondenzanalyse als äquivalent zur Lancaster - Skalierung.

Auch die *Guttmansche Skalierung zweier kategorieller Merkmale* erweist sich als identisch mit dem Verfahren aus Abschnitt 1.2. Guttman faßt die Datenmatrix A als zweidimensionale Kontingenztafel auf und skaliert mit dem Verfahren aus 1.2 die Objekte gegen die beiden Merkmale. Zusätzlich zu den *Skalenwerten für die Merkmalsausprägungen*, die mit denen aus den übrigen Skalierungsverfahren übereinstimmen, ergeben sich dabei *Skalenwerte für die Objekte*, die aber nicht weiter verwandt werden.

Der *Guttmansche Skalierungsansatz* läßt sich natürlich leicht auf den *Fall mehrerer kategorieller Merkmale* erweitern, vgl. Hill (1974), indem man zu allen Merkmalen Dummy - Variablen definiert und deren Realisationen alle hintereinander in eine Datenmatrix, die dann als zweidimensionale Kontingenztafel interpretiert wird. einträgt. Die Skalenwerte für die Ausprägungen der Merkmale sind dann aber nicht in einem interpretierbaren Sinne optimal, wie dies bei den Vorgehensweisen aus Abschnitt 4 bzw. 5 der Fall ist.

Im Zusammenhang mit der Korrespondenzanalyse wird in der Literatur oftmals die *kanonische Korrelationsanalyse für die Ausprägungen zweier kategorieller Merkmale* behandelt. Sie entspricht einer Hauptkomponentenanalyse, vgl. Abschnitt 1 in Kap.VIII, der Matrix $S_{UU}^- \cdot S_{UV} \cdot S_{VV}^- \cdot S_{UV}^T$ (bzw. äquivalent dazu der Matrix $S_{VV}^- \cdot S_{UV}^T \cdot S_{UU}^- \cdot S_{UV}$). Hierbei werden alle positiven Eigenwerte dieser Matrix sowie die zugehörigen Eigenvektoren bestimmt, die dann gemäß den Angaben in Abschnitt 1.2 gewichtet und normiert werden. Dadurch ergeben sich bei q positiven Eigenwerten $\lambda_1 \geq \ldots \geq \lambda_q$ $(q = \min(c,\ell) - 1)$ q verschiedene Skalenwerte für die Ausprägungen der beiden kategoriellen Merkmale. Bezeichnet man etwa die gewichteten, normierten Eigenvektoren zu den Eigenwerten der Matrix $S_{UU}^- \cdot S_{UV} \cdot S_{VV}^- \cdot S_{UV}^T$ mit $a_1, \ldots, a_q$ und die entsprechenden Skalenwertevektoren für das Merkmal $\mathfrak{Y}$ mit $b_1, \ldots, b_q$, so lassen sich die *Ausprägungen* der Merkmale $\mathfrak{X}$ und $\mathfrak{Y}$ *im Raum der kanonischen Variablen* $M_1 = a_1^T \cdot U, \ldots, M_q = a_q^T \cdot U$, die unkorreliert sind, darstellen, wenn man die Korrelationen der einer Merkmalsausprägung zugeordneten Dummy - Variablen aus $U = (U_1, \ldots, U_c)^T$ und $V = (V_1, \ldots, V_\ell)^T$ zu den kanonischen Variablen abträgt. Diese Korrelationen sind gerade

$$(r_{U_1M_\nu},\dots,r_{U_cM_\nu})^T = R_{UU}\cdot a_i \Big/ \sqrt{a_i^T\cdot R_{UU}\cdot a_i} \qquad \text{für } \nu=1,\dots,q$$

bzw.

$$(r_{V_1M_\nu},\dots,r_{V_\ell M_\nu})^T = R_{VV}\cdot b_j \Big/ \sqrt{b_j^T\cdot R_{VV}\cdot b_j} \qquad \text{für } \nu=1,\dots,q\ ,$$

wobei R_{UU} bzw. R_{VV} die Korrelationsmatrizen von U und V bezeichnen. Die normierten Größen

$$r_{U_iM_\nu} \Big/ \sum_{k=1}^{c} r_{U_kM_\nu} \qquad \text{für } i=1,\dots,c,\ \nu=1,\dots,q\ ,$$

$$r_{V_jM_\nu} \Big/ \sum_{k=1}^{\ell} r_{V_kM_\nu} \qquad \text{für } j=1,\dots,\ell,\ \nu=1,\dots,q$$

lassen weiterhin folgende Interpretation zu: Sie geben den Anteil der Varianz von U_i bzw. V_j an, der sich durch die ν-te kanonische Variable erklären läßt. Betrachtet man nur die ersten beiden (wichtigsten) kanonischen Variablen M_1 und M_2, so lassen sich die Korrelationen bzw. normierten Korrelationen der U_i und V_j auch graphisch darstellen. Je näher in einer solchen Darstellung U_i und V_j beieinander liegen, desto größer ist die Wahrscheinlichkeit, daß die i-te Ausprägung des Merkmals $\mathfrak{X}$ und die j-te Ausprägung des Merkmals $\mathfrak{Y}$ gemeinsam an einem Objekt beobachtet werden, und im Falle normierter Korrelationen wird U_i bzw. V_j um so besser von den beiden kanonischen Variablen erklärt, je näher es am Einheitskreis liegt.

Beispiel: An $n = 22$ Objekten wurden zwei kategorielle Merkmale $\mathfrak{X}$ und $\mathfrak{Y}$ mit je drei Ausprägungen ($c = \ell = 3$) beobachtet. Die Beobachtungsdaten sind in **Tab.44** in Form einer Kontingenztafel angegeben.

Tab.44: Kontingenztafel für zwei Merkmale $\mathfrak{X}$ und $\mathfrak{Y}$

$\mathfrak{X}$ \ $\mathfrak{Y}$	1	2	3	$\sum$
1	3	2	4	9
2	1	3	0	4
3	2	2	5	9
$\sum$	6	7	9	22

Hier ergibt sich

$$S_{UU} = \frac{1}{22}\cdot\begin{pmatrix} 9 & 0 & 0 \\ 0 & 4 & 0 \\ 0 & 0 & 9 \end{pmatrix} - \frac{1}{22^2}\cdot\begin{pmatrix} 81 & 36 & 81 \\ 36 & 16 & 36 \\ 81 & 36 & 81 \end{pmatrix} = \frac{1}{22^2}\cdot\begin{pmatrix} 117 & -36 & -81 \\ -36 & 72 & -36 \\ -81 & -36 & 117 \end{pmatrix}\ ,$$

$$S_{VV} = \frac{1}{22}\cdot\begin{pmatrix} 6 & 0 & 0 \\ 0 & 7 & 0 \\ 0 & 0 & 9 \end{pmatrix} - \frac{1}{22^2}\cdot\begin{pmatrix} 36 & 42 & 54 \\ 42 & 49 & 63 \\ 54 & 63 & 81 \end{pmatrix} = \frac{1}{22^2}\cdot\begin{pmatrix} 96 & -42 & -54 \\ -42 & 105 & -63 \\ -54 & -63 & 117 \end{pmatrix}$$

sowie, vgl. auch Abschnitt 1.2,

$$Q = \frac{1}{4158\cdot 36}\cdot\begin{pmatrix} 2784 & -6966 & 1860 \\ -6966 & 27135 & -11124 \\ 1860 & -11124 & 5556 \end{pmatrix} \qquad (= S_{UU}^-\cdot S_{UV}\cdot S_{VV}^-\cdot S_{UV}^T) \quad .$$

Die positiven Eigenwerte von Q sind

$$\lambda_1 = 0.22382 \quad \text{und} \quad \lambda_2 = 0.01317 \quad ,$$

und aus dem Eigenvektor

$$f_1 = (0.22660.-0.89966,0.37317)^T$$

zu λ_1 ergibt sich als Skalenwertevektor für das Merkmal $\mathfrak{X}$ (gewichteter, normierter Eigenvektor)

$$a_1 = (0.35428,-2.10990,0.58344)^T \quad ,$$

so daß der entsprechende Vektor der Skalenwerte für $\mathfrak{Y}$

$$b_1 = (0.04222,-1.34500,1.01796)^T$$

ist. Weiterhin ergibt sich als Eigenvektor zum Eigenwert λ_2

$$f_2 = (-0.73455,0.09375,0.67205)^T \quad ,$$

so daß wir erhalten

$$a_2 = (-1.14845,0.21986,1.05075)^T \quad ,$$

$$b_2 = (-1.63245,0.57781,0.63889)^T \quad .$$

Die Skalenwerte für die Ausprägung 2 des Merkmals $\mathfrak{X}$, zu der die Dummy - Variable U_2 gehört, ist also z.B. -2.10990 bzgl. der ersten kanonischen Korrelation $\sqrt{\lambda_1}$ und 0.21986 bzgl. der zweiten kanonischen Korrelation $\sqrt{\lambda_2}$.

Aus den Matrizen S_{UU} und S_{VV} ergeben sich nun die Korrelationsmatrizen

$$R_{UU} = \begin{pmatrix} 1 & -0.39223 & -0.69231 \\ -0.39223 & 1 & -0.39223 \\ -0.69231 & -0.39223 & 1 \end{pmatrix} \quad ,$$

$$R_{VV} = \begin{pmatrix} 1 & -0.41833 & -0.50952 \\ -0.41833 & 1 & -0.56840 \\ -0.50952 & -0.56840 & 1 \end{pmatrix} \quad ,$$

so daß sich die Korrelationen von U_1, U_2, U_3 bzw. V_1, V_2, V_3 zu den kanonischen Variablen $M_1 = a_1^T\cdot U$ und $M_2 = a_2^T\cdot U$ zu

$$(r_{U_1M_1}, r_{U_2M_1}, r_{U_3M_1}) = R_{UU}a_1 / \sqrt{a_1^T R_{UU} a_1} = (0.31284,-0.99640,0.46880) \quad ,$$

$$(r_{U_1M_2},r_{U_2M_2},r_{U_3M_2}) = (-0.96212,0.12660,0.86281) \quad ,$$

$$(r_{V_1M_1},r_{V_2M_1},r_{V_3M_1}) = (0.04106,-0.92471,0.83881) \quad ,$$

$$(r_{V_1M_2},r_{V_2M_2},r_{V_3M_2}) = (-0.99994,0.40802,0.51923)$$

ergeben, vgl. auch Abb.3.

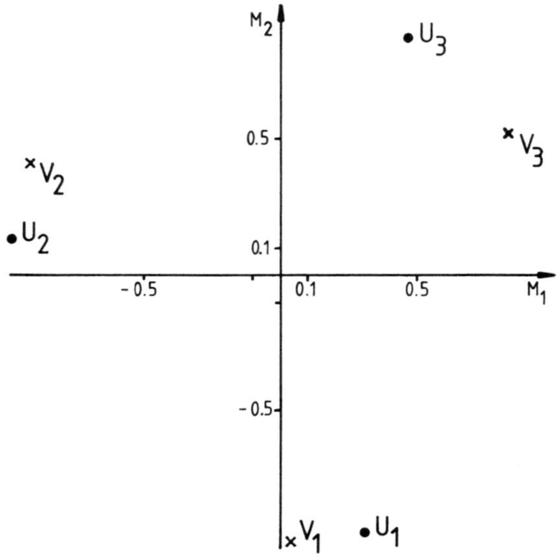

Abb.3: Darstellung der Ausprägungen (bzw. zugehörigen Dummys U_1,U_2,U_3, V_1,V_2,V_3) der Merkmale $\mathfrak{X}$ und $\mathfrak{Y}$ im Raum der kanonischen Variablen M_1 und M_2

Würde man diese Korrelationen normieren, so würden natürlich U_1,U_2,U_3, V_1,V_2,V_3 alle auf dem Einheitskreis liegen, da die Matrix Q nur zwei positive Eigenwerte besitzt.

Das hier beschriebene Verfahren der kanonischen Korrelationsanalyse kann natürlich auch in dem Falle verwandt werden, vgl. Abschnitt 1.4 in Kap.III, daß die kanonischen Korrelationen zweier Gruppen von Merkmalen $\mathfrak{X}_1,\ldots,\mathfrak{X}_c$ und $\mathfrak{Y}_1,\ldots,\mathfrak{Y}_\ell$, die dann an die Stelle der Dummys treten, analysiert werden.

Abschließend wollen wir noch kurz auf die sogenannten *ALS - Verfahren* eingehen, die von Young, De Leeuw und Takane entwickelt wurden, vgl. De Leeuw/

Young/Takane (1976) sowie die nachfolgenden Arbeiten dieser Autoren in der Psychometrika und Young (1981). Die ALS (*alternating least squares*) - Verfahren sind zweistufige, iterative Algorithmen, die für vorgegebene statistische Modelle in der ersten Phase zu festen Modellparametern Skalenwerte für Merkmalsausprägungen und in der zweiten Phase für vorgegebene Skalenwerte Modellparameter liefern, so daß die Anpassung an das Modell nach dem Prinzip der kleinsten Quadrate möglichst gut ist. Für multiple Regressionsmodelle heißt das Verfahren z.B. *MORALS* (multiple optimal regression by alternating least squares), für kanonische Korrelationsmodelle (multivariate Regressionsmodelle) z.B. *CORALS* (canonical optimal regression by alternating least squares), für die Hauptkomponentenanalyse *PRINCIPALS* (principal component analysis by alternating least squares) usw. Ein Nachteil der ALS - Verfahren ist, daß sie teilweise gar nicht und sonst nur gegen ein lokales Optimum konvergieren.

Kapitel VI: Die multidimensionale Skalierung (MDS)

Die Zielsetzung der *multidimensionalen Skalierung* (*MDS*) ist die Beschreibung von n Objekten durch eine q - dimensionale Datenmatrix, die im Falle $q \leq 3$ auch zur graphischen Repräsentation der Objekte verwandt werden kann, vgl. Abb.1.

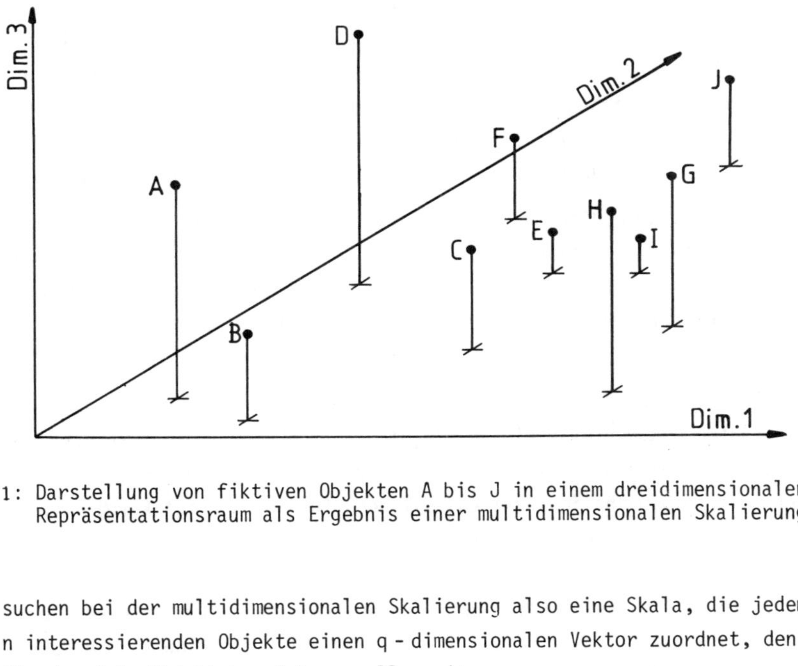

Abb.1: Darstellung von fiktiven Objekten A bis J in einem dreidimensionalen Repräsentationsraum als Ergebnis einer multidimensionalen Skalierung

Wir suchen bei der multidimensionalen Skalierung also eine Skala, die jedem der n interessierenden Objekte einen q - dimensionalen Vektor zuordnet, den wir für das i-te Objekt bezeichnen wollen mit

$$y_i = (y_{i1}, \ldots, y_{iq})^T \qquad \text{für } i=1,\ldots,n \quad .$$

Die Verfahren der MDS, von denen wir im folgenden die wohl wichtigsten behandeln werden, gehen von unterschiedlichen Datensituationen aus. Sie benötigen *Ähnlichkeitsinformationen* über die Objekte, die zum einen aus einer p - dimensionalen Datenmatrix bestimmt werden können, vgl. Abschnitt 6 in in Kap.I, zum anderen aber auch direkt beobachtet werden können.

Zunächst wollen wir hier einige typische Situationen beschreiben, bei denen die multidimensionale Skalierung zur Anwendung kommt.

Beispiel:
(a) Einer Jury bestehend aus 10 Personen werden 20 verschiedene Weinsorten zur Probe ausgeschenkt. Jede Person bewertet die Verschiedenheit von je 2 Weinsorten mit einer Punktzahl zwischen 0 und 5. (Die zu vergebende Punktzahl soll um so größer sein, je stärker sich zwei Weinsorten unterscheiden.) Für jede der Verschiedenheiten zwischen je zwei Weinsorten liegen dann 10 Bewertungen vor und als Distanzindex wird z.B. jeweils der Mittelwert oder der Median dieser Bewertungen gewählt. Alle so erhaltenen Distanzindizes bestimmen dann eine Distanzmatrix D; auch genügt es, von den so erhaltenen Distanzindizes lediglich ihre Rangzahlen innerhalb aller Distanzindizes zu verwenden, je nachdem, welches Verfahren der MDS man benutzt. Nun möchte man sich die Lage der Weinsorten zueinander bzgl. der Verschiedenheit graphisch veranschaulichen. Dazu bestimmt man mittels miltidimensionaler Skalierung zu jeder Weinsorte z.B. einen 2 - dimensionalen quantitativen Vektor und stellt diese 20 Vektoren in einem Koordinatenkreuz graphisch dar.

(b) Aufgrund einer Entfernungstabelle zwischen 50 Städten der Bundesrepublik Deutschland, die ja eine Distanzmatrix D darstellt, kann mittels multidimensionaler Skalierung eine Landkarte, in der diese Städte eingezeichnet sind, erstellt werden: Für jeden Ort bestimmt man einen zweidimensionalen Vektor, dessen Elemente dann die Lagekoordinaten der Städte sind.

(c) In Interviews wurden insgesamt 300 Personen über bekannte Politiker befragt. Unter anderem beurteilten sie die Ähnlichkeiten bzw. Unterschiede zwischen je zweien der Politiker auf einer Punktskala von 0 bis 7. Kombiniert man die 300 Ähnlichkeitsbeurteilungen für jedes Politikerpaar zu einem einzigen Ähnlichkeitsmaß (z.B. durch Mittelwertbildung und/oder Rangbestimmung der Ähnlichkeiten), so entsteht eine Distanzmatrix für die Politiker, die sich mittels multidimensionaler Skalierung etwa in eine zweidimensionale quantitative Datenmatrix überführen läßt. Eine solche Datenmatrix erlaubt dann die graphische Darstellung jedes Politikers im Vergleich zu den übrigen in einer Ebene.

(d) Beobachtet man an n verschiedenen Orten Merkmale, die die Umweltgüte bestimmen, so lassen sich Distanzindizes als Maße für die Ähnlichkeiten der Orte bzgl. ihrer Umweltgüte berechnen. Mittels multidimensionaler Skalierung können dann z.B. 2 - dimensionale Ortsvektoren $y_1,\dots,y_n$ gewonnen werden, die eine graphische Darstellung der Orte im Hinblick auf ihre Umweltgüte, nicht im Hinblick auf ihre geographische Lage, ermöglichen ("Umweltgütekarte").

(e) Aufgrund von Umfragen z.B. über die Beliebtheit von Filmstars lassen sich mittels multidimensionaler Skalierung "Beliebtheitsskalen", etwa eine eindimensionale Anordnung der Filmstars, gewinnen.

(f) Eine Umfrage über Eigenschaften von gleichartigen Produkten (z.B. Waschmittel; Zigaretten; Getränke) kann mittels multidimensionaler Skalierung dahingehend ausgewertet werden, daß eine Konfiguration der Produkte im Blickwinkel der Verbraucher entsteht. Eine graphische Darstellung der Konfiguration kann Aufschluß darüber geben, wo "Marktlücken" vorhanden sind, und somit zur Entwicklung von Marketingstrategien beitragen.

(g) Werden über längere Zeit die Anforderungen aus einem Lager registriert (Häufigkeit der Anforderung bestimmter Waren, Häufigkeit gemeinsamer Anforderung verschiedener Waren etc.), so läßt sich mittels multidimensionaler Skalierung eine dreidimensionale Konfiguration für die verschiedenen Lagerposten gewinnen, die dazu dienen kann, das Lager nach ökonomischen Gesichtspunkten neu einzurichten.

(h) Im Rahmen der Kostenkalkulation bei der Angebotserstellung müssen sehr viele Einflußfaktoren berücksichtigt werden. Um den Kalkulationsprozeß übersichtlich zu machen, können die Einflußfaktoren mittels multidimensionaler Skalierung systematisiert werden, d.h. es können Gruppen ähnlicher Faktoren visuell (bei höchstens dreidimensionalen Konfigurationen) erfaßt werden.

Die *Komponenten* der mittels multidimensionaler Skalierung gewonnenen q-dimensionalen Vektoren $y_1,\dots,y_n$ lassen sich oft nur schwer *interpretieren*: Sie können in der Regel nicht eindeutig einem Faktor zugeordnet werden.

Im Beispiel (a) etwa wird man wohl kaum sagen können, daß die erste Komponente des quantitativen Vektors zu jeder Weinsorte seiner "Süffigkeit" und die zweite etwa seiner "Blume" zuzuordnen ist. Im Beispiel (b) hingegen lassen sich die Komponenten der Ortsvektoren zu den Himmelsrichtungen in Bezug setzen. Das liegt aber daran, daß die Lage der Orte durch Längen- und Breitengrade vollständig bestimmt ist. Die Dimension des quantitativen Vektors stimmt mit der Dimension eines Vektors, der die Lage eines Ortes vollständig bestimmt, überein. Bei den Weinsorten hingegen ist es sicherlich so, daß mehr als zwei Faktoren für die Verschiedenheit der Weine verantwortlich sind.

Allgemein läßt sich wohl nur sagen, daß bei der Interpretation der Komponenten eine *Rückkopplung* zu den Ausgangsdaten unerläßlich ist. Da diese Rückkopplung in der Regel nur subjektiv sein kann, werden wir in den noch folgenden konkreten Beispielen die Komponenten nicht interpretieren und diese Aufgabe dem Leser überlassen.

Wir werden im folgenden vier Verfahren der multidimensionalen Skalierung kennenlernen. In den Abschnitten 1 und 2 werden Verfahren der sogenannten *metrischen MDS (MMDS)* behandelt, die konkrete Werte für die Ähnlichkeiten von n Objekten, also eine Distanzmatrix, benötigen. Die Verfahren der *nichtmetrischen MDS (NMDS)* hingegen, vgl. Abschnitt 3 und 4, benötigen nur Informationen über den Grad der Ähnlichkeit von Objekten, d.h. etwa welches Objektpaar ist sich am ähnlichsten, am zweitähnlichsten usw.

Im ersten Abschnitt wird das Verfahren *Nonlinear Mapping (NLM)* behandelt. Hier wird ausgehend von einer Distanzmatrix für n Objekte, die die Distanzindizes der Objektpaare enthält, eine q - dimensionale Datenmatrix derart gewonnen, daß die zugehörige euklidische Distanzmatrix die ursprüngliche Distanzmatrix approximiert, und zwar so, daß ein Distanzindex um so besser approximiert wird, je kleiner er ist. Dadurch werden lokale Strukturen "optimal" beibehalten.

Der zweite Abschnitt beinhaltet ein klassisches MDS - Verfahren, das in seiner einfachsten Form auf Torgerson (1952,1958) zurückgeht, nämlich die *Haupt - Koordinaten - Methode*. Ohne Strukturen in einer Distanzmatrix für n Objekte zu berücksichtigen, wird hier eine q - dimensionale Konfiguration für die Objekte gewonnen. Der Vorteil dieses im Ergebnis oft unbefriedigenden Verfahrens liegt darin, daß es sehr wenig Rechenaufwand erfordert.

Im Abschnitt 3 beschäftigen wir uns mit dem *Verfahren von Kruskal*, bei dem lediglich die Anordnung der n(n-1)/2 Objektpaare nach der Stärke ihrer Verschiedenheit benötigt wird (Proximitätsdaten). Hier versucht man die ordinale Reihenfolge der Objektpaare zu approximieren, d.h. man sucht eine q - dimensionale quantitative Datenmatrix für die n Objekte derart, daß die L_r - Distanzen der Objektpaare, vgl. Abschnitt 6 in Kap.I, möglichst genau die gleiche Reihenfolge von Objektpaaren liefern.

Oftmals ist es sinnvoll, eine *Verknüpfung der Verfahren* aus den Abschnitten 1 bis 3 vorzunehmen. Steht eine Distanzmatrix zur Verfügung, so wird etwa mittels Haupt - Koordinaten - Methode eine q - dimensionale Konfiguration für n Objekte bestimmt, die dann als Startkonfiguration für Nonlinear Mapping dient. Treten dann in den Distanzindizes zur NLM - Konfiguration noch zu viele Vertauschungen in Bezug auf den Grad der Ähnlichkeit in der ursprünglichen Distanzmatrix auf, so können diese mittels des Verfahrens von Kruskal ausgeglichen werden; das Kruskalsche Verfahren wird mit der NLM - Konfiguration als Startkonfiguration durchgeführt.

Eine gänzlich andere Datensituation wie in den bisherigen Abschnitten wird von der *Unfolding - Technik*, die im Abschnitt 4 behandelt wird, erfaßt. Ursprünglich wurde die Unfolding - Technik für den Fall entwickelt, daß für jedes Objekt eine *I - Skala* (*individual scale*) vorhanden ist, die die subjektive Reihenfolge der übrigen Objekte nach deren Grad der Ähnlichkeit zum Bezugsobjekt angibt (*Präferenzdaten*). Ausgehend von den n subjektiven I - Skalen wird bei der eindimensionalen Unfolding - Technik, die wir hier behandeln, eine eindimensionale Konfiguration für die Objekte bestimmt, die man dann auch *J - Skala* (*joint scale*) nennt.

Beispiel:
(a) Mitglieder von Parteien (oder auch Mitglieder von Religionsgemeinschaften, Staatsbürger bestimmter Länder usw.) können nur subjektiv beurteilen, wie ähnlich andere Parteien ihrer eigenen Partei sind. Aus diesen subjektiven Ähnlichkeitsbeurteilungen werden z.B. durch Mittelwertbildung I - Skalen für jede Partei bestimmt, und mittels Unfolding - Technik entsteht eine eindimensionale Parteienskala.

(b) Die Ähnlichkeit wissenschaftlicher Zeitschriften eines bestimmten Fachgebiets läßt sich vielleicht daran messen, wie oft eine Zeitschrift in einer anderen zitiert wird. I - Skalen für n Zeitschriften lassen sich dann etwa dadurch gewinnen, daß man zählt,wie oft jede Zeitschrift sich selbst und jede der übrigen Zeitschriften zitiert. Die betragmäßige Differenz der Eigenzitate und der Fremdzitate (für jede der übrigen Zeitschriften) gibt dann die (subjektive) Ähnlichkeitsrangfolge an. Mittels Unfolding - Technik erhält man dann eine eindimensionale Skala für die Zeitschriften.

(c) Eine andere Möglichkeit des Einsatzes der Unfolding - Technik stammt aus der *Psychologie*: Sogenannte *Idealpunktskalen* für n verschiedene Reize werden dabei verwandt. Man läßt hierbei verschiedene Personen angeben, welcher Reiz für sie der ideale (*Idealpunkt*), der nächstbeste usw. ist. Die I - Skalen erhält man dann, indem man jeweils über die Personenskalen mittelt, die den gleichen Idealpunkt angegeben haben. Diese Situation ist natürlich beliebig übertragbar etwa auf *Beliebtheitsskalen* für Personen oder Produkte etc. Somit kann die Unfolding - Technik z.B. gerade in den Bereichen *Meinungs- und Marktforschung* wirkungsvoll eingesetzt werden.

Die *Güte einer Darstellung* $y_1,\dots,y_n$ der n Objekte im q - dimensionalen Repräsentationsraum wird bei allen Verfahren der MDS (mit Ausnahme der Unfolding - Technik) durch eine *Gütefunktion* $g = g(y_1,\dots,y_n)$ bewertet. Diese Gütefunktion ist natürlich bei allen Verfahren unterschiedlich, da die unterschiedlichen Ausgangssituationen und Anforderungen der Verfahren berücksichtigt werden müssen. Gemeinsam ist den Gütefunktionen lediglich, daß sie den Wert 0 annehmen, wenn kein Informationsverlust gegenüber der Ausgangssituation eintritt, und um so größer sind, je größer der Informationsverlust ist.

Neben den hier behandelten Gütefunktionen und zugehörigen Verfahren gibt es noch viele andere, die z.T. auch Nebenbedingungen berücksichtigen, vgl. etwa Shepard/Caroll (1966), De Leeuw/Heiser (1980), die aber auch alle um so kleinere Werte Werte annehmen, je besser die Repräsentation der Objekte bzgl. des jeweils gewählten Gütekriteriums ist.

Eine weitere Gemeinsamkeit ist die folgende: Der minimale Wert der Gütefunktion für n Objekte wird um so kleiner je größer die Dimension q gewählt wird. Will man also nicht von vornherein diese Dimension q festlegen, sondern seine Wahl vom minimalen Wert der Gütefunktion abhängig machen, so kann man zunächst für $q = 1$ die optimale Konfiguration $y_1,\dots,y_n$ für n Objekte und den zugehörigen Wert $g(y_1,\dots,y_n)$ bestimmen, dann zu $q = 2$ übergehen, usw. Man wählt dann dasjenige q als Dimension des Repräsentationsraumes der n Objekte, bei dem durch Übergang zur Dimension q+1 keine "wesentliche" Abnahme des Minimalwertes der Gütefunktion g mehr erreicht wird.

Bei der metrischen multidimensionalen Skalierung lassen sich mit Ausnahme der Fälle $n = 2$ und $n = 3$, n Objekte nicht immer im (n-1) - dimensionalen Raum derart repräsentieren, daß kein Informationsverlust (Wert des Gütekriteriums gleich Null) auftritt, denn dazu müssen Ausgangsdistanzmatrix und Konfigurationsdistanzmatrix übereinstimmen. Daß dies bereits im Falle $n = 4$ nicht notwendigerweise der Fall ist, zeigt nachfolgendes Beispiel von Drygas (1978), vgl. auch Kirsch (1978).

Beispiel: Für $n = 4$ Objekte sei folgende Distanzmatrix

$$D = \begin{pmatrix} 0 & 1 & 2 & 1 \\ 1 & 0 & 1 & 2 \\ 2 & 1 & 0 & 1 \\ 1 & 2 & 1 & 0 \end{pmatrix}$$

gegeben. Dann gibt es keine Vektoren y_1, y_2, y_3, y_4 im dreidimensionalen Raum derart,daß die euklidischen Abstände $\| y_i - y_j \|_2$ für $i,j=1,\dots,4$ gleich den Distanzindizes d(i,j) in der Distanzmatrix D sind.

Dagegen reicht beim Verfahren von Kruskal, das in Abschnitt 3 beschrieben wird, ein Repräsentationsraum der Dimension n-1 immer aus, um n Objekte im Sinne der Kruskalschen Gütekriterien ohne Informationsverlust darzustellen.

Die multidimensionale Skalierung kann einerseits als Vorstufe zu Verfahren angesehen werden, die eine quantitative Datenmatrix benötigen; solche Verfahren sind etwa die Faktorenanalyse, vgl. Kap.VIII, oder die Regressionsanalyse, vgl. Kap.II und Kap.X.

Andererseits kann sie andere Verfahren z.T. auch ersetzen: Ist man z.B. bei der Faktorenanalyse lediglich an der Bestimmung von Faktorenwerten für die Objekte interessiert oder verwendet man sie als Q-Technik, so kann auch die multidimensionale Skalierung an ihre Stelle gesetzt werden; allerdings kann der Bezug zu etwaigen beobachteten Merkmalen dann nur noch subjektiv und nicht mehr objektiv (Korrelation mit den latenten Faktoren) hergestellt werden. Liegt umgekehrt eine n×p-Datenmatrix bereits vor, so kann man natürlich über die Bestimmung von Faktorenwerten im Rahmen der Faktorenanalyse ebenfalls eine q-dimensionale ($q \leq p$) Repräsentation der Objekte erzielen, wenn man die Faktorenanalyse nicht direkt als Q-Technik einsetzt.

Lassen sich bei der Faktorenanalyse die Korrelationen von p beobachteten Merkmalen mit latenten Faktoren (also die Zusammenhänge von Merkmalen und Faktoren) repräsentieren, so besteht bei der multidimensionalen Skalierung die Möglichkeit, die *Ähnlichkeiten von Merkmalen untereinander zu repräsentieren*. Als Maß für diese Ähnlichkeiten können etwa die Bestimmtheitsmaße dienen; führt man dann ein Verfahren der MDS mit der Matrix der Unbestimmtheitsmaße als Distanzmatrix durch, so ergibt sich eine q-dimensionale Repräsentation für die Merkmale, vgl. auch das letzte Beispiel in Abschnitt 2.

Möchte man Objekte und an ihnen beobachtete Merkmale gleichzeitig graphisch repräsentieren, so kann das Biplot-Verfahren aus Kap.IX eingesetzt werden. Im Kapitel IX finden sich gleichzeitig Methoden zur graphischen Repräsentation der einzelnen interessierenden Objekte.

Eine weitere Einsatzmöglichkeit für die multidimensionale Skalierung ergibt sich im Falle eines höchstens dreidimensionalen Repräsentationsraumes im Zusammenhang mit der Klassifikation von Objekten (Clusteranalyse), vgl. Kap.VII. Zum einen kann aufgrund der dann möglichen graphischen Darstellung visuell eine *Klasseneinteilung für die Objekte* vorgenommen werden, zum anderen lassen sich die Ergebnisse von Clusteranalyseverfahren in der MDS-Konfiguration der Objekte veranschaulichen, vgl. auch das zweite Beispiel in Abschnitt 4.2 von Kap.VII.

Abschließend sei noch auf den Unterschied zwischen der hier behandelten Art von Skalierung und der Skalierung in Kontingenztafeln, vgl. Kap.V, hingewiesen. Die MDS dient der Konstruktion einer q-dimensionalen Konfiguration für n Objekte ohne direkten Bezug zu konkret beobachtbaren Merkmalen. Die Verfahren aus Kap.V dienen der Skalierung von Merkmalsausprägungen nominaler und ordinaler Merkmale: Jeder Merkmalsausprägung wird eine reelle Zahl (unabhängig von einzelnen Objekten) zugeordnet.

Wir beschäftigen uns hier im wesentlichen mit konkreten Verfahren der multidimensionalen Skalierung; bzgl. theoretischer Überlegungen zu Strukturen verschiedener Datentypen ihre Verwendbarkeit bei der MDS betreffend sei etwa verwiesen auf Sixtl (1967), Beals/Krantz/Tversky (1968), Tversky/Krantz (1970), Krantz/Luce/Suppes/Tversky (1971), Pfanzagl (1972), Krauth (1980).Die hier beschriebenen Verfahren sowie weitere Verfahren betreffend sei z.B. hingewiesen auf die Bücher von Coombs (1964), Green/Carmone (1970), Green/Rao (1972), Romney/Shepard/Nerlove (1972), Ahrens (1974), Coombs/Dawes/Tversky (1975), Kühn (1976), Kruskal/Wish (1978), Opitz (1978,1980), Ven (1980), Borg (1981), Schiffman/Reynolds/Young (1981), Davison (1983).

1 NONLINEAR MAPPING

Nonlinear Mapping (*NLM*) ist ein Verfahren der MMDS, das ausgehend von einer $n \times p$-Datenmatrix X oder einer $n \times n$-Distanzmatrix D für n Objekte eine $n \times q$-Datenmatrix Y ($q \leq p$) für die n Objekte konstruiert.

Liegt eine Datenmatrix X vor, so bestimmt man aus ihr zunächst eine Distanzmatrix

$$D = \begin{pmatrix} 0 & d(1,2) & \dots & d(1,n) \\ d(1,2) & 0 & \dots & d(2,n) \\ \vdots & \vdots & & \vdots \\ d(1,n) & d(2,n) & \dots & 0 \end{pmatrix}$$

für die Objekte. Wählt man z.B. den euklidischen Abstand als Distanzindex d, so ist also, falls für $i=1,\dots,n$ $x_i^T = (x_{i1},\dots,x_{ip})$ den Beobachtungsvektor am i-ten Objekt, d.h. die i-te Zeile der Datenmatrix X, bezeichnet, für i,j=1,...,n, i < j

$$d(i,j) = \| x_i - x_j \|_2 = \sqrt{\sum_{k=1}^{p} (x_{ik} - x_{jk})^2} \quad .$$

Die Distanzmatrix D wird nun derart durch eine euklidische Distanzmatrix D* für die n Objekte im q - dimensionalen Repräsentationsraum approximiert, daß *lokale Strukturen* möglichst gut erhalten bleiben. Bezeichnet man die Distanzindizes der Objekte im q - dimensionalen Raum - also die Elemente von D* - mit

$$d^*(i,j) = \| y_i - y_j \|_2 = \sqrt{\sum_{k=1}^{q} (y_{ik} - y_{jk})^2} \quad ,$$

wobei $y_i^T = (y_{i1},...,y_{iq})$ für i=1,...,n den Datenvektor für das i-te Objekt im Repräsentationsraum bezeichnet, so sollen die d*(i,j) also um so näher an d(i,j) liegen, je kleiner d(i,j) ist.

Ein Kriterium für die Güte der Repräsentation $(y_1,...,y_n)$, das diese Anforderung erfüllt, ist der sogenannte *mapping error*

$$g_E(y_1,...,y_n) = \left(\sum_{i=1}^{n-1} \sum_{j=i+1}^{n} \frac{(d(i,j) - d^*(i,j))^2}{d(i,j)} \right) \Big/ \left(\sum_{i=1}^{n-1} \sum_{j=i+1}^{n} d(i,j) \right).$$

Der Wert dieses mapping errors soll hier also minimiert werden, was gleichbedeutend mit der (gemäß den Anforderungen des Verfahrens) Maximierung der Güte der Repräsentation der n Objekte im q - dimensionalen Raum ist.

Wir wollen hier ein Gradientenverfahren zur Minimierung des mapping errors vorstellen, das von Sammon (1969) vorgeschlagen wird; ein weiteres Verfahren, auf das wir nicht eingehen werden, findet man bei Chang/Lee (1973).

Der mapping error $g_E(y_1,...,y_n)$ ist eine Funktion von n·q Variablen, nämlich den Koordinaten der Objekte im q - dimensionalen Repräsentationsraum. Daher erfordert jeder Schritt des Gradientenverfahrens, das sowohl erste wie auch zweite Ableitungen von $g_E(y_1,...,y_n)$ nach den n·q Variablen verwendet, die Berechnung von insgesamt 2·n·q partiellen Ableitungen.

Ausgehend von einer Startkonfiguration $y_1^o = (y_{11}^o,...,y_{1q}^o)^T,...,(y_{n1}^o,...,y_{nq}^o)^T$ der n Objekte im q - dimensionalen Raum wird im ℓ-ten Schritt (ℓ=1,2,...) eine neue Konfiguration $y_1^\ell,...,y_n^\ell$ für die n Objekte bestimmt.

Dazu berechnet man im ℓ-ten Schritt zunächst für i,j=1,...,n, i < j, die euklidischen Distanzen

$$d^*_{\ell-1}(i,j) = \| y_i^{\ell-1} - y_j^{\ell-1} \|_2 = \sqrt{\sum_{k=1}^{q} (y_{ik}^{\ell-1} - y_{jk}^{\ell-1})^2}$$

sowie den Wert des mapping errors

$$g_E(y_1^{\ell-1},\dots,y_n^{\ell-1}) = \text{const} \cdot \sum_{i=1}^{n-1} \sum_{j=i+1}^{n} (d(i,j) - d^*_{\ell-1}(i,j))^2 / d(i,j)$$

mit der Konstanten

$$\text{const} = 1 \Big/ \left(\sum_{i=1}^{n-1} \sum_{j=i+1}^{n} d(i,j) \right) .$$

Sodann bestimmt man die $n \cdot q$ ersten partiellen Ableitungen des mapping errors im ℓ-ten Schritt

$$\frac{\partial g_E(y_1^{\ell-1},\dots,y_n^{\ell-1})}{\partial y_{ik}^{\ell-1}} = -2\,\text{const} \cdot \sum_{\substack{j=1\\ j\neq i}}^{n} \frac{(d(i,j) - d^*_{\ell-1}(i,j))(y_{ik}^{\ell-1} - y_{jk}^{\ell-1})}{d(i,j) \cdot d^*_{\ell-1}(i,j)}$$

für $i=1,\dots,n$ und $k=1,\dots,q$

sowie die $n \cdot q$ zweiten partiellen Ableitungen des mapping errors im ℓ-ten Schritt

$$\frac{\partial^2 g_E(y_1^{\ell-1},\dots,y_n^{\ell-1})}{\partial^2 y_{ik}^{\ell-1}} = -2\,\text{const} \cdot \sum_{\substack{j=1\\ j\neq i}}^{n} \frac{1}{d(i,j) \cdot d^*_{\ell-1}(i,j)} \left[d(i,j) - d^*_{\ell-1}(i,j) - \frac{(y_{ik}^{\ell-1} - y_{jk}^{\ell-1})}{d^*_{\ell-1}(i,j)} \cdot \left(1 + \frac{d(i,j) - d^*_{\ell-1}(i,j)}{d^*_{\ell-1}(i,j)} \right) \right]$$

für $i=1,\dots,n$ und $k=1,\dots,q$.

Die Konfiguration $y_1^\ell,\dots,y_n^\ell$ für die n Objekte im q-dimensionalen Repräsentationsraum ist dann für $i=1,\dots,n$ gegeben durch $y_i^\ell = (y_{i1}^\ell,\dots,y_{iq}^\ell)^T$ mit

$$y_{ik}^\ell = y_{ik}^{\ell-1} - \lambda \cdot \frac{\partial g_E(y_1^{\ell-1},\dots,y_n^{\ell-1})}{\partial y_{ik}^{\ell-1}} \Bigg/ \left| \frac{\partial^2 g_E(y_1^{\ell-1},\dots,y_n^{\ell-1})}{\partial^2 y_{ik}^{\ell-1}} \right|$$

für $k=1,\dots,q$,

wobei λ die Schrittweite bezeichnet; Sammon (1969) schlägt vor, $\lambda = 0.3$ oder $\lambda = 0.4$ zu wählen.

Das Verfahren wird im ℓ-ten Schritt abgebrochen, falls keine wesentliche Veränderung des mapping errors mehr erreicht wird, d.h. falls gilt

$$g_E(y_1^{\ell-1},\dots,y_n^{\ell-1}) - g_E(y_1^{\ell-2},\dots,y_n^{\ell-2}) < \varepsilon \quad ,$$

wobei ε eine "kleine" positive, frei wählbare Zahl ist. Man setzt dann

$$y_1^{\ell} = y_1 \ , \ \dots \ , \ y_n^{\ell} = y_n$$

und hat damit approximativ die optimale Darstellung der n Objekte im q-dimensionalen Repräsentationsraum gefunden.

Diese optimale Darstellung ist allerdings mitunter nur lokal optimal bzgl. der gewählten Startkonfiguration. Daher sollte das Verfahren in der Praxis mit unterschiedlichen Startkonfigurationen durchgeführt werden; als Objektdarstellung von $y_1,\dots,y_n$ wählt man dann die lokal optimale Darstellung mit dem kleinsten mapping error, d.h. der größten Güte.

Beispiel: Im Abschnitt 3 des Kap.V haben wir eine Datenmatrix

$$X = \begin{pmatrix} 0.452 & -0.394 & -0.752 & -0.241 & -0.355 & 0.472 & 0.150 \\ 0.424 & -0.399 & -0.515 & -0.638 & 0.643 & -0.354 & 0.026 \\ 0.063 & -0.045 & -0.008 & -0.270 & -0.414 & -0.289 & -0.504 \\ -0.766 & -0.309 & 0.358 & 0.873 & 0.260 & -0.360 & -0.287 \\ 0.658 & 1.524 & 0.518 & -0.454 & -0.703 & 1.357 & 1.164 \end{pmatrix}$$

für $n = 5$ Autohersteller 1 (American Motors), 2 (Chrysler), 3 (Ford), 4 (General Motors), 5 (bzgl. des amerikanischen Marktes ausländische Hersteller) und $p = 7$ Merkmale (Reparaturanfälligkeiten der Autos) bestimmt. Mittels Nonlinear Mapping wollen wir nun eine Darstellung im $q = 2$-dimensionalen Repräsentationsraum für die 5 Hersteller gewinnen. Als Schrittweite des Gradientenverfahrens wählen wir hier $\lambda = 0.1$ und das Verfahren soll abgebrochen werden, falls in einem Schritt die Verbesserung des mapping errors kleiner als $\varepsilon = 1 \cdot 10^{-3}$ ist.

Dabei wollen wir als Distanzmatrix die euklidische Distanzmatrix zur Datenmatrix X verwenden. Es ergibt sich

$$D = D_{eukl} = \begin{pmatrix} 0.000 & 1.382 & 1.356 & 2.286 & 2.704 \\ 1.382 & 0.000 & 1.418 & 2.170 & 3.265 \\ 1.356 & 1.418 & 0.000 & 1.644 & 2.950 \\ 2.286 & 2.170 & 1.644 & 0.000 & 3.627 \\ 2.704 & 3.265 & 2.950 & 3.627 & 0.000 \end{pmatrix}$$

und daraus die Konstante

$$const = 1 \Big/ \left(\sum_{i=1}^{4} \sum_{j=i+1}^{5} d(i,j) \right) = 0.043855802 \quad .$$

Als Startkonfiguration im zweidimensionalen Raum wählen wir

$$y_1^o = (y_{11}^o, y_{12}^o)^T \ , \dots , \ y_5^o = (y_{51}^o, y_{52}^o)^T \text{ gemäß Tab.1.}$$

Tab.1: Koordinaten y_{ik}^{o} für i=1,...,5 und k=1,2 der Startkonfiguration

k \ i	1	2	3	4	5
1	3.000	2.000	3.400	4.600	5.000
2	2.000	1.000	0.600	-0.100	3.200

Die euklidische Distanzmatrix der Vektoren $y_1^o,\ldots,y_5^o$ ergibt sich zu

$$D_o^* = \begin{pmatrix} 0.000 & 1.414 & 1.456 & 2.640 & 2.332 \\ 1.414 & 0.000 & 1.456 & 2.823 & 3.720 \\ 1.456 & 1.456 & 0.000 & 1.389 & 3.053 \\ 2.640 & 2.823 & 1.389 & 0.000 & 3.324 \\ 2.332 & 3.720 & 3.053 & 3.324 & 0.000 \end{pmatrix} ,$$

so daß sich im 1. Schritt ein mapping error von

$$g_E(y_1^o,\ldots,y_5^o) = \text{const} \sum_{i=1}^{4} \sum_{j=i+1}^{5} (d(i,j) - d_o^*(i,j))^2/d(i,j)$$
$$= 0.019450108$$

ergibt.

Um nun die Konfiguration $y_1^1,\ldots,y_5^1$ berechnen zu können, benötigen wir die ersten und zweiten partiellen Ableitungen des mapping errors $g_E(y_1^o,\ldots,y_5^o)$ nach den Komponenten y_{ik}^o für i=1,...,5 und k=1,2. Diese ergeben sich unter Verwendung der Hilfsgrößen aus Tab.2,wie in Tab.3 angegeben.

Tab.2: Hilfsgrößen zur Berechnung der ersten und zweiten partiellen Ableitungen des mapping errors im ersten Schritt

i	j	$d(i,j)-d_o^*(i,j)$	$d(i,j)\cdot d_o^*(i,j)$	$y_{i1}^o-y_{j1}^o$	$y_{i2}^o-y_{j2}^o$	$d_o^*(i,j)$
1	2	-0.032	1.954	1.000	1.000	1.414
1	3	-0.100	1.974	-0.400	1.400	1.456
1	4	-0.354	6.035	-1.600	2.100	2.640
1	5	0.372	6.306	-2.000	-1.200	2.332
2	1	-0.032	1.954	-1.000	-1.000	1.414
2	3	-0.038	2.065	-1.400	0.400	1.456
2	4	-0.653	6.126	-2.600	1.100	2.823
2	5	-0.455	12.146	-3.000	-2.200	3.720
3	1	-0.100	1.974	0.400	-1.400	1.456
3	2	-0.038	2.065	1.400	-0.400	1.456
3	4	0.255	2.284	-1.200	0.700	1.389
3	5	-0.103	9.006	-1.600	-2.600	3.053
4	1	-0.354	6.035	1.600	-2.100	2.640
4	2	-0.653	6.126	2.600	-1.100	2.823
4	3	0.255	2.284	1.200	-0.700	1.389
4	5	0.303	12.056	-0.400	-3.300	3.324
5	1	0.372	6.306	2.000	1.200	2.332
5	2	-0.455	12.146	3.000	2.200	3.720
5	3	-0.103	9.006	1.600	2.600	3.053
5	4	0.303	12.056	0.400	3.300	3.324

Tab.3: Erste und zweite partielle Ableitungen des mapping errors im ersten Schritt nach y^o_{ik} für i=1,...,5 und k=1,2 (multipliziert mit -1/(2•const))

i	k	$-\frac{1}{2\cdot const}\cdot\frac{\partial g_E(y_1^o,\dots,y_5^o)}{\partial y_{ik}^o}$	$-\frac{1}{2\cdot const}\cdot\frac{\partial^2 g_E(y_1^o,\dots,y_5^o)}{\partial^2 y_{ik}^o}$
1	1	0.020243585	-0.046172550
1	2	-0.281269815	-0.893602894
2	1	0.431668640	0.802232071
2	2	-0.025824475	0.039180871
3	1	-0.161702707	-0.048024192
3	2	0.186170857	0.444578147
4	1	-0.247076719	-0.667803029
4	2	0.079345448	0.485562149
5	1	-0.002645629	-0.247866618
5	2	0.041577985	-0.283352591

Die neue Konfiguration $y_1^1=(y_{11}^1,y_{12}^1)^T$, ... $,y_5^1=(y_{51}^1,y_{52}^1)^T$ ergibt sich dann mit

$$y_{ik}^1 = y_{ik}^o - 0.1\cdot\frac{\partial g_E(y_1^o,\dots,y_5^o)}{\partial y_{ik}^o} \bigg/ \left|\frac{\partial^2 g_E(y_1^o,\dots,y_5^o)}{\partial^2 y_{ik}^o}\right| \quad ,$$

wie in Tab.4 angegeben.

Tab.4: Koordinaten y_{ik}^1 für i=1,...,5 und k=1,2 im ersten Schritt

k \ i	1	2	3	4	5
1	3.044	2.054	3.063	4.563	4.999
2	1.969	0.934	0.642	-0.084	3.215

Im zweiten Schritt ergibt sich zunächst aus der Tab.4 die Matrix

$$D_1^* = \begin{pmatrix} 0.000 & 1.432 & 1.327 & 2.554 & 2.318 \\ 1.432 & 0.000 & 1.050 & 2.708 & 3.725 \\ 1.327 & 1.050 & 0.000 & 1.666 & 3.220 \\ 2.554 & 2.708 & 1.666 & 0.000 & 3.328 \\ 2.318 & 3.725 & 3.220 & 3.328 & 0.000 \end{pmatrix}$$

der euklidischen Distanzen der Vektoren $y_1^1,\dots,y_5^1$ im zweidimensionalen Repräsentationsraum und der mapping error

$$g_E(y_1^1,\dots,y_5^1) = 0.018958941 \quad .$$

Da gilt

$$g_E(y_1^o,\ldots,y_5^o) - g_E(y_1^1,\ldots,y_5^1) \simeq 4.9\cdot 10^{-4} < \varepsilon$$

könnte das Verfahren hier abgebrochen werden; wir wollen die Iteration aber noch nicht abbrechen und berechnen die ersten und zweiten partiellen Ableitungen des mapping errors nach y_{ik}^1 für i=1,...,5 und k=1,2. Mit den Hilfsgrößen aus Tab.5 ergeben sie sich, wie in Tab.6 angegeben.

Tab.5: Hilfsgrößen zur Berechnung der ersten und zweiten partiellen Ableitungen des mapping errors im zweiten Schritt

i j	$d(i,j)-d_1^*(i,j)$	$d(i,j)\cdot d_1^*(i,j)$	$y_{i1}^1-y_{j1}^1$	$y_{i2}^1-y_{j2}^1$	$d_1^*(i,j)$
1 2	-0.050	1.979	0.990	1.035	1.432
1 3	0.029	1.799	-0.019	1.327	1.327
1 4	-0.268	5.838	-1.519	2.053	2.554
1 5	0.386	6.268	-1.955	-1.246	2.318
2 1	-0.050	1.979	-0.990	-1.035	1.432
2 3	0.368	1.489	-1.009	0.292	1.050
2 4	-0.538	5.876	-2.509	1.018	2.708
2 5	-0.460	12.162	-2.945	-2.281	3.725
3 1	0.029	1.799	0.019	-1.327	1.327
3 2	0.368	1.489	1.009	-0.292	1.050
3 4	-0.022	2.739	-1.500	0.726	1.666
3 5	-0.270	9.499	-1.936	-2.573	3.220
4 1	-0.268	5.838	1.519	-2.053	2.554
4 2	-0.538	5.876	2.509	-1.018	2.708
4 3	-0.022	2.739	1.500	-0.726	1.666
4 5	0.299	12.071	-0.436	-3.299	3.328
5 1	0.386	6.268	1.955	1.246	2.318
5 2	-0.460	12.162	2.945	2.281	3.725
5 3	-0.270	9.499	1.936	2.573	3.220
5 4	0.299	12.071	0.436	3.299	3.328

Tab.6: Erste und zweite partielle Ableitungen des mapping errors im zweiten Schritt nach y_{ik}^1 für i=1,...,5 und k=1,2 (multipliziert mit -1/(2•const))

i k	$-\frac{1}{2\cdot const}\frac{\partial g_E(y_1^1,\ldots,y_5^1)}{\partial y_{ik}^1}$	$-\frac{1}{2\cdot const}\frac{\partial^2 g_E(y_1^1,\ldots,y_5^1)}{\partial^2 y_{ik}^1}$
1 1	-0.075981564	-0.074327677
1 2	-0.175735502	-0.937149556
2 1	0.116751755	1.484523561
2 2	0.091382821	0.185606508
3 1	0.316753471	-0.270511086
3 2	-0.026254142	0.967114221
4 1	-0.322300615	-0.650814175
4 2	0.111566964	0.300279202
5 1	-0.035223047	-0.263651917
5 2	-0.000960141	-0.290631669

Die Konfiguration $y_1^2 = (y_{11}^2, y_{12}^2)^T, \ldots, y_5^2 = (y_{51}^2, y_{52}^2)^T$ erhält man dann aus

$$y_{ik}^2 = y_{ik}^1 - 0.1 \cdot \frac{\partial g_E(y_1^1, \ldots, y_5^1)}{\partial y_{ik}^1} \Bigg/ \left| \frac{\partial^2 g_E(y_1^1, \ldots, y_5^1)}{\partial^2 y_{ik}^1} \right|$$

für i=1,...,5 und k=1,2, wie in Tab.7 angegeben.

Tab.7: Koordinaten y_{ik}^2 für i=1,...,5 und k=1,2 im zweiten Schritt

k \ i	1	2	3	4	5
1	2.942	2.062	3.180	4.513	4.986
2	1.950	0.983	0.639	-0.047	3.215

Wir berechnen nun im dritten Schritt die Matrix der euklidischen Distanzen der Vektoren $y_1^2, \ldots, y_5^2$ sowie den mapping error im dritten Schritt. Es ergibt sich vermittels Tab.7

$$D_2^* = \begin{pmatrix} 0.000 & 1.307 & 1.332 & 2.541 & 2.404 \\ 1.307 & 0.000 & 1.170 & 2.659 & 3.679 \\ 1.332 & 1.170 & 0.000 & 1.499 & 3.146 \\ 2.541 & 2.659 & 1.499 & 0.000 & 3.296 \\ 2.404 & 3.679 & 3.146 & 3.296 & 0.000 \end{pmatrix}$$

und damit dann

$$g_E(y_1^2, \ldots, y_5^2) = 0.014398077 \quad ,$$

so daß das Verfahren fortgesetzt wird, weil gilt

$$g_E(y_1^1, \ldots, y_5^1) - g_E(y_1^2, \ldots, y_5^2) \simeq 4.6 \cdot 10^{-3} \not< \varepsilon \quad .$$

Die zur Berechnung der ersten und zweiten partiellen Ableitungen des mapping errors nach y_{ik}^2 für i=1,...,5 und k=1,2 benötigten Hilfsgrößen sind in der Tab.8 angegeben; die Ableitungen findet man dann in der Tab.9.

Aus der Tab.9 ergibt sich mit

$$y_{ik}^3 = y_{ik}^2 - 0.1 \cdot \frac{\partial g_E(y_1^2, \ldots, y_5^2)}{\partial y_{ik}^2} \Bigg/ \left| \frac{\partial^2 g_E(y_1^2, \ldots, y_5^2)}{\partial^2 y_{ik}^2} \right|$$

für i=1,...,5 und k=1,2 die Konfiguration $y_1^3, \ldots, y_5^3$ für die fünf Autohersteller gemäß Tab.10.

Damit ergibt sich im vierten Schritt die Matrix der euklidischen Distanzen

Tab.8: Hilfsgrößen zur Berechnung der ersten und zweiten partiellen Ableitungen des mapping errors im dritten Schritt

i	j	$d(i,j)-d_2^*(i,j)$	$d(i,j)\cdot d_2^*(i,j)$	$y_{i1}^2-y_{j1}^2$	$y_{i2}^2-y_{j2}^2$	$d_2^*(i,j)$
1	2	0.075	1.806	0.880	0.967	1.307
1	3	0.024	1.806	-0.238	1.311	1.332
1	4	-0.255	5.809	-1.571	1.997	2.541
1	5	0.300	6.500	-2.044	-1.265	2.404
2	1	0.075	1.806	-0.880	-0.967	1.307
2	3	0.248	1.659	-1.118	0.344	1.170
2	4	-0.489	5.770	-2.451	1.030	2.659
2	5	-0.414	12.012	-2.924	-2.232	3.679
3	1	0.024	1.806	0.238	-1.311	1.332
3	2	0.248	1.659	1.118	-0.344	1.170
3	4	0.145	2.464	-1.333	0.686	1.499
3	5	-0.196	9.281	-1.806	-2.576	3.146
4	1	-0.255	5.809	1.571	-1.997	2.541
4	2	-0.489	5.770	2.451	-1.030	2.659
4	3	0.145	2.464	1.333	-0.686	1.499
4	5	0.331	11.955	-0.473	-3.262	3.296
5	1	0.300	6.500	2.044	1.265	2.404
5	2	-0.414	12.012	2.924	2.232	3.679
5	3	-0.196	9.281	1.806	2.576	3.146
5	4	0.331	11.955	0.473	3.262	3.296

Tab.9: Erste und zweite partielle Ableitungen des mapping errors im dritten Schritt nach y_{ik}^2 für i=1,...,5 und k=1,2 (multipliziert mit -1/(2·const))

i	k	$-\frac{1}{2\cdot\text{const}}\cdot\frac{\partial g_E(y_1^2,\dots,y_5^2)}{\partial y_{ik}^2}$	$-\frac{1}{2\cdot\text{const}}\frac{\partial^2 g_E(y_1^2,\dots,y_5^2)}{\partial^2 y_{ik}^2}$
1	1	0.008006414	0.006469824
1	2	-0.088467990	-0.961560664
2	1	0.104217619	1.356248129
2	2	0.001088510	0.279985862
3	1	0.130592876	-0.146464804
3	2	0.025738020	0.850451665
4	1	-0.211334319	-0.650837725
4	2	0.044269435	0.429184664
5	1	-0.031482590	-0.258803654
5	2	0.017372025	-0.291449759

Tab.10: Koordinaten y_{ik}^3 für i=1,...,5 und k=1,2 im dritten Schritt

k \ i	1	2	3	4	5
1	3.066	2.070	3.269	4.481	4.974
2	1.941	0.983	0.642	-0.037	3.221

der Vektoren $y_1^3,\ldots,y_5^3$ zu

$$D_3^* = \begin{pmatrix} 0.000 & 1.382 & 1.315 & 2.432 & 2.298 \\ 1.382 & 0.000 & 1.247 & 2.618 & 3.666 \\ 1.315 & 1.247 & 0.000 & 1.389 & 3.092 \\ 2.432 & 2.618 & 1.389 & 0.000 & 3.295 \\ 2.298 & 3.666 & 3.092 & 3.295 & 0.000 \end{pmatrix}$$

und der mapping error zu

$$g_E(y_1^3,\ldots,y_5^3) = 0.01362441 4 \quad .$$

Das Verfahren wird hier abgebrochen, da gilt

$$g_E(y_1^2,\ldots,y_5^2) - g_E(y_1^3,\ldots,y_5^3) \simeq 7.7\cdot 10^{-4} < \varepsilon \ ,$$

und die lokal (bzgl. der Startkonfiguration aus Tab.1) optimale Darstellung der 5 Hersteller im zweidimensionalen Repräsentationsraum wird festgelegt als

$$y_1 = y_1^3 \ , \ \ldots \ , \ y_5 = y_5^3 \quad ,$$

d.h. die 5×2 - Datenmatrix für die Hersteller ist

$$Y = \begin{pmatrix} 3.066 & 1.941 \\ 2.070 & 0.983 \\ 3.269 & 0.642 \\ 4.481 & -0.037 \\ 4.974 & 3.221 \end{pmatrix} \quad .$$

Diese Konfiguration der Hersteller ist in der Abb.2 auch graphisch dargestellt.

Zu bemerken ist noch, daß bei Nonlinear Mapping das Koordinatensystem des Repräsentationsraumes für n Objekte beliebig gedreht und verschoben werden kann, ohne daß sich der mapping error verändert. Als Startkonfiguration für Nonlinear Mapping kann man auch diejenige nehmen, die man mit dem Verfahren im nachfolgenden Abschnitt 2 erzielt; vgl. auch das dortige Beispiel zur Repräsentation von Merkmalen.

2 DIE HAUPT - KOORDINATEN - METHODE

Das Skalierungsverfahren, das in diesem Abschnitt vorgestellt werden soll, ist eine Verallgemeinerung des klassischen MDS-Ansatzes von Torgerson (1952,1958); es benötigt nicht die Vorgabe einer Startkonfiguration zur weiteren Iteration.

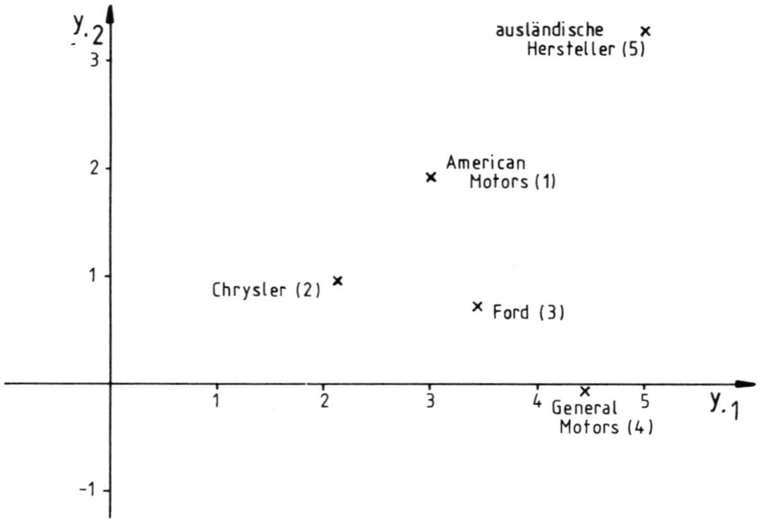

Abb.2: Konfiguration für 5 Hersteller im zweidimensionalen Repräsentationsraum nach Anwendung von Nonlinear Mapping auf die euklidische Distanzmatrix D

Torgerson ging davon aus, daß für n Objekte eine *euklidische Distanzmatrix*

$$D = \begin{pmatrix} 0 & d(1,2) & \dots & d(1,n) \\ d(1,2) & 0 & \dots & d(2,n) \\ \vdots & \vdots & & \vdots \\ d(1,n) & d(2,n) & \dots & 0 \end{pmatrix}$$

vorliegt, und bestimmte eine r-dimensionale Konfiguration $\tilde{y}_1 = (y_{11},\dots,y_{1r})^T, \dots, \tilde{y}_n = (y_{n1},\dots,y_{nr})^T$, d.h. eine n×r-Datenmatrix

$$\tilde{Y} = (\tilde{y}_1,\dots,\tilde{y}_n)^T \quad ,$$

für die n Objekte, wobei r den Rang der positiv semidefiniten Matrix

$$B = K_n \cdot A \cdot K_n = \begin{pmatrix} b_{11} & \dots & b_{1n} \\ \vdots & & \vdots \\ b_{1n} & \dots & b_{nn} \end{pmatrix}$$

bezeichnet; hier ist A die n×n-Matrix mit den Elementen

$$a_{ij} = -\frac{1}{2}\, d^2(i,j) \qquad \text{für } i,j=1,\dots,n$$

und

$$K_n = I_n - \frac{1}{n} J_n = \begin{pmatrix} 1-\frac{1}{n} & -\frac{1}{n} & \dots & -\frac{1}{n} \\ -\frac{1}{n} & 1-\frac{1}{n} & \dots & -\frac{1}{n} \\ \vdots & \vdots & & \vdots \\ -\frac{1}{n} & -\frac{1}{n} & \dots & 1-\frac{1}{n} \end{pmatrix} .$$

Diese r - dimensionale Konfiguration ergibt sich gerade aus den Eigenvektoren $y_{(1)} = (y_{11},\dots,y_{n1})^T$,...; $y_{(r)} = (y_{1r},\dots,y_{nr})^T$ zu den r von Null verschiedenen Eigenwerten $\lambda_1 \geq \dots \geq \lambda_r$ der Matrix B, die so normiert sind, daß gilt

$$y_{(\ell)}^T \cdot y_{(\ell)} = \lambda_\ell \qquad \text{für } \ell=1,\dots,r \quad .$$

Die Zeilenvektoren von $\tilde{Y}$ nennt man auch r - dimensionale *Haupt - Koordinaten* (*principal co - ordinates*).

Wählt man als Dimension des Repräsentationsraumes nun eine Zahl $q \leq r$, so nimmt die Gütefunktion

$$g_1(y_1,\dots,y_n) = \sum_{i=1}^{n-1} \sum_{j=i+1}^{n} (d^2(i,j) - d_*^2(i,j))$$

ihr Minimum an, wenn $d_*(i,j)$ für $i,j=1,\dots,n$ der euklidische Abstand der q - dimensionalen Haupt - Koordinaten

$$y_1 = (y_{11},\dots,y_{1q})^T \;,\dots,\; y_n = (y_{n1},\dots,y_{nq})^T$$

ist, vgl. Gower (1966).

Ausgehend von euklidischen Distanzen $d(i,j)$, $i,j=1,\dots,n$, für n Objekte ist also durch die Matrix

$$Y = (y_1,\dots,y_n)^T$$

eine optimale Konfiguration der n Objekte im q - dimensionalen Repräsentationsraum gegeben im Sinne des Gütekriteriums

$$\begin{aligned} g_1(y_1,\dots,y_n) &= \sum_{i=1}^{n-1} \sum_{j=i+1}^{n} (d^2(i,j) - d_*^2(i,j)) \\ &= \sum_{i=1}^{n-1} \sum_{j=i+1}^{n} \left(d^2(i,j) - \sum_{k=1}^{q} (y_{ik} - y_{jk})^2\right) \quad . \end{aligned}$$

Ist die *Distanzmatrix* D *nicht euklidisch*, so ist die Konfiguration $y_1,\dots,y_n$ noch in dem Sinne optimal, daß das Gütekriterium

$$g_2(y_1,\dots,y_n) = \mathrm{tr}(B - B^*)^2 = \sum_{i=1}^{n}\sum_{j=1}^{n} (b_{ij} - b^*_{ij})^2 = \sum_{k=1}^{n} (\lambda_k - \lambda^*_k)^2$$

minimiert wird, wobei

$$B^* = \begin{pmatrix} b^*_{11} & \dots & b^*_{1n} \\ \vdots & & \vdots \\ b^*_{1n} & \dots & b^*_{nn} \end{pmatrix} = K_n \cdot A^* \cdot K_n \text{ mit } A^* = -\frac{1}{2}\begin{pmatrix} 0 & d^2_*(1,2) & \dots & d^2_*(1,n) \\ \vdots & \vdots & & \vdots \\ d^2_*(1,n) & d^2_*(2,n) & \dots & 0 \end{pmatrix}$$

eine positiv semidefinite Matrix mit rg $B^* \leq q$ ist, vgl. Mardia (1978), $\lambda_1 \geq \dots \geq \lambda_n$ die Eigenwerte von B und $\lambda^*_1 \geq \dots \geq \lambda^*_n$ die Eigenwerte von B^* bezeichnet, für die gilt

$$\lambda^*_k = \begin{cases} \max(\lambda_k, 0) & , \text{ für } k=1,\dots,q \\ 0 & , \text{ für } k=q+1,\dots,n \end{cases} .$$

Andere Gütekriterien, die dieses Verfahren im Falle einer nichteuklidischen Distanzmatrix D minimiert, findet man bei Mathar (1983).

Es sei noch erwähnt, daß sich bei diesem Skalierungsverfahren stets eine Konfiguration ergibt, deren Schwerpunkt im Ursprung des q-dimensionalen Koordinatensystems liegt, was gerade daher kommt, daß die Matrix A bzw. A^* von links und von rechts mit K_n multipliziert wird, denn K_n bereinigt A, A^* gerade um den Mittelwert. Natürlich kann dieses Koordinatensystem, wie bei Nonlinear Mapping in Abschnitt 1, beliebig gedreht und verschoben werden, ohne daß sich die Güte ändert.

Beispiel: Für n = 5 Autohersteller ist im Abschnitt 3 des Kap.V eine 5×7-Datenmatrix angegeben. Im Abschnitt 1, wo diese Datenmatrix X auch noch einmal zu finden ist, haben wir mittels Nonlinear Mapping eine zweidimensionale Konfiguration für die fünf Hersteller konstruiert. Hier soll nun zum einen unter Verwendung ihrer 7-dimensionalen euklidischen Distanzen, zum anderen unter Verwendung ihrer 7-dimensionalen Mahalanobisdistanzen das in diesem Abschnitt beschriebene Verfahren eingesetzt werden, um jeweils Konfigurationen für die Hersteller zu gewinnen.

Zunächst ergibt sich unter Verwendung der *euklidischen Distanzmatrix*

$$D = D_{eukl} = \begin{pmatrix} 0.000 & 1.382 & 1.356 & 2.286 & 2.704 \\ 1.382 & 0.000 & 1.418 & 2.170 & 3.265 \\ 1.356 & 1.418 & 0.000 & 1.644 & 2.950 \\ 2.286 & 2.170 & 1.644 & 0.000 & 3.627 \\ 2.704 & 3.265 & 2.950 & 3.627 & 0.000 \end{pmatrix}$$

für die fünf Hersteller die Matrix

$$A = \begin{pmatrix} 0.000 & -0.955 & -0.919 & -2.613 & -3.656 \\ -0.955 & 0.000 & -1.005 & -2.354 & -5.330 \\ -0.919 & -1.005 & 0.000 & -1.351 & -4.351 \\ -2.613 & -2.354 & -1.351 & 0.000 & -6.578 \\ -3.656 & -5.330 & -4.351 & -6.578 & 0.000 \end{pmatrix}$$

und daraus dann die Matrix

$$B = K_5 \cdot A \cdot K_5 = \frac{1}{25} \cdot \begin{pmatrix} 23.206 & 6.836 & -2.354 & -18.354 & -9.334 \\ 6.836 & 38.216 & 3.001 & -4.374 & -43.679 \\ -2.354 & 3.001 & 18.036 & 10.611 & -29.294 \\ -18.354 & -4.374 & 10.611 & 70.736 & -58.619 \\ -9.334 & -43.679 & -29.294 & -58.619 & 140.926 \end{pmatrix} .$$

Um die zweidimensionalen Haupt - Koordinaten $y_1,\dots,y_5$ bestimmen zu können, benötigen wir nun die beiden größten Eigenwerte

$$\lambda_1 = 7.55288 \quad \text{und} \quad \lambda_2 = 2.70076$$

der Matrix B. Die zugehörigen auf Norm $\sqrt{\lambda_1}$ bzw. $\sqrt{\lambda_2}$ normierten Eigenvektoren sind gerade

$$y_{(1)} = (-0.0215,-0.6562,-0.4866,-1.1796,2.3439)^T$$

und

$$y_{(2)} = (-0.6916,-0.8539,0.0255,1.1708,0.3491)^T \quad ,$$

so daß die gesuchte Konfiguration der 5 Hersteller im zweidimensionalen Darstellungsraum durch die Datenmatrix

$$Y = (y_1,\dots,y_5)^T = (y_{(1)},y_{(2)}) = \begin{pmatrix} -0.0215 & -0.6916 \\ -0.6562 & -0.8539 \\ -0.4866 & 0.0255 \\ -1.1796 & 1.1708 \\ 2.3439 & 0.3491 \end{pmatrix}$$

repräsentiert wird; diese Konfiguration ist in der Abb.3 auch graphisch dargestellt.

Der Wert des Gütekriteriums $g_1(y_1,\dots,y_5)$ ergibt sich unter Verwendung der euklidischen Distanzmatrix

$$D^* = \begin{pmatrix} 0 & d_*(1,2) & \dots & d_*(1,5) \\ d_*(1,2) & 0 & \dots & d_*(2,5) \\ \vdots & \vdots & & \vdots \\ d_*(1,5) & d_*(2,5) & \dots & 0 \end{pmatrix}$$

$$= \begin{pmatrix} 0.000 & 0.655 & 0.855 & 2.193 & 2.584 \\ 0.655 & 0.000 & 0.896 & 2.091 & 3.232 \\ 0.855 & 0.896 & 0.000 & 1.339 & 2.849 \\ 2.193 & 2.091 & 1.339 & 0.000 & 3.618 \\ 2.584 & 3.232 & 2.849 & 3.618 & 0.000 \end{pmatrix}$$

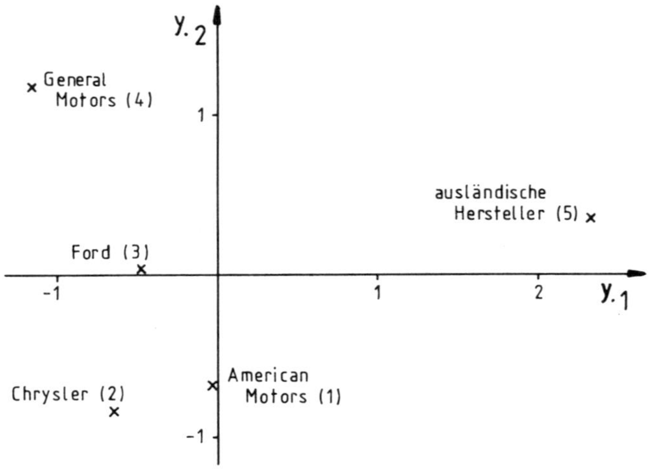

Abb.3: Zweidimensionale Konfiguration für 5 Autohersteller bei Verwendung der Haupt-Koordinaten-Methode für die euklidische Distanzmatrix D

der Konfiguration $y_1,\ldots,y_5$ für die Hersteller zu

$$g_1(y_1,\ldots,y_5) = \sum_{i=1}^{4}\sum_{j=i+1}^{5} (d^2(i,j) - d_*^2(i,j)) = 6.9594 \quad .$$

Möchte man anstelle einer zweidimensionalen Konfiguration für die Autohersteller eine dreidimensionale Konfiguration bestimmen, so benötigt man neben den bisher verwandten Eigenwerten λ_1, λ_2 und Eigenvektoren $y_{(1)}$, $y_{(2)}$ auch den drittgrößten Eigenwert

$$\lambda_3 = 0.78048$$

der Matrix B sowie den zugehörigen auf $\sqrt{\lambda_3}$ normierten Eigenvektor

$$y_{(3)} = (0.5638,-0.6067,0.2608,-0.0715,-0.1465)^T \quad .$$

Die dreidimensionale Konfiguration $y_1,\ldots,y_5$ ist dann gerade durch die Datenmatrix

$$Y = \begin{pmatrix} y_1^T \\ \vdots \\ y_5^T \end{pmatrix} = (y_{(1)},y_{(2)},y_{(3)}) = \begin{pmatrix} -0.0215 & -0.6916 & 0.5638 \\ -0.6562 & -0.8539 & -0.6067 \\ -0.4866 & 0.0255 & 0.2608 \\ -1.1796 & 1.1708 & -0.0715 \\ 2.3439 & 0.3491 & -0.1465 \end{pmatrix}$$

bestimmt, die in Abb.4 veranschaulicht ist.

Bestimmt man die euklidische Distanzmatrix für diese Konfiguration

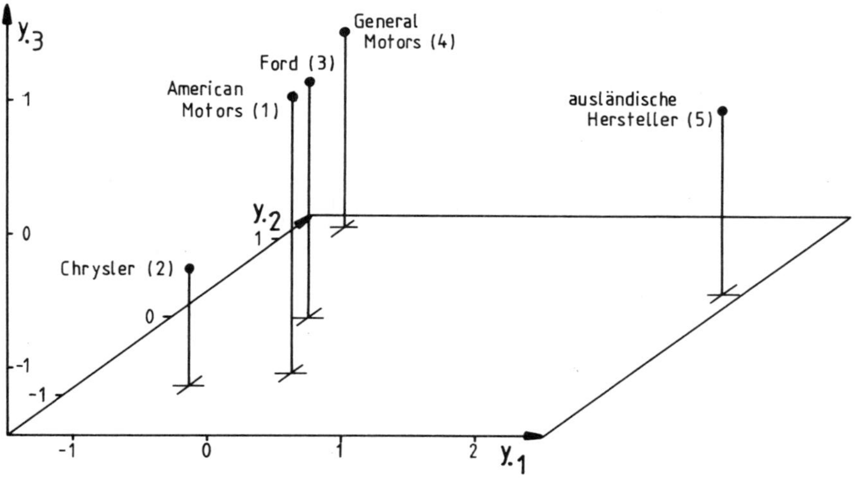

Abb.4: Dreidimensionale Konfiguration für 5 Autohersteller bei Verwendung der Haupt - Koordinaten - Methode für die euklidische Distanzmatrix D

$$D^* = \begin{pmatrix} 0.000 & 1.341 & 0.907 & 2.283 & 2.680 \\ 1.341 & 0.000 & 1.247 & 2.159 & 3.265 \\ 0.907 & 1.247 & 0.000 & 1.379 & 2.878 \\ 2.283 & 2.159 & 1.379 & 0.000 & 3.619 \\ 2.680 & 3.265 & 2.878 & 3.619 & 0.000 \end{pmatrix}$$

und den Wert des Gütekriteriums

$$g_1(y_1,\ldots,y_5) = \sum_{i=1}^{4} \sum_{j=i+1}^{5} (d^2(i,j) - d_*^2(i,j)) = 3.0527 \quad ,$$

so zeigt sich, daß in diesem Falle durch Hinzunahme einer Dimension die Güte der Skalierung beträchtlich erhöht wird.

Nun wollen wir die Haupt - Koordinaten - Methode noch verwenden, um ausgehend von den *Mahalanobisdistanzen* für die fünf Hersteller, die in der Matrix

$$D = D_{Mahal} = \begin{pmatrix} 0.00 & 1.70 & 1.86 & 3.05 & 2.70 \\ 1.70 & 0.00 & 1.97 & 2.98 & 3.31 \\ 1.86 & 1.97 & 0.00 & 2.11 & 2.70 \\ 3.05 & 2.98 & 2.11 & 0.00 & 3.86 \\ 2.70 & 3.31 & 2.70 & 3.86 & 0.00 \end{pmatrix}$$

zusammengefaßt sind, vgl. auch Abschnitt 3 in Kap.V, eine zweidimensionale Konfiguration der Hersteller zu konstruieren.

Hier ergibt sich die Matrix A mit Elementen $a_{ij} = -\frac{1}{2} d^2(i,j)$ für $i,j=1,\ldots,5$ zu

$$A = \begin{pmatrix} 0.000 & -1.445 & -1.730 & -4.651 & -3.645 \\ -1.445 & 0.000 & -1.940 & -4.440 & -5.478 \\ -1.730 & -1.940 & 0.000 & -2.226 & -3.645 \\ -4.651 & -4.440 & -2.226 & 0.000 & -7.450 \\ -3.645 & -5.478 & -3.645 & -7.450 & 0.000 \end{pmatrix} ,$$

so daß wir

$$B = K_5 \cdot A \cdot K_5 = \frac{1}{25} \begin{pmatrix} 41.410 & 14.445 & -11.490 & -38.385 & -5.980 \\ 14.445 & 59.730 & -7.580 & -23.950 & -42.645 \\ -11.490 & -7.580 & 22.110 & 12.590 & -15.630 \\ -38.385 & -23.950 & 12.590 & 114.370 & -64.625 \\ -5.980 & -42.645 & -15.630 & -64.625 & 128.880 \end{pmatrix}$$

erhalten.

Die beiden größten Eigenwerte dieser Matrix B sind

$$\lambda_1 = 7.74242 \quad \text{und} \quad \lambda_2 = 4.78568$$

und die zugehörigen auf Norm $\sqrt{\lambda_1}$ bzw. $\sqrt{\lambda_2}$ normierten Eigenvektoren ergeben sich zu

$$y_{(1)} = (0.3780, -0.2631, -0.3321, -1.8145, 2.0317)^T \quad ,$$
$$y_{(2)} = (-0.8820, -1.3632, 0.1917, 1.0747, 0.9787)^T \quad .$$

Die gesuchten zweidimensionalen Haupt - Koordinaten, und damit die Konfiguration $y_1, \ldots, y_5$ für die fünf Hersteller, die sich aus diesen Eigenvektoren ablesen lassen, sind in der Datenmatrix

$$Y = (y_1, \ldots, y_5)^T = (y_{(1)}, y_{(2)}) = \begin{pmatrix} 0.3780 & -0.8820 \\ -0.2631 & -1.3632 \\ -0.3321 & 0.1917 \\ -1.8145 & 1.0747 \\ 2.0317 & 0.9787 \end{pmatrix}$$

zusammengefaßt, vgl. auch Abb.5.

Die Matrix der euklidischen Distanzen der Vektoren $y_1, \ldots, y_5$ ergibt sich hier zu

$$D^* = \begin{pmatrix} 0.000 & 0.802 & 1.287 & 2.939 & 2.489 \\ 0.802 & 0.000 & 1.556 & 2.890 & 3.279 \\ 1.287 & 1.556 & 0.000 & 1.725 & 3.327 \\ 2.939 & 2.890 & 1.725 & 0.000 & 3.847 \\ 2.489 & 3.279 & 3.327 & 3.847 & 0.000 \end{pmatrix} .$$

Um den Wert des Gütekriteriums $g_2(y_1, \ldots, y_5)$ zu bestimmen, berechnen wir die Eigenwerte der Matrix B:

$$\lambda_1 = 7.74242, \ \lambda_2 = 4.78568, \ \lambda_3 = 1.18958, \ \lambda_4 = 0.94232 \ \text{und} \ \lambda_5 = 0 \quad .$$

Mit $q = 2$ ergibt sich dann

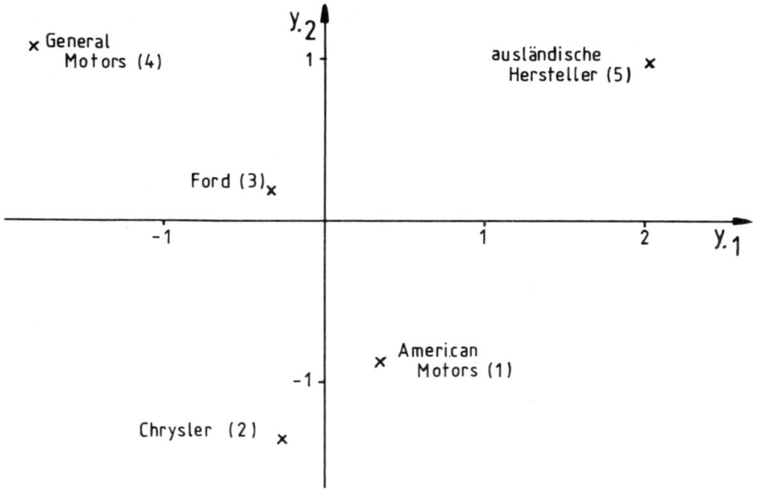

Abb.5: Zweidimensionale Konfiguration für 5 Autohersteller mittels Haupt-Koordinaten-Methode bei Verwendung von Mahalanobisdistanzen (in D)

$$g_2(y_1,\dots,y_5) = \sum_{k=1}^{5} (\lambda_k - \lambda_k^*)^2 = \sum_{k=3}^{5} \lambda_k^2 = 2.30307 \quad .$$

Wie bereits in der Einleitung dieses Kapitels erwähnt, soll nun noch an einem Beispiel demonstriert werden, wie die multidimensionale Skalierung zur *Repräsentation von Merkmalen* verwandt werden kann. Als Maß für die Ähnlichkeit zweier Merkmale X, Y wollen wir dabei ausgehend von ihrer empirischen Korrelation r_{XY} ihre Unbestimmtheit (1 - Bestimmtheitsmaß, vgl. Kap.II und III)

$$d(X,Y) = 1 - r_{XY}^2 = 1 - B_{X,Y}$$

verwenden, d.h. zwei Merkmale werden hier als um so ähnlicher betrachtet, je kleiner ihr Unbestimmtheitsmaß ist.

Beispiel: Im Abschnitt 3 des Kap.V haben wir eine 5×7-Datenmatrix für fünf Autohersteller bestimmt; diese Datenmatrix bzw. daraus resultierende Distanzmatrizen der Hersteller wurden in diesem Kapitel bisher benutzt, um Repräsentationen für die Hersteller zu gewinnen.

Wir wollen nun die sieben Merkmale, die die Datenmatrix bestimmen, mittels multidimensionaler Skalierung derart graphisch repräsentieren, daß die Abstände zwischen den Merkmalen ihre Ähnlichkeiten widerspiegeln.

Aus der Datenmatrix, die auch im Abschnitt 1 dieses Kapitels angegeben ist, berechnen wir zunächst die empirischen Korrelationen von je zweien der sieben Merkmale, die die Reparaturanfälligkeit der äußeren Karosserie (1), der inneren Karosserie (2), der Eisenteile der Karosserie (3), der Bremsen (4), des Automatikgetriebes (5), der Stoßdämpfer (6) und der Vorderradaufhängung (7) sind. Daraus bestimmen wir die zugehörigen Unbestimmtheitsmaße, die in der folgenden Matrix D zusammengestellt sind:

$$D = \begin{pmatrix} 0 & 1-r_{12}^2 & 1-r_{13}^2 & \cdots & 1-r_{17}^2 \\ 1-r_{12}^2 & 0 & 1-r_{23}^2 & \cdots & 1-r_{27}^2 \\ \vdots & \vdots & \vdots & & \vdots \\ 1-r_{17}^2 & 1-r_{27}^2 & 1-r_{37}^2 & \cdots & 0 \end{pmatrix}$$

$$= \begin{pmatrix} 0.000 & 0.789 & 0.880 & 0.131 & 0.849 & 0.597 & 0.578 \\ 0.789 & 0.000 & 0.558 & 0.911 & 0.579 & 0.298 & 0.286 \\ 0.880 & 0.558 & 0.000 & 0.831 & 0.943 & 0.919 & 0.910 \\ 0.131 & 0.911 & 0.831 & 0.000 & 0.963 & 0.879 & 0.836 \\ 0.849 & 0.579 & 0.943 & 0.963 & 0.000 & 0.448 & 0.783 \\ 0.597 & 0.298 & 0.919 & 0.879 & 0.448 & 0.000 & 0.137 \\ 0.578 & 0.286 & 0.910 & 0.836 & 0.783 & 0.137 & 0.000 \end{pmatrix} .$$

Die Matrix D verwenden wir als Distanzmatrix für die sieben Merkmale und bestimmen nun eine zweidimensionale Konfiguration $y_1^o, \ldots, y_7^o$ für die Merkmale; dabei wollen wir das Haupt - Koordinaten - Verfahren verwenden.

Die Matrix B ergibt sich zunächst zu

$$B = K_7 \cdot A \cdot K_7$$

$$= \begin{pmatrix} -0.0138 & -0.1709 & -0.0991 & 0.2508 & -0.1189 & -0.0370 & -0.0049 \\ -0.1709 & 0.1006 & 0.0927 & -0.1953 & 0.0342 & 0.0571 & 0.0815 \\ -0.0991 & 0.0927 & 0.3962 & 0.0222 & -0.0950 & -0.1730 & -0.1439 \\ 0.2508 & -0.1953 & 0.0222 & 0.3388 & -0.1428 & -0.1657 & -0.1080 \\ -0.1189 & 0.0342 & -0.0950 & -0.1428 & 0.3030 & 0.1024 & -0.0829 \\ -0.0370 & 0.0571 & -0.1730 & -0.1657 & 0.1024 & 0.1024 & 0.1139 \\ -0.0049 & 0.0815 & -0.1439 & -0.1080 & -0.0829 & 0.1139 & 0.1442 \end{pmatrix} ,$$

wobei A die Matrix mit den Elementen

$$a_{ij} = -\frac{1}{2}(1 - r_{ij}^2)^2 \qquad \text{für } i,j=1,\ldots,7$$

bezeichnet. Die beiden größten Eigenwerte und zugehörigen normierten Eigenvektoren dieser Matrix B sind

$$\lambda_1 = 0.776123 \quad , \quad \lambda_2 = 0.555053 \quad ,$$

$$y_{(1)} = (0.2857,-0.2791,0.1911,0.5749,-0.3381,-0.3137.-0.1922)^T \quad ,$$

$$y_{(2)} = (0.2222,-0.2194,-0.6096,0.1548,0.0238,0.1790,0.1715)^T \quad ,$$

so daß sich die zweidimensionale Konfiguration $y_1^o,\ldots,y_7^o$ bzw. die zugehörige 2×7 - Datenmatrix Y^o für die Merkmale zu

$$Y^o = \begin{pmatrix} y_1^{oT} \\ y_2^{oT} \\ \vdots \\ y_7^{oT} \end{pmatrix} = \begin{pmatrix} 0.2857 & 0.2222 \\ -0.2791 & -0.2194 \\ 0.1911 & -0.6096 \\ 0.5749 & 0.1548 \\ -0.3381 & 0.0238 \\ -0.3137 & 0.1790 \\ -0.1922 & 0.1715 \end{pmatrix}$$

ergibt; diese Konfiguration ist in der Abb.6 auch graphisch veranschaulicht.

Berechnet man die euklidische Distanzmatrix

$$D^o = \begin{pmatrix} 0.000 & 0.717 & 0.837 & 0.297 & 0.655 & 0.051 & 0.106 \\ 0.717 & 0.000 & 0.611 & 0.932 & 0.250 & 0.714 & 0.612 \\ 0.837 & 0.611 & 0.000 & 0.855 & 0.825 & 0.798 & 0.781 \\ 0.297 & 0.932 & 0.855 & 0.000 & 0.922 & 0.262 & 0.383 \\ 0.655 & 0.250 & 0.825 & 0.922 & 0.000 & 0.670 & 0.550 \\ 0.051 & 0.714 & 0.798 & 0.262 & 0.670 & 0.000 & 0.121 \\ 0.106 & 0.612 & 0.781 & 0.383 & 0.550 & 0.121 & 0.000 \end{pmatrix}$$

der Vektoren $y_1^o,\ldots,y_7^o$ und vergleicht sie mit der ursprünglichen Distanzmatrix (Matrix der Unbestimmtheitsmaße) D, so zeigt sich, daß zwischen diesen Matrizen doch beträchtliche Unterschiede vorhanden sind.

Daher wollen wir nun noch das Verfahren Nonlinear Mapping aus Abschnitt 1 benutzen, um eine Konfiguration für die sieben Merkmale zu bestimmen. Als Startkonfiguration wählen wir dabei die mit der Haupt - Koordinaten - Methode gewonnene Konfiguration $y_1^o,\ldots,y_7^o$, für die sich der mapping error zu

$$g_E(y_1^o,\ldots,y_7^o) = 8.44 \cdot 10^{-2}$$

ergibt. Als lokal (bzgl. der Haupt - Koordinaten - Lösung) optimale Konfiguration erhalten wir mittels Nonlinear Mapping die Konfiguration $y_1,\ldots,y_7$ bzw. die entsprechende Datenmatrix

$$Y = \begin{pmatrix} 0.2267 & 0.1160 \\ -0.3734 & -0.1206 \\ -0.0882 & -0.6592 \\ 0.3663 & 0.0578 \\ -0.8051 & -0.1227 \\ -0.4440 & 0.1661 \\ -0.3204 & 0.2175 \end{pmatrix},$$

die in Abb.7 graphisch dargestellt ist. Die euklidische Distanzmatrix der sieben Vektoren $y_1,\ldots,y_7$ ergibt sich zu

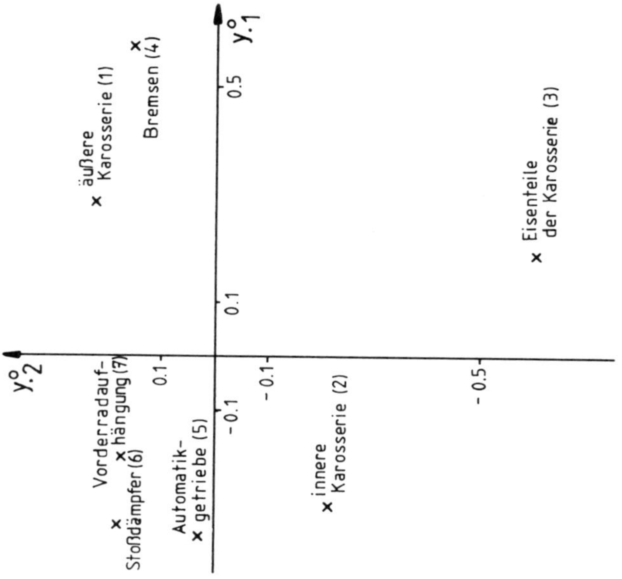

Abb.6: Graphische Repräsentation von sieben Reparaturanfälligkeitsmerkmalen nach der Haupt-Koordinaten-Methode

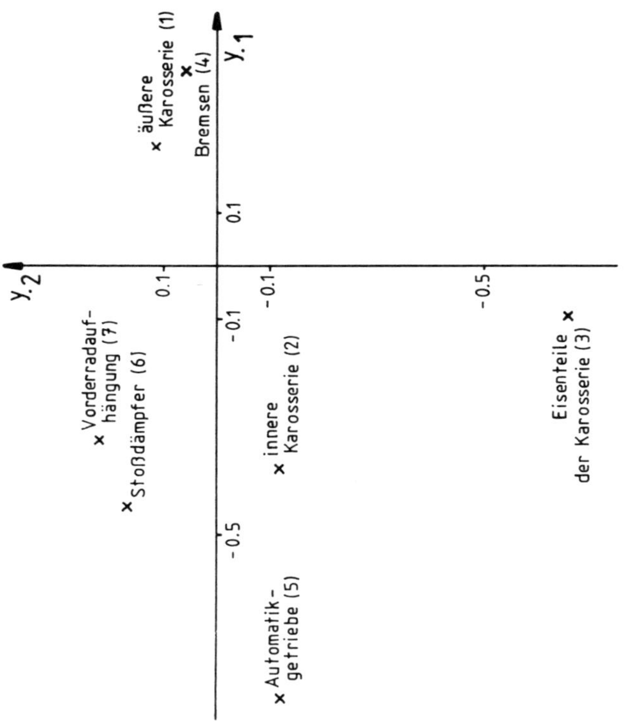

Abb.7: Graphische Repräsentation von sieben Reparaturanfälligkeitsmerkmalen mittels Nonlinear Mapping unter Verwendung der Startkonfiguration aus Abb.6

$$D^* = \begin{pmatrix} 0.000 & 0.645 & 0.837 & 0.151 & 1.059 & 0.673 & 0.556 \\ 0.645 & 0.000 & 0.609 & 0.761 & 0.432 & 0.295 & 0.342 \\ 0.837 & 0.609 & 0.000 & 0.849 & 0.895 & 0.899 & 0.907 \\ 0.151 & 0.761 & 0.849 & 0.000 & 1.185 & 0.818 & 0.705 \\ 1.059 & 0.432 & 0.895 & 1.185 & 0.000 & 0.462 & 0.592 \\ 0.673 & 0.295 & 0.899 & 0.818 & 0.462 & 0.000 & 0.134 \\ 0.556 & 0.342 & 0.907 & 0.705 & 0.592 & 0.134 & 0.000 \end{pmatrix}$$

und der mapping error ist

$$g_E(y_1,\dots,y_7) = 2.11 \cdot 10^{-2} \quad .$$

Die Distanzmatrix D^* stimmt sehr viel besser mit D überein als D^0. Insbesondere sieht man, daß die Reihenfolge der Merkmalspaare nach der Stärke ihrer Ähnlichkeit sehr viel besser durch die Nonlinear Mapping Lösung approximiert wird. Man könnte nun noch das Verfahren von Kruskal, das in Abschnitt 3 beschrieben wird, anwenden, um ausgehend von der Konfiguration $y_1,\dots,y_7$ eine optimale Näherung der Reihenfolge der Distanzindizes zu erreichen. ┘

3 DAS VERFAHREN VON KRUSKAL

Das *Verfahren von Kruskal* ist ein nichtmetrisches multidimensionales Skalierungsverfahren (NMDS), bei dem für die n zu skalierenden Objekte lediglich *Proximitätsdaten* bekannt sein müssen, d.h. wir benötigen für die $n(n-1)/2$ Paare von je zwei verschiedenen Objekten lediglich die Rangfolge ihrer Verschiedenheiten. Bezeichnen wir diese Verschiedenheiten mit $d(i,j)$ für $i,j=1,\dots,n$ und $i<j$, so bedeutet dies, daß für jede Auswahl von vier Objekten i,j,k,l bekannt sein muß, ob gilt

$$d(i,j) < d(k,l) \quad \text{oder} \quad d(k,l) < d(i,j) \quad ;$$

konkrete Zahlenwerte für die Verschiedenheiten $d(i,j)$ zweier Objekte müssen dagegen nicht bekannt sein.

Bei dem Verfahren wird dann eine Konfiguration $y_1 = (y_{11},\dots,y_{1q})^T, \dots, y_n = (y_{n1},\dots,y_{nq})^T$ für die n Objekte im q-dimensionalen Repräsentationsraum bestimmt, derart daß die L_r-Distanzen

$$d^*(i,j) = \| y_i - y_j \|_r = \left(\sum_{k=1}^{q} |y_{ik} - y_{jk}|^r \right)^{1/r} \qquad \text{für } i,j=1,\dots,n,\ i<j$$

zwischen den Vektoren $y_1,\dots,y_n$ möglichst gut die *Reihenfolge der Verschiedenheiten* $d(i,j)$ der Objektpaare wiedergeben; dabei kann $r \geq 1$ frei gewählt werden, vgl. Abschnitt 6 in Kap.I; häufig wird jedoch $r=2$ gesetzt, d.h.

man betrachtet die euklidischen Distanzen $d^*(i,j) = d^*_{eukl}(i,j)$ der Vektoren y_i, y_j für $i,j=1,\ldots,n$ und $i<j$.

Als *Kriterium für die Güte* einer derartigen Skalierung kann man z.B. die Funktion

$$g_S(y_1,\ldots,y_n) = \inf_{\substack{\delta \text{ mit } \delta(i,j)>0 \\ \delta \text{ monoton bzgl. } d}} g_\delta(y_1,\ldots,y_n)$$

mit

$$g_\delta(y_1,\ldots,y_n) = \left(\sum_{i=1}^{n-1}\sum_{j=i+1}^{n} (d^*(i,j)-\delta(i,j))^2\right)^{1/2}$$
$$= \left(\sum_{i=1}^{n-1}\sum_{j=i+1}^{n} (\| y_i - y_j \|_r - \delta(i,j))^2\right)^{1/2}$$

wählen, vgl. etwa Opitz (1978). Hierbei bezeichnet δ eine bzgl. d *monotone Distanzfunktion*, d.h. gilt für die Proximitätsdaten vierer beliebiger Objekte $i,j,k,l \in \{1,\ldots,n\}$

$$d(i,j) < d(k,l)$$

so gilt

$$\delta(i,j) \le \delta(k,l) \quad .$$

Diese Gütefunktion $g_S(y_1,\ldots,y_n)$, die wir in Anlehnung an die übliche Terminologie auch *Stress* nennen wollen, ist invariant gegenüber Drehungen und Verschiebungen des Koordinatensystems des Repräsentationsraumes und nimmt stets Werte zwischen Null und

$$g_{S,max} = \left(\sum_{i=1}^{n-1}\sum_{j=i+1}^{n} (d^*(i,j)-\overline{d^*})^2\right)^{1/2}$$

an, wobei

$$\overline{d^*} = \frac{2}{n(n-1)} \sum_{i=1}^{n-1}\sum_{j=i+1}^{n} d^*(i,j)$$

die mittlere L_r-Distanz der Vektoren $y_1,\ldots,y_n$ bezeichnet.

Kruskal (1964) selbst verwandte ein etwas anderes Gütekriterium; er wählte nämlich

$$g_\delta^{(1)}(y_1,\ldots,y_n)$$
$$= \left[\left(\sum_{i=1}^{n-1}\sum_{j=i+1}^{n} (d^*(i,j)-\delta(i,j))^2\right) \Big/ \left(\sum_{i=1}^{n-1}\sum_{j=i+1}^{n} (d^*(i,j))^2\right)\right]^{1/2} ,$$

d.h. er normierte die zuvor angegebene Funktion derart, daß die resultierende Funktion *Stress - 1*

$$g_S^{(1)}(y_1,\ldots,y_n) = \inf_{\substack{\delta \text{ mit } \delta(i,j)>0 \\ \delta \text{ monoton bzgl. } d}} g_\delta^{(1)}(y_1,\ldots,y_n)$$

stets Werte zwischen Null und $g_{S,max} = 1$ annimmt. Außerdem hat diese Funktion die Eigenschaft, daß sie invariant gegenüber skalarer Multiplikation ist, d.h. sie verändert ihren Wert nicht, wenn die Vektoren $y_1,\ldots,y_n$ alle mit einer Zahl c multipliziert werden.

Kruskal/Shepard (1974) schlagen vor

$$g_\delta^{(2)}(y_1,\ldots,y_n) = \left[\left(\sum_{i=1}^{n-1}\sum_{j=i+1}^{n}(d^*(i,j)-\delta(i,j))^2\right) \Big/ \left(\sum_{i=1}^{n-1}\sum_{j=i+1}^{n}(d^*(i,j)-\overline{d^*})^2\right)\right]^{1/2}$$

zu verwenden. Gegenüber der vorgenannten Funktion von Kruskal hat die hieraus resultierende Gütefunktion *Stress - 2*

$$g_S^{(2)}(y_1,\ldots,y_n) = \inf_{\substack{\delta \text{ mit } \delta(i,j)>0 \\ \delta \text{ monoton bzgl. } d}} g_\delta^{(2)}(y_1,\ldots,y_n)$$

die zusätzliche Eigenschaft, daß sie ihr Maximum, den Wert $g_{S,max} = 1$, genau nur dann annimmt, wenn die Rangfolge der $d^*(i,j)$ in direkter Opposition zur Rangfolge der $\delta(i,j)$ und damit der Proximitätsdaten $d(i,j)$ steht.

Unabhängig davon, ob Stress ($g = g_S$), Stress - 1 ($g = g_S^{(1)}$) oder Stress - 2 ($g = g_S^{(2)}$) als Gütefunktion für die Skalierung gewählt werden, kann man die von Kruskal (1964) vorgeschlagenen Bezeichnungen für die Güte einer Konfiguration verwenden. Er bezeichnet die Konfiguration $y_1,\ldots,y_n$ als

$$\begin{cases} \text{sehr gut}, & 0 \le g(y_1,\ldots,y_n) < 0.05\ g_{max} \\ \text{gut}, & 0.05\ g_{max} \le g(y_1,\ldots,y_n) < 0.10\ g_{max} \\ \text{zufriedenstellend}, \quad \text{falls} & 0.10\ g_{max} \le g(y_1,\ldots,y_n) < 0.15\ g_{max} \\ \text{ausreichend}, & 0.15\ g_{max} \le g(y_1,\ldots,y_n) < 0.20\ g_{max} \\ \text{nicht ausreichend}, & 0.20\ g_{max} \le g(y_1,\ldots,y_n) < g_{max} \end{cases},$$

wobei g_{max} den jeweiligen Maximalwert von g bezeichnet. In jedem Falle läßt sich erreichen, daß $g(y_1,\ldots,y_n) = 0$ gilt, wenn ein (n-1) - dimensionaler Repräsentationsraum gewählt wird.

Wir wollen uns nun damit beschäftigen, wie man zu einer vorgegebenen Rangfolge der Proximitäten von n Objekten eine Konfiguration $y_1,\ldots,y_n$ für diese Objekte derart bestimmt, daß die Funktion Stress

$$g_S(y_1,\dots,y_n) = \inf_{\substack{\delta \text{ mit } \delta(i,j)>0 \\ \delta \text{ monoton bzgl. } d}} g_\delta(y_1,\dots,y_n)$$

mit

$$g_\delta(y_1,\dots,y_n) = \left(\sum_{i=1}^{n-1}\sum_{j=i+1}^{n} (d^*(i,j) - \delta(i,j))^2\right)^{1/2}$$

minimal wird; man vgl. hierzu auch Opitz (1978).

Zunächst legt man natürlich die gewünschte Dimension q des Repräsentationsraumes sowie die Dimension r der bei der Bestimmung der Distanzen von $y_1,\dots,y_n$ zu verwendenden L_r - Metrik fest. Sodann wählt man eine Startkonfiguration $y_1^o = (y_{11}^o,\dots,y_{1q}^o)^T$,..., $y_n^o = (y_{n1}^o,\dots,y_{nq}^o)^T$ der n Objekte im q-dimensionalen Repräsentationsraum.

Im ν-ten Schritt (ν=1,2,...) berechnet man nun für alle Paare $y_i^{\nu-1}$, $y_j^{\nu-1}$, i,j=1,...,n, i < j, die L_r - Distanzen

$$d_{\nu-1}^*(i,j) = \| y_i^{\nu-1} - y_j^{\nu-1} \|_r = \left(\sum_{k=1}^{q} |y_{ik}^{\nu-1} - y_{jk}^{\nu-1}|^r\right)^{1/r}$$

und ordnet sie in der Rangfolge der Proximitäten d(i,j) an: An erster Stelle steht also die L_r - Distanz desjenigen Objektpaares mit der geringsten Proximität (Verschiedenheit), an zweiter Stelle die L_r - Distanz desjenigen Paares mit zweitgeringster Proximität usw.

Nun wird der Wert der Gütefunktion

$$g_S(y_1^{\nu-1},\dots,y_n^{\nu-1}) = \inf_{\substack{\delta_{\nu-1} \text{ mit } \delta_{\nu-1}(i,j)>0 \\ \delta_{\nu-1} \text{ monoton bzgl. } d}} g_{\delta_{\nu-1}}(y_1^{\nu-1},\dots,y_n^{\nu-1})$$

im ν-ten Schritt bestimmt. Konkret heißt dies, daß die L_r - Distanzen $d_{\nu-1}^*(i,j)$ monoton in Werte $\delta_{\nu-1}(i,j)$ transformiert werden, wobei man wie folgt vorgeht:

Für die, wie oben beschrieben, geordneten $t = n(n-1)/2$ L_r - Distanzen

$$d_{\nu-1}^*(i_1,j_1),\dots,d_{\nu-1}^*(i_t,j_t)$$

prüfen wir, ob gilt

$$d_{\nu-1}^*(i_1,j_1) \le d_{\nu-1}^*(i_2,j_2) \quad .$$

Ist dies der Fall, so setzen wir

$$\delta_{\nu-1}^1(i_1,j_1) = d_{\nu-1}^*(i_1,j_1) \quad \text{und} \quad \delta_{\nu-1}^1(i_2,j_2) = d_{\nu-1}^*(i_2,j_2) \quad ,$$

und sonst setzen wir zunächst

$$\delta^1_{\nu-1}(i_1,j_1) = \delta^1_{\nu-1}(i_2,j_2) = \frac{1}{2}(d^*_{\nu-1}(i_1,j_1) + d^*_{\nu-1}(i_2,j_2)) \quad .$$

Für k=2,...,t-1 prüft man dann im ν-ten Schritt sukzessive, ob gilt

$$\delta^{k-1}_{\nu-1}(i_k,j_k) \leq d^*_{\nu-1}(i_{k+1},j_{k+1}) \quad .$$

Ist dies der Fall, so setzt man

$$\delta^k_{\nu-1}(i_k,j_k) = \delta^{k-1}_{\nu-1}(i_k,j_k) \quad \text{und} \quad \delta^k_{\nu-1}(i_{k+1},j_{k+1}) = d^*_{\nu-1}(i_{k+1},j_{k+1}) \quad ;$$

sonst setzt man

$$\delta^{k(1)}_{\nu-1}(i_k,j_k) = \delta^{k(1)}_{\nu-1}(i_{k+1},j_{k+1}) = \frac{1}{2}(d^*_{\nu-1}(i_k,j_k) + d^*_{\nu-1}(i_{k+1},j_{k+1})) \quad .$$

Ist dann

$$\delta^{k-1}_{\nu-1}(i_{k-1},j_{k-1}) \leq \delta^{k(1)}_{\nu-1}(i_k,j_k) \quad ,$$

so setzt man

$$\delta^k_{\nu-1}(i_\ell,j_\ell) = \delta^{k-1}_{\nu-1}(i_\ell,j_\ell) \qquad \text{für } \ell=1,2,\ldots,k-1$$

und

$$\delta^k_{\nu-1}(i_k,j_k) = \delta^k_{\nu-1}(i_{k+1},j_{k+1}) = \delta^{k(1)}_{\nu-1}(i_k,j_k) \quad ;$$

sonst korrigiert man weiter und setzt

$$\delta^{k(2)}_{\nu-1}(i_{k-1},j_{k-1}) = \delta^{k(2)}_{\nu-1}(i_k,j_k) = \delta^{k(2)}_{\nu-1}(i_{k+1},j_{k+1})$$
$$= \frac{1}{3}(d^*_{\nu-1}(i_{k-1},j_{k-1}) + d^*_{\nu-1}(i_k,j_k) + d^*_{\nu-1}(i_{k+1},j_{k+1})) \quad .$$

Falls nun gilt

$$\delta^{k-1}_{\nu-1}(i_{k-2},j_{k-2}) \leq \delta^{k(2)}_{\nu-1}(i_{k-1},j_{k-1}) \quad ,$$

so setzt man

$$\delta^k_{\nu-1}(i_\ell,j_\ell) = \delta^{k-1}_{\nu-1}(i_\ell,j_\ell) \qquad \text{für } \ell=1,\ldots,k-2$$

und

$$\delta^k_{\nu-1}(i_{k-1},j_{k-1}) = \delta^k_{\nu-1}(i_k,j_k) = \delta^k_{\nu-1}(i_{k+1},j_{k+1}) = \delta^{k(2)}_{\nu-1}(i_k,j_k) \quad ;$$

sonst korrigiert man weiter, bis schließlich für ein $k-\gamma \in \{1,\ldots,k-3\}$ gilt

$$\delta^{k-1}_{\nu-1}(i_{k-\gamma},j_{k-\gamma}) \leq \delta^{k(\gamma)}_{\nu-1}(i_{k-\gamma+1},j_{k-\gamma+1})$$

und setzt dann

$$\delta^k_{\nu-1}(i_\ell,j_\ell) = \delta^{k-1}_{\nu-1}(i_\ell,j_\ell) \qquad \text{für } \ell=1,\ldots,k-\gamma$$

$$\delta^k_{\nu-1}(i_{k-\gamma+1}, j_{k-\gamma+1}) = \ldots = \delta^k_{\nu-1}(i_{k+1}, j_{k+1}) = \delta^{k(\gamma)}_{\nu-1}(i_k j_k) \quad .$$

Nachdem man dieses Verfahren für $k=2,\ldots,t-1$ durchgeführt hat, ergeben sich die endgültigen Distanzen im ν-ten Schritt zu

$$\delta^*_{\nu-1}(i,j) = \delta^{t-1}_{\nu-1}(i,j) \qquad \text{für } i,j=1,\ldots,n \; i<j \quad ,$$

und der Wert der Gütefunktion im ν-ten Schritt ist

$$g_S(y_1^{\nu-1},\ldots,y_n^{\nu-1}) = g_{\delta^*_{\nu-1}}(y_1^{\nu-1},\ldots,y_n^{\nu-1}) = \left(\sum_{i=1}^{n-1}\sum_{j=i+1}^{n} (d^*_{\nu-1}(i,j) - \delta^*_{\nu-1}(i,j))^2\right)^{1/2} \quad .$$

Nun wird ausgehend von $y_1^{\nu-1},\ldots,y_n^{\nu-1}$ eine neue Konfiguration $y_1^\nu,\ldots,y_n^\nu$ der n Objekte im q-dimensionalen Repräsentationsraum gebildet. Dazu berechnet man alle $n\cdot q$ ersten partiellen Ableitungen der Funktion Stress (für $1<r<\infty$):

$$\frac{\partial g_S(y_1^{\nu-1},\ldots,y_n^{\nu-1})}{\partial y_{ik}^{\nu-1}} = \frac{1}{g_S(y_1^{\nu-1},\ldots,y_n^{\nu-1})} \sum_{\substack{j=1\\ j\neq i}}^{n} \frac{(d^*_{\nu-1}(i,j) - \delta^*_{\nu-1}(i,j))(y_{ik}^{\nu-1} - y_{jk}^{\nu-1})^{r-1}}{(d^*_{\nu-1}(i,j))^{r-1}}$$

für $i=1,\ldots,n$ und $k=1,\ldots,q$.

Man setzt dann für $i=1,\ldots,n$ und $k=1,\ldots,q$

$$y_{ik}^\nu = y_{ik}^{\nu-1} - \lambda_\nu \cdot \frac{\partial g_S(y_1^{\nu-1},\ldots,y_n^{\nu-1})}{\partial y_{ik}^{\nu-1}} \quad ,$$

wobei $\lambda_\nu > 0$ die Schrittweite des Verfahrens im ν-ten Schritt bezeichnet, und führt mit der Konfiguration $y_1^\nu,\ldots,y_n^\nu$ den nächsten Schritt durch. Man könnte etwa

$$\lambda_\nu = \lambda \cdot g_S(y_1^{\nu-1},\ldots,y_n^{\nu-1})$$

setzen, wobei $\lambda > 0$ in jedem Schritt gleich ist. Es ist hier empfehlenswert vgl. Kruskal (1964), Opitz (1978), $\lambda \in (0,0.4]$ zu wählen.

Wann wird dieses Verfahren nun beendet? Ein mögliches Abbruchkriterium ist das folgende. Ist im ν-ten Schritt

$$g_S(y_1^{\nu-2},\ldots,y_n^{\nu-2})/g^{\nu-2}_{S,max} - g_S(y_1^{\nu-1},\ldots,y_n^{\nu-1})/g^{\nu-1}_{S,max} < \varepsilon \quad ,$$

so bricht man das Verfahren ab und setzt

$$y_1 = y_1^{\nu-1}, \ldots, y_n = y_n^{\nu-1}$$

als Konfiguration der n Objekte im q - dimensionalen Repräsentationsraum fest. Hierbei bezeichnet

$$g_{S,max}^{\nu-1} = \left(\sum_{i=1}^{n-1} \sum_{j=i+1}^{n} (d_{\nu-1}^*(i,j) - \overline{d_{\nu-1}^*})^2 \right)^{1/2}$$

mit

$$\overline{d_{\nu-1}^*} = \frac{2}{n(n-1)} \sum_{i=1}^{n-1} \sum_{j=i+1}^{n} d_{\nu-1}^*(i,j)$$

den Maximalwert von $g_S(y_1^{\nu-1},\ldots,y_n^{\nu-1})$, $g_{S,max}^{\nu-2}$ analog, und $\varepsilon > 0$ eine "kleine", frei wählbare Zahl.

Da dieses Verfahren lediglich eine bzgl. der Startkonfiguration $y_1^o,\ldots,y_n^o$ lokal optimale Konfiguration $y_1,\ldots,y_n$ liefert, sollte es in der Praxis stets mit unterschiedlichen Startkonfigurationen ausgeführt werden. Von den verschiedenen, sich ergebenden lokal optimalen Konfigurationen $y_1,\ldots,y_n$ sollte man dann diejenige wählen, für die $g_S(y_1,\ldots,y_n)/g_{S,max}$ minimal ist.

Verwendet man anstelle der Funktion Stress eine der Funktionen Stress - 1 oder Stress - 2, so ändert sich am Verfahren kaum etwas: An die Stelle von g_S tritt $g_S^{(1)}$ bzw. $g_S^{(2)}$, und $g_{S,max}$ wird durch 1 ersetzt. Man benötigt dann natürlich (bei der Bestimmung einer neuen Konfiguration im ν-ten Schritt) die ersten partiellen Ableitungen dieser Funktionen im $(\nu-1)$ - ten Schritt, die für $i=1,\ldots,n$ und $k=1,\ldots,q$ im Falle $1 < r < \infty$ gegeben sind durch

$$\frac{\partial g_S^{(1)}(y_1^{\nu-1},\ldots,y_n^{\nu-1})}{\partial y_{ik}^{\nu-1}} = \Bigg[\left(\sum_{\substack{j=1\\ j\neq i}}^{n} (d_{\nu-1}^*(i,j) - \delta_{\nu-1}^*(i,j))(y_{ik}^{\nu-1} - y_{jk}^{\nu-1})^{r-1} / (d_{\nu-1}^*(i,j))^{r-1} \right) \cdot \left(\sum_{j_1=1}^{n-1} \sum_{j_2=j_1+1}^{n} (d_{\nu-1}^*(j_1,j_2))^2 \right)$$
$$- \left(\sum_{\substack{j=1\\ j\neq i}}^{n} (y_{ik}^{\nu-1} - y_{jk}^{\nu-1})^{r-1} / (d_{\nu-1}^*(i,j))^{r-2} \right) \cdot \left(\sum_{j_1=1}^{n-1} \sum_{j_2=j_1+1}^{n} (d_{\nu-1}^*(j_1,j_2) - \delta_{\nu-1}^*(j_1,j_2))^2 \right) \Bigg]$$
$$\Bigg/ \left[g_S^{(1)}(y_1^{\nu-1},\ldots,y_n^{\nu-1}) \left(\sum_{j_1=1}^{n-1} \sum_{j_2=j_1+1}^{n} (d_{\nu-1}^*(j_1,j_2))^2 \right)^2 \right]$$

bzw.

$$\frac{\partial g_S^{(2)}(y_1^{\nu-1},\dots,y_n^{\nu-1})}{\partial y_{ik}^{\nu-1}} = \Bigg[\Bigg(\sum_{\substack{j=1\\j\neq i}}^{n}(d^*_{\nu-1}(i,j)-\delta^*_{\nu-1}(i,j))(y_{ik}^{\nu-1}-y_{jk}^{\nu-1})^{r-1}/(d^*_{\nu-1}(i,j))^{r-1}\Bigg) \cdot\Bigg(\sum_{j_1=1}^{n-1}\sum_{j_2=j_1+1}^{n}(d^*_{\nu-1}(j_1,j_2)-\overline{d^*}_{\nu-1})^2\Bigg)$$

$$-\Bigg(\sum_{\substack{j=1\\j\neq i}}^{n}(d^*_{\nu-1}(i,j)-\overline{d^*}_{\nu-1})\Bigg[(y_{ik}^{\nu-1}-y_{jk}^{\nu-1})^{r-1}/(d^*_{\nu-1}(i,j))^{r-1} - \frac{2}{n(n-1)}\sum_{\substack{\ell=1\\\ell\neq i}}^{n}(y_{ik}^{\nu-1}-y_{\ell k}^{\nu-1})^{r-1}/(d^*_{\nu-1}(i,\ell))^{r-1}\Bigg]\Bigg) \cdot\Bigg(\sum_{j_1=1}^{n-1}\sum_{j_2=j_1+1}^{n}(d^*_{\nu-1}(j_1,j_2)-\delta^*_{\nu-1}(j_1,j_2))^2\Bigg)\Bigg]$$

$$\Bigg/\Bigg[g_S^{(2)}(y_1^{\nu-1},\dots,y_n^{\nu-1})\Bigg(\sum_{j_1=1}^{n-1}\sum_{j_2=j_1+1}^{n}(d^*_{\nu-1}(j_1,j_2)-\overline{d^*}_{\nu-1})^2\Bigg)^2\Bigg]$$

Beispiel: In Abschnitt 1 und 2 haben wir zwei- und dreidimensionale Konfigurationen für die fünf Autohersteller 1 (American Motors), 2 (Chrysler), 3 (Ford), 4 (General Motors), 5 (bzgl. des amerikanischen Marktes ausländische Hersteller) mittels Nonlinear Mapping und Haupt - Koordinaten - Methode konstruiert.

Allein unter Ausnutzung der Proximitäts - Rangfolge der 10 Herstellerpaare (die in Anlehnung an die Rangfolge der Mahalanobisdistanzen gewählt wurde)

(1,2), (1,3), (2,3), (3,4), (1,5),
(3,5), (2,4), (1,4), (2,5), (4,5),

wobei die Objekte 1 und 2 den kleinsten Abstand haben, die Objekte 1 und 3 den zweitkleinsten,... und die Objekte 4 und 5 den größten, wollen wir nun mittels des Verfahrens von Kruskal eine zweidimensionale Konfiguration $y_1,\dots,y_5$, d.h. eine Datenmatrix

$$Y = \begin{pmatrix} y_{11} & y_{12}\\ y_{21} & y_{22}\\ y_{31} & y_{32}\\ y_{41} & y_{42}\\ y_{51} & y_{52}\end{pmatrix},$$

für die fünf Hersteller konstruieren. Dabei verwenden wir die Gütefunktion Stress g_S und wählen als Abstandsmaß (im $q = 2$ - dimensionalen Repräsentationsraum) die euklidische Distanz, also die L_2 - Metrik ($r = 2$).

Als Schrittweite des Verfahrens im ν-ten Schritt wollen wir

$$\lambda_\nu = 0.4 \cdot g_S(y_1^{\nu-1},\ldots,y_5^{\nu-1}) \quad , \text{ d.h. } \lambda = 0.4 \quad ,$$

verwenden, und das Verfahren wird abgebrochen, sobald in einem Schritt ν gilt

$$g_S(y_1^{\nu-2},\ldots,y_5^{\nu-2})/g_{S,\max}^{\nu-2} - g_S(y_1^{\nu-1},\ldots,y_5^{\nu-1})/g_{S,\max}^{\nu-1} < 0.05 = \varepsilon \quad .$$

Ausgehend von der Startkonfiguration $y_1^o = (y_{11}^o, y_{12}^o)^T, \ldots, y_5^o = (y_{51}^o, y_{52}^o)^T$ gemäß Tab.11 müssen wir im ersten Schritt zunächst die euklidischen Distanzen

$$d_o^*(i,j) = \left((y_{i1}^o - y_{j1}^o)^2 + (y_{i2}^o - y_{j2}^o)^2\right)^{1/2} \qquad \text{für } i,j=1,\ldots,5,\ i<j$$

monoton in Werte $\delta_o^*(i,j)$ transformieren, vgl. Tab.12.

Tab.11: Werte y_{ik}^o der Startkonfiguration $y_1^o,\ldots,y_5^o$ für fünf Autohersteller

k \ i	1	2	3	4	5
1	-1.54	-1.19	-1.26	2.26	2.06
2	1.68	1.31	0.06	-0.88	3.36

Nun berechnen wir zunächst die Größen

$$g_S(y_1^o,\ldots,y_5^o) = \left(\sum_{i=1}^{4}\sum_{j=i+1}^{5} (d_o^*(i,j) - \delta_o^*(i,j))^2\right)^{1/2} = \sqrt{0.558} = 0.747$$

und

$$g_{S,\max}^o = \left(\sum_{i=1}^{4}\sum_{j=i+1}^{5} (d_o^*(i,j) - \overline{d_o^*})^2\right)^{1/2} = \sqrt{20.624} = 4.541 \quad .$$

Um die Konfiguration $y_1^1,\ldots,y_5^1$ bestimmen zu können, benötigen wir noch die $n \cdot q = 10$ ersten partiellen Ableitungen

$$\frac{\partial g_S(y_1^o,\ldots,y_5^o)}{\partial y_{ik}^o} = \frac{1}{g_S(y_1^o,\ldots,y_5^o)} \sum_{\substack{j=1\\ j\neq i}}^{5} (d_o^*(i,j)-\delta_o^*(i,j))(y_{ik}^o - y_{jk}^o)/d_o^*(i,j)$$

$$\text{für } i=1,\ldots,5 \text{ und } k=1,2 \quad .$$

Es ergibt sich z.B.

$$\frac{\partial g_S(y_1^o,\ldots,y_5^o)}{\partial y_{12}^o} = \frac{1}{0.747}(0 + 0.193 + 0.165 + 0) = \frac{0.358}{0.747}$$

und somit

$$y_{12}^1 = y_{12}^o - 0.4 \cdot 0.747 \cdot \frac{0.358}{0.747} = 1.68 - 0.4 \cdot 0.358 = 1.54 \quad .$$

Tab.12: Arbeitstabelle zur Bestimmung der Werte $\delta_o^*(i,j)$

(i,j)	(1,2)	(1,3)	(2,3)	(3,4)	(1,5)	(3,5)	(2,4)	(1,4)	(2,5)	(4,5)
$d_o^*(i,j)$	0.509	1.644	1.252	3.643	3.973	4.681	4.086	4.582	3.843	4.245
$\delta_o^1(i,j)$	0.509	1.644								
$\delta_o^{2(1)}(i,j)$		1.448	1.448							
$\delta_o^2(i,j)$	0.509	1.448	1.448							
$\delta_o^3(i,j)$	0.509	1.448	1.448	3.643						
$\delta_o^4(i,j)$	0.509	1.448	1.448	3.643	3.973					
$\delta_o^5(i,j)$	0.509	1.448	1.448	3.643	3.973	4.681				
$\delta_o^{6(1)}(i,j)$						4.384	4.384			
$\delta_o^6(i,j)$	0.509	1.448	1.448	3.643	3.973	4.384	4.384			
$\delta_o^7(i,j)$	0.509	1.448	1.448	3.643	3.973	4.384	4.384	4.582		
$\delta_o^{8(1)}(i,j)$								4.213	4.213	
$\delta_o^{8(2)}(i,j)$							4.170	4.170	4.170	
$\delta_o^{8(3)}(i,j)$						4.298	4.298	4.298	4.298	
$\delta_o^8(i,j)$	0.509	1.448	1.448	3.643	3.973	4.298	4.298	4.298	4.298	
$\delta_o^{9(1)}(i,j)$									4.044	4.044
$\delta_o^{9(2)}(i,j)$								4.223	4.223	4.223
$\delta_o^{9(3)}(i,j)$							4.189	4.189	4.189	4.189
$\delta_o^{9(4)}(i,j)$						4.287	4.287	4.287	4.287	4.287
$\delta_o^*(i,j)$	0.509	1.448	1.448	3.643	3.973	4.287	4.287	4.287	4.287	4.287

Die resultierende Konfiguration $y_1^1,\dots,y_5^1$ ist in der **Tab.13** angegeben.

Tab.13: Werte y_{ik}^1 der Konfiguration $y_1^1,\dots,y_5^1$ im ersten Schritt

k \ i	1	2	3	4	5
1	-1.43	-1.40	-1.17	2.23	2.10
2	1.54	1.34	0.17	-0.87	3.36

Wir berechnen jetzt die euklidischen Distanzen $d_1^*(i,j)$ und transformieren sie monoton in Werte $\delta_1^*(i,j)$, vgl. Tab.14.

Tab.14: Arbeitstabelle zur Bestimmung der Werte $\delta_1^*(i,j)$

(i,j)	(1,2)	(1,3)	(2,3)	(3,4)	(1,5)	(3,5)	(2,4)	(1,4)	(2,5)	(4,5)
$d_1^*(i,j)$	0.202	1.394	1.192	3.556	3.972	4.568	4.250	4.382	4.041	4.232
$\delta_1^1(i,j)$	0.202	1.394								
$\delta_1^{2(1)}(i,j)$		1.293	1.293							
$\delta_1^2(i,j)$	0.202	1.293	1.293							
$\delta_1^3(i,j)$	0.202	1.293	1.293	3.556						
$\delta_1^4(i,j)$	0.202	1.293	1.293	3.556	3.972					
$\delta_1^5(i,j)$	0.202	1.293	1.293	3.556	3.972	4.568				
$\delta_1^{6(1)}(i,j)$						4.409	4.409			
$\delta_1^6(i,j)$	0.202	1.293	1.293	3.556	3.972	4.409	4.409			
$\delta_1^{7(1)}(i,j)$							4.316	4.316		
$\delta_1^{7(2)}(i,j)$						4.400	4.400	4.400		
$\delta_1^7(i,j)$	0.202	1.293	1.293	3.556	3.972	4.400	4.400	4.400		
$\delta_1^{8(1)}(i,j)$								4.212	4.212	
$\delta_1^{8(2)}(i,j)$							4.224	4.224	4.224	
$\delta_1^{8(3)}(i,j)$						4.310	4.310	4.310	4.310	
$\delta_1^8(i,j)$	0.202	1.293	1.293	3.556	3.972	4.310	4.310	4.310	4.310	
$\delta_1^{9(1)}(i,j)$									4.317	4.317
$\delta_1^{9(2)}(i,j)$								4.218	4.218	4.218
$\delta_1^{9(3)}(i,j)$							4.226	4.226	4.226	4.226
$\delta_1^{9(4)}(i,j)$						4.295	4.295	4.295	4.295	4.295
$\delta_1^*(i,j)$	0.202	1.293	1.293	3.556	3.972	4.295	4.295	4.295	4.295	4.295

Da mit den aus Tab.14 berechneten Größen

$$g_S(y_1^1,\ldots,y_5^1) = \sqrt{0.173} = 0.416 \quad \text{und} \quad g_{S,max}^1 = \sqrt{23.143} = 4.811$$

gilt

$$g_S(y_1^o,\ldots,y_5^o)/g_{S,max}^o - g_S(y_1^1,\ldots,y_5^1)/g_{S,max}^1 = \frac{0.747}{4.541} - \frac{0.416}{4.811}$$

$$= 0.078 > 0.05 = \varepsilon \quad ,$$

muß nun die Konfiguration $y_1^2,\ldots,y_5^2$ berechnet werden. Unter Verwendung der 10 ersten partiellen Ableitungen von $g_S(y_1^1,\ldots,y_5^1)$ ergeben sich für $i=1,\ldots,5$ und $k=1,2$ die in Tab.15 angegebenen Größen gemäß

$$y_{ik}^2 = y_{ik}^1 - 0.4\cdot 0.416\cdot\frac{\partial g_S(y_1^1,\ldots,y_5^1)}{\partial y_{ik}^1} \quad .$$

Tab.15: Werte y_{ik}^2 der Konfiguration $y_1^2,\ldots,y_5^2$ im zweiten Schritt

k \ i	1	2	3	4	5
1	-1.39	-1.51	-1.09	2.22	2.11
2	1.48	1.34	0.25	-0.89	3.36

Die Tab.15 ermöglicht uns die Berechnung der euklidischen Distanzen $d_2^*(i,j)$ und damit die Bestimmung von $\delta_2^*(i,j)$, vgl. Tab.16.

Aus Tab.16 ergibt sich dann

$$g_S(y_1^2,\ldots,y_5^2) = \sqrt{0.060} = 0.245 \quad\text{sowie}\quad g_{S,max}^2 = \sqrt{23.792} = 4.878 \quad ,$$

und das Verfahren wird wegen

$$g_S(y_1^1,\ldots,y_5^1)/g_{S,max}^1 - g_S(y_1^2,\ldots,y_5^2)/g_{S,max}^2 = \frac{0.416}{4.811} - \frac{0.245}{4.878}$$
$$= 0.036 < 0.05 = \varepsilon$$

in diesem dritten Schritt abgebrochen.

Die bzgl. der Startkonfiguration $y_1^o,\ldots,y_5^o$ lokal optimale Skala wird somit als $y_1 = y_1^2$,..., $y_5 = y_5^2$ festgesetzt, d.h. es ergibt sich die Datenmatrix

$$Y = \begin{pmatrix} -1.39 & 1.48 \\ -1.51 & 1.34 \\ -1.09 & 0.25 \\ 2.22 & -0.89 \\ 2.11 & 3.36 \end{pmatrix} ,$$

die in Abb.8 auch veranschaulicht ist.

Die Güte der Konfiguration $y_1,\ldots,y_5$ kann (nach Kruskal) als nahezu sehr gut bezeichnet werden, da gilt

$$g_S(y_1,\ldots,y_5)/g_{S,max} = g_S(y_1^2,\ldots,y_5^2)/g_{S,max}^2 = \frac{0.245}{4.878} = 0.0502 \quad .$$

Tab.16: Arbeitstabelle zur Berechnung der Werte $\delta_2^*(i,j)$

(i,j)	(1,2)	(1,3)	(2,3)	(3,4)	(1,5)	(3,5)	(2,4)	(1,4)	(2,5)	(4,5)
$d_2^*(i,j)$	0.184	1.266	1.168	3.501	3.973	4.462	4.346	4.318	4.145	4.251
$\delta_2^1(i,j)$	0.184	1.266								
$\delta_2^{2(1)}(i,j)$		1.217	1.217							
$\delta_2^2(i,j)$	0.184	1.217	1.217							
$\delta_2^3(i,j)$	0.184	1.217	1.217	3.501						
$\delta_2^4(i,j)$	0.184	1.217	1.217	3.501	3.973					
$\delta_2^5(i,j)$	0.184	1.217	1.217	3.501	3.973	4.462				
$\delta_2^{6(1)}(i,j)$						4.404	4.404			
$\delta_2^6(i,j)$	0.184	1.217	1.217	3.501	3.973	4.404	4.404			
$\delta_2^{7(1)}(i,j)$							4.332	4.332		
$\delta_2^{7(2)}(i,j)$						4.375	4.375	4.375		
$\delta_2^7(i,j)$	0.184	1.217	1.217	3.501	3.973	4.375	4.375	4.375		
$\delta_2^{8(1)}(i,j)$								4.232	4.232	
$\delta_2^{8(2)}(i,j)$							4.270	4.270	4.270	
$\delta_2^{8(3)}(i,j)$						4.318	4.318	4.318	4.318	
$\delta_2^8(i,j)$	0.184	1.217	1.217	3.501	3.973	4.318	4.318	4.318	4.318	
$\delta_2^{9(1)}(i,j)$									4.198	4.198
$\delta_2^{9(2)}(i,j)$								4.238	4.238	4.238
$\delta_2^{9(3)}(i,j)$							4.265	4.265	4.265	4.265
$\delta_2^{9(4)}(i,j)$						4.304	4.304	4.304	4.304	4.304
$\delta_2^*(i,j)$	0.184	1.217	1.217	3.501	3.973	4.304	4.304	4.304	4.304	4.304

Wie stark das Verfahren von Kruskal von der jeweiligen Startkonfiguration $y_1^o,\ldots,y_5^o$ abhängig ist, zeigt sich, wenn wir einmal von einer anderen Startkonfiguration als der in Tab. 11 ausgehen, vgl. **Tab.17**.

Aus dieser Tab.17 ergeben sich zunächst die euklidischen Distanzen $d_o^*(i,j)$ die in der Arbeitstabelle zur Bestimmung der Werte $\delta_o^*(i,j)$ mitangegeben sind, vgl. **Tab.18**.

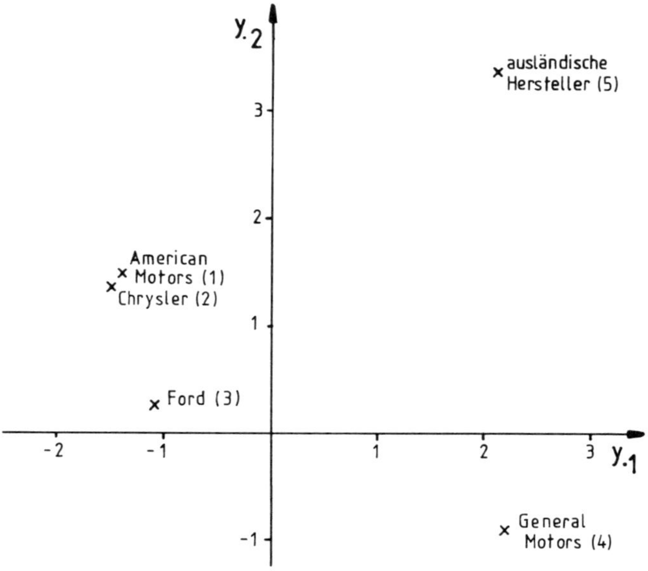

Abb.8: Zweidimensionale Konfiguration $y_1,\ldots,y_5$ für fünf Autohersteller mittels des Verfahrens von Kruskal

Tab.17: Werte y_{ik}^o der zweiten Startkonfiguration $y_1^o,\ldots,y_5^o$ für fünf Autohersteller

k \ i	1	2	3	4	5
1	0	-1	1	3	7
2	0	1	2	5	-4

Hier ergeben sich nun

$$g_S(y_1^o,\ldots,y_5^o) = \sqrt{6.503} = 2.550 \ , \qquad g_{S,max}^o = \sqrt{91.261} = 9.553$$

sowie - unter Verwendung der 10 ersten partiellen Ableitungen von $g_S(y_1^o,\ldots,y_5^o)$ - die Koordinaten

$$y_{ik}^1 = y_{ik}^o - 0.4 \cdot 2.550 \cdot \frac{\partial g_S(y_1^o,\ldots,y_5^o)}{\partial y_{ik}^o} \qquad \text{für } i=1,\ldots,5 \text{ und } k=1,2$$

der Konfiguration $y_1^1,\ldots,y_5^1$, die in Tab.19 angegeben sind.

Da die euklidischen Distanzen dieser Vektoren $y_1^1,\ldots,y_5^1$ größenmäßig die gleiche Rangfolge aufweisen wie die Proximitäten:

Tab.18: Arbeitstabelle zur Bestimmung der Werte $\delta_o^*(i,j)$ ausgehend von der zweiten Startkonfiguration aus Tab.17

(i,j)	(1,2)	(1,3)	(2,3)	(3,4)	(1,5)	(3,5)	(2,4)	(1,4)	(2,5)	(4,5)
$d_o^*(i,j)$	1.414	2.236	2.236	3.606	8.062	8.485	5.657	5.831	9.434	9.849
$\delta_o^1(i,j)$	1.414	2.236								
$\delta_o^2(i,j)$	1.414	2.236	2.236							
$\delta_o^3(i,j)$	1.414	2.236	2.236	3.606						
$\delta_o^4(i,j)$	1.414	2.236	2.236	3.606	8.062					
$\delta_o^5(i,j)$	1.414	2.236	2.236	3.606	8.062	8.485				
$\delta_o^{6(1)}(i,j)$						7.071	7.071			
$\delta_o^{6(2)}(i,j)$					7.401	7.401	7.401			
$\delta_o^6(i,j)$	1.414	2.236	2.236	3.606	7.401	7.401	7.401			
$\delta_o^{7(1)}(i,j)$							5.744	5.744		
$\delta_o^{7(2)}(i,j)$						6.658	6.658	6.658		
$\delta_o^{7(3)}(i,j)$					7.009	7.009	7.009	7.009		
$\delta_o^7(i,j)$	1.414	2.236	2.236	3.606	7.009	7.009	7.009	7.009		
$\delta_o^8(i,j)$	1.414	2.236	2.236	3.606	7.009	7.009	7.009	7.009	9.434	
$\delta_o^*(i,j)$	1.414	2.236	2.236	3.606	7.009	7.009	7.009	7.009	9.434	9.849

Tab.19: Werte y_{ik}^1 der Konfiguration $y_1^1,\ldots,y_5^1$ für fünf Autohersteller ausgehend von der Startkonfiguration in Tab.17

k \ i	1	2	3	4	5
1	0.12	-1.38	1.42	3.62	6.22
2	-0.61	0.62	1.58	5.79	-3.37

$$d_1^*(1,2) = 1.940,\ d_1^*(1,3) = 2.547,\ d_1^*(2,3) = 2.960,\ d_1^*(3,4) = 4.750,$$

$$d_1^*(1,5) = 6.695,\ d_1^*(3,5) = 6.895,\ d_1^*(2,4) = 7.192,\ d_1^*(1,4) = 7.295,$$

$$d_1^*(2,5) = 8.584,\ d_1^*(4,5) = 9.522 \quad ,$$

ist im zweiten Schritt

$$\delta_1^*(i,j) = d_1^*(i,j) \qquad \text{für } i,j=1,\ldots,5,\ i<j \quad ,$$

und somit gilt

$$g_S(y_1^1,\ldots,y_5^1) = 0 \quad .$$

Mit der Konfiguration $y_1 = y_1^1$,..., $y_5 = y_5^1$ bzw. mit der resultierenden Datenmatrix

$$Y = \begin{pmatrix} 0.12 & -0.61 \\ -1.38 & 0.62 \\ 1.42 & 1.58 \\ 3.62 & 5.79 \\ 6.22 & -3.37 \end{pmatrix} \quad ,$$

die in Abb.9 veranschaulicht ist, haben wir also eine optimale Konfiguration für die fünf Hersteller gefunden.

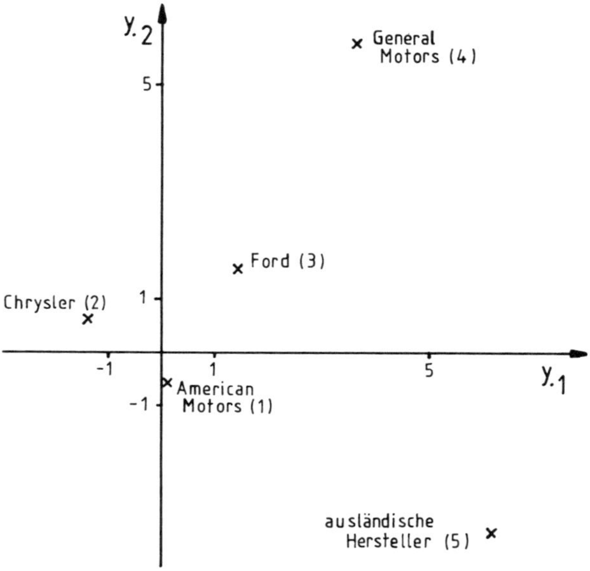

Abb.9: Eine optimale zweidimensionale Konfiguration $y_1,\ldots,y_5$ für fünf Autohersteller mittels des Verfahrens von Kruskal

4 DIE UNFOLDING - TECHNIK

Die *Unfolding - Technik* ist ein NMDS - Verfahren, das wohl auf Coombs zurückgeht und lediglich *Präferenzdaten* für die n interessierenden Objekte 1,...,n benötigt.

Solche Präferenzdaten sind sogenannte *I - Skalen* (*individual scales*), und zwar benötigt man für jedes Objekt eine I - Skala, in der an erster Stelle das Objekt selber, an zweiter Stelle das ihm ähnlichste Objekt, an dritter Stelle das ihm zweitähnlichste Objekt, ... , an n-ter Stelle das ihm unähnlichste Objekt steht. Eine solche I - Skala besagt natürlich nur etwas über die Rangfolge der Verschiedenheiten zwischen dem (ersten) bestimmenden Objekt und allen übrigen Objekten und nichts über die Verschiedenheiten der übrigen Objekte.

Mit Hilfe der Unfolding - Technik wird ausgehend von den n I - Skalen für die Objekte eine Konfiguration $y_1,...,y_n$, die im Zusammenhang mit der Unfolding - Technik auch *J - Skala* (*joint scale*) genannt wird, bestimmt.

Wir wollen hier die sogenannte *Dreiecksanalyse* in Verbindung mit dem *Goode - Phillips - Algorithmus*, vgl. Coombs (1964), Phillips (1971), der eindimensionalen Unfolding - Technik beschreiben, was zu einer eindimensionalen Konfiguration $y_1,...,y_n$ führt.

Alternativ zum Goode - Phillips - Algorithmus kann auch der *Chernikova - Algorithmus* bei der eindimensionalen Unfolding - Technik verwandt werden; man vgl. hierzu Chernikova (1965) und Lehner/Noma (1980). Es sei auch auf Verfahren der Linearen Optimierung (Simplex - Verfahren etc.) hingewiesen, vgl. z.B. Vogel (1970), Kall (1976).

Eine Erweiterung der Unfolding - Technik auf mehrere Dimensionen wird von Bennett/Hayes (1960) angegeben, vgl. auch Coombs (1964), Ven (1980).

4.1 DIE METHODE DER DREIECKSANALYSE

Wir wollen nun zunächst die Methode der Dreiecksanalyse beschreiben, mit deren Hilfe man ausgehend von den n I - Skalen für die Objekte 1,...,n zunächst eine Partialordnung der unbekannten n(n-1)/2 Distanzen d(i,j) ($i,j=1,...,n$ $i<j$) bestimmen kann.

Dazu bildet man ein quadratisches Schema mit n(n-1)/2 Zeilen und Spalten. Jede Zeile und Spalte steht dabei für eine Distanz d(i,j). Die Anordnung der Zeilen und Spalten erfolgt in der Reihenfolge d(1,2),d(1,3),...,d(1,n), d(2,3),...,d(2,n),...,d(n-1,n).

Im Schnittpunkt der k-ten Zeile und ℓ-ten Spalte wird dann eine 0 eingetragen, falls die k-te Distanz kleiner ist als die ℓ-te, eine 1 eingetragen, falls die k-te Distanz größer ist als die ℓ-te, und ein Strich (-) eingetragen, falls keine Aussage über die Rangfolge der k-ten und ℓ-ten Distanz gemacht werden kann bzw. falls $k = \ell$ ist.

Nun werden Zeilen und Spalten des Schemas derart vertauscht, daß alle Einsen im oberen Dreieck (oberhalb der Hauptdiagonale des Schemas) und alle Nullen im unteren Dreieck stehen. Dabei kann es passieren, daß die Anordnung der Zeilen und Spalten nicht eindeutig ist; die jeweils miteinander vertauschbaren Zeilen und Spalten müssen angegeben werden.

Mitunter ist es nicht möglich bei der Dreiecksanalyse Zeilen und Spalten in der oben angegebenen Art und Weise zu vertauschen. Dies ist der Fall, wenn die zugrundeliegenden I - Skalen Widersprüchlichkeiten in sich verbergen. Bei jeder Anordnung von Zeilen und Spalten stehen dann Einsen und Nullen sowohl im oberen als auch im unteren Dreieck. Wir wollen auf diesen Fall von "Fehlern in den Daten" nicht weiter eingehen; man vgl. hierzu jedoch Coombs (1964), Vastenhouw (1962). Eine Möglichkeit bestände etwa darin, eine der Anordnungen von Zeilen und Spalten zu verwenden, bei der im oberen Dreieck ein Minimum an Nullen auftritt.

Die *Partialordnung* der n(n-1)/2 Distanzen d(i,j) ist unter Berücksichtigung der Vertauschungsmöglichkeiten dann direkt aus diesem Schema ablesbar. In der ersten Zeile steht die größte, in der zweiten Zeile die zweitgrößte,..., in der letzten Zeile die kleinste Distanz; bei Zeilen, die miteinander vertauscht werden können, ist keine Entscheidung darüber möglich, welche Distanz die Kleinere und welche die Größere ist.

Aus der Partialordnung läßt sich dann die *ordinale Anordnung der Objekte* 1,...,n im eindimensionalen Raum ablesen. Die am weitesten voneinander entfernten Objekte bilden natürlich die Endpunkte dieser eindimensionalen Anordnung; durch weitere Analyse der Partialordnung läßt sich auch die Anordnung der übrigen Objekte finden. Welches der am weitesten voneinander entfernten Objekte am Anfang und welches am Ende liegt, ist letztendlich egal. Wir werden hier eine der beiden möglichen Anordnungen (die andere ist die direkte Umkehrung) auswählen und dann die Skalenpunkte $y_1,\ldots,y_n$ so bestimmen, daß dem ersten Objekt der Anordnung der kleinste und dem n-ten Objekt der größte Wert zugeordnet wird.

Bezeichnen wir nun das erste Objekt in unserer eindimensionalen Anordnung mit O(1), das zweite mit O(2), ... , das n-te mit O(n), so läßt sich die Distanz d(O(i),O(j)) für i,j=1,...,n, $i < j$, schreiben als Summe von Distanzen nebeneinanderliegender Objekte:

$$d(0(i),0(j)) = \sum_{k=i}^{j-1} d(0(k),0(k+1)) \quad .$$

Diese *Distanz - Gleichungen* werden nun in der Reihenfolge notiert, die durch die Partialordnung vorgegeben ist. Distanz - Gleichungen, die nicht miteinander vergleichbar sind, werden gekennzeichnet.

An dieser Stelle ist die Dreiecksanalyse beendet. Bevor wir den Goode - Philips - Algorithmus, der im Anschluß an die Dreiecksanalyse die konkreten Skalenwerte $y_1,\ldots,y_n$ (bzw. der Größe nach geordnet $y_{0(1)},\ldots,y_{0(n)}$) für die n Objekte liefert, beschreiben, wollen wir das bisherige Vorgehen an einem Beispiel erläutern.

Beispiel: 457 College - Studenten mit n = 6 verschiedenen Religionszugehörigkeiten 1 (katholisch), 2 (episkopalisch), 3 (lutherisch), 4 (presbyterianisch), 5 (methodistisch), 6 (baptistisch) wurden aufgefordert eine Ähnlichkeitsrangfolge der jeweils anderen Religionen bzgl. ihrer eigenen aufzustellen. Durch Mittelwertbildung über die Rangfolgen in den einzelnen Religionsgruppen ergaben sich die folgenden 6 I - Skalen

1	2	3	4	5	6	,
2	1	3	4	5	6	,
3	4	5	2	6	1	,
4	5	6	3	2	1	,
5	4	6	3	2	1	,
6	5	4	3	2	1	;

man vgl. hierzu Coombs (1964).

Nun wird zunächst das quadratische 15×15 Schema aus Tab.20 gebildet, dessen Zeilen und Spalten dann derart vertauscht werden, daß im oberen Dreieck nur Einsen und im unteren Dreieck nur Nullen auftreten, vgl. Tab.21, wo eine mögliche Anordnung von Zeilen und Spalten angegeben ist. Die erste Zeile von Tab.20 ergibt sich z.B. wie folgt: d(1,2) = d(1,2), also steht an erster Stelle ein Strich; an der ersten I - Skala läßt sich ablesen, daß d(1,2) kleiner ist als d(1,j) für j=3,4,5,6, also folgen an zweiter bis fünfter Stelle Nullen; an der zweiten I - Skala läßt sich ablesen, daß d(1,2) = d(2,1) kleiner ist als d(2,j) für j=3,4,5,6, also folgen an sechster bis neunter Stelle Nullen; d(1,2) läßt sich aufgrund der I - Skalen mit keinem Abstand d(j,k) mit j,k > 2 vergleichen, also stehen an zehnter bis fünfzehnter Stelle Striche.

Im Schema der Tab.21 können die 2. und 3.Zeile sowie Spalte, die 4. und 5.

Tab.20: Aus den 6 I - Skalen resultierendes quadratisches 15×15 Schema (Ausgangspunkt der Dreiecksanalyse); d(i,j) = ij

	12	13	14	15	16	23	24	25	26	34	35	36	45	46	56
12	–	0	0	0	0	0	0	0	0	–	–	–	–	–	–
13	1	–	0	0	0	1	–	–	–	1	1	1	–	–	–
14	1	1	–	0	0	–	1	–	–	1	–	–	1	1	1
15	1	1	1	–	0	–	–	1	–	–	1	–	1	–	1
16	1	1	1	1	–	–	–	–	1	–	–	1	–	1	1
23	1	0	–	–	–	–	0	0	0	1	1	0	–	–	–
24	1	–	0	–	–	1	–	0	0	1	–	–	1	1	–
25	1	–	–	0	–	1	1	–	0	–	1	–	1	–	1
26	1	–	–	–	0	1	1	1	–	–	–	1	–	1	1
34	–	0	0	–	–	0	0	–	–	–	0	0	1	1	–
35	–	0	–	0	–	0	–	0	–	1	–	0	1	–	1
36	–	0	–	–	0	1	–	–	0	1	1	–	–	1	1
45	–	–	0	0	–	–	0	0	–	0	0	–	–	0	0
46	–	–	0	–	0	–	0	–	0	0	–	0	1	–	1
56	–	–	0	0	0	–	–	0	0	–	0	0	1	0	–

Tab.21: Zeilen- und spaltenvertauschtes 15×15 Schema aus Tab.20; d(i,j) = ij

	16	15	26	14	25	13	24	36	23	35	12	34	46	56	45
16	–	1	1	1	–	1	–	1	–	–	1	–	1	1	–
15	0	–	–	1	1	1	–	–	–	1	1	–	–	1	1
26	0	–	–	–	1	–	1	1	1	–	1	–	1	1	–
14	0	0	–	–	–	1	1	–	–	–	1	1	1	1	1
25	–	0	0	–	–	–	1	–	1	1	1	–	–	1	1
13	0	0	–	0	–	–	–	1	1	1	1	1	–	–	–
24	–	–	0	0	0	–	–	–	1	–	1	1	1	–	1
36	0	–	0	–	–	0	–	–	1	1	–	1	1	1	–
23	–	–	0	–	0	0	0	0	–	1	1	1	–	–	–
35	–	0	–	–	0	0	–	0	0	–	–	1	–	1	1
12	0	0	0	0	0	0	0	–	0	–	–	–	–	–	–
34	–	–	–	0	–	0	0	0	0	0	–	–	1	–	1
46	0	–	0	0	–	–	0	0	–	–	–	0	–	1	1
56	0	0	0	0	0	–	–	0	–	0	–	–	0	–	1
45	–	0	–	0	0	–	0	–	–	0	–	0	0	0	–

Zeile sowie Spalte, die 6. und 7. Zeile sowie Spalte und die 7. und 8. Zeile sowie Spalte miteinander vertauscht werden; außerdem kann die 11.Zeile bzw. Spalte an irgendeiner Stelle zwischen 10. und 15. Zeile bzw. Spalte stehen, sofern die Reihenfolge innerhalb der Spalten bzw. Zeilen 10, 12, 13, 14 ,15 beibehalten wird. Durch alle angegebenen Vertauschungen ändert sich nichts daran, daß im oberen Dreieck des Schemas nur Einsen und im unteren Dreieck nur Nullen stehen.

Für die Partialordnung der Distanzen bedeuten diese Vertauschungsmöglichkeiten, daß d(1,5) und d(2,6), d(1,4) und d(2,5), d(1,3) und d(2,4), d(2,4) und d(3,6) nicht miteinander vergleichbar sind sowie daß d(1,2) mit keiner der Distanzen d(3,5) > d(3,4) > d(4,6) > d(5,6) > d(4,5) vergleichbar ist. Unter Berücksichtigung dieser Tatsache ist die Partialordnung der Distanzen in Abb.10 graphisch dargestellt. Die oberste Distanz in dieser Darstellung ist die größte, nach unten hin werden die Distanzen immer kleiner; die Distanzen, zwischen denen keine von oben nach unten führende Verbindungslinie eingezeichnet ist, sind nicht miteinander vergleichbar.

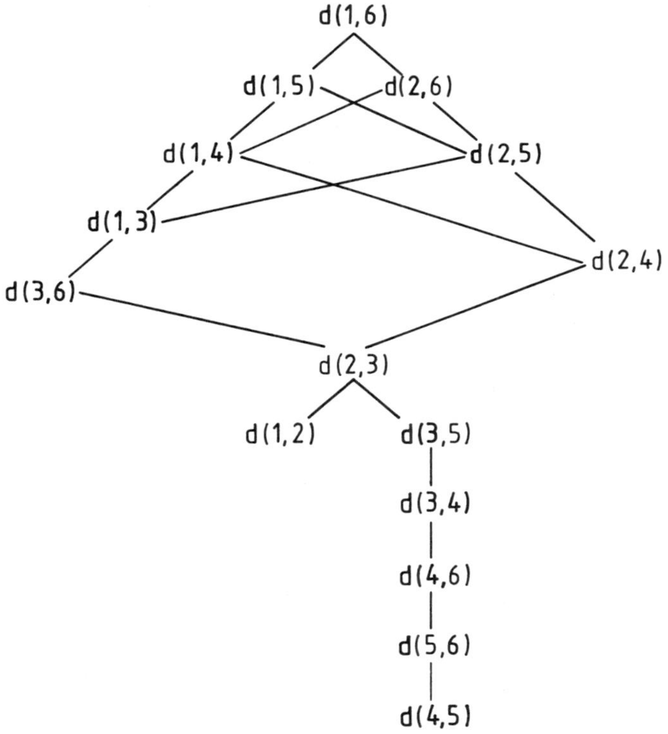

Abb.10: Aus Tab.21 resultierende Partialordnung der Distanzen d(i,j), i,j=1,...,6, i < j, zwischen 6 Objekten (Religionsgruppen)

Aus der Partialordnung in Abb.10 ergibt sich nun die eindimensionale ordinale Anordnung der 6 Objekte. Die Objekte 1 und 6 sind am weitesten voneinander entfernt, bilden also die Endpunkte der Anordnung; wir wählen hier einmal das Objekt 1 als Anfangsobjekt und das Objekt 6 als Endobjekt, d.h. O(1) = 1 und O(6) = 6. Das dem Objekt O(1) = 1 ähnlichste Objekt ist Objekt 2, also ist O(2) = 2. Dem Objekt O(6) = 6 ist das Objekt 5 am ähnlichsten, d.h. O(5) = 5. Weiter ist das Objekt 4 dem Objekt 6 am zweitähnlichsten; wir setzen also O(4) = 4. Nun bleibt nur noch das Objekt 3 und die dritte Stelle in der Anordnung übrig, so daß wir O(3) = 3 setzen. Die ordinale Anordnung der Objekte

O(1) O(2) O(3) O(4) O(5) O(6)

entspricht hier also gerade der Anordnung

1 2 3 4 5 6 .

Wir stellen nun die 15 Distanz - Gleichungen

$$d(O(i),O(j)) = d(i,j) = \sum_{k=i}^{j-1} d(O(k),O(k+1)) = \sum_{k=i}^{j-1} d(k,k+1)$$

in der durch die Partialordnung vorgegebenen Reihenfolge auf; nicht vergleichbare Distanz - Gleichungen werden dabei durch zwei verbundene Kreise gekennzeichnet; vgl. **Tab.22**.

Tab.22: Distanz - Gleichungen in der durch die Partialordnung aus Abb.10 vorgegebenen Reihenfolge

	d(1,6)	=	d(1,2) +	d(2,3) +	d(3,4) +	d(4,5) +	d(5,6)
○	d(1,5)	=	d(1,2) +	d(2,3) +	d(3,4) +	d(4,5)	
○	d(2,6)	=		d(2,3) +	d(3,4) +	d(4,5) +	d(5,6)
○	d(1,4)	=	d(1,2) +	d(2,3) +	d(3,4)		
○	d(2,5)	=		d(2,3) +	d(3,4) +	d(4,5)	
○	d(1,3)	=	d(1,2) +	d(2,3)			
○	d(2,4)	=		d(2,3) +	d(3,4)		
○	d(3,6)	=			d(3,4) +	d(4,5) +	d(5,6)
	d(2,3)	=		d(2,3)			
○	d(1,2)	=	d(1,2)				
○ {	d(3,5)	=			d(3,4) +	d(4,5)	
	d(3,4)	=			d(3,4)		
	d(4,6)	=				d(4,5) +	d(5,6)
	d(5,6)	=					d(5,6)
	d(4,5)	=				d(4,5)	

4.2 DER GOODE-PHILLIPS-ALGORITHMUS

Nach Beendigung der Dreiecksanalyse für n Objekte ist ein System von n(n-1)/2 Distanz - Gleichungen sowie vermittels der Partialordnung eine

Reihe von Ungleichungen zwischen diesen Distanz - Gleichungen gegeben. An dieser Stelle setzt dann der Goode - Phillips - Algorithmus an, mit dessen Hilfe Skalenwerte $y_1,\ldots,y_n$ für die Objekte bestimmt werden können.

Zunächst werden die Distanz - Gleichungen als lineares Gleichungssystem

$$d = A^{(1)} \cdot d^{(1)}$$

geschrieben, wobei mit

$$m = n(n-1)/2$$

hier

$$d = (d_1, d_2, \ldots, d_m)^T$$

den m-dimensionalen Vektor der gemäß Partialordnung angeordneten, unbekannten Distanzen $d(i,j)$ (für $i,j=1,\ldots,n, i<j$) zweier Objekte i und j,

$$A^{(1)} = \begin{pmatrix} a^{(1)}_{1,1} & \cdots & a^{(1)}_{1,n-1} \\ \vdots & & \vdots \\ a^{(1)}_{m,1} & \cdots & a_{m,n-1} \end{pmatrix}$$

die zugehörige $m\times(n-1)$ - Koeffizientenmatrix und

$$d^{(1)} = (d(O(1),O(2)),\ldots,d(O(n-1),O(n)))^T = (d_1^{(1)},\ldots,d_{n-1}^{(1)})^T$$

den $(n-1)$ - dimensionalen Vektor der geordneten Distanzen $d(O(k),O(k+1))$ zwischen zwei benachbarten Objekten bezeichnet. Natürlich sind hier $d_i > 0$ für $i=1,\ldots,m$, $a_{k,u} \geq 0$ für $k=1,\ldots,m$ und $u=1,\ldots,n-1$ sowie $d_1^{(1)},\ldots, d_{n-1}^{(1)} > 0$.

Beim Goode - Phillips - Algorithmus wird nun im t-ten Schritt $(t=1,2,\ldots,m-1$ $(=n(n-1)/2-1))$ die $(m-t)$ - te Zeile des Gleichungssystems

$$d = A^{(t)} \cdot d^{(t)}$$

mit

$$A^{(t)} = \begin{pmatrix} a^{(t)}_{1,1} & \cdots & a^{(t)}_{1,s_t} \\ \vdots & & \vdots \\ a^{(t)}_{m,1} & \cdots & a^{(t)}_{m,s_t} \end{pmatrix} , \quad a_{k,u} \geq 0 \text{ für } k=1,\ldots,m \text{ und } u=1,\ldots,s_t$$

(natürlich ist $s_1 = n-1$) und

$$d^{(t)} = (d_1^{(t)},\ldots,d_{s_t}^{(t)})^T$$

verglichen mit den direkt darunterliegenden Zeilen, mit denen sie gemäß der Partialordnung vergleichbar ist.

Ist keine solche Zeile vorhanden, so setzt man

$$A^{(t+1)} = A^{(t)} \quad , \quad d^{(t+1)} = d^{(t)} \quad , \quad \text{d.h. } s_{t+1} = s_t \quad ,$$

und führt den (t+1) - ten Schritt des Verfahrens durch. Andernfalls ist dies genau eine Zeile $\ell_1 > m-t$ oder eine Schar von untereinander nicht vergleichbaren Zeilen $\ell_1, \ell_2, \ldots, \ell_\alpha > m-t$. Man weiß dann, daß gilt

$$d_{m-t} > d_{\ell_b} \qquad \text{für } b=1,\ldots,\alpha \geq 1 \quad .$$

Wegen

$$d_{m-t} = \sum_{u=1}^{s_t} a_{m-t,u}^{(t)} \cdot d_u^{(t)} \qquad \text{und} \qquad d_{\ell_b} = \sum_{u=1}^{s_t} a_{\ell_b,u}^{(t)} \cdot d_u^{(t)}$$

sind diese Ungleichungen äquivalent zu

$$\sum_{u=1}^{s_t} a_{m-t,u}^{(t)} \cdot d_u^{(t)} - \sum_{u=1}^{s_t} a_{\ell_b,u}^{(t)} \cdot d_u^{(t)} = \sum_{u=1}^{s_t} (a_{m-t,u}^{(t)} - a_{\ell_b,u}^{(t)}) d_u^{(t)} > 0$$

$$\text{für } b=1,\ldots,\alpha \quad .$$

Ist nun für alle $u=1,\ldots,s_t$

$$a_{m-t,u}^{(t)} - a_{\ell_b,u}^{(t)} > 0 \quad ,$$

so ist die Ungleichung

$$d_{m-t} > d_{\ell_b}$$

bereits erfüllt.

Ist dies für $b=1,\ldots,\alpha$ der Fall, so setzt man

$$s_{t+1} = s_t \quad , \quad A^{(t+1)} = A^{(t)} \quad , \quad d^{(t+1)} = d^{(t)}$$

und fährt mit dem (t+1) - ten Schritt fort.

Falls die Ungleichung für kein oder lediglich für einige $b \in \{1,\ldots,\alpha\}$ erfüllt ist, sagen wir für $b=\beta+1,\ldots,\alpha$ mit $1 \leq \beta \leq \alpha$, so gehen wir wie folgt vor.

Die Ungleichungen

$$d_{m-t} > d_{\ell_b} \qquad \text{für } b=1,\ldots,\beta$$

sind in jedem Fall dann erfüllt, wenn gilt

$$d_{m-t} > \sum_{b=1}^{\beta} d_{\ell_b} \quad .$$

Nun ist aber im t-ten Schritt

$$d_{m-t} = \sum_{u=1}^{s_t} a^{(t)}_{m-t,u} \cdot d^{(t)}_u$$

und

$$\sum_{b=1}^{\beta} d_{\ell_b} = \sum_{b=1}^{\beta} \sum_{u=1}^{s_t} a^{(t)}_{\ell_b,u} \cdot d^{(t)}_u \quad ,$$

d.h. die obige Ungleichung ist äquivalent zu

$$\sum_{u=1}^{s_t} a^{(t)}_{m-t,u} \cdot d^{(t)}_u - \sum_{b=1}^{\beta} \sum_{u=1}^{s_t} a^{(t)}_{\ell_b,u} \cdot d^{(t)}_u = \sum_{u=1}^{s_t} \left(a^{(t)}_{m-t,u} - \sum_{b=1}^{\beta} a^{(t)}_{\ell_b,u} \right) d^{(t)}_u > 0.$$

Diese letzte Ungleichung schreibt man dann in der Form

$$\sum_{(u)=(1)}^{(p_t)} \left(a^{(t)}_{m-t,(u)} - \sum_{b=1}^{\beta} a^{(t)}_{\ell_b,(u)} \right) d^{(t)}_{(u)}$$

$$+ \sum_{(u)=(p_t+1)}^{(q_t)} \left(a^{(t)}_{m-t,(u)} - \sum_{b=1}^{\beta} a^{(t)}_{\ell_b,(u)} \right) d^{(t)}_{(u)} \quad ,$$

wobei der erste Teil (*positiver Teil*) alle Indizes $u \in \{(1),\ldots,(p_t)\} \subset \{1,\ldots,s_t\}$ mit

$$a^{(t)}_{m-t,(u)} - \sum_{b=1}^{\beta} a^{(t)}_{\ell_b,(u)} > 0$$

und der zweite Teil (*negativer Teil*) alle Indizes $u \in \{(p_t+1),\ldots,(q_t)\} \subset \{1,\ldots,s_t\}$ mit

$$a^{(t)}_{m-t,(u)} - \sum_{b=1}^{\beta} a^{(t)}_{\ell_b,(u)} < 0$$

umfaßt; für alle nicht mehr auftauchenden Indizes $u \in \{(q_t+1),\ldots,(s_t)\} \subset \{1,\ldots,s_t\}$ gilt

$$a^{(t)}_{m-t,(u)} - \sum_{b=1}^{\beta} a^{(t)}_{\ell_b,(u)} = 0 \quad .$$

An dieser Stelle müssen zwei Fälle unterschieden werden: Besteht der positive Teil der Ungleichung aus genau einem Term, d.h. $(p_t) = 1$ und damit existiert genau ein $(u) = (1) \in \{1,\ldots,s_t\}$ mit

$$a^{(t)}_{m-t,(u)} - \sum_{b=1}^{\beta} a^{(t)}_{\ell_b,(u)} > 0 \quad ,$$

und ist der zweite Teil der Ungleichung beliebig, aber natürlich nicht leer, so setzen wir

$$d_{(1)}^{(t)} = d_{(1)}^{(t+1)} - \left[\sum_{(v)=(2)}^{(q_t)} \left(a_{m-t,(v)}^{(t)} - \sum_{b=1}^{\beta} a_{\ell_b,(v)}^{(t)} \right) d_{(v)}^{(t+1)} \right] \Big/ \left[a_{m-t,(1)}^{(t)} - \sum_{b=1}^{\beta} a_{\ell_b,(1)}^{(t)} \right]$$

und

$$d_{(u)}^{(t)} = d_{(u)}^{(t+1)} \qquad \text{für } (u)=(2),(3),\ldots,(s_t) \quad .$$

Hier ist dann $s_{t+1} = s_t$ und die neue Koeffizientenmatrix $A^{(t+1)}$ stimmt in den Spalten (1) sowie $(q_t+1),\ldots,(s_t)$ mit $A^{(t)}$ überein. Die Spalten $(u)=(2),\ldots,(q_t)$ der Matrix $A^{(t+1)}$ ergeben sich zu

$$a_{k,(u)}^{(t+1)} = a_{k,(u)}^{(t)} - a_{k,(1)}^{(t)} \left(a_{m-t,(u)}^{(t)} - \sum_{b=1}^{\beta} a_{\ell_b,(u)}^{(t)} \right) \Big/ \left(a_{m-t,(1)}^{(t)} - \sum_{b=1}^{\beta} a_{\ell_b,(1)}^{(t)} \right)$$
$$\text{für } k=1,\ldots,m \quad .$$

Sind sowohl positiver als auch negativer Teil der Ungleichung beliebig aber nicht leer mit $(p_1) \neq (1)$, so verwendet Phillips (1972) ein Lemma von Farkas (1902). Man setzt

$$d_{(u)}^{(t)} = \begin{cases} d_{(u)}^{(t+1)} - \left(\sum_{(v)=(p_t+1)}^{(q_t)} c_{(u)(v)} \right) \Big/ \left(a_{m-t,(u)}^{(t)} - \sum_{b=1}^{\beta} a_{\ell_b,(u)}^{(t)} \right) , & \text{für } (u)=(1),\ldots,(p_t) \\ \left(\sum_{(v)=(1)}^{(p_t)} c_{(v)(u)} \right) \Big/ \left(a_{m-t,(u)}^{(t)} - \sum_{b=1}^{\beta} a_{\ell_b,(u)}^{(t)} \right) , & \text{für } (u)=(p_t+1),\ldots,(q_t) \\ d_{(u)}^{(t+1)} & , \text{für } (u)=(q_t+1),\ldots,(s_t) \end{cases}$$

mit

$$c_{(1)(v)} = \left(a_{m-t,(v)}^{(t)} - \sum_{b=1}^{\beta} a_{\ell_b,(v)}^{(t)} \right) d_{(v)}^{(t+1)} \qquad \text{für } (v)=(p_t+1),\ldots,(q_t) \ ,$$

$$c_{(u)(v)} = \left(a_{m-t,(v)}^{(t)} - \sum_{b=1}^{\beta} a_{\ell_b,(v)}^{(t)} \right) d_{s_t+[u-2]\cdot[q_t-p_t]+[v-p_t]}^{(t+1)}$$
$$\text{für } (u)=(2),\ldots,(p_t),\ (v)=(p_t+1),\ldots,(q_t) \quad .$$

Hier ist dann

$$s_{t+1} = s_t + [p_t-1]\cdot[q_t-p_t] \quad ,$$

und die Elemente der Koeffizientenmatrix $A^{(t+1)}$ stimmmen in den Spalten $(1),\ldots,(p_t)$ sowie $(q_t+1),\ldots,(s_t)$ mit denen von $A^{(t)}$ überein. In den Spalten $(u)=(p_{t+1}),\ldots,(q_t)$ von $A^{(t+1)}$ ist

$$a_{k,(u)}^{(t+1)} = a_{k,(u)}^{(t)} - a_{k,(1)}^{(t)} \left(a_{m-t,(u)}^{(t)} - \sum_{b=1}^{\beta} a_{\ell_b,(u)}^{(t)} \right) \Big/ \left(a_{m-t,(1)}^{(t)} - \sum_{b=1}^{\beta} a_{\ell_b,(1)}^{(t)} \right)$$
$$\text{für } k=1,\ldots,m \quad ,$$

und in den neu hinzukommenden Spalten $s_t+1, s_t+2, \ldots, s_t+[p_t-1]\cdot[q_t-p_t]$ ist

$$a^{(t+1)}_{k,s_t+[u-2]\cdot[q_t-p_t]+[v-p_t]} = a^{(t)}_{k,(v)} - a^{(t)}_{k,(u)} \left(a^{(t)}_{m-t,(v)} - \sum_{b=1}^{\beta} a^{(t)}_{\ell_b,(v)}\right) \Big/ \left(a^{(t)}_{m-t,(u)} - \sum_{b=1}^{\beta} a^{(t)}_{\ell_b,(u)}\right)$$

$$\text{für } k=1,\ldots,m \quad .$$

Bei diesem Verfahren sind nach dem Schritt t die Beziehungen zwischen den letzten (t+1) Zeilen des Distanzenvektors d erfüllt. Also sind mit dem (m-1) - ten Schritt alle Beziehungen zwischen den Zeilen von d, die durch die Partialordnung gegeben sind, durch das Gleichungssystem

$$d = A^{(m)} \cdot d^{(m)} = A^{(n(n-1)/2)} \cdot d^{(n(n-1)/2)}$$

erfüllt.

Nun wird aus dem Gleichungssystem $d = A^{(m)} \cdot d^{(m)}$ die Konfiguration $y_1, \ldots, y_n$ der n Objekte bestimmt. Dazu bilden wir das Teilgleichungssystem

$$\begin{pmatrix} d_{(1)} \\ \vdots \\ d_{(n-1)} \end{pmatrix} = \begin{pmatrix} a^{(m)}_{(1),1} & \cdots & a^{(m)}_{(1),s_m} \\ \vdots & & \vdots \\ a^{(m)}_{(n-1),1} & \cdots & a^{(m)}_{(n-1),s_m} \end{pmatrix} \cdot d^{(m)} = \begin{pmatrix} a^{m}_{(1)} \\ \vdots \\ a^{m}_{(n-1)} \end{pmatrix} \cdot d^{(m)} \quad ,$$

das aus allen Zeilen k=(1),...,(n-1) besteht, für die gilt

$$d_k = d(0(k), 0(k+1)) \quad .$$

Hier bezeichnet 0(k) natürlich wieder das k-te Objekt in der geordneten Objektfolge 0(1),...,0(n), die sich durch die Dreiecksanalyse ergibt. Die eindimensionalen Skalenwerte $y_1, \ldots, y_n$ bzw. in geordneter Folge $y_{0(1)}, \ldots, y_{0(n)}$ ergeben sich dann zu

$$\begin{pmatrix} y_{0(1)} \\ y_{0(2)} \\ y_{0(3)} \\ \vdots \\ y_{0(n)} \end{pmatrix} = \begin{pmatrix} 0^T_{s_m} \\ a^{(m)}_{(1)} \\ a^{(m)}_{(1)} + a^{(m)}_{(2)} \\ \vdots \\ a^{(m)}_{(1)} + a^{(m)}_{(2)} + \ldots + a^{(m)}_{(n-1)} \end{pmatrix} \cdot d^{(m)} + \text{const} \quad ,$$

wobei const ≥ 0 beliebig gewählt werden kann, und die Elemente $d^{(m)}_1, d^{(m)}_2, \ldots, d^{(m)}_{s_m}$ beliebig wählbare positive Zahlen sind.

Beispiel: Ausgehend von I - Skalen haben wir zuvor eine Dreiecksanalyse für n = 6 Religionsgruppen durchgeführt. Es ergaben sich dabei die Partialordnung aus Abb.10 und die Distanz-Gleichungen aus Tab.22. Um nun eindimensionale Skalenwerte $y_1 = y_{0(1)}$,..., $y_6 = y_{0(6)}$ für die Religionsgruppen $1 = 0(1)$,..., $6 = 0(6)$ bestimmen zu können, müssen wir den Goode-Phillips-Algorithmus anwenden. Dazu bilden wir aus den Distanz-Gleichungen der Tab.22 das Gleichungssystem

$$d = A^{(1)} \cdot d^{(1)}$$

mit

$$d = (d_1, \ldots, d_{15})^T \quad \text{und} \quad A^{(1)} \quad \text{gemäß Tab.23}$$

sowie

$$d^{(1)} = (d_1^{(1)}, \ldots, d_5^{(1)})^T = (d(1,2), d(2,3), d(3,4), d(4,5), d(5,6))^T \quad .$$

Tab.23: Vektor d sowie Koeffizientenmatrix $A^{(1)}$ des Gleichungssystems $d = A^{(1)} \cdot d^{(1)}$

i	d_i	$A^{(1)}$				
		$a_{i,1}^{(1)}$	$a_{i,2}^{(1)}$	$a_{i,3}^{(1)}$	$a_{i,4}^{(1)}$	$a_{i,5}^{(1)}$
1	d(1,6)	1	1	1	1	1
2	d(1,5)	1	1	1	1	0
3	d(2,6)	0	1	1	1	1
4	d(1,4)	1	1	1	0	0
5	d(2,5)	0	1	1	1	0
6	d(1,3)	1	1	0	0	0
7	d(2,4)	0	1	1	0	0
8	d(3,6)	0	0	1	1	1
9	d(2,3)	0	1	0	0	0
10	d(1,2)	1	0	0	0	0
11	d(3,5)	0	0	1	1	0
12	d(3,4)	0	0	1	0	0
13	d(4,6)	0	0	0	1	1
14	d(5,6)	0	0	0	0	1
15	d(4,5)	0	0	0	1	0

Im ersten Schritt kann laut Partialordnung, vgl. aber auch Tab.22, die Zeile 14 mit Zeile 15 verglichen werden, d.h. es ist

$$d_{14} > d_{15} \quad ,$$

und somit muß gelten

$$a_{14,5}^{(1)} \cdot d_5^{(1)} - a_{15,4}^{(1)} \cdot d_4^{(1)} = d_5^{(1)} - d_4^{(1)} > 0 \quad .$$

Der positive Teil der Ungleichung (und auch der negative Teil) besteht hier also aus einem Term, so daß wir

$$d_5^{(1)} = d_5^{(2)} - (-d_4^{(2)}) = d_5^{(2)} + d_4^{(2)}$$

und

$$d_u^{(1)} = d_u^{(2)} \qquad \text{für } u=1,2,3,4$$

setzen. Es ist dann $s_2 = s_1 = 5$ und die Koeffizientenmatrix $A^{(2)}$ stimmt bis auf die vierte Spalte mit $A^{(1)}$ überein; in der vierten Spalte von $A^{(2)}$ steht

$$a_{k,4}^{(2)} = a_{k,4}^{(1)} - (-a_{k,5}^{(1)}) = a_{k,4}^{(1)} + a_{k,5}^{(1)} \qquad \text{für } k=1,\ldots,15 \quad ,$$

also die Summe von vierter und fünfter Spalte der Matrix $A^{(1)}$, vgl. auch Tab.24.

Tab.24: Koeffizientenmatrix $A^{(2)} = A^{(3)}$ im zweiten und dritten Schritt sowie Koeffizientenmatrix $A^{(4)} = A^{(5)} = A^{(6)}$ im vierten, fünften und sechsten Schritt

i	d_i	$A^{(2)}$					$A^{(4)}$				
		$a_{i,1}^{(2)}$	$a_{i,2}^{(2)}$	$a_{i,3}^{(2)}$	$a_{i,4}^{(2)}$	$a_{i,5}^{(2)}$	$a_{i,1}^{(4)}$	$a_{i,2}^{(4)}$	$a_{i,3}^{(4)}$	$a_{i,4}^{(4)}$	$a_{i,5}^{(4)}$
1	d(1,6)	1	1	1	2	1	1	1	1	4	2
2	d(1,5)	1	1	1	1	0	1	1	1	3	1
3	d(2,6)	0	1	1	2	1	0	1	1	4	2
4	d(1,4)	1	1	1	0	0	1	1	1	2	1
5	d(2,5)	0	1	1	1	0	0	1	1	3	1
6	d(1,3)	1	1	0	0	0	1	1	0	0	0
7	d(2,4)	0	1	1	0	0	0	1	1	2	1
8	d(3,6)	0	0	1	2	1	0	0	1	4	2
9	d(2,3)	0	1	0	0	0	0	1	0	0	0
10	d(1,2)	1	0	0	0	0	1	0	0	0	0
11	d(3,5)	0	0	1	1	0	0	0	1	3	1
12	d(3,4)	0	0	1	0	0	0	0	1	2	1
13	d(4,6)	0	0	0	2	1	0	0	0	2	1
14	d(5,6)	0	0	0	1	1	0	0	0	1	1
15	d(4,5)	0	0	0	1	0	0	0	0	1	0

Zur Bestimmung der Koeffizientenmatrix $A^{(3)}$ muß im zweiten Schritt Zeile 13 mit Zeile 14 des Gleichungssystems

$$d = A^{(2)} \cdot d^{(2)}$$

verglichen werden, denn es ist gemäß Partialordnung

$$d_{13} > d_{14} \quad .$$

Mit

$$d_{13} = a_{13,4}^{(2)}\, d_4^{(2)} + a_{13,5}^{(2)}\, d_5^{(2)} = 2\, d_4^{(2)} + d_5^{(2)}$$

und

$$d_{14} = a_{14,4}^{(2)}\, d_4^{(2)} + a_{14,5}^{(2)}\, d_5^{(2)} = d_4^{(2)} + d_5^{(2)}$$

ist diese Ungleichung äquivalent zu

$$2\,d_4^{(2)} + d_5^{(2)} - (d_4^{(2)} + d_5^{(2)}) = d_4^{(2)} > 0$$

und somit bereits erfüllt, d.h. es ist

$$s_3 = s_2 \;,\quad A^{(3)} = A^{(2)} \;,\quad d^{(3)} = d^{(2)} \quad .$$

Nun wird Zeile 12 des Systems

$$d = A^{(3)} \cdot d^{(3)}$$

mit Zeile 13 dieses Systems verglichen, da laut Partialordnung aus Abb.10 gilt

$$d_{12} > d_{13} \quad .$$

Diese Ungleichung ist wegen

$$d_{12} = a_{12,3}^{(3)} \cdot d_3^{(3)} = d_3^{(3)}$$

und

$$d_{13} = a_{13,4}^{(3)} \cdot d_4^{(3)} + a_{13,5}^{(3)} \cdot d_5^{(3)} = 2\,d_4^{(3)} + d_5^{(3)}$$

äquivalent zu

$$d_3^{(3)} - (2\,d_4^{(3)} + d_5^{(3)}) = d_3^{(3)} + (-2\,d_4^{(3)} - d_5^{(3)}) > 0$$

so daß wir

$$d_3^{(3)} = d_3^{(4)} - (-2\,d_4^{(4)} - d_5^{(4)})/1 = d_3^{(4)} + 2\,d_4^{(4)} + d_5^{(4)} \quad ,$$

$$d_u^{(3)} = d_u^{(4)} \qquad \text{für } u=1,2,4,5$$

setzen müssen. Weiter ist dann $s_4 = s_3$ und die Koeffizientenmatrix $A^{(4)}$ stimmt in den Spalten 1, 2 und 3 mit $A^{(3)}$ überein; in der Spalte 4 steht

$$a_{k,4}^{(4)} = a_{k,4}^{(3)} - a_{k,3}^{(3)} \cdot (-2)/1 = a_{k,4}^{(3)} + 2\,a_{k,3}^{(3)} \qquad \text{für } k=1,\ldots,15 \quad ,$$

also die Summe der vierten Spalte und zweimal der dritten Spalte von $A^{(3)}$, und in der Spalte 5 steht

$$a_{k,5}^{(4)} = a_{k,5}^{(3)} - a_{k,3}^{(3)} \cdot (-1)/1 = a_{k,5}^{(3)} + a_{k,3}^{(3)} \qquad \text{für } k=1,\ldots,15 \quad ,$$

also die Summe von fünfter und dritter Spalte von $A^{(3)}$, vgl. auch Tab.24.

Im vierten Schritt des Verfahrens muß die Zeile 11 des Gleichungssystems

$$d = A^{(4)} \cdot d^{(4)}$$

gemäß Partialordnung aus Abb.10 mit Zeile 12 verglichen werden, denn es ist

$$d_{11} > d_{12} \quad .$$

Diese Ungleichung ist wegen

$$d_{11} = a_{11,3}^{(4)} \cdot d_3^{(4)} + a_{11,4}^{(4)} \cdot d_4^{(4)} + a_{11,5}^{(4)} \cdot d_5^{(4)} = d_3^{(4)} + 3\, d_4^{(4)} + d_5^{(4)} \quad ,$$

$$d_{12} = a_{12,3}^{(4)} \cdot d_3^{(4)} + a_{12,4}^{(4)} \cdot d_4^{(4)} + a_{12,5}^{(4)} \cdot d_5^{(4)} = d_3^{(4)} + 2\, d_4^{(4)} + d_5^{(4)}$$

äquivalent zu

$$d_3^4 + 3\, d_4^{(4)} + d_5^{(4)} - (d_3^{(4)} + 2\, d_4^{(4)} + d_5^{(4)}) = d_4^{(4)} > 0$$

und somit bereits erfüllt, d.h. es ist

$$s_5 = s_4 \;, \quad A^{(5)} = A^{(4)} \;, \quad d^{(5)} = d^{(4)} \quad .$$

Im fünften Schritt stellt sich anhand der Partialordnung aus Abb.10 heraus, daß die 10. Zeile des Gleichungssystems

$$d = A^{(5)} \cdot d^{(5)}$$

mit keiner der Zeilen 11, 12, 13, 14 und 15 vergleichbar ist. Daher setzen wir

$$s_6 = s_5 \;, \quad A^{(6)} = A^{(5)} \;, \quad d^{(6)} = d^{(5)}$$

und führen den sechsten Schritt durch.

Die Zeile 9 muß im Gleichungssystem

$$d = A^{(6)} \cdot d^{(6)}$$

mit den beiden darunter liegenden, untereinander nicht vergleichbaren Zeilen 10 und 11 verglichen werden, vgl. auch die Partialordnung in Abb.10, gemäß derer

$$d_9 > d_{10} \quad \text{und} \quad d_9 > d_{11}$$

gelten muß. Nun ist

$$d_9 = a_{9,2}^{(6)} \cdot d_2^{(6)} = d_2^{(6)} \quad ,$$

$$d_{10} = a_{10,1}^{(6)} \cdot d_1^{(6)} = d_1^{(6)} \quad ,$$

$$d_{11} = a_{11,3}^{(6)} \cdot d_3^{(6)} + a_{11,4}^{(6)} \cdot d_4^{(6)} + a_{11,5}^{(6)} \cdot d_5^{(6)} = d_3^{(6)} + 3\, d_4^{(6)} + d_5^{(6)} \quad ,$$

und somit ist die erste Ungleichung äquivalent zu

$$d_2^{(6)} - d_1^{(6)} > 0 \quad ,$$

die zweite äquivalent zu

$$d_2^{(6)} - (d_3^{(6)} + 3\, d_4^{(6)} + d_5^{(6)}) > 0 \quad .$$

Beide Ungleichungen sind nicht automatisch erfüllt, so daß wir jetzt die Ungleichung

$$d_9 > d_{10} + d_{11}$$

bzw.

$$d_2^{(6)} - (d_1^{(6)} + d_3^{(6)} + 3d_4^{(6)} + d_5^{(6)}) = d_2^{(6)} + (-d_1^{(6)} - d_3^{(6)} - 3d_4^{(6)} - d_5^{(6)}) > 0$$

betrachten müssen. Da der positive Teil lediglich aus dem Term $d_2^{(6)}$ besteht, setzen wir

$$d_2^{(6)} = d_2^{(7)} - (-d_1^{(7)} - d_3^{(7)} - 3d_4^{(7)} - d_5^{(7)})/1 = d_2^{(7)} + d_1^{(7)} + d_3^{(7)} + 3d_4^{(7)} + d_5^{(7)}$$

$$d_u^{(6)} = d_u^{(7)} \qquad \text{für } u=1,3,4,5 \quad .$$

Dann ist $s_7 = s_6$ und $A^{(7)}$ stimmt lediglich in Spalte 2 mit $A^{(6)}$ überein. Die erste Spalte ergibt sich als Summe von erster und zweiter Spalte von $A^{(6)}$

$$a_{k,1}^{(7)} = a_{k,1}^{(6)} - a_{k,2}^{(6)} \cdot (-1)/1 = a_{k,1}^{(6)} + a_{k,2}^{(6)} \qquad \text{für } k=1,\ldots,15 \quad ,$$

die dritte Spalte ergibt sich als Summe von dritter und zweiter Spalte von $A^{(6)}$

$$a_{k,3}^{(7)} = a_{k,3}^{(6)} - a_{k,2}^{(6)} \cdot (-1)/1 = a_{k,3}^{(6)} + a_{k,2}^{(6)} \qquad \text{für } k=1,\ldots,15 \quad ,$$

die vierte Spalte ergibt sich als Summe der vierten Spalte und des dreifachen der zweiten Spalte von $A^{(6)}$

$$a_{k,4}^{(7)} = a_{k,4}^{(6)} - a_{k,2}^{(6)} \cdot (-3)/1 = a_{k,4}^{(6)} + 3a_{k,2}^{(6)} \qquad \text{für } k=1,\ldots,15 \quad ,$$

und schließlich ergibt sich die fünfte Spalte als Summe der fünften Spalte und der zweiten Spalte von $A^{(6)}$

$$a_{k,5}^{(7)} = a_{k,5}^{(6)} - a_{k,2}^{(6)} \cdot (-1)/1 = a_{k,5}^{(6)} + a_{k,2}^{(6)} \qquad \text{für } k=1,\ldots,15 \quad .$$

Diese Koeffizientenmatrix ist in Tab.25 angegeben.

Im siebten Schritt wird wegen

$$d_8 > d_9$$

gemäß Partialordnung die 8. Zeile mit der 9. Zeile des Gleichungssystems

$$d = A^{(7)} \cdot d^{(7)}$$

verglichen. Obige Ungleichung ist mit

$$d_8 = a_{8,3}^{(7)} \cdot d_3^{(7)} + a_{8,4}^{(7)} \cdot d_4^{(7)} + a_{8,5}^{(7)} \cdot d_5^{(7)} = d_3^{(7)} + 4d_4^{(7)} + 2d_5^{(7)} \quad ,$$

$$d_9 = \sum_{u=1}^{5} a_{9,u}^{(7)} \cdot d_u^{(7)} = d_1^{(7)} + d_2^{(7)} + d_3^{(7)} + 3d_4^{(7)} + d_5^{(7)}$$

Tab.25: Koeffizientenmatrix $A^{(7)}$ im siebten Schritt und Koeffizientenmatrix $A^{(8)} = A^{(9)}$ im achten bzw. neunten Schritt

i	d_i	$A^{(7)}$					$A^{(8)}$						
		$a_{i,1}^{(7)}$	$a_{i,2}^{(7)}$	$a_{i,3}^{(7)}$	$a_{i,4}^{(7)}$	$a_{i,5}^{(7)}$	$a_{i,1}^{(8)}$	$a_{i,2}^{(8)}$	$a_{i,3}^{(8)}$	$a_{i,4}^{(8)}$	$a_{i,5}^{(8)}$	$a_{i,6}^{(8)}$	$a_{i,7}^{(8)}$
1	d(1,6)	2	1	2	7	3	9	8	2	7	3	5	4
2	d(1,5)	2	1	2	6	2	8	7	2	6	2	4	3
3	d(2,6)	1	1	2	7	3	8	8	2	7	3	4	4
4	d(1,4)	2	1	2	5	2	7	6	2	5	2	4	3
5	d(2,5)	1	1	2	6	2	7	7	2	6	2	3	3
6	d(1,3)	2	1	1	3	1	5	4	1	3	1	3	2
7	d(2,4)	1	1	2	5	2	6	6	2	5	2	3	3
8	d(3,6)	0	0	1	4	2	4	4	1	4	2	2	2
9	d(2,3)	1	1	1	3	1	4	4	1	3	1	2	2
10	d(1,2)	1	0	0	0	0	1	0	0	0	0	1	0
11	d(3,5)	0	0	1	3	1	3	3	1	3	1	1	1
12	d(3,4)	0	0	1	2	1	2	2	1	2	1	1	1
13	d(4,6)	0	0	0	2	1	2	2	0	2	1	1	1
14	d(5,6)	0	0	0	1	1	1	1	0	1	1	1	1
15	d(4,5)	0	0	0	1	0	1	1	0	1	0	0	0

äquivalent zu

$$d_3^{(7)} + 4d_4^{(7)} + 2d_5^{(7)} - (d_1^{(7)} + d_2^{(7)} + d_3^{(7)} + 3d_4^{(7)} + d_5^{(7)})$$
$$= (d_4^{(7)} + d_5^{(7)}) + (-d_1^{(7)} - d_2^{(7)}) > 0 \quad ,$$

so daß, da der positive Teil hier aus zwei Summanden besteht, wir das Lemma von Farkas (1902) anwenden müssen. Danach ist

$$d_4^{(7)} = d_4^{(8)} - (-d_1^{(8)} - d_2^{(8)})/1 = d_4^{(8)} + d_1^{(8)} + d_2^{(8)} \quad ,$$
$$d_5^{(7)} = d_5^{(8)} - (-d_6^{(8)} - d_7^{(8)})/1 = d_5^{(8)} + d_6^{(8)} + d_7^{(8)} \quad ,$$
$$d_1^{(7)} = (-d_1^{(8)} - d_6^{(8)})/(-1) = d_1^{(8)} + d_6^{(8)} \quad ,$$
$$d_2^{(7)} = (-d_2^{(8)} - d_7^{(8)})/(-1) = d_2^{(8)} + d_7^{(8)} \quad ,$$
$$d_3^{(7)} = d_3^{(8)}$$

und $s_8 = s_7 + 2 = 7$. Die Elemente der Koeffizientenmatrix $A^{(8)}$ stimmen in den Spalten 3, 4 und 5 mit $A^{(7)}$ überein. Für Spalte 1 gilt

$$a_{k,1}^{(8)} = a_{k,1}^{(7)} - a_{k,4}^{(7)} \cdot (-1)/1 = a_{k,1}^{(7)} + a_{k,4}^{(7)} \qquad \text{für } k=1,\ldots,15 \quad ,$$

für Spalte 2 gilt

$$a_{k,2}^{(8)} = a_{k,2}^{(7)} - a_{k,4}^{(7)} \cdot (-1)/1 = a_{k,2}^{(7)} + a_{k,4}^{(7)} \qquad \text{für } k=1,..,15 \quad ,$$

für Spalte 6 gilt

$$a_{k,6}^{(8)} = a_{k,1}^{(7)} - a_{k,5}^{(7)} \cdot (-1)/1 = a_{k,1}^{(7)} + a_{k,5}^{(7)} \qquad \text{für } k=1,\ldots,15$$

und für die Spalte 7 gilt

$$a_{k,7}^{(8)} = a_{k,2}^{(7)} - a_{k,5}^{(7)} \cdot (-1)/1 = a_{k,2}^{(7)} + a_{k,5}^{(7)} \qquad \text{für } k=1,\ldots,15 \quad ,$$

vgl. auch Tab.25.

Im achten Schritt wird dann aufgrund der Partialordnung aus Abb.10 die Ungleichung zwischen 7. und 9. Zeile

$$d_7 > d_9$$

des Gleichungssystems betrachtet. Mit

$$d_7 = \sum_{u=1}^{7} a_{7,u}^{(8)} \cdot d_u^{(8)} = 6d_1^{(8)} + 6d_2^{(8)} + 2d_3^{(8)} + 5d_4^{(8)} + 2d_5^{(8)} + 3d_6^{(8)} + 3d_7^{(8)} \quad ,$$

$$d_9 = \sum_{u=1}^{7} a_{9,u}^{(8)} \cdot d_u^{(8)} = 4d_1^{(8)} + 4d_2^{(8)} + d_3^{(8)} + 3d_4^{(8)} + d_5^{(8)} + 2d_6^{(8)} + 2d_7^{(8)}$$

ist die Ungleichung äquivalent zu

$$(6-4)d_1^{(8)} + (6-4)d_2^{(8)} + (2-1)d_3^{(8)} + (5-3)d_4^{(8)} + (2-1)d_5^{(8)} + (3-2)d_6^{(8)}$$
$$+ (3-2)d_7^{(8)} = 2d_1^{(8)} + 2d_2^{(8)} + d_3^{(8)} + 2d_4^{(8)} + d_5^{(8)} + d_6^{(8)} + d_7^{(8)} > 0 \quad ,$$

und sie wird bereits erfüllt. Daher ist

$$s_9 = s_8 \ , \quad A^{(9)} = A^{(8)} \quad , \quad d^{(9)} = d^{(8)} \quad .$$

Im neunten Schritt muß nun die Ungleichung

$$d_6 > d_8$$

zwischen 6. und 8. Zeile des Gleichungssystems

$$d = A^{(9)} \cdot d^{(9)}$$

betrachtet werden. Sie ist wegen

$$d_6 = \sum_{u=1}^{7} a_{6,u}^{(9)} \cdot d_u^{(9)} = 5d_1^{(9)} + 4d_2^{(9)} + d_3^{(9)} + 3d_4^{(9)} + d_5^{(9)} + 3d_6^{(9)} + 2d_7^{(9)}$$

$$d_8 = \sum_{u=1}^{7} a_{8,u}^{(9)} \cdot d_u^{(9)} = 4d_1^{(9)} + 4d_2^{(9)} + d_3^{(9)} + 4d_4^{(9)} + 2d_5^{(9)} + 2d_6^{(9)} + 2d_7^{(9)}$$

äquivalent zu

$$(5-4)d_1^{(9)} + (4-4)d_2^{(9)} + (1-1)d_3^{(9)} + (3-4)d_4^{(9)} + (1-2)d_5^{(9)} + (3-2)d_6^{(9)}$$
$$+ (2-2)d_7^{(9)} = (d_1^{(9)} + d_6^{(9)}) + (-d_4^{(9)} - d_5^{(9)}) > 0 \quad .$$

Hier bestehen positiver und negativer Teil aus je zwei Summanden, so daß mit dem Lemma von Farkas (1902) nun gilt:

$$d_1^{(9)} = d_1^{(10)} - (-d_4^{(10)} - d_5^{(10)})/1 = d_1^{(10)} + d_4^{(10)} + d_5^{(10)} \quad ,$$
$$d_6^{(9)} = d_6^{(10)} - (-d_8^{(10)} - d_9^{(10)})/1 = d_6^{(10)} + d_8^{(10)} + d_9^{(10)} \quad ,$$
$$d_4^{(9)} = (-d_4^{(10)} - d_8^{(10)})/(-1) = d_4^{(10)} + d_8^{(10)} \quad ,$$
$$d_5^{(9)} = (-d_5^{(10)} - d_9^{(10)})/(-1) = d_5^{(10)} + d_9^{(10)} \quad ,$$
$$d_u^{(9)} = d_u^{(10)} \qquad \text{für } u=2,3,7$$

sowie $s_{10} = s_9 + 2 = 9$. Die Elemente der Koeffizientenmatrix $A^{(10)}$ stimmen in den Spalten 1, 2, 3, 6 und 7 mit denen von $A^{(9)}$ überein; für die Spalte 4 gilt

$$a_{k,4}^{(10)} = a_{k,4}^{(9)} - a_{k,1}^{(9)}\cdot(-1)/1 = a_{k,4}^{(9)} + a_{k,1}^{(9)} \qquad \text{für } k=1,\ldots,15 \quad ,$$

für die Spalte 5 gilt

$$a_{k,5}^{(10)} = a_{k,5}^{(9)} - a_{k,1}^{(9)}\cdot(-1)/1 = a_{k,5}^{(9)} + a_{k,1}^{(9)} \qquad \text{für } k=1,\ldots,15 \quad ,$$

für die neue Spalte 8 gilt

$$a_{k,8}^{(10)} = a_{k,4}^{(9)} - a_{k,6}^{(9)}\cdot(-1)/1 = a_{k,4}^{(9)} + a_{k,6}^{(9)} \qquad \text{für } k=1,\ldots,15$$

und schließlich gilt für die neue Spalte 9

$$a_{k,9}^{(10)} = a_{k,5}^{(9)} - a_{k,6}^{(9)}\cdot(-1)/1 = a_{k,5}^{(9)} + a_{k,6}^{(9)} \qquad \text{für } k=1,\ldots,15 \quad .$$

Diese Koeffizientenmatrix $A^{(10)}$ ist in Tab.26 angegeben.

Die Ungleichungen

$$d_5 > d_6 \quad \text{und} \quad d_5 > d_7$$

im zehnten Schritt werden durch das Gleichungssystem

$$d = A^{(10)}\cdot d^{(10)}$$

bereits erfüllt, d.h. es ist

$$s_{11} = s_{10} \;, \quad A^{(11)} = A^{(10)} \;, \quad d^{(11)} = d^{(10)} \quad .$$

Tab.26: Koeffizientenmatrix $A^{(10)} = A^{(11)} = \ldots = A^{(14)}$ im zehnten bis vierzehnten Schritt sowie resultierende Koeffizientenmatrix $A^{(15)} = A^{(10)}$

i	d_i	$A^{(10)}$ $(= A^{(15)})$								
		$a^{(10)}_{i,1}$	$a^{(10)}_{i,2}$	$a^{(10)}_{i,3}$	$a^{(10)}_{i,4}$	$a^{(10)}_{i,5}$	$a^{(10)}_{i,6}$	$a^{(10)}_{i,7}$	$a^{(10)}_{i,8}$	$a^{(10)}_{i,9}$
1	d(1,6)	9	8	2	16	12	5	4	12	8
2	d(1,5)	8	7	2	14	10	4	3	10	6
3	d(2,6)	8	8	2	15	11	4	4	11	7
4	d(1,4)	7	6	2	12	9	4	3	9	6
5	d(2,5)	7	7	2	13	9	3	3	9	5
6	d(1,3)	5	4	1	8	6	3	2	6	4
7	d(2,4)	6	6	2	11	8	3	3	8	5
8	d(3,6)	4	4	1	8	6	2	2	6	4
9	d(2,3)	4	4	1	7	5	2	2	5	3
10	d(1,2)	1	0	0	1	1	1	0	1	1
11	d(3,5)	3	3	1	6	4	1	1	4	2
12	d(3,4)	2	2	1	4	3	1	1	3	2
13	d(4,6)	2	2	0	4	3	1	1	3	2
14	d(5,6)	1	1	0	2	2	1	1	2	2
15	d(4,5)	1	1	0	2	1	0	0	1	0

Im elften Schritt sind im System

$$d = A^{(11)} \cdot d^{(11)}$$

die Ungleichungen

$$d_4 > d_6 \quad \text{und} \quad d_4 > d_7$$

schon erfüllt, d.h.

$$s_{12} = s_{11} \;, \quad A^{(12)} = A^{(11)} \;, \quad d^{(12)} = d^{(11)} \quad .$$

Im zwölften Schritt wird dann die dritte Zeile des Systems

$$d = A^{(12)} \cdot d^{(12)}$$

mit den Zeilen 4 und 5 verglichen. Hier ist

$$d_3 > d_4 \quad \text{und} \quad d_3 > d_5$$

erfüllt, so daß gilt

$$s_{13} = s_{12} \;, \quad A^{(13)} = A^{(12)} \;, \quad d^{(13)} = d^{(12)} \quad .$$

Im dreizehnten Schritt wird dann die 2. Zeile des Systems

$$d = A^{(13)} \cdot d^{(13)}$$

mit den Zeilen 4 und 5 verglichen; da bereits gilt

$$d_2 > d_4 \quad \text{und} \quad d_2 > d_5 \quad ,$$

setzt man

$$s_{14} = s_{13} \ , \quad A^{(14)} = A^{(13)} \ , \quad d^{(14)} = d^{(13)} \quad .$$

Im letzten Schritt schließlich muß überprüft werden, ob die Ungleichungen

$$d_1 > d_2 \quad \text{und} \quad d_1 > d_3$$

im System

$$d = A^{(14)} \cdot d^{(14)}$$

bereits erfüllt sind. Da dies der Fall ist, ergeben sich die endgültigen Größen zu

$$s_{15} = s_{14} \ , \quad A^{(15)} = A^{(14)} \quad \text{und} \quad d^{(15)} = d^{(14)} \quad .$$

Nun bilden wir das Teilgleichungssystem, das hier aus den Zeilen 10, 9, 12, 15 und 14 des Systems

$$d = A^{(15)} \cdot d^{(15)}$$

besteht:

$$\begin{pmatrix} d(1,2) \\ d(2,3) \\ d(3,4) \\ d(4,5) \\ d(5,6) \end{pmatrix} = \begin{pmatrix} 1 & 0 & 0 & 1 & 1 & 1 & 0 & 1 & 1 \\ 4 & 4 & 1 & 7 & 5 & 2 & 2 & 5 & 3 \\ 2 & 2 & 1 & 4 & 3 & 1 & 1 & 3 & 2 \\ 1 & 1 & 0 & 2 & 1 & 0 & 0 & 1 & 0 \\ 1 & 1 & 0 & 2 & 2 & 1 & 1 & 2 & 2 \end{pmatrix} \cdot d^{(15)} \quad .$$

Wir können nun abschließend die eindimensionalen Skalenwerte $y_i = y_{0(i)}$ für $i=1,\dots,6$ der 6 Religionsgruppen bestimmen. Hier ergibt sich

$$\begin{pmatrix} y_1 \\ y_2 \\ y_3 \\ y_4 \\ y_5 \\ y_6 \end{pmatrix} = \begin{pmatrix} 0 & 0 & 0 & 0 & 0 & 0 & 0 & 0 & 0 \\ 1 & 0 & 0 & 1 & 1 & 1 & 0 & 1 & 1 \\ 5 & 4 & 1 & 8 & 6 & 3 & 2 & 6 & 4 \\ 7 & 6 & 2 & 12 & 9 & 4 & 3 & 9 & 6 \\ 8 & 7 & 0 & 14 & 10 & 4 & 3 & 10 & 6 \\ 9 & 8 & 0 & 16 & 12 & 5 & 4 & 12 & 8 \end{pmatrix} \cdot d^{(15)} + \text{const} \quad .$$

Wählt man z.B. const = 0 und $d_1^{(15)} = \dots = d_9^{(15)} = 0.2$, so ergibt sich die eindimensionale Konfiguration der Objekte, die in Abb.11 graphisch dargestellt ist, zu

$$y_1 = 0 \ , \quad y_2 = 1.2 \ , \quad y_3 = 7.8 \ , \quad y_4 = 11.6 \ , \quad y_5 = 12.8 \ , \quad y_6 = 15.2 \quad .$$

Wie man hier der Abb.11 entnimmt, liegt zwischen Anhängern der Episkopalkirche und Lutheranern eine große "Marktlücke".

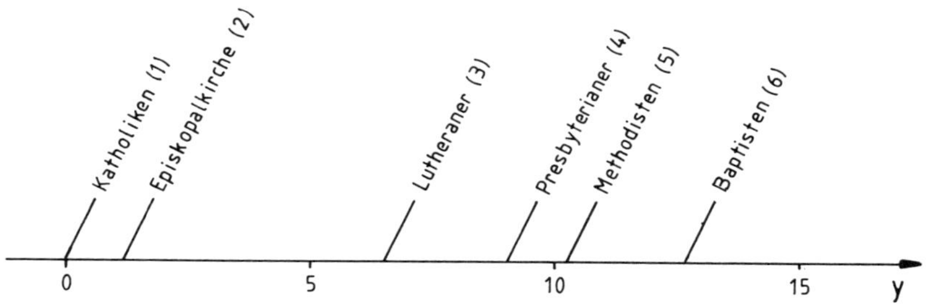

Abb.11: Eindimensionale graphische Repräsentation von n = 6 Religionsgemeinschaften mittels Unfolding - Technik

Kapitel VII: Die Clusteranalyse

Die *Clusteranalyse* ist ein Instrumentarium zum Erkennen von *Strukturen in einer Menge von Objekten*; sie gehört also zu den Q - Techniken der multivariaten Statistik.

Unterstellt man, daß eine Menge von n interessierenden Objekten derart strukturiert ist, daß sie in mehrere *Klassen* (*Gruppen*, *Cluster*) zerfällt, so lassen sich mittels der Clusteranalyse diese Klassen festlegen.

Die *Klassenzugehörigkeiten* der Objekte sollen dabei natürlich wesentlich durch den Grad der "*Ähnlichkeiten*" *der Objekte* festgelegt werden: Objekte, die zu einer Klasse gehören, sollen sich ähnlich sein (*Homogenität innerhalb der Klassen*) und die verschiedenen Klassen sollen möglichst unterschiedliche Objekte enthalten (*Heterogenität zwischen den Klassen*).

Zunächst seien einige typische Anwendungen der Clusteranalyse genannt; man beachte aber auch die ausführlichen numerischen Beispiele in den Abschnitten 3 bis 8.

Beispiel:

(a) In der Archäologie werden Altersbestimmungen von Fundstücken oft mittels Clusteranalyse vorgenommen. Man weiß etwa, daß sich die Muster auf Tonscherben ähnlicher sind, wenn sie aus der gleichen Epoche stammen, als wenn sie unterschiedlichen Epochen angehören. Daher werden die Ähnlichkeiten jedes Paares aus n gefundenen Scherben bewertet und dann führt man eine Clusteranalyse durch, um zu bestimmen, welche Scherben nun tatsächlich der gleichen Epoche entstammen könnten.

(b) Im Marketing wird oftmals versucht, gleichartige Produkte mittels Clusteranalyse in Gruppen einzuteilen. Wird dabei von Verbraucherbefragungen ausgegangen, so kann man z.B. feststellen, welche Produkte aus Verbrauchersicht als nahezu identisch angesehen werden. Führt man eine derartige Produktanalyse etwa für Zigarettenmarken durch und stellt fest, daß drei Marken, die vom selben Konzern produziert werden, zu einer Gruppe gehören, sich aus Verbrauchersicht also kaum unterscheiden, so wäre es für den Konzern eine Überlegung wert, eine oder zwei dieser Marken nicht mehr zu produzieren, dafür aber eine neue, im Erscheinungsbild des Konsumenten völlig anders geartete Zigarettensorte herzustellen, um so einen neuen Kundenkreis anzusprechen.

(c) Im Zuge der fortschreitenden Technisierung beschäftigt man sich immer mehr mit der Konstruktion elektronischer Geräte, die etwa auch von Behinderten bedient werden können. Will man z.B. ein elektronisches Schreibgerät entwickeln, das auf Sprache anspricht, so muß berücksichtigt werden, daß verschiedene Personen gleiche Worte unterschiedlich aussprechen oder betonen. Mittels Clusteranalyse kann man dann versuchen, solche Gruppen zu konstruieren, die gleiche Worte in unterschiedlicher Aussprache enthalten.

(d) Im Bereich der Pflanzen- und Tierartbestimmung ist es ebenfalls sinnvoll, Clusteranalysen durchzuführen. Liegen etwa n Pflanzen vor, so kann man deren Ähnlichkeiten bestimmen (etwa mittels verschiedener Messungen) und dann Gruppen von solchen Pflanzen bilden, die sich besonders ähnlich, also artverwandt sind.

(e) Beobachtet man an einer Lernstichprobe von Patienten, die verschiedene Arten einer einzigen Krankheit haben, verschiedene Merkmale wie Blutdruck, Blutbild oder Körpertemperatur, so können mittels Clusteranalyse Patientengruppen gebildet werden. Stellt sich im Verlauf der Krankheit heraus, daß die entstandenen Patientengruppen jeweils eine bestimmte Art der Krankheit haben, so können weitere, "neue" Patienten diesen Gruppen zugeordnet werden, und man kann nun frühzeitig auf eine bestimmte Kranhkheitsart schliessen.

(f) Will sich eine Zeitschrift auf eine bestimmte Lesergruppe einstellen, auch bzgl. der zu plazierenden Werbung, so können aufgrund von Umfragen zunächst mittels Clusteranalyse Gruppen bestimmt werden (z.B. "Muffel", "Kommunikationsfreudige", "Leser mit hohem Preisniveau"). Der Leserkreis, auf den man abzielen möchte, kann dann intensiver nach seinen Wünschen und Vorstellungen bzgl. der Zeitschriftengestaltung befragt werden.

(g) Um eine Vielzahl von Firmen derart zu strukturieren, daß Gruppen gleichartiger (z.B. bzgl. der Kreditwürdigkeit) Firmen entstehen, so kann man sich der Clusteranalyse bedienen und dabei als Kriterien, Merkmale etwa die Bilanzkennzahlen der Firmen verwenden.

(h) Im technischen Bereich läßt sich die Clusteranalyse etwa zur Klassifizierung von Werkstücken bzw. Produkten einsetzen. Aber auch z.B. bei der Bewertung von Arbeitsplätzen (Lohngruppenbildung etc.) ist sie ein hilfreiches Instrumentarium. ┘

Wir werden uns im folgenden lediglich mit den wesentlichen Prinzipien und der (numerischen) Durchführung von Clusteranalysen beschäftigen. Der an theoretischen Modellen bzw. entscheidungstheoretischen Grundlagen solcher Analysen interessierte Leser sei etwa verwiesen auf Bock (1973), und dort insbesondere auf die Kapitel 3 und 4, sowie auf Degens (1978, 1983).

Um eine Clusteranalyse durchführen zu können, benötigt man zunächst natürlich Informationen über die n interessierenden Objekte. Diese können derart sein, daß an jedem Objekt p Merkmale beobachtet werden; man hat dann eine Datenmatrix für die Objekte zur Verfügung. Es reicht aber auch aus, wenn man lediglich Informationen über die Ähnlichkeiten der Objekte zueinander hat, d.h. wenn eine Distanzmatrix für die Objekte vorliegt. Clusteranalyseverfahren benötigen nämlich eine quantitative Daten- und/oder eine Distanzmatrix, vgl. Kap.I, Abschnitt 6. Beobachtet man eine quantitative, qualitative oder gemischte Datenmatrix, so kann aus dieser natürlich mit Hilfe der Methoden aus Abschnitt 6 des Kap.I oder der Methoden aus Kap.V eine Distanzmatrix gewonnen werden; und umgekehrt läßt sich aus einer Distanzmatrix mittels multidimensionaler Skalierung (MDS), vgl. Kap.VI, eine quantitative Datenmatrix für die n Objekte erstellen; mit der (Merkmals-) Skalierungsverfahren aus Kap.V können qualitative Merkmalsausprägungen in quantitative überführt werden, so daß man, von einer qualitativen oder gemischten Datenmatrix ausgehend, direkt eine quantitative Datenmatrix erhalten kann. Hingewiesen sei auch auf die im nachfolgenden Kap.VIII behandelte Faktorenanalyse, die bei Vorliegen einer Datenmatrix eine Merkmalsreduktion durch den Übergang zu "wenigen" latenten (künstlichen) Merkmalen gestattet. In diesem Sinne können natürlich auch die Verfahren aus Kap.VI eingesetzt werden, indem zu mittels "vieler" Merkmale gewonnenen Distanzen eine niedrigdimensionale Repräsentation der Objekte bestimmt wird und man so zu "wenigen" (künstlichen) Merkmalen gelangt. Ebenso kann man nach erfolgter Klassenbildung überprüfen, welche Merkmale zur Klassifikation nicht wesentlich beitragen, und auf diese dann verzichten; man vgl. auch die Ausführungen zur Diskriminanzanalyse in Kap.IV und V.

Ziel jedes Clusteranalyseverfahrens ist es, eine Menge von n Objekten in m *Klassen* $K_1,\dots,K_m$ einzuteilen, die wir eine *Klassifikation*

$$\mathbb{K} = \{K_1,\dots,K_m\}$$

nennen wollen. Jede dieser Klassen enthält mindestens eines und höchstens alle der n interessierenden Objekte. Konkret geht man dabei dreistufig vor.

Zunächst wird situationsbedingt ein *Klassifikationstyp* festgelegt, sodann werden in der zweiten Stufe *Bewertungskriterien* für Klassenhomogenitäten und -heterogenitäten sowie für die Güte der Klassifikation selbst gewählt. Schließlich wird in der dritten Stufe ein *Clusteranalyse - Verfahren* (*Konstruktionsverfahren*) bestimmt und ausgeführt.

Jede dieser drei Stufen werden wir im folgenden behandeln (Abschnitt 1 bis 6), wobei die Abschnitte 3 bis 6 Verfahren für die verschiedenen Klassifikationstypen gewidmet sind. Statistische Tests zur Prüfung von Klassifikationsstrukturen werden hier nicht behandelt; man vgl. aber etwa Bock (1983). Nach Durchführung einer Clusteranalyse ist es bei einigen Klassifikationstypen möglich, auch weitere, bisher nicht in die Analyse einbezogene Objekte den entstandenen m Klassen zuzuordnen. Solche Verfahren der *Diskriminanzanalyse* werden in Abschnitt 7 behandelt. Abschließend werden im Abschnitt 8 die verschiedenen Vorgehensweisen noch an einem Beispiel zusammenhängend demonstriert.

Eine weitere Einsatzmöglichkeit von Clusteranalyse - Verfahren ergibt sich, wenn man - wie in der Einleitung des Kap.VI beschrieben - unter Verwendung empirischer Korrelationen eine "Distanzmatrix" für Merkmale (z.B. Matrix der Unbestimmtheitsmaße) berechnet: Die Merkmale lassen sich dann mittels Clusteranalysen ebenso wie Objekte in Klassen von einander ähnlichen Merkmalen einteilen, vgl. hierzu auch das zweite Beispiel in Abschnitt 4.2.

Im Gegensatz dazu wird bei der Repräsentation von Merkmalen im Koordinatensystem latenter Faktoren, vgl. das Kap.VIII über die Faktorenanalyse, die Beziehung zwischen Merkmalen und Faktoren, nicht aber die Beziehung der Merkmale untereinander dargestellt.

Eine Anwendung der hierarchischen Clusteranalyse, vgl. Abschnitt 6, zur Objektrepräsentation z.B. mittels sogenannter "Bäume" findet man in Kap.IX.

Da wir hier nur einige Aspekte der Clusteranalyse ansprechen und Problematiken nur anreißen, sei an dieser Stelle auch auf die Bücher von Tyron/Bailey (1970), Jardine/Sibson (1971), Bock (1973), Hartigan (1975), Steinhausen/Langer (1977), Jambu (1978), Degens (1978), Jambu/Lebeaux (1983), Spaeth (1975,1983) verwiesen, die zum Teil auch Computerprogramme für Clusteranalysen enthalten. Insbesondere sei aber auch auf die knappe und übersichtliche Darstellung in Opitz (1978, 1980) hingewiesen.

1 KLASSIFIKATIONSTYPEN

Als *Klassifikationstypen* kommen, je nach Zielsetzung einer Clusteranalyse, Überdeckungen, Partitionen, Quasihierarchien und Hierarchien in Frage. Diese vier Typen sollen im folgenden beschrieben werden.

Von einer *Überdeckung* spricht man, wenn sich einzelne Klassen aus einer Klassifikation zwar überschneiden dürfen, d.h. gemeinsame Objekte enthalten können, jedoch keine Klasse vollständig in einer anderen enthalten ist: Gilt für jedes Klassenpaar K_i und K_j (mit $i \neq j$) aus einer Klassifikation $\mathbb{K}$

$$K_i \cap K_j \notin \{K_i, K_j\} \quad ,$$

so ist $\mathbb{K}$ eine Überdeckung.

Beispiel: In der **Abb.1** sind acht Objekte 1,2,...,8 graphisch veranschaulicht. Eine Überdeckung $\mathbb{K}$ für diese Objekte bestehend aus den Klassen

$$K_1 = \{1,2,3,4\} \ , \quad K_2 = \{3,5,6\} \ , \quad K_3 = \{2,7,8\}$$

ist in dieser Darstellung durch "Kreise" angedeutet.

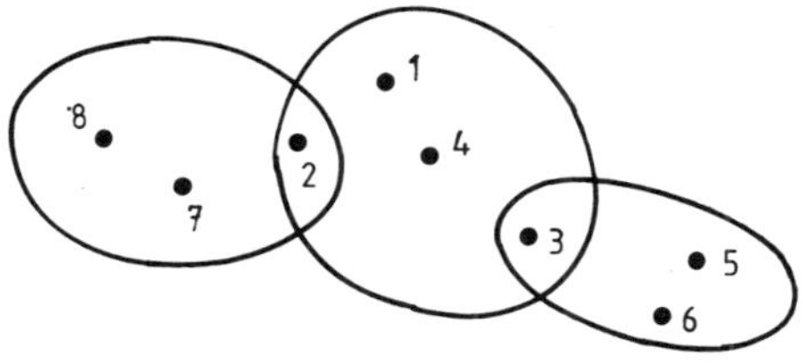

Abb.1: Graphische Veranschaulichung einer Überdeckung für 8 Objekte

Eine *Partition* $\mathbb{K}$ ist eine spezielle Überdeckung, bei der man verlangt, daß kein Objekt zu mehr als einer Klasse gehört. Hier sind also Klassenüberschneidungen nicht zulässig, d.h. die Klassen einer Partition sind disjunkt: Gilt für jedes Klassenpaar K_i und K_j (mit $i \neq j$) aus einer Klassifikation $\mathbb{K}$

$$K_i \cap K_j = \emptyset \quad ,$$

so ist $\mathbb{K}$ eine Partition.

Beispiel: In der **Abb.2** ist eine Partition für 6 Objekte 1,...,6 graphisch veranschaulicht. Diese Partition $\mathbb{K}$, deren Klassen

$$K_1 = \{1,5\} \ , \quad K_2 = \{2,3,4\} \text{ und } \quad K_3 = \{6\}$$

in Abb.2 durch "Kreise" angedeutet sind, ist eine Überdeckung, bei der keine Klassenüberschneidungen auftreten.

Abb.2: Graphische Veranschaulichung einer Partition für 6 Objekte

Eine Möglichkeit zur Veranschaulichung von Partitionen und Überdeckungen besteht in konkreten Fällen darin, daß man die Klassen einer Partition oder Überdeckung in eine mittels multidimensionaler Skalierung, vgl. Kap.VI, gewonnene graphische Repräsentation von Objekten (oder Merkmalen) einzeichnet; man vgl. hierzu auch das zweite Beispiel in Abschnitt 4.2.

Da Überdeckungen und Partitionen die Struktur einer Objektmenge nur sehr grob wiedergeben, wählt man oft die feineren Klassifikationstypen Quasihierarchie und Hierarchie.

Eine *Quasihierarchie* ist eine Klassifikation, die durch eine Folge von Überdeckungen gebildet wird. Die m Klassen der Klassifikation bilden somit hier keine Überdeckung, wohl aber Teilmengen der Quasihierarchie. Innerhalb einer Stufe sind die Klassen einer Quasihierarchie also derart, daß sie sich überlappen können, eine Klasse aber nicht vollständig in einer anderen enthalten ist. Über die Stufen hinweg sind aber Klassen notwendigerweise ineinander enthalten, denn eine Quasihierarchie läßt sich wie folgt charakterisieren: Ist K_i eine Klasse aus einer Quasihierarchie $\mathbb{K}$, so ist die Vereinigung über alle echten Teilklassen $K_j \in \mathbb{K}$ von K_i gerade K_i selber oder die leere Menge:

$$\bigcup_{K_j \subsetneq K_i} K_j \in \{\emptyset, K_i\} \quad .$$

Eindeutig charakterisieren läßt sich eine Quasihierarchie nur durch Angabe der Überdeckungen auf den einzelnen Stufen oder graphisch durch die Angabe eines "*Stammbaums*", dessen unterste Stufe die gröbste und deren oberste Stufe die feinste Überdeckung aus der Quasihierarchie ist; man vgl. auch nachfolgendes Beispiel.

Beispiel: In Abb.3 sind 11 Objekte 1,2,...,11 graphisch veranschaulicht. Diese 11 Objekte werden, wie durch "Kreise" angedeutet, in m = 13 Klassen

$K_1 = \{4\}$, $K_2 = \{10\}$, $K_3 = \{6,11\}$, $K_4 = \{4,6\}$, $K_5 = \{1,2,3\}$,

$K_6 = \{8,9,10\}$, $K_7 = \{5,7,11\}$, $K_8 = \{4,8,9,10\}$, $K_9 = \{5,6,7,11\}$,

$K_{10} = \{1,2,3,10\}$, $K_{11} = \{4,5,6,7,11\}$, $K_{12} = \{1,2,3,4,8,9,10\}$ und

$K_{13} = \{1,2,3,4,5,6,7,8,9,10,11\}$

eingeteilt, die sich teilweise überlappen (z.B. Klasse K_3 und K_4) oder auch echte Teilmengen anderer Klassen sind. (Z.B. sind die Klassen K_1 und K_6 echte Teilmengen von K_8.)

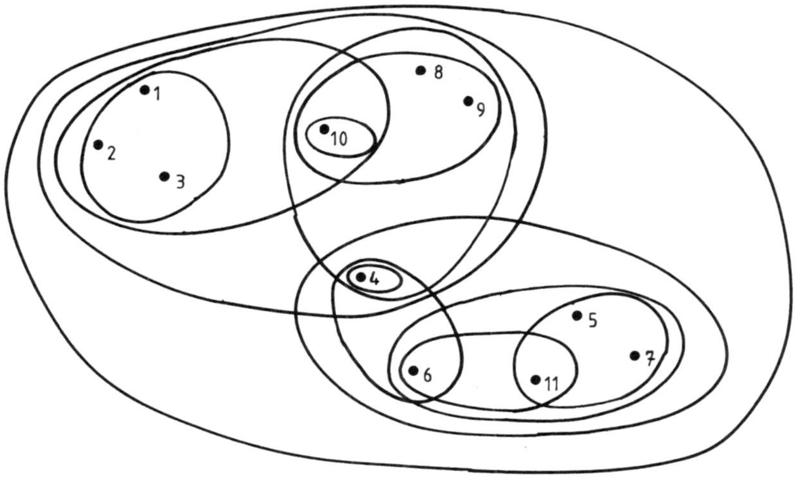

Abb.3: Graphische Veranschaulichung von 11 Objekten in 13 Klassen

Aus diesen 13 Klassen lassen sich verschiedene Quasihierachien $\mathbb{K}$ konstruieren. Eine mögliche Quasihierarchie $\mathbb{K}$ ist zum Beispiel durch die Stufen (Überdeckungen)

$\mathbb{K}^0 = \{K_{13}\}$, $\mathbb{K}^1 = \{K_{11}, K_{12}\}$, $\mathbb{K}^2 = \{K_4, K_8, K_9, K_{10}\}$ und

$\mathbb{K}^3 = \{K_1, K_2, K_3, K_4, K_5, K_6, K_7\}$

bestimmt; diese Quasihierarchie ist in Abb.4 in Form eines "Stammbaums" dargestellt.

Eine andere mögliche Quasihierarchie $\mathbb{K}$ zu diesen 13 Klassen, die in Abb.5 in Form eines "Stammbaums" dargestellt ist, wird etwa durch die Stufen

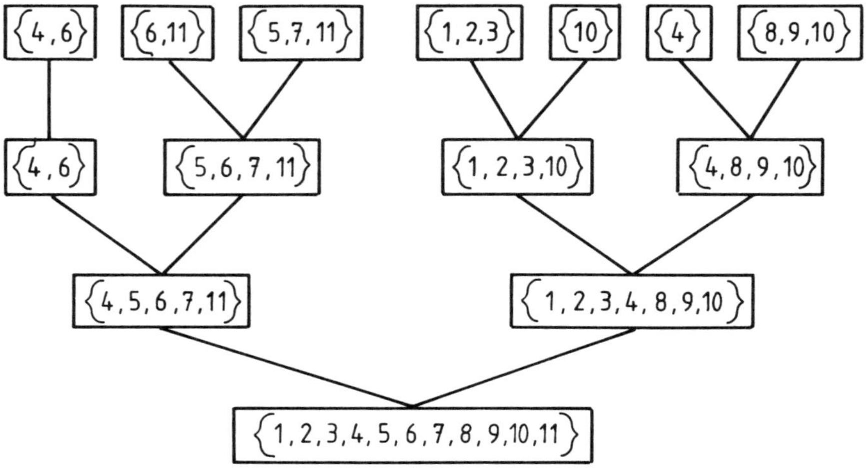

Abb.4: "Stammbaum" zu einer möglichen Quasihierarchie für die Objekte aus Abb.3

$$\mathbb{K}^0 = \{K_{13}\} \;,\; \mathbb{K}^1 = \{K_{11}, K_{12}\} \;,\; \mathbb{K}^2 = \{K_4, K_9, K_{12}\} \;,\; \mathbb{K}^3 = \{K_3, K_4, K_7, K_{12}\},$$

$$\mathbb{K}^4 = \{K_3, K_4, K_7, K_8, K_{10}\} \text{ und } \mathbb{K}^5 = \{K_1, K_2, K_3, K_4, K_5, K_6, K_7\} \quad ,$$

die jeweils Überdeckungen bilden, bestimmt.

Analog hierzu ist eine *Hierarchie* $\mathbb{K}$ eine Folge von Partitionen und somit eine spezielle Quasihierarchie, für die zusätzlich gilt

$$K_i \cap K_j \in \{K_i, K_j, \emptyset\} \quad ,$$

wenn K_i und K_j zwei beliebige Klassen ($i \neq j$) aus $\mathbb{K}$ sind; K_i und K_j sind also disjunkt oder eine der beiden Klassen ist vollständig in der anderen enthalten. Auch Hierarchien lassen sich eindeutig durch Angabe der Partitionen auf den einzelnen Stufen charakterisieren und in Form eines "Stammbaums" veranschaulichen, vgl. nachfolgendes Beispiel. Eine andere Darstellung ist das Dendrogramm;man vgl. hierzu Abschnitt 6 dieses Kapitels.

Beispiel: In der Abb.6 ist eine Einteilung von 6 Objekten in 9 Klassen (durch "Kreise" angedeutet), die entweder disjunkt oder vollständig in einer anderen Klasse enthalten sind, graphisch veranschaulicht.

Aus diesen 9 Klassen

$$K_1 = \{1\} \;,\; K_2 = \{2\} \;,\; K_3 = \{5\} \;,\; K_4 = \{6\} \;,\; K_5 = \{3,4\} \;,\; K_6 = \{1,2\},$$

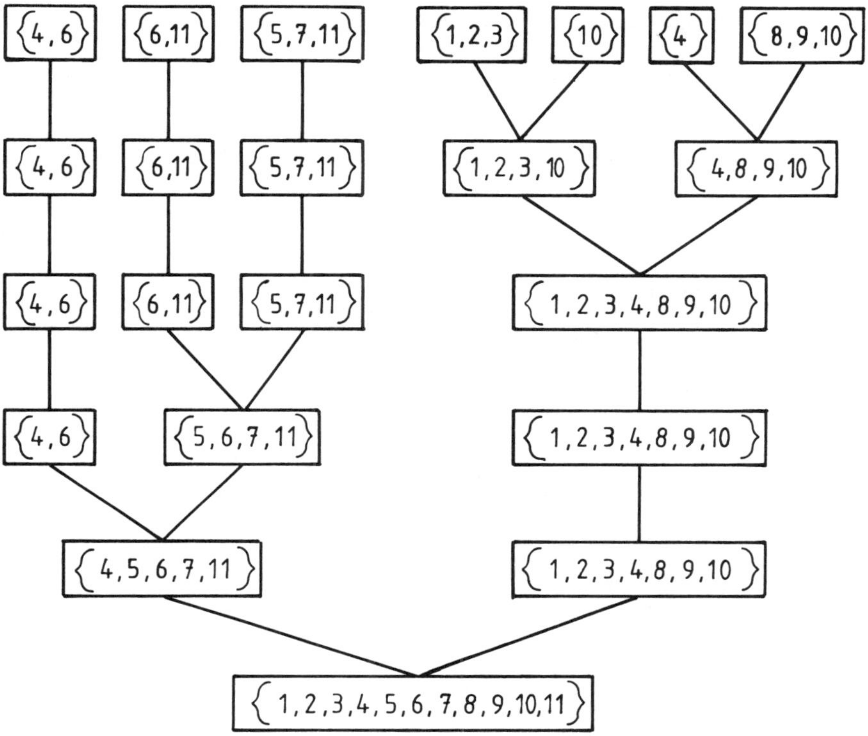

Abb.5: "Stammbaum" zu einer anderen möglichen Quasihierarchie für die Objekte aus Abb.3

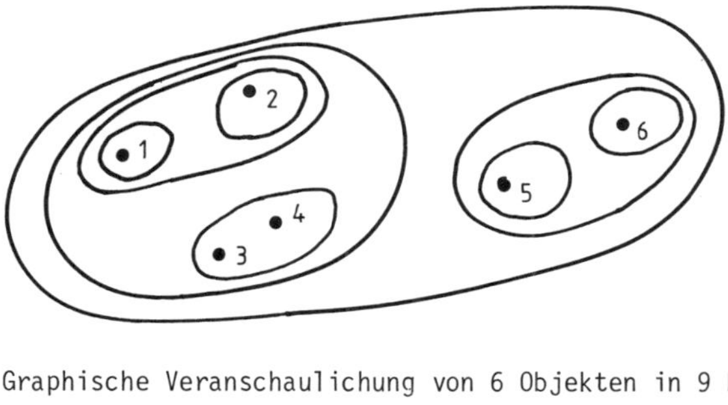

Abb.6: Graphische Veranschaulichung von 6 Objekten in 9 Klassen

$$K_7 = \{5,6\}\ ,\quad K_8 = \{1,2,3,4\}\ \text{und}\ \ K_9 = \{1,2,3,4,5,6\}$$

lassen sich wiederum verschiedene Hierarchien konstruieren. Eine mögliche Hierarchie $\mathfrak{K}$, vgl. auch Abb.7, besteht aus den Partitionen oder Stufen

$$\mathfrak{K}^0 = \{K_9\}\ ,\quad \mathfrak{K}^1 = \{K_7,K_8\}\ ,\quad \mathfrak{K}^2 = \{K_5,K_6,K_7\}\ ,\quad \mathfrak{K}^3 = \{K_1,K_2,K_3,K_4,K_5\}\ .$$

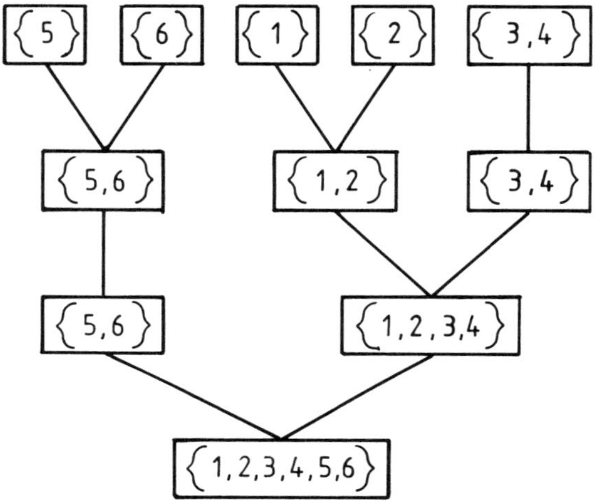

Abb.7: "Stammbaum" zu einer Hierarchie mit 4 Stufen für die Objekte aus Abb.6

Eine andere Hierarchie für die 9 Klassen ist z.B. durch die Partitionen

$$\mathfrak{K}^0 = \{K_9\}\ ,\quad \mathfrak{K}^1 = \{K_7,K_8\}\ ,\quad \mathfrak{K}^2 = \{K_3,K_4,K_5,K_6\}\ ,$$

$$\mathfrak{K}^3 = \{K_1,K_2,K_3,K_4,K_5\}$$

gegeben, vgl. den "Stammbaum" in Abb.8.

Egal welchen Klassifikationstyp man wählt, muß man noch entscheiden, ob überhaupt jedes der n interessierenden Objekte klassifiziert werden soll. Man spricht von einer *exhaustiven (erschöpfenden) Klassifikation*, wenn jedes Objekt klassifiziert wird, und sonst von einer *nichtexhaustiven Klassifikation*.

Gibt man die Anzahl m der zu bildenden Klassen vor, wie dies bei vielen Klassifikationsverfahren möglich bzw. nötig ist, so ist es mitunter gün-

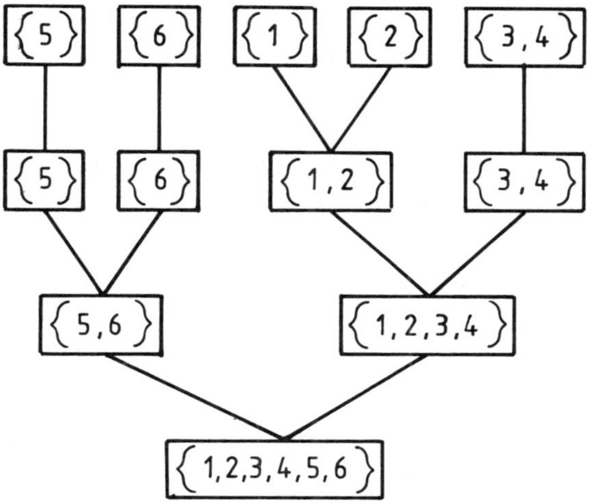

Abb.8: "Stammbaum" zur zweiten angegebenen Hierarchie mit 4 Stufen für die Objekte aus Abb.6

stig, eine nichtexhaustive Klassifikation zu wählen, da sonst die Klassen in sich zu heterogen werden.

Beispiel: Stellen wir uns einmal vor, die 7 Objekte, die in Abb.9 graphisch im zweidimensionalen Raum dargestellt sind, sollten bei vorgegebener Klassenzahl m = 2 und vorgegebenem Klassifikationstyp "Partition" klassifiziert werden.

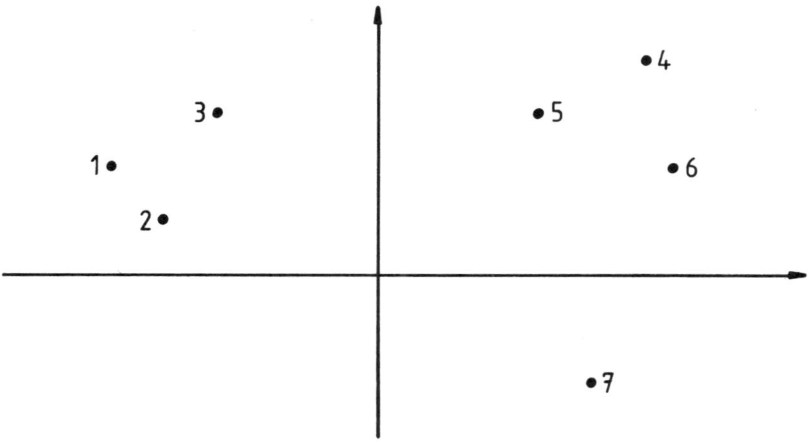

Abb.9: Graphische Darstellung von sieben Objekten

Würde man hier eine exhaustive Klassifikation wählen, so würde wohl die Klasse K_1 aus den Objekten 1,2,3 und die Klasse K_2 aus den Objekten 4,5,6 und 7 gebildet werden. Das Objekt 7 unterscheidet sich aber recht stark von den übrigen Objekten der Klasse K_2, so daß es wohl der Situation angemessener wäre, dieses Objekt nicht zu klassifizieren, also eine nichtexhaustive Klassifikation zu wählen und die Klassen $K_1 = \{1,2,3\}$, $K_2 = \{4,5,6\}$ zu bilden.

Anstelle der Festlegung einer Klassenzahl m erlauben viele Verfahren eine Festlegung von minimaler Klassenzahl m_1 und maximaler Klassenzahl m_2 im Vorhinein, d.h. man legt

$$m \in [m_1, m_2]$$

fest, wobei m natürlich nur (positive) ganzzahlige Werte annehmen kann.

2 BEWERTUNGSKRITERIEN FÜR KLASSIFIKATIONEN

Nachdem der Klassifikationstyp gewählt ist, müssen die Kriterien zur *Bewertung einer Klassifikation* bestimmt werden. Man will ja keine beliebige Klassifikation $\mathbb{K}$ der n Objekte bestimmen, sondern eine bei vorgegebenem Klassifikationstyp "optimale" Klassifikation. Zu diesem Zwecke müssen Beurteilungskriterien für die Güte einer Klassifikation $\mathbb{K}$ vorgegeben werden.

Wie eingangs dieses Kapitels erwähnt, möchte man bei der Clusteranalyse eine hohe Homogenität innerhalb der Klassen und eine hohe Heterogenität zwischen den Klassen erzielen; die Objekte innerhalb einer Klasse sollen also möglichst gleichartig und die Klassen möglichst unterschiedlich sein. Daher ist es naheliegend, die *Güte einer Klassifikation* von der Homogenität ihrer Klassen und/oder der Heterogenität zwischen den Klassen der Klassifikation abhängig zu machen. Es müssen somit zunächst *Homogenitäts-* und *Heterogenitätsmaße* gefunden werden, von denen dann im konkreten Fall die gewünschten Maße ausgewählt werden können.

2.1 MASSE FÜR DIE HOMOGENITÄT EINER KLASSE

Die *Homogenität einer Klasse* K_i $(i=1,\dots,m)$ aus einer Klassifikation $\mathbb{K}$ soll vermittels einer Maßzahl $h(K_i) \geq 0$ gemessen werden, die umso kleiner ist, je homogener die Klasse K_i ist.

Ausgehend von einer *Distanzmatrix*, vgl. Abschnitt 6 in Kap.I,

$$D = \begin{pmatrix} 0 & d(1,2) & \dots & d(1,n) \\ d(1,2) & 0 & \dots & d(2,n) \\ \vdots & \vdots & & \vdots \\ d(1,n) & d(2,n) & \dots & 0 \end{pmatrix}$$

für die n interessierenden Objekte 1,2,...,n kann die Homogenität einer Klasse basierend auf den Distanzindizes der in ihr enthaltenen Objekte gemessen werden.

Eine Möglichkeit für die Messung der Homogenität einer Klasse K_i besteht dann darin, die Summe der Distanzindizes zwischen den Objekten aus K_i zu berechnen und eventuell zu normieren:

$$h(K_i) = \frac{1}{c} \sum_{\substack{j<k \\ j,k \in K_i}} d(j,k) \quad .$$

Als Normierungskonstante c könnte man etwa die Anzahl $|K_i|$ der zur i-ten Klasse gehörigen Objekte oder $|K_i| \cdot (|K_i| - 1)$ wählen. Diese letztere Normierung ist empfehlenswert, da sonst Klassen mit vielen Objekten zu schlecht bewertet werden. Allerdings ist zu beachten, daß dann die Homogenität einer einelementigen Klasse K_i, d.h. einer Klasse, die nur aus einem der n Objekte besteht, nicht definiert ist.

Ein anderes mögliches Maß für die Klassenhomogenität $h(K_i)$ ist

$$h(K_i) = \max_{j,k \in K_i} d(j,k) \quad ,$$

d.h. der Distanzindex der beiden unähnlichsten Objekte einer Klasse. Dies ist natürlich ein sehr strenges Maß der Homogenität, das zudem die Homogenität großer Klassen verhältnismäßig schlecht beurteilt.

Diesen Nachteil hat das Homogenitätsmaß

$$h(K_i) = \min_{j,k \in K_i} d(j,k)$$

für eine Klasse nicht. Vielmehr kann es hier leicht passieren, daß große Klassen K_i trotz relativ kleinem Wert $h(K_i)$ recht heterogen sind.

Allen diesen Maßen - abgesehen vom ersten bei Wahl der Konstanten $c = |K_i| \cdot (|K_i| - 1)$ - ist gemeinsam, daß die Homogenität einer einelementigen Klasse K_i stets 0 ist.

Möchte man die Homogenität der Klassen einer Klassifikation $\mathbb{K}$ ausgehend von einer *quantitativen n×p-Datenmatrix*, vgl. Abschnitt 6 in Kap.I,

$$Y = \begin{pmatrix} y_1^T \\ \vdots \\ y_n^T \end{pmatrix} = \begin{pmatrix} y_{11} & \cdots & y_{1p} \\ \vdots & & \vdots \\ y_{n1} & \cdots & y_{np} \end{pmatrix}$$

für die n Objekte messen, so sind z.B. die Varianzen der p beobachteten Merkmale in der Klasse K_i ein geeignetes Maß: Die (empirische) Varianz des ℓ-ten ($\ell=1,\ldots,p$) beobachteten Merkmals (in der i-ten Klasse K_i) ergibt sich zu

$$s_\ell^2(K_i) = \frac{1}{|K_i| - 1} \sum_{j \in K_i} (y_{j\ell} - \bar{y}_{.\ell})^2 \qquad \text{mit } \bar{y}_{.\ell} = \frac{1}{|K_i|} \sum_{j \in K_i} y_{j\ell} \quad ,$$

und die Summe dieser Varianzen

$$h(K_i) = \sum_{\ell=1}^{p} s_\ell^2(K_i)$$

ist ein Homogenitätsmaß für die Klasse K_i. Natürlich ist dieses Maß für einelementige Klassen K_i nicht verwendbar, da dann die Varianzen der p Merkmale nicht definiert sind.

Neben den hier vorgestellten Homogenitätsmaßen gibt es noch viele andere, die etwa ausgehend von der quantitativen Datenmatrix Y auch noch die Korrelationen der p Merkmale berücksichtigen.

2.2 MAßE FÜR DIE HETEROGENITÄT ZWISCHEN DEN KLASSEN

Ein Maß $v(K_{i_1}, K_{i_2})$ für die *Heterogenität zweier Klassen*, also für die Verschiedenheit zweier Klassen K_{i_1} und K_{i_2} aus einer Klassifikation $\mathbb{K}$, soll natürlich so gestaltet sein, daß es stets nichtnegative Werte annimmt, die umso kleiner sind, je mehr sich die Klassen K_{i_1} und K_{i_2} ähneln. Außerdem wird man verlangen wollen, daß gilt

$$v(K_i, K_i) = 0 \quad \text{und} \quad v(K_{i_1}, K_{i_2}) = v(K_{i_2}, K_{i_1}) \quad .$$

Die möglichen Heterogenitätsmaße sind nun je nach Klassifikationstyp unterschiedlich. Man muß danach unterscheiden, ob die Klassen, deren Verschiedenheit gemessen wird, disjunkt sind oder sich überschneiden. Zunächst wollen wir uns mit dem Fall disjunkter Klassen beschäftigen.

Ausgehend von einer *Distanzmatrix* D läßt sich die Heterogenität zweier *disjunkter Klassen* K_{i_1} und K_{i_2} z.B. vermittels folgender Maße festlegen:

$$v(K_{i_1},K_{i_2}) = \max_{j\in K_{i_1},k\in K_{i_2}} d(j,k) \qquad \text{(complete linkage)},$$

$$v(K_{i_1},K_{i_2}) = \min_{j\in K_{i_1},k\in K_{i_2}} d(j,k) \qquad \text{(single linkage)},$$

$$v(K_{i_1},K_{i_2}) = \frac{1}{|K_{i_1}|\cdot|K_{i_2}|}\sum_{j\in K_{i_1}}\sum_{k\in K_{i_2}} d(j,k) \qquad \text{(average linkage)}.$$

Im ersten Fall wird die Verschiedenheit aufgrund des unähnlichsten, im zweiten Fall aufgrund des ähnlichsten Objektpaares gemessen; man spricht auch von *complete linkage* bzw. *single linkage*. Das dritte angegebene Heterogenitätsmaß für zwei Klassen mißt die durchschnittliche Ähnlichkeit der Objekte aus den Klassen K_{i_1} und K_{i_2}; dieses Maß nennt man auch *average linkage*.

Ein Heterogenitätsmaß, das eine *quantitative Datenmatrix* Y zugrundelegt, ist beispielsweise *centroid*. Hier berechnet man den quadratischen euklidischen Abstand (vgl. Kap.I, Abschnitt 6) zwischen den Mittelwertvektoren für die p beobachteten Merkmale in den Klassen K_{i_1} und K_{i_2}; d.h. mit

$$\bar{y}(K_{i_\ell}) = \frac{1}{|K_{i_\ell}|}\left(\sum_{j\in K_{i_\ell}} y_{j1},\ldots,\sum_{j\in K_{i_\ell}} y_{jp}\right)^T \qquad \text{für } \ell=1,2$$

ist

$$v(K_{i_1},K_{i_2}) = \|\,\bar{y}(K_{i_1}) - \bar{y}(K_{i_2})\,\|_2^2 \qquad \text{(centroid)}$$

ein Maß für die Verschiedenheit zweier *disjunkter Klassen* K_{i_1} und K_{i_2}. *Überschneiden sich zwei Klassen teilweise*, so sind die oben genannten Verschiedenheitsmaße zu modifizieren. Statt der Verschiedenheit der Klassen selber berechnet man die Verschiedenheit der um die identischen Objekte reduzierten Klassen.

Beispiel: Die Verschiedenheit der Klassen

$$K_{i_1} = \{3,7,9,10\} \quad \text{und} \quad K_{i_2} = \{2,7,8,10,12\}$$

wird als Verschiedenheit der Klassen

$$K^*_{i_1} = K_{i_1} - K_{i_1}\cap K_{i_2} = \{3,7,9,10\} - \{3,7,9,10\}\cap\{2,7,8,10,12\}$$
$$= \{3,7,9,10\} - \{7,10\} = \{3,9\} \quad \text{und}$$

$$K^*_{i_2} = K_{i_2} - K_{i_2}\cap K_{i_1} = \{2,7,8,10,12\} - \{7,10\} = \{2,8,12\}$$

bestimmt. □

Ist *eine Klasse vollständig in einer anderen Klasse enthalten*, so wie dies bei Hierarchien und Quasihierarchien vorkommt, so müssen oben angegebene Heterogenitätsmaße in folgender Art und Weise modifiziert werden. Ist eine Klasse K_{i_1} vollständig in K_{i_2} enthalten, so wird K_{i_2} um die Elemente, die auch zu K_{i_1} gehören, reduziert

$$K^*_{i_2} = K_{i_2} - K_{i_1} \quad ,$$

und man verwendet dann

$$v(K_{i_1}, K^*_{i_2})$$

als Maß für die Verschiedenheit der Klassen K_{i_1} und K_{i_2}.

2.3 MAßE FÜR DIE GÜTE EINER KLASSIFIKATION

Die in den Abschnitten 2.1 und 2.2 angesprochenen Homogenitäts- und Heterogenitätsmaße bewerten lediglich die einzelnen Klassen bzw. die einzelnen Klassenpaare einer Klassifikation $\mathbb{K}$. Wir wollen uns nun damit beschäftigen, wie man ausgehend von diesen Maßen die *Güte der Klassifikation* $\mathbb{K}$ selber bewerten kann. Eine solche Bewertung vermittels eines *Gütemaßes* $g(\mathbb{K})$, das umso kleiner ist, je "besser" die Klassifikation $\mathbb{K}$ ist, muß natürlich vom Klassifikationstyp abhängig gemacht werden. Die Gütemaße können bei jedem Klassifikationstyp jedoch so gewählt werden, daß sie von den Homogenitäten der Klassen und/oder den Heterogenitätn zwischen den Klassen abhängen.

Wir beschäftigen uns hier zunächst mit der *Gütebeurteilung von Überdeckungen*. Natürlich sind dabei zwei Überdeckungen bzgl. ihrer Güte nur vergleichbar, wenn diese mit dem gleichen Maß gemessen wird.

Ein Gütemaß für eine Überdeckung $\mathbb{K}$, das nur von den Klassenhomogenitäten abhängt, ist

$$g(\mathbb{K}) = \sum_{K_i \in \mathbb{K}} h(K_i) - \frac{1}{2} \sum_{\substack{K_{i_1} \in \mathbb{K} \\ i_1 \neq i_2}} \sum_{K_{i_2} \in \mathbb{K}} h(K_{i_1} \cap K_{i_2}) \quad .$$

Hier gibt $g(\mathbb{K})$ die Summe der Klassenhomogenitäten vermindert um die Summe der Homogenitäten aller Teilmengen von Objekten an, die zwei Klassen gleichzeitig angehören.

Will man die Güte einer Überdeckung an der Verschiedenheit der Klassenpaare messen, so wählt man z.B.

$$g(\mathbb{K}) = \frac{2 \cdot |\mathbb{K}|}{\sum\limits_{K_{i_1} \in \mathbb{K}} \sum\limits_{\substack{K_{i_2} \in \mathbb{K} \\ i_1 \neq i_2}} v(K_{i_1} - K_{i_2}, K_{i_2} - K_{i_1})} \quad ,$$

wobei $|\mathbb{K}|$ die Anzahl der Klassen der Überdeckung angibt, als Gütemaß. Natürlich ist dieses Gütemaß nur dann verwendbar, wenn die Klassifikation aus mindestens 2 Klassen besteht.

Schließlich berücksichtigt das Gütemaß

$$g(\mathbb{K}) = \frac{2 \cdot |\mathbb{K}| \left(\sum\limits_{K_i \in \mathbb{K}} h(K_i) - \frac{1}{2} \sum\limits_{K_{i_1} \in \mathbb{K}} \sum\limits_{\substack{K_{i_2} \in \mathbb{K} \\ i_1 \neq i_2}} h(K_{i_1} \cap K_{i_2}) \right)}{\sum\limits_{K_{i_1} \in \mathbb{K}} \sum\limits_{\substack{K_{i_2} \in \mathbb{K} \\ i_1 \neq i_2}} v(K_{i_1} - K_{i_2}, K_{i_2} - K_{i_1})}$$

sowohl Klassenhomogenitäten als auch Heterogenitäten zwischen den Klassen einer Überdeckung $\mathbb{K}$. Auch dieses Maß ist nur verwendbar, wenn die Überdekkung aus mehr als einer Klasse besteht.

Auch die *Gütebeurteilung von Partitionen* $\mathbb{K}$ ist abhängig von den speziell gewählten Homogenitäts- und/oder Heterogenitätsmaßen. Die Güte kann zum einen als Summe der Klassenhomogenitäten

$$g(\mathbb{K}) = \sum_{K_i \in \mathbb{K}} h(K_i) \quad ,$$

zum anderen als normierter Kehrwert der Heterogenitäten, z.B. durch

$$g(\mathbb{K}) = 2 \cdot |\mathbb{K}| \Bigg/ \left(\sum_{K_{i_1} \in \mathbb{K}} \sum_{\substack{K_{i_2} \in \mathbb{K} \\ i_1 \neq i_2}} v(K_{i_1}, K_{i_2}) \right) \quad ,$$

wobei $|\mathbb{K}|$ die Anzahl der Klassen der Partition bezeichnet, gemessen werden. Das Gütemaß

$$g(\mathbb{K}) = 2 \cdot |\mathbb{K}| \sum_{K_i \in \mathbb{K}} h(K_i) \Bigg/ \left(\sum_{K_{i_1} \in \mathbb{K}} \sum_{\substack{K_{i_2} \in \mathbb{K} \\ i_1 \neq i_2}} v(K_{i_1}, K_{i_2}) \right)$$

schließlich berücksichtigt sowohl die Homogenitäten als auch die Heterogenitäten. Wiederum sind zwei Partitionen nur dann bzgl. ihrer Güte vergleichbar, wenn das gleiche Gütemaß verwandt wird.

Besteht eine Partition lediglich aus einer Klasse, so kann die Güte natürlich nur aufgrund der Homogenität dieser Klasse bewertet werden.

Bei der Konstruktion einer Partition möchte man natürlich eine möglichst hohe Güte erreichen. Würde man nun ein Gütemaß wählen, das nur die Klassenhomogenitäten berücksichtigt, so wäre es stets optimal, n einelementige Klassen zu bilden, denn dann ergäbe sich für die Partition

$$g(\mathbb{K}) = 0 \quad ,$$

was natürlich optimal ist (die Güte ist umso höher, je kleiner $g(\mathbb{K})$ ist). Trotzdem ist eine solche Partition natürlich nicht zufriedenstellend, denn die Anzahl der Klassen wäre sehr groß (gerade gleich der Anzahl der Objekte) und eine möglicherweise vorhandene Struktur in der Objektmenge ist nicht erkennbar. Daher empfiehlt es sich, bei der Konstruktion von Partitionen eine Klassenzahl m vorzugeben und zudem die maximale Anzahl einelementiger Klassen festzusetzen.

Die *Gütebewertung von Quasihierarchien und Hierarchien* erfolgt i.a. nicht für die gesamte Klassifikation. Vielmehr wird hier jede Stufe des zugrundeliegenden Stammbaumes einzeln bewertet. Da jede Stufe einer Quasihierarchie $\mathbb{K}$ eine Überdeckung und jede Stufe einer Hierarchie $\mathbb{K}$ eine Partition der Objektmenge bildet, lassen sich hierbei die zuvor angegebenen Gütemasse für Überdeckungen bzw. Partitionen verwenden.

Beispiele zu den verschiedenen Gütemaßen werden in den folgenden Abschnitten noch - im Zusammenhang mit den Konstruktionsverfahren - behandelt.

Nachdem man einen der in Abschnitt 1 angegebenen Klassifikationstypen sowie zugehörige Homogenitäts- , Heterogenitäts- und Gütemaße gemäß Abschnitt 2 festgelegt hat, kann im konkreten Fall ein Clusteranalyse - Verfahren angewandt werden. Im folgenden werden für die verschiedenen Klassifikationstypen solche Verfahren beschrieben.

3 KONSTRUKTIONSVERFAHREN FÜR ÜBERDECKUNGEN

Wir wollen hier zwei Verfahren zur Bestimmung von Überdeckungen $\mathbb{K}$ einer Menge von n Objekten vorstellen, die beide auf eine Festlegung der Klassenzahl m im Vorhinein verzichten. Stattdessen fordern wir eine gewisse Mindesthomogenität $\tilde{h}$ der Klassen der Überdeckung, d.h. mit der Wahl eines Homogenitätsmaßes $h(K_i)$ für die Klassen $K_1,\dots,K_m$ der zu erstellenden Überdeckung wird gleichzeitig eine obere Schranke $\tilde{h}$ für die Klassenhomogenitäten festgelegt:

$$h(K_i) \leq \tilde{h} \qquad \text{für } K_1,\ldots,K_m \in \mathbb{K} \ .$$

3.1 EIN EXHAUSTIVES VERFAHREN FÜR KLEINE OBJEKTMENGEN

Bei diesem exhaustiven Verfahren, das wohl nur für die Clusterung relativ kleiner Objektmengen $\{1,\ldots,n\}$ geeignet ist, werden alle Klassen (Teilmengen der n interessierenden Objekte) K_i gebildet, für die

$$h(K_i) \leq \tilde{h}$$

gilt und für die durch Hinzunahme eines der übrigen Objekte die Homogenitätsschranke $\tilde{h}$ überschritten wird. Die exhaustive Überdeckung $\mathbb{K}$ besteht also aus allen Klassen, zu denen gerade so viele Objekte gehören, daß die Homogenitätsschranke $\tilde{h}$ nicht verletzt wird.

Wie man hierbei konkret vorgehen kann, soll an einem Beispiel erläutert werden.

Beispiel: Im Abschnitt 3 des Kap.V haben wir unter Verwendung der Mahalanobisdistanz, vgl. Abschnitt 6 in Kap.I, aus der Datenmatrix

$$Y = \begin{pmatrix} 0.452 & -0.394 & -0.752 & -0.241 & -0.355 & 0.472 & 0.150 \\ 0.424 & -0.339 & -0.515 & -0.638 & 0.643 & -0.354 & 0.026 \\ 0.063 & -0.045 & -0.008 & -0.270 & -0.414 & -0.289 & -0.504 \\ -0.766 & -0.309 & 0.358 & 0.873 & 0.260 & -0.360 & -0.287 \\ 0.658 & 1.524 & 0.518 & -0.454 & -0.703 & 1.357 & 1.164 \end{pmatrix}$$

für die fünf Autohersteller American Motors (1), Chrysler (2), Ford (3), General Motors (4) und (bzgl. des amerikanischen Marktes) ausländische Hersteller (5) die Distanzmatrix

$$D = \begin{pmatrix} 0.00 & 1.70 & 1.86 & 3.05 & 2.70 \\ 1.70 & 0.00 & 1.97 & 2.98 & 3.31 \\ 1.86 & 1.97 & 0.00 & 2.11 & 2.70 \\ 3.05 & 2.98 & 2.11 & 0.00 & 3.86 \\ 2.70 & 3.31 & 2.70 & 3.86 & 0.00 \end{pmatrix}$$

für die Hersteller bestimmt.

Wir wollen nun eine Überdeckung $\mathbb{K}$ für die Hersteller bestimmen und dabei das Homogenitätsmaß

$$h(K_i) = \max_{j,k \in K_i} d(j,k) \quad ,$$

das Heterogenitätsmaß average linkage

$$v(K_{i_1},K_{i_2}) = v(K^*_{i_1},K^*_{i_2}) = \frac{1}{|K^*_{i_1}|\cdot|K^*_{i_2}|} \sum_{j\in K^*_{i_1}} \sum_{k\in K^*_{i_2}} d(j,k)$$

und das Gütemaß

$$g(\mathbf{K}) = \sum_{K_i\in\mathbf{K}} h(K_i) - \frac{1}{2} \sum_{\substack{K_{i_1}\in\mathbf{K} \\ i_1\neq i_2}} \sum_{K_{i_2}\in\mathbf{K}} h(K_{i_1}\cap K_{i_2})$$

verwenden. Als Homogenitätsschranke wählen wir

$$\tilde{h} = 2.80 \quad .$$

Damit der Homogenitätsindex $\tilde{h}$ nicht überschritten wird, dürfen alle diejenigen Herstellerpaare nicht zu einer Klasse gehören, deren Distanzindex größer als 2.80 ist. Danach bleiben als mögliche Klassen zunächst die einelementigen Klassen sowie die Klassen

$$\{1,2\}\ ,\quad \{1,3\}\ ,\quad \{2,3\}\ ,\quad \{3,4\}\ ,\quad \{3,5\}\ ,\quad \{1,2,3\} \text{ und } \{1,3,5\}$$

übrig. Da die einelementigen Klassen alle in einer zweielementigen Klasse und die zweielementigen Klassen {1,2}, {1,3}, {2,3} und {3,5} in einer der dreielementigen Klassen enthalten sind, gehören auch sie nicht zur Überdeckung $\mathbf{K}$; d.h.

$$\mathbf{K} = \{K_1,K_2,K_3\} = \Big\{\{3,4\},\ \{1,2,3\},\ \{1,3,5\}\Big\} \quad .$$

Auffällig ist hier, daß der Hersteller 3 (Ford) zu allen Klassen der entstandenen Überdeckung gehört. Es ist also keinem der anderen Hersteller besonders unähnlich.

Für die Güte dieser exhaustiven Überdeckung ergibt sich der Wert

$$\begin{aligned} g(\mathbf{K}) &= h(K_1) + h(K_2) + h(K_3) - \tfrac{1}{2}\big(h(K_1\cap K_2) + h(K_1\cap K_3) + h(K_2\cap K_1) \\ &\quad + h(K_2\cap K_3) + h(K_3\cap K_1) + h(K_3\cap K_2)\big) \\ &= h(\{3,4\}) + h(\{1,2,3\}) + h(\{1,3,5\}) - \tfrac{1}{2}\big(h(\{3\}) + h(\{3\}) + h(\{3\}) \\ &\quad + h(\{1,3\}) + h(\{3\}) + h(\{1,3\})\big) \\ &= 2.11 + 1.97 + 2.70 - \tfrac{1}{2}(3\cdot 0.00 + 1.86 + 0.00 + 1.86) \\ &= 6.78 - 1.86 = 4.92 \quad . \end{aligned}$$

Bei diesem Verfahren wurde aufgrund des gewählten Gütemaßes das Heterogenitätsmaß garnicht berücksichtigt. Wählt man eines der in Abschnitt 2 angegebenen Gütemaße für Überdeckungen $\mathbb{K}$, so müssen natürlich die Klassenverschiedenheiten berechnet werden.

Um noch einmal deutlich zu machen, daß man die Güte zweier Überdeckungen nur dann vergleichen kann, wenn die gleichen Maße zur Berechnung verwandt werden, wollen wir auch noch die Güte der Überdeckung $\mathbb{K}$ dieses *Beispiels* basierend auf den beiden anderen Gütemaßen aus Abschnitt 2 berechnen.

Die Heterogenitäten für die 3 Klassenpaare ergeben sich zu

$$\begin{aligned} v(K_1,K_2) &= v(K_1^*,K_2^*) = v(K_1 - K_1 \cap K_2, K_2 - K_2 \cap K_1) \\ &= v(\{4\},\{1,2\}) = \frac{1}{1 \cdot 2}\,(d(4,1) + d(4,2)) = \frac{1}{2}(3.05 + 2.98) \\ &= 3.015 = v(K_2,K_1) \end{aligned}$$

$$\begin{aligned} v(K_1,K_3) &= v(\{4\},\{1,5\}) = \frac{1}{2}(3.05 + 3.86) = 3.455 \\ &= v(K_3,K_1) \end{aligned}$$

und

$$\begin{aligned} v(K_2,K_3) &= v(\{2\},\{5\}) = 3.31 \\ &= v(K_3,K_2) \quad , \end{aligned}$$

so daß sich allein basierend auf diesen Verschiedenheitsmaßen

$$g(\mathbb{K}) = 2 \cdot 3/(2 \cdot 3.015 + 2 \cdot 3.455 + 2 \cdot 3.31) = \frac{6}{19.56} = 0.307$$

und basierend auf Homogenität und Heterogenität

$$g(\mathbb{K}) = 4.92 \cdot 0.307 = 1.51$$

ergibt. □

3.2 EIN ITERATIVES KONSTRUKTIONSVERFAHREN

Ist die Anzahl der interessierenden Objekte sehr groß, so wird die Überdeckung, die durch obiges Verfahren konstruiert wird, sehr leicht unübersichtlich; man wählt daher oft ein anderes Konstruktionsverfahren, durch das nur eine Teilmenge der Klassen gebildet wird, die obiges Verfahren konstruiert; dieses führt mitunter allerdings zu einer nichtexhaustiven Überdeckung .

Neben einer Homogenitätsschranke $\tilde{h}$ legt man hier auch noch eine Distanzschranke $\tilde{d}$ fest und bestimmt dann zunächst alle Objekte j aus der Objektmenge $\{1,\ldots,n\}$, die von wenigstens einem anderen Objekt nicht mehr als $\tilde{d}$

entfernt sind, d.h. für die gilt

$$\min_{j \neq k} d(j,k) \leq \tilde{d} \quad .$$

Dadurch wird verhindert, daß Objekte, die allen anderen Objekten sehr unähnlich sind, die Klassifikation beeinflussen.

Zu jedem der so bestimmten Objekte j fügt man nun schrittweise diejenigen hinzu, die den Wert der Homogenitätsfunktion minimal vergrößern. Dieses iterative Verfahren wird abgebrochen, wenn durch Hinzunahme eines weiteren Objekts die Homogenitätsschranke $\tilde{h}$ verletzt wird.

Beispiel: Wir kommen wieder auf obiges Beispiel der 5 Autohersteller zurück und wollen nun zusätzlich

$$\tilde{d} = 2.00$$

wählen. Die Hersteller j, für die

$$\min_{j \neq k} d(j,k) \leq 2.00 = \tilde{d}$$

gilt, sind American Motors (1), Chrysler (2) und Ford (3).

Beginnen wir einmal mit j = 1. Eine minimale Vergrößerung des Homogenitätsmaßes

$$h(\{1\}) = \max d(1,1) = d(1,1) = 0$$

wird durch Hinzunahme des Herstellers 2 erreicht:

$$h(\{1,2\}) = \max_{j,k \in \{1,2\}} d(j,k) = d(1,2) = 1.70 \quad .$$

Der nächste hinzuzufügende Hersteller ist Ford (3), hier ergibt sich dann

$$h(\{1,2,3\}) = \max_{j,k \in \{1,2,3\}} d(j,k) = d(2,3) = 1.97 \quad .$$

Würde man diese Klasse noch durch Hersteller 4 oder 5 erweitern, so würde die Homogenitätsschranke h = 2.80 verletzt, so daß

$$K_1 = \{1,2,3\}$$

die erste Klasse der Überdeckung ist.

Genauso gehen wir jetzt mit j = 2 und j = 3 vor. Zu j = 2 wird zunächst Hersteller 1 und dann Hersteller 3 hinzugefügt. Ein weiteres Objekt kann nicht hinzugenommen werden, da dann $\tilde{h}$ verletzt wird. Die entstandene Klasse ist also gerade wieder K_1. Zu j = 3 wird nun im ersten Schritt der Hersteller 1 und im zweiten und letzten Schritt wird der Hersteller 2 hinzugefügt. Auch dabei ergibt sich die Klasse K_1.

Hier erhält man also eine nichtexhaustive Klassifikation

$$\mathbb{K} = K_1 = \left\{ \{1,2,3\} \right\} \quad ,$$

bei der die Hersteller 4 und 5 unklassifiziert bleiben.

Die Güte dieser nichtexhaustiven, einklassigen Überdeckung kann natürlich nur ausgehend von der Klassenhomogenität gemessen werden. Das entsprechende Gütemaß stimmt dann natürlich mit dieser überein:

$$g(\mathbb{K}) = h(K_1) = h(\{1,2,3\}) = 1.97 \quad .$$

4 KONSTRUKTIONSVERFAHREN FÜR PARTITIONEN

Eine Partition $\mathbb{K}$ für n Objekte ist, wie bereits erwähnt, eine spezielle Überdeckung dieser Objekte, bei der sich keine Klassen überschneiden, d.h. jedes der n Objekte gehört höchstens einer Klasse an. Gehört jedes Objekt genau einer Klasse an, so ist die Partition exhaustiv.

4.1 EIN ITERATIVES VERFAHREN

Wir wollen hier ein iteratives Verfahren zur Konstruktion von Partitionen vorstellen, bei dem im Vorhinein eine Klassenzahl m festgelegt wird und zudem eine Festsetzung der maximalen Anzahl einelementiger Klassen möglich ist.

Nachdem man die Klassenzahl m vorgegeben und die Bewertungskriterien gewählt hat, wird zunächst eine *Anfangspartition* $\mathbb{K}^o$ der n interessierenden Objekte bestimmt. Dabei geht man meist so vor, daß aus den insgesamt n Objekten m Objekte $j_1, j_2, \ldots, j_m$ zufällig ausgewählt werden. Diese m Objekte sind die sogenannten *Zentralobjekte* der m Klassen der Anfangspartition.

Die verbleibenden n - m Objekte werden jeweils dem Zentralobjekt zugeordnet, dem sie am ähnlichsten sind. Die i-te Klasse K_i^o für i=1,...,m der Anfangspartition $\mathbb{K}^o$ ist somit

$$K_i^o = \{j_i\} \cup \left\{ k \in \{1,\ldots,n\} - \{j_1,\ldots,j_m\} : d(k,j_i) = \min_{\ell=1,\ldots,m} d(k,j_\ell) \right\} \quad .$$

Ist die Zuordnung hier nicht eindeutig, so wird zufällig entschieden.

Ausgehend von dieser Anfangspartition

$$\mathcal{K}^0 = \{K_1^0,\ldots,K_m^0\} \quad ,$$

deren Güte $g(\mathcal{K}^0)$ man zunächst bestimmt, wird eine Folge $\mathcal{K}^1, \mathcal{K}^2, \mathcal{K}^3, \ldots$ von Partitionen gebildet. Die Bestimmung der Partition $\mathcal{K}^t$ im t-ten Schritt aus der Partition $\mathcal{K}^{t-1}$ $(t=1,2,\ldots)$ erfolgt, indem für jedes der n Objekte, das nicht zu einer einelementigen Klasse gehört, geprüft wird, ob durch einen Transfer des Objektes in eine andere Klasse, eine Verringerung des Wertes der Güte der Partition erreicht wird. Ist die größte Verringerung des Gütemaßes durch den Transfer des Objektes j von der Klasse $K_{i_1}^{t-1}$ in die Klasse $K_{i_2}^{t-1}$ möglich, so ist die Partition $\mathcal{K}^t$ gegeben durch

$$\mathcal{K}^t = \{K_1^t,\ldots,K_m^t\}$$

mit

$$K_i^t = \begin{cases} K_i^{t-1} & \text{, falls } i \neq i_1 \text{ und } i \neq i_2 \\ K_i^{t-1} - \{j\} & \text{, falls } i = i_1 \\ K_i^{t-1} \cup \{j\} & \text{, falls } i = i_2 \end{cases} \quad .$$

Bei diesem Verfahren kann man natürlich stets als Nebenbedingung die Anzahl der einelementigen Klassen beschränken. Das Verfahren wird nach dem t-ten Schritt abgebrochen, d.h. $\mathcal{K} = \mathcal{K}^t$, falls sich $g(\mathcal{K}^{t-1})$ und $g(\mathcal{K}^t)$ nicht mehr wesentlich unterscheiden, falls also

$$g(\mathcal{K}^{t-1}) - g(\mathcal{K}^t) < \varepsilon \quad ,$$

wobei $\varepsilon > 0$ frei gewählt werden kann, gilt.

Da dieses Verfahren nur eine lokal (bzgl. der gewählten Anfangspartition) optimale Partition $\mathcal{K}$ für die n interessierenden Objekte liefert, sollte es stets für verschiedene Anfangspartitionen durchgeführt werden. Die optimale Partition ist dann die mit dem insgesamt gesehen geringsten Gütemaß.

Beispiel: Für die 5 Autohersteller, für die wir in Abschnitt 3 Überdeckungen konstruiert haben, wollen wir nun eine Partition in $m = 2$ Klassen bestimmen; die Distanzmatrix D für die Hersteller ist in Abschnitt 3.1 bereits angegeben.

Die Güte der Partition soll an den Homogenitäten der beiden Klassen gemessen werden, d.h.

$$g(\mathbb{K}) = \sum_{K_i \in \mathbb{K}} h(K_i) \quad ,$$

und als Homogenitätsmaß wollen wir

$$h(K_i) = \frac{1}{|K_i|} \sum_{\substack{j<k \\ j,k \in K_i}} d(j,k)$$

wählen.

Zur Bestimmung der Anfangspartition $\mathbb{K}^0$ wählen wir nun zufällig $m = 2$ der 5 Hersteller aus, etwa Hersteller 1 und 3, und verwenden diese als Zentralobjekte der Klassen K_1^0 und K_2^0 der Anfangspartition .

Die Hersteller 2, 4 und 5 werden nun einem der Zentralobjekte zugeordnet und zwar demjenigen, dem sie am ähnlichsten sind. Da gilt

$$d(1,2) = 1.70 < 1.97 = d(3,2) \quad ,$$

wird Hersteller 2 nun Hersteller 1 zugeordnet; mit

$$d(1,4) = 3.05 > 2.11 = d(3,4)$$

ordnen wir den Hersteller 4 dem Hersteller 3 zu; schließlich wird Hersteller 5 dem Hersteller 1 zufällig zugeordnet, denn

$$d(1,5) = d(3,5) = 2.70 \quad .$$

Damit ergibt sich die Anfangspartition

$$\mathbb{K}^0 = \{K_1^0, K_2^0\} = \big\{\{1,2,5\}\ \{3,4\}\big\}$$

mit der Güte

$$g(\mathbb{K}^0) = h(K_1^0) + h(K_2^0) = \frac{1}{3}\big(d(1,2) + d(1,5) + d(2,5)\big) + \frac{1}{2}\, d(3,4)$$

$$= \frac{1}{3}(1.70 + 2.70 + 3.31) + \frac{1}{2} \cdot 2.11 = 3.625 \quad .$$

Nun wird $\mathbb{K}^1$ bestimmt. Würden wir Hersteller 1 in Klasse K_2^0 transferieren, so wäre

$$g(\mathbb{K}^1) = h(\{2,5\}) + h(\{1,3,4\}) = 3.995 \quad ,$$

bei Transfer von 2 in Klasse K_2^0 ergibt sich

$$g(K^1) = h(\{1,5\}) + h(\{2,3,4\}) = 3.703 \quad ,$$

bei Transfer von 3 in Klasse K_1^0 ergibt sich

$$g(K^1) = h(\{1,2,3,5\}) + h(\{4\}) = 3.56 \quad ,$$

bei Transfer von 4 in Klasse K_1^0 ergibt sich

$$g(K^1) = h(\{1,2,4,5\}) + h(\{3\}) = 4.40$$

und schließlich würde der Transfer des Herstellers 5 in die Klasse K_2^0

$$g(K^1) = h(\{1,2\}) + h(\{3,4,5\}) = 3.74$$

bedeuten.

Damit wird der geringste Wert der Güte erreicht, wenn Hersteller 3 transferiert wird; somit ist die neue Partition durch

$$K^1 = \{K_1^1, K_2^1\} = \left\{\{1,2,3,5\},\{4\}\right\}$$

gegeben. Sie hat die Güte

$$g(K^1) = 3.56$$

und stellt zugleich das lokale Optimum dar.

Wären wir von den Zentralobjekten 1 und 5 ausgegangen, so hätte sich als Anfangspartition

$$K^0 = \{K_1^0, K_2^0\} = \left\{\{1,2,3,4\},\{5\}\right\}$$

mit der Güte

$$g(K^0) = h(\{1,2,3,4\}) + h(\{5\}) = 3.4175$$

ergeben. Diese Anfangspartition stellt schon das lokale Optimum dar. Sie ist auch besser als die andere lokal optimale Partition, die wir zuvor bestimmt haben.

In diesem kleinen Beispiel mit nur 5 Objekten läßt sich sogar leicht überprüfen, daß sie die absolut optimale Partition ist, wenn man zulassen will, daß eine Klasse nur ein einziges Objekt enthält. Eine Klasse dieser Partition besteht gerade aus den amerikanischen Herstellern American Motors (1), Chrysler (2), Ford (3) und General Motors (4), die zweite Klasse wird allein von ausländischen Herstellern gebildet. Dies läßt sich so interpretieren, daß sich die amerikanischen Hersteller im Durchschnitt ähnlicher sind als ein amerikanischer Hersteller den ausländischen Herstellern.

4.2 EIN REKURSIVES VERFAHREN

Bei diesem rekursiven Verfahren werden die Klassen einer Partition $\mathbb{K}$ nacheinander bestimmt. Dabei muß hier die Klassenzahl m nicht vorgegeben werden.

Man wählt zunächst als *Zentralobjekt* der ersten Klasse K_1 eines der beiden Objekte mit minimalem Abstand zueinander. Nennen wir dieses Objekt aus $\{1,\dots,n\}$ hier einmal j_1. Ausgehend von der Klasse

$$K_1^o = \{j_1\}$$

wird dann die Klasse K_1^1 bestimmt. Und zwar ist

$$K_1^1 = K_1^o \cup \{j_2\} \quad ,$$

wobei gilt

$$d(j_1,j_2) = \min_{j \neq j_1} d(j_1,j)$$

Die Klasse K_1^2 entsteht dann aus K_1^1 durch Hinzunahme des Objektes j_3 mit

$$d(j_1,j_3) = \min_{j \neq j_1, j_2} d(j_1,j)$$

usw. Für K_1^o, K_1^1 berechnet man parallel die Klassenhomogenitäten und bricht das Verfahren ab, falls gilt

$$h(K_1^t) > \tilde{h} \quad ,$$

wobei $\tilde{h}$ eine vorgegebene Homogenitätsschranke ist, oder falls gilt

$$h(K_1^t) \cdot h(K_1^{t-1}) > \varepsilon \quad ,$$

wobei ε eine frei wählbare,positive Zahl ist. Bei beiden Abbruchkriterien setzt man

$$K_1 = K_1^{t-1} \quad .$$

Die zweite Klasse K_2 der Partition wird genauso gebildet, wobei man dann allerdings nur noch von den verbleibenden Objekten aus der Menge $\{1,\dots,n\} - K_1$ ausgeht. Entsprechend bildet man die Klasse K_3 ausgehend von $\{1,\dots,n\} - K_1 - K_2$ usw.

Das gesamte Rekursionsverfahren wird abgebrochen, wenn alle Objekte klassifiziert sind (exhaustive Klassifikation) oder falls nur noch unwesentliche (kleine) Gruppen von Objekten vorhanden sind (nichtexhaustive Klassifikation).

Beispiel: Für die 5 Autohersteller, deren Datenmatrix in Abschnitt 3.1 angegeben ist, wollen wir eine exhaustive Partition $\mathbb{K}$ mittels des rekursiven Verfahrens bestimmen.

Als Homogenitätsmaß wählen wir wie in Abschnitt 4.1

$$h(K_i) = \frac{1}{|K_i|} \sum_{\substack{j<k \\ j,k \in K_i}} d(j,k) \quad ,$$

und als Gütemaß für die Partition wollen wir wiederum die Summe der Klassenhomogenitäten

$$g(\mathbb{K}) = \sum_{K_i \in \mathbb{K}} h(K_i)$$

verwenden. Als Abbruchkriterium wird hier eine Homogenitätsschranke gewählt, und zwar

$$\tilde{h} = 3.00 \quad .$$

Das Zentralobjekt der Klasse K_1 ist dann entweder Hersteller 1 oder Hersteller 2; wir wählen hier einmal

$$K_1^0 = \{1\} \qquad \text{mit } h(K_1^0) = 0.00 \quad .$$

Dann ist natürlich

$$K_1^1 = \{1,2\} \qquad \text{mit } h(K_1^1) = \tfrac{1}{2}\, d(1,2) = \tfrac{1}{2} \cdot 1.70 = 0.85$$

und weiterhin ergibt sich

$$K_1^2 = \{1,2,3\} \qquad \text{mit } h(K_1^2) = 1.84$$

$$K_1^3 = \{1,2,3,5\} \qquad \text{mit } h(K_1^3) = 3.56 \quad .$$

Damit ist also

$$K_1 = K_1^2 = \{1,2,3\} \quad ,$$

und die Klasse K_2 muß aus den verbleibenden Herstellern

$$\{1,2,3,4,5\} - K_1 = \{4,5\}$$

gebildet werden. Es ist

$K_2^o = \{4\}$ mit $h(K_2^o) = 0.00$

und

$K_2^1 = \{4,5\}$ mit $h(K_2^1) = 1.93$,

so daß

$K_2 = K_2^1 = \{4,5\}$

die zweite Klasse der Partition bildet.

Da nun bereits alle Objekte klassifiziert sind, wird das Verfahren abgebrochen, und es ist

$$\mathbb{K} = \{K_1, K_2\} = \Big\{\{1,2,3\},\{4,5\}\Big\}$$

mit der Güte

$$g(\mathbb{K}) = h(K_1) + h(K_2) = 1.84 + 1.93 = 3.77 \quad .$$

Wie bereits in der Einleitung erwähnt, soll an dieser Stelle noch demonstriert werden, wie *Merkmale* gemäß ihrer Ähnlichkeiten (Abhängigkeiten) *klassifiziert* werden können.

Beispiel: Im Abschnitt 2 des Kap.VI haben wir ausgehend von der Matrix der Unbestimmtheitsmaße

$$D = \begin{pmatrix} 0.000 & 0.789 & 0.880 & 0.131 & 0.849 & 0.597 & 0.578 \\ 0.789 & 0.000 & 0.558 & 0.911 & 0.579 & 0.298 & 0.286 \\ 0.880 & 0.558 & 0.000 & 0.831 & 0.943 & 0.919 & 0.910 \\ 0.131 & 0.911 & 0.831 & 0.000 & 0.963 & 0.879 & 0.836 \\ 0.849 & 0.579 & 0.943 & 0.963 & 0.000 & 0.448 & 0.783 \\ 0.597 & 0.298 & 0.919 & 0.879 & 0.448 & 0.000 & 0.137 \\ 0.578 & 0.286 & 0.910 & 0.836 & 0.783 & 0.137 & 0.000 \end{pmatrix}$$

von sieben Reparaturanfälligkeitsmerkmalen bei PKW - Typen eine zweidimensionale Konfiguration $y_1,\dots,y_7$ für die Merkmale gewonnen.

Hier soll nun eine Partition $\mathbb{K}$ für diese Merkmale mittels des rekursiven Verfahrens ausgehend von der Matrix D als Distanzmatrix bestimmt werden. Dabei wählen wir als Homogenitätsmaß für die Klassen $K_1, K_2, \dots$ der Partition $\mathbb{K}$

$$h(K_i) = \frac{1}{|K_i|} \sum_{\substack{j<k \\ j,k \in K_i}} d(j,k)$$

und als Maß für die Güte der Partition

$$g(K) = \sum_{K_i \in K} h(K_i) \quad .$$

Als Abbruchkriterium wollen wir hier einmal

$$h(K_i^t) - h(K_i^{t-1}) > 0.2$$

wählen.

Als Zentralmerkmal der Klasse K_1 können wir das Merkmal 1 oder 4 wählen, sagen wir

$$K_1^0 = \{1\} \qquad \text{mit } h(K_1^0) = 0.0000$$

Dann ist

$$K_1^1 = K_1^0 \cup \{4\} = \{1,4\} \qquad \text{mit } h(K_1^1) = 0.0655 \quad ;$$

Nun entsteht die Klasse K_1^2 durch Fusionierung von K_1^1 mit dem Merkmal 7:

$$K_1^2 = K_1^1 \cup \{7\} = \{1,4,7\} \qquad \text{mit } h(K_1^2) = 0.5150 \quad ,$$

und die Klasse K_1 ist gerade

$$K_1 = K_1^1 = \{1,4\} \qquad \text{mit } h(K_1) = 0.0655 \quad ,$$

da gilt

$$h(K_1^2) - h(K_1^1) = 0.4495 > 0.2 \quad .$$

Aus den verbleibenden Merkmalen 2,3,5,6,7 wählen wir das Merkmal 6 als Zentralmerkmal der Klasse K_2:

$$K_2^0 = \{6\} \qquad \text{mit } h(K_2^0) = 0.0000$$

und vereinigen es zunächst mit dem Merkmal 7:

$$K_2^1 = K_2^0 \cup \{7\} = \{6,7\} \qquad \text{mit } h(K_2^1) = 0.0685 \quad .$$

Die Klasse K_2^2 ist dann

$$K_2^2 = K_2^1 \cup \{2\} = \{2,6,7\} \qquad \text{mit } h(K_2^2) = 0.2403$$

und weiter ergibt sich

$$K_2^3 = K_2^2 \cup \{5\} = \{2,5,6,7\} \qquad \text{mit } h(K_2^3) = 0.6328 \quad .$$

Da gilt

$$h(K_2^3) - h(K_2^2) = 0.3925 > 0.2 \quad ,$$

ist also

$$K_2 = K_2^2 = \{2,6,7\} \qquad \text{mit } h(K_2) = 0.2403 \quad .$$

Die Klasse K_3 ergibt sich, wenn man

$$K_3^0 = \{3\} \qquad \text{mit } h(K_3^0) = 0.0000$$

wählt, wegen

$$K_3^1 = \{3,5\} \qquad \text{mit } h(K_3^1) = 0.4715 \quad ,$$

d.h.

$$h(K_3^1) - h(K_3^0) = 0.4715 > 0.2 \quad ,$$

zu

$$K_3 = K_3^0 = \{3\} \qquad \text{mit } h(K_3) = 0.0000 \quad .$$

Schließlich bildet das letzte verbleibende Merkmal 5 die Klasse K_4:

$$K_4 = \{5\} \qquad \text{mit } h(K_4) = 0.0000 \quad ,$$

so daß die Partition $\mathbb{K}$ gegeben ist als

$$\mathbb{K} = \{K_1,K_2,K_3,K_4\} = \Big\{\{1,4\},\{2,6,7\},\{3\},\{5\}\Big\} \quad ;$$

die Güte dieser Partition ist gerade

$$g(\mathbb{K}) = \sum_{i=1}^{4} h(K_i) = 0.0655 + 0.2403 = 0.3058 \quad .$$

In der Abb.10 ist diese Partition $\mathbb{K}$ auch graphisch veranschaulicht, und zwar wurden ihre Klassen K_1,K_2,K_3,K_4 in die zweidimensionale Konfiguration $y_1,\ldots,y_7$, die mittels Nonlinear Mapping im Abschnitt 2 des Kap.VI gewonnen wurde, vgl. auch die dortige Abb.7, eingezeichnet.

5 EIN VERFAHREN ZUR KONSTRUKTION EINER QUASIHIERARCHIE

Eine Quasihierarchie ist eine Klassifikation, die es erlaubt, auch feine Strukturen in einer Objektmenge $\{1,\ldots,n\}$ zu erkennen; sie wird durch eine Folge von Überdeckungen gebildet. Stellt man sich eine Quasihierarchie $\mathbb{K}$ in Form eines "Stammbaums" vor, so ist die untere Stufe eine sehr grobe Über-

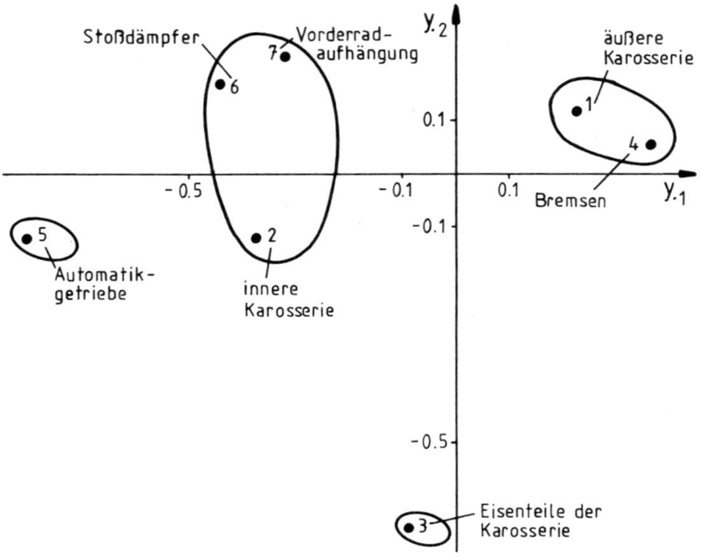

Abb.10: Veranschaulichung der Partition K für sieben Reparaturanfälligkeitsmerkmale anhand der Nonlinear Mapping Konfiguration aus Abb.7 im Abschnitt 2 des Kap.VI

deckung, die nächste Stufe schon etwas feiner usw. bis zur oberen Stufe, die die feinste in der Quasihierarchie enthaltene Überdeckung der n Objekte darstellt.

Die Konstruktion einer Quasihierarchie kann nun *divisiv* oder *agglomerativ* erfolgen. Bei einer divisiven Konstruktion geht man von einer groben Überdeckung aus und konstruiert nun schrittweise immer feinere Überdeckungen, bis man schließlich die "Spitze" des "Stammbaums" erreicht hat. Die agglomerative Konstruktion, die in der Praxis eine weitaus größere Rolle spielt, geht von einer feinsten Überdeckung aus und bildet dann schrittweise immer gröbere Überdeckungen.

Bei agglomerativen Konstruktionsverfahren wählt man nun eine feinste Anfangsüberdeckung und vergröbert diese schrittweise so, daß die Güte der jeweils nachfolgenden gröberen Stufe bzgl. der Anfangsüberdeckung lokal optimal in Abhängigkeit von der Klassenzahl auf dieser Stufe ist. Man kann nun die Vergröberung solange fortsetzen, bis nur noch eine Klasse übrigbleibt (ist die Anfangsüberdeckung exhaustiv, so enthält diese alle n interessierenden Objekte), oder das Verfahren abbrechen, wenn das gewählte Gütemaß auf einer Stufe eine festgewählte Schranke übersteigt (diese

Schranke ist in Abhängigkeit von der Klassenzahl der Stufe zu wählen).

Konkret bestimmt man mit den Verfahren aus Abschnitt 3 zunächst eine exhaustive bzw. eine nichtexhaustive Anfangsüberdeckung $\mathbb{K}^0 = \{K_1^0, \ldots, K_{m_1}^0\}$ mit $|K_i^0| > 1$ für alle i. (Die zu konstruierende Quasihierarchie ist dann exhaustiv, wenn die Anfangsüberdeckung exhaustiv ist, und sonst nichtexhaustiv.)

Daraus wird die gröbere Überdeckung $\mathbb{K}^1$ konstruiert, daraus dann $\mathbb{K}^2$ usw.: Im t-ten Schritt (t=1,2,...) bestimmt man dazu die maximale Anzahl von Objekten, die zwei Klassen $K_{i_1}^{t-1}$ und $K_{i_2}^{t-2}$ ($i_1 \neq i_2$) aus der Überdeckung $\mathbb{K}^{t-1}$ gemeinsam sind, d.h. man bestimmt

$$a_t = \max_{K_{i_1}^{t-1}, K_{i_2}^{t-1} \in \mathbb{K}^{t-1}} |K_{i_1}^{t-1} \cap K_{i_2}^{t-1}| \qquad \text{für } i_1 \neq i_2 \quad .$$

Dann vereinigt man die Klassenpaare $K_{i_1}^{t-1}$, $K_{i_2}^{t-1}$ aus $\mathbb{K}^{t-1}$, für die

$$|K_{i_1}^{t-1} \cap K_{i_2}^{t-1}| = a_t$$

gilt, überprüft, ob Klassen entstehen, die paarweise mindestens a_t gemeinsame Objekte enthalten, vereinigt diese usw. bis sich kein solches Klassenpaar mehr findet. Alle nun existierenden Klassen (die aus $\mathbb{K}^{t-1}$ und die neu konstruierten) bilden dann die Menge $\tilde{\mathbb{K}}^t$. Die Überdeckung $\mathbb{K}^t$ ist dann gegeben durch

$$\mathbb{K}^t = \{K_i^t : K_i^t \in \tilde{\mathbb{K}}^t \text{ und es gibt kein } K_j^t \in \tilde{\mathbb{K}}^t \text{ mit } K_i^t \subsetneqq K_j^t\} \quad .$$

Vor Durchführung des Verfahrens muß natürlich das Bewertungskriterium für jede Überdeckung aus der Quasihierarchie festgelegt sein. Das Verfahren wird dann entweder nach dem t-ten Schritt abgebrochen, wenn $\mathbb{K}^t$ nur noch aus einer Klasse K_1^t besteht, oder wenn eine vorgegebene Güteschranke $\tilde{g}^t$, die von der Klassenzahl der Überdeckung $\mathbb{K}^t$ abhängig gewählt sein muß, überschritten wird, d.h. wenn

$$g(\mathbb{K}^t) > \tilde{g}^t$$

ist (dann bildet $\mathbb{K}^{t-1}$ die gröbste Überdeckung).

Die Quasihierarchie $\mathbb{K}$ besteht dann aus allen Klassen K_i, die in mindestens einer der Überdeckungen enthalten sind.

Da dieses Verfahren nur eine lokal optimale Quasihierarchie bildet, sollte man es in der Praxis stets mit unterschiedlichen Anfangsüberdeckungen durchführen.

Beispiel: Für die 5 Autohersteller American Motors (1), Chrysler (2), Ford (3), General Motors (4) und ausländische Hersteller (5), deren Distanzmatrix in Abschnitt 3.1 angegeben ist, wollen wir eine exhaustive Quaishierarchie konstruieren. Als Maß für die Güte der einzelnen Überdeckungen $\mathcal{K}^t$ (t=0,1,...) der Quasihierarchie wollen wir

$$g(\mathcal{K}^t) = \sum_{K_i^t \in \mathcal{K}^t} h(K_i^t) \quad \text{mit} \quad h(K_i^t) = \frac{1}{|K_i^t|(|K_i^t| - 1)} \sum_{\substack{j<k \\ j,k \in K_i^t}} d(j,k)$$

verwenden und das Verfahren abbrechen, wenn für ein t gilt:

$$g(\mathcal{K}^t) > \tilde{g}^t = 2 \cdot |\mathcal{K}^t| \quad .$$

Als Anfangsüberdeckung, die gleichzeitig die feinste Überdeckung aus dieser Quasihierarchie ist, wählen wir einmal

$$\mathcal{K}^0 = \{K_1^0, K_2^0, K_3^0\} \quad \text{mit} \quad K_1^0 = \{1,3\} \;,\; K_2^0 = \{2,5\} \text{ und } K_3^0 = \{2,4\} \quad .$$

Hier ergibt sich

$$h(K_1^0) = \frac{1}{2}\, d(1,3) = \frac{1}{2} \cdot 1.86 = 0.93 \quad ,$$

$$h(K_2^0) = \frac{1}{2}\, d(2,5) = \frac{1}{2} \cdot 3.31 = 1.655 \quad \text{und}$$

$$h(K_3^0) = \frac{1}{2}\, d(2,4) = \frac{1}{2} \cdot 2.98 = 1.49 \quad ,$$

so daß gilt:

$$g(\mathcal{K}^0) = 0.93 + 1.655 + 1.49 = 4.075 < 6 = 2 \cdot 3 = 2 \cdot |\mathcal{K}^0| \quad .$$

Nun wird a_1 bestimmt; es ist

$$a_1 = \max_{\substack{K_{i_1}^0, K_{i_2}^0 \in \mathcal{K}^0 \\ i_1 \neq i_2}} |K_{i_1}^0 \cap K_{i_2}^0| = |K_2^0 \cap K_3^0| = |\{2\}| = 1 \quad ,$$

so daß zunächst nur die Klassen K_2^0 und K_3^0 vereinigt werden, denn wegen

$$|(K_2^0 \cup K_3^0) \cap K_1^0| = |K_4^0 \cap K_1^0| = 0 \not> 1 \quad ,$$

findet keine weitere Klassenvereinigung statt. Damit ist dann

$$\tilde{\mathbb{K}}^1 = \{K_1^o, K_2^o, K_3^o, K_4^o\}$$

und somit

$$\mathbb{K}^1 = \{K_1^o, K_4^o\} = \{K_1^1, K_2^1\} \quad ,$$

da $K_2^o \subsetneqq K_4^o$ und $K_3^o \subsetneqq K_4^o$ ist. Die Güte der Überdeckung $\mathbb{K}^1$ ist wegen

$$h(K_1^1) = h(\{1,3\}) = \frac{1}{2}\, d(1,3) = 0.93 \quad \text{und}$$

$$h(K_2^1) = h(K_2^o \cup K_3^o) = h(\{2,4,5\}) = \frac{1}{6}(d(2,4) + d(2,5) + d(4,5))$$
$$= \frac{1}{6}(2.98 + 3.31 + 3.86) = 1.692$$

gegeben durch

$$g(\mathbb{K}^1) = h(K_1^1) + h(K_2^1) = 0.93 + 1.692 = 2.622 < 2 \cdot 2 = 2 \cdot |\mathbb{K}^1| \quad .$$

Im zweiten Schritt ist

$$a_2 = \max_{\substack{K_{i_1}^1, K_{i_2}^2 \in \mathbb{K}^1 \\ i_1 \neq i_2}} |K_{i_1}^1 \cap K_{i_2}^1| = |K_1^1 \cap K_2^1| = |\emptyset| = 0 \quad ,$$

und die Klassen K_1^1 und K_2^1 werden vereinigt. Mit

$$\tilde{\mathbb{K}}^2 = \{K_1^1, K_2^1, K_1^1 \cup K_2^1\}$$

ist

$$\mathbb{K}^2 = \{K_1^1 \cup K_2^1\} = \{K_1^2\} = K_1^2 = \{1,2,3,4,5\} \quad ,$$

und es ergibt sich

$$g(\mathbb{K}^2) = h(K_1^2) = \frac{1}{20} \sum_{\substack{j<k \\ j,k \in K_1^2}} d(j,k) = \frac{1}{20} \cdot 26.24 = 1.312 < 2 \cdot 1 = 2 \cdot |\mathbb{K}^2| \quad .$$

Da hier in jedem Schritt

$$g(\mathbb{K}^t) < \tilde{g}^t = 2 \cdot |\mathbb{K}^t|$$

gilt, wird das Verfahren nicht im Vorhinein abgebrochen.

Die Quasihierarchie, die in Abb.11 in Form eines "Stammbaums" dargestellt ist, ergibt sich also wegen $K_1^o = K_1^1$ zu

$$\mathbb{K} = \{\mathbb{K}^o, \mathbb{K}^1, \mathbb{K}^2\} = \{K_1^o, K_2^o, K_3^o, K_1^1, K_2^1, K_1^2\} = \{K_1^o, K_2^o, K_3^o, K_2^1, K_1^2\} \quad .$$

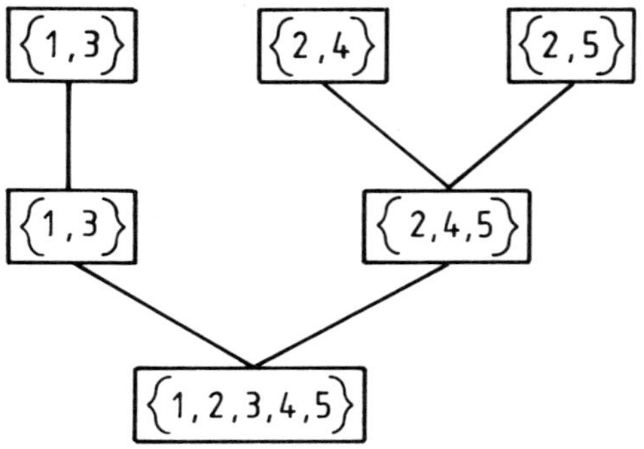

Abb.11: Quasihierarchie für fünf Autohersteller

6 EIN VERFAHREN ZUR KONSTRUKTION EINER HIERARCHIE

Hierarchien sind neben Partitionen wohl die wichtigsten und meistverwandten Klassifikationen, da sie auch sehr feine Strukturen in einer Objektmenge erkennen lassen und sehr übersichtlich und somit gut interpretierbar sind. Hierarchien werden durch eine Folge $K^0, K^1, K^2, \ldots$ von Partitionen gebildet, die ja jeweils eine Zerlegung der Objektmenge in disjunkte Klassen darstellen.

Die Konstruktion einer Hierarchie kann *divisiv* erfolgen, d.h. ausgehend von einer groben Partition der Objektmenge werden schrittweise immer feinere Partitionen gebildet. Eine solche divisiv konstruierte Hierarchie ist natürlich dann exhaustiv, wenn die grobe Anfangspartition schon alle Objekte enthält, und sonst nichtexhaustiv.

Die bekanntesten Konstruktionsverfahren für Hierarchien arbeiten jedoch *agglomerativ*, d.h. ausgehend von einer feinen Anfangspartition werden Schritt für Schritt Vergröberungen vorgenommen. Wir wollen hier nun das wohl beliebteste agglomerative Verfahren zur Konstruktion einer Hierarchie K vorstellen.

Ausgehend von den n einelementigen Klassen $K_1^0 = \{1\}$, $K_2^0 = \{2\}, \ldots, K_n^0 = \{n\}$, die die Anfangspartition K^0 für die n interessierenden Objekte bilden, werden in jedem Schritt die beiden Klassen zusammengefaßt, die minimal verschieden sind, bis nur noch eine Klasse übrigbleibt. Die Partition K^{t-1} für t=1,...,n besteht also aus n-t-1 Klassen K_i^{t-1}; von diesen insgesamt $n! = 1 \cdot 2 \cdot 3 \cdot \ldots \cdot n$ Klassen sind nur 2n-1 Klassen verschieden, so daß die gebildete Hierarchie stets aus 2n-1 Klassen besteht.

Welche Klassen $K_{i_1}^{t-1}$, $K_{i_2}^{t-1}$ sind nun aber im t-ten Schritt (in der (t-1) - ten Partition) minimal verschieden? Um diese Frage zu entscheiden, verwendet man eines der in Abschnitt 2 angegebenen Verschiedenheitsmaße $v(K_{i_1}^{t-1},K_{i_2}^{t-1})$ für Partitionen. Die minimal verschiedenen Klassen sind dann gegeben als diejenigen Klassen $K_{i_1^*}^{t-1}$, $K_{i_2^*}^{t-1}$, für die gilt

$$v(K_{i_1^*}^{t-1},K_{i_2^*}^{t-1}) = \min_{\substack{i_1,i_2\in\{1,\ldots,n-t-1\}\\ i_1\neq i_2}} v(K_{i_1}^{t-1},K_{i_2}^{t-1}) \quad .$$

Ausgehend von der Anfangspartition

$$\mathcal{K}^0 = \{K_1^0,\ldots,K_n^0\} \quad \text{mit} \quad K_i^0 = \{i\}$$

wird also im t-ten Schritt (t=1,2,...,n-1) die Partition

$$\mathcal{K}^t = \{K_1^t,\ldots,K_{n-t}^t\}$$

bestimmt. Dazu werden zunächst i_1^* und i_2^* gesucht, so daß gilt

$$v(K_{i_1^*}^{t-1},K_{i_2}^{t-1}) = \min_{\substack{i_1,i_2\in\{1,\ldots,n-t-1\}\\ i_1\neq i_2}} v(K_{i_1}^{t-1},K_{i_2}^{t-1}) \quad ,$$

wodurch sich die Klassen K_i^t zu

$$K_i^t = \begin{cases} K_{i_1^*}^{t-1} \cup K_{i_2^*}^{t-1} & \text{, für } i = \min\{i_1^*,i_2^*\} \\ K_{i+1}^{t-1} & \text{, für } i \geq \max\{i_1^*,i_2^*\} \\ K_i^{t-1} & \text{, sonst} \end{cases}$$

ergeben.

Bei diesem Verfahren werden häufig die Verschiedenhaeitsmaße single linkage, complete linkage oder average linkage verwendet; besonders oft wird wohl single linkage

$$v(K_{i_1},K_{i_2}) = \min_{j\in K_{i_1},k\in K_{i_2}} d(j,k)$$

verwandt, dessen Vorteil es ist, auch sehr verzweigte Klassen zu erkennen. Der Nachteil von single linkage ist, daß hier häufig zwei recht unterschiedliche Klassen von Objekten fusioniert werden, nur weil ein einzelnes Objekt direkt zwischen ihnen liegt. Zur Wahl eines adäquaten Verschiedenheitsmaßes vergleiche man auch Sitterberg (1978).

Beispiel: Für die fünf Autohersteller, deren Distanzmatrix D in Abschnitt 3.1 angegeben ist, wollen wir eine Hierarchie konstruieren und dabei das Verschiedenheitsmaß single linkage verwenden.

Die Anfangspartition ist

$$\mathbb{K}^0 = \{K_1,\dots,K_5\} = \left\{\{1\},\dots,\{5\}\right\} \quad ,$$

und im ersten Schritt ist

$$\begin{aligned}\min_{\substack{i_1,i_2\in\{1,\dots,5\}\\ i_1\neq i_2}} v(K^0_{i_1},K^0_{i_2}) &= \min\{d(1,2),d(1,3),d(1,4),d(1,5),d(2,3),\\ &\qquad d(2,4),d(2,5),d(3,4),d(3,5),d(4,5)\}\\ &= d(1,2) = 1.70 \quad ,\end{aligned}$$

so daß sich $i_1^* = 1$, $i_2^* = 2$ und somit die Partition

$$\mathbb{K}^1 = \{K^1_1,K^1_2,K^1_3,K^1_4\}$$

ergibt, wobei

$$K^1_1 = K^0_1 \cup K^0_2 = \{1,2\} \quad , \quad K^1_2 = K^0_3 \quad , \quad K^1_3 = K^0_4 \text{ und } K^1_4 = K^0_5 \quad .$$

Im zweiten Schritt erhalten wir wegen

$$\begin{aligned}\min_{\substack{i_1,i_2\in\{1,\dots,4\}\\ i_1\neq i_2}} v(K^1_{i_1},K^1_{i_2}) &= \min\{v(K^1_1,K^1_2),v(K^1_1,K^1_3),v(K^1_1,K^1_4),\\ &\qquad v(K^1_2,K^1_3),v(K^1_2,K^1_4),v(K^1_3,K^1_4)\}\\ &= \min\,\{\min\{d(1,3),d(2,3)\},\\ &\qquad \min\{d(1,4),d(2,4)\},\\ &\qquad \min\{d(1,5),d(2,5)\},\\ &\qquad d(3,4),d(3,5),d(4,5)\}\\ &= \min\,\{d(1,3),d(2,4),d(1,5),d(3,4),d(3,5),\\ &\qquad d(4,5)\}\\ &= d(1,3) = 1.86\end{aligned}$$

$i_1^* = 1$ und $i_2^* = 2$, so daß sich ergibt:

$$\mathbb{K}^2 = \{K^2_1,K^2_2,K^2_3\} \quad \text{mit} \quad K^2_1 = K^1_1 \cup K^1_2 = \{1,2,3\},\ K^2_2 = K^1_3 \text{ und } K^2_3 = K^1_4 \quad .$$

Weiter ist nun

$$\begin{aligned}\min_{\substack{i_1,i_2\in\{1,2,3\}\\ i_1\neq i_2}} v(K^2_{i_1},K^2_{i_2}) &= \min\{v(K^2_1,K^2_2),v(K^2_1,K^2_3),v(K^2_2,K^2_3)\}\\ &= \min\,\{\min\{d(1,4),d(2,4),d(3,4)\},\\ &\qquad \min\{d(1,5),d(2,5),d(3,5)\},\ d(4,5)\}\end{aligned}$$

$$= \min\{d(3,4), d(1,5), d(4,5)\}$$

$$= d(3,4) = 2.11 \quad ,$$

so daß wir wegen $i_1^* = 1$ und $i_2^* = 2$ gerade erhalten:

$$\mathbb{K}^3 = \{K_1^3, K_2^3\} \quad \text{mit} \quad K_1^3 = K_1^2 \cup K_2^2 = \{1,2,3,4\} \text{ und } K_2^3 = K_3^2 \quad .$$

Im letzten ((n-1) - ten) Schritt werden auch noch die beiden verbleibenden Klassen zusammengeschlossen:

$$\mathbb{K}^4 = K_1^4 = \Big\{\{1,2,3,4,5\}\Big\} = \{K_1^3 \cup K_2^3\} \quad .$$

Die so entstandene Hierarchie $\mathbb{K}$ besteht nun aus den $2 \cdot 5 - 1 = 9$ Klassen

$$K_1 = K_1^0 = \{1\},\ K_2 = K_2^0 = \{2\},\ K_3 = K_3^0 = K_2^1 = \{3\},$$

$$K_4 = K_4^0 = K_3^1 = K_2^2 = \{4\},\ K_5 = K_5^0 = K_4^1 = K_3^2 = K_2^3 = \{5\},$$

$$K_6 = K_1^0 \cup K_2^0 = K_1^1 = \{1,2\},\ K_7 = K_1^0 \cup K_2^0 \cup K_3^0 = K_1^1 \cup K_2^1 = K_1^2 = \{1,2,3\},$$

$$K_8 = K_1^0 \cup K_2^0 \cup K_3^0 \cup K_4^0 = K_1^1 \cup K_2^1 \cup K_3^1 = K_1^2 \cup K_2^2 = K_1^3 = \{1,2,3,4\} \text{ und}$$

$$K_9 = K_1^0 \cup K_2^0 \cup K_3^0 \cup K_4^0 \cup K_5^0 = K_1^1 \cup K_2^1 \cup K_3^1 \cup K_4^1 = K_1^2 \cup K_2^2 \cup K_3^2 = K_1^3 \cup K_2^3 = K_1^4$$
$$= \{1,2,3,4,5\} \quad .$$

Diese Hierarchie läßt sich graphisch etwa wie in Abb.12 darstellen; eine solche Darstellung nennt man *Dendrogramm*. In diesem Dendrogramm ist jede Klasse K_i der Hierarchie $\mathbb{K}$ durch einen Knoten mit der Nummer i repräsentiert.

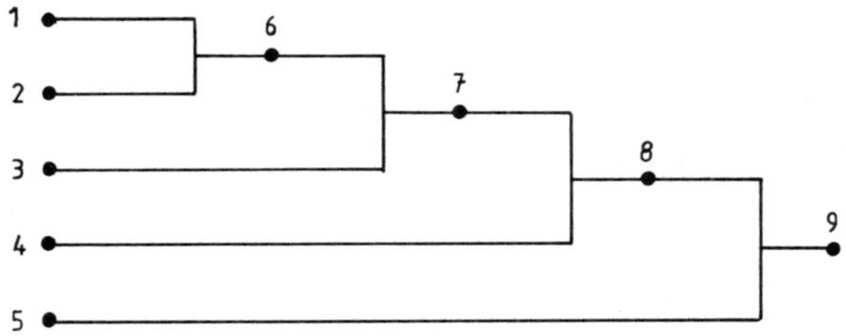

Abb.12: Hierarchie für 5 Autohersteller; Dendrogramm

Daß ein Dendrogramm nicht immer eine so einfache Struktur wie in Abb.12 besitzt, zeigt sich im nachfolgenden Beispiel, wo auch die Auswirkung der unterschiedlichen Heterogenitätsmaße demonstriert wird.

Beispiel: In der Tab.21 des Kap.III sind die Ausprägungen der vier Merkmale Hubraum, Leistung, Verbrauch und Höchstgeschwindigkeit bei 13 PKW - Typen angegeben. Standardisiert man diese Datenmatrix derart, daß von jedem Wert der entsprechende Spaltenmittelwert subtrahiert wird und dann durch die Spaltenstandardabweichung dividiert wird (die sich ergebende standardisierte Datenmatrix wird in der Tab.23 des Kap.VIII angegeben), so erhält man bei Verwendung euklidischer Abstände die in Tab.1 wiedergegebene Distanzmatrix D für die n = 13 PKW - Typen.

Ausgehend von dieser Distanzmatrix D werden nun die exhaustiven Hierarchien angegeben, die sich bei Verwendung der Heterogenitätsmaße single linkage, complete linkage bzw. average linkage ergeben.

Die Hierarchie bei single linakge besteht aus den Klassen

$$K_1 = \{1\},\ K_2 = \{2\},\ K_3 = \{3\},\ K_4 = \{4\},\ K_5 = \{5\},\ K_6 = \{6\},\ K_7 = \{7\},$$
$$K_8 = \{8\},\ K_9 = \{9\},\ K_{10} = \{10\},\ K_{11} = \{11\},\ K_{12} = \{12\},\ K_{13} = \{13\},$$
$$K_{14} = \{1,3\},\ K_{15} = \{1,3,8\},\ K_{16} = \{1,2,3,8\},\ K_{17} = \{5,6\},\ K_{18} = \{9,12\},$$
$$K_{19} = \{1,2,3,8,9,12\},\ K_{20} = \{1,2,3,8,9,12,13\},$$
$$K_{21} = \{1,2,3,8,9,10,12,13\},\ K_{22} = \{1,2,3,5,6,8,9,10,12,13\},$$
$$K_{23} = \{1,2,3,5,6,8,9,10,11,12,13\},\ K_{24} = \{4,7\} \text{ und}$$
$$K_{25} = \{1,2,3,4,5,6,7,8,9,10,11,12,13\} \quad ,$$

wobei die einzelnen Partitionen gerade

$$\mathcal{K}^0 = \{K_1,K_2,K_3,K_4,K_5,K_6,K_7,K_8,K_9,K_{10},K_{11},K_{12},K_{13}\} \ ,$$
$$\mathcal{K}^1 = \{K_2,K_4,K_5,K_6,K_7,K_8,K_9,K_{10},K_{11},K_{12},K_{13},K_{14}\} \ ,$$
$$\mathcal{K}^2 = \{K_2,K_4,K_5,K_6,K_7,K_9,K_{10},K_{11},K_{12},K_{13},K_{15}\} \ ,$$
$$\mathcal{K}^3 = \{K_4,K_5,K_6,K_7,K_9,K_{10},K_{11},K_{12},K_{13},K_{16}\} \ ,$$
$$\mathcal{K}^4 = \{K_4,K_7,K_9,K_{10},K_{11},K_{12},K_{13},K_{16},K_{17}\} \ ,$$
$$\mathcal{K}^5 = \{K_4,K_7,K_{10},K_{11},K_{13},K_{16},K_{17},K_{18}\} \ ,$$
$$\mathcal{K}^6 = \{K_4,K_7,K_{10},K_{11},K_{13},K_{17},K_{19}\} \ ,$$
$$\mathcal{K}^7 = \{K_4,K_7,K_{10},K_{11},K_{17},K_{20}\} \ ,$$
$$\mathcal{K}^8 = \{K_4,K_7,K_{11},K_{17},K_{21}\} \ ,$$

Tab.1: Distanzmatrix D für n = 13 PKW - Typen auf der Basis euklidischer Abstände

PKW - Typ j \ PKW - Typ k	1	2	3	4	5	6	7	8	9	10	11	12	13
1	0.000	0.680	0.507	3.021	2.712	3.411	2.415	0.629	1.198	2.241	1.622	1.679	1.544
2	0.680	0.000	0.880	2.783	3.137	3.823	2.467	1.265	1.700	2.786	1.292	2.094	0.889
3	0.507	0.880	0.000	2.835	3.035	3.736	2.126	0.952	1.453	2.496	1.624	2.053	1.577
4	3.021	2.783	2.835	0.000	5.658	6.352	1.498	3.504	4.182	5.036	1.743	4.606	2.472
5	2.712	3.137	3.035	5.658	0.000	0.714	4.945	2.195	1.595	0.972	4.115	1.068	3.925
6	3.411	3.823	3.736	6.352	0.714	0.000	5.617	2.889	2.298	1.563	4.809	1.762	4.599
7	2.415	2.467	2.126	1.498	4.945	5.617	0.000	2.776	3.463	4.282	2.028	3.972	2.579
8	0.629	1.265	0.952	3.504	2.195	2.889	2.776	0.000	0.765	1.659	2.125	1.202	2.145
9	1.198	1.700	1.453	4.182	1.595	2.298	3.463	0.765	0.000	1.198	2.711	0.730	2.532
10	2.241	2.786	2.496	5.036	0.972	1.563	4.282	1.659	1.198	0.000	3.587	0.941	3.617
11	1.622	1.292	1.624	1.743	4.115	4.809	2.028	2.125	2.711	3.587	0.000	3.055	1.147
12	1.679	2.094	2.053	4.606	1.068	1.762	3.972	1.202	0.730	0.941	3.055	0.000	2.902
13	1.544	0.889	1.577	2.472	3.925	4.599	2.579	2.145	2.532	3.617	1.147	2.902	0.000

$$K^9 = \{K_4, K_7, K_{11}, K_{22}\} \;,$$
$$K^{10} = \{K_4, K_7, K_{23}\} \;,$$
$$K^{11} = \{K_{23}, K_{24}\} \;,$$
$$K^{12} = \{K_{25}\}$$

sind, vgl. Abb.13.

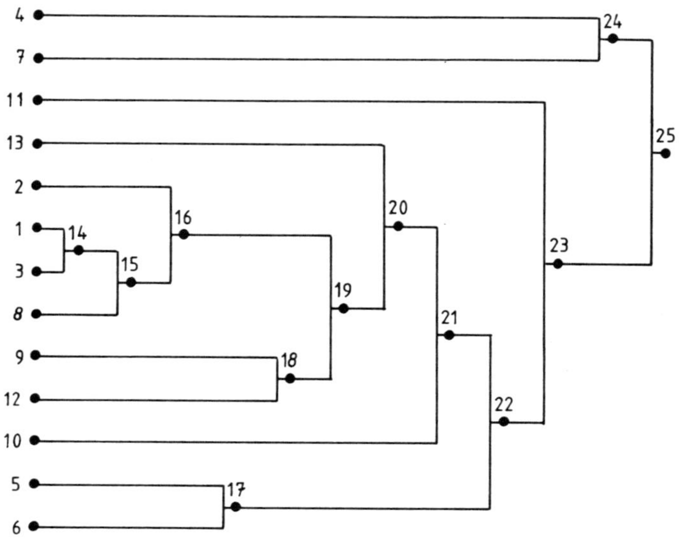

Abb.13: Hierarchie für 13 PKW - Typen bei Verwendung von single linkage

Verwendet man hingegen complete linkage als Heterogenitätsmaß für die Klassen, so entsteht eine Hierarchie aus den Klassen

$K_1 = \{1\}$, $K_2 = \{2\}$, $K_3 = \{3\}$, $K_4 = \{4\}$, $K_5 = \{5\}$, $K_6 = \{6\}$, $K_7 = \{7\}$,
$K_8 = \{8\}$, $K_9 = \{9\}$, $K_{10} = \{10\}$, $K_{11} = \{11\}$, $K_{12} = \{12\}$, $K_{13} = \{13\}$,
$K_{14} = \{1,3\}$, $K_{15} = \{5,6\}$, $K_{16} = \{9,12\}$, $K_{17} = \{1,2,3\}$, $K_{18} = \{11,13\}$,
$K_{19} = \{9,10,12\}$, $K_{20} = \{1,2,3,8\}$, $K_{21} = \{4,7\}$, $K_{22} = \{1,2,3,8,11,13\}$,
$K_{23} = \{5,6,9,10,12\}$, $K_{24} = \{1,2,3,4,7,8,11,13\}$ und
$K_{25} = \{1,2,3,4,5,6,7,8,9,10,11,12,13\}$,

die folgende Partitionen, vgl. auch Abb.14, bilden:

$$K^0 = \{K_1, K_2, K_3, K_4, K_5, K_6, K_7, K_8, K_9, K_{10}, K_{11}, K_{12}, K_{13}\} \;,$$

$K^1 = \{K_2, K_4, K_5, K_6, K_7, K_8, K_9, K_{10}, K_{11}, K_{12}, K_{13}, K_{14}\}$,

$K^2 = \{K_2, K_4, K_7, K_8, K_9, K_{10}, K_{11}, K_{12}, K_{13}, K_{14}, K_{15}\}$,

$K^3 = \{K_2, K_4, K_7, K_8, K_{10}, K_{11}, K_{13}, K_{14}, K_{15}, K_{16}\}$,

$K^4 = \{K_4, K_7, K_8, K_{10}, K_{11}. K_{13}. K_{15}, K_{16}, K_{17}\}$,

$K^5 = \{K_4, K_7, K_8, K_{10}, K_{15}, K_{16}, K_{17}, K_{18}\}$,

$K^6 = \{K_4, K_7, K_8, K_{15}, K_{17}, K_{18}, K_{19}\}$,

$K^7 = \{K_4, K_7, K_{15}, K_{18}, K_{19}, K_{20}\}$,

$K^8 = \{K_{15}, K_{18}, K_{19}, K_{20}, K_{21}\}$,

$K^9 = \{K_{15}, K_{19}, K_{21}, K_{22}\}$,

$K^{10} = \{K_{21}, K_{22}, K_{23}\}$,

$K^{11} = \{K_{23}, K_{24}\}$,

$K^{12} = \{K_{25}\}$.

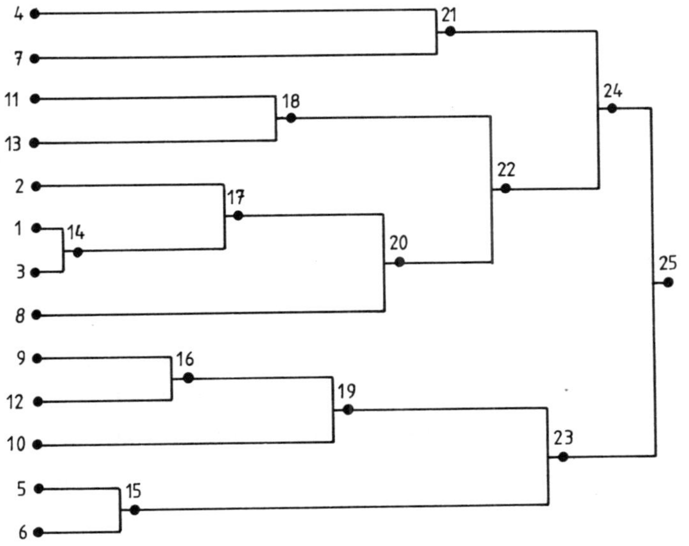

Abb.14: Hierarchie für 13 PKW - Typen bei Verwendung von complete linkage

Schließlich ergibt sich mit dem Heterogenitätsmaß average linkage eine Hierarchie für die 13 PKW - Typen, die aus den Klassen

$K_1 = \{1\}$, $K_2 = \{2\}$, $K_3 = \{3\}$, $K_4 = \{4\}$, $K_5 = \{5\}$, $K_6 = \{6\}$, $K_7 = \{7\}$,

$K_8 = \{8\}$, $K_9 = \{9\}$, $K_{10} = \{10\}$, $K_{11} = \{11\}$, $K_{12} = \{12\}$, $K_{13} = \{13\}$,

$K_{14} = \{1,3\}$, $K_{15} = \{5,6\}$, $K_{16} = \{9,12\}$, $K_{17} = \{1,2,3\}$, $K_{18} = \{1,2,3,8\}$,

$K_{19} = \{9,10,12\}$, $K_{20} = \{11,13\}$, $K_{21} = \{4,7\}$, $K_{22} = \{5,6,9,10,12\}$,

$K_{23} = \{1,2,3,8,11,13\}$, $K_{24} = \{1,2,3,4,7,8,11,13\}$ und

$K_{25} = \{1,2,3,4,5,6,7,8,9,10,11,12,13\}$

besteht, vgl. Abb.15; die Partitionen, die auf den einzelnen Stufen der Hierarchie entstehen, sind also

$$\mathfrak{K}^0 = \{K_1, K_2, K_3, K_4, K_5, K_6, K_7, K_8, K_9, K_{10}, K_{11}, K_{12}, K_{13}\} ,$$
$$\mathfrak{K}^1 = \{K_2, K_4, K_5, K_6, K_7, K_8, K_9, K_{10}, K_{11}, K_{12}, K_{13}, K_{14}\} ,$$
$$\mathfrak{K}^2 = \{K_2, K_4, K_7, K_8, K_9, K_{10}, K_{11}, K_{12}, K_{13}, K_{14}, K_{15}\} ,$$
$$\mathfrak{K}^3 = \{K_2, K_4, K_7, K_8, K_{10}, K_{11}, K_{13}, K_{14}, K_{15}, K_{16}\} ,$$
$$\mathfrak{K}^4 = \{K_4, K_7, K_8, K_{10}, K_{11}, K_{13}, K_{15}, K_{16}, K_{17}\} ,$$
$$\mathfrak{K}^5 = \{K_4, K_7, K_{10}, K_{11}, K_{13}, K_{15}, K_{16}, K_{18}\} ,$$
$$\mathfrak{K}^6 = \{K_4, K_7, K_{11}, K_{13}, K_{15}, K_{18}, K_{19}\} ,$$
$$\mathfrak{K}^7 = \{K_4, K_7, K_{15}, K_{18}, K_{19}, K_{20}\} ,$$
$$\mathfrak{K}^8 = \{K_{15}, K_{18}, K_{19}, K_{20}, K_{21}\} ,$$
$$\mathfrak{K}^9 = \{K_{18}, K_{20}, K_{21}, K_{22}\} ,$$
$$\mathfrak{K}^{10} = \{K_{21}, K_{22}, K_{23}\} ,$$
$$\mathfrak{K}^{11} = \{K_{22}, K_{24}\} ,$$
$$\mathfrak{K}^{12} = \{K_{25}\} .$$

Man sieht hier recht deutlich, daß bei Verwendung von single linkage große Klassen sehr früh vereinigt werden. Bei complete linkage entstehen viele kleine Klassen, und bei average linkage erhält man zwar zunächst kleine Klassen, die aber dann doch recht schnell größer werden.

Im ersten Beispiel haben wir gesehen, daß in jedem Schritt die Verschiedenheit der neu gebildeten Klassen und jeder anderen Klasse neu berechnet werden muß. Ist die Anzahl n der zu klassifizierenden Objekte sehr groß, so ist dieses Verfahren recht aufwendig. Daher wollen wir hier eine Rekursionsformel angeben, die die Berechnung dieser Verschiedenheit im t-ten Schritt aufgrund der Verschiedenheit im vorhergehenden (t-1)-ten Schritt ermöglicht, falls eines der Verschiedenheitsmaße single linkage, complete linkage oder average linkage verwandt wird. Es ist für $t=1,2,\ldots,n-1$

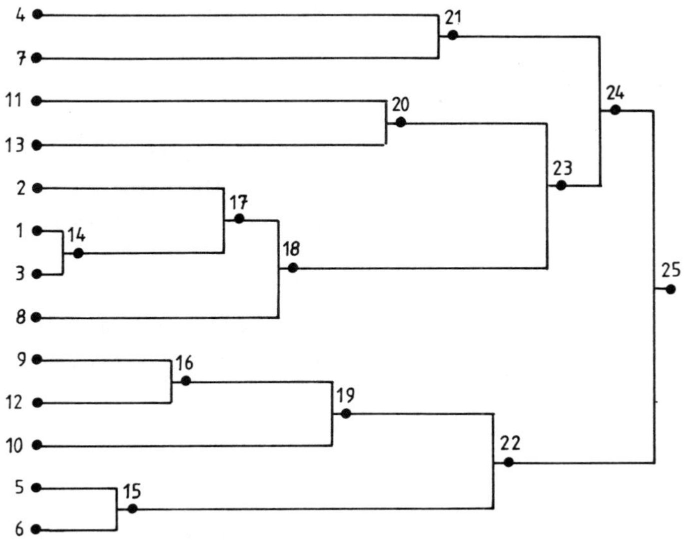

Abb.15: Hierarchie für 13 PKW - Typen bei Verwendung von average linkage

$$v(K_{i_1^*}^{t-1} \cup K_{i_2^*}^{t-1}, K_i^t) = \alpha_1 \cdot v(K_{i_1^*}^{t-1}, K_i^t) + \alpha_2 \cdot v(K_{i_2^*}^{t-1}, K_i^t) + \alpha_3 \cdot |v(K_{i_1^*}^{t-1}, K_i^t) - v(K_{i_2^*}^{t-1}, K_i^t)| \quad ,$$

wobei die zu verwendenden Parameter α_1, α_2 und α_3 in Tab.2 angegeben sind.

Tab.2: Parameter der Rekursionsformel für Verschiedenheitsmaße

Verschiedenheitsmaß	α_1	α_2	α_3
single linkage	0.5	0.5	0.5
complete linkage	0.5	0.5	0.5
average linkage	$\frac{\lvert K_{i_1^*}^{t-1}\rvert}{\lvert K_{i_1^*}^{t-1}\rvert + \lvert K_{i_2^*}^{t-1}\rvert}$	$\frac{\lvert K_{i_2^*}^{t-1}\rvert}{\lvert K_{i_1^*}^{t-1}\rvert + \lvert K_{i_2^*}^{t-1}\rvert}$	0

Ertweiterungen dieser Rekursionsformel auf weitere Verschiedenheitsmaße findet man etwa bei Cormack (1971), Bock (1973) oder Jambu (1978).

Eine nichtexhaustive Hierarchie läßt sich mit Hilfe dieses Verfahrens natürlich auch konstruieren, wenn man Klassen der Anfangspartition $\mathcal{K}^0$ wegläßt; dies ist aber nicht besonders sinnvoll.

Selbstverständlich kann bei diesem Verfahren auch mit vorgegebener Klassenzahl m gearbeitet werden. Für exhaustive Hierarchien muß allerdings $n \leq m \leq 2n-1$ gewählt werden; für $m = n + t$ $(t=0,1,\ldots,n-1)$ wird das Verfahren nach dem t-ten Schritt abgebrochen.

Ein Abbruch des Verfahrens läßt sich jedoch auch anders erreichen. Und zwar geht man häufig so vor, daß man eine Schranke $\tilde{v}$ vorgibt und das Verfahren abbricht, wenn zum ersten Mal gilt:

$$v(K_{i_1^*}^{t-1}, K_{i_2^*}^{t-1}) > \tilde{v} \quad .$$

Die Klassenverschiedenheiten werden oft auch direkt zur Bewertung der Güte einer Stufe $\mathcal{K}^t$ der Hierarchie verwandt und im Dendrogramm eingetragen. Es ist dann

$$g(\mathcal{K}^t) = v(K_{i_1^*}^{t-1}, K_{i_2^*}^{t-1}) \quad ,$$

also die Verschiedenheit der auf dieser Stufe fusionierten Klassen. Natürlich ist $g(\mathcal{K}^0) = 0$.

Beispiel: Weiter oben haben wir eine Hierarchie für 5 Autohersteller konstruiert und sie in Abb.12 in Form eines Dendrogramms dargestellt. Trägt man die Güte der einzelnen Partitionen der Hierarchie, die im Beispiel gerade

$$g(\mathcal{K}^0) = 0 \ ,$$
$$g(\mathcal{K}^1) = v(K_1^0, K_2^0) = d(1,2) = 1.70 \ ,$$
$$g(\mathcal{K}^2) = v(K_1^1, K_2^1) = d(1,3) = 1.86 \ ,$$
$$g(\mathcal{K}^3) = v(K_1^2, K_2^2) = d(3,4) = 2.11 \text{ und}$$
$$g(\mathcal{K}^4) = v(K_1^3, K_2^3) = d(4,5) = 3.86$$

sind, in das Dendrogramm ein, so ergibt sich Abb.16.

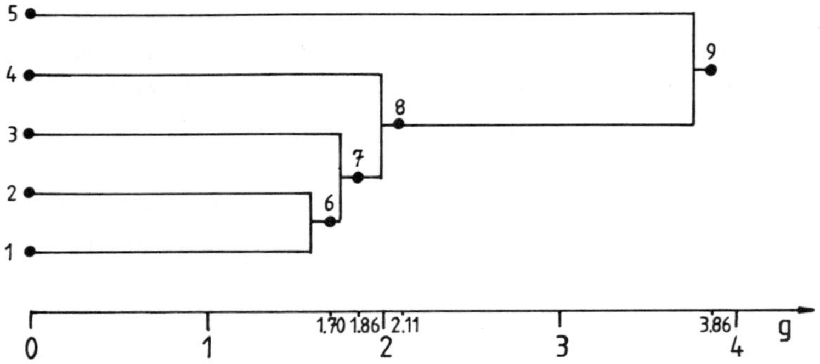

Abb.16: Dendrogramm für fünf Autohersteller mit Güteskala

7 KLASSENZUORDNUNG NEUER OBJEKTE - DISKRIMINATION, IDENTIFIKATION

Wie bereits in der Einleitung zu diesem Kapitel erwähnt, ist es natürlich möglich, daß die n Objekte, für die eine Clusteranalyse durchgeführt wird, nur eine Stichprobe aus einer größeren Grundgesamtheit von Objekten darstellen ("Lernstichprobe").

Nach Bestimmung einer Klassifikation für die n Objekte ist man dann oft daran interessiert, auch weitere, neue Objekte aus der Grundgesamtheit zu klassifizieren, ohne den Klassifikationsprozeß für alle nun interessierenden Objekte zu wiederholen, d.h. die neuen Objekte sollen einer der Klassen der für n Objekte bestimmten Klassifikation zugeordnet werden.

Sind die Klassen einer Klassifikation disjunkt, ist die Klassifikation also *eine Partition*, so kann man, falls eine quantitiative Datenmatrix für p an den n Objekten beobachtete Merkmale vorliegt, natürlich die Methoden der Diskrimination aus Kap.IV und V verwenden, wenn die p Merkmale zudem in der Grundgesamtheit als angenähert normalverteilt betrachtet werden können. Liegt eine beliebige Datenmatrix vor, so kann diese mittels der Methoden aus Kap.V zunächst skaliert werden. (Quantitative (nicht normalverteilte) Merkmale können ja zunächst kategorisiert werden (Senkung des Skalenniveaus), was zusätzlich einen Robustheitsgewinn gegenüber Meßungenauigkeiten mit sich bringt, und anschließend auch skaliert werden.) Dann sind zur Identifikation wieder alle diesbezüglichen in Kap.IV und V vorgestellten Methoden verwendbar. Ebenfalls auf die dortigen Ausführungen sei verwiesen im Hinblick auf die verschiedensten Anwendungsmöglichkeiten von Diskriminationsverfahren, insbesondere auch als Prognoseverfahren anstelle der "diskreten Regression" (z.B. Logit - Analyse, vgl. Kap.II), deren Verfahren allerdings auch umgekehrt als Diskriminationsverfahren verwandt werden können.

Andere Methoden der Identifikation neuer Objekte sind ausgehend von Distanzindizes denkbar. Hat man für n Objekte aus einer Grundgesamtheit *eine Partition* oder *eine Überdeckung*

$$\mathbb{K} = \{K_1, \ldots, K_m\}$$

konstruiert, so kann man etwa wie folgt vorgehen. Für ein neues, zu klassifizierendes Objekt j aus der Grundgesamtheit bestimmt man die Distanzindizes d(j,k) dieses neuen Objektes zu jedem bereits klassifizierten Objekt k=1,...,n und ordnet dann das Objekt j in die Klasse K_{i*} ein, deren Homogenität dadurch minimal vergrößert wird:

$$h(K_{i*} \cup \{j\}) - h(K_{i*}) = \min_{K_i \in \mathbb{K}} (h(K_i \cup \{j\}) - h(K_i)) \quad .$$

Als Homomgenitätsmaß läßt sich hier eines der in Abschnitt 2.1 angegebenen verwenden.

Beispiel: In Abschnitt 3 haben wir eine Überdeckung

$$\mathbb{K} = \{K_1, K_2, K_3\}$$

mit

$$K_1 = \{3,4\} \quad , \quad K_2 = \{1,2,3\} \text{ und } K_3 = \{1,3,5\}$$

für fünf Autohersteller, ausgehend vom Homogenitätsmaß

$$h(K_i) = \max_{j,k \in K_i} d(j,k)$$

bestimmt.

Nun möchten wir einen weiteren Hersteller j = 6 ("American Schrottcars") einer dieser Klassen zuordnen. Die Distanzindizes dieses Herstellers zu den Herstellern 1,...,5 mögen durch

$$d(6,1) = 2.35,\ d(6,2) = 3.02,\ d(6,3) = 2.15,\ d(6,4) = 2.80 \text{ und}$$
$$d(6,5) = 3.40$$

gegeben sein.

Mit Hilfe der Distanzmatrix D für die ursprünglichen fünf Hersteller, vgl. Abschnitt 3.1, bestimmen wir nun die Klasse, in die der neue Hersteller eingeordnet wird. Es ist

$$\min_{K_i \in \mathbb{K}} (h(K_i \cup \{j\}) - h(K_i))$$

$$= \min\{h(K_1 \cup \{6\}) - h(K_1), h(K_2 \cup \{6\}) - h(K_2), h(K_3 \cup \{6\}) - h(K_3)\}$$

$$= \min\{d(6,4) - d(3,4), d(6,2) - d(2,3), d(6,5) - d(1,5)\}$$

$$= \min\{2.80 - 2.11, 3.02 - 1.97, 3.40 - 2.70\} = \min\{0.69, 1.05, 0.70\}$$

$$= 0.69$$

$$= h(K_1 \cup \{6\}) - h(K_1) \quad ,$$

so daß Hersteller 6 der Klasse K_1 zugeordnet wird. ⌋

Nun wollen wir noch ein Verfahren vorstellen, das neue Objekte den Klassen einer mittels des Verfahrens aus Abschnitt 6 konstruierten *Hierarchie* zuordnet; es verwendet die Distanzindizes eines neuen Objektes zu den n Objekten aus der Hierarchie und das Verschiedenheitsmaß single linkage:

$$v(K_{i_1}, K_{i_2}) = \min_{j \in K_{i_1}, k \in K_{i_2}} d(j,k)$$

Soll ein neues Objekt j den Klassen einer Hierarchie $\mathbb{K}$, die aus einer Folge $\mathbb{K}^o, \mathbb{K}^1, \ldots, \mathbb{K}^{n-1}$ von Partitionen gebildet wird, zugeordnet werden, so muß es, damit der Klassifikationstyp "Hierarchie" erhalten bleibt, je einer Klasse jeder der n Partitionen zugeordnet werden. Es gehört somit auf jeden Fall zur einzigen Klasse K_1^{n-1} der Partition $\mathbb{K}^{n-1}$. Die Partition $\mathbb{K}^{n-2}$ besteht aus zwei Klassen (K_1^{n-1} ist in zwei Klassen aufgespalten); eine von ihnen muß das Objekt j aufnehmen. Dies ist die Klasse K_{i*}^{n-2}, für die gilt

$$v(K_{i*}^{n-2}, \{j\}) = \min_{i=1,2} v(K_i^{n-2}, \{j\}) \quad .$$

Besteht diese Klasse aus mehr als zwei Elementen, so wird sie in einer feineren Partition erneut in zwei Klassen gespalten. Dort wird dann das Objekt j der Klasse zugeordnet, der es am ähnlichsten ist, usw., bis j einer Klasse zugeordnet wird, die nur ein einziges Element enthält. Wir wollen dieses Verfahren an einem Beispiel verdeutlichen.

Beispiel: In Abschnitt 6 haben wir eine Hierarchie für n = 5 Autohersteller konstruiert. Diese bildet eine Folge von n = 5 Partitionen und besteht aus 2n-1 = 9 Klassen:

$$\mathbb{K} = \{K_1, K_2, \ldots, K_9\}$$

mit

$$K_1 = \{1\} \ , \quad K_2 = \{2\} \ , \quad K_3 = \{3\} \ , \quad K_4 = \{4\} \ , \quad K_5 = \{5\} \ , \quad K_6 = \{1,2\} \ ,$$

$$K_7 = \{1,2,3\}\ ,\quad K_8 = \{1,2,3,4\} \text{ und } K_9 = \{1,2,3,4,5\}\quad .$$

Die 5 Partitionen waren

$$\mathfrak{K}^0 = \{K_1, K_2, K_3, K_4, K_5\}\ ,$$
$$\mathfrak{K}^1 = \{K_3, K_4, K_5, K_6\}\ ,$$
$$\mathfrak{K}^2 = \{K_4, K_5, K_7\}\ ,$$
$$\mathfrak{K}^3 = \{K_5, K_8\} \text{ und}$$
$$\mathfrak{K}^4 = \{K_9\}\quad .$$

Nun sollen drei weitere Hersteller j_1, j_2 und j_3 den Klassen der Hierarchie $\mathfrak{K}$ zugeordnet werden. Die Distanzindizes sind in der erweiterten (nur soweit gebrauchten) Distanzmatrix $\tilde{D}$ in Tab.3 angegeben.

Tab.3: Erweiterte Distanzmatrix D für 8 Hersteller

Hersteller k \ Hersteller j	1	2	3	4	5	j_1	j_2	j_3
1	0.00	1.70	1.86	3.05	2.70	2.84	3.10	3.05
2	1.70	0.00	1.97	2.98	3.31	3.60	2.17	1.52
3	1.86	1.97	0.00	2.11	2.70	1.96	2.90	3.50
4	3.05	2.98	2.11	0.00	3.86	3.20	2.35	2.73
5	2.70	3.31	2.70	3.86	0.00	2.95	1.75	1.65
j_1	2.84	3.60	1.96	3.20	2.95			
j_2	3.10	2.17	2.90	2.35	1.75			
j_3	3.05	1.52	3.50	2.73	1.65			

Das Objekt j_1 wird natürlich der Klasse K_9 der gröbsten Partition $\mathfrak{K}^4$ zugeordnet. In Partition $\mathfrak{K}^3$ gehört es zur Klasse K_8, denn

$$\begin{aligned} v(K_8,\{j_1\}) &= \min\{v(K_5,\{j_1\}), v(K_8,\{j_1\})\} \\ &= \min\{\min_{k\in K_5} d(k,j_1), \min_{k\in K_8} d(k,j_1)\} \\ &= \min\{d(5,j_1), d(3,j_1)\} = \min\{2.95, 1.96\} \\ &= 1.96 \quad . \end{aligned}$$

Die Klasse K_8 spaltet sich dann in die Klassen K_4 und K_7. Das Objekt j_1 wird K_7 zugeordnet, denn

$$v(K_7,\{j_1\}) = \min\{v(K_4,\{j_1\}), v(K_7,\{j_1\})\} = d(3,j_1) = 1.96 \quad .$$

K_7 spaltet sich in die Klassen K_6 und K_3, von denen j_1 nun der (bisher) einelementigen Klasse K_3 zugeordnet wird, weil

$$v(K_3,\{j_1\}) = \min\{v(K_3,\{j_1\}),v(K_6,\{j_1\})\} = 1.96$$

ist. Damit ist der Zuordnungsprozeß für j_1 beendet.

Das Objekt j_2 gehört zur Klasse K_9 und zur einelementigen Klasse K_5, denn

$$v(K_5,\{j_2\}) = \min\{v(K_5,\{j_2\}),v(K_8,\{j_2\})\} = 1.75 \quad ,$$

und die Zuordnung von j_2 ist beendet.

Schließlich wird j_3 den Klassen K_9, K_8, K_7, K_6 und K_2 zugeordnet, da gilt

$$v(K_8,\{j_3\}) = \min\{v(K_5,\{j_3\}),v(K_8,\{j_3\})\} = 1.52 \quad ,$$

$$v(K_7,\{j_3\}) = \min\{v(K_4,\{j_3\}),v(K_7,\{j_3\})\} = 1.52 \quad ,$$

$$v(K_6,\{j_3\}) = \min\{v(K_3,\{j_3\}),v(K_6,\{j_3\})\} = 1.52 \quad ,$$

und

$$v(K_2,\{j_3\}) = \min\{v(K_1,\{j_3\}),v(K_2,\{j_3\})\} = 1.52 \quad .$$

Die Zuordnung der neuen Objekte j_1, j_2 und j_3 kann man im Dendrogramm, z.B. wie in Abb.17, deutlich machen.

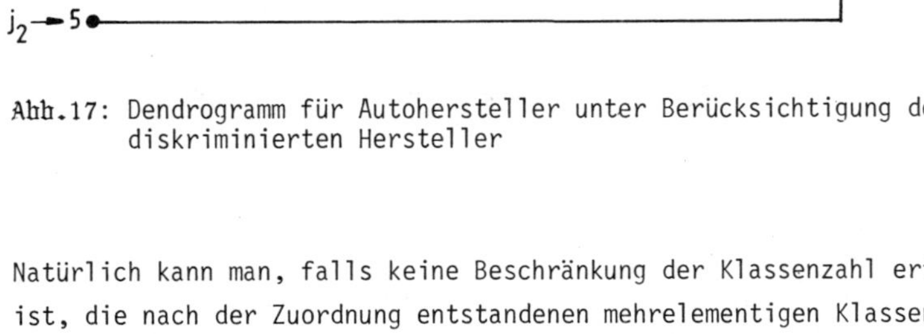

Abb.17: Dendrogramm für Autohersteller unter Berücksichtigung der neuen, diskriminierten Hersteller

Natürlich kann man, falls keine Beschränkung der Klassenzahl erforderlich ist, die nach der Zuordnung entstandenen mehrelementigen Klassen auf der untersten Stufe der Hierarchie weiter aufspalten, bis nur noch einelementige Klassen vorliegen. In Abb.18 ist eine solche Spaltung für unser *Beispiel* graphisch dargestellt.

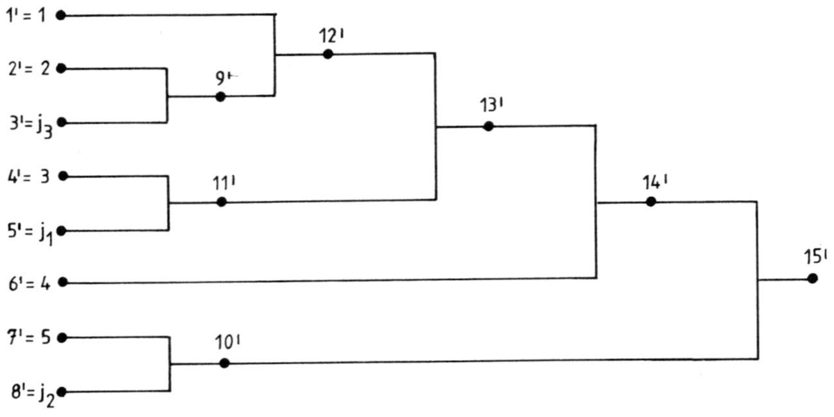

Abb.18: Dendrogramm für Autohersteller bei vollständiger Aufspaltung in einelementige Klassen

8 EIN ZUSAMMENFASSENDES BEISPIEL

Um die Verfahren und Vorgehensweisen der Clusteranalyse noch einmal zu verdeutlichen, wollen wir hier zusammenhängend das folgende Beispiel betrachten.

In der Tab.4 sind die Indizes der Lebenshaltungskosten einiger europäischer Länder für die Jahre 1960 bis 1964 ausgehend von 100 im Basisjahr 1958 angegeben; unterschiedliche zugrundeliegende Warenkörbe, vgl. etwa Kap.I in Hartung et al. (1982), tuen der Vergleichbarkeit wohl keinen Abbruch, da es hier im wesentlichen auf die jeweiligen Steigerungsraten ankommt.

Tab.4: Index der Lebenshaltungskosten einiger Länder mit Basisjahr 1958

Land (j)	1960	1961	1962	1963	1964
BR Deutschland (1)	102	105	108	111	114
Belgien (2)	102	103	104	106	111
Großbritannien (3)	102	105	109	112	115
Italien (4)	103	104	109	117	124
Norwegen (5)	103	106	111	114	120
Österreich (6)	103	106	111	115	119
Portugal (7)	103	106	109	111	115

Aufgrund der enthaltenen Information über die Entwicklung der Lebenshaltungskosten wollen wir hier Clusteranalysen für die Länder durchführen. Dazu berechnen wir zunächst unter Verwendung euklidischer Abstände die Distanzmatrix

$$D = \begin{pmatrix} 0.000 & 7.348 & 1.732 & 11.747 & 7.483 & 7.211 & 2.000 \\ 7.348 & 0.000 & 9.000 & 17.776 & 14.283 & 11.283 & 8.718 \\ 1.732 & 9.000 & 0.000 & 10.344 & 5.916 & 5.568 & 1.732 \\ 11.747 & 17.776 & 10.344 & 0.000 & 5.831 & 6.164 & 11.045 \\ 7.483 & 14.283 & 5.916 & 5.831 & 0.000 & 1.414 & 6.164 \\ 7.211 & 11.283 & 5.568 & 6.164 & 1.414 & 0.000 & 6.000 \\ 2.000 & 8.718 & 1.732 & 11.045 & 6.164 & 6.000 & 0.000 \end{pmatrix}$$

für die sieben Länder, und wollen dann Partitionen und Hierarchien für sie bestimmen. In die Klassen der verschiedenen Klassifikationen sollen dann noch jeweils die Länder Luxemburg (8) mit den Lebenshaltungskosten - Indizes

101 (1960) , 101 (1961) , 102 (1962) , 105 (1963) , 108 (1964)

und Schweiz (9) mit den Indizes

101 (1960) , 103 (1961) , 107 (1962) , 111 (1963) , 114 (1964)

diskriminiert werden. Dazu bestimmen wir an dieser Stelle bereits die erweiterte Distanzmatrix (soweit benötigt)

$$\tilde{D} = \left(\begin{array}{c|cc} & 11.180 & 2.449 \\ & 4.359 & 6.633 \\ & 12.806 & 3.317 \\ D & 21.307 & 11.916 \\ & 18.303 & 8.602 \\ & 18.193 & 8.367 \\ & 12.767 & 4.243 \end{array}\right) .$$

Als Homogenitätsmaß für eine Klasse K_i werden wir hier stets

$$h(K_i) = \frac{1}{|K_i|} \sum_{\substack{j<k \\ j,k \in K_i}} d(j,k) \quad ,$$

als Heterogenitätsmaß für zwei Klassen K_{i_1} und K_{i_2} single linkage, complete linkage oder average linkage, als Gütemaß für die Partition $\mathbb{K}$ stets

$$g(\mathbb{K}) = 2 \cdot |\mathbb{K}| \sum_{K_i \in \mathbb{K}} h(K_i) \Big/ \sum_{\substack{K_{i_1}, K_{i_2} \in \mathbb{K} \\ i_1 \neq i_2}} v(K_{i_1}, K_{i_2})$$

und als Gütemaß für die verschiedenen Stufen von Hierarchien $\mathbb{K}$ stets die Verschiedenheitsmaße selbst verwenden.

Zunächst wollen wir mittels des *iterativen Verfahrens* aus Abschnitt 4.1 eine *exhaustive Partition* in m = 3 Klassen bestimmen, wobei wir als Verschiedenheitsmaß complete linkage verwenden.

Wählt man als Zentralobjekte die Länder Belgien (2), Norwegen (5) und Portugal (7), so ergibt sich die Anfangspartition

$$\mathbb{K}^o = \{K_1^o, K_2^o, K_3^o\} \quad ,$$

wobei

$$K_1^o = \{2\} = \{\text{Belgien}\} \qquad \text{mit } h(K_1^o) = 0.0000 \quad ,$$

$$K_2^o = \{4,5,6\} = \{\text{Italien,Norwegen,Österreich}\} \qquad \text{mit } h(K_2^o) = 4.4697$$

und

$$K_3^o = \{1,3,7\} = \{\text{BR Deutschland,Großbritannien,Portugal}\} \qquad \text{mit } h(K_3^o) = 1.8213 \ .$$

Berücksichtigt man, daß die Klassenheterogenitäten

$$v(K_1^o, K_2^o) = 17.776 \ , \quad v(K_1^o, K_3^o) = 9.000 \text{ und } v(K_2^o, K_3^o) = 11.747$$

sind, so ergibt sich als Güte der Klassifikation der Wert

$$g(\mathbb{K}^o) = 0.9798 \quad ,$$

der sich durch Transferieren eines Objektes in eine andere Klasse auch nicht mehr verbessern läßt. Damit ist also $\mathbb{K}^o$ das (bei diesen Zentralobjekten 2, 5 und 7) lokale Optimum, d.h. es ist

$$\mathbb{K} = \mathbb{K}^o \quad \text{mit} \quad K_1 = K_1^o \ , \quad K_2 = K_2^o \text{ und } K_3 = K_3^o \quad .$$

Da man zu dieser Klassifikation $\mathbb{K}$ auch ausgehend von jeder anderen Anfangsklassifikation gelangt, ist $\mathbb{K}$ sogar das globale Optimum einer Partition in $m = 3$ Klassen.

Wir kommen nun zur *Diskrimination* der Länder Luxemburg (8) und Schweiz (9) in jeweils eine dieser Klassen. Da gilt

$$h(K_1 \cup \{8\}) - h(K_1) = 2.1795 - 0.0000 = 2.1795 \quad ,$$

$$h(K_2 \cup \{8\}) - h(K_2) = 17.8030 - 4.4697 = 13.3333 \quad ,$$

$$h(K_3 \cup \{8\}) - h(K_3) = 10.5542 - 1.8213 = 8.7329 \quad ,$$

wird Luxemburg in die Klasse K_2 diskriminiert:

$$K_2 \cup \{8\} = \{\text{Belgien,Luxemburg}\} \quad .$$

Die Schweiz (9) fällt in die Klasse K_3, d.h.

$$K_3 \cup \{9\} = \{\text{BR Deutschland,Großbritannien,Portugal,Schweiz}\} \quad ,$$

denn dadurch wird eine minimale Homogenitätsvergrößerung erreicht:

$$h(K_1 \cup \{9\}) - h(K_1) = 3.3165 - 0.0000 = 3.3165 \quad ,$$

$$h(K_2 \cup \{9\}) - h(K_2) = 10.5735 - 4.4697 = 6.1038$$

und

$$h(K_3 \cup \{9\}) - h(K_3) = 3.8682 - 1.8213 = 2.0469 \quad .$$

Verwendet man das *rekursive Verfahren* aus Abschnitt 4.2 zur Bestimmung einer *Partition* $\mathbb{K}$ für die sieben Länder, so erhält man bei Wahl des Abbruchkriteriums

$$h(K_i^t) - h(K_i^{t-1}) > \varepsilon = 3$$

für i=1,2,... eine Partition in m = 4 Klassen.

Als Kernelement der Klasse K_1 wählt man entweder Norwegen (5) oder Österreich (6), also z.B.

$$K_1^0 = \{5\} \qquad \text{mit } h(K_1^0) = 0.0000 \quad .$$

Es ist dann

$$K_1^1 = \{5,6\} \qquad \text{mit } h(K_1^1) = 0.7070$$

und

$$K_1^2 = \{5,6,3\} \qquad \text{mit } h(K_1^2) = 4.2993 \quad .$$

Nun ist aber

$$h(K_1^2) - h(K_1^1) = 4.2993 - 0.7070 = 3.5923 > 3 \quad ,$$

so daß gilt

$$K_1 = K_1^1 = \{5,6\} = \{\text{Norwegen,Österreich}\} \quad .$$

Die Klasse K_2 wird dann ausgehend von der Objektmenge

$$\{1,\ldots,7\} - \{5,6\} = \{1,2,3,4,7\}$$

bestimmt. Wählt man als Kernelement Großbritannien (3), d.h.

$$K_2^0 = \{3\} \qquad \text{mit } h(K_2^0) = 0.0000 \quad ,$$

so ergibt sich dann

$$K_2^1 = \{3,1\} \qquad \text{mit } h(K_2^1) = 0.8660 \quad ,$$

$$K_2^2 = \{3,1,7\} \qquad \text{mit } h(K_2^2) = 1.8213$$

und

$$K_2^3 = \{3,1,7,2\} \qquad \text{mit } h(K_2^3) = 7.6325 \quad ,$$

so daß wir erhalten

$$K_2 = K_2^2 = \{1,3,7\} = \{\text{BR Deutschland,Großbritannien,Portugal}\} \quad .$$

Schließlich ist mit

$$K_3^0 = \{2\} \quad , \; h(K_3^0) = 0.0000 \quad ,$$
$$K_3^1 = \{2,4\} \quad , \; h(K_3^1) = 8.8880$$

die Klasse K_3 gegeben durch

$$K_3 = K_3^0 = \{2\} = \{\text{Belgien}\} \quad ,$$

und die Klasse K_4 ist

$$K_4 = \{4\} = \{\text{Italien}\} \quad .$$

Die Güte dieser Partition

$$\mathbb{K} = \{K_1,K_2,K_3,K_4\} = \Big\{\{5,6\},\{1,3,7\},\{2\},\{4\}\Big\}$$

berechnet sich bei Verwendung von complete linkage wegen

$$v(K_1,K_2) = 7.483 \;,\quad v(K_1,K_3) = 14.283 \;,\quad v(K_1,K_4) = 6.164 \quad ,$$
$$v(K_2,K_3) = 9.000 \;,\quad v(K_2,K_4) = 11.747 \;,\quad v(K_3,K_4) = 17.776$$

zu

$$g(\mathbb{K}) = 2\cdot 4\cdot 2.5283/66.453 = 0.3044 \quad .$$

Die *Diskrimination* Luxemburgs (8) und der Schweiz (9) liefert hier folgendes:

$$h(K_1 \cup \{8\}) - h(K_1) = 12.6367 - 0.7070 = 11.9297 \quad ,$$
$$h(K_2 \cup \{8\}) - h(K_2) = 10.5543 - 1.8213 = 8.7330 \quad ,$$
$$h(K_3 \cup \{8\}) - h(K_3) = 2.1795 - 0.0000 = 2.1795 \quad ,$$
$$h(K_4 \cup \{8\}) - h(K_4) = 10.6535 - 0.0000 = 10.6535 \quad ,$$

d.h. Luxemburg wird wiederum der einelementigen Klasse, die nur Belgien enthält (hier K_3) zugeordnet. Die Schweiz wird wegen

$$h(K_1 \cup \{9\}) - h(K_1) = 6.1277 - 0.7070 = 5.4207 \quad ,$$

$$h(K_2 \cup \{9\}) - h(K_2) = 3.8683 - 1.8213 = 2.0470 \quad ,$$

$$h(K_3 \cup \{9\}) - h(K_3) = 3.3165 - 0.0000 = 3.3165 \quad ,$$

$$h(K_4 \cup \{9\}) - h(K_4) = 5.9580 - 0.0000 = 5.9580$$

in die Klasse

$$K_2 = \{\text{BR Deutschland, Großbritannien, Portugal}\}$$

diskriminiert.

Abschließend wollen wir nun ausgehend von der feinsten Partition

$$\mathbf{K}^0 = \{K_1^0, \ldots, K_7^0\} = \Big\{\{1\},\{2\},\{3\},\{4\},\{5\},\{6\},\{7\}\Big\}$$

der sieben Länder *Hierarchien* für sie unter Verwendung der Heterogenitätsmaße single linkage, complete linkage und average linkage bestimmen.

Ausgehend von *single linkage* ergibt sich zunächst

$$\min_{K_{i_1}^0, K_{i_2}^0 \in \mathbf{K}^0} v(K_{i_1}^0, K_{i_2}^0) = v(K_5^0, K_6^0) = v(\{5\},\{6\}) = 1.414 \quad ,$$

d.h.

$$\mathbf{K}^1 = \{K_1^1, \ldots, K_6^1\} = \Big\{\{1\},\{2\},\{3\},\{4\},\{5,6\},\{7\}\Big\} \quad ,$$

und damit dann

$$\min_{K_{i_1}^1, K_{i_2}^1 \in \mathbf{K}^1} v(K_{i_1}^1, K_{i_2}^1) = v(K_1^1, K_3^1) = v(\{1\},\{3\}) = v(K_3^1, K_6^1) = v(\{3\},\{7\}) = 1.732 \quad .$$

Wir wählen hier (zufällig) die Fusionierung der Klassen K_3^1 und K_6^1, so daß sich

$$\mathbf{K}^2 = \{K_1^2, \ldots, K_5^2\} = \Big\{\{1\},\{2\},\{3,7\},\{4\},\{5,6\}\Big\}$$

ergibt mit

$$\min_{K_{i_1}^2, K_{i_2}^2 \in \mathbf{K}^2} v(K_{i_1}^2, K_{i_2}^2) = v(K_1^2, K_3^2) = v(\{1\},\{3,7\}) = 1.732$$

Somit ist

$$\mathbf{K}^3 = \{K_1^3, \ldots, K_4^3\} = \Big\{\{1,3,7\},\{2\},\{4\},\{5,6\}\Big\}$$

gerade identisch mit der zuvor rekursiv konstruierten Partition. Es ergibt sich weiterhin

$$\mathbf{K}^4 = \{K_1^4, K_2^4, K_3^4\} = \Big\{\{1,3,5,6,7\},\{2\},\{4\}\Big\} \quad ,$$

$$\mathbb{K}^5 = \{K_1^5, K_2^5\} = \left\{\{1,3,4,5,6,7\},\{2\}\right\}$$

und

$$\mathbb{K}^6 = K_1^6 = \{1,2,3,4,5,6,7\} \quad .$$

Diese Hierarchie $\mathbb{K}$ mit den Klassen

$$K_1 = \{1\},\quad K_2 = \{2\},\quad K_3 = \{3\},\quad K_4 = \{4\},\quad K_5 = \{5\},\quad K_6 = \{6\},$$

$$K_7 = \{7\},\quad K_8 = \{5,6\},\quad K_9 = \{3,7\},\quad K_{10} = \{1,3,7\},\quad K_{11} = \{1,3,5,6,7\},$$

$$K_{12} = \{1,3,4,5,6,7\} \text{ und } K_{13} = \{1,2,3,4,5,6,7\}$$

ist in Abb.19 graphisch in Form eines Dendrogramms dargestellt.

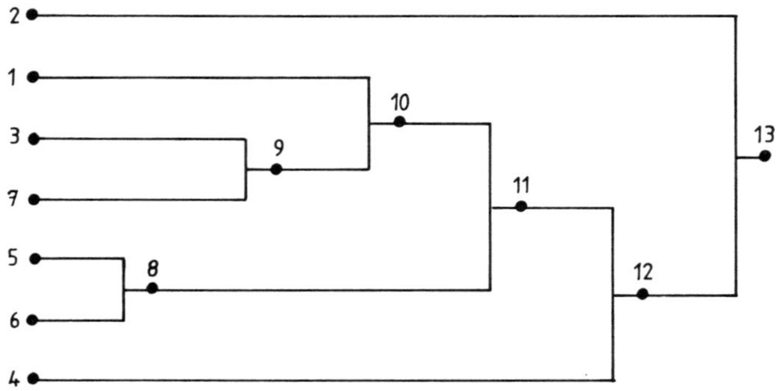

Abb.19: Dendrogramm für sieben europäische Länder bei Verwendung von single linkage

Verwendet man das Heterogenitätsmaß *complete linkage*, so ergeben sich ausgehend von der Anfangspartition

$$\mathbb{K}^0 = \{K_1^0, \ldots, K_7^0\} = \left\{\{1\},\{2\},\{3\},\{4\},\{5\},\{6\},\{7\}\right\}$$

auf den einzelnen Stufen der Hierarchie die Partitionen

$$\mathbb{K}^1 = \{K_1^1, \ldots, K_6^1\} = \left\{\{1\},\{2\},\{3\},\{4\},\{5,6\},\{7\}\right\} \quad ,$$

$$\mathbb{K}^2 = \{K_1^2, \ldots, K_5^2\} = \left\{\{1\},\{2\},\{3,7\},\{4\},\{5,6\}\right\} \quad ,$$

$$\mathbb{K}^3 = \{K_1^3, \ldots, K_4^3\} = \left\{\{1,3,7\},\{2\},\{4\},\{5,6\}\right\} \quad ,$$

$$\mathbb{K}^4 = \{K_1^4, K_2^4, K_3^4\} = \left\{\{1,3,7\},\{2\},\{4,5,6\}\right\} \quad ,$$

$$\mathbb{K}^5 = \{K_1^5, K_2^5\} = \left\{\{1,2,3,7\},\{4,5,6\}\right\}$$

und

$$\mathbb{K}^6 = K_1^6 = \{1,2,3,4,5,6,7\} \quad .$$

Diese Hierarchie $\mathbb{K}$, die in Abb.20 dargestellt ist, mit den Klassen

$$K_1 = \{1\},\ K_2 = \{2\},\ K_3 = \{3\},\ K_4 = \{4\},\ K_5 = \{5\},\ K_6 = \{6\},$$
$$K_7 = \{7\},\ K_8 = \{5,6\},\ K_9 = \{3,7\},\ K_{10} = \{1,3,7\},\ K_{11} = \{4,5,6\},$$
$$K_{12} = \{1,2,3,7\} \text{ und } K_{13} = \{1,2,3,4,5,6,7\}$$

stimmt also bis zur dritten Stufe $\mathbb{K}^3$ mit derjenigen überein, die bei Benutzung von single linkage entsteht. Die Partition $\mathbb{K}^4$ ist gerade identisch mit der anfangs iterativ konstruierten Partition für $m = 3$ Klassen.

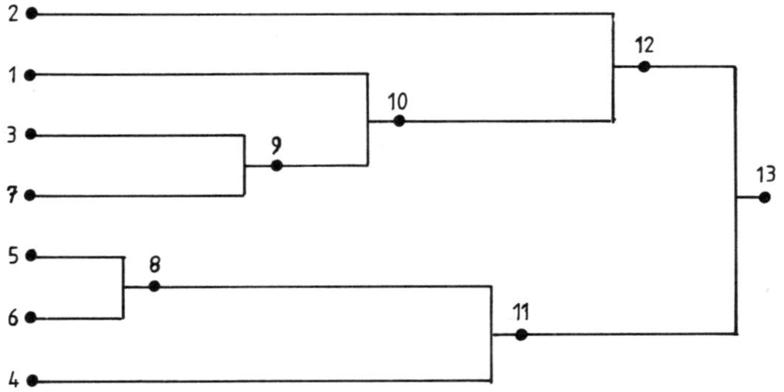

Abb.20: Dendrogramm für sieben europäische Länder bei Verwendung von complete linkage

Schließlich betrachten wir noch den Fall, daß *average linkage* zur Bestimmung einer Hierarchie für die sieben Länder herangezogen wird. Aus der Anfangspartition

$$\mathbb{K}^0 = \{K_1^0,\dots,K_7^0\} = \Big\{\{1\},\{2\},\{3\},\{4\},\{5\},\{6\},\{7\}\Big\}$$

ergeben sich hier für die einzelnen Stufen die Partitionen

$$\mathbb{K}^1 = \{K_1^1,\dots,K_6^1\} = \Big\{\{1\},\{2\},\{3\},\{4\},\{5,6\},\{7\}\Big\} \quad ,$$
$$\mathbb{K}^2 = \{K_1^2,\dots,K_5^2\} = \Big\{\{1\},\{2\},\{3,7\},\{4\},\{5,6\}\Big\} \quad ,$$
$$\mathbb{K}^3 = \{K_1^3,\dots,K_4^3\} = \Big\{\{1,3,7\},\{2\},\{4\},\{5,6\}\Big\} \quad ,$$
$$\mathbb{K}^4 = \{K_1^4,K_2^4,K_3^4\} = \Big\{\{1,3,7\},\{2\},\{4,5,6\}\Big\} \quad ,$$

$$\mathcal{K}^5 = \{K_1^5, K_2^5\} = \left\{\{1,3,4,5,6,7\},\{2\}\right\}$$

sowie

$$\mathcal{K}^6 = K_1^6 = \{1,2,3,4,5,6,7\} \quad .$$

Hier ist lediglich die Stufe $\mathcal{K}^5$ gegenüber der Hierarchie mit complete linkage verschieden, vgl. auch Abb.21, wo die Klassen

$K_1 = \{1\}$, $K_2 = \{2\}$, $K_3 = \{3\}$, $K_4 = \{4\}$, $K_5 = \{5\}$, $K_6 = \{6\}$,
$K_7 = \{7\}$, $K_8 = \{5,6\}$, $K_9 = \{3,7\}$, $K_{10} = \{1,3,7\}$, $K_{11} = \{4,5,6\}$,
$K_{12} = \{1,3,4,5,6,7\}$ und $K_{13} = \{1,2,3,4,5,6,7\}$

dieser Hierarchie graphisch dargestellt sind.

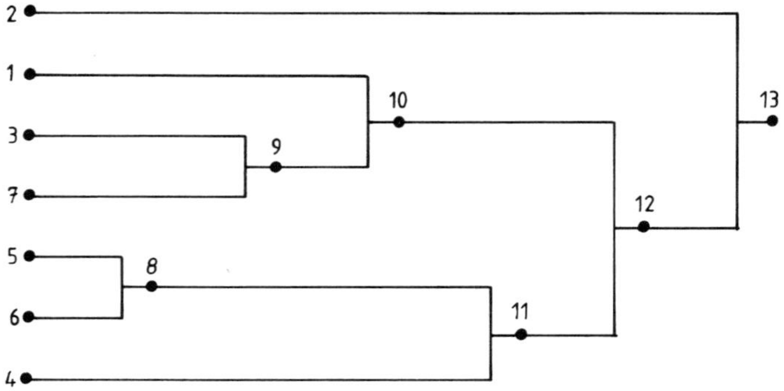

Abb.21: Dendrogramm für sieben europäische Länder bei Verwendung von average linkage

Zum Abschluß dieses Abschnitts und Kapitels sollen nun noch Luxemburg (8) und Schweiz (9) in die unter Verwendung von *single linkage* entstandene *Hierarchie*, vgl. etwa die Abb. 19, *diskriminiert* werden.

Luxemburg fällt natürlich zunächst auf der 6. Stufe $\mathcal{K}^6$ der Hierarchie in die Klasse K_{13} und dann in die Klasse K_2, die als einziges Element Belgien enthält, so daß die Einordnung bereits abgeschlossen ist.

Auch die Schweiz wird zunächst der Klasse K_{13}, dann der Klasse $K_{12} = \{1,3,4,5,6,7\}$, der Klasse $K_{11} = \{1,3,5,6,7\}$, der Klasse $K_{10} = \{1,3,7\}$ und schließlich der einelementigen Klasse $K_1 = \{\text{BR Deutschland}\}$ zugeordnet.

Diese Diskriminationen von Luxemburg und der Schweiz sind in Abb.22 graphisch dargestellt.

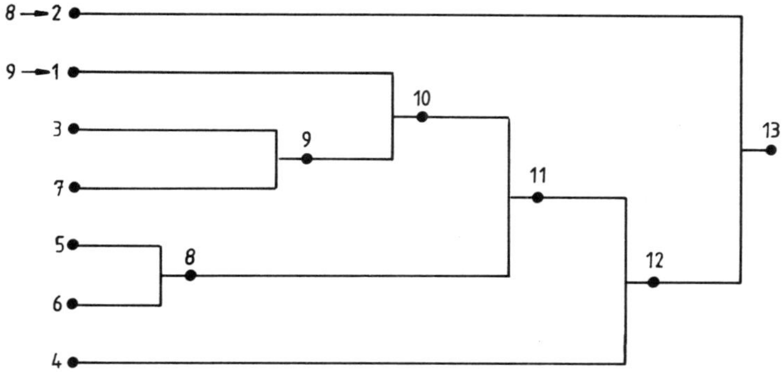

Abb.22: Diskrimination der Länder Luxemburg (8) und Schweiz (9) in die Hierarchie (mit single linkage) für sieben europäische Länder

Kapitel VIII: Die Faktorenanalyse

Betrachtet man an n Objekten aus einer Grundgesamtheit p Merkmale, so werden diese in der Regel nicht voneinander unabhängig sein; die Merkmale sind also korreliert.

Beispiel: Mißt man bei n Personen Körpergewicht und Größe, so werden kleine Personen in der Regel leicht, große Personen schwer sein. Körpergröße und Gewicht einer Person sind also korreliert.

Eine hohe Korrelation von Merkmalen deutet nun darauf hin, daß diese Merkmale bzw. Variablen von einer anderen latenten Größe, die nicht gemessen wurde bzw. nicht direkt gemessen werden kann, beeinflußt werden. Im obigen einfachen Beispiel könnte man diese Größe etwa als "Statur" einer Person bezeichnen.

Ausgangspunkt der *Faktorenanalyse* (*factor analysis*) ist nun folgende Fragestellung: Lassen sich diejenigen Größen, *latenten Faktoren* (*factors*) *extrahieren*, welche die Zusammenhänge, d.h. die Korrelationen, zwischen p beobachtbaren Merkmalen erklären? Wieviele und welche Faktoren erklären die Zusammenhänge möglichst gut?

Diese Fragestellungen sind insbesondere auch für eine weitere statistische Analyse von Bedeutung, denn oft ist es wünschenswert, eine vorliegende große Anzahl von Merkmalen auf einige wenige, sie weitgehend erkärende Faktoren zurückzuführen (*Merkmalsreduktion*, *Datenreduktion*).

Ziel der Faktorenanalyse ist es, solche Faktoren zu bestimmen; sie sollen dabei möglichst einfach sein, um ihre Interpretierbarkeit zu gewährleisten.

Zunächst seien hier nun einige typische Problemkreise genannt, in denen die Faktorenanalyse zum Einsatz kommt; man vgl. aber auch die Beispiele zu den einzelnen Verfahren im nachfolgenden Text.

Beispiel:

(a) An verschiedenen Klimastationen in Europa werden Merkmale wie mittlere Temperatur, Grad der Temperaturschwankungen, Zahl der Sonnentage, Zahl der Frosttage, Luftfeuchtigkeit, Zahl der Tage mit Gewitter, Niederschlagsmenge usw. gemessen. Nun möchte man Faktoren, die selber nicht direkt beobachtbar sind, wie etwa "Kontinentalität", finden, welche die Unterschiede des Klimas in verschiedenen Regionen möglichst gut und einfach erklären; vgl. Bahrenberg/Giese (1975).

(b) Bei Rindern werden Merkmale wie Rückenhöhe, Widerristhöhe, Brustumfang, Beckenbreite, Rumpflänge usw. gemessen. Lassen sich diese direkt meßbaren Merkmale durch wenige ("künstliche") Faktoren hinreichend beschreiben?

(c) Um zu untersuchen, welche latenten Faktoren die Zusammensetzung von Gestein bestimmen, werden an n Gesteinsproben die Anteile verschiedener Spurenelemente bestimmt. Mit diesen Ausgangsdaten wird dann eine Faktorenanalyse durchgeführt.

(d) Im Bereich des Marketing stellt sich die Frage, ob sich verschiedene Sorten gleichartiger Produkte, wie z.B. verschiedene Vollwaschmittel, durch wenige Faktoren beschreiben lassen. Stellt man bei Waschmitteln chemische Eigenschaften fest, führt Befragungen über die subjektiven Eigenschaften der Waschmittel durch usw., so kann eine Faktorenanalyse durchgeführt werden.

(e) Den Personalchefs verschiedener Unternehmen wird ein Fragebogen vorgelegt, der sich mit den Einstellungschancen für Auszubildende beschäftigt. Lassen sich aufgrund der Antworten Faktoren extrahieren, die zwar selbst nicht beobachtbar sind, wie etwa "Kontaktfähigkeit", die für die Einstellung oder Nichteinstellung eines Bewerbers ausschlaggebend sind?

(f) Die Kreditwürdigkeit von Firmen läßt sich anhand vielfältiger Bilanzkennzahlen ermitteln. Welche latenten Faktoren gibt es, die diese Vielzahl von Bilanzdaten beschreiben?

(g) Große Firmen bedienen sich bei der Einstellung von Führungskräften zunehmend sogenannter Personalberater. Aufgrund welcher Kriterien können Führungskräfte ausgewählt werden, und welche latenten Faktoren bestimmen diese meßbaren Kriterien?

(h) Bei der Durchführung von Schulreifetests werden sprachliche Fähigkeiten, Konzentrationsvermögen usw. beurteilt. Diese "Größen" sind latente Faktoren, die aufgrund objektiver Beobachtungskriterien bestimmt werden.

(i) Bei der Früherkennung von Krankheiten werden zunächst einfache Kennzahlen wie Blutdruck, Fieberwerte, Hautausschläge etc. untersucht. Welche Faktoren bestimmen diese Werte und wie kann man ausgehend von solchen Faktoren auf bestimmte Krankheiten schließen.

(j) Um die Umweltsituation einer Region zu beurteilen, werden viele beobachtbare Merkmale wie z.B. Gehaltswerte verschiedener Stoffe in Luft und Regenwasser, Grundwasserbeschaffenheit usw. erhoben. Latente Faktoren, die bestimmend für diese Merkmale sind, könnten etwa industrielle Belastung, künstliche Bodendüngung etc. sein.

(k) Unternehmen lassen sich nur objektiv anhand ihrer Bilanz, ihrer Gebäude, ihrer Beschäftigtenzahl oder z.B. ihrer Einkommensstruktur bei den Beschäftigten beurteilen. Welche latenten Faktoren sind für diese meßbaren Merkmale bestimmend? ┘

Wir werden uns nun zunächst mit der Faktorenanalyse für quantitative Merkmale beschäftigen; für andere Datensituationen sei auf spätere Ausführungen in diesen einleitenden Bemerkungen verwiesen.

Ausgangspunkt einer solchen Faktorenanalyse ist dann eine quantitative *Datenmatrix* Y mit n Zeilen und p Spalten. Die i-te Zeile enthält die p Merkmalswerte $y_{i1},y_{i2},\dots,y_{ip}$ der interessierenden Merkmale $Y_1,\dots,Y_p$, die am i-ten Objekt beobachtet wurden:

$$Y = \begin{pmatrix} y_{11} & y_{12} & \cdots & y_{1p} \\ \vdots & \vdots & & \vdots \\ y_{i1} & y_{i2} & \cdots & y_{ip} \\ \vdots & \vdots & & \vdots \\ y_{n1} & y_{n2} & \cdots & y_{np} \end{pmatrix} .$$

Hierbei muß natürlich $n > p$ angenommen werden. Im anderen Fall wird die Faktorenanalyse mitunter als sogenannte Q-Technik verwandt (vertauschen der Rollen von Objekten und Merkmalen), vgl. weiter unten. Es sei für solche Fälle aber auch auf andere Verfahren der Objektrepräsentation wie z.B. die multidimensionale Saklierung (MDS), vgl. Kap.VI, oder die graphischen Verfahren in Kap.IX verwiesen.

Standardisiert man diese Matrix Y so, daß der Mittelwert jeder Spalte Null und die empirische Varianz jeder Spalte Eins ist, d.h. bildet man die *standardisierte Datenmatrix*

$$Y_{st} = \begin{pmatrix} y_{11}^{st} & \cdots & y_{1p}^{st} \\ \vdots & & \vdots \\ y_{n1}^{st} & \cdots & y_{np}^{st} \end{pmatrix}$$

mit

$$y_{ij}^{st} = \frac{y_{ij} - \bar{y}_{.j}}{s_j} \; , \quad \bar{y}_{.j} = \frac{1}{n} \sum_{i=1}^{n} y_{ij} \text{ und } s_j = \sqrt{\frac{1}{n-1} \sum_{i=1}^{n} (y_{ij} - \bar{y}_{.j})^2} \; ,$$

so ergibt sich die empirische Korrelationsmatrix R der p beobachteten Merkmale zu

$$R = \frac{1}{n-1} \cdot Y_{st}^T \cdot Y_{st} = \begin{pmatrix} 1 & r_{12} & r_{13} & \cdots & r_{1p} \\ r_{12} & 1 & r_{23} & \cdots & r_{2p} \\ \vdots & \vdots & \vdots & & \vdots \\ r_{1p} & r_{2p} & r_{3p} & \cdots & 1 \end{pmatrix} .$$

Es ist also

$$r_{jj'} = \frac{1}{n-1} \sum_{i=1}^{n} y_{ij}^{st} y_{ij'}^{st}$$

die empirische Korrelation zwischen den Merkmalen Y_j und $Y_{j'}$ und zugleich die empirische Kovarianz zwischen den "standardisierten Merkmalen" Y_j^{st} und $Y_{j'}^{st}$.

Nun geht man davon aus, daß sich die p beobachteten Merkmale, die ja i.a. korreliert sind, als Linearkombination von q' unbekannten, nichtbeobachtbaren Faktoren $F_1,\ldots,F_{q'}$ darstellen lassen. Jedes Element der standardisierten Datenmatrix läßt sich dann als Linearkombination von Realisationen f_{ik}, mit i=1,...,n, k=1,...,q', der unbekannten Faktoren $F_1,\ldots,F_{q'}$ beschreiben:

$$y_{ij}^{st} = l_{j1} f_{i1} + l_{j2} f_{i2} + \ldots + l_{jq'} f_{iq'} \quad \text{für } i=1,\ldots,n \text{ und } j=1,\ldots,p,$$

d.h. die Matrix Y^{st} ist darstellbar als Produkt zweier Matrizen

$$Y_{st} = \tilde{F} \cdot \tilde{L}^T = \begin{pmatrix} f_{11} & \cdots & f_{1q'} \\ \vdots & & \vdots \\ f_{n1} & \cdots & f_{nq'} \end{pmatrix} \begin{pmatrix} l_{11} & \cdots & l_{1q'} \\ \vdots & & \vdots \\ l_{p1} & \cdots & l_{pq'} \end{pmatrix}^T .$$

Dabei beschreiben die Koeffizineten l_{jk}, j=1,...,p, k=1,...,q', die *Ladungen* des k-ten nichtbeobachtbaren Faktors F_k bzgl. des j-ten beobachteten Merkmals; diese Koeffizienten heißen auch *Faktorladungen* (*factor loadings*). Die *Matrix der Faktorladungen* $\tilde{L}$ nennt man *Ladungsmarix* oder auch *Faktorenmuster* (*factor pattern*). Die Größe f_{ik}, i=1,...,n, k=1,...,q', heißt *Faktorenwert* des k-ten Faktors F_k beim i-ten beobachteten Objekt. Die *Matrix der Faktorenwerte* $\tilde{F}$ beschreibt die n beobachteten Objekte bzgl. der Faktoren, man sagt auch $\tilde{F}$ gibt die *Persönlichkeitsprofile* der n Objekte an. Sie wird als eine standardisierte Matrix angenommen, d.h. der Mittelwert jeder Spalte von $\tilde{F}$ ist Null,

$$\bar{f}_k = \frac{1}{n} \sum_{i=1}^{n} f_{ik} = 0 \quad \text{für } k=1,\ldots,q'$$

und die empirische Varianz jeder Spalte von $\tilde{F}$ ist Eins

$$\frac{1}{n-1} \sum_{i=1}^{n} (f_{ik} - \bar{f}_k)^2 = 1 \quad .$$

Wird also durch Y_{st} der *Zusammenhang zwischen Merkmalen und Objekten*, durch $\tilde{F}$ der *Zusammenhang zwischen Faktoren und Objekten* erklärt, so beschreibt die Ladungsmatrix $\tilde{L}$ den *Zusammenhang zwischen Merkmalen und Faktoren*. Die Matrizen $\tilde{F}$ und $\tilde{L}$ sind aber unbekannt und müssen somit zunächst bestimmt werden.

Durch Analyse der Korrelationsmatrix R läßt sich zunächst die Ladungsmatrix $\tilde{L}$ schätzen. Fordert man orthogonale, also unkorrelierte Faktoren, so ist

$$R = \tilde{L} \cdot \tilde{L}^T \quad ,$$

und für korrelierte Faktoren ist

$$R = \frac{1}{n-1} \cdot \tilde{L} \cdot \tilde{F}^T \cdot \tilde{F} \cdot \tilde{L}^T = \tilde{L} \cdot \tilde{R}_F \cdot \tilde{L}^T \quad \text{mit} \quad \tilde{R}_F = \frac{1}{n-1} \cdot \tilde{F}^T \cdot \tilde{F} \quad .$$

Dieses sogenannte *Fundamentaltheorem der Faktorenanalyse*, vgl. Thurstone (1947), besagt, daß die Korrelationsmatrix R der p beobachteten Merkmale durch die Ladungsmatrix $\tilde{L}$ und die Korrelationsmatrix R_F der q' Faktoren reproduzierbar sein muß. Außerdem ergibt sich direkt aus diesem Theorem, daß die Faktorladungen l_{jk} im Falle unkorrelierter Faktoren Werte zwischen -1 und +1 annehmen müssen, da sie die Korrelationen des j-ten Merkmals mit dem k-ten Faktor angeben.

Die Faktorenanalyse unterscheidet nun verschiedene Arten von Faktoren. Sind alle Ladungen $l_{1k},\ldots,l_{pk}$ des k-ten Faktors F_k beträchtlich von Null verschieden, so heißt F_k *allgemeiner Faktor (general factor)*. F_k heißt *gemeinsamer Faktor (common factor)*, wenn mindestens zwei seiner Ladungen $l_{1k},\ldots,l_{pk}$ beträchtlich von Null verschieden sind. Ein allgemeiner Faktor ist somit nur ein Spezialfall eines gemeinsamen Faktors. Schließlich nennt man F_k einen *Einzelrestfaktor* oder *merkmalseigenen Faktor (unique factor)*, wenn nur eine der Ladungen $l_{1k},\ldots,l_{pk}$ beträchtlich von Null verschieden ist. Die beobachteten Merkmale $Y_1,\ldots,Y_p$ werden ähnlich klassifiziert: Die *Komplexität eines Merkmals* Y_j ist die Anzahl seiner hohen Ladungen l_{jk} auf gemeinsamen Faktoren.

Entscheidend für die Faktorenanalyse sind nun lediglich die $q<p$ gemeinsamen Faktoren $F_1,\dots,F_q$ mit $q = q' - p$, denn näherungsweise ist

$$\tilde{L} \simeq \tilde{\tilde{L}} + \tilde{\tilde{U}} = \begin{pmatrix} l_{11} & \cdots & l_{1q} & 0 & \cdots & 0 \\ l_{21} & \cdots & l_{2q} & 0 & \cdots & 0 \\ \vdots & & \vdots & \vdots & & \vdots \\ l_{p1} & \cdots & l_{pq} & 0 & \cdots & 0 \end{pmatrix} + \begin{pmatrix} 0 & \cdots & 0 & l_{1q+1} & 0 & \cdots & 0 \\ 0 & \cdots & 0 & 0 & l_{2q+2} & \cdots & 0 \\ \vdots & & \vdots & \vdots & \vdots & & \vdots \\ 0 & & 0 & 0 & 0 & & l_{pq'} \end{pmatrix} .$$

Für *orthogonale Faktoren* $F_1,\dots,F_{q'}$ heißt das

$$R = \tilde{L}\cdot\tilde{L}^T \simeq (\tilde{\tilde{L}} + \tilde{\tilde{U}})(\tilde{\tilde{L}} + \tilde{\tilde{U}})^T = (\tilde{\tilde{L}} + \tilde{\tilde{U}})(\tilde{\tilde{L}}^T + \tilde{\tilde{U}}^T) = \tilde{\tilde{L}}\cdot\tilde{\tilde{L}}^T + \tilde{\tilde{L}}\cdot\tilde{\tilde{U}}^T + \tilde{\tilde{U}}\cdot\tilde{\tilde{L}}^T + \tilde{\tilde{U}}\cdot\tilde{\tilde{U}}^T$$
$$= \tilde{\tilde{L}}\cdot\tilde{\tilde{L}}^T + \tilde{\tilde{U}}\cdot\tilde{\tilde{U}}^T = L\cdot L^T + U\cdot U^T$$

mit

$$L = \begin{pmatrix} l_{11} & \cdots & l_{1q} \\ \vdots & & \vdots \\ l_{p1} & \cdots & l_{pq} \end{pmatrix} \quad \text{und} \quad U = \begin{pmatrix} l_{1q+1} & \cdots & 0 \\ \vdots & & \vdots \\ 0 & \cdots & l_{pq'} \end{pmatrix} = \mathrm{diag}(l_{1q+1},\dots,l_{pq'}).$$

Die Elemente der Matrix

$$U^2 = U\cdot U^T = \mathrm{diag}(l_{1q+1}^2,\dots,l_{pq'}^2) = (\delta_1^2,\dots,\delta_p^2)$$

sind gerade die merkmalseigenen Varianzen (empirische bzw. geschätzte Varianzen, wenn aus einer Stichprobe bestimmt), d.h. die Anteile der Varianz der standardisierten beobachteten Merkmale, die sich nicht durch gemeinsame Faktoren erklären lassen.

Mittels der Matrix L (die im folgenden stets kurz *Ladungsmatrix* genannt wird), läßt sich eine *reduzierte Korrelationsmatrix* reproduzieren. Diese ergibt sich mit $k_j^2 = 1 - \delta_j^2 = l_{j1}^2 + \dots + l_{jq}^2$ für $j=1,\dots,p$ im Falle orthogonaler Faktoren zu

$$L\cdot L^T = \tilde{R} = \begin{pmatrix} k_1^2 & r_{12} & \cdots & r_{1p} \\ r_{12} & k_2^2 & \cdots & r_{2p} \\ \vdots & \vdots & & \vdots \\ r_{1p} & r_{2p} & \cdots & k_p^2 \end{pmatrix} = R - U\cdot U^T \quad .$$

Die Größen k_j^2 heißen für $j=1,\dots,p$ auch die *Kommunalitäten* (empirische bzw. geschätzte Kommunalitäten, wenn L aus einer Stichprobe geschätzt wurde) des j-ten Merkmals. Die Kommunalität k_j^2 gibt an, welcher Anteil der Varianz des j-ten standardisierten Merkmals durch gemeinsame Faktoren erklärt wird.

Im Fall von q gemeinsamen *korrelierten (schiefwinkligen) Faktoren* mit Korrelationsmatrix

$$R_F = \begin{pmatrix} 1 & r_{F_1F_2} & \cdots & r_{F_1F_q} \\ r_{F_1F_2} & 1 & \cdots & r_{F_2F_q} \\ \vdots & \vdots & & \vdots \\ r_{F_1F_q} & r_{F_2F_q} & \cdots & 1 \end{pmatrix}$$

lassen sich wie im orthogonalen Fall die Kommunalitäten bestimmen. Bezeichnet $L = (l_{jk})_{j=1,\ldots,p,k=1,\ldots,q}$ die Ladungsmatrix, so ergibt sich die Kommunalität $k_j^2 = 1 - \delta_j^2$ des j-ten standardisierten Merkmals für j=1,...,p aus

$$\tilde{R} = R - U^2 = L \cdot R_F \cdot L^T$$

zu

$$k_j^2 = \sum_{k=1}^{q} l_{jk}^2 + 2\sum_{k=1}^{q-1} \sum_{k'=k+1}^{q} l_{jk} l_{jk'} r_{F_kF_{k'}} \quad .$$

Wir wollen uns im folgenden zunächst mit der *Schätzung einer Ladungsmatrix* L (die wir genau so wie die theoretische Ladungsmatrix bezeichnen) für q orthogonale, nichtbeobachtbare Faktoren beschäftigen. Es gibt unendlich viele Matrizen L mit $L \cdot L^T = \tilde{R} = R - U^2$, so daß jedes Bestimmungsverfahren Zusatzforderungen an die Ladungsmatrix L stellen muß. Im ersten Abschnitt werden nun verschiedene Verfahren zur Bestimmung einer Ladungsmatrix L vorgestellt.

In Abschnitt 1.1 wird zunächst die von Lawley/Maxwell (1963) angegebene *Maximum - Likelihood - Schätzung* von L dargestellt, die die Kommunalitäten k_j^2 simultan zu L schätzt. Bei der Maximum - Likelihood - Methode ist es ausserdem möglich zu testen, ob die Anzahl q der extrahierten Faktoren signifikant zu gering ist, um die Zusammenhänge zwischen den p Merkmalen zu erklären.

Ein Verfahren, das theoretisch äquivalent zur Maximum - Likelihood - Methode und rechentechnisch günstiger ist als sie, ist die von C.R. Rao (1955) entwickelte *kanonische Faktorenanalyse*, deren Ziel die Maximierung der kanonischen Korrelation zwischen beobachteten Merkmalen und extrahierten Faktoren ist. Bei diesem Verfahren, das in Abschnitt 1.2 dargestellt wird, läßt sich natürlich der in Abschnitt 1.1 vorgestellte Test auf signifikant zu geringe Zahl von Faktoren ebenfalls anwenden.

Im Abschnitt 1.3 wird die *Hauptkomponentenanalyse* (*principal component analysis*), die auf Hotelling (1936) zurückgeht und keine Faktorenanalyse im eigentlichen Sinne ist, dargestellt. Hier geht man davon aus, daß es keine merkmalseigenen Varianzen gibt, d.h. man arbeitet mit der ursprünglichen Korrelationsmatrix R, und transformiert die p beobachteten, abhängigen Merkmale in p unabhängige Komponenten, aus denen die q "wesentlichen" ausgewählt werden. Die Hauptkomponentenanalyse dient eigentlich nur zum Erkennen der Struktur von p Merkmalen. Führt man die Hauptkomponentenanalyse ausgehend von der reduzierten Korrelationsmatrix $\tilde{R}$ durch, so spricht man auch von einer *Hauptfaktorenanalyse* (*principal factor analysis*).

Im Abschnitt 1.4 werden wir dann die *Zentroidmethode*, die auf Thurstone (1931) zurückgeht, kennenlernen. Dieses rechentechnisch sehr einfache und deshalb beliebte Verfahren liefert keine "exakte" Schätzung einer Ladungsmatrix L; es approximiert jedoch die Schätzung nach der Hauptfaktorenmethode. Ein Nachteil hierbei ist, daß eine Festlegung der Kommunalitäten im Vorhinein notwendig ist; mögliche Schätzer werden im Abschnitt 1.4 ebenfalls angegeben.

Ein modellmäßig modifizierter Ansatz zur Schätzung der Ladungsmatrix L geht auf Jöreskog (1963) zurück. Sein Verfahren schließlich, die sogenannte *Jöreskog - Methode*, wird in Abschnitt 1.5 vorgestellt.

Alle erwähnten Verfahren konstruieren q orthogonale Faktoren, die geometrisch gesprochen ein orthogonales Koordinatensystem darstellen, in dem sich die beobachteten Merkmale als Punkte darstellen lassen. Die Koordinaten des j-ten Merkmals sind gerade durch die zugehörigen Faktorladungen $l_{j1},\ldots,l_{jq}$ gegeben. Die mittels der erwähnten Verfahren konstruierte Ladungsmatrix L ist nun nur eine von vielen möglichen und keineswegs immer die optimale im Sinne bestmöglicher Interpretierbarkeit.

Der Abschnitt 2 ist daher der *Faktorrotation* gewidmet, deren Ziel es ist, eine optimale Ladungsmatrix durch Rotation der Faktoren zu bestimmen. Der Begriff der Optimalität wird präzisiert durch den von Thurstone (1947) geprägten Begriff der *Einfachstruktur* einer Ladungsmatrix.

Im Abschnitt 2.1 wird zunächst die *Orthogonalrotation* beschrieben, die einer Drehung des gesamten Koordinatensystems der Faktoren entspricht. Zur Durchführung einer solchen Orthogonalrotation werden zwei numerische Verfahren angegeben, die die Faktoren so rotieren, daß sie einer Einfachstruktur möglichst nahe kommen, ohne die Lage der Merkmale zueinander im Koordinatensystem der Faktoren zu verändern. Da der Begriff der Einfachstruktur sehr komplex ist, erfolgt die Annäherung an eine Einfachstruktur in unterschiedlicher Art und Weise.

Bei der im Abschnitt 2.1.1 beschriebenen *Varimax - Methode* wird die Varianz der mit den Kommunalitäten normierten Ladungen l_{jk}/k_j, $j=1,...,p, k=1,...,q$, maximiert. Für $q = 2$ Faktoren F_1 und F_2 ist eine solche Rotation näherungsweise in Abb.1 graphisch dargestellt; die rotierten Faktoren sind mit F_1', F_2' bezeichnet. Die eingezeichneten Punkte beschreiben sieben beobachtete Merkmale. Durch die hier durchgeführte Orthogonalrotation um -44° lassen sich die Faktoren F_1' und F_2' etwa so erklären: Der Faktor F_1' erklärt die Merkmale Y_2, Y_3 und Y_6, der Faktor F_2' die Merkmale Y_1, Y_4, Y_5 und Y_7.

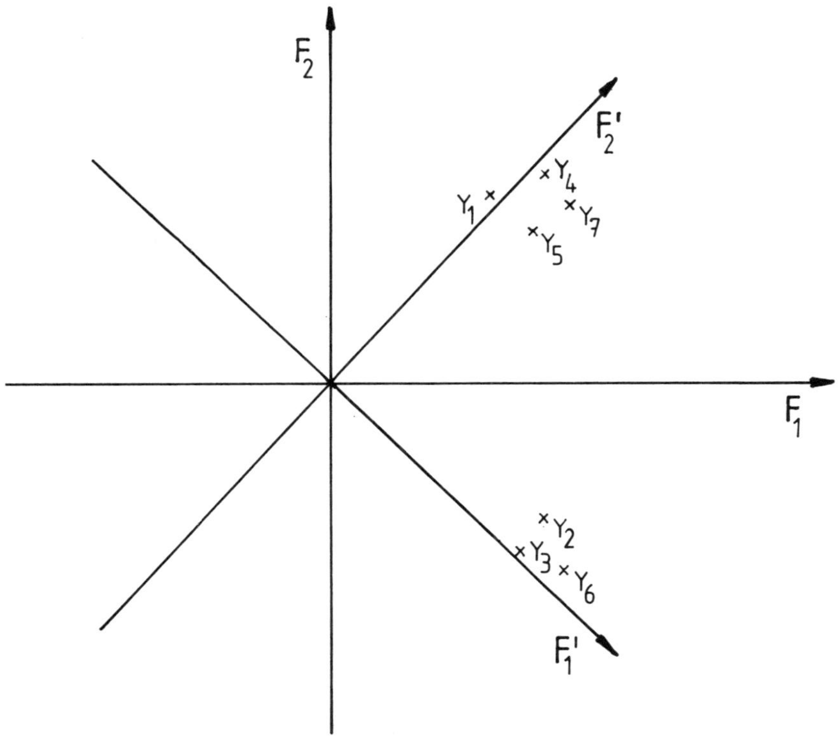

Abb.1: Näherungsweise Varimax - Rotation für zwei Faktoren F_1 und F_2

Ein weiteres Verfahren der Orthogonalrotation ist die im Abschnitt 2.1.2 vorgestellte *Quartimax - Methode*, bei der die Summe der vierten Potenzen der

Ladungen l_{jk} maximiert wird. Bei dieser Rotation versucht man,einen möglichst großen Teil der in den Merkmalen enthaltenen Information durch einen Faktor zu erklären, d.h. man versucht,einem *Einfaktor - Modell* (*unifactor model*) möglichst nahe zu kommen, indem man für jedes Merkmal auf einen Faktor eine hohe Ladung und auf die übrigen Faktoren möglichst niedrige Ladungen bringt.

Allgemein gesprochen wird man immer versuchen, die Faktoren so zu rotieren, daß die Achsen der rotierten Faktoren je eine Punktwolke schneiden. Dies ist natürlich oft besser möglich, wenn man eine *schiefwinklige Rotation* durchführt, d.h. die Drehungswinkel der q Faktoren unterschiedlich wählt. Eine Methode der schiefwinkligen Rotation, nämlich die Methode der Primärfaktoren, wird in Abschnitt 2.2 vorgestellt.

Bei der orthogonalen Rotation bleiben die Faktoren weiterhin unkorreliert und die rotierte Ladungsmatrix, sie sei zur Unterscheidung hier mit L_{Rot} bezeichnet, entsteht aus der ursprünglichen Ladungsmatrix durch Multiplikation mit einer *Transformationsmatrix* Δ

$$L_{Rot} = L \cdot \Delta \quad .$$

Bei einer schiefwinkligen Rotation hingegen sind die resultierenden gemeinsamen Faktoren i.a. korreliert und die Multiplikation der ursprünglichen Ladungsmatrix mit einer Transformationsmatrix Δ liefert lediglich die sogenannte *Faktorenstruktur* (*factor structure*) L_{fs}; diese Matrix enthält gerade Korrelationen von gemeinsamen Faktoren und Merkmalen. Da die Faktoren selbst aber korreliert sind, ergibt sich die rotierte Ladungsmatrix L_{Rot} erst durch Multiplikation von L_{fs} mit der *inversen Korrelationsmatrix* R_F^{-1} *der Faktoren*:

$$L_{fs} = L \cdot \Delta \quad \text{und} \quad L_{Rot} = L_{fs} \cdot R_F^{-1} \quad .$$

Die in den Abschnitten 1 und 2 beschriebenen Methoden dienen zum Erkennen von Strukturen in einer Menge von p Merkmalen und sind somit sogenannte R - Techniken für die Merkmale. Im Abschnitt 3 werden nun Q - Techniken für die Objekte dargestellt. Ausgehend von einer Schätzung L der Ladungsmatrix werden zwei Methoden vorgestellt, die es erlauben, die Matrix F der Faktorenwerte von q gemeinsamen Faktoren zu schätzen und somit die *Objekte* (auch "neue" Objekte) *im Raum dieser Faktoren zu repräsentieren*.

Die Matrix F der Faktorenwerte kann als neue Datenmatrix für die n interessierenden Objekte angesehen werden und zur weiteren Analyse verwandt werden. Will man etwa eine Clusteranalyse, vgl. Kapitel VII, durchführen, so läßt sich der Aufwand teilweise erheblich reduzieren, wenn die Anzahl der zu berücksichtigenden Merkmale pro Objekt gering ist. Ist nun die Anzahl q der Faktoren kleiner als die Anzahl p der beobachteten Merkmale, so würde man sich bei einer Clusteranalyse der n beobachteten Objekte Arbeit ersparen, wenn man mit der Matrix F der Faktorenwerte anstelle der ursprünglichen Datenmatrix Y arbeitet; die Matrix F wird oft auch als *reduzierte Datenmatrix* bezeichnet.

Auch "neue" Objekte können mit solchen Faktorenwerten bedacht werden, wenn sie der gleichen Grundgesamtheit entstammen, wie die betrachteten n Objekte, die dann als "Lernstichprobe" zur Bestimmung von L aufgefaßt werden.

Mittels der Faktorenwerte anstelle der p ursprünglichen Merkmalswerte können auch weitere Verfahren durchgeführt werden. Z.B. kann man in der Regressionsanalyse, vgl. Kap.II, so die mitunter sehr zahlreichen erklärenden Variablen bei dann meist vorliegender erheblicher Multikollinearität durch wenige sie erklärende (orthogonale) Faktoren, die man mittels Faktorenanalyse gewonnen hat, ersetzen.

Schließlich wird die Vorgehensweise bei der Faktorenanalyse noch einmal zusammenhängend an einem Beispiel im Abschnitt 4 dargestellt.

Vor allem im Bereich des Marketing und der Psychologie werden die Methoden der *Faktorenanalyse*, die in den Abschnitten 1 und 2 behandelt werden, mitunter auch als *Q - Technik* für die Objekte verwandt. Man geht dann von der n×n - "Korrelationsmatrix"

$$R_{Obj} = \frac{1}{p-1} \cdot Y_{st} \cdot Y_{st}^T$$

der n Objekte aus und führt hiermit eine Faktorenanalyse durch. Dabei ist jedoch zu bedenken, daß dann die beobachteten Merkmale als Objekte aus einer Grundgesamtheit und die Objekte als Merkmale aufgefaßt werden. Die n Beobachtungen eines Merkmals sind also Realisationen eines Objekts, was natürlich im strengen Sinne nicht richtig ist. Jedoch liefert die Q - Technik der Faktorenanalyse oftmals gut interpretierbare, anschauliche Ergebnisse, wie die folgenden Beispiele zeigen. Für das Problem der Objektrepräsentation sei aber auch auf die Kap.VI und IX verwiesen. Eine kombinierte Repräsentation von Objekten und Merkmalen findet sich ebenfalls in Kap.IX (Bi - Plot).

Beispiel: (Vgl. Harden (1972): Lautsprecherboxen, In: Hifi - Report 72/73, fonoforum) Eine Jury von zehn Personen (Tonspezialisten) beurteilt die Klangeigenschaften von fünf verschiedenen Lautsprecherboxen. Und zwar werden jedem Jurymitglied in einem Vergleichstest alle zehn Paare von Boxen zu Beurteilung vorgestellt. Bei jedem Boxenpaar entscheidet jede Person, auf welche Box verschiedene Begriffe ,die Klangeigenschaften beschreiben (z.B. angenehm, ausgeglichen, flach ,hart, heiser, hell, sauber, schlank, verschwommen, deutliche Höhen, weiche Höhen, kräftige Bässe), besser passen. Dann wird bei jedem Begriff gezählt, wie oft insgesamt jede Box als besser genannt wurde. Diese Häufigkeiten bestimmen die Datenmatrix Y, aus der die "Korrelationsmatrix der Lautsprecher" bestimmt wird, um die Faktorenanalyse durchzuführen. In Abb.2 sind dann die Boxen im Koordinatensystem der beiden ermittelten Faktoren F_1, F_2 graphisch dargestellt ("Lautsprecherhimmel").

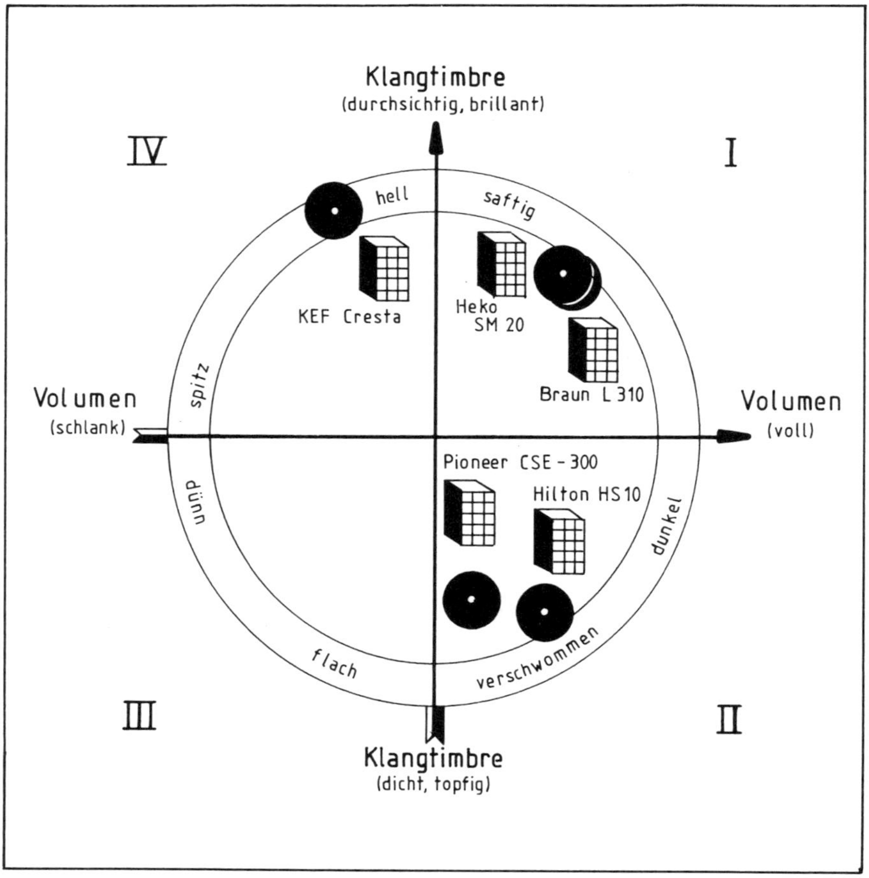

Abb.2: Lautsprecherhimmel für fünf Boxen aus einer Preisklasse

Beispiel: In Abb.3 sind die Auto-Hersteller Ford, Chrysler, American Motors, General Motors, ausländische (für den amerikanischen Markt) Hersteller im Raum zweier orthogonaler Faktoren dargestellt. Diese Repräsentation wurde durch eine Faktorenanalyse als Q-Technik ausgehend von der in Kap.V, Abschnitt 3, angegebenen 5×7-Datenmatrix für die Hersteller erreicht.

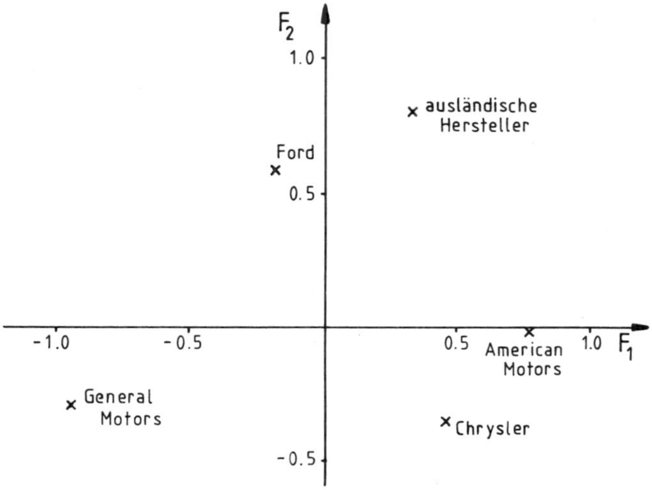

Abb.3: Repräsentation von fünf Auto-Herstellern im Koordinatensystem zweier Faktoren

Bisher haben wir stillschweigend vorausgesetzt, daß die p beobachteten Merkmale quantitativ sind. Es gibt jedoch auch faktorenanalytische Ansätze, die *qualitative Merkmale* direkt berücksichtigen. Das Problem dabei ist die Schätzung der Korrelationen zwischen solchen Merkmalen. Eine Möglichkeit besteht darin, die qualitativen Merkmale mittels der Methoden aus Kap.V zunächst zu skalieren und die Korrelationen der skalierten Merkmale zu schätzen. Bei ordinalen Merkmalen können auch die in Kap.II erwähnten serialen und chorischen Korrelationskoeffizienten zur Schätzung der Korrelationen verwandt werden. Ein direktes Verfahren zur nichtmetrischen Faktorenanalyse wird z.B. bei Kruskal/Shepard (1974) beschrieben. Außerdem sei hingewiesen auf die ALS (Alternating Least Squares)-Algorithmen, bei denen zunächst ausgehend von beliebigem Datenmaterial Skalenwerte für die Daten bestimmt werden und dann in einer weiteren Stufe multivariate Verfahren wie z.B. die Faktorenanalyse durchgeführt werden. Diese zweistufigen iterativen Verfahren konvergieren allerdings nicht immer; man vgl. De Leeuw/Young/Takane (1976) und nachfolgende Arbeiten in der Zeitschrift Psychometrika oder auch Keller/Wansbeek (1983) und die dort zitierte Literatur. Natürlich können in diesem Rahmen auch nicht sämtliche Verfahren der metrischen (quantitativen) Faktorenanalyse vorgestellt werden; siehe z.B. auch Jöreskog (1963), Lawley/Maxwell (1963), Überla (1971), Weber (1974), Holm (1975), Harman (1976), Mardia et al. (1979), Takeuchi et al. (1982).

1 DIE BESTIMMUNG DER FAKTORLADUNGEN

Bei der Schätzung der Ladungsmatrix L, die die Beziehungen zwischen p beobachteten Merkmalen und q nichtbeobachtbaren Faktoren (die die p Merkmale erklären sollen) beschreibt, stellt sich das Problem, daß es unendlich viele Ladungsmatrizen L gibt, da von L generell nur gefordert wird, daß $L \cdot R_F \cdot L^T$, wobei R_F die Korrelationsmatrix der Faktoren bezeichnet, die empirische Korrelationsmatrix R der p Merkmale bzw. die reduzierte Korrelationsmatrix $\tilde{R}$ reproduziert.

Um eine eindeutige Ladungsmatrix L konstruieren zu können, muß jedes Verfahren Zusatzbedingungen an L stellen. Einige Vorgehensweisen, die alle zunächst einmal fordern, daß die Faktoren orthogonal, also unkorreliert sind, d.h. $R_F = I$ und somit $R = L \cdot L^T$ (bzw. $\tilde{R} = L \cdot L^T$), werden hier vorgestellt.

Verlangt man, daß

$$\tilde{R} = L \cdot L^T$$

ist, so spricht man von Verfahren der Faktorenanalyse im engeren Sinne; fordert man

$$R = L \cdot L^T \quad ,$$

wie das bei der Hauptkomponentenanalyse der Fall ist, vgl. Abschnitt 1.3, so handelt es sich nicht um ein faktorenanalytisches Modell im engeren Sinne. Da aber Faktorenanalyse und Hauptkomponentenanalyse eng verwandt sind, wird die Hauptkomponentenanalyse in diesem Rahmen vorgestellt. Probleme, wie z.B. die Kommunalitätenschäzung im Vorhinein, werden hier jeweils an der Stelle behandelt, an der sie auftreten.

Verfahren zur Bestimmung von Faktorladungen, die in diesem Rahmen nicht vorgestellt werden, sind z.B. die *Alpha - Faktorenanalyse* von Kaiser/Caffrey (1965) oder die *Minimax - Lösung der Faktorenanalyse* von Bargmann/Baker (1977).

1.1 DIE MAXIMUM-LIKELIHOOD-METHODE UND EIN TEST ÜBER DIE ANZAHL DER FAKTOREN

Die *Maximum - Likelihood - Methode*, vgl. Lawley/Maxwell (1963), ist ein statistisches Verfahren zur Bestimmung einer Ladungsmatrix L. Man nimmt dabei an, daß die an n Objekten beobachteten p - dimensionalen Merkmalsvektoren einer Stichprobe aus einer p - dimensional normalverteilten Grundgesamtheit mit Mittelwertvektor μ und Kovarianzmatrix Σ sind; die standardisierten Merkmalsvektoren entstammen dann einer p - dimensionalen Normalverteilung mit Mittelwertvektor 0 und Kovarianzmatrix $\tilde{\Sigma}$. Man geht aus vom Modell

$$\begin{pmatrix} y_1^{st} \\ \vdots \\ y_p^{st} \end{pmatrix} = \Lambda \cdot \begin{pmatrix} f_1 \\ \vdots \\ f_q \end{pmatrix} + \begin{pmatrix} e_1 \\ \vdots \\ e_p \end{pmatrix} \quad .$$

Dabei ist Λ eine p×q Ladungsmatrix, $(f_1,\dots,f_q)^T$ ein zufälliger Vektor mit unabhängigen Komponenten, die Erwartungswert 0 und Varianz 1 haben, und $(e_1,\dots,e_p)^T$ ist ein zufälliger Fehlervektor mit unkorrelierten normalverteilten Komponenten e_j, die Erwartungswert 0 und Varianz δ_j^2 haben. Setzt man zusätzlich voraus, daß die f_k und die e_j unabhängig sind, so läßt sich $\tilde{\Sigma}$ darstellen als

$$\tilde{\Sigma} = \Lambda \cdot \Lambda^T + \text{diag}(\delta_1^2,\dots\delta_p^2) \quad .$$

Damit die Schätzer L für Λ und $\text{diag}(\hat{\delta}_1^2,\dots,\hat{\delta}_p^2)$ für $\text{diag}(\delta_1^2,\dots,\delta_p^2)$ nach der Maximum - Likelihood - Methode eindeutig bestimmt werden können, verlangt man zusätzlich, daß

$$L^T \cdot \text{diag}(1/\hat{\delta}_1^2,\dots,1/\hat{\delta}_p^2) \cdot L$$

eine Diagonalmatrix ist. Der Schätzer L für Λ ist gerade die gesuchte Ladungsmatrix und die Schätzer $\hat{\delta}_1^2,\dots,\hat{\delta}_p^2$ für $\delta_1^2,\dots,\delta_p^2$ sind Schätzer für die merkmalseigenen Varianzen der p beobachteten Merkmale. Das bedeutet aber, daß man bei diesem Verfahren die Kommunalitäten (- Schätzer) $k_1^2,\dots,k_p^2$, mit $k_j^2 = 1 - \hat{\delta}_j^2$, nicht im Vorhinein angeben muß. Allerdings muß man hier die Anzahl q der gemeinsamen Faktoren von Anfang an festlegen. Nach Durchführung der Schätzung läßt sich dann testen, ob diese Anzahl signifikant zu gering ist.

Eine explizite Maximum - Likelihood - Schätzung für Λ und $\delta_1^2,\dots,\delta_p^2$ läßt sich nicht angeben; vielmehr müssen L und $\hat{\delta}_1^2,\dots,\hat{\delta}_p^2$ iterativ aus dem Eigenwertprobem

$$(R - U^2)U^2 \cdot A = A \cdot J \quad ,$$

wobei $J = A^T \cdot U^{-2} \cdot A$ die Diagonalmatrix der Eigenwerte von $(R - U^2)U^2$ und A die Matrix der zugehörigen normierten Eigenvektoren bezeichnet, geschätzt werden. (Die Schätzung für Λ ist dann gerade $L = A \cdot J^{1/2}$) Das Iterationsverfahren, das mitunter recht langsam konvergiert, soll nun geschildert werden.

Aus der standardisierten Datenmatrix Y_{st} berechnet man zunächst die empirische Kovarianz- bzw. Korrelationsmatrix

$$R = \frac{1}{n-1} \cdot Y_{st}^T \cdot Y_{st} = R_0 \quad ,$$

die ein Schätzer für $\tilde{\Sigma}$ ist. Im k-ten Hauptschritt (k=0,1,...,q-1) wird die (k+1)-te Spalte Λ_{k+1} der Matrix Λ geschätzt. Als Startwert im k-ten Hauptschritt für diesen Schätzer

$$l_{k+1} = (l_{1k+1}, \ldots, l_{pk+1})^T$$

wählt man den Eigenvektor $a_k^{(o)} = (a_{1k}^{(o)}, \ldots, a_{pk}^{(o)})^T$, der zum größten Eigenwert $\lambda_k^{(o)}$ von R_k gehört und so normiert ist, daß gilt

$$\left(a_k^{(o)}\right)^T \cdot a_k^{(o)} = \lambda_k^{(o)} \quad .$$

Im t-ten Schritt (t=0,1,2,...) des k-ten Hauptschrittes wird zunächst die Matrix $B_k^{(t)}$ der Hauptdiagonalelemente von $R_k - a_k^{(t)}(a_k^{(t)})^T$ bestimmt, d.h.

$$B_k^{(t)} = \text{diag}\left(R_k - a_k^{(t)}(a_k^{(t)})^T\right) \quad .$$

Dann berechnet man den Eigenvektor $c_k^{(t)}$ zum größten Eigenwert $\lambda_k^{(t)}$ der Matrix

$$\left(B_k^{(t)}\right)^{-1/2}\left(R_k - B_k^{(t)}\right)\left(B_k^{(t)}\right)^{-1/2} \quad ,$$

der so normiert ist, daß

$$(c_k^{(t)})^T \cdot c_k^{(t)} = \lambda_k^{(t)}$$

gilt, berechnet

$$a_k^{(t+1)} = \left(B_k^{(t)}\right)^{-1/2} \cdot c_k^{(t)}$$

und geht über zum (t+1)-ten Schritt. Die Iteration wird abgebrochen, wenn in einem Schritt r der Unterschied zwischen $a_k^{(r)}$ und $a_k^{(r+1)}$ nur noch sehr klein ist. Es ist dann

$$a_k^{(r+1)} = l_{k+1}$$

der gesuchte Schätzer für die (k+1) - te Spalte Λ_{k+1} der theoretischen Ladungsmatrix Λ. Danach berechnet man

$$R_{k+1} = R_k - a_k^{(r+1)} \cdot (a_k^{r+1})^T$$

und geht über zum (k+1) - ten Hauptschritt, führt die Iteration durch usw., bis man auch die q-te Spalte von Λ geschätzt hat, d.h. den (q-1) - ten Hauptschritt durchgeführt hat. Insgesamt hat man nun den Maximum - Likelihood - Schätzer L für Λ bestimmt:

$$L = (l_1, \ldots, l_q) = \begin{pmatrix} l_{11} & \cdots & l_{1q} \\ \vdots & & \vdots \\ l_{p1} & \cdots & l_{pq} \end{pmatrix} \quad .$$

Der Maximum - Likelihood - Schätzer für die Matrix der theoretischen merkmalseigenen Varianzen $\mathrm{diag}(\delta_1^2, \ldots, \delta_p^2)$ ist gerade die im r-ten Schritt des (q-1) - ten Hauptschrittes bestimmte Matrix $B_{q-1}^{(r)}$:

$$\mathrm{diag}(\hat{\delta}_1^2, \ldots, \hat{\delta}_p^2) = B_{q-1}^{(r)} = \mathrm{diag}\left(R_{q-1} - a_{q-1}^{(r)} \cdot (a_{q-1}^{(r)})^T\right)$$

Nun kommen wir zum angekündigten *Test über die Anzahl der Faktoren*. Man kann überprüfen, ob die gewählte Anzahl q der extrahierten gemeinsamen Faktoren zum Niveau α signifikant zu gering war. Dazu wird die Hypothese

$$H_0: \; \tilde{\Sigma} = \Lambda \cdot \Lambda^T + \mathrm{diag}(\delta_1^2, \ldots, \delta_p^2) \quad \text{, wobei } \Lambda \text{ eine } p \times q \text{ - Matrix ist,}$$

getestet.

Ist n der Umfang der Stichprobe, d.h. die Anzahl der Zeilen in der Datenmatrix Y bzw. Y_{st}, so ist nach Bartlett (1951) unter H_0 die Statistik

$$\chi^2 = \left(n - 1 - \frac{1}{6}(2p+5) - \frac{2}{3} \cdot q\right) \cdot \ln \frac{\det(L \cdot L^T + B_{q-1}^{(r)})}{\det R}$$

unter der Bedingung

$$q \leq \frac{1}{2}(1 + 2p - \sqrt{1+8p})$$

approximativ χ_ν^2 - verteilt mit

$$\nu = \frac{1}{2}\left((p-q)^2 - (p+q)\right)$$

Freiheitsgraden.

Die Hypothese H_0, die gerade besagt, daß q die richtige Anzahl von gemeinsamen Faktoren ist, wird also zum Niveau α verworfen, d.h. die Anzahl der Faktoren ist signifikant zum Niveau α größer als q, falls gilt

$$\chi^2 > \chi^2_{\nu;1-\alpha} \quad .$$

Die Quantile $\chi^2_{\nu;\gamma}$ der χ^2_ν - Verteilung sind im Anhang vertafelt.

Natürlich ist auch eine durch die Maximum - Likelihood - Methode bestimmte Ladungsmatrix L in der Regel nicht optimal bzgl. der Interpretierbarkeit der q extrahierten orthogonalen Faktoren. Es empfiehlt sich also auf L noch ein Rotationsverfahren, vgl. Abschnitt 2, anzuwenden.

Beispiel: In Tab.1 sind die jeweils erreichten Punktzahlen (auf der Basis von 100 möglichen Punkten) bei Klausuren in Mechanik (ME), Analytischer Geometrie (AG), Lineare Algebra (LA), Analysis (AN) und Elementare Statistik (ES) von 88 Studenten angegeben,s. Mardia et al. (1979). Die erreichten Punktzahlen geben gerade die Datenmatrix Y mit 88 Zeilen und 5 Spalten, d.h. $n = 88$ und $p = 5$, an.

Um die Abhängigkeit zwischen den fünf Merkmalen (Punkte in den fünf Klausuren) zu analysieren, soll eine Faktorenanalyse durchgeführt werden; die Ladungsmatrix Λ soll mittels Maximum - Likelihood - Methode geschätzt werden. Dazu berechnet man zunächst die Korrelationsmatrix $R = R_0$, vgl. Tab.2

Werden $q = 2$ orthogonale Faktoren extrahiert, so ergibt sich als geschätzte Ladungsmatrix die in Tab.3 angegebene Matrix L, aus der sich die Kommunalitätenschätzungen der fünf Merkmale berechnen lassen:

$$k_1^2 = l_{11}^2 + l_{12}^2 = 0.630^2 + 0.377^2 = 0.539 \quad ,$$

$$k_2^2 = 0.579 \;,\quad k_3^2 = 0.800 \;,\quad k_4^2 = 0.654 \text{ und } k_5^2 = 0.572 \quad .$$

Wir wollen die fünf beobachteten Merkmale im orthogonalen Koordinatensystem der beiden extrahierten Faktoren darstellen, vgl. Abb.4. Das erste Merkmal (Klausurpunkte Mechanik) z.B. wird dort durch den Punkt mit den Koordinaten $(l_{11}, l_{12}) = (0.630, 0.377)$ dargestellt.

Tab.1: Erreichte Punktzahlen von 88 Studenten in 5 Klausuren, Datenmatrix Y

Fach	ME	AG	LA	AN	ES	Fach	ME	AG	LA	AN	ES
Merkmal j / Student i	1	2	3	4	5	Merkmal j / Student i	1	2	3	4	5
1	77	82	67	67	81	45	46	61	46	38	41
2	63	78	80	70	81	46	40	57	51	52	31
3	75	73	71	66	81	47	49	49	45	48	39
4	55	72	63	70	68	48	22	58	53	56	41
5	63	63	65	70	63	49	35	60	47	54	33
6	53	61	72	64	73	50	48	56	49	42	32
7	51	67	65	65	68	51	31	57	50	54	34
8	59	70	68	62	56	52	17	53	57	43	51
9	62	60	58	62	70	53	49	57	47	39	26
10	64	72	60	62	45	54	59	50	47	15	46
11	52	64	60	63	54	55	37	56	49	28	45
12	55	67	59	62	44	56	40	43	48	21	61
13	50	50	64	55	63	57	35	35	41	51	50
14	65	63	58	56	37	58	38	44	54	47	24
15	31	55	60	57	73	59	43	43	38	34	49
16	60	64	56	54	40	60	39	46	46	32	43
17	44	69	53	53	53	61	62	44	36	22	42
18	42	69	61	55	45	62	48	38	41	44	33
19	62	46	61	57	45	63	34	42	50	47	29
20	31	49	62	63	62	64	18	51	40	56	30
21	44	61	52	62	46	65	35	36	46	48	29
22	49	41	61	49	64	66	59	53	37	22	19
23	12	58	61	63	67	67	41	41	43	30	33
24	49	53	49	62	47	68	31	52	37	27	40
25	54	49	56	47	53	69	17	51	52	35	31
26	54	53	46	59	44	70	34	30	50	47	36
27	44	56	55	61	36	71	46	40	47	29	17
28	18	44	50	57	81	72	10	46	36	47	39
29	46	52	65	50	35	73	46	37	45	15	30
30	32	45	49	57	64	74	30	34	43	46	18
31	30	69	50	52	45	75	13	51	50	25	31
32	46	49	53	59	37	76	49	50	38	23	9
33	40	27	54	61	61	77	18	32	31	45	40
34	31	42	48	54	68	78	8	42	48	26	40
35	36	59	51	45	51	79	23	38	36	48	15
36	56	40	56	54	35	80	30	24	43	33	25
37	46	56	57	49	32	81	3	9	51	47	40
38	45	42	55	56	40	82	7	51	43	17	22
39	42	60	54	49	33	83	15	40	43	23	18
40	40	63	53	54	25	84	15	38	39	28	17
41	23	55	59	53	44	85	5	30	44	36	18
42	48	48	49	51	37	86	12	30	32	35	21
43	41	63	49	46	34	87	5	26	15	20	20
44	46	52	53	41	40	88	0	40	21	9	14

j	1	2	3	4	5
$\bar{y}_{\cdot j}$	38.955	50.591	50.602	46.682	42.307
s_j	17.486	13.147	10.625	14.845	17.256

Tab.2: Empirische Korrelationsmatrix $R = R_0$ der fünf Merkmale

j' \ j	1	2	3	4	5
1	1.000	0.553	0.547	0.410	0.389
2	0.553	1.000	0.610	0.485	0.437
3	0.547	0.610	1.000	0.711	0.665
4	0.410	0.485	0.711	1.000	0.607
5	0.389	0.437	0.665	0.607	1.000

Tab.3: Geschätzte Ladungsmatrix L bei Extraktion von zwei Faktoren nach der Maximum - Likelihood - Methode

Faktor F_k / Merkmal j	F_1	F_2
	l_{j1}	l_{j2}
1	0.630	0.377
2	0.696	0.308
3	0.893	-0.048
4	0.782	-0.205
5	0.729	-0.201

Um die Faktoren optimal interpretierbar zu machen, muß man sie zunächst rotieren, wie dies in Abschnitt 2 geschieht.

Aber auch der nichtrotierten Matrix L sieht man etwas an: Nämlich daß sich die Faktorladungen auf die 1.Spalte von L konzentrieren. Dies ist ein Hinweis darauf, daß hier die Extraktion eines Faktors F_1 schon ausreichend wäre. Dieser Hinweis bestätigt sich, denn führt man die Maximum - Likelihood - Schätzung für $q = 1$ durch, so ergibt sich

$$L = l_1 = (l_{11},\dots,l_{p1})^T = (0.599, 0.668, 0.915, 0.773, 0.724)^T$$

und die Teststatistik des Signifikanztests ergibt sich mit

$$\nu = \frac{1}{2}[(5-1)^2 - (5+1)] = 5$$

zu

$$\chi^2 = 8.59 \not> \chi^2_{5;0.95} = 11.1 \quad ,$$

so daß die Hypothese H_0 für $q = 1$ zum 5% Niveau nicht verworfen werden kann.

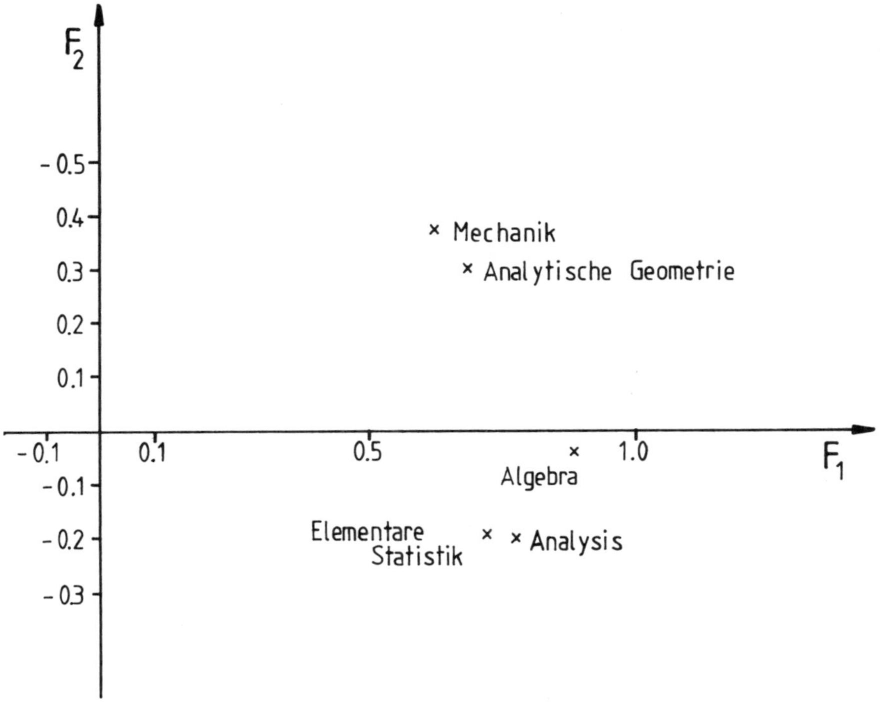

Abb.4: Darstellung der 5 Merkmale (Klausurpunkte in 5 Fächern) im Koordinatensystem der Faktoren, vgl. auch Tab.3

1.2 DIE KANONISCHE FAKTORENANALYSE

Die *kanonische Faktorenanalyse* geht auf Rao (1955) zurück. Bei ihr liegt das gleiche Modell zugrunde wie bei der Maximum - Likelihood - Methode. Ziel der kanonischen Faktorenanalyse ist es, die q kanonischen Korrelationen, vgl. Abschnitt 1.4 in Kap.III, zwischen den p Merkmalen und den q Faktoren zu maximieren. Sie hat den Vorteil, daß die Anzahl q der Faktoren nicht im Vorhinein festgelegt werden muß und daß sie rechentechnisch relativ leicht handhabbar ist. Obwohl kanonische Faktorenanalyse und Maximum - Likelihood - Methode von verschiedenen Schätzprinzipien ausgehen, sind die Methoden theoretisch gleich, d.h. sie liefern (bis auf Rechenungenauigkeiten) bei gleicher Faktorenanzahl gleiche Schätzungen der Ladungsmatrix. Dies liegt daran, daß die den beiden Verfahren zugrundeliegenden Eigenwertprobleme identisch sind: Durch Prämultiplikation mit der Matrix U (U^2 ist die Matrix der merkmalseigenen Varianzen) wird das Eigenwertproblem der kanonischen Faktorenanalyse

$$U^{-1}(R - U^2)U^{-1}(U^{-1}\cdot A) = (U^{-1}\cdot A)J$$

in das der Maximum - Likelihood - Methode überführt.

Konkret geht man bei der kanonischen Faktorenanalyse so vor, daß man zunächst Startwerte k_{jo}^2 für die Kommunalitäten k_j^2, j=1,...,p, der p Merkmale festsetzt, hierzu können die in Abschnitt 1.4 angegebenen Schätzungen für Kommunalitäten verwandt werden. Mit diesem Startwert hat man natürlich gleich Startwerte

$$\delta_{jo}^2 = 1 - k_{jo}^2 \qquad \text{für } j=1,\dots,p$$

für die p merkmalseigenen Varianzen bestimmt. Die reduzierte Korrelationsmatrix $\tilde{R}_o$ ist dann natürlich gegeben als

$$\tilde{R}_o = R - U_o^2 \qquad \text{mit } U_o^2 = \text{diag}(\delta_{1o}^2,\dots,\delta_{po}^2) \quad .$$

Mit

$$U_o^{-1} = \text{diag}(1/\delta_{1o},\dots,1/\delta_{po})$$

werden nun diejenigen Eigenwerte der Matrix

$$U_o^{-1}\cdot\tilde{R}_o\cdot U_o^{-1}$$

bestimmt, die größer als Null sind; ihre Anzahl sei hier mit $\tilde{q}$ bezeichnet. Zu den Eigenwerten $\lambda_{1o},\dots,\lambda_{\tilde{q}o}$ werden dann zunächst Eigenvektoren

$$a_{\ell o} = (a_{1\ell o},\dots,a_{p\ell o})^T \qquad \text{für } \ell=1,\dots,\tilde{q}$$

bestimmt, die auf Länge 1 normiert sind, d.h.

$$a_{\ell o}^T\cdot a_{\ell o} = 1 \quad .$$

Im t-ten Schritt (t=1,2,...) werden dann die t - Schritt - Kommunalitäten

$$k_{jt}^2 = \delta_{jt-1}^2 \sum_{\ell=1}^{\tilde{q}} \lambda_{\ell t-1}\, a_{j\ell t-1}^2 \qquad \text{für } j=1,\dots,p \quad ,$$

die Diagonalmatrix

$$U_t^2 = \text{diag}(\delta_{1t}^2,\dots,\delta_{pt}^2) \quad \text{mit} \quad \delta_{jt}^2 = 1 - k_{jt}^2 \quad \text{für } j=1,\dots,p \quad ,$$

die reduzierte Korrelationsmatrix

$$\tilde{R}_t = R - U_t^2$$

und die Matrix

$$U_t^{-1} = \mathrm{diag}(1/\delta_{1t},\ldots,1/\delta_{pt})$$

bestimmt. Dann berechnet man die $\tilde{q}$ größten Eigenwerte $\lambda_{1t},\ldots,\lambda_{\tilde{q}t}$ der Matrix

$$U_t^{-1}\cdot\tilde{R}_t\cdot U_t^{-1}$$

sowie die zugehörigen normierten Eigenvektoren

$$a_{\ell t} = (a_{1\ell t},\ldots,a_{p\ell t})^T \quad , \; a_{\ell t}^T\cdot a_{\ell t} = 1 \qquad \text{für } \ell=1,\ldots,\tilde{q}$$

und führt dann den (t+1) - ten Schritt des Verfahrens durch. Das Verfahren wird im (m+1) - ten Schritt abgebrochen, wenn die Matrizen U_m^{-1} und U_{m+1}^{-1} nahezu gleich sind. Die Ladungsmatrix $\tilde{L}$ für $\tilde{q}$ Faktoren ergibt sich dann mit

$$J_m = \mathrm{diag}(\lambda_{1m},\ldots,\lambda_{\tilde{q}m})$$

und

$$A_m = (a_{1m},\ldots,a_{\tilde{q}m})$$

zu

$$\tilde{L} = U_m\cdot A_m\cdot J_m^{1/2} \quad .$$

Mit Hilfe des in Abschnitt 1.2 angegebenen *Tests* mit $B_{q-1}^r = U_m^2$ überprüft man nun sukzessive für die erste Spalte von $\tilde{L}$, für die ersten beiden Spalten von $\tilde{L}$ usw. die Hypothese, daß diese Spaltenanzahl nicht signifikant zu gering ist, um die Merkmale zu erklären. Kann die Hypothese zum erstenmal für die ersten $q\leq\tilde{q}$ Spalten von L abgelehnt werden, so wird die resultierende Ladungsmatrix L der kanonischen Faktorenanalyse als die Matrix der ersten q Spalten von $\tilde{L}$ festgesetzt.

Ein *Beispiel* zur kanonischen Faktorenanalyse findet man im abschließenden Abschnitt 4 dieses Kapitels.

1.3 DIE HAUPTKOMPONENTEN- UND DIE HAUPTFAKTORENANALYSE

Die *Hauptkomponentenanalyse* (*principal component analysis*), die auf Hotelling (1936) zurückgeht, unterscheidet sich in einem Punkt wesentlich von den Methoden der Faktorenanalyse. Versucht man bei der Faktorenanalyse q orthogonale Faktoren $F_1,\ldots,F_q$ zu extrahieren, so daß sich durch die Korrelationsmatrix zwischen beobachteten Merkmalen und extrahierten, nicht beobachtbaren Faktoren (da die Faktoren orthogonal sind, ist dies gerade die Ladungsmatrix L) die reduzierte Korrelationsmatrix $\tilde{R}$ der p beobachteten Merkmale widerspiegeln ließ ($\tilde{R} = L \cdot L^T$), so geht man bei der Hauptkomponentenanalyse von der Korrelationsmatrix R selbst aus; die Annahme merkmalseigener Varianzen wird hier also nicht gemacht. Die p beobachteten Merkmale werden hier durch eine lineare Transformation in p unkorrelierte, also orthogonale Komponenten überführt.

Ziel der Hauptkomponentenanalyse ist es in der Regel nicht, interpretierbare Komponenten zu konstruieren; daher sieht man auch meist von der Rotation des Ergebnisses einer Hauptkomponentenanalyse ab. Vielmehr dient diese mehr formale Analyse dazu, komplizierte Beziehungen in beobachteten Daten auf eine einfache Form zu reduzieren.

Hat man etwa eine $n \times 2$ - Datenmatrix Y, d.h. zwei Merkmale an n Objekten beobachtet, so lassen sich die n Zeilen der Datenmatrix durch n Punkte mit Koordinaten $(y_{11}, y_{12}), \ldots, (y_{n1}, y_{n2})$ zweidimensional darstellen. Geht man davon aus, daß die beiden Merkmale in einer Grundgesamtheit, aus der die n Objekte einer Stichprobe stammen, normalverteilt sind und eine von Null verschiedene Korrelation haben, so liegen die n Punkte i.w. in einer Ellipse mit Hauptachsen K_1 und K_2, die sich ungefähr im Schwerpunkt S schneiden. In Abb.5 werden diese Ausführungen graphisch erläutert; die $n = 15$ Punkte sind durch Kreuze angedeutet.

Durch Verschieben des Nullpunktes und Drehung transformiert die Hauptkomponentenmethode das Koordinatensystem der beobachteten Merkmale in das der Hauptachsen der Ellipse. Dieses Prinzip läßt sich natürlich auf $p > 2$ Merkmale ausweiten; es entsteht dann ein Ellipsoid mit p Hauptachsen $K_1, \ldots, K_p$. Fordert man zusätzlich, wie wir es im zweidimensionalen Fall implizit getan haben, daß die 1.Komponente K_1 ein Maximum der Gesamtvarianz aller Merkmale ausschöpft, d.h. der längsten Hauptachse des p - dimensionalen Ellipsoids entspricht, daß die 2.Komponente K_2 ein Maximum der Restvarianz ausschöpft, d.h. der zweitlängsten Hauptachse des p - dimensionalen Ellipsoids entspricht usw., so ist diese Transformation eindeutig, falls die Varianzen der p beobachteten Merkmale paarweise verschieden sind.

Formal entspricht diese Transformation im Koordinatensystem der Variablen einem Eigenwertproblem: Der Ladungsvektor l_k der Komponente K_k entspricht gerade dem normierten Eigenvektor ($l_k^T \cdot l_k = 1$) zum k - größten Eigenwert λ_k der empirischen Korrelationsmatrix

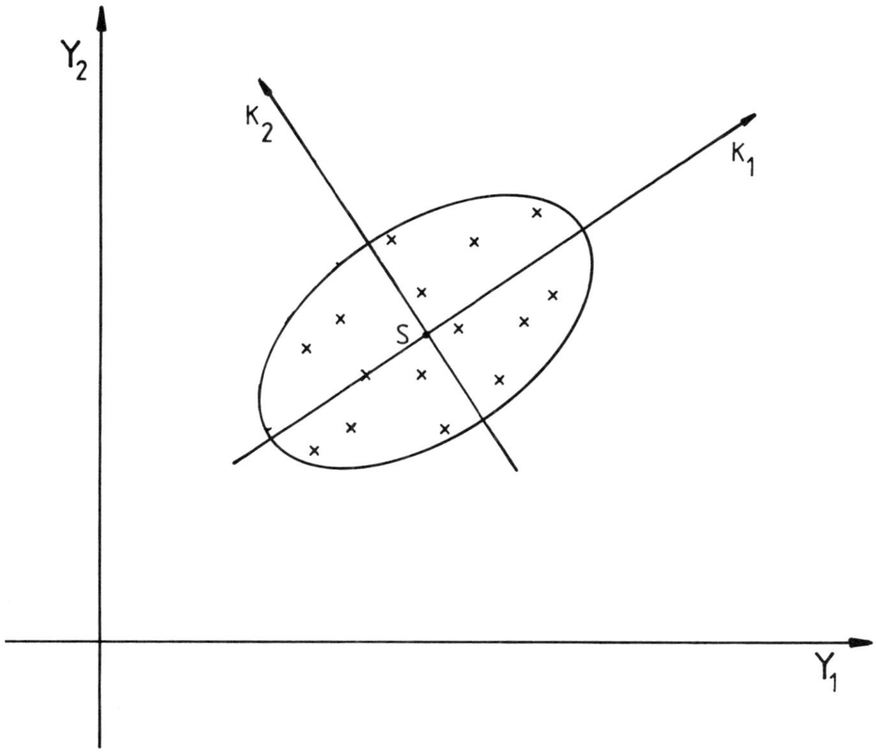

Abb.5: Graphische Darstellung einer 15×2 - Datenmatrix Y mit Schwerpunkt und Hauptachsen

$$R = \frac{1}{n-1} \cdot Y_{st}^{T} \cdot Y_{st} \quad ,$$

und die Transformation ist eindeutig, falls alle Eigenwerte $\lambda_1 > \ldots > \lambda_p$ von R verschieden sind. Da R eine empirische Korrelationsmatrix ist, ist diese Eindeutigkeit der Transformation in der Praxis wegen $n > p$ quasi immer erfüllt. Die unkorrelierten, orthogonalen Komponenten entstammen dann einer Grundgesamtheit mit normierter Verteilung (Erwartungswert Null und Varianz Eins). Anhand der Eigenwerte λ_k von R kann man nun feststellen, wie groß der Anteil der Varianz der standardisierten Merkmale ist, der durch die k-te Komponente K_k erklärt wird. Dieser Anteil ist gerade

$$\gamma_k = \lambda_k \Big/ \sum_{k=1}^{p} \lambda_k = \lambda_k / p \quad .$$

Bei der Bestimmung der Matrix K der Komponentenwerte (sie entspricht der

Faktorenwertematrix F), vgl. Abschnitt 3, die ja die Beziehung zwischen den n beobachteten Objekten und den Komponenten beschreibt, beschränkt man sich häufig auf $q < p$ wesentliche Komponenten. Und zwar wählt man q so, daß gilt

$$\tilde{\gamma}_q = \gamma_1 + \gamma_2 + \ldots + \gamma_q \geq \gamma \quad \text{und} \quad \gamma_1 + \ldots + \gamma_{q-1} < \gamma \quad .$$

Eine unverbindliche Empfehlung ist $\gamma = 0.9$ zu wählen; dann werden mindestens 90% der Gesamtvarianz der beobachteten Merkmale durch die Komponenten $K_1,\ldots,K_q$ erklärt.

Eine andere Möglichkeit q festzulegen, besteht darin, in einem Diagramm die Größen γ_k als Funktion von k darzustellen. Verbindet man die Punkte im Diagramm, so wählt man q so, daß die Verbindungslinie der Punkte zwischen q und q-1 eine deutliche Sprungstelle besitzt und für $k > q$ keine solche deutliche Sprungstelle mehr auftaucht.

Beispiel: An den Stämmen von corsischen Pinien wurden $p = 13$ physikalische Merkmale, z.B. der Feuchtigkeitsgehalt, die Anzahl der Jahresringe an Basis und Spitze des Stammes, beobachtet, von denen man annahm, daß sie die Druckfestigkeit des Holzes beeinflussen, vgl. Jeffers (1967):"Two case studies in the application of principal component analysis", Appl. Statistics 16, S.225 - 236. Die empirische Korrelationsmatrix der 13 Merkmale ist in Tab.4 angegeben.

Nun soll eine Hauptkomponentenanalyse für die 13 beobachteten Merkmale durchgeführt werden, d.h. das Koordinatensystem der Merkmale soll in oben beschriebener Weise linear in ein Koordinatensystem von 13 orthogonalen Komponenten transformiert werden. Dazu müssen die Eigenwerte $\lambda_1 > \ldots > \lambda_{13}$ von R sowie deren zugehörige normierte Eigenvektoren $l_1,\ldots,l_{13}$ bestimmt werden. Diese Eigenwerte und Eigenvektoren sind in Tab.5 zusammen mit $\gamma_1,\ldots,\gamma_{13}$ und

$$\sum_{u=1}^{k} \gamma_u = \tilde{\gamma}_k$$

angegeben. Die Matrix

$$L = (l_1, l_2, \ldots, l_{13}) = \begin{pmatrix} l_{1\,1} & \cdots & l_{1\,13} \\ \vdots & & \vdots \\ l_{13\,1} & \cdots & l_{13\,13} \end{pmatrix}$$

ist natürlich gerade die vollständige Ladungsmatrix der p Komponenten.

Es müßte eigentlich nun gelten

Tab.4: Empirische Korrelationsmatrix R von 13 Merkmalen des Stammes der corsischen Pinie

	1	2	3	4	5	6	7	8	9	10	11	12	13
1	1.000	0.954	0.364	0.342	-0.129	0.313	0.496	0.424	0.592	0.545	0.084	-0.019	0.134
2	0.954	1.000	0.297	0.284	-0.118	0.291	0.503	0.419	0.648	0.569	0.076	-0.036	0.144
3	0.364	0.297	1.000	0.882	-0.148	0.153	-0.029	-0.054	0.125	-0.081	0.162	0.220	0.126
4	0.342	0.284	0.882	1.000	0.220	0.381	0.174	-0.059	0.137	-0.014	0.097	0.169	0.015
5	-0.129	-0.118	-0.148	0.220	1.000	0.364	0.296	0.004	-0.039	0.037	-0.091	-0.145	-0.208
6	0.313	0.291	0.153	0.381	0.364	1.000	0.813	0.090	0.211	0.274	-0.036	0.024	-0.329
7	0.496	0.503	-0.029	0.174	0.296	0.813	1.000	0.372	0.465	0.679	-0.113	-0.232	-0.424
8	0.424	0.419	-0.054	-0.059	0.004	0.090	0.372	1.000	0.482	0.557	0.061	-0.357	-0.202
9	0.592	0.648	0.125	0.137	-0.039	0.211	0.465	0.482	1.000	0.526	0.085	-0.127	-0.076
10	0.545	0.569	-0.081	-0.014	0.037	0.274	0.679	0.557	0.526	1.000	-0.319	-0.368	-0.291
11	0.084	0.076	0.162	0.097	-0.091	-0.036	-0.113	0.061	0.085	-0.319	1.000	0.029	0.007
12	-0.019	-0.036	0.220	0.169	-0.145	0.024	-0.232	-0.357	-0.127	-0.368	0.029	1.000	0.184
13	0.134	0.144	0.126	0.015	-0.208	-0.329	-0.424	-0.202	-0.076	-0.291	0.007	0.184	1.000

Tab.5: Eigenwerte λ_k, normierte Eigenvektoren l_k, Varianzanteile γ_k und kumulierte Varianzanteile $\tilde{\gamma}_k$ der Matrix R

k	1	2	3	4	5	6	7	8	9	10	11	12	13
λ_k	4.22	2.38	1.88	1.11	0.91	0.82	0.58	0.44	0.35	0.19	0.05	0.04	0.04
γ_k	0.325	0.183	0.145	0.085	0.070	0.063	0.045	0.034	0.027	0.015	0.004	0.003	0.003
$\tilde{\gamma}_k$	0.325	0.508	0.653	0.738	0.808	0.871	0.916	0.950	0.977	0.992	0.996	0.999	1.002
l_{1k}	-0.40	0.22	-0.21	-0.09	-0.08	0.12	-0.11	0.14	0.33	-0.31	0.00	0.39	-0.57
l_{2k}	-0.41	0.19	-0.24	-0.10	-0.11	0.16	-0.08	0.02	0.32	-0.27	-0.05	-0.41	0.58
l_{3k}	-0.12	0.54	0.14	0.08	0.35	-0.28	-0.02	0.00	-0.08	0.06	0.12	0.53	0.41
l_{4k}	-0.17	0.46	0.35	0.05	0.36	-0.05	0.08	-0.02	-0.01	0.10	-0.02	-0.59	-0.38
l_{5k}	-0.06	-0.17	0.48	0.05	0.18	0.63	0.42	-0.01	0.28	0.00	0.01	0.20	0.12
l_{6k}	-0.28	-0.01	0.48	-0.06	-0.32	0.05	-0.30	0.15	-0.41	-0.10	-0.54	0.08	0.06
l_{7k}	-0.40	-0.19	0.25	-0.07	-0.22	0.00	-0.23	0.01	-0.13	0.19	0.76	-0.04	0.00
l_{8k}	-0.29	-0.19	-0.24	0.29	0.19	-0.06	0.40	0.64	-0.35	-0.08	0.03	-0.05	0.02
l_{9k}	-0.36	0.02	-0.21	0.10	-0.10	0.03	0.40	-0.70	-0.38	-0.06	-0.05	0.05	-0.06
l_{10k}	-0.38	-0.25	-0.12	-0.21	0.16	-0.17	0.00	-0.01	0.27	0.71	-0.32	0.06	0.00
l_{11k}	0.01	0.21	-0.07	0.80	-0.34	0.18	-0.14	0.01	0.15	0.34	-0.05	0.00	-0.01
l_{12k}	0.12	0.34	0.09	-0.30	-0.60	-0.17	0.54	0.21	0.08	0.19	0.05	0.00	0.00
l_{13k}	0.11	0.31	-0.33	-0.30	0.08	0.63	-0.16	0.11	-0.38	0.33	0.04	0.01	-0.01

$$\sum_{k=1}^{13} \lambda_k = 13 = \mathrm{tr}\, R \quad , \quad \tilde{\gamma}_{13} = 1 \quad ;$$

Abweichungen entstehen durch Rechenungenauigkeiten.

Durch die $q = 7$ ersten Komponenten schöpft man bereits 91.6% der Gesamtvarianz aller Merkmale aus. Zur Berechnung der Faktorenwerte wäre diese Anzahl von Komponenten also sicherlich hinreichend genau. Tragen wir noch die γ_k in Abhängigkeit von k in ein Diagramm ein, vgl. Abb.6, und verbinden die Punkte des Diagramms. Nach dem Diagramm wären also auch schon vier Komponenten, die allerdings nur 73.8% der Gesamtvarianz erklären, hinreichend.

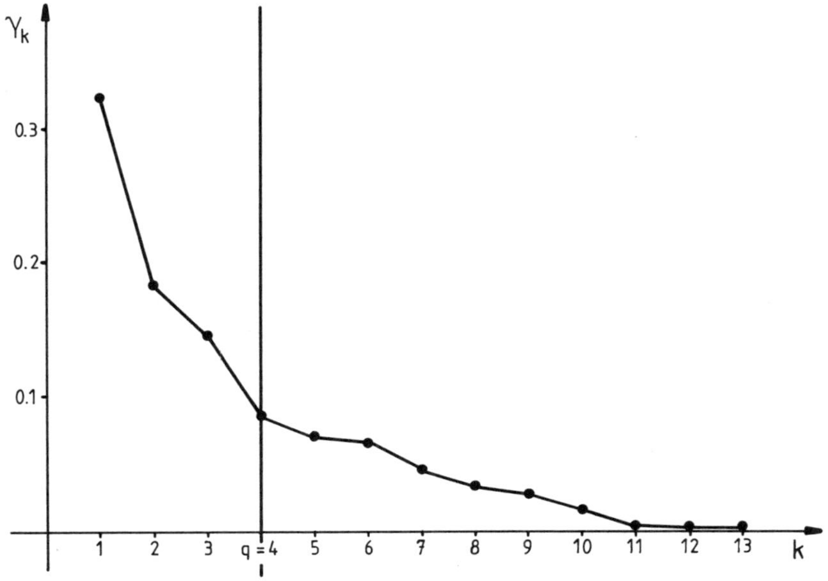

Abb.6: Darstellung der Größen γ_k in Abhängigkeit von k

Vielfach wird die Hauptkomponentenanalyse in leichter Abwandlung als faktorenanalytische Methode angewandt. Man geht dann davon aus, daß merkmalseigene Varianzen vorhanden sind, schätzt zunächst aus R die Kommunalitäten $k_1^2,\dots,k_p^2$ der p beobachteten Merkmale und bildet die reduzierte Korrelationsmatrix $\tilde{R}$, vgl. Abschnitt 1.4. Sodann wendet man auf $\tilde{R}$ eine Hauptkomponentenanalyse an, d.h. man bestimmt Eigenwerte und zugehörige Eigenvektoren mit Norm 1; die wesentlichen q Eigenvektoren bestimmen dann die Ladungsmatrix L. Diese Methode zur Schätzung einer Ladungsmatrix nennt man auch *Hauptfaktorenanalyse* (*principal factor analysis*).

1.4 DIE ZENTROIDMETHODE

Die *Zentroidmethode* oder *Schwerpunktmethode* zur Bestimmung einer Ladungsmatrix L geht auf Thurstone (1931) zurück. Obwohl diese Methode nur eine Näherungslösung für L liefert und viel Raum für Willkür läßt, ist sie wegen ihrer einfachen Durchführbarkeit in der Praxis sehr beliebt.

Die Idee der Zentroidmethode wird im folgenden kurz beschrieben. Wie schon eingangs erwähnt, lassen sich die p beobachteten Merkmale als Punkte im q-dimensionalen Faktorraum darstellen. Allerdings kennt man die Dimension q, die Anzahl der zu extrahierenden Faktoren, nicht. Bei der Zentroidmethode wird nun verlangt, daß die Achse, die den ersten der q extrahierten Faktoren darstellt, den Schwerpunkt der p Merkmalspunkte im q-dimensionalen Raum schneidet, und die übrigen Achsen jeweils orthogonal sind. Damit ist das von den q Faktoren gebildete Koordinatensystem eindeutig (bis auf Umnummerierungen). Da das konkrete Verfahren aber viel Willkür ermöglicht, erhält man stets nur eine Näherungslösung L, die keine bekannten statistischen Eigenschaften besitzt. Das entsprechende exakte Verfahren ist die Hauptfaktorenanalyse, die im Abschnitt 1.3 angesprochen wurde.

Konkret geht man bei der Zentroidmethode wie folgt vor. Die beobachtete $n \times p$ - Datenmatrix Y wird zunächst standardisiert, d.h. man bestimmt die Matrix Y_{st} mit Elementen $y_{ij}^{st} = (y_{ij} - \bar{y}_{.j})/s_j$, wobei y_{ij} die Elemente der Matrix Y, $\bar{y}_{.j}$ den Mittelwert der y_{ij} in der j-ten Spalte von Y und s_j die empirische Standardabweichung in der j-ten Spalte von Y bezeichnet. Die empirische Korrelationsmatrix der p Merkmale ergibt sich dann zu

$$R = \frac{1}{n-1} \cdot Y_{st}^T \cdot Y_{st} \quad .$$

An dieser Stelle taucht das erste Problem der Zentroidmethode auf: Die Kommunalitäten k_j^2, d.h. der Anteil der Varianz des j-ten standardisierten Merkmals, der auf gemeinsame Faktoren entfällt, müssen á priori angegeben werden, denn es wird mit der reduzierten Korrelationsmatrix $\tilde{R}$ gearbeitet. Da die Kommunalitäten $k_1^2, \ldots, k_p^2$ aber erst nach Bestimmung der Ladungsmatrix L bekannt sind, müssen sie aus der Korrelationsmatrix R geschätzt werden. Einige mögliche Schätzer wollen wir hier vorstellen.

Die einfachste Möglichkeit ist

$$\hat{k}_j^2 = \max_{\substack{j'=1,\ldots,p \\ j' \neq j}} |r_{j'j}| \qquad \text{für } j=1,\ldots,p \quad ,$$

also die maximale betragliche Korrelation in der j-ten Spalte von R, als

Schätzer zu verwenden. Dadurch werden die Kommunalitäten aber in der Regel überschätzt. Man unterschätzt zumeist die Kommunalitäten, wenn man

$$\hat{k}_j^2 = \frac{1}{p} \sum_{j'=1}^{p} |r_{j'j}| \qquad \text{für } j=1,\ldots,p$$

als Schätzer wählt. Ein weiterer Schätzer für k_j^2 ist

$$\hat{k}_j^2 = \frac{|r_{j_1 j}| \cdot |r_{j_2 j}|}{|r_{j_1 j_2}|}$$

mit

$$r_{j_1 j} = \max_{j' \neq j} |r_{j'j}| \quad \text{und} \quad r_{j_2 j} = \max_{j' \neq j, j_1} |r_{j'j}| \quad \text{für } j=1,\ldots,p.$$

Das Produkt der beiden betraglich größten Korrelationen $r_{j_1 j}$, $r_{j_2 j}$ in der j-ten Spalte von R wird hier durch die betragliche Korrelation der Merkmale j_1 und j_2 dividiert; dadurch werden sehr hohe Korrelationen ausgeglichen.

Ausgehend von der empirischen Korrelationsmatrix $R = R_o$ für die p Merkmale werden zunächst in R Vorzeichenwechsel vorgenommen, wodurch eine Matrix R_o' entsteht; in dieser werden dann die Diagonalelemente durch Kommunalitätenschätzungen $\hat{k}_{1o}^2,\ldots,\hat{k}_{po}^2$ ersetzt und es entsteht eine symmetrische Matrix

$$\tilde{R}_o' = \begin{pmatrix} \hat{k}_{10}^2 & r_{12}^{(o)} & \cdots & r_{1p}^{(o)} \\ r_{12}^{(o)} & \hat{k}_{20}^2 & \cdots & r_{2p}^{(o)} \\ \vdots & \vdots & & \vdots \\ r_{1p}^{(o)} & r_{2p}^{(o)} & \cdots & \hat{k}_{p0}^2 \end{pmatrix} ,$$

denn bei dem Vorzeichenwechsel ist zu beachten, daß diese stets in ganzen Spalten und Zeilen von $R = R_o$ erfolgen müssen, d.h. werden in einer Spalte j Vorzeichen vertauscht, so werden sie auch in der j-ten Zeile vertauscht.

Hier bleibt dem einzelnen viel Raum für Willkür: Man ist frei in der Wahl der Kommunalitätenschätzer und in der Wahl der Zeilen und Spalten, in denen Vorzeichenwechsel vorgenommen werden. Es muß lediglich darauf geachtet werden, daß die Spaltensummen $U_{10},\ldots,U_{p0}$ von $\tilde{R}_o'$ und die Summe der Elemente $\sum_{j=1}^{p} U_{j0}$ den folgenden Bedingungen genügen:

$$\sum_{j=1}^{p} U_{j0} > 0 \quad \text{und} \quad U_{j0} \Big/ \sqrt{\sum_{j=1}^{p} U_{j0}} \leq 1 \quad \text{für } j=1,\ldots,p \quad .$$

Zunächst werden nun die Spaltensummen der Matrix $\tilde{R}_0'$

$$U_{j0} = \hat{k}_{j0}^2 + \sum_{\substack{j'=1 \\ j' \neq j}}^{p} r_{j'j}^{(o)} \qquad \text{für } j=1,\ldots,p$$

und die normierten Spaltensummen

$$\tilde{l}_{j1} = U_{j0} \Big/ \sqrt{\sum_{j=1}^{p} U_{j0}} \qquad \text{für } j=1,\ldots,p$$

berechnet. Dann ist

$$l_{j1} = \begin{cases} \tilde{l}_{j1} & \text{, falls in der j-ten Spalte von } R_0' \text{ kein Vorzeichenwechsel stattfand} \\ -\tilde{l}_{j1} & \text{, sonst} \end{cases}$$

für $j=1,\ldots,p$ die Ladung des 1.Faktors F_1 auf dem j-ten Merkmal, d.h. der Vektor $l_1 = (l_{11},\ldots,l_{p1})^T$ bildet die erste Spalte der geschätzten Ladungsmatrix L.

Nun wird im k-ten Schritt (k=1,2,...) zunächst die Matrix

$$R_k = \tilde{R}_{k-1}' - \tilde{l}_k \cdot \tilde{l}_k^T$$

der k-ten Residualkorrelationen berechnet. Zur Probe kann man hier die Spaltensummen der Matrix R_k berechnen, die bis auf Rechenungenauigkeiten alle Null sein müssen. Um weitere Faktoren extrahieren zu können, werden nun wieder willkürlich einige Vorzeichen in der Matrix R_k vertauscht. Dabei sind die gleichen Regeln und Bedingungen wie bei der Bestimmung von $\tilde{R}_0'$ zu beachten. Dann werden die Spaltensummen der resultierenden Matrix $\tilde{R}_k'$

$$U_{jk} = \hat{k}_{jk}^2 + \sum_{\substack{j'=1 \\ j' \neq j}}^{p} r_{j'j} \qquad \text{für } j=1,\ldots,p$$

und die normierten Spaltensummen

$$\tilde{l}_{jk+1} = U_{jk} \Big/ \sqrt{\sum_{j=1}^{p} U_{jk}} \qquad \text{für } j=1,\ldots,p$$

berechnet. Ändert man die Vorzeichen derjenigen $\tilde{l}_{jk+1}$, die zu einer Spalte j gehören, deren Vorzeichen vertauscht wurden, so ergeben sich die Ladungen

$$l_{jk+1} = \begin{cases} \tilde{l}_{jk+1} & \text{, falls in der j-ten Spalte von } R_k \text{ kein Vorzeichenwechsel stattfand} \\ -\tilde{l}_{jk+1} & \text{, sonst} \end{cases}$$

des (k+1) - ten Faktors F_{k+1}.

Das Verfahren wird im q-ten Schritt abgebrochen, wenn R_q der Nullmatrix genügend ähnlich ist, d.h. wenn alle Elemente von R_q "sehr klein" sind. Man hat dann q Faktoren extrahiert und näherungsweise eine Ladungsmatrix L mit q Spalten bestimmt.

Was in diesem Zusammenhang "sehr klein" ist, bleibt dem Einzelnen überlassen. Da das bestimmte L keinem bekannten statistischen Prinzip genügt, läßt sich, wie dies bei anderen Verfahren möglich ist, kein Test durchführen, ob die Anzahl q der extrahierten Faktoren signifikant ausreichend ist, um die beobachteten Zusammenhänge zwischen p Merkmalen zu erklären.

Bei der Zentroidmethode waren wir auf eine Schätzung der Kommunalitäten k_j^2 im Vorhinein angewiesen. Die entgültig geschätzten Kommunalitäten ergeben sich jedoch erst im Nachhinein:

$$k_j^2 = l_{j1}^2 + l_{j2}^2 + \ldots + l_{jq}^2 = \sum_{k=1}^{q} l_{jk}^2 \qquad \text{für } j=1,\ldots,p \quad .$$

Vergleicht man diese mit den ursprünglich geschätzten Kommunalitäten $\hat{k}_{jo}^2$ und treten starke Abweichungen auf, so sollte man das ganze Verfahren noch einmal durchführen und dabei die Diagonale der Matrix $\tilde{R} = \tilde{R}_o'$ mit den k_j^2 anstelle der $\hat{k}_{jo}^2$ besetzen.

Beispiel: Die Tab.6 gibt die empirische Korrelationsmatrix R von acht verschiedenen Musiktests, wie sie von Jöreskog (1963) ermittelt wurde, wieder.

Tab.6: Korrelationsmatrix R für acht Musiktests

j' \ j	1	2	3	4	5	6	7	8
1	1.000	0.466	0.456	0.441	0.375	0.312	0.247	0.207
2	0.466	1.000	0.311	0.296	0.521	0.286	0.483	0.314
3	0.456	0.311	1.000	0.185	0.184	0.300	0.378	0.378
4	0.441	0.296	0.185	1.000	0.176	0.244	0.121	0.341
5	0.375	0.521	0.184	0.176	1.000	0.389	0.211	0.153
6	0.312	0.286	0.300	0.244	0.389	1.000	0.210	0.289
7	0.247	0.483	0.378	0.121	0.211	0.210	1.000	0.504
8	0.207	0.314	0.378	0.341	0.153	0.289	0.504	1.000

Mittels der Zentroidmethode wollen wir nun eine Ladungsmatrix L bestimmen, die die Reproduktion der reduzierten Korrelationsmatrix $\tilde{R}$ erlaubt. Wir setzen $R_o' = R_o = R$ und müssen zunächst die Kommunalitäten k_j^2 schätzen. Wir wollen hier

$$\hat{k}^2_{jt} = \max_{j' \neq j} |r_{j'j}| \qquad \text{für } j=1,\ldots,8,\ t=0,1,\ldots$$

als Schätzer wählen. Diese Schätzer werden in die Diagonale von $R = R'_0$ eingesetzt; dadurch entsteht $\tilde{R} = \tilde{R}'_0$, vgl. Tab.7, wo auch die Spaltensummen U_{j0} und die normierten Spaltensummen $\tilde{l}_{j1} = l_{j1}$ für $j=1,\ldots,p$ angegeben sind.

Tab.7: Reduzierte Korrelationsmatrix $\tilde{R} = \tilde{R}'_0$ der acht Musiktests; Spaltensummen und normierte Spaltensummen

j' \ j	1	2	3	4	5	6	7	8	$\sum_j U_{j0}$
1	0.466	0.466	0.456	0.441	0.375	0.312	0.247	0.207	
2	0.466	0.521	0.311	0.296	0.521	0.286	0.483	0.314	
3	0.456	0.311	0.456	0.185	0.184	0.300	0.378	0.378	
4	0.441	0.296	0.185	0.441	0.176	0.244	0.121	0.341	
5	0.375	0.521	0.184	0.176	0.521	0.389	0.211	0.153	
6	0.312	0.286	0.300	0.244	0.389	0.389	0.210	0.289	
7	0.247	0.483	0.378	0.121	0.211	0.210	0.504	0.504	
8	0.207	0.314	0.378	0.341	0.153	0.289	0.504	0.504	
U_{j0}	2.970	3.198	2.648	2.245	2.530	2.419	2.658	2.690	21.358
$\tilde{l}_{j1} = l_{j1}$	0.643	0.692	0.573	0.486	0.547	0.523	0.575	0.582	

Mit $l_1 = (l_{11},\ldots,l_{p1})^T$ haben wir die Ladungen des Faktors F_1 bestimmt und berechnen nun die Matrix

$$R_1 = \tilde{R}'_0 - \tilde{l}_1 \cdot \tilde{l}_1^T$$

der 1.Residualkorrelation, vgl. Tab.8.

Tab.8: Matrix R_1 der 1.Residualkorrelationen

j' \ j	1	2	3	4	5	6	7	8
1	0.053	0.021	0.088	0.129	0.023	-0.024	-0.123	-0.167
2	0.021	0.042	-0.086	-0.040	0.142	-0.076	0.085	-0.089
3	0.088	-0.086	0.128	-0.093	-0.129	0.000	0.049	0.045
4	0.129	-0.040	-0.093	0.205	-0.090	-0.010	-0.158	0.058
5	0.023	0.142	-0.129	-0.090	0.222	0.103	-0.104	-0.165
6	-0.024	-0.076	0.000	-0.010	0.103	0.115	-0.091	-0.015
7	-0.123	0.085	0.049	-0.158	-0.104	-0.091	0.173	0.169
8	-0.167	-0.089	0.045	0.058	-0.165	-0.015	0.169	0.165

In der Matrix R_1 werden sodann Vorzeichen getauscht. Und zwar in der vierten Spalte, dann in der vierten Zeile, in der siebten Spalte und Zeile und in der achten Spalte und Zeile. Ersetzt man zudem die Diagonalglieder von R_1 durch

$$\hat{k}^2_{j1} = \max_{j' \neq j} |r^{(1)}_{j'j}| \qquad \text{für } j=1,\ldots,8 \quad ,$$

so ergibt sich die in Tab.9 dargestellte Matrix $\tilde{R}_1'$. In Tab.9 sind außerdem die Spaltensummen sowie die normierten Spaltensummen $\tilde{l}_{j2}$ und die Ladungen l_{j2} des 2. extrahierten Faktors F_2 angegeben.

Tab.9: Matrix $\tilde{R}_1'$ mit Spaltensummen U_{j1}, normierten Spaltensummen $\tilde{l}_{j2}$ und Faktorladungen l_{j2}

j' \ j	1	2	3	4	5	6	7	8	$\sum U_{j1}$
1	0.167	0.021	0.088	-0.129	0.023	-0.024	0.123	0.167	
2	0.021	0.142	-0.086	0.040	0.142	-0.076	-0.085	0.089	
3	0.088	-0.086	0.129	0.093	-0.129	0.000	-0.049	-0.045	
4	-0.129	0.040	0.093	0.205	0.090	0.010	-0.158	0.058	
5	0.023	0.142	-0.129	0.090	0.222	0.103	0.104	0.165	
6	-0.024	-0.076	0.000	0.010	0.103	0.115	0.091	0.015	
7	0.123	-0.085	-0.049	-0.158	0.104	0.091	0.173	0.169	
8	0.167	0.089	-0.045	0.058	0.165	0.015	0.169	0.169	
U_{j1}	0.436	0.187	0.001	0.209	0.720	0.234	0.368	0.787	2.942
$\tilde{l}_{j2}$	0.254	0.109	0.001	0.122	0.420	0.136	0.215	0.459	
l_{j2}	0.254	0.109	0.001	-0.122	0.420	0.136	-0.215	-0.459	

Die Matrix der 2.Residualkorrelationen

$$R_2 = \tilde{R}_1' - \tilde{l}_2 \cdot \tilde{l}_2^T$$

ist in Tab.10 angegeben.

Tab.10: Matrix R_2 der 2.Residualkorrelationen

j' \ j	1	2	3	4	5	6	7	8
1	0.102	-0.007	0.088	-0.160	-0.084	-0.059	0.068	0.050
2	-0.007	0.130	-0.086	0.027	0.096	-0.091	-0.108	0.039
3	0.088	-0.086	0.129	0.093	-0.129	0.000	-0.049	-0.045
4	-0.160	0.027	0.093	0.190	0.039	-0.007	-0.184	0.002
5	-0.084	0.096	-0.129	0.039	0.046	0.046	0.014	-0.028
6	-0.059	-0.091	0.000	-0.007	0.046	0.097	0.062	-0.047
7	0.068	-0.108	-0.049	-0.184	0.014	0.062	0.127	0.070
8	0.050	0.039	-0.045	0.002	-0.028	-0.047	0.070	-0.042

Obwohl diese Matrix der Nullmatrix recht nahe kommt, wollen wir noch einen weiteren Faktor F_3 extrahieren. Dazu müssen wir in der Matrix R_2 zunächst Vorzeichenwechsel vornehmen. Wir tauschen die Vorzeichen in der ersten Spalte und Zeile und in der dritten Spalte und Zeile; damit erhalten wir die Matrix R_2'. Nun schätzen wir die Residual - Kommunalitäten durch

$$\hat{k}_{j2}^2 = \max_{j'\neq j} |r_{j'j}^{(2)}| \qquad \text{für } j=1,\ldots,8 \quad ,$$

und es ergibt sich die Matrix $\tilde{R}_2$, die zusammen mit ihren Spaltensummen U_{j2} normierten Spaltensummen $\tilde{l}_{j3}$ und den Ladungen l_{j3} des 3.Faktors F_3 in Tab.11 angegeben ist.

Tab.11: Matrix $\tilde{R}_2'$ mit Spaltensummen, normierten Spaltensummen und Ladungen des 3. Faktors

j' \ j	1	2	3	4	5	6	7	8	$\sum U_{j2}$
1	0.160	0.007	0.088	0.160	0.084	0.059	-0.068	-0.050	
2	0.007	0.130	0.086	0.027	0.096	-0.091	-0.108	0.039	
3	0.088	0.086	0.129	-0.093	0.129	0.000	0.049	0.045	
4	0.160	0.027	-0.093	0.190	0.039	-0.007	-0.184	0.002	
5	0.084	0.096	0.129	0.039	0.129	0.046	0.014	-0.028	
6	0.059	-0.091	0.000	-0.007	0.046	0.097	0.062	-0.047	
7	-0.068	-0.108	0.049	-0.184	0.014	0.062	0.184	0.070	
8	-0.050	0.039	0.045	0.002	-0.028	-0.047	0.070	0.070	
U_{j2}	0.503	0.186	0.433	0.134	0.509	0.119	0.019	0.101	2.004
$\tilde{l}_{j3}$	0.355	0.131	0.306	0.095	0.360	0.084	0.013	0.071	
l_{j3}	-0.355	0.131	-0.306	0.095	0.360	0.084	0.013	0.071	

Berechnen wir

$$R_3 = \tilde{R}_2' - \tilde{l}_3 \cdot \tilde{l}_3^T \quad ,$$

so ergibt sich die Matrix aus Tab.12. Diese ist der Nullmatrix genügend nahe, so daß wir daß Extraktionsverfahren hier abbrechen wollen.

Wir haben also mit Hilfe der Zentroidmethode drei orthogonale Faktoren F_1, F_2, F_3 extrahiert, die die Zusammenhänge zwischen den acht Musiktests (Merkmalen) erklären. Die Beziehungen zwischen den Merkmalen und den Faktoren werden durch die konstruierte (näherungsweise) Ladungsmatrix $L = (l_{jk})$ aus Tab.13 beschrieben. Da es sich um orthogonale Faktoren handelt, ist das Element l_{jk} ($j=1,\ldots,8$, $k=1,2,3$) der Matrix L gerade die Korrelation zwischen dem j-ten Musiktest und dem k-ten Faktor. Eine gute Interpretation der Faktoren wird erst durch eine Rotation möglich, vgl. Abschnitt 2.1.1.

Tab.12: Matrix R_3 der 3.Residualkorrelation

j' \ j	1	2	3	4	5	6	7	8
1	0.034	-0.040	-0.021	0.126	-0.044	0.029	-0.073	-0.075
2	-0.040	0.113	0.046	0.015	0.049	-0.102	-0.110	0.030
3	-0.021	0.046	0.035	-0.122	0.019	-0.026	0.045	0.023
4	0.126	0.015	-0.122	0.181	0.005	-0.015	-0.185	-0.005
5	-0.044	0.049	0.019	0.005	-0.001	0.016	0.009	-0.054
6	0.029	-0.102	-0.026	-0.015	0.016	0.090	0.061	-0.053
7	-0.073	-0.110	0.045	-0.185	0.009	0.061	0.184	0.069
8	-0.075	0.030	0.023	-0.005	-0.054	-0.053	0.069	0.065

Tab.13: Näherungsweise Ladungsmatrix L für die drei Faktoren nach der Zentroidmethode

Musiktest j \ Faktor F_k	F_1	F_2	F_3
1	0.643	0.254	-0.355
2	0.692	0.109	0.131
3	0.573	0.001	-0.306
4	0.486	-0.122	0.095
5	0.547	0.420	0.360
6	0.523	0.136	0.084
7	0.575	-0.215	0.013
8	0.582	-0.459	0.071

Wir wollen nun noch überprüfen, ob die entgültig geschätzten Kommunalitäten k_j^2 in etwa mit den ursprünglich geschätzten Werten $\hat{k}_{jo}^2$ übereinstimmen, oder ob es sich hier lohnen würde, mit den k_j^2 das Verfahren zu wiederholen. In Tab.14 sind die geschätzten und die entgültigen Kommunalitäten angegeben. So berechnet sich etwa k_3^2 zu

$$k_3^2 = l_{31}^2 + l_{32}^2 + l_{33}^2 = 0.573^2 + 0.001^2 + (-0.306^2) = 0.422 \quad .$$

Eine Wiederholung des Verfahrens wäre hier unter Umständen angebracht, vgl. Tab.14.

1.5 DIE JÖRESKOG-METHODE

Jöreskog (1963) hat die sogenannte *Jöreskog - Methode* der Faktorenanalyse vorgeschlagen. Wie bei der Zentroidmethode, der Maximum - Likelihood - Methode und der kanonischen Faktorenanalyse werden bei der Jöreskog - Methode

Tab.14: Entgültige und ursprünglich geschätzte Kommunalitäten der acht Musiktests

Musiktest j	k_j^2	$\hat{k}_{jo}^2$
1	0.604	0.466
2	0.508	0.521
3	0.422	0.456
4	0.260	0.441
5	0.605	0.521
6	0.299	0.389
7	0.377	0.504
8	0.554	0.504

q orthogonale Faktoren extrahiert.

Jöreskog geht davon aus, daß sich die theoretische Kovarianzmatrix $\tilde{\Sigma}$ der standardisierten Merkmale darstellen läßt als

$$\tilde{\Sigma} = \Lambda \cdot \Lambda^T + \text{diag}(\delta_1^2, \ldots, \delta_p^2) \quad ,$$

und verlangt nun, um die Eindeutigkeit der Schätzer L für die Ladungsmatrix Λ und $\text{diag}(\hat{\delta}_1^2, \ldots, \hat{\delta}_p^2)$ für die Matrix der merkmalseigenen Varianzen $\text{diag}(\delta_1^2, \ldots, \delta_p^2)$ zu sichern, daß die merkmalseigenen theoretischen Varianzen δ_j^2 für j=1,...,p proportional den reziproken Werten der Diagonalelemente der inversen Kovarianzmatrix $\tilde{\Sigma}^{-1}$ sind, d.h.

$$\text{diag}(\delta_1^2, \ldots, \delta_p^2) = \theta \cdot (\text{diag}\ \tilde{\Sigma}^{-1})^{-1} \quad .$$

Die Methode von Jöreskog erlaubt es nun, neben der Bestimmung der Ladungsmatrix L den Proportionalitätsfaktor θ und die Matrix $\text{diag}(\delta_1^2, \ldots, \delta_p^2)$ der merkmalseigenen Varianzen zu schätzen.

Zunächst wird bei der Jöreskog - Methode aus der standardisierten n×p - Datenmatrix Y_{st} die empirische Korrelationsmatrix bzw. Kovarianzmatrix der p (standardisierten) beobachteten Merkmale

$$R = \frac{1}{n-1} \cdot Y_{st}^T \cdot Y_{st} \quad ,$$

die ein Schätzer für $\tilde{\Sigma}$ ist, sowie deren Inverse R^{-1} berechnet. Bezeichnet man die Elemente von R^{-1} mit $r^{jj'}$ (für j,j'=1,...,p) so ist natürlich

$$\text{diag}\ R^{-1} = \text{diag}(r^{11}, r^{22}, \ldots, r^{pp})$$

ein Schätzer für diag $\tilde{\Sigma}^{-1}$ und

$$(\text{diag}\ R^{-1})^{-1} = \text{diag}(1/r^{11}, 1/r^{22}, \ldots, 1/r^{pp})$$

ein Schätzer für $(\text{diag}\ \tilde{\Sigma}^{-1})^{-1}$. Weiter berechnet man nun die Matrix

$$R^* = (\text{diag}\ R^{-1})^{1/2} \cdot R \cdot (\text{diag}\ R^{-1})^{1/2}$$

(natürlich ist $(\text{diag}\ R^{-1})^{1/2} = \text{diag}(\sqrt{r^{11}}, \ldots, \sqrt{r^{22}})$) sowie deren Eigenwerte $\lambda_1 \geq \lambda_2 \geq \cdots \geq \lambda_p \geq 0$. Nun muß die Anzahl q der zu extrahierenden Faktoren festgelegt werden. Ein Kriterium für die Wahl von q, das allerdings keinen Anspruch auf absolute Gültigkeit erhebt, ist das folgende: Man bestimmt q so, daß gilt

$$\sum_{j=1}^{q} \lambda_j \Big/ \sum_{j=1}^{p} \lambda_j > \gamma \quad ;$$

dabei wird man ungefähr $0.7 \leq \gamma < 1.0$ wählen. Hat man sich für ein q entschieden, so kann man den Proportionalitätsfaktor θ schätzen:

$$\hat{\theta} = \frac{1}{p-q} \sum_{j=q+1}^{p} \lambda_j \quad ,$$

also der Mittelwert der $p-q$ kleinsten Eigenwerte von R^*. Nun hat man einen Schätzer für die Matrix der merkmalseigenen Varianzen gefunden:

$$\text{diag}(\hat{\delta}_1^2, \ldots, \hat{\delta}_p^2) = \hat{\theta} \cdot (\text{diag}\ R^{-1})^{-1} \quad ,$$

d.h. der Schätzer für die merkmalseigene Varianz δ_j^2 des j-ten beobachteten (standardisierten) Merkmals ist

$$\hat{\delta}_j^2 = \hat{\theta}/r^{jj} \qquad \text{für } j=1,\ldots,p \quad ;$$

die Kommunalität des j-ten Merkmals ist somit

$$k_j^2 = 1 - \hat{\delta}_j^2 \qquad \text{für } j=1,\ldots,p \quad .$$

Zu den q größten Eigenwerten $\lambda_1, \ldots, \lambda_q$ der Matrix R^* werden nun Eigenvektoren

$$a_k = (a_{1k}, \ldots, a_{pk})^T \qquad \text{für } k=1,\ldots,q$$

bestimmt, die so normiert sind, daß gilt

$$a_k^T \cdot a_k = \lambda_k - \hat{\theta} \quad .$$

Diese Eigenvektoren $a_1, \ldots, a_q$ werden zusammengefaßt in der $p \times q$ - Matrix

$$A = (a_1, a_2, \ldots, a_q) = \begin{pmatrix} a_{11} & \cdots & a_{1q} \\ \vdots & & \\ a_{p1} & \cdots & a_{pq} \end{pmatrix}$$

und die geschätzte $p \times q$ - Ladungsmatrix L kann berechnet werden:

$$L = (\text{diag } R^{-1})^{-1/2} \cdot A \quad .$$

Da nun

$$k_j^2 = \sum_{k=1}^{q} l_{jk}^2 \qquad \text{für } j=1,\dots,p$$

gilt, lassen sich die zuletzt durchgeführten Berechnungen sehr leicht überprüfen. Bis auf Rechenungenauigkeiten muß für $j=1,\dots,p$ gelten

$$\sum_{k=1}^{q} l_{jk}^2 = 1 - \hat{\delta}_j^2 = 1 - \hat{\theta}/r^{jj} \quad .$$

Beispiel: In Tab.6 wurde die Korrelationsmatrix R für $p=8$ Musiktests angegeben. An diesem Beispiel demonstrierte Jöreskog (1963) seine Methode zur Bestimmung einer Ladungsmatrix L. Wir wollen dieses Beispiel hier einmal nachvollziehen und die Ergebnisse mit denen der Zentroidmethode, vgl. Abschnitt 1.4, vergleichen.

Berechnet man zunächst die zur Korrelationsmatrix R aus Tab.6 inverse Matrix R^{-1}, so erhält man natürlich die Diagonalelemente r^{jj} dieser Matrix. Es ergibt sich hier

$$\text{diag } R^{-1} = \text{diag}(r^{11},\dots,r^{88}) \quad \text{mit}$$

$$r^{11} = 1.785 \;,\quad r^{22} = 1.911 \;,\quad r^{33} = 1.506 \;,\quad r^{44} = 1.422$$
$$r^{55} = 1.553 \;,\quad r^{66} = 1.323 \;,\quad r^{77} = 1.687 \;,\quad r^{88} = 1.623$$

und weiterhin die Matrix

$$R^* = (\text{diag } R^{-1})^{1/2} \cdot R \cdot (\text{diag } R^{-1})^{1/2}$$

mit

$$(\text{diag } R^{-1})^{1/2} = \text{diag}(\sqrt{r^{11}},\dots,\sqrt{r^{88}}) = \begin{pmatrix} \sqrt{1.785} & 0 & \dots & 0 \\ 0 & \sqrt{1.911} & \dots & 0 \\ \vdots & \vdots & & \vdots \\ 0 & 0 & \dots & \sqrt{1.623} \end{pmatrix}$$

so wie in Tab.15 angegeben.

Die Eigenwerte $\lambda_1,\dots,\lambda_p$ von R^* ergeben sich dann als Nullstellen des charakteristischen Polynoms $\det(R^* - \lambda I)$ von R^* zu

Tab.15: Die Matrix R* im Beispiel der p = 8 Musiktests, vgl. auch Tab.6

j' \ j	1	2	3	4	5	6	7	8
1	1.785	0.861	0.748	0.703	0.624	0.479	0.429	0.352
2	0.861	1.911	0.528	0.488	0.898	0.455	0.867	0.553
3	0.748	0.528	1.506	0.271	0.281	0.423	0.603	0.591
4	0.703	0.488	0.271	1.422	0.262	0.335	0.187	0.518
5	0.624	0.898	0.281	0.262	1.553	0.558	0.342	0.243
6	0.479	0.455	0.423	0.335	0.558	1.323	0.314	0.423
7	0.429	0.867	0.603	0.187	0.342	0.314	1.687	0.834
8	0.352	0.553	0.591	0.518	0.243	0.423	0.834	1.623

$$\lambda_1 = 5.281 \ , \quad \lambda_2 = 1.809 \ , \quad \lambda_3 = 1.507 \ , \quad \lambda_4 = 1.199$$
$$\lambda_5 = 1.152 \ , \quad \lambda_6 = 0.703 \ , \quad \lambda_7 = 0.625 \text{ und } \lambda_8 = 0.534 \quad .$$

Nun muß die Anzahl q der zu extrahierenden Faktoren festgelegt werden; wir wählen hier $q = 3$, was durch die Eigenwerte $\lambda_1,\ldots,\lambda_8$ auch gerade noch gerechtfertigt ist, um die Ergebnisse mit denen der Zentroidmethode vergleichbar zu machen. Damit werden der Proportionalitätsfaktor $\hat{\theta}$ durch

$$\hat{\theta} = \frac{1}{8-3}(\lambda_4 + \lambda_5 + \ldots + \lambda_8) = \frac{1}{5}\cdot 4.213 = 0.843$$

und somit die merkmalseigenen Varianzen durch

$$\hat{\delta}_1^2 = \hat{\theta}/r^{11} = 0.843/1.785 = 0.472$$
$$\hat{\delta}_2^2 = 0.441 \ , \quad \hat{\delta}_3^2 = 0.560 \ , \quad \hat{\delta}_4^2 = 0.593 \ , \quad \hat{\delta}_5^2 = 0.543 \ ,$$
$$\hat{\delta}_6^2 = 0.637 \ , \quad \hat{\delta}_7^2 = 0.500 \text{ und } \hat{\delta}_8^2 = 0.519$$

geschätzt.

Zu den $q = 3$ größten Eigenwerten λ_1, λ_2 und λ_3 der Matrix R* aus Tab.15 müssen wir jetzt die normierten Eigenvektoren a_1, a_2 und a_3 bestimmen:

$$a_1 = (a_{11},\ldots,a_{81})^T = (0.87,0.98,0.70,0.56,0.69,0.58,0.77,0.71)^T \ ,$$
$$a_2 = (a_{12},\ldots,a_{82})^T = (-0.36,-0.15,0.20,-0.14,-0.44,-0.13,0.52,0.54)^T,$$
$$a_3 = (a_{13},\ldots,a_{83})^T = (0.29,-0.35,0.21,0.45,-0.35,0.03,-0.26,0.14)^T \ .$$

Damit ergibt sich die geschätzte Ladungsmatrix zu

$$L = (\text{diag } R^{-1})^{-1/2}\cdot A = \text{diag}(1/\sqrt{r^{11}},\ldots,1/\sqrt{r^{88}})\cdot(a_1,a_2,a_3) \quad ,$$

vgl. Tab.16. Es ist dort etwa

$$l_{52} = \frac{a_{52}}{\sqrt{r_{55}}} = \frac{-0.44}{\sqrt{1.553}} = -0.345 \quad .$$

Außerdem sind in Tab.16 die Kommunalitäten der acht Merkmale

$$k_j^2 = l_{j1}^2 + l_{j2}^2 + l_{j3}^2$$

angegeben. Zum Vergleich sind in derselben Tabelle auch die Ladungsmatrix sowie die Kommunalitäten angegeben, die sich bei der Zentroidmethode ergaben, vgl. Tab.13 und 14 in Abschnitt 1.4.

Man sieht, daß sich die bestimmten Ladungsmatrizen doch beträchtlich unterscheiden. Lediglich die Ladungen des 1.Faktors sind in etwa identisch. Beide Ladungsmatrizen eignen sich nicht besonders gut zur Interpretation der drei Faktoren, sie sollten zunächst noch rotiert werden, vgl. Abschnitt 2.1.1.

Tab.16: Ladungsmatrix L und Kommunalitäten $k_1^2,\dots,k_8^2$ bei Extraktion von drei Faktoren nach Jöreskog - Methode und Zentroidmethode

	Jöreskog - Methode				Zentroidmethode			
k	L			k_j^2	L			k_j^2
j	1	2	3		1	2	3	
1	0.65	-0.27	0.22	0.544	0.643	0.254	-0.355	0.604
2	0.71	-0.11	-0.25	0.579	0.692	0.109	0.131	0.508
3	0.57	0.16	0.17	0.379	0.573	0.001	-0.306	0.422
4	0.47	-0.12	0.38	0.380	0.486	-0.122	0.095	0.260
5	0.55	-0.35	-0.28	0.503	0.547	0.420	0.360	0.605
6	0.50	-0.11	0.03	0.263	0.523	0.136	0.084	0.299
7	0.59	0.40	-0.20	0.548	0.575	-0.215	0.013	0.377
8	0.56	0.42	0.11	0.502	0.582	-0.459	0.071	0.554

2 DIE ROTATION DER FAKTOREN

Im ersten Abschnitt haben wir verschiedene Methoden zur Schätzung einer Ladungsmatrix L kennengelernt, die die Reproduktion einer reduzierten empirischen Korrelationsmatrix $\tilde{R}$ gestatten:

$$\tilde{R} = L \cdot L^T \quad .$$

Es gibt unendlich viele solcher Ladungsmatrizen; die jeweilige Eindeutigkeit von L wurde stets durch zusätzliche Voraussetzungen der Verfahren erreicht.

Die mit den Methoden aus Abschnitt 1 konstruierten Ladungsmatrizen sind nun in der Regel so beschaffen, daß sich die q Faktoren kaum interpretieren lassen. Um diesen Mangel auszugleichen, transformiert man die Ladungsmatrix L so, daß die Faktoren möglichst gut interpretierbar werden.

Das Koordinatensystem der Faktoren soll grob gesprochen die beobachteten Merkmale möglichst einfach beschreiben. Diese Forderung wurde von Thurstone (1947) präzisiert, der den Begriff der *Einfachstruktur* einer Ladungsmatrix einführte. Er beschrieb die Einfachstruktur durch fünf Forderungen, die die Ladungsmatrix erfüllen soll:

1. Jede Zeile einer Ladungsmatrix soll mindestens eine Null enthalten, d.h. die Ladung mindestens eines Faktors je Merkmal ist Null, jedes Merkmal wird durch höchstens $q-1$ Faktoren beschrieben.

2. Jede Spalte einer Ladungsmatrix enthält wenigstens q Nulladungen, d.h. jeder Faktor trägt zur Beschreibung von höchstens $p-q$ der p Merkmale bei und L enthält mindestens q^2 Nulladungen.

3. In jedem Spaltenpaar der Ladungsmatrix gibt es mehrere Merkmale, die auf dem einen Faktor eine hohe, auf dem anderen Faktor keine Ladung haben.

4. Wurden mehr als 4 Faktoren extrahiert, so soll jedes beliebige Spaltenpaar der Ladungsmatrix für eine große Zahl von Merkmalen in beiden Spalten Nullen enthalten.

5. Für jedes Spaltenpaar sollten nur wenige Variable in beiden Spalten hohe Ladungen haben.

Die grobe Forderung der Einfachstruktur ist also, daß die beobachteten Merkmale im Koordinatensystem der Faktoren in sich ausschließende Gruppen eingeteilt sind, deren Ladungen auf einzelnen Faktoren hoch, auf einigen wenigen Faktoren mäßig hoch und auf den übrigen annähernd Null sind. Eine möglichst gute Annäherung an die verbal beschriebene Einfachstruktur erreicht man dadurch, daß man eine *Faktorrotation*, die einer Transformation der konstruierten Ladungsmatrix L entspricht, durchführt, die die Anforderungen der Einfachstruktur einbezieht.

Man unterscheidet hier zwischen *orthogonalen* und *schiefwinkligen Faktorrotationen*. Bei einer orthogonalen Rotation wird die konstruierte Ladungsmatrix L so transformiert, daß die Orthogonalität, die Unkorreliertheit der Faktoren erhalten bleibt. Meist ist die erreichbare Güte der Annäherung an die Einfachstruktur aber höher, wenn man die Orthogonalität der Faktoren aufgibt und schiefwinklige, korrelierte Faktoren bestimmt. Im Spezialfall, nämlich dann, wenn die Orthogonalrotation bessere Ergebnisse liefert, ergeben sich natürlich auch bei schiefwinkligen Transformationsverfahren orthogonale Faktoren.

Einen Anhaltspunkt zur Überprüfung der Einfachstruktur liefert ein von Bargmann (1955) vorgeschlagenes Verfahren. Nach diesem sogenannten *Bargmann - Test* zum Niveau α ist ein Faktor F_k mit der Einfachstruktur signifikant vereinbar bzw. interpretierbar, wenn für seine Ladungen l_{jk}, $j=1,\ldots,p$, gilt, daß die Anzahl der l_{jk} mit

$$\left|\frac{l_{jk}}{k_j}\right| \leq 0.10$$

, wobei k_j die Quadratwurzel der Kommunalität des j-ten Merkmals bezeichnet,

mindestens so groß ist wie der kritische Wert $b_{p,q;1-\alpha}$, wobei p die Anzahl der Merkmale und q die Anzahl der Faktoren angibt. Sind alle q Faktoren so interpretierbar, so kann L nach Bargmann als eine Einfachstruktur angesehen werden. Allerdings ist dies kein ausschließliches Kriterium; es gibt durchaus gute Näherungen an Einfachstrukturen, die dieses Verfahren nicht zu erkennen vermag.

Die kritischen Werte $b_{p,q;1-\alpha}$ sind für einige p, q und α in Tab.17 angegeben; weitere findet man bei Bargmann (1955). Beispiele zu diesem Test werden wir im folgenden noch betrachten.

2.1 DIE ORTHOGONALE ROTATION DER FAKTOREN

Bei orthogonalen Rotationen wird die Ladungsmatrix L so transformiert, daß die Orthogonalität, d.h. die Unkorreliertheit der Faktoren erhalten bleibt. Das Koordinatensystem der Faktoren wird dann folglich so gedreht, daß seine Achsen auch nach der Rotation aufeinander paarweise senkrecht stehen.

Da natürlich die Eigenschaft der Ladungsmatrix, die Korrelationen zwischen Merkmalen und Faktoren anzugeben, erhalten bleiben soll, entspricht eine orthogonale Rotation der Faktoren gerade der Postmultiplikation der ursprünglichen Ladungsmatrix mit einer orthonormalen $q\times q$ - Transformationsmatrix Δ, also einer Matrix, für die gilt

$$\Delta\cdot\Delta^T = I \quad , \text{ mit } I = I_q = q\text{ - dimensionale Einheitsmatrix} \quad .$$

Tab.17: Kritische Werte $b_{p,q;1-\alpha}$ des Bargmann - Tests

	$\alpha = 0.01$					$\alpha = 0.05$					$\alpha = 0.25$				
p \ q	2	3	4	5	6	2	3	4	5	6	2	3	4	5	6
5	3					3					2				
6	4	5				3	4				2	4			
7	4	5				3	5				3	4			
8	4	6				4	5				3	4			
9	4	6				4	5				3	4			
10	5	6	7	8		4	5	6	7		3	4	5	6	
11	5	6	7	8		4	5	7	8		3	4	5	7	
12	5	6	8	9	10	4	6	7	8	9	3	4	6	7	8
13	5	7	8	9	10	4	6	7	8	9	3	5	6	7	8
14	5	7	8	9	10	4	6	7	8	9	3	5	6	7	8
15	5	7	8	9	11	4	6	7	9	10	3	5	6	7	8
16	5	7	9	10	11	5	6	8	9	10	3	5	6	7	8
17	6	7	9	10	11	5	6	8	9	10	3	5	6	8	9
18	6	7	9	10	11	5	7	8	9	10	4	5	6	8	9
19	6	8	9	11	12	5	7	8	10	11	4	5	7	8	9
20	6	8	10	11	12	5	7	8	10	11	4	5	7	8	9
21	6	8	10	11	12	5	7	9	10	11	4	5	7	8	10
22	6	8	10	11	13	5	7	9	10	11	4	6	7	8	10
23	6	8	10	12	13	5	7	9	10	12	4	6	7	9	10
24	6	9	10	12	13	5	7	9	11	12	4	6	7	9	10
25	7	9	11	12	13	6	8	9	11	12	4	6	8	9	11
26	7	9	11	12	14	6	8	10	11	12	4	6	8	9	11
27	7	9	11	13	14	6	8	10	11	13	4	6	8	9	11
28	7	9	11	13	14	6	8	10	11	13	4	6	8	10	11
29	7	9	11	13	14	6	8	10	12	13	4	6	8	10	11
30	7	10	12	13	15	6	8	10	12	13	4	7	8	10	11

Jede orthogonal rotierte Ladungsmatrix L_{Rot} läßt sich also darstellen als

$$L_{Rot} = L \cdot \Delta$$

und es ist natürlich

$$L_{Rot} \cdot L_{Rot}^{T} = L \cdot \Delta (L \cdot \Delta)^{T} = L \cdot \Delta \cdot \Delta^{T} \cdot L^{T} = L \cdot I \cdot L^{T} = L \cdot L^{T} = \tilde{R} \quad .$$

Eine orthogonale Rotation beeinflußt also die Koordinaten $(l_{j1}, \ldots, l_{jq})$ für $j=1,\ldots,p$ der Merkmalspunkte im Koordinatensystem der Faktoren, nicht aber die Lage dieser Punkte zueinander.

Die Transformationsmatrix Δ für q Faktoren entsteht rechnerisch durch Multiplikation von $1 \cdot 2 \cdot 3 \cdot \ldots \cdot (q-1) = (q-1)!$ einzelnen Transformationsmatrizen

$$\Delta = \Delta_{12} \cdot \Delta_{13} \cdot \ldots \cdot \Delta_{1q} \cdot \Delta_{23} \cdot \ldots \cdot \Delta_{2q} \cdot \ldots \cdot \Delta_{q-1,q}$$

mit

$$\Delta_{kk'} = \begin{pmatrix} t_{11} & \cdots & t_{1q} \\ \vdots & & \vdots \\ t_{q1} & \cdots & t_{qq} \end{pmatrix} \quad , \quad \text{wobei}$$

$t_{uu'} = 0$, für $u,u'=1,\ldots,q$ mit $u \neq u'$, $u \neq k$ oder $u' \neq k'$, $u \neq k'$ oder $u' \neq k$,

$t_{uu} = 1$, für $u \neq k$ und $u \neq k'$,

$t_{kk} = t_{k'k'} = -\sin\,\theta_{kk'}$

$t_{kk'} = -\sin\,\theta_{kk'}$

$t_{k'k} = \sin\,\theta_{kk'}$.

Es werden hierbei stets nur Winkel $-45° \leq \theta_{kk'} \leq 45°$ zugelassen.

Speziell im Fall $q = 2$ ist somit

$$\Delta = \Delta_{12} = \begin{pmatrix} \cos\,\theta_{12} & -\sin\,\theta_{12} \\ \sin\,\theta_{12} & \cos\,\theta_{12} \end{pmatrix} .$$

Möchte man etwa $q = 2$ orthogonale Faktoren um $\theta_{12} = 25°$ drehen, so ergibt sich die Transformationsmatrix

$$\Delta = \Delta_{12} = \begin{pmatrix} \cos 25° & -\sin 25° \\ \sin 25° & \cos 25° \end{pmatrix} = \begin{pmatrix} 0.9063 & -0.4226 \\ 0.4226 & 0.9063 \end{pmatrix} .$$

In Abb.7 ist eine solche Rotation graphisch dargestellt. Die ursprünglichen Faktorachsen sind dort mit F_1, F_2, die rotierten mit F_1^{Rot}, F_2^{Rot} bezeichnet.

Im Falle $q = 3$ ergibt sich z.B. für Drehungswinkel $\theta_{12} = 15°$, $\theta_{13} = -20°$ und $\theta_{23} = 5°$ die Transformationsmatrix

$$\Delta = \Delta_{12} \cdot \Delta_{13} \cdot \Delta_{23}$$

$$= \begin{pmatrix} \cos\,\theta_{12} & -\sin\,\theta_{12} & 0 \\ \sin\,\theta_{12} & \cos\,\theta_{12} & 0 \\ 0 & 0 & 1 \end{pmatrix} \begin{pmatrix} \cos\,\theta_{13} & 0 & -\sin\,\theta_{13} \\ 0 & 1 & 0 \\ \sin\,\theta_{13} & 0 & \cos\,\theta_{13} \end{pmatrix} \begin{pmatrix} 1 & 0 & 0 \\ 0 & \cos\,\theta_{23} & -\sin\,\theta_{23} \\ 0 & \sin\,\theta_{23} & \cos\,\theta_{23} \end{pmatrix}$$

$$= \begin{pmatrix} 0.9659 & -0.2588 & 0 \\ 0.2588 & 0.9659 & 0 \\ 0 & 0 & 1 \end{pmatrix} \begin{pmatrix} 0.9397 & 0 & 0.3420 \\ 0 & 1 & 0 \\ -0.3420 & 0 & 0.9397 \end{pmatrix} \begin{pmatrix} 1 & 0 & 0 \\ 0 & 0.9962 & -0.0872 \\ 0 & 0.0872 & 0.9962 \end{pmatrix}$$

$$= \begin{pmatrix} 0.9077 & -0.2290 & -0.3516 \\ 0.2432 & 0.9699 & 0.0039 \\ -0.3420 & 0.0819 & 0.9361 \end{pmatrix}$$

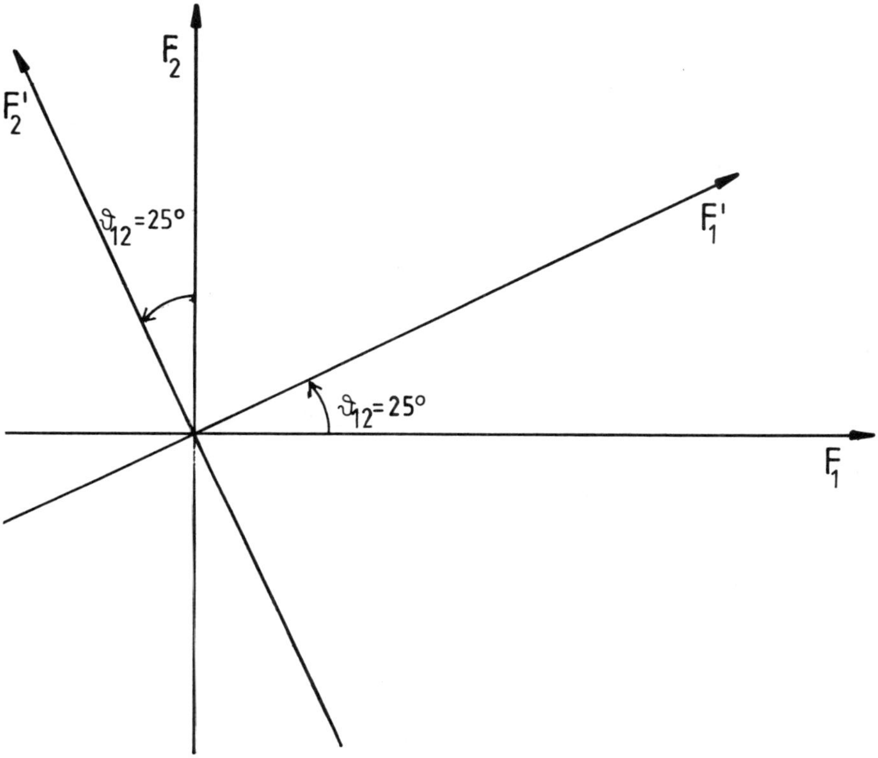

Abb.7: Orthogonalrotation zweier Faktoren F_1 und F_2 um 25°

Will man eine Orthogonalrotation sinnvoll gestalten, d.h. die rotierte Ladungsmatrix L_{Rot} einer Einfachstruktur im Sinne Thurstone's möglichst nahe bringen, so muß man zunächst ein Maß für die "optimale Naäherung an die Einfachstruktur" finden. Es gibt hier viele Vorschläge, von denen wir hier zwei vorstellen wollen, nämlich die Varimax - und die Quartimax - Methode.

2.1.1 DIE VARIMAX - METHODE

Die *Varimax - Methode* zur orthogonalen Rotation von Faktoren geht auf Kaiser (1958) zurück. Es wählte als Maß für die Einfachstruktur die Summe der Varianzen (multipliziert mit (p-1)/p) der quadratischen Ladungen innerhalb jeder Spalte einer Ladungsmatrix L

$$s^2 = \sum_{k=1}^{q} s_k^2 = \sum_{k=1}^{q} \left(\frac{1}{p} \sum_{j=1}^{p} (l_{jk}^2 - \overline{l_{jk}^2})^2 \right) = \frac{1}{p} \sum_{k=1}^{q} \sum_{j=1}^{p} l_{jk}^4 - \frac{1}{p^2} \sum_{k=1}^{q} \left(\sum_{j=1}^{p} l_{jk}^2 \right)^2 .$$

Bestimmt man nun die Ladungsmatrix L_{Rot} derart, daß s^2 maximal wird, so spricht man von der *rohen Varimax - Methode*.

Ein besseres Kriterium für die Einfachstruktur fand Kaiser durch Normierung der Faktorladungen mit ihren Kommunalitäten

$$k_j^2 = \sum_{k=1}^{q} l_{jk}^2 \quad .$$

Der zu maximierende Ausdruck, der kurz *Varimax - Kriterium* genannt wird, ist dann

$$V = p^2 \sum_{k=1}^{q} \left(\frac{1}{p} \sum_{j=1}^{p} (z_{jk}^2 - \overline{z_{jk}^2})^2 \right) = p \sum_{k=1}^{q} \sum_{j=1}^{p} z_{jk}^4 - \sum_{k=1}^{q} \left(\sum_{j=1}^{p} z_{jk}^2 \right)^2$$

mit

$$z_{jk} = \frac{l_{jk}}{k_j} \qquad \text{für } j=1,\ldots,p,\ k=1,\ldots,q \quad .$$

(Die Summe der Varianzen der quadratischen normierten Ladungen z_{jk} innerhalb jeder Spalte wurde hier mit p^2 multipliziert, was ja an der Maximierung nichts ändert.)

Wie führt man nun eine Rotation von q Faktoren nach dem Varimax - Kriterium konkret durch?

Die Maximierung erfolgt iterativ. Man berechnet aus einer gegebenen Ladungsmatrix L von q Faktoren - sie kann mit Hilfe eines der Verfahren aus Abschnitt 1 gewonnen werden - zunächst die normierte Ladungsmatrix

$$Z^o = (z_{jk}^{(o)}) \quad \text{mit} \quad z_{jk}^{(o)} = \frac{l_{jk}}{k_j} \quad \text{für } j=1,\ldots,p,\ k=1,\ldots,q$$

und das zugehörige Varimax - Kriterium V_o.

Im h-ten Schritt (h=0,1,2,...) berechnet man dann für alle Paare F_k, $F_{k'}$ ($k,k'=1,\ldots,q$, $k' > k$) von zwei Faktoren die Hilfsgrößen

$$A_{kk'}^h = \sum_{j=1}^{p} \left((z_{jk}^{(h)})^2 - (z_{jk'}^{(h)})^2 \right) \quad ,$$

$$B_{kk'}^h = \sum_{j=1}^{p} 2 z_{jk}^{(h)} z_{jk'}^{(h)} \quad ,$$

$$C_{kk'}^h = \sum_{j=1}^{p} \left((z_{jk}^{(h)})^2 - (z_{jk'}^{(h)})^2 \right)^2 - \sum_{j=1}^{p} (2z_{jk}^{(h)} z_{jk'}^{(h)})^2 \quad ,$$

$$D_{kk'}^h = 2 \sum_{j=1}^{p} \left((z_{jk}^{(h)})^2 - (z_{jk'}^{(h)})^2 \right) \left(2z_{jk}^{(h)} z_{jk'}^{(h)} \right)$$

und daraus dann die Größen

$$P_{kk'}^h = p \cdot D_{kk'}^h + 2A_{kk'}^h \cdot B_{kk'}^h$$

sowie

$$Q_{kk'}^h = p \cdot C_{kk'}^h - (A_{kk'}^h)^2 + (B_{kk'}^h)^2 \quad .$$

Der Rotationswinkel für das Faktorenpaar F_k, $F_{k'}$ $(k,k'=1,\ldots,q,\ k'>k)$ ist dann im h-ten Schritt

$$\theta_{kk'}^{(h)} = \frac{1}{4} \left(E + \arc\tan \frac{P_{kk'}^h}{Q_{kk'}^h} \right)$$

wobei E gemäß Tab.18 zu wählen ist.

Tab.18: Berechnungshilfe für den Rotationswinkel $\theta_{kk'}^{(h)}$

$P_{kk'}^h$	$Q_{kk'}^h$	E	Grenzen für $\theta_{kk'}^{(h)}$
positiv	positiv	0°	0° bis 22.5°
positiv	negativ	180°	22.5° bis 45°
negativ	positiv	0°	-22.5° bis 0°
negativ	negativ	-180°	-45° bis -22.5°

Nun werden

$$Z_{h+1} = Z_h \cdot \Delta_h = Z_h \cdot \Delta_{12}^{(h)} \cdot \ldots \cdot \Delta_{q-1,q}^{(h)} \quad \text{und} \quad V_{h+1}$$

berechnet. Ist V_{h+1} noch wesentlich größer als V_h, so wird nun der (h+1)-te Schritt durchgeführt; sonst wird das Iterationsverfahren abgebrochen und die nach dem Varimax-Kriterium optimale rotierte Ladungsmatrix L_{Rot} berechnet. Die Elemente l_{jk}^{Rot} für $j=1,\ldots,p$, $k=1,\ldots,q$ von L_{Rot} ergeben sich aus der Beziehung

$$l_{jk}^{Rot} = z_{jk}^{(h+1)} k_j \quad .$$

Beispiel:

(a) In Abschnitt 1.1 haben wir mittels Maximum - Likelihood - Methode eine Ladungsmatrix für 2 Faktoren und 5 Merkmale, die Klausurpunkte in 5 Klausuren von Studenten waren, bestimmt. Diese Matrix, die in Tab.19 noch einmal angegeben ist, wollen wir orthogonal transformieren, so daß die transformierte Ladungsmatrix nach dem Varimax - Kriterium einer Einfachstruktur möglichst gut entspricht. Wir wollen hier das Rotationsverfahren nach dem r-ten Schritt abbrechen, falls gilt

$$|V_r - V_{r+1}| < 0.01 \quad .$$

In Tab.19 ist neben der Matrix L auch die normierte Matrix Z_o angegeben. Da die (geschätzten) Kommunalitäten der 5 Merkmale gerade

$$k_j^2 = l_{j1}^2 + l_{j2}^2 \quad , \text{ also}$$

$$k_1^2 = 0.539 \ , \quad k_2^2 = 0.579 \ , \quad k_3^2 = 0.800 \ , \quad k_4^2 = 0.654 \text{ und } \quad k_5^2 = 0.572$$

sind, ergibt sich z.B.

$$z_{42}^{(o)} = \frac{l_{42}}{k_4} = \frac{-0.205}{\sqrt{0.654}} = -0.253 \quad .$$

Tab.19: Ladungsmatrix L nach der Maximum - Likelihood - Methode und normierte Ladungsmatrix Z_o zur Korrelationsmatrix aus Tab.13

	L		Z_o	
j \ k	1	2	1	2
1	0.630	0.377	0.858	0.514
2	0.696	0.308	0.915	0.405
3	0.893	-0.048	0.998	-0.054
4	0.782	-0.205	0.967	-0.253
5	0.729	-0.201	0.964	-0.266

Wir berechnen nun die p^2 (= 25) - fache Summe der Varianzen der quadrierten normierten Ladungen $z_{jk}^{(o)}$ in den beiden Spalten von Z_o. Es ergibt sich

$$V_o = 5 \sum_{k=1}^{2} \sum_{j=1}^{5} (z_{jk}^{(o)})^4 - \sum_{k=1}^{2} \left(\sum_{j=1}^{5} (z_{jk}^{(o)})^2 \right)^2 = 5 \cdot 4.0787054 - 19.9786324$$

$$= 0.4148946 \quad .$$

Da q = 2 ist, müssen im 0-ten Schritt nun lediglich die Hilfsgrößen zur Bestimmung eines Rotationswinkels $\theta_{12}^{(o)}$ der beiden Faktoren berechnet werden. Es ergibt sich

$$A_{12}^{o} = \sum_{j=1}^{5}\left((z_{j1}^{(o)})^2 - (z_{j2}^{(o)})^2\right) = 3.867876 \quad ,$$

$$B_{12}^{o} = \sum_{j=1}^{5} 2z_{j1}^{(o)}z_{j2}^{(o)} = 0.51324 \quad ,$$

$$C_{12}^{o} = \sum_{j=1}^{5}\left((z_{j1}^{(o)})^2 - (z_{j2}^{(o)})^2\right)^2 - \sum_{j=1}^{5} (2z_{j1}^{(o)}z_{j2}^{(o)})^2 = 1.3167305 \quad ,$$

$$D_{12}^{o} = 2\sum_{j=1}^{5}\left((z_{j1}^{(o)})^2 - (z_{j2}^{(o)})^2\right)\cdot 2z_{j1}^{(o)}z_{j2}^{(o)} = -0.116663$$

und somit

$$P_{12}^{o} = 5(-0.116663) - 2\cdot 3.867876\cdot 0.51324 = -4.553612$$

sowie

$$Q_{12}^{o} = 5\cdot 1.3167305 - (3.867876)^2 + (0.51324)^2 = -8.113397 \quad .$$

Da P_{12}^{o} und Q_{12}^{o} negativ sind, haben wir mit Tab.18

$$\theta_{12}^{(o)} = \frac{1}{4}\left(-180° + \arctan\frac{P_{12}^{o}}{Q_{12}^{o}}\right) = \frac{1}{4}(-180° + 29.302147°) = -37.674° \quad ,$$

und somit

$$\Delta_o = \Delta_{12}^{(o)} = \begin{pmatrix} \cos\theta_{12}^{(o)} & -\sin\theta_{12}^{(o)} \\ \sin\theta_{12}^{(o)} & \cos\theta_{12}^{(o)} \end{pmatrix} = \begin{pmatrix} 0.7915 & 0.6112 \\ -0.6112 & 0.7915 \end{pmatrix} \quad .$$

Damit erhalten wir nun

$$Z_1 = Z_o\cdot\Delta_o = \begin{pmatrix} 0.365 & 0.931 \\ 0.477 & 0.880 \\ 0.823 & 0.567 \\ 0.920 & 0.391 \\ 0.926 & 0.379 \end{pmatrix} \quad ,$$

und das Varimax - Kriterium ergibt sich zu

$$V_1 = 5\sum_{k=1}^{2}\sum_{j=1}^{5}(z_{jk}^{(1)})^4 - \sum_{k=1}^{2}\left(\sum_{j=1}^{5}(z_{jk}^{(1)})^2\right)^2$$

$$= 5\cdot 3.478281477 - 12.62219728 = 4.769210110 \quad .$$

Da gilt

$$|V_o - V_1| \not< 0.01 \quad ,$$

wird nun der 1.Iterationsschritt durchgeführt. Mit

$$A_{12}^{1} = 0.482787 \;,\quad B_{12}^{1} = 3.873780 \;,\quad C_{12}^{1} = -1.220303 \quad \text{und}$$

$$D_{12}^{1} = 0.748897$$

erhalten wir wegen

$$P_{12}^{1} = 0.004063750 \quad \text{und} \quad Q_{12}^{1} = 8.671573203$$

unter Verwendung von Tab.18

$$\theta_{12}^{(1)} = \frac{1}{4}\left(0° + \arctan\frac{P_{12}^{1}}{Q_{12}^{1}}\right) = \frac{1}{4}\cdot 0.026850456° = 0.006712614° \quad .$$

Damit ist die Drehungsmatrix im ersten Schritt durch

$$\Delta_1 = \Delta_{12}^{(1)} = \begin{pmatrix} \cos\theta_{12}^{(1)} & -\sin\theta_{12}^{(1)} \\ \sin\theta_{12}^{(1)} & \cos\theta_{12}^{(1)} \end{pmatrix} = \begin{pmatrix} 1.0000 & -0.0001 \\ 0.0001 & 1.0000 \end{pmatrix}$$

und die Matrix Z_2 durch

$$Z_2 = Z_1 \cdot \Delta_1 = \begin{pmatrix} 0.365 & 0.931 \\ 0.477 & 0.880 \\ 0.823 & 0.567 \\ 0.920 & 0.391 \\ 0.926 & 0.379 \end{pmatrix} = Z_1$$

gegeben. Das Varimax - Kriterium verändert sich also nicht mehr und das Verfahren wird abgebrochen. Wir müssen jetzt lediglich noch die rotierte Ladungsmatrix L_{Rot} mit Elementen

$$l_{jk}^{Rot} = z_{jk}^{(2)} \cdot k_j$$

berechnen:

$$L_{Rot} = \begin{pmatrix} 0.268 & 0.684 \\ 0.363 & 0.670 \\ 0.736 & 0.507 \\ 0.744 & 0.316 \\ 0.700 & 0.287 \end{pmatrix} \quad .$$

Das Ergebnis der Rotation um

$$\theta_{12} \simeq \theta_{12}^{(o)} = -37.674°$$

ist in Abb.8 dargestellt. Die eingezeichneten Merkmalspunkte haben natürlich sowohl für das ursprüngliche Faktorsystem F_1, F_2 als auch das rotierte System F_1^{Rot}, F_2^{Rot} Gültigkeit. Die rotierte Ladungsmatrix L_{Rot} ist nach dem Varimax - Kriterium die optimale Annäherung an eine Einfachstruktur bei

Orthogonalrotation. Nach dem Prinzip des Bargmann - Tests sind die beiden Faktoren jedoch nicht mit der Einfachstruktur vereinbar, denn für kein l_{jk}^{Rot} gilt

$$\left|\frac{l_{jk}^{Rot}}{k_j}\right| \leq 0.10 \quad .$$

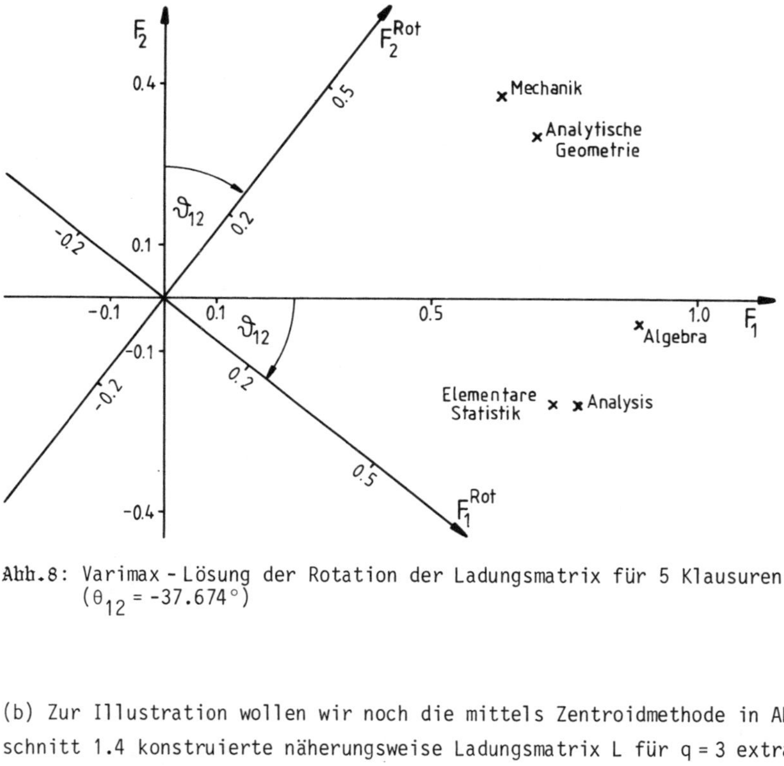

Abb.8: Varimax - Lösung der Rotation der Ladungsmatrix für 5 Klausuren (θ_{12} = -37.674°)

(b) Zur Illustration wollen wir noch die mittels Zentroidmethode in Abschnitt 1.4 konstruierte näherungsweise Ladungsmatrix L für q = 3 extrahierte Faktoren und p = 8 Musiktests nach der Varimax - Methode rotieren. Die Ladungsmatrix L und die normierte Ladungsmatrix Z_o sind in Tab.20 angegeben, vgl. auch Tab.13.

Aus der Matrix Z_o ergeben sich zunächst das Varimax-Kriterium

$$V_o = 8 \sum_{k=1}^{3} \sum_{j=1}^{8} (z_{jk}^{(o)})^4 - \sum_{k=1}^{3}\left(\sum_{j=1}^{8} (z_{jk}^{(o)})^2\right)^2 = 8 \cdot 5.4135670 - 40.195573$$

$$= 3.112963$$

und die Hilfsgrößen (für 3 Faktoren)

$$A_{12}^{o} = 5.164415 \ , \quad A_{13}^{o} = 5.461975 \ , \quad A_{23}^{o} = 0.297560 \ ,$$

Tab.20: Ladungsmatrix L und normierte Ladungsmatrix Z_o für acht Musiktests und 3 Faktoren nach der Zentroidmethode

j \ k	L 1	L 2	L 3	Z_o 1	Z_o 2	Z_o 3
1	0.643	0.254	-0.355	0.827	0.327	-0.457
2	0.692	0.109	0.131	0.971	0.153	0.184
3	0.573	0.001	-0.306	0.882	0.002	-0.471
4	0.486	-0.122	0.095	0.953	-0.239	0.186
5	0.547	0.420	0.360	0.703	0.540	0.463
6	0.523	0.136	0.084	0.956	0.249	0.154
7	0.575	-0.215	0.013	0.936	-0.350	0.021
8	0.582	-0.459	0.071	0.782	-0.617	0.095

$$B_{12}^o = 0.001118 \;,\quad B_{13}^o = 0.258440 \;,\quad B_{23}^o = 0.111436 \;,$$

$$C_{12}^o = 1.143901 \;,\quad C_{13}^o = 2.075850 \;,\quad C_{23}^o = -0.149608 \;,$$

$$D_{12}^o = 0.086446 \;,\quad D_{13}^o = 0.763262 \;,\quad D_{23}^o = 0.048958 \;.$$

Damit ist

$$P_{12}^o = 0.680020 \;,\quad P_{13}^o = 3.282910 \;,\quad P_{23}^o = 0.325346 \;,$$

$$Q_{12}^o = -17.519973 \;,\quad Q_{13}^o = -13.159580 \;,\quad Q_{23}^o = -1.272988 \;,$$

und die Rotationswinkel sind unter Verwendung von Tab.18

$$\theta_{12}^{(o)} = \frac{1}{4}\left(180° - \arctan\frac{P_{12}^o}{Q_{12}^o}\right) = \frac{1}{4}\,(180° - 2.223°) = 44.444° \;,$$

$$\theta_{13}^{(o)} = \frac{1}{4}\left(180° - \arctan\frac{P_{13}^o}{Q_{13}^o}\right) = \frac{1}{4}\,(180° - 14.008°) = 41.498° \;,$$

$$\theta_{23}^{(o)} = \frac{1}{4}\left(180° - \arctan\frac{P_{23}^o}{Q_{23}^o}\right) = \frac{1}{4}\,(180° - 14.337°) = 41.416° \;.$$

Wir erhalten also

$$Z_1 = Z_o \cdot \Delta_o = Z_o \cdot \Delta_{12}^{(o)} \cdot \Delta_{13}^{(o)} \cdot \Delta_{23}^{(o)}$$

$$= Z_o \cdot \begin{pmatrix} 0.7139 & -0.7002 & 0 \\ 0.7002 & 0.7139 & 0 \\ 0 & 0 & 1 \end{pmatrix} \begin{pmatrix} 0.7490 & 0 & -0.6626 \\ 0 & 1 & 0 \\ 0.6626 & 0 & 0.7490 \end{pmatrix} \begin{pmatrix} 1 & 0 & 0 \\ 0 & 0.7499 & -0.6615 \\ 0 & 0.6615 & 0.7499 \end{pmatrix}$$

$$= Z_o \cdot \begin{pmatrix} 0.5347 & -0.8380 & 0.1085 \\ 0.5244 & 0.2284 & -0.8202 \\ 0.6626 & 0.4955 & 0.5617 \end{pmatrix}$$

$$= \begin{pmatrix} 0.311 & 0.721 & 0.161 & 0.507 & 0.966 & 0.744 & 0.331 & 0.158 \\ -0.845 & -0.688 & -0.972 & -0.761 & -0.236 & -0.668 & -0.854 & -0.749 \\ -0.435 & 0.083 & -0.171 & 0.404 & -0.107 & -0.014 & 0.400 & 0.644 \end{pmatrix}^T$$

und

$$V_1 = 10.87732897 \quad .$$

Jetzt müßte normalerweise der nächste Iterationsschritt ausgeführt werden; das wollen wir hier aber einmal unterlassen und die rotierte Ladungsmatrix aus Z_1 bestimmen. Es ergibt sich

$$L_{Rot} = \begin{pmatrix} 0.242 & 0.514 & 0.105 & 0.259 & 0.751 & 0.407 & 0.203 & 0.118 \\ -0.657 & -0.490 & -0.631 & -0.388 & -0.184 & -0.365 & -0.524 & -0.557 \\ -0.338 & 0.059 & -0.111 & 0.206 & -0.083 & -0.008 & 0.246 & 0.479 \end{pmatrix}^T \quad .$$

Auch hier ist nach dem Bargmann - Test keiner der rotierten Faktoren zweifelsfrei als mit der Einfachstruktur vereinbar anzusehen, denn für F_1^{Rot} ist die Anzahl der l_{j1}^{Rot} mit

$$\left| \frac{l_{j1}^{Rot}}{\sum_{k=1}^{3} (l_{j1}^{Rot})^2} \right| = |z_{j1}^{(1)}| \leq 0.10$$

gerade 0, für F_2^{Rot} ist sie 0 und für F_3^{Rot} auch lediglich 2.

Bei dieser Varimax - Rotation von 3 Faktoren haben wir das Faktorenpaar F_1, F_2 um 44.444°, das Faktorenpaar F_1, F_3 um 41.498° und das Faktorenpaar F_2, F_3 um den Winkel 41.416° gedreht.

2.1.2 DIE QUARTIMAX - METHODE

Das Ziel der *Quartimax - Methode* ist es, durch *einen Faktor* möglichst viel der in den Merkmalen enthaltenen Information zu erklären, d.h. einem Einfaktor - Modell möglichst nahe zu kommen. Zu diesem Zwecke wird die Summe der vierten Potenzen der Ladungen

$$Q = \sum_{k=1}^{q} \sum_{j=1}^{p} l_{jk}^4$$

maximiert.

Im konkreten Fall wird diese Maximierung iterativ durchgeführt. Man bestimmt zunächst das *Quartimax - Kriterium*

$$Q_o = \sum_{k=1}^{q} \sum_{j=1}^{p} l_{jk}^4 = \sum_{k=1}^{q} \sum_{j=1}^{p} (l_{jk}^{(o)})^4$$

für die Ladungen $l_{jk} = l_{jk}^{(o)}$ der Ausgangs - Ladungsmatrix $L = L_o$ und berechnet dann im h-ten Schritt (h=0,1,2,...) für jedes Faktorenpaar F_k, $F_{k'}$ ($k,k'=1,\dots,q$, $k<k'$) die Hilfsgrößen

$$P_{kk'}^{(h)} = 2 \sum_{j=1}^{p} \left((l_{jk}^{(h)})^2 - (l_{jk'}^{(h)})^2 \right) 2 l_{jk}^{(h)} l_{jk'}^{(h)}$$

und

$$Q_{kk'}^{(h)} = \sum_{j=1}^{p} \left((l_{jk}^{(h)})^2 - (l_{jk'}^{(h)})^2 \right)^2 - \sum_{j=1}^{p} (2 l_{jk}^{(h)} l_{jk'}^{(h)})^2 \quad .$$

Der Rotationswinkel für die Faktoren F_k, $F_{k'}$ ergibt sich dann zu

$$\theta_{kk'}^{(h)} = \frac{1}{4} \left(E + \arctan \frac{P_{kk'}^{(h)}}{Q_{kk'}^{(h)}} \right) \quad ,$$

wobei die Größe E der Tab.18 in Abschnitt 2.1.1 entnommen werden kann. Nun werden

$$L_{h+1} = L_h \cdot \Delta_h = L_h \cdot \Delta_{12}^{(h)} \cdot \Delta_{13}^{(h)} \cdot \ldots \cdot \Delta_{q-1,q}^{(h)} \quad \text{und} \quad Q_{h+1} = \sum_{k=1}^{q} \sum_{j=1}^{p} (l_{jk}^{(h+1)})^4$$

berechnet. Ist L_{h+1} noch wesentlich größer als L_h, so wird der (h+1) - te Schritt durchgeführt; ansonsten wird das Iterationsverfahren abgebrochen und die rotierte Ladungsmatrix als

$$L_{Rot} = L_{h+1}$$

festgesetzt.

Beispiel: Im Abschnitt 2.1 haben wir die mittels Maximum - Likelihood - Methode gewonnene Ladungsmatrix $L = L_o$, vgl. z.B. Tab.19, aus Abschnitt 1.1 nach der Varimax - Methode rotiert. Hier soll sie nun einmal nach der Quartimax - Methode rotiert werden.

Es ergibt sich zunächst das Quartimax - Kriterium

$$Q_o = \sum_{k=1}^{2} \sum_{j=1}^{5} (l_{jk}^{(o)})^4 = 1.717108000 \quad .$$

Im 0-ten Schritt erhält man weiter

$$P_{12}^{(o)} = -0.0533 \quad \text{und} \quad Q_{12}^{(o)} = 0.8089 \quad ,$$

so daß der Rotationswinkel gerade

$$\theta_{12}^{(o)} = \frac{1}{4}\left(0° + \arctan \frac{P_{12}^{(o)}}{Q_{12}^{(o)}}\right) = \frac{1}{4}\,(-3.7700°) = -0.9425°$$

ist. Mit der Transformationsmatrix

$$\Delta_o = \Delta_{12}^{(o)} = \begin{pmatrix} \cos\theta_{12}^{(o)} & -\sin\theta_{12}^{(o)} \\ \sin\theta_{12}^{(o)} & \cos\theta_{12}^{(o)} \end{pmatrix} = \begin{pmatrix} 0.9999 & 0.0164 \\ -0.0164 & 0.9999 \end{pmatrix}$$

ergibt sich

$$L_1 = L_o \cdot \Delta_o = \begin{pmatrix} 0.623 & 0.387 \\ 0.691 & 0.319 \\ 0.894 & -0.033 \\ 0.785 & -0.192 \\ 0.732 & -0.189 \end{pmatrix} \quad \text{und} \quad Q_1 = 1.719673204 \quad .$$

Da der Unterschied zwischen Q_o und Q_1 sehr gering ist, brechen wir das Verfahren ab und setzen

$$L_{Rot} = L_1 \quad .$$

Der Faktor F_1^{Rot} läßt sich dann etwa als "Denkvermögen" und der Faktor F_2^{Rot} als "Stärke des räumlichen gegenüber dem algorithmischen Denkvermögen" interpretieren. ⌟

2.2 SCHIEFWINKELIGE ROTATION - DIE METHODE DER PRIMÄRFAKTOREN

Einfach ausgedrückt entspricht eine Ladungsmatrix der Einfachstruktur von Thurstone am besten, wenn sich ausschließende Gruppen von Merkmalen auf je einem Faktor hohe Ladung, und auf den meisten Faktoren eine Nulladung haben; diese Gruppen können z.B. durch eine Clusteranalyse, vgl. Kap.VII, bestimmt werden. Dies läßt sich oft am besten erreichen, wenn man die Orthogonalitätsforderung für die Faktoren aufgibt.

Sehen wir uns noch einmal die Abb.4 in Abschnitt 1.1 an. Hier würde man bei

$q = 2$ Faktoren der Einfachstruktur einer Ladungsmatrix wohl am nächsten kommen, wenn man den Faktor F_2 so rotiert, daß F_2^{Rot} den Schwerpunkt der Merkmalspunkte für Mechanik und Analytische Geometrie schneidet, und den Faktor F_1 so rotiert, daß F_1^{Rot} den Schwerpunkt der übrigen drei Merkmalspunkte schneidet. Eine Orthogonalrotation ergibt in diesem Beispiel gemäß dem Bargmann - Test keine mit der Einfachstruktur vereinbaren Faktoren, wie wir in Abschnitt 2.1 gesehen haben.

Eine schiefwinklige Rotation von q Faktoren wird beschrieben durch eine Transformationsmatrix

$$\Delta = \begin{pmatrix} \cos\theta_{11} & \cdots & \cos\theta_{1q} \\ \vdots & & \vdots \\ \cos\theta_{q1} & \cdots & \cos\theta_{qq} \end{pmatrix} ,$$

wobei $\theta_{kk'}$ den Winkel angibt, um den der Faktor F_k gedreht werden muß, damit der rotierte Faktor $F_{k'}^{Rot}$ entsteht. Diese Matrix ist natürlich nicht mehr orthogonal wie bei der orthogonalen Rotation, d.h. es gilt i.a.

$$\Delta^T \cdot \Delta \neq I \quad \text{und} \quad L_{Rot} \neq L \cdot \Delta \quad .$$

Die Matrix

$$R_F = \Delta^T \cdot \Delta$$

beschreibt die Korrelation zwischen den schiefwinkligen Faktoren und die rotierte Ladungsmatrix ist gegeben durch

$$L_{Rot} = L \cdot \Delta \cdot R_F^{-1} = L \cdot \Delta(\Delta^T \cdot \Delta)^{-1} = L(\Delta^T)^{-1} \quad .$$

Die reduzierte Korrelationsmatrix $\tilde{R}$ wird dann gerade durch

$$\tilde{R} = L_{Rot} \cdot R_F \cdot L_{Rot}^T$$

wiedergegeben. Die Matrix

$$L \cdot \Delta = L_{fs}$$

heißt auch *Faktorenstruktur* (*factor structure*). Sie ist gerade die Korrelationsmatrix zwischen den beobachteten Merkmalen und den schiefwinkligen Faktoren.

Wie kann man nun aber eine Transformationsmatrix Δ für eine schiefwinklige Rotation von q Faktoren so bestimmen, daß die rotierte Ladungsmatrix L_{Rot} einer Einfachstruktur möglichst gut entspricht?

Wir wollen hier die *Methode der Primärfaktoren* vorstellen, die auf Thurstone (1947) zurückgeht und von Harmann (1976) als beste schiefwinklige Rotationsmethode empfohlen wurde.

Zunächst bildet man ausgehend von einer orthogonalen Ladungsmatrix q disjunkte Gruppen $G_1,\dots,G_q$ von einander möglichst ähnlichen standardisierten Merkmalen und bildet daraus *zusammengesetzte Merkmale*

$$V_k = \sum_{j\in G_k} Y_j \quad .$$

Die empirische Varianz dieser zusammengesetzten Merkmale ist gerade die Summe der Korrelationen der einzelnen Merkmale, die in der empirischen reduzierten Korrelationsmatrix R, vgl. auch Abschnitt 1, zusammengestellt sind:

$$s_{V_k} = \sum_{j\in G_k} \sum_{\substack{j'\in G_k \\ j\neq j'}} r_{jj'} + \sum_{j\in G_k} k_j^2 \qquad \text{für } k,k'=1,\dots,q \quad .$$

Das *reduzierte Faktorenmodell*, das die Basis zur Bestimmung der Transformationsmatrix Δ bildet, ist dann

$$u_k = \sum_{k'=1}^{q} r_{V_k F_{k'}} f_{k'} \qquad \text{für } k=1,\dots,q \quad .$$

Die Transformationsmatrix einer optimalen schiefwinkligen Rotation ist somit gegeben durch

$$\Delta = \begin{pmatrix} \cos\theta_{11} & \cdots & \cos\theta_{1q} \\ \vdots & & \vdots \\ \cos\theta_{q1} & \cdots & \cos\theta_{qq} \end{pmatrix} \quad \text{mit}$$

$$\cos\theta_{k'k} = r_{V_k F_{k'}} \Big/ \sqrt{\sum_{k'=1}^{q} r_{V_k F_{k'}}^2} \qquad \text{für } k,k'=1,\dots,q \quad ;$$

$\cos\theta_{k'k}$ ist gerade der Kosinus des Richtungswinkels vom Faktor $F_{k'}$ auf den rotierten Faktor F_k^{Rot}.

Die Matrix

$$R_F = \Delta^T\cdot\Delta = \begin{pmatrix} 1 & r_{F_1^{Rot}F_2^{Rot}} & \cdots & r_{F_1^{Rot}F_q^{Rot}} \\ \vdots & \vdots & & \vdots \\ r_{F_1^{Rot}F_q^{Rot}} & r_{F_2^{Rot}F_q^{Rot}} & \cdots & 1 \end{pmatrix}$$

gibt gerade die Korrelationen zwischen den schiefwinkeligen Faktoren an. Aus ihr lassen sich die Winkel zwischen diesen Faktoren bestimmen: Der Winkel zwischen den Faktoren F_k^{Rot} und $F_{k'}^{Rot}$ ist

$$\beta_{kk'} = \arc\cos r_{F_k^{Rot} F_{k'}^{Rot}} \quad .$$

Beispiel: Wir wollen die Ladungsmatrix für q = 2 Faktoren, die sich im Beispiel aus Abschnitt 1.1 (Klausurpunkte von 88 Studenten in 5 Fächern) ergab, nun nach der Methode der Primärfaktoren rotieren. Eine solche schiefwinkelige Transformation scheint angebracht zu sein, da eine Orthogonalrotation keine gut interpretierbaren Faktoren hervorbrachte, vgl. Abschnitt 2.1.

Sehen wir uns die Abb.4 in Abschnitt 1.1 noch einmal an, die die 5 beobachteten Merkmale (Punkte in 5 Klausuren) im Koordinatensystem der orthogonalen Faktoren F_1 und F_2 darstellt, so bemerken wir, daß die (standardisierten) Merkmale Klausurpunkte Mechanik (Y_1) und Analytische Geometrie (Y_2) eine Gruppe bilden und die Merkmale Klausurpunkte Lineare Algebra (Y_3), Analysis (Y_4), Elementare Statistik (Y_5) eine zweite Gruppe bilden.

Wir wollen somit zunächst einmal aus den zugehörigen standardisierten Merkmalen die zusammengesetzten Merkmale

$$V_1 = \sum_{j \in G_1} Y_j^{st} = Y_3^{st} + Y_4^{st} + Y_5^{st} \quad , \quad V_2 = \sum_{j \in G_2} Y_j^{st} = Y_1^{st} + Y_2^{st} \quad ;$$

eine Realisation des zusammengesetzten Merkmals V_2 ist z.B. gerade die Summe der standardisierten Klausurpunkte eines Studenten in Mechanik und Analytischer Geometrie.

Die zusammengesetzten Merkmale haben die Varianz

$$s_{V_1}^2 = \sum_{j \in G_1} \sum_{\substack{j' \in G_1 \\ j \neq j'}} r_{jj'} + \sum_{j \in G_1} k_j^2 = 2r_{34} + 2r_{35} + 2r_{45} + k_3^2 + k_4^2 + k_5^2$$

$$= 2 \cdot 0.711 + 2 \cdot 0.665 + 2 \cdot 0.607 + 0.800 + 0.654 + 0.572$$

$$= 5.992$$

bzw.

$$s_{V_2}^2 = \sum_{j \in G_2} \sum_{\substack{j' \in G_2 \\ j \neq j'}} r_{jj'} + \sum_{j \in G_2} k_j^2 = 2r_{12} + k_1^2 + k_2^2 = 2 \cdot 0.553 + 0.539 + 0.579$$

$$= 2.224 \quad ,$$

vgl. auch Tab.2 und Tab.3, so daß sich die empirischen Korrelationen der Faktoren F_1, F_2 mit den zusammengesetzten Merkmalen V_1 und V_2 zu

$$r_{V_1F_1} = (0.893 + 0.782 + 0.729)/\sqrt{5.992} = 0.982 \quad ,$$

$$r_{V_1F_2} = -0.185 \ , \quad r_{V_2F_1} = 0.889 \text{ und } \quad r_{V_2F_2} = 0.459$$

ergeben. Die Elemente der Transformationsmatrix

$$\Delta = \begin{pmatrix} \cos\theta_{11} & \cos\theta_{12} \\ \cos\theta_{21} & \cos\theta_{22} \end{pmatrix}$$

sind somit

$$\cos\theta_{11} = \frac{r_{V_1F_1}}{\sqrt{r^2_{V_1F_1} + r^2_{V_1F_2}}} = \frac{0.982}{\sqrt{0.982^2 + 0.185^2}} = 0.9827 \quad ,$$

$$\cos\theta_{21} = \frac{-0.185}{\sqrt{0.982^2 + 0.185^2}} = -0.1851 \quad ,$$

$$\cos\theta_{12} = \frac{0.889}{\sqrt{0.889^2 + 0.459^2}} = 0.8886 \quad \text{und}$$

$$\cos\theta_{22} = \frac{0.459}{\sqrt{0.889^2 + 0.459^2}} = 0.4588 \quad ,$$

d.h. es ist

$$\Delta = \begin{pmatrix} 0.9827 & 0.8886 \\ -0.1851 & 0.4588 \end{pmatrix} \quad .$$

Durch Drehung um den Winkel

$$\theta_{11} = \arccos(\cos\theta_{11}) = \arccos 0.9827 = 10.673°$$

wird also F_1^{Rot} wieder zu F_1, durch Drehung um

$$\theta_{22} = \arccos(\cos\theta_{22}) = \arccos 0.4588 = 62.690°$$

wird F_2^{Rot} wieder in F_2 überführt. Die Drehwinkel zwischen F_1^{Rot} und F_2 bzw. F_2^{Rot} und F_1 sind somit

$$\theta_{12} = \theta_{11} + 90° = 100.673° \quad \text{bzw.} \quad \theta_{21} = \theta_{22} - 90° = -27.31° \quad .$$

Die Korrelationsmatrix R_F der rotierten Faktoren ist damit gerade

$$R_F = \Delta^T \cdot \Delta = \begin{pmatrix} 0.9827 & -0.1851 \\ 0.8886 & 0.4588 \end{pmatrix} \begin{pmatrix} 0.9827 & 0.8886 \\ -0.1851 & 0.4588 \end{pmatrix} = \begin{pmatrix} 1.0000 & 0.7883 \\ 0.7883 & 1.0000 \end{pmatrix}$$

und der Winkel β_{12} zwischen den schiefwinkeligen Faktoren F_1^{Rot} und F_2^{Rot} ist

$$\beta_{12} = \text{arc cos } r_{F_1^{Rot} F_2^{Rot}} = \text{arc cos } 0.7883 = 37.973° \simeq \theta_{11} - \theta_{21} = \theta_{12} - \theta_{11} \;.$$

Wir wollen uns dieses Ergebnis nun graphisch veranschaulichen, vgl. Abb.9.

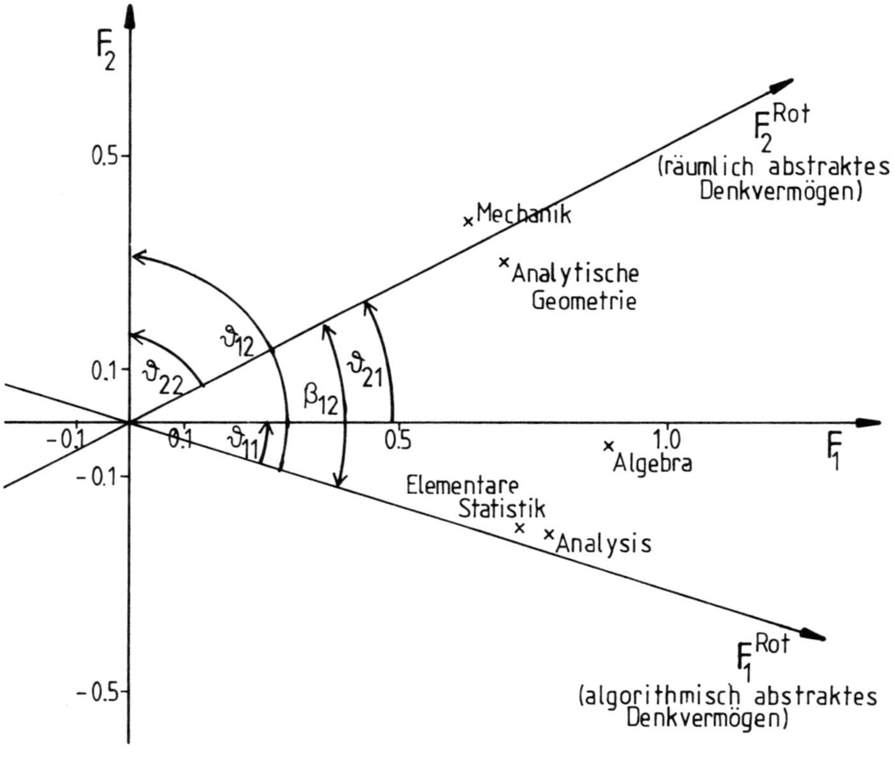

Abb.9: Rotierte Faktoren nach der Primärfaktoren - Methode im Beispiel der Klausurpunkte

Jetzt können wir die Faktorenstrukturmatrix L_{fs} berechnen, die die Korrelation der beobachteten Merkmale mit den schiefwinkligen Faktoren angibt. Es ist

$$L_{fs} = L\cdot\Delta = \begin{pmatrix} 0.630 & 0.377 \\ 0.696 & 0.308 \\ 0.893 & -0.048 \\ 0.782 & -0.205 \\ 0.729 & -0.201 \end{pmatrix} \begin{pmatrix} 0.9827 & 0.8886 \\ -0.1851 & 0.4588 \end{pmatrix} = \begin{pmatrix} 0.549 & 0.733 \\ 0.627 & 0.760 \\ 0.886 & 0.771 \\ 0.806 & 0.601 \\ 0.754 & 0.556 \end{pmatrix} \quad ;$$

die Korrelation zwischen dem dritten Merkmal und dem zweiten schiefwinkeligen Faktor F_2^{Rot} ist also z.B. gerade 0.771.

Um die Ladungsmatrix L_{Rot} berechnen zu können, muß zunächst entweder Δ^T oder R_F invertiert werden, denn es ist

$$L_{Rot} = L(\Delta^T)^{-1} = L_{fs}\, R_F^{-1} \quad .$$

Wir wollen R_F invertieren und es ergibt sich

$$R_F^{-1} = \frac{1}{1.0000 - 0.7883^2} \begin{pmatrix} 1.0000 & -0.7883 \\ -0.7883 & 1.0000 \end{pmatrix} = \begin{pmatrix} 2.64143 & -2.08224 \\ -2.08224 & 2.64143 \end{pmatrix} \quad ,$$

so daß wir

$$L_{Rot} = L_{fs}\cdot R_F^{-1} = \begin{pmatrix} -0.076 & 0.793 \\ 0.074 & 0.702 \\ 0.735 & 0.192 \\ 0.878 & -0.091 \\ 0.834 & -0.101 \end{pmatrix}$$

erhalten.

Wir können nun noch sehr leicht überprüfen, ob unsere Berechnungen richtig sind, indem wir aus L_{Rot} die Kommunalitäten k_j^2 der Merkmale bestimmen. Diese müssen bis auf Rechenungenauigkeiten mit denen, die sich aus der ursprünglichen Ladungsmatrix ergeben, übereinstimmen. Es ist z.B.

$$\begin{aligned} k_2^2 &= l_{21}^2 + l_{22}^2 = 0.696^2 + 0.308^2 = \underline{0.579} \\ &\simeq (l_{21}^{Rot})^2 + (l_{22}^{Rot})^2 + 2 l_{21}^{Rot} l_{22}^{Rot} r_{F_1^{Rot} F_2^{Rot}} \\ &= 0.074^2 + 0.702^2 + 2\cdot 0.074\cdot 0.702\cdot 0.7883 = \underline{0.580} \quad , \end{aligned}$$

vgl. hierzu auch die Einleitung dieses Kapitels.

Die rotierte Ladungsmatrix L_{Rot} läßt sich nun recht gut interpretieren. Der Faktor F_1^{Rot} erklärt die Merkmale Klausurpunkte in Analysis, Linearer Algebra und Elementarer Statistik, der Faktor F_2^{Rot} erklärt die Klausurpunkte in Mechanik und Analytischer Geometrie. Der Faktor F_1^{Rot} läßt sich somit als "algorithmisch - abstraktes Denkvermögen", der Faktor F_2^{Rot} als "räumlich - abstraktes Denkvermögen" interpretieren, vgl. Abb.9.

3 SCHÄTZEN VON FAKTORENWERTEN

Am Anfang dieses Kapitels wurde als ein wesentliches Ziel der Faktorenanalyse die Darstellung jedes Elementes y_{ij}^{st} der standardisierten Datenmatrix Y_{st} als Linearkombination von q' Faktoren formuliert:

$$y_{ij}^{st} = \sum_{k=1}^{q'} l_{jk} f_{ik} \qquad \text{für } i=1,\dots,n \text{ und } j=1,\dots,p$$

bzw. in Matrizenschreibweise

$$Y_{st} = \tilde{F} \cdot \tilde{L}^T$$

mit

$$\bar{f}_k = \frac{1}{n} \sum_{i=1}^{n} f_{ik} = 0 \quad \text{und} \quad s_k^2 = \frac{1}{n-1} \sum_{i=1}^{n} f_{ik}^2 = 1 \quad \text{für } k=1,\dots,q' \quad .$$

Bisher haben wir uns nur mit der Bestimmung einer optimal interpretierbaren Ladungsmatrix L für $q = q' - p$ gemeinsame Faktoren beschäftigt. Diese kann natürlich auch eine rotierte Ladungsmatrix $L = L_{Rot}$ sein.

Da für die reduzierte Korrelationsmatrix $\tilde{R}$ (zumindest näherungsweise) gilt

$$\tilde{R} = L \cdot R_F \cdot L^T = \frac{1}{n-1} \cdot Y_{st}^T \cdot Y_{st} - U^2 \quad ,$$

wobei R_F die Korrelationsmatrix der Faktoren ($R_F = I$ für orthogonale Faktoren) und U^2 die Diagonalmatrix der merkmalseigenen Varianzen bezeichnet, ist durch

$$\hat{Y}_{st} = F \cdot L^T \quad , \text{ d.h. } \quad \hat{y}_{ij}^{st} = \sum_{k=1}^{q} l_{jk} f_{ik}$$

eine Näherung für Y_{st} gegeben. Die Faktorenwertematrix F der gemeinsamen Faktoren ist dabei jedoch unbekannt.

In vielen Fällen möchte man aber auch diese Faktorenwertematrix F bestimmen, denn sie ist eine $n \times q$ - Datenmatrix (mit $q < p$) für die n Objekte, d.h. eine gegenüber Y und Y_{st} um $p - q$ Spalten reduzierte Matrix, die die n beobachteten Objekte in Abhängigkeit von den q extrahierten Faktoren beschreibt.

Will man z.B. eine Clusteranalyse, vgl. Kap.VII, oder eine Regressionsanalyse, vgl. Kap.II, für die n Objekte durchführen, so ist der Rechenaufwand umso geringer, je kleiner die Anzahl der Spalten einer Datenmatrix ist. Es ist also leichter z.B. eine Clusteranalyse auf der Basis von F durchzuführen, als mit der Datenmatrix Y zu arbeiten, inbesondere natürlich dann, wenn q wesentlich kleiner als p ist. Wie kann man nun, nachdem man eine Ladungsmatrix L gefunden hat, die Faktorenwerte F schätzen?

Eine eindeutige Faktorenwertematrix (besser Hauptkomponentenwertematrix) läßt sich nur aus einer vollständigen Hauptkomponentenanalyse, vgl. Abschnitt 1.3, bestimmen, denn dort ist die Ladungsmatrix L orthonormal, d.h. es ist

$$L^T \cdot L = I \quad .$$

Somit ist mit

$$Y_{st} = F \cdot L^T$$

gerade

$$Y_{st} \cdot L = F \cdot L^T \cdot L = F \cdot I = F \quad .$$

Bei der eigentlichen Faktorenanalyse gibt es keine eindeutige Faktorenwertematrix F, da die Ladungsmatrizen L dort nur eine reduzierte empirische Korrelationsmatrix $\tilde{R}$ der beobachteten Merkmale reproduzieren; F muß also entsprechend geschätzt werden. Zwei Schätzmethoden, die von unterschiedlichen Modellen ausgehen, sollen hier vorgestellt werden.

Bei der *ersten Methode* geht man von folgendem Grundmodell aus. Eine dem standardisierten p-dimensionalen Beobachtungsvektor y_{st} zugrundeliegende standardisierte Zufallsvariable, die ebenfalls mit y_{st} bezeichnet sei (d.h. $E(y_{st}) = 0$, $Var(y_{st}) = 1$), läßt sich darstellen als

$$y_{st} = L \cdot f + U \cdot e \quad ,$$

wobei f und e unabhängige zufällige Vektoren mit Erwartungswert 0 und Kovarianz- bzw. Korrelationsmatrix I, L eine p×q-Ladungsmatrix für orthogonale Faktoren $F_1,\dots,F_q$ und U^2 die p×p-Matrix der merkmalseigenen Varianzen bezeichnet.

Dann ist

$$\Sigma_{y_{st}} = L \cdot L^T + U^2$$

die (theoretische) Kovarianz- bzw. Korrelationsmatrix der p Merkmale. Sind L und U erst geschätzt worden (unter Verwendung der empirischen Korrelationsmatrix R), so kann man $\Sigma_{y_{st}}$ durch die empirische Korrelationsmatrix R ersetzen, was wir im folgenden auch tun. Der zu y_{st} gehörige Vektor der Faktorenwerte kann dann durch

$$\hat{f} = L^T \cdot R^{-1} \cdot y_{st} \qquad (\text{d.h. } \hat{F} = Y_{st} \cdot R^{-1} \cdot L)$$

geschätzt werden, vgl. auch Kap.II, Abschnitt 2.

Wurden die Faktoren rotiert, so ist im Falle einer Orthogonalrotation mit Transformationsmatrix Δ

$$L_{Rot} = L \cdot \Delta$$

und im Falle einer schiefwinkeligen Rotation mit Transformationsmatrix Δ

$$L_{Rot} = L_{fs}(\Delta^T \cdot \Delta)^{-1} = L \cdot \Delta(\Delta^T \cdot \Delta)^{-1} = L(\Delta^T)^{-1} \quad .$$

In beiden Fällen gilt also

$$L = L_{Rot} \cdot \Delta^T \quad ,$$

d.h. (für die geschätzten Faktorenwerte bzgl. L im Ausgangsmodell)

$$\hat{f} = \Delta \cdot L_{Rot}^T \cdot R^{-1} \cdot y_{st} \quad .$$

Die *Faktorenwerte bzgl. der rotierten Faktoren* $F_1^{Rot}, \ldots, F_q^{Rot}$ ergeben sich somit im *orthogonalen Fall* zu

$$\begin{aligned} \hat{f}^{Rot} &= \Delta^T \cdot \hat{f} = \Delta^T \cdot \Delta \cdot L_{Rot}^T \cdot R^{-1} \cdot y_{st} \\ &= L_{Rot}^T \cdot R^{-1} \cdot y_{st} \qquad (\text{d.h. } \hat{F}_{Rot} = Y_{st} \cdot R^{-1} \cdot L_{Rot}) \end{aligned}$$

und im *schiefwinkeligen Fall* zu

$$\begin{aligned} \hat{f}^{Rot} &= \Delta^T \cdot \hat{f} = \Delta^T \cdot \Delta \cdot L_{Rot}^T \cdot R^{-1} \cdot y_{st} \\ &= L_{fs}^T \cdot R^{-1} \cdot y_{st} \qquad (\text{d.h. } \hat{F}_{Rot} = Y_{st} \cdot R^{-1} \cdot L_{fs}) \quad . \end{aligned}$$

Bei der bereits angekündigten *zweiten Methode* zur Schätzung von Faktorenwerten geht man von nichtstandardisierten Beobachtungsvektoren y aus und setzt für die zugrundeliegende Zufallsvariable, die hier ebenfalls mit y bezeichnet sei,

$$y = L \cdot \tilde{f} + U \cdot e \quad ,$$

wobei L die Kovarianzmatrix zwischen (nichtstandardisierten) Merkmalen und Faktoren, U^2 die Diagonalmatrix der merkmalseigenen Varianzen der (nichtstandardisierten) Merkmale, $\tilde{f}$ einen zufälligen Vektor mit Erwartungswert f und Kovarianzmatrix I und e einen von $\tilde{f}$ unabhängigen zufälligen Vektor mit Erwartungswert 0 und Kovarianzmatrix I bezeichnet. Spaltet man $\tilde{f}$ in einen festen Anteil f und einen zufälligen Teil ε mit Erwartungswert 0 und Kovarianzmatrix $\Sigma_\varepsilon = I$ auf, d.h.

$$y = L\cdot f + L\cdot\varepsilon + U\cdot e$$

und $E(y) = L\cdot f$, $\Sigma_y = L\cdot L^T + U^2$, so wird f (bei invertierbaren Σ_y und $L^T\cdot L$) geschätzt durch (hier ersetzt man bei geschätzten L und U dann Σ_y durch die empirische Kovarianzmatrix S der Merkmale $Y_1,\ldots,Y_p$)

$$\hat{f} = (L^T\cdot\Sigma_y^{-1}\cdot L)^{-1}\cdot L^T\cdot\Sigma_y^{-1}\cdot y \qquad \text{bzw.} \qquad \hat{f} = (L^T\cdot S^{-1}\cdot L)^{-1}\cdot L^T\cdot S^{-1}\cdot y \quad ,$$

und ε wird geschätzt durch

$$\hat{\varepsilon} = \Sigma_\varepsilon\cdot L^T\cdot\Sigma_y^{-1}\cdot y - \Sigma_\varepsilon\cdot L^T\cdot\Sigma_y^{-1}\cdot L\cdot(L^T\cdot\Sigma_y^{-1}\cdot L)^{-1}\cdot L^T\cdot\Sigma_y^{-1}\cdot y = 0$$

vgl. hierzu Elpelt/Hartung (1983a) und Kap.II, Abschnitt 2.

Im Falle rotierter Faktoren läßt sich die rotierte Ladungsmatrix L_{Rot} wiederum darstellen als

$$L_{Rot} = L\cdot\Delta \qquad \text{bzw.} \qquad L_{Rot} = L(\Delta^T)^{-1} \quad ,$$

d.h. es ist im Falle orthogonaler und schiefwinkeliger Faktoren $F_1^{Rot},\ldots,F_q^{Rot}$

$$L = L_{Rot}\cdot\Delta^T \quad ,$$

und die Faktorenwerte $\tilde{f}$ (bzw. f) bzgl. der rotierten Faktoren lassen sich in beiden Fällen durch

$$\begin{aligned}\hat{f}^{Rot} &= \Delta^T\cdot\hat{f} = \Delta^T(\Delta\cdot L_{Rot}^T\cdot S^{-1}\cdot L_{Rot}\cdot\Delta^T)^{-1}\cdot\Delta\cdot L_{Rot}^T\cdot S^{-1}\cdot y\\ &= \Delta^T(\Delta^T)^{-1}(L_{Rot}^T\cdot S^{-1}\cdot L_{Rot})^{-1}\cdot\Delta^{-1}\cdot\Delta\cdot L_{Rot}^T\cdot S^{-1}\cdot y\\ &= (L_{Rot}^T\cdot S^{-1}\cdot L_{Rot})^{-1}\cdot L_{Rot}^T\cdot S^{-1}\cdot y\end{aligned}$$

schätzen.

Geht man hier von standardisierten Zufallsvariablen bzw. Beobachtungsvektoren y_{st} aus, so wird aus der Kovarianzmatrix S die Korrelationsmatrix R, und die Faktorenwerte können geschätzt werden durch

$$\hat{f} = (L^T \cdot R^{-1} \cdot L)^{-1} \cdot L^T \cdot R^{-1} \cdot y_{st}$$

bzw. mit $L = L_{Rot} \cdot \Delta^T$ durch

$$\hat{f}^{Rot} = \Delta^T \cdot \hat{f} = (L_{Rot}^T \cdot R^{-1} \cdot L_{Rot})^{-1} \cdot L_{Rot}^T \cdot R^{-1} \cdot y_{st} \quad .$$

Weitere Schätzer sind z.B. in Harman (1976), Takeuchi et al. (1982) angegeben.

Beispiel: In Abschnitt 1.1 haben wir aus den Klausurpunkten (von $n = 88$ Studenten) in $p = 5$ Klausuren, vgl. auch Tab. 1, zwei orthogonale Faktoren extrahiert. Die Ladungsmatrix wurde dann im Abschnitt 2 nach der Varimax-Methode, der Quartimax-Methode und der Methode der Primärfaktoren rotiert. Für die Varimax- und die Quartimax-Methode ergaben sich dabei die Ladungsmatrizen

$$L_{Rot} = \begin{pmatrix} 0.268 & 0.684 \\ 0.363 & 0.670 \\ 0.736 & 0.507 \\ 0.744 & 0.316 \\ 0.700 & 0.287 \end{pmatrix} \quad \text{bzw.} \quad L_{Rot} = \begin{pmatrix} 0.623 & 0.387 \\ 0.691 & 0.319 \\ 0.894 & -0.033 \\ 0.785 & -0.192 \\ 0.732 & -0.189 \end{pmatrix}$$

und für die Methode der Primärfaktoren ergab sich

$$L_{fs} = \begin{pmatrix} 0.549 & 0.733 \\ 0.627 & 0.760 \\ 0.886 & 0.771 \\ 0.806 & 0.601 \\ 0.754 & 0.556 \end{pmatrix} \quad \text{und} \quad L_{Rot} = \begin{pmatrix} -0.076 & 0.793 \\ 0.074 & 0.702 \\ 0.735 & 0.192 \\ 0.878 & -0.091 \\ 0.834 & -0.101 \end{pmatrix}$$

Für die Primärfaktorenlösung sollen die Faktorenwerte der $n = 88$ Studenten nach der ersten beschriebenen Schätzmethode bestimmt werden. Dazu benötigen wir lediglich noch die in Tab. 21 angegebene Inverse der Korrelationsmatrix R der p Merkmale, vgl. Tab. 11; die benötigten Hilfsgrößen zur Bestimmung der standardisierten Datenmatrix Y_{st} sind bereits in Tab. 10 angegeben worden.

Tab. 21: Inverse R^{-1} der Korrelationsmatrix der $p = 5$ Merkmale

j' \ j	1	2	3	4	5
1	1.603	-0.558	-0.510	0.001	-0.041
2	-0.558	1.802	-0.659	-0.152	-0.039
3	-0.510	-0.659	3.047	-1.113	-0.864
4	0.001	-0.152	-1.113	2.178	-0.515
5	-0.041	-0.039	-0.864	-0.515	1.921

Die Faktorenwertematrix

$$\hat{F}_{Rot} = Y_{st} \cdot R^{-1} \cdot L_{fs}$$

für die Primärfaktorenlösung ist in Tab.22 angegeben; es ergibt sich etwa als Schätzer für den Vektor der Faktorenwerte des 1.Studenten mit

$$y_{11}^{st} = \frac{y_{11} - \bar{y}_{.1}}{s_1} = \frac{77 - 38.955}{17.486} = 2.176 \;, \quad y_{12}^{st} = 2.389$$

$$y_{13}^{st} = 1.543 \;, \quad y_{14}^{st} = 1.369 \text{ und } \; y_{15}^{st} = 2.242$$

dann

$$\hat{f}_1^{Rot} = (\hat{f}_{11}^{Rot}, \hat{f}_{12}^{Rot})^T = y_{st} \cdot R^{-1} \cdot L_{fs} = (1.909, 2.185)^T \quad .$$

Bedenken wir, daß der Erwartungswert von f gleich Null ist und daß die Varianz von f gleich Eins ist, so zeigt sich, daß dieser Student sowohl bzgl. des 1.Faktors ("algorithmisch - abstraktes Denkvermögen") als auch bzgl. des 2.Faktors ("räumlich - abstraktes Denkvermögen") recht hohe Werte besitzt.

Wir wollen nun die Faktorenwerte eines weiteren "neuen" Studenten aus der gleichen Grundgesamtheit, der in Mechanik 70 Punkte, in Analytischer Geometrie 30 Punkte, in Linearer Algebra 54 Punkte, in Analysis 27 Punkte und in Elementarer Statistik 36 Punkte erreicht hat, berechnen. Den Vektor

$$y = y^{neu} = (70, 30, 54, 27, 36)^T$$

standardisieren wir zunächst:

$$y_1^{st} = \frac{70 - \bar{y}_{.1}}{s_1} = \frac{70 - 38.955}{17.486} = 1.775 \;, \quad y_2^{st} = \frac{30 - \bar{y}_{.2}}{s_2} = -1.566 \;,$$

$$y_3^{st} = \frac{54 - \bar{y}_{.3}}{s_3} = 0.320 \;, \quad y_4^{st} = \frac{27 - \bar{y}_{.4}}{s_4} = -1.326 \text{ und}$$

$$y_5^{st} = \frac{36 - \bar{y}_{.5}}{s_5} = -0.365 \quad ,$$

so daß sich der Vektor $\hat{f}$ der geschätzten Faktorenwerte dieses Studenten aus der Varimaxlösung zu

$$\hat{f}^{Rot} = L_{Rot}^T \cdot R^{-1} \cdot y_{st} = (-0.602, 0.372)^T \quad ,$$

aus der Quartimaxlösung zu

$$\hat{f}^{Rot} = L_{Rot}^T \cdot R^{-1} \cdot y_{st} = (-0.259, 0.661)^T$$

und aus der Primärfaktorenlösung zu

Tab.22: Geschätzte Faktorenwertematrix $\hat{F}_{Rot}$ für n = 88 Studenten gemäß der Primärfaktorenlösung

Student i	$\hat{f}_{i1}^{Rot}$	$\hat{f}_{i2}^{Rot}$	Student i	$\hat{f}_{i1}^{Rot}$	$\hat{f}_{i2}^{Rot}$	Student i	$\hat{f}_{i1}^{Rot}$	$\hat{f}_{i2}^{Rot}$
1	1.909	2.185	31	0.086	0.294	61	-1.399	0.379
2	2.461	2.220	32	0.272	0.088	62	-0.493	-0.278
3	1.996	2.034	33	1.027	-0.947	63	-0.120	-0.344
4	1.500	1.367	34	0.676	-0.760	64	-0.211	-0.692
5	1.484	1.340	35	0.081	0.158	65	-0.216	-0.589
6	1.757	1.310	36	0.216	0.150	66	-1.804	0.757
7	1.440	1.206	37	0.035	0.493	67	-0.832	-0.177
8	1.406	1.495	38	0.400	-0.133	68	-1.037	-0.180
9	1.095	1.016	39	-0.068	0.471	69	-0.224	-0.372
10	0.947	1.377	40	0.108	0.405	70	-0.252	-0.656
11	0.767	0.695	41	0.653	-0.220	71	-1.008	0.089
12	0.473	0.929	42	-0.108	0.118	72	-0.330	-1.103
13	1.025	0.251	43	-0.351	0.490	73	-1.198	-0.006
14	0.097	1.139	44	-0.162	0.320	74	-0.516	-0.734
15	1.222	-0.217	45	-0.659	0.798	75	-0.369	-0.478
16	0.054	1.012	46	-0.105	0.263	76	-1.786	0.464
17	0.239	0.642	47	-0.334	0.131	77	-0.526	-1.416
18	0.502	0.739	48	0.416	-0.241	78	-0.299	-0.941
19	0.562	0.487	49	-0.163	0.145	79	-0.772	-0.883
20	1.025	0.247	50	-0.230	0.229	80	-1.016	-1.170
21	0.377	0.333	51	0.043	-0.022	81	0.698	-2.292
22	0.854	-0.069	52	0.514	-0.431	82	-1.115	-0.552
23	1.469	-0.611	53	-0.774	0.582	83	-1.012	-0.731
24	0.292	0.150	54	-1.074	0.690	84	-1.048	-0.890
25	0.288	0.339	55	-0.522	0.239	85	-0.454	-1.416
26	-0.009	0.282	56	-0.382	-0.166	86	-0.991	-1.416
27	0.347	0.284	57	0.024	-0.846	87	-1.991	-1.841
28	1.167	-1.111	58	-0.096	-0.085	88	-2.542	-2.108
29	0.477	0.449	59	-0.698	-0.267			
30	0.373	-0.247	60	-0.503	-0.306			

$$\hat{f}^{Rot} = L_{fs}^T \cdot R^{-1} \cdot y_{st} = (-0.367, 0.084)^T$$

ergibt. Im Vergleich hierzu liefert die zweite Methode zur Schätzung von Faktorenwerten z.B. für die Varimaxlösung

$$\hat{f}^{Rot} = (L_{Rot}^T \cdot R^{-1} \cdot L_{Rot})^{-1} L_{Rot}^T \cdot R^{-1} \cdot y_{st} = (-1.169, 1.053)^T \quad .$$

Da in beiden Fällen die Merkmalsausprägungen standardisiert sind, erkennt man schon hier aufgrund der sehr unterschiedlichen Schätzwerte, daß beträchtliche Unterschiede zwischen den beiden Schätzverfahren bestehen; die Größen der Faktorenwerte können also nur relativ beurteilt werden, und keinesfalls dürfen Faktorenwerte von Objekten, die mit verschiedenen Verfahren geschätzt wurden, miteinander verglichen werden. Für die Quartimaxlösung ergeben sich bei dem neuen Studenten die Schätzer für seine Faktorenwerte zu

$$\hat{f}^{Rot} = (L_{Rot}^T \cdot R^{-1} \cdot L_{Rot})^{-1} \cdot L_{Rot}^T \cdot R^{-1} \cdot y_{st} = (-0.302, 1.536)^T \quad ,$$

und für die Primärfaktorenlösung erhalten wir

$$\hat{f}^{Rot} = (L_{Rot}^T \cdot R^{-1} \cdot L_{Rot})^{-1} \cdot L_{Rot}^T \cdot R^{-1} \cdot y_{st} = (-0.555, 0.460)^T \quad .$$

In Abb.10 sind die geschätzten Faktorenwertevektoren (nach der ersten vorgestellten Methode) von einigen der $n = 88$ Studenten sowie die entsprechende Schätzung für den neuen Studenten mit Beobachtungsvektor y graphisch für die Primärfaktorenlösung veranschaulicht.

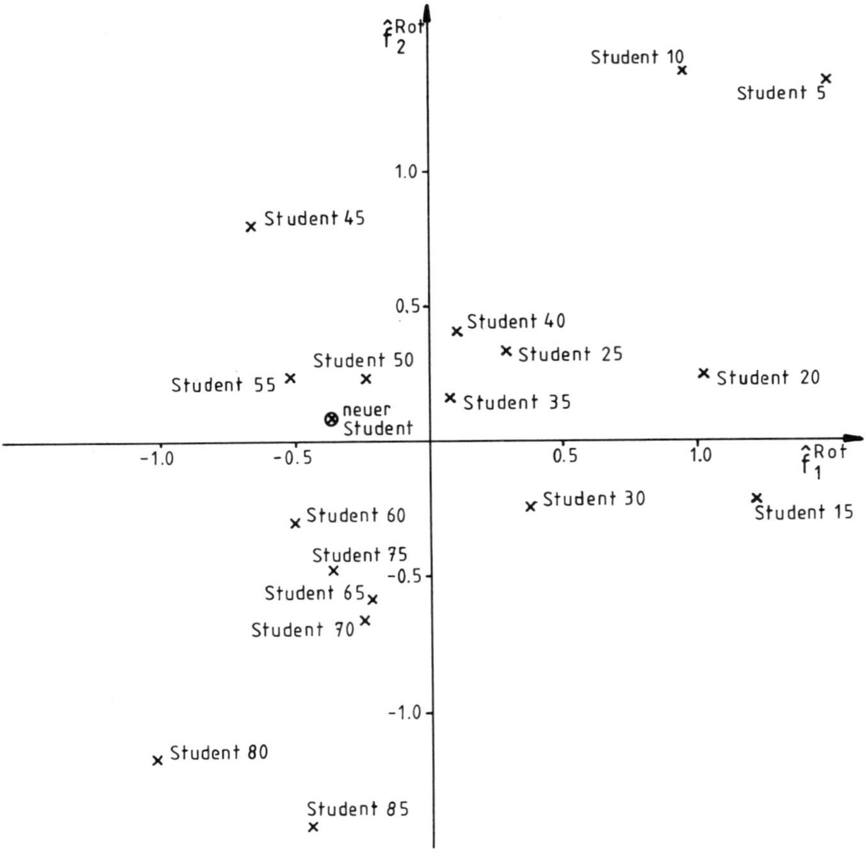

Abb.10: Graphische Repräsentation einiger der $n = 88$ Studenten sowie des "neuen" Studenten im Koordinatensystem zweier Faktoren nach der Primärfaktorenlösung

4 EIN ZUSAMMENFASSENDES BEISPIEL

Wir wollen hier noch einmal auf das Beispiel der PKW - Typen aus Abschnitt 4 in Kapitel III zurückkommen. Dort wurden anhand von n = 13 PKW - Typen, vgl. die dortige Tab.21, Korrelationsanalysen für die Merkmale Hubraum, Leistung, Verbrauch und Höchstgeschwindigkeit durchgeführt; im Abschnitt 6 des Kap.VII wurden für die PKW - Typen auch bereits hierarchische Clusteranalysen vorgenommen. Hier soll nun die Anwendung einer Faktorenanalyse für diese vier Merkmale demonstriert werden. Dazu seien zunächst die Beobachtungsdaten, vgl. auch Tab.21 in Kap.III, sowie die standardisierten Daten angegeben, die durch Subtraktion der jeweiligen Spaltenmittelwerte

$$\bar{y}_1 = 1596.692 \ , \quad \bar{y}_2 = 75.000 \ , \quad \bar{y}_3 = 11.038 \text{ bzw. } \quad \bar{y}_4 = 150.000$$

und anschließende Division durch die entsprechenden Spaltenstandardabweichungen

$$s_1 = 597.842 \ , \quad s_2 = 31.385 \ , \quad s_3 = 2.514 \text{ bzw. } \quad s_4 = 21.821$$

entstehen; Tab.23 enthält also die Datenmatrix Y sowie die standardisierte Datenmatrix Y_{st}.

Tab.23: Datenmatrix Y und standardisierte Datenmatrix Y_{st} für die p = 4 Merkmale Y_1 (Hubraum in ccm), Y_2 (Leistung in PS), Y_3 (Verbrauch in ℓ/100km) und Y_4 (Höchstgeschwindigkeit in km/h) bei n = 13 PKW - Typen

PKW-Typ i	Y				Y_{st}			
	Y_1 (y_{i1})	Y_2 (y_{i2})	Y_3 (y_{i3})	Y_4 (y_{i4})	Y_1^{st} (y_{i1}^{st})	Y_2^{st} (y_{i2}^{st})	Y_3^{st} (y_{i3}^{st})	Y_4^{st} (y_{i4}^{st})
1	1696	80	11.0	155	0.166	0.159	-0.015	0.229
2	1573	85	11.5	168	-0.040	0.319	0.184	0.825
3	1985	78	11.0	158	0.650	0.096	-0.015	0.367
4	2496	130	16.0	175	1.504	1.752	1.974	1.146
5	843	37	8.0	124	-1.261	-1.211	-1.208	-1.192
6	598	30	7.0	116	-1.670	-1.434	-1.606	-1.558
7	2753	125	13.0	158	1.934	1.593	0.780	0.367
8	1618	74	10.5	143	0.036	-0.032	-0.214	-0.321
9	1470	55	9.5	143	-0.212	-0.637	-0.612	-0.321
10	1285	40	9.5	120	-0.521	-1.115	-0.612	-1.375
11	1780	96	14.5	169	0.307	0.669	1.377	0.871
12	1078	55	9.5	136	-0.868	-0.637	-0.612	-0.642
13	1582	90	12.5	185	-0.025	0.478	0.582	1.604

Die empirische Korrelationsmatrix R der vier Merkmale, die ebenfalls bereits in Kap.III berechnet wurde, ergibt sich aus Tab.23 zu

$$R = \frac{1}{12} \cdot Y_{st}^T \cdot Y_{st} = \begin{pmatrix} 1.0000 & 0.9314 & 0.8375 & 0.6949 \\ 0.9314 & 1.0000 & 0.9329 & 0.8424 \\ 0.8375 & 0.9329 & 1.0000 & 0.8565 \\ 0.6949 & 0.8424 & 0.8565 & 1.0000 \end{pmatrix} ,$$

und die inverse empirische Korrelationsmatrix, die später noch benötigt wird, ist

$$R^{-1} = \begin{pmatrix} 9.6190 & -12.0591 & 0.8192 & 2.7727 \\ -12.0591 & 23.2723 & -7.4970 & -4.8035 \\ 0.8192 & -7.4970 & 8.9571 & -1.9255 \\ 2.7727 & -4.8035 & -1.9255 & 4.7690 \end{pmatrix} .$$

Zunächst werden wir nun, wie bereits in Abschnitt 1.2 angekündigt, mittels *kanonischer Faktorenanalyse* eine Ladungsmatrix L schätzen. Die orthogonalen Faktoren werden dann gemäß der verschiedenen Verfahren aus Abschnitt 2 rotiert und schließlich werden für die verschiedenen (rotierten) Faktoren noch Faktorenwerte für die 13 PKW - Typen sowie für einen "neuen" PKW - Typ geschätzt.

Als Startwerte k_{j0}^2, $j=1,\dots,4$, für die Kommunalitätenschätzungen wählen wir hier das (betragliche) Maximum der Korrelationen in der j-ten Spalte der empirischen Korrelationsmatrix R, d.h.

$$k_{10}^2 = 0.9314 \ , \quad k_{20}^2 = k_{30}^2 = 0.9329 \text{ und } \quad k_{40}^2 = 0.8565 \quad .$$

Damit ergibt sich

$$U_0^2 = \text{diag}(0.0686, 0.0671, 0.0671, 0.1435) \quad ,$$

und somit ist

$$U_0^{-1} = \text{diag}(3.8180, 3.8605, 3.8605, 2.6398)$$

sowie

$$\tilde{R}_0 = R - U_0^2 = \begin{pmatrix} 0.9314 & 0.9314 & 0.8375 & 0.6949 \\ 0.9314 & 0.9329 & 0.9329 & 0.8424 \\ 0.8375 & 0.9329 & 0.9329 & 0.8565 \\ 0.6949 & 0.8424 & 0.8565 & 0.8565 \end{pmatrix} .$$

Die positiven Eigenwerte der Matrix

$$U_0^{-1} \cdot \tilde{R}_0 \cdot U_0^{-1} = \begin{pmatrix} 13.5771 & 13.7283 & 12.3442 & 7.0037 \\ 13.7283 & 13.9034 & 13.9034 & 8.5849 \\ 12.3442 & 13.9034 & 13.9034 & 8.7285 \\ 7.0037 & 8.5849 & 8.7285 & 5.9686 \end{pmatrix}$$

sind gerade

$$\lambda_{10} = 45.4658 \quad , \quad \lambda_{20} = 2.2935$$

(d.h. $\tilde{q} = 2$), und die zugehörigen normierten Eigenvektoren berechnen sich zu

$$a_{10} = (0.5272, 0.5613, 0.5451, 0.3315)^T \text{ bzw.}$$
$$a_{20} = (-0.6924, -0.0904, 0.3946, 0.5972)^T \quad .$$

Im ersten Schritt erhalten wir somit

$$k_{11}^2 = 0.9423 \;,\quad k_{21}^2 = 0.9624 \;,\quad k_{31}^2 = 0.9304 \;,\quad k_{41}^2 = 0.8344 \quad ,$$

$$U_1^2 = \text{diag}(0.0577, 0.0376, 0.0696, 0.1656) \quad ,$$

$$U_1^{-1} = \text{diag}(4.1631, 5.1571, 3.7905, 2.4574)$$

und daraus dann

$$U_1^{-1} \cdot \tilde{R}_1 \cdot U_1^{-1} = U_1^{-1}(R - U_1^2)U_1^{-1} = \begin{pmatrix} 16.3314 & 19.9967 & 13.2159 & 7.1091 \\ 19.9967 & 25.5957 & 18.2363 & 10.6758 \\ 13.2159 & 18.2363 & 13.3679 & 7.9781 \\ 7.1091 & 10.6758 & 7.9781 & 5.0388 \end{pmatrix} \quad .$$

Die beiden größten Eigenwerte und die zugehörigen normierten Eigenvektoren dieser Matrix sind

$$\lambda_{11} = 58.2285 \;,\quad a_{11} = (0.5121, 0.6655, 0.4698, 0.2725)^T \quad ,$$
$$\lambda_{21} = 2.3949 \;,\quad a_{21} = (-0.6960, -0.0109, 0.4492, 0.5601)^T \quad ,$$

so daß sich im zweiten Schritt

$$k_{12}^2 = 0.9480 \;,\quad k_{22}^2 = 0.9697 \;,\quad k_{32}^2 = 0.9281 \text{ und } k_{42}^2 = 0.8404$$

ergibt. Damit ist dann

$$U_2^2 = \text{diag}(0.0520, 0.0303, 0.0719, 0.1596)$$

$$U_2^{-1} = \text{diag}(4.3853, 5.7448, 3.7294, 2.5031) \quad ,$$

und die beiden größten Eigenwerte und die zugehörigen normierten Eigenvektoren der Matrix

$$U_2^{-1} \cdot \tilde{R}_2 \cdot U_2^{-1} = U_2^{-1}(R - U_2^2)U_2^{-1} = \begin{pmatrix} 18.2309 & 23.4645 & 13.6969 & 7.6278 \\ 23.4645 & 32.0027 & 19.9871 & 12.1136 \\ 13.6969 & 19.9871 & 12.9084 & 7.9955 \\ 7.6278 & 12.1136 & 7.9955 & 5.2655 \end{pmatrix}$$

berechnen sich zu

$$\lambda_{12} = 66.0086 \;,\quad a_{12} = (0.5082, 0.6977, 0.4328, 0.2599)^T$$

und

$$\lambda_{22} = 2.5893 \quad , \quad a_{22} = (-0.6962, 0.0235, 0.4384, 0.5679)^T \quad .$$

Im dritten Schritt ergibt sich nun mit

$$k_{13}^2 = 0.9517 \; , \; k_{23}^2 = 0.9736 \; , \; k_{33}^2 = 0.9248 \; , \; k_{43}^2 = 0.8449 \quad ,$$

d.h.

$$U_3^2 = \mathrm{diag}(0.0483, 0.0264, 0.0752, 0.1551) \quad \text{bzw.}$$

$$U_3^{-1} = \mathrm{diag}(4.5501, 6.1546, 3.6466, 2.5392) \quad ,$$

die Matrix

$$U_3^{-1} \cdot \tilde{R}_3 \cdot U_3^{-1} = U_3^{-1}(R - U_3^2)U_3^{-1} = \begin{pmatrix} 19.7034 & 26.0830 & 13.8961 & 8.0286 \\ 26.0830 & 36.8791 & 20.9374 & 13.1648 \\ 13.8961 & 20.9374 & 12.2977 & 7.9307 \\ 8.0286 & 13.1648 & 7.9307 & 5.4475 \end{pmatrix} ,$$

deren beiden größten Eigenwerte und zugehörige normierte Eigenvektoren gegeben sind durch

$$\lambda_{13} = 71.7401 \quad , \quad a_{13} = (0.5069, 0.7178, 0.4050, 0.2524)^T$$

und

$$\lambda_{23} = 2.7247 \quad , \quad a_{23} = (-0.6978, 0.0516, 0.4231, 0.5757)^T \quad .$$

Wir wollen das Verfahren hier abbrechen, obwohl die Unterschiede zwischen U_3^{-1} und U_4^{-1} noch recht groß sind: Mit

$$k_{14}^2 = 0.9544 \; , \; k_{24}^2 = 0.9760 \; , \; k_{34}^2 = 0.9216 \; , \; k_{44}^2 = 0.8489$$

ergibt sich

$$U_4^{-1} = \mathrm{diag}(4.6829, 6.4550, 3.5714, 2.5726) \quad .$$

Die geschätzte Ladungsmatrix $\tilde{L}$ für $\tilde{q} = 2$ orthogonale Faktoren F_1, F_2 ergibt sich unter Verwendung der Matrizen

$$U_3 = \mathrm{diag}(0.2198, 0.1625, 0.2742, 0.3938) \quad ,$$

$$A_3 = (a_{13}, a_{23}) = \begin{pmatrix} 0.5069 & -0.6978 \\ 0.7178 & 0.0516 \\ 0.4050 & 0.4231 \\ 0.2524 & 0.5757 \end{pmatrix}$$

und

$$J_3^{1/2} = \mathrm{diag}(\sqrt{\lambda_{13}}, \sqrt{\lambda_{23}}) = \mathrm{diag}(8.4700, 1.6507)$$

dann zu

$$\tilde{L} = U_3 \cdot A_3 \cdot J_3^{1/2} = \begin{pmatrix} 0.9437 & -0.2532 \\ 0.9880 & 0.0138 \\ 0.9406 & 0.1915 \\ 0.8419 & 0.3742 \end{pmatrix} = (\tilde{l}_1, \tilde{l}_2) \quad .$$

Mit Hilfe des *Tests* aus Abschnitt 1.1 wollen wir zunächst überprüfen, ob der zweite Faktor F_2 hier zum 1% Niveau überhaupt signifikant notwendig ist.

Dazu berechnen wir mit $L = \tilde{l}_1$ zunächst

$$L \cdot L^T = \begin{pmatrix} 0.8906 & 0.9324 & 0.8876 & 0.7945 \\ 0.9324 & 0.9761 & 0.9293 & 0.8318 \\ 0.8876 & 0.9293 & 0.8847 & 0.7919 \\ 0.7945 & 0.8318 & 0.7919 & 0.7088 \end{pmatrix}$$

sowie mit

$$k_1^2 = \tilde{l}_{11}^2 = 0.9437^2 = 0.8906 \;, \quad k_2^2 = 0.9761 \;, \quad k_3^2 = 0.8847 \;, \quad k_4^2 = 0.7088$$

die Matrix

$$U^2 = \text{diag}(1 - k_1^2, 1 - k_2^2, 1 - k_3^2, 1 - k_4^2)$$
$$= \text{diag}(0.1094, 0.0239, 0.1153, 0.2912)$$

und sodann die Determinante der empirischen Korrelationsmatrix R

$$\det R = 0.003396531$$

sowie der Matrix $L \cdot L^T + U^2$

$$\det(L \cdot L^T + U^2) = 0.005272030 \quad .$$

Die Prüfgröße

$$\chi^2 = (n - 1 - \frac{1}{6}(2p + 5) - \frac{2}{3} \cdot q) \cdot \ln \frac{\det(L \cdot L^T + U^2)}{\det R}$$
$$= (13 - 1 - \frac{1}{6}(2 \cdot 4 + 5) - \frac{2}{3} \cdot 1) \cdot \ln \frac{0.005272030}{0.003396531}$$
$$= 4.0302$$

ist dann unter der Nullhypothese, daß $q = 1$ ausreicht, wegen

$$q = 1 \leq 1.6277 = \frac{1}{2}(1 + 2 \cdot 4 - \sqrt{1 + 8 \cdot 4}) = \frac{1}{2}(1 + 2p - \sqrt{1 + 8p})$$

approximativ χ^2 - verteilt mit

$$\nu = \frac{1}{2}((p - q)^2 - (p + q)) = \frac{1}{2}((4 - 1)^2 - (4 + 1)) = 2$$

Freiheitsgraden, so daß die Notwendigkeit eines zweiten Faktors F_2 hier nicht signifikant zum 1% Niveau ist, da

$$\chi^2 = 4.0302 \not> 9.210 = \chi^2_{2;0.99} = \chi^2_{\nu;1-\alpha} \quad .$$

Das heißt natürlich nicht, daß es sinnlos ist von zwei Faktoren auszugehen, denn man kennt den Fehler (2.Art), den man beim "Annehmen" der Hypothese, daß ein Faktor ausreicht, nicht. Daher wollen wir auch das Modell mit zwei Faktoren betrachten, d.h. wir analysieren die Ladungsmatrix $\tilde{L}$ weiter, die in Abb.11 graphisch dargestellt ist.

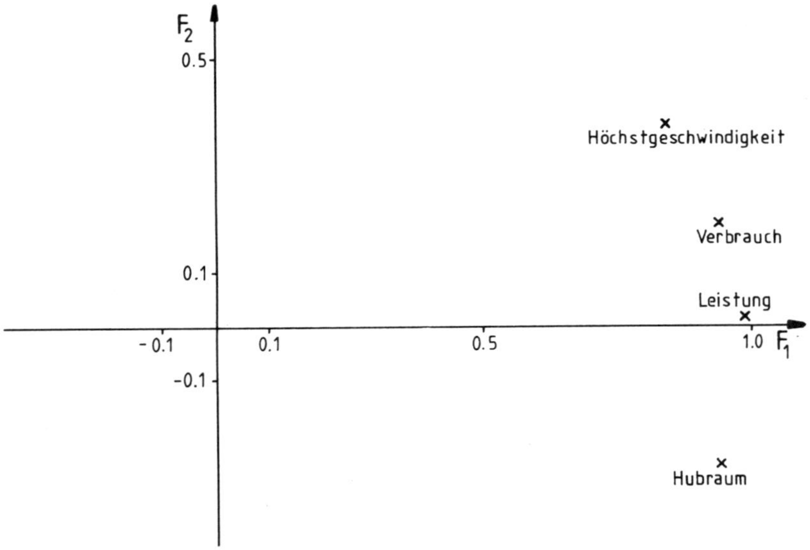

Abb.11: Graphische Repräsentation der 4 Merkmale bei PKW - Typen im Raum der Faktoren F_1 und F_2

Zunächst wollen wir auf diese Ladungsmatrix L die Rotationsverfahren aus Abschnitt 2 anwenden.

Für die *Varimax - Rotation* muß zunächst die mit den Kommunalitäten normierte Ladungsmatrix

$$Z_0 = \begin{pmatrix} 0.9658 & -0.2591 \\ 0.9999 & 0.0140 \\ 0.9799 & 0.1995 \\ 0.9138 & 0.4062 \end{pmatrix}$$

bestimmt werden, für die sich das Varimax - Kriterium zu

$$V_o = 4 \sum_{k=1}^{2} \sum_{j=1}^{4} (z_{jk}^{(o)})^4 - \sum_{k=1}^{2}\left(\sum_{j=1}^{4} (z_{jk}^{(o)})^2\right)^2 = 0.11839$$

ergibt. Die Hilfsgrößen im 0-ten Schritt sind gerade

$$A_{12}^{o} = \sum_{j=1}^{4} \left((z_{j1}^{(o)})^2 - (z_{j2}^{(o)})^2\right) = 3.4557 \quad ,$$

$$B_{12}^{o} = \sum_{j=1}^{4} 2z_{j1}^{(o)} z_{j2}^{(o)} = 0.6609 \quad ,$$

$$C_{12}^{o} = \sum_{j=1}^{4} \left((z_{j1}^{(o)})^2 - (z_{j2}^{(o)})^2\right)^2 - \sum_{j=1}^{4} (2z_{j1}^{(o)} z_{j2}^{(o)})^2 = 2.0894$$

und

$$D_{12}^{o} = 2 \sum_{j=1}^{4} \left((z_{j1}^{(o)})^2 - (z_{j2}^{(o)})^2\right)\left(2z_{j1}^{(o)} z_{j2}^{(o)}\right) = 0.9041 \quad ,$$

so daß sich mit

$$P_{12}^{o} = 4D_{12}^{o} - 2A_{12}^{o}B_{12}^{o} = -0.951344260 \quad ,$$

$$Q_{12}^{o} = 4C_{12}^{o} - (A_{12}^{o})^2 + (B_{12}^{o})^2 = -3.147473680$$

unter Verwendung von Tab.18 ein Rotationswinkel von

$$\theta_{12}^{(o)} = \frac{1}{4}(-180° + \arctan (P_{12}^{o}/Q_{12}^{o})) = \frac{1}{4}(-180° + 16.8178°) = -40.7956°$$

ergibt. Die Transformationsmatrix im 0-ten Schritt ist also

$$\Delta_o = \Delta_{12}^{(o)} = \begin{pmatrix} \cos \theta_{12}^{(o)} & -\sin \theta_{12}^{(o)} \\ \sin \theta_{12}^{(o)} & \cos \theta_{12}^{(o)} \end{pmatrix} = \begin{pmatrix} 0.7570 & 0.6534 \\ -0.6534 & 0.7570 \end{pmatrix}$$

und man erhält

$$Z_1 = Z_o \cdot \Delta_o = \begin{pmatrix} 0.9004 & 0.4348 \\ 0.7478 & 0.6639 \\ 0.6114 & 0.7913 \\ 0.4263 & 0.9046 \end{pmatrix}$$

mit dem Varimax - Kriterium

$$V_1 = 1.72750 \quad .$$

Im ersten Schritt sind dann

$$A_{12}^{1} = -0.1489 \ , \quad B_{12}^{1} = 3.5150 \ , \quad C_{12}^{1} = -2.2611 \ , \quad D_{12}^{1} = -0.2614$$

und somit

$$P_{12}^{1} = 0.001167 \quad \text{sowie} \quad Q_{12}^{1} = 3.288654 \quad .$$

Dies liefert einen Rotationswinkel

$$\theta_{12}^{(1)} = \frac{1}{4}(0° + 0.020331773°) = 0.005082943°$$

d.h. die Transformationsmatrix ist

$$\Delta_1 = \Delta_{12}^{(1)} = \begin{pmatrix} 1.0000 & -0.0001 \\ 0.0001 & 1.0000 \end{pmatrix} \quad .$$

Damit ist aber bei vierstelliger Genauigkeit

$$Z_2 = Z_1 \cdot \Delta_1 = Z_1 \quad \text{und} \quad V_2 = V_1 \quad ,$$

so daß das Verfahren abgebrochen werden muß. Die rotierte Ladungsmatrix ergibt sich somit bei einem Gesamtrotationswinkel von

$$\theta_{12} = \theta_{12}^{(o)} + \theta_{12}^{(1)} \simeq -40.7903°$$

zu

$$L_{Rot} = \begin{pmatrix} 0.8798 & 0.4249 \\ 0.7389 & 0.6560 \\ 0.5869 & 0.7596 \\ 0.3928 & 0.8334 \end{pmatrix} \quad ,$$

vgl. auch Abb.12.

Führt man für die beiden Faktoren ausgehend von der Ladungsmatrix L eine *Quartimax - Rotation* durch, so ergibt sich zunächst mit

$$L_o = \tilde{L}$$

das Quartimax - Kriterium zu

$$Q_o = \sum_{j=1}^{4} \sum_{k=1}^{2} (l_{jk}^{(o)})^4 = 3.056169162$$

und die Hilfsgrößen berechnen sich zu

$$P_{12}^{o} = 2 \sum_{j=1}^{4} \left((l_{j1}^{(o)})^2 - (l_{j2}^{(o)})^2\right)\left(2l_{j1}^{(o)} l_{j2}^{(o)}\right) = 0.5911 \quad \text{bzw.}$$

$$Q_{12}^{o} = \sum_{j=1}^{4} \left((l_{j1}^{(o)})^2 - (l_{j2}^{(o)})^2\right)^2 - \sum_{j=1}^{4} (2l_{j1}^{(o)} l_{j2}^{(o)})^2 = 1.9223 \quad ,$$

so daß sich im 0-ten Schritt ein Rotationswinkel von

$$\theta_{12}^{(o)} = \frac{1}{4}(0° + \arctan(P_{12}^{o}/Q_{12}^{o})) = \frac{1}{4} \cdot 17.09224° = 4.2731°$$

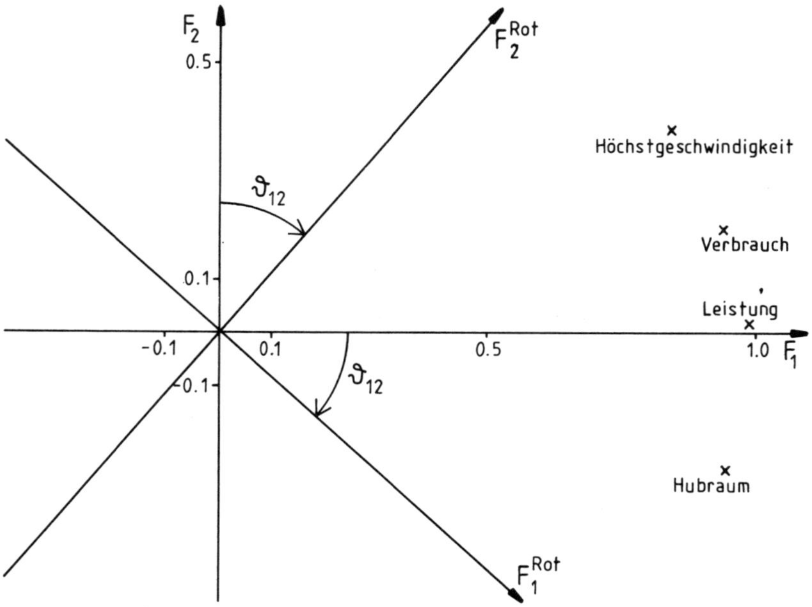

Abb.12: Graphische Darstellung der Ergebnisse der Varimax-Rotation zweier Faktoren für vier Merkmale von PKW-Typen

ergibt. Mit der Drehungsmatrix

$$\Delta_o = \Delta_{12}^{(o)} = \begin{pmatrix} \cos\,\theta_{12}^{(o)} & -\sin\,\theta_{12}^{(o)} \\ \sin\,\theta_{12}^{(o)} & \cos\,\theta_{12}^{(o)} \end{pmatrix} = \begin{pmatrix} 0.9972 & -0.0745 \\ 0.0745 & 0.9972 \end{pmatrix}$$

erhalten wir also

$$L_1 = L_o \cdot \Delta_o = \begin{pmatrix} 0.9222 & -0.3228 \\ 0.9863 & -0.0598 \\ 0.9522 & 0.1209 \\ 0.8674 & 0.3104 \end{pmatrix}$$

und somit

$$Q_1 = 3.078110154 \quad .$$

Führt man nun den ersten Schritt des Verfahrens durch, so ergibt sich ein Rotationswinkel von

$$\theta_{12}^{(1)} = 0.0000° \quad ,$$

d.h. $L_2 = L_1$ und das Verfahren wird abgebrochen. Die rotierte Ladungsmatrix nach der Quartimax-Methode, die in Abb.13 graphisch veranschaulicht wird, ist also

$$L_{Rot} = L_1 \quad .$$

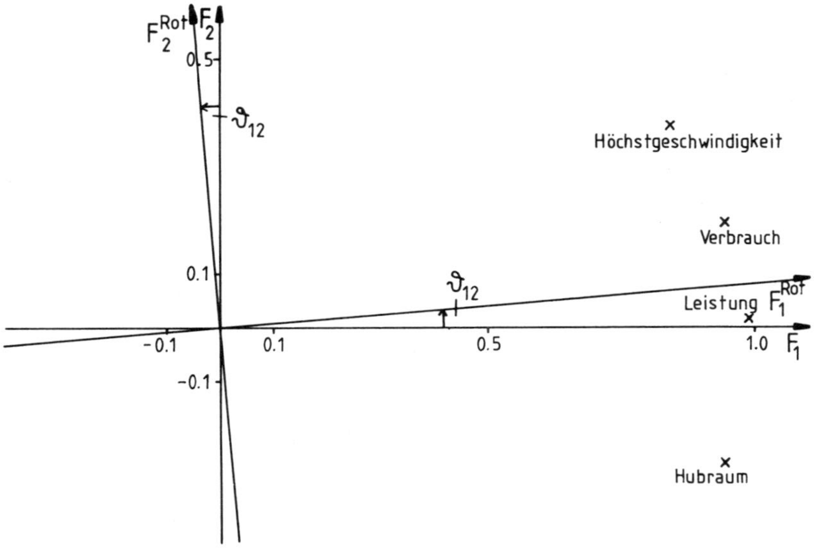

Abb. 13: Graphische Darstellung der Quartimax - Rotation zweier Faktoren für vier Merkmale bei PKW - Typen

Schließlich soll noch die *schiefwinklige Rotation* nach der Methode der *Primärfaktoren* für die beiden orthogonalen Faktoren F_1 und F_2 mit der Ladungsmatrix $\tilde{L}$ durchgeführt werden.

Dazu teilen wir zunächst die vier beobachteten Merkmale in zwei Gruppen

$$\{Y_1, Y_2\} = \{\text{Hubraum}, \text{Leistung}\}$$

und

$$\{Y_3, Y_4\} = \{\text{Verbrauch}, \text{Höchstgeschwindigkeit}\}$$

auf. Die zusammengesetzten, standardisierten Merkmale

$$V_1 = Y_1^{st} + Y_2^{st} \quad \text{und} \quad V_2 = Y_3^{st} + Y_4^{st}$$

haben die Varianz

$$s^2_{V_1} = k_1^2 + k_2^2 + 2r_{12} = 3.793866 \quad \text{bzw.} \quad s^2_{V_2} = 3.483202 \quad ,$$

und ihre Korrelationen mit den orthogonalen Faktoren F_1 und F_2 sind

$$r_{V_1F_1} = 0.991742 \ , \quad r_{V_1F_2} = -0.122909 \ , \quad r_{V_2F_1} = 0.955081 \quad \text{sowie}$$

$$r_{V_2F_2} = 0.303108 \quad .$$

Die Transformationsmatrix der schiefwinkligen Rotation ist also

$$\Delta = \begin{pmatrix} 0.992408 & 0.953151 \\ -0.122992 & 0.302495 \end{pmatrix} \quad ,$$

so daß sich die Korrelationsmatrix der schiefwinkligen Faktoren F_1^{Rot} und F_2^{Rot} zu

$$R_F = \Delta^T \cdot \Delta = \begin{pmatrix} 1.000000 & 0.908710 \\ 0.908710 & 1.000000 \end{pmatrix}$$

ergibt. Der Winkel zwischen den schiefwinkligen Faktoren ist also

$$\beta_{12} = \arccos 0.908710 = 24.672313° \quad .$$

Die Faktorenstruktur erhält man dann noch als

$$L_{fs} = \tilde{L} \cdot \Delta = \begin{pmatrix} 0.9677 & 0.8229 \\ 0.9788 & 0.9459 \\ 0.9099 & 0.9545 \\ 0.7895 & 0.9157 \end{pmatrix} \quad ,$$

und die rotierte Ladungsmatrix ist

$$L_{Rot} = \tilde{L}(\Delta^T)^{-1} = L_{fs} \cdot R_F^{-1} = \begin{pmatrix} 0.6093 & -2.7568 \\ 0.7200 & -2.2232 \\ 0.7380 & -1.6925 \\ 0.7203 & -1.0327 \end{pmatrix} \quad ,$$

vgl. auch Abb.14.

Abschließend kommen wir nun zum *Schätzen von Faktorenwerten* für die PKW-Typen; in Abschnitt 3 wurden diesbezüglich zwei verschiedene Schätzverfahren dargestellt. Bei der ersten Schätzmethode ergibt sich der Schätzer für den Faktorenwertevektor f zu einem Beobachtungsvektor y für die Merkmalsausprägungen zu

$$\hat{f} = C^T \cdot R^{-1} \cdot y_{st}$$

wobei y_{st} den standardisierten Beobachtungsvektor und C im Falle orthogonaler Faktoren ihrer Ladungsmatrix, im Falle schiefwinkliger Faktoren ihrer Faktorenstruktur entspricht. Bei der zweiten Schätzmethode ergibt sich zum Beobachtungsvektor y der Schätzer für f zu

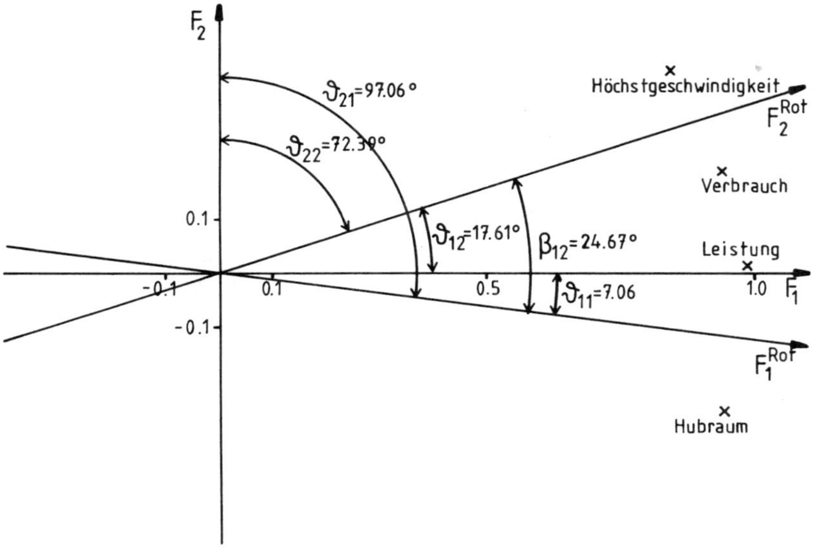

Abb.14: Graphische Repräsentation der Primärfaktoren - Rotation zweier Faktoren im Beispiel der PKW - Typen

$$\hat{f} = (C^T \cdot R^{-1} \cdot C)^{-1} \cdot C^T \cdot R^{-1} \cdot y_{st} \quad ,$$

wobei y_{st} wiederum den standardisierten Beobachtungsvektor und C im Falle orthogonaler und schiefwinkliger Faktoren ihrer Ladungsmatrix entspricht.

Wir wollen nun die Faktorenwerte der 13 PKW - Typen, vgl. z.B. Tab.23, ausgehend vom Faktor F_1 der Einfaktorlösung (Ladungsmatrix L) und von den rotierten Faktoren F_1^{Rot} und F_2^{Rot} der Varimax-, Quartimax- und Primärfaktoren-Methode nach der ersten Methode schätzen. Für die Faktoren der Varimaxlösung sollen zudem die Faktorenwerte nach der zweiten Methode geschätzt werden. Außerdem wollen wir ausgehend von der jeweiligen Ladungsmatrix die Faktorenwerte eines "neuen" PKW - Typs mit 1100 ccm Hubraum, 45 PS Leistung, 7.9ℓ/100km Verbrauch und 145 km/h Höchstgeschwindigkeit schätzen. Zu diesem Beobachtungsvektor

$$y^{neu} = (1100, 45, 7.9, 145)^T$$

ergibt sich der standardisierte Beobachtungsvektor

$$y_{st}^{neu} = (-0.8308, -0.9559, -1.2482, -0.2291)^T \quad .$$

Die Matrix R^{-1} wurde zu Beginn dieses Abschnitts bereits angegeben, so daß wir mit Hilfe der jeweiligen Ladungsmatrizen bzw. Faktorenstrukturen die Größen $C^T \cdot R^{-1}$ bzw. $(C^T \cdot R^{-1} \cdot C)^{-1} \cdot C^T \cdot R^{-1}$ bestimmen und daraus dann direkt die Faktorenwerte schätzen können. Für die Einfaktorlösung ergibt sich

$$C^T \cdot R^{-1} = L^T \cdot R^{-1} = (0.9437, 0.9880, 0.9406, 0.8419) \cdot R^{-1}$$
$$= (0.2679, 0.5171, 0.1700, 0.0746) \quad ,$$

für die Varimaxlösung ergibt sich

$$C^T \cdot R^{-1} = L_{Rot}^T \cdot R^{-1} = \begin{pmatrix} 1.1222 & 0.2995 & -0.3182 & -0.3667 \\ -0.8906 & 0.4448 & 0.6291 & 0.5389 \end{pmatrix}$$

bzw.

$$(C^T \cdot R^{-1} \cdot C)^{-1} \cdot C^T \cdot R^{-1} = (L_{Rot}^T \cdot R^{-1} \cdot L_{Rot})^{-1} \cdot L_{Rot}^T \cdot R^{-1}$$
$$= \begin{pmatrix} 1.4621 & 0.2710 & -0.4803 & -0.5210 \\ -1.2964 & 0.4886 & 0.8206 & 0.7194 \end{pmatrix} \quad ,$$

für die Quartimaxlösung ergibt sich

$$C^T \cdot R^{-1} = L_{Rot}^T \cdot R^{-1} = \begin{pmatrix} 0.1618 & 0.5274 & 0.2199 & 0.1225 \\ -1.4242 & 0.1036 & 0.6691 & 0.6397 \end{pmatrix}$$

und für die Primärfaktorenlösung erhalten wir

$$C^T \cdot R^{-1} = L_{fs}^T \cdot R^{-1} = \begin{pmatrix} 0.4393 & 0.4955 & 0.0846 & -0.0054 \\ -0.1703 & 0.5354 & 0.3691 & 0.2671 \end{pmatrix} \quad .$$

Die resultierenden Schätzungen der Faktorenwerte für die 13 PKW - Typen sowie den "neuen" Typ sind in Tab.24 zusammengestellt.

Tab.24: Schätzer der Faktorenwerte für 13 PKW - Typen und einen neuen Typ nach Einfaktorlösung, Varimax-, Quartimax-, und Primärfaktoren - Methode

PKW-Typ	Ein-faktor	Varimax (1.Methode)		Varimax (2.Methode)		Quartimax		Primärfaktoren	
i	F_1	F_1^{Rot}	F_2^{Rot}	F_1^{Rot}	F_2^{Rot}	F_1^{Rot}	F_2^{Rot}	F_1^{Rot}	F_2^{Rot}
1	0.141	0.156	0.037	0.174	0.015	0.136	-0.084	0.149	0.113
2	0.247	-0.310	0.738	-0.490	0.952	0.303	0.741	0.152	0.466
3	0.249	0.628	-0.348	0.792	-0.544	0.198	-0.691	0.330	0.033
4	1.730	1.164	1.299	1.129	1.351	1.742	0.093	1.690	1.717
5	-1.258	-0.956	-0.818	-0.971	-0.806	-1.254	0.100	-1.250	-1.198
6	-1.578	-1.221	-1.001	-1.247	-0.974	-1.571	0.159	-1.572	-1.492
7	1.502	2.265	-0.325	2.694	-0.825	1.370	-1.833	1.703	0.910
8	-0.067	0.217	-0.354	0.314	-0.469	-0.097	-0.403	-0.016	-0.188
9	0.514	-0.116	-0.653	-0.021	-0.770	-0.544	-0.379	-0.459	-0.617
10	0.923	-0.220	-1.158	-0.054	-1.361	-0.975	-0.663	-0.826	-1.101
11	0.727	-0.213	1.360	-0.485	1.685	0.812	1.111	0.578	1.047
12	-0.714	-0.735	-0.241	-0.813	-0.150	-0.690	0.350	-0.745	-0.591
13	0.459	-0.658	1.465	-1.022	1.898	0.573	1.501	0.266	0.903
"neu"	-0.946	-0.737	-0.594	-0.755	-0.579	-0.941	0.103	-0.943	-0.892

In den Abb.15 - 19 sind die jeweiligen Faktorenwerte auch graphisch dargestellt. Eine Interpretation der Faktoren wollen wir hier nicht vornehmen, sie sei dem Leser überlassen; den Faktor in Abb.15 könnte man etwa mit "Motorfeature" bezeichnen.

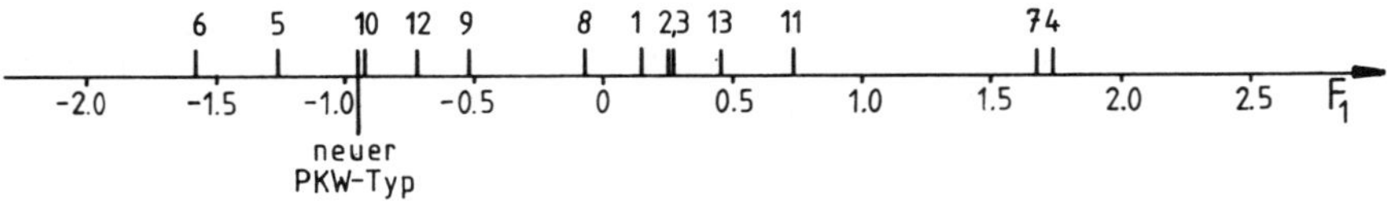

Abb.15: Graphische Repräsentation der PKW - Typen im eindimensionalen System der Einfaktorlösung

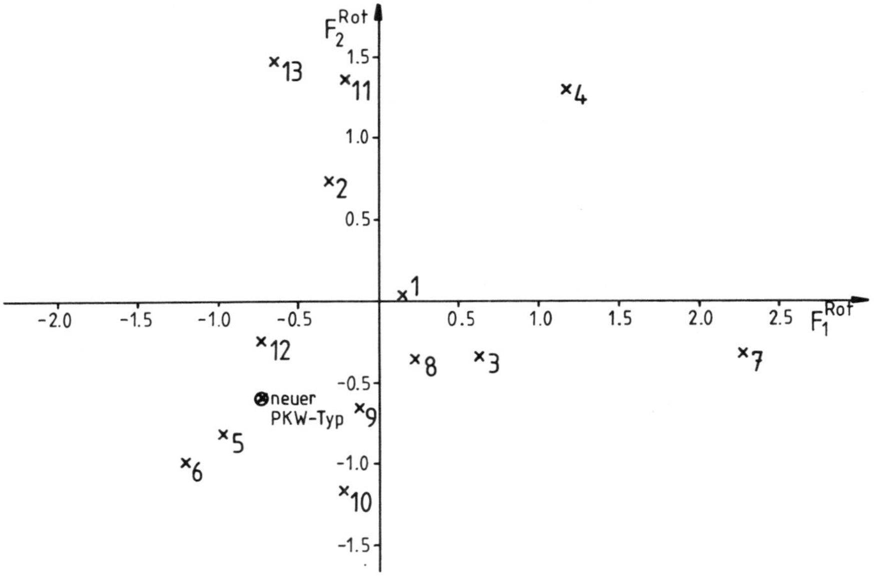

Abb.16: Graphische Repräsentation der PKW - Typen im Koordinatensystem der Faktoren der Varimaxlösung nach der ersten Schätzmethode

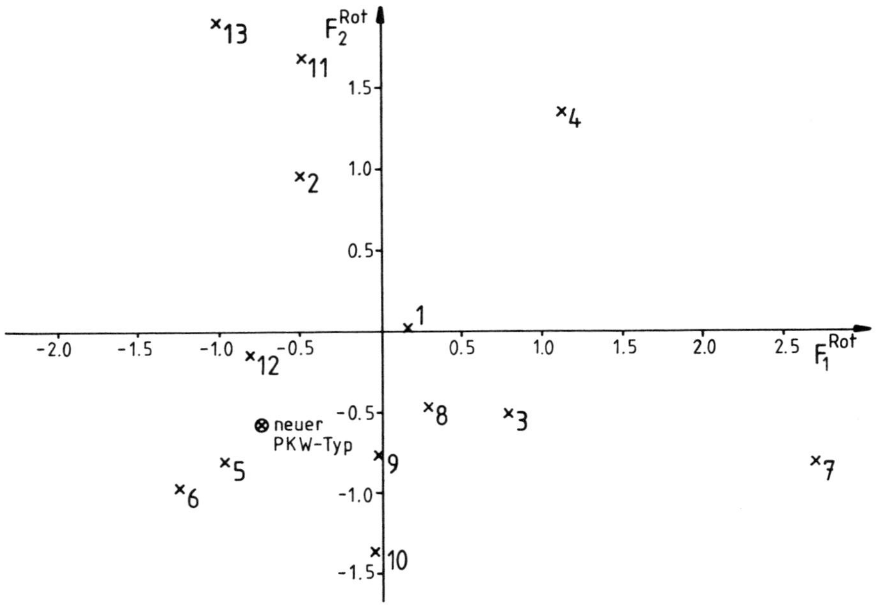

Abb.17: Graphische Repräsentation der PKW - Typen im Koordinatensystem der Faktoren der Varimaxlösung nach der zweiten Schätzmethode

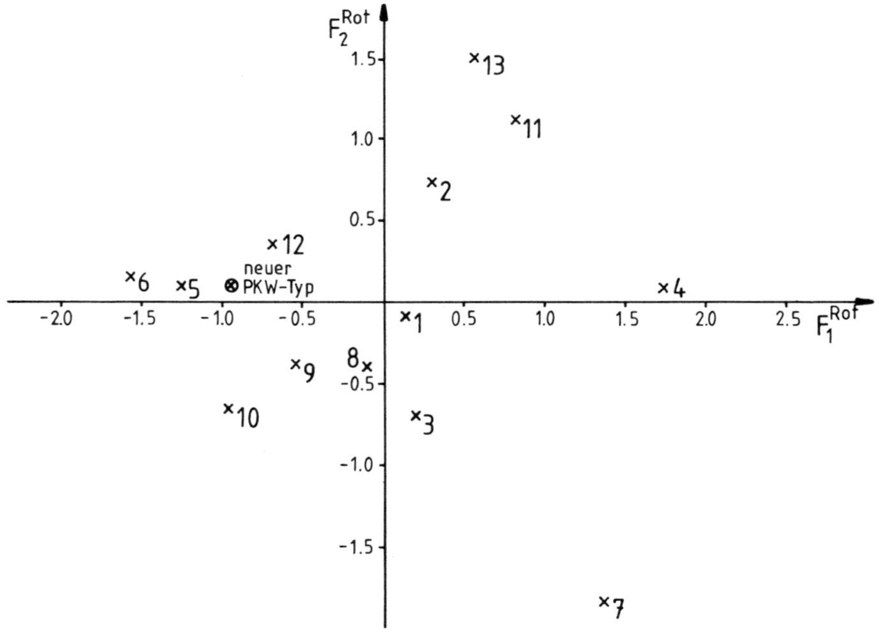

Abb.18: Graphische Repräsentation der PKW - Typen im Koordinatensystem der Faktoren der Quartimaxlösung

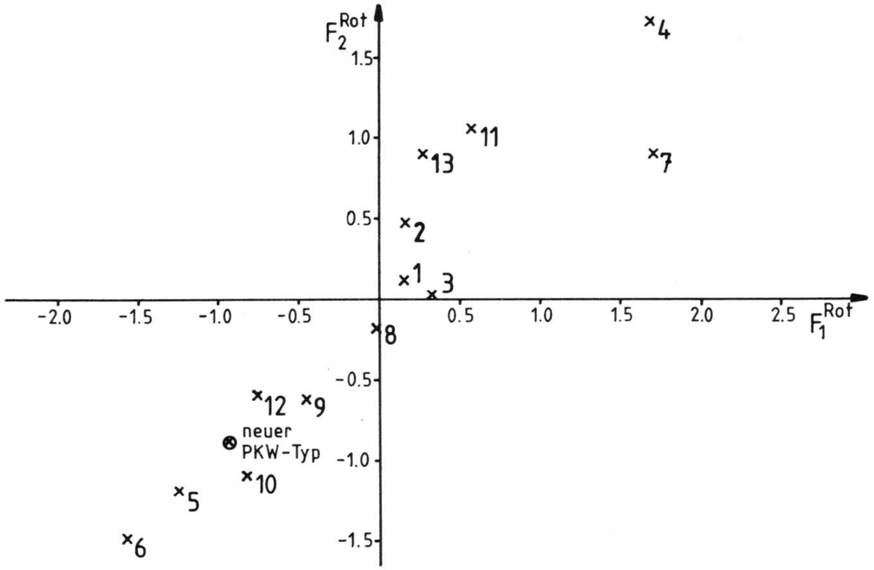

Abb. 19: Graphische Repräsentation der PKW - Typen im Koordinatensystem der korrelierten Faktoren der Primärfaktorenlösung

Kapitel IX: Graphische Verfahren

In diesem Kapitel werden die verschiedenen Verfahren zur *graphischen Repräsentation multivariater Daten* beschrieben. Um diese Verfahren anwenden zu können, benötigt man zumeist eine quantitative Datenmatrix, d.h. Beobachtungen von p quantitativen Merkmalen an n Objekten; wird eine qualitative oder eine gemischte Datenmatrix beobachtet, so kann sie natürlich zunächst mit Hilfe der Skalierungsverfahren aus Kap.V in eine quantitative Datenmatrix überführt werden. Steht lediglich eine Distanzmatrix für n Objekte zur Verfügung, so kann aus ihr z.B. mit den Methoden der multidimensionalen Skalierung (MDS) aus Kap.VI eine quantitative Datenmatrix gewonnen werden.

Graphische Verfahren dienen dazu, auf relativ einfache Art und Weise einen Überblick über komplexes multivariates Datenmaterial zu gewinnen. Sehr früh wurde ein solches Verfahren bereits in Form von *Wetterfahnen* in der Meteorologie eingesetzt. Wettervorhersagen z.B. für die Luftfahrt setzen sich aus vielfältigen Informationen über Windstärke, Windrichtung, Bewölkungsgrad, Wolkenhöhe, Wolkenarten, Temperatur, Niederschlag usw. zusammen. Um diese Informationsfülle auf einen Blick zu verdeutlichen,werden Wetterfahnen benutzt; ein Beispiel hierfür ist in Abb.1 angegeben.

Die Bedeutung der einzelnen Symbole in der Wetterfahne soll im folgenden kurz erläutert werden;wir beziehen uns dabei auf die eingeklammerten Buchstaben (A) - (L) in Abb.1. Die Färbung des großen Mittelkreises (A) gibt die Gesamtbedeckung des Himmels (hier: 6/8) an; (B) bedeutet die Art der hohen Wolken (hier: dichte Cirren) und (C) die Art der mittelhohen Wolken (hier: Altocumulus in Bänken, durchsichtig); unter (D) wird der Luftdruck in Meereshöhe in Zehntel Hektopascal (hier: 107 = 1010.7 hPa) und unter (E) der Betrag in Zehntel Hektopascal und die Art der Luftdruckänderung in den letzten drei Stunden (hier: -0 3; fallend dann gleichbleibend) angegeben; (F) bezeichnet das vergangene Wetter (hier: Regen vor 3 - 6 Stunden) und (G) den Bedeckungsgrad, die Höhe und Art der tiefen Wolken (hier: 5 = 5/8, 4 = 1000 - 2000 Fuß über Grund, Cumulus und Stratocumulus in verschiedenen Höhenschichten); die Richtung der zu (H) gehörigen Strecke gibt die Wind-

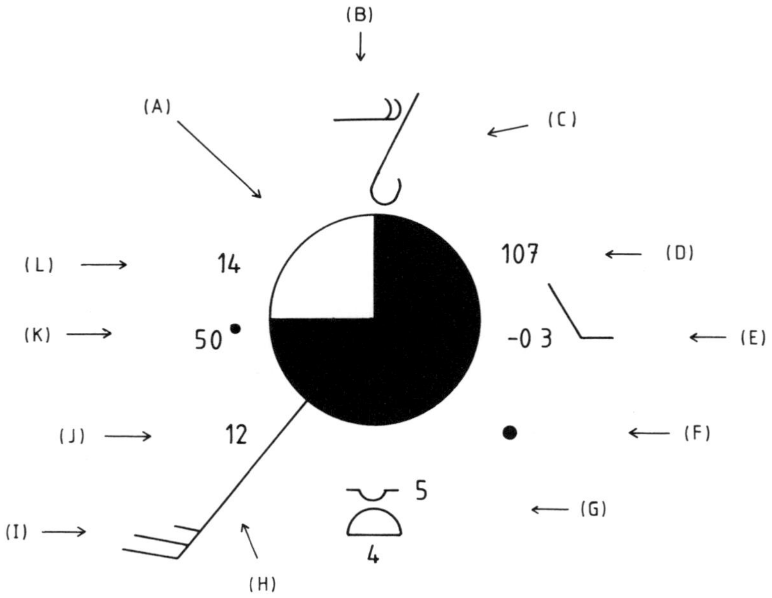

Abb.1: Beispiel einer Wetterfahne; zur Zeichenerklärung vgl. man den Text (Die Pfeile und eingeklammerten Buchstaben gehören nicht zur eigentlichen Wetterfahne sondern beziehen sich auf die Erklärungen im Text.)

richtung (hier: 220°) und die Striche (I) an dieser Strecke die Windgeschwindigkeit in Knoten (hier: 25 kt) an; (J) bezeichnet die Taupunkttemperatur in °C (hier: 12 °C), (K) die Sicht und das gegenwärtige Wetter (hier: 50 = 5 km, Regen) und schließlich (L) die Temperatur in °C (hier: 14 °C).

So wie die Wetterfahne in der Meteorologie können natürlich für jede spezielle Art multivariater Daten graphische Darstellungen gefunden werden. Wir werden uns im folgenden natürlich weitgehend mit allgemein anwendbaren Verfahren beschäftigen.

Im Abschnitt 1 werden zunächst Verfahren vorgestellt, die es ermöglichen, *n Objekte und (oder) p* an ihnen beobachtete *Merkmale in einem Bild* graphisch darzustellen.

Im Abschnitt 2 werden dann graphische Methoden behandelt, die für *jedes von n Objekten oder p beobachteten Merkmalen ein einzelnes Bild* liefern.

Im Abschnitt 3 werden dann verschiedene der Verfahren aus Abschnitt 2 auf *Bilanzkennzahlen der chemischen Industrie* der Bundesrepublik Deutschland in den Jahren 1965 - 1980 angewandt.

Generell können *multivariate graphische Verfahren bei unterschiedlichen Interessenlagen* angewandt werden. Zum einen können sie dazu dienen, eine durch Analyse oder Überlegung gewonnene Aussage zu unterstützen und zum anderen können durch graphische Verfahren Anhaltspunkte für in den Daten enthaltene Information gewonnen werden.

Wir können hier natürlich nur einen recht groben Überblick über die wohl wichtigsten graphischen Verfahren geben, nebst einigen "neuen" Vorschlägen. Der weitergehend interessierte Leser sei etwa verwiesen auf die Bücher von Gnanadesikan (1977), Everitt (1978), Wang (1978) und Barnett (1981) sowie auf die im nachfolgenden Text speziell aufgeführte Literatur.

1 GEMEINSAME REPRÄSENTATION VON OBJEKTEN UND (ODER) MERKMALEN

Werden an n Objekten (aus einer Grundgesamtheit) p Merkmale beobachtet, so läßt sich der gesamte Datensatz, d.h. die beobachtete $n \times p$ - Datenmatrix, mittels der Verfahren dieses Abschnitts graphisch repräsentieren. Wir werden Methoden behandeln, die entweder eine Darstellung der n Objekte aufgrund der an ihnen beobachteten Merkmalsausprägungen, eine Darstellung der p Merkmale aufgrund der n sie tragenden Objekte oder eine gemeinsame Veranschaulichung von Objekten und Merkmalen ermöglichen.

Einige der betrachteten Verfahren benötigen anstelle einer $n \times p$ - Datenmatrix lediglich eine Distanzmatrix, die - falls sie nicht selbst beobachtet wurde - aus der Datenmatrix gewonnen werden kann, vgl. Abschnitt 6 in Kap.I. Ist eine beobachtete Datenmatrix qualitativ oder gemischt, so muß sie, bevor die behandelten Methoden angewandt werden können, mittels der Skalierungsverfahren aus Kap.V zunächst in eine quantitative Datenmatrix überführt werden.

Im Abschnitt 1.1 werden zunächst einfache Darstellungen für *ein- und zweidimensionale Beobachtungsdaten* vorgestellt. Wird an n Objekten ein einzelnes quantitatives Merkmal beobachtet, so erlaubt das Verfahren "*Stem - and - Leaves*" eine Repräsentation der Objekte und gibt gleichzeitig die Häufigkeitsverteilung des Merkmals wieder. In Verbindung mit dem *Box - Plot*, der eine groben Überblick über Lage und Streuung der Merkmalsausprägungen gibt, lassen sich so große (eindimensionale) Datenmengen veranschaulichen. Zweidimensionale Daten lassen sich natürlich derart darstellen, daß sie in ein zweidimensionales Koordinatensystem eingetragen werden. Ist die Anzahl n der beobachteten Objekte sehr groß, so wird diese Darstellung natürlich sehr schnell unübersichtlich. Wie in solchen Fällen dennoch zumindest ein schneller, grober Überblick möglich ist, wird am Beispiel eines *Produkt - Markt - Portfolios* demonstriert.

Im Abschnitt 1.2 wird die *Probability - Plotting - Technik* zur *Überprüfung einer Normalverteilungsannahme* im Falle multivariater Daten und zum *Auffinden von Ausreißern* bei multivariaten Daten dargestellt.

Im Abschnitt 1.3 wird dann ein graphisches Verfahren, der sogenannte *Bi - Plot*, vorgestellt, das eine gleichzeitige zweidimensionale Repräsentation von Objekten und Merkmalen erlaubt.

Schließlich ist der Abschnitt 1.4 dann denjenigen graphischen Verfahren gewidmet, die im Zusammenhang mit speziellen statistischen Methoden in den übrigen Kapiteln des Buches schon ausführlich dargestellt wurden.

1.1 GRAPHISCHE DARSTELLUNG EIN- UND ZWEIDIMENSIONALER DATEN

Werden an n Objekten *ein oder zwei verschiedene Merkmale* beobachtet, so lassen sich die Daten natürlich direkt auf einer Achse bzw. in einem zweidimensionalen Koordinatensystem repräsentieren. Diese Darstellung wird bei großer Zahl n von Objekten jedoch sehr leicht unübersichtlich.

Daher geht man oft dazu über (deskriptive Statistik), die Daten durch wenige *Kennzahlen* zu charakterisieren (z.B. Lage- und Streuungsmaße) oder die Daten zu gruppieren, in Klassen einzuteilen und z.B. die *Häufigkeitsverteilung* der gruppierten Daten zu betrachten; man vgl. hierzu auch die Ausführungen im Abschnitt 1 des Kap.I und Kap.I in Hartung et al. (1982).

Wir wollen hier zunächst im Abschnitt 1.1.1 eine graphische Repräsentationsform für eindimensionale Beobachtungsdaten vorstellen, die die Häufigkeitsverteilung gruppierter Daten und die Darstellung von Lage- und Streuungsmaßen für die Einzeldaten kombiniert: *Stem - and - Leaves* und *Box - Plot*.

Im Abschnitt 1.1.2 wird dann am Beispiel eines *Produkt - Markt - Portfolios* aufgezeigt, wie die Darstellung zweidimensionaler Daten in einem gewöhnlichen Koordinatensystem übersichtlich gestaltet werden kann.

1.1.1 STEM AND LEAVES UND BOX - PLOT

Bei dieser Form der graphischen Darstellung eindimensionaler Daten werden parallel Häufigkeitsverteilung und Lage sowie Streuung der Daten repräsentiert.

Werden an n Objekten 1,...,n die Ausprägungen eines (quantitativen) Merkmals X beobachtet und bezeichnet x_i den Beobachtungswert am i-ten Objekt, i=1,...,n, so müssen zunächst arithmetisches Mittel und Standardabweichung

$$\bar{x} = \frac{1}{n} \sum_{i=1}^{n} x_i \quad , \quad s_X = \sqrt{\frac{1}{n-1} \sum_{i=1}^{n} (x_i - \bar{x})^2}$$

der Daten berechnet werden; vgl. auch Abschnitt 1 in Kap.I. Weiterhin benötigt man noch das *0.25 - Quantil* $\tilde{x}_{0.25}$, das *0.5 - Quantil (Median)* $\tilde{x}_{0.5}$ und das *0.75 - Quantil* $\tilde{x}_{0.75}$ der Daten. Ordnet man die Beobachtungsdaten der Größe nach $x_{(1)} \leq x_{(2)} \leq \dots \leq x_{(n)}$, so berechnen sich diese α - Quantile $\tilde{x}_\alpha$ wie folgt:

$$\tilde{x}_\alpha = \begin{cases} x_{(k)} & \text{, falls } n\alpha \text{ keine ganze Zahl ist (k ist dann die auf } n\alpha \text{ folgende ganze Zahl)} \\ \frac{1}{2}(x_{(k)} + x_{(k+1)}) & \text{, falls } n\alpha \text{ eine ganze Zahl ist (es ist dann } k = n\alpha) \end{cases} ;$$

schließlich benötigt man noch das Minimum $x_{(1)}$ und das Maximum $x_{(n)}$ der Beobachtungsdaten. Aus diesen Angaben läßt sich der *Box - Plot* genannte Teil der graphischen Darstellung bestimmen.

Außerdem wird ein Bereich, der $x_{(1)}$ und $x_{(n)}$ einschließt, in gleichgroße Intervalle aufgeteilt und die Anzahl der Beobachtungen in jedem Intervall gezählt, woraus sich dann *Stem and Leaves* (*Stamm - und - Blätter*) ergibt.

Nun werden zunächst im linken Teil der Abbildung die Intervalle in geordneter Folge von oben nach unten angeordnet (*Stem*) und hinter jeder Angabe der Intervallgrenzen wird die Anzahl der Beobachtungen im Intervall durch eine entsprechende Zahl von Kreuzen gekennzeichnet (*Leaves*). Rechts wird dann eine senkrechte Achse abgetragen, deren oberes Ende das Minimum der Beobachtungsdaten und deren unteres Ende das Maximum angibt. Dann wird der

Achsenabschnitt zwischen $\tilde{x}_{0.25}$ und $\tilde{x}_{0.75}$, der die mittleren 50% der Daten enthält, durch einen Kasten (*Box*) eingerahmt. Weiterhin wird auf der Achse das arithmetische Mittel $\bar{x}$ durch ein Kreuz und der Median $\tilde{x}_{0.5}$ durch einen Kreis gekennzeichnet. Schließlich werden noch alle Daten außerhalb des $3s_X$ - Bereiches $[\bar{x} - 3s_X, \bar{x} + 3s_X]$ durch einen Punkt angedeutet (*Ausreißer*).

Beispiel: Für n = 39 Produkte eines Unternehmens werden der relative Marktanteil (RMA, Merkmal X) und das Marktwachstum (MW, Merkmal Y) beobachtet, die sich aus dem Umsatz ergeben. Und zwar ist der relative Marktanteil x_i des Produkts i der Quotient aus dem Umsatz U_i des Unternehmens und dem Umsatz U_i^{GK} des größten Konkurrenten für das i-te Produkt; der größte Konkurrent ist dabei das Unternehmen mit größtem Umsatz bzw., falls man selbst führend ist, das mit dem nächstgrößten Umsatz. Das Marktwachstum y_i ist bestimmt als Quotient des gegenwärtigen Umsatzes des i-ten Produkts und des zuletzt festgestellten Umsatzes dieses Produkts (vermindert um den Wert 1).

Für die Merkmale RMA und MW sollen nun ausgehend von den Daten in **Tab.1** graphische Darstellungen in Form von Stem - and - Leaves und Box - Plots erstellt werden.

Tab.1: Relativer Marktanteil (RMA) x_i und Marktwachstum (MW) y_i in % von n = 39 Produkten eines Unternehmens

Produkt i	RMA x_i	MW y_i	Produkt i	RMA x_i	MW y_i	Produkt i	RMA x_i	MW y_i
1	1.38	2.4	14	0.43	3.7	27	0.85	1.8
2	1.50	5.6	15	1.54	0.4	28	0.64	7.2
3	0.36	4.5	16	0.93	2.6	29	1.43	1.2
4	0.63	0.2	17	0.95	5.2	30	1.36	0.6
5	1.24	1.4	18	1.58	5.8	31	1.15	2.4
6	1.29	0.6	19	0.75	2.2	32	1.37	8.7
7	0.85	0.8	20	1.05	1.8	33	0.35	2.7
8	0.72	7.8	21	1.10	9.6	34	0.55	4.2
9	1.32	6.9	22	1.68	2.9	35	0.73	5.4
10	1.46	2.5	23	0.62	1.5	36	1.72	0.3
11	0.27	1.7	24	0.81	8.3	37	1.62	6.5
12	1.07	6.2	25	1.09	0.9	38	0.84	7.8
13	1.24	8.3	26	1.25	1.7	39	1.08	0.1

Aus der Tab.1 ergibt sich zunächst für den relativen Marktanteil

$$\bar{x} = 1.046 \ , \quad s_X = 0.398 \ , \quad \tilde{x}_{0.5} = x_{(20)} = x_{39} = 1.08 \ ,$$

$$\tilde{x}_{0.25} = x_{(10)} = x_{35} = 0.73 \ , \quad \tilde{x}_{0.75} = x_{(30)} = x_{32} = 1.37 \quad .$$

Da keine Beobachtung außerhalb des $3s_X$ - Bereiches

$$[1.046 - 3 \cdot 0.398, 1.046 + 3 \cdot 0.398] = [-0.148, 2.240]$$

liegt, werden hier keine Ausreißer im Box - Plot markiert. Nun unterteilen wir ($x_{(1)} = x_{11} = 0.27$, $x_{(39)} = x_{36} = 1.72$) den Bereich zwischen 0.2 und 1.8 in Intervalle der Länge 0.1

$$[0.2, 0.3) \;,\; [0.3, 0.4) \;,\; \ldots \;,\; [1.7, 1.8)$$

und bestimmen die zugehörigen Häufigkeiten, die in der Reihenfolge der Intervalle 1,2,1,1,3,3,4,2,4,2,4,4,2,3,2,1 sind. Aus diesen Angaben ergibt sich dann die graphische Darstellung des relativen Marktanteils aus Abb.2.

0.2 - 0.3	X
0.3 - 0.4	X X
0.4 - 0.5	X
0.5 - 0.6	X
0.6 - 0.7	X X X
0.7 - 0.8	X X X
0.8 - 0.9	X X X X
0.9 - 1.0	X X
1.0 - 1.1	X X X X
1.1 - 1.2	X X
1.2 - 1.3	X X X X
1.3 - 1.4	X X X X
1.4 - 1.5	X X
1.5 - 1.6	X X X
1.6 - 1.7	X X
1.7 - 1.8	X

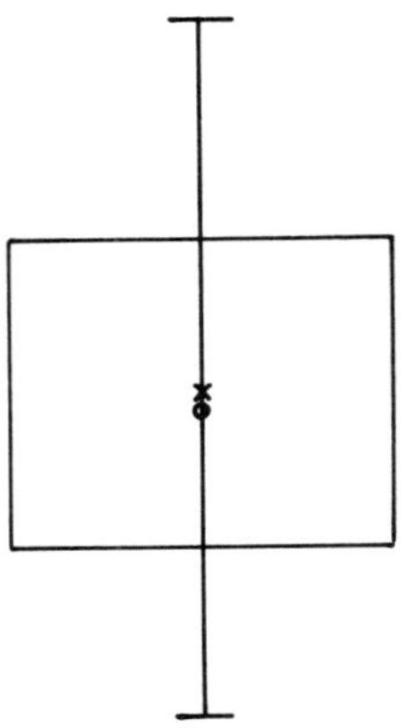

Abb.2: Stem - and - Leaves und Box - Plot für den relativen Marktanteil (RMA) unter Verwendung der Daten aus Tab.1

Genauso verfahren wir jetzt mit dem Marktwachstum, für das sich aus Tab.1 zunächst

$$\bar{y} = 3.703 \;,\quad s_Y = 2.861 \;,\quad \tilde{y}_{0.5} = y_{(20)} = y_{16} = 2.6 \;,$$

$$\tilde{y}_{0.25} = y_{(10)} = y_5 = 1.4 \;,\quad \tilde{y}_{0.75} = y_{(30)} = y_{12} = 6.2$$

ergibt; auch hier liegt keine Beobachtung außerhalb des $3s_Y$ - Bereichs, so daß im Box - Plot keine Ausreißer markiert werden müssen. Mit $y_{(1)} = y_{39} = 0.1$ und $y_{(39)} = y_{21} = 9.6$ unterteilen wir nun den Bereich zwischen 0% und 10% in Intervalle der Länge 1

$$[0, 1) \;,\; [1, 2) \;,\; [2, 3) \;,\; \ldots \;,\; [9, 10)$$

und bestimmen noch die Häufigkeiten in den Intervallen 8,7,7,1,2,4,3,3,3,1, so daß sich dann die Darstellung aus Abb.3 ergibt.

```
0 - 1     X X X X X X X X
1 - 2     X X X X X X X
2 - 3     X X X X X X X
3 - 4     X
4 - 5     X X
5 - 6     X X X X
6 - 7     X X X
7 - 8     X X X
8 - 9     X X X
9 - 10    X
```

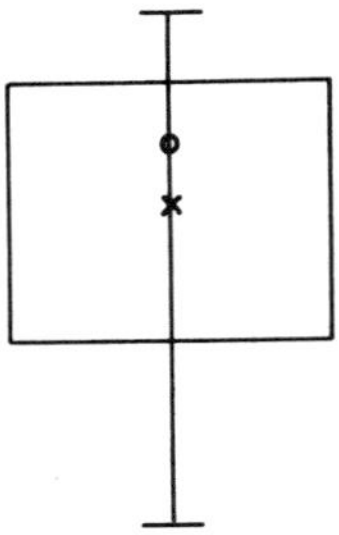

Abb.3: Stem - and - Leaves und Box - Plot für das Marktwachstum (MW) unter Verwendung der Daten aus Tab.1

1.1.2 GRAPHISCHE DARSTELLUNG ZWEIDIMENSIONALER DATEN AM BEISPIEL EINES PRODUKT - MARKT - PORTFOLIOS

Werden an n Objekten *zwei* (quantitative) *Merkmale* beobachtet, so lassen sich die Daten direkt in einem Koordinatensystem abtragen: jedem Objekt wird ein Punkt in der Ebene zugeordnet. Je größer n ist, desto unübersichtlicher wird diese Art der Darstellung der Objekte.

Am *Beispiel* eines *Produkt - Markt - Portfolios*, man vgl. hierzu auch Dunst (1979), Hinterhuber (1980), soll hier aufgezeigt werden, wie die Darstellung von Objekten im zweidimensionalen Koordinatensystem verfeinert werden kann und so eine bessere Übersicht ermöglicht wird. Für eine interessante Fallstudie "Diebels-Alt" sei auf Pflaumer (1983) hingewiesen.
In der Tab.1 im Abschnitt 1.1 sind relativer Marktanteil (RMA) und Marktwachstum (MW) von n = 39 Produkten eines Unternehmens angegeben. Diese Daten lassen sich direkt in einem Koordinatensystem abtragen, wodurch jedem Produkt ein Punkt in der Ebene zugeordnet wird. Bedenkt man, daß ein Unternehmen häufig sehr viele Produkte herstellt, so wird klar, daß diese Art der Darstellung keinen besonders guten Überblick über die Produkte liefert und somit kein gutes Instrumentarium der *Produktbewertung und -planung* ist.

Bei der *Portfolio - Analyse* geht man daher so vor, daß man zunächst alle Produkte (Punkte in der Ebene) durch einen rechteckigen Kasten einrahmt und dann die Achsen des Koordinatensystems, die sich gewöhnlich ja im Nullpunkt schneiden, verschiebt. Die dem Marktwachstum zugeordnete Prozent - Achse wird so verschoben, daß sie beim "Wert Eins" liegt: Bei allen Produkten links der Achse gibt es dann Unternehmen mit größerem Umsatz und bei allen

Produkten rechts der Achse ist das betrachtete Unternehmen marktführend. Die dem rel. Marktanteil zugeordnete Achse wird so verschoben, daß sie etwa beim "Wert 3%" liegt: Alle Produkte oberhalb der Achse haben ein recht gutes Wachstum zu verzeichnen, wohingegen die Produkte unterhalb der Achse im Wachstum als nicht sehr hoch zu bezeichnen sind. Insgesamt ist das Rechteck, in dem die Produkte liegen, nun in vier Teil - Rechtecke unterteilt.

Die im linken oberen Teil liegenden Produkte werden als sogenannte "*Babies*" bezeichnet, da sie bei noch geringem Marktanteil ein hohes Wachstum haben und somit wohl ein erfolgreiches Produkt werden. Die "*Stars*" sind die Produkte im rechten oberen Teil; bei ihnen wird trotz bereits marktführender Position noch ein recht hohes Marktwachstum verzeichnet. Im rechten unteren Teil befinden sich die "*Cash - Cows*", die zwar kaum noch zunehmendes Marktwachstum zu verzeichnen haben, aber marktführend sind. Schließlich liegen im linken unteren Teil die Produkte, die als "*Dogs*" bezeichnet werden; weder ihr Marktanteil noch ihr Wachstum ist zufriedenstellend und das Unternehmen sollte überlegen, ob diese Produkte noch weitergeführt werden sollten.

In der Abb.4 ist das Produkt - Markt - Portfolio zu den Daten aus Tab.1 dargestellt. Mitunter wird als *drittes Merkmal* noch die Umsatzhöhe selbst durch die Stärke der den Produkten zugeordneten Punkte angedeutet, worauf wir hier allerdings verzichtet haben.

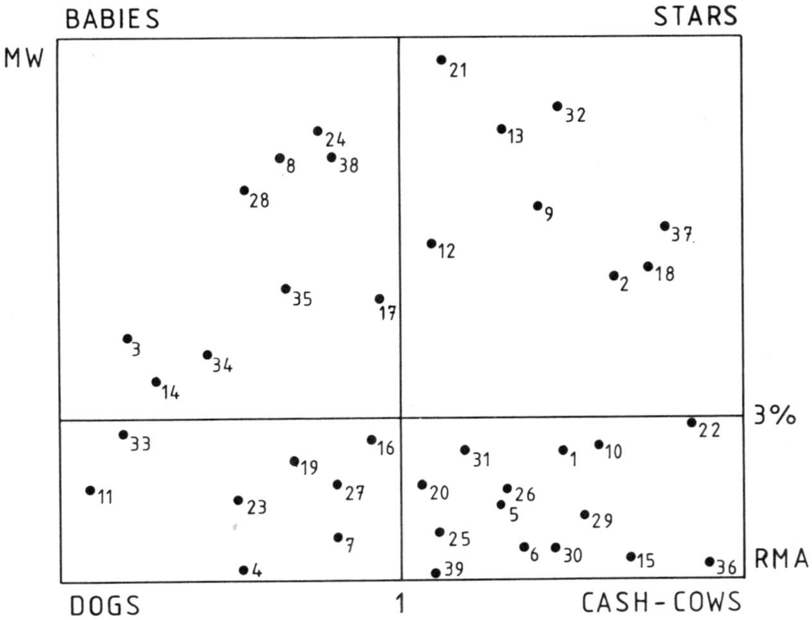

Abb.4: Produkt-Markt-Portfolio für 39 Produkte eines Unternehmens; vgl. Tab.1

1.2 DIE PROBABILITY-PLOTTING-TECHNIK: ÜBERPRÜFUNG AUF MULTIVARIATE NORMALVERTEILUNG UND MULTIVARIATE AUSREIßER (Q-Q-PLOT)

Bei der *Probability - Plotting - Technik* werden zwei eindimensionale Verteilungsfunktionen miteinander verglichen. Man unterscheidet dabei zwischen *P - P - Plots* (Probability - Probability - Plots), bei denen die Werte der Verteilungsfunktionen, und *Q - Q - Plots* (Quantile - Quantile - Plots), bei denen die Werte der inversen Verteilungsfunktionen (Quantile) gegeneinander geplottet werden.

Wir werden uns hier nur mit den häufiger verwandten Q - Q - Plots beschäftigen und dabei speziell die *Überprüfung multivariater Daten auf Normalverteilung und auf Ausreißer* behandeln. Der weitergehend interessierte Leser sei etwa auf die Bücher von Gnanadesikan (1977) und Everitt (1978) verwiesen.

Werden an einer Stichprobe von n Objekten p (quantitative) Merkmale $Y_1,\dots,Y_p$ beobachtet, so läßt sich aufgrund der Datenmatrix $(n > p)$

$$Y = \begin{pmatrix} y_{11} & \cdots & y_{1p} \\ \vdots & & \vdots \\ y_{n1} & \cdots & y_{np} \end{pmatrix} = \begin{pmatrix} y_1^T \\ \vdots \\ y_n^T \end{pmatrix}$$

mittels eines Q - Q - Plots überprüfen, ob die Verteilung der Merkmale $Y_1,\dots,Y_p$ in der interessierenden Grundgesamtheit von Objekten, die diese Merkmale trägt, wesentlich von einer gemeinsamen, p-dimensionalen Normalverteilung abweicht und ob in den Daten multivariate Ausreißer auftreten. Dazu berechnet man zunächst Stichprobenmittelwert sowie die inverse Stichprobenkovarianzmatrix

$$\bar{y} = \frac{1}{n}\sum_{i=1}^{n} y_i \quad , \quad S^{-1} = (n-1)\left(\sum_{i=1}^{n} (y_i - \bar{y})(y_i - \bar{y})^T\right)^{-1}$$

und daraus dann die (quadratischen) Mahalanobisabstände d_i der n Beobachtungsvektoren $y_1,\dots,y_n$ vom Stichprobenmittel $\bar{y}$:

$$d_i = (y_i - \bar{y})^T \cdot S^{-1} \cdot (y_i - \bar{y}) \qquad \text{für } i=1,\dots,n \quad .$$

Sind die Daten multivariat normalverteilt, so genügen die Abstände $d_1,\dots,d_n$ approximativ einer χ^2 - Verteilung mit p Freiheitsgraden. Ordnet man nun die Abstände der Größe nach

$$d_{(1)} \leq d_{(2)} \leq \dots \leq d_{(n)}$$

und bestimmt die (i/(n+1)) - Quantile

$$\chi^2_{p;i/(n+1)} \qquad \text{für } i=1,\dots,n$$

der χ^2_p - Verteilung, so liegen die n Punkte $(\chi^2_{p;i/(n+1)}, d_{(i)})$, i=1,...,n, die gerade den Q - Q - Plot bilden, in etwa auf einer Geraden durch den Ursprung (0,0) mit Steigung 1. Wesentliche Abweichungen von der Normalverteilung bewirken gerade eine starke Abweichung von dieser Geraden.

Treten in den Daten *Ausreißer* auf, so wird dies im Q - Q - Plot dadurch deutlich, daß die zugehörigen (letzten) Punkte "sehr weit" nach oben von der Geraden entfernt liegen.

Schätzt man den Mittelwert μ einer multivariaten Verteilung nicht durch das Stichprobenmittel $\bar{y}$, sondern - wie dies etwa im Linearen Modell (vgl. Kap.II und Kap.X) der Fall ist - nimmt an, daß $\mu = X\beta$ mit bekannter Designmatrix X ist, und schätzt dann $X\beta$ durch $X\hat{\beta}$, so kann obiges Verfahren in modifizierter Form angewandt werden; es sei auf die entsprechenden Ausführungen im Abschnitt 1 von Kap.II und im Abschnitt 1.3 von Kap.X verwiesen.

Die (quadratischen) Mahalanobisdistanzen werden auch als skalare Residuen oder als quadratische Residuen bezeichnet.

Beispiel: Um die Q - Q - Plotting - Technik und ihre Ergebnisse zu demonstrieren, wurden jeweils 20 Beobachtungen aus einer vierdimensionalen Normalverteilung und aus einer vierdimensionalen Verteilung, deren Komponenten jeweils Weibull - verteilt mit Parametern $\alpha = 1$ und $\beta = 0.5$ sind, vgl. Abschnitt 4 in Kap.IV von Hartung et al. (1982), simuliert. Die sich aus diesen Daten jeweils ergebenden Mahalanobisdistanzen sowie die Quantile $\chi^2_{4;i/21}$ für i=1,...,20 der χ^2_4 - Verteilung sind in **Tab.2** angegeben.

Aus den Angaben in dieser Tab.2 lassen sich nun die beiden Q - Q - Plots erstellen. Zunächst ist in **Abb.5** der Plot der Quantile $\chi^2_{4;i/21}$ gegen die Distanzen $d_{(i)}$ aus der Normalverteilung dargestellt. Hier zeigt sich, daß die Punkte $(\chi^2_{4;i/21}, d_{(i)})$ tatsächlich nahezu auf einer Geraden mit Steigung 1 durch den Ursprung liegen. Dagegen ist in **Abb.6**, wo die Quantile der χ^2_4 - Verteilung gegen die geordneten Abstände $d_{(i)}$ aus der "Weibullverteilung" abgetragen sind, eine deutliche Abweichung von der Linearität festzustellen.

Tab.2: Geordnete Mahalanobisdistanzen $d_{(i)}$ zu den Daten aus einer vierdimensionalen Normalverteilung und aus einer "Weibullverteilung" sowie Quantile $\chi^2_{4;i/21}$, i=1,...,20, der χ^2_4 - Verteilung

i	$d_{(i)}$		$\chi^2_{4;i/21}$
	Normalverteilung	"Weibullverteilung"	
1	0.9086	0.2115	0.6699
2	1.0669	0.7709	1.0284
3	1.7392	0.9128	1.3302
4	2.2499	0.9227	1.6074
5	2.3395	0.9612	1.8729
6	2.4155	0.9983	2.1346
7	2.9627	1.1034	2.3956
8	3.1336	1.1964	2.6616
9	3.1961	1.4154	2.9356
10	3.3588	1.4819	3.2213
11	3.7107	1.5823	3.5226
12	4.4851	3.2083	3.8445
13	4.5033	3.2417	4.1933
14	4.8383	3.9606	4.5774
15	5.0112	5.2901	5.0087
16	5.2273	6.3180	5.5056
17	5.6675	7.2408	6.0986
18	6.1054	8.6978	6.8444
19	6.1571	12.8230	7.8693
20	8.5587	13.6631	9.5747

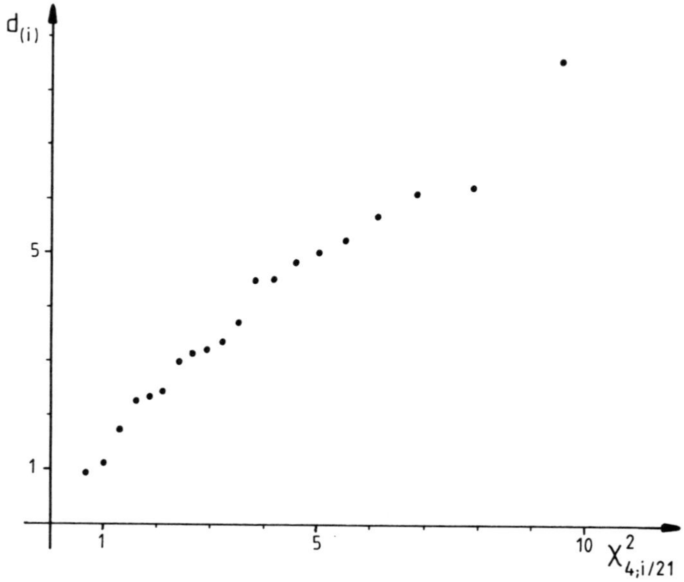

Abb.5: Q - Q - Plot für 20 Beobachtungen aus einer vierdimensionalen Normalverteilung

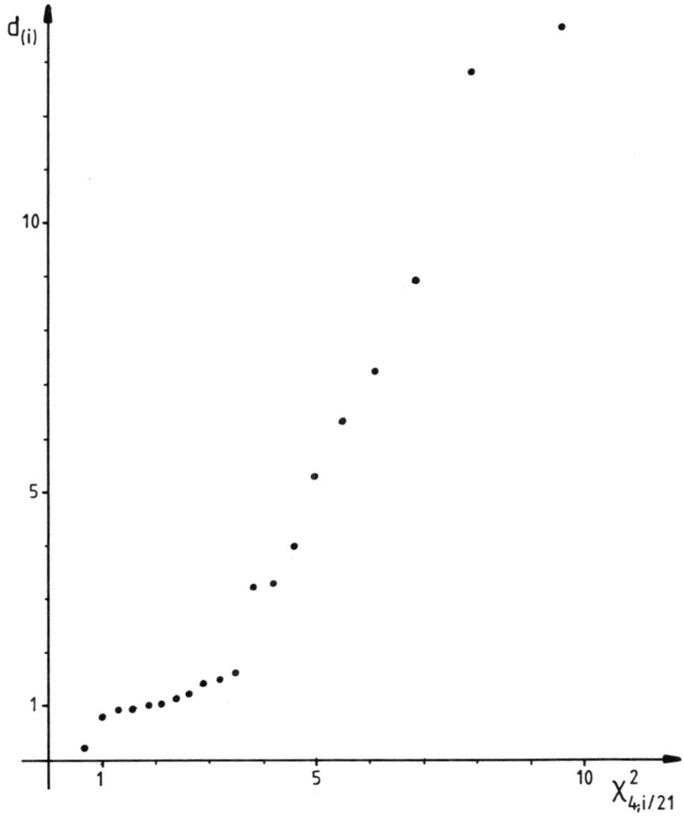

Abb. 6: Q - Q - Plot für 20 Beobachtungen aus einer vierdimensionalen Verteilung mit Weibull - verteilten Komponenten

1.3 GLEICHZEITIGE REPRÄSENTATION VON MERKMALEN UND OBJEKTEN: DER BI-PLOT

Werden an n Objekten p Merkmale $Y_1,\ldots,Y_p$ beobachtet, so bietet der *Bi - Plot* eine Möglichkeit, Objekte und Merkmale gleichzeitig in einem zweidimensionalen Koordinatensystem darzustellen.

Dazu betrachten wir die Datenmatrix

$$Y = \begin{pmatrix} y_{11} & \cdots & y_{1p} \\ \vdots & & \vdots \\ y_{n1} & \cdots & y_{np} \end{pmatrix} ,$$

bzw. die Matrix Y^* mit Elementen

$$y_{ij} - \bar{y}_{.j} \quad \text{für } i=1,\dots,n,\ j=1,\dots,p,\ \bar{y}_{.j} = \frac{1}{n}\sum_{i=1}^{n} y_{ij} \quad \text{für } j=1,\dots,p,$$

die durch eine Matrix $Y_{(2)}$ vom Rang 2 approximiert wird. Hierbei gibt es verschiedene Möglichkeiten; man kann, vgl. Gabriel (1971), zur Approximation etwa die Eigenwerte und Eigenvektoren der Matrix $(Y^*)^T Y^*$ verwenden. Bezeichnen λ_1, λ_2 die beiden größten Eigenwerte dieser Matrix, q_1, q_2 zugehörige Eigenvektoren und ist weiterhin

$$p_k = \frac{1}{\sqrt{\lambda_k}} \cdot Y^* \cdot q_k \qquad \text{für } k=1,2 \quad ,$$

so ist die Matrix $Y_{(2)}$ gegeben als

$$Y_{(2)} = (p_1, p_2) \begin{pmatrix} \sqrt{\lambda_1} & 0 \\ 0 & \sqrt{\lambda_2} \end{pmatrix} \begin{pmatrix} q_1^T \\ q_2^T \end{pmatrix} \quad .$$

Nun wird die Matrix $Y_{(2)}$ in folgender Art und Weise faktorisiert:

$$Y_{(2)} = H \cdot M^T \quad ,$$

wobei

$$H = \sqrt{n-1} \cdot (p_1, p_2)$$

eine $n \times 2$ - Matrix mit orthonormalen Spalten und

$$M = \frac{1}{\sqrt{n-1}} \cdot (\sqrt{\lambda_1} \cdot q_1, \sqrt{\lambda_2} \cdot q_2) = (M_1, \dots, M_p)^T$$

eine $p \times 2$ - Matrix ist. Betrachtet man nun die Zeilen von H und M als Koordinaten von n+p Punkten im zweidimensionalen Raum, so repräsentiert die i-te Zeile von H das i-te Objekt und die j-te Zeile M_j von M das j-te Merkmal. Im Koordinatensystem werden die Zeilen von H durch Punkte und die Zeilen von M durch Pfeile, die vom Ursprung ausgehend bis zum entsprechenden Punkt im Koordinatensystem reichen, dargestellt. Der euklidische Abstand der Punkte i und j approximiert dann die Mahalanobisdistanzen der i-ten und j-ten Zeile von $Y_{(2)}$ und somit die Mahalanobisdistanzen der Beobachtungsvektoren am i-ten und j-ten Objekt, das Skalarprodukt $M_j^T \cdot M_{j'}$ repräsentiert die Kovarianz der Merkmale Y_j und $Y_{j'}$, die Länge des j-ten Pfeils $\sqrt{M_j^T \cdot M_j}$ die Standardabweichung von Y_j und der Kosinuns des Winkels zwischen den zu M_j und $M_{j'}$ gehörigen Pfeilen die Korrelation zwischen Y_j und $Y_{j'}$.

Beispiel: Im Abschnitt 3 des Kap.V haben wir die Datenmatrix

$$Y = \begin{pmatrix} 0.452 & -0.394 & -0.752 & -0.241 & -0.355 & 0.472 & 0.150 \\ 0.424 & -0.339 & -0.515 & -0.638 & 0.643 & -0.354 & 0.026 \\ 0.063 & -0.045 & -0.008 & -0.270 & -0.414 & -0.289 & -0.504 \\ -0.766 & -0.309 & 0.358 & 0.873 & 0.260 & -0.360 & -0.287 \\ 0.658 & 1.524 & 0.518 & -0.454 & -0.703 & 1.357 & 1.164 \end{pmatrix}$$

für die $n = 5$ Autohersteller American Motors (1), Chrysler (2), Ford (3), General Motors (4), ausländische Hersteller (5) basierend auf $p = 7$ Reparaturanfälligkeitsmerkmalen [Reparaturanfälligkeit der äußeren Karosserie (M1), der inneren Karosserie (M2), der Eisenteile der Karosserie (M3), der Bremsen (M4), des Automatikgetriebes (M5), der Stoßdämpfer (M6) und der Vorderradaufhängung (M7)] bestimmt. Für diese Datenmatrix wollen wir nun einen Bi - Plot erstellen.

Zunächst berechnen wir dazu die beiden größten Eigenwerte sowie zugehörige Eigenvektoren der Matrix $(Y^*)^T \cdot Y^*$. Hier ergibt sich mit

$$Y^* = \begin{pmatrix} 0.2858 & -0.4814 & -0.6722 & -0.0950 & -0.2412 & 0.3068 & 0.0402 \\ 0.2578 & -0.4264 & -0.4352 & -0.4920 & 0.7568 & -0.5192 & -0.0838 \\ -0.1032 & -0.1324 & 0.0718 & -0.1240 & -0.3002 & -0.4542 & -0.6138 \\ -0.9322 & -0.3964 & 0.4378 & 1.0190 & 0.3738 & -0.5252 & -0.3968 \\ 0.4918 & 1.4366 & 0.5978 & -0.3080 & -0.5892 & 1.1918 & 1.0542 \end{pmatrix}$$

gerade

$$\lambda_1 = 7.5525 \ , \quad \lambda_2 = 2.7001 \ ,$$

$$q_1 = (-0.28162, -0.55470, -0.15228, 0.20370, 0.28699, -0.52537, -0.43582)^T ,$$

$$q_2 = (-0.49633, 0.27061, 0.57750, 0.58078, -0.09437, 0.00762, -0.02537)^T ,$$

so daß sich wegen

$$p_1 = \frac{1}{\sqrt{\lambda_1}} \cdot Y^* \cdot q_1 \ , \quad p_2 = \frac{1}{\sqrt{\lambda_2}} \cdot Y^* \cdot q_2$$

dann

$$H = \begin{pmatrix} 0.01574 & -0.84155 \\ 0.47774 & -1.03903 \\ 0.35390 & 0.03077 \\ 0.85835 & 1.42508 \\ -1.70573 & 0.42472 \end{pmatrix} , \quad M = \begin{pmatrix} -0.38697 & -0.40778 \\ -0.76221 & 0.22233 \\ -0.20925 & 0.47447 \\ 0.27990 & 0.47717 \\ 0.39435 & -0.07753 \\ -0.72191 & 0.00626 \\ -0.59886 & -0.02084 \end{pmatrix}$$

ergibt. Ausgehend von diesen Matrizen H und M sind in der Abb.7 die fünf Hersteller und die sieben Reparaturanfälligkeitsmerkmale dargestellt.

Berechnet man hier einmal die Approximation

$$Y_{(2)} = H \cdot M^T = \begin{pmatrix} 0.337 & -0.199 & -0.403 & -0.397 & 0.071 & -0.017 & 0.008 \\ 0.239 & -0.595 & -0.593 & -0.362 & 0.269 & -0.351 & -0.264 \\ -0.149 & -0.263 & -0.059 & 0.114 & 0.137 & -0.255 & -0.213 \\ -0.913 & -0.337 & 0.497 & 0.920 & 0.228 & -0.611 & -0.544 \\ 0.487 & 1.395 & 0.558 & -0.275 & -0.706 & 1.234 & 1.013 \end{pmatrix}$$

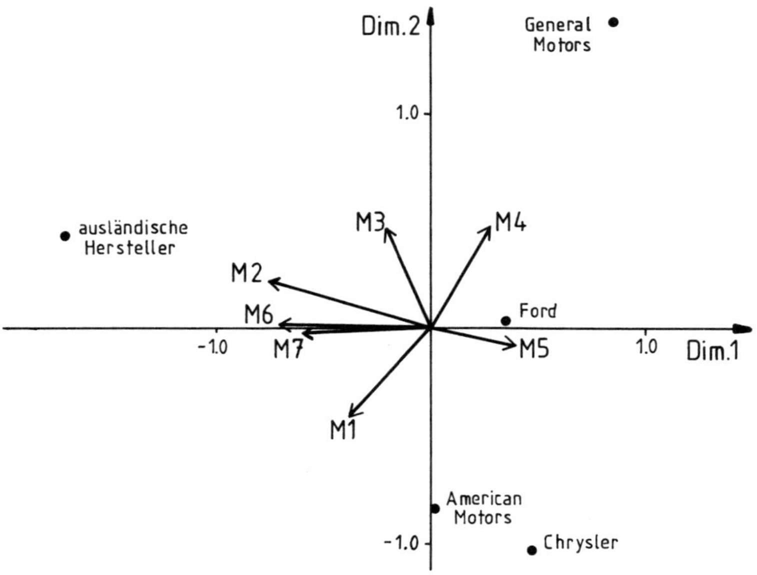

Abb.7: Bi - Plot für fünf Autohersteller und sieben Reparaturanfälligkeitsmerkmale

der Datenmatrix Y* durch die Matrix $Y_{(2)}$ vom Rang 2, so sieht man, daß diese nicht besonders gut ist, was bei der Interpretation von Bi - Plots berücksichtigt werden muß.

Natürlich könnte man im Bi - Plot noch die empirischen Standardabweichungen der p Merkmale abtragen. Die Pfeillängen geben die Rang - 2 - Approximation derselben an; auf diesen Pfeilen könnten dann zusätzlich noch die wirklichen Werte eingezeichnet werden, was wir aus Gründen der Übersichtlichkeit im obigen Beispiel unterlassen haben. Diese Standardabweichungen ergeben sich als Quadratwurzeln der Diagonalelemente von $\frac{1}{n-1}\cdot(Y^*)^T\cdot Y^*$.

Eine Anwendung des Bi - Plots in Zusammenhang mit der Einzelrepräsentation der Objekte wird in Abschnitt 2.7 (*Bi - Plot - Sonnen*) beschrieben.

1.4 WEITERE GRAPHISCHE REPRÄSENTATIONSFORMEN FÜR OBJEKTE UND MERKMALE

In den bisherigen Kapiteln dieses Buches wurden verschiedene statistische Verfahren vorgestellt, die zum Teil dann auch - wie dort demonstriert wurde - eine graphische Darstellung der interessierenden Objekte oder der an ihnen beobachteten Merkmale erlauben. Die wichtigsten dieser Möglichkeiten einer graphischen Repräsentation sollen hier noch einmal kurz zusammengefaßt werden.

Im Kapitel VI wurden verschiedene Verfahren der *multidimensionalen Skalierung* (*MDS*) dargestellt. Diese Methoden basieren darauf, daß aufgrund von beobachteten Ähnlichkeiten von n Objekten diesen Objekten q - dimensionale Datenvektoren zugeordnet werden. Wählt man als Dimension des Repräsentationsraumes eine Zahl $q \leq 3$, so können diese Datenvektoren natürlich auch in ein q - dimensionales Koordinatensystem eingetragen werden und somit zur graphischen Repräsentation der n Objekte dienen. Mittels MDS lassen sich auch p an n Objekten beobachtete Merkmale repräsentieren; dabei werden dann die Ähnlichkeiten der Merkmale z.B. basierend auf ihren empirischen Korrelationen gemessen.

Die *hierarchischen Clusteranalyse - Verfahren*, vgl. Abschnitt 6 in Kap.VII, erlauben die Darstellung der Ähnlichkeiten von n Objekten mittels eines Dendrogramms. Ausgehend von den einzelnen Objekten (einelementige Klassen) werden auf jeder Stufe des Dendrogramms die beiden jeweils ähnlichsten Objektklassen zu einer neuen Klasse zusammengefaßt bis schließlich alle Objekte in einer Klasse vereinigt sind.

Im Kap.VIII schließlich haben wir uns mit der *Faktorenanalyse* beschäftigt. Hier werden aufgrund der Beobachtung von p Merkmalen an n Objekten aus einer Grundgesamtheit wenige künstliche Merkmale (Faktoren) bestimmt, die die Merkmale beschreiben. Dabei wird die Beziehung zwischen einem Merkmal und einem Faktor durch ihre Korrelation angegeben. Ist die Zahl q der Faktoren kleiner oder gleich drei, so lassen sich die *Merkmale* graphisch *im* q - dimensionalen *Raum der Faktoren* repräsentieren, wenn man als Koordinaten die Korrelationen von Merkmalen und Faktoren verwendet; man vgl. auch Abschnitt 1 und 2 in Kap.VIII. Im Abschnitt 3 des Kap.VIII ist dann noch eine Möglichkeit aufgezeigt worden, bei $q \leq 3$ Faktoren die n Objekte graphisch zu repräsentieren. Hierzu schätzt man aufgrund der Beobachtungsvektoren für die Objekte und der Korrelationen von Merkmalen und Faktoren die sogenannten Faktorenwerte, d.h. die Datenvektoren für die *Objekte bzgl. der Faktoren*, und trägt sie in einem Koordinatensystem ab.

Bzgl. graphischer Darstellungen von *Kontingenztafeln* sei verwiesen auf Abschnitt 6 in Kap.V und Riedwyl/Schuepbach (1983); man vgl. aber auch nachfolgende Darstellungen der Kriteriumsvariablen "Hersteller".

2 REPRÄSENTATION EINZELNER OBJEKTE ODER MERKMALE

Im ersten Abschnitt haben wir Verfahren kennengelernt, die es ermöglichen, n Objekte, an denen p Merkmale beobachtet wurden, (bzw. Merkmale, oder Objekte und Merkmale) gemeinsam graphisch zu repräsentieren. In diesem Abschnitt werden nun Verfahren vorgestellt, mittels derer *jedes Objekt* (oder *jedes Merkmal*), für das multivariate Beobachtungsdaten vorliegen, *einzeln veranschaulicht werden* kann, d.h. zu jeder Datenmatrix für z.B. n Objekte werden n Plots erstellt, die den direkten Vergleich der Objekte erlauben. Ist dabei die Datenmatrix qualitativ oder gemischt, so muß sie zunächst z.B. mit den Verfahren aus Kap.V in eine quantitative Datenmatrix überführt werden.

Im Abschnitt 2.1 werden zunächst sehr einfache Darstellungsformen (*Profile* bzw. *Streifen*, *Polygonzüge*, *Sterne*, *Sonnen* und *Glyphs*) beschrieben, die bei der Objektrepräsentation lediglich die konkret beobachteten Merkmalswerte aus der Datenmatrix benutzen. Diese Verfahren können sehr leicht auch von Hand durchgeführt werden.

Bei den Verfahren aus Abschnitt 2.1 werden die einzelnen *Merkmalswerte durch Strecken* (bzw. *Radien*) repräsentiert. Die *Diamanten* aus Abschnitt 2.2 hingegen stellen die *Merkmalswerte durch Winkel* dar.

Im Abschnitt 2.3 wird ein komplexes Verfahren zur Darstellung von Objekten vorgestellt, nämlich die *Repräsentation mittels Gesichtern*. Dabei werden einzelnen Gesichtsteilen (z.B. Mund, Nase usw.) Merkmale zugeordnet und je nach Ausprägung eines Merkmals gezeichnet (z.B. Breite der Nase oder Form des Mundes).

Vermittels sogenannter *Andrews - Plots*, die in Abschnitt 2.4 vorgestellt werden, lassen sich Objekte aufgrund einer trigonometrischen Funktion darstellen. Die Koeffizienten dieser Funktion werden dabei durch die Merkmalswerte bestimmt. Stellt man solche Andrews - Plots in einem polaren Koordinatensystem dar, so ergeben sich auch sogenannte *Blumen* für jedes der Objekte. Bei den Andrews - Plots sollten die Merkmale ihrer Wichtigkeit entsprechend angeordnet werden, wobei es jedoch keine definitive Vorschrift gibt.

Bei den Verfahren aus Abschnitt 2.5 dann werden *Ähnlichkeiten der Merkmale* bei der Repräsentation der Objekte einbezogen. Bei *Bäumen*, *Burgen* und *Quadern* werden die Merkmale, die zur Objektrepräsentation herangezogen werden gemäß dem Ergebnis einer hierarchischen Clusteranalyse, vgl. Abschnitt 6 in Kap.VII, angeordnet.

Bei der *Facetten-Darstellung* von Objekten werden die Merkmale, wie in Abschnitt 2.6 beschrieben, gemäß ihren "*Diskriminationseigenschaften*" zwischen den Objekten angeordnet. Dieses Verfahren ist insbesondere dann geeignet, wenn eine Datenmatrix für die Stufen einer Kriteriumsvariablen vorliegt, denn dann können etwa Trennmaße, vgl. Abschnitt 4 in Kap.IV, zur Bewertung der Diskriminationsgüte eines Merkmals herangezogen werden. Bei Beobachtung einzelner Objekte könnte man als Diskriminationsgütemaße hier etwa die Standardabweichungen oder die Variationskoeffizienten der Merkmale verwenden.

Im Abschnitt 2.7 wird dannn schließlich noch ein Verfahren zur Objektrepräsentation vorgeschlagen, das die Korrelationen der zugrundeliegenden Merkmale berücksichtigt. Bei den *Bi-Plot-Sonnen* werden die Korrelationen (approximativ) durch Winkel, die beobachteten Merkmalsausprägungen durch Strecken dargestellt.

Grundsätzlich ist zu bemerken, daß bei sämtlichen beschriebenen Verfahren eine "*Standardisierung*" der beobachteten Merkmale vonnöten ist. Die Ausprägungen der Merkmale sollten dabei so transformiert werden, daß sich ihre Ausprägungen in etwa der gleichen Größenordnung bewegen. Wie man dabei konkret vorgeht, muß situationsbedingt vom sachlogischen Standpunkt aus entschieden werden. Es muß etwa berücksichtigt werden, ob absolute oder relative Schwankungen der Merkmalswerte von Interesse sind; im zweiten Fall empfiehlt es sich z.B. zu Indexzahlen überzugehen, vgl. auch Abschnitt 3. Außerdem ist zu beachten, daß bei vielen Verfahren alle verwandten Merkmalswerte positiv sein müssen. Treten in der Datenmatrix negative Werte auf, so kann man z.B. so vorgehen, daß man zu den betreffenden Spalten der Datenmatrix einen Wert addiert, der größer ist als der Absolutbetrag des Minimalwerts der jeweiligen Spalte.

Als *Beispiel zu allen Verfahren* werden wir im folgenden das der fünf *Autohersteller* American Motors (1), Chrysler (2), Ford (3), General Motors (4) und (bzgl. des US-Marktes) ausländische Hersteller (5) heranziehen. Im Abschnitt 3 des Kap.V haben wir eine 5×7-Datenmatrix für diese Hersteller basierend auf den *Reparaturanfälligkeiten* der äußeren Karosserie (1), der inneren Karosserie (2), der Eisenteile der Karosserie (3), der Bremsen (4), des Automatikgetriebes (5), der Stoßdämpfer (6) und der Vorderradaufhängung (7) erstellt. Diese Datenmatrix Y*, bei der die Ausprägungen der 7 Merkmale bereits in etwa der gleichen Größenordnung liegen, ist in der

Tab.3 noch einmal angegeben. Außerdem enthält die Tabelle eine Datenmatrix Y, bei der zu sämtlichen Merkmalsausprägungen der Wert Eins addiert wurde, so daß dann alle Werte aus Y positiv sind; im folgenden werden wir je nach Verfahren mit der Datenmatrix Y* oder Y arbeiten.

Tab.3: Datenmatrizen Y* und Y für fünf Autohersteller basierend auf sieben Reparaturanfälligkeitsmerkmalen

Hersteller		Merkmal 1	2	3	4	5	6	7
1	Y* =	0.452	-0.394	-0.752	-0.241	-0.355	0.472	0.150
2		0.424	-0.339	-0.515	-0.638	0.643	-0.354	0.026
3		0.063	-0.045	-0.008	-0.270	-0.414	-0.289	-0.504
4		-0.766	-0.309	0.358	0.873	0.260	-0.360	-0.287
5		0.658	1.524	0.518	-0.454	-0.703	1.357	1.164
1	Y =	1.452	0.606	0.248	0.759	0.645	1.472	1.150
2		1.424	0.661	0.485	0.362	1.643	0.646	1.026
3		1.063	0.955	0.992	0.730	0.596	0.711	0.496
4		0.234	0.691	1.358	1.873	1.260	0.640	0.713
5		1.658	2.524	1.518	0.546	0.297	2.357	2.264

Wir werden im folgenden stets von der Repräsentation von Objekten sprechen, aber natürlich können genauso auch Merkmale dargestellt werden, wenn man von der Transponierten einer Datenmatrix ausgeht. Abgesehen von einigen "neuen" Vorschlägen werden die meisten der hier beschriebenen Verfahren in Kleiner/Hartigan (1981) referiert bzw. dargestellt; man vgl. auch die dort angegebene Literatur. Bzgl. der Gesichterdarstellung in Abschnitt 2.3 sei hier insbesondere auf Flury/Riedwyl (1981,1983) hingewiesen.

2.1 EINFACHE DARSTELLUNGSFORMEN BEI REPRÄSENTATION VON MERKMALSWERTEN DURCH STRECKEN

In diesem Abschnitt werden einige sehr einfache und daher schnell zu erstellende graphische Repräsentationsformen für Objekte vorgestellt, die lediglich die quantitative Datenmatrix für die Objekte verwenden. Bei allen Verfahren - mit Ausnahme der Polygonzüge - muß dabei die Datenmatrix derart transformiert werden, daß alle ihre Elemente positiv sind.

2.1.1 PROFILE, STREIFEN

Bei der Repräsentation von Objekten durch *Profile* bzw. *Streifen* (*profils*, *stripes*) wird jedes Objekt durch ein Stabdiagramm dargestellt. Die Anzahl der Stäbe entspricht der Anzahl beobachteter Merkmale und die Höhe eines Stabes ist proportional der beobachteten Ausprägung des zugehörigen Merkmals. Dabei erfolgt die Anordnung der Stäbe in beliebiger Reihenfolge, die jedoch für alle Objekte gleich sein muß.

Beispiel: In der **Abb.8** sind die Profile von fünf Autoherstellern dargestellt, wobei die Anordnung der Stäbe der Reihenfolge der Merkmale in der Datenmatrix Y* bzw. Y aus Tab.3 entspricht und die Höhe eines Stabes proportional dem zugehörigen Wert des Merkmals in der Datenmatrix Y ist.

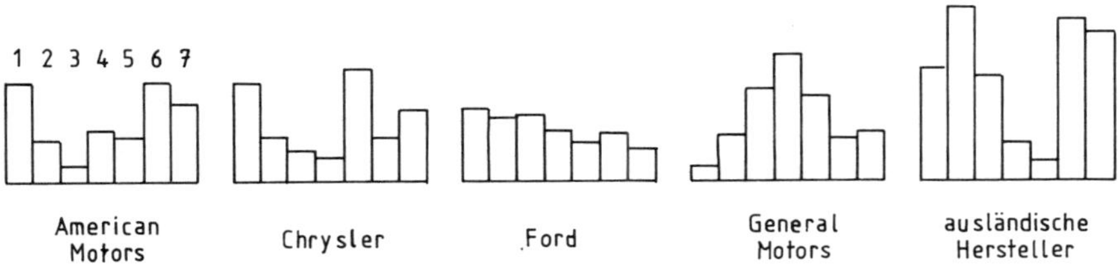

Abb.8: Profile für fünf Autohersteller basierend auf der Datenmatrix Y für sieben Reparaturanfälligkeitsmerkmale; im ersten Bild ist die Anordnung der Merkmale angegeben

2.1.2 POLYGONZÜGE

Bei einem *Polygonzug* (*polygon*) für ein Objekt werden die an ihm beobachteten Merkmalswerte durch Punkte angegeben, deren Höhen proportional den beobachteten Merkmalswerten sind. Dabei werden die beobachteten Merkmale in beliebiger Reihenfolge (in gleichen Abständen) auf der x - Achse angeordnet und die Punkte durch Striche miteinander verbunden.

Beispiel: In der **Abb.9** sind Polygonzüge für die fünf Autohersteller, vgl. Tab.3, abgetragen. Dabei wurden die Merkmale in der Reihenfolge belassen, wie sie in den Datenmatrizen Y* und Y auftauchen und die Höhen der Punkte sind proportional den Werten in der Matrix Y* aus Tab.3.

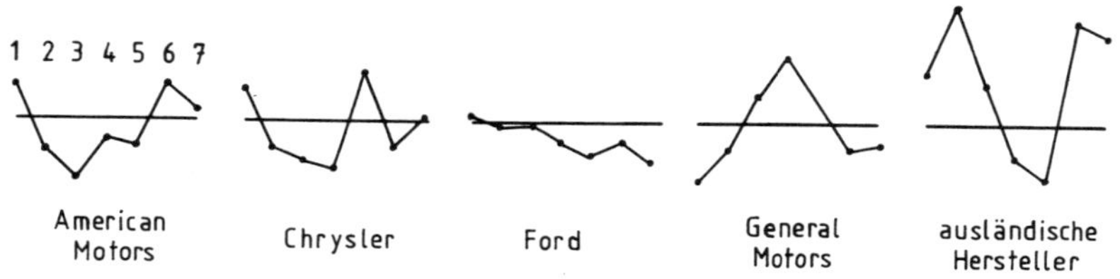

Abb.9: Polygonzüge für fünf Autohersteller basierend auf sieben Reparaturanfälligkeitsmerkmalen, vgl. auch die Datenmatrix Y* aus Tab.3; im ersten Bild ist die Anordnung der Merkmale angegeben

2.1.3 STERNE

Stellt man Polygonzüge in einem polaren Koordinatensystem dar, wobei allerdings von nur positiven Merkmalswerten ausgegangen werden muß, so ergeben sich die sogenannten *Sterne* (*stars*). Dazu wird ein Kreis in p gleichgroße Sektoren aufgeteilt (falls p Merkmale beobachtet wurden), d.h. jeder Sektor hat einen Winkel von 360°/p und den p Begrenzungslinien der Sektoren wird jeweils eines der Merkmale (in beliebiger Reihenfolge) zugeordnet. Einem Merkmalswert wird dann ein Punkt auf der entsprechenden Begrenzungslinie zugeordnet, dessen Entfernung vom Kreismittelpunkt proportional zum Merkmalswert ist. Die insgesamt p Punkte werden dann durch Strecken verbunden und das entstehende p-Eck ist der einem Objekt zugeordnete Stern.

Beispiel: Geht man von der Datenmatrix Y aus Tab.3 aus, so lassen sich Sterne für die fünf Autohersteller zeichnen. Diese sind in Abb.10 dargestellt, wobei das erste Bild in der Abbildung die Aufteilung des Kreises in p = 7 Sektoren mit Winkel 360°/p = 51.42857° sowie die Anordnung der Merkmale angibt. Dieser Kreis und seine Einteilung sind in den übrigen Bildern durch die etwas schwächeren Linien angedeutet.

2.1.4 SONNEN

Bei den in Abschnitt 2.1.3 beschriebenen Sternen können die Objekte nur dann (visuell) richtig beurteilt werden, wenn man den Bezugskreis oder zumindest dessen Mittelpunkt im Bild mitandeutet. Daher schlagen wir als Modifikation der Sterne hier *Sonnen* (*suns*) als graphische Repräsentationsform vor. Wie bei den Sternen wird ein (imaginärer) Kreis in p Sektoren eingeteilt, und auf jeder Begrenzungslinie der Sektoren wird in beliebiger

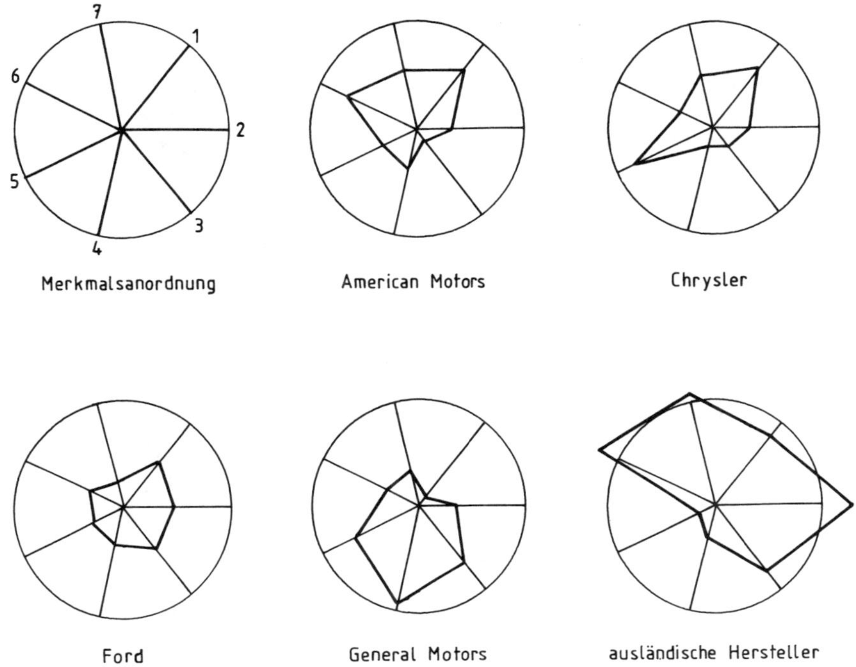

Abb.10: Sterne für fünf Autohersteller basierend auf den Werten von sieben Reparaturanfälligkeitsmerkmalen ausgehend von der Datenmatrix Y; das erste Bild gibt die Kreiseinteilung sowie die Merkmalsanordnung an

Anordnung ein Merkmalswert durch die Strecke abgetragen, deren Länge proportional dem Wert selbst ist; die Endpunkte der Strecke werden noch gesondert z.B. durch Kreise oder Pfeile markiert.

Beispiel: Wiederum ausgehend von der Datenmatrix Y aus Tab.3 sind in Abb.11 Sonnen für fünf Autohersteller basierend auf sieben Reparaturanfälligkeitsmerkmalen dargestellt, wobei die Endpunkte der Strecken durch Kreise markiert sind; das erste Bild der Abbildung gibt wie schon bei den Sternen die Zuordnung der sieben Merkmale zu den Begrenzungslinien der Sektoren an. ┘

Im Abschnitt 2.7 wird eine Modifikation der Sonnen dahingehend vorgestellt, daß die Anordnung der Merkmale und die Kreisaufteilung (Winkel zwischen den Merkmalen) aufgrund ihrer Korrelationen erfolgt.

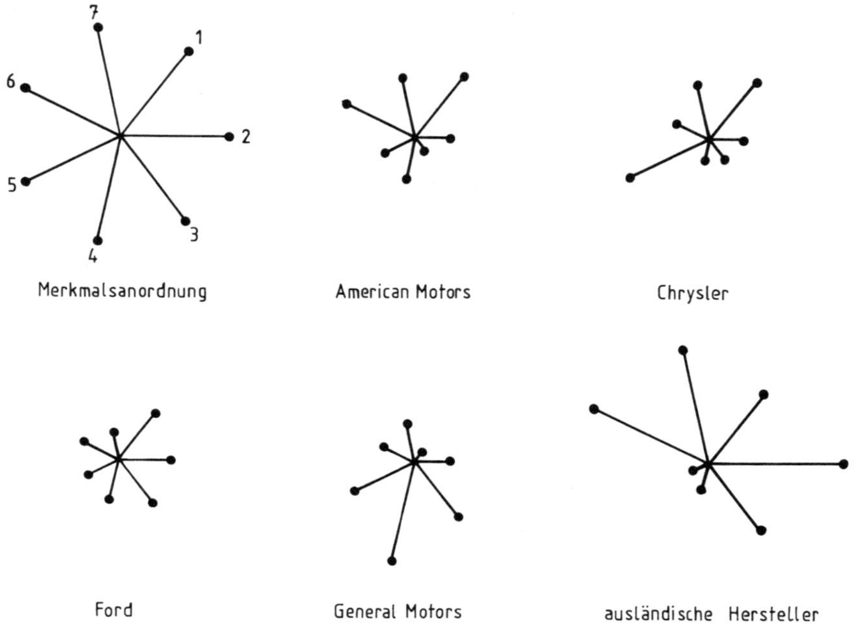

Abb.11: Sonnen für fünf Autohersteller basierend auf den Werten der Matrix Y von sieben Reparaturanfälligkeitsmerkmalen; das erste Bild gibt hier die Merkmalszuordnung an

2.1.5 GLYPHS

Glyphs werden in zwei verschiedenen Formen verwandt, denen gemeinsam ist, daß die an einem Objekt beobachteten p Merkmalsausprägungen als Strecken ausgehend vom Rand eines Kreises mit beliebigem Radius abgetragen werden. Dazu wird etwa das obere Sechstel der Kreisbegrenzung in p-1 Teilstücke untergliedert. Ausgehend von den p Punkten, die die Einteilung angeben, werden die Strecken in beliebiger Reihenfolge dann so abgetragen, daß - würde man sie in den Kreis hinein verlängern - sie den Mittelpunkt des Kreises schneiden. Bei der ersten Form der Glyphs sind die Strecken gerade proportional den beobachteten (positiven) Merkmalswerten; bei der zweiten Form werden alle Merkmalswerte in einer Datenmatrix in drei gleiche Teile aufgespalten. Die Werte im größenmäßig unteren Drittel werden durch Punkte auf der Kreislinie, die im mittleren Drittel durch Strecken fester Länge c und die im oberen Drittel durch Strecken der Länge 2c dargestellt.

Beispiel: Ausgehend von der Datenmatrix Y aus Tab.3 sind in Abb.12 beide Arten von Glyphs für fünf Autohersteller basierend auf sieben Reparaturanfälligkeitsmerkmalen dargestellt. Bei der ersten Bildzeile werden die Merkmalswerte durch Punkte sowie Strecken der Länge c bzw. 2c wiedergegeben und bei der zweiten Bildzeile sind die Strecken proportional den Werten aus Y. Im ersten Bild der ersten Bildzeile ist außerdem die Anordnung der Merkmale angegeben.

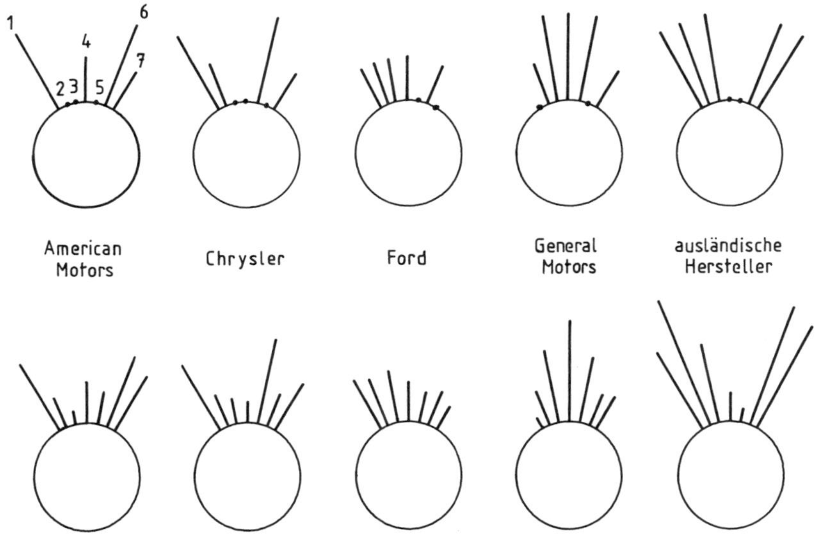

Abb.12: Glyphs für fünf Autohersteller basierend auf sieben Reparaturanfälligkeitsmerkmalen; Zeile 1: Darstellung der Merkmalswerte durch Punkte und Strecken der Länge c bzw. 2c, Zeile 2: Streckenlänge proportional zum Merkmalswert

2.2 DARSTELLUNG VON OBJEKTEN VERMITTELS DIAMANTEN

Im Abschnitt 2.1 wurden die an einem Objekt beobachteten Merkmalswerte im wesentlichen durch Strecken dargestellt. Eine andere Repräsentationsform, nämlich Winkel, verwenden die *Diamanten* (*diamonds*), die wir hier zur Objektrepräsentation vorschlagen wollen. Sind an jedem von n Objekten p (positive) Merkmalswerte beobachtet worden, so wird zunächst die Summe der Merkmalswerte am i-ten Objekt

$$\sum_{j=1}^{p} y_{ij} \qquad \text{für } i=1,\ldots,n$$

bestimmt. Nun wird ein Kreis, dessen Radius für das i-te Objekt proportional der Summe seiner Merkmalswerte ist, in p Sektoren zerlegt, deren Winkel proportional zu den beobachteten Merkmalswerten ist, wobei die Reihenfolge der Merkmale beliebig gewählt werden kann. Für das i-te Objekt ist dann der Winkel des Sektors zum j-ten Merkmal gerade

$$\alpha_{ij} = y_{ij} \cdot 360° \Big/ \sum_{j=1}^{p} y_{ij} \qquad , \; i=1,\dots,n, \; j=1,\dots,p \quad .$$

Die Punkte auf der Kreisbegrenzungslinie, die die Sektoren angeben, werden dann durch Strecken miteinander verbunden; die Kreisbegrenzungslinie selber wird in der Zeichnung nicht mit eingetragen.

Beispiel: Basierend auf der Datenmatrix Y für fünf Autohersteller, vgl. Tab.3, wollen wir die Diamanten für die Hersteller bestimmen. Dazu berechnen wir für jeden Hersteller i (i=1,...,5) die Summe der Merkmalswerte (Zeilensummen der Matrix Y) sowie die Winkel $\alpha_{i1},\dots,\alpha_{i7}$ der den sieben Reparaturanfälligkeitsmerkmalen zugeordneten Sektoren, vgl. hierzu Tab.4. Die sich aus der Tabelle ergebenden Diamanten sind in Abb.13 dargestellt, wobei im ersten Bild auch die Zuordnung der Merkmale zu den Sektoren angegeben ist.

Tab.4: Arbeitstabelle zur Darstellung von fünf Autoherstellern durch Diamanten

Hersteller i	1	2	3	4	5
$\sum y_{ij}$	6.332	6.247	5.543	6.769	11.164
α_{i1}	82.552°	82.062°	69.163°	12.445°	53.948°
α_{i2}	34.454°	38.092°	62.136°	36.750°	82.126°
α_{i3}	14.100°	27.950°	64.544°	72.223°	49.392°
α_{i4}	43.152°	20.861°	47.497°	99.613°	17.766°
α_{i5}	36.671°	94.682°	38.128°	67.011°	9.664°
α_{i6}	83.689°	37.227°	46.260°	34.038°	76.692°
α_{i7}	65.382°	39.126°	32.272°	37.920°	70.412°

2.3 DARSTELLUNG VON OBJEKTEN MITTELS GESICHTERN

Hat man an n Objekten p Merkmale beobachtet, so lassen sich die Objekte durch n *Gesichter* (*faces*) repräsentieren, wenn man den Gesichtsteilen unterschiedliche Merkmale zuordnet. Die erste derartige Gesichter - Darstel-

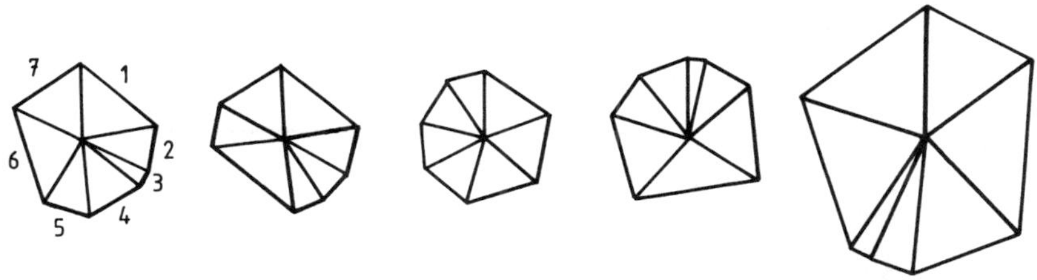

Abb.13: Diamanten für fünf Autohersteller basierend auf sieben Reparaturanfälligkeitsmerkmalen; im ersten Bild ist die Zuordnung der Merkmale zu den Sektoren angegeben

lung, sogenannte *Chernoff - faces*, geht auf Chernoff (1971, 1973) zurück; sie haben den Nachteil, daß die einzelnen Gesichtsteile nicht unabhängig voneinander variiert werden können, vgl. z.B. Flury/Riedwyl (1981).

Eine Gesichterdarstellung, die diesen Mangel nicht aufweist, wollen wir hier kurz beschreiben. Sie wurde von Flury/Riedwyl (1981) entwickelt, die uns dankenswerterweise auch das entsprechende Programm zur Verfügung stellten. Die *Flury - Riedwyl - faces* ermöglichen die Repräsentation von bis zu 36 Merkmalen, denn es können je Gesichtshälfte 18 Gesichtsteile variiert werden: Augengröße, Pupillengröße, Pupillenposition, Neigung der Augen, senkrechte Augenposition, waagerechte Augenposition (Höhe), Krümmung der Augenbraue, Dichte der Augenbraue, senkrechte Position der Augenbraue, waagerechte Position der Augenbraue (Höhe), obere Haarbegrenzung, untere Haarbegrenzung, Gesichtslinie, Stärke der Haarschraffur, Neigungswinkel der Haarschraffur, Nase, Größe des Mundes, Krümmung des Mundes. Die Parameter der Funktionen, die die Gesichtsteile beschreiben, können Werte zwischen Null und Eins annehmen, so daß die Merkmalswerte für n Objekte (bzw. die zugehörige Datenmatrix) zunächst in folgender Art und Weise standardisiert werden müssen: Von jeder Spalte der Datenmatrix wird der Minimalwert in der Spalte subtrahiert und die entstehenden Werte werden durch die Spannweite der ursprünglichen Spalten dividiert:

$$\tilde{y}_{ij} = \frac{y_{ij} - y_{j\,min}}{y_{j\,max} - y_{j\,min}}$$

Die beiden Extrem-Gesichter (alle Funktionsparameter gleich Null bzw. gleich

Eins) sowie das mittlere Gesicht (alle Funktionswerte gleich 0.5) sind in der Abb.14 dargestellt.

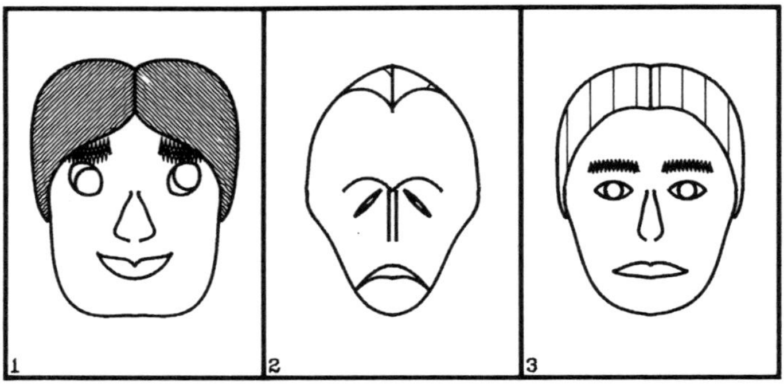

Abb.14: Extrema und Mittel der Flury - Riedwyl - faces (linkes Bild: alle Parameter Eins, mittleres Bild: alle Parameter Null, rechtes Bild: alle Parameter 0.5)

Werden weniger als 36 Merkmale an n Objekten beobachtet, so können z.B. einige Gesichtsparameter konstant gehalten werden oder ein Merkmal mehreren Gesichtsparametern zugeordnet werden; bei weniger als 18 Merkmalen können zudem symmetrische Gesichter gewählt werden. Bei weniger als 18 Merkmalen besteht auch die Möglichkeit, eine Gesichtshälfte als einen konstanten Standard zu wählen.

Zu bemerken ist, daß natürlich die Erscheinungsform der Gesichter sehr stark von der Merkmalsanordnung abhängt. Insbesondere sollten den ins Auge springenden Gesichtsteilen wie Gesichtslinie oder Haarschraffur wesentliche Merkmale zugeordnet werden, der Pupille z.B. hingegen ein nicht so wesentliches Merkmal. Wird ein Gesichtsteil (z.B. das Auge) durch mehrere Parameter bestimmt, so sollten diesen Parametern hochkorrelierte Merkmale zugeordnet werden. Eine ausführliche Darstellung nebst interessanten Anwendungen findet man in dem Buch von Flury/Riedwyl (1983) und in Flury/ Riedwyl (1984).

Beispiel: In der Tab.3 ist eine Datenmatrix Y* für fünf Autohersteller basierend auf sieben Reparaturanfälligkeitsmerkmalen angegeben. Für diese Autohersteller sind in Abb.15 und Abb.16 Flury - Riedwyl - faces dargestellt. Hier wurden jeweils symmetrische Gesichter verwandt und nur 9 der dann zur Verfügung stehenden Gesichtsparameter variiert; die übrigen 9 Parameter wurden konstant auf 0.5 gehalten. Die Zuordnung der Reparaturanfälligkeitsmerkmale zu den 9 variierten Gesichtsparametern ist in Tab.5 angegeben.

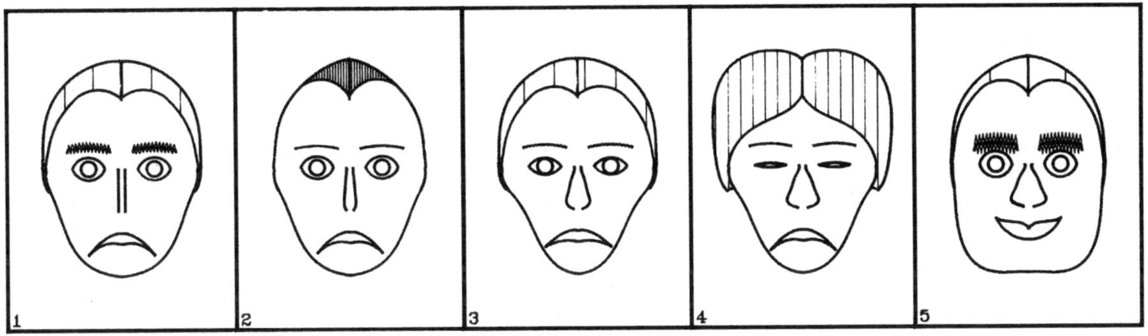

Abb.15: Symmetrische Flury - Riedwyl - faces für fünf Autohersteller basierend auf der Zuordnung von sieben Reparaturanfälligkeitsmerkmalen zu neun Gesichtsparametern gemäß Tab.5; die übrigen Parameter wurden konstant 0.5 gesetzt

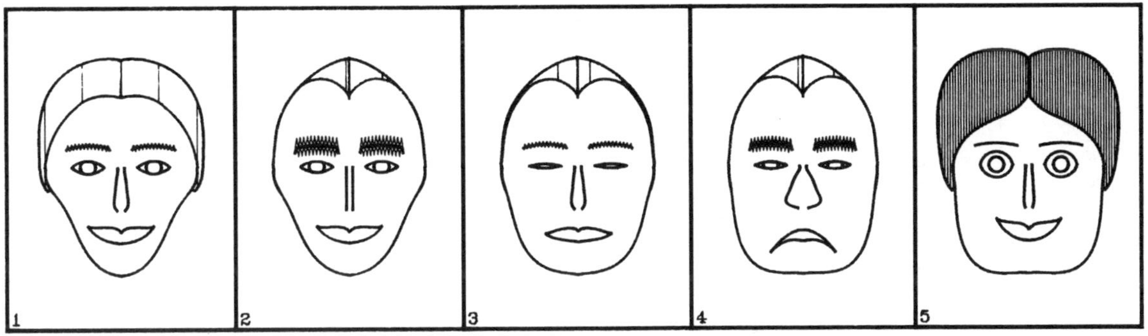

Abb.16: Symmetrische Flury - Riedwyl - faces für fünf Autohersteller basierend auf der Zuordnung von sieben Reparaturanfälligkeitsmerkmalen zu neun Gesichtsparametern gemäß Tab.5; die übrigen Parameter wurden konstant 0.5 gesetzt

Tab.5: Zuordnung von sieben Reparaturanfälligkeitsmerkmalen zu den Gesichtsparametern der Flury - Riedwyl - faces für fünf Autohersteller in Abb.15 und 16

Gesichtsparameter	Merkmal in Abb.15	Merkmal in Abb.16
Augengröße	1	7
Krümmung und Größe des Mundes	2	1
Nase	3	4
obere und untere Haarbegrenzung	4	6
Stärke der Haarschraffur	5	2
Dichte der Augenbraue	6	5
Gesichtslinie	7	3

Schon aus den Abb.15 und 16 wird deutlich, wie stark die Darstellung von der Zuordnung der Merkmale beeinflußt ist, obwohl hier in beiden Fällen nur neun gleiche Gesichtsparameter variiert werden. ┘

2.4 DARSTELLUNG VON OBJEKTEN DURCH TRIGONOMETRISCHE FUNKTIONEN

Bei den bisherigen Typen von Objektdarstellungen wurde jeder beobachtete Merkmalswert einzeln repräsentiert (war direkt aus der Darstellung ablesbar). Hier werden nun zwei Darstellungsformen vorgestellt, dei denen dies nicht mehr der Fall ist, sondern vielmehr alle Merkmalsausprägungen gemeinsam das gesamte Bild bestimmen und somit einen Gesamteindruck von der Verschiedenheit der Objekte entstehen lassen.

2.4.1 ANDREWS - PLOTS

Bei den *Andrews - Plots*, die von Andrews (1972) zur Repräsentation mehrdimensionaler Daten entwickelt wurden, wird jedes von n Objekten durch eine trigonometrische Funktion (Summe von Sinus- und Kosinusschwingungen) dargestellt. Für das i-te Objekt ($i=1,\dots,n$) ist diese Funktion

$$f_i(t) = c_{1i}/\sqrt{2} + c_{2i}\cdot\sin t + c_{3i}\cdot\cos t + c_{4i}\cdot\sin 2t + c_{5i}\cdot\cos 2t$$
$$+ c_{6i}\cdot\sin 3t + c_{7i}\cdot\cos 3t + c_{8i}\cdot\sin 4t + \dots \quad ,$$

wobei t alle Zahlen zwischen $-\pi$ und π durchläuft. Die Koeffizienten $c_{1i}, c_{2i}, \dots, c_{pi}$ entsprechen den nicht notwendigerweise positiven Merkmalswerten von p an den Objekten beobachteten Merkmalen. Die Zuordnung der Merkmale zu den Koeffizienten ist dabei beliebig, sollte jedoch so gewählt werden, daß wichtige Merkmale den ersten und weniger wichtige Merkmale den letzten Koeffizienten zugeordnet werden. Die Andrews - Plots können dann einzeln oder bei geringer Zahl von Objekten auch in einem gemeinsamen Bild gezeichnet werden.

Beispiel: Für fünf Autohersteller sollen ausgehend von der Datenmatrix Y* aus Tab.3 Andrews - Plots basierend auf sieben Reparaturanfälligkeitsmerkmalen erstellt werden. Um die Auswirkung unterschiedlicher Merkmalsanordnungen zu demonstrieren, haben wir hier zwei unterschiedliche Anordnungen gewählt. Bezeichnet y^*_{ij} für i=1,...,5 und j=1,...,7 den Merkmalswert des j-ten Reparaturanfälligkeitsmerkmals am i-ten Objekt, so ist in Abb.17 die Anordnung 2,4,6,7,1,3,5, d.h. die Funktionen

$$f_i(t) = y^*_{i2}/\sqrt{2} + y^*_{i4}\cdot\sin t + y^*_{i6}\cdot\cos t + y^*_{i7}\cdot\sin 2t + y^*_{i1}\cdot\cos 2t + y^*_{i3}\cdot\sin 3t + y^*_{i5}\cdot\cos 3t$$

für i=1,...,5 im Intervall $[-\pi,\pi]$ darstellt, und in Abb.18 wurde die Anordnung der Merkmale in der Datenmatrix beibehalten, d.h. es ist

$$f_i(t) = y^*_{i1}/\sqrt{2} + y^*_{i2}\cdot\sin t + y^*_{i3}\cdot\cos t + y^*_{i4}\cdot\sin 2t + y^*_{i5}\cdot\cos 2t + y^*_{i6}\cdot\sin 3t + y_{i7}\cdot\cos 3t$$

für i=1,...,5 im Intervall $[-\pi,\pi]$ gezeichnet worden. ┘

2.4.2 BLUMEN

Blumen (*flowers*) sind Andrews - Plots, dargestellt in einem polaren Koordinatensystem. Hier wird für jedes Objekt i (i=1,...,n) die Funktion

$$\tilde{f}_i(t) = f_i(t) + c \qquad \text{für } t \in [-\pi,\pi] \quad ,$$

wobei f_i die Funktion für Andrews - Plots aus Abschnitt 2.4.1 bezeichnet, und c eine Konstante mit

$$c \geq \left| \min_{\substack{t\in[-\pi,\pi] \\ i=1,\dots,n}} f_i(t) \right|$$

ist (um das Bild nicht zu verfälschen, sollte c etwa gleich diesem Wert gewählt werden), im polaren Koordinatensystem dargestellt, vgl. hierzu Abb.19.

Beispiel: In der Abb.20 sind die Blumen für fünf Autohersteller basierend auf sieben Reparaturanfälligkeitsmerkmalen dargestellt. Dabei wurde von der Datenmatrix Y* aus Tab.3 ausgehend die Funktion

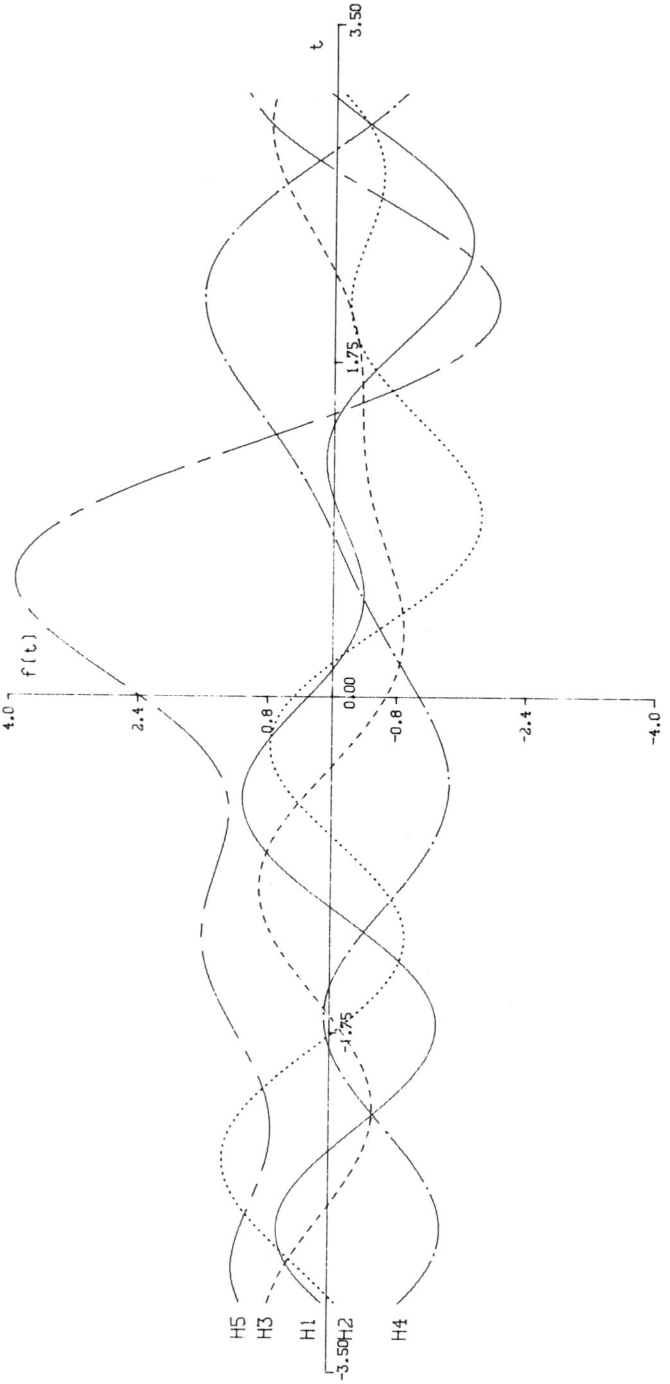

Abb.17: Andrews - Plots für fünf Autohersteller H1,...,H5 basierend auf sieben Reparaturanfälligkeitsmerkmalen in der Anordnung 2,4,6,7,1,3,5, vgl. Tab.3

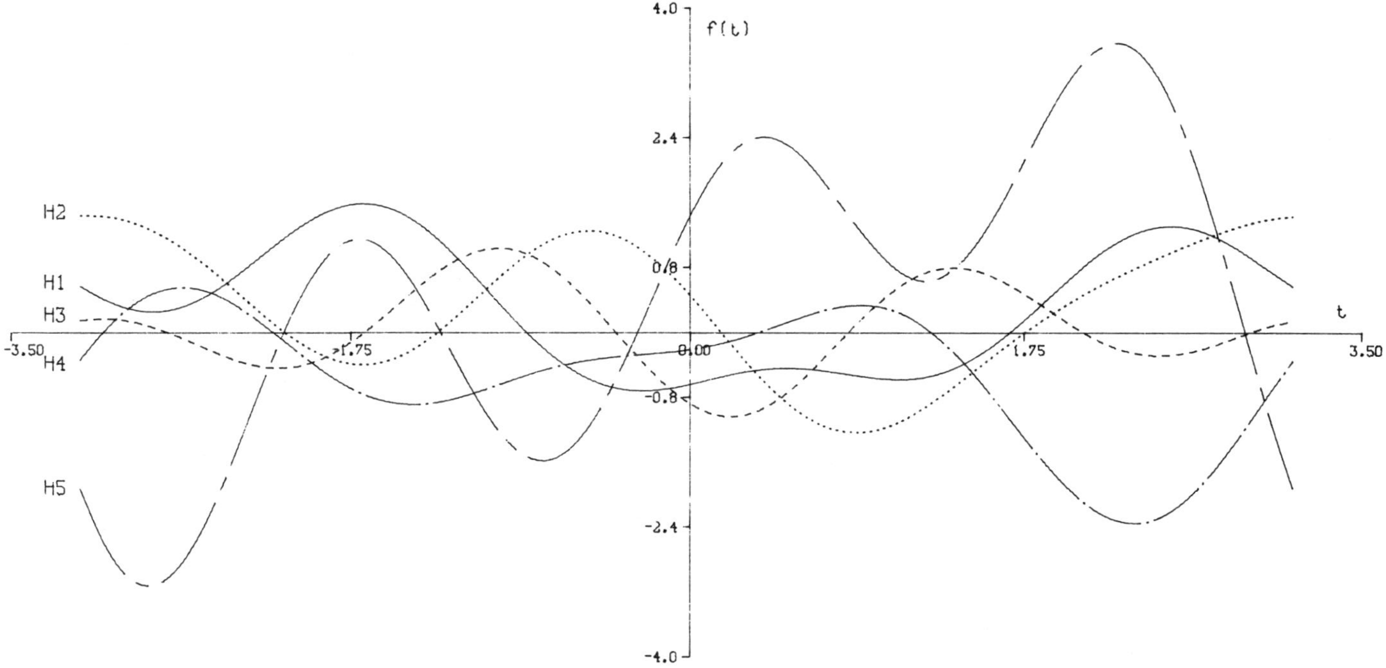

Abb.18: Andrews - Plots für fünf Autohersteller H1,...,H5 basierend auf sieben Reparaturanfälligkeitsmerkmalen in der Anordnung 1,2,3,4,5,6,7, vgl. Tab.3

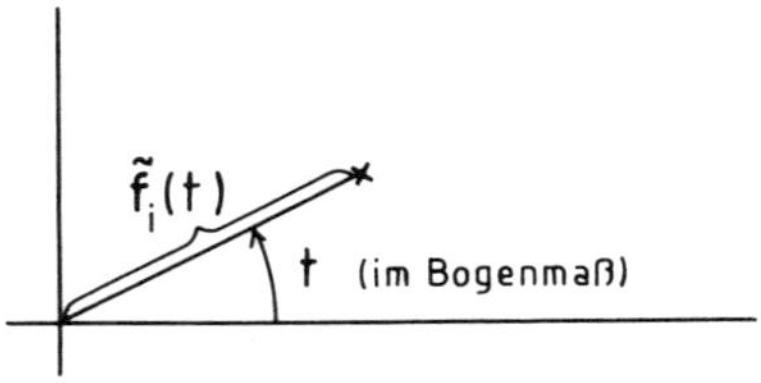

Abb.19: Abtragen des Wertes $\tilde{f}_i(t)$ im polaren Koordinatensystem

$$\tilde{f}_i(t) = y^*_{i2}/\sqrt{2} + y^*_{i4}\cdot\sin t + y^*_{i6}\cdot\cos t + y^*_{i7}\cdot\sin 2t + y^*_{i1}\cdot\cos 2t + y^*_{i3}\cdot\sin 3t + y^*_{i5}\cdot\cos 3t + 2.4$$

für $i=1,\dots,5$ und $t\in[-\pi,\pi]$ in einem polaren Koordinatensystem dargestellt.

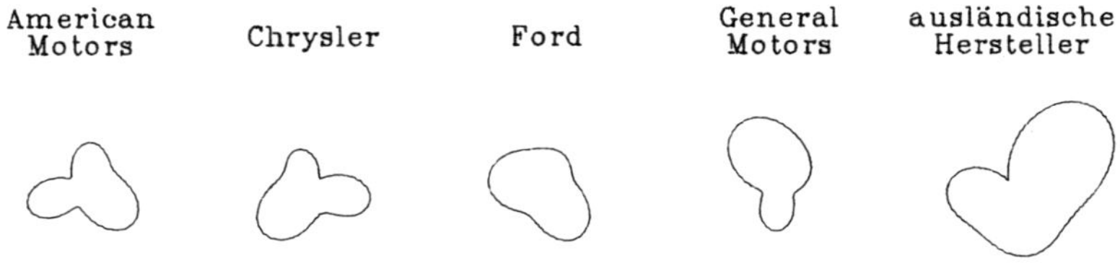

Abb.20: Blumen für fünf Autohersteller basierend auf sieben Reparaturanfälligkeitsmerkmalen in der Anordnung 2,4,6,7,1,3,5; vgl. Tab.3 und Abb.17

2.5 DARSTELLUNG VON OBJEKTEN UNTER BERÜCKSICHTIGUNG DER MERKMALSÄHNLICHKEITEN

Bisher spielte die Anordnung der p an n Objekten beobachteten Merkmale bei der graphischen Darstellung der Objekte eine sehr untergeordnete Rolle. In diesem Abschnitt nun sollen Verfahren vorgestellt werden, die die Ähnlichkeiten von Merkmalen bei ihrer Anordnung berücksichtigen; bei allen drei behandelten Methoden muß eine Datenmatrix für die Objekte verwandt werden, die nur positive Werte enthält.

Als Maß für die Ähnlichkeit oder besser Verschiedenheit zweier Merkmale kann z.B. ihr euklidischer Abstand oder ihre betragliche Korrelation verwandt werden. Ist

$$Y = \begin{pmatrix} y_{11} & \cdots & y_{1p} \\ y_{21} & \cdots & y_{2p} \\ \vdots & & \vdots \\ y_{n1} & \cdots & y_{np} \end{pmatrix}$$

eine $n \times p$ - Datenmatrix für n Objekte, an denen p Merkmale beobachtet wurden, so ist der euklidische Abstand zweier Merkmale $j,k \in \{1,\ldots,p\}$ gerade

$$d(j,k) = \left(\sum_{i=1}^{n} (y_{ij} - y_{ik})^2 \right)^{1/2}$$

und ihre betragliche Korrelation

$$|r_{jk}| = \left| \left(\sum_{i=1}^{n} (y_{ij}-\bar{y}_j)(y_{ik}-\bar{y}_k) \right) \Big/ \sqrt{\left(\sum_{i=1}^{n} (y_{ij}-\bar{y}_j)^2 \right)\left(\sum_{i=1}^{n} (y_{ik}-\bar{y}_k)^2 \right)} \right| ,$$

wobei $\bar{y}_j$ bzw. $\bar{y}_k$ den Mittelwert der j-ten bzw. k-ten Spalte von Y bezeichnet:

$$\bar{y}_j = \frac{1}{n} \sum_{i=1}^{n} y_{ij} \quad , \quad \bar{y}_k = \frac{1}{n} \sum_{i=1}^{n} y_{ik} \quad .$$

Unter Verwendung einer sich ergebenden Distanzmatrix für die Merkmale - dies kann z.B. die Matrix der euklidischen Distanzen d(j,k) oder die Matrix der Unbestimmtheitsmaße $1 - |r_{jk}|^2$ sein - wird dann eine hierarchische Clusteranalyse für die p Merkmale, vgl. Abschnitt 6 in Kap.VII, durchgeführt und das zugehörige Dendrogramm erstellt; Kleiner/Hartigan (1981) empfehlen, dabei das Verschiedenheitsmaß "complete linkage", vgl. Abschnitt 2 in Kap.VII, zu verwenden.

Da wir die Methoden des Abschnitts 2.5 wieder am Beispiel der fünf Autohersteller demonstrieren wollen, soll die hierarchische Clusteranalyse für die sieben Reparaturanfälligkeitsmerkmale bereits an dieser Stelle durchgeführt werden.

Beispiel: Unter Verwendung der Matrix der Unbestimmtheitsmaße der sieben Reparaturanfälligkeitsmerkmale

$$D = \begin{pmatrix} 0.000 & 0.789 & 0.880 & 0.131 & 0.849 & 0.597 & 0.578 \\ 0.789 & 0.000 & 0.558 & 0.911 & 0.579 & 0.298 & 0.286 \\ 0.880 & 0.558 & 0.000 & 0.831 & 0.943 & 0.919 & 0.910 \\ 0.131 & 0.911 & 0.831 & 0.000 & 0.963 & 0.879 & 0.836 \\ 0.849 & 0.579 & 0.943 & 0.963 & 0.000 & 0.448 & 0.783 \\ 0.597 & 0.298 & 0.919 & 0.879 & 0.448 & 0.000 & 0.137 \\ 0.578 & 0.286 & 0.910 & 0.836 & 0.783 & 0.137 & 0.000 \end{pmatrix} ,$$

vgl. auch Abschnitt 2 in Kap.VI und Abschnitt 4.2 in Kap.VII, ergibt sich durch das Clusteranalyse - Verfahren aus Abschnitt 6 in Kap.VII mit dem Verschiedenheitsmaß "complete linkage" eine Hierarchie mit den Klassen

$$K_1 = \{1\},\ K_2 = \{4\},\ K_3 = \{3\},\ K_4 = \{6\},\ K_5 = \{7\},\ K_6 = \{2\},\ K_7 = \{5\},$$
$$K_8 = F = \{1,4\},\ K_9 = E = \{6,7\},\ K_{10} = D = \{2,6,7\},\ K_{11} = C = \{2,5,6,7\},$$
$$K_{12} = B = \{1,3,4\} \text{ und } K_{13} = A = \{1,2,3,4,5,6,7\} \quad ,$$

deren Dendrogramm in Abb.21 dargestellt ist. In diesem Dendrogramm sind die Gütemaße g auf den einzelnen Stufen der Hierarchie direkt mitangegeben.

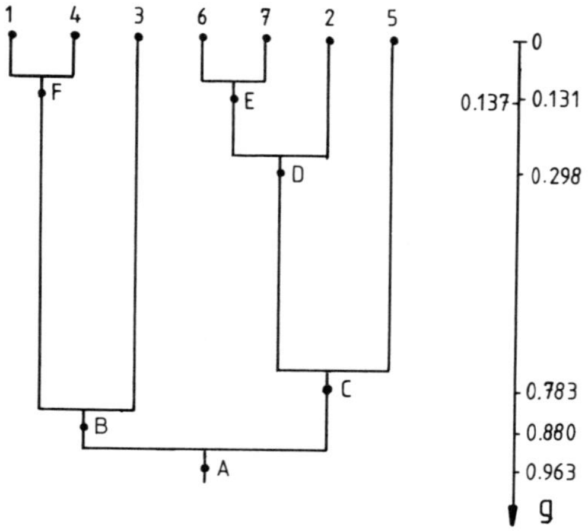

Abb.21: Dendrogramm für sieben Reparaturanfälligkeitsmerkmale von PKW's unter Verwendung ihrer Unbestimmtheitsmaße und "complete linkage"

2.5.1 QUADER

Quader (boxes) eignen sich zur Repräsentation von Objekten, falls die Zahl p der interessierenden Merkmale nicht allzu groß ist. Die p Merkmale werden in drei möglichst homogene Gruppen aufgeteilt und jeder Gruppe wird eine der Dimensionen Höhe, Breite und Tiefe des Quaders zugeordnet. Konkret kann die Einteilung in drei Gruppen mittels des Clusteranalyse - Verfahrens für Partitionen aus Abschnitt 4.1 gewonnen werden, oder man wählt die Gruppen gemäß der Complete - linkage - Hierarchie, indem man die Gruppen benutzt, die auf der Stufe der Hierarchie, die aus drei Klassen besteht, entstanden sind. Innerhalb der drei Gruppen werden die Merkmale nun in einer Reihe angeordnet, wobei wiederum die Ähnlichkeiten der Merkmale berücksichtigt werden sollten.

Die Kantenlängen des Quaders für das i-te Objekt $(i=1,\dots,n)$ sind dann gerade proportional der Summe der an ihm beobachteten Merkmalswerte derjenigen Merkmale, die der Dimension des Quaders zugeordnet sind. Die einzelnen Kanten werden dann noch proportional den einzelnen Merkmalswerten am i-ten Objekt aufgeteilt. Dadurch erhalten die Quader die Gestalt von *Paketen*.

Beispiel: Im Beispiel der Autohersteller ist die dreiklassige Partition innerhalb der Complete - linkage - Hierarchie, vgl. Abb.21, durch die Klassen

$$K_3 = \{3\}, \; K_8 = F = \{1,4\} \text{ und } K_{11} = C = \{2,5,6,7\}$$

gegeben. Ordnen wir nun der Dimension "Höhe" des Quaders die Klasse K_{11} mit der Merkmalsanordnung (von unten nach oben) 5,6,7,2, der Dimension "Breite" die Klasse K_8 mit der Merkmalsanordnung (von links nach rechts) 1,4 und der Dimension "Tiefe" die Klasse K_3, die nur das Merkmal 3 enthält, zu, so ergeben sich für die fünf Autohersteller unter Verwendung der Datenmatrix Y aus Tab.3 die in Abb.22 dargestellten Quader.

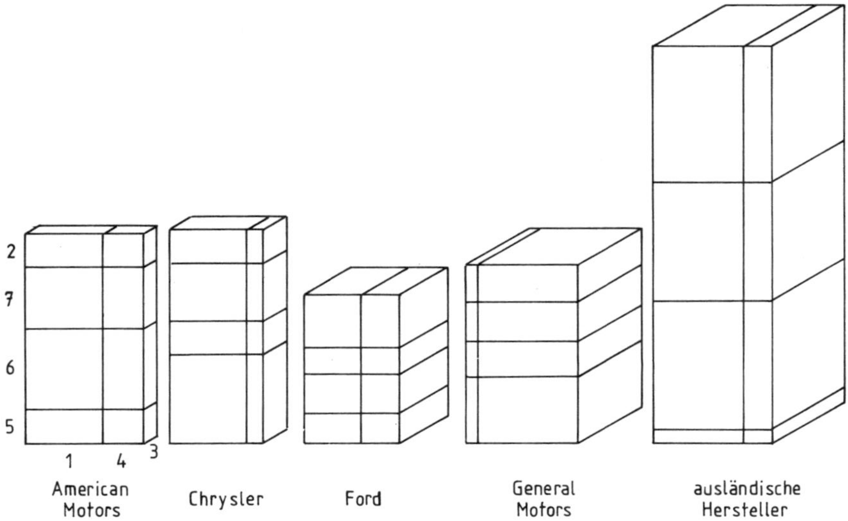

Abb.22: Quader für fünf Autohersteller unter Verwendung von sieben Reparaturanfälligkeitsmerkmalen; die Merkmalsanordnung ist im ersten Bild angegeben

2.5.2 BÄUME

Sind bei den Quadern noch Wahlfreiheiten bei der Anordnung der Merkmale gegeben, z.B. kann die Zuordnung der Merkmalsgruppen zu den Dimensionen des

Quaders beliebig erfolgen, so sind die Vorschriften bei der Repräsentation von Objekten durch *Bäume* (*trees*) derart, daß eine nahzu eindeutige Anordnung der Merkmale erfolgt. Diese Bäume, die auf Kleiner/Hartigan (1981) zurückgehen und die deshalb auch mitunter *Kleiner - Hartigan - trees* genannt werden, verwenden das Dendrogramm der Hierarchie für die p an n Objekten beobachteten Merkmale und verwandeln es in einen Baum bestehend aus einem Stamm und sich nach oben verjüngenden Ästen. Die Struktur eines solchen Baumes ist abgesehen von der Länge des Stammes und der Äste für jedes Objekt gleich.

Beginnend mit dem unteren Stammende, in dem alle Merkmale zusammengefaßt sind, erfolgt sukzessive die Aufspaltung der Merkmale in Merkmalsgruppen (Äste) gemäß der durch die Hierarchie vorgegebenen Reihenfolge bis schließlich den oberen Ästen die einelementigen Klassen (einzelne Merkmale) der Hierarchie zugeordnet sind, vgl. auch das nachfolgende Beispiel. Zunächst erfolgt natürlich eine Aufspaltung des Stammes in zwei Teile, die durch die zweiklassige Stufe der Hierarchie gegeben wird. Diese Teile werden dann wie im Dendrogramm jeweils weiter aufgespalten. Ein Ast entspricht somit der Verbindungsstrecke zwischen zwei Klassen im Dendrogramm.

Die Breite jedes Astes (und des Stammendes) wird nun proportional der Anzahl der in ihm vereinigten Merkmale gewählt. Einige Äste werden dann dem Stamm zugerechnet. Bei der Aufspaltung des Stammendes ist dies der breitere der beiden Äste; wird dieser Teil des Stammes weiter aufgespalten, so wird wiederum der breitere der Äste zum Stamm gewählt usw. bis schließlich auch der Stamm in zwei Äste, denen jeweils nur ein Merkmal zugeordnet ist, zerfällt. Wird der Stamm auf einer Stufe in zwei gleichbreite Äste unterteilt, so kann einer von ihnen als Stammfortsetzung gewählt werden.

Wird ein Ast oder ein Teil des Stammes geteilt, so muß der Winkel zwischen den beiden Teilen festgelegt werden. Dazu wählt man zunächst einen maximalen Winkel α (z.B. $\alpha = 80°$) für die Aufspaltung des Stammendes und einen minimalen Winkel β (z.B. $\beta = 30°$), der derjenigen Aufspaltung einer zweielementigen Klasse zugeordnet wird, bei der die beiden einelementigen Klassen sich am ähnlichsten sind, die die geringste Heterogenität aufweisen. Allen übrigen Winkeln werden dann Werte zwischen α und β in folgender Art und Weise zugeordnet. Die Heterogenität zweier Klassen, die auf einer Stufe der Hierarchie zusammengefaßt werden, ist gerade die Verschiedenheit dieser Klassen, hier gemessen mittels des Verschiedenheitsmaßes "complete - linkage", vgl. Abschnitt 6 in Kap.VII. Bezeichnen wir die mehrelementigen Klassen der Hierarchie für p Merkmale mit A,B,C,... , wobei A die p-elementige Klasse bezeichnet, B die als vorletzte zusammengefaßte Klasse von Merkmalen, C die als drittletzte zusammengefaßte Klasse usw., und benennen wir die Heterogenitäten der jeweils zusammengefaßten Klassen mit $g_A, g_B, g_C, \ldots$, so berechnen sich die Winkel gemäß

$$\sphericalangle X = [\beta(\ln(g_A+1) - \ln(g_X+1)) + \alpha(\ln(g_X+1) - \ln(g_{min}+1))] / [\ln(g_A+1) - \ln(g_{min}+1)]$$

für $X = B, C, \ldots$,wobei g_{min} die Heterogenität der zuerst zusammengefaßten Klassen mit zugeordnetem Winkel β bezeichnet. Die Aufspaltung eines Winkels rechts und links der Vertikalen erfolgt gemäß der Breite der jeweiligen Äste. Wird ein Ast aufgespalten, so werden Teilwinkel proportional den beiden Astbreiten gewählt, wird der Stamm aufgespalten, so werden sie umgekehrt proportional den beiden Breiten festgelegt.

Nun müssen die Richtungen von Ästen und Stamm an den Aufspaltungen festgelegt werden. Die Richtung des Stammes wird von Aufspaltung zu Aufspaltung umgekehrt, was zusammen mit der Wahl des Winkels bewirkt, daß der Stamm möglichst senkrecht verläuft. Bei der Aufspaltung eines Astes wird der breitere Teilast stets nach außen, der schmalere Teilast stets in Richtung des Stammes weitergeführt, wodurch Überschneidungen im Baum vermieden werden.

Damit ist nun die Struktur der Bäume für eine Menge von Objekten festgelegt, nur die Astlängen und Stammlängen sind noch variabel und werden für jedes Objekt abhängig von den an ihm beobachteten Merkmalswerten festgesetzt. Die Länge eines Astes oder Stammteiles für das i-te Objekt $(i=1,\ldots,n)$ wird proportional dem Mittelwert der zugehörigen Merkmalswerte gewählt. Insbesondere ist also die Länge des Stammendes proportional dem Mittelwert aller am Objekt beobachteten Merkmalswerte, und die Astlängen derjenigen Äste, denen nur ein einziges Merkmal zugeordnet ist, sind proportional dem beobachteten Merkmalswert.

Beispiel: In Abb.21 ist das Dendrogramm für sieben Reparaturanfälligkeitsmerkmale, die bei fünf Autoherstellern beobachtet wurden, dargestellt. Wir wollen nun die Kleiner - Hartigan - trees für die fünf Autohersteller bestimmen.

In der Klasse A sind alle sieben Merkmale zusammengefaßt. Das Stammende reicht also vom Nullpunkt 0 bis zum Punkt A, wo es aufgespalten wird in den Ast mit den Merkmalen 1,3,4 und dem Stammteil mit den Merkmalen 2,5,6,7. Der Stammteil wird dann im Punkt C aufgespalten in den Ast, der nur das

Merkmal 5 enthält und einen weiteren Teil des Stammes mit den Merkmalen 2,6,7. Dieser wiederum teilt sich im Punkt D in den Ast mit Merkmal 2 und den Stammteil mit den Merkmalen 6 und 7, der schließlich im Punkt C in die Äste mit den Merkmalen 6 bzw. 7 zerfällt. Weiterhin wird der Ast mit den Merkmalen 1,3,4 im Punkt B in die Äste mit einerseits dem Merkmal 3 und andererseits den Merkmalen 1 und 4 unterteilt. Zuletzt wird im Punkt F der Ast mit den Merkmalen 1 und 4 in die beiden Äste, die die Merkmale 1 und 4 getrennt tragen, unterteilt.

Zeichnet man das Stammende $\overline{0A}$ (von 0 nach A) senkrecht und die Stammfortsetzung $\overline{AC}$ nach rechts, den Ast $\overline{AB}$ nach links, so können die übrigen Richtungen wie folgt gewählt werden: $\overline{C5}$ verläuft nach rechts und $\overline{CD}$ als Stammfortsetzung nach links. Dann verläuft $\overline{DE}$ nach rechts und $\overline{D2}$ nach links. Die Richtungen der Äste von E nach 6 und von E nach 7 können dann beliebig gewählt werden. Wir lassen hier $\overline{E6}$ nach links und $\overline{E7}$ nach rechts verlaufen. Bei der Aufspaltung im Punkt B muß der breitere Ast vom Stamm wegführen, d.h. $\overline{BF}$ verläuft nach links und damit $\overline{B3}$ nach rechts. Schließlich legen wir willkürlich fest, daß $\overline{F1}$ nach links und $\overline{F4}$ nach rechts verläuft.

Als maximalen Winkel im Verzweigungspunkt A wählen wir $\alpha = 80°$ und als minimalen Winkel, der gemäß Abb.21 dem Verzweigungspunkt F zugeordnet werden muß, wählen wir $\beta = 30°$. Die Winkel in den Verzweigungspunkten X = B,C,D,E berechnen sich somit wegen $g_{min} = g_F$ zu

$$\sphericalangle X = [30(\ln(g_A+1) - \ln(g_X+1)) + 80(\ln(g_X+1) - \ln(g_F+1))] / [\ln(g_A+1) - \ln(g_F+1)] \quad ,$$

wie in Tab.6 angegeben. In dieser Tabelle sind auch für jede Verzweigung X = A,B,...,F die linken und rechten Nachfolger N_X^ℓ bzw. N_X^r sowie die Breite der zugehörigen Äste $D(XN_X^\ell)$, $D(XN_X^r)$ und die Winkel zwischen den Ästen und der Vertikalen $\sphericalangle XN_X^\ell,V$, $\sphericalangle XN_X^r,V$ zusammengestellt, so daß die gesamte Baumstruktur angegeben ist.

Nun müssen für jeden der fünf Autohersteller noch die Astlängen unter Verwendung von Mittelwerten der jeweils beobachteten Merkmalsausprägungen bestimmt werden. Dazu verwenden wir die Datenmatrix Y aus Tab.3 und berechnen für jeden Ast des Baumes für den i-ten Hersteller (i=1,...,5) den mittleren Merkmalswert der dem Ast zugeordneten Merkmale, vgl. Tab.7. Die Äste eines Baumes sind dann in der Länge proportional diesen Werten.

In der Abb.23 sind die Bäume für die fünf Autohersteller dargestellt; das erste Bild dieser Abbildung gibt die Baumstruktur gemäß Tab.6 sowie die

Zuordnung der Merkmale und Verzweigungen wieder.

Tab.6: Struktur der Bäume für fünf Autohersteller aufgrund von sieben Reparaturanfälligkeitsmerkmalen: Verschiedenheitsmaße und deren Logarithmen, Gesamtwinkel, Nachfolgeverzweigungen und ihre Breite sowie Winkel zwischen Ästen und Vertikaler

Verzweigung X	g_X	$\ln(g_X+1)$	$\measuredangle X$	N_X^ℓ	N_X^r	$D(\overline{XN_X^\ell})$	$D(\overline{XN_X^r})$	$\measuredangle \overline{XN_X^\ell},V$	$\measuredangle \overline{XN_X^r},V$
A (Stamm)	0.963	0.674	80.0°	B	C	3	4	45.7°	34.3°
B	0.880	0.631	76.1°	F	3	2	1	50.7°	25.4°
C (Stamm)	0.783	0.578	71.3°	D	5	3	1	17.8°	53.5°
D (Stamm)	0.298	0.261	42.5°	2	E	1	2	28.3°	14.2°
E (Stamm)	0.137	0.128	30.5°	6	7	1	1	15.25°	15.25°
F	0.131	0.123	30.0°	1	4	1	1	15.0°	15.0°

Tab.7: Proportionalitätsfaktoren der Längen der Äste und Stammteile für die Bäume zu fünf Autoherstellern

Ast	American Motors	Chrysler	Ford	General Motors	ausländische Hersteller
$\overline{OA}$	0.905	0.892	0.790	0.967	1.581
$\overline{AB}$	0.820	0.757	0.928	1.155	1.241
$\overline{AC}$	0.968	0.994	0.687	0.826	1.836
$\overline{CD}$	1.076	0.778	0.721	0.681	2.348
$\overline{C5}$	0.645	1.643	0.586	1.260	0.297
$\overline{DE}$	1.311	0.836	0.604	0.677	2.261
$\overline{D2}$	0.606	0.661	0.955	0.691	2.524
$\overline{E6}$	1.472	0.646	0.711	0.640	2.357
$\overline{E7}$	1.150	1.026	0.496	0.713	2.164
$\overline{BF}$	1.106	0.893	0.897	1.054	1.102
$\overline{B3}$	0.248	0.485	0.992	1.358	1.518
$\overline{F1}$	1.452	1.424	1.063	0.234	1.658
$\overline{F4}$	0.759	0.362	0.730	1.873	0.546

2.5.3 BURGEN

Die *Burgen* (*castles*), die wie die Bäume von Kleiner/Hartigan (1981) zur Repräsentation von Objekten vorgeschlagen wurden, sind im wesentlichen Bäume mit Winkeln Null; sie werden gebildet durch sich von unten nach oben verjüngende Zinnen. Der unteren Zinne (Burgsockel) sind alle Merkmale zu-

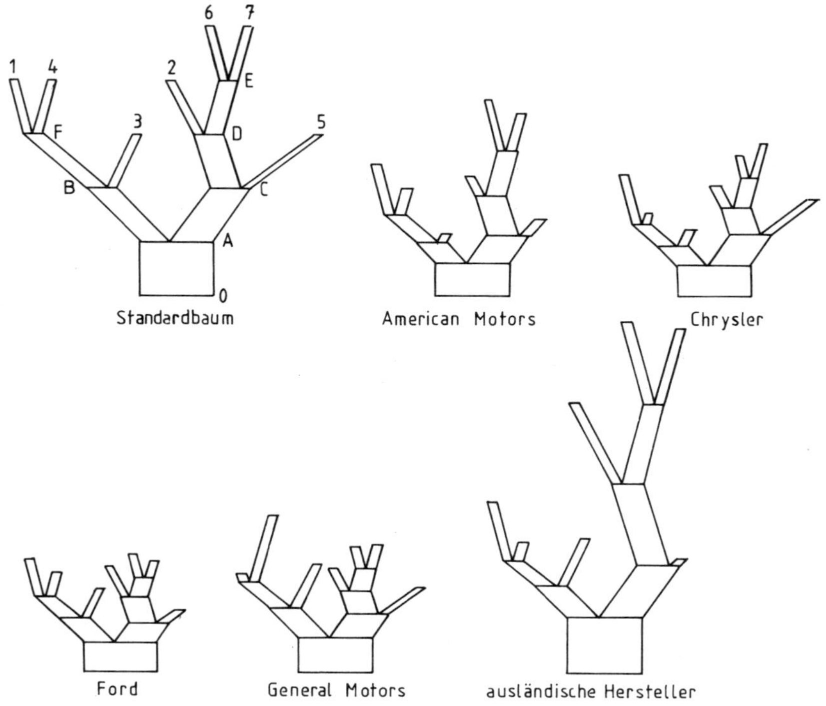

Abb.23: Kleiner - Hartigan - trees für fünf Autohersteller basierend auf sieben Reparaturanfälligkeitsmerkmalen; das erste Bild der Abbildung gibt die Baumstruktur wieder

geordnet; der Sockel wird dann gemäß dem Dendrogramm für die Merkmale zunächst in zwei Zinnen aufgespalten, die je eine Merkmalsklasse der zweiklassigen Partition innerhalb der Merkmalshierarchie umfassen, die Zinnen werden weiter aufgespalten bis schließlich Zinnen entstehen, die nur zu einem Merkmal gehören.

Die Anordnung der Merkmale kann hier direkt aus dem Dendrogramm übernommen werden; von links nach rechts stehen die Merkmale in der gleichen Reihenfolge, wie sie es bei den einelementigen Klassen im Dendrogramm tun.

Wie beim Baum sind in den Punkten A,B,C,... , in denen im Dendrogramm Klassen zusammengeschlossen werden, waagerechte Linien zu zeichnen, die alle Merkmale der entsprechenden Klasse A,B,C,... einbeziehen. Die Höhen dieser Linien von einer Grundlinie 0 an gerechnet sind dasjenige, was die Burgen für die n verschiedenen Objekte unterscheidet. Sie richten sich nach den an einem Objekt beobachteten (positiven) Merkmalswerten. Die Höhe einer Linie X = 1,...,p,A,B,C,... für die Burg zum i-ten Objekt (i=1,...,n) ergibt sich proportional zum Minimum der am Objekt beobachteten Merkmalswerte derjenigen Merkmale, die diese Linie einschließt, vermindert um das Produkt eines Faktors d mit der Anzahl q von Linien, die das Merkmal mit minimalem Wert von der Linie X entfernt ist (ist der Minimalwert nicht eindeutig, so wird q als das Maximum der möglichen Werte gewählt); damit sind die Höhen der oberen Burgzinnen proportional dem entsprechenden Merkmalswert. Der Faktor d muß so gewählt werden, daß keine Überschneidungen auftreten. Oft ist dies der Fall, wenn sein Produkt mit dem Maximalwert von q kleiner ist als das Minimum aller an den n Objekten beobachteten Merkmalswerte.

Beispiel: Ausgehend vom Dendrogramm für sieben Reparaturanfälligkeitsmerkmale aus Abb.21 sollen unter Verwendung der Datenmatrix Y aus Tab.3 Burgen für die fünf Autohersteller konstruiert werden. Die Reihenfolge der Merkmale in den Burgen wird aus dem Dendrogramm übernommen und ist somit von links nach rechts 1,4,3,6,7,2,5. Der Maximalwert von q ist gerade 4 und der minimale Merkmalswert in Y gerade 0.234. Wählen wir hier d = 0.05, so treten keine Überschneidungen auf und wir erhalten die Proportionalitätsfaktoren für die Höhen der Linien A,B,...,F,1,2,...,7 wie in Tab.8 angegeben. Der Wert für die Linie D für Chrysler (2) ergibt sich hier z.B. wie folgt: D faßt die Merkmale 2,6 und 7 zusammen, deren Minimalwert beim Hersteller Chrysler in der Datenmatrix Y durch 0.646 für das Merkmal 6 gegeben ist; der Wert q ergibt sich dann zu q = 2, so daß wir für die Linie D dann den Proportionalitätsfaktor 0.646 - 2·0.05 = 0.546 erhalten.

Tab.8: Proportioanlitätsfaktoren h für die Höhe der Linien (Zinnen) 1,...,7 und A,B,...,F sowie Werte q

Linie	American Motors		Chrysler		Ford		General Motors		ausländische Hersteller	
	q	h	q	h	q	h	q	h	q	h
1	0	1.452	0	1.424	0	1.063	0	0.234	0	1.658
2	0	0.606	0	0.661	0	0.955	0	0.691	0	2.524
3	0	0.248	0	0.485	0	0.992	0	1.358	0	1.518
4	0	0.759	0	0.362	0	0.730	0	1.873	0	0.546
5	0	0.645	0	1.643	0	0.586	0	1.260	0	0.297
6	0	1.472	0	0.646	0	0.711	0	0.640	0	2.357
7	0	1.150	0	1.026	0	0.496	0	0.713	0	2.164
A	2	0.148	3	0.212	4	0.296	3	0.084	2	0.197
B	1	0.198	2	0.262	2	0.630	2	0.134	2	0.446
C	2	0.506	3	0.496	3	0.346	3	0.490	1	0.247
D	1	0.556	2	0.546	2	0.396	2	0.540	2	2.064
E	1	1.100	1	0.596	1	0.446	1	0.590	1	2.114
F	1	0.709	1	0.312	1	0.680	1	0.184	1	0.496

In der Abb.24 sind die Burgen für die fünf Autohersteller dargestellt; das erste Bild dieser Abbildung zeigt die Grundstruktur sowie die Merkmalsanordnung dieser Burgen.

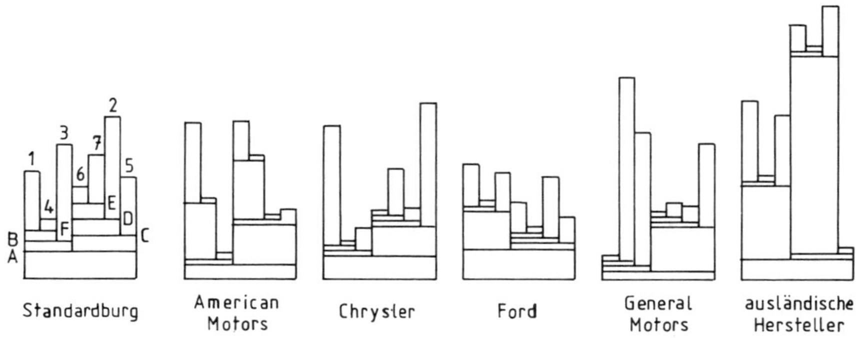

Abb.24: Burgen für fünf Autohersteller basierend auf sieben Reparaturanfälligkeitsmerkmalen; das erste Bild zeigt die Struktur der Burgen sowie die Merkmalsanordnung

2.6 DARSTELLUNG VON OBJEKTEN UNTER BERÜCKSICHTIGUNG DER DISKRIMINATIONSGÜTE DER MERKMALE: FACETTEN

Bei den Verfahren in Abschnitt 2.5 erfolgte die Anordnung der p interessierenden Merkmale, die an den n Objekten beobachtet wurden, aufgrund des Ergebnisses eines hierarchischen Clusteranalyseverfahrens. Bei den *Facetten* (*facets*), die wir hier zur Objektrepräsentation vorschlagen wollen, werden die Merkmale gemäß ihren *Diskriminationseigenschaften* angeordnet. Darunter verstehen wir die Eignung der Merkmale, zwischen den n Objekten zu unterscheiden. Die Güte der Diskrimination zwischen den Objekten durch ein Merkmal kann z.B. durch seine Standardabweichung oder seinen Variationskoeffizienten gemessen werden; welches Maß im konkreten Fall verwandt wird, hängt entscheidend vom sachlogischen Zusammenhang ab. Sind - wie in unserem Beispiel der Autohersteller - die n Objekte ursprünglich Stufen einer Kriteriumsvariablen, in denen jeweils mehrere Einzelobjekte zusammengefaßt sind, so können die Diskriminationseigenschaften der Merkmale direkt mit den Methoden der Diskriminanzanalyse, vgl. Abschnitt 4 in Kap.IV (und auch Abschnitt 2 in Kap.V) beurteilt werden: Als Gütemaße können dann etwa die Trennmaße der einzelnen Merkmale oder die Korrelation der Merkmale mit der generalisierten linearen Diskriminanzfunktion verwandt werden.

Hat man sich für ein Maß entschieden und dieses für alle p beobachteten Merkmale berechnet, so teilt man einen Winkel von 180° (Halbkreis) in p Teile ein, deren Größen proportional den Werten für diese Maße sind. Die p Merkmale (bzw. die zugehörigen Winkel) werden dann von rechts nach links auf dem Halbkreis in abfallender Folge angeordnet.

Jeder so entstehende Kreissektor erhält bei der Facette am i-ten Objekt (i=1,...,n) nun einen Radius der proportional dem am i-ten Objekt beobachteten Merkmalswert für das jeweilige Merkmal ist. Die einen Sektor begrenzenden Linien werden dann durch eine Strecke miteinander verbunden.

Beispiel: Bei den fünf Autoherstellern handelt es sich um die Stufen einer Kriteriumsvariablen, vgl. Abschnitt 3 in Kap.V, wo auch die Korrelationen der sieben Reparaturanfälligkeitsmerkmale mit der generalisierten linearen Diskriminanzfunktion Z schon berechnet worden sind, vgl. die dortige Tab.28. Dort ergab sich (man beachte die Umnumerierung der Merkmale)

$$r_{Z1} = 0.495\ ,\quad r_{Z2} = 0.349\ ,\quad |r_{Z3}| = 0.148\ ,\quad |r_{Z4}| = 0.540\ ,$$
$$|r_{Z5}| = 0.167\ ,\quad r_{Z6} = 0.391\quad \text{und}\quad r_{Z7} = 0.321\quad ,$$

so daß die Merkmale auf dem Halbkreis von rechts nach links in der Reihenfolge 4,1,6,2,7,5,3 angeordnet werden. Nun wird der Winkel von 180° proportional den Korrelationen der Merkmale zur generalisierten Diskriminanzfunktion aufgeteilt; d.h. die Korrelationen werden multipliziert mit einer Konstanten c, für die gilt

$$c = 180° \Big/ \sum_{j=1}^{7} r_{Zj} = 180°/2.411 = 74.65782°\ ,$$

wodurch wir gerade die gesuchten Winkel erhalten. Diese sind 40.31° für das Merkmal 4, 36.95° für 1, 29.19° für 6, 26.06° für 2, 23.97° für 7, 12.47° für 5 und 11.05° für das Merkmal 3. Die Radien der sieben Halbkreissektoren ergeben sich dann für den i-ten Hersteller (i=1,...,5) proportional den entsprechenden Merkmalswerten in der Datenmatrix Y aus Tab.3. So ergibt sich z.B. der Radius für den zweiten Sektor von rechts (Merkmal 1) für den Hersteller Ford (3) proportional dem Merkmalswert 1.063. Die Facetten für die fünf Hersteller sind in Abb.25 dargestellt, wobei im ersten Bild noch einmal die Merkmalsanordnung angegeben ist.

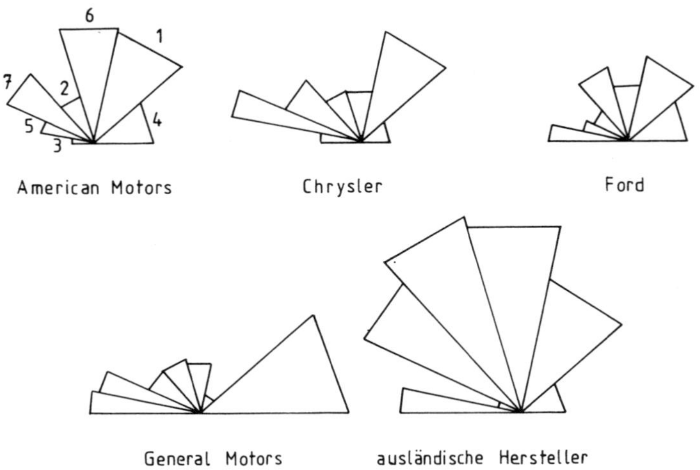

Abb.25: Facetten für fünf Autohersteller basierend auf sieben Reparaturanfälligkeitsmerkmalen; im ersten Bild ist die Anordnung der Merkmale angegeben

2.7 DARSTELLUNG VON OBJEKTEN UNTER BERÜCKSICHTIGUNG DER MERKMALSKORRELATIONEN: BI-PLOT-SONNEN

Bei der Darstellung von Objekten durch Sonnen, vgl. Abschnitt 2.1.4, wurde ein Kreis in p (= Anzahl der zugrundeliegenden Merkmale) gleichgroße Sektoren aufgeteilt und die an den Objekten beobachteten (positiven) Merkmalswerte wurden als Strecken auf den p Begrenzungslinien dieser Sektoren abgetragen, wobei die Zuordnung der Merkmale zu den Begrenzungslinien beliebig war. Bei den *Bi - Plot - Sonnen* (*bi - plot - suns*), die wir hier vorschlagen wollen, hingegen werden die Korrelationen der Merkmale bei der Aufspaltung des Kreises in Sektoren berücksichtigt. Dabei verwenden wir die durch den Bi - Plot für Objekte und Merkmale, vgl. Abschnitt 1.3, gegebene Merkmalsdarstellung.

Ausgehend vom Ursprung eines zweidimensionalen Koordinatensystems (Kreismittelpunkt) werden im Bi - Plot die Merkmale durch Pfeile angegeben, deren Längen die approximativen Standardabweichungen der Merkmale angeben; der Cosinus des Winkels zwischen zwei Pfeilen stellt eine Approximation der Korrelation der zugehörigen Merkmale dar. (Das Wort approximativ ist dabei in dem Sinne zu verstehen, daß zunächst die Datenmatrix und damit auch die Korrelationsmatrix durch eine Matrix vom Rang 2 approximiert wird, was dann eine zweidimensionale Darstellung (der Approximation) erlaubt.) Bei den Bi-Plot-Sonnen verwenden wir nun die durch den Bi-Plot vorgegebene Kreiseinteilung und Merkmalszuordnung und tragen die an den Objekten beobachteten (positiven) Merkmalswerte als Strecken, deren Enden z.B. durch Kreise markiert werden, vom Kreismittelpunkt ausgehend auf den Sektorbegrenzungslinien ab, die ja gerade durch die Pfeile im Bi-Plot gegeben sind.

Betrachtet man dann den Bi-Plot und die einzelnen Bi-Plot-Sonnen parallel, so hat man einen sehr guten Überblick über Merkmale und Objekte.

Beispiel: Ausgehend von der Datenmatrix Y aus Tab.3 wollen wir hier die Bi-Plot-Sonnen für fünf Autohersteller unter Verwendung von sieben Reparaturanfälligkeitsmerkmalen bestimmen. Dabei verwenden wir den bereits in Abschnitt 1.3 angegebenen Bi-Plot für Objekte und Merkmale, vgl. Abb.7; die Kreisaufteilung in $p=7$ Sektoren und die Zuordnung der Merkmale zu den Sektorbegrenzungslinien kann dieser Abbildung entnommen werden bzw. aus der in Abschnitt 1.3 angegebenen Matrix M bestimmt werden. Die sich ergebenden Bi-Plot-Sonnen für die fünf Hersteller sind in Abb.26 dargestellt.

3 BILANZKENNZAHLEN DER CHEMISCHEN INDUSTRIE ZWISCHEN 1965 UND 1980: EIN BEISPIEL FÜR DIE ANWENDUNG GRAPHISCHER VERFAHREN ZUR DARSTELLUNG ZEITLICHER ENTWICKLUNGEN

Als umfassendes Beispiel zu den graphischen Repräsentationsverfahren wollen wir die wohl wichtigsten Bilanzkennzahlen der chemischen Industrie der Bundesrepublik Deutschland betrachten, und zwar sind in der Tab.9 die Anlagenintensität (AI,1), der Eigenkapitalanteil (EA,2), die Eigenkapitalrendite (ER,3), die Umsatzrendite (UR,4), die Liquidität (LIQ,5), der reziproke dynamische Verschuldungsgrad (DVR,6) sowie der Kapitalumschlag (KU,7) in den Jahren 1965 bis 1980 angegeben, wobei

$$AI = \frac{\text{Anlagevermögen}}{\text{Bilanzsumme}} \quad ,$$

$$EA = \frac{\text{Eigenkapital}}{\text{Bilanzsumme}} \quad ,$$

$$ER = \frac{\text{Jahresüberschuß}}{\text{Eigenkapital}} \quad ,$$

$$UR = \frac{\text{Jahresüberschuß}}{\text{Umsatz}} \quad ,$$

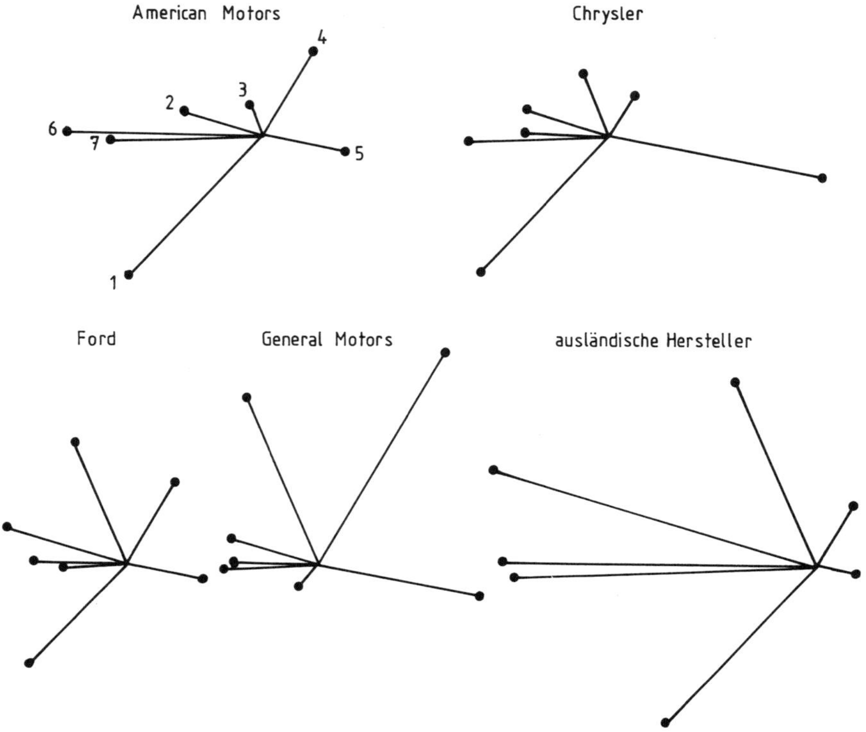

Abb.26: Bi - Plot - Sonnen für fünf Autohersteller unter Berücksichtigung von sieben Reparaturanfälligkeitsmerkmalen; die Merkmalsanordnung ist im ersten Bild angegeben, vgl. auch Abb.7

$$LIQ = \frac{\text{liquide Mittel} + \text{kurzfristige Forderungen}}{\text{kurzfristiges Fremdkapital}} ,$$

$$DVR = \frac{\text{Jahresüberschuß} + \text{Abschreibungen auf Sach- und Finanzanlagen}}{\text{Fremdkapital}} ,$$

$$KU = \frac{\text{Umsatz}}{\text{Bilanzsumme}}$$

(berechnet bzw. übernommen aus: Deutsche Bundesbank, Jahresabschlüsse der Unternehmen der Bundesrepublik Deutschland, Sonderdruck Nr.5, 3. Auflage, Frankfurt a.M. 1983, S.28ff).

Interessiert man sich nun für die Entwicklung der Bilanz in diesen 16 Jahren, so stehen nicht die absoluten sondern vielmehr die relativen Schwankungen der einzelnen Bilanzkennzahlen im Vordergrund. Daher gehen wir hier

Tab.9: Bilanzkennzahlen (in %) der chemischen Industrie in den Jahren 1965 bis 1980

Jahr	AI	EA	ER	UR	LIQ	DVR	KU
1965	44.9	43.6	15.6	5.8	142.8	30.3	119.5
1966	46.2	42.7	17.7	6.5	122.0	31.0	117.6
1967	43.5	42.5	12.1	4.6	131.6	27.4	113.5
1968	40.3	43.1	13.8	5.5	156.2	27.1	111.3
1969	38.3	41.1	15.8	6.0	134.7	24.9	110.4
1970	40.4	39.2	11.2	4.3	127.3	21.3	104.1
1971	40.4	38.9	9.1	3.4	131.5	18.7	106.3
1972	40.2	39.0	9.6	3.6	128.6	18.9	106.0
1973	38.0	38.6	8.7	3.0	124.8	18.4	113.8
1974	35.1	37.6	10.7	3.1	119.3	19.0	131.7
1975	36.2	38.5	7.4	2.4	128.3	16.7	120.7
1976	35.7	37.9	10.7	3.2	121.4	18.7	131.9
1977	35.2	39.0	8.1	2.5	129.6	17.6	131.2
1978	34.5	39.1	9.0	2.7	132.6	18.1	131.0
1979	31.6	38.0	10.2	2.8	123.9	18.4	143.1
1980	31.3	38.3	9.0	2.4	121.6	17.8	149.5

zu Indexzahlen (Meßzahlen) über, vgl. z.B. Kap.I in Hartung et al. (1982), wobei wir als Basisjahr einmal 1973 wählen wollen, d.h. alle Bilanzkennzahlen in einer Spalte der Tab.9 werden durch den entsprechenden Wert für das Jahr 1973 dividiert, so daß im Jahre 1973 alle Werte auf Eins gesetzt werden. Um die Schwankungen etwas stärker sichtbar zu machen, haben wir dann alle Indexzahlen mit 2 multipliziert und dann den Wert 1 subtrahiert, wodurch die Indexzahlen aus Tab.10 entstehen.

Tab.10: Indexzahlen mit Basisjahr 1973 zu den Bilanzkennzahlen der chemischen Industrie der Jahre 1965 - 1980 aus Tab.9

Jahr	AI	EA	ER	UR	LIQ	DVR	KU
1965	1.364	1.260	2.586	2.866	1.288	2.294	1.100
1966	1.432	1.212	3.068	3.334	0.956	2.370	1.066
1967	1.290	1.202	1.782	2.066	1.108	1.978	0.994
1968	1.122	1.234	2.172	2.666	1.504	1.946	0.956
1969	1.016	1.130	2.632	3.000	1.158	1.706	0.940
1970	1.126	1.032	1.574	1.866	1.040	1.316	0.830
1971	1.126	1.016	1.092	1.266	1.108	1.032	0.868
1972	1.116	1.020	1.206	1.400	1.060	1.054	0.862
1973	1.000	1.000	1.000	1.000	1.000	1.000	1.000
1974	0.848	0.948	1.460	1.066	0.912	1.066	1.314
1975	0.906	0.994	0.702	0.600	1.056	0.816	1.122
1976	0.878	0.964	1.460	1.134	0.946	1.032	1.318
1977	0.852	1.020	0.862	0.666	1.076	0.914	1.306
1978	0.812	1.026	1.068	0.800	1.126	0.968	1.302
1979	0.664	0.968	1.344	0.866	0.986	1.000	1.514
1980	0.648	0.984	1.068	0.600	0.948	0.934	1.628

Wir wollen nun die zeitlichen Verläufe bei den einzelnen Bilanzkennzahlen sowie die Jahre 1965 - 1980 in Abhängigkeit von den sieben Bilanzkennzahlen graphisch darstellen. Für die Darstellung der einzelnen Jahre wollen wir Gesichter, Andrews - Plots, Bäume, Burgen und Facetten verwenden; die Abfolge jeder dieser Darstellungen vermittelt einen Eindruck von der Bilanzentwicklung in den 16 Jahren.

Zunächst werden in **Abb.27** die zeitlichen Entwicklungen der sieben Bilanzkennzahlen einzeln durch sogenannte *Verlaufskurven* (*Fieberkurven*) dargestellt, wobei die Indexzahlen aus Tab.10 zugrundegelegt sind. Hier erkennt man bereits, daß die relativen Schwankungen bei den Bilanzkennzahlen Eigenkapitalrendite (ER), Umsatzrendite (UR) sowie reziproker dynamischer Verschuldungsgrad (DVR) am größten sind und daß alle Bilanzkennzahlen bis auf den Kapitalumschlag (KU) eine fallende Tendenz aufweisen.

Bei den übrigen Darstellungen in diesem Abschnitt nehmen die Jahre 1965 bis 1980 die Rolle der *Objekte* und die Bilanzkennzahlen die Rolle der *Merkmale* ein, d.h. an 16 Objekten werden 7 Merkmale beobachtet.

In der **Abb.28** sind die 16 Jahre durch je ein *symmetrisches Gesicht* dargestellt, wobei die Bilanzkennzahlen den Gesichtsparametern gemäß **Tab.11** zugeordnet werden; alle in dieser Tabelle nicht auftauchenden Gesichtsparameter wurden konstant gleich 0.5 gesetzt. Als Eingangsdaten wurden die originalen Bilanzkennzahlen aus Tab.9 verwandt und gemäß den Angaben in Abschnitt 2.3 standardisiert.

Tab.11: Zuordnung der Bilanzkennzahlen zu den Gesichtsparametern der Flury - Riedwyl - faces; vgl. auch Abschnitt 2.3

Gesichtsparameter	zugeordnete Bilanzkennzahl
Augengröße, Pupillengröße, Pupillenposition	Anlageintensität (AI)
Krümmung, Dichte, und waagerechte Position der Augenbrauen	Eigenkapitalanteil (EA)
Gesichtslinie	Eigenkapitalrendite (ER)
obere und untere Haarbegrenzung	Umsatzrendite (UR)
Stärke und Neigungswinkel der Haarschraffur	Liquidität (LIQ)
Größe und Krümmung des Mundes	reziproker dynamischer Verschuldungsgrad (DVR)
Nase	Kapitalumschlag (KU)

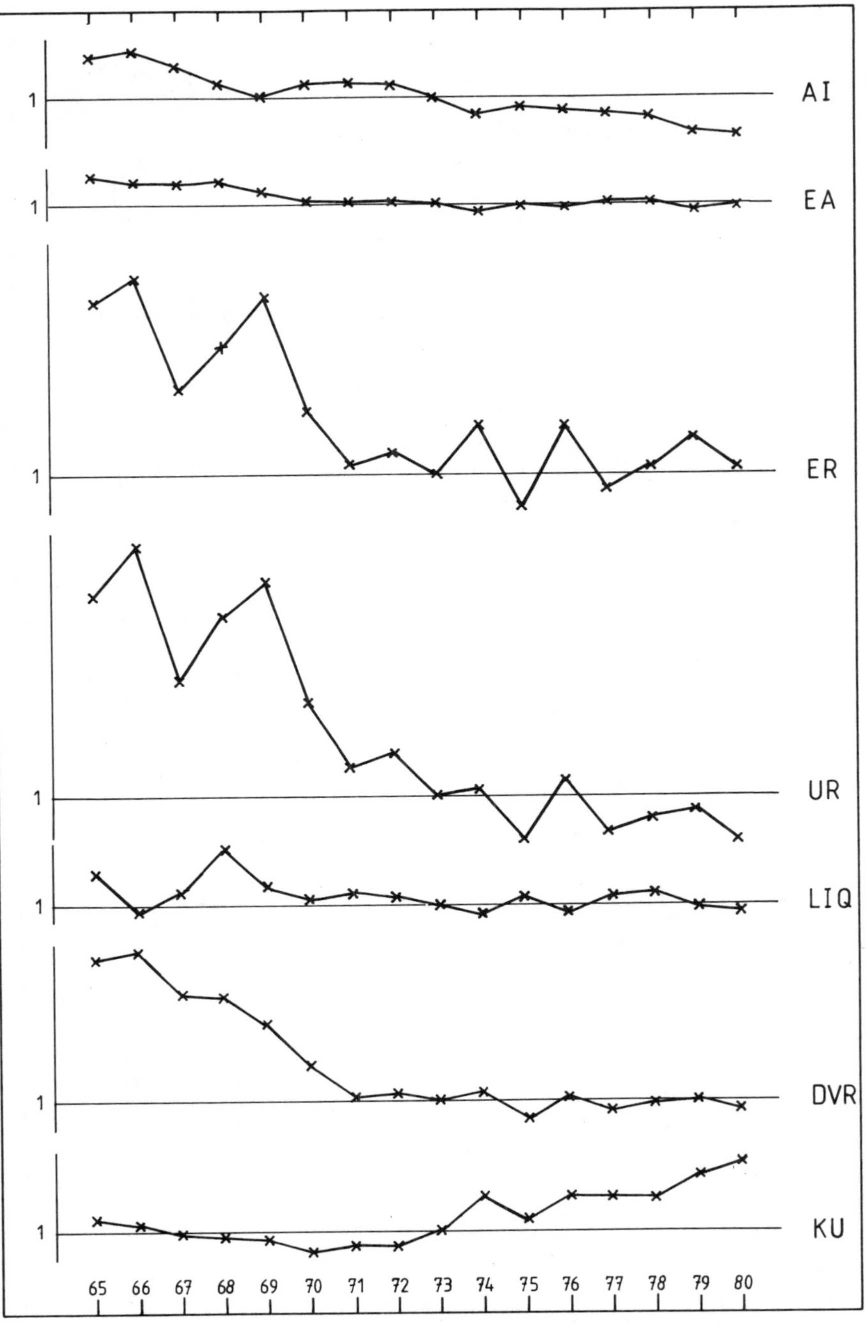

Abb.27: Verlaufskurven für die Jahre 1965 - 1980 der sieben Bilanzkennzahlen ausgehend von den Indexzahlen aus Tab.10 (Basisjahr 1973)

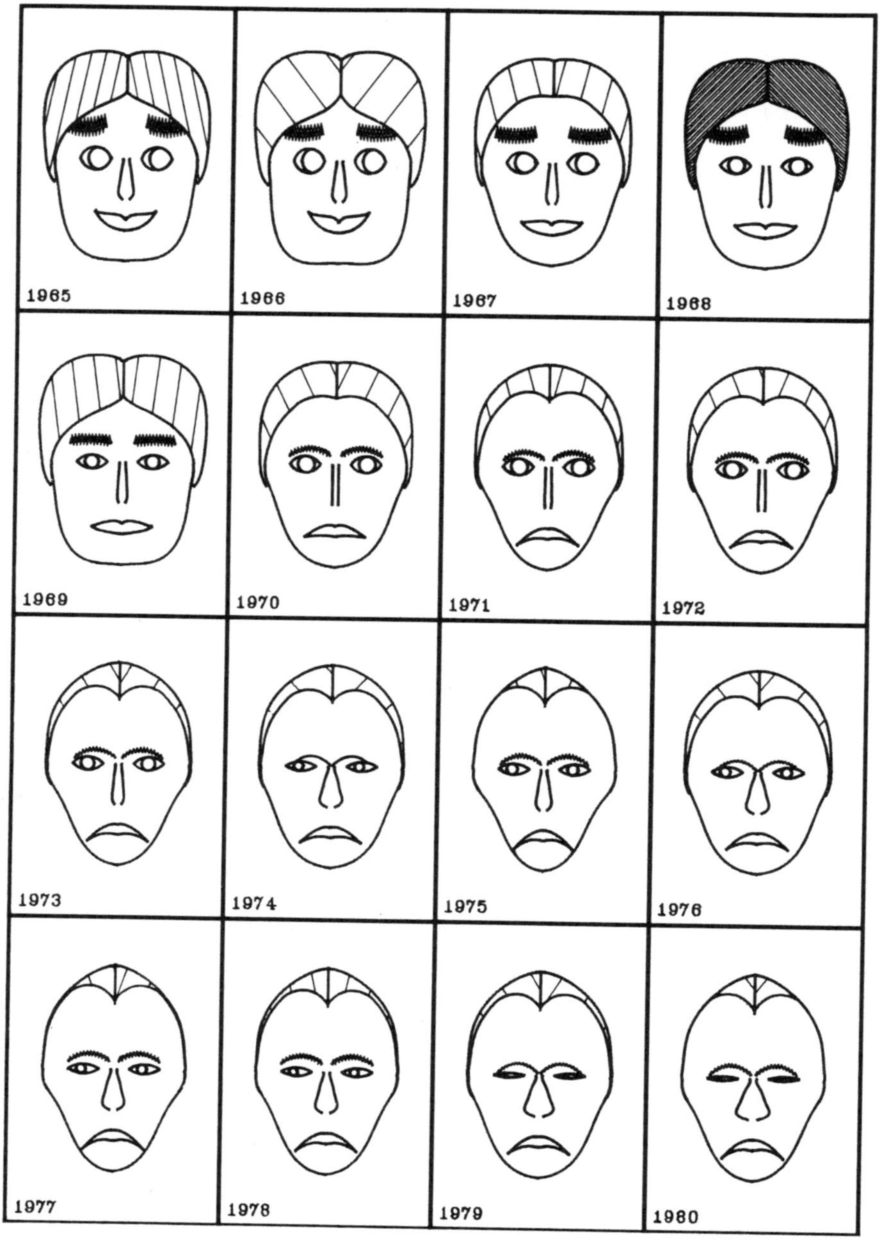

Abb.28: Symmetrische Flury - Riedwyl - faces für die Jahre 1965 - 1980 basierend auf sieben Bilanzkennzahlen der chemischen Industrie unter Verwendung der Daten aus Tab.9 und der Zuordnung gemäß Tab.11

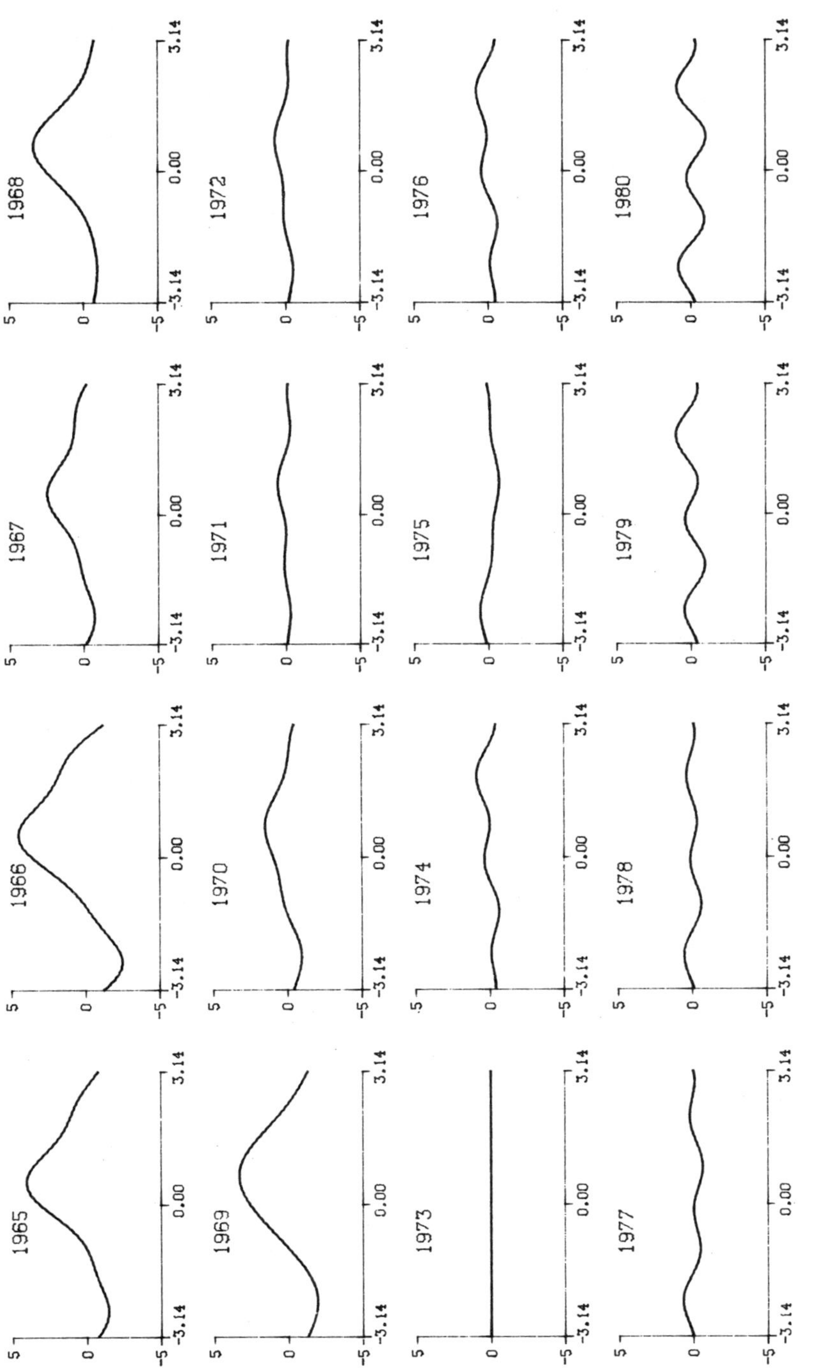

Abb. 29: Andrews - Plots für die Jahre 1965 - 1980 basierend auf sieben Bilanzkennzahlen der chemischen Industrie unter Verwendung der Indexzahlen (vermindert um den Wert Eins) aus Tab.10

Die *Andrews - Plots*, vgl. Abschnitt 2.4.1, für die 16 Jahre sind in Abb.29 angegeben. Als Eingangsdaten (Koeffizienten der trigonometrischen Funktion $f_i(t)$, i=1,...,16) wurden hier die Indexzahlen vermindert um Eins aus Tab.10 verwandt, die hier mit $c_{iAI}, c_{iEA}, \ldots$ benannt seien, wobei die konkrete Zuordnung gemäß der Funktion

$$f_i(t) = c_{iDVR}/\sqrt{2} + c_{iER}\cdot\sin t + c_{iUR}\cdot\cos t + c_{iLIQ}\cdot\sin 2t$$
$$+ c_{iEA}\cdot\cos 2t + c_{iAI}\cdot\sin 3t + c_{iKU}\cdot\cos 3t$$

für i=1 (≙1965),...,16 (≙1980) und $t \in [-\pi,\pi]$ erfolgte.

Um *Burgen* und *Bäume*, vgl. Abschnitt 2.5.2 und 2.5.3, für die 16 Jahre erstellen zu können, muß zunächst die Complete - linkage - Hierarchie für die sieben Bilanzkennzahlen bestimmt werden. Die Verschiedenheiten der sieben Bilanzkennzahlen wollen wir ausgehend von den Indexzahlen in Tab.10 durch euklidische Abstände messen. Hierdurch ergibt sich die Distanzmatrix der Bilanzkennzahlen zu

$$D = \begin{pmatrix} 0.000 & 0.654 & 3.130 & 3.705 & 0.903 & 1.930 & 1.769 \\ 0.654 & 0.000 & 3.127 & 3.848 & 0.423 & 2.000 & 1.184 \\ 3.130 & 3.127 & 0.000 & 1.262 & 3.226 & 1.454 & 3.566 \\ 3.705 & 3.848 & 1.262 & 0.000 & 3.912 & 2.052 & 4.539 \\ 0.903 & 0.423 & 3.226 & 3.912 & 0.000 & 2.118 & 1.296 \\ 1.930 & 2.000 & 1.454 & 2.052 & 2.118 & 0.000 & 2.685 \\ 1.769 & 1.184 & 3.566 & 4.539 & 1.296 & 2.685 & 0.000 \end{pmatrix}$$

und das Dendrogramm der Complete - linkage - Hierarchie hat die in Abb.30 angegebene Gestalt.

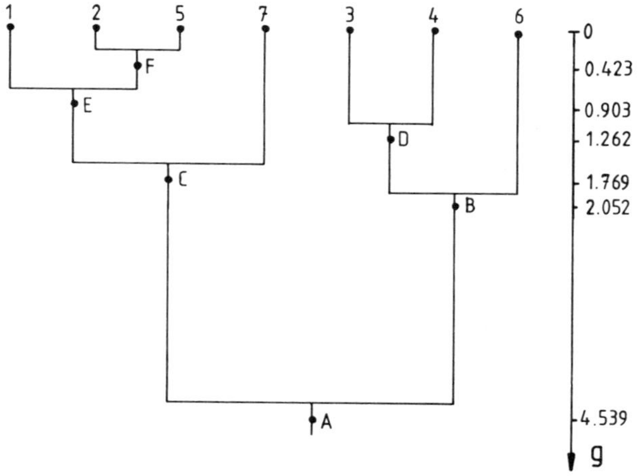

Abb.30: Dendrogramm der Complete - linkage - Hierarchie für sieben Bilanzkennzahlen der chemischen Industrie basierend auf euklidischen Abständen der Indexzahlen aus Tab.10

Die Struktur der *Bäume* für die 16 Jahre ist durch die Tab.12 gegeben, vgl. Abschnitt 2.5.2, wobei wir hier den maximalen Winkel am Verzweigungspunkt A als $\alpha = 80°$ und den minimalen Winkel am Verzweigungspunkt F als $\beta = 30°$ gewählt haben.

Tab.12: Struktur der Bäume für die 16 Jahre basierend auf sieben Bilanzkennzahlen: Verzweigungen, ihre Gütemaße und zugehörige Logarithmen, Winkel, Nachfolger, Breite der Nachfolgeäste, Winkel zwischen Nachfolgeästen und Vertikaler

Verzweigung	g_X	$\ln(g_X+1)$	$\sphericalangle X$	N_X^ℓ	N_X^r	$D(\overline{XN_X^\ell})$	$D(\overline{XN_X^r})$	$\sphericalangle \overline{XN_X^\ell},V$	$\sphericalangle \overline{XN_X^r},V$
A (Stamm)	4.539	1.712	80.0°	C	B	4	3	34.3°	45.7°
B	2.052	1.116	58.1°	6	D	1	2	19.4°	38.7°
C (Stamm)	1.769	1.018	54.5°	7	E	1	3	40.9°	13.6°
D	1.262	0.816	47.0°	3	4	1	1	23.5°	23.5°
E (Stamm)	0.903	0.643	40.7°	F	1	2	1	27.1°	13.6°
F (Stamm)	0.423	0.353	30.0°	2	5	1	1	15.0°	15.0°

Diese Bäume, deren Astlängen und Stammlängen proportional den aus den Indexzahlen der Tab.10 gewonnenen Werten in Tab.13 sind, haben wir in Abb.31 graphisch dargestellt.

Für die *Burgen*, vgl. Abschnitt 2.5.3, wählen wir die Anordnung der Bilanzkennzahlen gemäß dem Dendrogramm aus Abb.30, d.h. die Reihenfolge ist von links nach rechts AI (1), EA (2), LIQ (5), KU (7), ER (3), UR (4), DVR (6). Wählt man den Faktor d als 0.1, so ergeben sich die Höhen der Linien A,B,...,F und 1,...,7 proportional den in Tab.14 angegebenen Werten, die aufgrund der Indexzahlen aus Tab.10 gewonnen werden; in der Tabelle sind auch die jeweiligen Größen q genannt. Die resultierenden Burgen sind dann in Abb.32 graphisch dargestellt.

Abschließend sollen noch *Facetten*, vgl. Abschnitt 2.6, für die Jahre 1965 bis 1980 basierend auf sieben Bilanzkennzahlen der chemischen Industrie bestimmt werden. Als Maß für die Diskriminationseigenschaften der sieben Kennzahlen wählen wir hier die Standardabweichungen der zugehörigen Indexzahlen aus Tab.10, die sich zu

$$s_{AI} = 0.23122 \ , \quad s_{EA} = 0.10624 \ , \quad s_{ER} = 0.69910 \ , \quad s_{UR} = 0.93269 \ ,$$
$$s_{LIQ} = 0.14824 \ , \quad s_{DVR} = 0.53021 \ , \quad s_{KU} = 0.23978$$

ergeben. Die Anordnung der Merkmale auf dem Halbkreis von rechts nach links ist somit UR,ER,DVR,KU,AI,LIQ,EA und die zugehörigen Winkel ergeben sich

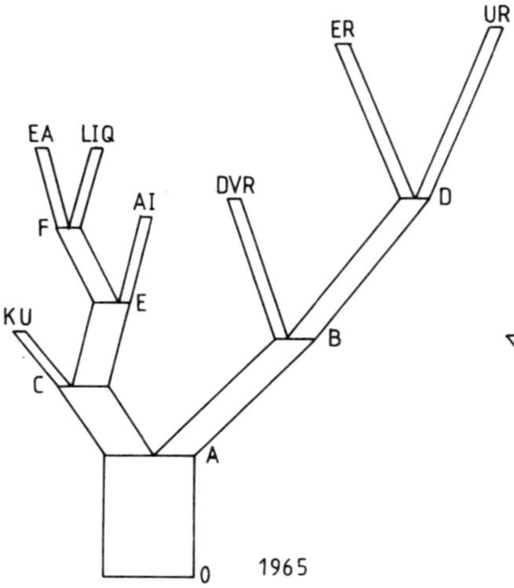

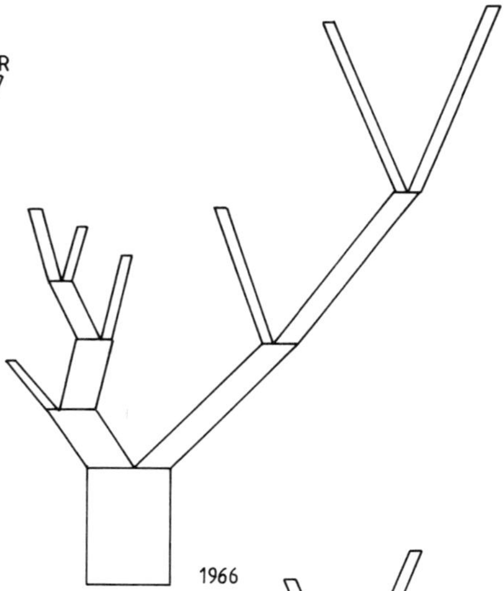

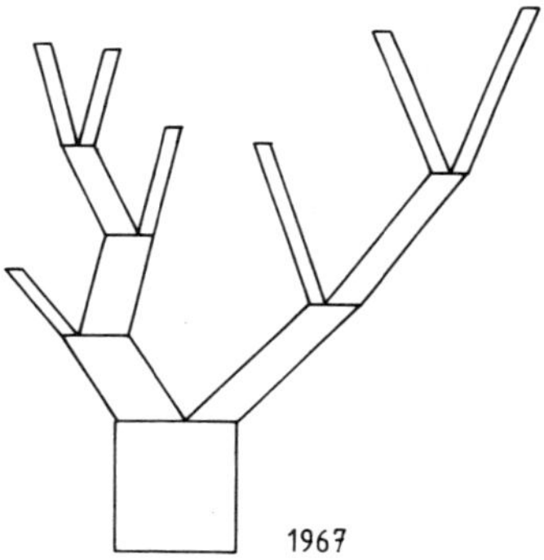

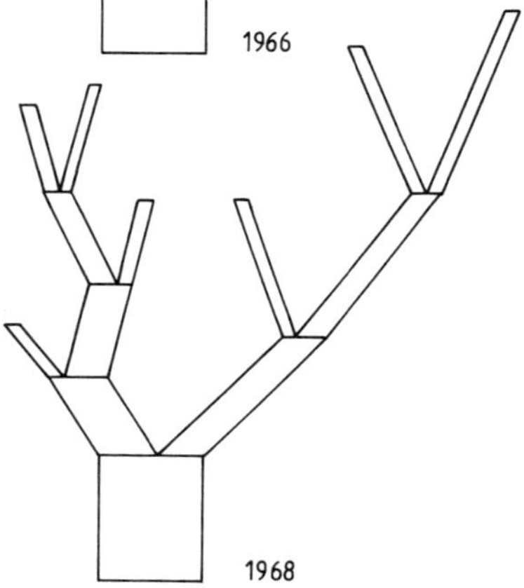

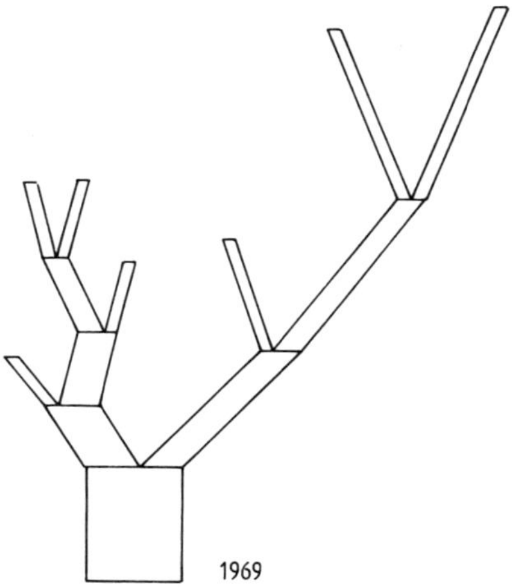

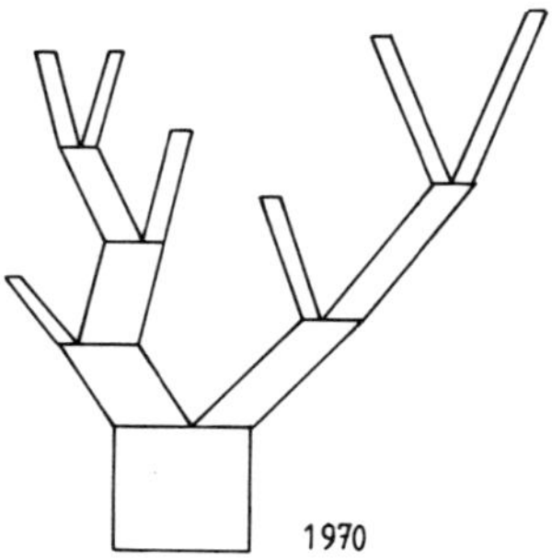

Fortsetzung
nächste
Seite

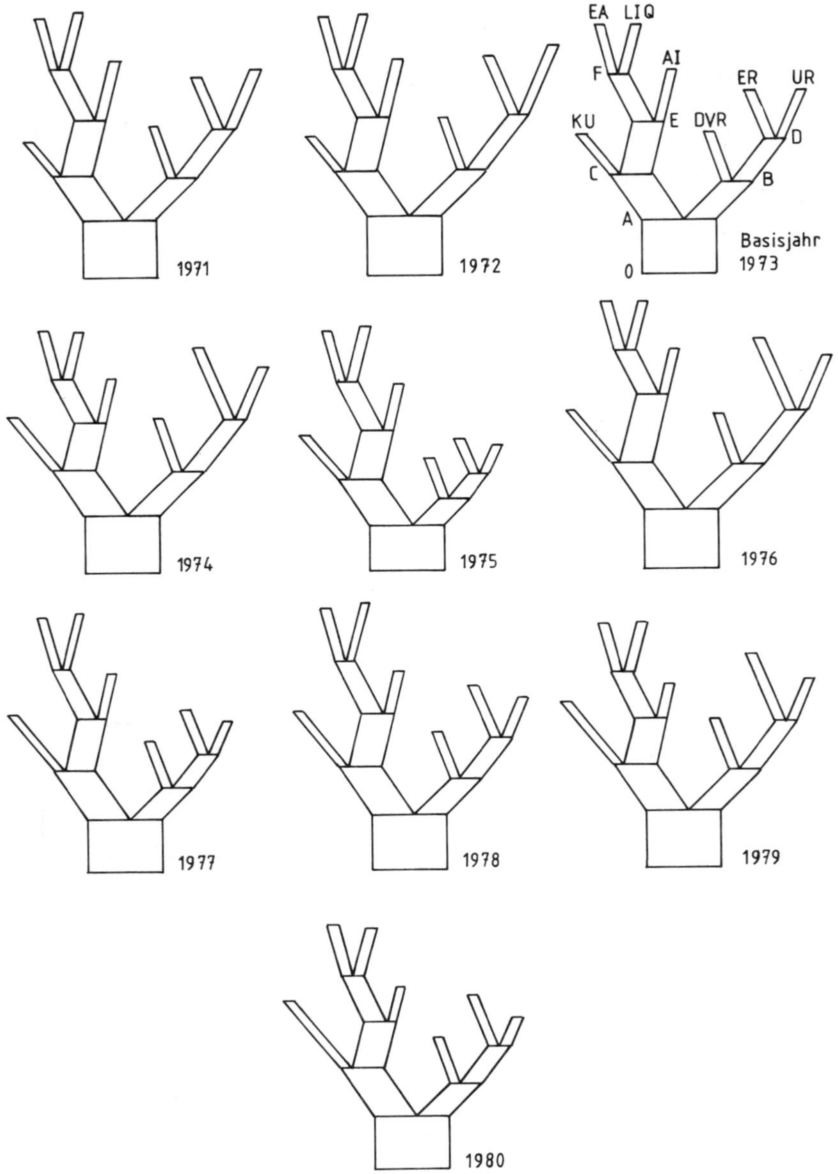

Abb.31: Bäume für die Jahre 1965 - 1980 basierend auf den sieben Indexzahlen aus Tab.10 zu sieben Bilanzkennzahlen der chemischen Industrie (Basisjahr 1973; Baumstruktur und Merkmalsanordnung sind in den Bildern zu 1965 und 1973 angegeben)

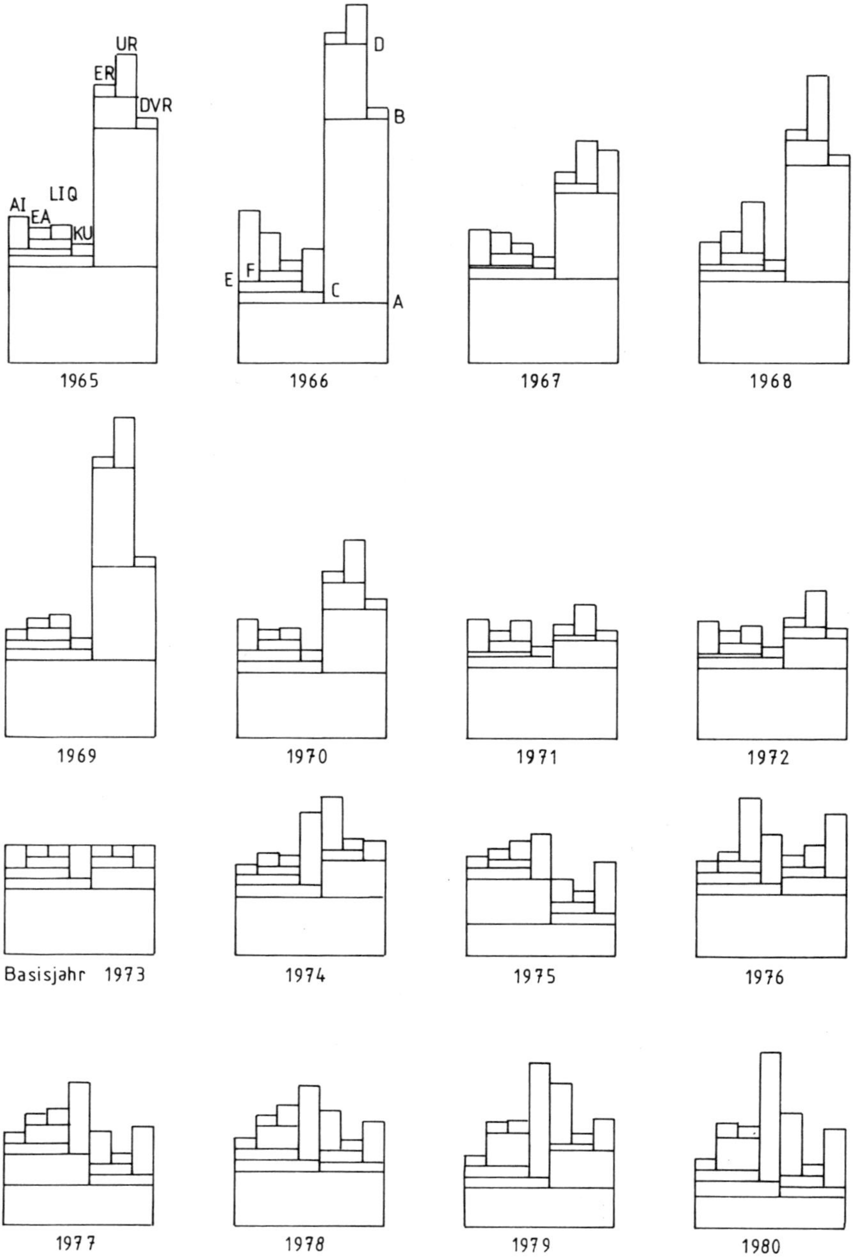

Abb.32: Burgen für die Jahre 1965 - 1980 basierend auf den Indexzahlen aus Tab.10 zu sieben Bilanzkennzahlen der chemischen Industrie (Basisjahr 1973; Merkmalsanordnung und Struktur der Burgen sind im ersten bzw. zweiten Bild angegeben)

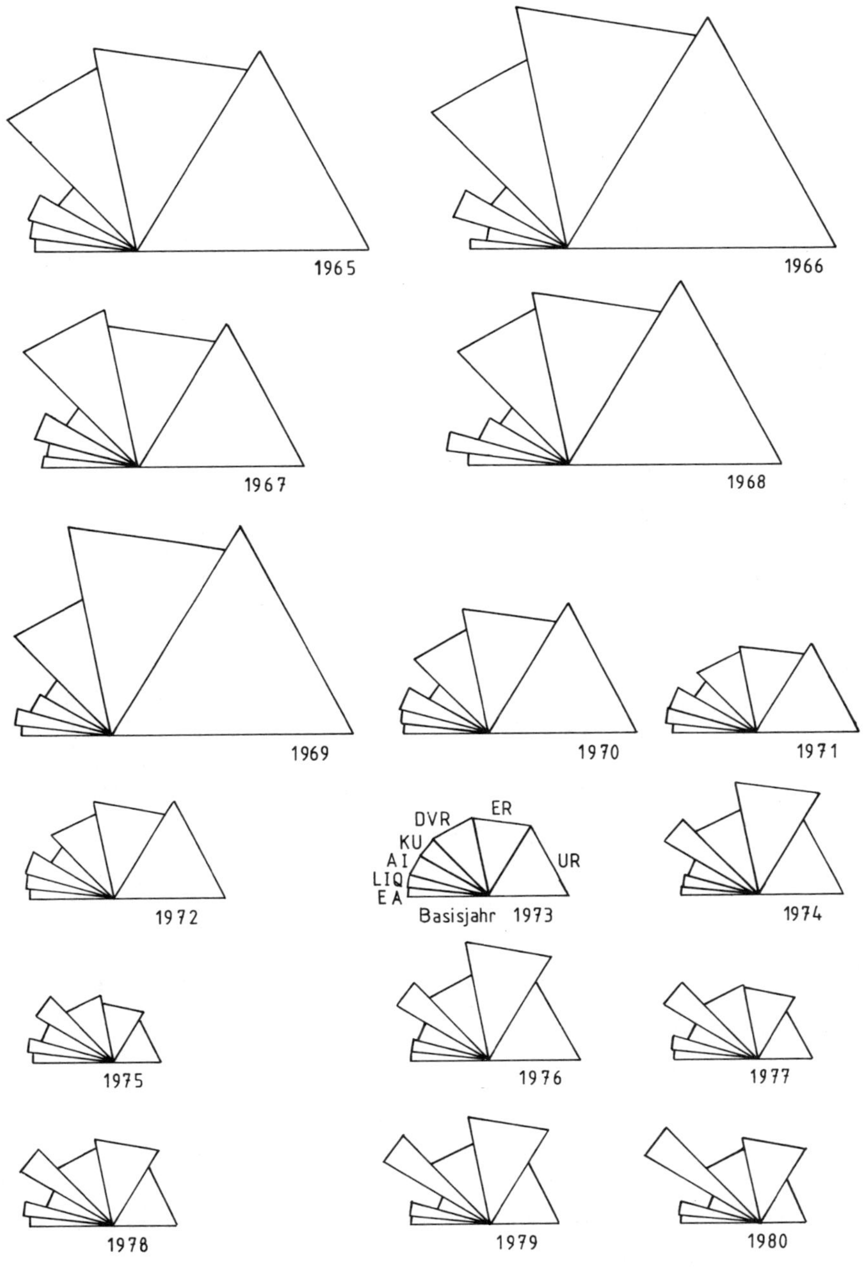

Abb.33: Facetten für die Jahre 1965 - 1980 basierend auf den Indexzahlen aus Tab.10 zu sieben Bilanzkennzahlen der chemischen Industrie (die Merkmalsanordnung ist im Bild zum Basisjahr 1973 angegeben)

Tab.13: Ast- und Stammlängen der Bäume für 16 Jahre basierend auf sieben Bilanzkennzahlen unter Verwendung der in Tab.10 angegebenen Indexzahlen

Jahr	1965	1966	1967	1968	1969	1970	1971	1972
$\overline{OA}$	1.823	1.920	1.489	1.657	1.655	1.255	1.073	1.103
$\overline{AB}$	2.582	2.924	1.942	2.261	2.446	1.585	1.130	1.220
$\overline{AC}$	1.253	1.167	1.149	1.204	1.061	1.007	1.030	1.015
$\overline{BD}$	2.726	3.201	1.924	2.419	2.816	1.720	1.179	1.303
$\overline{B6}$	2.294	2.370	1.978	1.946	1.706	1.316	1.032	1.054
$\overline{CE}$	1.304	1.200	1.200	1.287	1.101	1.066	1.083	1.065
$\overline{C7}$	1.100	1.066	0.994	0.956	0.940	0.830	0.868	0.862
$\overline{D3}$	2.586	3.068	1.782	2.172	2.632	1.574	1.092	1.206
$\overline{D4}$	2.866	3.334	2.066	2.666	3.000	1.866	1.266	1.400
$\overline{EF}$	1.274	1.084	1.155	1.369	1.144	1.036	1.062	1.040
$\overline{E1}$	1.364	1.432	1.290	1.122	1.016	1.126	1.126	1.116
$\overline{F2}$	1.260	1.212	1.202	1.234	1.130	1.032	1.016	1.020
$\overline{F5}$	1.288	0.956	1.108	1.504	1.158	1.040	1.108	1.060
Jahr	**1973**	**1974**	**1975**	**1976**	**1977**	**1978**	**1979**	**1980**
$\overline{OA}$	1.000	1.088	0.885	1.105	0.957	1.015	1.049	0.973
$\overline{AB}$	1.000	1.197	0.706	1.209	0.814	0.945	1.070	0.867
$\overline{AC}$	1.000	1.006	1.020	1.027	1.064	1.067	1.033	1.052
$\overline{BD}$	1.000	1.263	0.651	1.297	0.764	0.934	1.105	0.834
$\overline{B6}$	1.000	1.066	0.816	1.032	0.914	0.968	1.000	0.934
$\overline{CE}$	1.000	0.903	0.985	1.301	0.983	0.988	0.873	0.860
$\overline{C7}$	1.000	1.314	1.122	1.318	1.306	1.302	1.514	1.628
$\overline{D3}$	1.000	1.460	0.702	1.460	0.862	1.068	1.344	1.068
$\overline{D4}$	1.000	1.066	0.600	1.134	0.666	0.800	0.866	0.600
$\overline{EF}$	1.000	0.930	1.025	0.955	1.048	1.076	0.977	0.966
$\overline{E1}$	1.000	0.848	0.906	0.878	0.852	0.812	0.664	0.648
$\overline{F2}$	1.000	0.948	0.994	0.964	1.020	1.026	0.968	0.984
$\overline{F5}$	1.000	0.912	1.056	0.946	1.076	1.126	0.986	0.948

als Produkt der Standardabweichungen mit der Konstanten $c = 62.338°$ zu

$$\alpha_{UR} = 58.142° \;,\quad \alpha_{ER} = 43.581° \;,$$

$$\alpha_{DVR} = 33.052° \;,\quad \alpha_{KU} = 14.947° \;,$$

$$\alpha_{AI} = 14.414° \;,\quad \alpha_{LIQ} = 9.241° \text{ sowie}$$

$$\alpha_{EA} = 6.623° \;.$$

Die Radien der Halbkreissektoren sind bei den in Abb.33 dargestellten Facetten proportional den jeweiligen Indexzahlen aus Tab.10 gewählt worden.

Tab.14: Proportionalitätsfaktoren h für die Höhe der Linien A,...,F und 1,...,7 sowie Werte q für die Burgen der Jahre 1965 bis 1980 basierend auf sieben Bilanzkennzahlen der chemischen Industrie unter Verwendung von Tab.10

Linie	1965		1966		1967		1968		1969		1970		1971		1972	
	q	h	q	h	q	h	q	h	q	h	q	h	q	h	q	h
1	0	1.364	0	1.432	0	1.290	0	1.122	0	1.016	0	1.126	0	1.126	0	1.116
2	0	1.260	0	1.212	0	1.202	0	1.234	0	1.130	0	1.032	0	1.016	0	1.020
3	0	2.586	0	3.068	0	1.782	0	2.172	0	2.632	0	1.574	0	1.092	0	1.206
4	0	2.866	0	3.334	0	2.066	0	2.666	0	3.000	0	1.866	0	1.266	0	1.400
5	0	1.288	0	0.956	0	1.108	0	1.504	0	1.158	0	1.040	0	1.108	0	1.060
6	0	2.294	0	2.370	0	1.978	0	1.946	0	1.706	0	1.316	0	1.032	0	1.054
7	0	1.100	0	1.066	0	0.994	0	0.956	0	0.940	0	0.830	0	0.868	0	0.862
A	2	0.900	4	0.556	4	0.708	2	0.756	2	0.740	2	0.730	2	0.668	2	0.662
B	1	2.194	1	2.270	2	1.582	1	1.846	1	1.606	1	1.216	1	0.932	1	0.954
C	1	1.000	3	0.656	3	0.808	1	0.856	1	0.840	1	0.630	1	0.768	1	0.762
D	1	2.486	1	2.968	1	1.682	1	2.072	1	2.532	1	1.474	1	0.992	1	1.106
E	2	1.060	2	0.756	2	0.908	1	1.022	1	0.916	2	0.832	2	0.816	2	0.820
F	1	1.160	1	0.856	1	1.008	1	1.134	1	1.030	1	0.932	1	0.916	1	0.920

Linie	1973		1974		1975		1976		1977		1978		1979		1980	
	q	h	q	h	q	h	q	h	q	h	q	h	q	h	q	h
1	0	1.000	0	0.848	0	0.906	0	0.878	0	0.852	0	0.812	0	0.664	0	0.648
2	0	1.000	0	0.948	0	0.994	0	0.964	0	1.020	0	1.026	0	0.968	0	0.984
3	0	1.000	0	1.460	0	0.702	0	1.460	0	0.862	0	1.068	0	1.344	0	1.068
4	0	1.000	0	1.066	0	0.600	0	1.134	0	0.666	0	0.800	0	0.866	0	0.600
5	0	1.000	0	0.912	0	1.056	0	0.946	0	1.076	0	1.126	0	0.986	0	0.948
6	0	1.000	0	1.066	0	0.816	0	1.032	0	0.914	0	0.968	0	1.000	0	0.934
7	0	1.000	0	1.314	0	1.122	0	1.318	0	1.306	0	1.302	0	1.514	0	1.628
A	4	0.600	3	0.548	3	0.300	3	0.578	3	0.552	3	0.500	3	0.364	3	0.300
B	2	0.800	2	0.866	2	0.400	1	0.932	2	0.466	2	0.600	2	0.666	2	0.200
C	3	0.700	2	0.648	2	0.706	2	0.678	2	0.652	2	0.612	2	0.464	2	0.448
D	1	0.900	1	0.966	1	0.500	1	1.034	1	0.566	1	0.700	1	0.766	1	0.100
E	2	0.800	1	0.748	1	0.806	1	0.778	1	0.752	1	0.712	1	0.564	1	0.548
F	1	0.900	1	0.812	1	0.894	1	0.846	1	0.920	1	0.926	1	0.868	1	0.848

Kapitel X: Das multivariate lineare Modell (multivariate Regressions-, Varianz-, Kovarianz- und Profilanalyse, multivariate Varianzkomponentenmodelle, Präzisionsbestimmung bei Meßinstrumenten)

Wir beschäftigen uns in diesem Kapitel mit statistischen Verfahren in sogenannten *Multivariaten Linearen Modellen*. Diese Verfahren dienen dazu, die Zusammenhänge zwischen einer oder mehreren *Einflußvariablen* und einer Reihe von p *quantitativen Merkmalen*, die an n Versuchsobjekten beobachtet werden, zu erklären und zu analysieren; die Einflußvariablen sind dabei entweder vorgegeben oder können auch miterhoben werden. Sind die beobachteten Merkmale *qualitativ*, so können sie natürlich zunächst mit Verfahren aus Kap.V *skaliert* werden; man beachte jedoch die dortigen Anmerkungen und die Ausführungen im nachfolgenden Abschnitt 1.3.

Man unterscheidet nun prinzipiell zwischen *Modellen mit festen Effekten* (*Modelle I*) und *Modellen mit zufälligen Effekten* (*Modelle II*).

Bei *Modellen mit festen Effekten*, die in Abschnitt 1 behandelt werden, geht man davon aus, daß die interessierenden Einflußvariablen nicht zufällige sondern feste Größen sind. Handelt es sich bei einer Einflußvariablen um ein quantitatives Merkmal, so bedeutet dies, daß es fehlerfrei erhoben wird; handelt es sich um einen qualitativen Einflußfaktor, der auf t Stufen (mit t Ausprägungen) vorliegt, so kann das Interesse auch nur der Untersuchung des Einflußes dieser t Faktorstufen auf die beobachteten Merkmale gelten.

Von *Modellen mit zufälligen Effekten*, denen der Abschnitt 2 gewidmet ist, hingegen spricht man, wenn die Einflußfaktoren zufällig sind, d.h. falls es sich um quantitative Merkmale handelt, daß diese 'fehlerbehaftet' sein können, und falls es sich um qualitative Einflußfaktoren handelt, daß nicht nur die konkret betrachteten Faktorstufen interessieren, sondern vielmehr alle möglichen Stufen des Faktors, von denen für ein Experiment t Stufen zufällig ausgewählt wurden. Werden in einem Modell sowohl feste als auch zufällige Einflußvariablen berücksichtigt, so spricht man auch von *gemischten Modellen* (*Modelle III*).

Möchte man die *Merkmale* (in Y, bzw. auch in X wegen z.B. erheblicher 'Korrelation der Regressoren') auf 'wenige' sie 'im wesentlichen' beschreibende (künstliche) "Faktoren" *reduzieren*, so sei auf die Verfahren der *Faktorenanalyse*, vgl. Kap.VIII, hingewiesen. Man arbeitet dann (anstelle von Y bzw. X) mit der jeweiligen "*reduzierten Datenmatrix*" der jeweils zugehörigen (geschätzten) Faktorenwerte, vgl. Abschnitt 3 in Kap.VIII, wenn die im folgenden getroffenen Modellannahmen dann als in etwa zutreffend angesehen werden können.

1 DAS MULTIVARIATE LINEARE MODELL MIT FESTEN EFFEKTEN (MODELL I)

Beim *Multivariaten Linearen Modell mit festen Effekten* geht man davon aus, daß p *interessierende, quantitative Merkmale* (*Responsevariablen*) an n Objekten beobachtet werden. Diese p Merkmale sind gemeinsam von einem oder mehreren *quantitativen oder qualitativen Einflußfaktoren* abhängig. Faßt man die n Beobachtungsvektoren $y_1,\dots,y_n$ in einer $n\times p$ - Beobachtungsmatrix Y zusammen, so enthält diese Matrix in der i-ten Zeile, i=1,...,n, gerade den transponierten Beobachtungsvektor y_i^T am i-ten Objekt. Die festgelegten oder miterhobenen Ausprägungen der m Einflußvariablen liefern dann die sogenannte $n\times m$ *Designmatrix* X und die zugehörige $m\times p$ *Parametermatrix* $\Psi = (\psi^{(1)},\dots,\psi^{(p)})$, welche die den *Effekten* der Einflußvariablen auf die Responsevariablen zugeordneten Parameter enthält; $\psi^{(j)}$ ist für j=1,...,p gerade der Parametervektor zur j-ten Responsevariablen. Bezeichnet weiter $E = (e_1,\dots,e_n)^T$ die $n\times p$ - *Fehlermatrix* zur Beobachtungsmatrix Y, wobei die Fehlervektoren $e_1,\dots,e_n$ zu den Objekten als voneinander unabhängig, identisch $N(0;\Sigma)$ - verteilt angenommen werden (Σ ist eine $p\times p$ - Kovarianzmatrix), so läßt sich Y auch darstellen als

$$Y = X\Psi + E \qquad \text{mit } E(Y) = X\Psi \ \text{ und } \ Cov(Y) = I_n \otimes \Sigma \quad .$$

In einem solchen Multivariaten Linearen Modell können zusätzlich noch Nebenbedingungen an die Parameter gestellt werden, und zwar berücksichtigt man im *restringierten Multivariaten Linearen Modell* lineare Nebendingungen der Form

$$Z\Psi = 0 \quad ,$$

wobei Z eine passend dimensionierte *Restriktionsmatrix* ist.

Interessiert ist man nun etwa an *Schätzungen* $\hat{\Psi}$, $\hat{\Sigma}$ für die Parametermatrix Ψ

und die Kovarianzmatrix $\mathbf{\Sigma}$ (hierfür wird die Normalverteilungsannahme nicht benötigt), an der *Prognose* zukünftiger Beobachtungswerte, an *Tests* zum Niveau γ von allgemeinen Linearen Hypothesen der Form

$$H_0: \; K\Psi = 0$$

über die Parameter, wobei K eine passend dimensionierte *Testmatrix* ist, sowie an Überprüfungen der *Modellgüte* und der *Modellannahmen* mittels *Residualanalyse*.

Es seien hier noch einige *Modelltypen* im Multivariaten Linearen Modell erläutert. Man spricht von: *Regressionsanalysemodellen*, wenn die Einflußvariablen quantitativer Art sind, deren Ausprägungen, die ja in den Spalten von X stehen, beliebige Zahlen sein können; *Varianzanalysemodellen*, wenn die Einflußvariablen qualitative Einflußfaktoren sind bzw. in nur endlich vielen Ausprägungsstufen vorliegen und man eine geeignete Designmatrix X erstellt, die nur aus den Zahlen 1 und 0 besteht, je nachdem ob die Stufe eines Faktors wirkt oder nicht; *Kovarianzanalysemodellen*, wenn sowohl qualitative als auch quantitative Einflußvariablen berücksichtigt werden. Eine weitere Klasse bilden die *Modelle der Profilanalyse*, bei denen die p Spalten der Responsematrix Y die Ausprägungen eines einzelnen Merkmals zu p verschiedenen Zeitpunkten enthalten (*Wachstums-, Verlaufskurven*).

Im Abschnitt 1.1 wird zunächst die *allgemeine Vorgehensweise* bei der Analyse Multivariater Linearer Modelle dargestellt; die nötigen Berechnungen werden sich in speziellen Modellen, wie wir sie später noch betrachten werden, als relativ einfach erweisen.

Im Abschnitt 1.2 werden dann die vier bekanntesten *multivariaten Testverfahren*, der Wilks - Test, der Hotelling - Lawley - Test, der Pillai - Bartlett - Test und der Roy - Test, zum Testen allgemeiner Linearer Hypothesen über die Paramtermatrix des Multivariaten Linearen Modells behandelt, die auch schon im Zusammenhang mit kanonischen Korrelationsanalysen in Kap.III aufgetaucht sind.

Im Anschluß an die Darstellung der allgemeinen Methodik wird dann in Abschnitt 1.3 die Vorgehensweise in *Regressions- und Kovarianzanalysemodellen* an einem konkreten *Beispiel* dargestellt. Und zwar wurden im Beispiel des Abschnitts 5 in Kap.V ausgehend von Beobachtungen an n = 10 Produkten die Responsevariablen Gewinn und Geschäftstyp mit relativ höchstem Absatz gegen die Einflußvariablen Werbeetat und Werbeart *skaliert*. Verwendet man nun sowohl die Skalenwerte für die Geschäftstypen als auch die diejenigen für die

Werbearten, so lassen sich die Daten in einem Regressionsmodell mit $p = 2$ Responsevariablen und $m = 2$ quantitativen Einflußvariablen auswerten. Verwendet man hingegen nur die Skalenwerte für die Geschäfttypen und betrachtet die Werbeart weiterhin als qualitativen Einflußfaktor auf 3 Stufen (aggressiv, einschmeichelnd, erlebnisweckend), so gelangt man zu einem Kovarianzanalysemodell mit $p = 2$ Responsevariablen, einem qualitativen Einflußfaktor und einer *Kovariablen* (quantitativer Einflußfaktor). An diesem Beispiel wird die *Konstruktion von Designmatrizen*, die Schätzung und Beurteilung von Parametern, das Testen Linearer Hypothesen, die *Prognose* zukünftiger Beobachtungswerte, die *Modellüberprüfung* z.B. mittels *Residualanalyse* und der *Vergleich von Modellen* demonstriert.

Im Abschnitt 1.4 beschäftigen wir uns dann mit einigen speziellen *multivariaten Varianzanalysemodellen* (*MANOVA = multivariate analysis of variance*), bei denen nur qualitative Einflußfaktoren auf endlich vielen interessierenden Stufen berücksichtigt werden. Im Abschnitt 1.4.1 wird das Modell der Einfachklassifikation (ein Einflußfaktor auf r Stufen), das dem Vergleich von r unabhängigen Stichproben entspricht, sowohl im *balancierten* als auch im *unbalancierten* Fall vorgestellt. Neben Parameterschätzungen und Tests über die Parameter werden hier auch simultane *multiple Vergleiche* für die Parameter behandelt.

Beispiel: Je 15 Fahrzeuge dreier verschiedener Fabrikate werden gleichzeitig bzgl. ihres Benzin- und Ölverbrauchs unter sonst identischen Versuchsbedingungen untersucht. Sind signifikante Unterschiede im Benzin- und Ölverbrauch bei den drei Fabrikaten vorhanden und welche Fabrikate sind signifikant verschieden bzgl. dieser beiden Merkmale?

In den Abschnitten 1.4.2 - 1.4.4 werden dann verschiedene Modelle zur Berücksichtigung zweier Einflußfaktoren dargestellt und jeweils Parameterschätzungen sowie Tests behandelt. Zunächst betrachten wir das Modell der *zweifachen Kreuzklassifikation mit Wechselwirkungen* zwischen den Faktoren, bei dem jede der r Stufen eines Faktors $\mathbb{A}$ mit jeder der s Stufen des Faktors $\mathbb{B}$ kombiniert mehrfach beobachtet wird. Liegt nur eine Beobachtung pro *Faktorstufenkombination* (pro *Zelle*) vor, so kann keine Wechselwirkung berücksichtigt werden und man spricht vom *einfachen Blockexperiment*, vgl. Abschnitt 1.4.3. Schließlich wird im Abschnitt 1.4.4 das Modell der *zweifach hierarchischen Klassifikation* behandelt, das dadurch ausgezeichnet ist, daß jede Stufe des Faktors $\mathbb{B}$ nur mit jeweils einer Stufe des Faktors $\mathbb{A}$ (aus versuchstechnischen Gründen) kombiniert beobachtet werden kann.

Beispiel: Bei weiblichen und männlichen (kastrierten) Schweinen (Faktor A) verschiedener Rassen (Faktor B) werden Schlachtgewicht, Fleisch - Fett - Verhältnis im Schlachtkörper und Rückenspeckdicke bestimmt. In einem Modell der zweifachen Kreuzklassifikation läßt sich dann prüfen, ob das Geschlecht und ob die Rassen einen signifikanten Einfluß auf die drei interessierenden Merkmale haben. Werden pro Faktorstufenkombination die Merkmale bei mehreren Schweinen bestimmt, so läßt sich zusätzlich die Signifikanz einer Wechselwirkung zwischen den Einflüssen von Geschlecht und Rasse prüfen.

Schließlich beschäftigen wir uns im Abschnitt 1.5 mit einem einfachen Modell der *Profilanalyse*, in dem sowohl Normalverteilungsverfahren als auch ein nichtparametrisches Verfahren dargestellt werden.

Beispiel: In n Betrieben werden die Absatzziffern für mehrere Produkte in $p = 12$ aufeinanderfolgenden Monaten bestimmt. Können die Verläufe der mittleren Absatzziffern in allen Betrieben als im wesentlichen parallel (d.h. nur im absoluten Wert verschoben), können sie sogar als praktisch gleich oder können zumindest die Flächen zwischen waagerechter Nullachse und der *Verlaufskurve* der mittleren Absatzziffern (Absatzziffern in den zwölf Monaten jeweils durch Striche verbunden) in den Betrieben als nicht signifikant verschieden angesehen werden?

1.1 DAS ALLGEMEINE RESTRINGIERTE MULTIVARIATE LINEARE MODELL

Das hier betrachtete allgemeine *restringierte Multivariate Lineare Modell* hat die Gestalt

$$Y = X\Psi + E \quad , \quad Z\Psi = 0 \quad ,$$

wobei Y die (beobachtete) $n \times p$ - *Datenmatrix* (bzw. auch die zugehörige Zufallsvariablen - Matrix), X die bekannte $n \times m$ - *Designmatrix*, $\Psi = (\psi^{(1)}, \ldots, \psi^{(p)})$ die unbekannte $m \times p$ - *Parametermatrix*, $E = (e_1, \ldots, e_n)^T$ die (zufällige) $n \times p$ - *Fehlermatrix* und Z die $\ell \times m$ - *Nebenbedingungs- (Restriktions-)Matrix* bezeichnet. Wir nehmen hier weiter an, daß die e_i für $i=1,\ldots,n$ normalverteilt mit Erwartungswertvektor 0 und Kovarianzmatrix Σ sind und daß $e_1, \ldots, e_n$ unabhängige Zufallsvektoren sind.

Die *Nebenbedingung* $Z\Psi = 0$ im restringierten Modell bedeutet eine Einschränkung für die Parametermatrix Ψ; sie heißt eine *identifizierende Bedingung* (bzgl. Ψ), wenn gilt

$$(I_m - X_Z^+ X)(I_m - Z^+ Z) = 0 \quad ,$$

und eine mit dem unrestringierten Modell $Y = X\Psi + E$ *verträgliche Bedingung*, wenn gilt

$$XX_Z^+ X - X = 0 \quad .$$

Hierbei bezeichnet Z^+ die Pseudoinverse von Z, vgl. Abschnitt 4 in Kap.I, und X_Z^+ die *Kern(Z) - restringierte Pseudoinverse von X*. [Ist A eine n×m - Matrix und B eine m×p - Matrix, so ist die Kern(B) - restringierte Pseudoinverse A_B^+ von A diejenige Matrix C, die folgende fünf Bedingungen erfüllt:

(i) $BC = 0$,

(ii) $CAC = C$,

(iii) $(AC)^T = CA$,

(iv) $ACA(I - B^+B) = A(I - B^+B)$,

(v) $(I - B^+B)(CA)^T(I - B^+B) = CA(I - B^+B)$;

sie läßt sich wie folgt berechnen:

$$A_B^+ = [A(I - B^+B)]^+ \quad ;$$

man vgl. hierzu auch Hartung (1976, 1977a, 1979), Hartung/Werner (1984).]

Als *Schätzung für die Parametermatrix* Ψ des Modells wird gewöhnlich die Kleinste - Quadrate - Schätzung mit minimaler Norm

$$\hat{\Psi} = X_Z^+ Y$$

verwandt. Ist die Nebenbedingung $Z\Psi = 0$ identifizierend, so ist $\hat{\Psi}$ sogar eindeutige Kleinste - Quadrate - Schätzung für Ψ (im restringierten Modell). Die Nichtverträglichkeit einer Nebenbedingung hat keine direkte Auswirkung. Jedoch sollte man darauf achten, daß eine Nebenbedingung diese Eigenschaft hat, wenn sie nicht Modell - immanent ist und lediglich zur Einschränkung der möglichen Schätzungen im unrestringierten Modell dient, denn ist die Bedingung $Z\Psi = 0$ verträglich, so ist $\hat{\Psi} = X_Z^+ Y$ auch eine im unrestringierten Modell zulässige Kleinste - Quadrate - Schätzung für Ψ. Ist eine Nebenbedingung verträglich und identifizierend, so nennt man sie auch eine *Reparametrisierungsbedingung*. Anzumerken ist, daß es durchaus zum selben Grundmodell verschiedene Sätze von Reparametrisierungsbedingungen geben kann, die sich unterschiedlich auf die statistische Analyse auswirken, z.B. in einem Fall Ablehnung einer Hypothese und im anderen Fall Annahme der selben Hypothese zum selben Niveau; für ein Beispiel vgl. Hartung/Werner (1984, §11). Bzgl. näherer Erläuterungen, Ausführungen und Illustrationen - auch zum später noch behandelten Testbarkeitsproblem - vgl. auch Hartung/Werner (1980, 1983, 1984), Krafft (1978), Searle (1971).

Ausgehend von der Schätzung $\hat{\Psi} = (\hat{\psi}^{(1)},\dots,\hat{\psi}^{(p)})$ für die Parametermatrix Ψ können auch *Prognosewerte für eine zukünftige Beobachtung* des j-ten Merkmals

$$y_{j*} = x_*^T\psi^{(j)} + \varepsilon_{j*} \quad , \text{ mit } Z\psi^{(j)} = 0 \quad ,$$

wobei $\varepsilon_{j*} \sim N(0;\sigma_j^2)$ und ε_{j*} unabhängig von den Beobachtungsfehlern $e_{1j},\dots,e_{nj}$ $[E = (e_{ij})_{i=1,\dots,n,j=1,\dots,p}]$ den Fehler bei der Beobachtung von y_{j*} bezeichnet und $x_* = (x_{1*},\dots,x_{m*})^T$ ist, sowie *Konfidenz-* bzw. *Prognoseintervalle* für den Erwartungswert $E(y_{j*})$ bzw. für y_{j*} angegeben werden, falls $x_*^T\psi^{(j)}$ *linear unverzerrt schätzbar* ist, d.h. falls x_* die Bedingung

$$x_*^T(X_Z^+X - I_m)(I_m - Z^+Z) = 0$$

erfüllt, was im folgenden auch angenommen sei; es ist dann $E(x_*^T\hat{\Psi}) = x_*^T\Psi$. Ein (erwartungstreuer) *Prognosewert* für y_{j*} ist nun

$$\hat{y}_{j*} = x_*^T\hat{\psi}^{(j)}$$

bzw. ein *Prognosevektor* für $y_*^T = (y_{1*},\dots,y_{p*})$ ist

$$\hat{y}_*^T = x_*^T\hat{\Psi} \quad .$$

Konfidenz- und Prognoseintervalle zum Niveau 1-γ ergeben sich mit

$$s_j = \sqrt{\frac{1}{n_e}\cdot y_{\cdot j}^T(I_n - XX_Z^+)y_{\cdot j}} \qquad \text{für } j=1,\dots,p \quad ,$$

wobei $y_{\cdot j}$ die j-te Spalte der Datenmatrix Y bezeichnet und $n_e = \mathrm{tr}(I_n - XX_Z^+)$ ist (tr = Spur), hier $n > n_e \geq 1$ angenommen, wie folgt. Ein *(1-γ) - Konfidenzintervall* für den Erwartungswert $E(y_{j*})$ von y_{j*} ist gegeben als

$$\Big[x_*^T\hat{\psi}^{(j)} - s_j\cdot\sqrt{x_*^TX_Z^+(X_Z^+)^Tx_*}\cdot t_{n_e;1-\gamma/2} \; ;$$
$$x_*^T\hat{\psi}^{(j)} + s_j\cdot\sqrt{x_*^TX_Z^+(X_Z^+)^Tx_*}\cdot t_{n_e;1-\gamma/2}\Big] \quad ,$$

wobei $t_{n_e;1-\gamma/2}$ das (1-γ/2) - Quantil der t - Verteilung mit n_e Freiheitsgraden bezeichnet, und ein *Prognoseintervall zum Niveau 1-γ* für die zukünftige Beobachtung y_{j*} selbst ist

$$\Big[x_*^T\hat{\psi}^{(j)} - s_j\cdot\sqrt{x_*^TX_Z^+(X_Z^+)^Tx_* + 1}\cdot t_{n_e;1-\gamma/2} \; ;$$
$$x_*^T\hat{\psi}^{(j)} + s_j\cdot\sqrt{x_*^TX_Z^+(X_Z^+)^Tx_* + 1}\cdot t_{n_e;1-\gamma/2}\Big] \quad .$$

Das (1-γ) - Konfidenzintervall überdeckt gerade den Erwartungswert von y_{j*} mit Wahrscheinlichkeit 1-γ und das (1-γ) - Prognoseintervall überdeckt y_{j*} selbst mit Wahrscheinlichkeit 1-γ. Will man für mehrere, sagen wir τ, zukünftige Beobachtungen gleichzeitig *simultane (1-γ) - Konfidenz-* bzw. *- Prognoseintervalle* bestimmen, so kann man nach dem *Bonferroni - Prinzip* vorgehen und in obigen Formeln bei den Quantilen jeweils γ durch γ/τ ersetzen.

Im Multivariaten Linearen Modell werden nun lineare *Hypothesen* der Form

$$H_o: K\Psi = 0 \qquad (\text{gegen } H_1: K\Psi \neq 0)$$

getestet, wobei K eine $w \times m$ - *Testmatrix* ist. Eine solche Hypothese heißt im restringierten Modell *allgemein testbar*, wenn $K\Psi$ *linear unverzerrt (erwartungstreu) schätzbar* ist, und das ist der Fall, wenn gilt

$$K(I_m - X_Z^+ X)(I_m - Z^+ Z) = 0 \quad ;$$

es ist dann $K\hat{\Psi}$ ein erwartungstreuer Schätzer für $K\Psi$: $E(K\hat{\Psi}) = K\Psi$. Zu bemerken ist, daß im Falle einer identifizierenden Nebenbedingung $Z\Psi = 0$ jede Linearform der Art $K\Psi$ linear unverzerrt schätzbar bzw. jede lineare Hypothese allgemein testbar ist.

Will man eine Hypothese H_o zum Niveau γ testen, so benötigt man die sogenannte *Hypothesenmatrix* S_h und die *Fehlermatrix* S_e, die sich wie folgt ergeben. Mit den Projektionsmatrizen

$$P_e = I_n - XX_Z^+ \quad \text{und} \quad P_h = X(X_Z^+ - X^+_{\binom{Z}{K}})$$

ist

$$S_e = Y^T P_e Y \quad \text{und} \quad S_h = Y^T P_h Y \quad .$$

Die Größen

$$n_e = \text{tr}\, P_e \quad \text{und} \quad n_h = \text{tr}\, P_h \quad ,$$

wobei $\text{tr}\, A$ die Spur einer Matrix A bzeichnet, vgl. auch Abschnitt 4 in Kap.I, nennt man auch *Freiheitsgrade des Fehlers* bzw. *der Hypothese*; wir gehen hier und auch in den folgenden Abschnitten davon aus, daß $n > n_e \geq \text{rg}\, Y = p$, wobei $\text{rg}\, A$ den Rang einer Matrix A bezeichnet, und $n_h \geq 1$ gilt. (Da wir hier $n > p$ annehmen, ist theoretisch mit Wahrscheinlichkeit Eins $\text{rg}\, Y = p$.) Die Matrizen S_h und S_e, letztere als invertierbar angenommen (was unter obigen Annahmen ebenfalls theoretisch mit Wahrscheinlichkeit Eins erfüllt ist), liefern dann die *Prüfgrößen*, die alle Funktionen der Eigenwerte von $S_h S_e^{-1}$ sind, für die in Abschnitt 1.2 beschriebenen Testverfahren.

Geben die jeweiligen Prüfgrößen keine Veranlassung zum Verwerfen der Hypothese H_o, so läßt sich nur im Falle einer allgemein testbaren Hypothese schließen, daß die Abweichungen von der Hypothese H_o zum Niveau γ nicht signifikant sind. Wird dagegen H_o verworfen, so kann auch im nicht - testbaren Fall auf signifikante Abweichungen von der Hypothese geschlossen werden. [$\binom{Z}{K}$ steht für diejenige Matrix, die man durch einfache Untereinanderreihung der Elemente aus Z und K erhält.]

Bevor die konkreten Testverfahren im Abschnitt 1.2 beschrieben werden, seien hier noch einige allgemeine Aussagen festgehalten.

Ausgehend von der Fehlermatrix S_e läßt sich ein *erwartungstreuer Schätzer für die Kovarianzmatrix* Σ der Fehlervektoren $e_1,\ldots,e_n$ bestimmen:

$$\hat{\Sigma} = \frac{1}{n_e}\cdot S_e \quad ,$$

der dann seinerseits zur *Schätzung der Kovarianz- bzw. Korrelationsmatrix des Kleinste-Quadrate-Schätzers für* Ψ verwandt werden kann; es ist

$$\widehat{\mathrm{Cov}(\hat{\Psi})} = X_Z^+(X_Z^+)^T \otimes \hat{\Sigma} = (s_{ij})_{i,j=1,\ldots,mp} \quad ,$$

wobei "$\otimes$" das Kroneckerprodukt bezeichnet (vgl. Abschnitt 4 in Kap.I), bzw.

$$\widehat{\mathrm{Corr}(\hat{\Psi})} = (r_{ij})_{i,j=1,\ldots,mp} \quad \text{mit} \quad r_{ij} = \frac{s_{ij}}{\sqrt{s_{ii}\cdot s_{jj}}} \quad \text{für } i,j=1,\ldots,mp.$$

Ist r_{ij} nahe 1 bzw. -1, so heißt dies, daß die zugehörigen Parameterschätzungen in $\hat{\Psi}$ stark voneinander abhängen, ist r_{ij} ungefähr 0, so sind sie praktisch unabhängig; vgl. auch Kap.III.

Auch *unter einer Hypothese* H_0: $K\Psi = 0$ läßt sich die Parametermatrix Ψ *schätzen* und sich ein Schätzer für die Kovarianz- bzw. Korrelationsmatrix dieser Schätzung angeben:

$$\hat{\Psi}_{H_0} = X^+_{\binom{Z}{K}}Y \quad , \quad \widehat{\mathrm{Cov}(\hat{\Psi}_{H_0})} = X^+_{\binom{Z}{K}}(X^+_{\binom{Z}{K}})^T \otimes \hat{\Sigma} = (s^0_{ij})_{i,j=1,\ldots,mp} \quad ,$$

$$\widehat{\mathrm{Corr}(\hat{\Psi}_{H_0})} = (r^0_{ij})_{i,j=1,\ldots,mp} \quad \text{mit} \quad r^0_{ij} = \frac{s^0_{ij}}{\sqrt{s^0_{ii}\cdot s^0_{jj}}} \quad \text{für } i,j=1,\ldots,mp.$$

Ist das interessierende allgemeine *Multivariate Lineare Modell unrestringiert*, d.h. $Z = 0$, und ist die Hypothese H_0: $K\Psi = 0$ allgemein testbar (dies ist hier immer erfüllt, wenn X^TX invertierbar ist), so gilt stets

$$n_e = n - \mathrm{rg}\,X \quad , \quad n_h = \mathrm{rg}\,K \quad ,$$

und die Hypothesenmatrix S_h kann geschrieben werden als

$$S_h = Y^T(X^+)^TK^T(K(X^TX)^+K^T)^+KX^+Y \quad .$$

Mitunter interessieren im allgemeinen restringierten Multivariaten Modell

$$Y = X\Psi + E \quad , \quad Z\Psi = 0$$

erweiterte Hypothesen der Form

$$H^*: \; K\Psi L = 0$$

mit einer $(p \times p^*)$ - dimensionalen Matrix L vom Rang p^*, $\operatorname{rg} L = p^* \leq p$. Mittels solcher Hypothesen werden Zusammenhänge zwischen Zeilen von Ψ geprüft, was keine Entsprechung im univariaten Fall hat. Zur Prüfung solcher Hypothesen ersetzt man in obigen Ausführungen Ψ durch $\Psi^* = \Psi L$, Y durch $Y^* = YL$, E durch $E^* = EL$ und p durch p^*, und kann dann im derart transformierten Modell arbeiten. Bei den im folgenden betrachteten Testverfahren ist dann ebenfalls der Parameter p durch p^* zu ersetzen; man vgl. auch die Ausführungen zur Profilanalyse im Abschnitt 1.5. (Mit obigen Voraussetzungen ist dann die Annahme $\operatorname{rg} Y^* = p^*$ theoretisch mit Wahrscheinlichkeit Eins erfüllt.)

Liegt ein *erweitertes Modell* in der Form

$$Y = X\Psi + E \quad , \quad Z\Psi = W$$

vor und soll die Hypothese

$$H: \; K\Psi = C$$

getestet werden, wobei W und C passend dimensionierte Matrizen derart sind, daß die Gleichungssysteme $Z\Psi = W$, $K\Psi = C$ eine gemeinsame Lösung erlauben, so ist in den obigen Ausführungen lediglich

$$S_e = (Y - XZ^+W)^T P_e (Y - XZ^+W) \quad ,$$

$$S_h = (Y - X\begin{pmatrix} Z \\ K \end{pmatrix}^+ \begin{pmatrix} W \\ C \end{pmatrix})^T P_h (Y - X\begin{pmatrix} Z \\ K \end{pmatrix}^+ \begin{pmatrix} W \\ C \end{pmatrix})$$

zu setzen; die Testbarkeitsbedingung bleibt wie oben erhalten.

Liegen allgemeinere Restriktionen (bzw. Vorinformationen), z.B. in Form von Ungleichungen, für die Parametermatrix vor, so lassen sich zur Parameterschätzung Methoden (z.B. Optimierungs-, Minimaxverfahren), die analog zu solchen sind, wie sie z.B. in Stoer (1971), Liew (1976), Humak (1977), Hartung (1978a, 1978b, 1982a, 1982b) dargestellt werden, zur Anwendung bringen.

1.2 TESTVERFAHREN IM ALLGEMEINEN RESTRINGIERTEN MULTIVARIATEN LINEAREN MODELL

Wir wollen in diesem Abschnitt die vier bekanntesten *Testverfahren* zur Prüfung der Hypothese

$$H_0: \; K\Psi = 0$$

im allgemeinen restringierten Multivariaten Linearen Modell

$$Y = X\Psi + E \quad , \quad Z\Psi = 0$$

behandeln. Diese Testverfahren von Wilks, Hotelling, Pillai - Bartlett bzw. Roy basieren auf *Prüfgrößen*, die Funktionen der Eigenwerte

$$\xi_1 \geq \xi_2 \geq \dots \geq \xi_p$$

von $S_h S_e^{-1}$, vgl. Abschnitt 1.1, sind. Erwähnt sei nochmals, daß im Falle des Nichtverwerfens von H_0 gemäß nachfolgender Verfahren, nur dann auf Nichtsignifikanz bzw. Annahme von H_0 geschlossen werden kann, wenn H_0 allgemein testbar ist, vgl. vorigen Abschnitt. Bei einer Annahme von H_0 muß jedoch generell zur Vorsicht bei einer inhaltlichen Interpretation gemahnt werden, da man den Fehler bei dieser Entscheidung (Fehler 2. Art beim Testen) nicht explizit im Griff hat; hier geht die Größe des Stichprobenumfangs entscheidend ein.

Beim *Verfahren von Wilks* wird die Hypothese H_0 zum Niveau γ verworfen, falls gilt

$$\Lambda_W = \prod_{i=1}^{p} \frac{1}{1+\xi_i} < c_{W;\gamma}(p,n_e,n_h) \quad ,$$

wobei die kritischen Werte $c_{W;\gamma}(p,n_e,n_h)$ z.B. bei Kres (1975, Tafel 1) zu finden sind. Stehen keine kritischen Werte zur Verfügung, so kann auch eine der beiden folgenden Approximationen verwandt werden, von denen letztere genauere Werte liefert, falls n_e klein im Vergleich zu p und n_h ist: Verwerfe die Hypothese H_0 zum Niveau γ, falls

$$-\delta \cdot \ln \Lambda_W > \chi^2_{pn_h;1-\gamma}$$

bzw.

$$\frac{1-\Lambda_W^{1/\eta}}{\Lambda_W^{1/\eta}} > \frac{pn_h}{\delta\eta - pn_h/2+1} \cdot F_{pn_h,\delta\eta - pn_h/2+1;1-\gamma} \quad ,$$

wobei

$$\delta = n_e + n_h - \frac{(p+n_h+1)}{2} \quad \text{und} \quad \eta = \sqrt{\frac{p^2 n_h^2 - 4}{p^2 + n_h^2 - 5}} \quad .$$

Es sei hier noch erwähnt, daß sich die Teststatistik Λ_W des Wilks - Tests auch wie folgt berechnen läßt:

$$\Lambda_W = \prod_{i=1}^{p} \frac{1}{1+\xi_i} = \frac{\det S_e}{\det(S_e + S_h)} \quad .$$

Beim *Hotelling - Lawley - Test* wird H_0 zum Niveau γ verworfen, falls

$$\Lambda_{HL} = \sum_{i=1}^{p} \xi_i > c_{HL;1-\gamma}(p,n_e,n_h) \quad ;$$

die kritischen Werte $c_{HL;1-\gamma}(p,n_e,n_h)$ dieses Tests sind etwa bei Kres (1975, Tafel 6) zu finden oder können approximiert werden durch

$$\frac{\theta^2(2u+\theta+1)}{2(\theta v+1)}\cdot F_{\theta(2u+\theta+1),2(\theta v+1);1-\gamma} \quad ,$$

wobei

$$\theta=\min(p,n_h),\; u=\frac{1}{2}(|p-n_h|-1) \text{ und } v=\frac{1}{2}(n_e-p-1) \quad .$$

Ist $n_e \geq p+2$, so kann als Approximation auch

$$\frac{g_2-2}{g_2}\cdot\frac{pn_h}{n_e-p-1}\cdot F_{g_1,g_2;1-\gamma}$$

verwandt werden, wobei im Falle $n_e-pn_h+n_h-1>0$

$$g_1=\frac{pn_h(n_e-p)}{n_e-pn_h+n_h-1} \quad , \quad g_2=n_e-p+1$$

und im Falle $n_e-pn_h+n_h-1\leq 0$

$$g_1=\infty \quad , \quad g_2=n_e-p+1-\frac{(n_e-p-1)(n_e-p-3)(n_e-pn_h+n_h-1)}{(n_e-1)(n_e+n_h-p-1)}$$

zu setzen ist.

Das *Testverfahren von Pillai - Bartlett* verwirft die Hypothese H_0 zum Niveau γ, falls gilt

$$\Lambda_{PB}=\sum_{i=1}^{p}\frac{\xi_i}{1+\xi_i}>c_{PB;1-\gamma}(p,n_e,n_h) \quad ;$$

die kritischen Werte $c_{PB;1-\gamma}(p,n_e,n_h)$ sind zu finden z.B. bei Kres (1975, Tafel 7). Falls keine kritischen Werte zur Verfügung stehen, kann auch folgender approximativer Test verwandt werden: Verwerfe H_0 zum Niveau γ, wenn

$$\frac{\Lambda_{PB}}{\theta-\Lambda_{PB}}>\frac{2u+\theta+1}{2v+\theta+1}\cdot F_{\theta(2u+\theta+1),\theta(2v+\theta+1);1-\gamma}$$

ist, wobei θ, u und v wie beim Hotelling - Lawley - Test gewählt werden.

Schließlich verwirft der *Roy - Test* die Hypothese H_0 zum Niveau γ, falls

$$\Lambda_R=\frac{\xi_1}{1+\xi_1}>c_{R;1-\gamma}(p,n_e,n_h) \quad ;$$

kritische Werte zu diesem Test findet man bei Kres (1975, Tafeln 3,4,5) oder in den Nomogrammen von Heck (1960), die im Anhang zu finden sind.

Beispiele zu diesen Testverfahren werden wir in den sich anschließenden Abschnitten 1.3 - 1.5 kennenlernen. An dieser Stelle sei erwähnt, daß man anstelle der Eigenwerte $\xi_1 \geq \ldots \geq \xi_p$ von $S_h S_e^{-1}$ auch die Eigenwerte $\lambda_1 \geq \ldots \geq \lambda_p$ von $(S_e + S_h)^{-1} S_h$ verwenden kann, wenn man folgende Beziehung zwischen diesen Eigenwerten ausnutzt: Es ist

$$\xi_i = \frac{\lambda_i}{1-\lambda_i} \quad \text{bzw.} \quad \lambda_i = \frac{\xi_i}{1+\xi_i} \quad .$$

Hieraus erklärt sich auch die Tatsache, daß wir im Kapitel III obige Tests zur Prüfung der multivariaten Unabhängigkeitshypothese (zwischen den "Merkmalsgruppen" X und Y), die der Hypothese $H_0^u: \Psi = 0$ entspricht, verwenden konnten. Dort waren die Eigenwerte $\lambda_1 \geq \ldots \geq \lambda_p$ der Matrix

$$Q = S_X^{-1} S_{XY} S_Y^{-1} S_{XY}^T$$

zur Prüfung dieser globalen Unabhängigkeitshypothese verwandt worden, die mit den speziellen Größen

$$S_e^u = S_X - S_{XY} S_Y^{-1} S_{XY}^T \quad , \quad n_e = n - q - 1 \quad ,$$

$$S_h^u = S_{XY} S_Y^{-1} S_{XY}^T \quad , \quad n_h = q \quad ,$$

vgl. Kap.III, auch geschrieben werden kann als

$$Q = (S_e^u + S_h^u)^{-1} S_h^u \quad .$$

Interessiert man sich lediglich für *p = 1 Merkmal*, so spricht man vom *univariaten Linearen Modell*; die dann anzuwendenden Vorgehensweisen ergeben sich direkt, indem man bei den Ausführungen in diesem Kapitel p = 1 setzt. Natürlich reduzieren sich Fehler- und Hypothesenmatrizen S_e, S_h dann auf Zahlen, und die hiervorgestellten Testverfahren entarten zum üblichen *F-Test*, d.h. eine Hypothese H_0: $K\Psi = 0$ wird zum Niveau γ verworfen, falls gilt

$$S_h S_e^{-1} = S_h / S_e > \frac{n_h}{n_e} \cdot F_{n_h, n_e; 1-\gamma} \quad .$$

Im Zusammenhang mit dem hier behandelten Multivariaten Linearen Modell sei auch verwiesen z.B. auf die Bücher von Roy (1957), Anderson (1958), Kshirsagar (1972), Press (1972), Rao (1973), Morrison (1976), Mardia et al. (1979), Srivastava/Khatri (1979), Ahrens/Läuter (1981), Muirhead (1982), Takeuchi et al. (1982), Fahrmeir/Hamerle (1984).

1.3 MULTIVARIATE REGRESSIONS- UND KOVARIANZANALYSE

Wir wollen in diesem Abschnitt die Vorgehensweise bei der *multivariaten Regressions- und Kovarianzanalyse*, denen natürlich ein allgemeines (restringiertes) Multivariates Lineares Modell gemäß Abschnitt 1.1 zugrundeliegt, demonstrieren; insbesondere wird dabei auch die *multivariate Residualanalyse* genauer betrachtet. Obgleich natürlich einige spezielle Formeln, z.B. zur Residualanalyse, die nicht im Abschnitt 1.1 aufgenommen sind, hier allgemein angegeben werden, wollen wir uns hier direkt an einem konkreten *Beispiel* orientieren.

Im Abschnitt 5 des Kapitels V haben wir die *Skalierung nach dem Kriterium der maximalen kanonischen Korrelation bei gemischten Datentypen* an einem Beispiel aus dem Bereich der Marktforschung demonstriert. Dort wurden die *Regressoren* (*Einflußfaktoren*) Werbeart sowie Werbeetat und die *Regressanden* (*Responsevariablen*) Geschäftstyp mit relativ höchstem Absatz sowie Gewinn auf der Basis von zehn Produkten betrachtet, vgl. Tab.41 in Kap.V; die resultierenden Skalenwerte für die Ausprägungen der beiden diskreten Variablen Werbeart und Geschäftstyp sind ebenfalls in Kap.V (am Ende von Abschnitt 5) angegeben.

Hier soll nun zunächst unter Verwendung dieser Skalenwerte eine *multivariate Regression* zwischen den beiden Variablengruppen durchgeführt werden, wobei die Beobachtungsmatrix Y durch standardisierten Gewinn und Geschäftstyp (bzw. den zugehörigen Skalenwerten) und die Designmatrix X durch standardisierten Werbeetat und Werbeart (bzw. den zugehörigen Skalenwerten) festgelegt sind. Anschließend wollen wir ausgehend vom gleichen Urdatenmaterial eine *multivariate Kovarianzanalyse* durchführen, wobei die Beobachtungsmatrix Y die gleiche ist, wie bei der Regressionsanalyse. Dagegen wird in der Designmatrix X des Kovarianzanalysemodells die Werbeart als *Faktor* auf (drei) verschiedenen Stufen betrachtet, d.h. die Spalte mit den Skalenwerten in der Designmatrix des Regressionsmodells wird durch drei den *Faktorstufen* zugeordneten Spalten ersetzt, die eine 1 enthalten, falls die Werbeart beim zugehörigen Produkt der jeweiligen Faktorstufe entspricht, und sonst eine 0 enthalten. Zusätzlich muß im Kovarianzanalysemodell eine Spalte mit Einsen in die Designmatrix aufgenommen werden, um ein *allgemeines Mittel* zu modellieren; dies ist bei der Regression hier nicht vonnöten, weil alle Regressanden und Regressoren standardisiert sind. Da wir hier mit einer diskreten, wenn auch skalierten Responsevariablen arbeiten, sind natürlich Aussagen, welche Verteilungsannahmen beinhalten (Vertrauensintervalle, Tests), nur approximativ zu verstehen; es sei jedoch auf die Q - Q - Plots in Abb.3 und 6 hingewiesen.

Um das grundsätzliche Analyseproblem anschaulich zu erläutern, ist in der Tab.1 die Ausgangsdatensituation basierend auf der Einteilung in Regressoren und Regressanden angegeben. In Anlehnung an die Bezeichnungsweise der Kovarianzanalyse wird der Werbeetat als *Kovariable* (*quantitativer Faktor* bei Kovarianzanalysen) bezeichnet; die Numerierung der Produkte wurde hier gemäß der Werbeart vorgenommen.

Tab.1: Datensituation für das Marktforschungsbeispiel zur Regressions- und Kovarianzanalyse (Kaufhaus (1) ≙ Kh, Supermarkt (2) ≙ Su, Kleingeschäft (3) ≙ Kl), vgl. auch Tab.41 in Kap.V

Nummer ν des Produktes				ν		ν		ν		ν
Werbeart (i)	aggressiv (1)	Kovariable Werbeetat	21	1	17	2	23	3		
		Responsevariablen (Geschäftstyp, Gewinn)	(Su, 15)		(Su, 12)		(Kh, 25)			
	einschmeichelnd (2)	Kovariable Werbeetat	10	4	2	5	20	6	12	7
		Responsevariablen (Geschäftstyp, Gewinn)	(Su, 7)		(Kl, 3)		(Kh, 17)		(Kh, 8)	
	erlebnisweckend (3)	Kovariable Werbeetat	12	8	15	9	5	10		
		Responsevariablen (Geschäftstyp, Gewinn)	(Kh, 10)		(Kl, 9)		(Kl, 2)			

Wir kommen nun zunächst zum *Regressionsmodell*. Hier ersetzen wir die Ausprägungen der diskreten Merkmale Geschäftstyp und Werbeart durch die entsprechenden, im Abschnitt 5 des Kapitels V berechneten Skalenwerte

Geschäftstyp:	Kaufhaus	≙ -0.86271 ,	Werbeart:	aggressiv	≙ -0.33593
	Supermarkt	≙ -0.34121		einschmeichelnd	≙ -0.86579
	Kleingeschäft	≙ 1.49149		erlebnisweckend	≙ 1.49031

und standardisieren die beiden stetigen Merkmale auf Mittelwert 0 und empirische Varianz 1 (mit dem Faktor $\frac{1}{n}$ entsprechend der Standardisierung der Skalenwerte). Bezeichnet man den Gewinn beim ν-ten Produkt (ν=1,...,10) mit $\mathfrak{y}_{\nu 1}$, so ergibt sich dadurch das ν-te Element der ersten Spalte der Responsematrix Y (standardisierter Gewinn beim ν-ten Produkt) zu

$$y_{\nu 1} = \frac{\mathfrak{y}_{\nu 1} - \bar{\mathfrak{y}}_{.1}}{s_{\mathfrak{y}_1}} = \frac{\mathfrak{y}_{\nu 1} - 10.8}{6.508456} \quad \text{mit}$$

$$\bar{\mathfrak{y}}_{.1} = \frac{1}{10}\sum_{\nu=1}^{10} \mathfrak{y}_{\nu 1} = 10.8 \quad \text{und} \quad s_{\mathfrak{y}_1} = \sqrt{\frac{1}{10}\sum_{\nu=1}^{10} (\mathfrak{y}_{\nu 1} - \bar{\mathfrak{y}}_{.1})^2} = 6.508456 \ ,$$

und bezeichnet man den Werbeetat beim ν-ten Produkt (ν=1,...,10) mit $x_{\nu 1}$, so ergibt sich das ν-te Element der ersten Spalte der Desigmatrix X (standardisierter Werbeetat beim ν-ten Produkt) zu

$$x_{\nu 1} = \frac{x_{\nu 1} - \bar{x}_{.1}}{s_{x_1}} = \frac{x_{\nu 1} - 13.7}{6.512296} \quad \text{mit}$$

$$\bar{x}_{.1} = \frac{1}{10}\sum_{\nu=1}^{10} x_{\nu 1} = 13.7 \quad \text{und} \quad s_{x_1} = \sqrt{\frac{1}{10}\sum_{\nu=1}^{10}(x_{\nu 1} - \bar{x}_{.1})^2} = 6.512296 \;;$$

die Skalenwerte für die diskreten Variablen bestimmen dann die zweite Spalte von Y bzw. X. In der Tab.2 sind die Matrizen Y und X (die Produkte wurden hier entsprechend der Werbeart geordnet: zeilenweise Durchnumerierung in Tab.1) sowie die natürlich 2×2-dimensionale unbekannte Parametermatrix Ψ zusammengestellt. Eine Nebenbedingung an die Parametermatrix Ψ wollen wir hier, wie bei der Standard-Regressionsanalyse üblich, nicht stellen, d.h. wir betrachten ein unrestringiertes Modell (Z = 0).

Tab.2: Beobachtungsmatrix Y, Designmatrix X und Parametermatrix Ψ des unrestringierten Regressionsanalysemodells im Beispiel aus der Marktforschung

	Verkauf [Gewinn	Geschäftstyp]	Werbung [Werbeetat	Werbeart]	
Produkt ν	Beobachtungsmatrix Y		Designmatrix X		Parametermatrix Ψ
	$y_{\nu 1}$	$y_{\nu 2}$	$x_{\nu 1}$	$x_{\nu 2}$	
1	0.64531	-0.34121	1.12096	-0.33593	$\begin{pmatrix}\beta_{11} & \beta_{12}\\ \beta_{21} & \beta_{22}\end{pmatrix}$
2	0.18438	-0.34121	0.50673	-0.33593	
3	2.18178	-0.86271	1.42807	-0.33593	
4	-0.58386	-0.34121	-0.56816	-0.86579	
5	-1.19844	1.49149	-1.79660	-0.86579	
6	0.95261	-0.86271	0.96740	-0.86579	
7	-0.43021	-0.86271	-0.26105	-0.86579	
8	-0.12292	-0.86271	-0.26105	1.49031	
9	-0.27656	1.49149	0.19962	1.49031	
10	-1.35209	1.49149	-1.33593	1.49031	

Wir wollen nun zunächst die *Parametermatrix* Ψ, die den Zusammenhang zwischen Regressoren und Regressanden beschreibt, *schätzen*. Da Z = 0 ist, ergibt sich

$$\hat{\Psi} = X^+ Y = (X^T X)^+ X^T Y \quad ,$$

vgl. auch Abschnitt 4 in Kap.I, so daß wir mit

$$X^T X = \begin{pmatrix} 10 & -1.67319 \\ -1.67319 & 10 \end{pmatrix}, \quad (X^T X)^+ = (X^T X)^{-1} = \begin{pmatrix} 0.103 & 0.017 \\ 0.017 & 0.103 \end{pmatrix} \quad \text{und}$$

$$X^TY = \begin{pmatrix} 9.234 & -6.352 \\ -2.531 & 4.177 \end{pmatrix}$$

erhalten

$$\hat{\Psi} = \begin{pmatrix} 0.908 & -0.583 \\ -0.104 & 0.322 \end{pmatrix} \quad .$$

Ausgehend von dieser Schätzung können dann für ein *neues Produkt* Gewinn und Geschäftstyp mit relativ höchstem Absatz bei einer festgelegten Werbeart und festem Werbeetat *prognostiziert* werden. Wird für ein Produkt etwa der Werbeetat mit $x_1 = 25$ und die Werbeart mit x_2 = erlebnisweckend festgesetzt, so ergibt sich

$$x_{1*} = \frac{25 - \overline{x}_{.1}}{s_{x_1}} = \frac{25 - 13.7}{6.512296} = 1.73518$$

und x_2 wird durch den entsprechenden Skalenwert

$$x_{2*} = 1.49031$$

ersetzt. Sodann muß

$$x_*^T\hat{\Psi} = (x_{1*}, x_{2*})\hat{\Psi} = (1.4205512, -0.5317301) = (\hat{y}_{1*}, \hat{y}_{2*})$$

berechnet werden und $\hat{y}_{1*}$ muß zurücktransformiert werden:

$$\hat{\mathfrak{y}}_1 = \hat{y}_{1*} \cdot s_{\mathfrak{y}_1} + \overline{\mathfrak{y}}_{.1} = 20.05$$

ist der prognostizierte Gewinn für das Produkt; der zu erwartende Geschäftstyp mit relativ höchstem Absatz läßt sich etwa wie folgt schätzen. Man überprüft, welchem Skalenwert für die verschiedenen Typen $\hat{y}_{2*}$ am nächsten kommt und nimmt den entsprechenden Typ als Prognose; in unserem Beispiel ist dies der Skalenwert -0.34121, so daß als der Geschäftstyp mit relativ höchstem Absatz der Supermarkt prognostiziert wird.

Wir wollen nun noch *Konfidenz- und Prognoseintervalle* zum Niveau 0.95 bestimmen. Mit

$$n_e = tr(I_n - XX_Z^+) = tr(I_{10} - XX^+) = tr(I_{10} - X(X^TX)^{-1}X^T) = 10 - 2 = 8 \quad ,$$

$$s_1 = \sqrt{\frac{1}{8} \cdot y_{.1}^T(I_{10} - XX^+)y_{.1}} = \sqrt{\frac{1}{8} \cdot y_{.1}^T(I_{10} - X(X^TX)^{-1}X^T)y_{.1}} = \sqrt{0.169} = 0.411 \quad ,$$

$$s_2 = \sqrt{\frac{1}{8} \cdot y_{.2}^T(I_{10} - XX^+)y_{.2}} = \sqrt{0.619} = 0.787 \quad ,$$

$$t_{n_e;1-\gamma/2} = t_{8;0.975} = 2.306 \quad \text{und}$$

$$x_*^T X_Z^+ (X_Z^+)^T x_* = x_*^T X^+ (X^+)^T x_* = x_*^T (X^TX)^{-1} X^T X (X^TX)^{-1} x_* = x_*^T (X^TX)^{-1} x_*$$

$$= (x_{1*}, x_{2*}) \begin{pmatrix} 0.103 & 0.017 \\ 0.017 & 0.103 \end{pmatrix} \begin{pmatrix} x_{1*} \\ x_{2*} \end{pmatrix} = 0.627$$

ergeben sich die 95%-Konfidenzintervalle für den Erwartungswert $E(y_{1*})$ von y_{1*} zu

$$[1.4205512 - 0.411 \cdot \sqrt{0.627} \cdot 2.306\ ,\ 1.4205512 + 0.411 \cdot \sqrt{0.627} \cdot 2.306]$$
$$= [0.670, 2.171]\quad ,$$

für $E(y_{2*})$ von y_{2*} zu

$$[-0.5317301 - 0.787 \cdot \sqrt{0.627} \cdot 2.306\ ,\ -0.5317301 + 0.787 \cdot \sqrt{0.627} \cdot 2.306]$$
$$= [-1.969, 0.905]$$

und die entsprechenden Prognoseintervalle für y_{1*} bzw. y_{2*} selbst berechnen sich zu

$$[0.212, 2.629] \quad \text{bzw.} \quad [-2.847, 1.783] \quad .$$

Das Konfidenzintervall für den erwarteten Geschäftstyp $E(y_{2*})$ überdeckt die Skalenwerte für Kaufhaus und Supermarkt, und das Prognoseintervall für y_{2*} überdeckt hier sämtliche Skalenwerte für die drei Geschäftstypen, was keine sehr nützliche Aussage enthält; zu bedenken ist natürlich, daß die Datenbasis in unserem kleinen Beispiel sehr gering und $1-\gamma = 95\%$ recht hoch ist.

Um das Konfidenzintervall für den zu erwartenden Gewinn $E(\mathfrak{y}_{1*})$ zu erhalten, müssen wir die Grenzen des Konfidenzintervalls für $E(y_{1*})$ zunächst transformieren

$$[0.670 \cdot s_{\mathfrak{y}_1} + \bar{\mathfrak{y}}_{\cdot 1}\ ,\ 2.171 \cdot s_{\mathfrak{y}_1} + \bar{\mathfrak{y}}_{\cdot 1}] = [15.161, 24.930] \quad ,$$

und beim Prognoseintervall für $\mathfrak{y}_{1*}$ gehen wir ebenso vor, wobei sich ergibt

$$[0.212 \cdot s_{\mathfrak{y}_1} + \bar{\mathfrak{y}}_{\cdot 1}\ ,\ 2.629 \cdot s_{\mathfrak{y}_1} + \bar{\mathfrak{y}}_{\cdot 1}] = [12.180, 27.911] \quad .$$

Bevor wir uns nun mit der Güte der Regression von Gewinn und Geschäftstyp auf Werbeetat und Werbeart beschäftigen, wollen wir prüfen, ob erstens der Werbeetat und zweitens die Werbeart einen zum 5% Niveau signifikanten Einfluß auf die Responsevariablen hat, d.h. wir *testen* die Hypothesen

$$H_{01}: \beta_1 = (\beta_{11}, \beta_{12}) = 0 \quad \text{bzw.} \quad H_{01}: K_1\Psi = 0 \quad \text{mit} \quad K_1 = (1,0) \quad ,$$
$$H_{02}: \beta_2 = (\beta_{21}, \beta_{22}) = 0 \quad \text{bzw.} \quad H_{02}: K_2\Psi = 0 \quad \text{mit} \quad K_2 = (0,1) \quad .$$

Dazu betrachten wir zunächst die *Fehlermatrix* S_e sowie die *Hypothesenmatrizen* $S_{h(1)}$ und $S_{h(2)}$ zu H_{01} und H_{02}. Da unser Modell unrestringiert ist $(Z = 0)$, ergibt sich

$$S_e = Y^T(I - XX^+)Y = Y^TY - Y^TXX^+Y = Y^TY - Y^TX(X^TX)^{-1}X^TY$$
$$= \begin{pmatrix} 1.352 & -0.329 \\ -0.329 & 4.952 \end{pmatrix} \quad \text{mit} \quad n_e = n - \text{rg}\, X = n-2 = 8 \text{ Freiheitsgraden} \quad ,$$

$$S_{h(1)} = Y^T(X^+)^T K_1^T[K_1(X^TX)^+K_1^T]^+K_1X^+Y$$
$$= Y^TX^T(X^TX)^{-1}\begin{pmatrix}1\\0\end{pmatrix}\left[(1,0)(X^TX)^{-1}\begin{pmatrix}1\\0\end{pmatrix}\right]^{-1}(1,0)(X^TX)^{-1}X^TY$$
$$= \begin{pmatrix} 8.0045 & -5.1395\\ -5.1395 & 3.2999\end{pmatrix} \quad \text{mit} \quad n_{h(1)} = \text{rg } K_1 = 1 \text{ Freiheitsgraden },$$

$$S_{h(2)} = Y^T(X^+)^T K_2^T[K_2(X^TX)^+K_2^T]^+K_2X^+Y$$
$$= \begin{pmatrix} 0.1050 & -0.3251\\ -0.3251 & 1.0066\end{pmatrix} \quad \text{mit} \quad n_{h(2)} = \text{rg } K_2 = 1 \text{ Freiheitsgraden }.$$

Weiter erhalten wir wegen

$$S_e^{-1} = \begin{pmatrix} 0.752 & 0.050\\ 0.050 & 0.205\end{pmatrix}$$

zunächst für den Test von H_{01} die Matrix

$$S_{h(1)}S_e^{-1} = \begin{pmatrix} 5.76241 & -0.65337\\ -3.69991 & 0.41950\end{pmatrix}$$

mit den Eigenwerten

$$\xi_1 = 6.18191 \quad \text{und} \quad \xi_2 = 0 \quad .$$

Wegen $n_{h(1)} = 1$ und $p = 2$ ergibt sich hier, vgl. die Ausführungen zum Roy-Test im Anhang, daß gilt

$$c_{R;1-\gamma}(2,8,1) = \frac{2}{7}\cdot F_{2,7;1-\gamma} \Big/ \left(1 + \frac{2}{7}\cdot F_{2,7;1-\gamma}\right) \quad ,$$

so daß mit $F_{2,7;0.95} = 4.737$ die Hypothese H_{01} zum 5% Niveau verworfen werden muß da

$$\frac{\xi_1}{1+\xi_1} = \frac{6.18191}{7.18191} = 0.861 > 0.575 = \frac{2}{7}\cdot 4.737 \Big/ \left(1 + \frac{2}{7}\cdot 4.737\right) = c_{R;1-0.95}(2,8,1) \quad ;$$

d.h. der Werbeetat hat einen zum 5% Niveau signifikanten Einfluß auf die Responsevariablen Gewinn und Geschäftstyp. Dagegen ist der Einfluß der Werbeart (bei gleichzeitiger Berücksichtigung der Werbeausgaben) zum 5% Niveau nicht signifikant, denn die Matrix

$$S_{h(2)}S_e^{-1} = \begin{pmatrix} 0.062705 & -0.061396\\ -0.194145 & 0.190098\end{pmatrix}$$

besitzt die Eigenwerte

$$\xi_1 = 0.252803 \quad \text{und} \quad \xi_2 = 0 \quad ,$$

so daß ($n_{h(2)} = 1$) die Hypothese H_{02} wegen

$$\frac{0.252803}{1.252803} = 0.202 \not> 0.575 = c_{R;0.95}(2,8,1)$$

nicht verworfen werden kann.

Nun wollen wir unter Verwendung des erwartungstreuen *Schätzers*

$$\hat{\ddagger} = \frac{1}{n_e} \cdot S_e = \begin{pmatrix} 0.169 & -0.041 \\ -0.041 & 0.619 \end{pmatrix}$$

für die Kovarianzmatrix $\ddagger$ der Fehlervektoren $e_1,\dots,e_{10}$ die *Kovarianzmatrix* sowie die *Korrelationsmatrix des Schätzers* $\hat{\Psi} = X^+Y$ *der Parametermatrix* Ψ bestimmen. Mit

$$\widehat{\mathrm{Cov}(\hat{\Psi})} = X^+(X^+)^T \otimes \hat{\ddagger} = (X^TX)^{-1}X^T[(X^TX)^{-1}X^T]^T \otimes \hat{\ddagger} = (X^TX)^{-1} \otimes \hat{\ddagger}$$

$$= \begin{pmatrix} 0.0174 & -0.0042 & 0.0029 & -0.0007 \\ -0.0042 & 0.0638 & -0.0007 & 0.0105 \\ 0.0029 & -0.0007 & 0.0174 & -0.0042 \\ -0.0007 & 0.0105 & -0.0042 & 0.0638 \end{pmatrix}$$

ergibt sich die geschätzte Korrelationsmatrix von $\hat{\Psi}$ wie in Tab.3 angegeben.

Tab.3: Schätzer $\widehat{\mathrm{Corr}(\hat{\Psi})}$ für die Korrelationsmatrix der Parameterschätzung $\hat{\Psi}$

	Werbeetat		Werbeart	
	Gewinn	Geschäftstyp	Gewinn	Geschäftstyp
	$\hat{\beta}_{11}$	$\hat{\beta}_{12}$	$\hat{\beta}_{21}$	$\hat{\beta}_{22}$
$\hat{\beta}_{11}$	1.000	-0.126	0.167	-0.021
$\hat{\beta}_{12}$	-0.126	1.000	-0.021	0.165
$\hat{\beta}_{21}$	0.167	-0.021	1.000	-0.126
$\hat{\beta}_{22}$	-0.021	0.165	-0.126	1.000

Die Korrelationen der Schätzer sind hier alle nicht besonders hoch, so daß sich die Schätzer für β_{21} und β_{22} unter H_{o1} und für β_{11} und β_{12} unter H_{o2} nur geringfügig gegenüber denen im Modell verändern werden: Unter H_{o1}: $(\beta_{11},\beta_{12}) = 0$ ergibt sich

$$\hat{\Psi}_{H_{o1}} = X^+_{K_1} Y = [X(I - K_1^+K_1)]^+Y = (0,\frac{1}{10}\,x_2)^TY = \begin{pmatrix} 0 & 0 \\ -0.253 & 0.418 \end{pmatrix} ,$$

und unter H_{o2}: $(\beta_{21},\beta_{22}) = 0$ erhalten wir

$$\hat{\Psi}_{H_{o2}} = X^+_{K_2} Y = (\frac{1}{10}\,x_1,0)^TY = \begin{pmatrix} 0.905 & -0.619 \\ 0 & 0 \end{pmatrix} .$$

Um nun die *Güte der multivariaten Regression* zu überprüfen, können wir zunächst einmal die *Bestimmtheitsmaße* der Regressionen von den einzelnen Responsevariablen betrachten, vgl. auch Kap.II. Hier ergibt sich für die Regression vom Gewinn auf Werbeetat und Werbeart

$$B_{1,(1,2)} = 1 - \sum_{\nu=1}^{n} (y_{\nu 1} - \hat{\beta}_{11}x_{\nu 1} - \hat{\beta}_{21}x_{\nu 2})^2 \Big/ \sum_{\nu=1}^{n} (y_{\nu 1} - \bar{y}_{.1})^2$$

$$= 1 - \sum_{\nu=1}^{10} (y_{\nu 1} - 0.908x_{\nu 1} + 0.104x_{\nu 2})^2/10 = 1 - \frac{1}{10}\cdot 1.3726$$

$$= 0.86274$$

und für die Regression von Geschäftstyp mit relativ höchstem Absatz auf Werbeetat und Werbeart

$$B_{2,(1,2)} = 1 - \sum_{\nu=1}^{n} (y_{\nu 2} - \hat{\beta}_{12}x_{\nu 1} - \hat{\beta}_{22}x_{\nu 2})^2 \Big/ \sum_{\nu=1}^{n} (y_{\nu 2} - \overline{y}_{.2})^2$$

$$= 1 - \sum_{\nu=1}^{10} (y_{\nu 2} + 0.583x_{\nu 1} - 0.322x_{\nu 2})^2/10 = 1 - \frac{1}{10}\cdot 4.9675$$

$$= 0.50325 \quad ,$$

so daß die beiden Bestimmtheitsmaße, insbesondere natürlich das erste, als recht hoch bezeichnet werden können.

Nun wollen wir das Regressionsmodell, insbesondere auch die Normalverteilungsannahme, mittels *multivariater Residualanalyse* anhand sogenannter *Residual-Plots* überrpüfen; hier gibt es verschiedene Möglichkeiten. Zum einen kann man die Mahalanobisdistanzen der Beobachtungsvektoren $y_\nu = (y_{\nu 1},\ldots,y_{\nu p})^T$ zu einem festen Vektor a (z.B. $a = \overline{y}$)

$$\delta_\nu^a = \sqrt{(y_\nu - a)^T \ddagger^{-1}(y_\nu - a)} \qquad \text{für } \nu=1,\ldots,n$$

betrachten und mit den Mahalanobisdistanzen der Schätzungen $\hat{y}_\nu = (\hat{y}_{\nu 1},\ldots,\hat{y}_{\nu p})^T$, wobei $\hat{Y} = (\hat{y}_{\nu j})_{\nu=1,\ldots,n, j=1,\ldots,p} = X\hat{\Psi}$, von diesem Wert vergleichen:

$$\tilde{\delta}_\nu^a = \sqrt{(\hat{y}_\nu - a)^T \ddagger^{-1}(\hat{y}_\nu - a)} \qquad \text{für } \nu=1,\ldots,n \quad .$$

Im konkreten Fall wird man dann $\hat{\delta}_\nu^a$ bzw. $\hat{\tilde{\delta}}_\nu^a$ betrachten, worin dann $\ddagger^{-1}$ durch S^{-1} ersetzt ist und S eine Schätzung für $\ddagger$ (z.B. $S = \frac{1}{n_e} S_e$ oder $S = \frac{1}{n-1} S_e$, falls n_e 'klein' ist) bezeichnet. Ist das Modell adäquat, so liegen die Punkte, die man bei einem Plot von δ_ν^a gegen $\tilde{\delta}_\nu^a$ bzw. $\hat{\delta}_\nu^a$ gegen $\hat{\tilde{\delta}}_\nu^a$ erhält, zufällig um eine Gerade durch den Ursprung mit Steigung Eins verteilt.

Andere Möglichkeiten der Residualanalyse ergeben sich, wenn man die quadratischen Mahalanobisdistanzen (*Residuen*)

$$d_\nu = (y_\nu - \hat{y}_\nu)^T \ddagger^{-1}(y_\nu - \hat{y}_\nu) \qquad \text{für } \nu=1,\ldots,n$$

bzw. die *normierten Distanzen* (*normierten Residuen*)

$$d_\nu^{\mathrm{norm}} = (d_\nu - \mu_d)/\sigma_d \qquad \text{für } \nu=1,\ldots,n$$

betrachtet, wobei unter Normalverteilungsannahme approximativ $\mu_d = p$ den

Erwartungswert der d_ν und $\sigma_d = \sqrt{2p}$ die Standardabweichung der d_ν angeben. Im konkreten Fall wird man $\ddagger$ wiederum durch einen Schätzer S ersetzen, was die Größe $\hat{d}_\nu$ ergibt, und anstelle von μ_d und σ_d können auch die empirischen Größen

$$\bar{\hat{d}} = \frac{1}{n} \sum_{\nu=1}^{n} \hat{d}_\nu \ , \qquad s_{\hat{d}} = \sqrt{\frac{1}{n-1} \sum_{\nu=1}^{n} (\hat{d}_\nu - \bar{\hat{d}})^2}$$

gesetzt werden, wodurch man dann $\hat{d}_\nu^{norm}$ erhält.

Trägt man d_ν^{norm} bzw. $\hat{d}_\nu^{norm}$ gegen $\tilde{\delta}_\nu^a$ bzw. $\hat{\tilde{\delta}}_\nu^a$ ab, so müssen bei adäquatem Modell die Punkte des Plots zufällig um die waagerechte Nullachse schwanken.

Außerdem kann ein *Q - Q - Plot*, vgl. Abschnitt 1.2 in Kap.IX, erstellt werden. Dazu ordnet man die Residuen d_ν bzw. $\hat{d}_\nu$ der Größe nach

$$d_{(1)} \leq d_{(2)} \leq \ldots \leq d_{(n)} \quad \text{bzw.} \quad \hat{d}_{(1)} \leq \ldots \leq \hat{d}_{(n)}$$

und trägt die geordneten Residuen gegen die Quantile $\chi^2_{p;\nu/(n+1)}$ der χ^2_p-Verteilung ab. Abweichungen von den Modellannahmen, insbesondere der Normalverteilungsannahme, werden durch 'starke' Abweichungen der geplotteten Punkte von der Geraden durch den Ursprung mit Steigung Eins deutlich.

Mittels des Q - Q - Plots können auch *Ausreißer* in den Daten eliminiert werden; vgl. Abschnitt 1.2 in Kap.IX. Eine andere Möglichkeit der Ausreißerelimination ergibt sich als Faustregel nach der *3σ - Regel* bzw. *3s - Regel* wie folgt: Alle Beobachtungsvektoren y_ν, für die gilt

$$d_\nu^{norm} > 3 \quad \text{bzw.} \quad \hat{d}_\nu^{norm} > 3 \quad ,$$

werden als Ausreißer eliminiert.

Wir kommen nun wieder auf unser Regressionsmodell zurück. In der **Tab.4** sind für die Produkte $\nu=1,\ldots,10$ die Größen $\hat{y}_\nu$, $y_\nu - \hat{y}_\nu$ sowie $\hat{\delta}_\nu^o$, $\hat{\tilde{\delta}}_\nu^o$, $\hat{d}_\nu$, $\hat{d}_\nu^{norm}$ (mit Bezugspunkt $a = 0$, $S = \frac{1}{n_e} S_e$, $\bar{\hat{d}} = 1.6127$, $s_{\hat{d}} = 1.5149097$) angegeben. Aus diesen Größen ergeben sich zunächst die Plots von $\hat{\delta}_\nu^o$ gegen $\hat{\tilde{\delta}}_\nu^o$, vgl. **Abb.1**, und $\hat{d}_\nu^{norm}$ gegen $\hat{\tilde{\delta}}_\nu^o$, vgl. **Abb.2**.

Schließlich ist in **Abb.3** noch der Q - Q - Plot für unser multivariates Regressionsbeispiel angegeben; die geordneten Residuen $\hat{d}_{(\nu)}$ und die Quantile $\chi^2_{2;\nu/11}$ sind in der **Tab.5** zu finden.

Tab.4: $\hat{y}_\nu$, $y_\nu - \hat{y}_\nu$, $\hat{\delta}_\nu^o$, $\hat{\hat{\delta}}_\nu^o$, $\hat{d}_\nu$, $\hat{d}_\nu^{norm}$ für die Produkte $\nu=1,\dots,10$ im multivariaten Regressionsbeispiel

ν	$\hat{y}_\nu^T$		$(y_\nu - \hat{y}_\nu)^T$		$\hat{\delta}_\nu^o$	$\hat{\hat{\delta}}_\nu^o$	$\hat{d}_\nu$	$\hat{d}_\nu^{norm}$
1	1.05277	-0.76169	-0.40746	0.42048	1.587	2.642	1.152	-0.304
2	0.49505	-0.40359	-0.31067	0.06238	0.587	1.258	0.572	-0.687
3	1.33162	-0.94073	0.85012	0.07802	5.325	3.334	4.411	1.847
4	-0.42585	0.05245	-0.15801	-0.39366	1.550	1.038	0.454	-0.765
5	-1.54127	0.76863	0.34283	0.72286	3.295	3.783	1.762	0.099
6	0.96844	-0.84278	-0.01583	-0.01993	2.454	2.481	0.002	-1.063
7	-0.14699	-0.12659	-0.28322	-0.73612	1.622	0.414	1.538	-0.049
8	-0.39203	0.63207	0.26911	-1.49478	1.182	1.175	3.778	1.429
9	0.02626	0.36350	-0.30282	1.12799	1.944	0.478	2.365	0.497
10	-1.36802	1.25873	0.01593	0.23276	3.610	3.533	0.093	-1.003

Tab.5: Geordnete Residuen $d_{(\nu)}$ und Quantile $\chi^2_{2;\nu/11}$ im multivariaten Regressionsbeispiel

ν	$d_{(\nu)}$	$\chi^2_{2;\nu/11}$
1	0.002	0.175
2	0.093	0.402
3	0.454	0.649
4	0.572	0.927
5	1.152	1.232
6	1.538	1.593
7	1.762	2.023
8	2.365	2.594
9	3.778	3.386
10	4.411	4.747

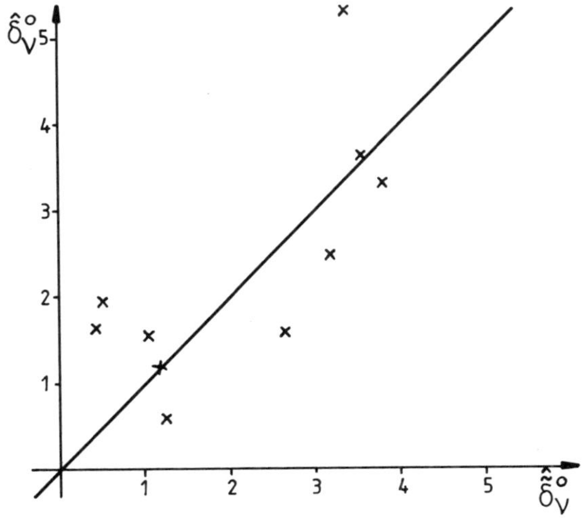

Abb.1: Plot von $\hat{\delta}_\nu^o$ gegen $\hat{\hat{\delta}}_\nu^o$ für $\nu=1,\dots,10$ im Regressionsbeispiel

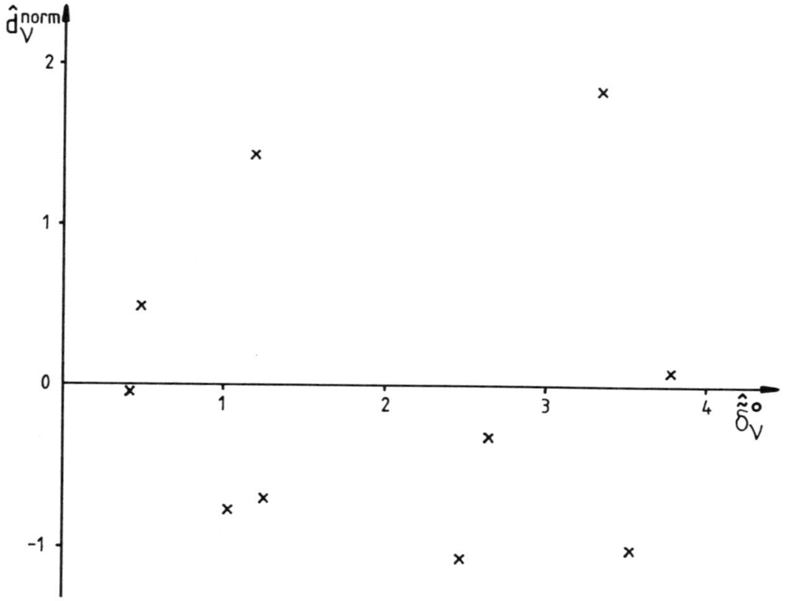

Abb.2: Plot von $\hat{d}_\nu^{norm}$ gegen $\hat{\tilde{\delta}}_\nu^o$ für $\nu=1,\ldots,10$ im Regressionsbeispiel

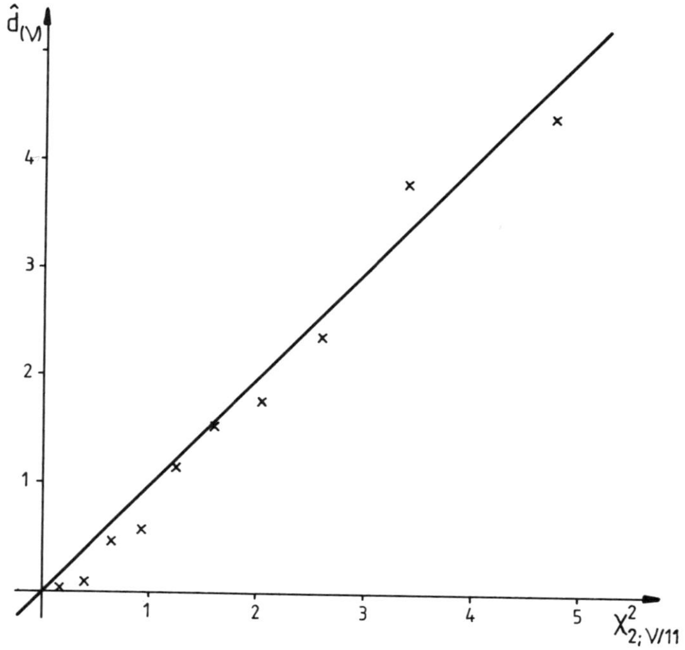

Abb.3: Q - Q - Plot für das multivariate Regressionsbeispiel

In allen drei Plots (Abb.1, 2, 3) sind hier keine Anhaltspunkte für grobe Abweichungen von den Modellannahmen festzustellen; insbesondere liefern weder der Q-Q-Plot noch die 3s-Regel einen Anhaltspunkt für Ausreißer in den Daten.

Wir wollen nun die Daten aus Tab.1 vermittels eines *multivariaten Kovarianzanalysemodells* auswerten. Wie bereits erwähnt, verwenden wir dabei für die Werbeart nicht die zugehörigen Skalenwerte, sondern betrachten dieses Merkmal als quantitativen Faktor auf drei Stufen (aggressiv ≙ Stufe 1, einschmeichelnd ≙ Stufe 2, erlebnisweckend ≙ Stufe 3). Die Beobachtungsmatrix Y bleibt hier die gleiche wie im Regressionsmodell und die Designmatrix X ist nun eine Matrix mit fünf Spalten, von denen die erste einem allgemeinen Mittel, die zweite, dritte und vierte den drei Stufen des *quantitativen Faktors* 'Werbeart' und die fünfte der *Kovariablen* (standardisierter) Werbeetat zugeordnet ist; entsprechend ist hier dann die Parametermatrix Ψ, die zusammen mit Y und X in Tab.6 angegeben ist, eine 5×2-Matrix.

Tab.6: Beobachtungsmatrix Y, Designmatrix X und Parametermatrix Ψ unseres Kovarianzanalysemodells

Produkt ν	Beobachtungsmatrix Y		Designmatrix X					Parametermatrix Ψ	
	$y_{\nu 1}$	$y_{\nu 2}$	$x_{\nu 1}$	$x_{\nu 2}$	$x_{\nu 3}$	$x_{\nu 4}$	$x_{\nu 5}$		
1	0.64531	-0.34121	1	1	0	0	1.12096	β_{01}	β_{02}
2	0.18438	-0.34121	1	1	0	0	0.50673	α_{11}	α_{12}
3	2.18178	-0.86271	1	1	0	0	1.42807	α_{21}	α_{22}
4	-0.58386	-0.34121	1	0	1	0	-0.56816	α_{31}	α_{32}
5	-1.19844	1.49149	1	0	1	0	-1.79660	β_{11}	β_{12}
6	0.95261	-0.86271	1	0	1	0	0.96740		
7	-0.43021	-0.86271	1	0	1	0	-0.26105		
8	-0.12292	-0.86271	1	0	0	1	-0.26105		
9	-0.27656	1.49149	1	0	0	1	0.19962		
10	-1.35209	1.49149	1	0	0	1	-1.33593		
	Gewinn	G.-Typ		Werbeart			Werbeetat		

Als *Nebenbedingung* an die Parameter wollen wir hier verlangen, daß

$$\alpha_{11}+\alpha_{21}+\alpha_{31}=0 \quad \text{und} \quad \alpha_{12}+\alpha_{22}+\alpha_{32}=0$$

gilt, d.h. es ist

$$Z=(0,1,1,1,0) \quad .$$

Wegen

$$Z^{+}=\frac{1}{3}\,Z^{T} \quad \text{und} \quad X_Z^{+}=[X(I_5-Z^{+}Z)]^{+}$$

gemäß Tab.7 erweist sich diese *Restriktion* als *verträglich* mit dem unrestringierten Modell, denn

$$XX_Z^+X - X = 0 \quad ,$$

und auch als *identifizierend*, denn

$$(I_5 - X_Z^+X)(I_5 - Z^+Z) = 0 \quad .$$

Tab.7: Kern(Z) - restringierte Pseudoinverse X_Z^+ der Designmatrix X

$$X_Z^+ = \begin{pmatrix} 0.11026 & 0.20428 & -0.10261 & -0.10167 & 0.01845 \\ 0.11536 & 0.31193 & -0.15360 & -0.15833 & -0.09224 \\ 0.10771 & 0.15046 & -0.07712 & -0.07334 & 0.07379 \\ 0.08461 & -0.05642 & 0.15392 & -0.09750 & -0.02767 \\ 0.09481 & 0.15888 & 0.05194 & -0.21081 & -0.24905 \\ 0.07186 & -0.32554 & 0.28140 & 0.04415 & 0.24906 \\ 0.08206 & -0.11025 & 0.17941 & -0.06917 & 0.02767 \\ 0.10941 & -0.14699 & -0.09411 & 0.24111 & 0.03690 \\ 0.10559 & -0.22773 & -0.05587 & 0.28360 & 0.11992 \\ 0.11834 & 0.04139 & -0.18335 & 0.14196 & -0.15681 \end{pmatrix}^T$$

Wir wollen nun zunächst die *Parametermatrix* Ψ des Kovarianzanalysemodells *schätzen*; als eindeutige Kleinste - Quadrate - Schätzung für Ψ erhalten wir

$$\hat{\Psi} = X_Z^+Y = \begin{pmatrix} -0.00511 & 0.04944 \\ 0.12264 & 0.17513 \\ 0.05090 & -0.49425 \\ -0.17344 & 0.31913 \\ 0.87019 & -0.72609 \end{pmatrix}$$

und die *Prognose* von Gewinn und Geschäftstyp mit relativ höchstem Absatz bei einem Werbeetat von 25 und erlebnisweckender Werbeart ergibt sich, vgl. auch das zuvor behandelte Regressionsmodell, mit

$$x_*^T\hat{\Psi} = (1,0,0,1,1.73518)\hat{\Psi} = (1{,}33139,-0.89133) = (\hat{y}_{1*},\hat{y}_{2*})$$

zu einem Gewinn von

$$\hat{\mathfrak{y}}_1 = \hat{y}_{1*}s_{\mathfrak{y}_1} + \overline{\mathfrak{y}}_{.1} = 19.47$$

bzw. zum Geschäftstyp 'Kaufhaus'. Im Vergleich zum Regressionsmodell wird der Gewinn etwas niedriger prognostiziert und der Geschäftstyp ist anstelle des Supermarktes jetzt das Kaufhaus.

Wir wollen nun noch *Konfidenz- und Prognoseintervalle* zum 95% Niveau für die Erwartungswerte $E(y_{1*})$, $E(y_{2*})$ von y_{1*}, y_{2*} bzw. für y_{1*}, y_{2*} selbst angeben. Mit

$$n_e = tr(I_{10} - XX_Z^+) = 10 - 4 = 6 \quad ,$$

$$s_1 = \sqrt{\frac{1}{6}\, y_{.1}^T (I_{10} - XX_Z^+) y_{.1}} = \sqrt{0.2255} = 0.475 \;, \quad s_2 = \sqrt{0.7829} = 0.885 \;,$$

$$t_{n_e;1-\gamma/2} = t_{6;0.975} = 2.447 \quad \text{und} \quad x_*^T X_Z^+ (X_Z^+)^T x_* = 1.206$$

ergibt sich das Konfidenzintervall für den Erwartungswert von y_{1*} zu

$$[1.33139 - 0.475 \cdot \sqrt{1.206} \cdot 2.447 \;,\; 1.33139 + 0.475 \cdot \sqrt{1.206} \cdot 2.447]$$

$$= [0.055, 2.608] \quad ,$$

und das Prognoseintervall für y_{1*} ist

$$[-0.395, 3.058] \quad .$$

Rechnet man die Grenzen dieser Intervalle um, so ergeben sich 95% - Konfidenz- bzw. Prognoseintervalle für den (erwarteten) Gewinn zu

$$[0.055 \cdot s_{\mathfrak{y}_1} + \bar{\mathfrak{y}}_{.1} \;,\; 2.608 \cdot s_{\mathfrak{y}_1} + \bar{\mathfrak{y}}_{.1}] = [11.158, 27.774] \quad \text{bzw.}$$

$$[-0.395 \cdot s_{\mathfrak{y}_1} + \bar{\mathfrak{y}}_{.1} \;,\; 3.058 \cdot s_{\mathfrak{y}_1} + \bar{\mathfrak{y}}_{.1}] = [8.229, 30.703] \quad .$$

Das 95% - Konfidenzintervall für den Erwartungswert von y_{2*} berechnet sich zu

$$[-0.89133 - 0.885 \cdot \sqrt{1.206} \cdot 2.447 \;,\; -0.89133 + 0.885 \cdot \sqrt{1.206} \cdot 2.447]$$

$$= [-3.270, 1.487]$$

und überdeckt die Skalenwerte für die Geschäftstypen 'Kaufhaus' und 'Supermarkt', wohingegen - wie beim Regressionsmodell - das Prognoseintervall für y_{2*}

$$[-3.999, 2.216]$$

sämtliche Skalenwerte überdeckt.

Da die Restriktion $Z\Psi = 0$ hier im Modell identifizierend ist, ist jede Linearform von Ψ linear unverzerrt schätzbar und somit auch die hier speziell betrachtete $x_*^T\Psi$. Aus dem gleichen Grund ist folglich auch jede Hypothese der Art H_0: $K\Psi = 0$ hier allgemein testbar.

Im folgenden wollen wir zunächst einmal *drei verschiedene Hypothesen testen* und zwar erstens die auf Verschwinden des Gesamtmittels bzw. Absolutgliedes

$$H_{01}\colon\ \beta_0 = (\beta_{01}, \beta_{02}) = 0 \quad \text{bzw.} \quad H_{01}\colon\ K_1\Psi = 0 \quad \text{mit } K_1 = (1,0,0,0,0) \;,$$

zweitens die auf Verschwinden der Effekte des Faktors 'Werbeart'

$$H_{02}\colon\ (\alpha_{11}, \alpha_{12}) = (\alpha_{21}, \alpha_{22}) = (\alpha_{31}, \alpha_{32}) = 0 \quad ,$$

die sich aufgrund der Reparametrisierungsbedingung

$$Z\Psi = (0,1,1,1,0)\Psi = 0$$

auch schreiben läßt als

$$H_{o2}: K_2\Psi = 0 \quad \text{mit} \quad K_2 = \begin{pmatrix} 0 & 1 & 0 & -1 & 0 \\ 0 & 0 & 1 & -1 & 0 \end{pmatrix} \quad ,$$

und schließlich noch die Hypothese, daß die Kovariable keinen Einfluß auf die Responsevariablen hat:

$$H_{o3}: \beta_1 = (\beta_{11},\beta_{12}) = 0 \quad \text{bzw.} \quad H_{o3}: K_3\Psi = 0 \quad \text{mit } K_3 = (0,0,0,0,1) \quad .$$

Um diese Hypothesen testen zu können, benötigen wir die Fehlermatrix

$$S_e = Y^T P_e Y \quad \text{mit} \quad P_e = I_{10} - XX_Z^+$$

sowie die Hypothesenmatrizen

$$S_{h(1)} = Y^T P_{h(1)} Y \quad \text{mit} \quad P_{h(1)} = X(X_Z^+ - X^+_{\binom{Z}{K_1}})$$

$$S_{h(2)} = Y^T P_{h(2)} Y \quad \text{mit} \quad P_{h(2)} = X(X_Z^+ - X^+_{\binom{Z}{K_2}})$$

$$S_{h(3)} = Y^T P_{h(3)} Y \quad \text{mit} \quad P_{h(3)} = X(X_Z^+ - X^+_{\binom{Z}{K_3}}) \quad .$$

Mit X_Z^+ gemäß Tab.7 und

$$X^+_{\binom{Z}{K_i}} = \left[X\left(I - \binom{Z}{K_i}^+\binom{Z}{K_i}\right)\right]^+ \qquad \text{für } i=1,2,3 \quad ,$$

die sich wegen

$$\binom{Z}{K_1} = \begin{pmatrix} 0 & 1 & 1 & 1 & 0 \\ 1 & 0 & 0 & 0 & 0 \end{pmatrix} , \quad \binom{Z}{K_2} = \begin{pmatrix} 0 & 1 & 1 & 1 & 0 \\ 0 & 1 & 0 & -1 & 0 \\ 0 & 0 & 1 & -1 & 0 \end{pmatrix} \quad \text{und}$$

$$\binom{Z}{K_3} = \begin{pmatrix} 0 & 1 & 1 & 1 & 0 \\ 0 & 0 & 0 & 0 & 1 \end{pmatrix}$$

gemäß Tab.8 - 10 ergeben, erhalten wir die in den Tab.11 - 14 angegebenen *Projektionsmatrizen* P_e, $P_{h(1)}$, $P_{h(2)}$ und $P_{h(3)}$.

Tab.8: Kern$\binom{Z}{K_1}$ - restringierte Pseudoinverse $X^+_{\binom{Z}{K_1}}$ der Designmatrix X

$$X^+_{\binom{Z}{K_1}} = \begin{pmatrix}
0 & 0.18559 & -0.07852 & -0.10707 & 0.02740 \\
0 & 0.29237 & -0.12839 & -0.16398 & -0.08288 \\
0 & 0.13219 & -0.05358 & -0.07862 & 0.08254 \\
0 & -0.07077 & 0.17241 & -0.10164 & -0.02080 \\
0 & 0.14280 & 0.07266 & -0.21546 & -0.24136 \\
0 & -0.33773 & 0.29710 & 0.04062 & 0.25489 \\
0 & -0.12416 & 0.19735 & -0.07319 & 0.03434 \\
0 & -0.16554 & -0.07020 & 0.23575 & 0.04578 \\
0 & -0.24563 & -0.03279 & 0.27843 & 0.12849 \\
0 & 0.02133 & -0.15749 & 0.13616 & -0.14720
\end{pmatrix}^T$$

Tab.9: Kern$\binom{Z}{K_2}$ - restringierte Pseudoinverse $X^+_{\binom{Z}{K_2}}$ der Designmatrix X

$$X^+_{\binom{Z}{K_2}} = \begin{pmatrix} 0.1 & 0 & 0 & 0 & 0.11210 \\ 0.1 & 0 & 0 & 0 & 0.05067 \\ 0.1 & 0 & 0 & 0 & 0.14281 \\ 0.1 & 0 & 0 & 0 & -0.05682 \\ 0.1 & 0 & 0 & 0 & -0.17966 \\ 0.1 & 0 & 0 & 0 & 0.09674 \\ 0.1 & 0 & 0 & 0 & -0.02610 \\ 0.1 & 0 & 0 & 0 & -0.02610 \\ 0.1 & 0 & 0 & 0 & 0.01996 \\ 0.1 & 0 & 0 & 0 & -0.13359 \end{pmatrix}^T$$

Tab.10: Kern$\binom{Z}{K_3}$ - restringierte Pseudoinverse $X^+_{\binom{Z}{K_3}}$ der Designmatrix X

$$X^+_{\binom{Z}{K_3}} = \frac{1}{36} \cdot \begin{pmatrix} 4 & 4 & 4 & 3 & 3 & 3 & 3 & 4 & 4 & 4 \\ 8 & 8 & 8 & -3 & -3 & -3 & -3 & -4 & -4 & -4 \\ -4 & -4 & -4 & 6 & 6 & 6 & 6 & -4 & -4 & -4 \\ -4 & -4 & -4 & -3 & -3 & -3 & -3 & 8 & 8 & 8 \\ 0 & 0 & 0 & 0 & 0 & 0 & 0 & 0 & 0 & 0 \end{pmatrix}$$

Tab.11: Projektor $P_e = I_{10} - XX^+_Z$

$$P_e = \begin{pmatrix} 0.665 & -0.324 & -0.341 & 0.003 & 0.025 & -0.026 & -0.003 & -0.004 & -0.012 & 0.016 \\ -0.324 & 0.619 & -0.296 & -0.014 & -0.127 & 0.127 & 0.014 & 0.019 & 0.061 & -0.080 \\ -0.341 & -0.296 & 0.636 & 0.011 & 0.102 & -0.102 & -0.011 & -0.015 & -0.049 & 0.064 \\ 0.003 & -0.014 & 0.011 & 0.746 & -0.288 & -0.212 & -0.246 & 0.006 & 0.018 & -0.024 \\ 0.025 & -0.127 & 0.102 & -0.288 & 0.406 & 0.094 & -0.212 & 0.051 & 0.166 & -0.217 \\ -0.026 & 0.127 & -0.102 & -0.212 & 0.094 & 0.406 & -0.288 & -0.051 & -0.166 & 0.217 \\ -0.003 & 0.014 & -0.011 & -0.246 & -0.212 & -0.288 & 0.746 & -0.006 & -0.018 & 0.024 \\ -0.004 & 0.019 & -0.015 & 0.006 & 0.051 & -0.051 & -0.006 & 0.659 & -0.358 & -0.301 \\ -0.012 & 0.061 & -0.049 & 0.018 & 0.166 & -0.166 & -0.018 & -0.358 & 0.587 & -0.229 \\ 0.016 & -0.080 & 0.064 & -0.024 & -0.217 & 0.217 & 0.024 & -0.301 & -0.229 & 0.530 \end{pmatrix}$$

Tab.12: Projektor $P_{h(1)} = X(X^+_Z - X^+_{\binom{Z}{K_1}})$

$$P_{h(1)} = \begin{pmatrix} 0.119 & 0.124 & 0.116 & 0.091 & 0.102 & 0.078 & 0.089 & 0.118 & 0.114 & 0.128 \\ 0.124 & 0.130 & 0.122 & 0.095 & 0.107 & 0.081 & 0.093 & 0.123 & 0.119 & 0.134 \\ 0.116 & 0.122 & 0.113 & 0.089 & 0.100 & 0.076 & 0.086 & 0.115 & 0.111 & 0.125 \\ 0.091 & 0.095 & 0.089 & 0.070 & 0.078 & 0.059 & 0.068 & 0.091 & 0.087 & 0.098 \\ 0.102 & 0.107 & 0.100 & 0.078 & 0.088 & 0.067 & 0.076 & 0.101 & 0.098 & 0.110 \\ 0.078 & 0.081 & 0.076 & 0.059 & 0.067 & 0.051 & 0.058 & 0.077 & 0.074 & 0.083 \\ 0.089 & 0.093 & 0.086 & 0.068 & 0.076 & 0.058 & 0.066 & 0.088 & 0.085 & 0.095 \\ 0.118 & 0.123 & 0.115 & 0.091 & 0.101 & 0.077 & 0.088 & 0.117 & 0.113 & 0.127 \\ 0.114 & 0.119 & 0.111 & 0.087 & 0.098 & 0.074 & 0.085 & 0.113 & 0.109 & 0.122 \\ 0.128 & 0.134 & 0.125 & 0.098 & 0.110 & 0.083 & 0.095 & 0.127 & 0.122 & 0.137 \end{pmatrix}$$

Tab.13: Projektor $P_{h(2)} = X\left(X_Z^+ - X^+_{\binom{Z}{K_2}}\right)$

$$P_{h(2)} = \begin{pmatrix} 0.110 & 0.167 & 0.081 & -0.039 & 0.076 & -0.183 & -0.068 & -0.067 & -0.110 & 0.034 \\ 0.167 & 0.255 & 0.123 & -0.057 & 0.119 & -0.277 & -0.101 & -0.106 & -0.171 & 0.048 \\ 0.081 & 0.123 & 0.060 & -0.030 & 0.055 & -0.136 & -0.051 & -0.048 & -0.079 & 0.027 \\ -0.039 & -0.057 & -0.030 & 0.122 & 0.086 & 0.167 & 0.131 & -0.121 & -0.107 & -0.152 \\ 0.076 & 0.119 & 0.055 & 0.086 & 0.171 & -0.020 & 0.065 & -0.198 & -0.230 & -0.123 \\ -0.183 & -0.277 & -0.136 & 0.167 & -0.020 & 0.401 & 0.213 & -0.024 & 0.046 & -0.187 \\ -0.068 & -0.101 & -0.051 & 0.131 & 0.065 & 0.213 & 0.147 & -0.101 & -0.076 & -0.159 \\ -0.067 & -0.106 & -0.048 & -0.121 & -0.198 & -0.024 & -0.101 & 0.234 & 0.263 & 0.166 \\ -0.110 & -0.171 & -0.079 & -0.107 & -0.230 & 0.046 & -0.076 & 0.263 & 0.309 & 0.156 \\ 0.034 & 0.048 & 0.027 & -0.152 & -0.123 & -0.187 & -0.159 & 0.166 & 0.156 & 0.191 \end{pmatrix}$$

Tab.14: Projektor $P_{h(3)} = X\left(X_Z^+ - X^+_{\binom{Z}{K_3}}\right)$

$$P_{h(3)} = \begin{pmatrix} 0.002 & -0.009 & 0.008 & -0.003 & -0.026 & 0.025 & 0.003 & 0.004 & 0.012 & -0.016 \\ -0.009 & 0.047 & -0.038 & 0.014 & 0.127 & -0.127 & -0.014 & -0.019 & -0.061 & 0.080 \\ 0.008 & -0.038 & 0.030 & -0.011 & -0.102 & 0.102 & 0.011 & 0.015 & 0.049 & -0.064 \\ -0.003 & 0.014 & -0.011 & 0.004 & 0.038 & -0.038 & -0.004 & -0.006 & -0.018 & 0.024 \\ -0.026 & 0.127 & -0.102 & 0.038 & 0.344 & -0.344 & -0.038 & -0.051 & -0.166 & 0.217 \\ 0.025 & -0.127 & 0.102 & -0.038 & -0.344 & 0.344 & 0.038 & 0.051 & 0.166 & -0.217 \\ 0.003 & -0.014 & 0.011 & -0.004 & -0.038 & 0.038 & 0.004 & 0.006 & 0.018 & -0.024 \\ 0.004 & -0.019 & 0.015 & -0.006 & -0.051 & 0.051 & 0.006 & 0.008 & 0.025 & -0.032 \\ 0.012 & -0.061 & 0.049 & -0.018 & -0.166 & 0.166 & 0.018 & 0.025 & 0.080 & -0.104 \\ -0.016 & 0.080 & -0.064 & 0.024 & 0.217 & -0.217 & -0.024 & -0.032 & -0.104 & 0.136 \end{pmatrix}$$

Nun ergibt sich aus Tab.11

$$S_e = Y^T P_e Y = \begin{pmatrix} 1.353 & -0.318 \\ -0.318 & 4.594 \end{pmatrix} \quad \text{und} \quad S_e^{-1} = \begin{pmatrix} 0.751 & 0.052 \\ 0.052 & 0.221 \end{pmatrix}$$

sowie

$$n_e = \operatorname{tr} P_e = 6 \quad .$$

Unter Verwendung von Tab.12 ist weiter mit

$$S_{h(1)} = Y^T P_{h(1)} Y = \begin{pmatrix} 0.0000 & -0.0009 \\ -0.0009 & 0.0248 \end{pmatrix} \quad , \quad n_{h(1)} = \operatorname{tr} P_{h(1)} = 1$$

dann

$$S_{h(1)} S_e^{-1} = \begin{pmatrix} 0.0000 & -0.0002 \\ 0.0006 & 0.0054 \end{pmatrix} \quad \text{mit} \quad \xi_1 = 0.0054 \quad \text{und} \quad \xi_2 = 0 \quad ,$$

so daß die Hypothese H_{01} zum 5% Niveau nicht verworfen werden kann, da

$$\frac{\xi_1}{1+\xi_1} = \frac{0.0054}{1.0054} = 0.005 \not> 0.698 = \frac{2}{5}\cdot 5.786 \Big/ \left(1 + \frac{2}{5}\cdot 5.786\right)$$

$$= \frac{2}{5}\cdot F_{2,5;0.95} \Big/ \left(1 + \frac{2}{5}\cdot F_{2,5;0.95}\right) = c_{R;0.95}(2,6,1) \quad ;$$

vgl. auch die Ausführungen zum Roy-Test im Anhang, d.h. es kann keine zum 5% Niveau signifikante Abweichung des Gesamtmittels β_0 von Null festgestellt werden.

Will man die Hypothese H_{02} zum 5% Niveau testen, so ergibt sich mit Tab.13 zunächst

$$S_{h(2)} = Y^T P_{h(2)} Y = \begin{pmatrix} 0.108 & -0.242 \\ -0.242 & 1.262 \end{pmatrix}$$

und daraus dann die Matrix

$$S_{h(2)} S_e^{-1} = \begin{pmatrix} 0.069 & -0.048 \\ -0.116 & 0.266 \end{pmatrix}$$

mit den Eigenwerten

$$\xi_1 = 0.291 \quad \text{und} \quad \xi_2 = 0.044 \quad ,$$

so daß sich wegen

$$n_{h(2)} = \text{tr } P_{h(2)} = 2 \ , \quad \min(p, n_{h(2)}) = 2$$

mit den Ausführungen zum Wilks - Test im Anhang und

$$\Lambda_W = \prod_{i=1}^{2} \frac{1}{1+\xi_i} = 0.7419476$$

ergibt:

$$\frac{1-\Lambda_W^{1/2}}{\Lambda_W^{1/2}} \cdot \frac{n_e - 1}{n_{h(2)}} = 0.160950 \cdot \frac{5}{2} = 0.4023750 \not> 3.478 = F_{4,10;0.95}$$
$$= F_{2n_{h(2)}, 2(n_e-1); 1-\gamma} \quad ,$$

d.h. auch die Hypothese H_{02} kann zum 5% Niveau nicht verworfen werden; der Faktor 'Werbeart' bringt also bei gleichzeitiger Berücksichtigung des Faktors 'Werbeetat' keinen zum 5% Niveau signifikanten zusätzlichen Beitrag zur Erklärung der Responsevariablen.

Schließlich wollen wir noch die Hypothese H_{03} zum 5% Niveau testen; hier ergibt sich mit Tab.14 zunächst

$$S_{h(3)} = Y^T P_{h(3)} Y = \begin{pmatrix} 4.201 & -3.506 \\ -3.506 & 2.925 \end{pmatrix}$$

und daraus dann die Matrix

$$S_{h(3)} S_e^{-1} = \begin{pmatrix} 2.973 & -0.556 \\ -2.481 & 0.464 \end{pmatrix}$$

mit den Eigenwerten

$$\xi_1 = 3.437 \quad \text{und} \quad \xi_2 = 0 \quad .$$

Wegen

$$n_{h(3)} = \text{tr } P_{h(3)} = 1$$

erhält man

$$\frac{\xi_1}{1+\xi_1} = \frac{3.437}{4.437} = 0.774 > 0.698 = \frac{2}{5}\cdot 5.786 \Big/ \left(1+\frac{2}{5}\cdot 5.786\right)$$
$$= \frac{2}{5}\cdot F_{2,5;0.95} \Big/ \left(1+\frac{2}{5}\cdot F_{2,5;0.95}\right) = c_{R;0.95}(2,6,1) \quad ,$$

so daß dann aufgrund der Ausführungen zum Roy - Test im Anhang die Hypothese H_{o3} verworfen wird, d.h. der 'Werbeetat' hat einen zum 5% Niveau signifikanten Einfluß auf die Responsevariablen 'Gewinn' und 'Geschäftstyp mit relativ höchstem Absatz'.

Nun soll die *Kovarianz- bzw. Korrelationsmatrix des Schätzers* $\hat{\Psi}$ *für die Parametermatrix* Ψ geschätzt werden. Verwendet man als *erwartungstreue Schätzung für die Kovarianzmatrix* $\ddagger$

$$\hat{\ddagger} = \frac{1}{n_e} S_e = \begin{pmatrix} 0.2255 & -0.0530 \\ -0.0530 & 0.7657 \end{pmatrix} \quad ,$$

so ergibt sich

$$\widehat{\mathrm{Cov}(\hat{\Psi})} = X_Z^+(X_Z^+)^T \otimes \hat{\ddagger}$$

wie in Tab.15 angegeben, wo auch die Matrix $\widehat{\mathrm{Corr}(\hat{\Psi})}$ zu finden ist.

Aufgrund der hohen Korrelationen der Parameterschätzungen, die zu den Stufen des Faktors 'Werbeart' gehören, und der Parameterschätzungen zur Kovariablen 'Werbeetat' (innerhalb jeder der beiden Responsevariablen) ist zu erwarten, daß sich unter H_{o2} die Schätzungen für β_{11} und β_{12} und unter H_{o3} die Schätzungen für $\alpha_{11}, \alpha_{12}, \alpha_{21}, \alpha_{22}, \alpha_{31}, \alpha_{32}$ recht stark verändern werden gegenüber $\hat{\Psi}$; dagegen werden wir bei beiden Hypothesen kaum Veränderungen der Schätzungen für β_{o1} und β_{o2} feststellen, denn alle Korrelationen zu diesen Parametern sind nur gering; d.h. gleichzeitig, daß sich unter H_{o1} die Schätzungen für alle Parameter (außer natürlich β_{o1} und β_{o2}) kaum verändern werden. Man vergleiche hierzu auch die Tab.16 in der neben $\hat{\Psi}$ auch die *Schätzer unter den Hypothesen* zu finden sind:

$$\hat{\Psi}_{H_{oi}} = X^+_{\binom{Z}{K_i}} Y \qquad \text{für } i=1,2,3 \quad .$$

Wir wollen nun noch die *Güte des Kovarianzanalysemodells* für die Responsevariablen 'Gewinn' und 'Geschäftstyp mit realtiv höchstem Absatz' näher untersuchen. Dazu bestimmen wir zunächst einmal die *Bestimmtheitsmaße* der einzelnen Kovarianzanalysemodelle, vgl. auch Kap.II. Für den Gewinn ergibt sich

Tab. 15: Schätzer für die Kovarianz- bzw. Korrelationsmatrix der Parameterschätzung $\hat{\Psi}$

		Gesamtmittel		Faktor 'Werbeart'						Kovariable 'Werbeetat'	
		Gewinn	G.-Typ	Gewinn	G.-Typ	Gewinn	G.-Typ	Gewinn	G.-Typ	Gewinn	G.-Typ
		$\hat{\beta}_{o1}$	$\hat{\beta}_{o2}$	$\hat{\alpha}_{11}$	$\hat{\alpha}_{12}$	$\hat{\alpha}_{21}$	$\hat{\alpha}_{22}$	$\hat{\alpha}_{31}$	$\hat{\alpha}_{32}$	$\hat{\beta}_{11}$	$\hat{\beta}_{12}$
$\hat{\beta}_{o1}$	$\widehat{Cov}(\hat{\Psi}) =$	0.023	-0.005	0.004	-0.001	-0.005	0.001	0.001	-0.000	-0.002	0.000
$\hat{\beta}_{o2}$		-0.005	0.078	-0.001	0.013	0.001	-0.017	-0.000	0.004	0.000	-0.006
$\hat{\alpha}_{11}$		0.004	-0.001	0.086	-0.020	-0.039	0.009	-0.047	0.011	-0.040	0.009
$\hat{\alpha}_{12}$		-0.001	0.013	-0.020	0.294	0.009	-0.133	0.011	-0.161	0.009	-0.134
$\hat{\alpha}_{21}$		-0.005	0.001	-0.039	0.009	0.050	-0.012	-0.011	0.003	0.019	-0.004
$\hat{\alpha}_{22}$		0.001	-0.017	0.009	-0.133	-0.012	0.171	0.003	-0.038	-0.004	0.064
$\hat{\alpha}_{31}$		0.001	-0.000	-0.047	0.011	-0.011	0.003	0.059	-0.014	0.021	-0.005
$\hat{\alpha}_{32}$		-0.000	0.004	0.011	-0.161	0.003	-0.038	-0.014	0.199	-0.005	0.071
$\hat{\beta}_{11}$		-0.002	0.000	-0.040	0.009	0.019	-0.004	0.021	-0.005	0.041	-0.010
$\hat{\beta}_{12}$		0.000	-0.006	0.009	-0.134	-0.004	0.064	-0.005	0.071	-0.010	0.138
$\hat{\beta}_{o1}$	$\widehat{Corr}(\hat{\Psi}) =$	1.000	-0.118	0.090	-0.012	-0.147	0.016	0.027	-0.004	-0.065	0.008
$\hat{\beta}_{o2}$		-0.118	1.000	-0.012	0.086	0.016	-0.147	-0.004	0.032	0.008	-0.058
$\hat{\alpha}_{11}$		0.090	-0.012	1.000	-0.126	-0.595	0.074	-0.660	0.084	-0.674	0.083
$\hat{\alpha}_{12}$		-0.012	0.086	-0.126	1.000	0.074	-0.593	0.084	-0.666	0.082	-0.665
$\hat{\alpha}_{21}$		-0.147	0.016	-0.595	0.074	1.000	-0.130	-0.203	0.030	0.420	-0.048
$\hat{\alpha}_{22}$		0.016	-0.147	0.074	-0.593	-0.130	1.000	0.030	-0.206	-0.048	0.417
$\hat{\alpha}_{31}$		0.027	-0.004	-0.660	0.084	-0.203	0.030	1.000	-0.129	0.427	-0.055
$\hat{\alpha}_{32}$		-0.004	0.032	0.084	-0.666	0.030	-0.206	-0.129	1.000	-0.055	0.428
$\hat{\beta}_{11}$		-0.065	0.008	-0.674	0.082	0.420	-0.048	0.427	-0.055	1.000	-0.133
$\hat{\beta}_{12}$		0.008	-0.058	0.083	-0.665	-0.048	0.417	-0.055	0.428	-0.133	1.000

Tab.16: Schätzer $\hat{\Psi}$ und $\hat{\Psi}_{H_{oi}}$ (i=1,2,3) für die Parametermatrix Ψ im Modell und unter den Hypothesen H_{o1}, H_{o2}, H_{o3}

$\hat{\Psi}$	$\hat{\Psi}_{H_{o1}}$	$\hat{\Psi}_{H_{o2}}$	$\hat{\Psi}_{H_{o3}}$
$\begin{pmatrix} -0.00511 & 0.04944 \\ 0.12264 & 0.17513 \\ 0.05090 & -0.49425 \\ -0.17344 & 0.31913 \\ 0.87019 & -0.72609 \end{pmatrix}$	$\begin{pmatrix} 0 & 0 \\ 0.12339 & 0.16675 \\ 0.04977 & -0.48344 \\ -0.17320 & 0.31671 \\ 0.86979 & -0.72209 \end{pmatrix}$	$\begin{pmatrix} 0 & 0 \\ 0 & 0 \\ 0 & 0 \\ 0 & 0 \\ 0.9234 & -0.6352 \end{pmatrix}$	$\begin{pmatrix} 0.03500 & 0.01598 \\ 0.96883 & -0.53102 \\ -0.34997 & -0.15976 \\ -0.61885 & -0.69078 \\ 0 & 0 \end{pmatrix}$

$$
\begin{aligned}
B_{1,(1,2,3,4,5)} &= 1-\frac{1}{10}\sum_{\nu=1}^{10}(y_{\nu 1}+0.00511-0.12264x_{\nu 2}-0.05090x_{\nu 3} \\
&\qquad -0.17344x_{\nu 4}-0.87019x_{\nu 5})^2 \\
&= 1-\frac{1}{10}\cdot 1.3555 \\
&= 0.86445
\end{aligned}
$$

und für den Geschäftstyp erhalten wir

$$
\begin{aligned}
B_{2,(1,2,3,4,5)} &= 1-\frac{1}{10}\sum_{\nu=1}^{10}(y_{\nu 2}-0.04944-0.17513x_{\nu 2}+0.49425x_{\nu 3} \\
&\qquad -0.31913x_{\nu 4}+0.72609x_{\nu 5})^2 \\
&= 1-\frac{1}{10}\cdot 4.3820 \\
&= 0.56180 \quad ,
\end{aligned}
$$

so daß beide Bestimmtheitsmaße als recht hoch bezeichnet werden können.

Weiterhin betrachten wir noch wie beim Regressionsmodell die drei verschiedenen *Residualplots*. Mit $\hat{Y} = (\hat{y}_{\nu j})_{\nu=1,\ldots,10;j=1,2} = X\hat{\Psi}$ sind in **Tab.17** die benötigten Größen $\hat{y}_\nu = (\hat{y}_{\nu 1}, \hat{y}_{\nu 2})^T$, $y_\nu - \hat{y}_\nu$, $\hat{\delta}^o_\nu$, $\hat{\hat{\delta}}^o_\nu$, $\hat{d}_\nu$ und $\hat{d}^{norm}_\nu$, - mit Bezugspunkt $a = 0$, $S = \frac{1}{n-1} S_e = S_e/9$ ($n-1$ statt n_e, da dieses "klein" ist) $\overline{\hat{d}} = 1.8305$, $s_{\hat{d}} = 1.91838504$ - , und in **Tab.18** die geordneten Residuen $\hat{d}_{(\nu)}$ sowie die Quantile $\chi^2_{2;\nu/11}$ für den Q - Q - Plot angegeben.

Weder der Plot von $\hat{\delta}^o_\nu$ gegen $\hat{\hat{\delta}}^o_\nu$ in **Abb.4** noch der Plot von $\hat{d}^{norm}_\nu$ gegen $\hat{\hat{\delta}}^o_\nu$ in **Abb.5** und auch nicht der Q - Q - Plot ($\hat{d}_{(\nu)}$ gegen $\chi^2_{2;\nu/11}$) in **Abb.6** geben Anlaß zu grundsätzlichen Bedenken gegenüber den Modellannahmen.

Tab.17: $\hat{y}_\nu$, $y_\nu - \hat{y}_\nu$, $\hat{\delta}^o_\nu$, $\hat{\hat{\delta}}^o_\nu$, $\hat{d}_\nu$, $\hat{d}^{norm}_\nu$ für 10 Produkte $\nu=1,\dots,10$ im multivariaten Kovarianzanalysebeispiel

ν	$\hat{y}_\nu^T$	$(y_\nu - \hat{y}_\nu)^T$	$\hat{\delta}^o_\nu$	$\hat{\hat{\delta}}^o_\nu$	$\hat{d}_\nu$	$\hat{d}^{norm}_\nu$
1	1.09298 -0.58935	-0.44767 0.24814	1.803	3.061	1.581	-0.130
2	0.55848 -0.14336	-0.37410 -0.19785	0.721	1.491	0.955	-0.456
3	1.36022 -0.81234	0.82156 -0.05037	5.951	3.568	4.606	1.447
4	-0.44862 -0.03227	-0.13524 -0.30894	1.533	1.161	0.274	-0.811
5	-1.51759 0.85968	0.31915 0.28947	3.976	4.273	0.769	0.553
6	0.88761 -1.14723	0.06500 0.28452	2.895	2.983	0.172	-0.865
7	-0.18137 -0.25526	-0.24884 -0.60745	1.544	0.556	1.011	-0.427
8	-0.40571 0.55812	0.28279 -1.42083	1.218	1.394	4.932	1.617
9	-0.00484 0.22363	-0.27172 1.26786	2.308	0.317	4.019	1.141
10	-1.34106 1.33858	-0.01103 0.15291	4.321	4.171	0.049	-0.929

Tab.18: Geordnete Residuen $\hat{d}_{(\nu)}$ und Quantile $\chi^2_{2;\nu/11}$ für $\nu=1,\dots,10$ im Kovarianzanalysemodell

ν	$\hat{d}_{(\nu)}$	$\chi^2_{2;\nu/11}$
1	0.049	0.175
2	0.172	0.402
3	0.274	0.649
4	0.769	0.927
5	0.955	1.232
6	1.011	1.593
7	1.581	2.023
8	4.019	2.594
9	4.606	3.386
10	4.932	4.747

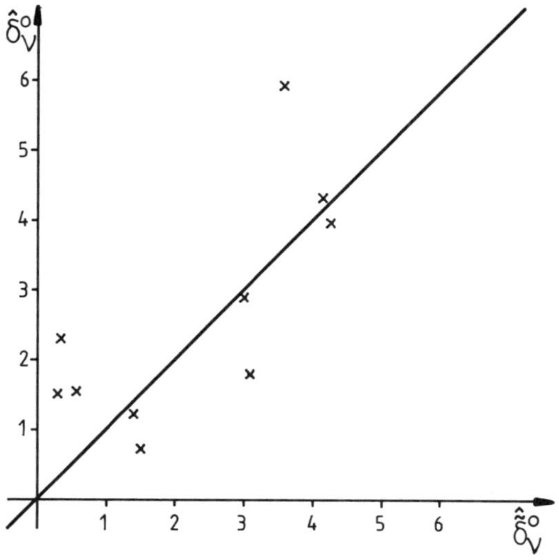

Abb.4: Plot von $\hat{\delta}^o_\nu$ gegen $\hat{\hat{\delta}}^o_\nu$ im Kovarianzanalysebeispiel

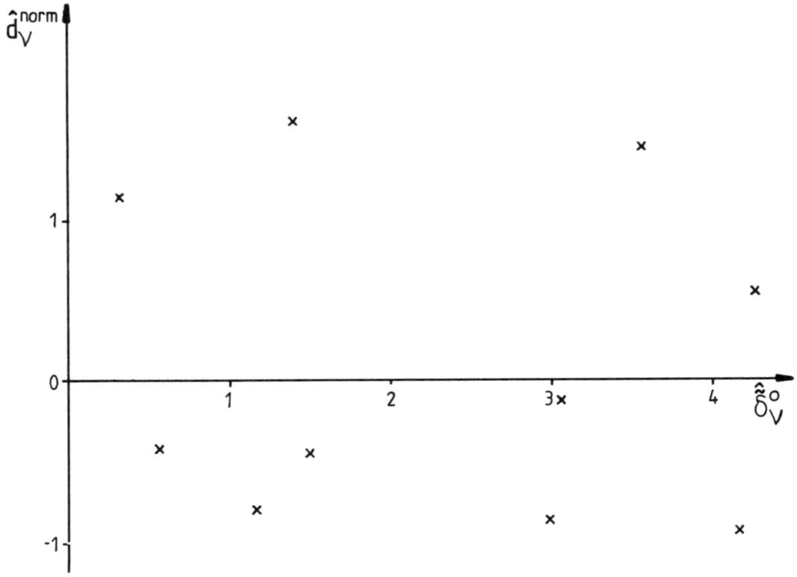

Abb.5: Residual-Plot von $\hat{d}_\nu^{norm}$ gegen $\hat{\tilde{\delta}}_\nu^0$ im Kovarianzanalysebeispiel

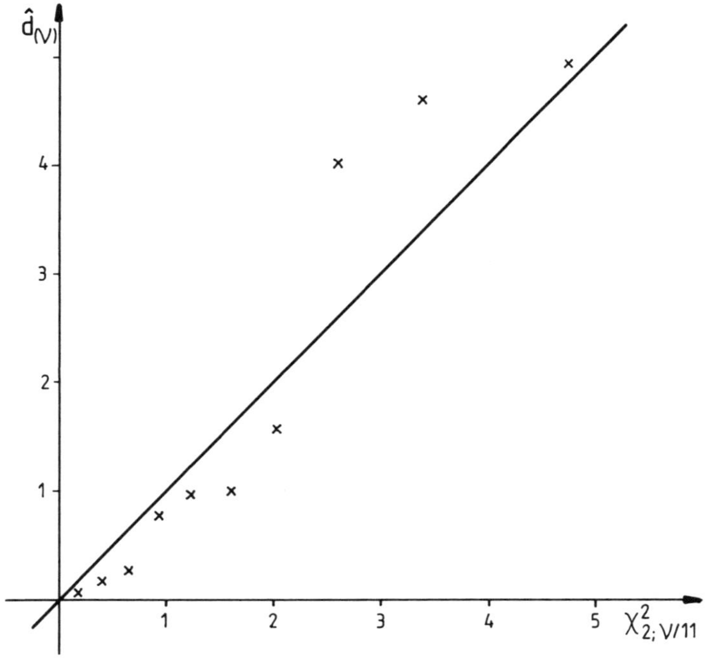

Abb.6: Q - Q - Plot im Kovarianzanalysebeispiel

Wir haben hier zwei verschiedene Modelle, ein multivariates Regressions- und ein multivariates Kovarianzanalysemodell, verwandt, um die Responsevariablen Gewinn und Geschäftstyp mit relativ höchstem Absatz durch den Werbeetat und die Art der Werbung zu erklären; wie lassen sich die beiden *Modelle* nun miteinander *vergleichen*. Zum einen können hier die jeweiligen *Bestimmtheitsmaße* für die einzelnen Responsevariablen herangezogen werden. Im Beispiel sind beide Bestimmtheitsmaße für das Regressionsmodell etwas niedriger als für das Kovarianzanalysemodell. Betrachtet man andererseits die angegebenen *Konfidenz- und Prognoseintervalle* für eine spezielle zukünftige Beobachtung, so zeigt sich, daß das Regressionsmodell an der speziell betrachteten Stelle sehr viel kleinere Intervalle liefert. Das liegt daran, daß die Zahl der Parameter bzw. die Freiheitsgrade n_e des Fehlers in den beiden Modellen unterschiedlich sind; im Regressionsmodell ist $n_e = 8$, im Kovarianzanalysemodell dagegen ist $n_e = 6$. Um die Modelle aufgrund ihrer Bestimmtheitsmaße vergleichen zu können, schlägt Ezekiel (1930) vor, *adjustierte Bestimmtheitsmaße* zu verwenden. Ist B ein Bestimmtheitsmaß, so ist

$$\overline{B} = 1 - \frac{n}{n_e}(1 - B)$$

das zugehörige adjustierte Bestimmtheitsmaß. In unserem Beispiel ergibt sich für das Regressionsanalysemodell

$$\overline{B}_{1,(1,2)} = 1 - \frac{10}{8}(1 - 0.86274) = 0.828425 \quad ,$$

$$\overline{B}_{2,(1,2)} = 1 - \frac{10}{8}(1 - 0.50325) = 0.379063 \quad ,$$

und für das Kovarianzanalysemodell erhalten wir

$$\overline{B}_{1,(1,2,3,4,5)} = 1 - \frac{10}{6}(1 - 0.86445) = 0.774083 \quad ,$$

$$\overline{B}_{2,(1,2,3,4,5)} = 1 - \frac{10}{6}(1 - 0.56180) = 0.269667 \quad ,$$

so daß die adjustierten Bestimmtheitsmaße für beide Merkmale im Regressionsmodell höher sind, was auch weitgehend die geringere Breite der Konfidenz- und Prognoseintervalle in diesem Modell erklärt; bzgl. weiterer Aspekte des Modellvergleichs sei hier z.B. verwiesen auf Seber (1977, §12).

Am Schluß dieses Abschnitts seien noch einige *Bemerkungen zur Skalierung qualitativer Merkmale für Regressionszwecke* gemacht, vgl. auch Kap.V. Möchte man die qualitativen Regressoren nicht skalieren sondern wie im zweiten Modell oben als Faktoren auf mehreren Stufen mit einer Spalte in X für jede Stufe (0 - 1 - Kodierung) in das Modell einbringen, so kann man natürlich jede qualitative Responsevariable einzeln nach dem Kriterium des maximalen multiplen Bestimmtheitsmaßes gegen die Regressoren skalieren, was in der Regel bzgl. der Regressoren bessere Skalenwerte (für die Responsevariable) bringt. Möchte man allerdings, wie im ersten Modell oben, auch die qualitativen Regressoren skalieren, so erhält man hierbei für jede Regressionsbeziehung andere Skalenwerte (für das selbe Modell). Ist dies unerwünscht, so kann man alternativ zur kanonischen Korrelation auch z.B. die (eventuell gewichtete) Summe der einzelnen multiplen Bestimmtheitsmaße als Skalierungskriterium verwenden, d.h. diese Summe maximieren. Bei der *Zuordnung von Prognosewerten* zu den Skalenwerten einer skalierten Responsevariablen lassen sich die *Zuordnungsgrenzen* auch so festsetzen, daß mittels Prognose der bereits bekannten Stichprobenelemente eine maximale Übereinstimmung mit den wahren Zugehörigkeiten erreicht wird.

1.4 EINIGE MODELLE DER MULTIVARIATEN VARIANZANALYSE (MANOVA) MIT FESTEN EFFEKTEN

Wir werden in diesem Abschnitt einige vollständige Modelle der *multivariaten Varianzanalyse* (MANOVA) *mit festen Effekten* behandeln. Zunächst beschäftigen wir uns im Abschnitt 1.4.1 mit der *einfaktoriellen Varianzanalyse*, bei welcher der Einfluß eines Faktors mit r interessierenden Stufen auf p Responsevariablen untersucht wird. Im Abschnitt 1.4.2 und 1.4.3 betrachten wir dann *zweifach kreuzklassifizierte Modelle*, bei denen zwei Einflußfaktoren mit r bzw. s Stufen untersucht werden, wobei jede Stufe des einen mit jeder Stufe des anderen Faktors kombiniert beobachtet wird; dabei betrachten wir zunächst den Fall *mehrerer Beobachtungen pro Faktorstufenkombination* (*Zelle*), bei dem eine *Wechselwirkung* (*Interaktion*) zwischen den beiden Faktoren zugelassen wird. Beim Modell mit nur *einer Beobachtung pro Zelle*, das in Abschnitt 1.4.3 behandelt wird, kann eine solche Interaktion keine Berücksichtigung im Modell finden. Schließlich behandeln wir dann im Abschnitt 1.4.4 noch das Modell der balancierten *zweifach hierarchischen Klassifikation*. Auch hier werden zwei Faktoren im Modell berücksichtigt, wobei die Stufen des zweiten Faktors allerdings nur innerhalb jeweils einer Stufe des ersten Faktors auftreten, d.h. jede Stufe des zweiten Faktors taucht nur innerhalb genau einer Stufe des ersten Faktors auf.

Der Begriff *vollständige Varianzanalysemodelle* bezieht sich darauf, daß in solchen Modellen für jede vorkommende Faktorstufenkombination gleich viele Beobachtungen vorliegen. In solchen Modellen lassen sich Schätzungen und Tests in "expliziter" Form angeben, denn die Faktoren sind dann orthogonal, d.h. - betrachtet man die geschätzte Korrelationsmatrix der Parameterschätzungen - daß die Parameterschätzungen zu verschiedenen Faktoren (oder auch Stufen, je nach Auffassung und Modellierung) unkorreliert sind; Versuchsanlagen mit dieser Eigenschaft nennt man auch *balanciert* oder *orthogonal*. Im *unbalancierten Fall* (*fehlende Beobachtungen*) der behandelten Modelle müssen in der Regel die allgemeinen Methoden aus Abschnitt 1.1 herangezogen werden, mit Ausnahme der in Abschnitt 1.4.1 betrachteten unbalancierten Einfachklassifikation.

Wir werden uns hier - abgesehen von einigen Ausnahmen - mit *Parameterschätzungen und Tests* spezieller linearer Hypothesen beschäftigen; prinzipiell können aber auch die übrigen in Abschnitt 1.1 und 1.3 erwähnten Vorgehensweisen (z.B. Residualanalyse) in den hier behandelten Modellen angewandt werden, worauf wir aus Platzgründen verzichten müssen, wie auch auf die explizite Darstellung von MANOVA - Modellen mit mehr als zwei Einflußfaktoren; die Modellbildung geschieht jedoch analog zu den hier behandelten Modellen.

Im Abschnitt 1.4.1 werden zusätzlich noch *multiple Vergleiche* für die Erwartungswerte auf den einzelnen Faktorstufen angegeben. Die dort für die Einfachklassifikation angegebene Vorgehensweise läßt sich auf den Vergleich der Erwartungswerte auf den Stufen eines Faktors über die Stufen des anderen Faktors hinweg in den übrigen Modellen direkt übertragen; man vgl. z.B. hierzu auch Roy (1957), Ahrens/Läuter (1981).

1.4.1 DIE EINFAKTORIELLE MULTIVARIATE VARIANZANALYSE (VERGLEICH VON r UNABHÄNGIGEN STICHPROBEN)

Im Modell der *einfaktoriellen multivariaten Varianzanalyse* (*Einfachklassifikation*, *r - Stichprobenproblem*) mit festen Effekten geht man davon aus, daß p interessierende Merkmale von nur *einem einzigen Faktor auf r Stufen* beeinflußt werden. Werden die p Merkmale jeweils s - mal pro Faktorstufe beobachtet, so läßt sich der Beobachtungsvektor beim j-ten Objekt auf der i-ten Stufe des Einflußfaktors schreiben als

$$y_{ij} = \psi_i + e_{ij} \qquad \text{für } i=1,\dots,r;\ j=1,\dots,s \quad ,$$

wobei ψ_i den Vektor der Effekte der i-ten Stufe des Einflußfaktors und e_{ij} den zufälligen $N(0;\ddagger)$ - verteilten Fehler bezeichnet. (Ein Test, ob die Kovarianzmatrizen der Fehler in den r Gruppen als signifikant verschieden anzusehen sind, wird in Abschnitt 3.2 von Kap.IV behandelt.) Setzt man $\Psi = (\psi_1,\dots,\psi_r)^T$, $Y = (y_{11},y_{12},\dots,y_{1s},\dots,y_{r1},\dots,y_{rs})^T$, E entsprechend, wobei die e_{ij} als unabhängig angenommen werden, so ergibt sich ein Multivariates Modell

$$Y = X\Psi + E$$

gemäß Abschnitt 1.1, wobei die $rs\times r$ - Designmatrix X die Gestalt

$$X = \begin{pmatrix} 1_s & & & \\ & 1_s & 0 & \\ 0 & & \ddots & \\ & & & 1_s \end{pmatrix} = I_r \otimes 1_s \quad , \quad 1_s = (1,\dots,1)^T \text{ s-dimensional} \quad ,$$

besitzt. Die *Kleinste - Quadrate - Schätzungen* für $\psi_1,\dots,\psi_r$ ergeben sich in diesem Modell mit $\hat{\Psi} = X^+Y$ zu

$$\hat{\psi}_i = \bar{y}_{i.} \qquad \text{mit} \qquad \bar{y}_{i.} = \frac{1}{s}\sum_{j=1}^{s} y_{ij} = \begin{pmatrix} \bar{y}_{i.1} \\ \vdots \\ \bar{y}_{i.p} \end{pmatrix} \qquad \text{für } i=1,\dots,r$$

Man wird in diesem Modell insbesondere daran interessiert sein zu prüfen, ob zum Niveau γ signifikante Unterschiede zwischen den r Stufen des Einflußfaktors bestehen, d.h. man möchte die *Hypothese*

$$H_0: \psi_1 = \dots = \psi_r \qquad \text{bzw.} \qquad H_0: \psi_1 - \psi_r = \dots = \psi_{r-1} - \psi_r = 0$$

testen, die sich auch schreiben läßt als

$$H_0: K\Psi = 0 \qquad \text{mit} \qquad K = [I_{r-1} \mid -1_{r-1}] \quad .$$

Dazu berechnet man *Fehler- und Hypothesenmatrix* S_e und S_h sowie die zugehörigen *Freiheitsgrade* n_e und n_h. Hier ergibt sich mit

$$\bar{y}_{..} = \frac{1}{rs}\sum_{i=1}^{r}\sum_{j=1}^{s} y_{ij} = \begin{pmatrix} \bar{y}_{..1} \\ \vdots \\ \bar{y}_{..p} \end{pmatrix}$$

gerade

$$S_e = Y^T P_e Y = \sum_{i=1}^{r}\sum_{j=1}^{s} (y_{ij} - \bar{y}_{i.})(y_{ij} - \bar{y}_{i.})^T \quad , \quad n_e = \text{tr } P_e = r(s-1) \quad ,$$

$$S_h = Y^T P_h Y = s\sum_{i=1}^{r} (\bar{y}_{i.} - \bar{y}_{..})(\bar{y}_{i.} - \bar{y}_{..})^T \quad , \quad n_h = \text{tr } P_h = r-1 \quad .$$

Natürlich werden *Prüfgrößen der Tests* aus Abschnitt 1.2 hier basierend auf den Eigenwerten $\xi_1 \geq \xi_2 \geq \dots \geq \xi_p$ vom $S_h S_e^{-1}$ berechnet.

Wird die Hypothese H_0 bei Verwendung des Roy - Tests zum Niveau γ verworfen, so bedeutet dies, daß für mindestens einen p-dimensionalen Vektor a und für ein Paar (i_1,i_2) mit $i_1,i_2 \in \{1,\dots,r\}$, $i_1 < i_2$, die Linearformen $a^T\psi_{i_1}$

und $a^T\psi_{i_2}$ signifikant zum Niveau γ verschieden sind bzw. $a^T(\psi_{i_1}-\psi_{i_2})$ signifikant zum Niveau γ von Null verschieden ist. Es ist

$$[a^T(\hat{\psi}_{i_1}-\hat{\psi}_{i_2})-G_\gamma(a)\,,\,a^T(\hat{\psi}_{i_1}-\hat{\psi}_{i_2})+G_\gamma(a)]$$

mit

$$G_\gamma(a)=\sqrt{\frac{2}{s}\cdot a^T S_e a\cdot\frac{c_{R;1-\gamma}(p,r(s-1),r-1)}{1-c_{R;1-\gamma}(p,r(s-1),r-1)}}$$

ein *simultanes* (für alle a, $i_1<i_2$) *Konfidenzintervall zum Niveau* $1-\gamma$ für $a^T(\psi_{i_1}-\psi_{i_2})$, und $a^T(\psi_{i_1}-\psi_{i_2})$ kann als zum Niveau γ signifikant von Null verschieden betrachtet werden, falls das zugehörige $(1-\gamma)$-Konfidenzintervall die Null nicht enthält; das ist natürlich genau dann der Fall, wenn gilt $|a^T(\hat{\psi}_{i_1}-\hat{\psi}_{i_2})|>G_\gamma(a)$. Anstelle simultaner Konfidenzintervalle spricht man auch von *multiplen Vergleichen* für $a^T(\psi_{i_1}-\psi_{i_2})$ und nennt $G_\gamma(a)$ auch *Grenzdifferenz* zum Vektor a. Berechnet man obiges Konfidenzintervall speziell für alle Paare (i_1,i_2) mit $i_1<i_2$ und alle p-dimensionalen Einheitsvektoren, so kann man diejenigen Effekte, die sich auf jeweils dasselbe der p beobachteten Merkmale beziehen, der Faktorstufen bestimmen, die signifikant zum Niveau γ verschieden sind.

Oftmals werden in diesem Modell die *Stufeneffekte* ψ_i *aufgespalten in einen allgemeinen Mittelwertvektor* μ *und einen Effekt* α_i:

$$\psi_i=\mu+\alpha_i \qquad \text{für } i=1,\ldots,r \quad ;$$

es ist dann

$$\Psi=(\mu,\alpha_1,\ldots\alpha_r)^T \quad \text{und} \quad X=(1_{rs}\,\vdots\,I_r\otimes 1_s) \quad ,$$

und unter der *Reparametrisierungsbedingung*

$$\sum_{i=1}^{r}\alpha_i=0 \quad \text{bzw.} \quad Z\Psi=0 \quad \text{mit} \quad Z=(0\,\vdots\,1_r^T)$$

sind

$$\hat{\mu}=\bar{y}_{..} \qquad \text{bzw.} \qquad \hat{\alpha}_i=\bar{y}_{i.}-\bar{y}_{..} \qquad \text{für } i=1,\ldots,r$$

die *Kleinste-Quadrate-Schätzungen* für μ und $\alpha_1,\ldots,\alpha_r$. Der Sinn dieser Umparametrisierung wird erst in den in nachfolgenden Abschnitten behandelten Modellen voll deutlich.

Beispiel:

(a) Um die Effekte verschiedener Bohrlöcher bzgl. des Metallgehalts und des Gehalts an taubem Gestein in einem Erzlager zu untersuchen, werden aus $r=6$ Bohrlöchern (Stufen des Einflußfaktors) je $s=5$ Proben entnommen und analysiert. Die Analyseergebnisse (in %) für die $p=2$ Merkmale in den $rs=30$ Proben sind in Tab.19 zusammengestellt.

Tab.19: Metallgehalt (Me) und Gehalt an taubem Gestein (tG) von je fünf Proben aus 6 Bohrlöchern

Bohrloch i / Probe j		1	2	3	4	5	6
		y_{1j}	y_{2j}	y_{3j}	y_{4j}	y_{5j}	y_{6j}
1	Me	33.5	26.5	31.7	29.4	24.1	32.4
	tG	18.0	20.6	20.4	21.0	20.4	17.3
2	Me	29.4	31.3	35.4	34.7	26.7	38.6
	tG	20.6	16.8	18.8	18.2	18.1	16.2
3	Me	32.1	29.7	34.8	28.6	28.3	27.8
	tG	19.8	18.5	19.1	23.5	17.3	20.4
4	Me	34.2	28.4	33.2	30.0	23.2	30.3
	tG	17.7	19.8	20.0	20.4	22.7	18.9
5	Me	28.7	30.6	36.1	35.2	25.6	30.9
	tG	21.5	17.3	18.3	18.7	20.5	18.7
$\overline{y}_{i.}$		31.58	29.30	34.24	31.58	25.58	32.00
		19.52	18.60	19.32	20.36	19.80	18.30

Analysiert man diese Daten nun in einem einfachklassifizierten Modell

$$y_{ij} = \psi_i + e_{ij} \quad (= \mu + \alpha_i + e_{ij}) \quad , \ i=1,\dots,6;\ j=1,\dots,5 \quad ,$$

so ergeben sich zunächst mit

$$\overline{y}_{..} = \begin{pmatrix} 30.71 \\ 19.32 \end{pmatrix}$$

folgende Schätzer für die Effekte μ und α_i (die Schätzer $\hat{\psi}_i = \overline{y}_{i.}$, i=1,...,6, für ψ_i sind in der Tab.19 bereits enthalten):

$$\hat{\mu} = \overline{y}_{..} = \begin{pmatrix} 30.71 \\ 19.32 \end{pmatrix} , \quad \hat{\alpha}_1 = \hat{\psi}_1 - \hat{\mu} = \overline{y}_{1.} - \overline{y}_{..} = \begin{pmatrix} 0.87 \\ 0.20 \end{pmatrix} , \quad \hat{\alpha}_2 = \begin{pmatrix} -1.41 \\ -0.72 \end{pmatrix}$$

$$\hat{\alpha}_3 = \begin{pmatrix} 3.53 \\ 0.00 \end{pmatrix} , \quad \hat{\alpha}_4 = \begin{pmatrix} 0.87 \\ 1.04 \end{pmatrix} , \quad \hat{\alpha}_5 = \begin{pmatrix} -5.13 \\ 0.48 \end{pmatrix} \quad \text{und} \quad \hat{\alpha}_6 = \begin{pmatrix} 1.29 \\ -1.02 \end{pmatrix}$$

Wir wollen nun die Hypothese

$$H_0\colon \ \psi_1 = \psi_2 = \dots = \psi_6$$

zum 5% Niveau testen. Dazu berechnen wir zunächst

$$S_e = \sum_{i=1}^{6} \sum_{j=1}^{5} (y_{ij} - \overline{y}_{i.})(y_{ij} - \overline{y}_{i.})^T = \begin{pmatrix} 187.636 & -102.586 \\ -102.586 & 70.588 \end{pmatrix} ,$$

$$n_e = 6(5-1) = 24 \ ,$$

$$S_h = 5 \sum_{i=1}^{6} (\overline{y}_{i.} - \overline{y}_{..})(\overline{y}_{i.} - \overline{y}_{..})^T = \begin{pmatrix} 223.852 & -5.934 \\ -5.934 & 14.804 \end{pmatrix} ,$$

$$n_h = 6 - 1 = 5 \quad ,$$

und es ergibt sich wegen

$$S_e^{-1} = \begin{pmatrix} 0.0259 & 0.0377 \\ 0.0377 & 0.0690 \end{pmatrix}$$

die Matrix

$$S_h S_e^{-1} = \begin{pmatrix} 5.574 & 8.030 \\ 0.404 & 0.798 \end{pmatrix}$$

mit den Eigenwerten

$$\xi_1 = 4.390 \quad \text{und} \quad \xi_2 = 1.982 \quad .$$

Verwenden wir nun etwa die erste in Abschnitt 1.2 angegebene Approximation für die Quantile des Hotelling - Lawley - Tests, so ergibt sich mit

$$\theta = \min(p,n_h) = 2\ , \quad u = \frac{1}{2}(|p-n_h| - 1) = 1\ , \quad v = \frac{1}{2}(n_e-p-1) = 10.5$$

dann

$$\Lambda_{HL} = \sum_{i=1}^{2} \xi_i = 6.372 > 4.525 = \frac{11}{5}\cdot 2.057 = \frac{44}{20}\cdot F_{10,44;0.95}$$
$$= \frac{2(\theta v+1)}{\theta^2(2u+\theta+1)}\cdot F_{\theta(2u+\theta+1),2(\theta v+1);1-\gamma}\ ,$$

so daß die Hypothese H_0 verworfen werden muß, d.h. es bestehen zum 5% Niveau signifikante Unterschiede zwischen den Bohrlöchern.

Wir wollen nun noch überprüfen, welche der Stufeneffekte (bezogen auf jedes einzelne der beiden Merkmale) zum 5% Niveau signifikant verschieden sind. Dazu berechnen wir zunächst für $a = (1,0)^T$ und $a = (0,1)^T$ jeweils $a^T(\hat{\psi}_{i_1} - \hat{\psi}_{i_2})$ für $i_1,i_2=1,\ldots,6$, $i_1 < i_2$, d.h. wir berechnen, vgl. Tab.20,

$$\hat{\psi}_{i_1k} - \hat{\psi}_{i_2k} = \bar{y}_{i_1.k} - \bar{y}_{i_2.k} \quad \text{für } i_1,i_2=1,\ldots,6,\ i_1 < i_2 \text{ und } k=1,2 \quad .$$

Tab.20: Differenzen $\bar{y}_{i_1.k} - \bar{y}_{i_2.k}$ für $i_1,i_2=1,\ldots,6$, $i_1 < i_2$, und $k=1,2$

k	i_1 \ i_2	2	3	4	5	6
1	1	2.28	-2.66	0.00	6.00	-0.42
2	1	0.92	0.20	-0.84	-0.28	1.22
1	2		-4.94	-2.28	3.72	-2.70
2	2		-0.72	-1.76	-1.20	0.30
1	3			2.66	8.66	2.24
2	3			-1.04	-0.48	1.02
1	4				6.00	-0.42
2	4				0.56	2.06
1	5					-6.42
2	5					1.50

Die Grenzdifferenzen $G_{0.05}((1,0)^T)$ für k=1, $G_{0.05}((0,1)^T)$ für k=2 ergeben sich mit

$$(1,0)S_e\begin{pmatrix}1\\0\end{pmatrix} = 187.636 , \quad (0,1)S_e\begin{pmatrix}0\\1\end{pmatrix} = 70.588 \quad \text{und}$$

$$c_{R;0.95}(2,24,5) = 0.44$$

zu

$$G_{0.05}\left(\begin{pmatrix}1\\0\end{pmatrix}\right) = \sqrt{\frac{2}{5}\cdot 187.636\cdot\frac{0.44}{1-0.44}} = 7.679 \quad ,$$

$$G_{0.05}\left(\begin{pmatrix}0\\1\end{pmatrix}\right) = \sqrt{\frac{2}{5}\cdot 70.588\cdot\frac{0.44}{1-0.44}} = 4.710 \quad ,$$

so daß mit

$$(1,0)(\hat{\psi}_3-\hat{\psi}_5) = \overline{y}_{3.1}-\overline{y}_{5.1} = 8.66 > 7.679 = G_{0.05}\left(\begin{pmatrix}1\\0\end{pmatrix}\right)$$

nur die Effekte des dritten und fünften Bohrlochs bzgl. des Metallgehalts als zum 5% Niveau signifikant verschieden erkannt werden.

(b) In der Tab.3 des Kap.IV, Abschnitt 4.3, sind jeweils Länge und Breite von Kelch- und Blütenblättern von je 50 Pflanzen der $r=3$ Irisarten setosa, versicolor und virginica angegeben. Wir wollen nun in einem einfaktoriellen Modell testen, ob bzgl. der $p=4$ Merkmale zum 1% Niveau signifikante Unterschiede zwischen den Irisarten bestehen. Es ergibt sich hier

$$S_e = \sum_{i=1}^{3}\sum_{j=1}^{50}(y_{ij}-\overline{y}_{i.})(y_{ij}-\overline{y}_{i.})^T = \begin{pmatrix} 38.96 & 13.63 & 24.62 & 5.64\\ 13.63 & 16.96 & 8.12 & 4.81\\ 24.62 & 8.12 & 27.22 & 6.27\\ 5.64 & 4.81 & 6.27 & 6.16\end{pmatrix} ,$$

$$n_e = 3(50-1) = 147 \quad ,$$

$$S_e^{-1} = 0.01\cdot\begin{pmatrix} 7.3732 & -3.6590 & -6.1141 & 2.3259\\ -3.6590 & 9.6865 & 1.8163 & -6.0623\\ -6.1141 & 1.8163 & 10.0573 & -6.0572\\ 2.3259 & -6.0623 & -6.0572 & 25.0001\end{pmatrix} \quad ,$$

$$S_h = 50\sum_{i=1}^{3}(\overline{y}_{i.}-\overline{y}_{..})(\overline{y}_{i.}-\overline{y}_{..})^T = \begin{pmatrix} 63.21 & -19.95 & 165.26 & 71.28\\ -19.95 & 11.35 & -57.24 & -22.93\\ 165.26 & -57.24 & 437.10 & 186.78\\ 71.28 & -22.93 & 186.78 & 80.41\end{pmatrix}$$

$$n_h = 3-1 = 2 \quad ,$$

so daß die Matrix

$$S_hS_e^{-1} = \begin{pmatrix} -3.052 & -5.565 & 8.075 & 10.493\\ 1.079 & 2.180 & -2.942 & -3.418\\ -8.096 & -14.975 & 21.505 & 27.538\\ -3.452 & -6.312 & 9.140 & 11.840\end{pmatrix}$$

die Eigenwerte

$$\xi_1 = 32.188 , \quad \xi_2 = 0.284 , \quad \xi_3 = 0 , \quad \xi_4 = 0$$

besitzt.

An diesem Beispiel sollen nun einmal alle in Abschnitt 1.2 dargestellten Approximationen des Wilks - Tests, des Hotelling - Lawley - Tests und des Pillai - Bartlett - Tests sowie die Verwendung des Roy - Tests demonstriert werden.

Mit $n_e = 147$, $n_h = 2$ und $p = 4$ ergeben sich die benötigten Parameter zu

$$\delta = n_e + n_h - \frac{(p+n_h+1)}{2} = 145.5 \ , \quad \eta = \sqrt{\frac{p^2 n_h^2 - 4}{p^2 + n_h^2 - 5}} = 2 \ ,$$

$$\theta = \min(n_h, p) = 2 \ , \quad u = \tfrac{1}{2}(|p-n_h|-1) = \tfrac{1}{2} \ , \quad v = \tfrac{1}{2}(n_e - p - 1) = 71 \quad ,$$

und mit $n_e - pn_h + n_h - 1 = 140 > 0$

$$g_1 = \frac{pn_h(n_e-p)}{n_e - pn_h + n_h - 1} = 8.171 \quad , \quad g_2 = n_e - p + 1 = 143 \quad .$$

Weiter ergibt sich für den Wilks - Test

$$\Lambda_W = \prod_{i=1}^{4} \frac{1}{1+\xi_i} = 0.0235 \quad ,$$

so daß wir sowohl bei Verwendung der ersten als auch bei Verwendung der zweiten angegebenen Approximation wegen

$$-\delta \cdot \ln \Lambda_W = (-145.5)(-3.7508) = 545.7414 > 20.09 = \chi^2_{8;0.99} = \chi^2_{pn_h;1-\gamma} \quad ,$$

$$\frac{1 - \Lambda_W^{1/\eta}}{\Lambda_W^{1/\eta}} = \frac{1 - 0.1533}{0.1533} = 5.5232 > 0.0716 = \frac{1}{36} \cdot 2.576 = \frac{8}{288} \cdot F_{8,288;0.99}$$
$$= \frac{pn_h}{\delta\eta - pn_h/2 + 1} \cdot F_{pn_h, \delta\eta - pn_h/2+1;1-\gamma}$$

die Hypothese zum 1% Niveau verwerfen müssen, d.h. die Unterschiede zwischen den Irisarten sind zu diesem Niveau signifikant.

Wir kommen nun zum Hotelling - Lawley - Test; auch hier wird bei Verwendung beider Approximationen die Hypothese zum 1% Niveau verworfen, da gilt

$$\Lambda_{HL} = \sum_{i=1}^{4} \xi_i = 32.472 > 0.1441 = \frac{16}{286} \cdot 2.576 = \frac{16}{286} \cdot F_{8,286;0.99}$$
$$= \frac{\theta^2(2u+\theta+1)}{2(\theta v+1)} \cdot F_{\theta(2u+\theta+1), 2(\theta v+1);1-\gamma} \ ,$$

$$\Lambda_{HL} = 32.472 > 0.1456 = \frac{1128}{20306} \cdot 2.621 = \frac{1128}{20306} \cdot F_{8.171,143;0.99}$$
$$= \frac{g_2 - 2}{g_2} \cdot \frac{pn_h}{n_e - p - 1} \cdot F_{g_1, g_2;1-\gamma} \quad .$$

Beim Pillai - Bartlett - Test ergibt sich mit

$$\Lambda_{PB} = \sum_{i=1}^{4} \frac{\xi_i}{1+\xi_i} = 1.191$$

dann

$$\frac{\Lambda_{PB}}{\theta - \Lambda_{PB}} = \frac{1.191}{2 - 1.191} = 1.4722 > 0.0710 = \frac{4}{145} \cdot 2.575 = \frac{4}{145} \cdot F_{8,290;0.99}$$

$$= \frac{2u+\theta+1}{2v+\theta+1} F_{\theta(2u+\theta+1),\theta(2v+\theta+1);1-\gamma} \quad ,$$

so daß auch hier die Hypothese zum 1% Niveau verworfen wird.

Schließlich liefert auch der Roy - Test dieses Ergebnis, denn

$$\Lambda_R = \frac{\xi_1}{1+\xi_1} = 0.9699 > 0.11 \simeq c_{R;0.99}(4,147,2) = c_{R;1-\gamma}(p,n_e,n_h) \quad .$$

Bei allen vier Tests (bzw. den Approximationen) wird also auf zum 1% Niveau signifikante Unterschiede zwischen den drei Irisarten geschlossen.

Es sei hier noch erwähnt, wie sich die für das einfaktorielle Modell angegebenen Formeln verändern, wenn nicht auf jeder Faktorstufe gleichviele Beobachtungen vorliegen. Werden auf der i-ten Faktorstufe s_i Beobachtungen $(i=1,\ldots,r)$ gemacht (*unbalanciertes Modell*), so ist

$$\bar{y}_{i.} = \frac{1}{s_i} \sum_{j=1}^{s_i} y_{ij} \quad , \quad \bar{y}_{..} = \frac{1}{s_1+s_2+\ldots+s_r} \sum_{i=1}^{r} \sum_{j=1}^{s_i} y_{ij} \quad ,$$

$$S_e = \sum_{i=1}^{r} \sum_{j=1}^{s_i} (y_{ij} - \bar{y}_{i.})(y_{ij} - \bar{y}_{i.})^T \quad , \quad n_e = s_1 + s_2 + \ldots + s_r - r \quad ,$$

$$S_h = \sum_{i=1}^{r} s_i(\bar{y}_{i.} - \bar{y}_{..})(\bar{y}_{i.} - \bar{y}_{..})^T \quad , \quad n_h = r - 1 \quad ;$$

bei den simultanen Konfidenzintervallen für $a^T(\psi_{i_1} - \psi_{i_2})$ werden in der Grenzdifferenz die entsprechenden Freiheitsgrade n_e und n_h verwandt und der Faktor $\frac{2}{s}$ wird ersetzt durch $\frac{1}{s_{i_1}} + \frac{1}{s_{i_2}}$.

1.4.2 DIE MULTIVARIATE ZWEIFACHE KREUZKLASSIFIKATION MIT WECHSELWIRKUNGEN

Bei der *balancierten multivariaten zweifachen Kreuzklassifikation* wird der *Einfluß zweier Faktoren* **A** und **B** auf p interessierende Merkmale untersucht. Der Faktor **A** liege hier auf r Stufen, der Faktor **B** auf s Stufen vor und bei jeder der rs möglichen Kombinationen von Faktorstufen werden $t > 1$ Beobachtungen der p Merkmale gemacht. Weiterhin nehmen wir eine Wechselwirkung zwischen den Faktoren $\mathbb{A}$ und $\mathbb{B}$ ("Faktor" $\mathbb{AB}$) in das Modell auf, so daß zusätzlich zum Effekt μ des Gesamtmittels und zu den Effekten $\alpha_1,\ldots,\alpha_r$, $\beta_1,\ldots,\beta_s$ der Stufen von $\mathbb{A}$ und $\mathbb{B}$ ein *Interaktionseffekt* (*Wechselwirkungseffekt*) $(\alpha\beta)_{ij}$, $i=1,\ldots,r$, $j=1,\ldots,s$, für die Wechselwirkung zwischen i-ter Stufe des Faktors $\mathbb{A}$ und j-ter Stufe des Faktors $\mathbb{B}$ berücksichtigt wird. D.h. wir betrachten das Modell

$$y_{ijk} = \mu + \alpha_i + \beta_j + (\alpha\beta)_{ij} + e_{ijk} \qquad \text{mit } i=1,\ldots,r; j=1,\ldots,s; k=1,\ldots,t,$$

wobei dann y_{ijk} den Beobachtungsvektor am k-ten Objekt auf der Stufe i des Faktors $\mathbb{A}$ und der Stufe j des Faktors $\mathbb{B}$ und e_{ijk} den $N(0;\Sigma)$ - verteilten Fehlervektor bei der Beobachtung y_{ijk} bezeichnet; natürlich werden die e_{ijk} für $i=1,\ldots,r; j=1,\ldots,s; k=1,\ldots,t$ hier wiederum als unabhängig betrachtet. Um eindeutige Kleinste - Quadrate - Schätzungen für die Effekte μ, α_i, β_j und $(\alpha\beta)_{ij}$ für $i=1,\ldots,r$ und $j=1,\ldots,s$ angeben zu können, werden in diesem Modell zusätzlich die auch vom Modellverständnis her sinnvollen *Reparametrisierungsbedingungen*

$$\sum_{i=1}^{r} \alpha_i = 0\,, \quad \sum_{j=1}^{s} \beta_j = 0\,, \quad \sum_{i=1}^{r} (\alpha\beta)_{ij} = \sum_{j=1}^{s} (\alpha\beta)_{ij} = 0$$

an die Modellparameter gestellt, d.h. die Parameter α_i etc. messen jeweils einen differentiellen Effekt zum allgemeinen Mittel μ.

Mit

$$\bar{y}_{ij.} = \frac{1}{t}\sum_{k=1}^{t} y_{ijk}\,, \qquad \bar{y}_{i..} = \frac{1}{st}\sum_{j=1}^{s}\sum_{k=1}^{t} y_{ijk}$$

$$\bar{y}_{.j.} = \frac{1}{rt}\sum_{i=1}^{r}\sum_{k=1}^{t} y_{ijk}\,, \qquad \bar{y}_{...} = \frac{1}{rst}\sum_{i=1}^{r}\sum_{j=1}^{s}\sum_{k=1}^{t} y_{ijk}$$

erhalten wir dann zunächst als *Schätzungen für die Effekte*

$$\hat{\mu} = \bar{y}_{...}\,,$$

$$\hat{\alpha}_i = \bar{y}_{i..} - \bar{y}_{...} \qquad \text{für } i=1,\ldots,r\,,$$

$$\hat{\beta}_j = \bar{y}_{.j.} - \bar{y}_{...} \qquad \text{für } j=1,\ldots,r\,,$$

$$(\widehat{\alpha\beta})_{ij} = \bar{y}_{ij.} - \bar{y}_{i..} - \bar{y}_{.j.} + \bar{y}_{...} \qquad \text{für } i=1,\ldots,r,\ j=1,\ldots,s \quad .$$

Die in diesem Modell *üblichen Hypothesen*

$$H_0^A\colon \alpha_1 = \ldots = \alpha_r = 0 \quad , \quad H_0^B\colon \beta_1 = \ldots = \beta_s = 0 \quad \text{und}$$

$$H_0^{AB}\colon (\alpha\beta)_{11} = (\alpha\beta)_{12} = \ldots = (\alpha\beta)_{rs} = 0$$

über das Verschwinden der Effekte der Faktoren $\mathbb{A}$ und $\mathbb{B}$ bzw. der Interaktionseffekte können hier unter Verwendung der in Abschnitt 1.2 dargestellten Testverfahren zum Niveau γ getestet werden, wobei die Fehlermatrix und deren Freiheitsgrade durch

$$S_e = \sum_{i=1}^{r}\sum_{j=1}^{s}\sum_{k=1}^{t}(y_{ijk}-\overline{y}_{ij.})(y_{ijk}-\overline{y}_{ij.})^T \quad , \quad n_e = rs(t-1)$$

und die jeweiligen Hypothesenmatrizen sowie deren Freiheitsgrade durch

$$S_h^A = st\sum_{i=1}^{r}(\overline{y}_{i..}-\overline{y}_{...})(\overline{y}_{i..}-\overline{y}_{...})^T \quad , \quad n_h^A = r-1 \; ,$$

$$S_h^B = rt\sum_{j=1}^{s}(\overline{y}_{.j.}-\overline{y}_{...})(\overline{y}_{.j.}-\overline{y}_{...})^T \quad , \quad n_h^B = s-1 \; ,$$

$$S_h^{AB} = t\sum_{i=1}^{r}\sum_{j=1}^{s}(\overline{y}_{ij.}-\overline{y}_{i..}-\overline{y}_{.j.}+\overline{y}_{...})(\overline{y}_{ij.}-\overline{y}_{i..}-\overline{y}_{.j.}+\overline{y}_{...})^T \; ,$$

$$n_h^{AB} = (r-1)(s-1)$$

gegeben sind.

Beispiel: Je zwölf weiblichen und männlichen Ratten ($r=2$), vgl. Morrison (1976), wird eines von $s=3$ Medikamenten verabreicht, und zwar erhalten je $t=4$ männliche und weibliche Ratten das gleiche Medikament. Geht man von einer Wechselwirkung zwischen Geschlecht (Faktor $\mathbb{A}$) und Medikament (Faktor $\mathbb{B}$) aus und beobachtet man bei jeder der $rst=24$ Ratten den Gewichtsverlust in der ersten und zweiten Woche ($p=2$ Merkmale) nach Verabreichung des Medikaments, so können die in Tab.21 angegebenen Daten in einem Modell der multivariaten zweifachen Kreuzklassifikation mit Wechselwirkungen analysiert werden. In der Tab.21 sind auch bereits für $i=1,2$ und $j=1,2,3$ die Mittelwerte $\overline{y}_{i..}$, $\overline{y}_{.j.}$, $\overline{y}_{ij.}$ und $\overline{y}_{...}$ sowie die Effektschätzer $\hat{\mu}$, $\hat{\alpha}_i$, $\hat{\beta}_j$ und $(\widehat{\alpha\beta})_{ij}$ angegeben.

Die benötigten Hilfsgrößen zum Prüfen der Hypothesen H_0^A, H_0^B und H_0^{AB} über die Faktoren $\mathbb{A}$ und $\mathbb{B}$ bzw. die Wechselwirkung zwischen $\mathbb{A}$ und $\mathbb{B}$ sind in Tab.21 bereits angegeben; es ergibt sich zunächst

$$S_e = \begin{pmatrix}94.5 & 76.5\\ 76.5 & 114.0\end{pmatrix} \; , \quad S_e^{-1} = \frac{1}{4920.75}\cdot\begin{pmatrix}114.0 & -76.5\\ -76.5 & 94.5\end{pmatrix} \; , \quad n_e = 18 \; ,$$

$$S_h^A = \begin{pmatrix}0.667 & 0.667\\ 0.667 & 0.667\end{pmatrix} \; , \quad n_h^A = 1 \; , \quad S_h^B = \begin{pmatrix}301.0 & 97.5\\ 97.5 & 36.3\end{pmatrix} \; , \quad n_h^B = 2 \; ,$$

$$S_h^{AB} = \begin{pmatrix}14.333 & 21.333\\ 21.333 & 32.333\end{pmatrix} \quad \text{und} \quad n_h^{AB} = 2 \quad .$$

Tab.21: Gewichtsverlust von 24 Ratten in der ersten und zweiten Woche nach Verabreichung eines Medikaments

Ratte k	Medikament j / Geschlecht i	1	2	3	
		y^T_{i1k}	y^T_{i2k}	y^T_{i3k}	
1 2 3 4	männlich (1)	(5,6) (5,4) (9,9) (7,6)	(7,6) (7,7) (9,12) (6,8)	(21,15) (14,11) (17,12) (12,10)	$\overline{y}^T_{1..} = (9.917, 8.833)$ $\hat{\alpha}^T_1 = (0.167, 0.166)$
	$\overline{y}^T_{1j.}$ $(\widehat{\alpha\beta})^T_{1j}$	(6.50,6.25) (-0.667,-1.166)	(7.25,8.25) (-0.417,-0.416)	(16.00,12.00) (1.083,1.584)	
1 2 3 4	weiblich (2)	(7,10) (6,6) (9,7) (8,10)	(10,13) (8,7) (7,6) (6,9)	(16,12) (14,9) (14,8) (10,5)	$\overline{y}^T_{2..} = (9.583, 8.500)$ $\hat{\alpha}^T_2 = (-0.167, -0.167)$
	$\overline{y}^T_{2j.}$ $(\widehat{\alpha\beta})^T_{2j}$	(7.50,8.25) (0.667,1.167)	(7.75,8.75) (0.417,0.417)	(13.50,8.50) (-1.083,-1.583)	
	$\overline{y}^T_{.j.}$ $\hat{\beta}^T_j$	(7.00,7.25) (-2.750,-1.417)	(7.50,8.50) (-2.250,-0.167)	(14.75,10.25) (5.000,1.583)	$\overline{y}^T_{...} = \hat{\mu}^T$ $= (9.750, 8.667)$

Testen wir zunächst einmal zum 5% Niveau die Hypothese H_0^A, daß keine Geschlechtseffekte auf die Gewichtsabnahmen vorhanden sind, mittels des Wilks-Tests, vgl. Abschnitt 1.2, so ergibt sich aus der Matrix

$$S_h^A S_e^{-1} = \begin{pmatrix} 0.00525 & 0.00252 \\ 0.00525 & 0.00252 \end{pmatrix} \quad \text{mit} \quad \xi_1 = 0.00777 \quad \text{und} \quad \xi_2 = 0$$

mit

$$\delta = n_e + n_h^A - \frac{(p+n_h^A+1)}{2} = 18 + 1 - \frac{(2+1+1)}{2} = 17$$

dann

$$-\delta \cdot \ln \Lambda_W = -\delta \cdot \ln\left(\prod_{i=1}^{2} \frac{1}{1+\xi_i} \right) = -17 \cdot \ln \frac{1}{1.00777}$$

$$= 0.131 \not> 5.99 = \chi^2_{2;0.95} = \chi^2_{pn_h^A;1-\gamma} \quad ,$$

so daß die Hypothese H_0^A nicht verworfen werden kann, d.h. zum 5% Niveau bestehen keine signifikanten Unterschiede bzgl. des Gewichtsverlustes zwischen männlichen und weiblichen Ratten (χ^2-Approximation des Wilks-Tests).

Gleichfalls zum Niveau 5% soll die Hypothese H_0^B, daß keine Unterschiede zwischen den drei Medikamenten bestehen, getestet werden; es ergibt sich hier zunächst die Matrix

$$S_h^B S_e^{-1} = \begin{pmatrix} 5.4576 & -2.8070 \\ 1.6940 & -0.1880 \end{pmatrix} \quad \text{mit} \quad \xi_1 = 4.5761 \quad \text{und} \quad \xi_2 = 0.0635 \quad .$$

Verwenden wir nun den Hotelling-Lawley-Test, wobei der kritische Wert $c_{HL;0.95}(2,18,2)$ durch die F-Approximation ersetzt wird, vgl. Abschnitt 1.2, so wird mit

$$\theta = \min(p,n_h^B) = 2 \ , \quad u = \tfrac{1}{2}(|p-n_h^B|-1) = -\tfrac{1}{2} \ , \quad v = \tfrac{1}{2}(n_e-p-1) = 7.5 \quad , \quad \text{d.h.}$$

$$c_{HL;0.95}(2,18,2) \simeq \frac{\theta^2(2u+\theta+1)}{2(\theta v+1)} \cdot F_{\theta(2u+\theta+1),2(\theta v+1);0.95} = \frac{8}{32} \cdot F_{4,32;0.95}$$

$$= \frac{8}{32} \cdot 2.67 = 0.6675$$

die Hypothese H_0^B zum 5% Niveau verworfen, d.h. die Unterschiede zwischen den Medikamenten bzgl. der Gewichtsverluste sind zum 5% Niveau signifikant, da gilt

$$\Lambda_{HL} = \sum_{i=1}^{2} \xi_i = 4.6396 > 0.6675 \simeq c_{HL;0.95}(2,18,2) = c_{HL;1-\gamma}(p,n_e,n_h^B) \ .$$

Schließlich testen wir unter Verwendung von

$$S_h^{AB} S_e^{-1} = \begin{pmatrix} 0.0004 & 0.1869 \\ -0.0084 & 0.2893 \end{pmatrix} \quad \text{mit} \quad \xi_1 = 0.2837 \quad \text{und} \quad \xi_2 = 0.0060$$

zum 5% Niveau die Hypothese H_0^{AB}, daß keine signifikante Wechselwirkung zwischen Geschlecht und Medikament vorhanden ist. Verwenden wir dabei den Roy - Test, d.h. die Nomogramme im Anhang, so ergibt sich wegen

$$\Lambda_R = \frac{\xi_1}{1+\xi_1} = 0.2210 \not> 0.390 = c_{R;0.95}(2,18,2) = c_{R;1-\gamma}(p,n_e,n_h^{AB}) \quad ,$$

daß H_0^{AB} nicht verworfen werden kann, so daß also die Wechselwirkung zum 5% Niveau nicht signifikant ist.

1.4.3 DIE MULTIVARIATE ZWEIFACHE KREUZKLASSIFIKATION MIT EINER BEOBACHTUNG PRO ZELLE (DAS EINFACHE MULTIVARIATE BLOCKEXPERIMENT)

Im Abschnitt 1.4.2 sind wir davon ausgegangen, daß *pro Faktorstufenkombination (Zelle) zweier Faktoren* $\mathbf{A}$ *und* $\mathbf{B}$ mit r bzw. s Stufen mehrere Beobachtungen vorliegen. Hat man pro Zelle lediglich *eine Beobachtung*, so kann *keine Wechselwirkung* im Modell berücksichtigt werden, und die p - dimensionalen Beobachtungsdaten müssen in einem *einfachen multivariaten Blockexperiment* ausgewertet werden. Bezeichnen $\alpha_1,\dots,\alpha_r,\beta_1,\dots,\beta_s$ die Effekte der Stufen der Faktoren $\mathbf{A}$ und $\mathbf{B}$ und μ das Gesamtmittel, so läßt sich ein solches Modell in der Form

$$y_{ij} = \mu + \alpha_i + \beta_j + e_{ij} \qquad \text{für } i=1,\dots,r;\ j=1,\dots,s$$

angeben, wobei für alle i und j y_{ij} den Beobachtungsvektor bei der i-ten Stufe des Faktors $\mathbf{A}$ und der j-ten Stufe des Faktors $\mathbf{B}$ sowie e_{ij} den zugehörigen $N(0;\Sigma)$ - verteilten Fehlervektor bezeichnet. Nehmen wir weiter an, daß die Fehlervektoren voneinander unabhängig sind, so ergeben sich unter den *Reparametrisierungsbedingungen*

$$\sum_{i=1}^{r} \alpha_i = 0 \quad , \quad \sum_{j=1}^{s} \beta_j = 0$$

mit

$$\overline{y}_{i.} = \frac{1}{s}\sum_{j=1}^{s} y_{ij} \ , \quad \overline{y}_{.j} = \frac{1}{r}\sum_{i=1}^{r} y_{ij} \ , \quad \overline{y}_{..} = \frac{1}{rs}\sum_{i=1}^{r}\sum_{j=1}^{s} y_{ij}$$

die *Kleinste - Quadrate - Schätzungen* für die Parametervektoren μ, $\alpha_1,\dots,\alpha_r$ und $\beta_1,\dots,\beta_s$ zu

$$\hat{\mu} = \overline{y}_{..}$$

$$\hat{\alpha}_i = \overline{y}_{i.} - \overline{y}_{..} \qquad \text{für } i=1,\dots,r \quad ,$$

$$\hat{\beta}_j = \overline{y}_{.j} - \overline{y}_{..} \qquad \text{für } j=1,\dots,s \quad .$$

Man testet in diesem Modell üblicherweise die *Hypothesen*

$$H_o^A: \alpha_1 = \ldots = \alpha_r = 0$$

über das Verschwinden der Effekte des Faktors A und

$$H_o^B: \beta_1 = \ldots = \beta_s = 0$$

über das Verschwinden der Effekte des Faktors B. Dabei kann man mit

$$S_e = \sum_{i=1}^{r} \sum_{j=1}^{s} (y_{ij} - \overline{y}_{i.} - \overline{y}_{.j} + \overline{y}_{..})(y_{ij} - \overline{y}_{i.} - \overline{y}_{.j} + \overline{y}_{..})^T \quad , \quad n_e = (r-1)(s-1),$$

und den Hypothesenmatrizen

$$S_h^A = s \sum_{i=1}^{r} (\overline{y}_{i.} - \overline{y}_{..})(\overline{y}_{i.} - \overline{y}_{..})^T \quad , \quad n_h^A = r-1 \quad ,$$

$$S_h^B = r \sum_{j=1}^{s} (\overline{y}_{.j} - \overline{y}_{..})(\overline{y}_{.j} - \overline{y}_{..})^T \quad , \quad n_h^B = s-1$$

die in Abschnitt 1.2 angegebenen Testverfahren verwenden.

Beispiel: An $s = 6$ verschiedenen Orten wird in $p = 2$ Jahren der Ertrag von $r = 5$ verschiedenen Gerstensorten je einmal beobachtet. Faßt man die Sorten als Stufen eines Faktors A und die Orte als Stufen eines Faktors B auf, so können die Beobachtungsergebnisse in einem einfachen multivariaten Blockmodell ausgewertet werden. In der Tab.22 sind die Versuchsergebnisse (vgl. Immer/Hayes/Powers (1934): Statistical determination of barley varietal adaption, Journal Amer. Soc. Agron. 26, S.403 - 407) sowie die Größen $\overline{y}_{..}$ $\overline{y}_{i.}$, $\overline{y}_{.j}$ und die Schätzer für die Effekte μ, α_i und β_j ($i=1,\ldots,5$, $j=1,\ldots,6$) angegeben.

Wir wollen nun zum 5% Niveau die Hypothesen H_o^A und H_o^B testen, d.h. wir wollen feststellen, ob die Sorten bzw. Orte einen zum 5% Niveau signifikanten Einfluß auf die Erträge in den beiden Jahren haben. Dazu berechnen wir

$$S_e = \begin{pmatrix} 3279 & 802 \\ 802 & 4017 \end{pmatrix} , \quad S_e^{-1} = \frac{1}{12528539} \cdot \begin{pmatrix} 4017 & -802 \\ -802 & 3279 \end{pmatrix} , \quad n_e = 4 \cdot 5 = 20 ,$$

$$S_h^A = \begin{pmatrix} 2788 & 2550 \\ 2550 & 2863 \end{pmatrix} , \; n_h^A = 4 \; , \quad S_h^B = \begin{pmatrix} 18.011 & 7.188 \\ 7.188 & 10.345 \end{pmatrix} , \; n_h^B = 5$$

und erhalten

$$S_h^A S_e^{-1} = \begin{pmatrix} 0.7307 & 0.4889 \\ 0.6343 & 0.5861 \end{pmatrix} , \quad S_h^B S_e^{-1} = \begin{pmatrix} 0.0053 & 0.0007 \\ 0.0016 & 0.0022 \end{pmatrix} .$$

Verwenden wir nun jeweils die Nomogramme zum Roy - Test im Anhang, so ergibt sich beim Test von H_o^A, da $S_h^A S_e^{-1}$ die Eigenwerte

$$\xi_1 = 1.1526 \quad \text{und} \quad \xi_2 = 0.1642$$

Tab.22: Erträge von r = 5 Gerstensorten an s = 6 Orten in p = 2 Jahren

Sorte i / Ort j	1	2	3	4	5		
	y_{1j}	y_{2j}	y_{3j}	y_{4j}	y_{5j}	$\bar{y}_{.j}$	$\hat{\beta}_j$
1	$\begin{pmatrix}81\\81\end{pmatrix}$	$\begin{pmatrix}105\\52\end{pmatrix}$	$\begin{pmatrix}120\\80\end{pmatrix}$	$\begin{pmatrix}110\\87\end{pmatrix}$	$\begin{pmatrix}98\\84\end{pmatrix}$	$\begin{pmatrix}102.8\\82.8\end{pmatrix}$	$\begin{pmatrix}-6.27\\-10.37\end{pmatrix}$
2	$\begin{pmatrix}147\\100\end{pmatrix}$	$\begin{pmatrix}142\\116\end{pmatrix}$	$\begin{pmatrix}151\\112\end{pmatrix}$	$\begin{pmatrix}192\\148\end{pmatrix}$	$\begin{pmatrix}146\\108\end{pmatrix}$	$\begin{pmatrix}155.6\\116.8\end{pmatrix}$	$\begin{pmatrix}46.53\\23.63\end{pmatrix}$
3	$\begin{pmatrix}82\\103\end{pmatrix}$	$\begin{pmatrix}77\\105\end{pmatrix}$	$\begin{pmatrix}78\\117\end{pmatrix}$	$\begin{pmatrix}131\\140\end{pmatrix}$	$\begin{pmatrix}90\\130\end{pmatrix}$	$\begin{pmatrix}91.6\\119.0\end{pmatrix}$	$\begin{pmatrix}-17.47\\25.83\end{pmatrix}$
4	$\begin{pmatrix}120\\99\end{pmatrix}$	$\begin{pmatrix}121\\62\end{pmatrix}$	$\begin{pmatrix}124\\96\end{pmatrix}$	$\begin{pmatrix}141\\126\end{pmatrix}$	$\begin{pmatrix}125\\76\end{pmatrix}$	$\begin{pmatrix}126.2\\91.8\end{pmatrix}$	$\begin{pmatrix}17.13\\-1.37\end{pmatrix}$
5	$\begin{pmatrix}99\\66\end{pmatrix}$	$\begin{pmatrix}89\\50\end{pmatrix}$	$\begin{pmatrix}69\\97\end{pmatrix}$	$\begin{pmatrix}89\\62\end{pmatrix}$	$\begin{pmatrix}104\\80\end{pmatrix}$	$\begin{pmatrix}90.0\\71.0\end{pmatrix}$	$\begin{pmatrix}-19.07\\-22.17\end{pmatrix}$
6	$\begin{pmatrix}87\\68\end{pmatrix}$	$\begin{pmatrix}77\\67\end{pmatrix}$	$\begin{pmatrix}79\\67\end{pmatrix}$	$\begin{pmatrix}102\\92\end{pmatrix}$	$\begin{pmatrix}96\\94\end{pmatrix}$	$\begin{pmatrix}88.2\\77.6\end{pmatrix}$	$\begin{pmatrix}-20.87\\-15.57\end{pmatrix}$
$\bar{y}_{i.}$	$\begin{pmatrix}102.67\\86.17\end{pmatrix}$	$\begin{pmatrix}101.83\\80.33\end{pmatrix}$	$\begin{pmatrix}103.50\\94.83\end{pmatrix}$	$\begin{pmatrix}127.50\\109.17\end{pmatrix}$	$\begin{pmatrix}109.83\\95.33\end{pmatrix}$	$\bar{y}_{..} = \hat{\mu} = \begin{pmatrix}109.07\\93.17\end{pmatrix}$	
$\hat{\alpha}_i$	$\begin{pmatrix}-6.40\\-7.00\end{pmatrix}$	$\begin{pmatrix}-7.24\\-12.84\end{pmatrix}$	$\begin{pmatrix}-5.57\\1.66\end{pmatrix}$	$\begin{pmatrix}18.43\\16.00\end{pmatrix}$	$\begin{pmatrix}0.76\\2.16\end{pmatrix}$		

besitzt, wegen

$$\Lambda_R = \frac{\xi_1}{1+\xi_1} = 0.5354 > 0.465 = c_{R;0.95}(2,20,4) = c_{R;1-\gamma}(p,n_e,n_h^A) \quad ,$$

daß die Hypothese H_0^A zum 5% Niveau verworfen wird, und da $S_h^B S_e^{-1}$ die Eigenwerte

$$\xi_1 = 0.0038 \quad \text{und} \quad \xi_2 = 0.0037$$

besitzt, wegen

$$\Lambda_R = \frac{\xi_1}{1+\xi_1} = 0.0038 \not> 0.500 = c_{R;0.95}(2,20,5) = c_{R;1-\gamma}(p,n_e,n_h^B) \quad ,$$

daß die Hypothese H_0^B nicht zum 5% Niveau verworfen werden kann. Die Unterschiede zwischen den Sorten bzgl. der Erträge sind also zum 5% Niveau signifikant, wohingegen keine zu diesem Niveau signifikanten Ortsunterschiede festzustellen sind. ┘

1.4.4 DIE MULTIVARIATE ZWEIFACH HIERARCHISCHE KLASSIFIKATION

In den bisher im Abschnitt 1.4.2 und Abschnitt 1.4.3 behandelten Modellen für zwei Faktoren A und B wurde jede Stufe des einen Faktors mit jeder Stufe des anderen Faktors kombiniert betrachtet; man spricht dann von *kreuzklassifizierten Modellen*. Werden die Stufen eines Faktors **B** hingegen nur auf jeweils einer Stufe des Faktors **A** betrachtet, so kommt man zum sogenannten *zweifach hierarchischen Modell*. *Innerhalb jeder* von r *Stufen eines Faktors* **A** werden beim hier behandelten balancierten zweifach hierarchischen Modell s *Stufen eines Faktors* **B** betrachtet, wobei dann jeweils t p-dimensionale Beobachtungen gemacht werden:

$$y_{ijk} = \mu + \alpha_i + \beta_{ij} + e_{ijk} \qquad \text{für } i=1,\dots,r; j=1,\dots,s \text{ und } k=1,\dots,t \quad .$$

Hier bezeichnet y_{ijk} die k-te Beobachtung auf der j-ten Stufe des Faktors **B** innerhalb der i-ten Stufe des Faktors **A**, e_{ijk} den zugehörigen Fehlervektor (diese werden für alle i,j,k als voneinander unabhängig angenommen), μ das Gesamtmittel, α_i den Effekt der i-ten Stufe des Faktors **A** und β_{ij} den Effekt der j-ten Stufe des Faktors **B** innerhalb der i-ten Stufe des Faktors **A**. Mit den *Reparametrisierungsbedingungen*

$$\sum_{i=1}^{r} \alpha_i = 0 \ , \quad \sum_{j=1}^{s} \beta_{ij} = 0 \qquad \text{für } i=1,\dots,r$$

und den Bezeichnungen

$$\bar{y}_{ij.} = \frac{1}{t}\sum_{k=1}^{t} y_{ijk} \ , \quad \bar{y}_{i..} = \frac{1}{st}\sum_{j=1}^{s}\sum_{k=1}^{t} y_{ijk} \ , \quad \bar{y}_{...} = \frac{1}{rst}\sum_{i=1}^{r}\sum_{j=1}^{s}\sum_{k=1}^{t} y_{ijk}$$

ergeben sich die *Kleinste - Quadrate - Schätzungen* für μ, α_i und β_{ij} dann zu

$$\hat{\mu} = \bar{y}_{...}$$

$$\hat{\alpha}_i = \bar{y}_{i..} - \bar{y}_{...} \qquad \text{für } i=1,\dots,r$$

$$\hat{\beta}_{ij} = \bar{y}_{ij.} - \bar{y}_{i..} \qquad \text{für } i=1,\dots,r \text{ und } j=1,\dots,s \quad .$$

Will man dann die *Hypothesen*

$$H_0^A\colon \alpha_1 = \dots = \alpha_r = 0 \ , \quad H_0^B\colon \beta_{11} = \beta_{12} = \dots = \beta_{rs} = 0$$

über das Verschwinden der Effekte der Faktoren **A** und **B** testen, so kann man unter Verwendung der Fehlermatrix

$$S_e = \sum_{i=1}^{r}\sum_{j=1}^{s}\sum_{k=1}^{t} (y_{ijk} - \bar{y}_{ij.})(y_{ijk} - \bar{y}_{ij.})^T \quad \text{mit}$$

$n_e = rs(t-1)$ Freiheitsgraden

und der Hypothesenmatrizen

$$S_h^A = st \sum_{i=1}^{r} (\bar{y}_{i..} - \bar{y}_{...})(\bar{y}_{i..} - \bar{y}_{...})^T \quad \text{mit } n_h^A = r-1 \text{ Freiheitsgraden}$$

bzw.

$$S_h^B = t \sum_{i=1}^{r} \sum_{j=1}^{s} (\bar{y}_{ij.} - \bar{y}_{i..})(\bar{y}_{ij.} \cdot \bar{y}_{i..})^T \quad \text{mit}$$

$$n_h^B = r(s-1) \text{ Freiheitsgraden}$$

die in Abschnitt 1.2 angegebenen Testverfahren benutzen.

Beispiel: In $r=3$ Betrieben werden an jeweils $s=3$ Maschinen Transistoren gefertigt. Um zu untersuchen, ob *zwischen den Betrieben* (bzgl. der Maschinen) und zwischen den Maschinen (*innerhalb der Betriebe*) Unterschiede bzgl. der Güte der Transistoren bestehen, werden an jeweils $t=4$ Transistoren $p=2$ Qualitätsmerkmale untersucht. Bezeichnet μ das Gesamtmittel, α_i den Effekt des i-ten Betriebes und β_{ij} den Effekt der j-ten Maschine im i-ten Betrieb (i,j=1,2,3), so kann hier ein Modell der zweifach hierarchischen Klassifikation

$$y_{ijk} = \mu + \alpha_i + \beta_{ij} + e_{ijk} \qquad \text{für } i,j=1,2,3;\ k=1,\dots,4$$

verwandt werden, wobei y_{ijk} den Beobachtungsvektor am k-ten Transistor, der von der j-ten Maschine im i-ten Betrieb gefertigt werde, und e_{ijk} den zugehörigen $N(0;\Sigma)$ - verteilten Fehlervektor bezeichnet.

In der Tab.23 sind neben den Beobachtungsvektoren auch die Größen $\bar{y}_{...}$, $\bar{y}_{i..}$, $\bar{y}_{ij.}$ sowie die Parameterschätzungen $\hat{\mu}$, $\hat{\alpha}_i$ und $\hat{\beta}_{ij}$ für i,j=1,2,3 angegeben

Wir wollen nun zum 5% Niveau die Hypothesen H_0^A und H_0^B unter Verwendung des Roy - Tests prüfen. Dazu berechnen wir zunächst

$$S_e = \begin{pmatrix} 4610.00 & 2223.00 \\ 2223.00 & 5728.50 \end{pmatrix}, \quad S_e^{-1} = \frac{1}{21466656}\begin{pmatrix} 5728.50 & -2223.00 \\ -2223.00 & 4610.00 \end{pmatrix}, \quad n_e = 27,$$

$$S_h^A = \begin{pmatrix} 4344.00 & -3246.00 \\ -3246.00 & 2814.00 \end{pmatrix}, \quad n_h^A = 2, \quad S_h^B = \begin{pmatrix} 478.00 & 289.00 \\ 289.00 & 510.50 \end{pmatrix}, \quad n_h^B = 6$$

und erhalten

$$S_h^A S_e^{-1} = \begin{pmatrix} 1.495 & -1.147 \\ -1.158 & 0.940 \end{pmatrix} \quad \text{mit } \xi_1 = 2.403, \quad \xi_2 = 0.032 \quad ,$$

$$S_h^B S_e^{-1} = \begin{pmatrix} 0.0976 & 0.0126 \\ 0.0243 & 0.0797 \end{pmatrix} \quad \text{mit } \xi_1 = 0.1076, \quad \xi_2 = 0.0697 \quad .$$

Die Hypothese H_0^A muß zum 5% Niveau verworfen werden, denn

$$\Lambda_R = \frac{\xi_1}{1+\xi_1} = \frac{2.403}{3.403} = 0.706 > 0.28 = c_{R;0.95}(2,27,2) = c_{R;1-\gamma}(p,n_e,n_h^A) \ ,$$

wohingegen die Hypothese H_0^B zum 5% Niveau nicht verworfen wird:

Tab.23: Untersuchungsergebnisse und Parameterschätzer im Versuch zur Untersuchung der Qualität von Transistoren in Abhängigkeit von Betrieben und Maschinen (M.)

Transistor k	Betrieb 1			Betrieb 2			Betrieb 3		
	M.11	M.12	M.13	M.21	M.22	M.23	M.31	M.32	M.33
	y_{11k}	y_{12k}	y_{13k}	y_{21k}	y_{22k}	y_{23k}	y_{31k}	y_{32k}	y_{33k}
1	$\begin{pmatrix}48\\12\end{pmatrix}$	$\begin{pmatrix}71\\43\end{pmatrix}$	$\begin{pmatrix}67\\35\end{pmatrix}$	$\begin{pmatrix}18\\27\end{pmatrix}$	$\begin{pmatrix}12\\12\end{pmatrix}$	$\begin{pmatrix}23\\19\end{pmatrix}$	$\begin{pmatrix}44\\63\end{pmatrix}$	$\begin{pmatrix}33\\55\end{pmatrix}$	$\begin{pmatrix}40\\52\end{pmatrix}$
2	$\begin{pmatrix}69\\17\end{pmatrix}$	$\begin{pmatrix}43\\21\end{pmatrix}$	$\begin{pmatrix}36\\13\end{pmatrix}$	$\begin{pmatrix}31\\38\end{pmatrix}$	$\begin{pmatrix}27\\51\end{pmatrix}$	$\begin{pmatrix}37\\57\end{pmatrix}$	$\begin{pmatrix}30\\57\end{pmatrix}$	$\begin{pmatrix}37\\68\end{pmatrix}$	$\begin{pmatrix}9\\35\end{pmatrix}$
3	$\begin{pmatrix}53\\25\end{pmatrix}$	$\begin{pmatrix}56\\17\end{pmatrix}$	$\begin{pmatrix}52\\27\end{pmatrix}$	$\begin{pmatrix}46\\32\end{pmatrix}$	$\begin{pmatrix}33\\47\end{pmatrix}$	$\begin{pmatrix}39\\43\end{pmatrix}$	$\begin{pmatrix}12\\31\end{pmatrix}$	$\begin{pmatrix}21\\37\end{pmatrix}$	$\begin{pmatrix}13\\64\end{pmatrix}$
4	$\begin{pmatrix}49\\33\end{pmatrix}$	$\begin{pmatrix}48\\30\end{pmatrix}$	$\begin{pmatrix}56\\45\end{pmatrix}$	$\begin{pmatrix}55\\41\end{pmatrix}$	$\begin{pmatrix}48\\31\end{pmatrix}$	$\begin{pmatrix}51\\22\end{pmatrix}$	$\begin{pmatrix}22\\28\end{pmatrix}$	$\begin{pmatrix}48\\63\end{pmatrix}$	$\begin{pmatrix}27\\23\end{pmatrix}$
$\overline{y}_{ij.}$	$\begin{pmatrix}54.75\\21.75\end{pmatrix}$	$\begin{pmatrix}54.50\\27.75\end{pmatrix}$	$\begin{pmatrix}52.75\\30.00\end{pmatrix}$	$\begin{pmatrix}37.50\\34.50\end{pmatrix}$	$\begin{pmatrix}30.00\\35.25\end{pmatrix}$	$\begin{pmatrix}37.50\\35.25\end{pmatrix}$	$\begin{pmatrix}27.00\\44.75\end{pmatrix}$	$\begin{pmatrix}34.75\\55.75\end{pmatrix}$	$\begin{pmatrix}22.25\\43.50\end{pmatrix}$
$\hat{\beta}_{ij}$	$\begin{pmatrix}0.75\\-4.75\end{pmatrix}$	$\begin{pmatrix}0.50\\1.25\end{pmatrix}$	$\begin{pmatrix}1.25\\3.50\end{pmatrix}$	$\begin{pmatrix}2.50\\-0.50\end{pmatrix}$	$\begin{pmatrix}-5.00\\0.25\end{pmatrix}$	$\begin{pmatrix}2.50\\0.25\end{pmatrix}$	$\begin{pmatrix}-1.00\\-3.25\end{pmatrix}$	$\begin{pmatrix}6.75\\7.75\end{pmatrix}$	$\begin{pmatrix}-5.75\\-4.50\end{pmatrix}$
$\overline{y}_{i..}$		$\begin{pmatrix}54.00\\26.50\end{pmatrix}$			$\begin{pmatrix}35.00\\35.00\end{pmatrix}$			$\begin{pmatrix}28.00\\48.00\end{pmatrix}$	
$\hat{\alpha}_i$		$\begin{pmatrix}15.00\\-10.00\end{pmatrix}$			$\begin{pmatrix}-4.00\\-1.50\end{pmatrix}$			$\begin{pmatrix}-11.00\\11.50\end{pmatrix}$	
					$\hat{\mu}=\overline{y}_{...}=\begin{pmatrix}39.00\\36.50\end{pmatrix}$				

$$\Lambda_R = \frac{\xi_1}{1+\xi_1} = \frac{0.1076}{1.1076} = 0.097 \not> 0.44 = c_{R;0.95}(2,27,6) = c_{R;1-\gamma}(p,n_e,n_h^B) \ .$$

Die Maschinen (innerhalb der Betriebe) sind somit zum 5% Niveau nicht signifikant verschieden, wohingegen signifikante Unterschiede über die Betriebe hinweg vorhanden sind, d.h. die Betriebe sind bzgl. der Maschinen signifikant verschieden. □

1.5 DIE PROFILANALYSE ZUR UNTERSUCHUNG VON WACHSTUMS- UND VERLAUFSKURVEN IM MULTIVARIATEN LINEAREN MODELL MIT FESTEN EFFEKTEN

Die *Profilanalyse*, ein Instrumentarium zur *Untersuchung von Wachstums- und Verlaufskurven*, zeigt einmal mehr die Vielfalt der Anwendungsmöglichkeiten multivariater Linearer Modelle; sie soll daher hier in ihren Grundzügen behandelt werden.

Bei der Profilanalyse geht man anders als in den bisher betrachteten Modellen nicht davon aus, daß "p Merkmale" an n Objekten beobachtet werden, sondern davon, daß *an jedem Objekt ein Merkmal*, dies aber *zu p verschiedenen Zeitpunkten* $t_1,\dots,t_p$ beobachtet wird, d.h. der Beobachtungsvektor am i-ten Objekt ist

$$y_i = (y_i(t_1), y_i(t_2), \dots, y_i(t_p))^T \quad ;$$

warum man auch von Wachstums- oder Verlaufskurven spricht, wird deutlich, wenn man sich die Punkte $(t_1, y_i(t_1)), \dots, (t_p, y_i(t_p))$ beim i-ten Objekt zu einem Polygonzug verbunden denkt, vgl. Abb.7, wo die mittleren Absatzziffern für Produkte von 4 Betrieben über 12 Monate dargestellt sind; siehe auch das verbale Beispiel am Ende der Einleitung zum Abschnitt 1.

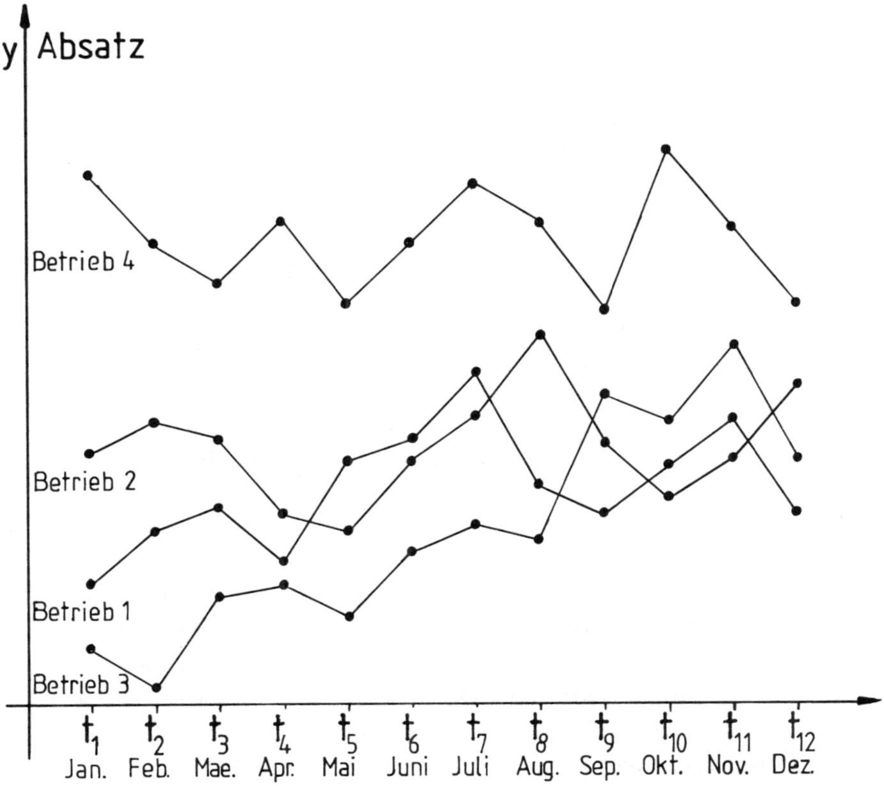

Abb.7: Profile der mittleren Absatzziffern in vier Betrieben über zwölf Monate

Wir wollen hier einmal speziell den Fall betrachten, daß man *mittels Profilanalyse r Stufen eines Faktors* $\mathbf{A}$ *vergleichen* will. Handelt es sich bei diesen Stufen etwa um r verschiedene Medikamente, die $n_1, n_2, \ldots$ bzw. n_r Personen verabreicht werden, so beobachtet man die Wirkung der Medikamente auf die Probanden zu den Zeitpunkten $t_1,\ldots,t_p$ nach Verabreichung des Medikaments. Den Beobachtungsvektor an der j-ten Person, der das Medikament i ($i=1,\ldots,r$, $j=1,\ldots,n_i$) verabreicht wurde, kann man dann schreiben als

$$y_{ij} = (y_{ij}(t_1),\ldots,y_{ij}(t_p))^T \quad .$$

Bezeichnet nun $\psi_i = (\psi_i(t_1),\ldots,\psi_i(t_p))^T$ für $i=1,\ldots,r$ den Effekt des i-ten Medikaments (der i-ten Stufe des Faktors $\mathbf{A}$), so interessieren bei der Profilanalyse im wesentlichen drei verschiedene *Fragestellungen*. Zum einen ist dies die Hypothese, daß die *Wirkungsverläufe* der r Medikamente gleich sind (*Test auf Parallelität* der über die n_i Objekte auf der i-ten Stufe des Faktors $\mathbf{A}$ ($i=1,\ldots,r$) gemittelten Verlaufskurven). Diese Hypothese läßt sich auch schreiben als

$$H_0^1\text{: es gibt Konstante } k_1,\ldots,k_r \text{ derart, daß gilt}$$
$$\psi_1 + k_1 1_p = \ldots = \psi_r + k_r 1_p \quad ,$$

wobei 1_p den p-dimensionalen Einsenvektor bezeichnet. Als zweite Fragestellung interessiert die zeitlich mittlere Wirkung: Erstens ein *Test auf Gleichheit der zeitlichen Mittel*

$$H_0^2\text{: } \bar{\psi}_{1.} = \ldots = \bar{\psi}_{r.} \quad \text{mit} \quad \bar{\psi}_{i.} = \frac{1}{p}\sum_{\nu=1}^{p} \psi_i(t_\nu) \quad \text{für } i=1,\ldots,r$$

und zweitens ein *Test auf Gleichheit der Wirkungsflächen* WF_i (Fläche zwischen Nullachse und Verlaufskurve) aller Stufen des Faktors $\mathbf{A}$

$$H_0^{2*}\text{: } WF_1 = \ldots = WF_r \quad , \quad \text{wobei } WF_i = \psi_i^T a^*/2$$

mit $a^* = (t_2-t_1, t_3-t_1, t_4-t_2,\ldots,t_p-t_{p-2}, t_p-t_{p-1})^T$. Die dritte Hypothese ist diejenige über die *Gleichheit der Effekte* der Stufen des Faktors $\mathbf{A}$

$$H_0^3\text{: } \psi_1 = \ldots = \psi_r \quad .$$

Diese Hypothese ist natürlich gerade die in Abschnitt 1.4.1 angegebene Hypothese der einfachen Varianzanalyse und sie läßt sich wie dort angegeben testen; für das Medikamentenbeispiel besagt die in H_0^3 formulierte Fragestellung gerade, daß die mittleren Verlaufskurven der Medikamenteneffekte gleich sind. Sinnvoll ist das Testen dieser letzten Hypothese zum Niveau γ natürlich nur dann, wenn die Hypothese H_0^1 paralleler Verläufe zu diesem Niveau nicht verworfen werden kann, denn H_0^3 ist eine Verschärfung von H_0^1 und H_0^2, H_0^{2*}.

Die Hypothesen H_o^1 und H_o^2 bzw. H_o^{2*} sind sogenannte *erweiterte Hypothesen* im Multivariaten Linearen Modell der Form

$$H^*: K\Psi L = 0$$

mit $\Psi = (\psi_1,\ldots,\psi_r)^T$ und passend dimensionierten Matrizen K und L, wie sie am Ende des Abschnitts 1.1 erwähnt werden, d.h. hier werden Zusammenhänge auch zwischen den Zeilen der Parametermatrix Ψ getestet.

Wir werden im folgenden Tests für alle drei Hypothesen im Normalverteilungsfall behandeln und außerdem ein nichtparametrisches Verfahren zum Testen von H_o^1, d.h. zum Testen paralleler Verläufe, behandeln.

1.5.1 NORMALVERTEILUNGSVERFAHREN

Unter *Normalverteilungsannahme* können die Hypothesen der Profilanalyse mittels der in Abschnitt 1.2 dargestellten Testverfahren zum Niveau γ geprüft werden. Dabei werden zum Testen von H_o^k, k=1,2,3, die Fehlermatrix

$$S_e^{(k)} = L_k^T \left(\sum_{i=1}^{r}\sum_{j=1}^{n_i}(y_{ij}-\overline{y}_{i.})(y_{ij}-\overline{y}_{i.})^T\right)L_k$$

und die Hypothesenmatrix

$$S_h^{(k)} = L_k^T \left(\sum_{i=1}^{r} n_i(\overline{y}_{i.}-\overline{y}_{..})(\overline{y}_{i.}-\overline{y}_{..})^T\right)L_k$$

benötigt, wobei gilt:

$$\overline{y}_{i.} = \frac{1}{n_i}\sum_{j=1}^{n_i} y_{ij} \quad \text{für } i=1,\ldots,r \quad \text{und} \quad \overline{y}_{..} = \frac{1}{n_1+\ldots n_r}\sum_{i=1}^{r}\sum_{j=1}^{n_i} y_{ij}$$

Die Freiheitsgrade des Fehlers und der Hypothese sind hier jeweils

$$n_e^{(k)} = n_e = n_1 + \ldots + n_r - r \quad \text{bzw.} \quad n_h^{(k)} = n_h = r-1$$

und die Matrizen L_1, L_2, L_3 sind wie folgt gegeben. Beim Prüfen von H_o^1 ist

$$L_1 = (I_{p-1}\ ,-1_{p-1})^T$$

zu setzen und in den kritischen Werten der Tests ist p durch $p^* = p-1$ zu ersetzen; beim Testen von H_o^2 bzw. H_o^{2*} wird

$$L_2 = 1_p \quad \text{bzw.} \quad L_2 = a_*$$

gesetzt und p ist durch $p^* = 1$ zu ersetzen, d.h. die angegebenen Tests entarten zu F-Tests und H_o^2 bzw. H_o^{2*} wird zum Niveau γ verworfen, falls gilt

$$S_h^{(2)}(S_e^{(2)})^{-1} > \frac{n_h}{n_e}\cdot F_{n_h,n_e;1-\gamma} \quad .$$

Schließlich ist, wie bereits erwähnt,

$$L_3 = I_p$$

und in den kritischen Werten bleibt p erhalten.

Beispiel: Um den Einfluß eines Kontaktaktivierungsprodukts auf die Verlängerung der Blutgerinnungszeit zu untersuchen, werden 30 Kaninchen zufällig ausgewählt und je $n = n_i = 10$ Kaninchen werden einer der $r = 3$ Behandlungen Kontaktaktivierungsprodukt (1), Endotoxin (2) und Placebo (= Natriumchlorid) (3) zugeordnet, vgl. Immich/Sonnemann (1974). Vor Versuchsbeginn ($t_1 = 0$) wurde den Tieren Blut entnommen und die Gerinnungszeit bestimmt. Danach wurde das jeweilige Mittel in die Ohrvene eingespritzt und dann nach $t_2 = 10$, $t_3 = 60$, $t_4 = 120$ und $t_5 = 180$ Minuten die Gerinnungszeit des Blutes bestimmt. Die derart gewonnenen Daten sind in Tab.24 angegeben und in Abb.8 sind die mittleren Verläufe veranschaulicht.

Wir wollen nun zunächst die Hypothese H_0^1 der Parallelität der mittleren Verläufe der Blutgerinnungszeiten bei den 3 Behandlungen testen. Dazu berechnen wir die Fehlermatrix

$$S_e^{(1)} = (I_{p-1},-1_{p-1})\left(\sum_{i=1}^{3}\sum_{j=1}^{10}(y_{ij}-\bar{y}_{i.})(y_{ij}-\bar{y}_{i.})^T\right)(I_{p-1},-1_{p-1})^T$$

$$= \begin{pmatrix} 238.9 & 150.8 & 164.3 & 100.3 \\ 150.8 & 164.5 & 123.0 & 108.1 \\ 164.3 & 123.0 & 161.4 & 96.5 \\ 100.3 & 108.1 & 96.5 & 119.0 \end{pmatrix}$$

und die Hypothesenmatrix

$$S_h^{(1)} = (I_{p-1},-1_{p-1})\left(\sum_{i=1}^{3} 10(\bar{y}_{i.}-\bar{y}_{..})(\bar{y}_{i.}-\bar{y}_{..})^T\right)(I_{p-1},-1_{p-1})^T$$

$$= \begin{pmatrix} 555.80 & 343.30 & 294.30 & 148.10 \\ 343.30 & 212.47 & 181.47 & 91.10 \\ 294.30 & 181.47 & 156.07 & 78.70 \\ 148.10 & 91.10 & 78.70 & 39.80 \end{pmatrix} \quad .$$

Zum Prüfen von H_0^1 zum 5% Niveau wollen wir hier die χ^2 - Approximation des Wilks - Tests verwenden, wobei hier

$$n_e = 3\cdot 10 - 3 = 27 \quad \text{und} \quad n_h = 3 - 1 = 2$$

gilt. Bezeichnen $\xi_1,\dots,\xi_p$ die Eigenwerte von $S_h^{(1)}(S_e^{(1)})^{-1}$, so ergibt sich

Tab.24: Blutgerinnungszeit bei Kaninchen (die angegebenen Rangzahlen $R_{ij}(t_\nu)$ werden später noch benötigt

Behandlung (i)	j	Beobachtungszeit $y_{ij}(t_\nu)$ in min/2										
		t_1 0	$R_{ij}(t_1)$	t_2 10	$R_{ij}(t_2)$	t_3 60	$R_{ij}(t_3)$	t_4 120	$R_{ij}(t_4)$	t_5 180	$R_{ij}(t_5)$	$\sum$
Kontaktaktivierungsprodukt (1)	1	18	1	22	2.5	22	2.5	23	4	28	5	113
	2	17	1	18	2	19	3.5	19	3.5	20	5	93
	3	21	1	25	2	28	3	31	5	30	4	135
	4	21	1	22	2.5	23	4	22	2.5	24	5	112
	5	16	1	17	2	19	4	19	4	19	4	90
	6	19	1	24	2	25	3	28	4	29	5	125
	7	16	1	23	3	22	2	25	4	28	5	114
	8	18	1	19	2	20	3	22	4	25	5	104
	9	19	1	22	3	22	3	22	3	24	5	109
	10	21	1	22	2	23	3.5	25	5	23	3.5	114
	$\sum$	186		214		223		236		250		1109
Endotoxin (2)	1	21	1	22	2	23	3.5	23	3.5	25	5	114
	2	15	1	17	2	19	3	21	4	29	5	101
	3	16	1	19	2	21	3	22	4	24	5	102
	4	15	1	20	2	21	3.5	21	3.5	23	5	100
	5	18	1	23	2	24	3	25	4	26	5	116
	6	22	1	26	2	28	3	30	4	37	5	143
	7	21	1	27	2.5	27	2.5	28	4	29	5	132
	8	20	1	29	3	23	2	31	4.5	31	4.5	134
	9	16	1	21	2	23	3	25	4	26	5	111
	10	18	1	21	2	23	3	27	4	28	5	117
	$\sum$	182		225		232		253		278		1170
Placebo (NaCl) (3)	1	18	2.5	18	2.5	19	5	18	2.5	18	2.5	91
	2	22	2.5	24	5	22	2.5	22	2.5	22	2.5	112
	3	22	2.5	22	2.5	22	2.5	22	2.5	23	5	111
	4	19	1.5	21	4	21	4	19	1.5	21	4	101
	5	18	2	19	4	20	5	18	2	18	2	93
	6	23	2	24	4	24	4	24	4	22	1	117
	7	22	4.5	20	3	22	4.5	19	2	18	1	101
	8	22	4.5	22	4.5	20	2	20	2	20	2	104
	9	20	4.5	19	2	19	2	20	4.5	19	2	97
	10	20	4	20	4	19	2	20	4	18	1	97
	$\sum$	206		209		208		202		199		1024
Gesamt	$\sum$	574		648		663		691		727		3303

$$\Lambda_W = \prod_{i=1}^{4} \frac{1}{1+\xi_i} = \frac{\det S_e^{(1)}}{\det(S_e^{(1)} + S_h^{(1)})} = \frac{30415785.77}{117033718.0} = 0.259889 \quad ,$$

und mit

$$\delta = n_e + n_h - \frac{(p^* + n_h + 1)}{2} = n_e + n_h - \frac{(p-1+n_h+1)}{2} = 27 + 2 - \frac{5+7}{2} = 23$$

erhalten wir

$$-\delta \cdot \ln \Lambda_W = -23 \cdot \ln 0.259889 = 30.993 > 15.51 = \chi^2_{8;0.95} = \chi^2_{p^* n_h;1-\gamma} ,$$

so daß die Hypothese H_0^1 paralleler Verläufe zum 5% Niveau verworfen werden muß; damit ist klar, daß auch die Hypothese H_0^3 zum 5% Niveau verworfen wird. Beim Test auf Gleichheit der Wirkungsflächen (H_0^{2*}) ergibt sich mit $a_* = (10,60,110,120,60)^T$ hier

$$S_e^{(2)} = a_*^T\left(\sum_{i=1}^{3}\sum_{j=1}^{10} y_{ij} - \bar{y}_{i.})(y_{ij} - \bar{y}_{i.})^T\right)a_* = 25346250 ,$$

$$S_h^{(2)} = a_*^T\left(\sum_{i=1}^{3} 10(\bar{y}_{i.} - \bar{y}_{..})(\bar{y}_{i.} - \bar{y}_{..})^T\right)a_* = 6927160.42 ,$$

so daß die Hypothese H_0^{2*} gleicher Wirkungsflächen zum 5% Niveau verworfen wird: Mit $n_e = 27$ und $n_h = 2$ ist

$$S_h^{(2)} \cdot (S_e^{(2)})^{-1} = 0.2733012 > 0.248 = \frac{2}{27} \cdot 3.35 = \frac{n_h}{n_e} \cdot F_{n_h, n_e;0.95} .$$

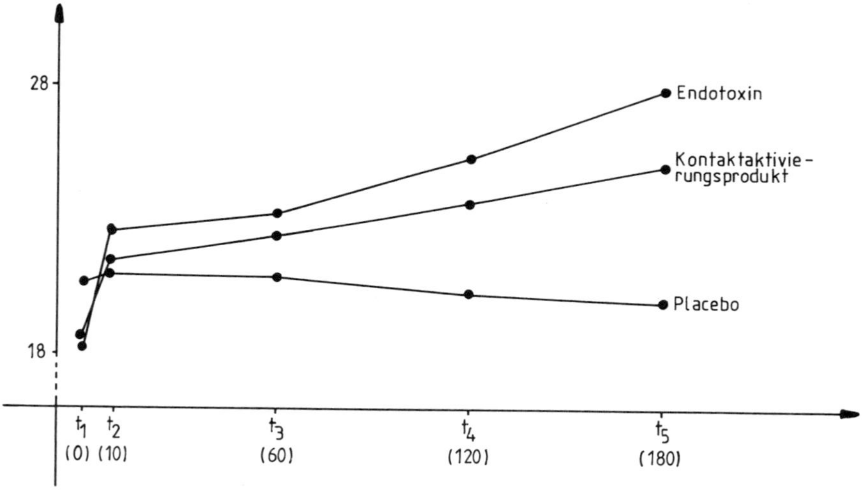

Abb.8: Mittlere Verlaufsprofile der Blutgerinnungszeiten bei drei Behandlungen im Beispiel; vgl. auch Tab.24

Wir testen nun noch die Hypothese H_0^2 gleicher zeitlicher Mittel der drei Behandlungen zum 5% Niveau. Hier erhalten wir die Fehlermatrix

$$S_e^{(2)} = 1_p^T\left(\sum_{i=1}^{3}\sum_{j=1}^{10} (y_{ij} - \bar{y}_{i.})(y_{ij} - \bar{y}_{i.})^T\right)1_p = 4281.3 \quad \text{mit}$$

$n_e = 27$ Freiheitsgraden

und die Hypothesenmatrix

$$S_h^{(2)} = 1_p^T \left(\sum_{i=1}^{3} 10(\bar{y}_{i.} - \bar{y}_{..})(\bar{y}_{i.} - \bar{y}_{..})^T \right) 1_p \quad \text{mit}$$

$n_h = 2$ Freiheitsgraden ,

so daß auch die Hypothese H_0^2 gleicher Zeit-Mittel zum 5% Niveau verworfen werden muß, da gilt

$$S_h^{(2)}(S_e^{(2)})^{-1} = S_h^{(2)}/S_e^{(2)} = 1075.4/4281.3 = 0.251$$

$$> 0.248 = \frac{2}{27} \cdot 3.35 = \frac{2}{27} \cdot F_{2,27;0.95} = \frac{n_h}{n_e} \cdot F_{n_h,n_e;1-\gamma} \quad .$$

1.5.2 EIN NICHTPARAMETRISCHES VERFAHREN

Wir wollen hier noch ein *nichtparametrisches Verfahren*, welches die Normalitätsannahme natürlich nicht benötigt, *zum Testen der Hypothese paralleler Verläufe* angeben, das von Immich/Sonnemann (1974) vorgeschlagen wird.

Den p Beobachtungen zu den Zeitpunkten $t_1,\dots,t_p$ an jedem der $r(n_1+\dots+n_r)$ Versuchsobjekte werden bei dieser Methode *Rangzahlen* $R_{ij}(t_\nu)$ zugeordnet und zwar erhält der kleinste Beobachtungswert $y_{ij}(t_\nu)$ für $\nu=1,\dots,p$ den Rang 1, ... , der größte den Rang p. Treten Bindungen auf, d.h. sind mehrere Beobachtungswerte an einem Objekt gleich, so werden die in Frage stehenden Rangzahlen gemittelt. Treten keine Bindungen auf, so ist jedem Objekt eine Permutation der Zahlen 1,...,p zugeordnet; insgesamt gibt es $p! = 1\cdot 2\cdot\ldots\cdot p$ Permutationen. In jeder der r Stufen des Experimentes wird nun gezählt, wie oft jede der Permutationen vorkommt; diese Anzahlen werden dann in Form einer $r\times p!$ - Kontingenztafel, vgl. Tab.25, angeordnet.

Tab.25: Beobachtete Häufigkeiten der p! Permutationen in den r Gruppen

$i \backslash \ell$	1	2	...	p!	$\sum$
1	n_{11}	n_{12}	...	$n_{1p!}$	n_1
2	n_{21}	n_{22}	...	$n_{2p!}$	n_2
⋮	⋮	⋮		⋮	⋮
r	n_{r1}	n_{r2}	...	$n_{rp!}$	n_r
$\sum$	$n_{.1}$	$n_{.2}$	...	$n_{.p!}$	n

Die Hypothese H_0^1 paralleler Verläufe in den r Gruppen wird dann zum Niveau γ verworfen, falls gilt

$$\chi^2 = n\cdot\left(\sum_{i=1}^{r}\sum_{\ell=1}^{p!}\frac{n_{i\ell}^2}{n_{i.}\cdot n_{.\ell}} - 1\right) > \chi^2_{(r-1)(p!-1);1-\gamma} \quad .$$

Der Nachteil dieses Verfahrens ist, daß p! auch für kleine Anzahlen p von Beobachtungszeitpunkten sehr groß ist. (Für p = 6 etwa ist p! = 720.)

Daher geht man oft auch so vor, daß man die p! möglichen Permutationen in Gruppen einteilt. Zudem ist es so auch möglich, Bindungen zu berücksichtigen. Ist man etwa speziell an der Wirkung einer der r Behandlungen interessiert, von der man vor Versuchsbeginn eine steigende Verlaufskurve erwartet, so könnte man z.B. die p! Permutationen in b = 3 Gruppen einteilen:

Gruppe 1: Beobachtungsvektoren mit Rangfolge 1,2,3,...,p ,

Gruppe 2: Beobachtungsvektoren, bei denen nur eine Vertauschung vorkommt oder keine Vertauschung dafür aber eine Bindung von 2 benachbarten Werten vorkommt ,

Gruppe 3: alle übrigen Rangfolgen .

Auch hier zählt man wieder die Häufigkeiten jeder Permutationsgruppe bei jeder der r Behandlungen und bildet die zugehörige r×b - Kontingenztafel. Die Hypothese H_0^1 der Parallelität der Verlaufsprofile in den r Gruppen wird dann verworfen, falls gilt

$$\chi^2 = n\cdot\left(\sum_{i=1}^{r}\sum_{\ell=1}^{b}\frac{n_{i\ell}^2}{n_{i.}\cdot n_{.\ell}} - 1\right) > \chi^2_{(r-1)(b-1);1-\gamma} \quad .$$

Diese Rangverfahren haben natürlich den Nachteil, daß sie nur noch Rangfolgen aber keine absoluten Werte verwenden.

Beispiel: Im Beispiel der Blutgerinnungszeiten von je 10 Ratten bei r = 3 Behandlungen, vgl. Tab.24, wollen wir nun einmal einen Rangtest anwenden; die Rangzahlen sind in Tab.24 bereits angegeben worden. Da p = 5 Beobachtungszeitpunkte vorliegen, d.h. p! = 120 Permutationen der Rangzahlen möglich sind (Bindungen noch nicht berücksichtigt), wollen wir die Rangordnungen in b = 3 Gruppen gemäß der weiter oben genannten Vorschrift einteilen. Damit ergibt sich, wenn $\ell = 1$ der Gruppe 1, $\ell = 2$ der Gruppe 2 und $\ell = 3 = b$ der Gruppe 3 entspricht, die Kontingenztafel aus Tab.26.

Da gilt

$$\chi^2 = 30\left(\sum_{i=1}^{3}\sum_{\ell=1}^{3}\frac{n_{i\ell}^2}{n_{i.}\cdot n_{.\ell}} - 1\right)$$

Tab.26: Kontingenztafel der Rangordnungshäufigkeiten im Beispiel der Blutgerinnungszeiten, vgl. auch Tab.24

i \ ℓ	1	2	3	$\sum$
1	2	4	4	10
2	6	3	1	10
3	0	0	10	10
$\sum$	8	7	15	30

$$= 30\left(\frac{4}{80}+\frac{16}{70}+\frac{16}{150}+\frac{36}{80}+\frac{9}{70}+\frac{1}{150}+\frac{0}{70}+\frac{0}{80}+\frac{100}{150}-1\right) = 19.1143$$

$$> 9.49 = \chi^2_{4;0.95} = \chi^2_{(m-1)(b-1);1-\gamma}$$

muß, wie unter Normalverteilungsannahme, auch hier die Hypothese gleicher Verläufe zum 5% Niveau verworfen werden. ⌟

Bzgl. weiterer Aspekte der Profilanalyse sei hier etwa verwiesen auf Krauth (1973), Thöni/Urfer (1976), Riedwyl (1975,1977), Lienert (1978), Lehmacher (1980), Schach (1982) und Haux (1983).

2 DAS MULTIVARIATE LINEARE MODELL MIT ZUFÄLLIGEN EFFEKTEN (MANOVA - MODELLE II; MULTIVARIATE VARIANZKOMPONENTENMODELLE)

In den im Abschnitt 1 behandelten Modellen mit festen Effekten wurde der Einfluß von quantitativen und qualitativen Variablen, die entweder vorgegebene Werte besitzen oder aber fehlerfrei im Experiment miterhoben werden, auf p interessierende quantitative Merkmale untersucht. Bei *gemischten Modellen* und *Modellen mit zufälligen Effekten* hingegen geht man davon aus, daß neben den interessierenden Merkmalen auch zumindest einige der *Einflußvariablen zufällig* sind; bei qualitativen, zufälligen Einflußvariablen, wie wir sie hier betrachten werden, bedeutet dies, daß es sich bei den in einem Experiment betrachteten, endlich vielen Faktorstufen lediglich um eine Auswahl aus einer (unendlichen) Anzahl von interessierenden Faktorstufen handelt und sich Aussagen über die Effekte des Faktors bzgl. der interessierenden Merkmale auf alle Stufen des Faktors beziehen.

Beispiel: Im Abschnitt 1.4.1 haben wir in einem Modell mit festen Effekten den 'Einfluß' von 6 Bohrlöchern in einem Erzlager auf den Gehalt an Metall und taubem Gestein untersucht. Interessiert man sich aber für die Struktur des gesamten Erzlagers, so muß man die konkret betrachteten Bohrlöcher als eine (zufällige) Auswahl aus allen möglichen Bohrlöchern betrachten, d.h. der Faktor "Bohrloch" ist zufällig anzusetzen, um so Aussagen über die Schwankungen innerhalb des Erzlagers bzgl. der Merkmale Metallgehalt und Gehalt an taubem Gestein zu gewinnen.

Allgemein betrachtet man *Modelle* der Gestalt

$$Y = X\Psi + W_1E_1 + \ldots + W_mE_m \quad ,$$

wobei Y die n×p - *Beobachtungsmatrix* für die p interessierenden Merkmale an n Versuchsobjekten, X die *Designmatrix der festen Effekte*, Ψ die zugehörige feste *Parametermatrix*, $W_1,\ldots,W_m$ bekannte $n\times n_i$ - dimensionale *Designmatrizen* und $E_1,\ldots,E_m$ zufällige, voneinander unabhängige $n_i\times p$ - *Fehlermatrizen* mit jeweiligem Erwartungswert 0 und zugehörigen Kovarianzmatrizen von der Gestalt

$$\mathrm{Cov}(E_k) = I_{n_k} \otimes \ddagger_k \qquad \text{für } k=1,\ldots,m$$

sind ($\otimes$ = Kroneckerprodukt); d.h. die Zeilen der Matrizen $E_k = (e_{k1},\ldots,e_{kn})^T$ sind miteinander unkorreliert und die Kovarianzmatrix zu jeder p-dimensionalen Zeile von E_k ist $\ddagger_k$ für k=1,...,m.

Bezogen auf das Modell mit festen Effekten aus Abschnitt 1 bedeutet dies also, daß die Fehlermatrix $\mathcal{E}$ zerlegt wird in

$$\mathcal{E} = \sum_{k=1}^{m} W_kE_k$$

mit bekannten Designs $W_1,\ldots,W_m$. Zur Unterscheidung heißt die Designmatrix X der festen Effekte auch *Design 1.Art*, und die Designmatrizen $W_1,\ldots,W_m$ der zufälligen Effekte heißen *Designs 2.Art*. Die Fehlermatrix $\mathcal{E}$ besitzt dann hier im Modell mit zufälligen Effekten den Erwartungswert 0 und die Kovarianzmatrix

$$\mathrm{Cov}(\mathcal{E}) = \sum_{k=1}^{m} U_k \otimes \ddagger_k \qquad \text{mit} \qquad U_k = W_kW_k^T \quad .$$

Man nennt obiges Modell mit zufälligen Effekten auch *Varianzkomponentenmodell*, und $\ddagger_1,\ldots,\ddagger_m$ sind die p×p - dimensionalen *multivariaten Varianzkomponenten*.

Zur Beurteilung des Einflußes der zufälligen Effekte verwendet man dann *Schätzungen für die unbekannten Varianzkomponenten* $\ddagger_1,\ldots,\ddagger_m$. Die Schätzungen für die Diagonalelemente der Matrizen $\ddagger_1,\ldots,\ddagger_m$ sind natürlich gerade Schätzungen für die Anteile der Variation der p Merkmale, die auf die zugehörigen Faktoren zurückzuführen sind, und die übrigen Schätzungen für die

Elemente von $\Sigma_1,\ldots,\Sigma_m$ sind entsprechend Schätzungen für die Kovarianz zwischen den p Merkmalen.

Wir werden hier, abgesehen von Abschnitt 2.5, einige *Modelle der balancierten multivariaten Varianzanalyse mit zufälligen Effekten* (nur ein festes Gesamtmittel wird betrachtet, d.h. $X = 1_n$) betrachten, in denen dann die Varianzkomponente Σ_k für $k=1,\ldots,m-1$ einem zufälligen qualitativen Einflußfaktor oder einem Wechselwirkungsfaktor zwischen zwei Faktoren, der auf n_k ausgewählten Stufen im Experiment betrachtet wird, zugeordnet ist, und Σ_m ist die Restkovarianzmatrix, die nicht durch die Einflußfaktoren erklärt wird.

Dabei werden wir jeweils zwei verschiedene Schätzer für die multivariaten Varianzkomponenten, die sich im univariaten Fall $(p = 1)$ gerade auf eine Varianz reduzieren, angeben. Den Schätzer $\tilde{\Sigma}_k$ nennen wir *MMINQUE* (*Multivariate Minimum Norm Invariant Quadratic Unbiased Estimator*), da er eine Verallgemeinerung des univariaten *MINQUE's* ist, wie er von Rao (1972) eingeführt wurde; dieser quadratische Schätzer ist invariant gegenüber Translationen (linearen Verschiebungen) des Erwartungswertes $X\Psi$ von Y und hat außerdem unter allen erwartungstreuen (unbiased) Schätzungen die kleinste Norm. Der *Nachteil des MMINQUE's* ist, daß er wie auch der univariate MINQUE unzulässige Schätzungen liefern kann: Der MINQUE führt mitunter (teils mit recht hoher Wahrscheinlichkeit, vgl. z.B. Verdooren (1980)) zu negativen Schätzwerten für natürlich positive Varianzkomponenten, und der MMINQUE liefert zum Teil keine positiv semidefiniten Schätzmatrizen für die natürlich stets positiv semidefiniten multivariaten Varianzkomponenten, die ja selbst gerade Kovarianzmatrizen sind. Daher werden wir auch Schätzer $\hat{\Sigma}_1,\ldots,\hat{\Sigma}_m$ für die multivariaten Varianzkomponenten $\Sigma_1,\ldots,\Sigma_m$ angeben, denen ein Schätzkonzept zugrundeliegt, daß den Nachteil nicht positiv semidefiniter Schätzwerte vom MMINQUE nicht besitzt. Das univariate Konzept dieser *positiven Schätzungen* wurde von Hartung (1981) entwickelt; im Fall der multivariaten Verallgemeinerung, die stets positiv semidefinite, quadratische Schätzungen für $\Sigma_1,\ldots,\Sigma_m$ liefert, werden wir hier vom *PSD - Schätzer* sprechen. Dieser gegenüber Translationen des Erwartungswerts invariante Schätzer ist zwar nicht unverzerrt (erwartungstreu), jedoch besitzt er unter allen positiv semidefiniten Schätzungen die *minimale Verzerrung* (*minimum bias*) und ist unter allen minimalverzerrten Schätzungen der Schätzer mit kleinster Norm.

Die allgemeinen Prinzipien der Verallgemeinerungen von Rao's MINQUE und Hartung's positivem Schätzer sind in Elpelt (1983) dargestellt. Es sei an dieser Stelle lediglich noch darauf hingewiesen, daß die Schätzwerte für die Reststreuungen $\boldsymbol{\Sigma}_m$ (und nur diese) in den hier behandelten MANOVA - Modellen bei beiden Schätzkonzepten übereinstimmen, d.h. es gilt stets $\tilde{\boldsymbol{\Sigma}}_m = \hat{\boldsymbol{\Sigma}}_m$.

Im Anschluß an diese einleitenden Bemerkungen werden wir nun einige spezielle MANOVA - Modelle mit zufälligen Effekten behandeln. Und zwar beschäftigen wir uns zunächst mit *hierarchischen Klassifikationen* und dann mit *kreuzklassifizierten Modellen*. Die Entsprechung der *multivariaten einfach hierarchischen Klassifikation*, die in Abschnitt 2.1 behandelt wird und bei der nur ein Einflußfaktor **A** mit zufälligen Effekten berücksichtigt wird, im Falle fester Effekte ist die multivariate Einfachklassifikation, vgl. Abschnitt 1.4.1. Bei den *Modellen der multivariaten zweifach bzw. dreifach hierarchischen Klassifikation mit zufälligen Effekten* werden zwei bzw. drei Faktoren auf endlich vielen aus einer Anzahl von Stufen zufällig ausgewählten Faktorstufen im Experiment berücksichtigt, vgl. Abschnitt 2.2 und 2.3. Dabei sind die Faktoren hierarchisch geordnet, d.h. - vgl. auch Abschnitt 1.4.4 - die Stufen eines untergeordneten Faktors werden nur auf jeweils einer Stufe der übergeordneten Faktoren betrachtet. Im Abschnitt 2.4 wird dann noch das Modell der *multivariaten zweifachen Kreuzklassifikation* mit zufälligen Effekten behandelt. Hier werden die zufällig für ein Experiment ausgewählten Stufen zweier Faktoren **A** und **B** jeweils miteinander kombiniert an mehreren Objekten beobachtet; wir werden dann sowohl den Fall, daß *keine Wechselwirkungen*, als auch den, daß *zufällige Wechselwirkungen* zwischen den Stufen der Faktoren auftreten, untersuchen.

Im Abschnitt 2.5 werden wir schließlich noch ein spezielles Modell zur *Präzisionsbestimmung von Meßinstrumenten* bei zerstörenden Prüfungen behandeln, das von Grubbs (1948) eingeführt wurde. Da in einem solchen Fall keine Wiederholungsmessungen möglich sind, geht man so vor, daß an einem Objekt gleichzeitig von mehreren, N Instrumenten das selbe Merkmal gemessen wird. Im Modell werden dann ein *Instrumentenbias* β_j (fester Effekt) des j-ten Instruments für j=1,...,N, die Variationen $\sigma_1^2,\dots,\sigma_N^2$ der N Instrumente sowie die *Produktvariabilität* σ_X^2, d.h. N+1 (univariate) Varianzkomponenten, berücksichtigt. Für den Fall $N \geq 2$ werden Schätzungen für σ_X^2 und Schätzungen für die *Instrumentenvariationen* $\sigma_1^2,\dots,\sigma_N^2$, die für $N \geq 3$ invariant gegenüber der Produktvariabilität sind, angegeben.

Der näher an den Prinzipien und der Theorie der Schätzung von Varianzkomponenten interessierte Leser sei etwa verwiesen auf Rao (1972), Hartung (1981), Pukelsheim (1981), Elpelt/Hartung (1982b), Infante (1982), Elpelt (1983,1984), Voet (1983), Hartung/Voet (1984), betreffend die numerische

Berechnung der positiven Schätzer in unbalancierten Modellen auf Verfahren wie in Elpelt/Hartung (1983b), Hartung (1978c,1978d,1980,1981,1982a,1982b), und bzgl. der Präzisionsbestimmung von Meßinstrumenten speziell auch auf Grubbs (1948,1973), Klösener (1983), Hartung/Heine (1984).

2.1 DIE BALANCIERTE MULTIVARIATE EINFACHKLASSIFIKATION MIT ZUFÄLLIGEN EFFEKTEN

Bei der *balancierten multivariaten Einfachklassifikation mit zufälligen Effekten* wird der Einfluß eines qualitativen Faktors $\mathbb{A}$ auf p interessierende Merkmale untersucht, und zwar werden in einem Experiment auf r zufällig ausgewählten Stufen des Faktors $\mathbb{A}$ jeweils s Beobachtungen gemacht. Bezeichnet μ den natürlich festen Gesamtmittelwert, A_i den zufälligen Effekt der i-ten Stufe des Faktors $\mathbb{A}$ $(i=1,\dots,r)$ und e_{ij} für $i=1,\dots,r$, $j=1,\dots,s$ den zufälligen Restfehler bei der Beobachtung der p Merkmale am j-ten Objekt auf der i-ten Stufe des Faktors $\mathbb{A}$, so wird der zugehörige p-dimensionale Beobachtungsvektor y_{ij} zerlegt in

$$y_{ij} = \mu + A_i + e_{ij} \qquad \text{für } i=1,\dots,r,\ j=1,\dots,s \quad .$$

Gehen wir davon aus, daß die A_i und die e_{ij} für $i=1,\dots,r$, $j=1,\dots,s$ voneinander unabhängige Zufallsvektoren mit Erwartungswert 0 sind, wobei $A_1,\dots,A_r$ die Kovarianzmatrix Σ_A und die e_{ij} alle die gleiche Kovarianzmatrix Σ_e besitzen, so kommen wir zu einem Modell der Form

$$Y = X\Psi + W_1E_1 + W_2E_2 \quad ,$$

wobei $Y = (y_{11},y_{12},\dots,y_{1s},\dots,y_{r1},\dots,y_{rs})^T$, $X = 1_{rs}$, $\Psi = \mu^T$, $W_1 = I_r \otimes 1_s$, $W_2 = I_{rs}$, $E_1 = (A_1,A_2,\dots,A_r)^T$ und $E_2 = (e_{11},\dots,e_{1s},\dots,e_{r1},\dots,e_{rs})^T$ ist, mit Erwartungswert von $E_k = 0$, $k=1,2$ und $\mathrm{Cov}(E_1) = I_r \otimes \Sigma_A$, $\mathrm{Cov}(E_2) = I_{rs} \otimes \Sigma_e$.

Zur Schätzung der beiden multivariaten $p\times p$ - Varianzkomponenten Σ_A und Σ_e müssen nun zunächst die Matrizen

$$S_A = s \sum_{i=1}^{r} (\bar{y}_{i.}-\bar{y}_{..})(\bar{y}_{i.}-\bar{y}_{..})^T \text{ und } S_e = \sum_{i=1}^{r}\sum_{j=1}^{s} (y_{ij}-\bar{y}_{i.})(y_{ij}-\bar{y}_{i.})^T$$

bestimmt werden, die mit

$$\bar{y}_{i.} = \frac{1}{s}\sum_{j=1}^{s} y_{ij} \quad \text{und} \quad \bar{y}_{..} = \frac{1}{rs}\sum_{i=1}^{r}\sum_{j=1}^{s} y_{ij}$$

gerade mit den Matrizen S_h und S_e im Modell der balancierten multivariaten Einfachklassifikation mit festen Effekten, vgl. Abschnitt 1.4.1, übereinstimmen. Unter Verwendung dieser Matrizen ergeben sich dann die Schätzer für Σ_A sowie Σ_e, und zwar ergibt sich der *MMINQUE* für Σ_A zu

$$\tilde{\Sigma}_A = \frac{1}{s}\left(\frac{1}{r-1}\cdot S_A - \frac{1}{r(s-1)}\cdot S_e\right) \quad ,$$

der entsprechende *PSD - Schätzer* zu

$$\hat{\Sigma}_A = \frac{s}{s^2+1}\cdot\frac{1}{r-1}\cdot S_A$$

sowie der bei beiden Schätzkonzepten gleiche Schätzer für Σ_e zu

$$\tilde{\Sigma}_e = \hat{\Sigma}_e = \frac{1}{r(s-1)}\cdot S_e \quad .$$

Beispiel

(a) Im Abschnitt 1.4.1 haben wir den Effekt von $r = 6$ Bohrlöchern aufgrund der Beobachtungen an jeweils $s = 5$ Proben auf den Metallgehalt und den Gehalt an taubem Gestein ($p = 2$) untersucht, vgl. Tab.19. Möchte man Aussagen nicht nur über diese 6 Bohrlöcher sondern vielmehr über alle möglichen Bohrlöcher im Erzlager, d.h. über das gesamte Erzlager machen, so muß man hier ein einfaches hierarchisches Modell mit zufälligen Effekten ansetzen und aufgrund der Daten der Tab.19 die Streuungsmatrix Σ_A von Metallgehalt und Gehalt an taubem Gestein, die auf die Bohrlöcher zurückzuführen ist, sowie die Reststreuungsmatrix Σ_e schätzen. Es ergibt sich hierzu, vgl. auch Abschnitt 1.4.1,

$$S_A = \begin{pmatrix} 223.852 & -5.934 \\ -5.934 & 14.804 \end{pmatrix} \quad , \quad S_e = \begin{pmatrix} 187.636 & -102.586 \\ -102.586 & 70.588 \end{pmatrix} \quad ,$$

so daß wir als MMINQUE für Σ_A

$$\tilde{\Sigma}_A = \frac{1}{5}\cdot\left(\frac{1}{6-1}\cdot S_A - \frac{1}{6(5-1)}\cdot S_e\right) = \frac{1}{25}\cdot S_A - \frac{1}{120}\cdot S_e = \begin{pmatrix} 7.39044 & 0.61752 \\ 0.61752 & 0.00388 \end{pmatrix}$$

erhalten; der MMINQUE ist hier nicht positiv semidefinit (die Kovarianz der beiden Merkmale wird hier überschätzt), denn $\tilde{\Sigma}_A$ hat die Eigenwerte 7.44171 und -0.04738, wohingegen der PSD - Schätzer natürlich eine zulässige Schätzung, nämlich

$$\hat{\Sigma}_A = \frac{5}{5^2+1}\cdot\frac{1}{6-1}\cdot S_A = \frac{5}{130}\cdot S_A = \begin{pmatrix} 8.60969 & -0.22823 \\ -0.22823 & 0.56938 \end{pmatrix}$$

liefert. Schließlich ergibt sich die Schätzung für die Reststreuungsmatrix Σ_e zu

$$\tilde{\Sigma}_e = \hat{\Sigma}_e = \frac{1}{6(5-1)}\cdot S_e = \frac{1}{24}\cdot S_e = \begin{pmatrix} 7.81817 & -4.27442 \\ -4.27442 & 2.94117 \end{pmatrix} \quad .$$

[Eine Matrix mit z.T. negativen Eigenwerten ist nicht positiv semidefinit.]

(b) Zur Illustration wollen wir auch das zweite Beispiel der Irisarten aus Abschnitt 1.4.1, wo auch die Matrizen $S_A = S_h$ und S_e bereits angegeben sind, hier noch einmal aufgreifen. Geht man davon aus, daß die r = 3 Irisarten, von denen jeweils s = 50 Pflanzen bzgl. p = 4 Merkmalen untersucht wurden, vgl. Tab.3 in Kap.IV, nur eine Auswahl aus (unendlich vielen) interessierenden Arten darstellen, so kommt man hier zu einem Modell mit zufälligen Effekten, in dem Σ_A, die Streuung, die auf die Arten zurückgeführt werden kann, durch die jeweils positiv semidefiniten Matrizen

$$\tilde{\Sigma}_A = \frac{1}{100}\cdot S_A - \frac{1}{7350}\cdot S_e = \begin{pmatrix} 0.6268 & -0.2014 & 1.6493 & 0.7120 \\ -0.2014 & 0.1112 & -0.5735 & -0.2300 \\ 1.6493 & -0.5735 & 4.3673 & 1.8668 \\ 0.7120 & -0.2300 & 1.8668 & 0.8033 \end{pmatrix},$$

$$\hat{\Sigma}_A = \frac{50}{5002}\cdot S_A = \begin{pmatrix} 0.6318 & -0.1994 & 1.6519 & 0.7125 \\ -0.1994 & 0.1135 & -0.5722 & -0.2292 \\ 1.6519 & -0.5722 & 4.3693 & 1.8671 \\ 0.7125 & -0.2292 & 1.8671 & 0.8038 \end{pmatrix}$$

geschätzt wird und sich der Schätzer für die Reststreuung Σ_e ergibt zu

$$\tilde{\Sigma}_e = \hat{\Sigma}_e = \frac{1}{147}\cdot S_e = \begin{pmatrix} 0.2650 & 0.0927 & 0.1675 & 0.0384 \\ 0.0927 & 0.1154 & 0.0552 & 0.0327 \\ 0.1675 & 0.0552 & 0.1852 & 0.0427 \\ 0.0384 & 0.0327 & 0.0427 & 0.0419 \end{pmatrix}$$

□

2.2 DAS BALANCIERTE ZWEIFACH HIERARCHISCHE MODELL MIT ZUFÄLLIGEN EFFEKTEN

Beim *Modell II der balancierten zweifach hierarchischen Klassifikation* wird wie im entsprechenden Modell mit festen Effekten, vgl. Abschnitt 1.4.4, der Einfluß zweier Faktoren $\mathbb{A}$ und $\mathbb{B}$ auf p interessierende Merkmale untersucht, wobei die Stufen des Faktors $\mathbb{B}$ nur jeweils mit einer Stufe des Faktors $\mathbb{A}$ kombiniert betrachtet werden. Wählt man zufällig jeweils r Stufen des Faktors $\mathbb{A}$ aus und ebenfalls zufällig jeweils s Stufen des Faktors $\mathbb{B}$ innerhalb der Stufen von $\mathbb{A}$, auf denen dann im Experiment je t Beobachtungen von p Merkmalen gemacht werden, so kommt man zum Modell der zweifach hierarchischen Klassifikation mit zufälligen Effekten

$$y_{ijk} = \mu + A_i + B_{ij} + e_{ijk} \qquad \text{für } i=1,\ldots,r, j=1,\ldots,s, k=1,\ldots,t \quad ;$$

hier bezeichnet y_{ijk} den p-dimensionalen Beobachtungsvektor am k-ten Objekt bei der j-ten Stufe des Faktors $\mathbb{B}$ innerhalb der i-ten Stufe des Faktors $\mathbb{A}$, μ das feste Gesamtmittel, A_i für i=1,...,r den zufälligen Effekt der i-ten Stufe des Faktors $\mathbb{A}$, B_{ij} für i=1,...,r, j=1,...,s den zufälligen Effekt der j-ten Stufe des Faktors $\mathbb{B}$ innerhalb der i-ten Stufe des Faktors $\mathbb{A}$ und e_{ijk} den Restfehler bei der Beobachtung von y_{ijk}. Weiter nehmen wir an, daß die A_i, die B_{ij} und die e_{ijk} für i=1,...,r, j=1,...,s, k=1,...,t voneinander unabhängig mit Erwartungswertvektor 0 sind, daß gilt $\text{Cov}(A_i) = \Sigma_A$, $\text{Cov}(B_{ij}) = \Sigma_B$ und $\text{Cov}(e_{ijk}) = \Sigma_e$ für $i=1,\ldots,r$, $j=1,\ldots,s$ und $k=1,\ldots,t$.

Mit den Bezeichnungen

$$\bar{y}_{...} = \frac{1}{rst}\sum_{i=1}^{r}\sum_{j=1}^{s}\sum_{k=1}^{t} y_{ijk}\ ,\quad \bar{y}_{i..} = \frac{1}{st}\sum_{j=1}^{s}\sum_{k=1}^{t} y_{ijk}\ ,\quad \bar{y}_{ij.} = \frac{1}{t}\sum_{k=1}^{t} y_{ijk}$$

ergeben sich dann die Matrizen

$$S_A = st\sum_{i=1}^{r}(\bar{y}_{i..}-\bar{y}_{...})(\bar{y}_{i..}-\bar{y}_{...})^T\ ,$$

$$S_B = t\sum_{i=1}^{r}\sum_{j=1}^{s}(\bar{y}_{ij.}-\bar{y}_{i..})(\bar{y}_{ij.}-\bar{y}_{i..})^T\ ,$$

$$S_e = \sum_{i=1}^{r}\sum_{j=1}^{s}\sum_{k=1}^{t}(y_{ijk}-\bar{y}_{ij.})(y_{ijk}-\bar{y}_{ij.})^T\ ,$$

die den Matrizen S_h^A, S_h^B und S_e im Modell mit festen Effekten entsprechen und aus denen sich die Schätzer für die Varianzkomponenten Σ_A, Σ_B und Σ_e, welche auf die durch die Faktoren $\mathbf{A}$ und $\mathbf{B}$ verursachten Streuungen bzw. die Reststreuung zurückzuführen sind, ergeben.

Die *MMINQUE's* für Σ_A bzw. Σ_B sind

$$\tilde{\Sigma}_A = \frac{1}{st}\left(\frac{1}{r-1}\cdot S_A - \frac{1}{r(s-1)}\cdot S_B\right) \quad \text{bzw.} \quad \tilde{\Sigma}_B = \frac{1}{t}\left(\frac{1}{r(s-1)}\cdot S_B - \frac{1}{rs(t-1)}\cdot S_e\right)\ ,$$

die entsprechenden *PSD - Schätzer* ergeben sich zu

$$\hat{\Sigma}_A = \frac{st}{s^2t^2+t^2+1}\cdot\frac{1}{r-1}\cdot S_A \quad \text{bzw.} \quad \hat{\Sigma}_B = \frac{t}{t^2+1}\cdot\frac{1}{r(s-1)}\cdot S_B$$

und für die Reststreuung Σ_e erhalten wir

$$\tilde{\Sigma}_e = \hat{\Sigma}_e = \frac{1}{rs(t-1)}\cdot S_e\ .$$

Beispiel: Im Abschnitt 1.4.4 haben wir den Einfluß von $s=3$ Maschinen in $r=3$ Betrieben auf $p=2$ Qualitätsmerkmale von Transistoren in einem Modell mit festen Effekten untersucht, vgl. auch Tab.23. Interessiert man sich für den generellen Einfluß von Betrieben und Maschinen, so muß ein Modell der zweifach hierarchischen Klassifikation mit zufälligen Effekten verwandt werden. Bezeichnet μ das feste Gesamtmittel der Qualitätsmerkmale, A_i für $i=1,2,3$ den Effekt des i-ten zufällig ausgewählten Betriebs, B_{ij} für $j=1,2,3$ den Effekt der j-ten zufällig ausgewählten Maschine im i-ten Betrieb ($i=1,2,3$) und e_{ijk} den Restfehler bei der Beobachtung y_{ijk} der

Qualitätsmerkmale am k-ten Transistor, der von der j-ten Maschine im i-ten Betrieb gefertigt wurde (i,j=1,2,3, k=1,2,3,4), so ergibt sich das Modell

$$y_{ijk} = \mu + A_i + B_{ij} + e_{ijk} \qquad \text{für } i,j=1,2,3,\ k=1,2,3,4 \quad .$$

Nehmen wir an, daß die zufälligen Effekte A_i des Faktors $\mathfrak{A}$ (Betriebe), B_{ij} des Faktors $\mathfrak{B}$ (Maschinen), e_{ijk} des Restfehlers für i,j=1,2,3 und k=1,2,3,4 voneinander unabhängig sind, den Erwartungswert 0 sowie die Kovarianzmatrizen

$$\mathrm{Cov}(A_i) = \Sigma_A \ , \quad \mathrm{Cov}(B_{ij}) = \Sigma_B \ , \quad \mathrm{Cov}(e_{ijk}) = \Sigma_e$$

besitzen, so ergeben sich aus den Daten der Tab.23 in Abschnitt 1.4.4 die Matrizen

$$S_A = \begin{pmatrix} 4344 & -3246 \\ -3246 & 2814 \end{pmatrix} , \quad S_B = \begin{pmatrix} 478.0 & 289.0 \\ 289.0 & 510.5 \end{pmatrix} , \quad S_e = \begin{pmatrix} 4610.0 & 2223.0 \\ 2223.0 & 5728.5 \end{pmatrix} ,$$

aus denen sich mit r,s = 3, t = 4 die MMINQUE's und PSD-Schätzer für Σ_A, Σ_B und Σ_e berechnen lassen:

$$\tilde{\Sigma}_A = \frac{1}{12}\left(\frac{1}{2}\cdot S_A - \frac{1}{6}\cdot S_B\right) = \frac{1}{24}\cdot S_A - \frac{1}{72}\cdot S_B = \begin{pmatrix} 174.361 & -139.264 \\ -139.264 & 110.160 \end{pmatrix} ,$$

$$\hat{\Sigma}_A = \frac{12}{144+16+1}\cdot\frac{1}{2}\cdot S_A = \frac{6}{161}\cdot S_A = \begin{pmatrix} 161.888 & -120.969 \\ -120.969 & 104.870 \end{pmatrix} ,$$

$$\tilde{\Sigma}_B = \frac{1}{4}\left(\frac{1}{6}\cdot S_B - \frac{1}{27}\cdot S_e\right) = \frac{1}{24}\cdot S_B - \frac{1}{108}\cdot S_e = \begin{pmatrix} -22.769 & -8.542 \\ -8.542 & -31.771 \end{pmatrix} ,$$

$$\hat{\Sigma}_B = \frac{4}{16+1}\cdot\frac{1}{6}\cdot S_B = \frac{2}{51}\cdot S_B = \begin{pmatrix} 18.745 & 11.333 \\ 11.333 & 20.020 \end{pmatrix} ,$$

$$\tilde{\Sigma}_e = \hat{\Sigma}_e = \frac{1}{27}\cdot S_e = \begin{pmatrix} 170.741 & 82.333 \\ 82.333 & 212.167 \end{pmatrix} .$$

In diesem Beispiel sind weder der MMINQUE für Σ_A noch der für Σ_B positiv semidefinit; bei der Schätzung $\tilde{\Sigma}_A$ liegt das daran, daß die Kovarianz zwischen den Qualitätsmerkmalen bzgl. der Betriebe überschätzt wird, und bei der Schätzung $\tilde{\Sigma}_B$ werden die Varianzen der Qualitätsmerkmale beide negativ geschätzt. Die übrigen Schätzer sind natürlich positiv semidefinit. ┘

2.3 DAS BALANCIERTE DREIFACH HIERARCHISCHE MODELL MIT ZUFÄLLIGEN EFFEKTEN

Sind nicht nur die Stufen zweier Faktoren $\mathfrak{A}$ und $\mathfrak{B}$ hierarchisch angeordnet, wie dies in Abschnitt 1.4.4 und Abschnitt 2.2 der Fall ist, sondern zusätzlich noch die Stufen eines dritten Einflußfaktors $\mathfrak{C}$ hierarchisch innerhalb der Stufen des Faktors $\mathfrak{B}$ angeordnet, so spricht man von einem *dreifach hier-*

archischen Modell. Geht man davon aus, daß r Stufen mit Effekten $A_1,\ldots,A_r$ des Faktors $\mathbb{A}$ zufällig für ein Experiment ausgewählt werden, daß innerhalb jeder Stufe i=1,...,r s Stufen des Faktors $\mathbb{B}$ mit Effekten $B_{i1},\ldots,B_{is}$ zufällig ausgewählt werden, daß innerhalb der j-ten Stufe des Faktors $\mathbb{B}$ bei der i-ten Stufe des Faktors $\mathbb{A}$ (i=1,...,r, j=1,...,s) t Stufen des Faktors $\mathbb{C}$ mit Effekten $C_{ij1},\ldots,C_{ijt}$ zufällig ausgewählt werden und daß auf jeder Stufe ijk des Faktors $\mathbb{C}$ p interessierende Merkmale an u Objekten beobachtet werden, so ergibt sich ein Modell mit zufälligen Effekten

$$y_{ijk\ell} = \mu + A_i + B_{ij} + C_{ijk} + e_{ijk\ell} \quad , \; i=1,\ldots,r, j=1,\ldots,s, \; k=1,\ldots,t, \ell=1,\ldots,u \quad ,$$

wobei hier $y_{ijk\ell}$ den Beobachtungsvektor am ℓ-ten Objekt auf der k-ten Stufe des Faktors $\mathbb{C}$ innerhalb der j-ten Stufe des Faktors $\mathbb{B}$, die wiederum innerhalb der i-ten Stufe des Faktors $\mathbb{A}$ liegt, $e_{ijk\ell}$ den nicht durch die drei Faktoren erklärbaren Restfehler bei der Beobachtung $y_{ijk\ell}$ und μ ein festes Gesamtmittel bezeichnet.

Nimmt man an, daß für i=1,...,r, j=1,...,s, k=1,...,t, ℓ=1,...,u die Effekte A_i, B_{ij}, C_{ijk} und $e_{ijk\ell}$ unabhängig mit Erwartungswert 0 und Kovarianzmatrizen

$$\mathrm{Cov}(A_i) = \$_A \; , \; \mathrm{Cov}(B_{ij}) = \$_B \; , \; \mathrm{Cov}(C_{ijk}) = \$_C \; , \; \mathrm{Cov}(e_{ijk\ell}) = \$_e$$

sind, so ergeben sich die Schätzer für $\$_A$, $\$_B$, $\$_C$ und $\$_e$ unter Verwendung der Matrizen

$$S_A = stu \sum_{i=1}^{r} (\bar{y}_{i\ldots} - \bar{y}_{\ldots\ldots})(\bar{y}_{i\ldots} - \bar{y}_{\ldots\ldots})^T \quad ,$$

$$S_B = tu \sum_{i=1}^{r} \sum_{j=1}^{s} (\bar{y}_{ij..} - \bar{y}_{i\ldots})(\bar{y}_{ij..} - \bar{y}_{i\ldots})^T \quad ,$$

$$S_C = u \sum_{i=1}^{r} \sum_{j=1}^{s} \sum_{k=1}^{t} (\bar{y}_{ijk.} - \bar{y}_{ij..})(\bar{y}_{ijk.} - \bar{y}_{ij..})^T \quad ,$$

$$S_e = \sum_{i=1}^{r} \sum_{j=1}^{s} \sum_{k=1}^{t} \sum_{\ell=1}^{u} (y_{ijk\ell} - \bar{y}_{ijk.})(y_{ijk\ell} - \bar{y}_{ijk.})^T \quad ,$$

wobei gilt

$$\bar{y}_{\ldots\ldots} = \frac{1}{rstu} \sum_{i=1}^{r} \sum_{j=1}^{s} \sum_{k=1}^{t} \sum_{\ell=1}^{u} y_{ijk\ell} \; , \; \bar{y}_{i\ldots} = \frac{1}{stu} \sum_{j=1}^{s} \sum_{k=1}^{t} \sum_{\ell=1}^{u} y_{ijk\ell} \; ,$$

$$\bar{y}_{ij..} = \frac{1}{tu} \sum_{k=1}^{t} \sum_{\ell=1}^{u} y_{ijk\ell} \; , \; \bar{y}_{ijk.} = \frac{1}{u} \sum_{\ell=1}^{u} y_{ijk\ell} \quad ,$$

wie folgt. Die *MMINQUE's* für $\$_A$, $\$_B$ und $\$_C$ sind gerade

$$\tilde{\$}_A = \frac{1}{stu}\left(\frac{1}{r-1}\cdot S_A - \frac{1}{r(s-1)}\cdot S_B\right) \quad , \quad \tilde{\$}_B = \frac{1}{tu}\left(\frac{1}{r(s-1)}\cdot S_B - \frac{1}{rs(t-1)}\cdot S_C\right) \; ,$$

$$\tilde{\Sigma}_C = \frac{1}{u}\left(\frac{1}{rs(t-1)}\cdot S_C - \frac{1}{rst(u-1)}\cdot S_e\right) \quad ,$$

und die entsprechenden *PSD - Schätzer* ergeben sich zu

$$\hat{\Sigma}_A = \frac{stu}{s^2t^2u^2+t^2u^2+u^2+1}\cdot\frac{1}{r-1}\cdot S_A \ , \quad \hat{\Sigma}_B = \frac{tu}{t^2u^2+u^2+1}\cdot\frac{1}{r(s-1)}\cdot S_B \ ,$$

$$\hat{\Sigma}_C = \frac{u}{u^2+1}\cdot\frac{1}{rs(t-1)}\cdot S_C \quad ;$$

der Schätzwert für die Reststreuung Σ_e ergibt sich bei beiden Schätzkonzepten zu

$$\tilde{\Sigma}_e = \hat{\Sigma}_e = \frac{1}{rst(u-1)}\cdot S_e \quad .$$

Beispiel: Wir wollen hier einmal ein univariates Experiment, d.h. es wird nur ein Merkmal beobachtet ($p = 1$), in einem Modell der balancierten dreifach hierarchischen Klassifikation mit zufälligen Effekten auswerten. Um die Verschmutzung des Rheins mit anorganischen Wasserinhaltsstoffen zu untersuchen, werden $r = 2$ Laboratorien (Faktor $\mathfrak{A}$, Effekte A_1, A_2) und innerhalb der Laboratorien je $s = 3$ Analysegeräte (Faktor $\mathfrak{B}$, Effekte B_{i1}, B_{i2}, B_{i3} für $i=1,2$) zufällig ausgewählt. Nun werden in jedem Labor an jedem Gerät von jeweils $t = 2$ Laboranten (Faktor $\mathfrak{C}$, Effekte C_{ij1}, C_{ij2} für $i=1,2$, $j=1,2,3$) je $u = 5$ Wasserproben (die am selben Ort zur selben Zeit entnommen wurden) analysiert; die Analyseergebnisse dieses sogenannten *Ringversuches* sind in Tab.27 zusammengestellt (vgl. auch Elpelt/Hartung (1982b)). Bezeichnet μ die mittlere Verunreinigung mit anorganischen Stoffen, $y_{ijk\ell}$ das Analyseergebnis (in mg/ℓ) für die ℓ-te Probe, die vom k-ten Laboranten am j-ten Analysegerät im i-ten Labor analysiert wurde, so läßt sich dieser Versuch in einem Modell

$$y_{ijk\ell} = \mu + A_i + B_{ij} + C_{ijk} + e_{ijk\ell} \quad , \ i=1,2;j=1,2,3;k=1,2;\ell=1,\ldots,5 \ ,$$

der balancierten dreifach hierarchischen Klassifikation mit zufälligen Effekten auswerten, wenn man annimmt, daß die Effekte der drei Einflußfaktoren alle unabhängig mit Erwartungswert 0 und Kovarianzmatrizen

$$\mathrm{Cov}(A_i) = \Sigma_A \ , \quad \mathrm{Cov}(B_{ij}) = \Sigma_B \ , \quad \mathrm{Cov}(C_{ijk}) = \Sigma_C \ , \quad \mathrm{Cov}(e_{ijk\ell}) = \Sigma_e$$

für $i=1,2$, $j=1,2,3$, $k=1,2$, $\ell=1,\ldots,5$ sind.

Dazu berechnet man zunächst aus den Daten der Tab.27 die wegen $p = 1$ skalaren Größen

$$S_A = 30 \sum_{i=1}^{2} (\bar{y}_{i\ldots} - \bar{y}_{\ldots\ldots})^2 = 2801.64 \quad ,$$

Tab.27: Versuchsergebnisse (in mg/ℓ) bei der Untersuchung des Rheins bzgl. seiner Verschmutzung durch anorganische Wasserinhaltsstoffe

Probe ℓ	i	Labor 1						Labor 2					
	ij	Gerät 11		Gerät 12		Gerät 13		Gerät 21		Gerät 22		Gerät 23	
	ijk	Laborant 111	Laborant 112	Laborant 121	Laborant 122	Laborant 131	Laborant 132	Laborant 211	Laborant 212	Laborant 221	Laborant 222	Laborant 231	Laborant 232
1		1054	1020	1067	1040	1105	1061	1110	1078	1054	1018	1084	1061
2		1031	1031	1025	1062	1076	1086	1081	1126	1086	1046	1096	1070
3		1049	1050	1020	1083	1113	1083	1114	1128	1020	1062	1042	1100
4		1025	1060	1080	1052	1068	1055	1106	1094	1068	1072	1047	1060
5		1104	1095	1050	1077	1058	1040	1059	1102	1061	1113	1032	1040
$\bar{y}_{ijk.}$		1052.6	1051.2	1048.4	1062.8	1084.0	1065.0	1094.0	1105.6	1057.8	1062.2	1060.2	1066.2
$\bar{y}_{ij..}$		1051.9		1055.6		1074.5		1099.8		1060.0		1063.2	
$\bar{y}_{i...}$		1060.667						1074.333					
$\bar{y}_{....}$		1067.5											

$$S_B = 10 \sum_{i=1}^{2} \sum_{j=1}^{3} (\bar{y}_{ij..} - \bar{y}_{i...})^2 = 12718.36 \quad ,$$

$$S_C = 5 \sum_{i=1}^{2} \sum_{j=1}^{3} \sum_{k=1}^{2} (\bar{y}_{ijk.} - \bar{y}_{ij..})^2 = 1900.6 \quad ,$$

$$S_e = \sum_{i=1}^{2} \sum_{j=1}^{3} \sum_{k=1}^{2} \sum_{\ell=1}^{5} (y_{ijk\ell} - \bar{y}_{ijk.})^2 = 31320.4 \quad .$$

Nun ergeben sich die MINQUE's für die den Faktoren Labor ($\mathbb{A}$), Analysegerät ($\mathbb{B}$), Laborant ($\mathbb{C}$) zugeordneten Streuungsanteile zu

$$\tilde{\ddagger}_A = \tilde{\sigma}_A^2 = \frac{1}{30}\left(\frac{1}{1} \cdot S_A - \frac{1}{4} \cdot S_B\right) = \frac{1}{30} \cdot S_A - \frac{1}{120} \cdot S_B = -12.598 \quad ,$$

$$\tilde{\ddagger}_B = \tilde{\sigma}_B^2 = \frac{1}{10}\left(\frac{1}{4} \cdot S_B - \frac{1}{6} \cdot S_C\right) = \frac{1}{40} \cdot S_B - \frac{1}{60} \cdot S_C = 286.282 \quad ,$$

$$\tilde{\ddagger}_C = \tilde{\sigma}_C^2 = \frac{1}{5}\left(\frac{1}{6} \cdot S_C - \frac{1}{48} \cdot S_e\right) = \frac{1}{30} \cdot S_C - \frac{1}{240} \cdot S_e = -67.148 \quad .$$

Der MINQUE liefert hier also nur für die Streuung der Analyseergebnisse bzgl. des Faktors Analysegeräte ($\mathbb{B}$) einen positiven, zulässigen Schätzwert. Hingegen sind die Schätzer nach Hartung (1981) natürlich alle positiv:

$$\hat{\ddagger}_A = \hat{\sigma}_A^2 = \frac{30}{900+100+25+1} \cdot \frac{1}{1} \cdot S_A = \frac{5}{171} \cdot S_A = 81.919 \quad ,$$

$$\hat{\ddagger}_B = \hat{\sigma}_B^2 = \frac{10}{100+25+1} \cdot \frac{1}{4} \cdot S_B = \frac{5}{252} \cdot S_B = 252.348 \quad ,$$

$$\hat{\ddagger}_C = \hat{\sigma}_C^2 = \frac{5}{25+1} \cdot \frac{1}{6} \cdot S_C = \frac{5}{156} \cdot S_C = 60.917 \quad .$$

Der Schätzwert für die Reststreuung $\ddagger_e$ ergibt sich für MINQUE und positiven Schätzer schließlich noch zu

$$\tilde{\ddagger}_e = \hat{\ddagger}_e = \tilde{\sigma}_e^2 = \hat{\sigma}_e^2 = \frac{1}{48} \cdot S_e = 652.508 \quad .$$

2.4 DIE BALANCIERTE ZWEIFACHE KREUZKLASSIKATION MIT ZUFÄLLIGEN EFFEKTEN

Liegen die zufällig ausgewählten Stufen zweier Faktoren $\mathbb{A}$ und $\mathbb{B}$ nicht in hierarchischer Anordnung vor, wie dies im Abschnitt 2.2 der Fall war, sondern wird jede der r zufällig ausgewählten Stufen des Faktors $\mathbb{A}$ mit jeder der s zufälligen Stufen des Faktors $\mathbb{B}$ kombiniert bei jeweils t Objekten betrachtet, an denen dann p interessierende Merkmale beobachtet werden, so kommt man zu den *Modellen der zweifachen Kreuzklassifikation mit zufälligen Effekten*. Unterschieden wird noch der Fall, daß zwischen den Stufen der beiden Faktoren keine (zufällige) Wechselwirkung berücksichtigt wird, von dem Fall mit Wechselwirkungen zwischen den Faktoren. Das Analogon mit festen Effekten im letztgenannten Fall wird im Abschnitt 1.4.2 behandelt.

Kommen wir zunächst zum *Modell ohne Wechselwirkungen*; hier bezeichnet μ den festen Gesamtmittel-Effekt, A_i für $i=1,\dots,r$ den zufälligen Effekt der i-ten Stufe des Faktors $\mathbf{A}$, B_j für $j=1,\dots,s$ den zufälligen Effekt der j-ten Stufe des Faktors $\mathbf{B}$, y_{ijk} den Beobachtungsvektor am k-ten Objekt auf der i-ten Stufe des Faktors $\mathbf{A}$ und der j-ten Stufe des Faktors $\mathbf{B}$ $(i=1,\dots,r,$ $j=1,\dots,s,$ $k=1,\dots,t)$ sowie e_{ijk} den zufälligen Restfehler bei der Beobachtung y_{ijk}. Dann läßt sich das Modell schreiben als

$$y_{ijk} = \mu + A_i + B_j + e_{ijk} \quad , \; i=1,\dots,r,\; j=1,\dots,s,\; k=1,\dots,t \quad ,$$

wobei wir weiterhin annehmen, daß für $i=1,\dots,r$, $j=1,\dots,s$, $k=1,\dots,t$ die zufälligen Effekte A_i, B_j, e_{ijk} unabhängig mit Erwartungswert 0 und Kovarianzmatrizen

$$\mathrm{Cov}(A_i) = \Sigma_A \,, \quad \mathrm{Cov}(B_j) = \Sigma_B \,, \quad \mathrm{Cov}(e_{ijk}) = \Sigma_e$$

sind.

Mit den Bezeichnungen

$$\bar{y}_{\cdots} = \frac{1}{rst}\sum_{i=1}^{r}\sum_{j=1}^{s}\sum_{k=1}^{t} y_{ijk} \,, \quad \bar{y}_{i\cdot\cdot} = \frac{1}{st}\sum_{j=1}^{s}\sum_{k=1}^{t} y_{ijk} \quad \text{und}$$

$$\bar{y}_{\cdot j\cdot} = \frac{1}{rt}\sum_{i=1}^{r}\sum_{k=1}^{t} y_{ijk}$$

lassen sich in diesem Modell die Kovarianzmatrizen Σ_A, Σ_B und Σ_e unter Verwendung der Matrizen

$$S_A = st\sum_{i=1}^{r}(\bar{y}_{i\cdot\cdot}-\bar{y}_{\cdots})(\bar{y}_{i\cdot\cdot}-\bar{y}_{\cdots})^T \quad ,$$

$$S_B = rt\sum_{j=1}^{s}(\bar{y}_{\cdot j\cdot}-\bar{y}_{\cdots})(\bar{y}_{\cdot j\cdot}-\bar{y}_{\cdots})^T \quad ,$$

$$S_e = \sum_{i=1}^{r}\sum_{j=1}^{s}\sum_{k=1}^{t}(y_{ijk}-\bar{y}_{i\cdot\cdot}-\bar{y}_{\cdot j\cdot}+\bar{y}_{\cdots})(y_{ijk}-\bar{y}_{i\cdot\cdot}-\bar{y}_{\cdot j\cdot}+\bar{y}_{\cdots})^T$$

schätzen. Und zwar ergeben sich die *MMINQUE's* für die Streuungsanteile Σ_A und Σ_B, die auf die Faktoren $\mathbf{A}$ und $\mathbf{B}$ zurückzuführen sind, zu

$$\tilde{\Sigma}_A = \frac{1}{st}\left(\frac{1}{r-1}\cdot S_A - \frac{1}{rst-r-s+1}\cdot S_e\right) ,$$

$$\tilde{\Sigma}_B = \frac{1}{rt}\left(\frac{1}{s-1}\cdot S_B - \frac{1}{rst-r-s+1}\cdot S_e\right) ,$$

die entsprechenden *PSD-Schätzer* zu

$$\hat{\Sigma}_A = \frac{st}{s^2t^2+1} \cdot \frac{1}{r-1} \cdot S_A \quad ,$$

$$\hat{\Sigma}_B = \frac{rt}{r^2t^2+1} \cdot \frac{1}{s-1} \cdot S_B$$

und der Schätzer für die Reststreuung Σ_e ergibt sich zu

$$\tilde{\Sigma}_e = \hat{\Sigma}_e = \frac{1}{rst-r-s+1} \cdot S_e$$

Läßt man im Modell nun zusätzlich eine natürlich *zufällige Wechselwirkung* zwischen den Faktoren $\mathbf{A}$ und $\mathbf{B}$ zu, deren Effekte mit $(AB)_{ij}$ für $i=1,\dots,r$, $j=1,\dots,s$ bezeichnet seien, so kommt man zum Modell

$$y_{ijk} = \mu + A_i + B_j + (AB)_{ij} + e_{ijk} \quad , \; i=1,\dots,r,\; j=1,\dots,s,\; k=1,\dots,t \; ,$$

wobei nun zusätzlich angenommen wird, daß die Wechselwirkungseffekte $(AB)_{ij}$ für $i=1,\dots,r$, $j=1,\dots,s$ voneinander und von allen übrigen Effekten unabhängig sind, den Erwartungswert 0 und die Kovarianzmatrix

$$\mathrm{Cov}((AB)_{ij}) = \Sigma_{AB}$$

besitzen.

Mit $\bar{y}_{...}$, $\bar{y}_{i..}$, $\bar{y}_{.j.}$ wie im Modell ohne Wechselwirkungen und

$$\bar{y}_{ij.} = \frac{1}{t} \sum_{k=1}^{t} y_{ijk} \qquad \text{für } i=1,\dots,r,\; j=1,\dots,s$$

ergeben sich in diesem Modell die Schätzungen für die Streuungsmatrizen Σ_A, Σ_B, Σ_{AB}, Σ_e, wenn man die Größen

$$S_A = st \sum_{i=1}^{t} (\bar{y}_{i..}-\bar{y}_{...})(\bar{y}_{i..}-\bar{y}_{...})^T \quad ,$$

$$S_B = rt \sum_{j=1}^{s} (\bar{y}_{.j.}-\bar{y}_{...})(\bar{y}_{.j.}-\bar{y}_{...})^T \quad ,$$

die mit den Matrizen S_A und S_B im Modell ohne Wechselwirkungen übereinstimmen, sowie die Matrizen

$$S_{AB} = t \sum_{i=1}^{r} \sum_{j=1}^{s} (\bar{y}_{ij.}-\bar{y}_{i..}-\bar{y}_{.j.}+\bar{y}_{...})(\bar{y}_{ij.}-\bar{y}_{i..}-\bar{y}_{.j.}+\bar{y}_{...})^T \quad ,$$

$$S_e = \sum_{i=1}^{r} \sum_{j=1}^{s} \sum_{k=1}^{t} (y_{ijk}-\bar{y}_{ij.})(y_{ijk}-\bar{y}_{ij.})^T$$

verwendet.

Die *MMINQUE's* für die Streuungsanteile Σ_A, Σ_B und Σ_{AB}, die auf die Faktoren

$\mathbb{A}$, $\mathbb{B}$ bzw. die Wechselwirkungen zurückzuführen sind, berechnen sich als

$$\tilde{\Sigma}_A = \frac{1}{st}\left(\frac{1}{r-1}\cdot S_A - \frac{1}{(r-1)(s-1)}\cdot S_{AB}\right) \quad ,$$

$$\tilde{\Sigma}_B = \frac{1}{rt}\left(\frac{1}{s-1}\cdot S_B - \frac{1}{(r-1)(s-1)}\cdot S_{AB}\right) \quad ,$$

$$\tilde{\Sigma}_{AB} = \frac{1}{t}\left(\frac{1}{(r-1)(s-1)}\cdot S_{AB} - \frac{1}{rs(t-1)}\cdot S_e\right) \quad ,$$

die entsprechenden *PSD - Schätzer* sind

$$\hat{\Sigma}_A = \frac{st}{s^2t^2+t^2+1}\cdot\frac{1}{r-1}\cdot S_A \quad ,$$

$$\hat{\Sigma}_B = \frac{rt}{r^2t^2+t^2+1}\cdot\frac{1}{s-1}\cdot S_B \quad ,$$

$$\hat{\Sigma}_{AB} = \frac{t}{t^2+1}\cdot\frac{1}{(r-1)(s-1)}\cdot S_{AB} \quad ,$$

und schließlich wird noch die Reststreuung Σ_e geschätzt durch

$$\tilde{\Sigma}_e = \hat{\Sigma}_e = \frac{1}{rs(t-1)}\cdot S_e \quad .$$

Beispiel: Um den Einfluß von Rasse (Faktor $\mathbb{A}$) und Dosierung eines wachstumsfördernden Präparats (Faktor $\mathbb{B}$) auf die Gewichtszunahmen in zwei aufeinanderfolgenden Wachstumsperioden ($p = 2$) einer Tierart zu untersuchen, werden jeweils 12 Tiere aus $r = 3$ zufällig ausgewählten Rassen mit dem wachstumsfördernden Präparat in $s = 3$ zufälligen Dosierungen behandelt. Je $t = 4$ Tieren einer Rasse wird zufällig eine der Dosierungen verabreicht. Die Beobachtungsvektoren (Gewichtszunahmen in zwei Perioden) y_{ijk} am k-ten Tier der i-ten Rasse, das die j-te Dosierung erhält, sind für $i,j=1,2,3$ und $k=1,\ldots,4$ in Tab.28, vgl. Ahrens/Läuter (1981), zusammengestellt, wo auch die Größen $\bar{y}_{...}$, $\bar{y}_{i..}$, $\bar{y}_{.j.}$ und $\bar{y}_{ij.}$ bereits angegeben sind.

Gehen wir zunächst einmal vom Modell ohne Wechselwirkungen zwischen den Faktoren Rasse ($\mathbb{A}$) und Dosierung ($\mathbb{B}$) aus, d.h.

$$y_{ijk} = \mu + A_i + B_j + e_{ijk} \quad , \; i,j=1,2,3, \; k=1,\ldots,4 \quad ,$$

so ergeben sich wegen

$$S_A = 12\sum_{i=1}^{3}(\bar{y}_{i..}-\bar{y}_{...})(\bar{y}_{i..}-\bar{y}_{...})^T = \begin{pmatrix}21.17 & 18.08\\ 18.08 & 18.72\end{pmatrix} \quad ,$$

$$S_B = 12\sum_{j=1}^{3}(\bar{y}_{.j.}-\bar{y}_{...})(\bar{y}_{.j.}-\bar{y}_{...})^T = \begin{pmatrix}137.17 & 44.92\\ 44.92 & 18.39\end{pmatrix} \quad ,$$

Tab.28: Gewichtszunahme von je 12 Tieren dreier Rassen bei drei Dosierungen eines wachstumsfördernden Präparats in zwei aufeinanderfolgenden Wachstumsperioden

Rasse i		1		2		3		
Dosierung j	Tier k	y_{1jk}^T	$\bar{y}_{1j.}$	y_{2jk}^T	$\bar{y}_{2j.}$	y_{3jk}^T	$\bar{y}_{3j.}$	$\bar{y}_{.j.}$
1	1	(4,5)		(6,9)		(8,10)		
	2	(4,3)	$\begin{pmatrix}5.00\\5.25\end{pmatrix}$	(5,5)	$\begin{pmatrix}6.50\\7.25\end{pmatrix}$	(7,7)	$\begin{pmatrix}8.50\\9.00\end{pmatrix}$	$\begin{pmatrix}6.667\\7.167\end{pmatrix}$
	3	(8,8)		(8,6)		(10,8)		
	4	(6,5)		(7,9)		(9,11)		
2	1	(6,5)		(9,12)		(11,13)		
	2	(6,6)	$\begin{pmatrix}6.25\\7.25\end{pmatrix}$	(7,6)	$\begin{pmatrix}6.75\\7.75\end{pmatrix}$	(9,8)	$\begin{pmatrix}8.75\\9.25\end{pmatrix}$	$\begin{pmatrix}7.250\\8.083\end{pmatrix}$
	3	(8,11)		(6,5)		(8,7)		
	4	(5,7)		(5,8)		(7,9)		
3	1	(17,13)		(12,10)		(13,11)		
	2	(10,8)	$\begin{pmatrix}12.00\\9.25\end{pmatrix}$	(10,8)	$\begin{pmatrix}10.25\\8.75\end{pmatrix}$	(11,8)	$\begin{pmatrix}11.25\\8.75\end{pmatrix}$	$\begin{pmatrix}11.167\\8.917\end{pmatrix}$
	3	(13,10)		(10,9)		(11,9)		
	4	(8,6)		(9,8)		(10,7)		
$\bar{y}_{i..}$			$\begin{pmatrix}7.750\\7.250\end{pmatrix}$		$\begin{pmatrix}7.833\\7.917\end{pmatrix}$		$\begin{pmatrix}9.500\\9.000\end{pmatrix}$	$\bar{y}_{...}=\begin{pmatrix}8.361\\8.056\end{pmatrix}$

$$S_e=\sum_{i=1}^{r}\sum_{j=1}^{s}\sum_{k=1}^{t}(y_{ijk}-\bar{y}_{i..}-\bar{y}_{.j.}+\bar{y}_{...})(y_{ijk}-\bar{y}_{i..}-\bar{y}_{.j.}+\bar{y}_{...})^T$$

$$=\begin{pmatrix}116.42 & 104.17\\104.17 & 162.78\end{pmatrix}$$

folgende Schätzungen für den durch die Rasse verursachten Streuungsanteil Σ_A, für den durch die Dosierungen verursachten Anteil Σ_B und für die Reststreuung Σ_e:

$$\tilde{\Sigma}_A=\frac{1}{12}\left(\frac{1}{2}\cdot S_A-\frac{1}{31}\cdot S_e\right)=\begin{pmatrix}0.569 & 0.473\\0.473 & 0.342\end{pmatrix},\quad \hat{\Sigma}_A=\frac{12}{145}\cdot\frac{1}{2}\cdot S_A=\begin{pmatrix}0.876 & 0.748\\0.748 & 0.775\end{pmatrix},$$

$$\tilde{\Sigma}_B=\frac{1}{12}\left(\frac{1}{2}\cdot S_B-\frac{1}{31}\cdot S_e\right)=\begin{pmatrix}5.402 & 1.592\\1.592 & 0.329\end{pmatrix},\quad \hat{\Sigma}_B=\frac{12}{145}\cdot\frac{1}{2}\cdot S_B=\begin{pmatrix}5.676 & 1.859\\1.859 & 0.761\end{pmatrix},$$

$$\tilde{\Sigma}_e=\hat{\Sigma}_e=\frac{1}{31}\cdot S_e=\begin{pmatrix}3.755 & 3.360\\3.360 & 5.251\end{pmatrix}\quad;$$

sowohl der MMINQUE für Σ_A als auch der für Σ_B sind in diesem Modell nicht positiv semidefinit, die jeweiligen Korrelationen werden überschätzt, wohingegen natürlich alle übrigen Schätzungen für die Streuungsanteile zulässig sind.

Berücksichtigt man zusätzlich die Wechselwirkungseffekte zwischen den Faktoren Rasse und Dosierung, d.h. betrachtet man das Modell

$$y_{ijk} = \mu + A_i + B_j + (AB)_{ij} + e_{ijk} \quad , \; i,j=1,2,3,\; k=1,\dots,4 \; ,$$

so ergeben sich die Größen S_A und S_B wie im obigen Modell ohne Wechselwirkungen, und man berechnet weiter

$$S_{AB} = 4 \sum_{i=1}^{3} \sum_{j=1}^{3} (\bar{y}_{ij.} - \bar{y}_{i..} - \bar{y}_{.j.} + \bar{y}_{...})(\bar{y}_{ij.} - \bar{y}_{i..} - \bar{y}_{.j.} + \bar{y}_{...})^T$$

$$= \begin{pmatrix} 17.67 & 16.92 \\ 16.92 & 18.78 \end{pmatrix} ,$$

$$S_e = \sum_{i=1}^{3} \sum_{j=1}^{3} \sum_{k=1}^{4} (y_{ijk} - \bar{y}_{ij.})(y_{ijk} - \bar{y}_{ij.})^T = \begin{pmatrix} 98.75 & 87.25 \\ 87.25 & 144.00 \end{pmatrix} .$$

Als Schätzungen für die Streuungsanteile $\ddagger_A$, $\ddagger_B$, $\ddagger_{AB}$, die auf die Faktoren bzw. die Wechselwirkung zurückzuführen sind, sowie für die Reststreuung $\ddagger_e$ erhält man dann

$$\tilde{\ddagger}_A = \frac{1}{12}\left(\frac{1}{2}\cdot S_A - \frac{1}{4}\cdot S_{AB}\right) = \begin{pmatrix} 0.514 & 0.401 \\ 0.401 & 0.389 \end{pmatrix} , \; \hat{\ddagger}_A = \frac{12}{161}\cdot S_A = \begin{pmatrix} 0.789 & 0.674 \\ 0.674 & 0.698 \end{pmatrix} ,$$

$$\tilde{\ddagger}_B = \frac{1}{12}\left(\frac{1}{2}\cdot S_B - \frac{1}{4}\cdot S_{AB}\right) = \begin{pmatrix} 5.347 & 1.519 \\ 1.519 & 0.417 \end{pmatrix} , \; \hat{\ddagger}_B = \frac{12}{161}\cdot S_B = \begin{pmatrix} 5.112 & 1.674 \\ 1.674 & 0.685 \end{pmatrix} ,$$

$$\tilde{\ddagger}_{AB} = \frac{1}{4}\left(\frac{1}{4}\cdot S_{AB} - \frac{1}{27}\cdot S_e\right) = \begin{pmatrix} 0.190 & 0.225 \\ 0.225 & -0.160 \end{pmatrix} , \; \hat{\ddagger}_{AB} = \frac{1}{17}\cdot S_{AB} = \begin{pmatrix} 1.039 & 0.995 \\ 0.995 & 1.105 \end{pmatrix} ,$$

$$\tilde{\ddagger}_e = \hat{\ddagger}_e = \frac{1}{27}\cdot S_e = \begin{pmatrix} 3.657 & 3.231 \\ 3.231 & 5.333 \end{pmatrix} .$$

Hier sind nun die MMINQUE's für $\ddagger_B$ und $\ddagger_{AB}$ unzulässig. Im ersten Fall wird wiederum die Korrelation der Gewichtszunahmen,die auf die Dosierungen zurückzuführen ist,überschätzt und im zweiten Fall wird sogar die Varianz der Gewichtszunahme in der zweiten Periode verursacht durch die Wechselwirkung der Faktoren negativ geschätzt. Die übrigen Schätzungen, insbesondere auch $\tilde{\ddagger}_A$, sind bei dem hier zugrundegelegten Modell positiv semidefinit. ┘

2.5 EIN MODELL ZUR PRÄZISIONSBESTIMMUNG VON MESSINSTRUMENTEN BEI ZERSTÖRENDEN PRÜFUNGEN

Will man die *Präzision eines Meßinstruments* schätzen, so wird man mit diesem Instrument n Wiederholungsmessungen $y_1,\dots,y_n$ durchführen und die Präzision des Meßinstruments durch die Varianz

$$s^2 = \frac{1}{n-1} \sum_{i=1}^{n} (y_i - \bar{y})^2 \quad \text{mit} \quad \bar{y} = \frac{1}{n} \sum_{i=1}^{n} y_i$$

der Messungen schätzen. Sind *keine Wiederholungsmessungen möglich* (*zerstörende Prüfungen, Produktschwankungen*), so ist diese einfache Art der Präzisionsbestimmung nicht mehr möglich. Vielmehr muß dann die Messung mit mehreren, $N \geq 2$ Meßinstrumenten gleichzeitig durchgeführt werden und das an n Objekten hintereinander, um so die *Präzisionen von allen N Instrumenten* im vom Grubbs (1948) eingeführten Varianzkomponentenmodell

$$y_{ij} = \beta_j + x_i + e_{ij} \qquad \text{für } i=1,\ldots,n>3,\ j=1,\ldots,N\geq 2$$

zu schätzen. Hier bezeichnet für $i=1,\ldots,n$, $j=1,\ldots,N$ y_{ij} die Messung für das i-te Objekt mit dem j-ten Meßinstrument, β_j die (unbekannte) feste Verzerrung, den *Instrumentenbias* des j-ten Meßinstruments, x_i den zufälligen (zu messenden) Wert des i-ten Objekts und e_{ij} den zufälligen Fehler des j-ten Instruments bei der i-ten Messung. Weiterhin nehmen wir an, daß die x_i unabhängig sind mit unbekanntem Erwartungswert μ und der ebenfalls unbekannten Varianz $Var(x_i) = \sigma_X^2$ für $i=1,\ldots,n$, daß die e_{ij} voneinander und von den x_i unabhängig sind mit dem Erwartungswert 0 und der unbekannten Varianz $Var(e_{ij}) = \sigma_j^2$ für $i=1,\ldots,n$, $j=1,\ldots,N$. Die Größen σ_X^2 und σ_j^2 $(j=1,\ldots,N)$, die es hier zu schätzen gilt, nennt man dann auch *Produktvariabilität* und *Präzision des j-ten Meßinstruments*; dabei wollen wir verlangen, daß die Schätzungen unabhängig (invariant) vom Instrumentenbias und die Präzisionsschätzungen im Fall $N>2$ zudem auch invariant gegenüber der Produktvariabilität σ_X^2 (σ_X^2 - invariant) sind.

Im folgenden werden wir die klassischen *Grubbs - Schätzer*, vgl. Grubbs (1948), die mit dem (für $N>2$ σ_X^2 - invarianten) MINQUE übereinstimmen und mitunter negative Werte annehmen, sowie die (für $N>2$ σ_X^2 - invarianten) *positiven Schätzer* nach Hartung (1981) für die Produktvariabilität σ_X^2 und die Präzisionen $\sigma_1^2,\ldots,\sigma_N^2$ angeben; dabei verwenden wir die Bezeichnung

$$S_{k\ell} = \frac{1}{n-1} \sum_{i=1}^{n} (y_{ik}-\bar{y}_k)(y_{i\ell}-\bar{y}_\ell) = S_{\ell k} \qquad \text{für } k,\ell=1,\ldots,N \quad \text{mit}$$

$$\bar{y}_k = \frac{1}{n} \sum_{i=1}^{n} y_{ik} \qquad \text{für } k=1,\ldots,N \quad .$$

Für $N\geq 2$ ergibt sich zunächst der *Grubbs - Schätzer für die Produktvariabilität* σ_X^2 zu

$$\tilde{\sigma}_X^2 = \frac{2}{N(N-1)} \sum_{k=1}^{N-1} \sum_{\ell=k+1}^{N} S_{k\ell} \quad ,$$

und der entsprechende *positive Schätzer* ist

$$\hat{\sigma}_X^2 = \frac{N}{N^3+1} \sum_{k=1}^{N} \sum_{\ell=1}^{N} S_{k\ell} \quad .$$

Beim Schätzen der Präzisionen müssen wir den Fall N = 2 vom Fall N > 2 unterscheiden. Wir erhalten dann im *Fall zweier Meßinstrumente* die *Grubbs-Schätzer* $\tilde{\sigma}_1^2$, $\tilde{\sigma}_2^2$ und die *positiven Schätzer* $\hat{\sigma}_1^2$, $\hat{\sigma}_2^2$ *für die Präzisionen* σ_1^2, σ_2^2 in folgender Form:

$$\tilde{\sigma}_j^2 = S_{jj} - S_{12} \qquad \text{für } j=1,2 \quad ,$$

$$\hat{\sigma}_1^2 = \frac{2}{9}(4S_{11} + S_{22} - 4S_{12}) \quad \text{und} \quad \hat{\sigma}_2^2 = \frac{2}{9}(S_{11} + 4S_{22} - 4S_{12}) \quad .$$

Im Fall $N > 2$ hingegen ergeben sich für die Präzisionen $\sigma_1^2,\ldots,\sigma_N^2$ der N Meßinstrumente die *Grubbs-Schätzer*

$$\tilde{\sigma}_j^2 = S_{jj} - \frac{2}{N-1}\sum_{\substack{k=1\\k\neq j}}^{N} S_{jk} + \frac{2}{(N-1)(N-2)}\sum_{\substack{k=1\\ \ell,k\neq j}}^{N-1}\sum_{\ell=k+1}^{N} S_{k\ell} \qquad \text{für } j=1,\ldots,N$$

sowie die *positiven Schätzer*

$$\hat{\sigma}_j^2 = \frac{(N-1)^3}{(N-1)^3+1}\left(S_{jj} - \frac{2}{N-1}\sum_{\substack{k=1\\k\neq j}}^{N} S_{jk} - \frac{1}{(N-1)^2}\sum_{\substack{k=1\\ \ell,k\neq j}}^{N}\sum_{\ell=1}^{N} S_{k\ell}\right) \qquad \text{für } j=1,\ldots,N.$$

Beispiel: Um die Präzision von N = 3 Meßinstrumenten zur Bestimmung der Startgeschwindigkeit von Geschossen zu schätzen, werden n = 10 Geschosse aus einer Produktion zufällig ausgewählt und mit jedem Instrument wird die Startgeschwindigkeit jedes Geschosses gemessen, vgl. Tab.29 (in der auch die mittlere Startgeschwindigkeit beim j-ten Meßinstrument $\bar{y}_j$ für j=1,2,3 angegeben ist), wobei y_{ij} die mit dem j-ten Instrument gemessene Startgeschwindigkeit des i-ten Geschosses bezeichnet.

Tab.29: Startgeschwindigkeiten von n = 10 Geschossen gemessen mit N = 3 Meßinstrumenten

Geschoß i	Meßinstrument 1	Meßinstrument 2	Meßinstrument 3
	y_{i1}	y_{i2}	y_{i3}
1	242.5	247.5	237.5
2	255.0	257.5	247.5
3	260.0	252.5	250.0
4	245.0	262.5	252.5
5	240.0	245.0	235.0
6	252.5	247.5	245.0
7	262.5	272.5	257.5
8	257.5	262.5	250.0
9	235.0	255.0	237.5
10	242.5	240.0	235.0
$\bar{y}_j$	249.25	254.25	244.75

Wir wollen nun im Modell

$$y_{ij} = \beta_j + x_i + e_{ij} \qquad \text{für } i=1,\dots,10,\ j=1,2,3 \quad ,$$

wobei β_j den festen Instrumentenbias des j-ten Meßinstruments, x_i die (wahre) Geschwindigkeit des i-ten Geschosses und e_{ij} den Fehler bei der Messung y_{ij} bezeichnet, die Variabilität der Geschosse σ_X^2 sowie die Präzisionen der Instrumente σ_1^2, σ_2^2 und σ_3^2 mittels Grubbs - Schätzern und positiven Schätzern bestimmen. Dazu berechnen wir zunächst

$$S_{11} = \frac{1}{9}\sum_{i=1}^{10}(y_{i1}-\bar{y}_1)^2 = 88.958 \;,\quad S_{22} = 95.903 \;,\quad S_{33} = 64.514 \;,$$

$$S_{12} = S_{21} = \frac{1}{9}\sum_{i=1}^{10}(y_{i1}-\bar{y}_1)(y_{i2}-\bar{y}_2) = 52.153 \;,\quad S_{13} = S_{31} = 62.292$$

$$\text{sowie} \quad S_{23} = S_{32} = 67.847$$

und erhalten als Schätzungen für die Produktvariabilität

$$\tilde{\sigma}_X^2 = \frac{2}{6}(S_{12} + S_{13} + S_{23}) = \frac{2}{6}\cdot 182.292 = 60.764 \quad \text{bzw.}$$

$$\hat{\sigma}_X^2 = \frac{3}{28}(S_{11} + S_{22} + S_{33} + 2S_{12} + 2S_{13} + 2S_{23}) = \frac{3}{28}\cdot 613.959 = 65.781 \quad ,$$

für die Präzision des ersten Meßinstruments

$$\tilde{\sigma}_1^2 = S_{11} - \frac{2}{2}(S_{12} + S_{13}) + \frac{2}{2}\,S_{23} = S_{11} + S_{23} - S_{12} - S_{13} = 42.360 \quad \text{bzw.}$$

$$\hat{\sigma}_1^2 = \frac{8}{9}\left(S_{11} - \frac{2}{2}(S_{12} + S_{13}) + \frac{1}{4}(S_{22} + S_{33} + 2S_{23})\right) = 43.147 \quad ,$$

für die Präzision des zweiten Meßinstruments

$$\tilde{\sigma}_2^2 = S_{22} - \frac{2}{2}(S_{21} + S_{23}) + \frac{2}{2}\,S_{13} = S_{22} + S_{13} - S_{12} - S_{23} = 38.195 \quad \text{bzw.}$$

$$\hat{\sigma}_2^2 = \frac{8}{9}\left(S_{22} - \frac{2}{2}(S_{21} + S_{23}) + \frac{1}{4}(S_{11} + S_{33} + 2S_{13})\right) = 40.371$$

und für die Präzision des dritten Instruments schließlich

$$\tilde{\sigma}_3^2 = S_{33} - \frac{2}{2}(S_{31} + S_{32}) + \frac{2}{2}\,S_{12} = S_{33} + S_{12} - S_{13} - S_{23} = -13.472 \quad \text{bzw.}$$

$$\hat{\sigma}_3^2 = \frac{8}{9}\left(S_{33} - \frac{2}{2}(S_{31} + S_{32}) + \frac{1}{4}(S_{11} + S_{22} + 2S_{12})\right) = 5.926 \quad .$$

Wir sehen hier, daß der Grubbs - Schätzer für die Präzision des dritten Meßinstruments einen unzulässigen, negativen Wert liefert. ⌟

Anhang

1 TABELLENANHANG

*) Reprinted from Heck, D.L. (1960): Charts of some upper percentage points of the distribution of the largest characteristic root. Annals of Mathematical Statistics, 31, 625-642, with the kind permission of: The Institute of Mathematical Statistics.

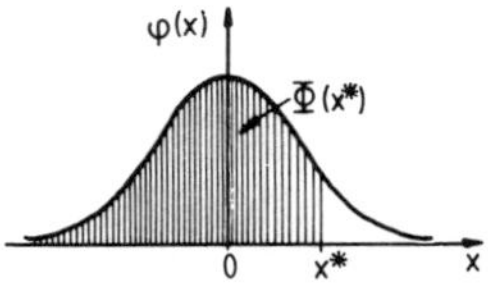

Tab. 1: Verteilungsfunktion $\Phi(x)$ der Standardnormalverteilung N(0, 1)

x	0,00	0,01	0,02	0,03	0,04	0,05	0,06	0,07	0,08	0,09
0,0	0,5000	0,5040	0,5080	0,5120	0,5160	0,5199	0,5239	0,5279	0,5319	0,5359
0,1	0,5398	0,5438	0,5478	0,5517	0,5557	0,5596	0,5636	0,5675	0,5714	0,5753
0,2	0,5793	0,5832	0,5871	0,5910	0,5948	0,5987	0,6026	0,6064	0,6103	0,6141
0,3	0,6179	0,6217	0,6255	0,6293	0,6331	0,6368	0,6406	0,6443	0,6480	0,6517
0,4	0,6554	0,6591	0,6628	0,6664	0,6700	0,6736	0,6772	0,6808	0,6844	0,6879
0,5	0,6915	0,6950	0,6985	0,7019	0,7054	0,7088	0,7123	0,7157	0,7190	0,7224
0,6	0,7257	0,7291	0,7324	0,7357	0,7389	0,7422	0,7454	0,7486	0,7517	0,7549
0,7	0,7580	0,7611	0,7642	0,7673	0,7704	0,7734	0,7764	0,7794	0,7823	0,7852
0,8	0,7881	0,7910	0,7939	0,7967	0,7995	0,8023	0,8051	0,8078	0,8106	0,8133
0,9	0,8159	0,8186	0,8212	0,8238	0,8264	0,8289	0,8315	0,8340	0,8365	0,8389
1,0	0,8413	0,8438	0,8461	0,8485	0,8508	0,8531	0,8554	0,8577	0,8599	0,8621
1,1	0,8643	0,8665	0,8686	0,8708	0,8729	0,8749	0,8770	0,8790	0,8810	0,8830
1,2	0,8849	0,8869	0,8888	0,8907	0,8925	0,8944	0,8962	0,8980	0,8997	0,9015
1,3	0,9032	0,9049	0,9066	0,9082	0,9099	0,9115	0,9131	0,9147	0,9162	0,9177
1,4	0,9192	0,9207	0,9222	0,9236	0,9251	0,9265	0,9279	0,9292	0,9306	0,9319
1,5	0,9332	0,9345	0,9357	0,9370	0,9382	0,9394	0,9406	0,9418	0,9429	0,9441
1,6	0,9452	0,9463	0,9474	0,9484	0,9495	0,9505	0,9515	0,9525	0,9535	0,9545
1,7	0,9554	0,9564	0,9573	0,9582	0,9591	0,9599	0,9608	0,9616	0,9625	0,9633
1,8	0,9641	0,9649	0,9656	0,9664	0,9671	0,9678	0,9686	0,9693	0,9699	0,9706
1,9	0,9713	0,9719	0,9726	0,9732	0,9738	0,9744	0,9750	0,9756	0,9761	0,9767
2,0	0,9772	0,9778	0,9783	0,9788	0,9793	0,9798	0,9803	0,9808	0,9812	0,9817
2,1	0,9821	0,9826	0,9830	0,9834	0,9838	0,9842	0,9846	0,9850	0,9854	0,9857
2,2	0,9861	0,9864	0,9868	0,9871	0,9875	0,9878	0,9881	0,9884	0,9887	0,9890
2,3	0,9893	0,9896	0,9898	0,9901	0,9904	0,9906	0,9909	0,9911	0,9913	0,9916
2,4	0,9918	0,9920	0,9922	0,9925	0,9927	0,9929	0,9931	0,9932	0,9934	0,9936
2,5	0,9938	0,9940	0,9941	0,9943	0,9945	0,9946	0,9948	0,9949	0,9951	0,9952
2,6	0,9953	0,9955	0,9956	0,9957	0,9959	0,9960	0,9961	0,9962	0,9963	0,9964
2,7	0,9965	0,9966	0,9967	0,9968	0,9969	0,9970	0,9971	0,9972	0,9973	0,9974
2,8	0,9974	0,9975	0,9976	0,9977	0,9977	0,9978	0,9979	0,9979	0,9980	0,9981
2,9	0,9981	0,9982	0,9982	0,9983	0,9984	0,9984	0,9985	0,9985	0,9986	0,9986
3,0	0,9987	0,9987	0,9987	0,9988	0,9988	0,9989	0,9989	0,9989	0,9990	0,9990

zu Tab. 1:

Ablesebeispiel: $\Phi(1{,}56) = 0{,}9406$

Erweiterung der Tafel: $\Phi(-x) = 1 - \Phi(x)$

Approximation nach Hastings für $x > 0$:

$$\Phi(x) \simeq 1 - \frac{1}{\sqrt{2\pi}} \cdot e^{-x^2/2} \cdot (a_1 t + a_2 t^2 + a_3 t^3 + a_4 t^4 + a_5 t^5) \quad \text{mit} \quad t = \frac{1}{1 + bx},$$

$b = 0{,}2316419$, $a_1 = 0{,}31938153$, $a_2 = -0{,}356563782$, $a_3 = 1{,}781477937$, $a_4 = -1{,}821255978$, $a_5 = 1{,}330274429$.

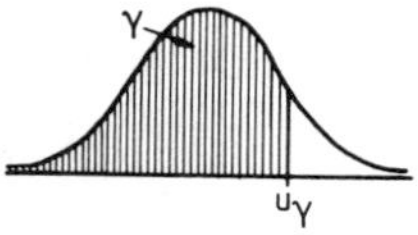

Tab. 2: Quantile u_γ der Standardnormalverteilung N(0, 1)

γ	u_γ	γ	u_γ	γ	u_γ	γ	u_γ
0,9999	3,7190	0,9975	2,8070	0,965	1,8119	0,83	0,9542
0,9998	3,5401	0,9970	2,7478	0,960	1,7507	0,82	0,9154
0,9997	3,4316	0,9965	2,6968	0,955	1,6954	0,81	0,8779
0,9996	3,3528	0,9960	2,6521	0,950	1,6449	0,80	0,8416
0,9995	3,2905	0,9955	2,6121	0,945	1,5982	0,79	0,8064
0,9994	3,2389	0,9950	2,5758	0,940	1,5548	0,78	0,7722
0,9993	3,1947	0,9945	2,5427	0,935	1,5141	0,76	0,7063
0,9992	3,1559	0,9940	2,5121	0,930	1,4758	0,74	0,6433
0,9991	3,1214	0,9935	2,4838	0,925	1,4395	0,72	0,5828
0,9990	3,0902	0,9930	2,4573	0,920	1,4051	0,70	0,5244
0,9989	3,0618	0,9925	2,4324	0,915	1,3722	0,68	0,4677
0,9988	3,0357	0,9920	2,4089	0,910	1,3408	0,66	0,4125
0,9987	3,0115	0,9915	2,3867	0,905	1,3106	0,64	0,3585
0,9986	2,9889	0,9910	2,3656	0,900	1,2816	0,62	0,3055
0,9985	2,9677	0,9905	2,3455	0,890	1,2265	0,60	0,2533
0,9984	2,9478	0,9900	2,3263	0,880	1,1750	0,58	0,2019
0,9983	2,9290	0,9850	2,1701	0,870	1,1264	0,56	0,1510
0,9982	2,9112	0,9800	2,0537	0,860	1,0803	0,54	0,1004
0,9981	2,8943	0,9750	1,9600	0,850	1,0364	0,52	0,0502
0,9980	2,8782	0,9700	1,8808	0,840	0,9945	0,50	0,0000

zu Tab. 2:

Ablesebeispiel: $u_{0.95} = 1{,}6449$

Erweiterung der Tafel: $u_{1-\gamma} = -u_\gamma$

Approximation nach Hastings für $0{,}5 < \gamma < 1$:

$$u_\gamma \simeq t - \frac{a_0 + a_1 t + a_2 t^2}{1 + b_1 t + b_2 t^2 + b_3 t^3} \quad \text{mit} \quad t = \sqrt{-2\ln(1-\gamma)},$$

$a_0 = 2{,}515517, \quad a_1 = 0{,}802853, \quad a_2 = 0{,}010328,$

$b_1 = 1{,}432788, \quad b_2 = 0{,}189269, \quad b_3 = 0{,}001308.$

Tab. 3: Quantile $t_{n;\gamma}$ der t-Verteilung

n \ γ	0,990	0,975	0,950	0,900
1	31,821	12,706	6,314	3,078
2	6,965	4,303	2,920	1,886
3	4,541	3,182	2,353	1,638
4	3,747	2,776	2,132	1,533
5	3,365	2,571	2,015	1,476
6	3,143	2,447	1,943	1,440
7	2,998	2,365	1,895	1,415
8	2,896	2,306	1,860	1,397
9	2,821	2,262	1,833	1,383
10	2,764	2,228	1,812	1,372
11	2,718	2,201	1,796	1,363
12	2,681	2,179	1,782	1,356
13	2,650	2,160	1,771	1,350
14	2,624	2,145	1,761	1,345
15	2,602	2,131	1,753	1,341
16	2,583	2,120	1,746	1,337
17	2,567	2,110	1,740	1,333
18	2,552	2,101	1,734	1,330
19	2,539	2,093	1,729	1,328
20	2,528	2,086	1,725	1,325
21	2,518	2,080	1,721	1,323
22	2,508	2,074	1,717	1,321
23	2,500	2,069	1,714	1,319
24	2,492	2,064	1,711	1,318
25	2,485	2,060	1,708	1,316
26	2,479	2,056	1,706	1,315
27	2,473	2,052	1,703	1,314
28	2,467	2,048	1,701	1,313
29	2,462	2,045	1,699	1,311
30	2,457	2,042	1,697	1,310
40	2,423	2,021	1,684	1,303
50	2,403	2,009	1,676	1,299
60	2,390	2,000	1,671	1,296
70	2,381	1,994	1,667	1,294
80	2,374	1,990	1,664	1,292
90	2,369	1,987	1,662	1,291
100	2,364	1,984	1,660	1,290
150	2,352	1,976	1,655	1,287
200	2,345	1,972	1,653	1,286
300	2,339	1,968	1,650	1,284
400	2,336	1,966	1,649	1,284
600	2,333	1,964	1,647	1,283
800	2,331	1,963	1,647	1,283
1000	2,330	1,962	1,646	1,282
∞	2,326	1,960	1,645	1,282

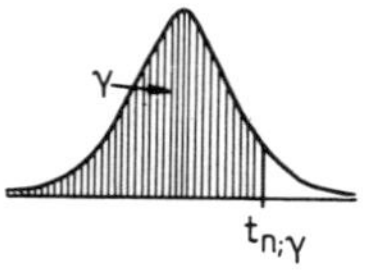

zu Tab. 3:

Ablesebeispiel: $t_{15;0,95} = 1{,}753$

Erweiterung der Tafel:

$t_{n;1-\gamma} = -t_{n;\gamma}$

und speziell

$t_{1;\gamma} = \tan(\pi \cdot \{\gamma - \tfrac{1}{2}\})$,

$$t_{2;\gamma} = \frac{\sqrt{2}\cdot(2\cdot\gamma-1)}{\sqrt{1-(2\cdot\gamma-1)^2}},$$

$t_{\infty;\gamma} = u_\gamma$.

Approximation für $0{,}5 < \gamma < 1$:

$$t_{n;\gamma} \simeq \frac{c_9 u^9 + c_7 u^7 + c_5 u^5 + c_3 u^3 + c_1 u}{92160\, n^4}$$

mit $u = u_\gamma$, $c_9 = 79$, $c_7 = 720n + 776$,
$c_5 = 4800n^2 + 4560n + 1482$,
$c_3 = 23040n^3 + 15360n^2 + 4080n - 1920$,
$c_1 = 92160n^4 + 23040n^3 + 2880n^2 - 3600n - 945$;

für $n \geqq 10$ kann man auch die **Formel von Peizer und Pratt** verwenden:

$t_{n;\gamma} \simeq \sqrt{n\cdot e^{c\cdot u^2} - n}$ mit $u = u_\gamma$ und

$$c = \frac{n - \frac{5}{6}}{\left(n - \frac{2}{3} + \frac{1}{10n}\right)^2}.$$

(Anmerkung: Die Peizer-Pratt-Approximation liefert bereits für $n = 3$ und $0{,}5 < \gamma < 0{,}99$ eine passable Anpassung, wobei die absolute Abweichung zum wahren Wert höchstens 0,08 wird.)

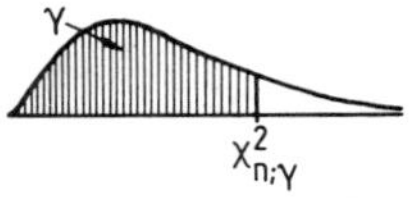

Tab. 4: Quantile $\chi^2_{n;\gamma}$ der χ^2-Verteilung

n \ γ	0,995	0,990	0,975	0,950	0,900	0,750	0,500	0,250	0,100	0,050	0,025	0,010	0,005
1	7,879	6,635	5,034	3,841	2,706	1,323	0,455	0,102	$^{-2}$1,58	$^{-3}$3,93	$^{-4}$9,82	$^{-4}$1,57	$^{-5}$3,93
2	10,60	9,210	7,378	5,991	4,605	2,773	1,386	0,575	0,211	0,103	$^{-2}$5,06	$^{-2}$2,01	$^{-2}$1,00
3	12,84	11,34	9,348	7,815	6,251	4,108	2,366	1,213	0,584	0,352	0,216	0,115	$^{-2}$7,17
4	14,86	13,28	11,14	9,488	7,779	5,385	3,357	1,923	1,064	0,711	0,484	0,297	0,207
5	16,75	15,09	12,83	11,07	9,236	6,626	4,351	2,675	1,610	1,145	0,381	0,554	0,412
6	18,55	16,81	14,45	12,59	10,64	7,841	5,348	3,455	2,204	1,635	1,237	0,872	0,676
7	20,28	18,48	16,01	14,07	12,02	9,037	6,346	4,255	2,833	2,167	1,690	1,239	0,989
8	21,96	20,09	17,53	15,51	13,36	10,22	7,344	5,071	3,490	2,733	2,180	1,647	1,344
9	23,59	21,67	19,02	16,92	14,68	11,39	8,343	5,899	4,168	3,325	2,700	2,088	1,735
10	25,19	23,21	20,48	18,31	15,99	12,55	9,342	6,737	4,865	3,940	3,247	2,558	2,156
11	26,76	24,73	21,92	19,68	17,28	13,70	10,34	7,584	5,578	4,575	3,816	3,053	2,603
12	28,30	26,22	23,34	21,03	18,55	14,85	11,34	8,438	6,304	5,226	4,404	3,571	3,074
13	29,82	27,69	24,74	22,36	19,81	15,98	12,34	9,299	7,042	5,892	5,009	4,107	3,565
14	31,32	29,14	26,12	23,68	21,06	17,12	13,34	10,17	7,790	6,571	5,629	4,660	4,075
15	32,80	30,58	27,49	25,00	22,31	18,25	14,34	11,04	8,547	7,261	6,262	5,229	4,601
16	34,27	32,00	28,85	26,30	23,54	19,37	15,34	11,91	9,312	7,962	6,908	5,812	5,142
17	35,72	33,41	30,19	27,59	24,77	20,49	16,34	12,79	10,09	8,672	7,564	6,408	5,697
18	37,16	34,81	31,53	28,87	25,99	21,60	17,34	13,68	10,86	9,390	8,231	7,015	6,265
19	38,58	36,19	32,85	30,14	27,20	22,72	18,34	14,56	11,65	10,12	8,907	7,633	6,844
20	40,00	37,57	34,17	31,41	28,41	23,83	19,34	15,45	12,44	10,85	9,591	8,260	7,434
21	41,40	38,93	35,48	32,67	29,62	24,93	20,34	16,34	13,24	11,59	10,28	8,897	8,034
22	42,80	40,29	36,78	33,92	30,81	26,04	21,34	17,24	14,04	12,34	10,98	9,542	8,643
23	44,18	41,64	38,08	35,17	32,01	27,14	22,34	18,14	14,85	13,09	11,69	10,20	9,260
24	45,56	42,98	39,36	36,42	33,20	28,24	23,34	19,04	15,66	13,85	12,40	10,86	9,886
25	46,93	44,31	40,65	37,65	34,38	29,34	24,34	19,94	16,47	14,61	13,12	11,52	10,52
26	48,29	45,64	41,92	38,89	35,56	30,43	25,34	20,84	17,29	15,38	13,84	12,20	11,16
27	49,64	46,96	43,19	40,11	36,74	31,53	26,34	21,75	18,11	16,15	14,57	12,88	11,81
28	50,99	48,28	44,46	41,34	37,92	32,62	27,34	22,66	19,94	16,93	15,31	13,56	12,46
29	52,34	49,59	45,72	42,56	39,09	33,71	28,34	23,57	19,77	17,71	16,05	14,26	13,12
30	53,67	50,89	46,98	43,77	40,26	34,80	29,34	24,48	20,60	18,49	16,79	14,95	13,79
40	66,77	63,69	59,34	55,76	51,81	45,62	39,34	33,66	29,05	26,51	24,43	22,16	20,71
50	79,49	76,15	71,42	67,50	63,17	56,33	49,33	42,94	37,69	34,76	32,36	29,71	27,99
60	91,95	88,38	83,30	79,08	74,40	66,98	59,33	52,29	46,46	43,19	40,48	37,48	35,53
70	104,2	100,4	95,02	90,53	85,53	77,58	69,33	61,70	55,33	51,74	48,76	45,44	43,28
80	116,3	112,3	106,6	101,9	96,58	88,13	79,33	71,14	64,28	60,39	57,15	53,54	51,17
90	128,3	124,1	118,1	113,1	107,6	98,65	89,33	80,62	73,29	69,13	65,65	61,75	59,20
100	140,2	135,8	129,6	124,3	118,5	109,1	99,33	90,13	82,36	77,93	74,22	70,06	67,33
150	198,4	193,2	185,8	179,6	172,6	161,3	149,3	138,0	128,3	122,7	118,0	112,7	109,1
200	255,3	249,4	241,1	234,0	226,0	213,1	199,3	186,2	174,8	168,3	162,7	156,4	152,2
250	311,3	304,9	295,7	287,9	279,1	264,7	249,3	234,6	221,8	214,4	208,1	200,9	196,2
300	366,8	359,9	349,9	341,4	331,8	316,1	299,3	283,1	269,1	260,9	253,9	246,0	240,7
400	476,6	468,7	457,3	447,6	436,6	418,7	399,3	380,6	364,2	354,6	346,5	337,2	330,9
600	693,0	683,5	669,8	658,1	644,8	623,0	599,3	576,3	556,1	544,2	534,0	522,4	514,5
800	906,8	896,0	880,3	866,9	851,7	826,6	799,3	772,7	749,2	735,4	723,5	709,9	700,7
1000	1119,	1107,	1090,	1075,	1058,	1030,	999,3	969,5	943,1	927,6	914,3	898,9	888,6

zu Tab. 4:

Ablesebeispiel: $\chi^2_{1;0{,}05} = {}^{-3}3{,}93 = 3{,}93 \cdot 10^{-3} = 0{,}00393$

Approximation nach Wilson und Hilferty für $0 < \gamma < 1$:

$$\chi^2_{n;\gamma} \simeq n \cdot \left[1 - \frac{2}{9n} + u_\gamma \cdot \sqrt{\frac{2}{9n}}\right]^3$$

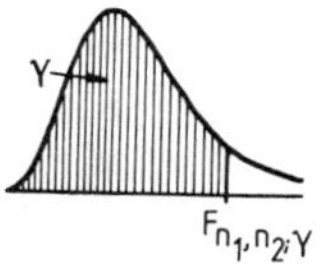

Tab. 5: Quantile $F_{n_1,n_2;\gamma}$ der F-Verteilung

n_2	γ \ n_1	1	2	3	4	5	6	7	8	9	10	11
1	0,990	4052,	4999,	5403,	5625,	5764,	5859,	5928,	5981,	6022,	6056,	6083,
	0,975	647,8	799,5	864,2	899,6	921,8	937,1	948,2	956,7	963,3	968,6	973,0
	0,950	161,4	199,5	215,7	224,6	230,2	234,0	236,8	238,9	240,5	241,9	243,0
	0,900	39,86	49,50	53,59	55,83	57,24	58,20	58,91	59,44	59,86	60,20	60,47
2	0,990	98,50	99,00	99,17	99,25	99,30	99,33	99,36	99,37	99,39	99,40	99,41
	0,975	38,51	39,00	39,17	39,25	39,30	39,33	39,36	39,37	39,39	39,40	39,41
	0,950	18,51	19,00	19,16	19,25	19,30	19,33	19,35	19,37	19,38	19,40	19,40
	0,900	8,526	9,000	9,162	9,243	9,293	9,326	9,349	9,367	9,381	9,392	9,401
3	0,990	34,12	30,82	29,46	28,71	28,24	27,91	27,67	27,49	27,35	27,23	27,13
	0,975	17,44	16,04	15,44	15,10	14,88	14,73	14,62	14,54	14,47	14,42	14,37
	0,950	10,13	9,552	9,277	9,117	9,013	8,941	8,887	8,845	8,812	8,786	8,763
	0,900	5,538	5,462	5,391	5,343	5,309	5,285	5,266	5,252	5,240	5,230	5,222
4	0,990	21,20	18,00	16,69	15,98	15,52	15,21	14,98	14,80	14,66	14,55	14,45
	0,975	12,22	10,65	9,979	9,605	9,364	9,197	9,074	8,980	8,905	8,844	8,793
	0,950	7,709	6,944	6,591	6,388	6,256	6,163	6,094	6,041	5,999	5,964	5,936
	0,900	4,545	4,325	4,191	4,107	4,051	4,010	3,979	3,955	3,936	3,920	3,907
5	0,990	16,26	13,27	12,06	11,39	10,97	10,67	10,46	10,29	10,16	10,05	9,962
	0,975	10,01	8,434	7,764	7,388	7,146	6,978	6,853	6,757	6,681	6,619	6,568
	0,950	6,608	5,786	5,409	5,192	5,050	4,950	4,876	4,818	4,772	4,735	4,704
	0,900	4,060	3,780	3,619	3,520	3,453	3,405	3,368	3,339	3,316	3,297	3,282
6	0,990	13,75	10,92	9,780	9,148	8,746	8,466	8,260	8,102	7,976	7,874	7,789
	0,975	8,813	7,260	6,599	6,227	5,988	5,820	5,695	5,600	5,523	5,461	5,409
	0,950	5,987	5,143	4,757	4,534	4,387	4,284	4,207	4,147	4,099	4,060	4,027
	0,900	3,776	3,463	3,289	3,181	3,108	3,055	3,015	2,983	2,958	2,937	2,919
7	0,990	12,25	9,547	8,451	7,847	7,460	7,191	6,993	6,840	6,719	6,620	6,538
	0,975	8,073	6,542	5,890	5,523	5,285	5,119	4,995	4,899	4,823	4,761	4,709
	0,950	5,591	4,737	4,347	4,120	3,972	3,866	3,787	3,726	3,677	3,637	3,603
	0,900	3,589	3,257	3,074	2,961	2,883	2,827	2,785	2,752	2,725	2,703	2,684
8	0,990	11,26	8,649	7,591	7,006	6,632	6,371	6,178	6,029	5,911	5,814	5,734
	0,975	7,571	6,059	5,416	5,053	4,817	4,652	4,529	4,433	4,357	4,295	4,243
	0,950	5,318	4,459	4,066	3,838	3,687	3,581	3,500	3,438	3,388	3,347	3,313
	0,900	3,458	3,113	2,924	2,806	2,726	2,668	2,624	2,589	2,561	2,538	2,518
9	0,990	10,56	8,022	6,992	6,422	2,057	5,802	5.613	5,467	5,351	5,257	5,177
	0,975	7,209	5,715	5,078	4,718	4,484	4,320	4,197	4,102	4,026	3,964	3,912
	0,950	5,117	4,256	3,863	3,633	3,482	3,374	3,293	3,230	3,179	3,137	3,102
	0,900	3,360	3,006	2,813	2,693	2,611	2,551	2,505	2,469	2,440	2,416	2,396
10	0,990	10,04	7,559	6,552	5,994	5,636	5,386	5,200	5,057	4,942	4,849	4,771
	0,975	6,937	5,456	4,826	4,468	4,236	4,072	3,950	3,855	3,779	3,717	3,665
	0,950	4,965	4,103	3,708	3,478	3,326	3,217	3,135	3,072	3,020	2,978	2,943
	0,900	3,285	2,924	2,728	2,605	2,522	2,461	2,414	2,377	2,347	2,323	2,302

Tab. 5: Fortsetzung

n_2	γ \ n_1	12	13	14	15	20	24	30	40	60	120	∞
1	0,990	6106,	6126,	6143,	6157,	6209,	6235,	6261,	6287,	6313,	6339,	6366,
	0,975	976,7	979,8	982,5	984,9	993,1	997,2	1001,	1006,	1010,	1014,	1018,
	0,950	243,9	244,7	245,4	245,9	248,0	249,1	250,1	251,1	252,2	253,3	254,3
	0,900	60,71	60,90	61,07	61,22	61,74	62,00	62,26	62,53	62,79	63,06	63,33
2	0,990	99,42	99,42	99,43	99,43	99,45	99,46	99,47	99,47	99,48	99,49	99,50
	0,975	39,41	39,42	39,43	39,43	39,45	39,46	39,46	39,47	39,48	39,49	39,50
	0,950	19,41	19,42	19,42	19,43	19,45	19,45	19,46	19,47	19,48	19,49	19,50
	0,900	9,408	9,415	9,420	9,425	9,441	9,450	9,458	9,466	9,475	9,483	9,491
3	0,990	27,05	26,98	26,92	26,87	26,69	26,60	26,50	26,41	26,32	26,22	26,13
	0,975	14,34	14,30	14,28	14,25	14,17	14,12	14,08	14,04	13,99	13,95	13,90
	0,950	8,745	8,729	8,715	8,703	8,660	8,639	8,617	8,594	8,572	8,549	8,526
	0,900	5,216	5,210	5,205	5,200	5,184	5,176	5,168	5,160	5,151	5,143	5,134
4	0,990	14,37	14,31	14,25	14,20	14,02	13,93	13,84	13,75	13,65	13,56	13,46
	0,975	8,751	8,715	8,684	8,657	8,560	8,511	8,461	8,411	8,360	8,309	8,257
	0,950	5,912	5,891	5,873	5,858	5,803	5,774	5,746	5,717	5,688	5,658	5,628
	0,900	3,896	3,885	3,877	3,869	3,844	3,831	3,817	3,804	3,790	3,775	3,761
5	0,990	9,888	9,824	9,770	9,722	9,553	9,466	9,379	9,291	9,202	9,112	9,020
	0,975	6,525	6,487	6,455	6,428	6,329	6,278	6,227	6,175	6,123	6,069	6,015
	0,950	4,678	4,655	4,636	4,619	4,558	4,527	4,496	4,464	4,431	4,398	4,365
	0,900	3,268	3,257	3,247	3,238	3,207	3,191	3,174	3,157	3,140	3,123	3,105
6	0,990	7,718	7,657	7,605	7,559	7,396	7,313	7,229	7,143	7,057	6,969	6,880
	0,975	5,366	5,329	5,297	5,269	5,168	5,117	5,065	5,012	4,959	4,904	4,849
	0,950	4,000	3,976	3,956	3,938	3,874	3,841	3,808	3,774	3,740	3,705	3,669
	0,900	2,905	2,892	2,881	2,871	2,836	2,818	2,800	2,781	2,762	2,742	2,722
7	0,990	6,469	6,410	6,359	6,314	6,155	6,074	5,992	5,908	5,824	5,737	5,650
	0,975	4,666	4,628	4,596	4,568	4,467	4,415	4,362	4,309	4,254	4,199	4,142
	0,950	3,575	3,550	3,529	3,511	3,445	3,410	3,376	3,340	3,304	3,267	3,230
	0,900	2,668	2,654	2,643	2,632	2,595	2,575	2,555	2,535	2,514	2,493	2,471
8	0,990	5,667	5,609	5,558	5,515	5,359	5,279	5,198	5,116	5,032	4,946	4,859
	0,975	4,200	4,162	4,129	4,101	3,999	3,947	3,894	3,840	3,784	3,728	3,670
	0,950	3,284	3,259	3,237	3,218	3,150	3,115	3,079	3,043	3,005	2,967	2,928
	0,900	2,502	2,488	2,475	2,464	2,425	2,404	2,383	2,361	2,339	2,316	2,293
9	0,990	5,111	5,054	5,005	4,962	4,808	4,729	4,649	4,567	4,483	4,398	4,311
	0,975	3,868	3,830	3,798	3,769	3,667	3,614	3,560	3,505	3,449	3,392	3,333
	0,950	3,073	3,047	3,025	3,006	2,936	2,900	2,864	2,826	2,787	2,748	2,707
	0,900	2,379	2,364	2,351	2,340	2,298	2,277	2,255	2,232	2,208	2,184	2,159
10	0,990	4,706	4,649	4,600	4,558	4,405	4,327	4,247	4,165	4,082	3,996	3,909
	0,975	3,621	3,583	3,550	3,522	3,419	3,365	3,311	3,255	3,198	3,140	3,080
	0,950	2,913	2,887	2,864	2,845	2,774	2,737	2,700	2,661	2,621	2,580	2,538
	0,900	2,284	2,269	2,255	2,244	2,201	2,178	2,155	2,132	2,107	2,082	2,055

Tab. 5: Fortsetzung

n_2	γ \ n_1	1	2	3	4	5	6	7	8	9	10	11
11	0,990	9,646	7,206	6,217	5,668	5,316	5,069	4,886	4,744	4,632	4,539	4,462
	0,975	6,724	5,256	4,630	4,275	4,044	3,881	3,759	3,664	3,588	3,526	3,473
	0,950	4,844	3,982	3,587	3,357	3,204	3,095	3,012	2,948	2,896	2,854	2,818
	0,900	3,225	2,860	2,660	2,536	2,451	2,389	2,342	2,304	2,273	2,248	2,227
12	0,990	9,330	6,927	5,953	5,412	5,064	4,821	4,640	4,499	4,388	4,296	4,219
	0,975	6,554	5,096	4,474	4,121	3,891	3,728	3,607	3,512	3,436	3,374	3,321
	0,950	4,747	3,885	3,490	3,259	3,106	2,996	2,913	2,849	2,796	2,753	2,717
	0,900	3,177	2,807	2,605	2,480	2,394	2,331	2,283	2,245	2,214	2,188	2,166
13	0,990	9,074	6,701	5,739	5,205	4,862	4,620	4,441	4,302	4,191	4,100	4,024
	0,975	6,414	4,965	4,347	3,996	3,767	3,604	3,483	3,388	3,312	3,250	3,197
	0,950	4,667	3,806	3,411	3,179	3,025	2,915	2,832	2,767	2,714	2,671	2,634
	0,900	3,136	2,763	2,560	2,434	2,347	2,283	2,234	2,195	2,164	2,138	2,115
14	0,990	8,862	6,515	5,564	5,035	4,695	4,456	4,278	4,140	4,030	3,939	3,863
	0,975	6,298	4,857	4,242	3,892	3,663	3,501	3,380	3,285	3,209	3,147	3,094
	0,950	4,600	3,739	3,344	3,112	2,958	2,848	2,764	2,699	2,646	2,602	2,565
	0,900	3,102	2,726	2,522	2,395	2,307	2,243	2,193	2,154	2,122	2,095	2,073
15	0,990	8,683	6,359	5,417	4,893	4,556	4,318	4,142	4,004	3,895	3,805	3,730
	0,975	6,199	4,765	4,153	3,804	3,576	3,415	3,293	3,199	3,123	3,060	3,007
	0,950	4,543	3,682	3,287	3,056	2,901	2,790	2,707	2,641	2,588	2,544	2,506
	0,900	3,073	2,695	2,490	2,361	2,273	2,208	2,158	2,119	2,086	2,059	2,036
16	0,990	8,531	6,226	5,292	4,773	4,437	4,202	4,026	3,890	3,780	3,691	3,616
	0,975	6,115	4,687	4,077	3,729	3,502	3,341	3,219	3,125	3,049	2,986	2,933
	0,950	4,494	3,634	3,239	3,007	2,852	2,741	2,657	2,591	2,538	2,494	2,456
	0,900	3,048	2,668	2,462	2,333	2,244	2,178	2,128	2,088	2,055	2,028	2,005
17	0,990	8,400	6,112	5,185	4,669	4,336	4,101	3,927	3,791	3,682	3,593	3,518
	0,975	6,042	4,619	4,011	3,665	3,438	3,277	3,156	3,061	2,985	2,922	2,869
	0,950	4,451	3,592	3,197	2,965	2,810	2,699	2,614	2,548	2,494	2,450	2,412
	0,900	3,026	2,645	2,437	2,308	2,218	2,152	2,102	2,061	2,028	2,001	1,977
18	0,990	8,285	6,013	5,092	4,579	4,248	4,015	3,841	3,705	3,597	3,508	3,433
	0,975	5,978	4,560	3,954	3,608	3,382	3,221	3,100	3,005	2,929	2,866	2,813
	0,950	4,414	3,555	3,160	2,928	2,773	2,661	2,577	2,510	2,456	2,412	2,374
	0,900	3,007	2,624	2,416	2,286	2,196	2,130	2,079	2,038	2,005	1,977	1,953
19	0,990	8,185	5,926	5,010	4,500	4,171	3,939	3,765	3,631	3,523	3,434	3,359
	0,975	5,922	4,508	3,903	3,559	3,333	3,172	3,051	2,956	2,880	2,817	2,764
	0,950	4,381	3,522	3,127	2,895	2,740	2,628	2,544	2,477	2,423	2,378	2,340
	0,900	2,990	2,606	2,397	2,266	2,176	2,109	2,058	2,017	1,984	1,956	1,932
20	0,990	8,096	5,849	4,938	4,431	4,103	3,871	3,699	3,564	3,457	3,368	3,293
	0,975	5,871	4,461	3,859	3,515	3,289	3,128	3,007	2,913	2,837	2,774	2,720
	0,950	4,351	3,493	3,098	2,866	2,711	2,599	2,514	2,447	2,393	2,348	2,310
	0,900	2,975	2,589	2,380	2,249	2,158	2,091	2,040	1,999	1,965	1,937	1,913

Tab. 5: Fortsetzung

n_2	γ \ n_1	12	13	14	15	20	24	30	40	60	120	∞
11	0,990	4,397	4,341	4,293	4,251	4,099	4,021	3,941	3,860	3,776	3,690	3,602
	0,975	3,430	3,391	3,358	3,330	3,226	3,173	3,118	3,061	3,004	2,944	2,883
	0,950	2,788	2,761	2,738	2,719	2,646	2,609	2,570	2,531	2,490	2,448	2,404
	0,900	2,209	2,193	2,179	2,167	2,123	2,100	2,076	2,052	2,026	2,000	1,972
12	0,990	4,155	4,099	4,051	4,010	3,858	3,780	3,701	3,619	3,535	3,449	3,361
	0,975	3,277	3,239	3,206	3,177	3,073	3,019	2,963	2,906	2,848	2,787	2,725
	0,950	2,687	2,660	2,637	2,617	2,544	2,505	2,466	2,426	2,384	2,341	2,296
	0,900	2,147	2,131	2,117	2,105	2,060	2,036	2,011	1,986	1,960	1,932	1,904
13	0,990	3,960	3,905	3,857	3,815	3,665	3,587	3,507	3,425	3,341	3,255	3,165
	0,975	3,153	3,115	3,081	3,053	2,948	2,893	2,837	2,780	2,720	2,659	2,595
	0,950	2,604	2,577	2,553	2,533	2,459	2,420	2,380	2,339	2,297	2,252	2,206
	0,900	2,097	2,080	2,066	2,053	2,007	1,983	1,958	1,931	1,904	1,876	1,846
14	0,990	3,800	3,745	3,697	3,656	3,505	3,427	3,348	3,266	3,181	3,094	3,004
	0,975	3,050	3,011	2,978	2,949	2,844	2,789	2,732	2,674	2,614	2,552	2,487
	0,950	2,534	2,507	2,483	2,463	2,388	2,349	2,308	2,266	2,223	2,178	2,131
	0,900	2,054	2,037	2,022	2,010	1,962	1,938	1,912	1,885	1,857	1,828	1,797
15	0,990	3,666	3,611	3,563	3,522	3,372	3,294	3,214	3,132	3,047	2,959	2,868
	0,975	2,963	2,924	2,891	2,862	2,756	2,701	2,644	2,585	2,524	2,461	2,395
	0,950	2,475	2,448	2,424	2,403	2,328	2,288	2,247	2,204	2,160	2,114	2,066
	0,900	2,017	2,000	1,985	1,972	1,924	1,899	1,873	1,845	1,817	1,787	1,755
16	0,990	3,553	3,497	3,450	3,409	3,259	3,181	3,101	3,018	2,933	2,845	2,753
	0,975	2,889	2,850	2,817	2,788	2,681	2,625	2,568	2,509	2,447	2,383	2,316
	0,950	2,425	2,397	2,373	2,352	2,276	2,235	2,194	2,151	2,106	2,059	2,010
	0,900	1,985	1,968	1,953	1,940	1,891	1,866	1,839	1,811	1,782	1,751	1,718
17	0,990	3,455	3,400	3,353	3,312	3,162	3,084	3,003	2,920	2,835	2,746	2,653
	0,975	2,825	2,786	2,752	2,723	2,616	2,560	2,502	2,442	2,380	2,315	2,247
	0,950	2,381	2,353	2,329	2,308	2,230	2,190	2,148	2,104	2,058	2,011	1,960
	0,900	1,958	1,940	1,925	1,912	1,862	1,836	1,809	1,781	1,751	1,719	1,686
18	0,990	3,371	3,316	3,268	3,227	3,077	2,999	2,919	2,835	2,749	2,660	2,566
	0,975	2,769	2,730	2,696	2,667	2,559	2,503	2,444	2,384	2,321	2,256	2,187
	0,950	2,342	2,314	2,290	2,269	2,191	2,150	2,107	2,063	2,017	1,968	1,917
	0,900	1,933	1,915	1,900	1,887	1,837	1,810	1,783	1,754	1,723	1,691	1,657
19	0,990	3,297	3,241	3,194	3,153	3,003	2,925	2,844	2,761	2,674	2,584	2,489
	0,975	2,720	2,680	2,646	2,617	2,509	2,452	2,394	2,333	2,270	2,203	2,133
	0,950	2,308	2,280	2,255	2,234	2,155	2,114	2,071	2,026	1,980	1,930	1,878
	0,900	1,912	1,894	1,878	1,865	1,814	1,787	1,759	1,730	1,699	1,666	1,631
20	0,990	3,231	3,176	3,129	3,088	2,938	2,859	2,778	2,695	2,608	2,517	2,421
	0,975	2,676	2,636	2,602	2,573	2,464	2,408	2,349	2,287	2,223	2,156	2,085
	0,950	2,278	2,249	2,225	2,203	2,124	2,082	2,039	1,994	1,946	1,896	1,843
	0,900	1,892	1,874	1,859	1,845	1,794	1,767	1,738	1,708	1,677	1,643	1,607

Tab. 5: Fortsetzung

n_2	n_1 / γ	1	2	3	4	5	6	7	8	9	10	11
22	0,990	7,945	5,719	4,817	4,313	3,988	3,758	3,587	3,453	3,346	3,258	3,183
	0,975	5,786	4,383	3,783	3,440	3,215	3,055	2,934	2,839	2,763	2,700	2,646
	0,950	4,301	3,443	3,049	2,817	2,661	2,549	2,464	2,397	2,342	2,297	2,258
	0,900	2,949	2,561	2,351	2,219	2,128	2,060	2,008	1,967	1,933	1,904	1,880
24	0,990	7,823	5,614	4,718	4,218	3,895	3,667	3,496	3,363	3,256	3,168	3,094
	0,975	5,717	4,319	3,721	3,379	3,155	2,995	2,874	2,779	2,703	2,640	2,586
	0,950	4,260	3,403	3,009	2,776	2,621	2,508	2,423	2,355	2,300	2,255	2,216
	0,900	2,927	2,538	2,327	2,195	2,103	2,035	1,983	1,941	1,906	1,877	1,853
26	0,990	7,721	5,526	4,637	4,140	3,818	3,591	3,421	3,288	3,182	3,094	3,020
	0,975	5,659	4,265	3,670	3,329	3,105	2,945	2,824	2,729	2,653	2,590	2,536
	0,950	4,225	3,369	2,975	2,743	2,587	2,474	2,388	2,321	2,265	2,220	2,181
	0,900	2,909	2,519	2,307	2,174	2,082	2,014	1,961	1,919	1,884	1,855	1,830
28	0,990	7,636	5,453	4,568	4,074	3,754	3,528	3,358	3,226	3,120	3,032	2,958
	0,975	5,610	4,221	3,626	3,286	3,063	2,903	2,782	2,687	2,611	2,547	2,493
	0,950	4,196	3,340	2,947	2,714	2,558	2,445	2,359	2,291	2,236	2,190	2,151
	0,900	2,894	2,503	2,291	2,157	2,064	1,996	1,943	1,900	1,865	1,836	1,811
30	0,990	7,562	5,390	4,510	4,018	3,699	3,473	3,304	3,173	3,067	2,979	2,905
	0,975	5,568	4,182	3,589	3,250	3,026	2,867	2,746	2,651	2,575	2,511	2,457
	0,950	4,171	3,316	2,922	2,690	2,534	2,421	2,334	2,266	2,211	2,165	2,125
	0,900	2,881	2,489	2,276	2,142	2,049	1,980	1,927	1,884	1,849	1,819	1,794
40	0,990	7,314	5,179	4,313	3,828	3,514	3,291	3,124	2,993	2,888	2,801	2,727
	0,975	5,424	4,051	3,463	3,126	2,904	2,744	2,624	2,529	2,452	2,388	2,334
	0,950	4,085	3,232	2,839	2,606	2,449	2,336	2,249	2,180	2,124	2,077	2,037
	0,900	2,835	2,440	2,226	2,091	1,997	1,927	1,873	1,829	1,793	1,763	1,737
60	0,990	7,077	4,977	4,126	3,649	3,339	3,119	2,953	2,823	2,718	2,632	2,558
	0,975	5,286	3,925	3,343	3,008	2,786	2,627	2,507	2,412	2,334	2,270	2,215
	0,950	4,001	3,150	2,758	2,525	2,368	2,254	2,167	2,097	2,040	1,993	1,952
	0,900	2,791	2,393	2,177	2,041	1,946	1,875	1,819	1,775	1,738	1,707	1,680
80	0,990	6,964	4,882	4,036	3,564	3,256	3,037	2,872	2,743	2,639	2,552	2,478
	0,975	5,219	3,865	3,285	2,951	2,730	2,571	2,451	2,356	2,278	2,214	2,158
	0,950	3,961	3,111	2,719	2,486	2,329	2,214	2,127	2,057	1,999	1,952	1,910
	0,900	2,770	2,370	2,154	2,017	1,921	1,849	1,793	1,748	1,711	1,680	1,652
120	0,990	6,851	4,787	3,949	3,480	3,174	2,956	2,792	2,663	2,559	2,472	2,398
	0,975	5,152	3,805	3,227	2,894	2,674	2,515	2,395	2,299	2,222	2,157	2,101
	0,950	3,920	3,072	2,680	2,447	2,290	2,175	2,087	2,016	1,959	1,910	1,869
	0,900	2,748	2,347	2,130	1,992	1,896	1,824	1,767	1,722	1,684	1,652	1,625
∞	0,990	6,635	4,605	3,782	3,319	3,017	2,802	2,639	2,511	2,407	2,321	2,247
	0,975	5,024	3,689	3,116	2,786	2,567	2,408	2,288	2,192	2,114	2,048	1,992
	0,950	3,841	2,996	2,605	2,372	2,214	2,099	2,010	1,938	1,880	1,831	1,788
	0,900	2,706	2,303	2,084	1,945	1,847	1,774	1,717	1,670	1,632	1,599	1,570

Tab. 5: Fortsetzung

n_2	γ \ n_1	12	13	14	15	20	24	30	40	60	120	∞
22	0,990	3,121	3,066	3,019	2,978	2,827	2,749	2,667	2,583	2,495	2,403	2,305
	0,975	2,602	2,562	2,528	2,498	2,389	2,332	2,272	2,210	2,145	2,076	2,003
	0,950	2,226	2,197	2,172	2,151	2,071	2,028	1,984	1,938	1,889	1,838	1,783
	0,900	1,859	1,841	1,825	1,811	1,759	1,731	1,702	1,671	1,639	1,604	1,567
24	0,990	3,032	2,977	2,930	2,889	2,738	2,659	2,577	2,492	2,403	2,310	2,211
	0,975	2,541	2,501	2,467	2,437	2,327	2,269	2,209	2,146	2,080	2,010	1,935
	0,950	2,183	2,154	2,129	2,108	2,027	1,984	1,939	1,892	1,842	1,790	1,733
	0,900	1,832	1,813	1,797	1,783	1,730	1,702	1,672	1,641	1,607	1,571	1,533
26	0,990	2,958	2,903	2,856	2,815	2,664	2,585	2,503	2,417	2,327	2,233	2,131
	0,975	2,491	2,451	2,417	2,387	2,276	2,217	2,157	2,093	2,026	1,954	1,878
	0,950	2,148	2,119	2,093	2,072	1,990	1,946	1,901	1,853	1,803	1,749	1,691
	0,900	1,809	1,790	1,774	1,760	1,706	1,677	1,647	1,615	1,581	1,544	1,504
28	0,990	2,896	2,841	2,794	2,753	2,602	2,522	2,440	2,353	2,263	2,167	2,064
	0,975	2,448	2,408	2,374	2,344	2,232	2,174	2,112	2,048	1,980	1,907	1,829
	0,950	2,118	2,088	2,063	2,041	1,959	1,915	1,869	1,820	1,769	1,714	1,654
	0,900	1,790	1,770	1,754	1,740	1,685	1,656	1,625	1,592	1,558	1,520	1,478
30	0,990	2,843	2,788	2,741	2,700	2,549	2,469	2,386	2,299	2,208	2,111	2,006
	0,975	2,412	2,372	2,337	2,307	2,195	2,136	2,074	2,009	1,940	1,866	1,787
	0,950	2,092	2,062	2,037	2,015	1,932	1,887	1,841	1,792	1,740	1,684	1,622
	0,900	1,773	1,753	1,737	1,722	1,667	1,638	1,606	1,573	1,538	1,499	1,456
40	0,990	2,665	2,610	2,563	2,522	2,369	2,288	2,203	2,114	2,019	1,917	1,805
	0,975	2,288	2,247	2,212	2,182	2,068	2,007	1,943	1,875	1,803	1,724	1,637
	0,950	2,003	1,973	1,947	1,924	1,839	1,793	1,744	1,693	1,637	1,577	1,509
	0,900	1,715	1,695	1,677	1,662	1,605	1,574	1,541	1,506	1,467	1,425	1,377
60	0,990	2,496	2,441	2,393	2,352	2,198	2,115	2,028	1,936	1,836	1,726	1,601
	0,975	2,169	2,128	2,092	2,061	1,944	1,882	1,815	1,744	1,667	1,581	1,482
	0,950	1,917	1,886	1,860	1,836	1,748	1,700	1,649	1,594	1,534	1,467	1,389
	0,900	1,657	1,637	1,619	1,603	1,543	1,511	1,476	1,437	1,395	1,348	1,291
80	0,990	2,416	2,361	2,313	2,272	2,116	2,033	1,944	1,849	1,746	1,630	1,491
	0,975	2,112	2,070	2,034	2,003	1,885	1,821	1,753	1,679	1,598	1,507	1,396
	0,950	1,876	1,844	1,817	1,793	1,703	1,654	1,602	1,545	1,482	1,410	1,322
	0,900	1,629	1,608	1,590	1,574	1,513	1,479	1,443	1,403	1,358	1,306	1,242
120	0,990	2,336	2,281	2,233	2,192	2,035	1,950	1,860	1,763	1,656	1,533	1,381
	0,975	2,055	2,013	1,976	1,945	1,825	1,760	1,690	1,614	1,530	1,433	1,310
	0,950	1,834	1,802	1,774	1,750	1,659	1,608	1,554	1,495	1,429	1,352	1,254
	0,900	1,601	1,580	1,561	1,545	1,482	1,447	1,409	1,368	1,320	1,265	1,193
∞	0,990	2,185	2,129	2,080	2,039	1,878	1,791	1,696	1,592	1,473	1,325	1,000
	0,975	1,945	1,902	1,865	1,833	1,708	1,640	1,566	1,484	1,388	1,268	1,000
	0,950	1,752	1,719	1,691	1,666	1,571	1,517	1,459	1,394	1,318	1,221	1,000
	0,900	1,546	1,523	1,504	1,487	1,421	1,383	1,342	1,295	1,240	1,169	1,000

zu Tab. 5:

Ablesebeispiel: $F_{7,20;0,99} = 3{,}699$

Erweiterung der Tafel: $F_{n_1,n_2;1-\gamma} = \dfrac{1}{F_{n_2,n_1;\gamma}}$,

Interpolation nach Laubscher: Gesucht ist $F_{n_1,n_2;\gamma}$. Gibt es dann natürliche Zahlen $n_3 \leqq n_1 < n_5$ sowie $n_4 \leqq n_2 < n_6$ derart, daß die Quantile $F_{n_3,n_4;\gamma}$, $F_{n_3,n_6;\gamma}$, $F_{n_5,n_4;\gamma}$ und $F_{n_5,n_6;\gamma}$ vertafelt sind, so gilt:

$$F_{n_1,n_2;\gamma} = (1-c_1)\cdot(1-c_2)\cdot F_{n_3,n_4;\gamma} + (1-c_1)\cdot c_2\cdot F_{n_3,n_6;\gamma} + c_1\cdot(1-c_2)\cdot F_{n_5,n_4;\gamma} + c_1\cdot c_2\cdot F_{n_5,n_6;\gamma}$$

für $c_1 = \dfrac{n_5(n_1-n_3)}{n_1(n_5-n_3)}$ und $c_2 = \dfrac{n_6(n_2-n_4)}{n_2(n_6-n_4)}$.

Läßt sich $n_3 = n_1$ wählen, so wird offensichtlich $c_1 = 0$, wie für $n_4 = n_2$ auch $c_2 = 0$ ist. In diesen Fällen vereinfacht sich die Interpolationsformel entsprechend.

Approximation für $0{,}5 < \gamma < 1$: $F_{n_1,n_2;\gamma} \simeq e^{u\cdot a-b}$ mit $u = u_\gamma$,

$$a = \sqrt{2\cdot d + c\cdot d^2}, \quad b = 2\cdot\left(\frac{1}{n_1-1} - \frac{1}{n_2-1}\right)\cdot\left(c + \frac{5}{6} - \frac{d}{3}\right),$$

$$c = \frac{(u_\gamma)^2-3}{6} \quad \text{und} \quad d = \frac{1}{n_1-1} + \frac{1}{n_2-1}.$$

Nomogramme von Heck (1960) zum Roy-Test (s. auch S. 766)

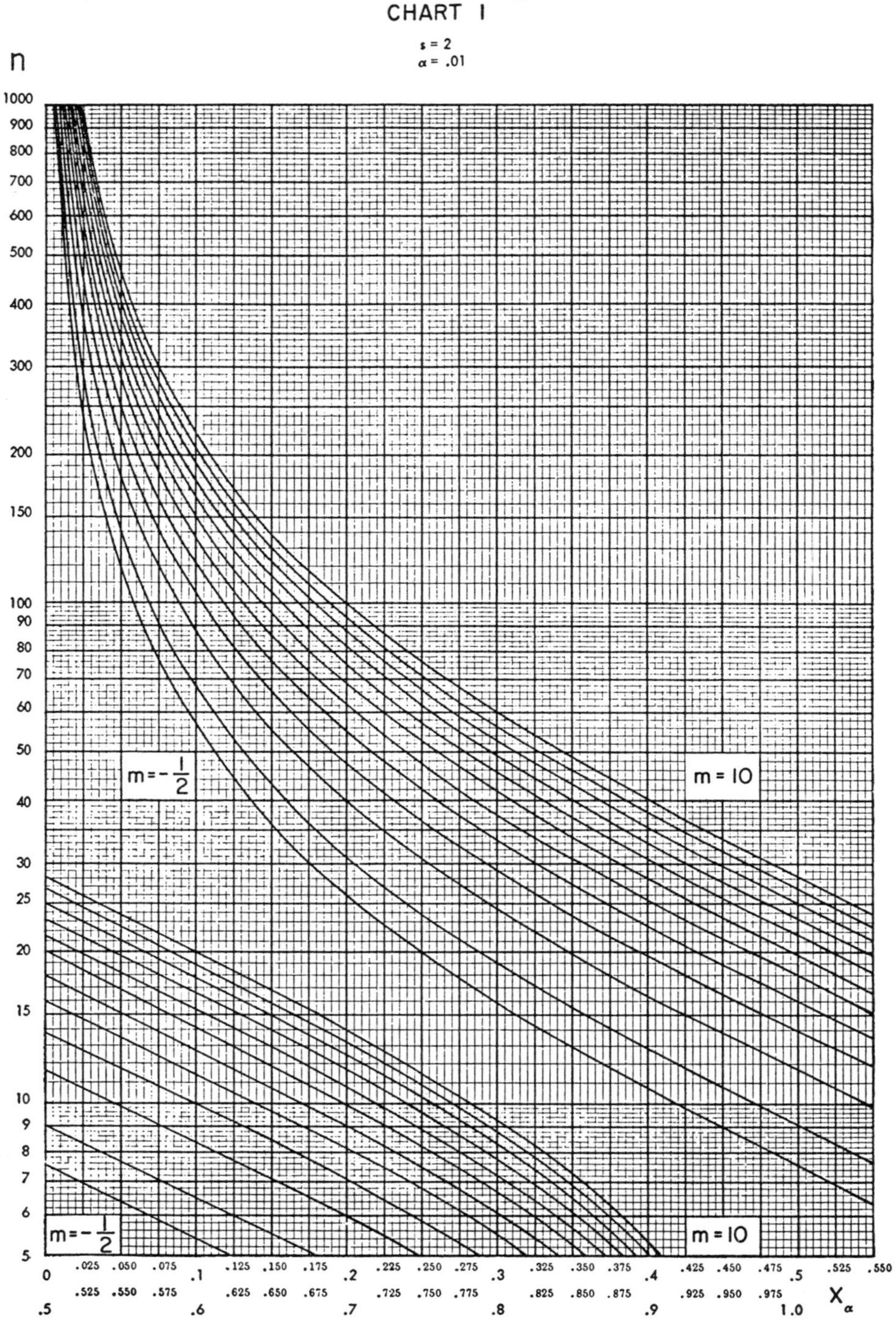

CHART II

s = 2
α = .025

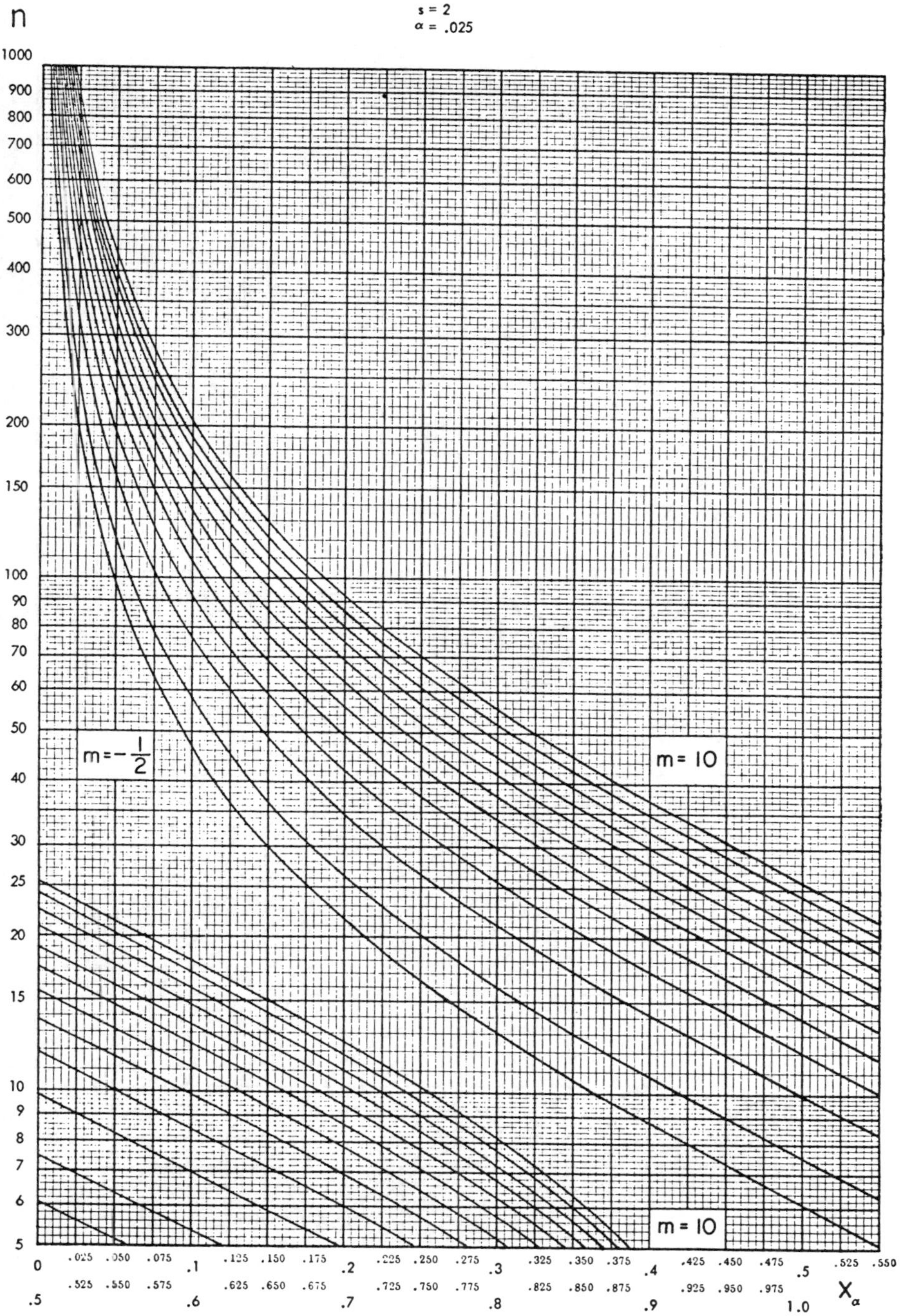

CHART III

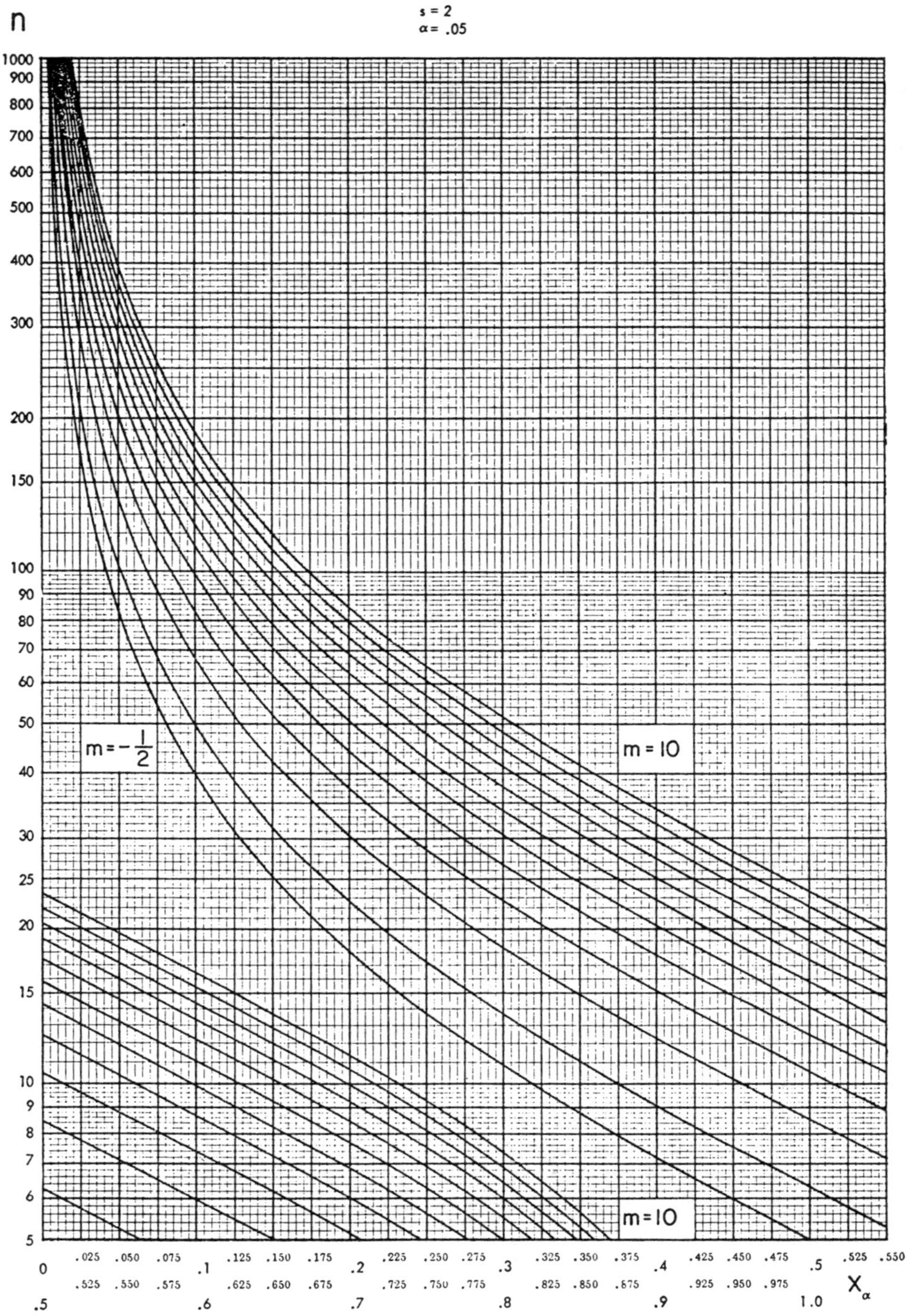
s = 2
α = .05
n
1000
900
800
700
600
500
400
300
200
150
100
90
80
70
60
50
40
30
25
20
15
10
9
8
7
6
5
m = −1/2
m = 10
m = 10
0
.025
.050
.075
.1
.125
.150
.175
.2
.225
.250
.275
.3
.325
.350
.375
.4
.425
.450
.475
.5
.525
.550
.525
.550
.575
.625
.650
.675
.725
.750
.775
.825
.850
.875
.925
.950
.975
.5
.6
.7
.8
.9
1.0
X_α

CHART IV

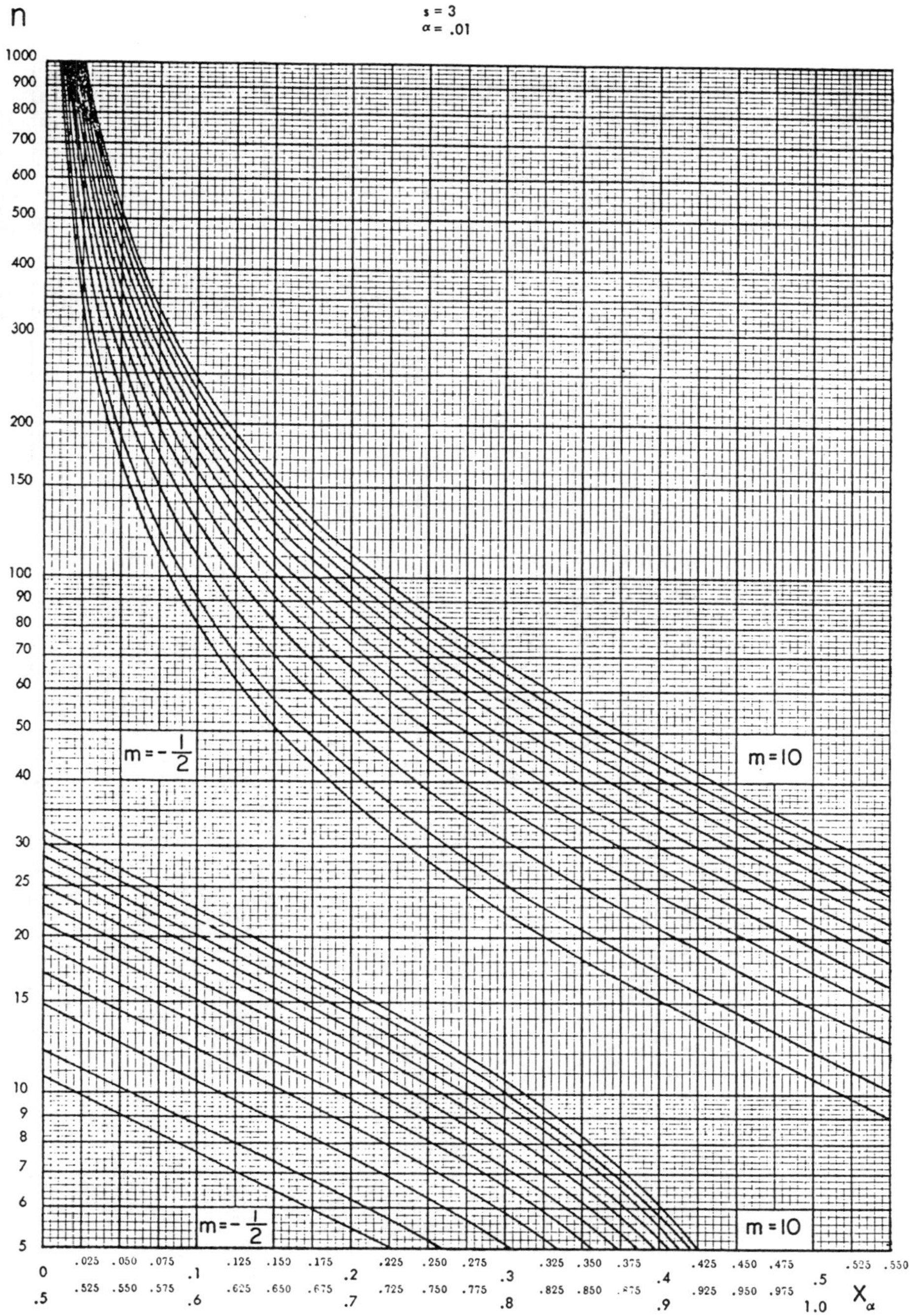
n
s = 3
α = .01
1000
900
800
700
600
500
400
300
200
150
100
90
80
70
60
50
40
30
25
20
15
10
9
8
7
6
5
m = - 1/2
m = 10
m = - 1/2
m = 10
0 .025 .050 .075 .1 .125 .150 .175 .2 .225 .250 .275 .3 .325 .350 .375 .4 .425 .450 .475 .5 .525 .550
.5 .525 .550 .575 .6 .625 .650 .675 .7 .725 .750 .775 .8 .825 .850 .875 .9 .925 .950 .975 1.0
X_α

CHART V

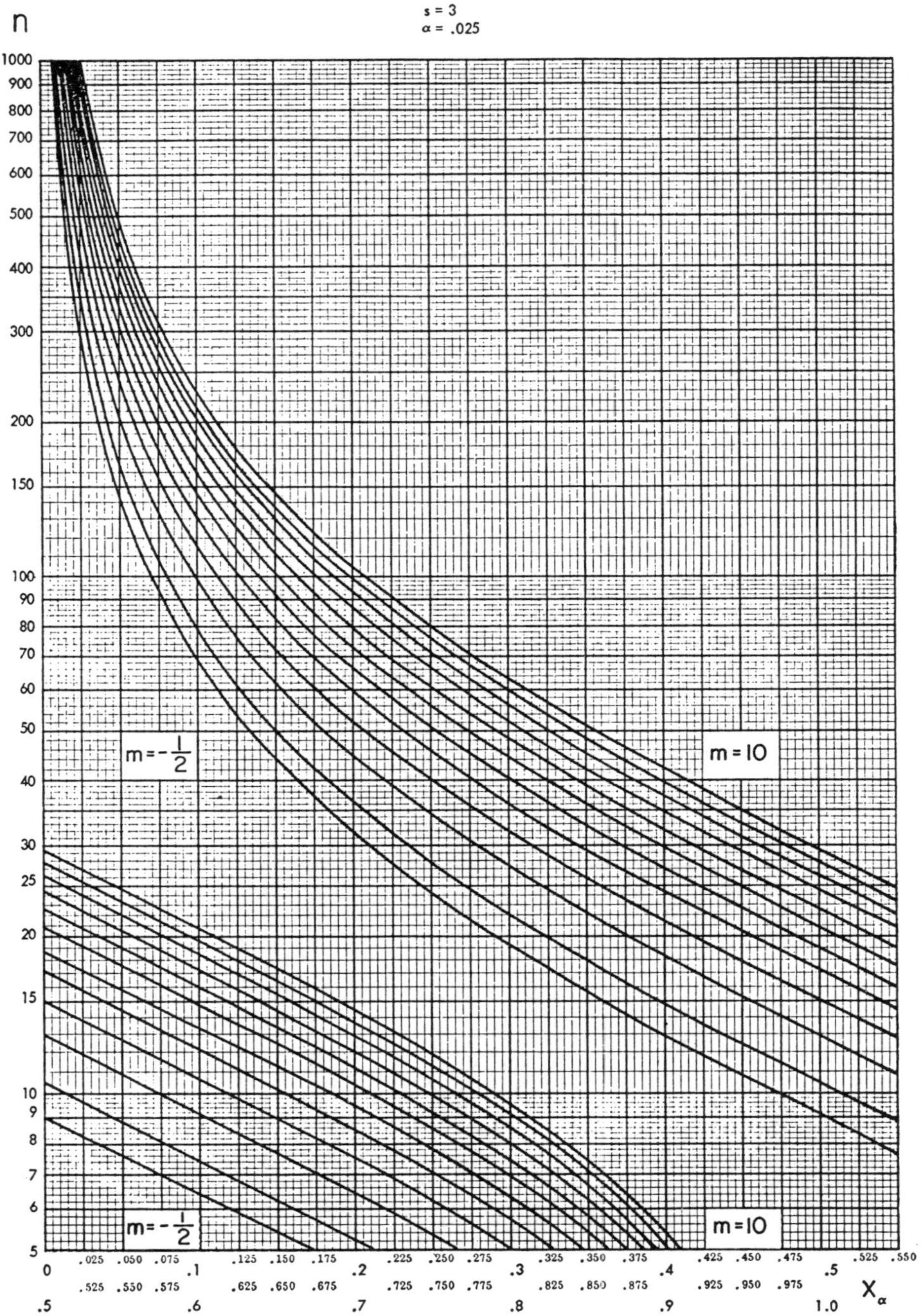
s = 3
α = .025
n
1000
900
800
700
600
500
400
300
200
150
100
90
80
70
60
50
40
30
25
20
15
10
9
8
7
6
5
m = -1/2
m = 10
m = -1/2
m = 10
0
.025
.050
.075
.1
.125
.150
.175
.2
.225
.250
.275
.3
.325
.350
.375
.4
.425
.450
.475
.5
.525
.550
.525
.550
.575
.625
.650
.675
.725
.750
.775
.825
.850
.875
.925
.950
.975
.5
.6
.7
.8
.9
1.0
X_α

CHART VI

s = 3
α = .05

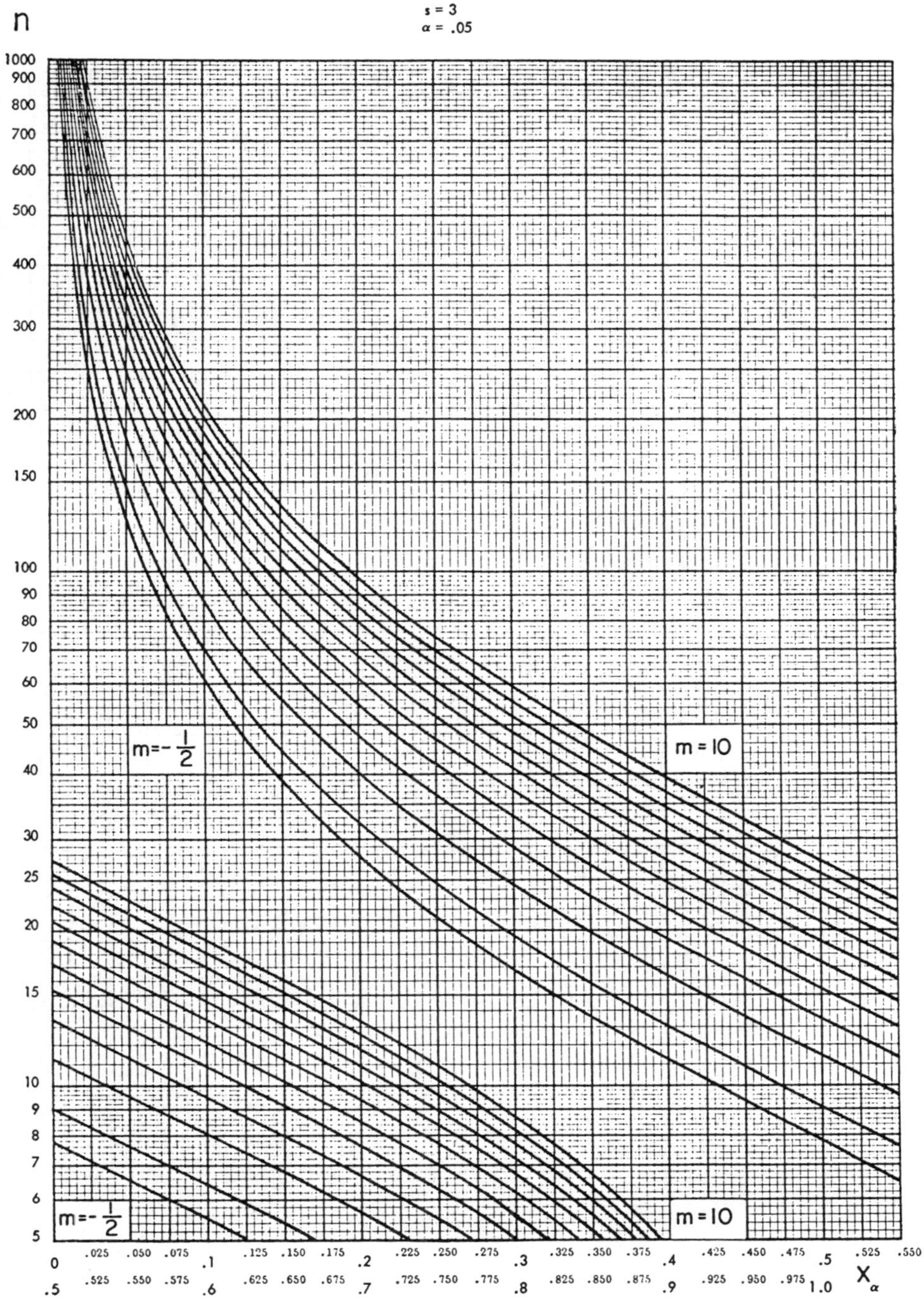

CHART VII

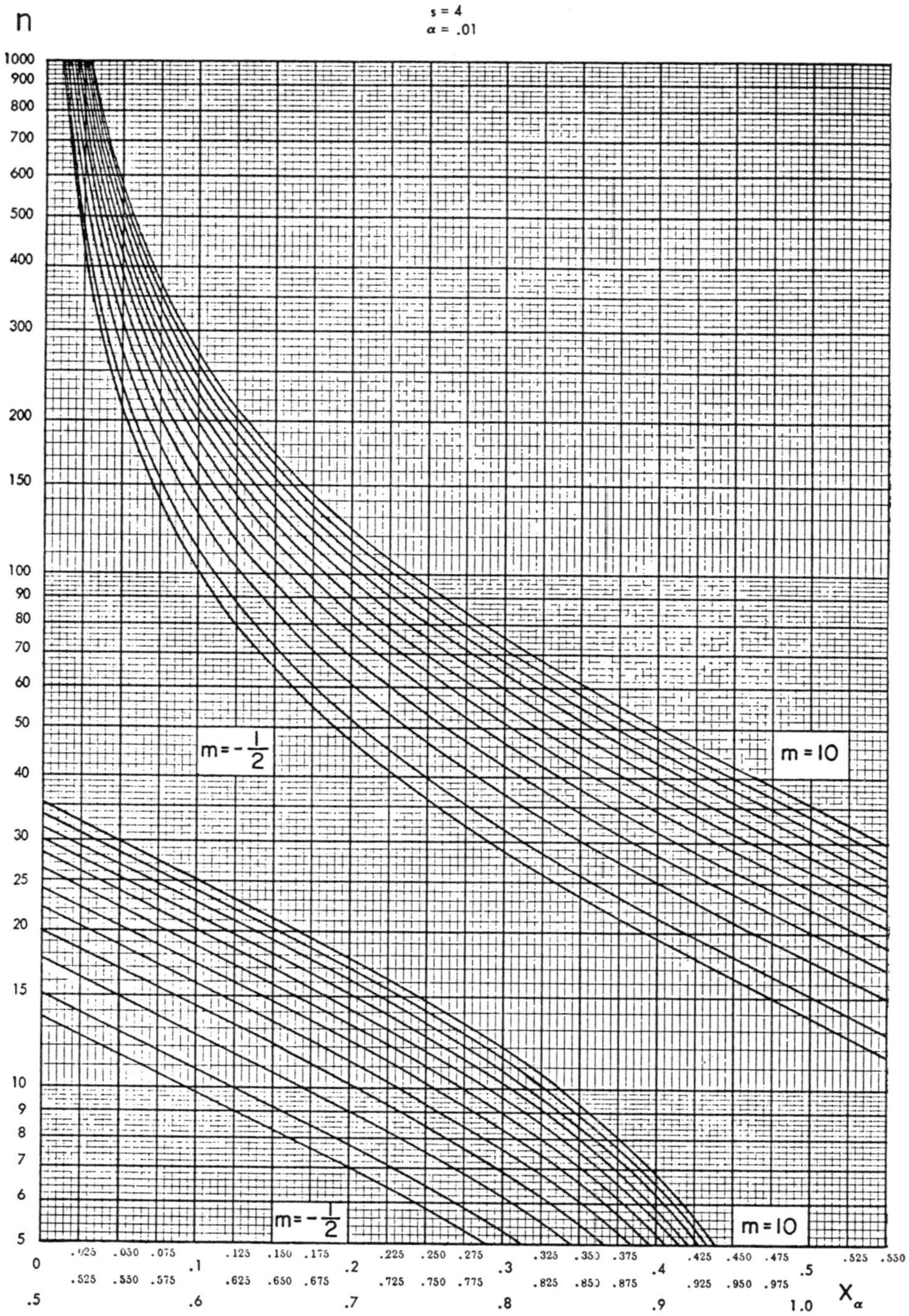
s = 4
α = .01
n
1000
900
800
700
600
500
400
300
200
150
100
90
80
70
60
50
40
30
25
20
15
10
9
8
7
6
5
m = -1/2
m = 10
m = -1/2
m = 10
0
.5
.1
.6
.2
.7
.3
.8
.4
.9
.5
1.0
Xα

CHART VIII

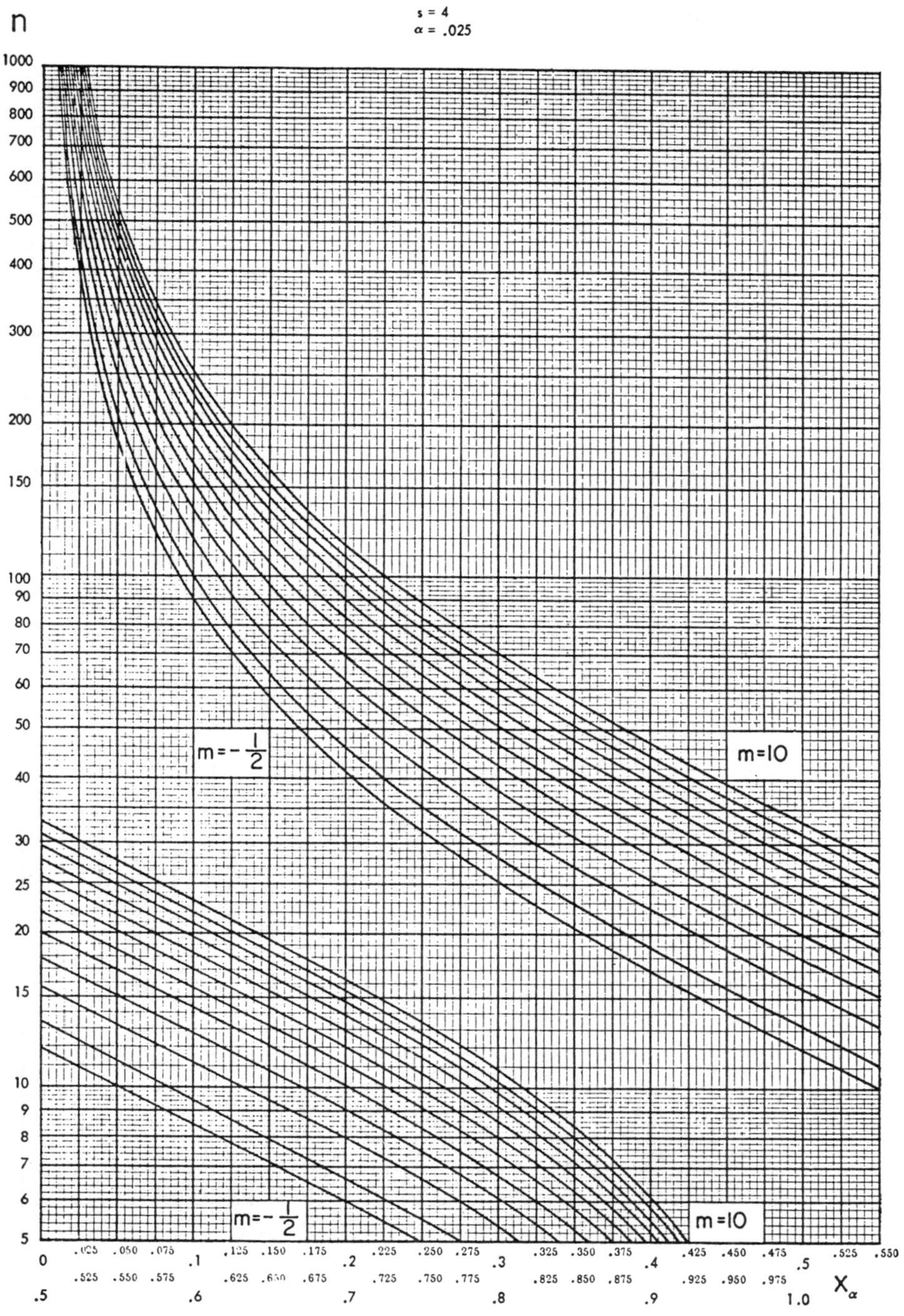
n
s = 4
α = .025
1000
900
800
700
600
500
400
300
200
150
100
90
80
70
60
50
40
30
25
20
15
10
9
8
7
6
5
m = − 1/2
m=10
m = − 1/2
m=10
0 .025 .050 .075 .1 .125 .150 .175 .2 .225 .250 .275 .3 .325 .350 .375 .4 .425 .450 .475 .5 .525 .550
.525 .550 .575 .625 .650 .675 .725 .750 .775 .825 .850 .875 .925 .950 .975
.5 .6 .7 .8 .9 1.0
X_α

CHART IX

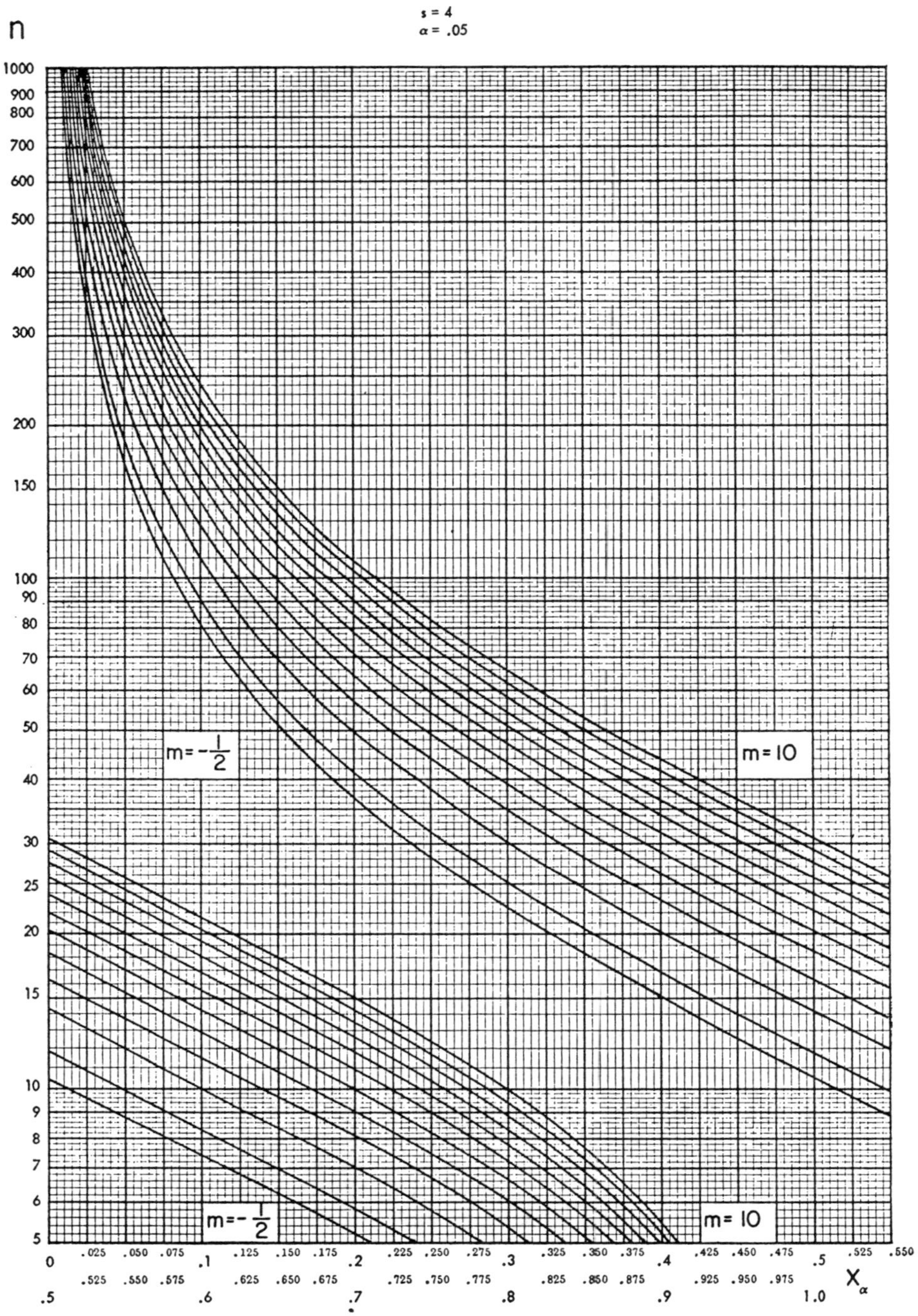
s = 4
α = .05
n
1000
900
800
700
600
500
400
300
200
150
100
90
80
70
60
50
40
30
25
20
15
10
9
8
7
6
5
m = −1/2
m = 10
m = −1/2
m = 10
0 .025 .050 .075 .1 .125 .150 .175 .2 .225 .250 .275 .3 .325 .350 .375 .4 .425 .450 .475 .5 .525 .550
.525 .550 .575 .625 .650 .675 .725 .750 .775 .825 .850 .875 .925 .950 .975
.5 .6 .7 .8 .9 1.0
Xα

CHART X

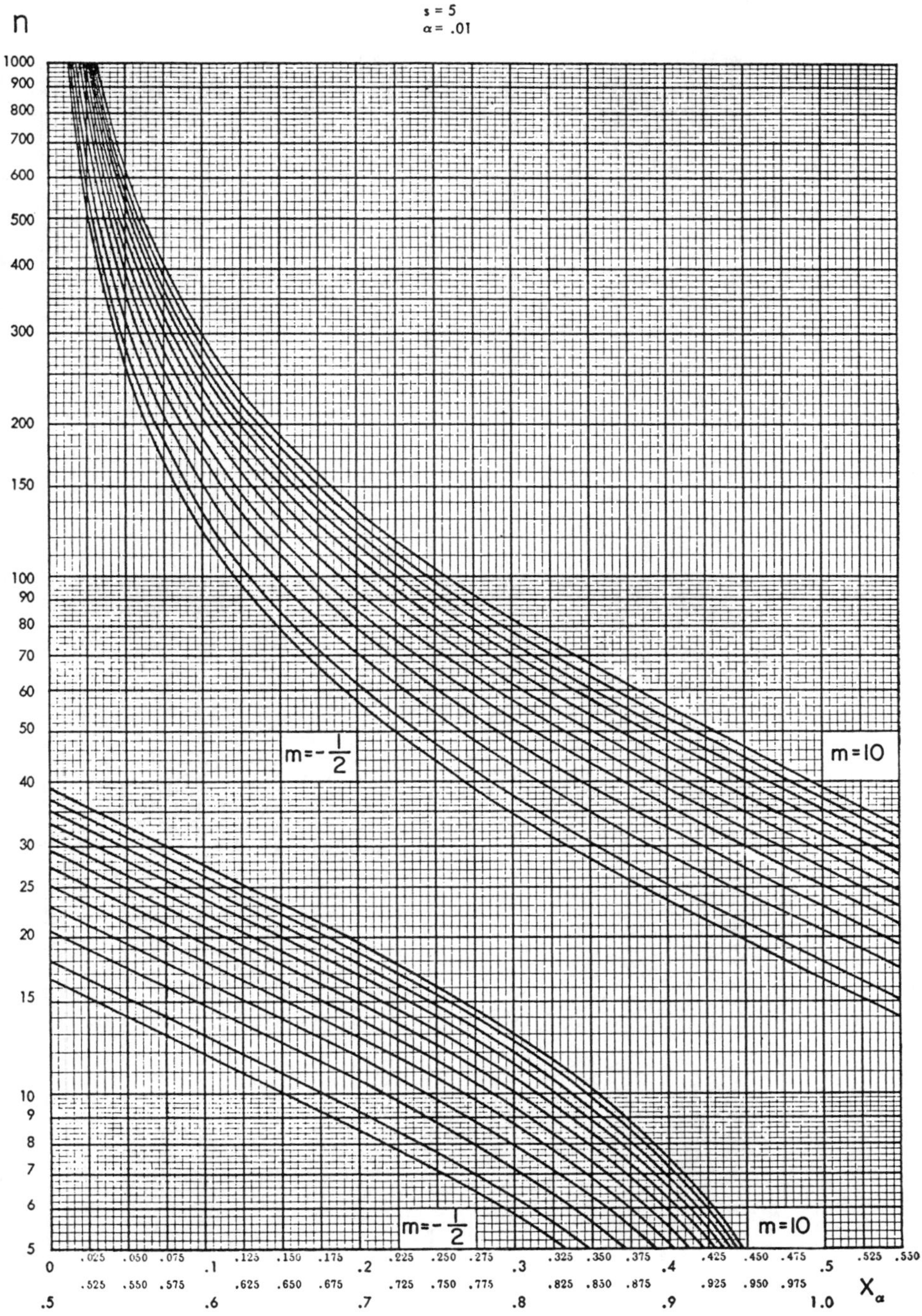
s = 5
α = .01
n
1000
900
800
700
600
500
400
300
200
150
100
90
80
70
60
50
40
30
25
20
15
10
9
8
7
6
5
m=-1/2
m=10
m=-1/2
m=10
0 .025 .050 .075 .1 .125 .150 .175 .2 .225 .250 .275 .3 .325 .350 .375 .4 .425 .450 .475 .5 .525 .550
.525 .550 .575 .625 .650 .675 .725 .750 .775 .825 .850 .875 .925 .950 .975
.5 .6 .7 .8 .9 1.0
Xα

CHART XI

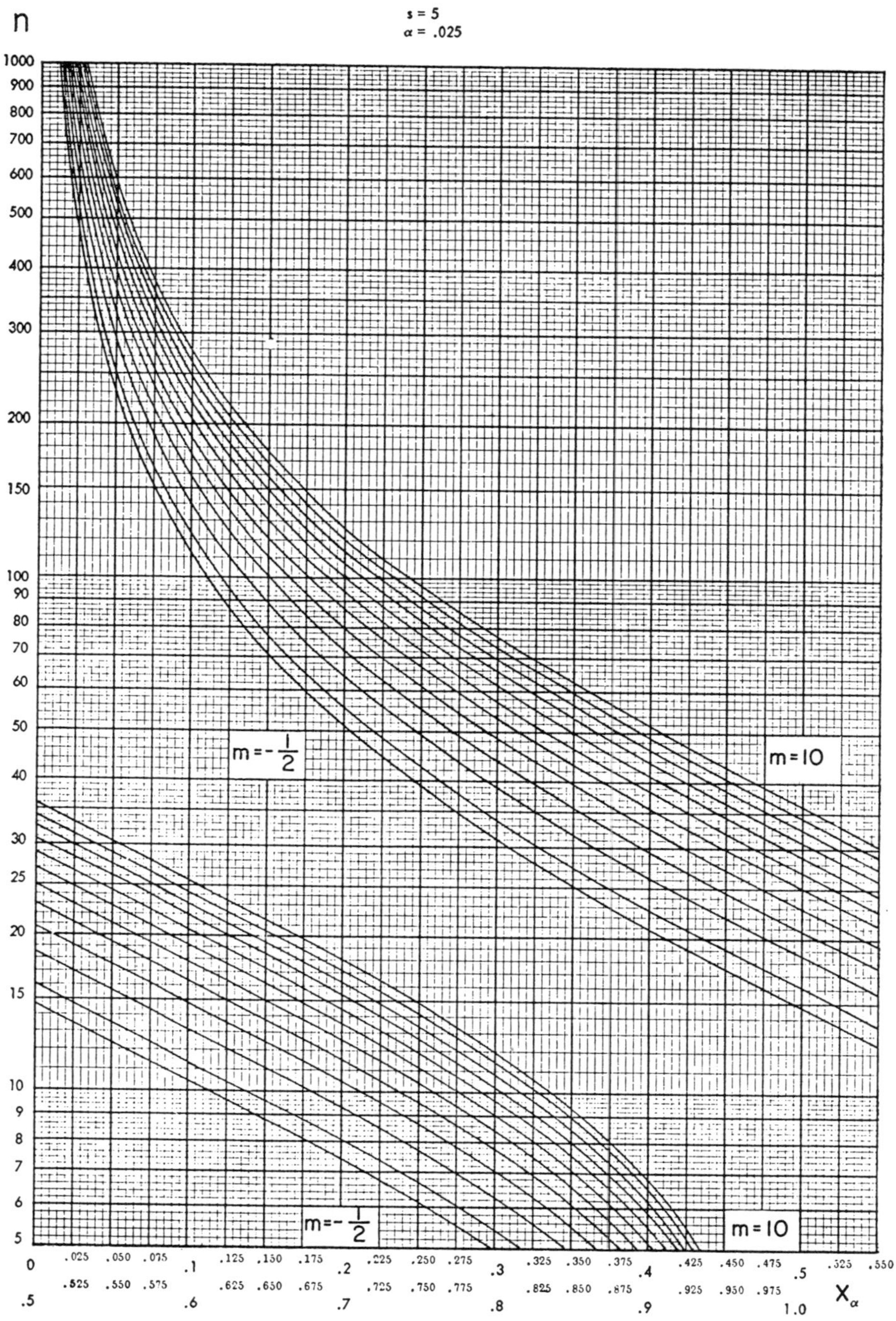
n
s = 5
α = .025
1000
900
800
700
600
500
400
300
200
150
100
90
80
70
60
50
40
30
25
20
15
10
9
8
7
6
5
m = - 1/2
m = 10
m = - 1/2
m = 10
0
.025
.050
.075
.1
.125
.150
.175
.2
.225
.250
.275
.3
.325
.350
.375
.4
.425
.450
.475
.5
.525
.550
.5
.525
.550
.575
.6
.625
.650
.675
.7
.725
.750
.775
.8
.825
.850
.875
.9
.925
.950
.975
1.0
X_α

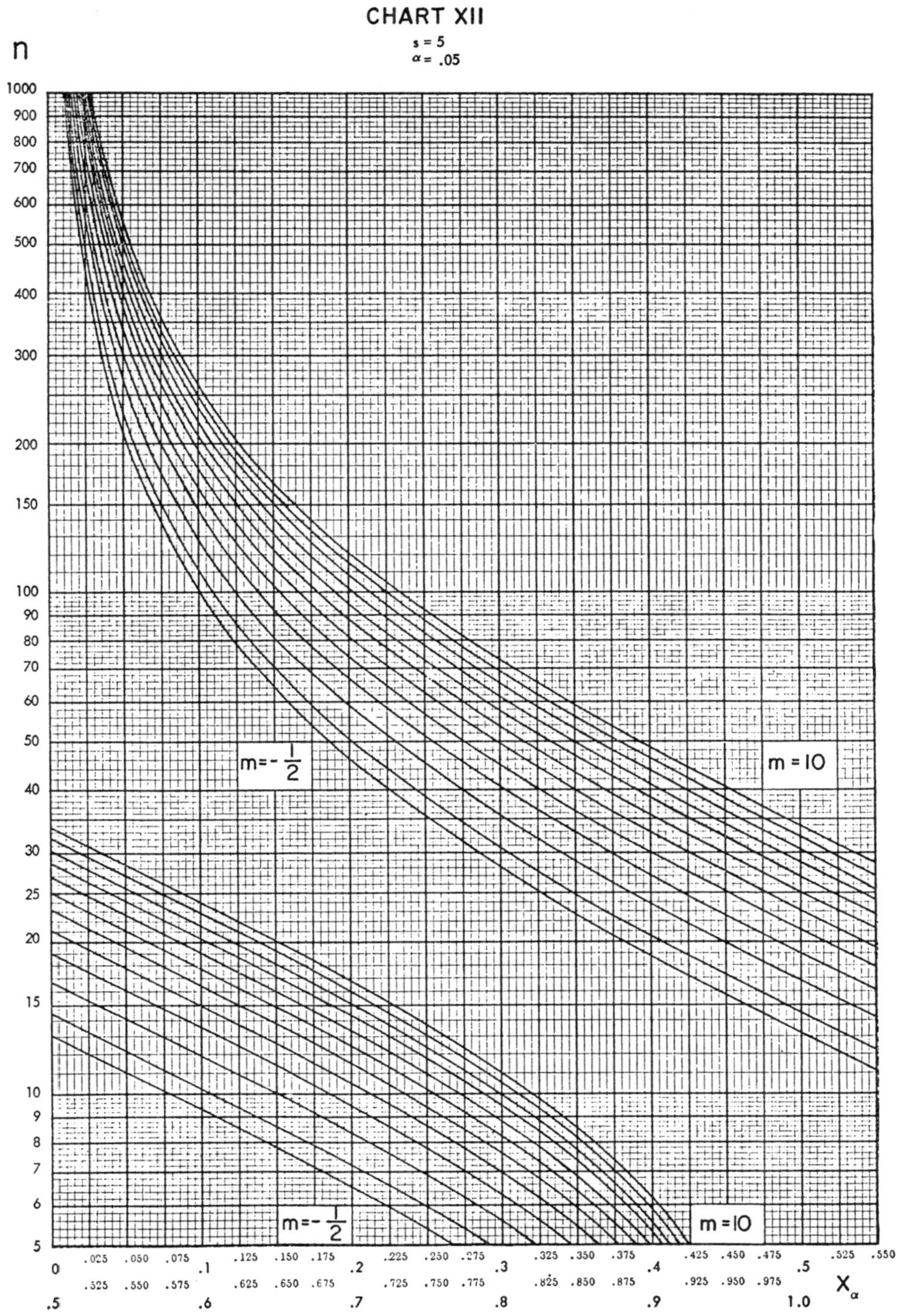
CHART XII
s = 5
α = .05
n
1000
900
800
700
600
500
400
300
200
150
100
90
80
70
60
50
40
30
25
20
15
10
9
8
7
6
5
m= - 1/2
m = 10
m= - 1/2
m = 10
0
.025 .050 .075
.1
.125 .150 .175
.2
.225 .250 .275
.3
.325 .350 .375
.4
.425 .450 .475
.5
.525 .550
.525 .550 .575
.625 .650 .675
.725 .750 .775
.825 .850 .875
.925 .950 .975
.5
.6
.7
.8
.9
1.0
X_α

2 ERLÄUTERUNGEN ZU DEN MULTIVARIATEN TESTVERFAHREN

Der multivariate Roy-Test, Wilks-Test, Hotelling-Lawley-Test und Pillai-Bartlett-Test, vgl. auch Abschnitt 1.2 in Kapitel X, basieren auf Prüfgrößen, die Funktionen der Eigenwerte $\xi_1,\ldots,\xi_p$ der Matrix $S_h S_e^{-1}$ bzw. $\lambda_1,\ldots,\lambda_n$ der Matrix $(S_e + S_h)^{-1} S_h$ sind; hierbei bezeichnet S_h die Hypothesenmatrix und S_e die Fehlermatrix (als invertierbar angenommen) einer multivariaten linearen Hypothese H_0. Die Parameter der Verteilunger der Prüfgrößen sind

p - die Dimension des Problems,
n_e - der Freiheitsgrad des Fehlers,
n_h - der Freiheitsgrad der Hypothese.

Im Fall der im Abschnitt 1.4 des Kapitels III behandelten multivariaten Unabhängigkeitshypothese von p Merkmalen $X_1,\ldots,X_p$ und q Merkmalen $Y_1,\ldots,Y_p$ ist im Fall von N Beobachtungen speziell

$$S_e = S_{XX} - S_{XY} S_{YY}^{-1} S_{XY}^T \quad , \quad n_e = N - q - 1 \quad ,$$
$$S_h = S_{XY} S_{YY}^{-1} S_{XY}^T \quad , \quad n_h = q \quad ,$$

d.h.

$$(S_e + S_h)^{-1} S_h = S_{XX}^{-1} S_{XY} S_{YY}^{-1} S_{XY}^T \quad .$$

Für die Eigenwerte $\xi_1,\ldots,\xi_p$ und $\lambda_1,\ldots,\lambda_p$ gilt für i=1,...,p

$$\xi_i = \frac{\lambda_i}{1 - \lambda_i} \qquad \text{bzw.} \qquad \lambda_i = \frac{\xi_i}{1 + \xi_i} \quad .$$

2.1 ZUM ROY-TEST

Prüfgröße: $\Lambda_R = \frac{\xi_1}{1 + \xi_1} = \lambda_1$.

Kritischer Wert: $c_{R;1-\alpha}(p,n_e,n_h)$.

Verwerfe H_0 zum Niveau α, falls: $\Lambda_R > c_{R;1-\alpha}(p,n_e,r_h)$.

Kritische Werte können für $\alpha = 0.01$, $\alpha = 0.025$, $\alpha = 0.05$ den Nomogrammen (Chart I bis Chart XII) auf Seite 754 - 765 entnommen werden; dabei ist

$s = \min(p,n_h)$ für $s = 2,3,4,5$,
$m = (|n_h - p| - 1)/2$ für $m = -1/2,0,1,2,\ldots,10$,
$n = (n_e - p - 1)/2$ für $n = 5,\ldots,1000$,

und für die jeweilige Kombination von s und n wird $c_{R;1-\alpha}(p,n_e,n_h)$ wie folgt abgelesen: Die untere Kurvenschar im Nomogramm für $m = -1/2, 0, 1, \ldots, 10$ ist die Fortsetzung der oberen Kurvenschar ; der kritische Wert $c_{R;1-\alpha}(p,n_e,n_h)$ ist am Fuße des Nomogramms abgetragen, wobei sich die obere Zeile auf die obere, die untere Zeile auf die untere Kurvenschar (mit einer Überlappung zwischen 0.50 und 0.55) bezieht.

Ablesebeispiel (verwandt wird jeweils Chart II):

$\alpha = 0.025,\ s = 2,\ m = 0,\ n = 100 :\quad 0.060$;

$\alpha = 0.025,\ s = 2,\ m = 5,\ n = 15 :\quad 0.545$;

$\alpha = 0.025,\ s = 2,\ m = 2,\ n = 8 :\quad 0.615$.

Exakte F-Tests:

$$c_{R;1-\alpha}(1,n_e,n_h) = \frac{n_h}{n_e} F_{n_h,n_e;1-\alpha} \Big/ \left(1 + \frac{n_h}{n_e} F_{n_h,n_e;1-\alpha}\right) \quad ;$$

$$c_{R;1-\alpha}(p,n_e,1) = \frac{p}{n_e-p+1} F_{p,n_e-p+1;1-\alpha} \Big/ \left(1 + \frac{p}{n_e-p+1} F_{p,n_e-p+1;1-\alpha}\right).$$

2.2 ZUM WILKS - TEST

Prüfgröße: $$\Lambda_W = \prod_{i=1}^{p} \frac{1}{1+\xi_i} = \prod_{i=1}^{p} (1-\lambda_i) = \frac{\det S_e}{\det(S_e + S_h)} \quad .$$

Kritischer Wert: $c_{W;\alpha}(p,n_e,n_h)$

Verwerfe H_0 zum Niveau α, falls: $\Lambda_W < c_{W;\alpha}(p,n_e,n_h)$.

Approximationen:

Verwerfe H_0 zum Niveau α, falls:

A. $-\delta \cdot \ln \Lambda_W > \chi^2_{pn_h;1-\alpha}$;

B. $$\frac{1-\Lambda_W^{1/\eta}}{\Lambda_W^{1/\eta}} > \frac{pn_h}{\delta\eta - pn_h/2+1} F_{pn_h,\delta\eta-pn_h/2+1;1-\alpha} \quad ;$$

wobei $\delta = n_e + n_h - (p + n_h + 1)/2$,

$$\eta = \sqrt{(p^2 n_h^2 - 4)/(p^2 + n_h^2 - 5)} \quad .$$

Die unter B. angegebene Approximation ist genauer, falls n_e klein im Vergleich zu p und n_h ist.

Exakte F-Tests:

$$c_{W;\alpha}(1,n_e,n_h) = 1\Big/\left(1+\frac{n_h}{n_e}F_{n_h,n_e;1-\alpha}\right) \quad ;$$

$$c_{W;\alpha}(2,n_e,n_h) = 1\Big/\left(1+\frac{n_h}{n_e-1}F_{2n_h,2(n_e-1);1-\alpha}\right)^2 \quad ;$$

$$c_{W;\alpha}(p,n_e,\ 1) = 1\Big/\left(1+\frac{p}{n_e-p+1}F_{p,n_e-p+1;1-\alpha}\right) \quad ;$$

$$c_{W;\alpha}(p,n_e,\ 2) = 1\Big/\left(1+\frac{1}{n_e-p+1}F_{2p,2(n_e-p+1);1-\alpha}\right)^2 \quad .$$

2.3 ZUM HOTELLING-LAWLEY-TEST

Prüfgröße: $\Lambda_{HL} = \sum_{i=1}^{p} \xi_i = \sum_{i=1}^{p} \frac{\lambda_i}{1-\lambda_i}$.

Kritischer Wert: $c_{HL;1-\alpha}(p,n_e,n_h)$.

Verwerfe H_0 zum Niveau α, falls: $\Lambda_{HL} > c_{HL;1-\alpha}(p,n_e,n_h)$.

Approximationen:

A. $$c_{HL;1-\alpha}(p,n_e,n_h) \simeq \frac{\theta^2(2u+\theta+1)}{2(\theta v+1)} F_{\theta(2u+\theta+1),2(\theta v+1);1-\alpha} \quad ,$$

wobei $\theta = \min(p,n_h)$,

$u = (|p-n_h|-1)/2$,

$v = (n_e-p-1)/2$;

B. (falls $n_e \geq p+2$)

$$c_{HL;1-\alpha}(p,n_e,n_h) \simeq \frac{g_2-2}{g_2}\,\frac{pn_h}{n_e-p-1} F_{g_1,g_2;1-\alpha} \quad ,$$

wobei - im Falle $n_e - pn_h + n_h - 1 > 0$

$$g_1 = \frac{pn_h(n_e-p)}{n_e-pn_h+n_h-1} \quad , \quad g_2 = n_e-p+1 \quad ;$$

- im Falle $n_e - pn_h + n_h - 1 \leq 0$

$$g_1 = \infty \quad , \quad g_2 = n_e-p+1-\frac{(n_e-p-1)(n_e-p-3)(n_e-pn_h+n_h-1)}{(n_e-1)(n_e+n_h-p-1)} \quad .$$

Exakte F-Tests:

$$c_{HL;1-\alpha}(1,n_e,n_h) = \frac{n_h}{n_e} F_{n_h,n_e;1-\alpha} \quad ;$$

$$c_{HL;1-\alpha}(p,n_e,\ 1) = \frac{p}{n_e-p+1} F_{p,n_e-p+1;1-\alpha} \quad .$$

2.4 ZUM PILLAI - BARTLETT - TEST

Prüfgröße: $\Lambda_{PB} = \sum_{i=1}^{p} \frac{\xi_i}{1+\xi_i} = \sum_{i=1}^{p} \lambda_i$.

Kritischer Wert: $c_{PB;1-\alpha}(p,n_e,n_h)$.

Verwerfe H_0 zum Niveau α, falls: $\Lambda_{PB} > c_{PB;1-\alpha}(p,n_e,n_h)$.

Approximation:

Verwerfe H_0 zum Niveau α, falls:

$$\frac{\Lambda_{PB}}{\theta - \Lambda_{PB}} > \frac{2u+\theta+1}{2v+\theta+1} F_{\theta(2u+\theta+1),\theta(2v+\theta+1);1-\alpha} \quad ,$$

wobei $\theta = \min(p,n_h)$,

$u = (|p - n_h| - 1)/2$,

$v = (n_e - p - 1)/2$.

Exakte F-Tests:

$$c_{PB;1-\alpha}(1,n_e,n_h) = \frac{n_h}{n_e} F_{n_h,n_e;1-\alpha} \Big/ \left(1 + \frac{n_h}{n_e} F_{n_h,n_e;1-\alpha}\right) \quad ;$$

$$c_{PB;1-\alpha}(p,n_e,\ 1) = \frac{p}{n_e-p+1} F_{p,n_e-p+1;1-\alpha} \Big/ \left(1 + \frac{p}{n_e-p+1} F_{p,n_e-p+1;1-\alpha}\right)$$

3 GRIECHISCHES ALPHABET

Α	α	Alpha
Β	β	Beta
Γ	γ	Gamma
Δ	δ	Delta
Ε	ε	Epsilon
Ζ	ζ	Zeta
Η	η	Eta
Θ	θ	Theta
Ι	ι	Jota
Κ	κ	Kappa
Λ	λ	Lambda
Μ	μ	My
Ν	ν	Ny
Ξ	ξ	Xi
Ο	ο	Omikron
Π	π	Pi
Ρ	ρ	Rho
Σ	σ	Sigma
Τ	τ	Tau
Υ	υ	Ypsilon
Φ	φ	Phi
Χ	χ	Chi
Ψ	ψ	Psi
Ω	ω	Omega

4 LITERATURVERZEICHNIS

1. Afifi, A.A./Elashoff, R.M.(1969): *Multivariate two sample tests with dichotomous and continuous variables in the location model.* Annals of Mathematical Statistics, vol.40, p.290-298.
2. Ahrens, H.J.(1974): *Multidimensionale Skalierung.* Beltz, Weinheim.
3. Ahrens, H./Läuter, J.(1981): *Mehrdimensionale Varianzanalyse.* Akademie-Verlag, Berlin.
4. Albert, A.(1972): *Regression and the Moore-Penrose pseudoinverse.* Academic Press, New York.
5. Amemiya, T.(1981): *Qualitative response models: A survey.* Journal of Economic Literature, vol.XIX, p.1483-1536.
6. Anderson, T.W.(1958): *An introduction to multivariate statistical analysis.* Wiley & Sons, New York.
7. Andrews, D.F.(1972): *Plots of high-dimensional data.* Biometrics, vol.28, p.125-136.
8. Andrews, D.F./Bickel, P.J./Hampel, F.R./Huber, P.J./Rogers, W.H./Tukey, J.W.(1972): *Robust estimates of location: Survey and advances.* Princeton University Press, Princeton, New Jersey.
9. Bahrenberg, G./Giese, E.(1975): *Statistische Methoden und ihre Anwendung in der Geographie.* Teubner, Stuttgart.
10. Bamberg, G./Baur, F.(1980): *Statistik.* Oldenbourg, München.
11. Bamberg, G./Rauhut, B.(1972): *Lineare Regression bei alternativen Schadensfunktionen.* Operations Research Verfahren, vol.XII, p.1-10.
12. Bamberg, G./Schittko, U.(1979): *Einführung in die Ökonometrie.* Fischer, Stuttgart.
13. Bargmann, R.E.(1955): *Signifikanzuntersuchungen der einfachen Struktur in der Faktoren-Analyse.* Mitteilungsblatt für die Mathematische Statistik, vol.7, p.1-24.
14. Bargmann, R.E./Baker, F.D.(1977): *A minimax approach to component analysis.* Proceedings of the Symposium on Applied Statistics, Dayton, p.55-69.
15. Bargmann, R.E./Chang, J.C.(1972): *Internal multi-dimensional scaling of categorical variables.* Themis Technical Report 34, University of Georgia, Athens, Georgia.
16. Bargmann, R.E./Kundert, K.R.(1972): *Tools of analysis for pattern recognition.* Themis Report 22, University of Georgia, Athens, Georgia.
17. Bargmann, R.E./Schünemeyer, J.H.(1978): *Maximum eccentricity as a union-intersection test statistic in multivariate analysis.* Journal of Multivariate Analysis, vol.8, p.268-273.
18. Barnett, V.(1981): *Interpreting multivariate data.* Wiley & Sons, Chichester.
19. Bartlett, M.S.(1951): *A further note on tests of significance in factor analysis.* British Journal of Psychology, vol.4, p.1-2.
20. Beals, R./Krantz, D.H./Tversky, A.(1968): *Foundations of multidimensional scaling.* Psychological Review, vol.75, p.127-142.
21. Beckmann, M.J./Künzi, H.P.(1973): *Mathematik für Ökonomen I, II.* Springer, Berlin.

22. Ben-Israel, A./Greville, T.N.E.(1980): *Generalized inverses: Theory and applications*. Krieger, New York.

23. Bennett, J.F./Hayes, W.L.(1960): *Multidimensional Unfolding: Determining the dimensionality of ranked preference data*. Psychometrika, vol.25, p.27-43.

24. Bleymüller, J./Gehlert, G./Gülicher, H.(1983): *Statistik für Wirtschaftswissenschaftler*. Vahlen, München.

25. Blum, E./Oettli, W.(1975): *Mathematische Optimierung*. Springer, Berlin.

26. Bock, H.H.(1973): *Automatische Klassifikation*. Vandenhoeck & Ruprecht, Göttingen.

27. Bock, H.H.(1980): *Explorative Datenanalyse*. In: Koller, S./Reichertz, P.L./Überla, K. (eds), Explorative Datenanalyse, Springer, Berlin, p.6-37.

28. Bock, H.H.(1983): *Statistische Testverfahren im Rahmen der Clusteranalyse*. Studien zur Klassifikation, vol.13, p.161-176.

29. Borg, I.(1981): *Anwendungsorientierte multidimensionale Skalierung*. Springer, Berlin.

30. Bosch, K.(1982): *Mathematik für Wirtschaftswissenschaftler*. Oldenbourg, München.

31. Box, G.E.P./Jenkins, G.M.(1976): *Time series analysis, forecasting and control*. Holden-Day, San Francisco.

32. Cailliez, F./Pages, J.-P.(1976): *Introduction à l'analyse des donnêes*. SMASH, Paris.

33. Chang, C.L./Lee, R.C.T.(1973): *A heuristic relaxation method for non -linear mapping in cluster analysis*. IEEE Transactions on Systems, Man and Cybernetics, vol.SMC-2, p.197-200.

34. Chatfield, C.(1975): *The analysis of time series, theory and practice*. Chapman & Hall, London.

35. Chatterjee, S./Price, B.(1977): *Regression analysis by example*. Wiley & Sons, New York.

36. Chernikova, N.N.(1965): *Algorithm for finding a general formula for the non-negative solutions of a system of linear inequalities*. U.S.S.R. Computational Mathematics and Mathematical Physics, vol.5, p. 228-233.

37. Chernoff, H.(1971): *The use of faces to represent points in n-dimensional space graphically*. Technical Report 71, Department of Statistics, Stanford University, Stanford.

38. Chernoff, H.(1973): *The use of faces to represent points in k-dimensional space graphically*. Journal of the American Statistical Association, vol.68, p.361-368.

39. Coombs, C.H.(1964): *A theory of data*. Wiley & Sons, New York.

40. Coombs, C.H./Dawes, R.M./Tversky, A.(1975): *Mathematische Psychologie*. Beltz, Weinheim.

41. Cormack, R.M.(1971): *A review of classification*. Journal of the Royal Statistical Society, vol.A134, p.321-367.

42. Cox, D.R.(1970): *The analysis of binary data*. Methuen, New York.

43. Cox, N.R.(1974): *Estimation of the correlation between a continuous and a discrete variable*. Biometrics, vol.30, p.171-178.

44. Cremers, H./Fieger, W.(1983a): *Gleichmäßig beste Schätzfunktionen und Normalverteilungsannahme im Linearen Modell bei konvexen Schadens-*

funktionen. Methods of Operations Research, vol.47, p.15-27.

45. Cremers, H./Fieger, W.(1983b): *Äquivariante Schätzfunktionen und Normalverteilungsannahme im Linearen Modell.* In: Bühler, W./Fleischmann, B./Schuster, K.-P./Streitferdt, L./Zander, H. (eds), Operations Research Proceedings 1982, Springer, Berlin, p.551-557.

46. Daling, J.R./Tamura, H.(1970): *Use of orthogonal factors for selection of variables in a regression equation - an illustration.* Applied Statistics, vol.9, p.260-268.

47. David, F.N.(1954): *Tables of the correlation coefficient.* Cambridge University Press, London.

48. Davison, M.L.(1983): *Multidimensional scaling.* Wiley & Sons, New York.

49. Degens, P.O.(1978): *Clusteranalyse auf topologisch-maßtheoretischer Grundlage.* Dissertation, Universität München, München.

50. Degens, P.O.(1983): *Hierarchische Clusteranalyse; Approximation und Agglomeration.* Studien zur Klassifikation, vol.13, p.189-202.

51. De Leeuw, J./Heiser, W.(1980): *Multidimensional scaling with restrictions on the configuration.* In: Krishnaiah, P.R. (ed), Multivariate Analysis V, North-Holland, Amsterdam, p.501-522.

52. De Leeuw, J./Young, F.W./Takane, Y.(1976): *Regression with qualitative and quantitative variables: An alternating least squares method with optimal scaling features.* Psychometrika, vol.41, p.505-529.

53. Dinges, H./Rost, H.(1982): *Prinzipien der Stochastik.* Teubner, Stuttgart.

54. Don, F.J.H./Magnus, J.R.(1980): *On the unbiasedness of iterated GLS estimators.* Communications in Statistics, vol.A9, p.519-527.

55. Draper, N.R./Smith, H.(1981): *Applied regression analysis.* Wiley & Sons, New York.

56. Drygas, H.(1970): *The coordinate-free approach to Gauss-Markov estimation.* Springer, New York.

57. Drygas, H.(1978): *Über multidimensionale Skalierung.* Statistische Hefte, vol.19, p.63-66.

58. Dunst, K.H.(1979): *Portfolio Management: Konzeption für die strategische Unternehmensplanung.* De Gruyter, Berlin.

59. Eberl, W./Möschlin, O.(1982): *Mathematische Statistik.* De Gruyter, Berlin.

60. Elpelt, B.(1983): *Invariante generalisierte quadratische Schätzfunktionen in multivariaten Varianzkomponentenmodellen.* Dissertation, Universität Dortmund, Dortmund.

61. Elpelt, B.(1984): *Über verallgemeinerte MINQ-Schätzungen in multivariaten Varianzkomponentenmodellen.* Zeitschrift für Angewandte Mathematik und Mechanik, vol.64, p.328-330.

62. Elpelt, B./Hartung, J.(1982a): *Skalierung in multidimensionalen Kontingenztafeln und Strukturanalyse multivariater Daten - Eine anwendungsorientierte Darstellung.* Forschungsbericht, Universität Dortmund, Dortmund.

63. Elpelt, B./Hartung, J.(1982b): *Zur Fehleranalyse bei der Probenentnahme aus Schüttgütern.* Qualität und Zuverlässigkeit, vol.27, p.225-229.

64. Elpelt, B./Hartung, J.(1983a): *Zum Schätzen fester und zufälliger Effekte in Gemischten Linearen Modellen.* EDV in Medizin und Biologie, vol.14, p.7-12.

65. Elpelt, B./Hartung, J.(1983b): *Mixed exterior-interior penalty methods revisited.* Methods of Operations Research, vol.47, p.29-37.

66. Elpelt, B./Hartung, J.(1984): *On the estimation of parameters in general linear regression models.* In: Hammer, G./Pallaschke, D. (eds), Contributions to Mathematical Economics and Operations Research, Athenäum, Königstein/Taunus.

67. Elpelt, B./Hartung, J.(1985): *Diskrete Regression mittels Skalierung.* Zeitschrift für Angewandte Mathematik und Mechanik, vol.65, p.303-304.

68. Escofier-Cordier, B.(1969): *L'analyse factorielle des correspondances.* Cahiers du Bureau Universitaire de Recherche Opêrationelle, Institut Statistique, Université de Paris 13, Paris, p.25-59.

69. Everitt, B.(1978): *Graphical techniques for multivariate data.* North-Holland, New York.

70. Ezekiel, M.(1930): *Methods of correlation analysis.* Wiley & Sons, New York.

71. Fahrmeir, L./Hamerle, A.(1984): *Multivariate statistische Verfahren.* De Gruyter, Berlin.

72. Farkas, J.(1902): *Über die Theorie der einfachen Ungleichungen.* Journal für die reine und angewandte Mathematik, vol.124, p.1-27.

73. Fechner, G.T.(1860): *Elemente der Psychophysik.* Breitkopf & Härtel, Leipzig.

74. Fienberg, S.E.(1977): *The analysis of cross-classified categorical data.* The MIT Press, Cambridge, Massachusetts.

75. Finney, D.(1971): *Probit analysis.* Cambridge University Press, London.

76. Fisher, R.A.(1936): *The use of multiple measurement in taxonomic problems.* Annals of Eugenics, vol.7, p.179-188.

77. Fisher, R.A.(1940): *The precision of discriminant functions.* Annals of Eugenics, vol.10, p.422-429.

78. Fletcher, R./Powell, M.J.D.(1963): *A rapidly convergent descent method for minimization.* Computer Journal, vol.6, p.163-168.

79. Flury, B./Riedwyl, H.(1981): *Graphical representation of multivariate data by means of asymmetrical faces.* Journal of the American Statistical Association, vol.76, p.757-765.

80. Flury, B./Riedwyl, H.(1983): *Angewandte multivariate Statistik.* Fischer, Stuttgart.

81. Flury, B./Riedwyl, H.(1984): *Some applications of asymmetrical faces.* Technical Report 11, Institut für Mathematische Statistik und Versicherungslehre der Universität Bern, Bern.

82. Frohn, J.(1980): *Grundausbildung in Ökonometrie.* Springer, Berlin.

83. Fujicoshi, Y.(1974): *The likelihood-ratio test for the dimensionality of regression coefficients.* Journal of Multivariate Analysis, vol.4, p. 327-340.

84. Gabriel, K.R.(1971): *The biplot graphic display of matrices with applications to principal component analysis.* Biometrika, vol.58, p.453-467.

85. Gänsler, P./Stute, W.(1977): *Wahrscheinlichkeitstheorie.* Springer, Berlin.

86. Galton, F.(1889): *Natural inheritance.* Macmillan, London.

87. Glyn, W.J./Muirhead, R.J.(1978): *Inference in canonical correlation analysis.* Journal of Multivariate Analysis, vol.8, p.468-478.

88. Gnanadesikan, R.(1977): *Methods for statistical data analysis of multivariate observations.* Wiley & Sons, New York.

89. Goldstein, M./Dillon, W.R.(1978): *Discrete discriminant analysis.* Wiley & Sons, New York.

90. Gower, J.C.(1966): *Some distance properties of latent root and vector methods used in multivariate analysis.* Biometrika, vol.53, p.325-388.

91. Gray, L.N./Williams, J.S.(1975): *Goodman and Kruskal's tau b: Multiple and partial analogs.* Proceedings of the Social Statistics Section of the American Statistical Association 1975, p.444-448.

92. Graybill, F.A.(1976): *Theory and application of the linear model.* Duxbury Press, North Scituate, Massachusetts.

93. Graybill, F.A.(1983): *Matrices and its applications in Statistics.* Wadsworth, Belmont, California.

94. Green, P.E./Carmone, F.J.(1970): *Marketing research applications of nonmetric scaling methods.* In: Romney, A.K./Shepard, R.N./Nerlove, S.B. (eds), Multidimensional scaling; theory and applications II, Seminar Press, New York, p.183-210.

95. Green, P.E./Rao, V.R.(1972): *Applied multidimensional scaling.* Holt, Rinehart & Winston, New York.

96. Großmann, C./Kleinmichel, H.(1976): *Verfahren der nichtlinearen Optimierung.* Teubner, Leipzig.

97. Grubbs, F.E.(1948): *On estimating precision of measuring instruments and product variability.* Journal of the American Statistical Association, vol.43, p.243-264.

98. Grubbs, F.E.(1973): *Errors of measurement, Precision, Accuracy and the statistical comparison of measuring instruments.* Technometrics, vol.15, p.53-66.

99. Gruber, J.(1968): *Ökonometrische Modelle des Cowles-Commission-Typs: Bau und Interpretation.* Parey, Hamburg.

100. Guttman, L.(1941): *The quantification of a class of attributes: A theory and method of scale construction.* In: Horst, P. (ed), The prediction of personal adjustment, Social Science Research Council, Bulletin 48, New York, p.251-364.

101. Habermann, S.J.(1978): *Analysis of qualitative data I,II.* Academic Press, New York.

102. Hamdan, M.A.(1970): *The equivalence of tetrachoric and maximum likelihood estimates of ρ in 2x2 tables.* Biometrika, vol.57, p.212-215.

103. Hand, D.J.(1981): *Discrimination and classification.* Wiley & Sons, New York.

104. Hannan, E.J.(1970): *Multiple time series.* Wiley & Sons, New York.

105. Harman, H.H.(1976): *Modern factor analysis.* University of Chicago Press, Chicago.

106. Hartigan, J.A.(1975): *Clustering algorithms.* Wiley & Sons, New York.

107. Hartung, J.(1976): *On a method for computing pseudoinverses.* In: Oettli, W./Ritter, K. (eds), Optimization and Operations Research, Springer, Berlin, p.116-125.

108. Hartung, J.(1977a): *Zur Darstellung pseudoinverser Operatoren*. Archiv der Mathematik, vol.XXVIII, p.200-208.

109. Hartung, J.(1977b): *Zur Optimalität von Schätzungen in linearen Regressionsmodellen*. Zeitschrift für Angewandte Mathematik und Mechanik, vol.57, p.328-329.

110. Hartung, J.(1978a): *Zur Verwendung von Vorinformation in der Regressionsanalyse*. Operations Research Verfahren, vol.XXIX, p.550-558.

111. Hartung, J.(1978b): *Über ein duales Verfahren für lineare Approximationen und dessen statistische Anwendung*. Zeitschrift für Angewandte Mathematik und Mechanik, vol.58, p.475-477.

112. Hartung, J.(1978c): *A stable interior penalty method for convex extremal problems*. Numerische Mathematik, vol.29, p.149-158.

113. Hartung, J.(1978d): *Minimum norm solutions of convex programs*. In: Henn, R./Korte, B./Oettli, W. (eds), Optimization and Operations Research, Springer, Berlin. p.127-135.

114. Hartung, J.(1979): *A note on restricted pseudoinverses*. SIAM Journal on Mathematical Analysis, vol.10, p.266-273.

115. Hartung, J.(1980): *On exponential penalty function methods*. Mathematische Operationsforschung und Statistik, Series Optimization, vol.11, p.71-84.

116. Hartung, J.(1981): *Non-negative minimum biased invariant estimation in variance component models*. Annals of Statistics, vol.9, p.278-292.

117. Hartung, J.(1982a): *On two-stage minimax problems*. Pacific Journal of Mathematics, vol.102, p.355-368.

118. Hartung, J.(1982b): *An extension of SION's minimax theorem with an application to a method for constrained games*. Pacific Journal of Mathematics, vol.103, p.401-408.

119. Hartung, J./Elpelt, B./Klösener, K.-H.(1982): *Statistik: Lehr- und Handbuch der angewandten Statistik*. Oldenbourg, München (2.Auflage 1984, 3.Auflage 1985, 4.Auflage 1986).

120. Hartung, J./Heine, B.(1984): *Schätzung der Varianz von Grubbs' Schätzern für die Präzision von Meßinstrumenten*. Allgemeines Statistisches Archiv, vol.68, p.257-272.

121. Hartung, J./Voet, B.(1984): *Zur Gütebeurteilung von Varianzkomponentenschätzungen*. Zeitschrift für Angewandte Mathematik und Mechanik, vol.64, p.332-334.

122. Hartung, J./Werner, H.J.(1980): *Zur Verwendung der restringierten Moore-Penrose Inversen beim Testen von linearen Hypothesen*. Zeitschrift für Angewandte Mathematik und Mechanik, vol.60, p.344-346.

123. Hartung, J./Werner, H.J.(1983): *Zum Auswerten unbalanzierter Daten*. EDV in Medizin und Biologie, vol.14, p.13-18.

124. Hartung, J./Werner, H.J.(1984): *Hypothesenprüfung im restringierten linearen Modell: Theorie und Anwendungen*. Vandenhoeck & Ruprecht, Göttingen.

125. Harville, D.A.(1976): *Extension of the Gauss-Markov theorem to include the estimation of random effects*. Annals of Statistics, vol.4, p.384-395.

126. Harville, D.A.(1979): *Some useful representations for constrained mixed-model estimation*. Journal of the American Statistical Association, vol.74, p.200-206.

127. Haux, R.(1983): *Analysis of profiles based on ordinal classification functions and rank tests.* Prepint 208, Sonderforschungsbereich 123 "Stochastische Mathematische Modelle", Universität Heidelberg, Heidelberg.

128. Hawkins, D.M.(1973): *On the investigations of alternative regressions by principal component analysis.* Applied Statistics, vol.22, p.275-286.

129. Hebbel, H.(1983): *Lineare Systeme, Analysen, Schätzungen und Prognosen (unter Verwendung von Splinefunktionen).* Habilitationsschrift, Universität Dortmund, Dortmund.

130. Heck, D.L.(1960): *Charts of some upper percentage points of the distribution of the largest characteristic root.* Annals of Mathematical Statistics, vol.31, p.625-642.

131. Heiler, S.(1980): *Robuste Schätzung in linearen Modellen.* In: Nowak, H. /Zentgraf, R. (eds), Medizinische Informatik und Statistik 20 - Robuste Verfahren, Springer, Berlin, p.35-55.

132. Heiler, S.(1981): *Zeitreihenanalyse heute: Ein Überblick.* Allgemeines Statistisches Archiv, vol.65, p.376-402.

133. Heiler, S.(1982): *Zeitreihenanalyse.* Handwörterbuch der Wirtschaftswissenschaften 36/37, p.582-599.

134. Henderson, C.R.(1963): *Selection index and expected genetic advance.* In: Hanson, W.D./Robinson, H.F. (eds), Statistical genetics and plant breeding, National Academy of Sciences - National Research Council, Washington, Publication 982, p.141-163.

135. Henderson, C.R.(1975): *Best linear unbiased estimation and prediction under a selection model.* Biometrics, vol.31, p.423-447.

136. Henderson, C.R./Kempthorne, O./Searle, S.R./Krosigk, C.M. von(1959): *The estimation of environmental and genetic trends from records subject to culling.* Biometrics, vol.15, p.192-218.

137. Hildreth, C./Houck, J.P.(1968): *Some estimators for a linear model with random effects.* Journal of the American Statistical Association, vol.63, p.584-595.

138. Hill, M.O.(1974): *Correspondence analysis: A neglected multivariate method.* Applied Statistics, vol.23, p.340-354.

139. Himmelblau, D.M.(1972): *Applied nonlinear programming.* McGraw-Hill, New York.

140. Hinderer, K.(1975): *Grundbegriffe der Wahrscheinlichkeitstheorie.* Springer, Berlin.

141. Hinterhuber, H.H.(1980): *Strategische Unternehmensführung.* De Gruyter, Berlin.

142. Hirschfeld, H.O.(1935): *A connection between correlation and contingency.* Cambridge Philosophical Society Proceedings, vol.31, p.520-524.

143. Hoerl, A.E./Kennard, R.W.(1970): *Ridge regression: Biased estimation for non-orthogonal problems.* Technometrics, vol.12, p.55-67.

144. Holm, K.(1975): *Die Befragung 3.* Francke, München.

145. Holm, S.(1979): *A simple sequentially rejective multiple test procedure.* Scandinavian Journal of Statistics, vol.6, p.65-70.

146. Horst, R.(1975): *Eine Bemerkung zur entscheidungstheoretischen Betrachtung des klassischen linearen Regressionsmodells.* Operations Research Verfahren, vol.XX, p.44-48.

147. Hotelling, H.(1936): *Relations between two sets of variates*. Biometrika, vol.28, p.321-377.

148. Huber, P.J.(1973): *Robust regression: Asymptotics, conjectures and Monte Carlo*. Annals of Statistics, vol.1, p.799-821.

149. Huber, P.J.(1981): *Robust statistics*. Wiley & Sons, New York.

150. Humak, K.M.S.(1977): *Statistische Methoden der Modellbildung*. Akademie-Verlag, Berlin.

151. Immich, H./Sonnemann, E.(1974): *Which statistical models can be used in practice for the comparison of curves over a few time-dependent measure points?* Biometrie - Praximetrie, vol.14, p.43-52.

152. Infante, A.M.(1982): *Punktschätzung von Streuungsparametern bei balancierten gemischten Modellen*. Dissertation, Universität Dortmund, Dortmund.

153. Jambu, M.(1978): *Classification automatique pour l'analyse des données*. Dunod, Paris.

154. Jambu, M./Lebeaux, M.-O.(1983): *Cluster analysis and data analysis*. North-Holland, Amsterdam.

155. Jardine, N./Sibson, R.(1971): *Mathematical taxonomy*. Wiley & Sons, New York.

156. Jöckel, K.-H.(1982): *Iterierte Aitken-Schätzer*. Allgemeines Statistisches Archiv, vol.66, p.361-375.

157. Jöreskog, K.G.(1963): *Statistical estimation in factor analysis: A new technique and its foundations*. Almqvist & Wiksell, Stockholm.

158. Judge, G.G./Griffiths, W.E./Hill, R.C./Lee, T.-C.(1980): *The theory and practice of econometrics*. Wiley & Sons, New York.

159. Kaiser, H.F.(1958): *The varimax criterion for analytic rotation in factor analysis*. Psychometrika, vol.23, p.187-200.

160. Kaiser, H.F./Caffrey, J.(1965): *Alpha factor analysis*. Psychometrika, vol.30, p.1-14.

161. Kakwani, N.C.(1967): *The unbiasedness of Zellner's seemingly unrelated regression equation estimators*. Journal of the American Statistical Association, vol.62, p.141-142.

162. Kall, P.(1976): *Mathematische Methoden des Operations Research*. Teubner, Stuttgart.

163. Kall, P.(1982): *Analysis für Ökonomen*. Teubner, Stuttgart.

164. Keller, W.J./Wansbeck, T.(1983): *Multivariate methods for quantitative and qualitative data*. Journal of Econometrics, vol.22, p.91-111.

165. Ketellapper, R.H./Ronner, A.E.(1984): *Are robust estimation methods useful in the structural errors-in-variables models?* Metrika, vol.31, p.33-41.

166. Kirsch, A.(1978): *Bemerkung zu H. Drygas "Über multidimensionale Skalierung"*. Statistische Hefte, vol.19, p.211-212.

167. Kleiner, B./Hartigan, J.A.(1981): *Representing points in many dimensions by trees and castles*. Journal of the American Statistical Association, vol.76, p.260-269.

168. Klösener, K.-H.(1983): *Präzisionsbestimmung von Meßinstrumenten bei zerstörenden Prüfungen*. Dissertation, Universität Dortmund, Dortmund.

169. Krafft, O.(1978): *Lineare statistische Modelle und optimale Versuchspläne*. Vandenhoeck & Ruprecht, Göttingen.

170. Krantz, D.H./Luce, R.D./Suppes, P./Tversky, A.(1971): *Foundations of measurement I.* Academic Press, New York.

171. Krauth, J.(1973): *Nichtparametrische Ansätze zur Auswertung von Verlaufskurven.* Biometrische Zeitschrift, vol.15, p.557-567.

172. Krauth, J.(1980): *Skalierungsprobleme.* In: Köpcke, W./Überla, K. (eds), Biometrie - heute und morgen, Springer, Berlin, p.202-233.

173. Krelle, W.(1969): *Produktionstheorie.* Mater, Tübingen.

174. Kres, H.(1975): *Statistische Tafeln zur multivariaten Analysis.* Springer, Berlin.

175. Kruskal, J.B.(1964): *Nonmetric multidimensional scaling: A numerical method.* Psychometrika, vol.29, p.115-129.

176. Kruskal, J.B./Shepard, R.N.(1974): *A nonmetric variety of linear factor analysis.* Psychometrika, vol.39, p.123-157.

177. Kruskal, J.B./Wish, M.(1978): *Multidimensional scaling.* Sage, London.

178. Krzanowski, W.J.(1975): *Discrimination and classification using both binary and continuous variables.* Journal of the American Statistical Association, vol.70, p.782-790.

179. Krzanowski, W.J.(1980): *Mixtures of continuous and categorical variables in discriminant analysis.* Biometrics, vol.36, p.493-499.

180. Kshirsagar, A.M.(1972): *Multivariate Analysis.* Decker, New York.

181. Küchler, M.(1979): *Multivariate Analyseverfahren.* Teubner, Stuttgart.

182. Kühn, W.(1976): *Einführung in die multidimensionale Skalierung.* Reinhardt, München.

183. Lachenbruch, P.A.(1975): *Discriminant analysis.* Hafner Press, New York.

184. Lancaster, H.O.(1957): *Some properties of the bivariate normal distribution considered in the form of a contingency table.* Biometrika, vol.44, p.289-291.

185. Lancaster, H.O./Hamdan, M.A.(1964): *Estimation of the correlation coefficient in contingency tables with possibly nonmetric characters.* Psychometrika, vol.29, p.383-391.

186. Lawley, D.N./Maxwell, A.E.(1963): *Factor analysis as a statistical method.* Butterworth, London.

187. Lehmacher, W.(1980): *Nichtparametrischer Vergleich zweier Stichproben von Verlaufskurven.* In: Schulz, W./Hautzinger, M. (eds), Klinische Psychologie und Psychotherapie, Gesellschaft für wissenschaftliche Gesprächstherapie.

188. Lehner, P.E./Noma, E.(1980): *A new solution to the problem of finding all numerical solutions to ordered metric structures.* Psychometrika, vol.45, p.135-137.

189. Lienert, G.A.(1978): *Verteilungsfreie Methoden der Biostatistik II.* Hain, Meisenheim.

190. Liew, C.K.(1976): *Inequality constrained least squares estimation.* Journal of the American Statistical Association, vol.71, p.746-751.

191. Maddala, G.S.(1983): *Limited-dependent and qualitative variables in econometrics.* Cambridge University Press, Cambridge.

192. Magnus, J.R.(1978): *Maximum likelihood estimation of the GLS model with unknown parameters in the disturbance covariance matrix.* Journal of Econometrics, vol.7, p.281-312.

193. Mardia, K.V.(1978): *Some properties of classical multidimensional scaling.* Communications in Statistics, vol.A7, p.1233-1241.

194. Mardia, K.V./Kent, J.T./Bibby, J.M.(1979): *Multivariate analysis.* Academic Press, New York.

195. Massy, W.F.(1965): *Principal component regression in exploratory statistical research.* Journal of the American Statistical Association, vol.60, p.234-256.

196. Mathar, R.(1983): *Bestapproximierende euklidische Distanzmatrizen.* Studien zur Klassifikation, vol.13, p.227-229.

197. Maung, K.(1941): *Measurement of association in a contingency table with special reference to the pigmentation of hair and eye colours of scottish school children.* Annals of Eugenics, vol.11, p.189-223.

198. McCullagh, P./Nelder, J.A.(1983): *Generalized linear models.* Chapman & Hall, London.

199. McFadden, D.(1974): *Conditional logit analysis of qualitative choice behaviour.* In: Zarembka, P. (ed), Frontiers in econometrics, Academic Press, New York, p.105-142.

200. McFadden, D.(1976): *Quantal choice analysis: A survey.* Annals of Economic and Social Measurement, vol.5, p.363-390.

201. Morgenstern, D.(1968): *Einführung in die Wahrscheinlichkeitsrechnung und mathematische Statistik.* Springer, Berlin.

202. Morrison, D.F.(1976): *Multivariate statistical methods.* McGraw-Hill, New York.

203. Muirhead, R.J.(1982): *Aspects of multivariate statistical theory.* Wiley & Sons, New York.

204. Nagao, H.(1973): *On some test criteria for covariance matrix.* Annals of Statistics, vol.1, p.700-709.

205. Nishisato, S.(1980): *Analysis of categorical data: Dual scaling and its applications.* University of Toronto Press, Toronto.

206. Oberhofer, W.(1978): *Lineare Algebra für Wirtschaftswissenschaftler.* Oldenbourg, München.

207. Oberhofer, W./Kmenta, J.(1974): *A general procedure for obtaining maximum likelihood estimators in generalized regression models.* Econometrica, vol.42, p.579-590.

208. Olkin, I./Tate, R.F.(1961): *Multivariate correlation models with mixed discrete and continuous variables.* Annals of Mathematical Statistics, vol.32, p.448-465.

209. Olsson, U.(1979): *Maximum likelihood estimation of the polychoric correlation coefficient.* Psychometrika, vol.44, p.443-460.

210. Olsson, U./Drasgow, F./Dorans, N.J.(1982): *The polyserial correlation coefficient.* Psychometrika, vol.47, p.337-347.

211. Opitz, O.(1978): *Numerische Taxonomie in der Marktforschung.* Vahlen, München.

212. Opitz, O.(1980): *Numerische Taxonomie.* Fischer, Stuttgart.

213. Owen, D.B.(1962): *Handbook of statistical tables.* Addison Wesley, Reading, Massachusetts.

214. Pearson, K.(1901): *Mathematical contributions to the theory of evolution, VII: On the correlation of characters not quantitatively measurable.* Philosophical Transactions of the Royal Society of London, vol.A195, p.1-47.

215. Pearson, K.(1909): *On a new method for determining the correlation between a measured character A and a character B.* Biometrika, vol.7, p.96.

216. Pearson, K./Lee, A.(1903): *On the laws of inheritance in man.* Biometrika, vol.2, p.357-462.

217. Pfanzagl, J.(1972): *Theory of measurement.* Physica, Würzburg.

218. Pfanzagl, J.(1974): *Statistische Methodenlehre II.* Sammlung Göschen - De Gruyter, Berlin.

219. Pflaumer, P.(1983): *Innovative Marketing-Strategien.* In: Deutsche Vereinigung zur Förderung der Weiterbildung von Führungskräften (ed), Innovationsmanagement in Mittelbetrieben, Anregungen und Fallstudien, Köln, p.178-195.

220. Phillips, J.P.N.(1971): *A note on the representation of ordered metric scaling.* The British Journal of Mathematical & Statistical Psychology, vol.24, p.239-250.

221. Plachky, D./Baringhaus, L./Schmitz, N.(1978): *Stochastik I.* Akademische Verlagsgesellschaft, Wiesbaden.

222. Polak, E./Ribière, G.(1969): *Note sur la convergence de méthodes de directions conjugées.* Revue Internationale de la Recherche Opérationelle, vol.16, p.35-43.

223. Press, S.J.(1972): *Applied multivariate analysis.* Holt, Rinehart & Winston, New York.

224. Pukelsheim, F.(1981): *On the existence of unbiased non-negative estimates of variance-covariance components.* Annals of Statistics, vol.9, p.293-299.

225. Rao, C.R.(1955): *Estimation and tests of significance in factor analysis.* Psychometrika, vol.20, p.93-111,

226. Rao, C.R.(1972): *Estimation of variance and covariance components in linear models.* Journal of the American Statistical Association, vol.67, p.112-115.

227. Rao, C.R.(1973): *Linear statistical inference and its applications.* Wiley & Sons, New York.

228. Revenstorf, T.(1980): *Faktorenanalyse.* Kohlhammer, Stuttgart.

229. Riedwyl, H.(1975): *Kurvenanalyse: Verfahren zur Beurteilung der Lage oder Steigung von Kurvenscharen.* Unveröffentlichtes Manuskript.

230. Riedwyl, H.(1977): *Verlaufskurven und ihre Interpretation.* Unveröffentlichtes Manuskript, Seminar "Aktuelle Biometrische Methoden in Naturwissenschaft und Medizin" der Österreichisch-Schweizerischen Region der Internationalen Biometrischen Gesellschaft.

231. Riedwyl, H./Schuepbach, M.(1983): *Siebdiagramme: Graphische Darstellung von Kontingenztafeln.* Technischer Bericht 12, Institut für Mathematische Statistik und Versicherungslehre der Universität Bern, Bern.

232. Rinne, H.(1976): *Ökonometrie.* Kohlhammer, Stuttgart.

233. Romney, A.K./Shepard, R.N./Nerlove, S.B.(1972): *Multidimensional scaling theory, theory and applications in the behavorial sciences II.* Seminar Press, New York.

234. Ronning, G.(1980): *Logit, Tobit and Markov chains: Three different approaches to the analysis of aggregated tendency survey data.* In: Striegel, W. (ed), Business cycle analysis, Proceedings of the fourteenth CIRET-Conference.

235. Roy, S.N.(1957): *Some aspects of multivariate analysis.* Wiley & Sons, New York.

236. Sammon, J.W.(1969): *A non-linear mapping for data structure analysis.* IEEE Transactions on computers, vol.C18, p.401-409.

237. Schach, S.(1982): *An elementary method for the statistical analysis of growth curves.* Metrika, vol.29, p.271-282.

238. Schach, S./Schäfer, T.(1978): *Regressions- und Varianzanalyse.* Springer, Berlin.

239. Schaich, E./Köhle, D./Schweitzer, W./Wegner, F.(1979): *Statistik für Volkswirte, Betriebswirte und Soziologen I.* Vahlen, München.

240. Schaich, E./Köhle, D./Schweitzer, W./Wegner, F.(1982): *Statistik für Volkswirte, Betriebswirte und Soziologen II.* Vahlen, München.

241. Scheffé, H.(1959): *The analysis of variance.* Wiley & Sons, New York.

242. Schiffman, S.S./Reynolds, M.L./Young, F.W.(1981): *Introduction to multidimensional scaling.* Academic Press, New York.

243. Schmetterer, L.(1966): *Einführung in die mathematische Statistik.* Springer, Berlin.

244. Schneeweiß, H.(1971): *Ökonometrie.* Physica, Würzburg.

245. Schneeweiß, H.(1976): *Consistent estimation of a regression with errors in the variables.* Metrika, vol.23, p.101-115.

246. Schönfeld, P.(1969): *Methoden der Ökonometrie I.* Vahlen, München.

247. Schönfeld, P.(1971): *Methoden der Ökonometrie II.* Vahlen, München.

248. Schönfeld, P.(1978): *On the relationship between different estimation principles in linear regression models.* Quantitative Wirtschaftsforschung, vol.40, p.617-625.

249. Schuchard-Fischer, C./Backhaus, K./Humme, U./Lohrberg, W./Plinke, W./ Schreiner, W.(1980): *Multivariate Analysemethoden.* Springer, Berlin.

250. Searle, S.R.(1971): *Linear models.* Wiley & Sons, New York.

251. Seber, G.A.F.(1977): *Linear regression analysis.* Wiley & Sons, New York.

252. Shepard, R.N./Caroll, J.D.(1966): *Parametric representation of nonlinear data structures.* In: Krishnaiah, P.R. (ed), Multivariate Analysis, Academic Press, New York, p.561-592.

253. Singh, B./Nagar, A.L./Choudry, N.K.(1976): *On the estimation of structural change: A generalization of the random coefficients regression model.* International Economic Review, vol.17, p.340-361.

254. Sitterberg, G.(1978): *Zur Anwendung hierarchischer Klassifikationsverfahren.* Statistische Hefte, vol.19, p.231-246.

255. Sixtl, F.(1967): *Meßmethoden der Psychologie.* Beltz, Weinheim.

256. Skarabis, H.(1970): *Mathematische Grundlagen und praktische Aspekte der Diskrimination und Klassifikation.* Physica, Würzburg.

257. Spaeth, H.(1975): *Cluster-Analyse-Algorithmen.* Oldenbourg, München.

258. Spaeth, H.(1983): *Cluster-Formation und -Analyse.* Oldenbourg, München.

259. Srivastava, M.S./Khatri, C.G.(1979): *An introduction to multivariate statistics.* North-Holland, Amsterdam.

260. Steinhausen, D./Langer, K.(1977): *Clusteranalyse.* De Gruyter, Berlin.

261. Stoer, J.(1971): *On the numerical solution of constrained least-squares problems.* SIAM Journal on Numerical Analysis, vol.8, p.382-411.

262. Stoer, J.(1979): *Einführung in die numerische Mathematik*. Springer, Berlin.

263. Swamy, P.A.V.B.(1971): *Statistical inference in random coefficient regression models*. Springer, Berlin.

264. Takeuchi, K./Yanai, H./Mukherjee, B.N.(1982): *The foundations of multivariate analysis*. Wiley Eastern, New Delhi.

265. Thöni, H./Urfer, W.(1976): *Zur Schätzung von Wachstumskurven aufgrund wiederholter Messungen am gleichen Individuum*. EDV in Medizin und Biologie, vol.7, p.92-95.

266. Thurstone, L.L.(1931): *Multiple factor analysis*. Psychological Review, vol.38, p.406-427.

267. Thurstone, L.L.(1947): *Multiple factor analysis*. University of Chicago Press, Chicago.

268. Tintner, G.(1960): *Handbuch der Ökonometrie*. Springer, Berlin.

269. Torgerson, W.S.(1952): *Multidimensional scaling: I. theory and method*. Psychometrika, vol.17, p.401-419.

270. Torgerson, W.S.(1958): *Theory and methods of scaling*. Wiley & Sons, New York.

271. Trenkler, D./Trenkler, G.(1984): *A simulation study comparing some biased estimators in the linear model*. Computational Statistics Quarterly, vol.1, p.45-60.

272. Trenkler, G.(1981): *Biased estimators in the linear regression model*. Oelgeschlager, Gunn & Hain, Meisenheim.

273. Tso, M.K.-S.(1981): *Reduced rank regression and canonical analysis*. Journal of the Royal Statistical Society, vol.B43, p.183-189.

274. Tversky, A./Krantz, D.H.(1970): *The dimensional representation and the metric structure of similarity data*. Journal of Mathematical Psychology, vol.7, p.572-596.

275. Tyron, R.C./Bailey, D.E.(1970): *Cluster analysis*. McGraw-Hill, New York.

276. Überla, K.(1971): *Faktorenanalyse*. Springer, Berlin.

277. Vastenhouw, J.(1962): *Relationships between meanings*. Mouton & Co, The Hague, Paris.

278. Ven, A. van der (1980): *Einführung in die Skalierung*. Huber, Bern.

279. Verdooren, L.R.(1980): *How large is the probability of a variance component to be negative?* Technical Note 80-02, Department of Mathematics, Agricultural University of Wageningen, Wageningen.

280. Voet, B.(1983): *Schätz- und Testverfahren bei balancierten Varianzkomponentenmodellen*. Dissertation, Universität Dortmund, Dortmund.

281. Voet, B.(1985): *Iterierte Schätzer im allgemeinen linearen Modell*. Zeitschrift für Angewandte Mathematik und Mechanik, vol.65, p.327-328.

282. Vogel, W.(1970): *Lineares Optimieren*. Teubner, Leipzig.

283. Waerden, B.L. van der (1971): *Mathematische Statistik*. Springer, Berlin.

284. Waerden, B.L. van der (1975): *Mathematik für Naturwissenschaftler*. Bibliographisches Institut, Mannheim.

285. Wang, P.C.C.(1978): *Graphical representation of multivariate data*. Academic Press, New York.

286. Weber, E.(1974): *Einführung in die Faktorenanalyse.* VEB G. Fischer, Jena.

287. Werner, H.J.(1981): *On Bose's estimability concept.* Zeitschrift für Angewandte Mathematik und Mechanik, vol.61, p.355-356.

288. Werner, H.J.(1983): *Zur besten linearen minimalverzerrten Schätzung im singulären restringierten linearen Modell.* Zeitschrift für Angewandte Mathematik und Mechanik, vol.63, p.423-425.

289. Wilks, S.S.(1935): *On the independence of k sets of normally distributed statistical variables.* Econometrica, vol.3, p.309-326.

290. Witting, H.(1979): *Mathematische Statistik.* Teubner, Stuttgart.

291. Witting, H./Nölle, G.(1970): *Angewandte Mathematische Statistik.* Teubner, Stuttgart.

292. Yohai, V.J./Garcia, M.S. Ben (1980): *Canonical variables as optimal predictors.* Annals of Statistics, vol.8, p.865-869.

293. Young, F.W.(1981): *Quantitative analysis of qualitative data.* Psychometrika, vol.46, p.357-388.

294. Zellner, A./Lee, T.(1965): *Joint estimation of relationships involving discrete random variables.* Northwestern University Press, Evanston, Illinois.

5 STICHWORTVERZEICHNIS

6 SYMBOLVERZEICHNIS

6.1 ALLGEMEINE SYMBOLE

$+$	plus, Addition;
$-$	minus, Subtraktion;
$\cdot$	mal, Multiplikation;
a/b	a dividiert durch b;
$\frac{a}{b}$	a dividiert durch b;
$\otimes$	Kroneckerprodukt;
$\in$	Element aus;
$\notin$	nicht Element aus;
$=$	gleich;
$\neq$	ungleich;
$\simeq$	ungefähr gleich;
$>$	größer als;
$<$	kleiner als;
$\geq$	größer oder gleich;
$\leq$	kleiner oder gleich;
$\cup$	Vereinigungszeichen;
$\cap$	Durchschnittszeichen;
$\sim$	verteilt gemäß;
$a \to b$	a strebt gegen b;
∞	unendlich;
π	$=3.14.....$;
lim	Limes, Grenzwert;
$\emptyset$	leere Menge, unmögliches Ereignis;
Ω	Grundraum, sicheres Ereignis;
max	Maximum;
min	Minimum;
cos	Kosininusfunktion;
sin	Sinusfunktion;
arccos	ArcusKosinusfunktion, Umkehrfunktion der Kosinusfunktion;
arctan	Arcustangensfunktion;
arctanh	Arcustangenshyperbolicusfunktion;
$\int$	Integralzeichen;
$\sum$	Summenzeichen;
$\prod$	Produktzeichen;
$\sphericalangle$	Winkelzeichen;

H_0	Nullhypothese;
H_1	Alternativhypothese, Alternative;
{ }	im Zusammenhang mit Mengen: Mengenklammern;
(a,b)	bei Intervallen: offenes Intervall, d.h. Menge aller x mit $a < x < b$;
(a,b]	bei Intervallen: links-halboffenes Intervall, d.h. Menge aller x mit $a < x \leq b$;
[a,b)	bei Intervallen: rechts-halboffenes Intervall, d.h. Menge aller x mit $a \leq x < b$;
[a,b]	bei Intervallen: abgeschlossenes Intervall, d.h. Menge aller x mit $a \leq x \leq b$;
g^{prob}	Probit;
g^{lgt}	Logit;
d(i,j)	Distanzindex der Objekte i und j;
$\{i,j\}V\{k,\ell\}$	Verschiedenheitsrelation: k und ℓ sind mindestens so verschieden wie i und j;
n!	n Fakultät: $n! = 1 \cdot 2 \cdot 3 \cdot 4 \cdot \ldots \cdot n$, $0! = 1$;
$\binom{n}{k}$	Binomialkoeffizient "n über k": $\binom{n}{k} = \frac{n!}{k! \cdot (n-k)!}$;
ln x	natürlicher Logarithmus der Zahl x;
e^x	Exponentialfunktion;
x^2	x zum Quadrat: $x^2 = x \cdot x$;
$\sqrt{x}$	Wurzel aus x: $y = \sqrt{x}$ folgt $y^2 = x$;
$\lvert x \rvert$	Betrag (absoluter Wert) der Zahl x;
$\lvert K \rvert$	Mächtigkeit (Anzahl der Elemente) der Menge K;
$\frac{\partial f(x,y)}{\partial x}$	partielle Ableitung der Funktion f(x,y) nach x;

Sei $x_1,\ldots,x_n$ eine Beobachtungsreihe:

$H_n(a_j)$	absolute Häufigkeit der j-ten Merkmalsausprägung a_j unter den $x_1,\ldots,x_n$;
$h_n(a_j)$	relative Häufigkeit der j-ten Merkmalsausprägung a_j unter den $x_1,\ldots,x_n$;
$S_n(x)$	empirische Verteilungsfunktion von $x_1,\ldots,x_n$ an der Stelle x;
$\bar{x}$	arithmetisches Mittel der $x_1,\ldots,x_n$;
$\tilde{x}_{0.5}$	Median der Werte $x_1,\ldots,x_n$;
x_{mod}	Modus oder Modalwert (häufigster Wert) in der Reihe $x_1,\ldots,x_n$;
$x_{(i)}$	i-t größter Wert der Beobachtungsreihe $x_1,\ldots,x_n$;
$R(x_i)$	Rangzahl zum Wert x_i der Beobachtungsreihe;
R	$= x_{(n)} - x_{(1)}$: Spannweite der Beobachtungsreihe (größter minus kleinster Beobachtungswert);
$s^2 = s_x^2$	(empirische) Varianz der Beobachtungsreihe $x_1,\ldots,x_n$;
$s = s_x$	(empirische) Standardabweichung der Beobachtungsreihe $x_1,\ldots,x_n$;
v	$= s/\bar{x}$: Variationskoeffizient der Beobachtungsreihe $x_1,\ldots,x_n$;

x_i^{st} = $(x_i - \bar{x})/s$: zum Wert x_i gehöriger standardisierter Beobachtungswert;

Seien $a = (a_1,\ldots,a_n)$, $b = (b_1,\ldots,b_n)$ n-dimensionale Zeilenvektoren und

sei $A = \begin{bmatrix} a_{11} & \cdots & a_{1m} \\ \vdots & & \vdots \\ a_{n1} & \cdots & a_{nm} \end{bmatrix}$ eine $n \times m$-Matrix, d.h. a_i, b_i, a_{ij} seien Zahlen:

a^T zum Vektor a transponierter Spaltenvektor;

$\|a\|$ Norm oder Betrag des Vektors a;

$a \perp b$ a steht orthogonal zu b, d.h. $a^Tb = 0$;

1_n = $(1,\ldots,1)^T$: n-dimensionaler Einsenvektor;

A^T zu A transponierte $m \times n$-Matrix;

A heißt quadratisch, falls m=n;

A heißt symmetrisch, falls $A = A^T$;

vec(A) = $(a_{11},\ldots,a_{1,m},a_{2,1},\ldots,a_{2,m},\ldots,a_{n,1},\ldots,a_{n,m})^T$;

tr A trace (Spur, Summe der Hauptdiagonalelemente) einer quadratischen Matrix A;

det A Determinante einer quadratischen Matrix A;

rg A Rang einer Matrix A;

A^{-1} Inverse einer regulären, quadratischen Matrix A;

A^- generalisierte Inverse einer Matrix A;

A^+ Pseudoinverse einer Matrix A;

A_B^+ auf den Kern einer Matrix B reduzierte Pseudoinverse von A;

diag(a) = $\begin{bmatrix} a_1 & & 0 \\ & \ddots & \\ 0 & & a_n \end{bmatrix}$;

diag(A) = $\begin{bmatrix} a_{11} & & 0 \\ & \ddots & \\ 0 & & a_{nn} \end{bmatrix}$ (für quadratische Matrizen A);

I_n = $\mathrm{diag}(1_n)$: n-dimensionale Einheitsmatrix;

J_n $n \times n$-Matrix, deren Elemente alle gleich 1 sind (n-dimensionale Einsenmatrix); andere Bedeutung in Kap. VIII;

$\det(A-\lambda I_n)$ charakteristisches Polynom einer quadratischen Matrix A, die Nullstellen dieses Polynoms heißen Eigenwerte von A;

$\lambda_1,\ldots,\lambda_n$ Eigenwerte der $n \times n$-Matrix A;

λ_G (mitunter auch λ_1) größter Eigenwert von A;

λ_K (mitunter auch λ_n) kleinster Eigenwert von A;

Sei Y eine $n \times p$-Datenmatrix:

y_{ij} (i,j)-tes Element von Y, d.h. Beobachtungswert für das j-te Merkmal am i-ten Objekt;

Y_{st} zu Y gehörige spaltenweise standardisierte Datenmatrix;

Sei D eine n x n-Distanzmatrix:

$d(i,j)$	$= d_{ij}$: Distanzindex der Objekte i und j;
D_{eukl}	euklidische Distanzmatrix von n Objekten;
D_{Mahal}	Matrix der Mahalanobisdistanzen von n Objekten;

Seien A und B Ereignisse:

$\overline{A}$	zu A komplementäres Ereignis;
$P(A)$	Wahrscheinlichkeit des Ereignisses A;
$P(A\|B)$	bedingte Wahrscheinlichkeit des Ereignisses A, wenn das Ereignis B eintritt;

Seien X,Y,U,V Zufallsvariablen:

$F_X(x)$	Verteilungsfunktion der Zufallsvariablen X;
$f_X(x)$	Dichte oder Dichtefunktion der Zufallsvariablen X;
$E(X)=\mu$	Erwartungswert von X;
$\xi_{0.5}(X)$	Median von X;
$\xi_\alpha(X)$	α-Quantil von X;
$Var(X)=\sigma^2$	Varianz von X;
$VK(X)$	Variationskoeffizient von X;
$Cov(X,Y)$	Kovarianz von X und Y;
s_{XY}	Schätzer für die Kovarianz von X und Y;
ρ	$= \rho(X,Y) = \rho_{XY}$: Korrelation von X und Y;
r_{XY}	Pearsonscher Korrelationskoeffizient als Schätzer für die Korrelation von X und Y;
$r^S_{XY}=r^S$	Spearmanscher Rangkorrelationskoeffizient als Schätzer für die Korrelation von X und Y;
$\tau_{XY}=\tau$	Kendallscher Rangkorrelationskoeffizient als Schätzer für die Korrelation von X und Y;
r_{pbis}	punktbiserialer Korrelationskoeffizient;
r_{bis}	biserialer Korrelationskoeffizient;
$B=B_{X,Y}$	Bestimmtheitsmaß von X und Y;
$\overline{B}$	adjustiertes Bestimmtheitsmaß;
$U=1-B$	Unbestimmtheitsmaß;
$\rho_{(X,Y)\|U}$	partielle Korrelation von X und Y unter U;
$r_{(X,Y)\|U}$	Schätzer für die partielle Korrelation von X und Y unter U;
$\rho_{X\|U,Y\|V}$	bipartielle Korrelation von X unter U und Y unter V;
$r_{X\|U,Y\|V}$	Schätzer für die bipartielle Korrelation von X unter U und Y unter V;

Seien $X = (X_1,\dots,X_p)$, $Y = (Y_1,\dots,Y_q)$ p- bzw. q-dimensionale Zufallsvektoren, d.h. X_i und Y_i Zufallsvariablen, und Z Zufallsvariable:

$E(X)$	$= (E(X_1),\dots,E(X_p))$: Erwartungswertvektor von X;

Cov(X)	Kovarianzmatrix von X (oft auch $\Sigma=\Sigma_X$);
S	$=S_X=S_{XX}$: Schätzer für die Kovarianzmatrix von X;
Corr(X)	Korrelationsmatrix von X;
R	$=R_X=R_{XX}$: Schätzer für die Korrelationsmatrix von X;
Σ_{XY}	Kreuzkovarianzmatrix von X und Y;
S_{XY}	Schätzer für die Kreuzkovarianzmatrix von X und Y;
Corr(X,Y)	Kreuzkorrelationsmatrix von X und Y;
R_{XY}	Schätzer für die Kreuzkorrelationsmatrix von X und Y;
maex	=maex(X) : maximale Exzentrizität des Korrelationsellipsoids zu X;
$\rho_{Z,Y}$	multiple Korrelation von Z und Y;
$r_{Z,Y}$	Schätzer für die multiple Korrelation von X und Y;
$\rho_{X,Y}$	(erste) kanonische Korrelation von X und Y;
$r_{X,Y}$	Schätzer für die (erste) kanonische Korrelation von X und Y;
$B_{Z,Y}$	multiples Bestimmtheitsmaß von Z und Y;

Spezielle Verteilungen, Prüfgrößen und kritische Werte(Quantile):

$N(\mu,\sigma^2)$	Normalverteilung mit Erwartungswert μ und Varianz σ^2;
N(0,1)	Standardnormalverteilung;
$\Phi(x)$	Verteilungsfunktion der Standardnormalverteilung;
$\varphi(x)$	Dichte der Standardnormalverteilung;
u_α	α-Quantil der Standardnormalverteilung;
B(n,p)	Binomialverteilung mit Parametern n und p;
χ^2_n	(zentrale) χ^2-Verteilung mit n Freiheitsgraden;
$\chi^2_{n;\alpha}$	α-Quantil der χ^2-Verteilung mit n Freiheitsgraden;
t_n	(zentrale) t-Verteilung mit n Freiheitsgraden;
$t_{n;\alpha}$	α-Quantil der t-Verteilung mit n Freiheitsgraden;
$F_{m,n}$	(zentrale) F-Verteilung mit m und n Freiheitsgraden;
$F_{m,n;\alpha}$	α-Quantil der F-Verteilung mit m und n Freiheitsgraden;
$N(b,\Sigma)$	mehrdimensionale Normalverteilung mit Erwartungswertvektor b und Kovarianzmatrix Σ;
$N(0,I_n)$	mehrdimensionale (n-dimensionale) Standardnormalverteilung;
Λ_W	Wilks Λ, Prüfgröße des Wilks-Tests;
$c_{W;\alpha}(p,n,q)$	kritischer Wert des Wilks-Tests zum Niveau α mit Parametern p, n und q;
Λ_{HL}	Prüfgröße des Hotelling-Lawley-Tests;
$c_{HL;\alpha}(p,n,q)$	kritischer Wert des Hotelling-Lawley-Tests zum Niveau α mit Parametern p, n und q;
Λ_{PB}	Prüfgröße des Pillai-Bartlett-Tests;
$c_{PB;\alpha}(p,n,q)$	Kritischer Wert des Pillai-Bartlett-Tests zum Niveau α mit Parametern p, n und q;

Λ_R	Prüfgröße des Roy-Tests;
$c_{R;\alpha}(p,n,q)$	kritischer Wert des Roy-Tests zum Niveau α mit Parametern p, n und q;

6.2 SPEZIELLE SYMBOLE ZU KAPITEL II

$\mathfrak{y}$	Regressandenmerkmal;
$\mathfrak{x}_1,\dots,\mathfrak{x}_h$	Regressorenmerkmale;
y	Ausprägungsvariable des Merkmals $\mathfrak{y}$;
$x_1,\dots,x_h$	Ausprägungsvariablen der Merkmale $\mathfrak{x}_1,\dots,\mathfrak{x}_h$;
y	n-dimensionaler Datenvektor zum Merkmal $\mathfrak{y}$;
$x_1,\dots,x_h$	n-dimensionale Datenvektoren zu den Merkmalen $\mathfrak{x}_1,\dots,\mathfrak{x}_h$;
β	Mittelwertparametervektor des Regressionsmodells;
e	n-dimensionaler Fehlervektor des Regressionsmodells;
σ^2	Varianz des Fehlers im Regressionsmodell;
$\hat{y}$	geschätzte Regressionsfunktion;
$\hat{\beta}$	Schätzung des Parametervektors β;
s^2	Schätzung der Fehlervarianz σ^2;
SSE	Fehlerquadratsumme;
SQ	Summe der Quadrate;
SP	Summe der Produkte;
X	$=(1_n,x_1,\dots,x_h)$: Designmatrix des Regressionsmodells;
SSR	Residuenquadratsumme;
$\mathfrak{E}_{1-\gamma}$	Konfidenzellipsoid zum Niveau $1-\gamma$;

6.3 SPEZIELLE SYMBOLE ZU KAPITEL V

$\mathfrak{x}_i,\mathfrak{y}_i$	Merkmale;
S_e	Fehlermatrix;
S_h	Hypothesenmatrix;
U_i	Dummyvariable;
$S_{U_iU_i}$	Kovarianzmatrix der Dummyvariablen U_i;
$S^*_{U_iU_i}$	n-fache Kovarianzmatrix der Dummyvariablen U_i;
$S_{U_iU_j}$	Kreuzkovarianzmatrix der Dummyvariablen U_i und U_j;
$S^*_{U_iU_j}$	n-fache Kreuzkovarianzmatrix der Dummyvariablen U_i und U_j;
L_{U_i}	Matrix der Choleski-Zerlegung von $S^*_{U_iU_i}$;
$R^*_{U_iU_j}$	rangreduzierte Korrelationsmatrix der Dummyvariablen U_i und U_j;
R^*_U	rangreduzierte Korrelationsmatrix aller Dummyvariablen;
$R_Y(b)$	Korrelationsmatrix der skalierten Variablen in Abhängigkeit

	von Gewichtsvektoren b_i;
$r_{i,j}(b_i,b_j)$	Korrelation der skalierten Merkmale Y_i und Y_j in Abhängigkeit von den zugehörigen Gewichtsvektoren b_i und b_j;
$s_{X_iX_i}$	Varianz (Faktor 1/n) des metrischen Merkmals X_i;
$S^*_{X_iX_i}$	n-fache Varianz des metrischen Merkmals X_i;
L_{X_i}	Wurzel aus der n-fachen Varianz des metrischen Merkmals X_i;
$R^*_{X_iU_j}$	Korrelationsvektor zwischen X_i und der Dummyvariablen U_j;
R^*_{XU}	rangreduzierte Korrelationsmatrix aller metrischen Merkmale und aller Dummyvariablen;
$R_{XY}(b)$	Korrelationsmatrix aller metrischen Merkmale und aller skalierten Merkmale in Abhängigkeit von den Gewichtsvektoren zu den skalierten Merkmalen;

6.4 SPEZIELLE SYMBOLE ZU KAPITEL VI

D	ursprüngliche Distanzmatrix für n Objekte;
d(i,j)	ursprünglicher Distanzindex zwischen den Objekten i und j;
D*	Approximation der Distanzmatrix D in einem q-dimensionalen (niederdimensionalen) Raum;
d*(i,j)	Approximation des Distanzindexes d(i,j) in einem q-dimensionalen Raum;
$g_E(y_1,\ldots,y_n)$	mapping error (Gütefunktion) des Nonlinear Mapping Verfahrens;
$g_1(y_1,\ldots,y_n)$	Gütefunktion der Haupt-Koordinaten-Methode bei euklidischer Ausgangsdistanzmatrix;
$g_2(y_1,\ldots,y_n)$	Gütefunktion der Haupt-Koordinaten-Methode bei ursprünglichen Mahalanobisdistanzen;
$g_s(y_1,\ldots,y_n)$	Stress (Gütefunktion) zum Verfahren von Kruskal;
$g_s^{(1)},g_s^{(2)}$	Stress-1 bzw. Stress-2 (Gütefunktionen) zum Verfahren von Kruskal;

6.5 SPEZIELLE SYMBOLE ZU KAPITEL VII

$\mathbb{K}$	Klassifikation;
K_i	i-te Klasse einer Klassifikation;
$h(K_i)$	Homogenitätsmaß für die Klasse K_i;
$v(K_i,K_j)$	Heterogenitätsmaß für die Klassen K_i und K_j;
$g(\mathbb{K})$	Güte einer Klassifikation $\mathbb{K}$;

6.6 SPEZIELLE SYMBOLE ZU KAPITEL VIII

F_k	k-ter Faktor;
k_j^2	Kommunalität des j-ten Merkmals;
δ_j^2	merkmalseigene Varianz des j-ten Merkmals;
L	Ladungsmatrix;
l_{jk}	Ladung des j-ten Merkmals auf dem k-ten Faktor;
U^2	$= \mathrm{diag}(\delta_j^2)$: Diagonalmatrix der merkmalseigenen Varianzen;
R	Korrelationsmatrix der Merkmale;
R_F	Korrelationsmatrix der Faktoren;
F	Faktorenwertematrix;
f_{ik}	Faktorenwert für das i-te Objekt bzgl. des k-ten Faktors;
$\tilde{R}$	$= R-U^2$: reduzierte Korrelationsmatrix;
Δ	Drehungs-, Transformationsmatrix;
L_{Rot}	rotierte Ladungsmatrix;
L_{fs}	Faktorenstruktur;
l_{jk}^{Rot}	rotierte Ladung des j-ten Merkmals auf dem k-ten Faktor;
θ	Drehungswinkel;
V	Varimax-Kriterium;
Q	Quartimax-Kriterium;
F^{Rot}	rotierte Faktorenwertematrix;
f_{ik}^{Rot}	rotierter Faktorenwert für das i-te Objekt bzgl. des k-ten Faktors;

6.7 SPEZIELLE SYMBOLE ZU KAPITEL X

Y	Datenmatrix;
X	Designmatrix;
Ψ	Parametermatrix;
$\psi^{(j)}$	Parametervektor bzgl. des j-ten beobachteten Merkmals;
E	Fehlermatrix;
Σ	Kovarianzmatrix der Merkmale;
Z	Restriktionsmatrix;
K	Hypothesenmatrix;
$\hat{\Psi}$	Schätzung für die Parametermatrix Ψ;
$\hat{\Sigma}$	Schätzung für die Kovarianzmatrix Σ;
P_e	Fehlerprojektionsmatrix;
P_h	Hypothesenprojektionsmatrix;

S_e	Fehlermatrix;
S_h	Hypothesenmatrix;
n_e	Freiheitsgrade des Fehlers;
n_h	Freiheitsgrade der Hypothese;
p	Anzahl der Merkmale;
$\hat{\Psi}_{H_\circ}$	Schätzung für die Parametermatrix Ψ unter der Hypothese $H_\circ$;
ξ_j	j-t größter Eigenwert von $S_h S_e^{-1}$;
y_ν	Beobachtungsvektor für das ν-te Objekt;
$\hat{y}_\nu$	geschätzer Beobachtungsvektor für das ν-te Objekt;
δ_ν^a	Mahalanobisdistanz von y_ν zu a;
$\hat{\delta}_\nu^a$	geschätze Mahalanobisdistanz von y_ν zu a;
$\tilde{\delta}_\nu^a$	Mahalanobisdistanz von $\hat{y}_\nu$ zu a;
$\hat{\tilde{\delta}}_\nu^a$	geschätze Mahalanobisdistanz von $\hat{y}_\nu$ zu a;
d_ν	quadratische Mahalanobisdistanz zwischen y_ν und $\hat{y}_\nu$;
d_ν^{norm}	normierte quadratische Mahalanobisdistanz zwischen y_ν und $\hat{y}_\nu$;
$\hat{d}_\nu$	geschätze quadratische Mahalanobisdistanz zwischen y_ν und $\hat{y}_\nu$;
$\hat{d}_\nu^{norm}$	geschätzte normierte quadratische Mahalanobisdistanz zwischen y_ν und $\hat{y}_\nu$.